PROFESSIONAL ENGINEER ERGONOMICS

오늘날 우리 사회는 모든 분야에서 비약적인 발전을 거듭하며 선진사회로 도약하고 있습니다. 그럼에도 산업현장에서는 아직도 떨어짐 · 넘어짐 · 끼임 등의 재해가 반복적으로 일어나고 화재 · 폭발 등 중대산업사고, 새로운 유해화학물질로 인한 직업병 등으로 하루에 약 5명, 일 년이면 1,900여 명의 근로자가 귀중한 목숨을 잃고 있습니다.

이러한 산업재해의 근본적인 원인은 인간공학을 고려한 설계, 제도, 생산체계 등의 미흡에서 기인하고 있어 산업현장의 전반적인 부분에서 인간공학적 개선에 대한 관심이 높아지고 있습니다.

이 책은 산업현장에서 인간공학적 개선을 위한 기초를 제공함과 동시에 '안전관리론'과 '산업안전보건법' 분야를 체계적으로 정리하여 인간공학기술사를 준비하는 수험생들에게 도움을 주고자 기획되었습니다.

기술사 필기시험의 경우 1교시에서 4교시까지 각 교시당 100분, 총 400분 동안 실시되고, 1교시의 경우에는 주로 단답형 주관식 문제(13문항 중 10문제 선택, 각 10점) 2~4교시의 경우 논술형 문제(6문항 중 4문제 선택, 각 25점)가 출제되고 있습니다.

가장 효과적인 학습방법은 기본서와 서브 노트를 병행하는 것입니다. 몇 번의 실패를 하였다고 하더라도 포기하지 말고 끝까지 도전할 것을 권유합니다.

오랫동안 정리한 자료를 다듬어 출간하였음에도 미흡한 부분이 없지 않습니다. 이는 앞으로 독자 여러분들의 애정 어린 충고를 겸허히 수용해 계속 보완해나갈 것을 약속드리며, 참고 · 인용한 많은 서적의 출처를 일일이 밝히지 못한 점 진심으로 양해를 구합니다.

끝으로 본서가 완성되는 데 많은 도움을 준 도서출판 예문사 직원 여러분께 깊은 감사의 마음을 전합니다.

1 자격검정절차안내

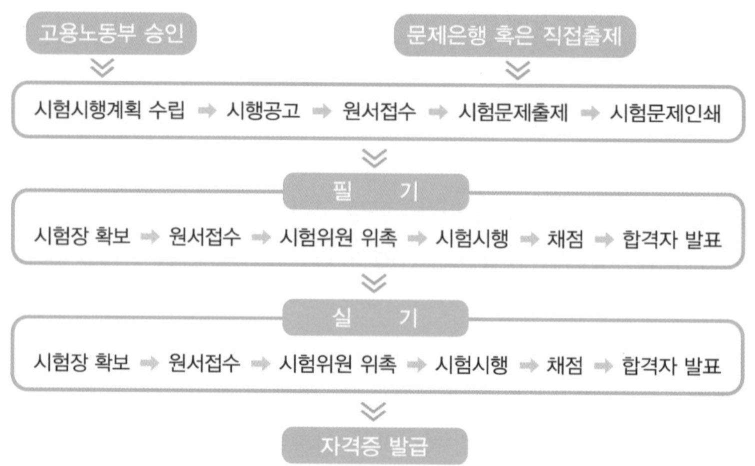

1 원서접수	인터넷 접수(www.Q-net.or.kr)
2 필기 원서접수	필기접수 기간 내 수험원서 인터넷 제출 사진(6개월 이내에 촬영한 사진파일(jpg)), 수수료 : 전자결제 시험장소 본인 선택(선착순)
3 필기시험	수험표, 신분증, 필기구(흑색 사인펜 등) 지참
4 합격자 발표	인터넷(www.Q-net.or.kr) 응시자격 제한종목(기술사, 기능장, 기사, 산업기사, 서비스 분야 일부 종목)은 사전에 공지한 시행계획 내 응시자격 서류제출 기간 이내에 반드시 응시자격 서류를 제출하여야 함
5 실기 원서접수	실기접수기간 내 수험원서 인터넷 제출 사진(6개월 이내에 촬영한 사진파일(jpg)), 수수료 : 정액 시험일시, 장소 본인 선택(선착순)
6 실기시험	수험표, 신분증, 필기구 지참
7 최종합격자 발표	인터넷 www.Q-net.or.kr)
8 자격증 발급	인터넷 또는 방문

2 응시자격 조건체계

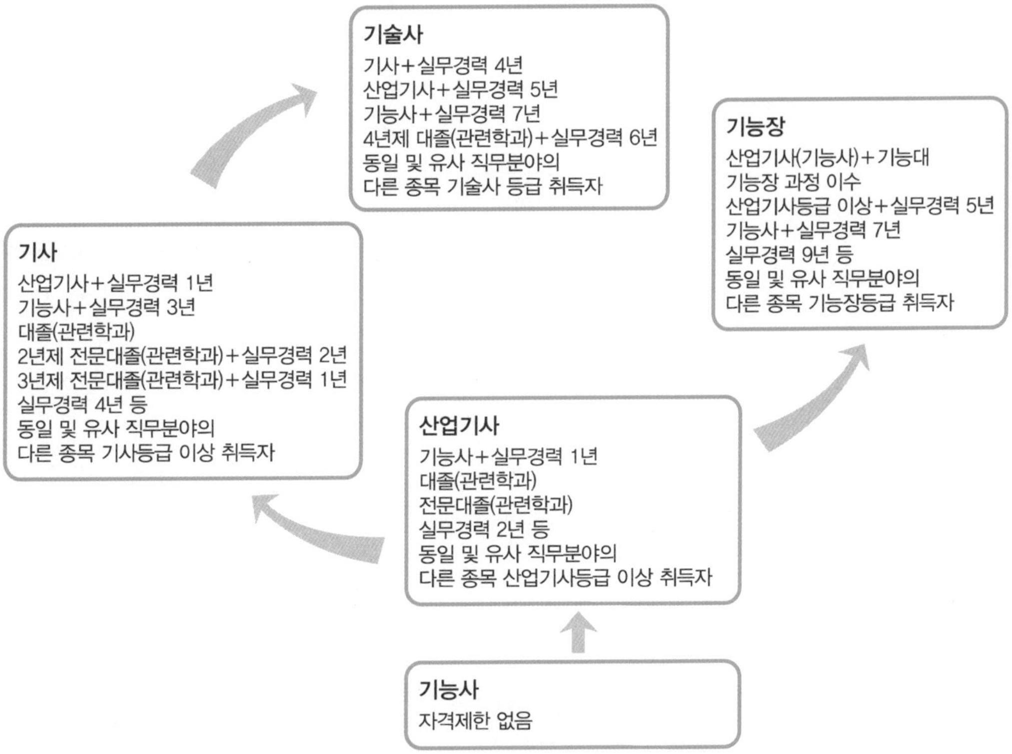

기술사
기사+실무경력 4년
산업기사+실무경력 5년
기능사+실무경력 7년
4년제 대졸(관련학과)+실무경력 6년
동일 및 유사 직무분야의
다른 종목 기술사 등급 취득자

기능장
산업기사(기능사)+기능대
기능장 과정 이수
산업기사등급 이상+실무경력 5년
기능사+실무경력 7년
실무경력 9년 등
동일 및 유사 직무분야의
다른 종목 기능장등급 취득자

기사
산업기사+실무경력 1년
기능사+실무경력 3년
대졸(관련학과)
2년제 전문대졸(관련학과)+실무경력 2년
3년제 전문대졸(관련학과)+실무경력 1년
실무경력 4년 등
동일 및 유사 직무분야의
다른 종목 기사등급 이상 취득자

산업기사
기능사+실무경력 1년
대졸(관련학과)
전문대졸(관련학과)
실무경력 2년 등
동일 및 유사 직무분야의
다른 종목 산업기사등급 이상 취득자

기능사
자격제한 없음

3 검정기준 및 방법

(1) 검정기준

자격등급	검정기준
기술사	해당 국가기술자격의 종목에 관한 고도의 전문지식과 실무경험에 입각한 계획, 연구, 설계, 분석, 조사, 시험, 시공, 감리, 평가, 진단, 사업관리, 기술관리 등의 기술업무를 수행할 수 있는 능력의 유무
기능장	해당 국가기술자격의 종목에 관한 최상급 숙련기능을 가지고 산업현장에서 작업 관리, 소속기능인력의 지도 및 감독, 현장훈련, 경영계층과 생산계층을 유기적으로 연계시켜 주는 현장관리 등의 업무를 수행할 수 있는 능력의 유무
기 사	해당 국가기술자격의 종목에 관한 공학적 기술이론 지식을 가지고 설계, 시공, 분석 등의 기술업무를 수행할 수 있는 능력의 유무
산업기사	해당 국가기술자격의 종목에 관한 기술기초이론지식 또는 숙련기능을 바탕으로 복합적인 기능업무를 수행할 수 있는 능력의 유무
기능사	해당 국가기술자격의 종목에 관한 숙련기능을 가지고 제작, 제조, 조작, 운전, 보수, 정비, 채취, 검사 또는 직업관리 및 이에 관련되는 업무를 수행할 수 있는 능력의 유무

(2) 검정방법

자격등급	검정방법	
	필기시험	면접시험 또는 실기시험
기술사	단답형 또는 주관식 논문형 (100점 만점에 60점 이상)	구술형 면접시험 (100점 만점에 60점 이상)
기능장	객관식 4지택일형(60문항) (100점 만점에 60점 이상)	주관식 필기시험 또는 작업형 (100점 만점에 60점 이상)
기 사	객관식 4지택일형 –과목당 20문항 –과목당 40점 이상(전 과목 평균 60점 이상)	주관식 필기시험 또는 작업형 (100점 만점에 60점 이상)
산업기사	객관식 4지택일형 –과목당 20문항 –과목당 40점 이상(전 과목 평균 60점 이상)	주관식 필기시험 또는 작업형 (100점 만점에 60점 이상)
기능사	객관식 4지택일형(60문항) (100점 만점에 60점 이상)	주관식 필기시험 또는 작업형 (100점 만점에 60점 이상)

4 인간공학기술사 상세정보

(1) 개요 | 국내의 산업재해율 증가에 있어 근골격계질환, 뇌심혈관질환 등 작업 관련성 질환에 의한 증가현상이 특징적이며, 특히 단순반복작업, 중량물 취급작업, 부적절한 작업자세 등에 의하여 신체에 과도한 부담을 주었을 때 나타나는 요통, 경견완장해 등 근골격계질환은 매년 급증하고 있고, 향후에도 지속적인 증가가 예상됨에 따라 동 질환 예방을 위해 사업장 관련 예방전문기관 및 연구소 등에 인간공학전문가의 배치가 필요함에 따라 2005년 인간공학기술사제도 신설

(2) 수행직무 | 작업자의 근골격계 질환요인 분석 및 예방교육, 기계, 공구, 작업대, 시스템 등에 대한 인간공학적 적합성 분석 및 개선, OHSMS 관련 인증을 위한 업무, 작업자 인간과오에 의한 사고분석 및 작업환경 개선, 사업장 자체의 인간공학적 관리규정 제정 및 지속적 관리

(3) 진로 및 전망 | 일반 제조회사, 관공서, 교육기관, 컨설팅 회사, 연구소 및 기타 인간공학 관련 분야 진출

(4) 출제경향 | 인간공학 종목에 관한 고도의 전문지식과 실무경험에 입각한 계획 · 연구 · 설계 · 분석 · 조사 · 시험 · 시공 · 감리 · 평가 · 진단 · 사업관리 · 기술관리 등의 업무를 수행할 수 있는 능력의 유무

(5) 종목별 검정현황

연도	필기			실기		
	응시	합격	합격률(%)	응시	합격	합격률(%)
2019	37	21	56.8%	37	20	54.1%
2018	35	23	65.7%	33	14	42.4%
2017	34	18	52.9%	20	9	45%
2016	30	9	30%	18	14	77.8%
2015	32	14	43.8%	16	7	43.8%
2014	21	4	19%	6	4	66.7%
2013	17	5	29.4%	9	5	55.6%
2012	14	1	7.1%	4	1	25%
2011	18	9	50%	11	6	54.5%
2005~2010	167	57	32.6%	95	45	49%
소계	405	161	39.8	249	125	50.2

C·O·N·T·E·N·T·S

PROFESSIONAL ENGINEER ERGONOMICS

PART 01 산업안전일반

PART 02 산업안전보건법

C·O·N·T·E·N·T·S
PROFESSIONAL ENGINEER ERGONOMICS

PART 03 인간공학

C·O·N·T·E·N·T·S

PROFESSIONAL ENGINEER ERGONOMICS

C·O·N·T·E·N·T·S

PROFESSIONAL ENGINEER ERGONOMICS

PART 05 부록 | 과년도 기출문제

M·E·M·O

PART

01

산업안전 일반

01장 산업안전개론

PROFESSIONAL ENGINEER ERGONOMICS

안전과 생산

1. 안전과 위험의 개념

1) 안전관리(안전경영, Safety Management)

기업의 지속가능한 경영과 생산성 향상을 위하여 재해로부터의 손실(Loss)을 최소화하기 위한 활동으로 사고(Accident)를 사전에 예방하기 위한 예방대책의 추진, 재해의 원인규명 및 재발방지 대책수립 등 인간의 생명과 재산을 보호하기 위한 계획적이고 체계적인 관리를 말한다. 안전관리의 성패는 사업주와 최고 경영자의 안전의식에 좌우된다.

2) 용어의 정의

(1) 사건(Incident)

위험요인이 사고로 발전되었거나 사고로 이어질 뻔했던 원하지 않는 사상(Event)으로서 인적 · 물적 손실인 상해 · 질병 및 재산적 손실뿐만 아니라 인적 · 물적 손실이 발생되지 않는 아차사고를 포함하여 말한다.

(2) 사고(Accident)

불안전한 행동과 불안전한 상태가 원인이 되어 재산상의 손실을 가져오는 사건

(3) 산업재해

근로자가 업무에 관계되는 건설물 · 설비 · 원재료 · 가스 · 증기 · 분진 등에 의하거나 작업 또는 그 밖의 업무로 인하여 사망 또는 부상하거나 질병에 걸리는 것을 말한다.

(4) 위험(Hazard)

직 · 간접적으로 인적, 물적, 환경적 피해를 입히는 원인이 될 수 있는 실제 또는 잠재된 상태

(5) 위험성(Risk)

유해 · 위험요인이 부상 또는 질병으로 이어질 수 있는 가능성(빈도)과 중대성(강도)을 조합한 것을 의미한다.(위험성=발생빈도×발생강도)

(6) 위험성 평가(Risk Assessment)

유해 · 위험요인을 파악하고 해당 유해 · 위험요인에 의한 부상 또는 질병의 발생 가능성(빈도)과 중대성(강도)을 추정 · 결정하고 감소대책을 수립하여 실행하는 일련의 과정을 말한다.

[위험성 평가]

(7) 아차사고(Near Miss)

무(無) 인명상해(인적 피해) · 무 재산손실(물적 피해) 사고

(8) 업무상 질병(산업재해보상보험법 시행령 제34조)

① 근로자가 업무수행 과정에서 유해 · 위험요인을 취급하거나 유해 · 위험요인에 노출된 경력이 있을 것

② 유해 · 위험요인을 취급하거나 유해 · 위험요인에 노출되는 업무시간, 그 업무에 종사한 기간 및 업무환경 등에 비추어 볼 때 근로자의 질병을 유발할 수 있다고 인정될 것

③ 근로자가 유해 · 위험요인에 노출되거나 유해 · 위험요인을 취급한 것이 원인이 되어 그 질병이 발생하였다고 의학적으로 인정될 것

(9) 중대재해

산업재해 중 사망 등 재해의 정도가 심한 것으로서 다음에 정하는 재해 중 하나 이상에 해당되는 재해를 말한다.

① 사망자가 1명 이상 발생한 재해

② 3개월 이상의 요양이 필요한 부상자가 동시에 2명 이상 발생한 재해

③ 부상자 또는 직업성 질병자가 동시에 10명 이상 발생한 재해

(10) 안전 · 보건진단

산업재해를 예방하기 위하여 잠재적 위험성을 발견하고 그 개선대책을 수립할 목적으로 고용노동부장관이 지정하는 자가 하는 조사 · 평가를 말한다.

(11) 작업환경측정

작업환경 실태를 파악하기 위하여 해당 근로자 또는 작업장에 대하여 사업주가 측정계획을 수립한 후 시료(試料)를 채취하고 분석 · 평가하는 것을 말한다.

2. 안전보건관리 제이론

1) 산업재해 발생모델

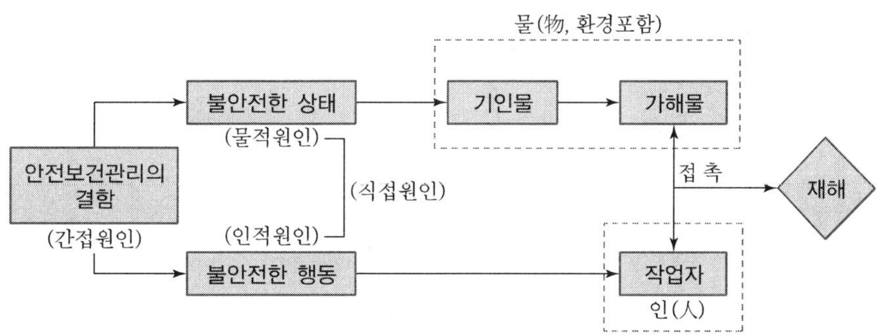

[재해발생의 메커니즘(모델, 구조)]

(1) 불안전한 행동

작업자의 부주의, 실수, 착오, 안전조치 미이행 등

(2) 불안전한 상태

기계 · 설비 결함, 방호장치 결함, 작업환경 결함 등

2) 재해발생의 메커니즘

(1) 하인리히(H. W. Heinrich)의 도미노 이론(사고발생의 연쇄성)

1단계 : 사회적 환경 및 유전적 요소(기초원인)

2단계 : 개인의 결함(간접원인)

3단계 : 불안전한 행동 및 불안전한 상태(직접원인) ⇒ 제거(효과적임)

4단계 : 사고

5단계 : 재해

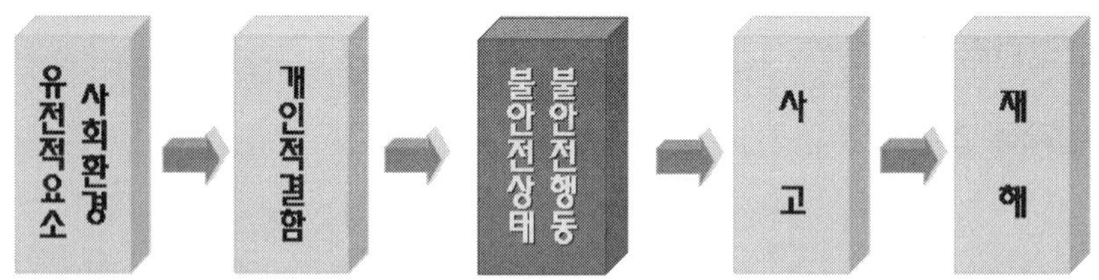

제3의 요인인 불안전한 행동과 불안전한 상태의 중추적 요인을 제거하면 사고와 재해로 이어지지 않는다.

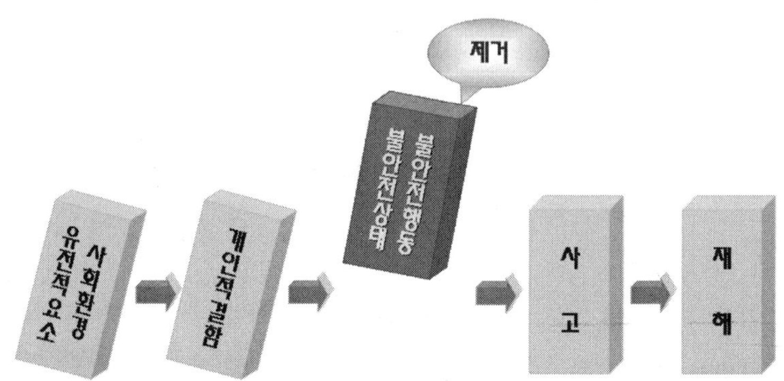

(2) 버드(Frank Bird)의 신도미노이론

1단계 : 통제의 부족(관리소홀), 재해발생의 근원적 요인

2단계 : 기본원인(기원), 개인적 또는 과업과 관련된 요인

3단계 : 직접원인(징후), 불안전한 행동 및 불안전한 상태

4단계 : 사고(접촉)

5단계 : 상해(손해)

3) 재해구성비율

(1) 하인리히의 법칙

1 : 29 : 300

① 1 : 중상 또는 사망

② 29 : 경상

③ 300 : 무상해사고

1
29
300
중상•사망 등의 중대재해
경미한 사고
앗차사고

330회의 사고 가운데 중상 또는 사망 1회, 경상 29회, 무상해사고 300회의 비율로 사고가 발생

- 미국의 안전기사 하인리히가 50,000여 건의 사고조사 기록을 분석하여 발표한 것으로 사망사고가 발생하기 전에 이미 수많은 경상과 무상해 사고가 존재하고 있다는 이론임(사고는 결코 우연에 의해 발생하지 않는다는 것을 설명하는 안전관리의 가장 대표적인 이론)

(2) 버드의 법칙

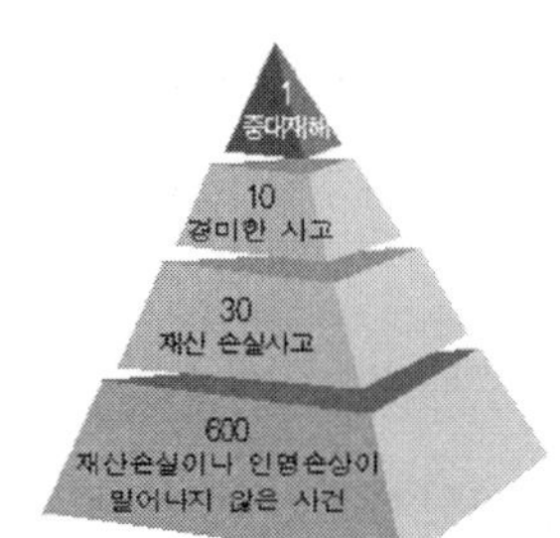

1 : 10 : 30 : 600

① 1 : 중상 또는 폐질

② 10 : 경상(인적, 물적 상해)

③ 30 : 무상해사고(물적 손실 발생)

④ 600 : 무상해, 무사고 고장(위험순간)

(3) 아담스의 이론

① 관리구조

② 작전적 에러

③ 전술적 에러(불안전행동, 불안전동작)

④ 사고

⑤ 상해, 손해

(4) 웨버의 이론

① 유전과 환경

② 인간의 실수

③ 불안전한 행동+불안전한 상태

④ 사고

⑤ 상해

4) 재해예방의 4원칙

하인리히는 재해를 예방하기 위한 "재해예방 4원칙"이란 예방이론을 제시하였다. 사고는 손실우연의 법칙에 의하여 반복적으로 발생할 수 있으므로 사고발생 자체를 예방해야 한다고 주장하였다.

(1) 손실우연의 원칙

재해손실은 사고발생시 사고대상의 조건에 따라 달라지므로, 한 사고의 결과로서 생긴 재해손실은 우연성에 의해서 결정된다.

(2) 원인계기의 원칙

재해발생은 반드시 원인이 있음

(3) 예방가능의 원칙

재해는 원칙적으로 원인만 제거하면 예방이 가능하다.

(4) 대책선정의 원칙

재해예방을 위한 가능한 안전대책은 반드시 존재한다.

5) 사고예방대책의 기본원리 5단계(사고예방원리 : 하인리히)

(1) 1단계 : 조직(안전관리조직)

① 경영층의 안전목표 설정
② 안전관리 조직(안전관리자 선임 등)
③ 안전활동 및 계획수립

(2) 2단계 : 사실의 발견(현상파악)

① 사고 및 안전활동의 기록 검토
② 작업분석
③ 안전점검
④ 사고조사
⑤ 각종 안전회의 및 토의
⑥ 근로자의 건의 및 애로 조사

(3) 3단계 : 분석 · 평가(원인규명)

① 사고조사 결과의 분석
② 불안전상태, 불안전행동 분석
③ 작업공정, 작업형태 분석
④ 교육 및 훈련의 분석
⑤ 안전수칙 및 안전기준 분석

(4) 4단계 : 시정책의 선정

① 기술의 개선
② 인사조정
③ 교육 및 훈련 개선
④ 안전규정 및 수칙의 개선
⑤ 이행의 감독과 제재강화

(5) 5단계 : 시정책의 적용

① 목표 설정
② 3E(기술, 교육, 관리)의 적용

6) 재해원인과 대책을 위한 기법

(1) 4M 분석기법

① 인간(Man) : 잘못된 사용, 오조작, 착오, 실수, 불안심리
② 기계(Machine) : 설계 · 제작 착오, 재료 피로 · 열화, 고장, 배치 · 공사 착오
③ 작업매체(Media) : 작업정보 부족 · 부적절, 작업환경 불량
④ 관리(Management) : 안전조직 미비, 교육 · 훈련 부족, 계획 불량, 잘못된 지시

항목	위험요인
Man (인간)	• 미숙련자 등 작업자 특성에 의한 불안전 행동 • 작업자세, 작업동작의 결함 • 작업방법의 부적절 등 • 휴먼에러(Human Error) • 개인 보호구 미착용
Machine (기계)	• 기계 · 설비 구조상의 결함 • 위험 방호장치의 불량 • 위험기계의 본질안전 설계의 부족 • 비상시 또는 비정상 작업 시 안전연동장치 및 경고장치의 결함 • 사용 유틸리티(전기, 압축공기 및 물)의 결함 • 설비를 이용한 운반수단의 결함 등
Media (작업매체)	• 작업공간(작업장 상태 및 구조)의 불량 • 가스, 증기, 분진, 흄 및 미스트 발생 • 산소결핍, 병원체, 방사선, 유해광선, 고온, 저온, 초음파, 소음, 진동, 이상기압 등 • 취급 화학물질에 대한 중독 등 • 작업에 대한 안전보건 정보의 부적절

항목	위험요인
Management (관리)	• 관리조직의 결함 • 규정, 매뉴얼의 미작성 • 안전관리계획의 미흡 • 교육 · 훈련의 부족 • 부하에 대한 감독 · 지도의 결여 • 안전수칙 및 각종 표지판 미게시 • 건강검진 및 사후관리 미흡 • 고혈압 예방 등 건강관리 프로그램 운영 미흡

(2) 3E 기법(하비, Harvey)

① 관리적 측면(Enforcement)
안전관리조직 정비 및 적정인원 배치, 적합한 기준설정 및 각종 수칙의 준수 등

② 기술적 측면(Engineering)
안전설계(안전기준)의 선정, 작업행정의 개선 및 환경설비의 개선

③ 교육적 측면(Education)
안전지식 교육 및 안전교육 실시, 안전훈련 및 경험훈련 실시

(3) TOP 이론(콤페스, P. C. Compes)

① T(Technology) : 기술적 사항으로 불안전한 상태를 지칭
② O(Organization) : 조직적 사항으로 불안전한 조직을 지칭
③ P(Person) : 인적사항으로 불안전한 행동을 지칭

3. 생산성과 경제적 안전도

안전관리란 생산성의 향상과 손실(Loss)의 최소화를 위하여 행하는 것으로 비능률적 요소인 사고가 발생하지 않는 상태를 유지하기 위한 활동으로 생산성 측면에서는 다음과 같은 효과를 가져온다.

1) 근로자의 사기진작
2) 생산성 향상
3) 사회적 신뢰성 유지 및 확보
4) 비용절감(손실감소)
5) 이윤증대

4. 안전의 가치

인간존중의 이념을 바탕으로 사고를 예방함으로써 근로자의 의욕에 큰 영향을 미치게 되며 생산능력의 향상을 가져오게 된다. 즉, 안전한 작업방법을 시행함으로써 근로자를 보호함은 물론 기업을 효율적으로 운영할 수 있다.

1) 인간존중(안전제일 이념)
2) 사회복지
3) 생산성 향상 및 품질향상(안전태도 개선과 안전동기 부여)
4) 기업의 경제적 손실예방(재해로 인한 재산 및 인적 손실예방)

5. 제조물 책임과 안전

1) 제조물 책임(Product Liability)의 정의

제조물 책임(PL)이란 제조, 유통, 판매된 제품의 결함으로 인해 발생한 사고에 의해 소비자나 사용자 또는 제3자에게 신체장애나 재산상의 피해를 줄 경우 그 제품을 제조·판매한 자가 법률상 손해배상책임을 지도록 하는 것을 말한다.

단순한 산업구조에서는 제조자와 소비자 사이의 계약관계만을 가지고 책임관계가 성립되었지만, 복잡한 산업구조와 대량생산/대량소비시대에 이르러 판매, 유통단계까지의 책임을 요구하게 되었다. 또한, 소비자의 입증부담을 덜어주기 위해 과실에서 결함으로 입증대상이 변경되게 되었으며, 결함만으로도 손해배상의 책임을 지게하는 단계까지 발전했다.

2) 제조물 책임법(PL법)의 3가지 기본 법리

(1) 과실책임(Negligence)

주의의무 위반과 같이 소비자에 대한 보호의무를 불이행한 경우 피해자에게 손해배상을 해야 할 의무

(2) 보증책임(Breach of Warranty)

제조자가 제품의 품질에 대하여 명시적, 묵시적 보증을 한 후에 제품의 내용이 사실과 명백히 다른 경우 소비자에게 책임을 짐

(3) 엄격책임(Strict Liability)

제조자가 자사제품이 더 이상 점검되어지지 않고 사용될 것을 알면서 제품을 시장에 유통시킬 때 그 제품이 인체에 상해를 줄 수 있는 결함이 있는 것으로 입증되는 경우 제조자는 과실유무에 상관없이 불법행위법상의 엄격책임이 있음

3) 결함

"결함"이란 제품의 안전성이 결여된 것을 의미하는데, "제품의 특성", "예견되는 사용형태", "인도된 시기" 등을 고려하여 결함의 유무를 결정한다.

(1) 설계상의 결함

제조업자가 합리적인 대체설계를 채용하였더라면 피해나 위험을 줄이거나 피할 수 있었음에도 대체 설계를 채용하지 아니하여 해당 제조물이 안전하지 못하게 된 경우

(2) 제조상의 결함

제조업자가 제조물에 대한 제조, 가공상의 주의 의무 이행 여부에 불구하고 제조물이 의도한 설계와 다르게 제조, 가공됨으로써 안전하지 못하게 된 경우

(3) 경고 표시상의 결함

제조업자가 합리적인 설명, 지시, 경고, 기타의 표시를 하였더라면 해당 제조물에 의하여 발생될 수 있는 피해나 위험을 줄이거나 피할 수 있었음에도 이를 하지 아니한 경우

안전보건관리 체제 및 운용

1. 안전보건관리조직

1) 안전보건조직의 목적

기업 내에서 안전관리조직을 구성하는 목적은 근로자의 안전과 설비의 안전을 확보하여 생산합리화를 기하는 데 있다.

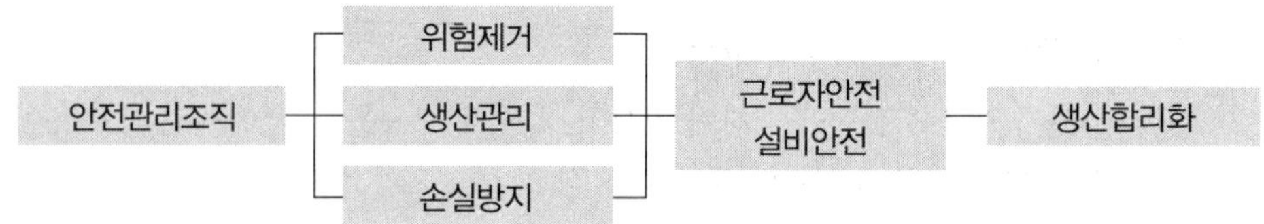

(1) 안전관리조직의 3대 기능

① 위험제거기능
② 생산관리기능
③ 손실방지기능

2) 라인(LINE)형 조직

소규모기업에 적합한 조직으로서 안전관리에 관한 계획에서부터 실시에 이르기까지 모든 안전업무를 생산라인을 통하여 수직적으로 이루어지도록 편성된 조직

(1) 규모

소규모(100명 이하)

(2) 장점

① 안전에 관한 지시 및 명령계통이 철저함
② 안전대책의 실시가 신속
③ 명령과 보고가 상하관계 뿐으로 간단 명료함

(3) 단점

① 안전에 대한 지식 및 기술축적이 어려움
② 안전에 대한 정보수집 및 신기술 개발이 미흡
③ 라인에 과중한 책임을 지우기 쉽다.

(4) 구성도

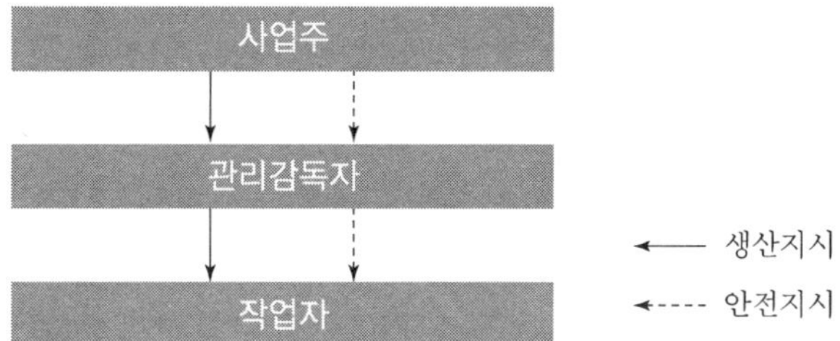

3) 스태프(STAFF)형 조직

중소규모 사업장에 적합한 조직으로서 안전업무를 관장하는 참모(STAFF)를 두고 안전관리에 관한 계획 조정 · 조사 · 검토 · 보고 등의 업무와 현장에 대한 기술지원을 담당하도록 편성된 조직

(1) 규모

중규모(100~1,000명 이하)

(2) 장점

① 사업장 특성에 맞는 전문적인 기술연구가 가능하다.
② 경영자에게 조언과 자문역할을 할 수 있다.
③ 안전정보 수집이 빠르다.

(3) 단점

① 안전지시나 명령이 작업자에게까지 신속 정확하게 전달되지 못함
② 생산부분은 안전에 대한 책임과 권한이 없음
③ 권한다툼이나 조정 때문에 시간과 노력이 소모됨

(4) 구성도

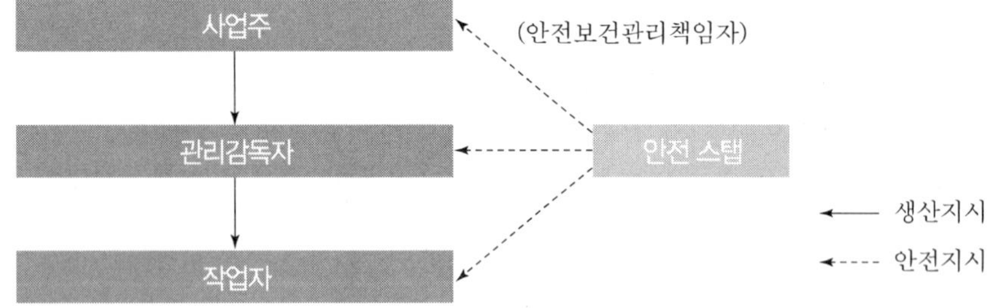

4) 라인 · 스태프(LINE-STAFF)형 조직(직계참모조직)

대규모 사업장에 적합한 조직으로서 라인형과 스태프형의 장점만을 채택한 형태이며 안전업무를 전담하는 스태프를 두고 생산라인의 각 계층에서도 각 부서장으로 하여금 안전업무를 수행하도록 하여 스태프에서 안전에 관한사항이 결정되면 라인을 통하여 실천하도록 편성된 조직

(1) 규모

대규모(1,000명 이상)

(2) 장점

① 안전에 대한 기술 및 경험축적이 용이하다.
② 사업장에 맞는 독자적인 안전개선책을 강구할 수 있다.
③ 안전지시나 안전대책이 신속하고 정확하게 하달될 수 있다.

(3) 단점

명령계통과 조언의 권고적 참여가 혼동되기 쉽다.

(4) 구성도

라인-스태프형은 라인과 스태프형의 장점을 절충 조정한 유형으로 라인과 스태프가 협조를 이루어 나갈 수 있고 라인에게는 생산과 안전보건에 관한 책임을 동시에 지우므로 안전보건업무와 생산업무가 균형을 유지할 수 있는 이상적인 조직

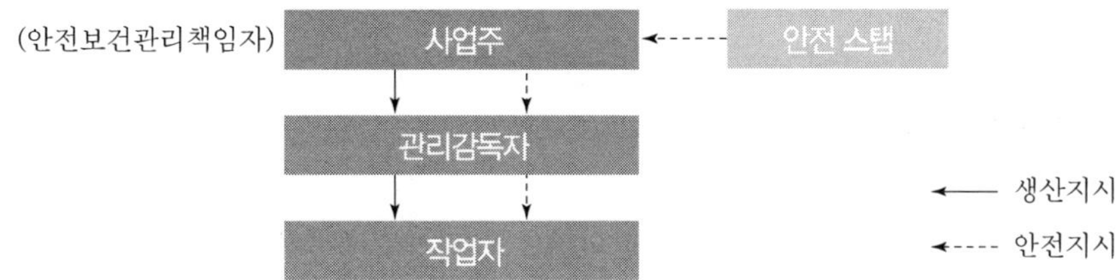

2. 산업안전보건위원회(노사협의체) 등의 법적체제 및 운용방법

1) 산업안전보건위원회 설치대상

| 산업안전보건위원회를 설치 · 운영해야 할 사업의 종류 및 규모 |

사업의 종류	규모
1. 토사석 광업 2. 목재 및 나무제품 제조업 ; 가구제외 3. 화학물질 및 화학제품 제조업 ; 의약품 제외(세제, 화장품 및 광택제 제조업과 화학섬유 제조업은 제외한다) 4. 비금속 광물제품 제조업 5. 1차 금속 제조업 6. 금속가공제품 제조업 ; 기계 및 가구 제외 7. 자동차 및 트레일러 제조업 8. 기타 기계 및 장비 제조업(사무용 기계 및 장비 제조업은 제외한다) 9. 기타 운송장비 제조업(전투용 차량 제조업은 제외한다)	상시 근로자 50명 이상
10. 농업 11. 어업 12. 소프트웨어 개발 및 공급업 13. 컴퓨터 프로그래밍, 시스템 통합 및 관리업 14. 정보서비스업 15. 금융 및 보험업 16. 임대업 ; 부동산 제외 17. 전문, 과학 및 기술 서비스업(연구개발업은 제외한다) 18. 사업지원 서비스업 19. 사회복지 서비스업	상시 근로자 300명 이상
20. 건설업	공사금액 120억원 이상(「건설산업기본법 시행령」 별표 1에 따른 토목공사업에 해당하는 공사의 경우에는 150억원 이상)
21. 제1호부터 제20호까지의 사업을 제외한 사업	상시 근로자 100명 이상

2) 구성

(1) 근로자 위원

① 근로자대표
② 근로자대표가 지명하는 1명 이상의 명예산업안전감독관
③ 근로자대표가 지명하는 9명 이내의 해당 사업장의 근로자

(2) 사용자 위원

① 해당 사업의 대표자
② 안전관리자
③ 보건관리자
④ 산업보건의
⑤ 해당 사업의 대표자가 지명하는 9명 이내의 해당 사업장 부서의 장

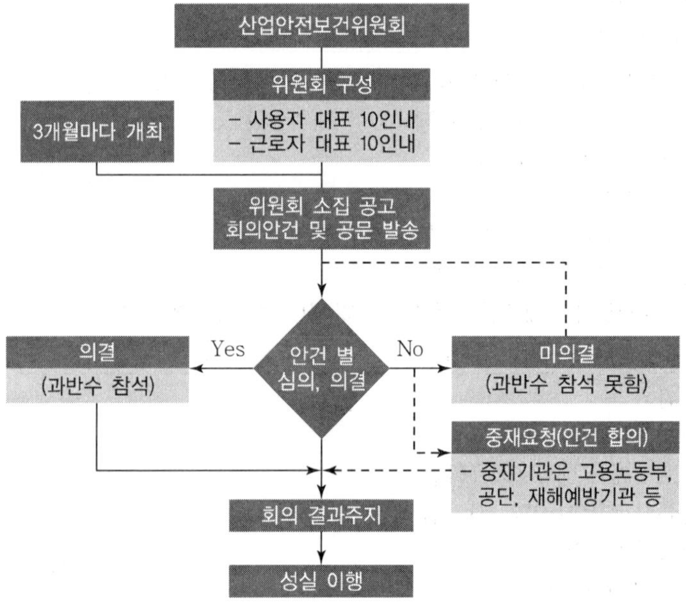

3) 회의결과 등의 주지

(1) 사내방송이나 사내보
(2) 게시 또는 자체 정례조회
(3) 그 밖의 적절한 방법

3. 안전보건경영시스템

안전보건경영시스템이란 사업주가 자율적으로 자사의 산업재해 예방을 위해 안전보건체제를 구축하고 정기적으로 유해 · 위험 정도를 평가하여 잠재 유해 · 위험 요인을 지속적으로 개선하는 등 산업재해예방을 위한 조치사항을 체계적으로 관리하는 제반활동을 말한다.

4. 안전보건관리규정

※ 안전보건관리규정 작성대상 : 상시 근로자 100명 이상을 사용하는 사업

1) 작성내용

(1) 안전 · 보건관리조직과 그 직무에 관한 사항
(2) 안전 · 보건교육에 관한 사항
(3) 작업장 안전관리에 관한 사항
(4) 작업장 보건관리에 관한 사항
(5) 사고조사 및 대책수립에 관한 사항
(6) 그 밖에 안전 · 보건에 관한 사항

2) 작성 시의 유의사항

(1) 규정된 기준은 법정기준을 상회하도록 할 것
(2) 관리자층의 직무와 권한, 근로자에게 강제 또는 요청한 부분을 명확히 할 것
(3) 관계법령의 제 · 개정에 따라 즉시 개정되도록 라인 활용이 쉬운 규정이 되도록 할 것
(4) 작성 또는 개정시에는 현장의 의견을 충분히 반영할 것
(5) 규정의 내용은 정상시는 물론 이상시, 사고시, 재해발생시의 조치와 기준에 관해서도 규정할 것

3) 안전보건관리규정의 작성 · 변경 절차

사업주는 안전보건관리규정을 작성하거나 변경할 때에는 산업안전보건위원회의 심의 · 의결을 거쳐야 한다. 다만, 산업안전보건위원회가 설치되어 있지 아니한 사업장의 경우에는 근로자대표의 동의를 얻어야 한다.

5. 안전보건관리계획

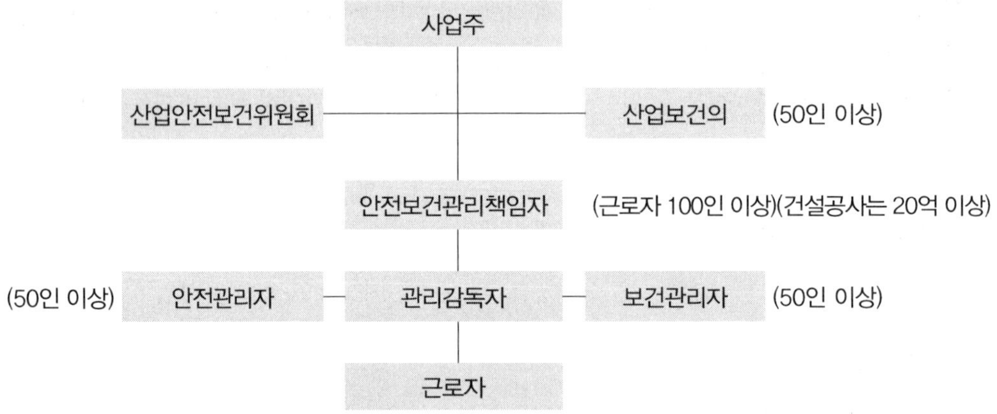

※ 안전(보건)관리자 전담자 선임
 – 300인 이상(건설업 120억 이상, 토목공사업 150억 이상)

1) 안전관리조직의 구성요건

(1) 생산관리조직의 관리감독자를 안전관리조직에 포함
(2) 사업주 및 안전관리책임자의 자문에 필요한 스태프 기능 수행
(3) 안전관리활동을 심의, 의견청취 수렴하기 위한 안전관리위원회를 둠
(4) 안전관계자에 대한 권한부여 및 시설, 장비, 예산 지원

2) 안전관리자의 직무

(1) 안전관리자의 업무 등

① 산업안전보건위원회 또는 안전 · 보건에 관한 노사협의체에서 심의 · 의결한 업무와 법 제20조제1항에 따른 해당 사업장의 안전보건관리규정(이하 "안전보건관리규정"이라 한다) 및 취업규칙에서 정한 업무
② 안전인증대상 기계 · 기구등(이하 "안전인증 대상 기계 · 기구등"이라 한다)과 자율안전확인대상 기계 · 기구등(이하 "자율안전확인대상 기계 · 기구등"이라 한다) 구입 시 적격품의 선정에 관한 보좌 및 조언 · 지도
②의2. 위험성평가에 관한 보좌 및 조언 · 지도
③ 해당 사업장 안전교육계획의 수립 및 안전교육 실시에 관한 보좌 및 조언 · 지도
④ 사업장 순회점검 · 지도 및 조치의 건의
⑤ 산업재해 발생의 원인 조사 · 분석 및 재발 방지를 위한 기술적 보좌 및 조언 · 지도
⑥ 산업재해에 관한 통계의 유지 · 관리 · 분석을 위한 보좌 및 조언 · 지도
⑦ 법 또는 법에 따른 명령으로 정한 안전에 관한 사항의 이행에 관한 보좌 및 조언 · 지도
⑧ 업무수행 내용의 기록 · 유지

⑨ 그 밖에 안전에 관한 사항으로서 고용노동부장관이 정하는 사항

> **□ 안전관리자 등의 증원 · 교체임명 명령**
>
> 지방고용노동관서의 장은 다음 각 호의 어느 하나에 해당하는 사유가 발생한 경우에는 사업주에게 안전관리자 · 보건관리자 또는 안전보건관리담당자를 정수이상으로 증원하게 하거나 교체하여 임명할 것을 명할 수 있다. 다만, 제4호에 해당하는 경우로서 직업성질병자 발생 당시 사업장에서 해당 화학적 인자를 사용하지 아니하는 경우에는 그러하지 아니하다.
>
> 1. 해당 사업장의 연간재해율이 같은 업종의 평균재해율의 2배 이상인 경우
> 2. 중대재해가 연간 2건 이상 발생한 경우. 다만, 해당 사업장의 전년도 사망만인율이 같은 업종의 평균 사망만인율 이하인 경우는 제외한다.
> 3. 관리자가 질병이나 그 밖의 사유로 3개월 이상 직무를 수행할 수 없게 된 경우
> 4. 별표 22 제1호에 따른 화학적 인자로 인한 직업성질병자가 연간 3명 이상 발생한 경우. 이 경우 직업성질병자 발생일은 「산업재해보상보험법 시행규칙」 제21조제1항에 따른 요양급여의 결정일로 한다.

(2) 안전보건관리책임자의 업무

① 산업재해예방계획의 수립에 관한 사항
② 안전보건관리규정의 작성 및 변경에 관한 사항
③ 근로자의 안전 · 보건교육에 관한 사항
④ 작업환경의 측정 등 작업환경의 점검 및 개선에 관한 사항
⑤ 근로자의 건강진단 등 건강관리에 관한 사항
⑥ 산업재해의 원인조사 및 재발 방지대책 수립에 관한 사항
⑦ 산업재해에 관한 통계의 기록 및 유지에 관한 사항
⑧ 안전 · 보건과 관련된 안전장치 및 보호구 구입 시의 적격품 여부 확인에 관한 사항
⑨ 근로자의 유해 · 위험예방조치에 관한 사항으로서 고용노동부령으로 정하는 사항

(3) 관리감독자의 업무내용

① 사업장 내 관리감독자가 지휘 · 감독하는 작업과 관련된 기계 · 기구 또는 설비의 안전 · 보건 점검 및 이상 유무의 확인
② 관리감독자에게 소속된 근로자의 작업복 · 보호구 및 방호장치의 점검과 그 착용 · 사용에 관한 교육 · 지도
③ 해당 작업에서 발생한 산업재해에 관한 보고 및 이에 대한 응급조치
④ 해당 작업의 작업장 정리 · 정돈 및 통로확보에 대한 확인 · 감독
⑤ 산업보건의, 안전관리자, 보건관리자 및 안전보건관리담당자의 지도 · 조언에 대한 협조
⑥ 위험성평가를 위한 업무에 기인하는 유해 · 위험요인의 파악 및 그 결과에 따른 개선조치의 시행
⑦ 그 밖에 해당 작업의 안전 · 보건에 관한 사항으로서 고용노동부령으로 정하는 사항

(4) 산업보건의의 직무

① 건강진단 실시결과의 검토 및 그 결과에 따른 작업배치, 작업전환 또는 근로시간의 단축 등 근로자의 건강보호 조치

② 근로자의 건강장해의 원인조사와 재발방지를 위한 의학적 조치

③ 그밖에 근로자의 건강 유지 및 증진을 위하여 필요한 의학적 조치에 관하여 고용노동부장관이 정하는 사항

(5) 선임대상 및 교육

구 분	선임신고	신규교육	보수교육
대 상	• 안전관리자 • 보건관리자 • 산업보건의	• 안전보건관리책임자 • 안전관리자 • 보건관리자 • 산업보건의	• 안전보건관리책임자 • 안전관리자 • 보건관리자 • 산업보건의 • 재해예방 전문기관 종사자
기 간	선임일로부터 14일 이내	선임일로부터 3개월 이내 (단, 보건관리자가 의사인 경우는 1년)	신규교육을 이수한 후 매 2년이 되는 날을 기준으로 전후 3개월 사이
기 관	해당 지방고용노동관서	공단, 민간지정교육기관	

3) 도급과 관련된 사항

도급(都給)이란 당사자의 일방이 어느 일을 완성할 것을 약정하고 상대방이 그 일의 결과에 대하여 이에 보수를 지급할 것을 약정하는 것을 말하는데 일을 완성할 것을 약정한 자를 수급인, 완성한 일에 대해서 보수를 지급하기로 약정한 자를 도급인이라고 한다.

(1) 도급사업 시의 안전보건조치

같은 장소에서 행하여지는 사업으로서 대통령령으로 정하는 사업의 사업주는 그가 사용하는 근로자와 그의 수급인이 사용하는 근로자가 같은 장소에서 작업을 할 때에 생기는 산업재해를 예방하기 위한 조치를 하여야 한다.

① 안전보건에 관한 협의체의 구성 및 운영

② 작업장의 순회점검 등 안전보건 관리

③ 수급인이 근로자에게 하는 안전보건교육에 대한 지도와 지원

④ 작업환경측정

⑤ 다음 각 목의 어느 하나의 경우에 대비한 경보의 운영과 수급인 및 수급인의 근로자에 대한 경보운영 사항의 통보

- 작업장소에서 발파작업을 하는 경우

• 작업장소에서 화재가 발생하거나 토석 붕괴사고가 발생하는 경우

(2) 안전보건총괄책임자 지정대상 사업

수급인에게 고용된 근로자를 포함한 상시 근로자가 100명(선박 및 보트 건조업, 1차 금속 제조업 및 토사석 광업의 경우에는 50명) 이상인 사업 및 수급인의 공사금액을 포함한 해당 공사의 총공사금액이 20억원 이상인 건설업을 말한다.

(3) 안전보건총괄책임자의 직무

① 작업의 중지 및 재개
② 도급사업 시의 안전보건조치
③ 수급인의 산업안전보건관리비의 집행감독 및 그 사용에 관한 수급인 간의 협의 · 조정
④ 안전인증대상 기계 · 기구 등과 자율안전확인대상 기계 · 기구 등의 사용 여부 확인
⑤ 위험성평가의 실시에 관한 사항

6. 안전보건 개선계획

1) 안전보건 개선계획서에 포함되어야 할 내용

(1) 시설
(2) 안전보건관리 체제
(3) 안전보건교육
(4) 산업재해예방 및 작업환경의 개선을 위하여 필요한 사항

2) 안전 · 보건진단을 받아 안전보건개선계획을 수립 · 제출하도록 명할 수 있는 사업장

(1) 산업재해율이 같은 업종의 규모별 평균 산업재해율보다 높은 사업장 중 중대재해(사업주가 안전 · 보건조치의무를 이행하지 아니하여 발생한 중대재해만 해당한다)발생 사업장
(2) 산업재해율이 같은 업종 평균 산업재해발생률의 2배 이상인 사업장
(3) 직업병에 걸린 사람이 연간 2명 이상(상시근로자 1천명 이상 사업장의 경우 3명 이상) 발생한 사업장
(4) 작업환경 불량, 화재 · 폭발 또는 누출사고 등으로 사회적 물의를 일으킨 사업장
(5) 제1호부터 제4호까지의 규정에 준하는 사업장으로서 고용노동부장관이 정하는 사업장

7. 유해 · 위험방지계획서

1) 유해위험방지계획서를 제출하여야 할 사업의 종류

전기 계약용량이 300킬로와트(kW) 이상인 다음의 업종으로서 제품생산 공정과 직접적으로 관련된 건설물 · 기계 · 기구 및 설비 등 일체를 설치 · 이전하거나 그 주요구조부를 변경하는 경우

① 금속가공제품(기계 및 가구는 제외) 제조업
② 비금속 광물제품 제조업
③ 기타 기계 및 장비제조업
④ 자동차 및 트레일러 제조업
⑤ 식료품 제조업
⑥ 고무제품 및 플라스틱제품 제조업
⑦ 목재 및 나무제품 제조업
⑧ 기타 제품 제조업
⑨ 1차 금속 제조업
⑩ 가구 제조업
⑪ 화학물질 및 화학제품 제조업
⑫ 반도체 제조업
⑬ 전자부품 제조업

- 제출처 및 제출수량 : 한국산업안전보건공단에 2부 제출
- 제출시기 : 작업시작 15일 전
- 제출서류 : 건축물 각 층 평면도, 기계 · 설비의 개요를 나타내는 서류, 기계설비 배치도면, 원재료 및 제품의 취급 · 제조 등의 작업방법의 개요, 그 밖에 고용노동부장관이 정하는 도면 및 서류

2) 유해위험방지계획서를 제출하여야 할 기계 · 기구 및 설비

① 금속이나 그 밖의 광물의 용해로
② 화학설비
③ 건조설비
④ 가스집합용접장치
⑤ 허가대상 · 관리대상 유해물질 및 분진작업 관련 설비(국소배기장치)

- 제출처 및 제출수량 : 한국산업안전보건공단에 2부 제출
- 제출시기 : 작업시작 15일 전
- 제출서류 : 설치장소의 개요를 나타내는 서류, 설비의 도면, 그 밖에 고용노동부장관이 정하는 도면 및 서류

3) 유해위험방지계획서를 제출하여야 할 건설공사

(1) 지상높이가 31미터 이상인 건축물 또는 인공구조물, 연면적 3만제곱미터 이상인 건축물 또는 연면적 5천제곱미터 이상의 문화 및 집회시설(전시장 및 동물원 · 식물원은 제외한다), 판매시설, 운수시설(고속철도의 역사 및 집배송시설은 제외한다), 종교시설, 의료시설 중 종합병원, 숙박시설 중 관광숙박시설, 지하도상가 또는 냉동 · 냉장창고시설의 건설 · 개조 또는 해체

(2) 연면적 5천제곱미터 이상의 냉동 · 냉장창고시설의 설비공사 및 단열공사

(3) 최대 지간길이가 50미터 이상인 교량건설 등 공사

(4) 터널 건설 등의 공사

(5) 다목적 댐, 발전용 댐 및 저수용량 2천만톤 이상의 용수 전용 댐, 지방상수도 전용 댐 건설 등의 공사

(6) 깊이 10미터 이상인 굴착공사

- 제출처 및 제출수량 : 한국산업안전보건공단에 2부 제출
- 제출시기 : 공사 착공 전
- 제출서류 : 공사개요 및 안전보건관리계획, 작업 공사 종류별 유해 · 위험방지계획

4) 유해위험방지계획서 확인사항

유해 · 위험방지계획서를 제출한 사업주는 해당 건설물 · 기계 · 기구 및 설비의 시운전단계에서 다음 사항에 관하여 한국산업안전보건공단의 확인을 받아야 한다.

(1) 유해 · 위험방지계획서의 내용과 실제공사 내용이 부합하는지 여부

(2) 유해 · 위험방지계획서 변경내용의 적정성

(3) 추가적인 유해 · 위험요인의 존재 여부

02장 재해 및 안전점검

PROFESSIONAL ENGINEER ERGONOMICS

재해조사

1. 재해조사의 목적

1) 목적

(1) 동종재해의 재발방지
(2) 유사재해의 재발방지
(3) 재해원인의 규명 및 예방자료 수집

2) 재해조사에서 방지대책까지의 순서(재해사례연구)

(1) 1단계

사실의 확인(① 사람 ② 물건 ③ 관리 ④ 재해발생까지의 경과)

(2) 2단계

직접원인과 문제점의 확인

(3) 3단계

근본 문제점의 결정

(4) 4단계

대책의 수립
① 동종재해의 재발방지
② 유사재해의 재발방지
③ 재해원인의 규명 및 예방자료 수집

3) 사례연구 시 파악하여야 할 상해의 종류

(1) 상해의 부위
(2) 상해의 종류
(3) 상해의 성질

2. 재해조사 시 유의사항

1) 사실을 수집한다.
2) 객관적인 입장에서 공정하게 조사하며 조사는 2인 이상이 한다.
3) 책임추궁보다는 재발방지를 우선으로 한다.
4) 조사는 신속하게 행하고 긴급 조치하여 2차 재해의 방지를 도모한다.
5) 피해자에 대한 구급조치를 우선한다.
6) 사람, 기계 설비 등의 재해요인을 모두 도출한다.

3. 재해발생 시 조치사항

1) 긴급처리

(1) 재해발생기계의 정지 및 피해확산 방지
(2) 재해자의 구조 및 응급조치(가장 먼저 해야 할 일)
(3) 관계자에게 통보
(4) 2차 재해방지
(5) 현장보존

2) 재해조사

누가, 언제, 어디서, 어떤 작업을 하고 있을 때, 어떤 환경에서, 불안전 행동이나 상태는 없었는지 등에 대한 조사 실시

3) 원인강구

인간(Man), 기계(Machine), 작업매체(Media), 관리(Management) 측면에서의 원인 분석

4) 대책수립

유사한 재해를 예방하기 위한 3E 대책수립
−3E : 기술적(Engineering), 교육적(Education), 관리적(Enforcement)

5) 대책실시계획

6) 실시

7) 평가

4. 재해발생의 원인분석 및 조사기법

1) 사고발생의 연쇄성(하인리히의 도미노 이론)

사고의 원인이 어떻게 연쇄반응(Accident Sequence)을 일으키는가를 설명하기 위해 흔히 도미노(Domino)를 세워놓고 어느 한쪽 끝을 쓰러뜨리면 연쇄적, 순차적으로 쓰러지는 현상을 비유. 도미노 골패가 연쇄적으로 넘어지려고 할 때 불안전한 행동이나 상태를 제거함으로써 연쇄성을 끊어 사고를 예방하게 된다. 하인리히는 사고의 발생과정을 다음과 같이 5단계로 정의했다.

(1) 사회적 환경 및 유전적 요소(기초원인)
(2) 개인의 결함 : 간접원인
(3) 불안전한 행동 및 불안전한 상태(직접원인) ⇒ 제거(효과적임)
(4) 사고
(5) 재해

2) 최신 도미노 이론(버드의 관리모델)

프랭크 버드 주니어(Frank Bird Jr.)는 하인리히와 같이 연쇄반응의 개별요인이라 할 수 있는 5개의 골패로 상징되는 손실요인이 연쇄적으로 반응되어 손실을 일으키는 것으로 보았는데 이를 다음과 같이 정리했다.

(1) 통제의 부족(관리) : 관리의 소홀, 전문기능 결함
(2) 기본원인(기원) : 개인적 또는 과업과 관련된 요인
(3) 직접원인(징후) : 불안전한 행동 및 불안전한 상태
(4) 사고(접촉)
(5) 상해(손해, 손실)

3) 애드워드 애덤스의 사고연쇄반응 이론

세인트루이스 석유회사의 손실방지 담당 중역인 애드워드 애덤스(Edward Adams)는 사고의 직접원인을 불안전한 행동의 특성에 달려 있는 것으로 보고 전술적 에러(Tactical error)와 작전적 에러로 구분하여 설명하였다.

(1) 관리구조
(2) 작전적 에러 : 관리자의 의사결정이 그릇되거나 행동을 안함
(3) 전술적 에러 : 불안전 행동, 불안전 동작
(4) 사고 : 상해의 발생, 아차사고(Near Miss), 무상해사고
(5) 상해, 손해 : 대인, 대물

4) 재해예방의 4원칙

(1) 손실우연의 원칙 : 재해손실은 사고발생시 사고대상의 조건에 따라 달라지므로 한 사고의 결과로서 생긴 재해손실은 우연성에 의해서 결정

(2) 원인계기의 원칙 : 재해발생은 반드시 원인이 있음

(3) 예방가능의 원칙 : 재해는 원칙적으로 원인만 제거하면 예방이 가능

(4) 대책선정의 원칙 : 재해예방을 위한 가능한 안전대책은 반드시 존재

5. 재해구성비율

1) 하인리히의 법칙

1 : 29 : 300

330회의 사고 가운데 중상 또는 사망 1회, 경상 29회, 무상해사고 300회의 비율로 사고가 발생

2) 버드의 법칙

1 : 10 : 30 : 600

(1) 1 : 중상 또는 폐질

(2) 10 : 경상(인적, 물적 상해)

(3) 30 : 무상해사고(물적 손실 발생)

(4) 600 : 무상해, 무사고 고장(위험순간)

6. 산업재해 발생과정

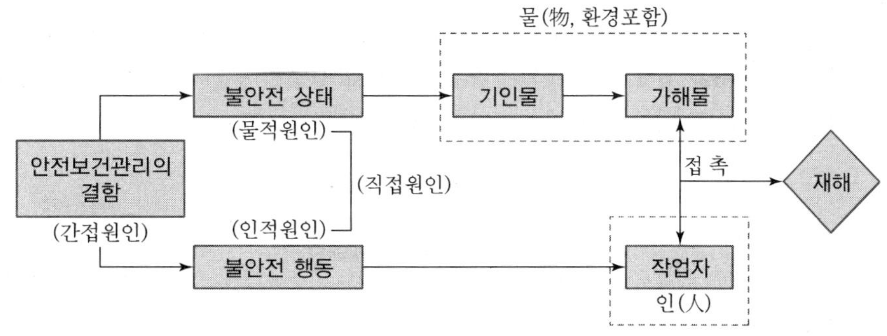

[재해발생의 메커니즘(모델, 구조)]

7. 산업재해 용어(KOSHA GUIDE)

추락(떨어짐)	사람이 인력(중력)에 의하여 건축물, 구조물, 가설물, 수목, 사다리 등의 높은 장소에서 떨어지는 것
전도(넘어짐) · 전복	사람이 거의 평면 또는 경사면, 층계 등에서 구르거나 넘어짐 또는 미끄러진 경우와 물체가 전도 · 전복된 경우
붕괴 · 무너짐	토사, 적재물, 구조물, 건축물, 가설물 등이 전체적으로 허물어져 내리거나 또는 주요 부분이 꺾어져 무너지는 경우
충돌(부딪힘) · 접촉	재해자 자신의 움직임 · 동작으로 인하여 기인물에 접촉 또는 부딪히거나, 물체가 고정부에서 이탈하지 않은 상태로 움직임(규칙, 불규칙) 등에 의하여 접촉 · 충돌한 경우
낙하(떨어짐) · 비래	구조물, 기계 등에 고정되어 있던 물체가 중력, 원심력, 관성력 등에 의하여 고정부에서 이탈하거나 또는 설비 등으로부터 물질이 분출되어 사람을 가해하는 경우
협착(끼임) · 감김	두 물체 사이의 움직임에 의하여 일어난 것으로 직선 운동하는 물체 사이의 협착, 회전부와 고정체 사이의 끼임, 롤러 등 회전체 사이에 물리거나 또는 회전체 · 돌기부 등에 감긴 경우
압박 · 진동	재해자가 물체의 취급과정에서 신체 특정부위에 과도한 힘이 편중 · 집중 · 눌려진 경우나 마찰접촉 또는 진동 등으로 신체에 부담을 주는 경우
신체 반작용	물체의 취급과 관련 없이 일시적이고 급격한 행위 · 동작, 균형 상실에 따른 반사적 행위 또는 놀람, 정신적 충격, 스트레스 등
부자연스런 자세	물체의 취급과 관련 없이 작업환경 또는 설비의 부적절한 설계 또는 배치로 작업자가 특정한 자세 · 동작을 장시간 취하여 신체의 일부에 부담을 주는 경우
과도한 힘 · 동작	물체의 취급과 관련하여 근육의 힘을 많이 사용하는 경우로서 밀기, 당기기, 지탱하기, 들어올리기, 돌리기, 잡기, 운반하기 등과 같은 행위 · 동작
반복적 동작	물체의 취급과 관련하여 근육의 힘을 많이 사용하지 않는 경우로서 지속적 또는 반복적인 업무 수행으로 신체의 일부에 부담을 주는 행위 · 동작
이상온도 노출 · 접촉	고 · 저온 환경 또는 물체에 노출 · 접촉된 경우
이상기압 노출	고 · 저기압 등의 환경에 노출된 경우
소음 노출	폭발음을 제외한 일시적 · 장기적인 소음에 노출된 경우
유해 · 위험물질 노출 · 접촉	유해 · 위험물질에 노출 · 접촉 또는 흡입하였거나 독성 동물에 쏘이거나 물린 경우
유해광선 노출	전리 또는 비전리 방사선에 노출된 경우
산소결핍 · 질식	유해물질과 관련 없이 산소가 부족한 상태 · 환경에 노출되었거나 이물질 등에 의하여 기도가 막혀 호흡기능이 불충분한 경우

산소결핍 · 질식	유해물질과 관련 없이 산소가 부족한 상태 · 환경에 노출되었거나 이물질 등에 의하여 기도가 막혀 호흡기능이 불충분한 경우
화재	가연물에 점화원이 가해져 의도적으로 불이 일어난 경우(방화 포함)
폭발	건축물, 용기 내 또는 대기 중에서 물질의 화학적, 물리적 변화가 급격히 진행되어 열, 폭음, 폭발압이 동반하여 발생하는 경우
전류 접촉	전기 설비의 충전부 등에 신체의 일부가 직접 접촉하거나 유도 전류의 통전으로 근육의 수축, 호흡곤란, 심실세동 등이 발생한 경우 또는 특별고압 등에 접근함에 따라 발생한 섬락 접촉, 합선 · 혼촉 등으로 인하여 발생한 아크에 접촉된 경우
폭력 행위	의도적인 또는 의도가 불분명한 위험행위(마약, 정신질환 등)로 자신 또는 타인에게 상해를 입힌 폭력 · 폭행을 말하며, 협박 · 언어 · 성폭력 및 동물에 의한 상해 등도 포함

SECTION 02 산재분류 및 통계분석

1. 재해율의 종류 및 계산

1) 재해율

임금근로자수 100명당 발생하는 재해자수의 비율

$$\text{재해율} = \frac{\text{재해자수}}{\text{임금근로자수}} \times 100$$

※ 임금근로자수란 통계청의 경제활동인구조사상 임금근로자수를 말한다. 다만, 건설업 근로자수는 통계청 건설업조사 피고용자수의 경제활동인구조사 건설업 근로자수에 대한 최근 5년 평균 배수를 산출하여 경제활동인구조사 건설업 임금근로자수에 곱하여 산출한다.

2) 사망만인율

임금근로자수 10,000명당 발생하는 사망자수의 비율

3) 연천인율(年千人率)

1년간 발생하는 임금근로자 1,000명당 재해자수

$$연천인율 = \frac{재해자수}{연평균근로자수} \times 1,000$$

$$연천인율 = 도수율(빈도율) \times 2.4$$

4) 도수율(빈도율)(F.R ; Frequency Rate of Injury)

- 근로자 100만 명이 1시간 작업시 발생하는 재해건수
- 근로자 1명이 100만 시간 작업시 발생하는 재해건수

$$도수율 = \frac{재해발생건수}{연근로시간수} \times 1,000,000$$

연근로시간수 = 실근로자수 × 근로자 1인당 연간 근로시간수

여기서, 1년 : 300일, 2,400시간
1월 : 25일, 200시간
1일 : 8시간

5) 강도율(S.R ; Severity Rate of Injury)

연근로시간 1,000시간당 재해로 인해서 잃어버린 근로손실일수

$$강도율 = \frac{근로손실일수}{연근로시간수} \times 1,000$$

- 근로손실일수
  ① 사망 및 영구 전노동 불능(장애등급 1~3급) : 7,500일
  ② 영구 일부노동 불능(4~14등급)

등급	4	5	6	7	8	9	10	11	12	13	14
일수	5500	4000	3000	2200	1500	1000	600	400	200	100	50

  ③ 일시 전노동 불능(의사의 진단에 따라 일정기간 노동에 종사할 수 없는 상해)

$$휴직일수 \times \frac{300}{365}$$

6) 평균강도율

재해 1건당 평균 근로손실일수

$$평균강도율 = \frac{강도율}{도수율} \times 1,000$$

7) 환산강도율

근로자가 입사하여 퇴직할 때까지 잃을 수 있는 근로손실일수를 말함

$$환산강도율 = 강도율 \times 100$$

8) 환산도수율

근로자가 입사하여 퇴직할 때까지(40년=10만 시간) 당할 수 있는 재해건수를 말함

$$환산도수율 = \frac{도수율}{10}$$

9) 종합재해지수(F.S.I ; Frequency Severity Indicator)

재해 빈도의 다수와 상해 정도의 강약을 종합

$$종합재해지수(FSI) = \sqrt{도수율(FR) \times 강도율(SR)}$$

10) 세이프티스코어(Safe T. Score)

(1) 의미

과거와 현재의 안전성적을 비교, 평가하는 방법으로 단위가 없으며 계산결과가 (+)이면 나쁜 기록이, (−)이면 과거에 비해 좋은 기록으로 봄

(2) 공식

$$\text{Safe T. Score} = \frac{도수율(현재) - 도수율(과거)}{\sqrt{\frac{도수율(과거)}{총\ 근로시간수} \times 1,000,000}}$$

(3) 평가방법

① +2.0 이상인 경우 : 과거보다 심각하게 나쁘다.

② +2.0～−2.0인 경우 : 심각한 차이가 없음

③ −2.0 이하 : 과거보다 좋다.

2. 재해손실비의 종류 및 계산

업무상 재해로서 인적재해를 수반하는 재해에 의해 생기는 비용으로 재해가 발생하지 않았다면 발생하지 않아도 되는 직 · 간접 비용

1) 하인리히 방식

총 재해코스트＝직접비＋간접비

(1) 직접비

법령으로 정한 피해자에게 지급되는 산재보험비

① 휴업보상비
② 장해보상비
③ 요양보상비
④ 유족보상비
⑤ 장의비, 간병비

(2) 간접비

재산손실, 생산중단 등으로 기업이 입은 손실

① 인적손실 : 본인 및 제 3자에 관한 것을 포함한 시간손실
② 물적손실 : 기계, 공구, 재료, 시설의 복구에 소비된 시간손실 및 재산손실
③ 생산손실 : 생산감소, 생산중단, 판매감소 등에 의한 손실
④ 특수손실
⑤ 기타손실

(3) 직접비 : 간접비＝1 : 4

※ 우리나라의 재해손실비용은 「경제적 손실 추정액」이라 칭하며 하인리히 방식으로 산정한다.

2) 시몬즈 방식

총 재해비용＝산재보험비용＋비보험비용

비보험비용＝휴업상해건수×A＋통원상해건수×B＋응급조치건수×C＋무상해상고건수×D
A, B, C, D는 장해정도별에 의한 비보험비용의 평균치

3) 버드의 방식

총 재해비용 = 보험비(1) + 비보험비(5~50) + 비보험 기타비용(1~3)

(1) 보험비 : 의료, 보상금
(2) 비보험 재산비용 : 건물손실, 기구 및 장비손실, 조업중단 및 지연
(3) 비보험 기타비용 : 조사시간, 교육 등

4) 콤패스 방식

총 재해비용 = 공동비용비 + 개별비용비

(1) 공동비용 : 보험료, 안전보건팀 유지비용
(2) 개별비용 : 작업손실비용, 수리비, 치료비 등

3. 재해통계 분류방법

1) 상해정도별 구분

(1) 사망
(2) 영구 전노동 불능 상해(신체장애 등급 1~3등급)
(3) 영구 일부노동 불능 상해(신체장애 등급 4~14등급)
(4) 일시 전노동 불능 상해 : 장해가 남지 않는 휴업상해
(5) 일시 일부노동 불능 상해 : 일시 근무 중에 업무를 떠나 치료를 받는 정도의 상해
(6) 구급처치상해 : 응급처치 후 정상작업을 할 수 있는 정도의 상해

2) 통계적 분류

(1) 사망 : 노동손실일수 7,500일
(2) 중상해 : 부상으로 8일 이상 노동손실을 가져온 상해
(3) 경상해 : 부상으로 1일 이상 7일 이하의 노동손실을 가져온 상해
(4) 경미상해 : 8시간 이하의 휴무 또는 작업에 종사하면서 치료를 받는 상해(통원치료)

3) 상해의 종류

(1) 골절 : 뼈에 금이 가거나 부러진 상해
(2) 동상 : 저온물 접촉으로 생긴 동상상해
(3) 부종 : 국부의 혈액순환 이상으로 몸이 퉁퉁 부어오르는 상해

(4) 중독, 질식 : 음식, 약물, 가스 등에 의해 중독이나 질식된 상태
(5) 찰과상 : 스치거나 문질러서 벗겨진 상태
(6) 창상 : 창, 칼 등에 베인 상처
(7) 청력장해 : 청력이 감퇴 또는 난청이 된 상태
(8) 시력장해 : 시력이 감퇴 또는 실명이 된 상태
(9) 화상 : 화재 또는 고온물 접촉으로 인한 상해

4. 재해사례 분석절차

1) 재해통계 목적 및 역할

(1) 재해원인을 분석하고 위험한 작업 및 여건을 도출
(2) 합리적이고 경제적인 재해예방 정책방향 설정
(3) 재해실태를 파악하여 예방활동에 필요한 기초자료 및 지표 제공
(4) 재해예방사업 추진실적을 평가하는 측정 수단

2) 재해의 통계적 원인분석 방법

(1) 파레토도 : 분류 항목을 큰 순서대로 도표화한 분석법
(2) 특성요인도 : 특성과 요인관계를 도표로 하여 어골상으로 세분화한 분석법(원인과 결과를 연계하여 상호관계를 파악)
(3) 클로즈(Close)분석도 : 데이터(Data)를 집계하고 표로 표시하여 요인별 결과 내역을 교차한 클로즈 그림을 작성하여 분석하는 방법
(4) 관리도 : 재해발생 건수 등의 추이를 파악하여 목표관리를 행하는 데 필요한 월별 재해발생수를 그래프화하여 관리선을 설정 관리하는 방법

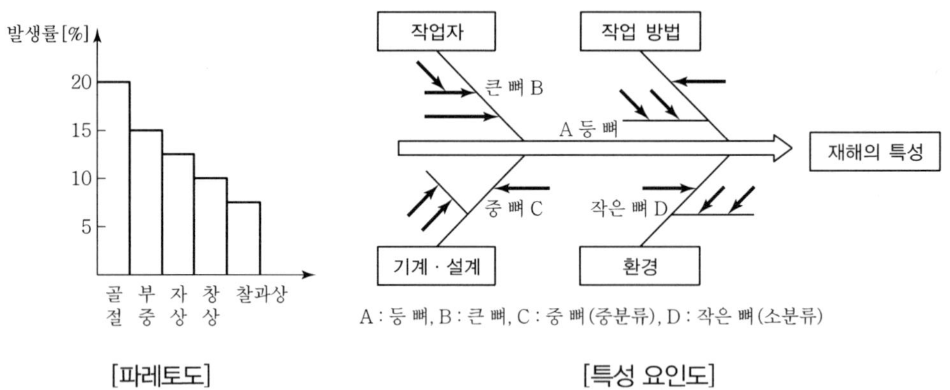

[파레토도] [특성 요인도]

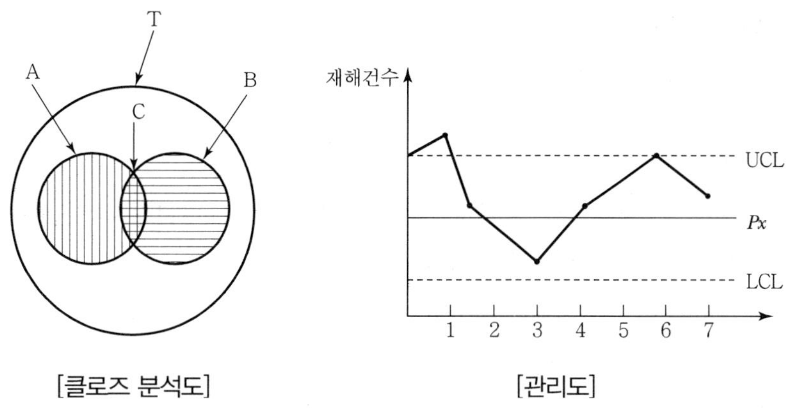

[클로즈 분석도] [관리도]

3) 재해통계 작성 시 유의할 점

(1) 활용목적을 수행할 수 있도록 충분한 내용이 포함되어야 한다.
(2) 재해통계는 구체적으로 표시되고 그 내용은 용이하게 이해되며 이용할 수 있을 것
(3) 재해통계는 항목 내용 등 재해요소가 정확히 파악될 수 있도록 예방대책이 수립될 것
(4) 재해통계는 정량적으로 정확하게 수치적으로 표시되어야 한다.

4) 재해발생 원인의 구분

(1) 기술적 원인

① 건물, 기계장치의 설계불량
② 구조, 재료의 부적합
③ 생산방법의 부적합
④ 점검, 정비, 보존불량

(2) 교육적 원인

① 안전지식의 부족
② 안전수칙의 오해
③ 경험, 훈련의 미숙
④ 작업방법의 교육 불충분
⑤ 유해 · 위험작업의 교육 불충분

(3) 관리적 원인

① 안전관리조직의 결함
② 안전수칙 미제정
③ 작업준비 불충분
④ 인원배치 부적당
⑤ 작업지시 부적당

(4) 정신적 원인

① 안전의식의 부족
② 주의력의 부족
③ 방심 및 공상
④ 개성적 결함 요소 : 도전적인 마음, 과도한 집착, 다혈질 및 인내심 부족
⑤ 판단력 부족 또는 그릇된 판단

(5) 신체적 원인

① 피로
② 시력 및 청각기능의 이상
③ 근육운동의 부적합
④ 육체적 능력 초과

5. 산업재해

1) 산업재해의 정의

근로자가 업무에 관계되는 건설물, 설비, 원재료, 가스, 증기, 분진 등에 의하거나 작업 또는 그 밖의 업무로 인하여 사망 또는 부상하거나 질병에 걸리는 것(산업안전보건법 제2조)

2) 조사보고서 제출

사업주는 산업재해로 사망자가 발생하거나 3일 이상의 요양이 필요한 부상을 입거나 질병에 걸린 사람이 발생한 경우에는 해당 산업재해가 발생한 날부터 1개월 이내에 산업재해조사표를 작성하여 관할 지방고용노동청장 또는 지청장에게 제출해야 함

3) 사업주는 산업재해가 발생한 때에는 고용노동부령이 정하는 바에 따라 재해발생원인 등을 기록하여야 하며 이를 3년간 보존하여야 함

[산업재해 기록 · 보존해야 할 사항]

① 사업장의 개요 및 근로자의 인적사항
② 재해발생의 일시 및 장소
③ 재해발생의 원인 및 과정
④ 재해 재발방지 계획

■ 산업안전보건법 시행규칙 [별지 제1호서식]

산업재해 조사표

※ 뒤쪽의 작성방법을 읽고 작성해 주시기 바라며, [ ]에는 해당하는 곳에 √ 표시를 합니다. (앞쪽)

<table>
<tr><td rowspan="8">Ⅰ. 사업장 정보</td><td colspan="2">①산재관리번호
(사업개시번호)</td><td colspan="2"></td><td>사업자등록번호</td><td colspan="2"></td></tr>
<tr><td colspan="2">②사업장명</td><td colspan="2"></td><td>③근로자 수</td><td colspan="2"></td></tr>
<tr><td colspan="2">④업종</td><td colspan="2"></td><td>소재지</td><td colspan="2">(-)</td></tr>
<tr><td colspan="2">⑤재해자가 사내 수급인 소속인 경우(건설업 제외)</td><td colspan="2">원도급인 사업장명
사업장 산재관리번호
(사업개시번호)</td><td>⑥재해자가 파견근로자인 경우</td><td colspan="2">파견사업주 사업장명
사업장 산재관리번호
(사업개시번호)</td></tr>
<tr><td rowspan="3">건설업만 작성</td><td>⑦원수급 사업장명</td><td></td><td></td><td rowspan="2">공사현장 명</td><td rowspan="2" colspan="2"></td></tr>
<tr><td>⑧원수급 사업장 산재관리번호(사업개시번호)</td><td></td><td></td></tr>
<tr><td>⑨공사종류</td><td></td><td></td><td>공정률</td><td>%</td><td>공사금액 백만원</td></tr>
</table>

※ 아래 항목은 재해자별로 각각 작성하되, 같은 재해로 재해자가 여러 명이 발생한 경우에는 별도 서식에 추가로 적습니다.

<table>
<tr><td rowspan="7">Ⅱ. 재해 정보</td><td>성명</td><td></td><td>주민등록번호
(외국인등록번호)</td><td></td><td>성별</td><td>[ ]남 [ ]여</td></tr>
<tr><td>국적</td><td colspan="3">[ ]내국인 [ ]외국인 [국적: ⑩체류자격:]</td><td>⑪직업</td><td></td></tr>
<tr><td>입사일</td><td>년 월 일</td><td>⑫같은 종류업무 근속기간</td><td colspan="3">년 월</td></tr>
<tr><td>⑬고용형태</td><td colspan="5">[ ]상용 [ ]임시 [ ]일용 [ ]무급가족종사자 [ ]자영업자 [ ]그 밖의 사항 [ ]</td></tr>
<tr><td>⑭근무형태</td><td colspan="5">[ ]정상 [ ]2교대 [ ]3교대 [ ]4교대 [ ]시간제 [ ]그 밖의 사항 [ ]</td></tr>
<tr><td rowspan="2">⑮상해종류(질병명)</td><td rowspan="2"></td><td rowspan="2">⑯상해부위
(질병부위)</td><td rowspan="2"></td><td>⑰휴업예상일수</td><td>휴업 [ ]일</td></tr>
<tr><td>사망 여부</td><td>[ ] 사망</td></tr>
</table>

<table>
<tr><td rowspan="5">Ⅲ. 재해발생 개요 및 원인</td><td rowspan="4">⑱ 재해 발생 개요</td><td>발생일시</td><td>[ ]년 [ ]월 [ ]일 [ ]요일 [ ]시 [ ]분</td></tr>
<tr><td>발생장소</td><td></td></tr>
<tr><td>재해관련 작업유형</td><td></td></tr>
<tr><td>재해발생 당시 상황</td><td></td></tr>
<tr><td colspan="2">⑲재해발생원인</td><td></td></tr>
<tr><td>Ⅳ. ⑳재발 방지 계획</td><td colspan="3"></td></tr>
</table>

작성일 년 월 일 작성자 성명 작성자 전화번호

사업주 (서명 또는 인)

근로자대표(재해자) (서명 또는 인)

( )지방고용노동청장(지청장) 귀하

재해 분류자 기입란 (사업장에서는 작성하지 않습니다)	발생형태	□□□	기인물	□□□□□
	작업지역공정	□□□	작업내용	□□□

210mm×297mm[백상지(80g/㎡) 또는 중질지(80g/㎡)]

6. 중대재해

1) 중대재해의 정의

(1) 사망자가 1명 이상 발생한 재해
(2) 3개월 이상의 요양이 필요한 부상자가 동시에 2명 이상 발생한 재해
(3) 부상자 또는 직업성 질병자가 동시에 10명 이상 발생한 재해

2) 발생시 보고사항

사업주는 중대재해가 발생한 사실을 알게 된 경우에는 지체없이 다음 사항을 관할 지방고용노동관서의 장에게 전화 · 팩스 또는 그 밖의 적절한 방법으로 보고하여야 한다. 다만, 천재지변 등 부득이한 사유가 발생한 경우에는 그 사유가 소멸된 때부터 지체없이 보고하여야 한다.

(1) 발생개요 및 피해상황
(2) 조치 및 전망
(3) 그 밖의 중요한 사항

7. 산업재해의 직접원인

1) 불안전한 행동(인적 원인, 전체 재해발생원인의 88%정도)

사고를 가져오게 한 작업자 자신의 행동에 대한 불안전한 요소

(1) 불안전한 행동의 예

① 위험장소 접근
② 안전장치의 기능 제거
③ 복장 · 보호구의 잘못된 사용
④ 기계 · 기구의 잘못된 사용
⑤ 운전 중인 기계장치의 점검
⑥ 불안전한 속도 조작
⑦ 위험물 취급 부주의
⑧ 불안전한 상태 방치
⑨ 불안전한 자세나 동작
⑩ 감독 및 연락 불충분

(2) 불안전한 행동을 일으키는 내적요인과 외적요인의 발생형태 및 대책

① 내적요인

㉠ 소질적 조건 : 적성배치

ⓛ 의식의 우회 : 상담

ⓒ 경험 및 미경험 : 교육

② 외적요인

㉠ 작업 및 환경조건 불량 : 환경정비

ⓛ 작업순서의 부적당 : 작업순서정비

③ 적성 배치에 있어서 고려되어야 할 기본사항

㉠ 적성검사를 실시하여 개인의 능력을 파악한다.

ⓛ 직무평가를 통하여 자격수준을 정한다.

ⓒ 인사관리의 기준원칙을 고수한다.

2) 불안전한 상태(물적 원인, 전체 재해발생원인의 10%정도)

직접 상해를 가져오게 한 사고에 직접관계가 있는 위험한 물리적 조건 또는 환경

(1) 불안전한 상태의 예

① 물(物) 자체 결함

② 안전방호장치의 결함

③ 복장 · 보호구의 결함

④ 물의 배치 및 작업장소 결함

⑤ 작업환경의 결함

⑥ 생산공정의 결함

⑦ 경계표시 · 설비의 결함

8. 사고의 본질적 특성

1) 사고의 시간성

2) 우연성 중의 법칙성

3) 필연성 중의 우연성

4) 사고의 재현 불가능성

9. 재해(사고) 발생 시의 유형(모델)

1) 단순자극형(집중형)

상호자극에 의하여 순간적으로 재해가 발생하는 유형으로 재해가 일어난 장소나 그 시점에 일시적으로 요인이 집중

2) 연쇄형(사슬형)

하나의 사고요인이 또 다른 요인을 발생시키면서 재해를 발생시키는 유형이다. 단순 연쇄형과 복합 연쇄형이 있다.

3) 복합형

단순 자극형과 연쇄형의 복합적인 발생유형이다. 일반적으로 대부분의 산업재해는 재해원인들이 복잡하게 결합되어 있는 복합형이다. 연쇄형의 경우에는 원인들 중에 하나를 제거하면 재해가 일어나지 않는다. 그러나 단순 자극형이나 복합형은 하나를 제거하더라도 재해가 일어나지 않는다는 보장이 없으므로, 도미노 이론은 적용되지 않는다. 이런 요인들은 부속적인 요인들에 불과하다. 따라서 재해조사에 있어서는 가능한 한 모든 요인들을 파악하도록 해야 한다.

안전점검 · 검사 · 인증 및 진단

1. 안전점검의 정의, 목적, 종류

1) 정의

안전점검은 설비의 불안전상태나 인간의 불안전행동으로부터 일어나는 결함을 발견하여 안전대책을 세우기 위한 활동을 말한다.

2) 안전점검의 목적

(1) 기기 및 설비의 결함이나 불안전한 상태의 제거로 사전에 안전성을 확보하기 위함이다.
(2) 기기 및 설비의 안전상태 유지 및 본래의 성능을 유지하기 위함이다.
(3) 재해 방지를 위하여 그 재해 요인의 대책과 실시를 계획적으로 하기 위함이다.

3) 종류

(1) 일상점검(수시점검) : 작업 전 · 중 · 후 수시로 실시하는 점검
(2) 정기점검 : 정해진 기간에 정기적으로 실시하는 점검
(3) 특별점검 : 기계 기구의 신설 및 변경 시 고장, 수리 등에 의해 부정기적으로 실시하는 점검, 안전강조기간에 실시하는 점검 등
(4) 임시점검 : 이상 발견 시 또는 재해발생시 임시로 실시하는 점검

2. 안전점검표(체크리스트)의 작성

1) 안전점검표(체크리스트)에 포함되어야 할 사항

(1) 점검대상
(2) 점검부분(점검개소)
(3) 점검항목(점검내용 : 마모, 균열, 부식, 파손, 변형 등)
(4) 점검주기 또는 기간(점검시기)
(5) 점검방법(육안점검, 기능점검, 기기점검, 정밀점검)
(6) 판정기준(법령에 의한 기준 등)
(7) 조치사항(점검결과에 따른 결과의 시정)

2) 안전점검표(체크리스트) 작성시 유의사항

(1) 위험성이 높은 순이나 긴급을 요하는 순으로 작성할 것
(2) 정기적으로 검토하여 재해예방에 실효성이 있는 내용일 것
(3) 내용은 이해하기 쉽고 표현이 구체적일 것

■ 작업 시작 전 점검사항

| 작업 시작 전 점검사항 |

작업의 종류	점검내용
1. 프레스등을 사용하여 작업을 할 때(제2편제1장제3절)	가. 클러치 및 브레이크의 기능 나. 크랭크축 · 플라이휠 · 슬라이드 · 연결봉 및 연결 나사의 풀림 여부 다. 1행정 1정지기구 · 급정지장치 및 비상정지장치의 기능 라. 슬라이드 또는 칼날에 의한 위험방지 기구의 기능 마. 프레스의 금형 및 고정볼트 상태 바. 방호장치의 기능 사. 전단기(剪斷機)의 칼날 및 테이블의 상태
2. 로봇의 작동 범위에서 그 로봇에 관하여 교시 등(로봇의 동력원을 차단하고 하는 것은 제외한다)의 작업을 할 때(제2편제1장제13절)	가. 외부 전선의 피복 또는 외장의 손상 유무 나. 매니퓰레이터(Manipulator) 작동의 이상 유무 다. 제동장치 및 비상정지장치의 기능
3. 공기압축기를 가동할 때(제2편제1장제7절)	가. 공기저장 압력용기의 외관 상태 나. 드레인밸브(Drain valve)의 조작 및 배수 다. 압력방출장치의 기능 라. 언로드밸브(Unloading valve)의 기능 마. 윤활유의 상태 바. 회전부의 덮개 또는 울 사. 그 밖의 연결 부위의 이상 유무
4. 크레인을 사용하여 작업을 하는 때(제2편제1장제9절제2관)	가. 권과방지장치 · 브레이크 · 클러치 및 운전장치의 기능 나. 주행로의 상측 및 트롤리(Trolley)가 횡행하는 레일의 상태 다. 와이어로프가 통하고 있는 곳의 상태
5. 이동식 크레인을 사용하여 작업을 할 때(제2편제1장제9절제3관)	가. 권과방지장치나 그 밖의 경보장치의 기능 나. 브레이크 · 클러치 및 조정장치의 기능 다. 와이어로프가 통하고 있는 곳 및 작업장소의 지반상태
6. 리프트를 사용하여 작업을 할 때(제2편제1장제9절제4관)	가. 방호장치 · 브레이크 및 클러치의 기능 나. 와이어로프가 통하고 있는 곳의 상태
7. 곤돌라를 사용하여 작업을 할 때(제2편제1장제9절제5관)	가. 방호장치 · 브레이크의 기능 나. 와이어로프 · 슬링와이어(Sling wire) 등의 상태
8. 양중기의 와이어로프 · 달기체인 · 섬유로프 · 섬유벨트 또는 훅 · 샤클 · 링 등의 철구(이하 "와이어로프등"이라 한다)를 사용하여 고리걸이작업을 할 때(제2편제1장제9절제7관)	와이어로프등의 이상 유무

9. 지게차를 사용하여 작업을 하는 때(제2편제1장제10절제2관)	가. 제동장치 및 조종장치 기능의 이상 유무 나. 하역장치 및 유압장치 기능의 이상 유무 다. 바퀴의 이상 유무 라. 전조등 · 후미등 · 방향지시기 및 경보장치 기능의 이상 유무
10. 구내운반차를 사용하여 작업을 할 때(제2편제1장제10절제3관)	가. 제동장치 및 조종장치 기능의 이상 유무 나. 하역장치 및 유압장치 기능의 이상 유무 다. 바퀴의 이상 유무 라. 전조등 · 후미등 · 방향지시기 및 경음기 기능의 이상 유무 마. 충전장치를 포함한 홀더 등의 결합상태의 이상 유무
11. 고소작업대를 사용하여 작업을 할 때(제2편제1장제10절제4관)	가. 비상정지장치 및 비상하강 방지장치 기능의 이상 유무 나. 과부하 방지장치의 작동 유무(와이어로프 또는 체인구동방식의 경우) 다. 아웃트리거 또는 바퀴의 이상 유무 라. 작업면의 기울기 또는 요철 유무 마. 활선작업용 장치의 경우 홈 · 균열 · 파손 등 그 밖의 손상 유무
12. 화물자동차를 사용하는 작업을 하게 할 때(제2편제1장제10절제5관)	가. 제동장치 및 조종장치의 기능 나. 하역장치 및 유압장치의 기능 다. 바퀴의 이상 유무
13. 컨베이어등을 사용하여 작업을 할 때(제2편제1장제11절)	가. 원동기 및 풀리(Pulley) 기능의 이상 유무 나. 이탈 등의 방지장치 기능의 이상 유무 다. 비상정지장치 기능의 이상 유무 라. 원동기 · 회전축 · 기어 및 풀리 등의 덮개 또는 울 등의 이상 유무
14. 차량계 건설기계를 사용하여 작업을 할 때(제2편제1장제12절제1관)	브레이크 및 클러치 등의 기능
15. 이동식 방폭구조(防爆構造) 전기기계 · 기구를 사용할 때(제2편제3장제1절)	전선 및 접속부 상태
16. 근로자가 반복하여 계속적으로 중량물을 취급하는 작업을 할 때(제2편제5장)	가. 중량물 취급의 올바른 자세 및 복장 나. 위험물이 날아 흩어짐에 따른 보호구의 착용 다. 카바이드 · 생석회(산화칼슘) 등과 같이 온도상승이나 습기에 의하여 위험성이 존재하는 중량물의 취급방법 라. 그 밖에 하역운반기계등의 적절한 사용방법
17. 양화장치를 사용하여 화물을 싣고 내리는 작업을 할 때(제2편제6장제2절)	가. 양화장치(揚貨裝置)의 작동상태 나. 양화장치에 제한하중을 초과하는 하중을 실었는지 여부
18. 슬링 등을 사용하여 작업을 할 때(제2편제6장제2절)	가. 훅이 붙어 있는 슬링 · 와이어슬링 등이 매달린 상태 나. 슬링 · 와이어슬링 등의 상태(작업 시작 전 및 작업 중 수시로 점검)

3. 안전검사 및 안전인증

1) 안전인증대상 기계 · 기구

(1) 안전인증대상기계 · 기구

① 프레스
② 전단기 및 절곡기
③ 크레인
④ 리프트
⑤ 압력용기
⑥ 롤러기
⑦ 사출성형기(射出成形機)
⑧ 고소(高所) 작업대
⑨ 곤돌라

(2) 안전인증대상 방호장치

① 프레스 및 전단기 방호장치
② 양중기용(揚重機用) 과부하방지장치
③ 보일러 압력방출용 안전밸브
④ 압력용기 압력방출용 안전밸브
⑤ 압력용기 압력방출용 파열판
⑥ 절연용 방호구 및 활선작업용(活線作業用) 기구
⑦ 방폭구조(防爆構造) 전기기계 · 기구 및 부품
⑧ 추락 · 낙하 및 붕괴 등의 위험 방지 및 보호에 필요한 가설기자재로서 고용노동부장관이 정하여 고시하는 것

(3) 안전인증대상 보호구

① 추락 및 감전 위험방지용 안전모
② 안전화
③ 안전장갑
④ 방진마스크
⑤ 방독마스크
⑥ 송기마스크
⑦ 전동식 호흡보호구
⑧ 보호복
⑨ 안전대
⑩ 차광(遮光) 및 비산물(飛散物) 위험방지용 보안경
⑪ 용접용 보안면
⑫ 방음용 귀마개 또는 귀덮개

2) 자율안전확인의 신고

(1) 자율안전확인대상 기계 · 기구

① 연삭기 또는 연마기(휴대용은 제외한다)
② 산업용 로봇
③ 혼합기
④ 파쇄기 또는 분쇄기

⑤ 식품가공용 기계(파쇄 · 절단 · 혼합 · 제면기만 해당한다)

⑥ 컨베이어

⑦ 자동차 정비용 리프트

⑧ 공작기계(선반, 드릴기, 평삭 · 형삭기, 밀링만 해당한다)

⑨ 고정형 목재가공용 기계(둥근톱, 대패, 루타기, 띠톱, 모떼기 기계만 해당한다)

⑩ 인쇄기

(2) 자율안전확인대상 기계 · 기구의 방호장치

① 아세틸렌 용접장치용 또는 가스집합 용접장치용 안전기

② 교류 아크용접기용 자동전격방지기

③ 롤러기 급정지장치

④ 연삭기(硏削機) 덮개

⑤ 목재 가공용 둥근톱 반발 예방장치와 날 접촉 예방장치

⑥ 동력식 수동대패용 칼날 접촉 방지장치

⑦ 추락 · 낙하 및 붕괴 등의 위험 방지 및 보호에 필요한 가설기자재

(3) 자율안전확인대상 보호구

① 안전모(추락 및 감전 위험방지용 안전모 제외)

② 보안경(차광 및 비산물 위험방지용 보안경 제외)

③ 보안면(용접용 보안면 제외)

3) 안전검사

(1) 안전검사 대상 유해 · 위험기계 등

① 프레스

② 전단기

③ 크레인(정격하중이 2톤 미만인 것은 제외한다)

④ 리프트

⑤ 압력용기

⑥ 곤돌라

⑦ 국소배기장치(이동식은 제외한다)

⑧ 원심기(산업용만 해당한다)

⑨ 롤러기(밀폐형 구조는 제외한다)

⑩ 사출성형기[형 체결력(型 締結力) 294킬로뉴턴(kN) 미만은 제외한다]

⑪ 고소작업대(화물자동차 또는 특수자동차에 탑재한 고소작업대로 한정한다)

⑫ 컨베이어

⑬ 산업용 로봇

(2) 안전검사의 주기 및 합격표시 · 표시방법

안전검사대상 유해 · 위험기계 등의 검사 주기는 다음과 같다.

① 크레인, 리프트 및 곤돌라 : 사업장에 설치가 끝난 날부터 3년 이내에 최초 안전검사를 실시하되, 그 이후부터 2년마다(건설현장에서 사용하는 것은 최초로 설치한 날부터 6개월마다)

② 그 밖의 유해 · 위험기계 등 : 사업장에 설치가 끝난 날부터 3년 이내에 최초 안전검사를 실시하되, 그 이후부터 2년마다(공정안전보고서를 제출하여 확인을 받은 압력용기는 4년마다)

(3) 안전검사의 신청

① 안전검사를 받아야 하는 자는 안전검사 신청서를 검사 주기 만료일 30일 전에 안전검사 업무를 위탁받은 기관(이하 "안전검사기관"이라 한다)에 제출(전자문서에 의한 제출을 포함한다)하여야 한다.

② 안전검사 신청을 받은 안전검사기관은 30일 이내에 해당 기계 · 기구 및 설비별로 안전검사를 하여야 한다.

③ 안전검사기관은 안전검사 결과 검사기준에 적합한 경우에는 해당 사업주에게 유해하거나 위험한 기계 · 기구 · 설비로서 대통령령으로 정하는 것에 직접 부착 가능한 안전검사 합격표시를 발급하고, 부적합한 경우에는 해당 사업주에게 안전검사 불합격통지서에 그 사유를 밝혀 발급하여야 한다.

4. 안전 · 보건진단

1) 종류

(1) 안전진단

(2) 보건진단

(3) 종합진단(안전진단과 보건진단을 동시에 진행하는 것)

2) 대상사업장

(1) 중대재해(사업주가 안전 · 보건조치의무를 이행하지 아니하여 발생한 중대재해만 해당한다)발생 사업장. 다만, 그 사업장의 연간 산업재해율이 같은 업종의 규모별 평균 산업재해율을 2년간 초과하지 아니한 사업장은 제외한다.

(2) 안전보건개선계획 수립 · 시행명령을 받은 사업장

(3) 추락 · 폭발 · 붕괴 등 재해발생 위험이 현저히 높은 사업장으로서 지방고용노동관서의 장이 안전 · 보건진단이 필요하다고 인정하는 사업장

03장 무재해 운동 및 보호구

PROFESSIONAL ENGINEER ERGONOMICS

SECTION 01 무재해 운동 등 안전활동 기법

1. 무재해의 정의(산업재해)

무재해 운동 시행사업장에서 근로자가 업무로 인하여 사망 또는 4일 이상의 요양을 요하는 부상 또는 질병에 걸리지 않는 것을 말한다.

2. 무재해 운동의 목적

1) 회사의 손실방지와 생산성 향상으로 기업에 경제적 이익발생
2) 자율적인 문제해결 능력으로서의 생산, 품질의 향상 능력을 제고
3) 전원참가 운동으로 밝고 명랑한 직장 풍토를 조성
4) 노사 간 화합분위기 조성으로 노사 신뢰도가 향상

3. 무재해 운동 이론

1) 무재해 운동의 3원칙

(1) 무의 원칙 : 모든 잠재위험요인을 사전에 발견 · 파악 · 해결함으로써 근원적으로 산업재해를 없앤다.

(2) 참여의 원칙(참가의 원칙) : 작업에 따르는 잠재적인 위험요인을 발견 · 해결하기 위하여 전원이 협력하여 문제해결 운동을 실천한다.

(3) 안전제일의 원칙(선취의 원칙) : 직장의 위험요인을 행동하기 전에 발견 · 파악 · 해결하여 재해를 예방한다.

2) 무재해 운동의 3기둥(3요소)

(1) 직장의 자율활동의 활성화

일하는 한 사람 한 사람이 안전보건을 자신의 문제이며 동시에 같은 동료의 문제로 진지하게 받아들여 직장의 팀 멤버와의 협동노력으로 자주적으로 추진해 가는 것이 필요하다.

(2) 라인(관리감독자)화의 철저

안전보건을 추진하는 데는 관리감독자(Line)들이 생산활동 속에 안전보건을 접목시켜 실천하는 것이 꼭 필요하다.

(3) 최고경영자의 안전경영철학

안전보건은 최고경영자의 "무재해, 무질병"에 대한 확고한 경영자세로부터 시작된다. "일하는 한사람 한사람이 중요하다"라는 최고 경영자의 인간존중의 결의로 무재해 운동은 출발한다.

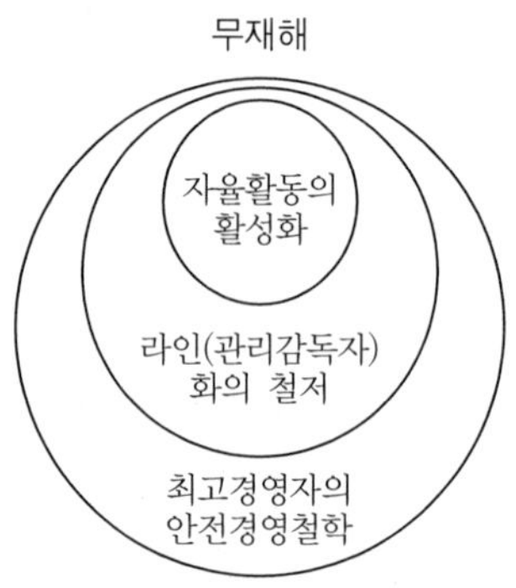

[무재해 운동 추진의 3기둥]

3) 무재해 운동 실천의 3원칙

(1) 팀미팅기법
(2) 선취기법
(3) 문제해결기법

4. 무재해 소집단 활동

1) 지적확인

작업의 정확성이나 안전을 확인하기 위해 눈, 손, 입 그리고 귀를 이용하여 작업 시작 전에 뇌를 자극시켜 안전을 확보하기 위한 기법으로 작업을 안전하게 오조작 없이 작업 공정의 요소요소에서 자신의 행동을 「…, 좋아!」하고 대상을 지적하여 큰소리로 확인하는 것

2) 터치앤콜(Touch and Call)

피부를 맞대고 같이 소리치는 것으로 전원이 스킨십(Skinship)을 느끼도록 하는 것. 팀의 일체감, 연대감을 조성할 수 있고 동시에 대뇌 구피질에 좋은 이미지를 불어넣어 안전행동을 하도록 하는 것

[터치앤콜]

3) 원포인트 위험예지훈련

위험예지훈련 4라운드 중 2R, 3R, 4R를 모두 원포인트로 요약하여 실시하는 기법으로 2~3분이면 실시가 가능한 현장 활동용 기법

4) 브레인스토밍(Brain Storming)

소집단 활동의 하나로서 수명의 멤버가 마음을 터놓고 편안한 분위기 속에서 공상, 연상의 연쇄반응을 일으키면서 자유분방하게 아이디어를 대량으로 발언하여 나가는 발상법(오스본에 의해 창안)

① 비판금지 : "좋다, 나쁘다" 등의 비평을 하지 않는다.
② 자유분방 : 자유로운 분위기에서 발표한다.
③ 대량발언 : 무엇이든지 좋으니 많이 발언한다.
④ 수정발언 : 자유자재로 변하는 아이디어를 개발한다.(타인 의견의 수정발언)

[브레인스토밍]

5) TBM(Tool Box Meeting) 위험예지훈련

작업 개시 전, 종료 후 같은 작업원 5～6명이 리더를 중심으로 둘러앉아(또는 서서) 3～5분에 걸쳐 작업 중 발생할 수 있는 위험을 예측하고 사전에 점검하여 대책을 수립하는 등 단시간 내에 의논하는 문제해결 기법

(1) TBM 실시요령

① 작업 시작 전, 중식 후, 작업종료 후 짧은 시간을 활용하여 실시한다.
② 때와 장소에 구애받지 않고 같은 작업자 5～7인 정도가 모여서 공구나 기계 앞에서 행한다.
③ 일방적인 명령이나 지시가 아니라 잠재위험에 대해 같이 생각하고 해결
④ TBM의 특징은 모두가 "이렇게 하자", "이렇게 한다"라고 합의하고 실행

(2) TBM의 내용

① 작업 시작 전(실시순서 5단계)

단계	내용
도입	직장체조, 무재해기 게양, 목표제안
점검 및 정비	건강상태, 복장 및 보호구 점검, 자재 및 공구확인
작업지시	작업내용 및 안전사항 전달
위험예측	당일 작업에 대한 위험예측, 위험예지훈련
확인	위험에 대한 대책과 팀목표 확인

② 작업종료시

㉠ 실시사항의 적절성 확인 : 작업 시작 전 TBM에서 결정된 사항의 적절성 확인
㉡ 검토 및 보고 : 그날 작업의 위험요인 도출, 대책 등 검토 및 보고
㉢ 문제 제기 : 그날의 작업에 대한 문제 제기

6) 롤플레잉(Role Playing)

작업 전 5분간 미팅의 시나리오를 작성하여 그 시나리오를 보고 멤버들이 연기함으로써 체험학습을 시키는 것

5. 위험예지훈련 및 진행방법

1) 위험예지훈련의 종류

(1) 감수성 훈련 : 위험요인을 발견하는 훈련

(2) 단시간 미팅훈련 : 단시간 미팅을 통해 대책을 수립하는 훈련

(3) 문제해결 훈련 : 작업 시작 전 문제를 제거하는 훈련

2) 위험예지훈련의 추진을 위한 문제해결 4단계(4 라운드)

(1) 1 라운드 : 현상파악(사실의 파악) – 어떤 위험이 잠재하고 있는가?

(2) 2 라운드 : 본질추구(원인조사) – 이것이 위험의 포인트다.

(3) 3 라운드 : 대책수립(대책을 세운다) – 당신이라면 어떻게 하겠는가?

(4) 4 라운드 : 목표설정(행동계획 작성) – 우리들은 이렇게 하자!

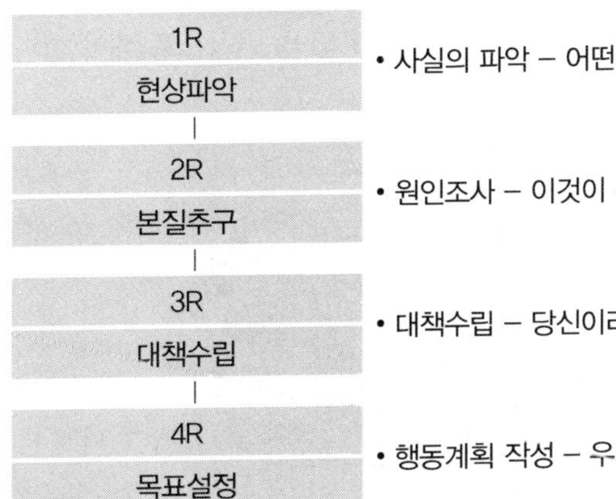
1R
현상파악
• 사실의 파악 – 어떤 위험이 잠재하고 있는가?
2R
본질추구
• 원인조사 – 이것이 위험의 포인트다.
3R
대책수립
• 대책수립 – 당신이라면 어떻게 하겠는가?
4R
목표설정
• 행동계획 작성 – 우리는 이렇게 하자!

1라운드
현상파악
2라운드
본질추구
문제 해결

[문제해결 4라운드]

6. 위험예지훈련의 3가지 효용

1) 위험에 대한 감수성 향상
2) 작업행동의 요소요소에서 집중력 증대
3) 문제(위험)해결의 의욕(하고자 하는 생각)증대

보호구 및 안전보건표지

1. 보호구의 개요

1) 산업재해 예방을 위해 작업자 개인이 착용하고 작업하는 것으로서 유해 · 위험상황에 따라 발생할 수 있는 재해를 예방하거나 그 유해 · 위험의 영향이나 재해의 정도를 감소시키기 위한 것
2) 보호구에 완전히 의존하여 기계 · 기구 설비의 보완이나 작업환경 개선을 소홀히 해서는 안 되며, 보호구는 어디까지나 보조수단으로 사용함을 원칙으로 해야 한다.

1) 보호구가 갖추어야 할 구비요건

(1) 착용이 간편할 것
(2) 작업에 방해를 주지 않을 것
(3) 유해 · 위험요소에 대한 방호가 확실할 것
(4) 재료의 품질이 우수할 것
(5) 외관상 보기가 좋을 것
(6) 구조 및 표면가공이 우수할 것

2) 보호구 선정시 유의사항

(1) 사용목적에 적합할 것
(2) 안전인증(자율안전확인신고)을 받고 성능이 보장될 것
(3) 작업에 방해가 되지 않을 것
(4) 착용이 쉽고 크기 등이 사용자에게 편리할 것

2. 보호구의 종류

1) 안전인증 대상 보호구

(1) 추락 및 감전 위험방지용 안전모
(2) 안전화
(3) 안전장갑
(4) 방진마스크
(5) 방독마스크
(6) 송기마스크
(7) 전동식 호흡보호구
(8) 보호복
(9) 안전대
(10) 차광(遮光) 및 비산물(飛散物) 위험방지용 보안경
(11) 용접용 보안면
(12) 방음용 귀마개 또는 귀덮개

2) 자율 안전확인 대상 보호구

(1) 안전모(추락 및 감전 위험방지용 안전모 제외)
(2) 보안경(차광 및 비산물 위험방지용 보안경 제외)
(3) 보안면(용접용 보안면 제외)

3) 안전인증의 표시

[안전인증, 자율안전확인신고 표시]

4) 자율안전확인 제품표시의 붙임

자율안전확인 제품에는 산업안전보건법에 따른 표시 외에 다음 각 목의 사항을 표시한다.

(1) 형식 또는 모델명

(2) 규격 또는 등급 등

(3) 제조자명

(4) 제조번호 및 제조연월

3. 보호구의 성능기준 및 시험방법

1) 안전모

(1) 안전모의 구조

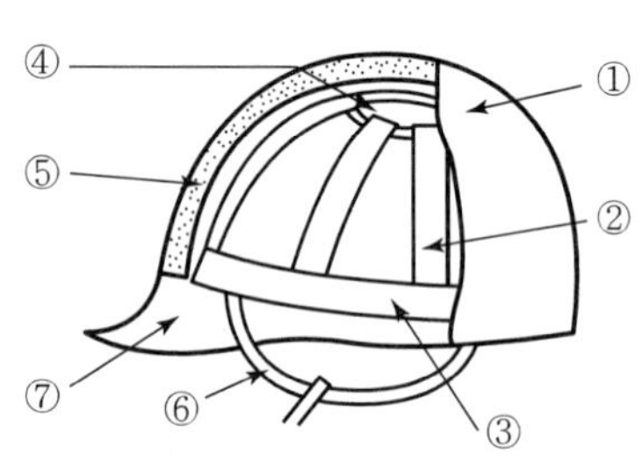

번호	명칭	
①	모체	
②	착장체	머리받침끈
③		머리고정대
④		머리받침고리
⑤	충격흡수재	
⑥	턱끈	
⑦	챙(차양)	

(2) 안전인증대상 안전모의 종류 및 사용구분

종류(기호)	사용구분	비고
AB	물체의 낙하 또는 비래 및 추락에 의한 위험을 방지 또는 경감시키기 위한 것	
AE	물체의 낙하 또는 비래에 의한 위험을 방지 또는 경감하고, 머리부위 감전에 의한 위험을 방지하기 위한 것	내전압성 (주1)
ABE	물체의 낙하 또는 비래 및 추락에 의한 위험을 방지 또는 경감하고, 머리부위 감전에 의한 위험을 방지하기 위한 것	내전압성

(주1) 내전압성이란 7,000V 이하의 전압에 견디는 것을 말한다.

(3) 안전모의 구비조건

① 일반구조

㉠ 안전모는 모체, 착장체(머리고정대, 머리받침고리, 머리받침끈) 및 턱끈을 가질 것

㉡ 착장체의 머리고정대는 착용자의 머리부위에 적합하도록 조절할 수 있을 것

㉢ 착장체의 구조는 착용자의 머리에 균등한 힘이 분배되도록 할 것

㉣ 모체, 착장체 등 안전모의 부품은 착용자에게 상해를 줄 수 있는 날카로운 모서리 등이 없을 것

㉤ 턱끈은 사용 중 탈락되지 않도록 확실히 고정되는 구조일 것

㉥ 안전모의 착용높이는 85mm 이상이고 외부수직거리는 80mm 미만일 것

㉦ 안전모의 내부수직거리는 25mm 이상 50mm 미만일 것

㉧ 안전모의 수평간격은 5mm 이상일 것

㉨ 머리받침끈이 섬유인 경우에는 각각의 폭은 15mm 이상이어야 하며, 교차되는 끈의 폭의 합은 72mm 이상일 것

㉩ 턱끈의 폭은 10mm 이상일 것

㉪ 안전모의 모체, 착장체를 포함한 질량은 440g을 초과하지 않을 것

② AB종 안전모는 일반구조 조건에 적합해야 하고 충격흡수재를 가져야 하며, 리벳(Rivet) 등 기타 돌출부가 모체의 표면에서 5mm 이상 돌출되지 않아야 한다.

③ AE종 안전모는 일반구조 조건에 적합해야 하고 금속제의 부품을 사용하지 않고, 착장체는 모체의 내외면을 관통하는 구멍을 뚫지 않고 붙일 수 있는 구조로서 모체의 내외면을 관통하는 구멍 핀홀 등이 없어야 한다.

④ ABE종 안전모는 상기 ②, ③의 조건에 적합해야 한다.

(4) 안전인증 대상 안전모의 성능시험방법

항목	시험성능기준
내관통성	AE, ABE종 안전모는 관통거리가 9.5mm 이하이고, AB종 안전모는 관통거리가 11.1mm 이하이어야 한다.
충격흡수성	최고전달충격력이 4,450N을 초과해서는 안 되며, 모체와 착장체의 기능이 상실되지 않아야 한다.
내전압성	AE, ABE종 안전모는 교류 20kV에서 1분간 절연파괴 없이 견뎌야 하고, 이때 누설되는 충전전류는 10mA 이하이어야 한다.
내 수 성	AE, ABE종 안전모는 질량증가율이 1% 미만이어야 한다.
난 연 성	모체가 불꽃을 내며 5초 이상 연소되지 않아야 한다.
턱끈풀림	150N 이상 250N 이하에서 턱끈이 풀려야 한다.

(5) 자율안전확인신고 대상 안전모의 성능시험방법

항목	시험성능기준
내관통성	안전모의 관통거리가 11.1mm 이하이어야 한다.
충격흡수성	최고전달충격력이 4,450N을 초과해서는 안 되며, 모체와 착장체의 기능이 상실되지 않아야 한다.
난 연 성	모체가 불꽃을 내며 5초 이상 연소되지 않아야 한다.
턱끈풀림	150N 이상 250N 이하에서 턱끈이 풀려야 한다.

2) 안전화

(1) 안전화의 명칭

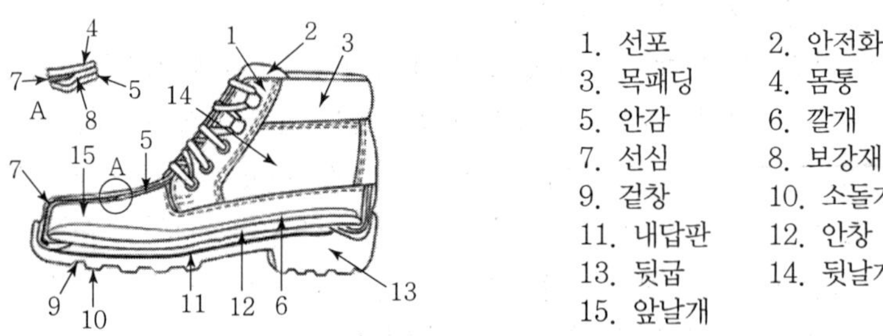

[가죽제 안전화 각 부분의 명칭]

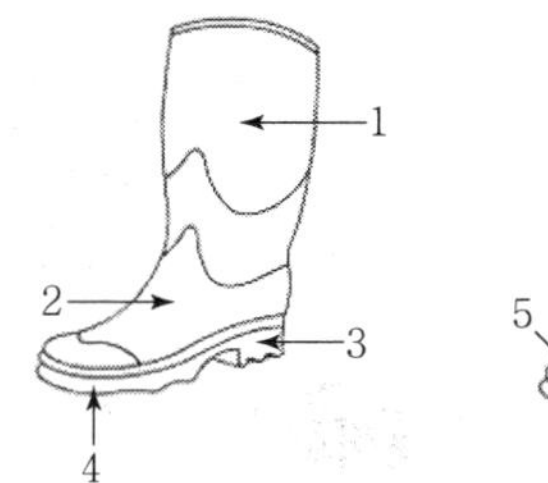

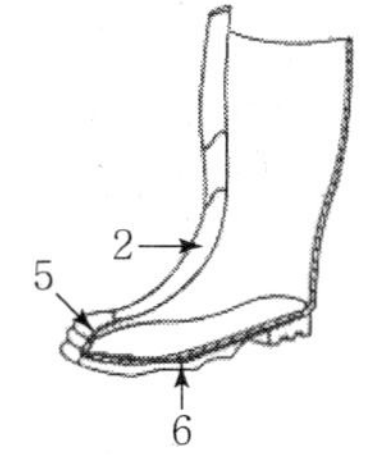

1. 몸통
2. 신울
3. 뒷굽
4. 겉창
5. 선심
6. 내답판

[고무제 안전화 각 부분의 명칭]

(2) 안전화의 종류

종류	성능구분
가죽제 안전화	물체의 낙하, 충격 또는 날카로운 물체에 의한 찔림 위험으로부터 발을 보호하기 위한 것 성능시험 : 내답발성, 내압박성, 내충격성, 박리저항, 내부식성, 내유성 시험 등
고무제 안전화	물체의 낙하, 충격 또는 날카로운 물체에 의한 찔림 위험으로부터 발을 보호하고 내수성 또는 내화학성을 겸한 것 성능시험 : 압박, 충격, 침수
정전기 안전화	물체의 낙하, 충격 또는 날카로운 물체에 의한 찔림 위험으로부터 발을 보호하고 정전기의 인체대전을 방지하기 위한 것
발등 안전화	물체의 낙하, 충격 또는 날카로운 물체에 의한 찔림 위험으로부터 발 및 발등을 보호하기 위한 것
절 연 화	물체의 낙하, 충격 또는 날카로운 물체에 의한 찔림 위험으로부터 발을 보호하고 저압의 전기에 의한 감전을 방지하기 위한 것
절연장화	고압에 의한 감전을 방지 및 방수를 겸한 것
화학물질용 안전화	물체의 낙하, 충격 또는 날카로운 물체에 의한 찔림 위험으로부터 발을 보호하고 화학물질로부터 유해위험을 방지하기 위한 것

(3) 안전화의 등급

등급	사용장소
중작업용	광업, 건설업 및 철광업 등에서 원료취급, 가공, 강재취급 및 강재 운반, 건설업 등에서 중량물 운반작업, 가공대상물의 중량이 큰 물체를 취급하는 작업장으로서 날카로운 물체에 의해 찔릴 우려가 있는 장소
보통 작업용	기계공업, 금속가공업, 운반, 건축업 등 공구 가공품을 손으로 취급하는 작업 및 차량 사업장, 기계 등을 운전조작하는 일반작업장으로서 날카로운 물체에 의해 찔릴 우려가 있는 장소
경작업용	금속 선별, 전기제품 조립, 화학제품 선별, 반응장치 운전, 식품 가공업 등 비교적 경량의 물체를 취급하는 작업장으로서 날카로운 물체에 의해 찔릴 우려가 있는 장소

(4) 안전화의 몸통 높이에 따른 구분

단위 : mm

몸통 높이(h)		
단화	중단화	장화
113 미만	113 이상	178 이상

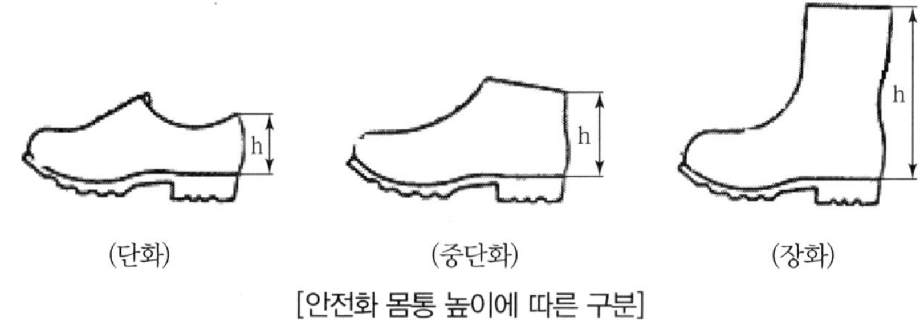

(단화) (중단화) (장화)

[안전화 몸통 높이에 따른 구분]

(5) 가죽제 발보호안전화의 일반구조

① 착용감이 좋고 작업에 편리할 것
② 견고하며 마무리가 확실하고 형상은 균형이 있을 것
③ 선심의 내측은 헝겊 등으로 싸고 후단부의 내측은 보강할 것
④ 발가락 끝부분에 선심을 넣어 압박 및 충격으로부터 발가락을 보호할 것

3) 내전압용 절연장갑

(1) 일반구조

① 절연장갑은 고무로 제조하여야 하며 핀 홀(Pin Hole), 균열, 기포 등의 물리적인 변형이 없어야 한다.

② 여러 색상의 층들로 제조된 합성 절연장갑이 마모되는 경우에는 그 아래의 다른 색상의 층이 나타나야 한다.

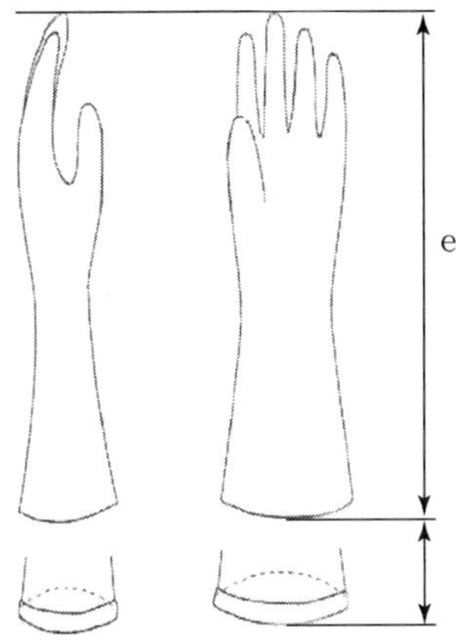

(e : 표준길이)

(2) 절연장갑의 등급 및 색상

등급	최대사용전압		비고
	교류(V, 실효값)	직류(V)	
00	500	750	갈색
0	1,000	1,500	빨간색
1	7,500	11,250	흰색
2	17,000	25,500	노란색
3	26,500	39,750	녹색
4	36,000	54,000	등색

(3) 고무의 최대 두께

등급	두께(mm)	비고
00	0.50 이하	
0	1.00 이하	
1	1.50 이하	
2	2.30 이하	
3	2.90 이하	
4	3.60 이하	

(4) 절연내력

<table>
<tr><td colspan="3" rowspan="2">최소내전압 시험
(실효치, kV)</td><td>00 등급</td><td>0 등급</td><td>1 등급</td><td>2 등급</td><td>3 등급</td><td>4 등급</td></tr>
<tr><td>5</td><td>10</td><td>20</td><td>30</td><td>30</td><td>40</td></tr>
<tr><td rowspan="5">누설전류
시험
(실효값
mA)</td><td colspan="2">시험전압
(실효치, kV)</td><td>2.5</td><td>5</td><td>10</td><td>20</td><td>30</td><td>40</td></tr>
<tr><td rowspan="4">표준
길이
mm</td><td>460</td><td>미적용</td><td>18 이하</td><td>18 이하</td><td>18 이하</td><td>18 이하</td><td>18 이하</td></tr>
<tr><td>410</td><td>미적용</td><td>16 이하</td><td>16 이하</td><td>16 이하</td><td>16 이하</td><td>16 이하</td></tr>
<tr><td>360</td><td>14 이하</td><td>14 이하</td><td>14 이하</td><td>14 이하</td><td>14 이하</td><td>미적용</td></tr>
<tr><td>270</td><td>12 이하</td><td>12 이하</td><td>미적용</td><td>미적용</td><td>미적용</td><td>미적용</td></tr>
</table>

4) 화학물질용 안전장갑

(1) 일반구조 및 재료

① 안전장갑에 사용되는 재료와 부품은 착용자에게 해로운 영향을 주지 않아야 한다.

② 안전장갑은 착용 및 조작이 용이하고, 착용상태에서 작업을 행하는 데 지장이 없어야 한다.

③ 안전장갑은 육안을 통해 확인한 결과 찢어진 곳, 터진 곳, 구멍난 곳이 없어야 한다.

(2) 안전인증 유기화합물용 안전장갑에는 안전인증의 표시에 따른 표시 외에 다음 내용을 추가로 표시해야 한다.

① 안전장갑의 치수

② 보관 · 사용 및 세척상의 주의사항

③ 안전장갑을 표시하는 화학물질 보호성능표시 및 제품 사용에 대한 설명

[화학물질 보호성능 표시]

5) 방진마스크

(1) 방진마스크의 등급 및 사용장소

<table>
<tr><th>등급</th><th>특급</th><th>1급</th><th>2급</th></tr>
<tr><td rowspan="2">사용장소</td><td>• 베릴륨 등과 같이 독성이 강한 물질들을 함유한 분진 등 발생장소
• 석면 취급장소</td><td>• 특급마스크 착용장소를 제외한 분진 등 발생장소
• 금속흄 등과 같이 열적으로 생기는 분진 등 발생장소
• 기계적으로 생기는 분진 등 발생장소(규소 등과 같이 2급 방진마스크를 착용하여도 무방한 경우는 제외한다)</td><td>• 특급 및 1급 마스크 착용장소를 제외한 분진 등 발생장소</td></tr>
<tr><td colspan="3">배기밸브가 없는 안면부 여과식 마스크는 특급 및 1급 장소에 사용해서는 안 된다.</td></tr>
</table>

① 여과재 분진 등 포집효율

형태 및 등급		염화나트륨(NaCl) 및 파라핀 오일(Paraffin oil) 시험(%)
분리식	특 급	99.95 이상
	1 급	94.0 이상
	2 급	80.0 이상
안면부 여과식	특 급	99.0 이상
	1 급	94.0 이상
	2 급	80.0 이상

(2) 안면부 누설율

형태 및 등급		누설률(%)
분리식	전면형	0.05 이하
	반면형	5 이하
안면부 여과식	특 급	5 이하
	1 급	11 이하
	2 급	25 이하

(3) 전면형 방진마스크의 항목별 유효시야

형태		시야(%)	
		유효시야	겹침시야
전동식	1 안식	70 이상	80 이상
	2 안식	70 이상	20 이상

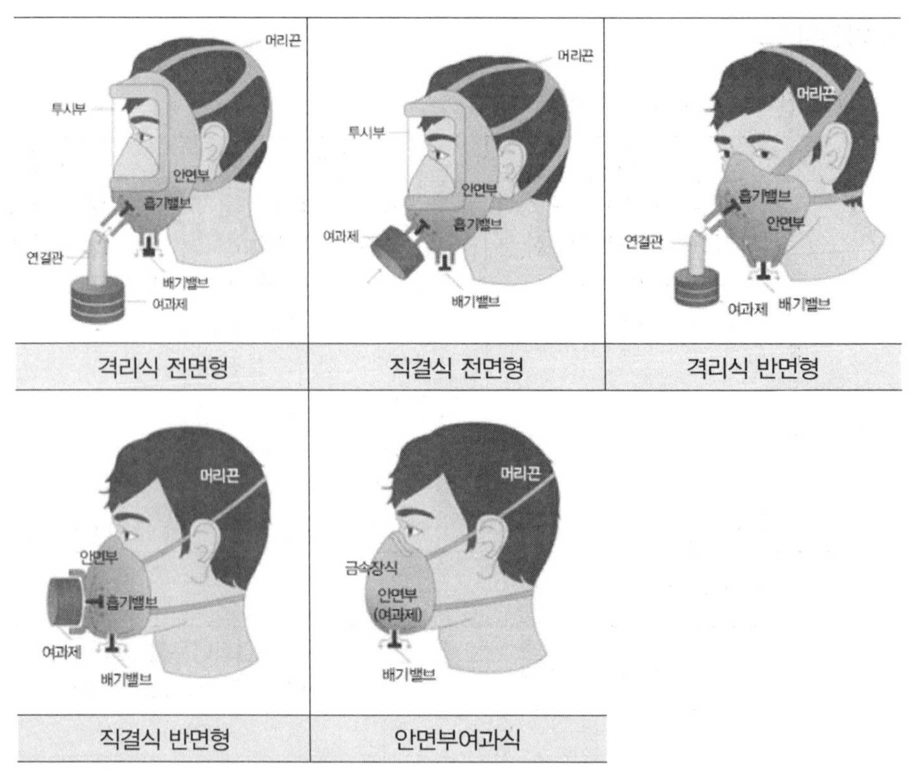

격리식 전면형	직결식 전면형	격리식 반면형
직결식 반면형	안면부여과식	

(4) 방진마스크의 형태별 구조분류

형태	분리식		안면부 여과식
	격리식	직결식	
구조 분류	안면부, 여과재, 연결관, 흡기밸브, 배기밸브 및 머리끈으로 구성되며 여과재에 의해 분진 등이 제거된 깨끗한 공기를 연결관으로 통하여 흡기밸브로 흡입되고 체내의 공기는 배기밸브를 통하여 외기 중으로 배출하게 되는 것으로 부품을 자유롭게 교환할 수 있는 것을 말한다.	안면부, 여과재, 흡기밸브, 배기밸브 및 머리끈으로 구성되며 여과재에 의해 분진 등이 제거된 깨끗한 공기가 흡기밸브를 통하여 흡입되고 체내의 공기는 배기밸브를 통하여 외기중으로 배출하게 되는 것으로 부품을 자유롭게 교환할 수 있는 것을 말한다.	여과재로 된 안면부와 머리끈으로 구성되며 여과재인 안면부에 의해 분진 등을 여과한 깨끗한 공기가 흡입되고 체내의 공기는 여과재인 안면부를 통해 외기 중으로 배기되는 것으로(배기밸브가 있는 것은 배기밸브를 통하여 배출)부품이 교환될 수 없는 것을 말한다.

(5) 방진마스크의 일반구조 조건

① 착용 시 이상한 압박감이나 고통을 주지 않을 것

② 전면형은 호흡 시에 투시부가 흐려지지 않을 것

③ 분리식 마스크에 있어서는 여과재, 흡기밸브, 배기밸브 및 머리끈을 쉽게 교환할 수

있고 착용자 자신이 안면과 분리식 마스크의 안면부와의 밀착성 여부를 수시로 확인할 수 있어야 할 것

④ 안면부 여과식 마스크는 여과재로 된 안면부가 사용기간 중 심하게 변형되지 않을 것

⑤ 안면부 여과식 마스크는 여과재를 안면에 밀착시킬 수 있어야 할 것

(6) 방진마스크의 재료 조건

① 안면에 밀착하는 부분은 피부에 장해를 주지 않을 것

② 여과재는 여과성능이 우수하고 인체에 장해를 주지 않을 것

③ 방진마스크에 사용하는 금속부품은 내식성을 갖거나 부식방지를 위한 조치가 되어 있을 것

④ 전면형의 경우 사용할 때 충격을 받을 수 있는 부품은 충격 시에 마찰 스파크를 발생되어 가연성의 가스혼합물을 점화시킬 수 있는 알루미늄, 마그네슘, 티타늄 또는 이의 합금을 사용하지 않을 것

⑤ 반면형의 경우 사용할 때 충격을 받을 수 있는 부품은 충격시에 마찰 스파크를 발생되어 가연성의 가스혼합물을 점화시킬 수 있는 알루미늄, 마그네슘, 티타늄 또는 이의 합금을 최소한 사용할 것

(7) 방진마스크 선정기준(구비조건)

① 분진포집효율(여과효율)이 좋을 것

② 흡기, 배기저항이 낮을 것

③ 사용적이 적을 것

④ 중량이 가벼울 것

⑤ 시야가 넓을 것

⑥ 안면밀착성이 좋을 것

6) 방독마스크

(1) 방독마스크의 종류

종류	시험가스
유기화합물용	시클로헥산(C_6H_{12})
할로겐용	염소가스 또는 증기(C_{12})
황화수소용	황화수소가스(H_2S)
시안화수소용	시안화수소가스(HCN)
아황산용	아황산가스(SO_2)
암모니아용	암모니아가스(NH_3)

(2) 방독마스크의 등급

등급	사용 장소
고농도	가스 또는 증기의 농도가 100분의 2(암모니아에 있어서는 100분의 3) 이하의 대기 중에서 사용하는 것
중농도	가스 또는 증기의 농도가 100분의 1(암모니아에 있어서는 100분의 1.5) 이하의 대기 중에서 사용하는 것
저농도 및 최저농도	가스 또는 증기의 농도가 100분의 0.1 이하의 대기 중에서 사용하는 것으로서 긴급용이 아닌 것
비고 : 방독마스크는 산소농도가 18% 이상인 장소에서 사용하여야 하고, 고농도와 중농도에서 사용하는 방독마스크는 전면형(격리식, 직결식)을 사용해야 한다.	

(3) 방독마스크의 형태 및 구조

형태		구조
격리식	전면형	정화통, 연결관, 흡기밸브, 안면부, 배기밸브 및 머리끈으로 구성되고, 정화통에 의해 가스 또는 증기를 여과한 청정공기를 연결관을 통하여 흡입하고 배기는 배기밸브를 통하여 외기 중으로 배출하는 것으로 안면부 전체를 덮는 구조
	반면형	정화통, 연결관, 흡기밸브, 안면부, 배기밸브 및 머리끈으로 구성되고, 정화통에 의해 가스 또는 증기를 여과한 청정공기를 연결관을 통하여 흡입하고 배기는 배기밸브를 통하여 외기 중으로 배출하는 것으로 코 및 입부분을 덮는 구조
직결식	전면형	정화통, 흡기밸브, 안면부, 배기밸브 및 머리끈으로 구성되고, 정화통에 의해 가스 또는 증기를 여과한 청정공기를 흡기밸브를 통하여 흡입하고 배기는 배기밸브를 통하여 외기 중으로 배출하는 것으로 정화통이 직접 연결된 상태로 안면부 전체를 덮는 구조
	반면형	정화통, 흡기밸브, 안면부, 배기밸브 및 머리끈으로 구성되고, 정화통에 의해 가스 또는 증기를 여과한 청정공기를 흡기밸브를 통하여 흡입하고 배기는 배기밸브를 통하여 외기 중으로 배출하는 것으로 안면부와 정화통이 직접 연결된 상태로 코 및 입부분을 덮는 구조

(4) 방독마스크의 일반구조 조건

① 착용 시 이상한 압박감이나 고통을 주지 않을 것

② 착용자의 얼굴과 방독마스크의 내면 사이의 공간이 너무 크지 않을 것

③ 전면형은 호흡 시에 투시부가 흐려지지 않을 것

④ 격리식 및 직결식 방독마스크에 있어서는 정화통 · 흡기밸브 · 배기밸브 및 머리끈을 쉽게 교환할 수 있고, 착용자 자신이 스스로 안면과 방독마스크 안면부와의 밀착성 여부를 수시로 확인할 수 있을 것

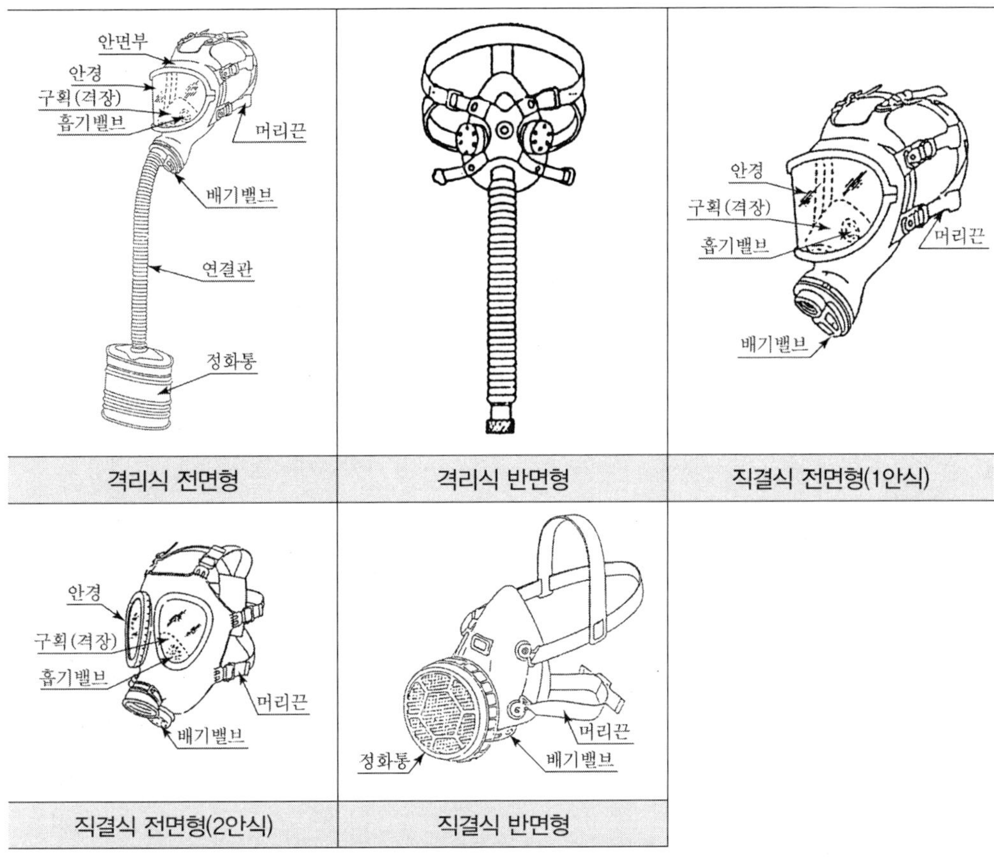

격리식 전면형 | 격리식 반면형 | 직결식 전면형(1안식)

직결식 전면형(2안식) | 직결식 반면형

(5) 방독마스크의 재료조건

① 안면에 밀착하는 부분은 피부에 장해를 주지 않을 것
② 흡착제는 흡착성능이 우수하고 인체에 장해를 주지 않을 것
③ 방독마스크에 사용하는 금속부품은 부식되지 않을 것
④ 방독마스크를 사용할 때 충격을 받을 수 있는 부품은 충격 시에 마찰 스파크가 발생되어 가연성의 가스혼합물을 점화시킬 수 있는 알루미늄, 마그네슘, 티타늄 또는 이의 합금으로 만들지 말 것

(6) 방독마스크 표시사항

안전인증 방독마스크에는 다음 각목의 내용을 표시해야 한다.

① 파과곡선도
② 사용시간 기록카드
③ 정화통의 외부측면의 표시색

종류	표시 색
유기화합물용 정화통	갈색
할로겐용 정화통	회색
황화수소용 정화통	
시안화수소용 정화통	
아황산용 정화통	노랑색
암모니아용(유기가스) 정화통	녹색
복합용 및 겸용의 정화통	복합용의 경우 : 해당가스 모두 표시(2층 분리) 겸용의 경우 : 백색과 해당가스 모두 표시(2층 분리)

④ 사용상의 주의사항

(7) 방독마스크 성능시험 방법

① 기밀시험

② 안면부 흡기저항시험

형태 및 등급		유량(ℓ/min)	차압(Pa)
격리식 및 직결식	전면형	160	250 이하
		30	50 이하
		95	150 이하
	반면형	160	200 이하
		30	50 이하
		95	130 이하

③ 안면부 배기저항시험

형태	유량(ℓ/min)	차압(Pa)
격리식 및 직결식	160	300 이하

7) 송기마스크

(1) 송기마스크의 종류 및 등급

종류	등급		구분
호스 마스크	폐력흡인형		안면부
	송풍기형	전 동	안면부, 페이스실드, 후드
		수 동	안면부
에어라인마스크	일정유량형		안면부, 페이스실드, 후드
	디맨드형		안면부
	압력디맨드형		안면부
복합식 에어라인마스크	디맨드형		안면부
	압력디맨드형		안면부

(2) 송기마스크의 종류에 따른 형상 및 사용범위

종류	등급	형상 및 사용범위
호스 마스크	폐력 흡인형	호스의 끝을 신선한 공기 중에 고정시키고 호스, 안면부를 통하여 착용자가 자신의 폐력으로 공기를 흡입하는 구조로서, 호스는 원칙적으로 안지름 19mm 이상, 길이 10m 이하이어야 한다.
	송풍기형	전동 또는 수동의 송풍기를 신선한 공기 중에 고정시키고 호스, 안면부 등을 통하여 송기하는 구조로서, 송기풍량의 조절을 위한 유량조절 장치(수동 송풍기를 사용하는 경우는 공기조절 주머니도 가능) 및 송풍기에는 교환이 가능한 필터를 구비하여야 하며, 안면부를 통해 송기하는 것은 송풍기가 사고로 정지된 경우에도 착용자가 자기 폐력으로 호흡할 수 있는 것이어야 한다.
에어 라인 마스크	일정 유량형	압축 공기관, 고압 공기용기 및 공기압축기 등으로부터 중압호스, 안면부 등을 통하여 압축공기를 착용자에게 송기하는 구조로서, 중간에 송기 풍량을 조절하기 위한 유량조절장치를 갖추고 압축공기 중의 분진, 기름미스트 등을 여과하기 위한 여과장치를 구비한 것이어야 한다.
	디맨드형 및 압력 디맨드형	일정 유량형과 같은 구조로서 공급밸브를 갖추고 착용자의 호흡량에 따라 안면부 내로 송기하는 것이어야 한다.
복합식 에어라인 마스크	디맨드형 및 압력 디맨드형	보통의 상태에서는 디맨드형 또는 압력디맨드형으로 사용할 수 있으며, 급기의 중단 등 긴급 시 또는 작업상 필요시에는 보유한 고압공기용기에서 급기를 받아 공기호흡기로서 사용할 수 있는 구조로서, 고압공기 용기 및 폐지밸브는 KS P 8155(공기 호흡기)의 규정에 의한 것이어야 한다.

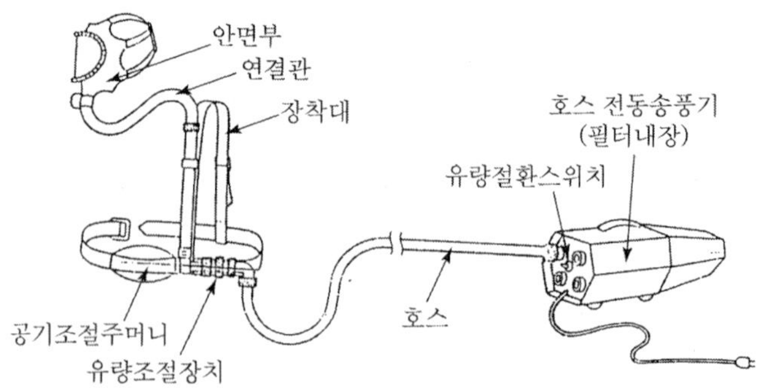

[전동 송풍기형 호스 마스크]

8) 전동식 호흡보호구

(1) 전동식 호흡보호구의 분류

분류	사용구분
전동식 방진마스크	분진 등이 호흡기를 통하여 체내에 유입되는 것을 방지하기 위하여 고효율 여과재를 전동장치에 부착하여 사용하는 것
전동식 방독마스크	유해물질 및 분진 등이 호흡기를 통하여 체내에 유입되는 것을 방지하기 위하여 고효율 정화통 및 여과재를 전동장치에 부착하여 사용하는 것
전동식 후드 및 전동식보안면	유해물질 및 분진 등이 호흡기를 통하여 체내에 유입되는 것을 방지하기 위하여 고효율 정화통 및 여과재를 전동장치에 부착하여 사용함과 동시에 머리, 안면부, 목, 어깨부분까지 보호하기 위해 사용하는 것

(2) 전동식 방진마스크의 형태 및 구조

형태	구조
전동식 전면형	전동기, 여과재, 호흡호스, 안면부, 흡기밸브, 배기밸브 및 머리끈으로 구성되며 허리 또는 어깨에 부착한 전동기의 구동에 의해 분진 등이 여과된 깨끗한 공기가 호흡호스를 통하여 흡기밸브로 공급하고 호흡에 의한 공기 및 여분의 공기는 배기밸브를 통하여 외기 중으로 배출하게 되는 것으로 안면부 전체를 덮는 구조
전동식 반면형	전동기, 여과재, 호흡호스, 안면부, 흡기밸브, 배기밸브 및 머리끈으로 구성되며 허리 또는 어깨에 부착한 전동기의 구동에 의해 분진 등이 여과된 깨끗한 공기가 호흡호스를 통하여 흡기밸브로 공급하고 호흡에 의한 공기 및 여분의 공기는 배기밸브를 통하여 외기 중으로 배출하게 되는 것으로 코 및 입 부분을 덮는 구조
사용조건	산소농도 18% 이상인 장소에서 사용해야 한다.

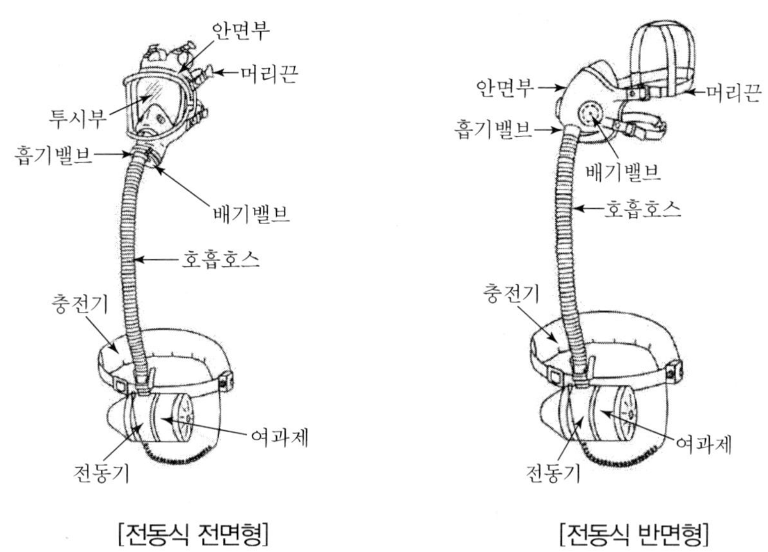

[전동식 전면형] [전동식 반면형]

9) 보호복

(1) 방열복의 종류 및 질량

종류	착용 부위	질량(kg)
방열상의	상체	3.0 이하
방열하의	하체	2.0 이하
방열일체복	몸체(상 · 하체)	4.3 이하
방열장갑	손	0.5 이하
방열두건	머리	2.0 이하

   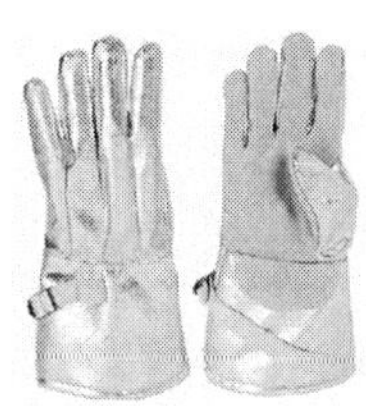 

(2) 부품별 용도 및 성능기준

부품별	용도	성능 기준	적용대상
내열 원단	겉감용 및 방열장갑의 등감용	• 질량 : 500g/m^2 이하 • 두께 : 0.70mm 이하	방열상의 · 방열하의 · 방열일체복 · 방열장갑 · 방열두건
	안감	• 질량 : 330g/m^2 이하	〃
내열 펠트	누빔 중간층용	• 두께 : 0.1mm 이하 • 질량 : 300g/m^2 이하	〃
면포	안감용	• 고급면	〃
안면 렌즈	안면 보호용	• 재질 : 폴리카보네이트 또는 이와 동등 이상의 성능이 있는 것에 산화동이나 알루미늄 또는 이와 동등 이상의 것을 증착하거나 도금필름을 접착한 것 • 두께 : 3.0mm 이상	방열두건

10) 안전대

(1) 안전대의 종류

| 안전인증 대상 안전대의 종류 |

종류	사용구분
벨트식 안전그네식	U자 걸이용
	1개 걸이용
	안전블록
	추락방지대

추락방지대 및 안전블록은 안전그네식에만 적용함

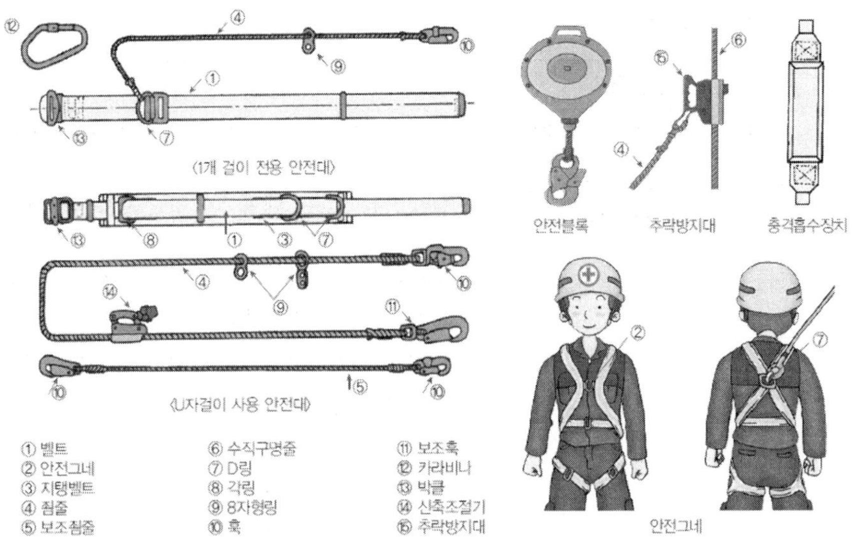

[안전대의 종류 및 부품]

(2) 안전대의 일반구조

① 벨트 또는 지탱벨트에 D링 또는 각 링과의 부착은 벨트 또는 지탱벨트와 같은 재료를 사용하여 견고하게 봉합할 것(U자걸이 안전대에 한함)

② 벨트 또는 안전그네에 버클과의 부착은 벨트 또는 안전그네의 한쪽 끝을 꺾어 돌려 버클을 꺾어 돌린 부분을 봉합사로 견고하게 봉합할 것

③ 죔줄 또는 보조죔줄 및 수직구명줄에 D링과 훅 또는 카라비너(이하 "D링 등" 이라 한다)와의 부착은 죔줄 또는 보조죔줄 및 수직구명줄을 D링 등에 통과시켜 꺾어돌린 후 그 끝을 3회 이상 얽어매는 방법(풀림방지장치의 일종) 또는 이와 동등 이상의 확실한 방법으로 할 것

④ 지탱벨트 및 죔줄, 수직구명줄 또는 보조죔줄에 씸블(Thimble) 등의 마모방지장치가 되어 있을 것

⑤ 죔줄의 모든 금속 구성품은 내식성을 갖거나 부식방지 처리를 할 것

⑥ 벨트의 조임 및 조설 부품은 저절로 풀리거나 열리지 않을 것

⑦ 안전그네는 골반 부분과 어깨에 위치하는 띠를 가져야 하고, 사용자에게 잘 맞게 조절할 수 있을 것

⑧ 안전대에 사용하는 죔줄은 충격흡수장치가 부착될 것. 다만 U자걸이, 추락방지대 및 안전블록에는 해당하지 않는다.

(3) 안전대 부품의 재료

부품	재료
벨트, 안전그네, 지탱벨트	나일론, 폴리에스테르 및 비닐론 등의 합성섬유
죔줄, 보조죔줄, 수직구명줄 및 D링 등 부착부분의 봉합사	합성섬유(로프, 웨빙 등) 및 스틸(와이어로프 등)
링류(D링, 각링, 8자형링)	KS D 3503(일반구조용 압연강재)에 규정한 SS400 또는 이와 동등 이상의 재료
훅 및 카라비너	KS D 3503(일반구조용 압연강재)에 규정한 SS400 또는 KS D 6763(알루미늄 및 알루미늄합금봉 및 선)에 규정하는 A2017BE－T4 또는 이와 동등 이상의 재료
버클, 신축조절기, 추락방지대 및 안전블록	KS D 3512(냉간 압연강판 및 강재)에 규정하는 SCP1 또는 이와 동등 이상의 재료
신축조절기 및 추락방지대의 누름금속	KS D 3503(일반구조용 압연강재)에 규정한 SS400 또는 KS D 6759(알루미늄 및 알루미늄합금 압출형재)에 규정하는 A2014－T6 또는 이와 동등 이상의 재료
훅, 신축조절기의 스프링	KS D 3509에 규정한 스프링용 스테인리스강선 또는 이와 동등 이상의 재료

11) 차광 및 비산물 위험방지용 보안경

(1) 사용구분에 따른 차광보안경의 종류

종류	사용구분
자외선용	자외선이 발생하는 장소
적외선용	적외선이 발생하는 장소
복합용	자외선 및 적외선이 발생하는 장소
용접용	산소용접작업 등과 같이 자외선, 적외선 및 강렬한 가시광선이 발생하는 장소

(2) 보안경의 종류

① 차광안경 : 고글형, 스펙터클형, 프론트형

② 유리보호안경

③ 플라스틱 보호안경

④ 도수렌즈 보호안경

12) 용접용 보안면

(1) 용접용 보안면의 형태

형태	구조
헬멧형	안전모나 착용자의 머리에 지지대나 헤드밴드 등을 이용하여 적정위치에 고정, 사용하는 형태(자동용접필터형, 일반용접필터형)
핸드실드형	손에 들고 이용하는 보안면으로 적절한 필터를 장착하여 눈 및 안면을 보호하는 형태

13) 방음용 귀마개 또는 귀덮개

(1) 방음용 귀마개 또는 귀덮개의 종류 · 등급

종류	등급	기호	성능	비고
귀마개	1종	EP－1	저음부터 고음까지 차음하는 것	귀마개의 경우 재사용 여부를 제조특성으로 표기
	2종	EP－2	주로 고음을 차음하고 저음(회화음영역)은 차음하지 않는 것	
귀덮개	－	EM		

[귀덮개의 종류]

(2) 소음의 특징

① A－특성(A－Weighting) : 소음레벨

소음레벨은 20log10(음압의 실효치/기준음압)로 정의되는 값을 말하며 단위는 dB로 표시한다. 단, 기준음압은 정현파 1KHz에서 최소가청음

② C－특성(C－Weighting) : 음압레벨

음압레벨은 20log10(대상이 되는 음압/기준음압)로 정의되는 값을 말함

4. 안전보건표지의 종류 · 용도 및 적용

1) 안전보건표지의 종류와 형태

(1) 종류 및 색채

① 금지표지 : 위험한 행동을 금지하는 데 사용되며 8개 종류가 있다.(바탕은 흰색, 기본모형은 빨간색, 관련 부호 및 그림은 검은색)

② 경고표지 : 직접 위험한 것 및 장소 또는 상태에 대한 경고로서 사용되며 15개 종류가 있다.(바탕은 노란색, 기본모형, 관련 부호 및 그림은 검은색)

※ 다만, 인화성 물질 경고 · 산화성 물질 경고, 폭발성물질 경고, 급성독성 물질 경고 부식성 물질 경고 및 발암성 · 변이원성 · 생식독성 · 전신독성 · 호흡기과민성 물질 경고의 경우 바탕은 무색, 기본모형은 빨간색(검은색도 가능)

③ 지시표지 : 작업에 관한 지시 즉, 안전 · 보건 보호구의 착용에 사용되며 9개 종류가 있다.(바탕은 파란색, 관련 그림은 흰색)

④ 안내표지 : 구명, 구호, 피난의 방향 등을 분명히 하는 데 사용되며 7개 종류가 있다. 바탕은 흰색, 기본모형 및 관련 부호는 녹색, 바탕은 녹색, 관련 부호 및 그림은 흰색)

(2) 종류와 형태

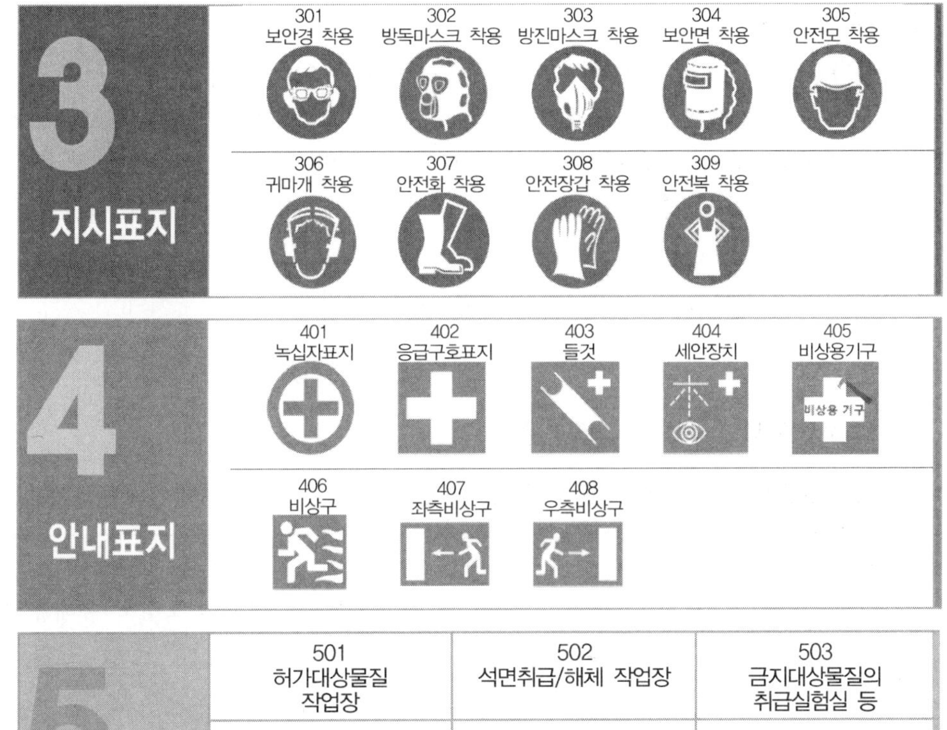

5 관계자외 출입금지	501 허가대상물질 작업장	502 석면취급/해체 작업장	503 금지대상물질의 취급실험실 등
	관계자외 출입금지 (허가물질 명칭) 제조/사용/보관 중 보호구/보호복 착용 흡연 및 음식물 섭취 금지	관계자외 출입금지 석면 취급/해체 중 보호구/보호복 착용 흡연 및 음식물 섭취 금지	관계자외 출입금지 발암물질 취급 중 보호구/보호복 착용 흡연 및 음식물 섭취 금지

- 내 자신의 건강과 복지를 위하여 안전을 늘 생각한다.
- 내 가정의 행복과 화목을 위하여 안전을 늘 생각한다.
- 내 자신의 실수로써 동료를 해치지 않도록 안전을 늘 생각한다.
- 내 자신이 일으킨 사고로 인한 회사의 재산과 손실을 방지하기 위하여 안전을 늘 생각한다.
- 내 자신의 방심과 불안전한 행동이 조국의 번영에 장애가 되지 않도록 하기 위하여 안전을 늘 생각한다.

2) 안전 · 보건표지의 설치

(1) 근로자가 쉽게 알아볼 수 있는 장소 · 시설 또는 물체에 설치

(2) 흔들리거나 쉽게 파손되지 아니하도록 견고하게 설치하거나 부착

(3) 설치하거나 부착하는 것이 곤란한 경우에는 해당 물체에 직접 도장

3) 제작 및 재료

(1) 표시내용을 근로자가 빠르고 쉽게 알아 볼 수 있는 크기로 제작
(2) 표지 속의 그림 또는 부호의 크기는 안전 · 보건표지의 크기와 비례하여야 하며, 안전 · 보건표지 전체 규격의 30퍼센트 이상이 되어야 함
(3) 야간에 필요한 안전 · 보건 표지는 야광물질을 사용하는 등 쉽게 식별 가능하도록 제작
(4) 표지의 재료는 쉽게 파손되거나 변질되지 아니하는 것으로 제작

5. 안전 · 보건표지의 색채 및 색도기준

1) 안전 · 보건표지의 색채, 색도기준 및 용도

색 채	색도기준	용도	사용 예
빨간색	7.5R 4/14	금지	정지신호, 소화설비 및 그 장소, 유해행위의 금지
		경고	화학물질 취급장소에서의 유해 · 위험 경고
노란색	5Y 8.5/12	경고	화학물질 취급장소에서의 유해 · 위험 경고 이외의 위험 경고, 주의표지 또는 기계방호물
파란색	2.5PB 4/10	지시	특정 행위의 지시 및 사실의 고지
녹색	2.5G 4/10	안내	비상구 및 피난소, 사람 또는 차량의 통행표지
흰색	N9.5		파란색 또는 녹색에 대한 보조색
검은색	N0.5		문자 및 빨간색 또는 노란색에 대한 보조색

2) 기본모형

번호	기본모형	규격비율	표시사항
1	45°, d_3, d_2, d_1, d	$d \geq 0.025L$ $d_1 = 0.8d$ $0.7d < d_2 < 0.8d$ $d_3 = 0.1d$	금지
2	60°, 60°, a_2, a_1, a	$a \geq 0.034L$ $a_1 = 0.8a$ $0.7a < a_2 < 0.8a$	경고

번호	기본모형	규격비율	표시사항
3	45° 45° Q a_2 a_1 a	$a \geqq 0.025L$ $a_1 = 0.8a$ $0.7a < a_2 < 0.8a$	경고
4	d_1 d	$d \geqq 0.025L$ $d_1 = 0.8d$	지시
5	b_2 b b_2 b	$b \geqq 0.0224L$ $b_2 = 0.8b$	안내
6	e_2 e_2 h_2 h l_2 l	$h < \ell$ $h_2 = 0.8h$ $\ell \times h \geqq 0.0005L^2$ $h - h_2 = \ell - \ell_2 = 2e_2$ $\ell / h = 1, 2, 4, 8$ (4종류)	안내
7	A B C 모형 안쪽에는 A, B, C로 3가지 구역으로 구분하여 글씨를 기재한다.	1. 모형크기(가로 40cm, 세로 25cm 이상) 2. 글자크기(A : 가로 4cm, 세로 5cm 이상, B : 가로 2.5cm, 세로 3cm 이상, C : 가로 3cm, 세로 3.5cm 이상)	관계자외 출입금지
8	A B C 모형 안쪽에는 A, B, C로 3가지 구역으로 구분하여 글씨를 기재한다.	1. 모형크기(가로 70cm, 세로 50cm 이상) 2. 글자크기(A : 가로 8cm, 세로 10cm 이상, B, C : 가로 6cm, 세로 6cm 이상)	관계자외 출입금지

※ 1. L은 안전 · 보건표지를 인식할 수 있거나 인식하여야 할 거리를 말한다.(L과 a, b, d, e, h, l은 같은 단위로 계산해야 한다)

2. 점선 안쪽에는 표시사항과 관련된 부호 또는 그림을 그린다.

04장 안전보건교육의 개념

PROFESSIONAL ENGINEER ERGONOMICS

교육의 필요성과 목적

1. 교육의 목적

피교육자의 발달을 효과적으로 도와줌으로써 이상적인 상태가 되도록 하는 것을 말함

2. 교육의 개념(효과)

1) 신입직원은 기업의 내용 그 방침과 규정을 파악함으로써 친근과 안정감을 준다.
2) 직무에 대한 지도를 받아 질과 양이 모두 표준에 도달하고 임금의 증가를 도모한다.
3) 재해, 기계설비의 소모 등의 감소에 유효하며 산업재해를 예방한다.
4) 직원의 불만과 결근, 이동을 방지한다.
5) 내부 이동에 대비하여 능력의 다양화, 승진에 대비한 능력 향상을 도모한다.
6) 새로 도입된 신기술에 대한 종업원의 적응을 원활하게 한다.

3. 학습지도 이론

1) 자발성의 원리 : 학습자 스스로 학습에 참여해야 한다는 원리
2) 개별화의 원리 : 학습자가 가지고 있는 각각의 요구 및 능력에 맞게 지도해야 한다는 원리
3) 사회화의 원리 : 공동학습을 통해 협력과 사회화를 도와준다는 원리
4) 통합의 원리 : 학습을 종합적으로 지도하는 것으로 학습자의 능력을 조화있게 발달시키는 원리
5) 직관의 원리 : 구체적인 사물을 제시하거나 경험 등을 통해 학습효과를 거둘 수 있다는 원리

02 교육심리학

SECTION

1. 교육심리학의 정의

교육의 과정에서 일어나는 여러 문제를 심리학적 측면에서 연구하여 원리를 정립하고 방법을 제시함으로써 교육의 효과를 극대화하려는 교육학의 한 분야

1) 교육심리학에서 심리학적 측면을 강조하는 경우에는 학습자의 발달과정이나 학습방법과 관련된 법칙정립이 그 핵심이 되어 가치중립적인 과학적 연구가 된다.
2) 바람직한 방향으로 학습자를 성장하도록 도와준다는 교육적 측면이 중요시되는 경우에는 교육적인 측면에 가치가 개입된다.

2. 교육심리학의 연구방법

1) 관찰법 : 현재의 상태를 있는 그대로 관찰하는 방법
2) 실험법 : 관찰 대상을 교육목적에 맞게 계획하고 조작하여 나타나는 결과를 관찰하는 방법
3) 면접법 : 관찰자가 관찰대상을 직접 면접을 통해서 심리상태를 파악하는 방법
4) 질문지법 : 관찰 대상에게 질문지를 나누어주고 이에 대한 답을 작성하게 해서 알아보는 방법
5) 투사법 : 다양한 종류의 상황을 가정하거나 상상하여 관찰자의 심리상태를 파악하는 방법
6) 사례연구법 : 여러 가지 사례를 조사하여 결과를 도출하는 방법. 원칙과 규정의 체계적 습득이 어렵다.
7) 카운슬링 : 심리학적 교양과 기술을 익힌 전문가인 카운슬러가 적응상의 문제를 가진 내담자와 면접하여 대화를 거듭하고, 이를 통하여 내담자가 자신의 문제를 해결해 나가는 인격적 발달을 도울 수 있도록 하는 것(의식의 우회에서 오는 부주의를 최소화 하기 위한 방법)
   - 카운슬링의 순서 : 장면구성 ⇒ 내담자와의 대화 ⇒ 의견 재분석 ⇒ 감정 표출 ⇒ 감정의 명확화

3. 학습이론

1) 자극과 반응(S－R, Stimulus & Response) 이론

(1) 손다이크(Thorndike)의 시행착오설

인간과 동물은 차이가 없다고 보고 동물연구를 통해 인간심리를 발견하고자 했으며 동물의 행동이 자극 S와 반응 R의 연합에 의해 결정된다고 하는 것(학습 또한 지식의 습득이 아니라 새로운 환경에 적응하는 행동의 변화이다)

① 준비성의 법칙 : 학습이 이루어지기 전의 학습자의 상태에 따라 그것이 만족스러운가 불만족스러운가에 관한 것

② 연습의 법칙 : 일정한 목적을 가지고 있는 작업을 반복하는 과정 및 효과를 포함한 전체과정

③ 효과의 법칙 : 목표에 도달했을 때 만족스러운 보상을 주면 반응과 결합이 강해져 조건화가 잘 이루어짐

(2) 파블로프(Pavlov)의 조건반사설

훈련을 통해 반응이나 새로운 행동에 적응할 수 있다.(종소리를 통해 개의 소화작용에 대한 실험을 실시)

① 계속성의 원리(The Continuity Principle) : 자극과 반응의 관계는 횟수가 거듭될수록 강화가 잘됨

② 일관성의 원리(The Consistency Principle) : 일관된 자극을 사용하여야 함

③ 강도의 원리(The Intensity Principle) : 먼저 준 자극보다 같거나 강한 자극을 주어야 강화가 잘됨

④ 시간의 원리(The Time Principle) : 조건자극을 무조건자극보다 조금 앞서거나 동시에 주어야 강화가 잘됨

(3) 파블로프의 계속성의 원리와 손다이크의 연습의 원리 비교

① 파블로프의 계속성 원리 : 같은 행동을 단순히 반복함, 행동의 양적측면에 관심

② 손다이크의 연습의 원리 : 단순동일행동의 반복이 아님, 최종행동의 형성을 위해 점차적인 변화를 꾀하는 목적 있는 진보의 의미

(4) 스키너(Skinner)의 조작적 조건형성 이론

특정 반응에 대해 체계적이고 선택적인 강화를 통해 그 반응이 반복해서 일어날 확률을 증가시키는 이론(쥐를 상자에 넣고 쥐의 행동에 따라 음식을 떨어뜨리는 실험을 실시)

① 강화(Reinforcement)의 원리 : 어떤 행동의 강도와 발생빈도를 증가시키는 것(|안전퀴즈대회를 열어 우승자에게 상을 줌)

② 소거의 원리

③ 조형의 원리

④ 변별의 원리

⑤ 자발적 회복의 원리

2) 인지이론

(1) 톨만(Tolman)의 기호형태설 : 학습자의 머리 속에 인지적 지도 같은 인지구조를 바탕으로 학습하려는 것이다.

(2) 쾰러(Köhler)의 통찰설
(3) 레빈(Lewin)의 장이론(Field Theory)

4. 적응기제(適應機制, Adjustment Mechanism)

욕구 불만에서 합리적인 반응을 하기가 곤란할 때 일어나는 여러 가지의 비합리적인 행동으로 자신을 보호하려고 하는 것. 문제의 직접적인 해결을 시도하지 않고, 현실을 왜곡시켜 자기를 보호함으로써 심리적 균형을 유지하려는 '행동 기제'

1) 방어적 기제(Defense Mechanism)

자신의 약점을 위장하여 유리하게 보임으로써 자기를 보호하려는 것
(1) 보상 : 계획한 일을 성공하는 데서 오는 자존감
(2) 합리화(변명) : 너무 고통스럽기 때문에 인정할 수 없는 실제 이유 대신에 자기 행동에 그럴듯한 이유를 붙이는 방법
(3) 승화 : 억압당한 욕구가 사회적 · 문화적으로 가치있게 목적으로 향하도록 노력함으로써 욕구를 충족하는 방법
(4) 동일시 : 자기가 되고자 하는 인물을 찾아내어 동일시하여 만족을 얻는 행동

2) 도피적 기제(Escape Mechanism)

욕구불만이나 압박으로부터 벗어나기 위해 현실을 벗어나 마음의 안정을 찾으려는 것
(1) 고립 : 자기의 열등감을 의식하여 다른 사람과의 접촉을 피해 자기의 내적 세계로 들어가 현실의 억압에서 피하려는 기제
(2) 퇴행 : 신체적으로나 정신적으로 정상 발달되어 있으면서도 위협이나 불안을 일으키는 상황에는 생애 초기에 만족했던 시절을 생각하는 것
(3) 억압 : 나쁜 무엇을 잊고 더 이상 행하지 않겠다는 해결 방어기제
(4) 백일몽 : 현실에서 만족할 수 없는 욕구를 상상의 세계에서 얻으려는 행동

3) 공격적 기제(Aggressive Mechanism)

욕구불만이나 압박에 대해 반항하여 적대시하는 감정이나 태도를 취하는 것
(1) 직접적 공격기제 : 폭행, 싸움, 기물파손
(2) 간접적 공격기제 : 욕설, 비난, 조소 등

4) 적응기제의 전형적인 형태

스트레스	일반적인 방어기제
실패	합리화, 보상
죄책감	합리화
적대감	백일몽, 억압
열등감	동일시, 보상, 백일몽
실연	합리화, 백일몽, 고립
개인의 능력한계	백일몽, 고립

5. 기억과 망각

1) 기억

과거의 경험이 어떠한 형태로 미래의 행동에 영향을 주는 작용

2) 기억의 4단계

기명(Memorizing) → 파지(Retention) → 재생(Recall) → 재인(Recognition)

(1) 기명 : 사물, 현상, 정보 등을 마음에 간직하는 것
(2) 파지 : 사물, 현상, 정보 등이 보존되는 것
(3) 재생 : 보존된 인상이 다시 의식으로 떠오르는 것
(4) 재인 : 과거에 경험했던 것과 비슷한 상태에 부딪혔을 때 떠오르는 것

3) 망각

학습경험이 시간의 경과와 불사용 등으로 약화되고 소멸되어 재생 또는 재인되지 않는 현상(현재의 학습경험과 결합되지 않아 생각해 낼 수 없는 상태)

4) 망각방지법

(1) 학습자료는 학습자에게 의미를 알게 학습시킬 것
(2) 학습직후에 반복학습 시키고 간격을 두고 때때로 연습시킬 것
(3) 분산학습이 집중학습보다 유리

5) 에빙하우스(Hermann Ebbinghaus)의 망각곡선

독일의 과학자 에빙하우스의 연구에 의하면 학습 후 바로 망각이 시작되어 20분이 지나

면 58%를 기억하고 1시간이 지나면 44%, 하루가 지나면 33%, 한달이 지나면 21%만 기억된다고 한다.

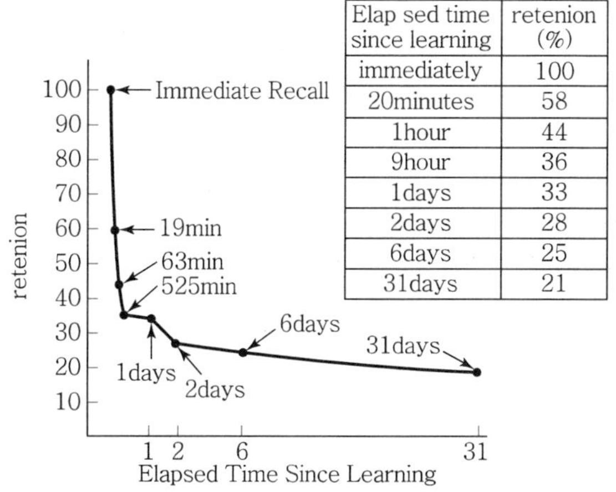

Elap sed time since learning	retenion (%)
immediately	100
20minutes	58
1hour	44
9hour	36
1days	33
2days	28
6days	25
31days	21

안전교육계획 수립 및 실시

1. 안전보건교육의 기본방향

1) 안전보건교육계획 수립 시 고려사항

(1) 필요한 정보를 수집
(2) 현장의 의견을 충분히 반영
(3) 안전교육 시행체계와의 관련을 고려
(4) 법 규정에 의한 교육에만 그치지 않는다.

2) 안전교육의 내용(안전교육계획 수립시 포함되어야 할 사항)

(1) 교육대상(가장 먼저 고려)
(2) 교육의 종류
(3) 교육과목 및 교육내용
(4) 교육기간 및 시간
(5) 교육장소
(6) 교육방법
(7) 교육담당자 및 강사

3) 교육준비계획에 포함되어야 할 사항

(1) 교육목표 설정
(2) 교육대상자 범위 결정
(3) 교육과정의 결정
(4) 교육방법의 결정
(5) 강사, 조교 편성
(6) 교육보조자료의 선정

4) 작성순서

(1) 교육의 필요점 발견
(2) 교육대상을 결정하고 그것에 따라 교육내용 및 방법 결정
(3) 교육준비
(4) 교육실시
(5) 평가

5) 교육지도의 8원칙

(1) 상대방의 입장고려
(2) 동기부여
(3) 쉬운 것에서 어려운 것으로
(4) 반복
(5) 한 번에 하나씩
(6) 인상의 강화
(7) 오감의 활용
(8) 기능적인 이해

2. 안전보건교육의 단계별 교육과정

1) 안전교육의 3단계

(1) 지식교육(1단계) : 지식의 전달과 이해
(2) 기능교육(2단계) : 실습, 시범을 통한 이해
① 준비 철저
② 위험작업의 규제
③ 안전작업의 표준화
(3) 태도교육(3단계) : 안전의 습관화(가치관 형성)
① 청취(들어본다) → ② 이해, 납득(이해시킨다) → ③ 모범(시범을 보인다) → ④ 권장(평가한다)

2) 교육법의 4단계

(1) 도입(1단계) : 학습할 준비를 시킨다.(배우고자 하는 마음가짐을 일으키는 단계)
(2) 제시(2단계) : 작업을 설명한다.(내용을 확실하게 이해시키고 납득시키는 단계)
(3) 적용(3단계) : 작업을 지휘한다.(이해시킨 내용을 활용시키거나 응용시키는 단계)

(4) 확인(4단계) : 가르친 뒤 살펴본다.(교육 내용을 정확하게 이해하였는가를 테스트하는 단계)

| 교육방법에 따른 교육시간 |

교육법의 4단계	강의식	토의식
제1단계 – 도입(준비)	5분	5분
제2단계 – 제시(설명)	40분	10분
제3단계 – 적용(응용)	10분	40분
제4단계 – 확인(총괄)	5분	5분

3. 안전보건교육 계획

1) 학습목적과 학습성과의 설정

(1) 교육의 3요소

① 주제 : 학습의 목적, 지표

② 학습정도 : 주제를 학습시킬 범위와 내용의 정도

③ 목표

(2) 학습성과

학습목적을 세분하여 구체적으로 결정하는 것

(3) 학습성과 설정 시 유의할 사항

① 주제와 학습 정도가 포함되어야 한다.

② 학습 목적에 적합하고 타당해야 한다.

③ 구체적으로 서술해야 한다.

④ 수강자의 입장에서 기술해야 한다.

2) 학습자료의 수집 및 체계화

3) 교수방법의 선정

4) 강의안 작성

05장 교육의 내용 및 방법

교육내용

1. 산업안전 · 보건 관련교육과정별 교육시간

1) 근로자 안전 · 보건교육

<table>
<tr><th>교육과정</th><th colspan="2">교육대상</th><th>교육시간</th></tr>
<tr><td rowspan="4">가. 정기교육</td><td colspan="2">사무직 종사 근로자</td><td>매분기 3시간 이상</td></tr>
<tr><td rowspan="2">사무직 종사 근로자 외의 근로자</td><td>판매업무에 직접 종사하는 근로자</td><td>매분기 3시간 이상</td></tr>
<tr><td>판매업무에 직접 종사하는 근로자 외의 근로자</td><td>매분기 6시간 이상</td></tr>
<tr><td colspan="2">관리감독자의 지위에 있는 사람</td><td>연간 16시간 이상</td></tr>
<tr><td rowspan="2">나. 채용 시의 교육</td><td colspan="2">일용근로자</td><td>1시간 이상</td></tr>
<tr><td colspan="2">일용근로자를 제외한 근로자</td><td>8시간 이상</td></tr>
<tr><td rowspan="2">다. 작업내용 변경 시의 교육</td><td colspan="2">일용근로자</td><td>1시간 이상</td></tr>
<tr><td colspan="2">일용근로자를 제외한 근로자</td><td>2시간 이상</td></tr>
<tr><td rowspan="3">라. 특별교육</td><td colspan="2">별표 8의2 제1호라목 각 호(제40호는 제외한다)의 어느 하나에 해당하는 작업에 종사하는 일용근로자</td><td>2시간 이상</td></tr>
<tr><td colspan="2">별표 8의2 제1호라목제40호의 타워크레인 신호작업에 종사하는 일용근로자</td><td>8시간 이상</td></tr>
<tr><td colspan="2">별표 8의2 제1호라목 각 호의 어느 하나에 해당하는 작업에 종사하는 일용근로자를 제외한 근로자</td><td>• 16시간 이상(최초 작업에 종사하기 전 4시간 이상 실시하고 12시간은 3개월 이내에서 분할하여 실시가능)
• 단기간 작업 또는 간헐적 작업인 경우에는 2시간 이상</td></tr>
<tr><td>마. 건설업 기초안전 · 보건교육</td><td colspan="2">건설 일용근로자</td><td>4시간</td></tr>
</table>

2) 안전보건관리책임자 등에 대한 교육(제29조제2항 관련)

교육대상	교육시간	
	신규교육	보수교육
가. 안전보건관리책임자	6시간 이상	6시간 이상
나. 안전관리자, 안전관리전문기관의 종사자	34시간 이상	24시간 이상
다. 보건관리자, 보건관리전문기관의 종사자	34시간 이상	24시간 이상
라. 재해예방 전문지도기관의 종사자	34시간 이상	24시간 이상
마. 석면조사기관의 종사자	34시간 이상	24시간 이상
바. 안전보건관리담당자	−	8시간 이상
사. 안전검사기관, 자율안전검사기관의 종사자	34시간 이상	24시간 이상

3) 검사원 양성교육

교육과정	교육대상	교육시간
양성 교육	−	28시간 이상

2. 교육대상별 교육내용

1) 근로자 안전 · 보건교육

(1) 근로자 정기안전 · 보건교육

교육내용
• 산업안전 및 사고 예방에 관한 사항 • 산업보건 및 직업병 예방에 관한 사항 • 건강증진 및 질병 예방에 관한 사항 • 유해 · 위험 작업환경 관리에 관한 사항 • 「산업안전보건법」 및 일반관리에 관한 사항 • 직무스트레스 예방 및 관리에 관한 사항 • 산업재해보상보험 제도에 관한 사항

(2) 관리감독자 정기안전 · 보건교육

교육내용
• 작업공정의 유해 · 위험과 재해 예방대책에 관한 사항 • 표준안전작업방법 및 지도 요령에 관한 사항 • 관리감독자의 역할과 임무에 관한 사항 • 산업보건 및 직업병 예방에 관한 사항 • 유해 · 위험 작업환경 관리에 관한 사항 • 「산업안전보건법」 및 일반관리에 관한 사항 • 직무스트레스 예방 및 관리에 관한 사항

• 산재보상보험제도에 관한 사항
• 안전보건교육 능력 배양에 관한 사항
 – 현장근로자와의 의사소통능력 향상, 강의능력 향상, 기타 안전보건교육 능력 배양 등에 관한 사항
(※ 안전보건교육 능력 배양 내용은 전체 관리감독자 교육시간의 1/3 이하에서 할 수 있다.)

(3) 신규 채용 시와 작업내용 변경 시 안전보건 교육내용

교육내용
• 기계 · 기구의 위험성과 작업의 순서 및 동선에 관한 사항 • 작업 개시 전 점검에 관한 사항 • 정리정돈 및 청소에 관한 사항 • 사고 발생 시 긴급조치에 관한 사항 • 산업보건 및 직업병 예방에 관한 사항 • 물질안전보건자료에 관한 사항 • 직무스트레스 예방 및 관리에 관한 사항 • 「산업안전보건법」 및 일반관리에 관한 사항

(4) 특별안전 · 보건교육 대상 작업별 교육내용(40개)

작업명	교육내용
〈공통내용〉 제1호부터 제38호까지의 작업	"채용 시의 교육 및 작업내용 변경 시의 교육"과 같은 내용
〈개별내용〉 1. 고압실 내 작업(잠함공법이나 그 밖의 압기공법으로 대기압을 넘는 기압인 작업실 또는 수갱 내부에서 하는 작업만 해당한다)	• 고기압 장해의 인체에 미치는 영향에 관한 사항 • 작업의 시간 · 작업 방법 및 절차에 관한 사항 • 압기공법에 관한 기초지식 및 보호구 착용에 관한 사항 • 이상 발생 시 응급조치에 관한 사항 • 그 밖에 안전 · 보건관리에 필요한 사항
2. 아세틸렌 용접장치 또는 가스집합 용접장치를 사용하는 금속의 용접 · 용단 또는 가열작업(발생기 · 도관 등에 의하여 구성되는 용접장치만 해당한다)	• 용접 흄, 분진 및 유해광선 등의 유해성에 관한 사항 • 가스용접기, 압력조정기, 호스 및 취관두 등의 기기 점검에 관한 사항 • 작업방법 · 순서 및 응급처치에 관한 사항 • 안전기 및 보호구 취급에 관한 사항 • 그 밖에 안전 · 보건관리에 필요한 사항

3. 밀폐된 장소(탱크 내 또는 환기가 극히 불량한 좁은 장소를 말한다)에서 하는 용접작업 또는 습한 장소에서 하는 전기용접 작업	• 작업순서, 안전작업방법 및 수칙에 관한 사항 • 환기설비에 관한 사항 • 전격 방지 및 보호구 착용에 관한 사항 • 질식 시 응급조치에 관한 사항 • 작업환경 점검에 관한 사항 • 그 밖에 안전 · 보건관리에 필요한 사항

(5) 건설업 기초안전 · 보건교육에 대한 내용 및 시간

구분	교육 내용	시간
공통	산업안전보건법 주요 내용(건설 일용근로자 관련 부분)	1시간
	안전의식 제고에 관한 사항	1시간
교육 대상별	작업별 위험요인과 안전작업 방법(재해사례 및 예방대책)	2시간
	건설 직종별 건강장해 위험요인과 건강관리	1시간

※ 비고 : 교육대상별 교육시간 중 1시간 이상은 시청각 또는 체험·가상실습을 포함한다.

교육방법

1. 교육훈련 기법

1) 강의법

안전지식을 강의식으로 전달하는 방법(초보적인 단계에서 효과적)

① 강사의 입장에서 시간의 조정이 가능하다.

② 전체적인 교육내용을 제시하는데 유리하다.

③ 비교적 많은 인원을 대상으로 단시간에 지식을 부여할 수 있다.

2) 토의법

10~20인 정도가 모여서 토의하는 방법(안전지식을 가진 사람에게 효과적)으로 태도교육의 효과를 높이기 위한 교육방법. 집단을 대상으로 한 안전교육 중 가장 효율적인 교육방법

3) 시범

필요한 내용을 직접 제시하는 방법

4) 모의법

실제 상황을 만들어 두고 학습하는 방법

(1) 제약조건

① 단위 교육비가 비싸고 시간의 소비가 많다.
② 시설의 유지비가 높다.
③ 다른 방법에 비하여 학생 대 교사의 비가 높다.

(2) 모의법 적용의 경우

① 수업의 모든 단계
② 학교수업 및 직업훈련 등
③ 실제사태는 위험성이 따른 경우
④ 직접 조작을 중요시하는 경우

5) 시청각 교육법

시청각 교육자료를 가지고 학습하는 방법

6) 실연법

학습자가 이미 설명을 듣거나 시범을 보고 알게 된 지식이나 기능을 강사의 감독 아래 직접적으로 연습해 적용해 보게 하는 교육방법. 다른 방법보다 교사 대 학습자수의 비율이 높다.

7) 프로그램 학습법(Programmed Self－instruction Method)

학습자가 프로그램을 통해 단독으로 학습하는 방법으로 개발된 프로그램은 변경이 어렵다.

2. 안전보건 교육방법

1) 하버드 학파의 5단계 교수법(사례연구 중심)

(1) 1단계 : 준비시킨다.(Preparation)
(2) 2단계 : 교시하다.(Presentation)
(3) 3단계 : 연합한다.(Association)

(4) 4단계 : 총괄한다.(Generalization)
(5) 5단계 : 응용시킨다.(Application)

2) 수업단계별 최적의 수업방법

(1) 도입단계 : 강의법, 시범
(2) 전개단계 : 토의법, 실연법
(3) 정리단계 : 자율학습법
(4) 도입 · 전개 · 정리단계 : 프로그램 학습법, 모의법

3. TWI

1) TWI(Training Within Industry)

주로 관리감독자를 대상으로 하며 전체 교육시간은 10시간(1일 2시간씩 5일 교육)으로 실시한다. 한 그룹에 10명 내외로 토의법과 실연법 중심으로 강의가 실시되며 훈련의 종류는 다음과 같다.

(1) 작업지도훈련(JIT ; Job Instruction Training)
(2) 작업방법훈련(JMT ; Job Method Training)
(3) 인간관계훈련(JRT ; Job Relations Training)
(4) 작업안전훈련(JST ; Job Safety Training)

2) TWI 개선 4단계

(1) 작업분해
(2) 세부내용 검토
(3) 작업분석
(4) 새로운 방법의 적용

3) MTP(Management Training Program)

한 그룹에 10~15명 내외로 전체 교육시간은 40시간(1일 2시간씩 20일 교육)으로 실시한다.

4) ATT(American Telephone & Telegraph Company)

대상층이 한정되어 있지 않고 토의식으로 진행되며 교육시간은 1차 훈련은 1일 8시간씩 2주간, 2차 과정은 문제 발생시하도록 되어 있다.

5) CCS(Civil Communication Section)

강의식에 토의식이 가미된 형태로 진행되며 매주 4일, 4시간씩 8주간(총 128시간) 실시토록 되어 있다.

4. O. J. T 및 OFF J. T

1) O. J. T(직장 내 교육훈련)

직속상사가 직장 내에서 작업표준을 가지고 업무상의 개별교육이나 지도훈련을 하는 것(개별교육에 적합)

(1) 개인 개인에게 적절한 지도훈련이 가능
(2) 직장의 실정에 맞게 실제적 훈련이 가능
(3) 효과가 곧 업무에 나타나며 훈련의 좋고 나쁨에 따라 개선이 쉬움

2) OFF J. T(직장 외 교육훈련)

계층별 직능별로 공통된 교육대상자를 현장 이외의 한 장소에 모아 집합교육을 실시하는 교육형태(집단교육에 적합)

(1) 다수의 근로자에게 조직적 훈련을 행하는 것이 가능

(2) 훈련에만 전념

(3) 각각 전문가를 강사로 초청하는 것이 가능

(4) OFF J. T. 안전교육 4단계

① 1단계 : 학습할 준비를 시킨다.
② 2단계 : 작업을 설명한다.
③ 3단계 : 작업을 시켜본다.
④ 4단계 : 가르친 뒤 이를 살펴본다.

5. 학습목적의 3요소

1) 교육의 3요소

(1) 주체 : 강사
(2) 객체 : 수강자(학생)
(3) 매개체 : 교재(교육내용)

2) 학습의 구성 3요소

(1) 목표 : 학습의 목적, 지표
(2) 주제 : 목표 달성을 위한 주제
(3) 학습정도 : 주제를 학습시킬 범위와 내용의 정도

6. 교육훈련평가

1) 학습평가의 기본적인 기준

(1) 타당성 (2) 신뢰성 (3) 객관성 (4) 실용성

2) 교육훈련평가의 4단계

(1) 반응 → (2) 학습 → (3) 행동 → (4) 결과

3) 교육훈련의 평가방법

(1) 관찰 (2) 면접 (3) 자료분석법 (4) 과제
(5) 설문 (6) 감상문 (7) 실험평가 (8) 시험

7. 5관의 효과 치

1) 시각효과 60%(미국 75%)
2) 청각효과 20%(미국 13%)
3) 촉각효과 15%(미국 6%)
4) 미각효과 3%(미국 3%)
5) 후각효과 2%(미국 3%)

교육실시방법

1. 강의법

1) 강의식 : 집단교육방법으로 많은 인원을 단시간에 교육할 수 있으며 교육내용이 많을 때 효과적인 방법
2) 문제 제시식 : 주어진 과제에 대처하는 문제해결방법
3) 문답식 : 서로 묻고 대답하는 방식

2. 토의법

1) 토의 운영방식에 따른 유형

(1) 일제문답식 토의

교수가 학습자 전원을 대상으로 문답을 통하여 전개해 나가는 방식

(2) 공개식 토의

1～2명의 발표자가 규정된 시간(5～10분) 내에 발표하고 발표내용을 중심으로 질의, 응답으로 진행

(3) 원탁식 토의

10명 내외 인원이 원탁에 둘러앉아 자유롭게 토론하는 방식

(4) 워크숍(Workshop)

학습자를 몇 개의 그룹으로 나눠 자주적으로 토론하는 전개 방식

(5) 버즈법(Buzz Session Discussion)

참가자가 다수인 경우에 전원을 토의에 참가시키기 위한 방법으로 소집단을 구성하여 회의를 진행시키며 일명 6－6회의라고도 한다.

⇒ 진행방법

① 먼저 사회자와 기록계를 선출한다.
② 나머지 사람은 6명씩 소집단을 구성한다.
③ 소집단별로 각각 사회자를 선발하여 각각 6분씩 자유토의를 행하여 의견을 종합한다.

(6) 자유토의

학습자 전체가 관심있는 주제를 가지고 자유롭게 토의하는 형태

(7) 롤 플레잉(Role Playing)

참가자에게 일정한 역할을 주어서 실제적으로 연기를 시켜봄으로써 자기의 역할을 보다 확실히 인식시키는 방법

2) 집단 크기에 따른 유형

(1) 대집단 토의

① 패널토의(Panel Discussion) : 사회자의 진행에 의해 특정 주제에 대해 구성원 3～6명이 대립된 견해를 가지고 청중 앞에서 논쟁을 벌이는 것
② 포럼(The Forum) : 1～2명의 전문가가 10～20분 동안 공개 연설을 한 다음 사회자의 진행하에 질의응답의 과정을 통해 토론하는 형식

③ 심포지엄(The Symposium) : 몇 사람의 전문가에 의하여 과제에 관한 견해를 발표한 뒤에 참가자로 하여금 의견이나 질문을 하게 하여 토의하는 방법

(2) 소집단 토의

① 브레인스토밍

② 개별지도 토의

3. 안전교육 시 피교육자를 위해 해야 할 일

1) 긴장감을 제거해 줄 것
2) 피교육자의 입장에서 가르칠 것
3) 안심감을 줄 것
4) 믿을 수 있는 내용으로 쉽게 할 것

4. 먼저 실시한 학습이 뒤의 학습을 방해하는 조건

1) 앞의 학습이 불완전한 경우
2) 앞의 학습 내용과 뒤의 학습 내용이 같은 경우
3) 뒤의 학습을 앞의 학습 직후에 실시하는 경우
4) 앞의 학습에 대한 내용을 재생(再生)하기 직전에 실시하는 경우

5. 학습의 전이

어떤 내용을 학습한 결과가 다른 학습이나 반응에 영향을 주는 현상. 학습전이의 조건으로는 학습정도의 요인, 학습자의 지능요인, 학습자의 태도 요인, 유사성의 요인, 시간적 간격의 요인이 있다.

M·E·M·O

PART

02 산업안전 보건법

01장 산업안전보건법령의 이론

산업안전보건법의 체계

많은 사람들이 법 · 시행령 · 시행규칙 · 고시 · 예규 · 훈령 등의 체계를 혼용하여 고시나 시행규칙을 법이라고 잘못 이해하고 있다.

이렇게 혼용하여 법령을 이해함으로 인해 준수의무를 이행하였다 할지라도 상위법 위반에 해당되어 처벌받는 경우가 생기게 된다. 이러한 현상은 법령의 제 · 개정권자, 법령의 성질 또는 효력을 알지 못해서 발생한 것이다. 때문에 무엇보다 산업안전보건법령의 입체적 · 다각적 이해를 통하여 산업재해 예방의 길잡이격인 산업안전보건제도 파악의 올바른 기틀을 확립하는 것이 산업안전보건법령 이해의 첫걸음이라 할 수 있다.

그렇다면, 산업재해예방업무 수행의 제도적 틀인 산업안전보건법령의 체계를 여러 측면에서 고찰해 보아야 할 가장 중요한 이유는 무엇인가? 그것은 노 · 사 · 정(勞使政)이 산업안전과 보건이라는 광범위하고 복잡 · 다양한 업무를 체계적 · 유기적 · 종합적으로 수행할 수 있도록 하고, 산업안전보건법상의 의무이행을 효율적으로 준수하게 하는 가장 기본적인 안내자가 되어야 하기 때문이다.

1. 산업안전보건법령의 체계

1) 법령체계의 의의

어떤 제도가 그 사회구성원에게 영향을 미쳐 행정집행(작용)이 행하여지는 데에는 행정부처(가장 좁은 의미의 개념으로서 행정, 행정행위의 주체)가 집행하는 행정작용, 즉 지식경제행정, 소방 등 행정자치행정, 과학기술행정, 환경행정, 보건복지행정, 고용노동행정 등의 근간이 되는 제도는 일반적으로 1개의 법률과 1개의 시행령 및 1개의 시행규칙 그리고 하부 규정인 여러 개의 고시 · 예규 · 훈령 등으로 구성되어 운영하고 있다.
여기서 일반적으로 형성되어 운영되는 제도의 열거순서를 계층(체계)적으로 파악하여 이해하는 것이 법령체계의 의의가 된다.

2) 산업안전보건법령의 체계

(1) 개요

산업안전보건법령은 1개의 법률, 1개의 시행령, 3개의 시행규칙(일반적으로 타 행정 관련 법령의 시행규칙은 1개로 구성되어 있음), 52개의 고시, 7개의 예규, 2개의 훈령 및 고시의 범주에 포함된 각종 기술상의 지침 및 작업환경표준 등으로 구성되어 있다.

(2) 법

법은 산업재해 예방을 위한 각종 제도적 근거의 확보, 즉 산업재해 예방을 위한 기본적인 제도, 사업주 · 근로자 및 정부가 행할 사업 수행의 근거 규범을 설정한 것으로서 195개의 조문과 부칙으로 구성되어 있다.

(3) 시행령

시행령은 법에서 위임된 사항, 즉 제도시행대상범위, 종류 등을 설정한 것으로서 152개의 조문과 부칙으로 구성되어 있다.

(4) 규칙

규칙은 3가지로 구성되어 있는데, 이들은 법 및 시행령에서 위임된 사항을 설정한 것이다. 산업안전보건법에 대한 일반사항을 규정한 산업안전보건법 시행규칙은 263개의 조문과 부칙으로, 사업주가 행할 안전보건상의 조치에 관한 기술적 사항을 규정한 산업안전보건기준에 관한 규칙은 673개의 조문과 부칙으로, 유해 또는 위험한 작업에 필요한 자격 · 면허 · 경험에 관한 사항을 규정한 유해 · 위험작업의 취업제한에 관한 규칙은 13개의 조문과 부칙으로 각각 구성되어 있다.

(5) 고시 · 예규 · 훈령

산업안전보건의 구체적 실현을 위한 각종 검사 · 검정 등에 필요한 일반적이고 객관적인 사항을 널리 알려 활용할 수 있는 수치적 · 표준적 내용인 고시가 있고, 산업안전보건업무에 필요한 행정 절차적 사항이 정부, 실시기관, 의무대상 간의 체계가 일반적 · 반복적 · 모델화된 내용을 조문형식을 빌어 규정화한 내용인 예규가 있다. 또한 상급기관, 즉 고용노동부장관이 하급 기관인 지방고용노동관서의 장에게 특정 업무 수행상의 훈시 · 지침 등을 시달할 때 조문의 형식으로 알리는 내용인 훈령이 있다.
산업안전보건에 관한 고시 · 예규 · 훈령을 일반, 방호장치 및 보호구검정, 기계, 전기, 화공, 건설, 보건위생, 교육 등 분야별로 구별하여 수십 개를 마련해 두고 있다.

(6) 지침 · 표준

고시의 범주에 포함된 각종 기술상의 매뉴얼을 하나의 규범형식으로 작성한 지침과 작업장 내의 유해(불량한) 환경요소 제거를 위한 기술상 모델인 작업환경표준을 여러 가지로 마련하고 있다.

(7) 법령 계층의 구조도

산업안전보건법령의 계층을 체계적으로 배열한 구조도를 도해하면 다음과 같다.

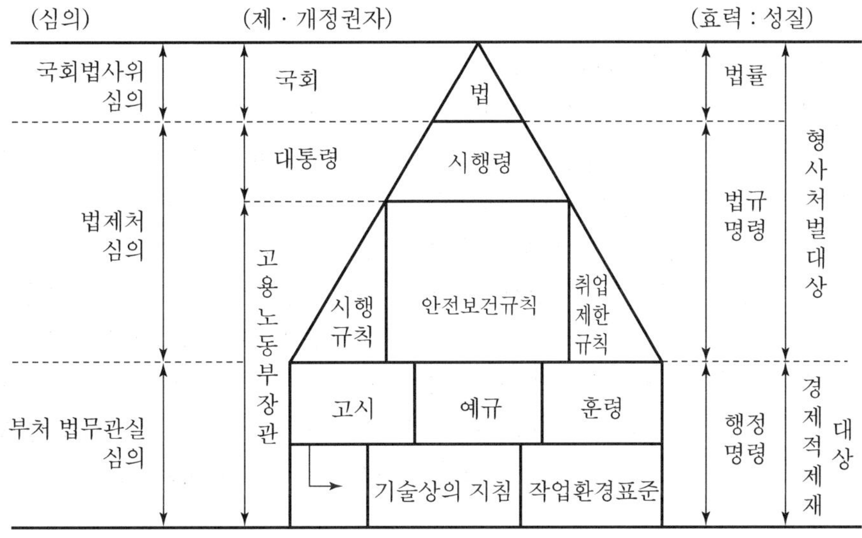

2. 산업안전보건법령체계의 이해

산업안전보건법령체계를 수평적 · 단편적으로 파악하여 전술한 내용은 산업재해예방제도의 틀 또는 형식을 이해하는 데 기본이 된다고 볼 수 있으나, 산업안전보건제도의 실질적 내용과 법 규범 준수의 필요성 및 우선순위 파악을 위한 접근에는 미치지 못하므로 산업안전보건법령 체계의 입체적 · 다각적 이해가 필수적이다. 따라서 실제 현장과 실무에서는 산업안전보건법령의 제 · 개정권자와 절차적 측면 및 법령 계층 간의 효력적 측면을 이해하여야 한다.

1) 제 · 개정권자와 절차적 측면

제 · 개정권자 및 제 · 개정절차를 살펴보면, 법은 국회의원 또는 고용노동부장관이 발의하여 국민의 대표기관인 국회의 의결을 거쳐야 제 · 개정될 수 있으므로 국회가 제 · 개정권자가 되며 그 절차는 하위 어떠한 규정보다 가장 까다롭다. 시행령은 고용노동부장관이 발의하여 안전보건 관련 부처의 장 · 차관의 사전협의 완료 후 국무회의 심의를 거쳐야 제 · 개정될 수 있으므로 대통령이 제 · 개정권자가 되며 그 절차는 법 다음으로 까다롭다고 할 수 있다.

그리고 규칙은 고용노동부장관이 발의하여 법제처의 심의를 완료한 후 제 · 개정될 수 있으므로 고용노동부장관이 제 · 개정권자가 되며, 그 절차는 시행령 다음으로 까다롭다. 다만, 다음에 설명하는 고시 · 예규 등과의 차이점은 법제처 심의 대상이 된다는 것을 유의하여야 한다.

고시 · 예규 등은 고용노동부장관이 발의하여 고용노동부 법무담당관의 심의를 통하여 제 · 개정될 수 있으므로 고용노동부장관이 제 · 개정권자가 되며, 그 절차는 가장 쉽다고 본다.

2) 법령 계층 간의 효력(성질) 측면

산업안전보건법령 계층 간의 효력 또는 성질을 살펴보면, 제 · 개정 절차가 까다로운 순서에 따라 준수의무가 강한 성질 또는 효력을 갖고 있다. 법은 법률이라 하여 징역형 · 벌금을 가할 수 있는 형사처벌 대상이고, 시행령 · 규칙 · 고시 · 예규 등 고용노동부 법무담당관의 심의 대상인 명령을 행정명령이라 구분한다.

법규명령은 법률에 준하는 성질로 구분하여 형사처벌 대상으로 하고, 행정명령은 경제적 제재, 즉 세금혜택 취소, 감독 강화, 융자대상 및 지원대상 제외 등으로 그 준수를 강제하고 있다. 다만, 오늘날 행정명령이 규제하고 있는 사안이 불특정 다수인 또는 국민경제에 광범위한 파장을 일으키는 것 및 인명에 손실을 가져오는 것에 대해서는 법규명령적 성질로 보아 일반 형사처벌의 구체적 근거로 채택하는 경향이 있다.

02 SECTION 산업안전보건법의 특징

1. 복잡성 · 다양성

사업장의 기계 · 설비의 다양성, 유해물질 사용량의 급증 및 기계장치구조의 복잡화, 작업공정의 복잡성에 따라 유해 · 위험요소는 날이 갈수록 더욱 복잡화 · 다양화 · 대형화되고 있다. 따라서 이러한 유해 · 위험요소를 규범적으로 제거 내지 방지하기 위해서 산업안전보건법은 각 조문마다 다양한 성질을 갖고 개별적인 산업안전보건제도, 즉 안전보건체계자 선임제도, 교육제도, 유해물질 정보제공제도, 기계 · 기구 인증제도, 보호구검정제도, 공정안전보고서 심사제도, 작업환경측정제도, 건강진단제도 등을 갖추어야만 되므로 법률 자체가 복잡성을 띨 수밖에 없는 것이다.

2. 기술성

산업재해예방은 크게 인적 요소와 물적 요소로부터 유해 · 위험요소를 제거하는 것으로, 특히 산업현장에서 사용되는 각종 기계 · 기구 · 설비 및 유해물질 등의 물적 요소에 대한 유해 또는 위험요소를 제거하기 위해서는 전문기술성이 확보되어야 한다.

3. 강행성 · 강요성

산업현장에서 발생되는 산업재해를 예방하기 위하여 임의적 규정을 두어 계몽하는 것은 구체적 실효성을 확보하지 못하므로, 산업안전보건법은 많은 부분에서 강행성을 요구하고 당사자의 의사 여하에도 불구하고 적용되도록 하는 강요성을 나타내고 있다. 법 제23조 등의 '사업주는 …… 조치를 하여야 한다.'와 같은 조문이 그 예이다.

4. 사업주 규제성

산업안전보건법은 복지정책 중에 고용노동 분야의 복지정책이므로 사회법이다. 이것을 실현하기 위해 노사체계에서 우위의 위치에 있고, 산업현장의 기계 · 기구 · 설비 및 원재료 · 유해물질 등을 유지 · 관리하는 총체적 책임을 갖는 사업주에게 산업안전보건 확보 등 많은 부문에 대한 규제성을 두고 있는 것이 또 하나의 특징이다.
물론, 정부나 근로자에게 요구되는 산업재해예방을 위한 규제, 즉 법 제4조의 정부의 책무, 제6조의 근로자의 의무 등도 있다.

산업안전보건법의 보호법익과 목적

1. 산업안전보건법의 보호법익

1) 보호법익의 개념

보호법익이란 법률에 의하여 보호되는 국민생활상의 이익으로서 어떤 범죄행위를 인간으로 하여금 하지 못하도록 하는 형법상의 범죄의 종류를 설정하는 기준이 되고, 범죄의 기수(성립)와 미수(미성립)를 결정하는 구체적 역할을 하며, 국민생활편익과 국가경제발전을 위해 제정한 각종 법률의 목적에 해당되는 것이다.
형법에 나타나는 사항을 예시하면 살인죄는 인간의 생명, 절도죄는 개인의 재산에 대한 권리(재산권), 폭행죄는 신체의 안전성이 각각에 해당하는 보호법익이다.

2) 산업안전보건법의 보호법익

산업현장에서 산업재해 예방을 위한 안전보건 확보 차원의 제도적 규범인 산업안전보건법에서도 보호법익이 예외가 될 수 없다. 따라서 제1조에 목적을 두고 산업재해란 용어의 정의에서도 보호대상을 중심으로 설정하고 있는 것이다.

그렇다면, 산업안전보건법의 주된 보호법익은 무엇인가? 그것은 사업주의 물적 재산보호, 불특정 다수 국민의 재산적 이익이나 대기환경 보호에 있는 것이 아니라 근로자의 생명보호(신체적 안정성 확보)에 있는 것이다. 따라서 산업안전보건법의 주된 보호법익인 근로자의 생명보호가 이루어질 경우에는 노동력 손실을 방지할 수 있고, 그 결과 생산성 향상에 기여함으로써 기업의 발전뿐만 아니라 국가경제발전에도 기여하게 될 것이다.

3) 타 안전관계법과의 비교

사업장의 안전과 관련된 타 법률, 즉 가스 · 전기 · 소방 · 환경 · 건설 · 교통관계법의 주된 보호법익은 물적 재산보호에 있다. 왜냐하면 산업안전보건법은 안전관리자 · 보건관리자 선임규모, 안전 · 보건대행 가능 영세사업장 구분점, 안전 · 보건업무 전담 가능 대상규모의 사업장 구분점을 사업장에 고용된 근로자 수를 기준으로 하고, 가스 · 전기 · 환경 · 건설 · 교통관계법의 고용의무 대상 규모 등을 결정하는 기준을 사업주체가 취급 또는 사용하는 가스용량, 위험물량, 전기사용량, 건설규모, 유해 · 폐기물배출량, 보유차량대수 중심으로 제도를 설정하고 있기 때문이다.

| 보호법익 비교 |

산업안전보건법	가스 · 전기 · 소방 · 환경 · 건설 · 교통관계법
근로자 생명보호	물적(시설) 보호

2. 산업안전보건법의 목적

1) 입법 내용

산업안전보건법은 산업안전보건에 관한 기준을 확립하고, 그 책임의 소재를 명확하게 하여 산업재해를 예방하고 쾌적한 작업환경을 조성함으로써 근로자의 안전과 보건을 유지 · 증진시키는 것을 목적으로 한다.

2) 내용 설명

(1) 산업안전보건에 관한 기준

산업안전보건에 관한 기준이라 함은 산업재해를 예방하고 쾌적한 작업환경을 조성하여 근로자의 안전과 보건을 확보하기 위한 산업안전보건에 관한 법, 시행령, 시행규칙,

산업안전보건기준에 관한 규칙, 유해 · 위험작업 취업제한에 관한 규칙, 그리고 상기 법령에 의하여 발하는 명령, 즉 고시 · 예규 · 훈령 등에 나타나는 각종 준수사항을 말한다고 볼 수 있으며, 또한 그 기준은 사업주 · 근로자 · 안전보건관계자 및 정부와 산업재해예방단체들이 지켜야 할 최소한의 것이기 때문에 산업재해를 예방하기 위한 법리의 선상에서 더욱 넓은 범위의 준수사항까지 포함시켜야 된다고 본다.

(2) 책임 및 책임의 소재

책임이라 함은 일반론적 의미에서 광의로는 도덕 · 종교 · 정치적 책임 등에 대립되는 법률적 책임을 뜻한다. 이는 법률적 불이익 또는 제재를 받는 것을 말한다. 협의로는 위법한 행위를 한 자에 대한 법률적 제재로서 민사책임과 형사책임으로 구분한다. 형사책임은 위법한 행위로 인하여 사회의 질서를 문란하게 한 데에 대한 사회적 제재, 즉 형벌을 받아야 할 때의 사회적 책임이다. 여기서는 산업재해를 예방하여야 할 의무를 사업주 · 근로자 · 정부 등에게 적합한 책임을 부여하고 소재를 밝혀둔 조항에 나타난 사항을 말한다고 볼 수 있을 것이다. 또한 최근 하나의 건설공사를 둘 이상의 사업주가 공동연대로 시공하는 이른바 공동경영기업방식에 의한 시공형태가 증가하고 있다. 또한 사업장 내 구성원, 즉 사업주 · 안전관리자 · 보건관리자 · 관리감독자 등이 안전 · 보건을 추진하는 데 대한 혼동이 산재해 있으며, 정부의 산업재해 예방에 대한 명확한 정책수립 등을 위하여 법령에 나타난 규정이 없다. 1990년 법 개정에서는 "책임의 소재를 명확하게 하여"라는 표현을 목적에 명문화함으로써 보다 체계적이고 조직적인 산업재해예방활동을 할 수 있게 하였으며, 이로써 안전 · 보건에 대한 사각지대를 없애도록 하였다고 볼 수 있다.

(3) 궁극적 목적

사업장에서는 유해 · 위험요소 등을 제거하기 위하여 사업장 구성원 및 정부단체 각자가 산업안전보건에 관한 기준을 확립하여 준수하고 각자 명확한 책임의 완수 등으로 산업재해를 예방하고 쾌적한 작업환경을 조성함으로써 "근로자의 안전과 보건을 유지 · 증진"함을 그 목적으로 하고 있다. 따라서 제1조의 법조문상으로 보면 이 법의 궁극적 목적은 근로자의 안전과 보건을 유지 · 증진시키기 위한 것이다.

(4) 공공복지 및 국민경제의 발전에 대한 기여의 목적 여부

산업안전보건법의 목적으로 다른 법률과 같이 "공공복지의 증진에 기여함"이라든지 "국민경제발전에 기여함"을 명문화하고 있지는 않다. 그러나 근로자는 자아발전과 새로운 삶의 개척을 위해 열심히 일을 하는 개인의 주체이며, 국민경제 · 공공복지를 증진시키는 데 필요한 노동력 제공의 원초자이다. 따라서 근로자의 안전과 보건을 유지 · 증진하는 결과가 결국은 국민경제 · 공공복지의 증진을 도모하는 것이 된다. 때문에 그 취지는 국민경제 · 공공복지의 증진이라는 명문규정을 둔 경우와 다름없다고 할 것이다.

3) 내재적 한계

어떠한 법률이라도 목적에서 규정된 사항만 가지고 추구하고자 하는 이념을 완성시키기에는 내재적 한계를 갖고 있다. 이러한 내재적 한계를 극복케 해주고 목적규정이 추구하는 이념이 잘 완성되게 하려면 다른 법조문에서 규정하는 하나하나의 제도들을 꾸준히, 그리고 성실히 이행하도록 하여야 할 것이다.

02장 산업안전보건법령의 주요 제도

PROFESSIONAL ENGINEER ERGONOMICS

01 SECTION 건강장해 예방을 위한 조치

1. 산업안전보건법

제39조(보건조치) ① 사업주는 다음 각 호의 어느 하나에 해당하는 건강장해를 예방하기 위하여 필요한 조치(이하 "보건조치"라 한다)를 하여야 한다.

1. 원재료 · 가스 · 증기 · 분진 · 흄(fume, 열이나 화학반응에 의하여 형성된 고체증기가 응축되어 생긴 미세입자를 말한다) · 미스트(mist, 공기 중에 떠다니는 작은 액체방울을 말한다) · 산소결핍 · 병원체 등에 의한 건강장해
2. 방사선 · 유해광선 · 고온 · 저온 · 초음파 · 소음 · 진동 · 이상기압 등에 의한 건강장해
3. 사업장에서 배출되는 기체 · 액체 또는 찌꺼기 등에 의한 건강장해
4. 계측감시(計測監視), 컴퓨터 단말기 조작, 정밀공작(精密工作) 등의 작업에 의한 건강장해
5. 단순반복작업 또는 인체에 과도한 부담을 주는 작업에 의한 건강장해
6. 환기 · 채광 · 조명 · 보온 · 방습 · 청결 등의 적정기준을 유지하지 아니하여 발생하는 건강장해

벌 제1항을 위반하여 근로자를 사망에 이르게 한 자, 7년 이하의 징역 또는 1억 원 이하의 벌금(법 제167조제1항)

벌 제1항을 위반한 자, 5년 이하의 징역 또는 5천만 원 이하의 벌금(법 제168조제1호)

② 제1항에 따라 사업주가 하여야 하는 보건조치에 관한 구체적인 사항은 고용노동부령으로 정한다.

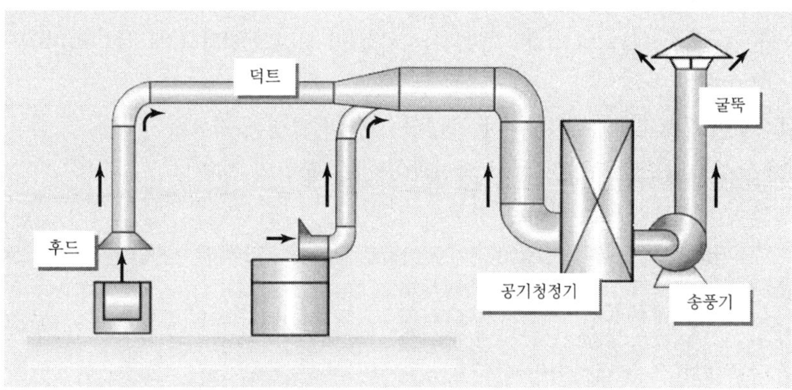

유해 · 위험 물질에 대한 조치

1. 산업안전보건법

제104조(유해인자의 분류기준) 고용노동부장관은 고용노동부령으로 정하는 바에 따라 근로자에게 건강장해를 일으키는 화학물질 및 물리적 인자 등(이하 "유해인자"라 한다)의 유해성 · 위험성 분류기준을 마련하여야 한다.

제105조(유해인자의 유해성 · 위험성 평가 및 관리) ① 고용노동부장관은 유해인자가 근로자의 건강에 미치는 유해성 · 위험성을 평가하고 그 결과를 관보 등에 공표할 수 있다.

② 고용노동부장관은 제1항에 따른 평가 결과 등을 고려하여 고용노동부령으로 정하는 바에 따라 유해성 · 위험성 수준별로 유해인자를 구분하여 관리하여야 한다.

③ 제1항에 따른 유해성 · 위험성 평가대상 유해인자의 선정기준, 유해성 · 위험성 평가의 방법, 그 밖에 필요한 사항은 고용노동부령으로 정한다.

제106조(유해인자의 노출기준 설정) 고용노동부장관은 제105조제1항에 따른 유해성 · 위험성 평가 결과 등 고용노동부령으로 정하는 사항을 고려하여 유해인자의 노출기준을 정하여 고시하여야 한다.

제107조(유해인자 허용기준의 준수) ① 사업주는 발암성 물질 등 근로자에게 중대한 건강장해를 유발할 우려가 있는 유해인자로서 대통령령으로 정하는 유해인자는 작업장 내의 그 노출 농도를 고용노동부령으로 정하는 허용기준 이하로 유지하여야 한다. 다만, 다음 각 호의 어느 하나에 해당하는 경우에는 그러하지 아니하다.

1. 유해인자를 취급하거나 정화 · 배출하는 시설 및 설비의 설치나 개선이 현존하는 기술로 가능하지 아니한 경우
2. 천재지변 등으로 시설과 설비에 중대한 결함이 발생한 경우
3. 고용노동부령으로 정하는 임시 작업과 단시간 작업의 경우
4. 그 밖에 대통령령으로 정하는 경우

벌 작업장 내 유해인자의 노출 농도를 허용기준 이하로 유지하지 않은 자, 1천만 원 이하의 과태료(법 제175조제4항제3호)

② 사업주는 제1항 각 호 외의 부분 단서에도 불구하고 유해인자의 노출 농도를 제1항에 따른 허용기준 이하로 유지하도록 노력하여야 한다.

2. 산업안전보건법 시행령

제84조(유해인자 허용기준 이하 유지 대상 유해인자) 법 제107조제1항 각 호 외의 부분 본문에서 "대통령령으로 정하는 유해인자"란 별표 26 각 호에 따른 유해인자를 말한다.

[별표 26]

유해인자 허용기준 이하 유지 대상 유해인자

(제84조 관련)

1. 6가크롬[18540－29－9] 화합물(Chromium VI compounds)
2. 납[7439－92－1] 및 그 무기화합물(Lead and its inorganic compounds)
3. 니켈[7440－02－0] 화합물(불용성 무기화합물로 한정한다)(Nickel and its insoluble inorganic compounds)
4. 니켈카르보닐(Nickel carbonyl; 13463－39－3)
5. 디메틸포름아미드(Dimethylformamide; 68－12－2)
6. 디클로로메탄(Dichloromethane; 75－09－2)
7. 1,2－디클로로프로판(1,2－Dichloropropane; 78－87－5)
8. 망간[7439－96－5] 및 그 무기화합물(Manganese and its inorganic compounds)
9. 메탄올(Methanol; 67－56－1)
10. 메틸렌 비스(페닐 이소시아네이트)(Methylene bis(phenyl isocyanate); 101－68－8 등)
11. 베릴륨[7440－41－7] 및 그 화합물(Beryllium and its compounds)
12. 벤젠(Benzene; 71－43－2)
13. 1,3－부타디엔(1,3－Butadiene; 106－99－0)
14. 2－브로모프로판(2－Bromopropane; 75－26－3)
15. 브롬화메틸(Methyl bromide; 74－83－9)
16. 산화에틸렌(Ethylene oxide; 75－21－8)
17. 석면(제조·사용하는 경우만 해당한다)(Asbestos; 1332－21－4 등)
18. 수은[7439－97－6] 및 그 무기화합물(Mercury and its inorganic compounds)
19. 스티렌(Styrene; 100－42－5)
20. 시클로헥사논(Cyclohexanone; 108－94－1)
21. 아닐린(Aniline; 62－53－3)
22. 아크릴로니트릴(Acrylonitrile; 107－13－1)
23. 암모니아(Ammonia; 7664－41－7 등)
24. 염소(Chlorine; 7782－50－5)
25. 염화비닐(Vinyl chloride; 75－01－4)
26. 이황화탄소(Carbon disulfide; 75－15－0)
27. 일산화탄소(Carbon monoxide; 630－08－0)
28. 카드뮴[7440－43－9] 및 그 화합물(Cadmium and its compounds)
29. 코발트[7440－48－4] 및 그 무기화합물(Cobalt and its inorganic compounds)
30. 콜타르피치[65996－93－2] 휘발물(Coal tar pitch volatiles)

31. 톨루엔(Toluene; 108-88-3)
32. 톨루엔-2,4-디이소시아네이트(Toluene-2,4-diisocyanate; 584-84-9 등)
33. 톨루엔-2,6-디이소시아네이트(Toluene-2,6-diisocyanate; 91-08-7 등)
34. 트리클로로메탄(Trichloromethane; 67-66-3)
35. 트리클로로에틸렌(Trichloroethylene; 79-01-6)
36. 포름알데히드(Formaldehyde; 50-00-0)
37. n-헥산(n-Hexane; 110-54-3)
38. 황산(Sulfuric acid; 7664-93-9)

3. 산업안전보건법 시행규칙

제141조(유해인자의 분류기준) 법 제104조에 따른 근로자에게 건강장해를 일으키는 화학물질 및 물리적 인자 등(이하 "유해인자"라 한다)의 유해성 · 위험성 분류기준은 별표 18과 같다.

제142조(유해성 · 위험성 평가 대상 선정기준 및 평가방법 등) ① 법 제105조제1항에 따른 유해성 · 위험성 평가의 대상이 되는 유해인자의 선정기준은 다음 각 호와 같다.

1. 제143조제1항 각 호로 분류하기 위하여 유해성 · 위험성 평가가 필요한 유해인자
2. 노출 시 변이원성(變異原性: 유전적인 돌연변이를 일으키는 물리적 · 화학적 성질), 흡입독성, 생식독성(生殖毒性: 생물체의 생식에 해를 끼치는 약물 등의 독성), 발암성 등 근로자의 건강장해 발생이 의심되는 유해인자
3. 그 밖에 사회적 물의를 일으키는 등 유해성 · 위험성 평가가 필요한 유해인자

② 고용노동부장관은 제1항에 따라 선정된 유해인자에 대한 유해성 · 위험성 평가를 실시할 때에는 다음 각 호의 사항을 고려해야 한다.

1. 독성시험자료 등을 통한 유해성 · 위험성 확인
2. 화학물질의 노출이 인체에 미치는 영향
3. 화학물질의 노출수준

③ 제2항에 따른 유해성 · 위험성 평가의 세부 방법 및 절차, 그 밖에 필요한 사항은 고용노동부장관이 정한다.

제143조(유해인자의 관리 등) ① 고용노동부장관은 법 제105조제1항에 따른 유해성 · 위험성 평가 결과 등을 고려하여 다음 각 호의 물질 또는 인자로 정하여 관리해야 한다.

1. 법 제106조에 따른 노출기준(이하 "노출기준"이라 한다) 설정 대상 유해인자
2. 법 제107조제1항에 따른 허용기준(이하 "허용기준"이라 한다) 설정 대상 유해인자
3. 법 제117조에 따른 제조 등 금지물질
4. 법 제118조에 따른 제조 등 허가물질
5. 제186조제1항에 따른 작업환경측정 대상 유해인자
6. 별표 22 제1호부터 제3호까지의 규정에 따른 특수건강진단 대상 유해인자

7. 안전보건규칙 제420조제1호에 따른 관리대상 유해물질

② 고용노동부장관은 제1항에 따른 유해인자의 관리에 필요한 자료를 확보하기 위하여 유해인자의 취급량 · 노출량, 취급 근로자 수, 취급 공정 등을 주기적으로 조사할 수 있다.

제144조(유해인자의 노출기준의 설정 등) 법 제106조에 따라 고용노동부장관이 노출기준을 정하는 경우에는 다음 각 호의 사항을 고려해야 한다.

1. 해당 유해인자에 따른 건강장해에 관한 연구 · 실태조사의 결과
2. 해당 유해인자의 유해성 · 위험성의 평가 결과
3. 해당 유해인자의 노출기준 적용에 관한 기술적 타당성

제145조(유해인자 허용기준) ① 법 제107조제1항 각 호 외의 부분 본문에서 "고용노동부령으로 정하는 허용기준"이란 별표 19와 같다.

② 허용기준 설정 대상 유해인자의 노출 농도 측정에 관하여는 제189조를 준용한다. 이 경우 "작업환경측정"은 "유해인자의 노출 농도 측정"으로 본다.

제146조(임시 작업과 단시간 작업) 법 제107조제1항제3호에서 "고용노동부령으로 정하는 임시 작업과 단시간 작업"이란 안전보건규칙 제420조제8호에 따른 임시 작업과 같은 조 제9호에 따른 단시간 작업을 말한다. 이 경우 "관리대상 유해물질"은 "허용기준 설정 대상 유해인자"로 본다.

03장 산업안전보건기준에 관한 규칙

작업장 안전일반

1. 작업장

1) 안전보건규칙 제4조(작업장의 청결)

① 사업주는 근로자가 작업하는 장소를 항상 청결하게 유지 · 관리하여야 하며, 폐기물은 정해진 장소에만 버려야 한다.

② 사업주는 분진이 심하게 흩날리는 작업장에 대하여 물을 뿌리는 등 분진이 흩날리는 것을 방지하기 위하여 필요한 조치를 하여야 한다.

2) 안전보건규칙 제5조(오염된 바닥의 세척 등)

① 사업주는 인체에 해로운 물질, 부패하기 쉬운 물질 또는 악취가 나는 물질 등에 의하여 오염될 우려가 있는 작업장의 바닥이나 벽을 수시로 세척하고 소독하여야 한다.

② 사업주는 제1항에 따른 세척 및 소독을 하는 경우에 물이나 그 밖의 액체를 다량으로 사용함으로써 습기가 찰 우려가 있는 작업장의 바닥이나 벽은 불침투성(不浸透性) 재료로 칠하고 배수(排水)에 편리한 구조로 하여야 한다.

3) 안전보건규칙 제6조(오물의 처리)

① 사업주는 해당 작업장에서 배출하거나 폐기하는 오물을 일정한 장소에서 노출되지 않도록 처리하고, 병원체(病原體)로 인하여 오염될 우려가 있는 바닥 · 벽 및 용기 등을 수시로 소독하여야 한다.

② 사업주는 폐기물을 소각 등의 방법으로 처리하려는 경우 해당 근로자가 다이옥신 등 유해물질에 노출되지 않도록 작업공정 개선, 개인보호구(個人保護具) 지급 · 착용 등 적절한 조치를 하여야 한다.

③ 근로자는 제2항에 따라 지급된 개인보호구를 사업주의 지시에 따라 착용하여야 한다.

4) 안전보건규칙 제7조(채광과 조명)

사업주는 근로자가 작업하는 장소에 채광 및 조명을 설치하는 경우 명암의 차이가 심하지 않고 눈이 부시지 않은 방법으로 하여야 한다.

5) 안전보건규칙 제8조(조도)

사업주는 근로자가 상시 작업하는 장소의 작업면 조도(照度)를 다음 각 호의 기준에 맞도록 하여야 한다. 다만, 갱내(坑內) 작업장과 감광재료(感光材料)를 취급하는 작업장은 그러하지 아니하다.

1. 초정밀작업 : 750럭스(Lux) 이상
2. 정밀작업 : 300럭스 이상
3. 보통작업 : 150럭스 이상
4. 그 밖의 작업 : 75럭스 이상

2. 통로

1) 안전보건규칙 제21조(통로의 조명)

사업주는 근로자가 안전하게 통행할 수 있도록 통로에 75럭스 이상의 채광 또는 조명시설을 설치하여야 한다. 다만, 갱도 또는 상시 통행을 하지 아니하는 지하실 등을 통행하는 근로자에게 휴대용 조명기구를 사용하도록 한 경우에는 그러하지 아니하다.

3. 보호구

1) 안전보건규칙 제31조(보호구의 제한적 사용)

① 사업주는 보호구를 사용하지 아니하더라도 근로자가 유해 · 위험작업으로부터 보호를 받을 수 있도록 설비개선 등 필요한 조치를 하여야 한다.

② 사업주는 제1항의 조치를 하기 어려운 경우에만 제한적으로 해당 작업에 맞는 보호구를 사용하도록 하여야 한다.

2) 안전보건규칙 제32조(보호구의 지급 등)

① 사업주는 다음 각 호의 어느 하나에 해당하는 작업을 하는 근로자에 대해서는 다음 각 호의 구분에 따라 그 작업조건에 맞는 보호구를 작업하는 근로자 수 이상으로 지급하고 착용하도록 하여야 한다.

1. 물체가 떨어지거나 날아올 위험 또는 근로자가 추락할 위험이 있는 작업 : 안전모
2. 높이 또는 깊이 2미터 이상의 추락할 위험이 있는 장소에서 하는 작업 : 안전대(安全帶)
3. 물체의 낙하 · 충격, 물체에의 끼임, 감전 또는 정전기의 대전(帶電)에 의한 위험이 있는 작업 : 안전화
4. 물체가 흩날릴 위험이 있는 작업 : 보안경
5. 용접 시 불꽃이나 물체가 흩날릴 위험이 있는 작업 : 보안면

6. 감전의 위험이 있는 작업 : 절연용 보호구
7. 고열에 의한 화상 등의 위험이 있는 작업 : 방열복
8. 선창 등에서 분진(粉塵)이 심하게 발생하는 하역작업 : 방진마스크
9. 섭씨 영하 18도 이하인 급냉동어창에서 하는 하역작업 : 방한모 · 방한복 · 방한화 · 방한장갑
10. 물건을 운반하거나 수거 · 배달하기 위하여 「자동차관리법」 제3조제1항제5호에 따른 이륜자동차(이하 "이륜자동차"라 한다)를 운행하는 작업 : 「도로교통법 시행규칙」 제32조제1항 각 호의 기준에 적합한 승차용 안전모

② 사업주로부터 제1항에 따른 보호구를 받거나 착용지시를 받은 근로자는 그 보호구를 착용하여야 한다.

3) 안전보건규칙 제33조(보호구의 관리)

① 사업주는 이 규칙에 따라 보호구를 지급하는 경우 상시 점검하여 이상이 있는 것은 수리하거나 다른 것으로 교환해 주는 등 늘 사용할 수 있도록 관리하여야 하며, 청결을 유지하도록 하여야 한다. 다만, 근로자가 청결을 유지하는 안전화, 안전모, 보안경의 경우에는 그러하지 아니하다.

② 사업주는 방진마스크의 필터 등을 언제나 교환할 수 있도록 충분한 양을 갖추어 두어야 한다.

4) 안전보건규칙 제34조(전용 보호구 등)

사업주는 보호구를 공동사용하여 근로자에게 질병이 감염될 우려가 있는 경우 개인 전용 보호구를 지급하고 질병 감염을 예방하기 위한 조치를 하여야 한다.

4. 환기장치

1) 안전보건규칙 제72조(후드)

사업주는 인체에 해로운 분진, 흄(fume, 열이나 화학반응에 의하여 형성된 고체증기가 응축되어 생긴 미세입자), 미스트(mist, 공기 중에 떠다니는 작은 액체방울), 증기 또는 가스 상태의 물질(이하 "분진등"이라 한다)을 배출하기 위하여 설치하는 국소배기장치의 후드가 다음 각 호의 기준에 맞도록 하여야 한다.

1. 유해물질이 발생하는 곳마다 설치할 것
2. 유해인자의 발생형태와 비중, 작업방법 등을 고려하여 해당 분진 등의 발산원(發散源)을 제어할 수 있는 구조로 설치할 것
3. 후드(Hood) 형식은 가능하면 포위식 또는 부스식 후드를 설치할 것
4. 외부식 또는 리시버식 후드는 해당 분진 등의 발산원에 가장 가까운 위치에 설치할 것

2) 안전보건규칙 제73조(덕트)

사업주는 분진 등을 배출하기 위하여 설치하는 국소배기장치(이동식은 제외한다)의 덕트(Duct)가 다음 각 호의 기준에 맞도록 하여야 한다.

1. 가능하면 길이는 짧게 하고 굴곡부의 수는 적게 할 것
2. 접속부의 안쪽은 돌출된 부분이 없도록 할 것
3. 청소구를 설치하는 등 청소하기 쉬운 구조로 할 것
4. 덕트 내부에 오염물질이 쌓이지 않도록 이송속도를 유지할 것
5. 연결 부위 등은 외부 공기가 들어오지 않도록 할 것

3) 안전보건규칙 제74조(배풍기)

사업주는 국소배기장치에 공기정화장치를 설치하는 경우 정화 후의 공기가 통하는 위치에 배풍기(排風機)를 설치하여야 한다. 다만, 빨아들여진 물질로 인하여 폭발할 우려가 없고 배풍기의 날개가 부식될 우려가 없는 경우에는 정화 전의 공기가 통하는 위치에 배풍기를 설치할 수 있다.

4) 안전보건규칙 제75조(배기구)

사업주는 분진 등을 배출하기 위하여 설치하는 국소배기장치(공기정화장치가 설치된 이동식 국소배기장치는 제외한다)의 배기구를 직접 외부로 향하도록 개방하여 실외에 설치하는 등 배출되는 분진 등이 작업장으로 재유입되지 않는 구조로 하여야 한다.

5) 안전보건규칙 제76조(배기의 처리)

사업주는 분진등을 배출하는 장치나 설비에는 그 분진등으로 인하여 근로자의 건강에 장해가 발생하지 않도록 흡수 · 연소 · 집진(集塵) 또는 그 밖의 적절한 방식에 의한 공기정화장치를 설치하여야 한다.

6) 안전보건규칙 제77조(전체환기장치)

사업주는 분진 등을 배출하기 위하여 설치하는 전체환기장치가 다음 각 호의 기준에 맞도록 하여야 한다.

1. 송풍기 또는 배풍기(덕트를 사용하는 경우에는 그 덕트의 흡입구를 말한다)는 가능하면 해당 분진등의 발산원에 가장 가까운 위치에 설치할 것
2. 송풍기 또는 배풍기는 직접 외부로 향하도록 개방하여 실외에 설치하는 등 배출되는 분진등이 작업장으로 재유입되지 않는 구조로 할 것

7) 안전보건규칙 제78조(환기장치의 가동)

① 사업주는 분진등을 배출하기 위하여 국소배기장치나 전체환기장치를 설치한 경우 그 분진등에 관한 작업을 하는 동안 국소배기장치나 전체환기장치를 가동하여야 한다.

② 사업주는 국소배기장치나 전체환기장치를 설치한 경우 조정판을 설치하여 환기를 방해하는 기류를 없애는 등 그 장치를 충분히 가동하기 위하여 필요한 조치를 하여야 한다.

5. 휴게시설 등

1) 안전보건규칙 제79조(휴게시설)

① 사업주는 근로자들이 신체적 피로와 정신적 스트레스를 해소할 수 있도록 휴식시간에 이용할 수 있는 휴게시설을 갖추어야 한다.

② 사업주는 제1항에 따른 휴게시설을 인체에 해로운 분진등을 발산하는 장소나 유해물질을 취급하는 장소와 격리된 곳에 설치하여야 한다. 다만, 갱내 등 작업장소의 여건상 격리된 장소에 휴게시설을 갖출 수 없는 경우에는 그러하지 아니하다.

2) 안전보건규칙 제79조의2(세척시설)

사업주는 근로자로 하여금 다음 각 호의 어느 하나에 해당하는 업무에 상시적으로 종사하도록 하는 경우 근로자가 접근하기 쉬운 장소에 세면 · 목욕시설, 탈의 및 세탁시설을 설치하고 필요한 용품과 용구를 갖추어 두어야 한다.

1. 환경미화 업무
2. 음식물쓰레기 · 분뇨 등 오물의 수거 · 처리 업무
3. 폐기물 · 재활용품의 선별 · 처리 업무
4. 그 밖에 미생물로 인하여 신체 또는 피복이 오염될 우려가 있는 업무

3) 안전보건규칙 제80조(의자의 비치)

사업주는 지속적으로 서서 일하는 근로자가 작업 중 때때로 앉을 수 있는 기회가 있으면 해당 근로자가 이용할 수 있도록 의자를 갖추어 두어야 한다.

4) 안전보건규칙 제81조(수면장소 등의 설치)

① 사업주는 야간에 작업하는 근로자에게 수면을 취하도록 할 필요가 있는 경우에는 적당한 수면을 취할 수 있는 장소를 남녀 각각 구분하여 설치하여야 한다.

② 사업주는 제1항의 장소에 침구(寢具)와 그 밖에 필요한 용품을 갖추어 두고 청소 · 세탁 및 소독 등을 정기적으로 하여야 한다.

5) 안전보건규칙 제82조(구급용구)

① 사업주는 부상자의 응급처치에 필요한 다음 각 호의 구급용구를 갖추어 두고, 그 장소와 사용방법을 근로자에게 알려야 한다.

1. 붕대재료 · 탈지면 · 핀셋 및 반창고
2. 외상(外傷)용 소독약
3. 지혈대 · 부목 및 들것
4. 화상약(고열물체를 취급하는 작업장이나 그 밖에 화상의 우려가 있는 작업장에만 해당한다)

② 사업주는 제1항에 따른 구급용구를 관리하는 사람을 지정하여 언제든지 사용할 수 있도록 청결하게 유지하여야 한다.

6. 잔재물 등의 조치기준

1) 안전보건규칙 제83조(가스 등의 발산억제조치)

사업주는 가스 · 증기 · 미스트 · 흄 또는 분진 등(이하 "가스등"이라 한다)이 발산되는 실내작업장에 대하여 근로자의 건강장해가 발생하지 않도록 해당 가스등의 공기 중 발산을 억제하는 설비나 발산원을 밀폐하는 설비 또는 국소배기장치나 전체환기장치를 설치하는 등 필요한 조치를 하여야 한다.

2) 안전보건규칙 제84조(공기의 부피와 환기)

사업주는 근로자가 가스등에 노출되는 작업을 수행하는 실내작업장에 대하여 공기의 부피와 환기를 다음 각 호의 기준에 맞도록 하여야 한다.

1. 바닥으로부터 4미터 이상 높이의 공간을 제외한 나머지 공간의 공기의 부피는 근로자 1명당 10세제곱미터 이상이 되도록 할 것
2. 직접 외부를 향하여 개방할 수 있는 창을 설치하고 그 면적은 바닥면적의 20분의 1 이상으로 할 것(근로자의 보건을 위하여 충분한 환기를 할 수 있는 설비를 설치한 경우는 제외한다)
3. 기온이 섭씨 10도 이하인 상태에서 환기를 하는 경우에는 근로자가 매초 1미터 이상의 기류에 닿지 않도록 할 것

3) 안전보건규칙 제85조(잔재물 등의 처리)

① 사업주는 인체에 해로운 기체, 액체 또는 잔재물등(이하 "잔재물등"이라 한다)을 근로자의 건강에 장해가 발생하지 않도록 중화 · 침전 · 여과 또는 그 밖의 적절한 방법으로 처리하여야 한다.

② 사업주는 병원체에 의하여 오염된 기체나 잔재물등에 대하여 해당 병원체로 인하여 근로자의 건강에 장해가 발생하지 않도록 소독 · 살균 또는 그 밖의 적절한 방법으로 처리하여야 한다.

③ 사업주는 제1항 및 제2항에 따른 기체나 잔재물등을 위탁하여 처리하는 경우에는 그 기체나 잔재물등의 주요 성분, 오염인자의 종류와 그 유해 · 위험성 등에 대한 정보를 위탁처리자에게 제공하여야 한다.

02 SECTION 소음 및 진동에 의한 건강장해의 예방

1. 통칙

1) 안전보건규칙 제512조(정의)

1. "소음작업"이란 1일 8시간 작업을 기준으로 85데시벨 이상의 소음이 발생하는 작업을 말한다.
2. "강렬한 소음작업"이란 다음 각 목의 어느 하나에 해당하는 작업을 말한다.
   가. 90데시벨 이상의 소음이 1일 8시간 이상 발생하는 작업
   나. 95데시벨 이상의 소음이 1일 4시간 이상 발생하는 작업
   다. 100데시벨 이상의 소음이 1일 2시간 이상 발생하는 작업
   라. 105데시벨 이상의 소음이 1일 1시간 이상 발생하는 작업
   마. 110데시벨 이상의 소음이 1일 30분 이상 발생하는 작업
   바. 115데시벨 이상의 소음이 1일 15분 이상 발생하는 작업
3. "충격소음작업"이란 소음이 1초 이상의 간격으로 발생하는 작업으로서 다음 각 목의 어느 하나에 해당하는 작업을 말한다.
   가. 120데시벨을 초과하는 소음이 1일 1만 회 이상 발생하는 작업
   나. 130데시벨을 초과하는 소음이 1일 1천 회 이상 발생하는 작업
   다. 140데시벨을 초과하는 소음이 1일 1백 회 이상 발생하는 작업
4. "진동작업"이란 다음 각 목의 어느 하나에 해당하는 기계 · 기구를 사용하는 작업을 말한다.
   가. 착암기(鑿巖機)
   나. 동력을 이용한 해머
   다. 체인톱
   라. 엔진 커터(Engine Cutter)

마. 동력을 이용한 연삭기

바. 임팩트 렌치(Impact Wrench)

사. 그 밖에 진동으로 인하여 건강장해를 유발할 수 있는 기계 · 기구

5. "청력보존 프로그램"이란 소음노출 평가, 소음노출 기준 초과에 따른 공학적 대책, 청력보호구의 지급과 착용, 소음의 유해성과 예방에 관한 교육, 정기적 청력검사, 기록 · 관리 사항 등이 포함된 소음성 난청을 예방 · 관리하기 위한 종합적인 계획을 말한다.

2) 안전보건규칙 제517조(청력보존 프로그램 시행 등)

사업주는 다음 각 호의 어느 하나에 해당하는 경우에 청력보존 프로그램을 수립하여 시행하여야 한다.

1. 법 제125조에 따른 소음의 작업환경 측정 결과 소음수준이 90데시벨을 초과하는 사업장
2. 소음으로 인하여 근로자에게 건강장해가 발생한 사업장

2. 진동작업 관리

1) 안전보건규칙 제519조(유해성 등의 주지)

사업주는 근로자가 진동작업에 종사하는 경우에 다음 각 호의 사항을 근로자에게 충분히 알려야 한다.

① 인체에 미치는 영향과 증상
② 보호구의 선정과 착용방법
③ 진동 기계 · 기구 관리방법
④ 진동 장해 예방방법

온도 · 습도에 의한 건강장해의 예방

1. 통칙

1) 안전보건규칙 제558조(정의)

1. "고열"이란 열에 의하여 근로자에게 열경련 · 열탈진 또는 열사병 등의 건강장해를 유발할 수 있는 더운 온도를 말한다.
2. "한랭"이란 냉각원(冷却源)에 의하여 근로자에게 동상 등의 건강장해를 유발할 수 있

는 차가운 온도를 말한다.

3. "다습"이란 습기로 인하여 근로자에게 피부질환 등의 건강장해를 유발할 수 있는 습한 상태를 말한다.

2) 안전보건규칙 제559조(고열작업 등)

① "고열작업"이란 다음 각 호의 어느 하나에 해당하는 장소에서의 작업을 말한다.

1. 용광로, 평로(平爐), 전로 또는 전기로에 의하여 광물이나 금속을 제련하거나 정련하는 장소
2. 용선로(鎔船爐) 등으로 광물 · 금속 또는 유리를 용해하는 장소
3. 가열로(加熱爐) 등으로 광물 · 금속 또는 유리를 가열하는 장소
4. 도자기나 기와 등을 소성(燒成)하는 장소
5. 광물을 배소(焙燒) 또는 소결(燒結)하는 장소
6. 가열된 금속을 운반 · 압연 또는 가공하는 장소
7. 녹인 금속을 운반하거나 주입하는 장소
8. 녹인 유리로 유리제품을 성형하는 장소
9. 고무에 황을 넣어 열처리하는 장소
10. 열원을 사용하여 물건 등을 건조시키는 장소
11. 갱내에서 고열이 발생하는 장소
12. 가열된 노(爐)를 수리하는 장소
13. 그 밖에 고용노동부장관이 인정하는 장소

② "한랭작업"이란 다음 각 호의 어느 하나에 해당하는 장소에서의 작업을 말한다.

1. 다량의 액체공기 · 드라이아이스 등을 취급하는 장소
2. 냉장고 · 제빙고 · 저빙고 또는 냉동고 등의 내부
3. 그 밖에 고용노동부장관이 인정하는 장소

③ "다습작업"이란 다음 각 호의 어느 하나에 해당하는 장소에서의 작업을 말한다.

1. 다량의 증기를 사용하여 염색조로 염색하는 장소
2. 다량의 증기를 사용하여 금속 · 비금속을 세척하거나 도금하는 장소
3. 방적 또는 직포(織布) 공정에서 가습하는 장소
4. 다량의 증기를 사용하여 가죽을 탈지(脫脂)하는 장소
5. 그 밖에 고용노동부장관이 인정하는 장소

2. 작업관리 등

1) 안전보건규칙 제562조(고열장해 예방조치)

사업주는 근로자가 고열작업을 하는 경우에 열경련 · 열탈진 등의 건강장해를 예방하기

위하여 다음 각 호의 조치를 하여야 한다.

1. 근로자를 새로 배치할 경우에는 고열에 순응할 때까지 고열작업시간을 매일 단계적으로 증가시키는 등 필요한 조치를 할 것
2. 근로자가 온도 · 습도를 쉽게 알 수 있도록 온도계 등의 기기를 작업장소에 상시 갖추어 둘 것

2) 안전보건규칙 제563조(한랭장해 예방조치)

사업주는 근로자가 한랭작업을 하는 경우에 동상 등의 건강장해를 예방하기 위하여 다음 각 호의 조치를 하여야 한다.

1. 혈액순환을 원활히 하기 위한 운동지도를 할 것
2. 적절한 지방과 비타민 섭취를 위한 영양지도를 할 것
3. 체온 유지를 위하여 더운물을 준비할 것
4. 젖은 작업복 등은 즉시 갈아입도록 할 것

3) 안전보건규칙 제564조(다습장해 예방조치)

① 사업주는 근로자가 다습작업을 하는 경우에 습기 제거를 위하여 환기하는 등 적절한 조치를 하여야 한다. 다만, 작업의 성질상 습기 제거가 어려운 경우에는 그러하지 아니하다.

② 사업주는 제1항 단서에 따라 작업의 성질상 습기 제거가 어려운 경우에 다습으로 인한 건강장해가 발생하지 않도록 개인위생관리를 하도록 하는 등 필요한 조치를 하여야 한다.

③ 사업주는 실내에서 다습작업을 하는 경우에 수시로 소독하거나 청소하는 등 미생물이 번식하지 않도록 필요한 조치를 하여야 한다.

04 SECTION 사무실에서의 건강장해 예방

1. 통칙

1) 안전보건규칙 제646조(정의)

1. "사무실"이란 근로자가 사무를 처리하는 실내 공간(휴게실 · 강당 · 회의실 등의 공간을 포함한다)을 말한다.

2. "사무실오염물질"이란 법 제39조 제1항 제1호에 따른 가스 · 증기 · 분진 등과 곰팡이 · 세균 · 바이러스 등 사무실의 공기 중에 떠다니면서 근로자에게 건강장해를 유발할 수 있는 물질을 말한다.
3. "공기정화설비 등"이란 사무실오염물질을 바깥으로 내보내거나 바깥의 신선한 공기를 실내로 끌어들이는 급기 · 배기장치, 오염물질을 제거하거나 줄이는 여과제나 온도 · 습도 · 기류 등을 조절하여 공급할 수 있는 냉난방장치, 그 밖에 이에 상응하는 장치 등을 말한다.

2) 안전보건규칙 제655조(유해성 등의 주지)

사업주는 근로자가 공기정화설비 등의 청소, 개 · 보수 작업을 하는 경우에 다음 각 호의 사항을 근로자에게 알려야 한다.

1. 발생하는 사무실오염물질의 종류 및 유해성
2. 사무실오염물질 발생을 억제할 수 있는 작업방법
3. 착용하여야 할 보호구와 착용방법
4. 응급조치 요령
5. 그 밖에 근로자의 건강장해의 예방에 관한 사항

05 SECTION 근골격계부담작업으로 인한 건강장해의 예방

1. 통칙

1) 안전보건규칙 제656조(정의)

1. "근골격계부담작업"이란 법 제39조 제1항 제5호에 따른 작업으로서 작업량 · 작업속도 · 작업강도 및 작업장 구조 등에 따라 고용노동부장관이 정하여 고시하는 작업을 말한다.
2. "근골격계질환"이란 반복적인 동작, 부적절한 작업자세, 무리한 힘의 사용, 날카로운 면과의 신체접촉, 진동 및 온도 등의 요인에 의하여 발생하는 건강장해로서 목, 어깨, 허리, 팔 · 다리의 신경 · 근육 및 그 주변 신체조직 등에 나타나는 질환을 말한다.
3. "근골격계질환 예방관리 프로그램"이란 유해요인 조사, 작업환경 개선, 의학적 관리, 교육 · 훈련, 평가에 관한 사항 등이 포함된 근골격계질환을 예방 · 관리하기 위한 종합적인 계획을 말한다.

2. 유해요인 조사 및 개선 등

1) 안전보건규칙 제657조(유해요인 조사)

① 사업주는 근로자가 근골격계부담작업을 하는 경우에 3년마다 다음 각 호의 사항에 대한 유해요인조사를 하여야 한다. 다만, 신설되는 사업장의 경우에는 신설일부터 1년 이내에 최초의 유해요인 조사를 하여야 한다.

1. 설비 · 작업공정 · 작업량 · 작업속도 등 작업장 상황
2. 작업시간 · 작업자세 · 작업방법 등 작업조건
3. 작업과 관련된 근골격계질환 징후와 증상 유무 등

② 사업주는 다음 각 호의 어느 하나에 해당하는 사유가 발생하였을 경우에 제1항에도 불구하고 지체 없이 유해요인 조사를 하여야 한다. 다만, 제1호의 경우는 근골격계부담작업이 아닌 작업에서 발생한 경우를 포함한다.

1. 법에 따른 임시건강진단 등에서 근골격계질환자가 발생하였거나 근로자가 근골격계질환으로 「산업재해보상보험법 시행령」 별표 3 제2호 가목 · 마목 및 제12호라목에 따라 업무상 질병으로 인정받은 경우
2. 근골격계부담작업에 해당하는 새로운 작업 · 설비를 도입한 경우
3. 근골격계부담작업에 해당하는 업무의 양과 작업공정 등 작업환경을 변경한 경우

③ 사업주는 유해요인 조사에 근로자 대표 또는 해당 작업 근로자를 참여시켜야 한다.

2) 안전보건규칙 제661조(유해성 등의 주지)

① 사업주는 근로자가 근골격계부담작업을 하는 경우에 다음 각 호의 사항을 근로자에게 알려야 한다.

1. 근골격계부담작업의 유해요인
2. 근골격계질환의 징후와 증상
3. 근골격계질환 발생 시의 대처요령
4. 올바른 작업자세와 작업도구, 작업시설의 올바른 사용방법
5. 그 밖에 근골격계질환 예방에 필요한 사항

② 사업주는 제657조 제1항과 제2항에 따른 유해요인 조사 및 그 결과, 제658조에 따른 조사방법 등을 해당 근로자에게 알려야 한다.

③ 사업주는 근로자대표의 요구가 있으면 설명회를 개최하여 제657조제2항제1호에 따른 유해요인 조사 결과를 해당 근로자와 같은 방법으로 작업하는 근로자에게 알려야 한다.

3) 안전보건규칙 제662조(근골격계질환 예방관리 프로그램 시행)

① 사업주는 다음 각 호의 어느 하나에 해당하는 경우에 근골격계질환 예방관리 프로그램을 수립하여 시행하여야 한다.

1. 근골격계질환으로 「산업재해보상보험법 시행령」 별표 3 제2호 가목 · 마목 및 제12호 라목에 따라 업무상 질병으로 인정받은 근로자가 연간 10명 이상 발생한 사업장 또는 5명 이상 발생한 사업장으로서 발생 비율이 그 사업장 근로자 수의 10퍼센트 이상인 경우
2. 근골격계질환 예방과 관련하여 노사 간 이견(異見)이 지속되는 사업장으로서 고용노동부장관이 필요하다고 인정하여 근골격계질환 예방관리 프로그램을 수립하여 시행할 것을 명령한 경우

② 사업주는 근골격계질환 예방관리 프로그램을 작성 · 시행할 경우에 노사협의를 거쳐야 한다.

③ 사업주는 근골격계질환 예방관리 프로그램을 작성 · 시행할 경우에 인간공학 · 산업의학 · 산업위생 · 산업간호 등 분야별 전문가로부터 필요한 지도 · 조언을 받을 수 있다.

3. 중량물을 들어올리는 작업에 관한 특별조치

1) 안전보건규칙 제663조(중량물의 제한)

사업주는 근로자가 인력으로 들어올리는 작업을 하는 경우에 과도한 무게로 인하여 근로자의 목 · 허리 등 근골격계에 무리한 부담을 주지 않도록 최대한 노력하여야 한다.

2) 안전보건규칙 제664조(작업조건)

사업주는 근로자가 취급하는 물품의 중량 · 취급빈도 · 운반거리 · 운반속도 등 인체에 부담을 주는 작업의 조건에 따라 작업시간과 휴식시간 등을 적정하게 배분하여야 한다.

3) 안전보건규칙 제665조(중량물의 표시 등)

사업주는 근로자가 5킬로그램 이상의 중량물을 들어올리는 작업을 하는 경우에 다음 각 호의 조치를 하여야 한다.

1. 주로 취급하는 물품에 대하여 근로자가 쉽게 알 수 있도록 물품의 중량과 무게중심에 대하여 작업장 주변에 안내표시를 할 것
2. 취급하기 곤란한 물품은 손잡이를 붙이거나 갈고리, 진공빨판 등 적절한 보조도구를 활용할 것

그 밖의 유해인자에 의한 건강장해의 예방

1) 안전보건규칙 제667조(컴퓨터 단말기 조작업무에 대한 조치)

사업주는 근로자가 컴퓨터 단말기의 조작업무를 하는 경우에 다음 각 호의 조치를 하여야 한다.

1. 실내는 명암의 차이가 심하지 않도록 하고 직사광선이 들어오지 않는 구조로 할 것
2. 저휘도형(低輝度型)의 조명기구를 사용하고 창 · 벽면 등은 반사되지 않는 재질을 사용할 것
3. 컴퓨터 단말기와 키보드를 설치하는 책상과 의자는 작업에 종사하는 근로자에 따라 그 높낮이를 조절할 수 있는 구조로 할 것
4. 연속적으로 컴퓨터 단말기 작업에 종사하는 근로자에 대하여 작업시간 중에 적절한 휴식시간을 부여할 것

2) 안전보건규칙 제669조(직무스트레스에 의한 건강장해 예방 조치)

사업주는 근로자가 장시간 근로, 야간작업을 포함한 교대작업, 차량운전[전업(專業)으로 하는 경우에만 해당한다] 및 정밀기계 조작작업 등 신체적 피로와 정신적 스트레스 등(이하 "직무스트레스"라 한다)이 높은 작업을 하는 경우에 법 제5조 제1항에 따라 직무스트레스로 인한 건강장해 예방을 위하여 다음 각 호의 조치를 하여야 한다.

1. 작업환경 · 작업내용 · 근로시간 등 직무스트레스 요인에 대하여 평가하고 근로시간 단축, 장 · 단기 순환작업 등의 개선대책을 마련하여 시행할 것
2. 작업량 · 작업일정 등 작업계획 수립 시 해당 근로자의 의견을 반영할 것
3. 작업과 휴식을 적절하게 배분하는 등 근로시간과 관련된 근로조건을 개선할 것
4. 근로시간 외의 근로자 활동에 대한 복지 차원의 지원에 최선을 다할 것
5. 건강진단 결과, 상담자료 등을 참고하여 적절하게 근로자를 배치하고 직무스트레스 요인, 건강문제 발생 가능성 및 대비책 등에 대하여 해당 근로자에게 충분히 설명할 것
6. 뇌혈관 및 심장질환 발병위험도를 평가하여 금연, 고혈압 관리 등 건강증진 프로그램을 시행할 것

04장 인간공학 관련 고시

PROFESSIONAL ENGINEER ERGONOMICS

영상표시단말기(VDT) 취급근로자 작업관리지침

제정 1997. 5. 12 노동부고시 제1997-8호
개정 2000. 12. 30 노동부고시 제2000-71호
개정 2004. 11. 1 노동부고시 제2004-50호
개정 2009. 9. 25 노동부고시 제2009-38호
개정 2012. 9. 20 고용노동부고시 제2012-72호
개정 2015. 9. 20 고용노동부고시 제2015-44호
개정 2020. 1. 6 고용노동부고시 제2020-17호

제1장 총칙

제1조(목적) 이 고시는 「산업안전보건법」 제13조에 따라 영상표시단말기(Visual Display Terminal, VDT)작업에 종사하는 근로자의 건강장해를 예방하기 위하여 사업주 또는 근로자가 지켜야 하는 지침을 정하는 것을 목적으로 한다.

제2조(정의) ① 이 고시에서 사용하는 용어의 뜻은 다음과 같다.

1. "영상표시단말기"란 음극선관(Cathode, CRT)화면, 액정 표시(Liquid Crystal Display, LCD)화면, 가스플라즈마(Gasplasma)화면 등의 영상표시단말기를 말한다.
2. "영상표시단말기등"이란 영상표시단말기 및 영상표시단말기와 연결하여 자료의 입력 · 출력 · 검색 등에 사용하는 키보드 · 마우스 · 프린터 등 영상표시단말기의 주변기기를 말한다.
3. "영상표시단말기 취급근로자"란 영상표시단말기의 화면을 감시 · 조정하거나 영상표시단말기 등을 사용하여 입력 · 출력 · 검색 · 편집 · 수정 · 프로그래밍 · 컴퓨터설계(CAD) 등의 작업을 하는 사람을 말한다.
4. "영상표시단말기 연속작업"이란 자료입력 · 문서작성 · 자료검색 · 대화형 작업 · 컴퓨터설계(CAD) 등 근무시간 동안 연속하여 영상표시단말기 화면을 보거나 키보드 · 마우스 등을 조작하는 작업을 말한다.
5. "영상표시단말기 작업으로 인한 관련 증상(VDT 증후군)"이란 영상 표시단말기를 취급하는 작업으로 인하여 발생되는 경견완증후군 및 기타 근골격계 증상 · 눈의 피로 · 피부증상 · 정신신경계증상 등을 말한다.

② 그 밖에 이 고시에서 사용하는 용어의 뜻은 이 고시에 특별한 규정이 없으면 「산업안전보건법」, 같은 법 시행령 및 시행규칙, 「산업안전보건기준에 관한 규칙」에서 정하는 바에 따른다.

제3조(적용대상) 이 고시는 영상표시단말기 취급 작업을 보유한 사업주 및 해당 업무에 종사하는 근로자에 대하여 적용한다.

제2장 작업관리

제4조(작업시간 및 휴식시간) ① 사업주는 영상표시단말기 연속작업을 수행하는 근로자에 대해서는 영상표시단말기 작업 외의 작업을 중간에 넣거나 또는 다른 근로자와 교대로 실시하는 등 계속해서 영상표시단말기 작업을 수행하지 않도록 하여야 한다.

② 사업주는 영상표시단말기 연속작업을 수행하는 근로자에 대하여 작업시간 중에 적정한 휴식시간을 주어야 한다. 다만, 연속작업 직후 「근로기준법」 제54조에 따른 휴게시간 또는 점심시간이 있을 경우에는 그러하지 아니하다.

③ 사업주는 영상표시단말기 연속작업을 수행하는 근로자가 휴식시간을 적절히 활용할 수 있도록 휴식장소를 제공하여야 한다.

제5조(작업기기의 조건) ① 사업주는 다음 각 호의 성능을 갖춘 영상표시단말기 화면을 제공하여야 한다.

1. 영상표시단말기 화면은 회전 및 경사조절이 가능할 것
2. 화면의 깜박거림은 영상표시단말기 취급근로자가 느낄 수 없을 정도이어야 하고 화질은 항상 선명할 것
3. 화면에 나타나는 문자 · 도형과 배경의 휘도비(Contrast)는 작업자가 용이하게 조절할 수 있을 것
4. 화면상의 문자나 도형 등은 영상표시단말기 취급근로자가 읽기 쉽도록 크기 · 간격 및 형상 등을 고려할 것
5. 단색화면일 경우 색상은 일반적으로 어두운 배경에 밝은 황 · 녹색 또는 백색 문자를 사용하고 적색 또는 청색의 문자는 가급적 사용하지 않을 것

② 사업주는 다음 각 호의 성능 및 구조를 갖춘 키보드와 마우스를 제공하여야 한다.

1. 키보드는 특수목적으로 고정된 경우를 제외하고는 영상표시단말기 취급 근로자가 조작위치를 조정할 수 있도록 이동이 가능할 것
2. 키의 성능은 입력 시 영상표시단말기 취급 근로자가 키의 작동을 자연스럽게 느낄 수 있도록 촉각 · 청각 및 작동압력 등을 고려할 것
3. 키의 윗부분에 새겨진 문자나 기호는 명확하고, 작업자가 쉽게 판별할 수 있을 것
4. 키보드의 경사는 5도 이상 15도 이하, 두께는 3센티미터 이하로 할 것
5. 키보드와 키 윗부분의 표면은 무광택으로 할 것
6. 키의 배열은 입력 작업 시 작업자의 팔 자세가 자연스럽게 유지되고 조작이 원활하도록 배치할 것

7. 작업자의 손목을 지지해 줄 수 있도록 작업대 끝 면과 키보드의 사이는 15센티미터 이상을 확보하고 손목의 부담을 경감할 수 있도록 적절한 받침대(패드)를 이용할 수 있을 것
8. 마우스는 쥐었을 때 작업자의 손이 자연스러운 상태를 유지할 수 있을 것

③ 사업주는 다음 각 호의 사항을 갖춘 작업대를 제공하여야 한다.

1. 작업대는 모니터 · 키보드 및 마우스 · 서류받침대 및 그 밖에 작업에 필요한 기구를 적절하게 배치할 수 있도록 충분한 넓이를 갖출 것
2. 작업대는 가운데 서랍이 없는 것을 사용하도록 하며, 근로자가 영상표시단말기 작업 중에 다리를 편안하게 놓을 수 있도록 다리 주변에 충분한 공간을 확보할 것
3. 작업대의 높이(키보드 지지대가 별도 설치된 경우에는 키보드 지지대 높이)는 조정되지 않는 작업대를 사용하는 경우에는 바닥면에서 작업대 높이가 60센티미터 이상 70센티미터 이하 범위의 것을 선택하고, 높이 조정이 가능한 작업대를 사용하는 경우에는 바닥면에서 작업대 표면까지의 높이가 65센티미터 전후에서 작업자의 체형에 알맞도록 조정하여 고정할 수 있을 것
4. 작업대의 앞쪽 가장자리는 둥글게 처리하여 작업자의 신체를 보호할 수 있을 것

④ 사업주는 다음 각 호의 사항을 갖춘 의자를 제공하여야 한다.

1. 의자는 안정감이 있어야 하며 이동 회전이 자유로운 것으로 하되 미끄러지지 않는 구조일 것
2. 바닥 면에서 앉는 면까지의 높이는 눈과 손가락의 위치를 적절하게 조절할 수 있도록 적어도 35센티미터 이상 45센티미터 이하의 범위에서 조정이 가능할 것
3. 의자는 충분한 넓이의 등받이가 있어야 하고 영상표시단말기 취급 근로자의 체형에 따라 요추(Lumbar)부위부터 어깨부위까지 편안하게 지지할 수 있어야 하며 높이 및 각도의 조절이 가능할 것
4. 영상표시단말기 취급근로자가 필요에 따라 팔걸이(Elbow Rest)를 사용할 수 있을 것
5. 작업 시 영상표시단말기 취급근로자의 등이 등받이에 닿을 수 있도록 의자 끝부분에서 등받이까지의 깊이가 38센티미터 이상 42센티미터 이하일 것
6. 의자의 앉는 면은 영상표시단말기 취급근로자의 엉덩이가 앞으로 미끄러지지 않는 재질과 구조로 되어야 하며 그 폭은 40센티미터 이상 45센티미터 이하일 것

제6조(작업자세) 영상표시단말기 취급근로자는 다음 각 호의 요령에 따라 의자의 높이를 조절하고 화면 · 키보드 · 서류받침대 등의 위치를 조정하도록 한다.

1. 영상표시단말기 취급근로자의 시선은 화면상단과 눈높이가 일치할 정도로 하고 작업 화면상의 시야는 수평선상으로부터 아래로 10도 이상 15도 이하에 오도록 하며 화면과 근로자의 눈과의 거리(시거리 : Eye－Screen Distance)는 40센티미터 이상을 확보할 것

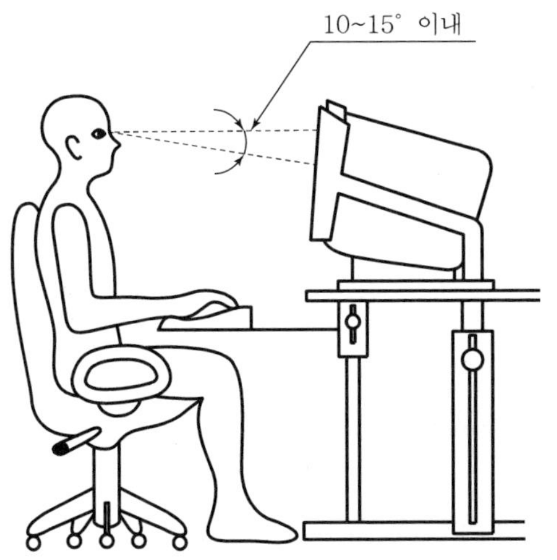
10~15° 이내

• 작업자의 시선은 수평선상으로부터 아래로 10~15° 이내일 것
• 눈으로부터 화면까지의 시거리는 40 cm 이상을 유지

〈그림 1〉 작업자의 시선범위

2. 위팔(Upper Arm)은 자연스럽게 늘어뜨리고, 작업자의 어깨가 들리지 않아야 하며, 팔꿈치의 내각은 90도 이상이 되어야 하고, 아래팔(Forearm)은 손등과 수평을 유지하여 키보드를 조작할 것(그림 2, 3)

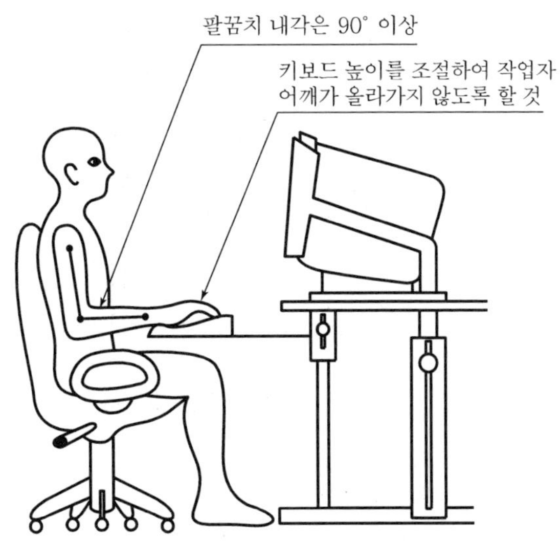
팔꿈치 내각은 90° 이상
키보드 높이를 조절하여 작업자
어깨가 올라가지 않도록 할 것

〈그림 2〉 팔꿈치 내각 및 키보드 높이

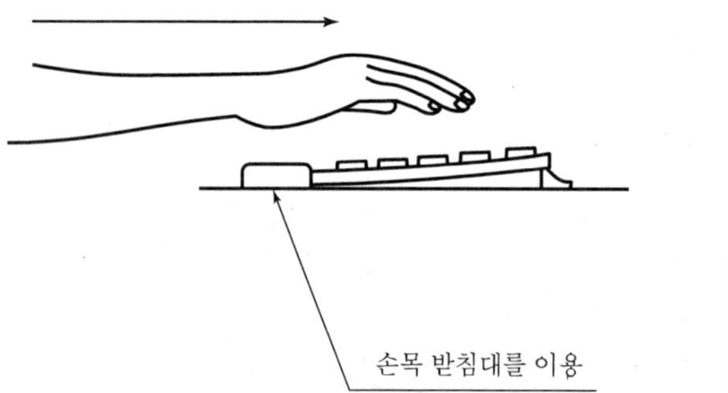

아래팔은 손등과 일직선을 유지하여
손목이 꺾이지 않도록 한다.
손목 받침대를 이용

〈그림 3〉 아래팔과 손등은 수평을 유지

3. 연속적인 자료의 입력 작업 시에는 서류받침대(Document Holder)를 사용하도록 하고, 서류받침대는 높이 · 거리 · 각도 등을 조절하여 화면과 동일한 높이 및 거리에 두어 작업할 것(그림 4)

서류받침대는 거리, 각도, 높이 조절이
용이한 것을 사용하여 화면과 동일한
높이에 두고 사용할 것

〈그림 4〉 서류받침대 사용

4. 의자에 앉을 때는 의자 깊숙이 앉아 의자등받이에 등이 충분히 지지되도록 할 것(그림 5)
5. 영상표시단말기 취급 근로자의 발바닥 전면이 바닥면에 닿는 자세를 기본으로 하되, 그러하지 못할 때에는 발 받침대(Foot Rest)를 조건에 맞는 높이와 각도로 설치할 것(그림 5)

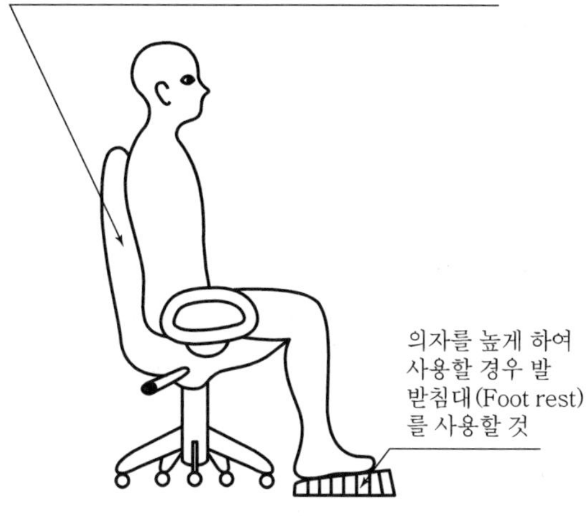
의자 깊숙이 앉아 등이 등받이에 충분히 지지되도록 할 것
의자를 높게 하여
사용할 경우 발
받침대(Foot rest)
를 사용할 것

〈그림 5〉 발 받침대

6. 무릎의 내각(Knee Angle)은 90도 전후가 되도록 하되, 의자의 앉는 면의 앞부분과 영상표시단말기 취급 근로자의 종아리 사이에는 손가락을 밀어 넣을 정도의 틈새가 있도록 하여 종아리와 대퇴부에 무리한 압력이 가해지지 않도록 할 것(그림 6)

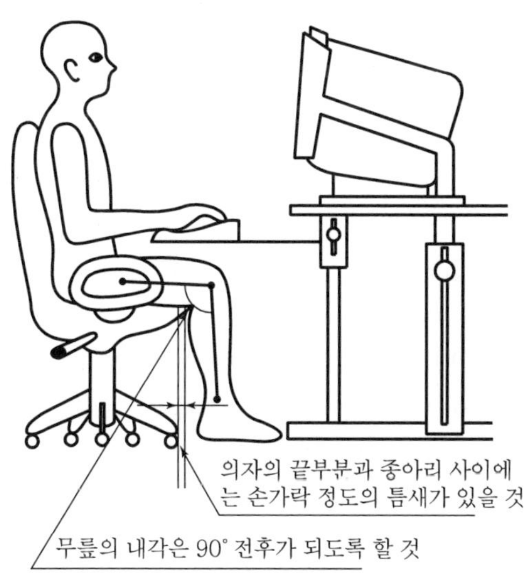
의자의 끝부분과 종아리 사이에
는 손가락 정도의 틈새가 있을 것
무릎의 내각은 90° 전후가 되도록 할 것

〈그림 6〉 무릎 내각

7. 키보드를 조작하여 자료를 입력할 때 양 손목을 바깥으로 꺾은 자세가 오래 지속되지 않도록 주의할 것

제3장 작업환경관리

제7조(조명과 채광) ① 사업주는 작업실 내의 창 · 벽면 등을 반사되지 않는 재질로 하여야 하며, 조명은 화면과 명암의 대조가 심하지 않도록 하여야 한다.

② 사업주는 영상표시단말기를 취급하는 작업장 주변환경의 조도를 화면의 바탕 색상이 검정색 계통일 때 300럭스(lux) 이상 500럭스 이하, 화면의 바탕 색상이 흰색 계통일 때 500럭스 이상 700럭스 이하를 유지하도록 하여야 한다.

③ 사업주는 화면을 바라보는 시간이 많은 작업일수록 화면 밝기와 작업대 주변 밝기의 차이를 줄이도록 하고, 작업 중 시야에 들어오는 화면 · 키보드 · 서류 등의 주요 표면 밝기를 가능한 한 같도록 유지하여야 한다.

④ 사업주는 창문에는 차광망 또는 커텐 등을 설치하여 직사광선이 화면 · 서류 등에 비치는 것을 방지하고 필요에 따라 언제든지 그 밝기를 조절할 수 있도록 하여야 한다.

⑤ 사업주는 작업대 주변에 영상표시단말기작업 전용의 조명등을 설치할 경우에는 영상표시단말기 취급 근로자의 한쪽 또는 양쪽 면에서 화면 · 서류면 · 키보드 등에 균등한 밝기가 되도록 설치하여야 한다.

제8조(눈부심 방지) ① 사업주는 지나치게 밝은 조명 · 채광 또는 깜박이는 광원 등이 직접 영상표시단말기 취급 근로자의 시야에 들어오지 않도록 하여야 한다.

② 사업주는 눈부심 방지를 위하여 화면에 보안경 등을 부착하여 빛의 반사가 증가하지 않도록 하여야 한다.

③ 사업주는 작업면에 도달하는 빛의 각도를 화면으로부터 45도 이내가 되도록 조명 및 채광을 제한하여 화면과 작업대 표면반사에 의한 눈부심이 발생하지 않도록 하여야 한다(그림 7). 다만, 조건상 빛의 반사방지가 불가능할 경우에는 다음 각 호의 방법으로 눈부심을 방지하도록 하여야 한다.

1. 화면의 경사를 조정할 것
2. 저휘도형 조명기구를 사용할 것
3. 화면상의 문자와 배경과의 휘도비(Contrast)를 낮출 것
4. 화면에 후드를 설치하거나 조명기구에 간이 차양막 등을 설치할 것
5. 그 밖의 눈부심을 방지하기 위한 조치를 강구할 것

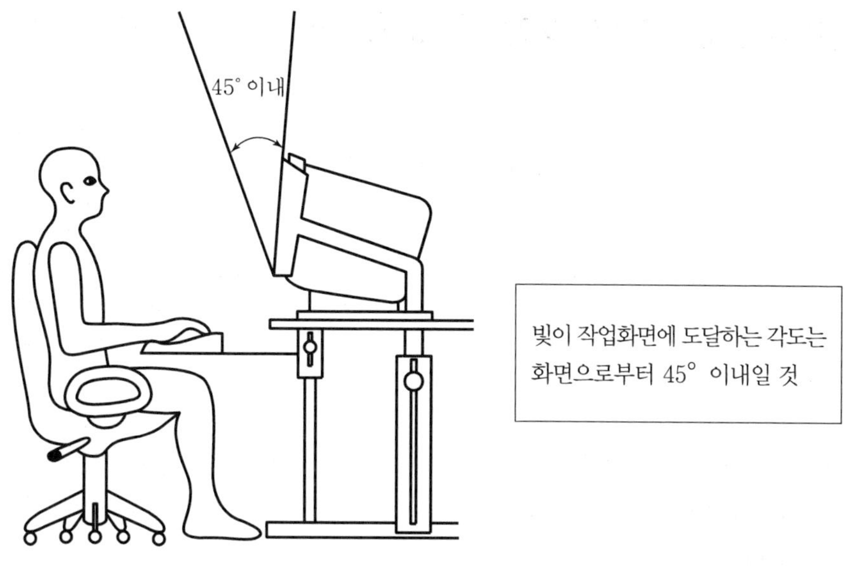
45° 이내
빛이 작업화면에 도달하는 각도는 화면으로부터 45° 이내일 것

〈그림 7〉 조명의 각도

제9조(소음 및 정전기 방지) 사업주는 영상표시단말기 등에서 소음 · 정전기 등의 발생이 심하여 작업자에게 건강장해를 일으킬 우려가 있을 때에는 다음 각 호의 소음 · 정전기 방지조치를 취하거나 방지장치를 설치하도록 하여야 한다.

1. 프린터에서 소음이 심할 때에는 후드 · 칸막이 · 덮개의 설치 및 프린터의 배치 변경 등의 조치를 취할 것
2. 정전기의 방지는 접지를 이용하거나 알콜 등으로 화면을 깨끗이 닦아 방지할 것

제10조(온도 및 습도) 사업주는 영상표시단말기 작업을 주목적으로 하는 작업실 안의 온도를 18도 이상 24도 이하, 습도는 40퍼센트 이상 70퍼센트 이하를 유지하여야 한다.

제11조(점검 및 청소) ① 영상표시단말기 취급근로자는 작업개시 전 또는 휴식시간에 조명기구 · 화면 · 키보드 · 의자 및 작업대 등을 점검하여 조정하여야 한다.

② 영상표시단말기 취급근로자는 수시 또는 정기적으로 작업장소 · 영상표시단말기 등을 청소함으로써 항상 청결을 유지하여야 한다.

제12조(재검토 기한) 고용노동부장관은 「훈령 · 예규 등의 발령 및 관리에 관한 규정」에 따라 이 고시에 대하여 2016년 1월 1일을 기준으로 매3년이 되는 시점(매 3년째의 12월 31일까지를 말한다)마다 그 타당성을 검토하여 개선 등의 조치를 하여야 한다.

부 칙

이 고시는 2020년 1월 16일부터 시행한다.

근골격계부담작업의 범위 및 유해요인조사 방법에 관한 고시

제정 2003. 7. 15	노동부고시	제2003－24호
제정(폐지 후 재발령) 2009. 9. 25	노동부고시	제2009－56호
개정 2011. 7. 29	고용노동부고시	제2011－38호
개정 2014. 8. 1	고용노동부고시	제2014－27호
개정 2017. 7. 24	고용노동부고시	제2017－41호
개정 2018. 2. 9	고용노동부고시	제2018－13호
개정 2020. 1. 6	고용노동부고시	제2020－12호

제1조(목적) 이 고시는 「산업안전보건법」 제39조제1항제5호 및 「산업안전보건기준에 관한 규칙」 제656조제1호 및 제658조 단서의 규정에 따른 근골격계부담작업의 범위 및 유해요인조사 방법에 관하여 필요한 사항을 규정함을 목적으로 한다.

제2조(정의) ① 이 고시에서 사용하는 용어의 뜻은 다음 각 호와 같다.

1. "단기간 작업"이란 2개월 이내에 종료되는 1회성 작업을 말한다.
2. "간헐적인 작업"이란 연간 총 작업일수가 60일을 초과하지 않는 작업을 말한다.
3. "하루"란 「근로기준법」 제2조제1항제7호에 따른 1일 소정근로시간과 1일 연장근로시간 동안 근로자가 수행하는 총 작업시간을 말한다.
4. "4시간 이상" 또는 "2시간 이상"은 제3호에 따른 "하루" 중 근로자가 제3조 각 호에 해당하는 근골격계부담작업을 실제로 수행한 시간을 합산한 시간을 말한다.

② 이 고시에서 규정하지 않은 사항은 「산업안전보건법」(이하 "법"이라 한다) 및 「산업안전보건기준에 관한 규칙」(이하 "안전보건규칙"이라 한다)에서 정하는 바에 따른다.

제3조(근골격계부담작업) 법 제39조제1항제5호 및 안전보건규칙 제656조제1호에 따른 근골격계부담작업이란 다음 각 호의 어느 하나에 해당하는 작업을 말한다. 다만, 단기간작업 또는 간헐적인 작업은 제외한다.

1. 하루에 4시간 이상 집중적으로 자료입력 등을 위해 키보드 또는 마우스를 조작하는 작업
2. 하루에 총 2시간 이상 목, 어깨, 팔꿈치, 손목 또는 손을 사용하여 같은 동작을 반복하는 작업
3. 하루에 총 2시간 이상 머리 위에 손이 있거나, 팔꿈치가 어깨 위에 있거나, 팔꿈치를 몸통으로부터 들거나, 팔꿈치를 몸통 뒤쪽에 위치하도록 하는 상태에서 이루어지는 작업
4. 지지되지 않은 상태이거나 임의로 자세를 바꿀 수 없는 조건에서, 하루에 총 2시간 이상 목이나 허리를 구부리거나 트는 상태에서 이루어지는 작업
5. 하루에 총 2시간 이상 쪼그리고 앉거나 무릎을 굽힌 자세에서 이루어지는 작업
6. 하루에 총 2시간 이상 지지되지 않은 상태에서 1kg 이상의 물건을 한 손의 손가락으로 집어 옮기거나, 2kg 이상에 상응하는 힘을 가하여 한 손의 손가락으로 물건을 쥐는 작업
7. 하루에 총 2시간 이상 지지되지 않은 상태에서 4.5kg 이상의 물건을 한 손으로 들거나 동일한

힘으로 쥐는 작업

8. 하루에 10회 이상 25kg 이상의 물체를 드는 작업
9. 하루에 25회 이상 10kg 이상의 물체를 무릎 아래에서 들거나, 어깨 위에서 들거나, 팔을 뻗은 상태에서 드는 작업
10. 하루에 총 2시간 이상, 분당 2회 이상 4.5kg 이상의 물체를 드는 작업
11. 하루에 총 2시간 이상 시간당 10회 이상 손 또는 무릎을 사용하여 반복적으로 충격을 가하는 작업

제4조(유해요인조사 방법) 사업주는 안전보건규칙 제658조 단서에 따라 유해요인조사를 실시할 때에는 별지 제1호서식의 유해요인조사표 및 별지 제2호서식의 근골격계질환 증상조사표를 활용하여야 한다. 이 경우 별지 제1호서식의 다목에 따른 작업조건 조사의 경우에는 조사 대상 작업을 보다 정밀하게 조사할 수 있는 작업분석 · 평가도구를 활용할 수 있다.

제5조(재검토기한) 고용노동부장관은 「훈령 · 예규 등의 발령 및 관리에 관한 규정」에 따라 이 고시에 대하여 2018년 1월 1일을 기준으로 매 3년이 되는 시점(매 3년째의 12월 31일까지를 말한다)마다 그 타당성을 검토하여 개선 등의 조치를 하여야 한다.

부 칙

이 고시는 2020년 1월 16일부터 시행한다.

[별지 제1호서식] (2018. 2. 9. 신설)

유해요인조사표(제4조 관련)

가. 조사 개요

조사 일시		조 사 자	
부 서 명			
작업공정명			
작 업 명			

나. 작업장 상황 조사

작업 설비	□ 변화 없음	□ 변화 있음(언제부터)
작 업 량	□ 변화 없음	□ 줄음(언제부터) □ 늘어남(언제부터) □ 기타( )
작업 속도	□ 변화 없음	□ 줄음(언제부터) □ 늘어남(언제부터) □ 기타( )
업무 변화	□ 변화 없음	□ 줄음(언제부터) □ 늘어남(언제부터) □ 기타( )

다. 작업조건 조사(인간공학적인 측면을 고려한 조사)

1단계 : 작업별 주요 작업내용 (유해요인 조사자)

작 업 명 :
작업내용(단위작업명) :
1)
2)
3)

2단계 : 작업별 작업부하 및 작업빈도 (근로자 면담)

작업 부하(A)	점수	작업 빈도(B)	점수
매우 쉬움	1	3개월마다(연 2~3회)	1
쉬움	2	가끔(하루 또는 주 2~3일에 1회)	2
약간 힘듦	3	자주(1일 4시간)	3
힘듦	4	계속(1일 4시간 이상)	4
매우 힘듦	5	초과근무 시간(1일 8시간 이상)	5

단위작업명	부담작업(호)	작업부하(A)	작업빈도(B)	총점수(A×B)
1)				
2)				
3)				

3단계 : 유해요인평가

작 업 명	의자포장 및 운반	근로자명	홍길동

포장상자에 의자 넣기	포장된 상자 수레 당기기
사진 또는 그림	사진 또는 그림

작업별로 관찰된 유해요인에 대한 원인분석(*〈작성방법〉 유해요인 설명을 참조)

단위작업명	포장상자에 의자 넣기	부담작업(호)	2, 3, 9
유해요인	발생 원인		비고
반복동작(2호)	의자를 포장상자에 넣기 위해 어깨를 반복적으로 들어 올림		
부자연스런 자세(3호)	어깨를 들어 올려 뻗침		
과도한 힘(9호)	12kg 의자를 들어 올림		

단위작업명	포장된 상자 수레 당기기	부담작업(호)	3, 6
유해요인	발생 원인		비고
부자연스런 자세(3호)	포장상자를 잡기 위해 어깨를 뻗침		
과도한 힘(6호)	포장상자의 끈을 손가락으로 잡아당김		

작성방법

가. 조사 개요

- 작업공정명에는 해당 작업의 포괄적인 공정명을 적고(예, 도장공정, 포장공정 등), 작업명에는 해당 작업의 보다 구체적인 작업명을 적습니다(예, 자동차휠 공급작업, 의자포장 및 공급작업 등)

나. 작업장 상황 조사

- 근로자와의 면담 및 작업관찰을 통해 작업설비, 작업량, 작업속도 등을 적습니다.
- 이전 유해요인 조사일을 기준으로 작업설비, 작업량, 작업속도, 업무형태의 변화 유무를 체크하고, 변화가 있을 경우 언제부터/얼마나 변화가 있었는지를 구체적으로 적습니다.

다. 작업조건 조사 (앞 장의 작성예시를 참고하여 아래의 방법으로 작성)

- (1단계) 가. 조사개요에 기재한 작업명을 적고, 작업내용은 단위작업으로 구분이 가능한 경우 각각의 단위작업 내용을 적습니다(예, 포장상자에 의자넣기, 포장된 상자를 운반수레로 당기기, 운반수레 밀기 등)
- (2단계) 단위작업명에는 해당 작업 시 수행하는 세분화된 작업명(내용)을 적고, 해당 부담작업을 수행하는 근로자와의 면담을 통해 근로자가 자각하고 있는 작업의 부하를 5단계로 구분하여 점수를 적습니다. 작업빈도도 5단계로 구분하여 해당 점수를 적고, 총점수는 작업부하와 작업빈도의 곱으로 계산합니다.
- (3단계) 작업 또는 단위작업을 가장 잘 설명하는 대표사진 또는 그림을 표시합니다. '유해요인'은 아래의 유해요인 설명을 참고하여 반복성, 부자연스러운 자세, 과도한 힘, 접촉스트레스, 진동, 기타로 구분하여 적고, '발생 원인'은 해당 유해요인별로 그 유해요인이 나타나는 원인을 적습니다.

〈유해요인 설명〉

유해요인	설명
반복동작	같은 근육, 힘줄 또는 관절을 사용하여 동일한 유형의 동작을 되풀이해서 수행함
부자연스러운, 부적절한 자세	반복적이거나 지속적으로 팔을 뻗음, 비틂, 구부림, 머리 위 작업, 무릎을 꿇음, 쪼그림, 고정 자세를 유지함, 손가락으로 집기 등
과도한 힘	작업을 수행하기 위해 근육을 과도하게 사용함
접촉스트레스	작업대 모서리, 키보드, 작업공구, 가위 사용 등으로 인해 손목, 손바닥, 팔 등이 지속적으로 눌리거나 손바닥 또는 무릎 등을 사용하여 반복적으로 물체에 압력을 가함으로써 해당 신체부위가 충격을 받게 되는 것
진동	지속적이거나 높은 강도의 손-팔 또는 몸 전체의 진동
기타요인	극심한 저온 또는 고온, 너무 밝거나 어두운 조명 등

[별지 제2호서식] (2018. 2. 9. 신설)

근골격계질환 증상조사표(제4조 관련)

I. 아래 사항을 직접 기입해 주시기 바랍니다.

성 명		연 령	만 ______세
성 별	□ 남 □ 여	현 직장경력	___년 ____개월째 근무 중
작업부서	______부 ______라인 __________작업(수행작업)	결혼여부	□ 기혼 □ 미혼
현재하고 있는 작업(구체적으로)	작 업 내 용 : ________________ 작 업 기 간 : _____년 _______개월째 하고 있음		
1일 근무시간	_____시간 근무 중 휴식시간(식사시간 제외) ___분씩 ___회 휴식		
현 작업을 하기 전에 했던 작업	작 업 내 용 : ________________ 작 업 기 간 : _____년 _______개월 동안 했음		

1. 규칙적인(한번에 30분 이상, 1주일에 적어도 2-3회 이상) 여가 및 취미활동을 하고 계시는 곳에 표시(∨)하여 주십시오.
   □ 게임 등 컴퓨터 관련 활동 □ 피아노, 드럼펫 등 악기연주 □ 뜨개질, 붓글씨 등
   □ 테니스, 축구, 농구, 골프 등 스포츠 활동 □ 해당사항 없음

2. 귀하의 하루 평균 가사노동시간(밥하기, 빨래하기, 청소하기, 2살 미만의 아이 돌보기 등)은 얼마나 됩니까?
   □ 거의 하지 않는다 □ 1시간 미만 □ 1-2시간 미만 □ 2-3시간 미만 □ 3시간 이상

3. 귀하는 의사로부터 다음과 같은 질병에 대해 진단을 받은 적이 있습니까?(해당 질병에 체크)
   (보기 : □ 류머티스 관절염 □ 당뇨병 □ 루프스병 □ 통풍 □ 알코올중독)
   □ 아니오 □ 예('예'인 경우 현재상태는 ? □ 완치 □ 치료나 관찰 중)

4. 과거에 운동 중 혹은 사고(교통사고, 넘어짐, 추락 등)로 인해 손/손가락/손목, 팔/팔꿈치, 어깨, 목, 허리, 다리/발 부위를 다친 적인 있습니까 ?
   □ 아니오 □ 예
   ('예'인 경우 상해 부위는 ? □손/손가락/손목 □팔/팔꿈치 □어깨 □목 □허리 □다리/발)

5. 현재 하시는 일의 육체적 부담 정도는 어느 정도라고 생각합니까?
   □ 전혀 힘들지 않음 □ 견딜만 함 □ 약간 힘듦 □ 힘듦 □ 매우 힘듦

II. 지난 1년 동안 손/손가락/손목, 팔/팔꿈치, 어깨, 목, 허리, 다리/발 중 어느 한 부위에서라도 귀하의 작업과 관련하여 통증이나 불편함(통증, 쑤시는 느낌, 뻣뻣함, 화끈거리는 느낌, 무감각 혹은 찌릿찌릿함 등)을 느끼신 적이 있습니까 ?

□ 아니오(수고하셨습니다. 설문을 다 마치셨습니다.)

□ 예("예"라고 답하신 분은 아래 표의 통증부위에 체크(∨)하고, 해당 통증부위의 세로줄로 내려가며 해당사항에 체크(∨)해 주십시오)

통증 부위	목 ( )	어깨 ( )	팔/팔꿈치 ( )	손/손목/손가락 ( )	허리 ( )	다리/발 ( )
1. 통증의 구체적 부위는?		□ 오른쪽 □ 왼쪽 □ 양쪽 모두	□ 오른쪽 □ 왼쪽 □ 양쪽 모두	□ 오른쪽 □ 왼쪽 □ 양쪽 모두		□ 오른쪽 □ 왼쪽 □ 양쪽 모두
2. 한번 아프기 시작하면 통증 기간은 얼마 동안 지속됩니까?	□ 1일 미만 □ 1일-1주일 미만 □ 1주일-1달 미만 □ 1달-6개월 미만 □ 6개월 이상	□ 1일 미만 □ 1일-1주일 미만 □ 1주일-1달 미만 □ 1달-6개월 미만 □ 6개월 이상	□ 1일 미만 □ 1일-1주일 미만 □ 1주일-1달 미만 □ 1달-6개월 미만 □ 6개월 이상	□ 1일 미만 □ 1일-1주일 미만 □ 1주일-1달 미만 □ 1달-6개월 미만 □ 6개월 이상	□ 1일 미만 □ 1일-1주일 미만 □ 1주일-1달 미만 □ 1달-6개월 미만 □ 6개월 이상	□ 1일 미만 □ 1일-1주일 미만 □ 1주일-1달 미만 □ 1달-6개월 미만 □ 6개월 이상
3. 그때의 아픈 정도는 어느 정도입니까? (보기 참조)	□ 약한 통증 □ 중간 통증 □ 심한 통증 □ 매우 심한 통증	□ 약한 통증 □ 중간 통증 □ 심한 통증 □ 매우 심한 통증	□ 약한 통증 □ 중간 통증 □ 심한 통증 □ 매우 심한 통증	□ 약한 통증 □ 중간 통증 □ 심한 통증 □ 매우 심한 통증	□ 약한 통증 □ 중간 통증 □ 심한 통증 □ 매우 심한 통증	□ 약한 통증 □ 중간 통증 □ 심한 통증 □ 매우 심한 통증
	〈보기〉	약한 통증 : 약간 불편한 정도이나 작업에 열중할 때는 못 느낀다. 중간 통증 : 작업 중 통증이 있으나 귀가 후 휴식을 취하면 괜찮다. 심한 통증 : 작업 중 통증이 비교적 심하고 귀가 후에도 통증이 계속된다. 매우 심한 통증 : 통증 때문에 작업은 물론 일상생활을 하기가 어렵다.				
4. 지난 1년 동안 이러한 증상을 얼마나 자주 경험하셨습니까?	□ 6개월에 1번 □ 2-3달에 1번 □ 1달에 1번 □ 1주일에 1번 □ 매일	□ 6개월에 1번 □ 2-3달에 1번 □ 1달에 1번 □ 1주일에 1번 □ 매일	□ 6개월에 1번 □ 2-3달에 1번 □ 1달에 1번 □ 1주일에 1번 □ 매일	□ 6개월에 1번 □ 2-3달에 1번 □ 1달에 1번 □ 1주일에 1번 □ 매일	□ 6개월에 1번 □ 2-3달에 1번 □ 1달에 1번 □ 1주일에 1번 □ 매일	□ 6개월에 1번 □ 2-3달에 1번 □ 1달에 1번 □ 1주일에 1번 □ 매일
5. 지난 1주일 동안에도 이러한 증상이 있었습니까?	□ 아니오 □ 예	□ 아니오 □ 예	□ 아니오 □ 예	□ 아니오 □ 예	□ 아니오 □ 예	□ 아니오 □ 예
6. 지난 1년 동안 이러한 통증으로 인해 어떤 일이 있었습니까?	□ 병원 · 한의원 치료 □ 약국치료 □ 병가, 산재 □ 작업 전환 □ 해당사항 없음 기타 ( )	□ 병원 · 한의원 치료 □ 약국치료 □ 병가, 산재 □ 작업 전환 □ 해당사항 없음 기타 ( )	□ 병원 · 한의원 치료 □ 약국치료 □ 병가, 산재 □ 작업 전환 □ 해당사항 없음 기타 ( )	□ 병원 · 한의원 치료 □ 약국치료 □ 병가, 산재 □ 작업 전환 □ 해당사항 없음 기타 ( )	□ 병원 · 한의원 치료 □ 약국치료 □ 병가, 산재 □ 작업 전환 □ 해당사항 없음 기타 ( )	□ 병원 · 한의원 치료 □ 약국치료 □ 병가, 산재 □ 작업 전환 □ 해당사항 없음 기타 ( )

유의사항
-부담작업을 수행하는 근로자가 직접 읽어보고 문항을 체크합니다. -증상조사표를 작성할 경우 증상을 과대 또는 과소 평가해서는 안 됩니다. -증상조사 결과는 근골격계질환의 이환을 부정 또는 입증하는 근거나 반증자료로 활용할 수 없습니다.

05장 KOSHA GUIDE

PROFESSIONAL ENGINEER ERGONOMICS

※ 2020년 현재 제 · 개정된 KOSHA GUIDE를 그대로 사용함에 따라 "산업안전보건법" 등 개정 전의 용어 · 내용도 포함될 수 있음을 알려드립니다.

KOSHA GUIDE는 산업안전보건법 및 산업안전보건기준에 관한 규칙, 각종 고시에 기재되지 못한 기술적 사항을 정리한 것으로 한국산업안전보건공단에서 제정한 기술적 지침입니다.

1	수작업에 관한 안전가이드
2	인적에러 방지를 위한 안전가이드
3	사업장의 조명에 관한 기술지침
4	청소작업 시 근골격계질환 예방을 위한 기술지침
5	요양시설의 안전에 관한 기술지침
6	앉아서 일하는 작업의 건강장해 예방에 관한 기술지침
7	수공구 사용 안전지침
8	모니터 작업의 안전에 관한 기술지침
9	운반구에 관한 안전지침
10	포대 취급 시 안전에 관한 기술지침
11	산업현장의 안전디자인 적용에 관한 기술지침
12	인적 오류 예방에 관한 인간공학적 안전보건관리 지침
13	안전보건 리더십에 관한 지침
14	인력운반작업에 관한 안전가이드
15	인력운반 작업 위험성평가에 관한 기술지침
16	작업장 내 기계 소음평가에 관한 기술지침
17	작업장 내에서 인간공학에 관한 기술지침
18	들기 작업 및 인력운반 작업 시 보조기구의 사용에 관한 기술지침
19	들기 작업에 관한 기술지침
20	작업장 내 안전한 적재 및 하역작업을 위한 기술지침
21	10가지 소음억제 기술에 관한 기술지침
22	근골격계부담작업 유해요인조사 지침
23	환경미화원의 근골격계질환 예방지침

24	요양보호사의 근골격계질환 예방지침
25	교대작업자의 보건관리지침
26	유통업 근로자의 근골격계질환 예방지침
27	차량정비원의 근골격계질환 예방지침
28	건물 내 청소원의 건강장해 예방에 관한 지침
29	조리직종 근로자의 건강장해 예방에 관한 지침
30	감정노동에 따른 직무스트레스 예방지침
31	사업장 직무스트레스 예방 프로그램
32	사무실 작업환경 관리지침
33	사업장 근골격계질환 예방 · 관리 프로그램
34	근골격계질환 예방을 위한 작업환경개선 지침
35	국소진동 측정 및 평가지침
36	형틀목공의 근골격계질환 예방지침
37	피로도 평가 및 관리지침
38	은행출납사무원의 근골격계질환 예방지침
39	골프경기보조원의 근골격계질환 예방지침
40	호텔 종사자의 근골격계질환 예방지침
41	항공사 객실승무원의 근골격계질환 예방지침
42	고열작업환경 관리지침
43	한랭작업환경 관리지침

수작업에 관한 안전가이드(G-8-2011)

1. 목적

이 지침은 수작업에 의한 기계설비 또는 화물 취급 시의 재해예방을 위한 기술적인 사항을 정함을 목적으로 한다.

2. 적용범위

1) 이 지침은 크레인, 리프트, 트럭 등과 같은 기계설비나 차량에 의한 화물 취급과는 반대로 인간의 노력에 의해서 수작업으로 다루는 작업에 대하여 적용한다. 수작업은 정지상태의 자세로 화물을 옮기거나 지지하는 두가지 모두를 포함한다.
2) 화물을 운반하거나 지지하는 작업 이외의 작업은 수작업에 포함되지 않는 다. 예를 들어, 엔진의 시동키를 돌리거나 기계에서 조절 레버를 들어 올리는 것 등은 수작업의 범주에 들지 않는다.

3. 용어의 정의

1) 이 지침에서 사용하는 용어의 정의는 다음과 같다.
   (1) "수작업"이라 함은 손 혹은 신체의 힘으로 물건을 운반하거나 지지하는 것을 말한다.(올림, 내림, 밀고 당김, 옮기거나, 움직이는 것을 포함한다)
2) 그 밖에 이 지침에 사용하는 용어의 정의는 이 지침에 특별한 규정이 있는 경우를 제외하고는 산업안전보건법, 같은 법 시행령, 같은 법 시행규칙, 산업안전보건기준에 관한 규칙 및 관련고시에서 정하는 바에 의한다.

4. 일반적인 위험사항

수작업과 관련하여 제기되는 질문과 상해위험의 정도는 다음과 같다.

1) 화물은 사람의 몸통에서 어느 거리만큼 떨어진 채 다루어야 하는가?

   화물이 몸통에서 떨어지면 허리 부분에 힘을 받는다.

2) 작업은 몸통을 뒤틀리게 하는가?

   등 아랫부분에 대한 압박이 아주 크게 증가된다.

3) 작업 시 몸을 구부려야 하는가?

등 아랫 부분에 대한 압박은 몸통의 무게가 수작업하고 있는 화물에 더해짐에 따라 증가된다.

4) 작업은 위로 올리는 것을 포함하는가?

화물을 위로 올림에 따라 팔과 등에 압박을 가중시키고 화물의 조작을 더 어렵게 만든다.

5) 작업은 올리고 내리는 거리를 지나치게 떨어지게 하는가?

들어 올리고 내리는 거리가 멀면 상해위험을 증가시킨다.

6) 이동거리가 지나치게 길지는 않는가?

만일 화물을 옮기는 거리가 지나치게 길면 신체적 압박시간이 길어져서 피로를 유발하고 상해 위험을 증가시킨다.

7) 작업은 화물을 밀고 당기는 것을 포함하는가?

만일 밀고 당기는 일이 무릎 높이 아래 혹은 어깨 높이 위에서 하게 되면 상해위험은 증가된다. 또한 미끄러질 위험성도 커진다.

8) 작업은 화물을 갑작스럽게 움직여야 하는 위험을 수반하는가?

갑작스런 움직임은 상해 위험을 유발하면서 신체에 예측할 수 없는 압박을 초래할 수 있다.

9) 작업은 자주 혹은 오랫동안 해야 하는가?

적절한 화물도 한번에 많은 양을 다루게 되면 큰 상해위험이 생길 수 있다. 신체적 압박이 계속되면 상해위험을 증가시킬 수 있는 피로현상이 생긴다.

10) 작업 시 휴식 혹은 회복기간은 충분한가?

휴식 혹은 회복을 위한 시간이 불충분하여 피로를 없애지 못하면 건강악화를 초래하고 작업량이 줄어든다.

5. 수작업 시의 위험요소

1) 화물에 대한 위험요소

수작업 활동과 관련된 상해위험을 평가할 때 화물의 특성들이 고려되어야 하며 그것은 다음과 같다.

(1) 화물이 무거운가?

일반적으로 화물이 무거우면 그만큼 상해의 위험은 커진다.

(2) 화물의 부피가 크거나 혹은 다루기 힘든가?

일반적으로 화물의 크기가 커지면 그만큼 상해위험도 증가한다.

(3) 화물은 잡기가 어렵지 않은가?

예를 들어 화물이 크거나, 원형이거나, 매끄럽거나, 젖었거나 혹은 미끄러워 잡기가 어렵다면 그 화물을 잡는 데 별도의 힘이 요구되어 피로도를 높이고 떨어질 위험성도 증가될 수 있다.

(4) 화물이 놓인 자리가 불안정하거나 그 내용물의 위치가 바뀔 것 같지는 않은가?

화물이 단단히 고정되어 있지 않거나 움직일 것 같은 내용물을 지니고 있어서 불안정하다면 상해 가능성은 그만큼 증가한다.

(5) 화물이 날카롭거나, 뜨겁거나 혹은 잠재적인 위험성이 있는가?

화물에 날카로운 모서리가 있거나 표면이 거칠거나 혹은 만지기에 너무 뜨겁거나 혹은 차가워서 보호의를 착용해야 한다면 제대로 붙잡지 못하거나 불안정한 자세에 의해 상해 위험성을 높이는 원인이 된다.

2) 작업환경에 대한 위험요소

수작업 활동이 이루어지는 환경은 상해 발생 가능성에 영향을 미칠 수 있으므로 다음의 요소들이 고려되어야만 한다.

(1) 좋은 자세를 방해하는 공간적 한계가 있는가?

작업 표면이 낮거나 머리 위 공간이 제한되어 있으면 자세를 구부리지 않을 수 없다. 가구와 고정물 혹은 다른 방해물들은 자세가 꼬이거나 기댈 필요가 많아지고, 작업공간을 제한하며, 좁은 복도도 부피가 큰 화물을 움직이는 것을 방해할 것이다.

(2) 바닥이 평평하지 않거나, 미끄럽거나 혹은 불안정하지는 않는가?

편평하지 않거나 혹은 미끄러운 바닥은 화물의 순조로운 이동을 방해할 뿐만 아니라, 미끄러지고, 헛디디고, 추락할 가능성을 증가시킨다. 예를 들어 보트나 이동 작업대의 불안정한 바닥은 갑작스럽게 예기치 못한 압박이 가해지면 상해 위험을 증가시킨다.

(3) 바닥 혹은 작업대의 높이가 바뀔 수 있는가?

계단이나 급격한 경사면에 있거나 사다리를 이용하여 화물을 다룰 때 움직임을 복잡하게 해서 상해위험을 높일 수 있다. 작업장 표면이나 저장창고 등의 과도한 높이 변화는 상해의 위험을 증가시킨다.

(4) 온도와 습도가 극단적으로 높은가?

고온과 높은 습도는 급속한 피로를 유발할 수 있고, 손의 땀은 잡는 힘을 약화시킨다. 이에 덧붙여 다음의 사항도 적절한 작업자의 자세를 방해할 수 있다.

① 환기가 적정한가 혹은 돌풍이 있는가?

② 조명상태가 적절한가?

3) 개인의 능력에 따른 위험요소

안전하게 수작업을 하는 능력은 개인에 따라 다르다. 그러므로 다음의 요소들을 고려해야만 한다.

(1) 작업이 큰 힘이나 신장 등을 필요로 하는가?
(2) 능력이 없거나 건강에 문제가 있는 사람들이 위험을 무릅쓰고 일을 수행하는가?
(3) 임신하고 있거나 그럴 가능성이 있는 사람들이 위험을 무릅쓰고 일을 수행하는가? 수작업은 임산부의 건강을 위해 매우 신중하게 이루어져야 하고, 특히 장시간 서 있거나 걷는 작업에서는 더욱 그러하다.
(4) 작업이 안전하게 수행되기 위해서 특별한 지식 혹은 훈련이 요구되는가?

6. 수작업 시 상해위험 예방대책

수작업을 피할 수 없을 때는 상해위험을 최저 수준으로 낮추기 위해 적절한 조치를 취하는 것은 예방대책의 일부로써 필요하다. 수작업의 성격이 다양하기 때문에 위험을 줄이기 위한 가장 적절한 조치도 각각의 경우에 따라 다를 것이다. 다음에 제시된 위험 감소방안은 상해위험을 줄이기 위해 취해질 수 있다.

1) 일반적인 위험 예방대책

(1) 인간공학
(2) 장비의 일부 사용
(3) 안전 관련 기술지침의 사용
(4) 작업장의 배치 개선
(5) 보다 효율적인 신체의 사용
(6) 일상적인 작업 개선
(7) 수작업의 팀별 수행
(8) 화물의 경량화
(9) 화물의 소형화 및 관리의 편리성 향상
(10) 화물잡기의 수월성 개선
(11) 안전성 향상
(12) 공간상의 장애물 제거
(13) 바닥표면의 안전성 확보
(14) 작업환경 개선
(15) 작업자 개인의 상황에 대한 고려

2) 상황별 위험 예방대책

(1) 화물의 적재 및 적하

화물을 적재하고 적하할 때는 우선 양손으로 잡기 쉬워야 하고 작업자의 작업 자세 및 주위환경이 양호해야 한다. 작업자의 서있는 높이와 손의 길이 그리고 이에 상응하는 적합한 화물 무게는 〈그림 1〉과 같다.

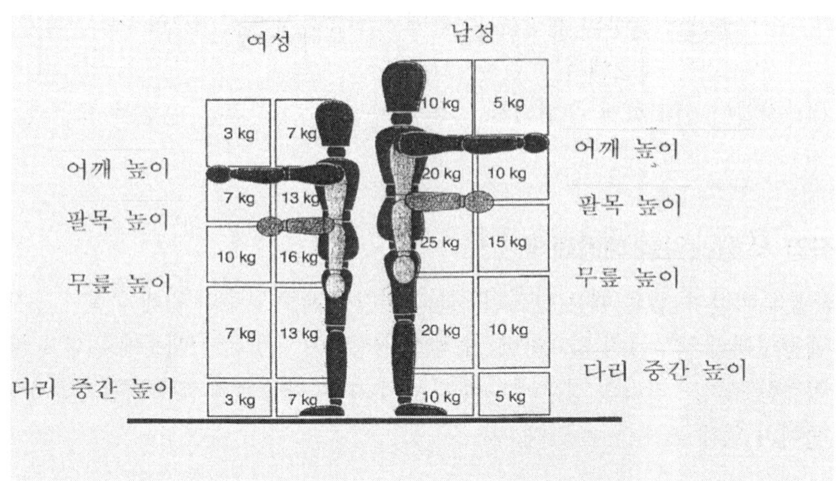

〈그림 1〉 신체 각 부위의 허용 무게[1), 2)]

〈그림 1〉은 대략 시간당 30회의 작업을 기준으로 한 중량으로 그 이상의 작업 시에는 위의 값이 적어져야 한다. 즉, 작업이 분당 한 번 혹은 두 번 반복되면 30%, 분당 5~8회 반복되면 50% 그리고 분당 12회 이상이면 80% 정도 적어져야 한다. 그런데 작업자가 작업속도를 조절하지 못하거나 휴식을 위해 정지할 수 없거나 혹은 다른 근육을 사용함으로써 바꾸지 못할 때 그리고 작업자가 일정 시간 동안 화물을 지지해야만 할 때는 보다 자세한 위험 평가가 이루어져야 한다.

(2) 이동[3)]

화물이 신체 반대편에 있고, 쉬지 않고 약 10m 거리 이내로 옮겨지는 곳에서의 이동 작업에는 〈그림 1〉을 적용할 수 있다. 만일 화물의 이동거리가 더 길거나 손이 무릎높이 아래에 있게 될 경우에는 보다 자세한 위험평가가 이루어져야 한다. 화물이 어깨 위에

---

1) 〈그림 1〉의 수치는 HSE Guidance의 "Guidance notes on manual handling operations"에서 인용하였다.

2) 〈그림 1〉 출처 : Manual handling operations regulations 1992(as amended), Guidance on regulations, 2004

3) '(2) 이동'의 수치는 HSE Guidance의 "Guidance notes on manual handling operations"에서 인용하였다.

서 안전하게 옮겨지는 곳에서는 10m 초과되는 거리의 경우에도 이 기술지침이 적용될 수 있다.

(3) 밀고 당김[4)]

밀고 당기는 작업에서는 손의 힘이 무릎과 어깨 사이에 작용되어야 한다. 남성의 경우 약 25kg의 힘, 여성의 경우 약 15kg의 힘이 짐을 밀고 당기기 시작하고 또 멈추는 데 작용된다. 또한 짐을 움직이는 데는 남자는 약 10kg, 여자는 약 7kg의 힘이 사용된다. 이때 화물을 밀고 당기는 데 명확한 거리 제한은 없으며 적절한 휴식도 가능하다.

(4) 앉아서 하는 작업

〈그림 2〉는 앉아서 하는 작업 시의 허용 가능한 작업 중량을 나타내고 있다. 이때는 손이 표시된 위치 내에 있을 때만 적용되고 그것을 벗어나면 유효하지 않으므로 보다 상세한 기술지침이 만들어져야 한다.

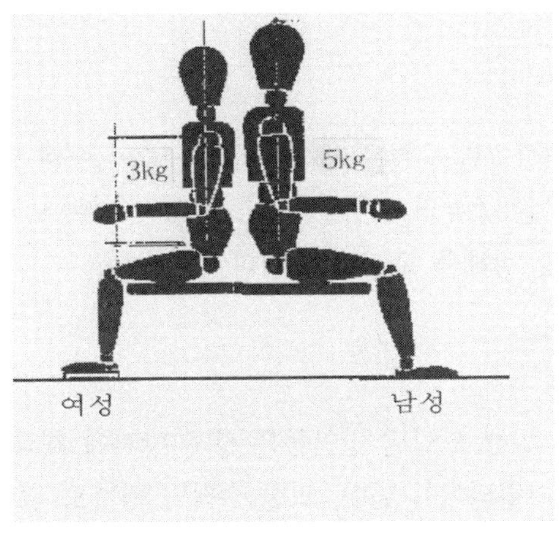

〈그림 2〉 앉아서 하는 작업시의 허용 중량[5), 6)]

(5) 작업 시 몸의 뒤틀림

수작업 시에는 몸의 뒤틀림(Twisting) 현상이 자주 일어나고, 이것은 상해위험을 높인다. 따라서 이에 대한 상세힌 위험평가가 이루어져야 한다. 그러나 이 작업의 빈도가 극히 적거나 자세에 별 문제가 없으면 움직임을 천천히 한다. 그런 경우에 〈그림 3〉에서 제시된 기술지침은 조금 작게 하는 것이 좋다. 즉, 뒤틀림 각도가 45° 정도일 때는 약 10%, 90° 정도일 때는 약 20% 정도 줄일 수 있다.

---

4) '(3) 밀고 당김'의 수치는 HSE Guidance의 "Guidance notes on manual handling operations"에서 인용하였다.

5) 〈그림 2〉의 수치는 HSE Guidance의 "Guidance notes on manual handling operations"에서 인용하였다.

6) 〈그림 2〉 출처 : Manual handling operations regulations 1992(as amended), Guidance on regulations, 2004

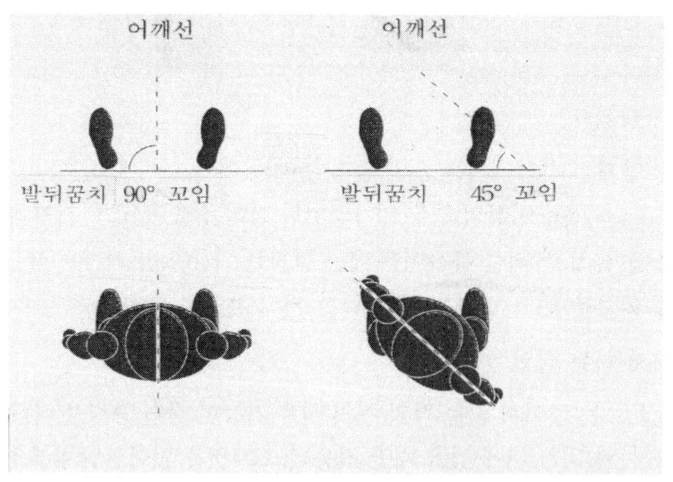

〈그림 3〉 작업 시 몸의 뒤틀림[7), 8)]

3) 교육훈련

수작업 기술에 대한 교육훈련은 재해위험성을 줄이는 데 도움을 줄 수 있으나, 교육훈련만으로는 모든 다른 종류의 위험을 줄일 수 있는 것이 아니므로 각 작업의 특성과 개별 작업자의 능력 및 상해를 고려해야 한다.

4) 모니터링과 검토

위험성을 줄이기 위해 도입된 방안들은 상해 방지에 효과적인 것인가를 확인하기 위해 정기적으로 모니터링되어야 한다. 또한 수작업 평가도 검토되어야 하는데 이는 그 평가가 더 이상 유효하지 않을 수도 있는 개연성이 있기 때문이다. 또한 보고할 만한 상해가 발생하면 수작업 평가는 검토되어야 하고, 이 경우 그 시간에 그 작업에 책임 있는 감독관은 해당 사항에 대한 보고서를 제출해야만 한다.

5) 현장 감독관과 작업자의 의무

현장 감독관은 수작업을 하고 있는 작업자가 위험평가 과정 동안 상담받고, 안전한 작업 방법에 대한 그들의 견해가 고려될 수 있도록 보장하여야 한다. 현장 감독관은 또한 작업자에게 평가과정의 결과에 대해 공지하여야 하고, 충분한 정보와 지시사항, 훈련 그리고 안전한 활동이 이루어질 수 있도록 보장하여야 한다. 한편 근로자가 확실히 이행하여야 할 사항은 다음과 같다.

---

7) 〈그림 3〉의 수치는 HSE Guidance의 "Guidance notes on manual handling operations"에서 인용하였다.

8) 출처 : Manual handling operations regulations 1992(as amended), Guidance on regulations, 2004

(1) 근로자들은 안전한 수작업에 대하여 기술상 제공되는 모든 지시사항과 훈련을 받아들여야 한다.
(2) 불안전한 수작업을 수행함으로써 자기 자신은 물론 타인의 건강과 안전을 위험 속에 방치해서는 안 된다.
(3) 수작업을 없애거나, 줄이기 위해 제공되는 장비들을 사용해야 한다.
(4) 수작업을 하는 능력에 영향을 미칠 수 있는 육체적, 의학적 상태를 포함하는 문제들을 현장 감독관에게 보고해야만 한다.

6) 위험 평가

수작업에 대한 초기의 평가에서 상해 위험이 있다고 결정되면 보다 특별한 평가가 작업, 화물, 작업환경 그리고 개인능력 등의 요소를 고려하여 이루어져야 한다. 상세한 평가는 단지 그것들에 대해 지식이 있는 사람에 의해서만 이루어져야 한다. 그러므로 이것은 수작업 평가 훈련과정을 이수한 사람으로만 한정되어야 한다.

인적에러 방지를 위한 안전가이드(G-120-2015)

1. 목적

이 지침은 작업자의 인적 에러로 발생할 수 있는 상해 및 질병 등을 사전에 예방하여 작업의 효율성을 높이고 불필요한 비용을 줄일 수 있는 기술적 사항을 정함을 목적으로 한다.

2. 적용범위

이 지침은 사업장에서 근로자 및 관리자에게 적용한다.

3. 용어의 정의

1) 이 지침에서 사용하는 용어의 정의는 다음과 같다.

(1) "인간공학(Human factor)"의 정의는 넓게는 사람이 특정 환경, 제품과 서비스와 관련하여 사람이 육체적 정신적으로 어떻게 행동하는가에 대한 학문이며, 좁게는 사람과 사람의 행동에 영향을 미치는 인자들을 말한다. 하지만 인적 에러와 관련한 인간공학의 의미는 사고의 원인이 사람인 경우를 살펴보고, 인적 원인을 작업, 작업자 및 조직의 세 가지 측면에서 검토해 보는 것이다.

(2) "인적 에러(Human error)"라 함은 사람이 원하는 목표를 성취하기 위해 계획된 행동이 실패한 것을 말한다. 인적 에러는 과실 또는 오수행(Slip), 망각 또는 건망증(Lapse), 조작실수(Mistake) 및 규칙위반(Violation)으로 구분된다.

(3) "과실이나 오수행(Slip)"이라 함은 작업에 대한 주의집중의 실패를 말한다.

(4) "망각이나 건망증(Lapse)"이라 함은 작업에 대한 기억의 실패를 말한다.

(5) "조작실수(Mistake)"라 함은 잘못된 추론, 부주의, 부족한 지식 등으로 규정이나 절차를 잘못 이해하여 한 행동이나 판단을 말한다.

(6) "규칙위반(Violation)"이라 함은 규정이나 절차를 위반한 계획적인 일탈행위를 말한다.

2) 그 밖에 이 지침에 사용하는 용어의 정의는 이 지침에 특별한 규정이 있는 경우를 제외하고는 산업안전보건법, 같은 법 시행령, 같은 법 시행규칙, 산업안전보건기준에 관한 규칙 및 관련 고시에서 정하는 바에 의한다.

4. 인적 오류의 종류

인적 오류 또는 불안전한 행동의 종류는 〈그림 1〉과 같이 구분할 수 있다.

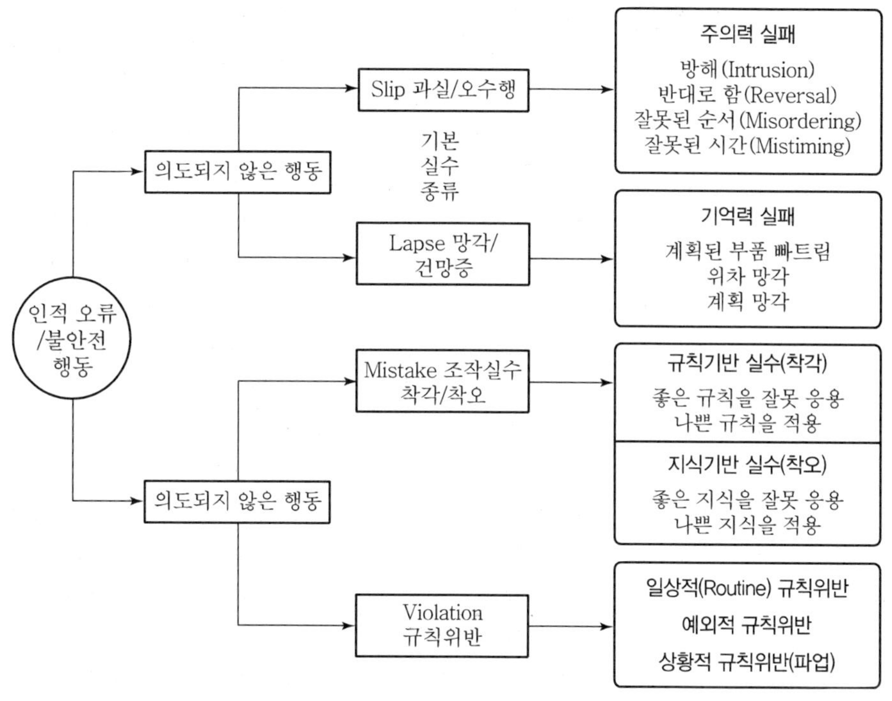

〈그림 1〉 인적 오류의 종류

인적 오류의 예는 〈표 1〉에서 제시한다.

〈표 1〉 인적 오류의 예

인적 오류		예 시
의도되지 않은 행동	과실/오수행 (부주의에 의한 실수)	화학반응에 의해 유사한 이름을 갖는 두 개의 물질이 제조된다. 각각의 물질은 알칼리도를 유지하기 위해 무기성 성분이 들어 있어야 한다. 매 반응마다 화학 성분의 비를 다양하게 바꾸기 위한 개발작업이 진행 중이었다. 어떤 화학자가 필요한 무기성 성분의 양을 계산하는 데 있어 부주의로 유효자리수를 바꾸어 넣었다. 이의 결과로서 어떤 반응이 필요한 성분 양의 70%로 수행되었고, 발열반응이 생겼다. 이에 따라 폭발이 일어났고 제조공장이 파괴되었다. 이러한 결과는 예상하지 못한 화학반응에 대처하는 장치설계와 계산과정을 검토하는 체계가 갖추어지지 않았기 때문이다.

의도되지 않은 행동	망각/건망증	경험이 많은 급유차 운전자가 가연성 액체 탱크로부터 급유를 거의 마쳐 갈 때 옆에 있는 전화기에서 벨이 울렸다. 급유하는 것을 무시한 채 운전자는 주유장치의 여러 밸브들을 잠그고, 약 5분 동안 전화를 받으러 갔다. 주유장치로부터 주유 호스를 분리시키는 것을 잊어버린 채 자동차로 돌아와서 시동을 켜고 주행하였다. 장치에 고정된 배관망이 부서지고 가연성 액체 1톤가량이 쏟아졌다. 주유 중인 자동차가 운전할 때를 대비하는 보호장비가 주유장치에 마련되어 있지 않았다.
의도된 행동	조작실수 –착각	작업자는 탱크에 연료를 채우는 작업에 매우 익숙하다. 그는 채우는 작업이 30분 정도 소요될 것이라 예상했다. 그러나 탱크에 연결하는 파이프는 직경이 큰 것으로 교체되어 예상보다 빠르게 탱크를 채웠다. 그는 탱크가 빨리 채워지고 있음을 알리는 수위 높음 경고를 무시했다. 그 결과 탱크는 넘쳤다. 장치가 일부 교체된 사실을 작업자가 알 수 없었던 정보전달체계 때문에 위험이 발생했다.
	조작실수 –착오	터널의 붕괴사고 후의 조사에서 터널이 불안정해졌을 때 원인 조사를 하는 데 있어 검사 장비에 의존하지 않고 한 사람의 경험에 의존했다는 것이 밝혀졌다. 경험에 의존하는 것은 실질적으로 전문가가 알고 있는 바에 따라 조사가 이루어지기 때문에 예상치 못한 대규모 붕괴를 막는 데는 적합하지 않았다. 전문가는 터널 조사를 위한 보다 신뢰성 있는 장비를 사용해야 했다.
	일상적 규칙위반	어떤 철도 사고는 규정된 방법을 따르지 않아 발생했음이 조사 결과 밝혀졌다. 허술한 감독과 훈련이 되풀이되었음이 드러났다. 철도회사의 연구보고서에 따르면 80%의 작업자는 규정에 따라야 하는 것에 불만을 가지고 있었으며, 95%의 작업자는 모든 규정을 따른다면 작업을 제시간에 완료할 수 없다고 생각했다.
	상황적 규칙위반	작업자가 지상 20m 높이에서 건설 중인 구조물에서 떨어져 사망했다. 작업 설비들은 제공되었다 할지라도 그를 잡아줄 안전대 등 보호구가 없었고 작동되는 안전보호장비도 없었다.
	예외적 규칙위반	체르노빌 원자력 발전소에서 사고가 있기 전에 일련의 검사가 시행되었다. 인적 오류가 위험한 저전력 상태를 야기하여 시험은 중단될 수 밖에 없었다. 체르노빌 원자력발전소에서처럼 검사가 중단되지 않기 위해 작업자와 기술자는 점차 불안정해지는 상황에 즉각적으로 대처할 수 있어야 했다.

1) 에러

의도되지 않은 행위 혹은 결정으로 바람직하지 않은 결과를 초래한다. 작업환경에 의한 스트레스, 고열과 소음 및 진동, 빈약한 조명, 습기, 제한된 작업공간 등에 의해 에러를 유발시킬 수 있으며, 여기에 높은 작업강도와 단조로운 작업성격, 적절한 훈련의 부재와 부실한 장비도 에러를 유발하는 요인이다. 에러는 단순에러와 복합에러로 나누어진다. 단순에러는 행위의 과실과 망각, 복합에러는 착각과 착오로 구분된다.

(1) 단순에러

행위의 과실(오수행)과 망각(건망증)으로 구분된다.

(가) 과실/오수행(부주의에 의한 손실)

작업수행 시의 에러를 말하며 다음과 같은 경우에 발생한다.

① 절차상 너무 빠르거나 혹은 늦게 작업을 수행할 때

② 작업단계가 생략되거나 섞일 때

③ 작업 시 너무 많은 힘을 가하거나 혹은 적게 가할 때

④ 작업 시 방향을 잘못 잡을 때

⑤ 목표를 잘못 잡을 때

(나) 망각/건망증

수행해야 할 작업행위와 작업장소 등을 잊어버리는 것을 말한다.

(2) 복합에러

보다 복잡한 유형의 에러로서 잘못된 것을 옳다고 믿는 것에서 유발된다. 이것은 작업의 설계, 평가정보, 의도와 판단결과 등을 관리하는 정신적 과정상의 에러를 말한다. 여기에는 착각과 착오가 있다.

(가) 조작에러－착각

기억된 규정 혹은 익숙한 절차에 근거하여 행동할 때 에러가 발생한다.

(나) 조작에러－착오

익숙하지 않은 환경에서 의식적으로 작업 목적을 작업자 스스로 만들고, 계획과 절차를 따라간다. 착오는 무경험과 정보의 부족도 착오를 야기하는 주된 요인이다.

2) 규칙위반

규칙위반은 일상적 위반, 상황적 위반 및 예외적 위반으로 구분된다. 조직의 문화와 관리상의 목적 그리고 우선순위가 안전보건규정에 대한 위반을 야기할 수 있다. 따라서 관리자 혹은 감독자는 작업자들에게 잘못된 정보를 제공해서는 안 되며 항상 충분한 소통을 해야한다.

(1) 일상적 위반

규정과 절차의 위반이 작업그룹 내에서는 일반적인 작업방식이 된다. 그 원인은 다음

과 같다.

(가) 시간과 에너지를 절약하려는 무리한 시도

(나) 규정이 너무 제약적이라는 생각

(다) 규정 적용이 더 이상 어렵다는 믿음

(라) 규정 준수를 강제할 수 있는 힘의 부족

(2) 상황적 위반

작업이 시간과 인력 그리고 유효한 장비의 부족 등으로 인해 압박을 받을 때 상황적 위반을 하게 된다. 이러한 특수한 상황에서는 규정과 절차의 엄격한 적용이 어렵다.

(3) 예외적 위반

어떤 작업이 잘못 실행되고 있을 때 예외적 위반이 발생한다. 이러한 상황을 방지하기 위해서는 다음과 같은 조치가 있어야 한다.

(가) 응급상황에 대비한 적절한 훈련

(나) 위험성 평가 시 이러한 상황을 가정하여 대비

(다) 작업자에 대한 시간상의 압박조건을 줄임

5. 인적 오류의 원인

작업자의 안전보건에 관한 인적 오류의 원인은 작업 자체, 작업자 및 조직의 세 가지 관점에서 검토할 수 있다.

1) 작업에 의한 원인

(1) 장비나 기자재의 부적절한 설계

(2) 계속되는 소란 행위와 작업 방해

(3) 누락되거나 불명확한 사용설명서

(4) 정비 불량

(5) 과도한 작업량

(6) 소음 등과 같은 불편한 작업 환경

2) 작업자에 의한 원인

(1) 숙련도 부족

(2) 피로

(3) 무관심 또는 무기력

(4) 건강문제

3) 조직과 관리에 대한 원인

(1) 빈약한 작업계획과 높은 작업 강도
(2) 안전장치 또는 방호벽의 부족
(3) 발생된 사고에 대한 부적합한 대응
(4) 불완전한 공동작업과 책임소재의 불명확성
(5) 일방통행식 소통
(6) 안전보건에 대한 빈약한 환경 및 관리

6. 인적 오류의 결과

인적 오류의 결과는 바로 나타날 수도 있고 일정 기간 후에 나타날 수도 있다.

1) 능동적 실패

바로 결과가 나타나는 실패를 말하며, 운전자, 통제실 운영 요원 혹은 기계 작동자와 같은 현장작업자에 의해 실패가 유발된다. 실패는 안전보건에 즉각적인 효과가 나타난다.

2) 잠재적 실패

설계자, 결정권자 그리고 관리자 등의 업무활동에서 시공간적으로 업무를 제대로 할 수 없을 때 나타나는 실패를 말한다. 잠재적 실패는 능동적 실패와 마찬가지로 안전보건에 커다란 잠재적 위험을 나타낸다. 잠재적 실패는 다음과 같은 이유로 발생된다.

(1) 플랜트 및 장비의 부적절한 설계
(2) 비효과적 훈련
(3) 부적절한 감독
(4) 비효과적인 의사소통
(5) 역할과 책임에 있어서의 모호성

7. 인적 오류의 방지대책

1) 상황을 검토하여 실수를 증가시키는 스트레스 요인을 줄여야 한다. 스트레스의 원인과 효과는 〈그림 2〉와 같다.

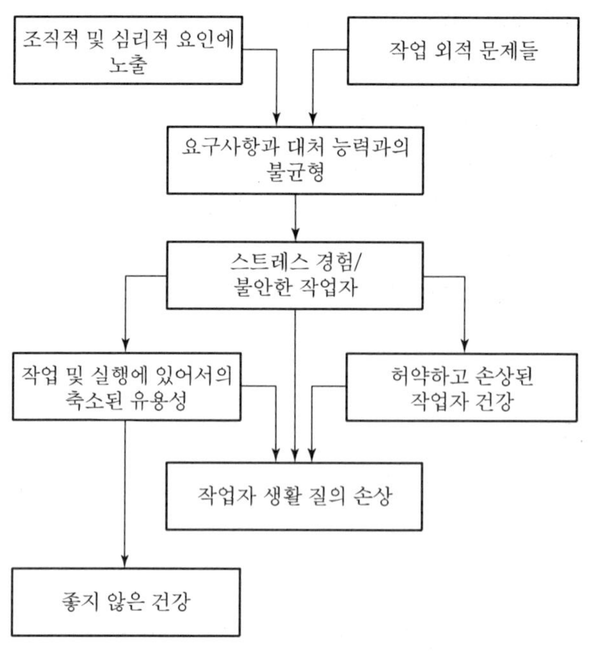

〈그림 2〉 스트레스의 원인과 효과

2) 과실(오수행)과 망각(건망증)을 방지하거나 그것들을 인지하고 교정할 수 있도록 설비와 장비를 인간공학적으로 설계하여야 한다.
3) 적절한 훈련도 효율적이다.
4) 복잡한 결정이나 진단 그리고 계산 등을 필요로 하는 작업은 가능한 한 미리 그 절차를 명확히 규정하여야 한다.
5) 특히 경험이 적은 작업자들에 대한 감독을 철저히 한다.
6) 규정과 절차를 보완하고, 간소화하며, 상시 점검한다.
7) 위험성 평가를 통해 실수할 가능성을 상시 고려한다.
8) 사고의 재발을 방지하기 위해 위험을 줄일 수 있는 조치를 취하고, 사고에 대한 면밀한 조사를 행한다.
9) 실수를 줄이기 위해 취해진 조치들을 모니터링하여 그것이 효율적인가를 검토해야 한다.

8. 인적 에러를 줄이기 위한 방안

1) 실수의 원인

(1) 피로와 스트레스
(2) 작업량이 많음
(3) 작업자의 정신적 · 육체적 부적절성

(4) 작업자의 훈련부족

2) 작업자의 실수 유형에 따른 감소 방안

(1) 과실(오수행)과 망각(건망증)

작업자가 효율적인 작업을 할 수 있도록 작업시간에 대한 계획을 보다 세밀히 하며, 작업자에 관한 훈련을 병행한다. 또한 작업자의 실수를 방지하기 위해 기계설비의 미비사항에 대한 보완조치도 병행한다.

(2) 조작실수－착각과 착오

규정이나 절차를 잊었거나 전혀 이해하지 못하면 작업자는 작업 시 잘못된 결정을 할 수 있다. 따라서 작업자는 작업 목표를 숙지했음에도 실수와 잘못된 행동을 한다. 이를 방지하기 위해서는 무엇보다도 작업자에 대한 훈련이 중요하다.

(3) 규칙위반

이것은 인적 에러의 가장 고질적인 문제이다. 이러한 위반행동을 방지하기 위해서는 작업자에 관한 관리감독을 강화해야 한다.

9. 보수작업 시 인적 에러 방지대책

보수작업 시 인적 에러로부터 주요 사고위험을 방지하기 위한 유형별 방지대책은 다음과 같다.

1) 작업 계획

위험평가에 따른 위험요소 유형 분류 및 관리방안, 작업 시 손상될 수 있는 부품에 대한 보호조치, 작업자의 안전한 작업 실행을 위한 작업량과 시간, 건강사항 등을 점검한다.

2) 장비 분리

위험요소를 신속히 제거할 수 있는 방안을 마련한다.

3) 장비 접근

덮개와 해치 개방을 통해 장비의 접근을 양호하게 한다.

4) 수리작업 수행

장비의 상태를 양호하게 유지하기 위해서 시각 및 도구를 이용한 검사를 시행하고, 필요한 교체 혹은 수리작업을 실행한다.

5) 재조립 작업

장비의 올바른 정렬과 재조립 과정을 통해 실수를 억제하도록 한다.

6) 분리 제거

장비를 안전하게 재작동시키기 위해서는 장비복구를 엄격히 하고, 문제 발생 시 신속한 재분리가 가능하도록 한다.

7) 장비의 작동과 검사

장비의 적절한 작동을 위해 위치가 올바른가 점검하고, 엄격한 시험절차를 적용하며, 인가된 사람에게만 접근을 허용한다.

사업장의 조명에 관한 기술지침(G-26-2013)

1. 목적

이 지침은 작업을 위한 조명과 관련하여 필요한 사항을 정함을 목적으로 한다.

2. 적용범위

이 지침은 작업을 위하여 자연채광과 인공조명을 사용하는 모든 사업장에 적용한다.

3. 용어의 정의

1) 이 지침에서 사용되는 용어의 정의는 다음과 같다.

(1) "조도(Intensity of Illumination)"라 함은 빛이 비춰지는 단위면적의 밝기에 대한 척도로, 1룩스(lux)란 $1m^2$의 단위면적에 1루멘(lm)의 광속이 평균적으로 조사되고 있을 때의 조도를 말한다.

(2) "광도(Luminous Intensity)"라 함은 광원의 밝기를 나타내는 양이다. 단위를 칸델라(cd)를 사용하는데 광원으로부터 임의의 방향으로 방사되는 단위 입체각당 광밀도를 말한다.

(3) "눈부심(Glare)"이라 함은 시야 내(視野內)의 어떤 광도(光度)로 인하여 불쾌감, 고통, 눈의 피로 또는 시력의 일시적인 감퇴를 초래하는 현상을 말한다.

(4) "전반조명(General Lighting)"이라 함은 〈그림 1〉의 예시처럼 실 내부 전체를 고르게 밝혀 주는 조명을 말한다.

〈그림 1〉 전반조명의 예

(5) “국부조명(Local Lighting)”이라 함은 〈그림 2〉의 예시처럼 보통 전반조명과 더불어 사용되며 실제 작업영역에 근접한 조명을 말한다. 국부조명은 좁은 영역에 높은 조도가 필요할 때, 개별적으로 조절 가능한 조명이 필요할 때, 작업공간의 특성으로 전반조명이 불필요하거나 불가능할 때 사용된다.

〈그림 2〉 국부조명의 예

2) 그 밖에 이 지침에서 사용하는 용어의 정의는 이 지침에 특별한 규정이 있는 경우를 제외하고는 산업안전보건법, 같은 법 시행령, 같은 법 시행규칙, 산업안전보건기준에 관한 규칙 및 관련 고시에서 정하는 바에 의한다.

4. 작업 시 조명의 문제점과 해결책

1) 작업공간이 어두운 경우

(1) 어두운 작업공간은 조명의 부적절한 설계, 설치, 관리상의 문제로 인해 발생한다.

(2) 〈부록〉에 예시한 “1. 조도기준”을 참조하여 작업공간의 밝고 어두운 정도를 판단한다.

(3) 일반적인 해결책

① 전등과 조명기기를 청소한다.

② 수명이 다 된 조명기구를 교체한다.

③ 실내마감재의 색상을 밝게 해 반사율을 높인다.

④ 광원을 가리는 장애물을 제거한다.

⑤ 조명 간의 거리를 가깝게 하거나 추가로 설치한다.

⑥ 보다 밝은 광원으로 교체한다.

⑦ 국부조명을 이용한다.

⑧ 작업장소를 옮긴다.

⑨ 〈삭제〉

2) 눈부심이 발생하는 경우

(1) 눈부심은 〈그림 3〉과 같이 주변보다 매우 밝은 광원이 직접 시야에 들어올 때 발생한다.

(2) 밝기의 차가 극심할 경우에는 시각에 손상을 줄 수도 있으며 심하지 않을 경우에도 불쾌함, 불편함, 예민함, 주의 산만 등을 유발하며 눈의 피로를 가중시킨다.

〈그림 3〉 눈부심의 예

(3) 밝은 광원에 의한 눈부심의 해결책

① 광원이 직접 보이는 경우에는 빛을 분산시키는 조명기기로 교체하거나 광원이 직접 보이지 않는 곳으로 이동한다.

② 일자형 형광등과 같은 선형 광원이 사용된 경우에는 전극이 있는 면이 보이도록 회전한다.

③ 조도가 어느 정도 감소되어도 상관없으면 광원의 위치를 높인다.

④ 수평방향의 시선과 광원이 이루는 각도인 시야각이 눈부심을 일으키지 않는 범위는 〈부록〉의 〈표 3〉 광원의 종류에 따른 최소 시야각의 예시를 참조한다.

(4) 밝은 자연채광에 의한 눈부심의 해결책

① 창문에 가리개를 설치한다. 천창은 백색 도료를 칠해 빛을 차단한다.

② 창문이나 천창 주변의 벽이나 천장 표면이 높은 반사율을 갖도록 한다.

③ 창문이나 천창을 바라보지 않도록 가구배치를 바꾼다.

3) 작업면에 반사광이 생기는 경우

(1) 〈그림 4〉의 예시처럼 작업면에서 반사되는 강한 반사광은 작업 대상을 주시하는 데 불편함을 초래한다.

〈그림 4〉 모니터 반사광의 예

(2) 해결책

① 작업대의 표면을 반사율이 낮은 재료로 교체한다.

② 작업장소를 이동한다.

③ 광원의 위치를 조정한다.

4) 색효과(Color Effect)가 발생하는 경우

(1) 광원이 다른 인공조명이나 일기조건이 변하는 자연광 아래에서 사물의 표면은 다른 색으로 보인다.

(2) 엄밀한 색채 구분이 필요한 작업에서 이런 색효과는 안전상의 문제를 일으킬 수도 있으나 대부분의 경우 문제를 야기하지는 않는다. 그러나 저압 나트륨 조명등과 같은 단색광 아래에서 색은 구분 불가능하며 이로 인한 위험도 간과될 수 있다.

(3) 조도가 지나치게 낮을 경우에도 모든 색이 회색조로 보이며 비슷한 위험을 유발한다.

(4) 해결책

자연광에 가까운 광원을 사용하며 적절한 조도를 유지한다.

5) 깜빡거림(Flickering)이 발생하는 경우

(1) 60헤르츠(Hz) 이하의 낮은 주파수에서 발생되는 형광등의 깜빡거림은 대부분의 사람에게 감지된다.

(2) 깜빡거림은 시야의 주변부를 통해 민감하게 감지되는 데 불쾌감과 피로감의 원인이 된다. 일부 작업자에게는 간질 발작의 원인이 될 수도 있다.

(3) 해결책

① 수명이 다 된 광원을 교체한다.

② 전원공급에 문제점이 있는지 점검한다.

③ 고주파 조절장치를 사용한다.

④ 전원공급방식이 다른 광원을 추가로 설치한다.

6) 작업부위에 강하게 음영이 생기는 경우

(1) 균일하지 못한 조명환경은 작업부위에 음영을 발생시키며 작업의 효율을 떨어트리고 피로를 가중시킨다.

(2) 해결책

① 실내 표면의 반사율을 높인다.

② 밝기가 균일하게 되도록 광원을 교체하거나 그 간격을 조정한다.

③ 광원의 수를 많게 한다.

④ 국부조명을 이용한다.

7) 작업공간에서 밝기의 차가 클 경우

(1) 작업공간과 그 주변의 밝기의 차가 클 경우, 또는 두 작업공간 간의 밝기 차가 클 경우, 시각적 불쾌감의 유발뿐만 아니라 빠른 이동을 수반하는 경우에는 안전상의 위험을 초래할 수도 있다.

(2) 이런 위험은 국부조명의 밝기에 장시간 노출되어 익숙해져 있는 상태나 실내외 간의 이동 시 밝기의 급격한 변화에 노출되는 경우에 발생하기 쉽다.

(3) 해결책

① "작업공간이 어두운 경우"의 해결책을 참조하여 작업공간에서 어두운 부위의 조도를 개선한다.

② 〈부록〉의 〈표 4〉는 밝기의 차에 의한 불쾌감과 위험을 방지하기 위한 기준 예이다.

〈부록〉

사업장의 조명환경을 위한 기준(예)

1. 조도 기준

사업장에 대한 조도기준은 산업안전보건기준에 관한 규칙과 KS A 3011에 〈표 1〉 및 〈표 2〉와 같이 제시되어 있다.

〈표 1〉 산업안전보건기준에 관한 규칙의 조도기준

작업 구분	기준
초정밀 작업	750 lux 이상
정밀 작업	300 lux 이상
보통 작업	150 lux 이상
그 밖의 작업	75 lux 이상

〈표 2〉 KS A 3011의 조도기준

(단위 : lux)

작업 환경	최소조도	표준조도	최고조도
어두운 분위기의 공공장소	15	20	30
임시 단순사업장	30	40	60
시작업이 빈번하지 않은 사업장	60	100	150
큰 물체 대상의 시작업 수행	150	200	300
작은 물체 대상의 시작업 수행	300	400	600

2. 시야각(Exclusion Zone Angle)

1) 〈그림 1〉과 같이 시야각은 수평방향의 시선과 광원이 이루는 각도를 말한다. 유지해야 할 최소 시야각 기준은 조명기구 각각에 적용되며 〈표 3〉과 같다. 그러나 벽이나 장비에 설치된 조명에는 시야각 기준이 적용되지 않을 수 있다.
2) 천장 전체에 빛을 반사시켜 광원으로 이용하는 경우와 같이 면적이 넓은 광원에 의한 눈부심의 경우에는 적용되기 힘들다.

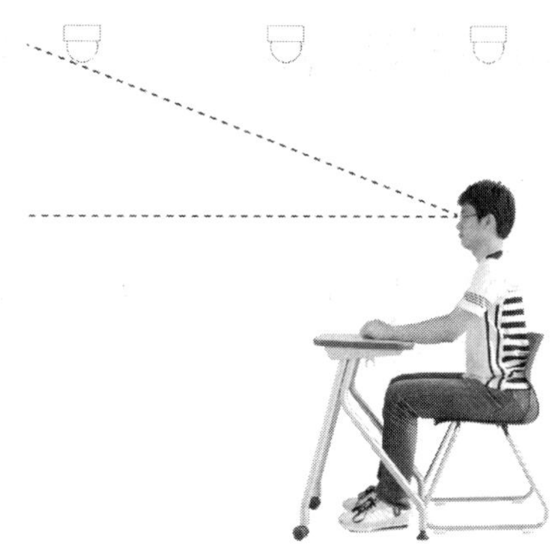

〈그림 5〉 시야각

〈표 3〉 광원의 종류에 따른 최소 시야각의 예시

광원의 종류	최소 시야각(°)
일자형 형광등	10*
반투명 백열등, 코팅된 방전등	20
투명 백열등 또는 방전등	30

*일자형 형광등을 옆에서 보는 경우에 한하며, 전극이 있는 방향은 상관없음

주) 〈표 3〉의 수치는 HSE Guidance의 Lighting at Work에서 인용하였음

3. 작업공간의 최대 밝기의 차

〈표 4〉 최대 밝기의 차 예시

조건	사례	최대 밝기의 차 밝은 곳 : 어두운 곳
전반조명과 국부조명을 동시에 사용하되 작업부위의 국부조명이 더 밝은 경우	사무실에서 국부조명을 사용하는 경우	5 : 1
두 작업공간이 인접해 있으며 한쪽의 조명이 더 밝은 경우	부품창고에서 구역마다 국부조명을 사용하는 경우	5 : 1
서로 다른 조명을 사용하며 분리된 작업공간 사이를 빈번하게 이동하는 경우	보관창고의 내부와 하역이 이루어지는 외부의 경우	10 : 1

주) 〈표 4〉의 수치는 HSE Guidance의 Lighting at Work에서 인용하였음

청소작업 시 근골격계질환 예방을 위한 기술지침(G-27-2012)

1. 목적

이 지침은 직업적이며 반복적으로 청소작업을 해야 하는 근로자 및 이들의 관리자가 근골격계질환을 예방할 수 있는 기술지침을 정함을 목적으로 한다.

2. 적용범위

이 지침은 유해위험성이 큰 작업을 제외한 일반적인 청소작업을 행하는 사업장에 적용한다.

3. 용어의 정의

1) 이 지침에서 사용되는 용어의 정의는 다음과 같다.

(1) "근골격계질환"이라 함은 반복적인 동작, 부적절한 작업자세, 무리한 힘의 사용, 날카로운 면과의 신체 접촉, 진동 및 온도 등의 요인에 의하여 발생하는 건강장애로서 목, 어깨, 허리, 상·하지의 신경근육 및 그 주변 신체 조직 등에 나타나는 질환을 말한다.

(2) "청소작업"이라 함은 쓰레기의 제거, 걸레질, 광내기, 청소를 위한 가구나 장비의 이동 등 수작업 및 기계사용을 포함하는 작업을 말한다.

2) 그 밖에 이 지침에서 사용하는 용어의 정의는 이 지침에 특별한 규정이 있는 경우를 제외하고는 산업안전보건법, 같은 법 시행령, 같은 법 시행규칙, 산업안전보건 기준에 관한 규칙 및 관련 고시에서 정하는 바에 의한다.

4. 청소작업에 있어 근골격계질환의 유해위험요인

1) 수작업상의 요인

(1) 무거운 물건을 들어 올리거나 옮길 때

(2) 허술한 방법으로 무거운 물건을 들 때

(3) 시간 부족으로 안전을 고려하여 작업할 수 없는 경우

(4) 움직임이 제한된 작업환경

(5) 격심한 움직임

(6) 장비 부족

(7) 사용하기 불편하게 만들어진 장비

(8) 허술한 장비관리
(9) 무거운 장비의 사용

2) 불편한 자세에 의한 요인

(1) 부적합한 작업 높이
(2) 부적합한 작업 흐름
(3) 몸을 구부리거나 꼬는 자세, 내밀거나 웅크리는 자세
(4) 반복적인 움직임
(5) 격렬한 작업
(6) 손을 빠르게 움직이는 작업

3) 작업계획에 의한 요인

(1) 빠른 작업속도와 강도
(2) 작업과 휴식 사이의 잘못된 시간 배분
(3) 부실한 작업계획
(4) 부실한 사전훈련
(5) 높은 이직률
(6) 경력자의 부족 또는 부재

4) 진동을 수반하는 기기 사용에 의한 요인

(1) 격렬한 움직임
(2) 잘못 설계되고 제작된 장비
(3) 장비의 부실한 유지관리
(4) 훈련부족 또는 부재

5. 청소작업 시 피해야 할 작업동작

1) 전체 동작

(1) 가슴 이상의 높이에서 행해지는 동작
(2) 작업 시 자세의 변화가 적음
(3) 먼 거리를 운반해야 함
(4) 힘을 주어 밀거나 당기는 동작
(5) 불충분한 휴식
(6) 무겁고 크며 잡기 힘든 물건을 다루는 동작

(7) 팔을 뻗어 무거운 물건을 드는 동작
(8) 진동이 있는 장비의 사용

2) 상체 동작

(1) 상체를 45° 이상 비트는 동작[9)]
(2) 상체를 20° 이상 앞으로 구부리는 동작[10)]
(3) 무릎을 꿇거나 웅크리는 동작
(4) 어깨 위로 팔을 뻗는 동작
(5) 앞으로 40cm 이상 팔을 뻗는 동작[11)]
(6) 머리를 앞으로 구부리거나 좌우로 돌리는 동작

3) 팔 동작

(1) 장비 사용이나 조작을 위해 손가락을 펼치는 동작
(2) 자루걸레를 회전시키며 바닥을 닦는 동작
(3) 천을 비틀어 짜는 동작
(4) 빠른 손놀림
(5) 두 손가락을 사용해 꼬집듯 잡는 동작
(6) 손목을 구부리는 동작
(7) 손목을 좌우로 회전하는 동작
(8) 힘줄이 솟아오를 정도로 주먹을 꽉 쥐어 무언가를 잡는 동작
(9) 손에 충격이 가해지는 동작
(10) 손에 힘을 갑자기 주어야 하는 동작

6. 작업환경의 개선방안

1) 청소도구의 이동이 빈번한 곳은 한쪽 방향으로만 개폐 가능한 여닫이문 대신에 양쪽 방향으로 모두 개폐 가능한 여닫이문을 설치하거나 계단 대신에 경사로를 설치할 수 있으며, 문의 폭을 충분히 넓게 한다.
2) 청소 시 이동해야 하는 가구의 종류와 수를 최소화한다.
3) 청소도구를 보관하는 장소에 선반이나 걸이용 고리 등을 충분히 설치하여 상체를 구부리는 동작을 최소화한다.

---

9)~11) 주 9)~11)의 수치는 HSE Guidance의 Caring for cleaners : Guidance and case studies on how to prevent musculoskeletal disorder에서 인용하였고, 국내 여건에 부합되지 않을 수 있다.

4) 평평하지 못한 바닥은 전동청소도구 사용 시 사고 및 고장의 문제점을 일으킬 수 있으므로 유의해야 한다.
5) 청소상태를 손쉽게 파악할 수 있을 정도의 실내조도를 유지한다.
6) 손쉬운 침구 정리를 위해 무게가 가벼운 침구를 사용한다.
7) 근로자가 휴식을 취할 수 있는 공간을 마련하는 것이 권장된다.

■ 작업환경 개선을 위한 점검사항

(1) 적절하며 조절 가능한 조명장치는 있는가?
(2) 청소장비와 재료를 위한 적절한 보관시설이 있는가?
(3) 보관시설 내에 사용하기 편한 세척시설이 있는가?
(4) 보관시설을 포함한 모든 영역에서의 환기가 가능한가?
(5) 근로자가 환기를 조절할 수 있는가?
(6) 바닥은 고르고 평평한가?
(7) 바닥에 높이 차가 있을 경우 경사로가 설치되거나 리프트와 같은 필요 설비가 비치되어 있는가?
(8) 온도와 습도는 적당한가?
(9) 근로자가 환경조건을 변화시킬 수 있는가?
(10) 작업을 방해할 정도의 소음이 있는가?
(11) 날카로운 모서리나 지나치게 낮은 선반이 있는가?

7. 작업도구의 개선방안

1) 청소작업에 소요되는 노동력을 경감시킬 수 있는 대체 도구를 선택한다.
   예 〈그림 1〉의 예시처럼 대걸레 청소를 위해 양동이에 바퀴 달린 청소도구의 선택, 가벼운 재질의 쓰레기통 사용
2) 수작업을 대체할 수 있는 운반구를 도입한다.
   예 쓰레기 운반을 위한 운반구의 이용
3) 근로자의 신체조건에 맞도록 도구를 개선한다.
   예 키 큰 근로자를 위해 보다 긴 자루의 대걸레 사용
4) 작업환경에 적합한 도구를 개선한다.
   예 운반구가 용이하게 문턱을 넘을 수 있도록 큰 바퀴를 부착

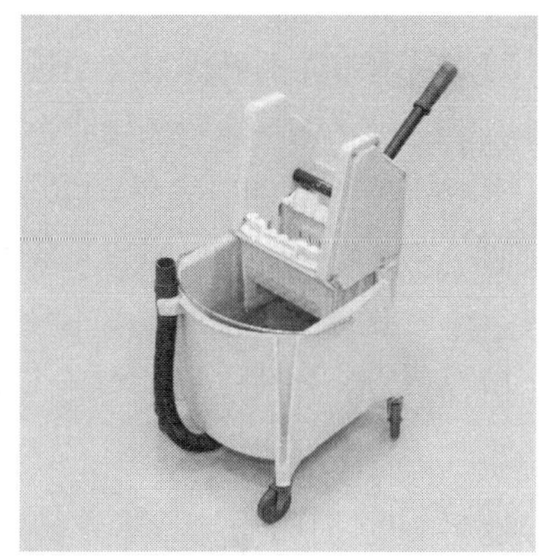

〈그림 1〉 대걸레용 청소도구의 예

5) 충분한 숫자의 도구를 도입한다.

예 무거운 도구를 층 위 · 아래로 이동하는 대신에 각 층마다 배치

6) 청소도구의 점검 및 적절한 유지관리는 작업에 소요되는 노동력을 최소화하고 불필요한 사고를 사전에 예방할 수 있다.

7) 높은 부위의 청소를 위해 적절한 도구를 제공한다.

8) 무거운 전동광택기와 진공청소기의 사용을 피하는 것이 바람직하다.

9) 새로운 장비 구매에 있어 근로자와의 의견교환이 중요하다. 또한, 구매결정 전에 미리 사용하여 충분한 검토를 해야 한다.

8. 작업도구의 구매 시 점검사항

새로운 도구를 구입하는 경우 다음 사항을 검토함으로써 보다 합리적인 결정을 내릴 수 있다.

1) 도구의 무게와 크기는 사용하기에 용이한가?

2) 바퀴는 쉽게 움직이는가?

3) 각 부위의 조절이 쉽고 장비의 이동이 용이한가?

4) 작동이 용이하고 사용방법을 바꿀 수 있는가?

5) 부착물의 사용과 접근은 용이한가?

6) 동작 시 소음은 적절한가?

7) 왼손잡이도 사용 가능한가?

8) 경고등이나 안전버튼은 눈에 잘 띄고 조작이 간편한가?

9) 조절장치는 조작이나 사용이 쉬운가?

10) 전기케이블의 길이는 충분한가?

11) 손잡이의 구경, 길이, 높이는 적당한가?

12) 손잡이의 표면은 잡기 편한가?

13) 손바닥 전체를 활용해서 손잡이를 잡을 수 있는가?

14) 작동 시 움직임은 부드럽고 안정적인가?

15) 작동하기에 드는 힘은 적당한가?

16) 손을 통해 전달되는 충격과 진동은 적당한가?

17) 작업장의 계단 및 경사로 등 다양한 작업환경에서 사용 가능한가?

요양시설의 안전에 관한 기술지침(G-28-2016)

1. 목적

이 지침은 요양시설에서 발생하는 다양한 형태의 안전 및 보건에 관한 사고의 예방을 위한 기술적인 사항을 정함을 목적으로 한다.

2. 적용범위

이 지침은 요양시설 근로자 및 이용자의 안전보건을 위하여 일반적인 시설관리업무를 수행하는 사업장에 적용한다.

3. 용어의 정의

1) 이 지침에서 사용되는 용어의 정의는 다음과 같다.

(1) "요양시설"이라 함은 심신이 미약한 노인이나 장애인 등이 요양을 목적으로 이용하는 시설을 말한다.

(2) "챌판(Kicking plate)"이라 함은 계단의 디딤판 밑에 사이를 막아 댄 널을 말한다.

(3) "사이"라 함은 디딤판과 디딤판의 공간을 말한다.

(4) "널(Plate)"이라 함은 디딤판 밑의 사이를 막는 판재를 말한다.

(5) "안전필름(Safety film)"이라 함은 유리의 파손을 지연시키고 파손 시 파편의 비산을 방지하기 위한 폴리에스터 재질의 필름을 말한다.

(6) "도어클로저(Door closer)"라 함은 문과 문틀에 장치하여 문을 열면 자동적으로 문이 닫히게 하는 장치를 말한다.

2) 그 밖에 이 지침에서 사용하는 용어의 정의는 이 지침에 특별한 규정이 있는 경우를 제외하고는 산업안전보건법, 같은 법 시행령, 같은 법 시행규칙, 산업안전보건기준에 관한 규칙 및 관련 고시에서 정하는 바에 의한다.

4. 실내 환경의 안전을 위한 예방대책

1) 바닥

(1) 바닥재는 요구되는 환경조건에 적합하여야 하며, 미끄럽지 않아야 한다. 바닥의 표면은 평탄해야 하며 어떤 돌출물도 없어야 한다.

(2) 바닥 마감재 시공기준은 다음 각 호와 같다.

① 건축물 진입부분, 공용복도 등의 바닥은 미끄럼을 방지할 수 있는 구조 및 재료로 하여야 하며, 공용계단의 발판은 논슬립 패드 등 미끄럼 방지 처리를 하여야 한다.

② 화장실, 욕실, 샤워실, 조리실 등 물 쓰는 공간의 바닥 표면은 물에 젖어도 미끄러지지 아니하는 재질로 하여야 하며, 도자기질 타일로 마감하는 경우에는 미끄럼을 방지할 수 있도록 「산업표준화법」에 따른 한국산업표준(KS L 1001)의 미끄럼 저항성 마찰기준에 적합한 재료를 사용하여야 한다.

③ 피난계단 또는 특별피난계단의 논슬립 패드는 눈에 잘 띄도록 밝은 색상이나 형광색 등으로 하여야 한다.

(3) 청소 중에는 미끄러짐 주의 표지를 설치해야 한다. 바닥재의 구멍이나 결함은 즉시 수리해야 하며, 수리 전까지는 결함 부위의 통행을 우회하도록 유도해야 한다.

(4) 바닥의 높낮이가 변화할 때는 난간대(Handrail)를 설치하여 통행인의 안전을 도모해야 한다.

2) 계단

(1) 가파른 계단이나 원형 계단, 챌판이 없는 계단은 바람직하지 않다.

(2) 시설 내 이용자의 거동이 불편할 경우, 계단의 폭은 충분히 넓어야 하며 계단의 양옆에 난간을 설치해야 한다.

3) 창문

(1) 추락 방지를 위해 허리 높이 아래에 위치한 창문에는 안전필름을 부착하거나 난간을 설치해야 한다.

(2) 유리문이나 테라스에 면한 창문은 강화유리를 사용하거나 안전필름을 부착하여 유리가 날카롭게 파열되는 것을 방지하여야 한다. 또한 충돌을 방지할 수 있도록 식별 가능한 표식을 해야 한다.

(3) 지상에서 2m 이상에 위치하고 심신 미약한 시설 사용자가 이용 가능한 창문은 10cm 이상 열려서는 안 된다.[12)]

4) 문

(1) 근로자 및 시설 내 이용자가 사용하는 문에는 복원력이 강한 도어 클로저의 사용을 피해야 한다.

(2) 〈그림 1〉의 예시와 같이 여닫이 문의 경우에는 반대편을 볼 수 있는 투명한 부분이 있어야 한다.

---

12) 수치는 HSE Guidance의 Health and safety in Care Homes에서 인용하였음

〈그림 1〉 창문이 달린 여닫이문의 예

5) 승강기

(1) 승강기는 안전을 위해 정기적으로 검사를 실시해야 한다.
(2) 승강기의 사용은 승강기 제조사의 운행지침에 따라야 한다.
(3) 자동으로 개폐되는 승강기 문의 경우, 너무 빠른 속도로 닫히거나 또는 너무 강한 힘으로 닫히지 않도록 해야 한다.

6) 화재안전, 피난 및 대피 방향의 표시

(1) 근로자 및 시설 내 이용자의 화재안전, 피난, 대피 및 구조와 관련된 정보를 포함한 피난계획을 표시하여야 한다.
(2) 피난 및 대피방향의 표시와 관련한 구체적 내용은 "KS S ISO 23601 안전 식별 · 피난 및 대피 계획 표지"의 규정을 참조한다.

5. 주방 및 세탁실의 안전을 위한 예방대책

1) 주방

(1) 배치

① 주방설비 주변에 충분한 여유 공간을 두어 사용자가 부딪히는 위험성을 없애야 한다.
② 운반용 카트, 뜨거운 음식, 식판 등의 운반을 고려하여 주방 내 통로폭을 정하여야 하며 그릴이나 버너처럼 화기를 사용하는 장소의 주변에서는 특별히 주의하여야 한다.
③ 수작업이 이루어지는 주변에서의 화기 사용과 젖은 바닥은 주의하여야 한다. 칼처럼 위험한 주방도구를 이용하는 수작업에는 충분한 여유 공간을 두어야 한다.

④ 여닫이문은 통로의 통행에 방해가 되지 않는 방향으로 배치되어야 한다.

⑤ 때로는 인접된 장비끼리 위험한 상황을 만들 수도 있으므로 이에 유의하여야 한다. 예를 들어 튀김요리를 하는 기름 냄비와 인접 배치한 싱크나 가스레인지 위에 위치한 선반은 사고의 발생과 위험을 높일 수 있다.

(2) 바닥

① 미끄러운 바닥은 주방에서 가장 빈번한 사고 원인 중 하나이다. 주방 내 바닥은 미끄럽지 않게 시공되어야 하며 항상 청결하게 유지되어야 한다.

② 바닥 마감재 시공기준은 다음 각 호와 같다.

㉠ 미끄럼을 방지할 수 있는 구조 및 재료로 하여야 한다.

㉡ 바닥 표면은 물에 젖어도 미끄러지지 아니하는 재질로 하여야 하며, 도자기질 타일로 마감하는 경우에는 미끄럼을 방지할 수 있도록 「산업표준화법」에 따른 한국산업표준(KS L 1001)의 미끄럼 저항성 마찰기준에 적합한 재료를 사용하여야 한다.

③ 바닥에 무언가를 흘렸을 경우에는 즉시 제거해야 한다.

(3) 설비

① 모든 주방설비는 평평한 바닥 위에 설치되어야 하며 이동 가능한 설비는 확실한 멈춤장치를 갖추어야 한다.

② 분쇄기나 절단기 등 위험한 부분이 있는 설비의 안전장치는 사용 전뿐만 아니라 수시로 점검하여 이상 유무를 확인하여야 한다.

③ 주방설비는 세척을 위해 분리 가능하여야 하며 세척 후에는 안전장치의 올바른 장착 여부를 확인하여야 한다.

2) 세탁실

(1) 세탁기

① 요양시설의 세탁기는 근로자와 시설 내 이용자가 이용 가능하기 때문에 기기 작동 중에는 투입구의 문은 반드시 잠금 상태를 유지하여야 한다. 이 잠금 상태는 기기의 작동이 완전히 멈춘 후까지 유지되어야 한다. 투입구의 문이 위쪽으로 개폐 가능한 세탁기는 세탁 중 개폐가 가능하더라도 탈수 단계에서 투입구의 문을 열 경우, 작동을 멈추는 장치가 설치되어 있어야 한다.

② 회전형 건조기의 투입구 문을 열 경우에 자동으로 작동이 멈추어야 한다. 건조기 내부에 잔존하는 보풀은 화재의 원인이 될 수도 있으므로 정기적으로 진공청소기를 이용해 제거해야 한다.

③ 세탁실의 내부가 고온다습할 경우에는 강제 환기장치가 마련되어야 한다.

(2) 오염된 세탁물의 처리

① 요양시설에서 오염된 세탁물은 일반적인 더러운 세탁물과 구분해 처리해야 한다. 오염된 세탁물은 고무장갑을 끼고 방수 앞치마를 두른 후 제거해야 하며 별도의 세탁기를 사용하는 것이 안전하다.

② 오염된 세탁물이 위생적으로 안전하게 처리되기 위해서는 65℃의 온도에서 10분 이상, 70℃의 온도에서는 3분 이상의 세탁이 필요하다.[13)]

③ 오염된 세탁물을 처리한 후에는 항박테리아용 비누와 일회용 수건을 구비한 세면대에서 손을 씻을 수 있는 세면설비가 구비되어 있어야 한다.

6. 기타 시설 및 난방설비의 안전을 위한 예방대책

1) 욕실 및 화장실

(1) 욕실이나 화장실과 같이 물을 사용하는 장소의 바닥은 미끄러짐 방지 처리가 되어 있어야 한다.

(2) 바닥 마감재 시공기준은 다음 각 호와 같다.

① 미끄럼을 방지할 수 있는 구조 및 재료로 하여야 한다.

② 바닥표면은 물에 젖어도 미끄러지지 아니하는 재질로 하여야 하며, 도자기질 타일로 마감하는 경우에는 미끄럼을 방지할 수 있도록 「산업표준화법」에 따른 한국산업표준(KS L 1001)의 미끄럼 저항성 마찰기준에 적합한 재료를 사용하여야 한다.

(3) 몸의 균형을 잃기 쉬운 이용자를 고려하여 〈그림 2〉와 같이 변기 주변 벽에는 손잡이를 설치하는 것이 바람직하다.

(4) 욕실의 급탕에 의한 화상의 위험과 대책

① 요양시설에서 급탕온도가 44℃(샤워기는 41℃)를 넘으면 화상의 위험이 높아진다. 노약자, 정신장애나 학습장애가 있는 시설 내 이용자, 온도에 민감성이 떨어지는 근로자 및 시설 내 이용자 등 화상사고가 발생할 수 있는 경우는 다양하다.[14)]

② 화상사고는 목욕을 하거나 샤워를 하는 도중에 흔히 발생하므로 유의해야 한다. 이를 방지하기 위해 〈그림 3〉의 예시처럼 자동온도조절기(Thermostatic mixing valve)가 부착된 수도꼭지를 사용하는 것이 바람직하다.

---

13) 수치는 HSE Guidance의 Health and safety in Care Homes에서 인용하였음

14) 수치는 HSE Guidance의 Health and safety in Care Homes에서 인용하였음

〈그림 2〉 변기 주변에 손잡이를 설치한 예

〈그림 3〉 자동온도조절기가 부착된 수도꼭지의 예

③ 혹시 있을 수도 있는 화상사고에 대비하기 위해 시설 내 이용자의 상태를 개별적으로 점검하여 적절한 대응을 할 수 있도록 준비하여야 한다. 이의 점검사항은 다음과 같다.

㉠ 이용자가 도움 없이 앉거나 설 수 있으며 홀로 목욕을 할 수 있는가?

㉡ 이용자가 온도에 정상적으로 반응하는가?

㉢ 이용자가 급탕이 지나치게 뜨겁다는 사실을 인지할 수 있는가?

㉣ 이용자가 필요시 도움을 요청할 능력이 있는가?

㉤ 이용자의 이동을 돕는 장치 때문에 목욕시설에서의 움직임이 제약을 받는가?

㉥ 이용자가 관찰이 소홀할 경우 목욕시설 내에서 격렬히 움직이거나 온수를 공급할 가능성이 있는가?

2) 난방에 의한 화상의 위험과 대책

(1) 난방기기나 난방용 배관의 표면이 43℃를 넘는 경우, 화상을 유발할 수 있다.[15)]

(2) 사고를 방지하기 위해서 표면 온도를 낮추거나 덮개를 설치해 고온의 표면에 접촉할 수 없도록 조치해야 한다. 특히 침실이나 욕실에 설치한 방열기는 주의를 요한다.

15) 수치는 HSE Guidance의 Health and safety in Care Homes에서 인용하였음

06 SECTION 앉아서 일하는 작업의 건강장해 예방에 관한 기술지침(G-30-2011)

1. 목적

이 지침의 제정은 앉아서 일하는 작업 시 부적절한 작업환경으로 인해 발생하는 다양한 건강상 장해를 방지하기 위한 대책을 제시함을 목적으로 한다.

2. 적용범위

이 지침은 앉아서 일하는 작업이 이루어지고 있는 사업장에 적용한다. 다만, 자동차를 운전하거나 이동식 설비에 앉아서 작업하는 경우는 제외한다.

3. 용어의 정의

이 지침에서 사용하는 용어의 정의는 이 지침에 특별한 규정이 있는 경우를 제외하고는 산업안전보건법, 같은 법 시행령, 같은 법 시행규칙, 산업안전보건기준에 관한 규칙 및 관련 고시에서 정하는 바에 의한다.

4. 앉아서 일하는 작업환경의 위험요소 관리

1) 계획

작업 유형에 따라 앉아서 일하는 작업환경이 적합하고 안전한가를 평가하고, 개선점을 예측하고 계획한다.

2) 조직

의자와 같은 앉아서 일하는 작업의 환경을 관리하기 위해 훈련받은 사람들로 적합한 관리조직을 구성한다. 이 관리자들은 앉아서 일하는 작업에 따른 근로자의 안전보건에 책임을 지며, 작업환경이 부적합하거나 위해를 받을 경우 사업주에게 통지하여야 한다. 또한 사업주는 근로자 혹은 근로자대표와 작업환경에 관한 문제를 항상 상담할 수 있어야 한다.

3) 관리

작업관리자는 작업환경의 설계 및 장비 등의 선정에 대한 지침을 정하고 관리해야 한다.

4) 모니터링과 검토

지침에 따라 작업환경이 관리되고 있는지를 모니터링하여 검토하고, 이를 통하여 작업환경의 개선에 반영하도록 한다.

5. 위험요소의 평가와 관리방안

사업장에서 앉아서 일하는 작업에 따른 위험요소의 평가는 다음과 같은 단계를 따라 수행한다.

① 1단계 : 상해 위험이 있는 위험요소의 조사 및 검토
② 2단계 : 상해 위험이 있는 근로자의 선별
③ 3단계 : 안전보건 위험이 있는 앉는 자세 평가
④ 4단계 : 위험성 평가를 통해 드러난 주요 위험요소 및 대처상황 등을 기록
⑤ 5단계 : 위험성 평가를 정기적으로 검토

1) 작업환경 설계의 적합성과 안전성 평가

(1) 의자는 작업하는 데 편안한가?
(2) 등받이는 등을 충분히 지지하는가?
(3) 의자는 작업하기에 편안하고 튼튼한가?
(4) 허벅지에 작용하는 압박을 방지하기 위해 의자 끝이 푹신한 모양인가?
(5) 의자는 쉽게 조절 가능한가?
(6) 작업이 원활하도록 팔꿈치 높이는 적절한가?
(7) 등받이 높이 조절이 가능하고 깊이는 적절한가?
(8) 팔걸이는 작업하기 적절하며 팔 움직임이 쉬운가?
(9) 특정 작업을 위해 의자에 다른 부속장치가 필요하지 않은가?
(10) 충분한 공간이 확보되는가?

2) 위험요소의 관리방안

작업환경의 적합성과 안전성을 유지하기 위한 위험요소의 관리방안은 다음과 같다.

(1) 의자의 제조자 및 공급자의 추천 및 지침 사항을 준수한다.
(2) 의자가 작업하기에 적합하도록 조절하는 방법을 사용자가 숙지하도록 한다.
(3) 근로자가 안전 · 보건관리자와 상담하게 한다.
(4) 위험요소를 방지하기 위한 방안이나 특별한 작업환경 등 근로자가 요구하는 바를 수용한다.
(5) 등받이, 발걸이, 발판 등이 작업 시 적절하도록 수시로 검사하여 조절한다.
(6) 의자의 교체 혹은 수리 등 사용자의 요구사항이 적용 · 개선되도록 지원체계를 갖춘다.

특히, 휠체어 등 특수한 모양 및 재질의 의자를 요하는 근로자를 위한 특수주문 제작도 고려해야 한다.

(7) 의자의 제조업자 혹은 공급자는 근로자의 요구사항을 설계 및 제작에 적극 반영한다.

6. 작업용 의자의 설계 방안

1) 의자 설계

장시간 앉아서 작업하는 경우는 〈그림 1〉을 참고하여 다음 조건에 적합한 의자를 제공한다.

(1) 의자

근로자의 요구 조건에 따라 높이 조절이 가능해야 하고, 의자의 크기는 몸집이 큰 사람이 앉기에 충분할 만큼 커야 하며, 키 큰 사람의 다리가 들어가도록 충분히 길어야 한다. 또한 의자의 안락성을 고려하여 의자 바닥이 휘거나 모가 나서는 안 되며 푹신해야 한다.

(2) 등받이

높이 조절이 가능해야 하며, 신체의 등 부분을 견고하게 지지할 수 있어야 한다.

(3) 팔걸이

너무 높거나 낮지 않도록 적절한 높이를 유지해야 한다.

(4) 발걸이

발걸이는 발이 땅에 닿지 않는 근로자의 발 움직임이 쉽도록 커야 하고 높이 조절이 가능해야 한다.

(5) 이동성

회전의자는 업무가 다양하여 움직임이 있는 경우에 편리하다. 바퀴가 있는 의자는 앉고 일어설 때 미끄러지기 쉽기 때문에 견고한 바닥이나 경사진 곳에서는 바람직하지 않다.

(6) 조절성

작업의 편리성과 안락성을 위해 의자 높이, 등받이 높이 그리고 등받이 각도 등의 조절이 가능해야 한다. 특히 작업공간이 한정되어 있는 경우 앉는 위치 조절이 쉽고 편리해야 한다.

(7) 가스식 의자

의자의 높이 조절을 위해 실린더에 압축가스가 채워진 의자는 취급에 주의를 요한다. 가능한 한 충격을 가하지 말고, 보통 몸무게 100kg 이상의 근로자는 사용을 금하게 한다.

(8) 의자, 팔걸이, 등받이 등은 안락성을 고려하고 신체가 직접 접촉하지 않도록 커버로 덮어야 한다. 이때 커버는 부드럽고 질이 좋은 것을 사용해야 한다. 그러나 세탁 등 위생적인 면을 고려하여 PVC 커버나 혹은 플라스틱 커버를 사용할 수도 있다.

(9) 내구성

의자는 장시간 사용하므로 강하고 안정감이 있어야 한다.

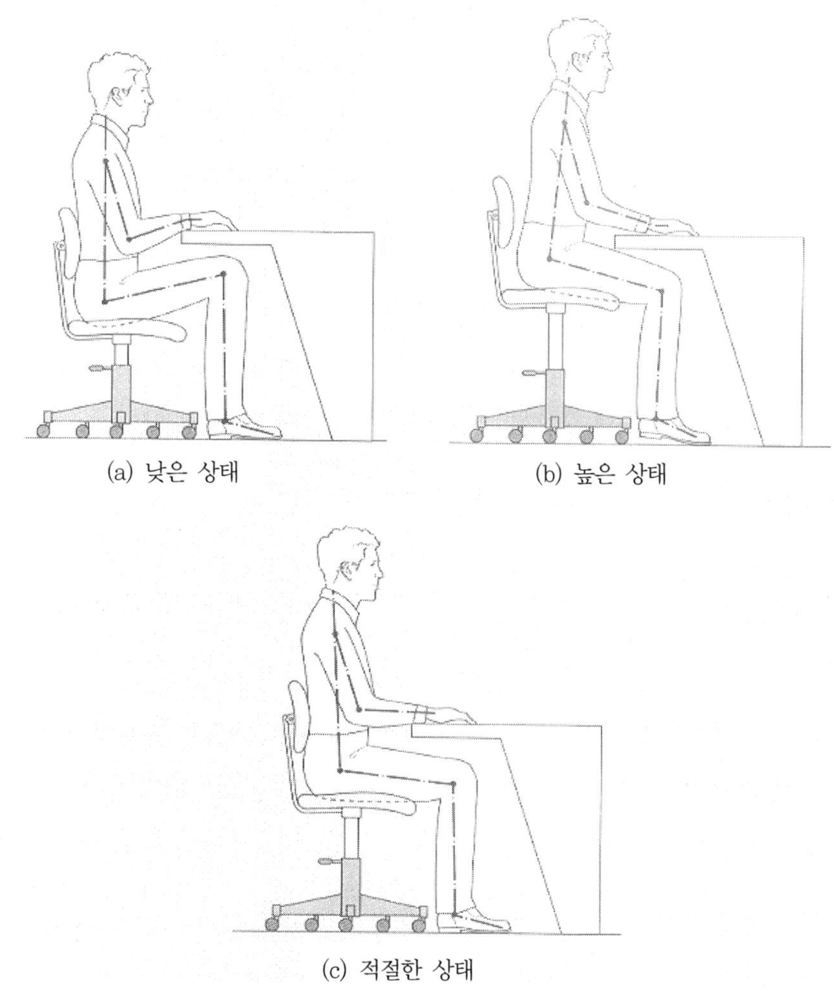

(a) 낮은 상태

(b) 높은 상태

(c) 적절한 상태

〈그림 1〉 부적절한 상태와 적절한 상태[16]

2) 작업환경 설계

세밀한 작업환경 평가에 따라 안전하고 편리하며 효율적인 작업이 수행되도록 작업 공간의 환경이 설계되어야 한다. 여기에는 근로자의 개인적인 요구도 반영되어야 한다. 잘 설계된 작업 공간은 근로자가 편한 위치에 앉아서 작업할 수 있게 한다. 그렇지 않으면 근로자는 쉽게 피로해지며, 피로 누적 시 고통과 상해로 이어질 수 있다.

작업영역은 〈그림 2〉와 같이 정상작업영역 이내에서 이루어지도록 하고 부득이한 경우에는 최대작업영역에서 하되 그 작업이 최소화되도록 한다.

16) 〈그림 1〉은 HSE Guidance의 Seating at work에서 인용하였다.

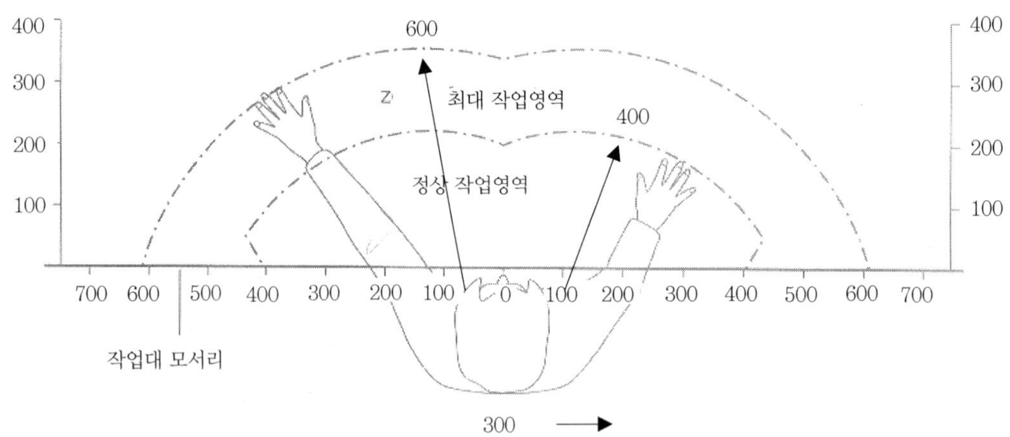

〈그림 2〉 수평면에서의 팔의 도달 범위(단위 : mm)[17]

(1) 앉았다 섰다 하며 일하는 경우

근로사의 편리성을 고려하여 작업 시 앉을 수 있도록 작업 공간과 의자를 제공하고 적절한 휴식을 취하게 하여야 하며, 앉아서 일하는 동안 가능한 한 무거운 물건을 들어 올리는 일이 없도록 해야 한다. 앉아서 일하든, 서서 일하든 장시간 작업은 불편함, 피로 등 건강상 문제를 일으킬 수 있으므로 적절히 자세를 바꿀 수 있도록 해야 한다. 〈그림 3〉은 앉았다 섰다 하며 일하는 경우에 선택할 수 있는 의자의 예시이다.

(2) 유지관리

의자가 의도된 편리성과 안전성을 유지하도록 의자에 과도한 힘을 가하지 않아야 하며, 앞뒤로 흔들리지 않게 해야 한다. 또한, 청결하고 안전한 작업을 위해 의자가 손상되거나 지나치게 오래 사용하지 않았는지에 대한 정기적인 점검이 필요하다.

17) 〈그림 2〉는 HSE Guidance의 Seating at work에서 인용하였다.

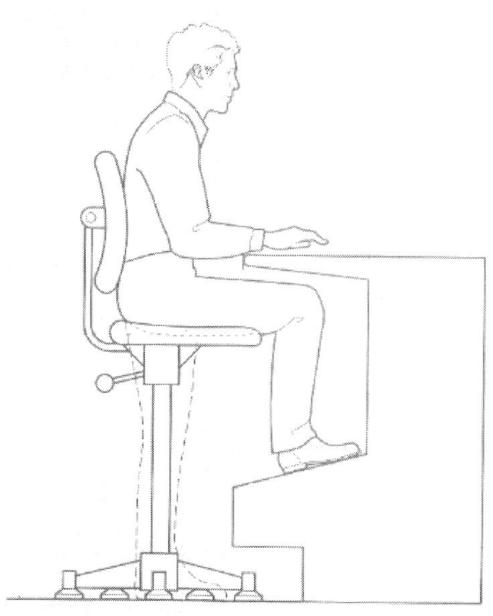

〈그림 3〉 앉았다 섰다 하며 일할 수 있는 의자[18)]

3) 앉아서 일하는 작업의 공간 배치

(1) 기계장치 작업

기계장치 작업을 하는 근로자의 의자는 일반적인 의자가 아니라 그 기계와 작업 성격에 따라 적합하고 안전한 의자를 제공해야 한다. 근로자의 다리 뻗음이나 구부림 등을 고려하여 높이 조절이 가능하고, 무릎과 다리에는 충분한 공간이 확보되는 의자여야 한다.

(2) 앉았다 섰다 하며 일할 수 있는 의자

제대로 앉아서 일하는 것이 불가능하거나, 기계장치와 근로자 사이의 공간이 충분하지 않을 때 적절하다. 〈그림 4〉와 같은 의자는 안정되고 안락하도록 하는 것이 바람직하다.

(3) 휠과 슬라이딩을 사용한 매달려 있는 의자

수시로 기계장치 사이로 이동작업 시 〈그림 5〉와 같은 의자를 사용한다.

18) 〈그림 3〉은 HSE Guidance의 Seating at work에서 인용하였다.

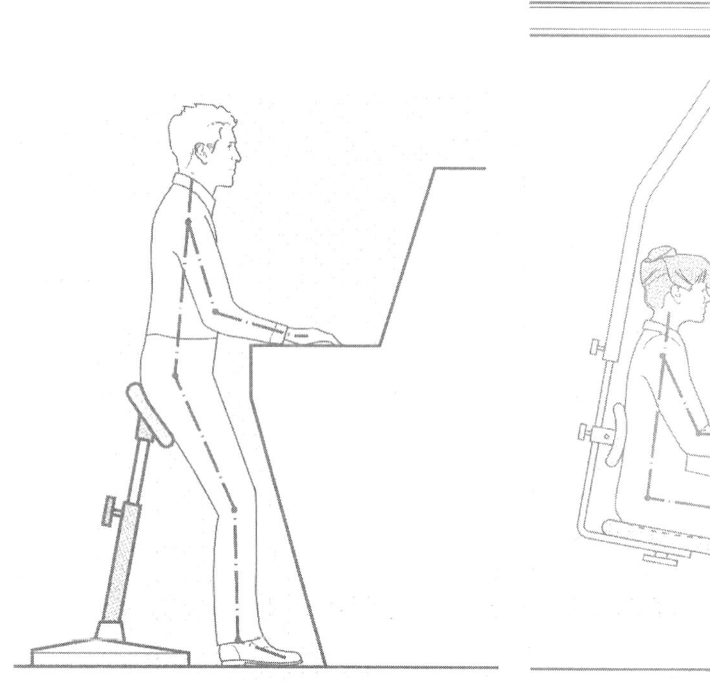

〈그림 4〉 앉거나 설 수 있는 의자

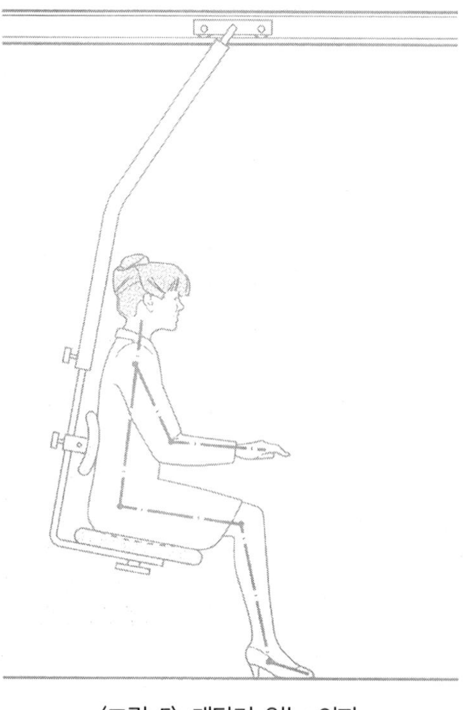

〈그림 5〉 매달려 있는 의자

(4) 고정 접이식 의자

의자를 위한 공간이 부족할 때 〈그림 6〉과 같은 접이식 의자를 사용한다.

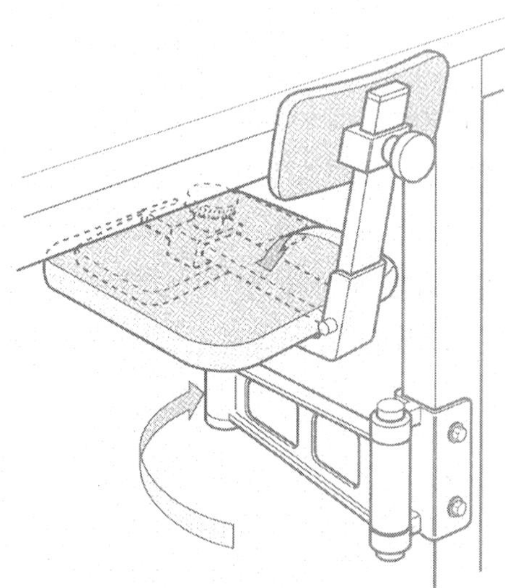

〈그림 6〉 접이식 의자

(5) 일련의 작업

근로자 주위 반원 안에서 일련의 작업이 진행될 때 근로자의 손이 쉽게 닿을 수 있도록 〈그림 7〉과 같은 회전의자를 설치한다.

〈그림 7〉 일련의 업무를 반원범위 내에서 수행하는 의자

(6) 정밀작업

집중도를 요하는 작업을 하는 근로자는 앞으로 기대거나 긴장된 자세를 취하게 되는데, 이때에는 앞쪽으로 경사진 좌석과 등받이로 구성된 〈그림 8〉과 같은 의자와 앞쪽으로 경사진 작업대를 설치하는 것이 바람직하다.

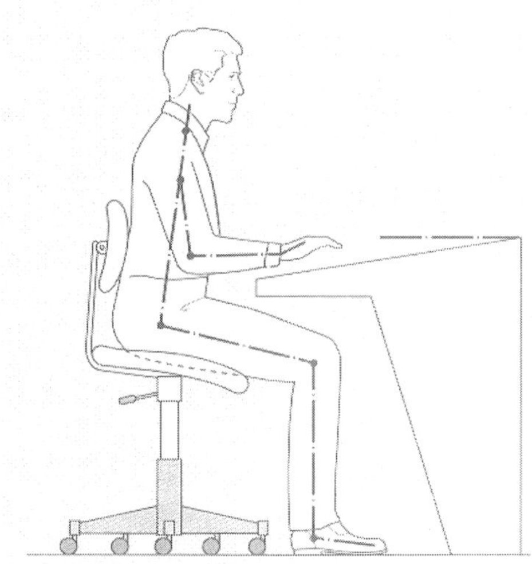

〈그림 8〉 경사진 의자와 작업대-도달거리와 편리성을 향상

(7) 컴퓨터 작업

컴퓨터 작업 시는 〈그림 9〉와 같은 의자를 사용한다.

① 손이 팔꿈치 높이에 놓이게 작업을 해야 하며, 책상 아래에 다리가 편하게 놓여 질 수 있도록 해야 한다.

② 팔걸이는 키보드 혹은 다른 입력 장치를 사용하기 편하게 작업공간에 가까이 배치하는 것이 좋다.

③ 발이 바닥에 편하게 놓여야 하고, 그렇지 못할 경우 발판을 놓아야 한다.

④ 등받이는 조절 가능하여야 하고, 적절한 지지대가 있어야 한다.

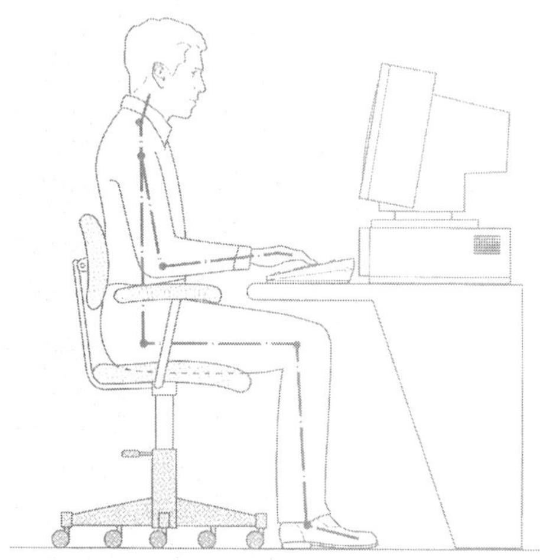

〈그림 9〉 컴퓨터 작업용 의자

(8) 계산대에 앉아서 일하는 작업

다음 사항이 작업공간 설계 시 반영되도록 한다.

① 의자 커버는 편리하고 튼튼하며 세탁이 쉬워야 한다.

② 좌석은 회전이나 높이가 조절 가능하고, 앞뒤로 기울어질 수 있어야 한다.

③ 등받이는 높이, 깊이, 기울기 등이 조절 가능하여야 한다.

④ 의자는 여러 사람이 사용할 수 있기 때문에 발판도 조절 가능해야 한다.

〈부록〉

앉아서 일할 수 있는 의자의 권장 설계 치수[19)]

HSE에서는 다음과 같은 의자 치수를 제시하고 있으나 현재 우리의 신체 치수 등을 고려할 때 국내 여건에는 부합하지 않을 수 있다.

1. 의자 치수에 대한 권고안

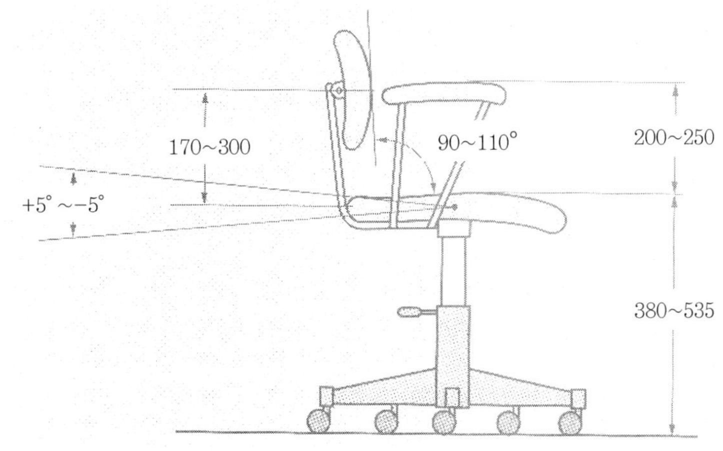

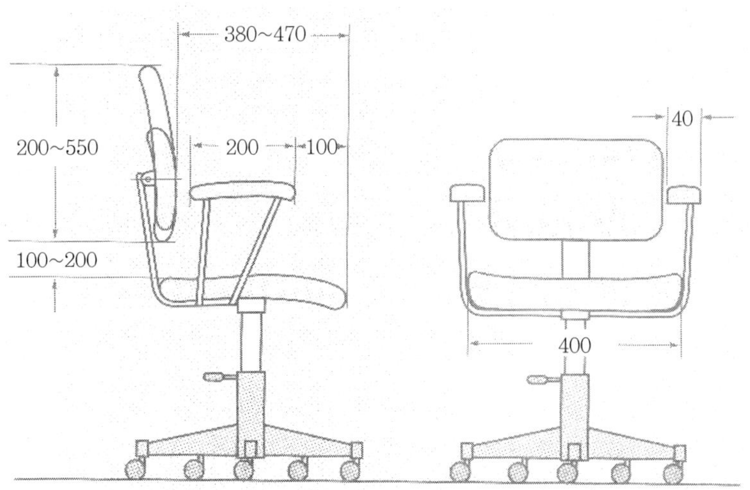

〈그림 1〉 의자 치수에 대한 권고안(단위 : mm)

2. 앉았다 섰다 하며 일하는 의자의 치수

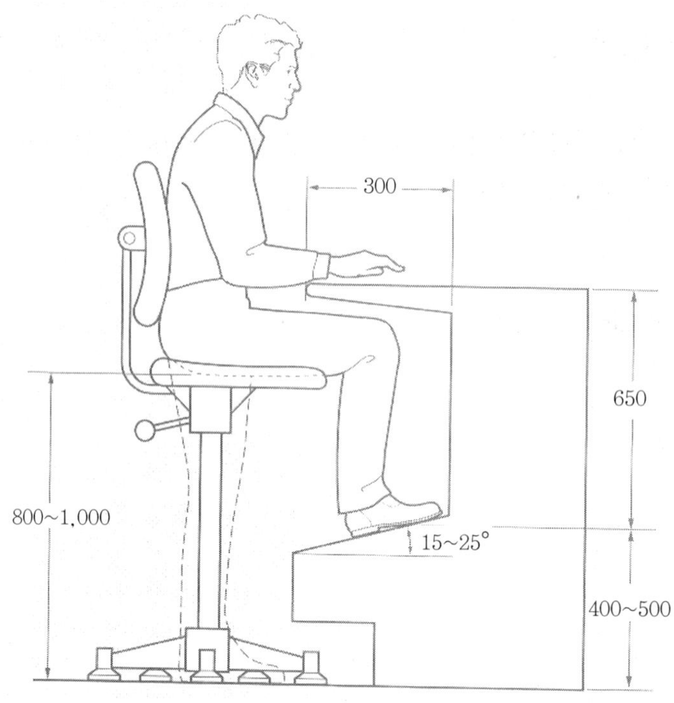

〈그림 2〉 앉았다 섰다 하며 일하는 의자의 치수(단위 : mm)

3. 의자와 작업대 사이의 치수

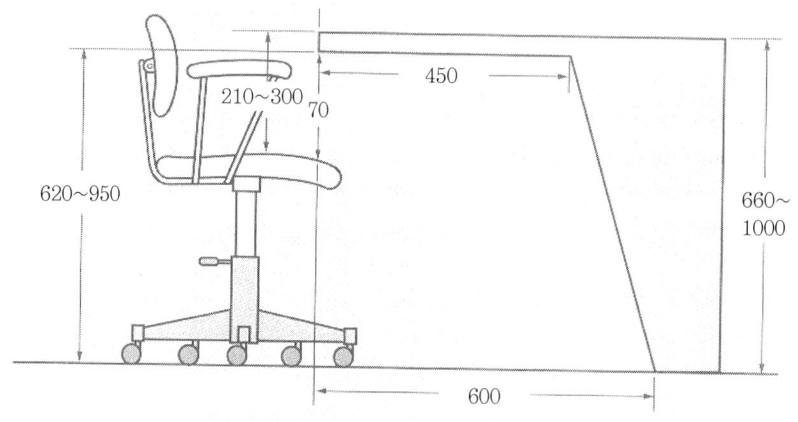

〈그림 3〉 의자와 작업대 사이의 치수(단위 : mm)

---

19) 〈그림 1〉과 〈그림 2〉 및 〈그림 3〉은 HSE Guidance의 Seating at work에서 인용하였다.

수공구 사용 안전지침(G-44-2011)

1. 목적

이 지침은 산업안전보건기준에 관한 규칙 제96조(작업도구 등의 목적 외 사용금지 등)에 의거 작업도구 중 인력으로 조작하는 수공구 사용 시 안전에 관한 사항을 정함을 목적으로 한다.

2. 적용범위

이 지침은 산업현장에서 인력으로 조작하는 수공구를 사용하는 작업에 적용한다.

3. 용어의 정의

1) 이 지침에서 사용하는 용어의 정의는 다음과 같다.

(1) "드라이버(Driver)"라 함은 주로 작은 나사, 나사 못, 태핑 나사 등을 죄고 푸는 데 사용하는 수공구로 일반적으로 스크루 드라이버라고도 말한다.

(2) "펜치(Plier)"라 함은 주로 동선류 또는 철선류를 잡고 구부리거나 자르는 데 사용하는 수공구를 말한다.

(3) "스패너(Spanner)"라 함은 볼트, 너트 또는 나사의 조립 또는 분해에 사용하는 둥근형 또는 뾰족형 수공구를 말한다.

(4) "칼(Knife)"이라 함은 종이 등의 재료를 자르는 작업에 사용하는 도구를 말한다.

(5) "줄(Files)"이라 함은 주로 금속을 손 작업으로 다듬질할 때 쓰이는 수공구를 말한다.

(6) "톱(Saw)"이라 함은 손작업에 사용하는 쇠톱날을 말한다.

(7) "가위(Scissors)"라 함은 절단 및 재단용으로 사용되는 일반용 가위를 말한다.

(8) "해머(Hammer)"라 함은 철공, 목공, 토공작업 등에 사용하는 손망치를 말한다.

(9) "끌(Chisel)"이라 함은 주로 금속의 모양을 깎아 만들거나 절삭하는 데 사용하는 수공구로 철공작업용, 목공작업용 등을 말한다.

(10) "펀치(Punches)"라 함은 여러 모양의 구멍류를 가공하는 데 사용되는 끝이 날카롭거나 일정한 형상을 가진 수공구를 말한다.

(11) "렌치(Wrench)"라 함은 볼트 · 너트 또는 나사를 조이거나 풀 때 사용하는 입의 벌림 폭을 조절할 수 있는 멍키 렌치 및 파이프에 사용되는 파이프렌치 등을 말한다.

(12) "플라이어(Pliers)"라 함은 물건의 크기에 따라 물림부의 벌림을 바꿀 수 있고 물림부의 안쪽에서 선재를 자를 수 있는 날 부위를 가졌거나, 구부림, 고정, 기타 작업에 사용하는 수공구를 말한다.

(13) "클램프(Clamp)"라 함은 가공물을 단단하게 한 자리에 일시 고정시키고 목공작업, 용접작업, 금속작업 등을 원활하게 수행하고자 할 때 사용되는 수공구로 통상 바이스에 비해 가볍고 사용이 간편한 것을 말한다.

(14) "바이스(Vices)"라 함은 작업대에 부착하여, 주로 손다듬질 또는 조립 작업을 할 때, 가공물을 고정시키는 역할을 하는 수공구를 말한다.

2) 그 밖에 이 지침에서 사용하는 용어의 정의는 이 지침에 특별한 규정이 있는 경우를 제외하고는 산업안전보건법, 같은 법 시행령, 같은 법 시행규칙, 산업안전보건 기준에 관한 규칙 및 관련 고시에서 정하는 바에 의한다.

4. 위험요인

1) 일반적 위험요인

(1) 작업자가 높은 곳에서 해머 사용 중 무게중심을 잃고 전도, 추락
(2) 해머 등 타격공구 손잡이가 헐겁거나, 금이 가고 쪼개져서 사용 중 해머머리 비래
(3) 끌을 드라이버 대용으로 사용하는 등 수공구 설계기준을 벗어난 본래 용도 외 사용
(4) 가공물, 파편의 비래 또는 제품 결속용 밴드(Band) 해체 시 튕김
(5) 작업장 내 정리정돈이 되어 있지 않은 상태에서 통로 등에 방치된 수공구에 걸려 전도되거나 상부에서 떨어진 수공구에 신체일부를 맞음

2) 수공구별 위험요인

(1) 드라이버

① 드라이버 끝의 마모, 떨어짐, 구부러짐, 무딤, 손잡이의 파손, 이가 빠짐 등
② 끌이나 펀치 대신 드라이버를 사용하거나 한손으로 물품을 들고 드라이버를 조작하거나 부적당한 치수의 드라이버를 사용함

(2) 펜치

① 물림면의 무딤 또는 손잡이의 마모
② 물림면이 가공물에 맞지 않은 부적당한 형상 및 용도 외 사용

(3) 스패너

① 턱의 파손, 마모, 기계적인 결함 또는 손잡이 파손
② 부적당한 형상 및 치수의 펜치 사용, 파이프를 손잡이에 집어넣어 사용 또는 해머 대용으로 사용

(4) 칼

① 날의 무딤 또는 마모된 손잡이

② 위험장소에 두거나 칼집을 사용하지 않음

(5) 줄

① 손잡이가 없고, 줄의 면이 타 물질로 메꾸어지거나 둔함

② 펀치 대신으로 사용 또는 해머를 가지고 줄을 두드림

(6) 톱

① 톱의 날이 무디고 손잡이가 빠짐

② 톱날의 가로와 세로를 혼동하여 사용하거나 톱질할 때에 날 길이의 일부를 사용

(7) 가위

① 절단을 위해 손의 힘을 사용하지 않고 발 등을 사용

② 사용 중인 가위에 비해 너무 두껍거나 무거운 금속을 절단

(8) 해머

① 손잡이가 헐겁거나 빠져있으며 머리 부분이 꼭 끼어 있지 않음

② 잘못된 형태의 해머를 사용, 한손을 타격되는 바로 밑에다 놓음

(9) 끌과 펀치

① 머리 부분이 떨어지고 끝이 지나치게 짧아서 잡기 어려움

② 공구를 사용하기 위한 적정한 방법으로 유지하지 않음

(10) 렌치

① 조정나사의 망가짐, 조이는 부분의 이가 마모 또는 빠짐

② 부적당한 형상 또는 치수의 렌치를 사용, 파이프를 손잡이에 집어넣어 사용

(11) 플라이어

① 플라이어를 해머 등 다른 용도로 사용

② 경화된 철사를 자르거나, 단단한 철사를 구부림

(12) 클램프

① 클램프를 조이는 데 전용도구를 이용하지 않고 펜치, 파이프, 망치, 플라이어 등을 사용

② 클램프를 가공물을 고정시키는 임시고정 도구로 이용하지 않고 장기 고정용으로 사용

(13) 바이스

① 손의 힘을 초과하여 조이기 위해 해머 등으로 손잡이를 두드림

② 용접이나 납땜 등으로 바이스 수리

5. 공구 사용 전 조치사항

1) 작업의 형태, 대상물의 특성, 작업자의 체력 등을 고려하여 공구의 종류와 크기를 선택한다.
2) 올바른 사용방법을 숙지하도록 반복훈련을 실시한다.
3) 가공물, 파편의 비래가 발생할 수 있는 작업장에는 방호판을 설치하고 보안경, 안면보호구 등을 착용한다.
4) 고소지역 작업 시 작업발판을 설치 또는 안전대를 착용한다.
5) 손잡이 체결상태 및 수공구의 마모, 변형상태를 점검한다.
6) 손잡이의 기름 등 이물질을 제거하고 이상 유무 확인 후 사용한다.

6. 공구별 안전대책

1) 조립공구(렌치, 드라이버, 플라이어 등)

(1) 렌치 등은 미끄러지지 않도록 정확히 입의 물림면을 조인 후 사용하고 렌치 홈에 쐐기를 삽입하지 않도록 한다.
(2) 렌치, 플라이어 등은 큰 힘을 얻기 위해 파이프 등을 끼워 길이를 연장하거나 해머 등 다른 공구로 두드리지 않도록 한다.
(3) 손가락이 협착되지 않도록 손잡이 사이에 충분한 공간이 있는 공구를 선택한다.
(4) 렌치, 플라이어 등은 밀지 말고 끌어당기는 상태로 작업한다.
(5) 너트와 볼트작업에는 플라이어를 사용하지 않고 렌치를 사용한다.
(6) 플라이어 등은 과중한 열에 노출시키지 않도록 한다.
(7) 플라이어 등은 규칙적으로 중심점에 기름을 바른 후 사용한다.
(8) 드라이버 홈의 폭과 길이가 같은 날 끝의 것을 사용한다.
(9) 드라이버 날 끝이 수평하여야 하며, 둥글거나 빠진 것은 사용하지 않도록 한다.
(10) 드라이버 손잡이에 대하여 축이 수직으로 된 것을 사용하고 날 끝이 홈에 맞지 않을 때에는 임의로 교정하지 않는다.
(11) 드라이버로 전기작업을 할 때에는 절연손잡이로 된 드라이버를 사용한다.
(12) 손이 잘 닿지 않거나 불편한 곳에서 나사를 돌리기 시작 할 때에는 나사가 자석에 붙는 드라이버를 사용한다.
(13) 한 손으로 드라이버를 사용하고 있는 동안 다른 손으로 나사를 잡지 않도록 한다.

2) 절단공구(칼, 톱, 가위, 끌 등)

(1) 수직방향으로 절단하고 가공물이 튀지 않도록 절단부 주위를 마대자루, 천 등으로 방호한다.
(2) 제품 결속용 밴드(Band) 해체 시 충돌되지 않도록 작업자 안전거리 유지 및 외부인 접근 통제조치를 취한다.

(3) 절단공구를 사용할 때에는 사용자 앞쪽으로 절단하지 않도록 한다.
(4) 톱은 잘리는 나무에 못, 옹이 또는 톱을 손상시키거나 휘어지게 하는 이물질이 있는지 확인하고 사용한다.
(5) 톱날이 튀는 것을 방지하기 위해 천천히 베기 시작하고, 톱을 아래로 내릴 때만 압력을 가한다.
(6) 가위는 연한 금속을 자를 때만 사용하고 단단하거나 경화된 금속은 다른 절단공구를 적절히 사용한다.
(7) 오른손잡이가 가위를 사용할 경우 부스러기 등은 오른쪽에 놓이도록 절단하고, 왼손잡이의 경우는 부스러기 등이 왼쪽으로 놓이도록 절단한다.
(8) 가위의 너트와 중심 볼트가 항상 적절히 조정되어야 하며, 중심볼트는 수시로 기름을 바른다.
(9) 끌은 내리치는 면이 더 큰 나무나 플라스틱 해머 등을 사용한다.
(10) 끌 사용 시 나무에 마디, 꺽쇠, 나사, 못 등 다른 이물질이 있는지 작업 전 확인한다.
(11) 열처리된 끌 등은 교정하기 위해 동력연삭기를 사용하지 말고 숫돌을 사용한다.
(12) 강철 끌의 표면이 버섯 모양으로 퍼지거나 모서리 이가 빠진 것은 사용하지 말아야 한다.

3) 타격공구(해머 등)

(1) 추락 위험개소에서 작업 시 작업발판 설치 및 안전대를 착용한다.
(2) 2인 공동 작업 시 가공물 지지자는 손이 다치지 않도록 집게나 고정구를 이용한다.
(3) 사용 시 헛치지 않도록 대상물의 표면보다 더 큰 직경의 해머머리를 선택한다.
(4) 대형 해머의 경우 작업 전 신체를 충분히 이완시키고 균형을 잃지 않도록 편평한 바닥위에서 안정된 자세로 작업한다.
(5) 작업에 맞는 무게의 해머를 사용하고, 한두 번 가볍게 친 다음에 사용한다.
(6) 미끄러짐 방지를 위하여 기름 묻은 손으로 손잡이를 잡지 않도록 하고, 장갑을 착용하는 경우에는 미끄러짐이 없는 장갑을 착용한다.
(7) 협소한 장소, 발 딛는 장소가 나쁠 때, 작업이 끝나기 직전에 특히 유의하여 작업한다.
(8) 눈이나 신체 일부에 파편이 튀는 것을 방지하기 위해 돌, 벽돌 등 단단한 물질을 타격하지 않도록 한다.
(9) 금이 가고, 부러지고, 쪼개지고, 모서리가 날카롭거나 해머 머리에 헐겁게 끼워진 불안전한 손잡이는 폐기하고, 손잡이가 흔들림이 없도록 고정하여 사용한다.
(10) 타격하는 해머의 표면이 맞는 물체의 표면에 평행하도록 수직으로 내리치고 물체를 주시하여야 한다.
(11) 해머 머리가 패인 부분이 있거나 금이 간 것, 이가 빠진 자리, 버섯모양으로 퍼진 상태, 또는 지나치게 마모된 해머 머리는 사용하지 말고 교체한다.

4) 고정공구(클램프, 바이스 등)

(1) 가공물을 들어 올리거나 작업발판, 가설비계 조립용으로 사용은 금지시킨다.
(2) 다른 공구, 보조 도구를 사용하여 가공물을 무리하게 고정시키지 말아야 한다.
(3) 클램프 형태와 크기는 작업에 따른 고정방법과 다음의 사항을 고려하여 클램프 특성에 맞게 적절하게 선택한다.
① 강도와 무게
② 조절의 용이성
③ 표면 조임
④ 사용하는 재료와 크기
(4) 바이스는 작업대나 지지대에 단단하게 설치하여야 하며 바이스 바닥의 모든 구멍에는 볼트를 채운다.
(5) 가공물을 변형시키지 않고도 고정시킬 수 있도록 충분히 큰 바이스를 사용하여야 한다.
(6) 바이스를 꼭 조이기 위해 손잡이를 길게 하여 사용하지 않는다.

7. 안전수칙

1) 일반

(1) 사업주는 안전한 상태의 수공구를 근로자에게 제공하여 사용토록 하여야 하며 근로자는 수공구를 안전한 상태로 유지 관리하여야 한다.
(2) 사업주는 가공물의 비래가 우려되는 장소에서 작업하는 경우에는 근접 작업자가 위험에 노출되지 않도록 적절한 조치를 하여야 한다. 칼이나 가위의 날은 작업에 적절한 상태로 유지되도록 관리 한다. 날 부분이 둔탁한 칼 등은 더 위험하다.
(3) 수공구 사용자는 보안경, 장갑, 안면보호구 등 개인 보호구를 착용하여야 한다.
(4) 인화성 물질이 있는 곳에서 스파크를 발생할 수 있는 철 등으로 된 타격공구를 사용하면 점화원이 될 수 있으므로 황동, 플라스틱, 알루미늄 또는 나무로 된 수공구를 사용한다.

2) 안전수칙

(1) 작업에 적정한 수공구를 사용한다.
(2) 사용하기 적정한 상태를 유지한다.
(3) 안전장소에 보관한다.
(4) 수공구를 던지지 않는다.
(5) 손상된 수공구를 사용하지 않는다.
(6) 사용하기 전에 수공구 상태를 점검한다.

(7) 수공구를 손에 들고 사다리 등을 오르지 않는다.
(8) 작업을 할 때 손이 수공구를 잡고 있지 않도록 한다.
(9) 수공구는 설계된 목적 외로 사용하지 않는다.
(10) 사용할 수 없는 수공구는 꼬리표를 부착하고 수리될 때까지 사용하지 않는다.
(11) 수공구는 높은 곳에서 다른 작업자에게 떨어뜨리지 않도록 관리한다.
(12) 수공구의 유지 · 관리에 대해서는 각 작업자에게 책임을 부여하고, 부적절한 수공구 발견 시 즉시 수리 또는 보고 절차를 거쳐 조치한다.
(13) 칼 등 날카로운 수공구는 적절한 방법으로 보호한다.
(14) 사용 후 적절한 보관함 등을 활용하여 제자리에 보관한다.
(15) 작업복 호주머니에 날카로운 수공구를 넣고 다니지 않는다.
(16) 모든 수공구는 기록 · 관리하고, 항상 안전하고 정상적인 상태로 사용할 수 있도록 한다.

모니터 작업의 안전에 관한 기술지침(G-54-2012)

1. 목적

이 지침은 모니터 작업과 관련하여 발생 가능한 다양한 형태의 재해예방을 위한 기술적인 사항을 정함을 그 목적으로 한다.

2. 적용범위

이 지침은 모니터 작업자의 안전보건사항 유지 · 증진을 위한 관련 장비의 관리 및 운용에 적용한다.

3. 용어의 정의

1) 이 지침에서 사용되는 용어의 정의는 다음과 같다.
   (1) "모니터"라 함은 글자 및 그래픽 영상을 표시하는 스크린을 말한다.
   (2) "단말기"라 함은 모니터가 연결되어 있는 장비를 말한다.(디스크 드라이브, 전화, 모뎀, 프린터, 작업자 의자 등과 같은 단말기의 주변장치도 포함될 수 있다.)
   (3) "모니터 작업"이란 워드프로세스, 자료입력, TV 관련 작업, 텔레마케팅/세일즈, 그래픽디자인 등을 의미한다.
2) 그 밖에 이 지침에서 사용하는 용어의 정의는 이 지침에 특별한 규정이 있는 경우를 제외하고는 산업안전보건법, 같은 법 시행령, 같은 법 시행규칙, 산업안전보건 기준에 관한 규칙 및 관련 고시에서 정하는 바에 의한다.

4. 단말기 및 주변장치의 조건

〈그림 1〉의 단말기 및 주변장치에서 갖추어야 할 주요 조건은 다음과 같다.

1) 작업에 적절한 조명 및 명암(Contrast)
2) 눈부심(Glare) 및 반사(Reflection)를 유발하는 외부요인 제거
3) 소음의 최소화
4) 자세 변경이 가능한 하체 부분의 공간 확보
5) 눈부심을 막기 위한 창문 블라인드
6) 작업에 적절한 소프트웨어
7) 눈부심 및 반사가 없고, 안정적인 이미지를 제공하는 스크린

8) 분리 가능, 조절 가능, 자판을 읽을 수 있는 키보드
9) 안정적이고 조절 가능한 의자
10) 발 받침대(필요한 경우)

〈그림 1〉 단말기 및 주변장치의 주요 조건

5. 위험성 평가

1) 위험성 평가 시 고려사항

(1) 위험성 평가는 체계적이어야 하며 문제에 대한 원인을 다방면으로 추적할 수 있도록 이루어져야 한다.

(2) 위험성 평가는 위험 발생 정도에 따라 이루어져야 한다. 위험 발생 정도는 주로 작업시간, 작업강도 및 평가는 난이도 등에 의해 결정된다.

(3) 위험성 평가는 다음과 같은 두 사항을 고려하여 종합적으로 이루어져야 한다.

① 모니터가 연결되어 있는 주변장치

② 작업량, 작업형태, 휴식의 유무 및 방법, 작업훈련, 혹은 장애자가 일할 수 있는 환경 등과 같은 작업내용 및 작업자 개인에 관련된 요소

③ 위험성 평가는 작업자 및 사업주가 제공한 정보들을 모두 반영하여야 한다.

2) 위험성 평가

(1) 단순 반복작업 등과 같은 간단한 작업의 위험성은 기록될 필요가 없지만, 그 이외의 위험성 평가는 차후에 그 결과를 참고하고자 하는 작업자를 위하여 기록되어야 한다. 기록은 서면이나 전산작업 등의 다양한 형태로 할 수 있다.

(2) 작업자로부터 구한 정보는 위험성 평가에 가장 중요한 자료로 사용되어야 한다. 이러한 정보를 얻는 유용한 방법으로는 인간공학적인 점검표를 만들어서 작업자들로 하여금 작성하게 하는 것이다. 작업자는 이러한 점검표를 작성하기 이전에 작업에 관한 사전교육을 받아야 한다.

(3) 위험성 평가의 형태는 수행될 작업이나 단말기 및 주변장치의 복잡도에 따라 유연하게 결정되어야 한다. 예를 들면, 상당부분의 사무실 환경에서 이루어지는 작업에 대해서는 간단한 설문지를 통해서 위험성 평가를 수행할 수 있으나, 특정 위험에 대한 노출이 심하여 작업에 대한 스트레스가 심한 경우에는 작업자의 자세에 대한 기록, 단말기 및 주변장치, 조명, 반사등에 대한 면밀한 조사가 수반되어야 한다.

6. 유해위험요소 및 안전대책

위험성 평가를 통하여 밝혀진 유해위험요소가 최소화될 수 있도록 신속한 조치가 취해져야 한다. 사무실에서 컴퓨터를 사용하는 작업에서는 다음과 형태로 구별하여 유해위험요소를 제거하거나 최소화할 수 있다.

1) 유해위험요소

(1) 자세에 관한 문제
(2) 시간적인 문제
(3) 피로와 스트레스

2) 안전대책

(1) 잘못된 자세로 인한 위험요소는 의자나 단말기 및 주변장치를 조절하여 비교적 쉽게 제거 될 수 있다. 발받침대나 서류홀더와 같은 새로운 장치의 설치가 필요한 경우도 있다.

(2) 스크린 위치의 변경, 반사를 막기 위한 블라인드 설치, 스크린의 청결유지 등을 통하여 직접 해결할 수 있다. 경우에 따라서는 창문용 블라인드, 새로운 조명 등이 필요할 수도 있다.

(3) 작업자의 피로와 스트레스는 위에서 언급된 자세 및 시각적인 문제에 대한해결로 상당 부분 해결될 수 있다. 이 밖에, 작업자가 작업공간 및 작업속도를 제한된 범위 내에서 조절할 수 있는 권한, 안전 및 업무에 관련된 소프트웨어에 대한 교육 등도 필요하다.

7. 작업조건

사업주는 작업자가 장시간 계속해서 일하지 않도록 작업 도중에 휴식시간을 부여하여야 하며 작업의 형태를 가능한 변화시켜서 작업자의 피로 및 스트레스를 줄여야 한다.

1) 휴식의 시기와 작업의 변화

휴식의 시기와 작업의 변화에 대하여 일반적으로 다음과 같은 안전보건조치가 권장된다.

(1) 휴식 및 작업의 변화는 업무시간에 포함되어야 하며, 이들로 인하여 작업의 속도나 강도가 더해져서는 안 된다.

(2) 휴식은 작업자가 피로를 느끼기 이전인 작업능률이 최대인 시점에서 이루어져야 한다. 휴식의 시기는 휴식시간의 길이보다 중요한다.

(3) 휴식은 짧고 자주하는 것이 길고 덜 자주 하는 것보다 효과적이다. 예를 들면, 50~60분 정도 모니터 작업을 하고 5~10분 정도 쉬는 것이 100~120분 정도 연속적인 작업 후에 10~20분 정도 휴식하는 것보다 더 권장된다.

(4) 현실적으로 가능한 경우에는, 작업자가 휴식의 시기와 작업 수행 방법에 대한 결정을 할 수 있도록 하는 것이 권장된다.

(5) 작업에 변화를 주는 것은 휴식을 취하는 것보다 시각적인 피로를 감소시키는 데 더 효과적일 수 있다.

(6) 휴식은 작업공간에서 떨어진 곳에서 수행되고, 일어서서 움직이거나 자세를 바꾸는 것이 바람직하다.

2) 작업계획에 대한 사업주의 의무

(1) 휴식시간에 대하여는 작업자가 판단하여 정하는 것이 바람직하다. 휴식의 효과를 최대화하기 위해서는 가능하면 휴식시간에 컴퓨터를 사용하지 않는 것이 바람직하다.

(2) 작업자가 휴식을 취하는 것을 모니터링 할 수 있는 상용화 소프트웨어를 사용할 수 있다. 이러한 경우에 사업주는 작업자가 작업도중에 휴식을 정기적으로 취할 수 있도록 작업계획을 세워야 한다.

(3) 정상적인 작업도중에 휴식과 작업의 변화가 이루어질 수 있도록 작업계획을 작성하는 것은 사업주의 의무이다. 작업자가 긴급 상황이 자주 발생하는 환경에서 작업하는 것과 같은 예외적인 경우에는 정상적인 휴식이 이루어지지 않을 수도 있다.

3) 작업과 안전에 대한 사전교육

(1) 사업주는 작업자들이 작업과 안전에 대한 교육을 사전에 받을 수 있도록 하는 것이 바람직하다.

(2) 일반적으로 작업에 대한 교육과 안전에 대한 교육은 큰 차이가 있으며 이들은 같이

수행되는 것이 바람직하다.

(3) 안전에 관한 교육에는 다음과 같은 것이 포함되어 있어야 한다.

① 유해위험요소를 적시에 발견하거나 제거할 때 필요한 작업자의 역할

② 작업자에게 피해를 유발 시킬 수 있는 잠재적 위험요소들에 대한 설명(예를 들면, 바르지 못한 자세는 불편함과 피로를 유발시킬 수 있다.)

③ 작업자나 관리자들이 건강이상에 대한 증상이나 작업장 환경에 대한 문제를 경영층에 즉시 전달할 수 있는 조직적인 체계

④ 위험성 평가에 대한 작업자의 역할

(4) 안전에 대한 교육은 작업수행에 관한 교육을 받을 때 동시에 진행하는 것이 좋으며, 중요한 것들을 쉽게 이해할 수 있도록 그림을 이용하는 것이 바람직하다. 〈그림 2〉의 컴퓨터 작업에서 바람직한 자세는 다음과 같다.

① 조절 가능한 등받이

② 요추(Lumbar) 지지대

③ 높이 조절이 가능한 의자

④ 발 지지대(필요한 경우)

⑤ 자세 변경이 가능한 공간(책상 아래에는 방해물이 없어야 함)

⑥ 손목이 모든 방향으로 급격하게 구부려지지 않아야 함

⑦ 편안한 머리 위치가 가능하게 하는 모니터의 방향 및 위치

⑧ 손목을 지지할 수 있도록 키보드 앞쪽의 공간 확보

〈그림 2〉 컴퓨터 작업을 위한 바람직한 자세

운반구에 관한 안전지침(G-90-2015)

1. 목적

이 지침은 작업장 내에서 운반구를 이용하여 물품, 도구, 자재 등을 운반할 때 준수해야 할 안전상의 기술지침을 정함을 목적으로 한다.

2. 적용범위

이 지침은 운반구를 이용하는 모든 작업장에 적용한다.

3. 용어의 정의

1) 이 지침에서 사용하는 용어의 정의는 다음과 같다.

(1) "운반구"라 함은 작업장 내에서 물품, 도구, 자재 등의 운반을 목적으로 이용하는 무동력 운반기구의 일종이다. 구조는 받침대 하부에 방향전환이 가능한 4개의 바퀴가 부착되어 있고 상부에 철망 형태의 사각 프레임(이하 "프레임"이라 한다)으로 둘러싸여 있다(4. 종류 및 구성 참조).

(2) "견인끈(pulling strap)"이라 함은 운반구에 탈착할 수 있도록 만들어진 직물이나 가죽 재질의 끈이다. 이는 운반구를 당겨서 구동시킬 때, 운반구의 프레임에 부착하여 보다 쉽고 안정적으로 운반구를 끌어서 움직일 수 있도록 도와주는 도구이다.

(3) "보조끈"이라 함은 칸막이 착탈식 운반구에서 이동 시 적재물이 이탈되지 않도록 운반구 양쪽 면에 설치하는 탈부착이 가능한 끈을 말한다.

2) 그 밖의 용어의 정의는 이 지침에 특별히 규정하는 경우를 제외하고는 산업안전보건법, 같은 법 시행령, 같은 법 시행규칙 및 산업안전보건기준에 관한 규칙에서 정하는 바에 따른다.

4. 종류 및 구성

1) 종류

(1) 고정형 운반구

고정형 운반구란 받침대 하부에 방향전환이 가능한 4개의 바퀴와 상부에 프레임이 있는 형태를 말한다〈그림 1〉.

〈그림 1〉 고정형 운반구

(2) 접이형 운반구

접이형 운반구란 프레임을 접어 보관할 수 있는 형태의 운반구로서 사용하지 않을 때 보관을 위한 공간을 절약할 수 있다〈그림 2〉.

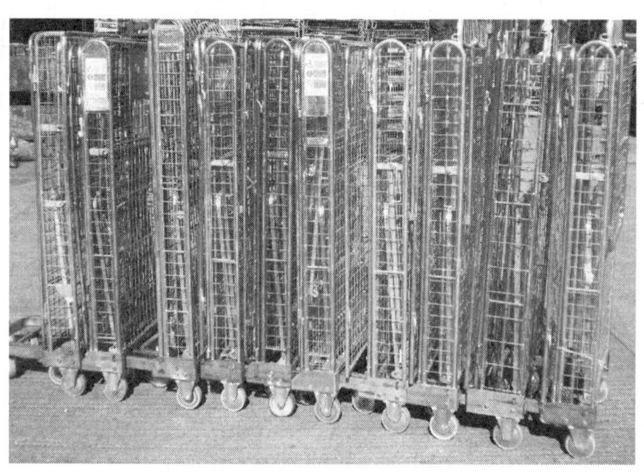

〈그림 2〉 접이형 운반구

(3) 선반 부착형 운반구

선반 부착형 운반구는 바퀴가 부착된 받침대 상단에 1단 이상의 선반을 설치할 수 있는 형태의 운반구로 프레임의 형태에 따라 A형〈그림 3〉, C형〈그림 4〉으로 나눌 수 있다.

〈그림 3〉 A형 운반구

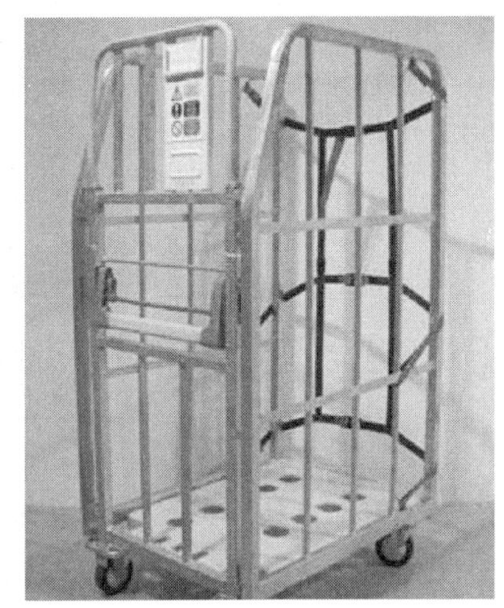

〈그림 4〉 C형 운반구

(4) 프레임 탈착형 운반구

프레임 탈착형 운반구는 필요에 따라 일부 프레임을 제거하여 사용할 수 있는 형태의 운반구로 프레임의 형태에 따라 U형〈그림 5〉, L형〈그림 6〉, N형〈그림 7〉으로 나누어 지며 주로 길이나 너비가 운반구의 바닥면보다 커서 프레임이 고정되어 있는 형태로는 적재가 힘든 자재 및 물품을 운반시킬 때 사용된다.

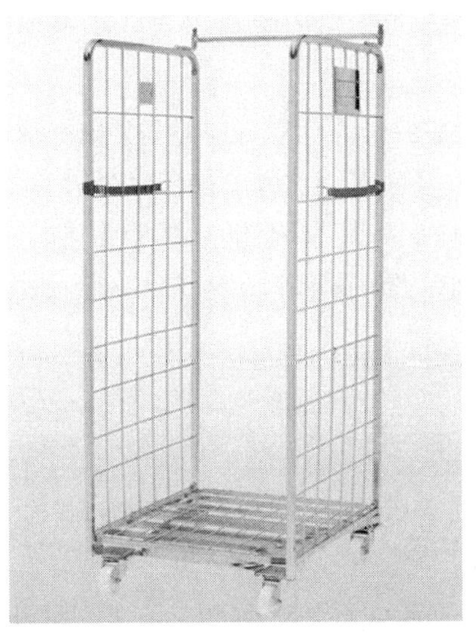

〈그림 5〉 U형 운반구

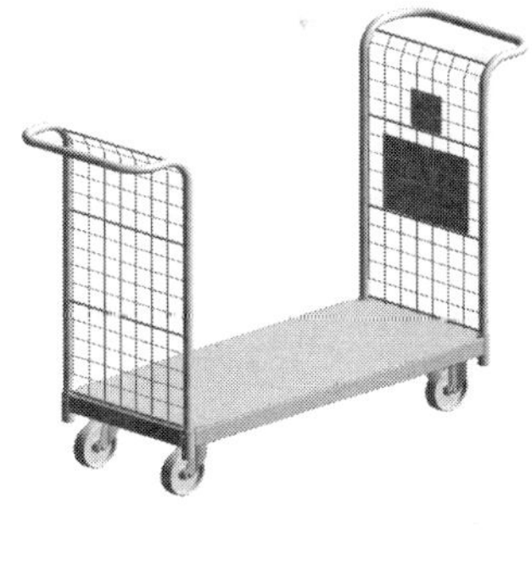

〈그림 6〉 L형 운반구

〈그림 7〉 N형 운반구

2) 구성

(1) 본체는 바닥면과 상부 철망 형태의 사각 프레임 및 손잡이, 선반 등으로 구성되어 있다.

(2) 일반적으로 손잡이는 본체에 부착되어 있는 형태가 일반적이나 없는 형태도 있으며 운반구를 당겨서 운반하기 위해 견인끈이나 탈착식 손잡이를 장착하는 경우도 있다.

(3) 선반은 본체에 장착되어 있는 경우도 있으나 필요시 부착하여 사용하는 형태가 일반적이다.

(4) 바퀴는 4개이며 크기는 사용특성에 따라 다양하다. 바퀴는 사용 형태에 따라 4개가 모두 회전 가능한 형태 또는 2개는 고정되어 있고 나머지 2개만 회전 가능한 형태로 구성된다. 재질은 사용용도 및 한계 하중, 작업장의 특성에 따라 철이나 나일론과 같은 단단한 소재 또는 폴리우레탄 및 고무와 같은 부드러운 소재를 사용한다.

5. 사업주의 의무

1) 사업주는 운반구 작업자에게 작업 전에 운반구 작업의 특성과 위험요인, 안전작업 방법 등에 대한 안전교육을 실시하여야 한다.

2) 사업주는 정해진 운반구 작업 구역을 근로자들이 볼 수 있도록 게시하여야 한다.

3) 사업주는 작업장 내의 운반구 작업 구역이 식별이 용이하도록 표시하여야 하고 또한 운반구가 통과하기에 충분한 여유 공간과 평탄한 통로가 확보되어야 한다.

4) 사업주는 운반구의 미끄럼 방지와 정지 시 고정을 위하여 운반구의 바퀴에 고정 장치를 설치하여야 한다.

5) 사업주는 운반구 안전 작업 체크리스트를 이용하여 운반구 이용 작업과 관련된 위험요인을 주기적으로 확인하고, 당해 작업 관련 재해예방 대책을 수립하여 추진해야 한다〈부록 참조〉.

6. 일반 안전 수칙

1) 운반구는 지게차와 같은 동력기계장치를 사용하기에는 비효율적이고 직접들고 운반하기에는 양이나 부피, 무게 등이 큰 물품이나 자재를 운반하는 데 이용한다. 따라서 운반구 작업에 적절한 자재나 물품을 미리 정하여 작업계획에 반영하여야 한다.
2) 사용한 운반구는 항상 일정한 장소에 보관되도록 하고 유지보수를 철저히 하여야 한다.
3) 운반구를 운반할 때에는 작업자의 가슴 높이 이상의 자재를 적재하여 운반하여서는 안 된다.
4) 운반구의 바퀴에 고정 장치가 설치되지 않은 운반구를 이용하여 자재, 물품 등을 상 · 하차 시킬 때는 2인 1조로 작업을 실시하며, 운반구를 고정시킨 상태에서 한 근로자는 운반구를 지지하고 다른 근로자자가 상 · 하차 작업을 수행하도록 한다.
5) 운반구를 앞에서 당겨서 이동할 필요가 있을 때에는 〈그림 8〉과 같이 견인끈을 사용할 수 있고, 손잡이가 따로 없는 운반구의 경우에는 탈착식 손잡이를 사용할 수 있다〈그림 9〉.

〈그림 8〉 운반구에 장착한 견인끈

〈그림 9〉 운반구 탈착식 손잡이

6) 운반구를 이용하여 자재를 운반하는 근로자는 주의가 흐트러질 수 있는 다른 행위를 삼가고, 표시된 이동통로를 통해서만 이동해야 한다.
7) 운반구 이용 작업 시 금지 및 제한 사항은 다음과 같다.
   (1) 운반구에 사람이 올라가지 않도록 한다.
   (2) 작업 중 음주 혹은 작업에 지장을 주는 약물을 복용하지 않도록 한다.
   (3) 고령자는 운반구 이용 작업을 실시하지 않도록 한다.
   (4) 위험물이나 부적절한 화물을 적재하거나 이동하지 않도록 한다.

7. 위험 요소와 예방 대책

1) 넘어짐/깔림

(1) 위험요소

① 운반구 이동 시 과도하게 한쪽으로 쏠리게 자재를 적재할 경우 운반구가 넘어질 수 있다.

② 운반구의 적정 적재용량보다 과도하게 많은 물품을 적재한 경우 물품의 불균형이 초래되어 넘어질 수 있다.

③ 운반구의 바퀴가 크지 않기 때문에 이동통로의 바닥면이 울퉁불퉁할 경우 차체의 흔들림으로 인해 넘어질 수 있다.

④ 과도하게 구불구불하거나 급커브가 있는 이동통로로 운반할 경우, 원심력에 의해 넘어짐이 발생할 수 있다.

(2) 예방대책

① 물품이나 자재의 적재 시 반드시 중앙부를 중심으로 적재하도록 하며, 운반구의 적재 바닥면의 공간을 넘어서는 큰 자재나 물품은 싣지 않도록 한다.

② 여러 자재 및 물품을 높이 쌓아서 적재하여 운반할 경우 불균형을 초래할 수 있으므로 과도하게 물품을 높게 쌓지 말고 〈그림 10〉과 같이 안정되게 적재하여야 한다.

〈그림 10〉 안정된 운반구 적재

③ 비포장 통로나 바닥면이 울퉁불퉁한 타일 등으로 이루어진 통로는 넘어짐 위험이 있으므로 작업자를 추가하여 작업하도록 하여야 한다.

④ 이동통로는 최대한 직선의 형태로 구성하도록 하며, 직선 이동이 곤란한 작업장에서는 회전각을 크게 하여 여유 있게 회전할 수 있도록 한다.

⑤ 문턱 등의 장애물이 있을 경우, 〈그림 11〉과 같이 경사판을 설치하여 안전하게 이동할 수 있도록 한다.

〈그림 11〉 문턱의 경사판 설치

2) 부딪힘

(1) 위험요소

① 운반구 적재한 물품이나 자재가 운반구를 이동하는 작업자의 시야를 가려 전방의 사람이나 물품 등에 부딪히는 사고가 발생할 수 있다.

② 운반구를 이용한 운반 작업 시 다른 근로자가 갑자기 진입하여 운반구 및 작업자와 부딪히는 사고가 발생할 수 있다.

③ 운반구의 폭이나 적재한 물품의 폭에 비해 좁은 이동통로를 진행할 경우 이동통로 측면의 사람이나 물품 등에 부딪혀 사고가 발생할 수 있다.

④ 운반구 조작이 미숙한 근로자가 자재를 싣고 이동할 경우 조작 미숙으로 인해 부딪히는 사고가 발생할 수 있다.

(2) 예방대책

① 물품이나 자재를 적재하고 운반할 때, 운반구의 차체 및 자재의 최대 높이가 근로자의 가슴 높이[20]를 넘어서지 않도록 한다.

② 운반구의 이동통로는 다른 근로자들이 식별이 용이하도록 구간 표시를 하여야 하며, 운전자는 정해진 통로 및 동선을 따라 이동하도록 한다.

③ 운반구 이동통로는 차체 및 자재가 통과하기에 충분히 여유가 있도록 구성하며, 이동통로 내에 불필요한 물품 등을 적재하지 말아야 한다.

④ 운반구의 조작과 이동은 본 기기의 조작에 대해 경험이 많고 필요한 교육을 이수한 근로자가 주도적으로 하여야 한다.

20) Roll cages and wheeled racks – Manual handling, HSE, 2010

3) 넘어짐 및 맞음

(1) 위험요소

① 운반구에 과도한 양의 적재물을 적재하거나 적재물의 균형이 맞지 않을 경우 자재의 넘어짐 및 자재에 맞는 사고가 발생할 수 있다.

② 운반구에 자재를 상 · 하차할 때 바퀴가 고정되지 않아 발생하는 차체의 움직임에 의해 적재물의 넘어짐 및 적재물에 맞는 사고가 발생할 수 있다.

(2) 예방대책

① 과도한 양의 물품 적재를 삼가고, 양쪽 면에 칸막이가 설치된 운반구에는 〈그림 12〉와 같이 탈부착이 가능한 보조끈을 부착하여 이동 시 적재물이 이탈되지 않도록 한다.

〈그림 12〉 보조끈이 부착된 운반구

② 운반구의 미끄럼 방지와 정지 시 고정을 위하여 운반구의 바퀴에 고정 장치를 설치한다.

4) 위생적 측면의 위험요소

(1) 위험요소

① 운반구를 조리작업장에서 이용할 경우, 이물질에 의한 미생물 번식이나 기타 위생적 위험 요인이 발생할 수 있다.

② 식자재를 운반구에 적재한 상태에서 오래 방치하면 위생과 관련된 위험이 발생될 수 있다.

(2) 예방대책

① 조리작업장 내에서 운반구의 청소 및 소독 책임자를 지정하고, 작업 전과 후에 청소 및 위생관리를 실시하도록 한다.

② 조리작업장에서 운반구를 이동 용도가 아닌 식자재의 보관 용도로 사용하지 않도록 한다. 부득이 식자재의 보관 용도로 사용할 때는 외부의 오염을 최소화하기 위해 〈그림 13〉와 같이 보호덮개를 설치하고 냉장 보관하는 등의 조치를 취하여야 한다.

〈그림 13〉 운반구 보호덮개

〈부록 1〉

운반구 안전 작업 체크리스트

1. 작업자 체크리스트

작업자 체크 사항	예	아니오
운반구에 최대 적재 중량이 표기되어 있으며, 이를 준수하였는가?		
이동 통로의 바닥상태는 양호한가?		
좌 · 우 구동 및 회전을 위한 바퀴의 움직임은 양호한가?		
적재 물품의 높이가 시야를 가리지는 않는가? (권장 : 최대 가슴높이)		
이동 통로 및 출입문은 손 · 발이 끼이거나 다른 부딪힘 사고가 일어나지 않을 만큼 넓은가?		
물품 및 자재의 상 · 하차 시 적절한 운반도구를 사용하고 있는가?		
적재한 자재의 불균형은 없는가?		
자재의 운반 동선에 대해 완전히 파악하고 있는가?		
넘어짐이나 자재에 맞는 사고를 예방할 수 있는 보조끈이나 기타 보조장치의 결합은 바르게 이루어져 있는가?		

2. 관리자 체크리스트

1) 운반구 사용 위험 요인에 대한 평가를 정기적으로 실시하고 있는가?

① 실시하고 있다. ② 실시하지 않는다.

1-1) 사용 위험요인에 대한 평가를 정기적으로 실시하고 있다면 최근의 평가는 언제 이루어졌는가?

① 6개월 이내 ② 7개월~12개월
③ 13개월~24개월 ④ 24개월 이상

1-2) 위험 요인 평가에 아래의 항목이 포함되어 있는가?

체크 항목	예	아니오
구동 손잡이		
이동 통로의 바닥 상태(손상, 젖음, 패임 등)		
운반자의 시야 확보		
이동통로 내 손 · 발 끼임의 위험 요인		
물품의 상 · 하차 시 적절한 도구의 사용		
물품의 균형적인 상차 여부		

2) 운반과 관련하여 교육을 받은 작업자만이 운반구를 이용하고 있는가?

① 예　　　　② 아니오

2-1) 위 교육은 어떤 방법으로 이루어지고 있는가?

① 구두 교육
② 책자를 통한 교육
③ 실습을 통한 교육
④ 비디오 등 영상매체를 이용한 교육
⑤ 기타 방법을 이용한 교육(방법 : 　　　　　　)

3) 운반구 사용 시 발생한 사고에 대해 파악 및 기록하고 있는가?

① 예　　　　② 아니오

4) 운반구 이동 동선 내에 아래와 같은 부분이 있는가?

체크 항목	예	아니오
계단이나 턱		
(완전하게 고정되어 있는) 경사로		
(완전하게 고정되어 있지 않은) 임시 경사로		
급경사		
(바퀴가 빠지거나 덜컹거릴 수 있는) 바닥 이음매		
울퉁불퉁한 지면		
기타 위험 요인 (위험요인 : 　　　　　　)		

5) 운반구의 이용 시 아래의 항목을 준수하고 있는가?

체크 항목	예	아니오
1인의 근로자가 한 번에 1개의 운반구를 운반하는가?		
4)번 항목에서 파악한 위험 요인이 이동통로 내에 있는 경우 운반 인원을 늘려서 근무하고 있는가?		
사용하지 않는 운반구를 움직이지 않도록 같이 결합하여 보관하고 있는가?		
사용하지 않는 운반구를 운반할 때, 운반 개수의 제한을 두고 있는가? (1회 최대 이동 허용 개수 : 3~5개)		

6) 운반구 이용 시, 자재의 넘어짐 및 자재에 맞는 사고를 방지하기 위한 보조끈 기타 보조 용구의 상태는 양호한가?

① 예　　　② 아니오

7) 운반구 이용과 관련하여 기록이나 대장 작성이 이루어지고 있는가?

① 예　　　② 아니오

8) 운반구 이용 시 가능한 한 근로자의 신체 쪽으로 기구를 당겨서 이동하기보다 밀어서 이동하는 방법을 사용하고 있는가?

① 예　　　② 아니오

9) 운반구 이동을 위한 물품 및 자재 적재 시 작업자의 시야를 방해하지 않을 정도의 높이로만 적재하고 있는가?(권장 높이 : 가슴높이 이하)

① 예　　　② 아니오

10) 운반구 이용과 관련하여 운반 작업자의 문제점 수렴 및 이에 대한 개선이 지속적으로 이루어지고 있는가?

① 예　　　② 아니오

포대 취급 시 안전에 관한 기술지침(G-92-2012)

1. 목적

이 지침은 작업장 내에서 포대를 이용하여 자재나 물품을 운반, 보관, 적재하는 작업을 수행할 때 포대 취급 시 필요한 안전상의 기술지침을 정함을 목적으로 한다.

2. 적용범위

이 지침은 포대를 이용하여 자재나 물품을 운반, 보관, 적재하는 모든 작업에 적용한다.

3. 용어의 정의

1) 이 지침에서 사용하는 용어의 정의는 다음과 같다.

(1) "포대"라 함은 면, 삼 같은 천연섬유나 레이온 같은 재생섬유, 비닐론, 폴리프로필렌, 나일론, 폴리에스테르 등을 직포하여 자루로 한 것을 말하며, 물품 및 자재의 보관과 이동을 위해 사용하는 도구로서 손잡이가 없고 내외부에서 고정된 틀이나 프레임이 없는 것을 말한다.

(2) "채우기 작업"이라 함은 포대의 입구를 열거나 봉하는 작업과 포대에 자재나 물품을 채우는 작업을 말한다.

(3) "운반 작업"이라 함은 물품이 들어 있는 포대를 들고 운반하는 작업을 말한다.

(4) "쌓기 작업"이라 함은 물품의 보관 등을 위해 포대를 일정한 위치에 다단으로 쌓는 작업을 의미한다.

2) 그 밖의 용어의 정의는 이 지침에 특별히 규정하는 경우를 제외하고는 산업안전보건법, 같은 법 시행령, 같은 법 시행규칙 및 산업안전보건기준에 관한 규칙에서 정하는 바에 따른다.

4. 포대 취급의 일반적 특성

1) 포대 취급은 일반적으로 비정형 자재나 물품의 운반, 보관, 적재를 위하여 사용된다.

〈그림 1〉 포대 취급의 일반적인 형태

2) 포대 취급은 모래 등이 담긴 포대를 겹쳐 쌓아서 임시적인 둑이나 방호벽, 가설 계단 등을 만드는 작업형태로도 이용된다.
3) 포대의 형태는 다양하며 일차적인 사용 이후 폐기물의 수집이나 타 물품 및 자재의 이동 및 보관을 위해 재사용되는 경우가 많다.
4) 운반 작업은 무게나 크기에 따라 작업자가 포대를 직접 들고 이동하거나, 포대를 작업장 내 물품 운반기계에 적재하여 운반하는 형태로 이루어진다.

5. 사업주의 의무

1) 사업주는 포대 취급 작업자에게 포대 취급 작업에 필요한 작업 전 안전교육을 실시하여야 한다. 안전교육의 내용에는 포대 취급 작업의 내용과 특성, 위험요인, 작업방법, 안전수칙 등이 포함되어야 한다.
2) 사업주는 포대 취급 시 적합한 보호구를 작업자에게 지급해야 한다.
3) 포대 취급 시 근골격계 질환이 유발될 가능성이 있으므로, 사업주는 작업자에게 〈표 1〉 연령별 허용 권장기준 범위 내에서 운반 작업을 하도록 하여야 한다.[21] 다만, 〈표 1〉에 제시된 기준은 고형물에 대한 인력운반 중량 권장 기준이므로 포대 취급 시에는 이 기준을 최대 허용 한계기준으로 적용하도록 한다.

21) 인력운반 안전작업에 관한 지침(KOSHA GUIDE G－75－2011)

〈표 1〉 인력운반 중량 권고기준

작업 형태	성별	연령별 허용 권장 기준(kg)			
		18세 이하	19~35세	36~50세	51세 이상
일시작업 (시간당 2회 이하)	남	25	30	27	25
	여	17	20	17	15
계속작업 (시간당 3회 이상)	남	12	15	13	10
	여	8	10	8	5

4) 사업주는 〈표 1〉 인력운반 중량 권고기준을 초과하는 중량의 포대를 운반할 경우에는 운반기구를 사용하거나 2인 이상이 포대를 운반하도록 하여야 한다.

5) 이 지침에 규정되지 않은 포대사용 작업과 관련된 중량물 취급에 관한 사항은 산업안전보건기준에 관한 규칙 제3편 제12장 제3절 제663조(중량물의 제한), 제664조(작업조건), 제665조(중량의 표시 등), 제666조(작업자세 등)에 따른다.

6. 일반 안전 수칙

1) 작업자에게 손상을 줄 위험이 있는 유해 · 위험 물질은 포대 취급 시 운반, 보관, 적재하여서는 안 되며 작업 전에 반드시 확인하여야 한다.

2) 식자재 등 변질, 부패, 오염 등의 위험이 있는 물질을 포대에 보관 또는 적재하여서는 안 된다.

3) 최대 중량이나 부피가 규격으로 정해진 포대를 이용하여 채우기 작업 및 운반 작업을 할 때에는 정해진 규격의 범위를 벗어나지 않도록 작업하여야 한다.

4) 운반 작업자는 작업을 수행하기 전에 포대 내 날카로운 적재물로 인한 포대의 표면 손상 여부 및 포대 내부에 과도하게 뾰족한 부위가 없는지 여부를 확인해야 한다.

5) 포대를 들어 올릴 때에는 신체에 최대한 밀착시킨 상태에서 들어 올린다.

6) 불안전한 작업자세로 포대를 들어 올릴 경우 신체에 무리한 힘이 가해질 수 있으므로, 허리 근육을 사용하지 말고 다리와 무릎을 구부렸다 펴는 방법으로 다리의 힘을 사용하여 들어올린다.

7. 주요 작업별 위험요소와 예방대책

1) 채우기 작업

(1) 위험요인

① 채우기 작업을 수행하는 장소가 고소 또는 경사진 장소일 경우, 추락 또는 전도에 의한 사고 위험이 있다.

② 채우기 작업을 수행하는 작업장이 이동식 전기기구의 사용 또는 전선 등이 흩어져 있는 습한 지역인 경우에는 감전의 위험이 있다.

③ 작업장 내에서 채우기 작업을 수행할 때 다른 작업자 또는 이동차량과 충돌에 의한 사고발생 위험이 있다.

④ 포대를 바닥에 놓은 상태에서 작업을 하게 되면 과도하게 허리를 구부리게 되어 요통이나, 불안전한 행동으로 인한 사고의 위험이 있다.

⑤ 포대에 내용물을 과다하게 채우는 등으로 포대의 입구 봉합이 제대로 이루어지지 못할 경우, 포대를 잡는 형태가 안정적이지 못하고 균형을 유지하기가 어려워 작업자에게 전도의 위험이 발생할 수 있다.

⑥ 가루나 알곡 등의 자재를 포대에 채울 때 비산되거나 주위에 흩어져 이물질이 작업자의 눈에 들어가 시야를 흐리게 하거나, 분진 발생으로 호흡기 질환을 유발할 위험이 있다.

(2) 예방대책

① 작업을 하는 장소에 추락, 전도, 감전 등의 위험요인이 있는지를 확인하고 안전한 곳에서 작업을 실시한다.

② 채우기 작업을 실시할 때에는 외부에 작업 중임을 알리기 위한 안내표지를 설치하여야 한다.

③ 포대를 바닥에 놓은 상태에서 작업을 하게 되면 과도하게 허리를 구부리게 되므로, 작업대 등을 사용하여 포대 입구의 위치가 작업자의 무릎과 허리 사이에 위치하도록 한다.

④ 채우기 작업은 2인 1조로 실시하며, 1인은 포대의 입구를 벌린 상태로 유지하고, 다른 1인이 포대를 채우도록 한다. 작업은 최소 20~30분 간격으로 역할을 바꾸어가며 실시한다.

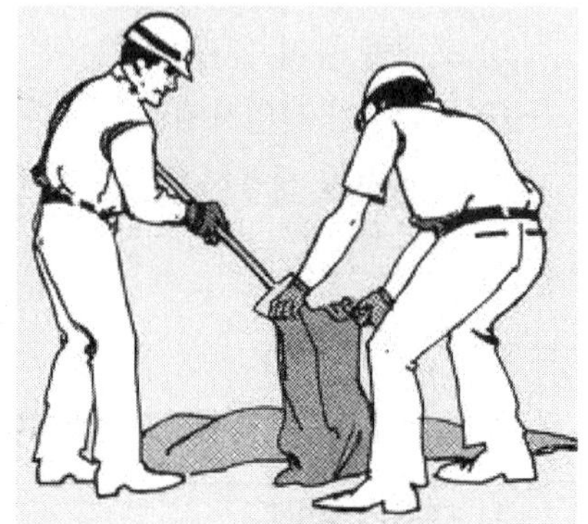

〈그림 2〉 2인 이상 포대작업

⑤ 포대에 물품 및 자재를 과도하게 채우지 않도록 하고, 많이 채우지 않아 포대의 상단부가 많이 남은 경우에는 남아 있는 상단부를 접어서 둥글게 말아 포대를 묶거나 매듭을 만들도록 한다. 포대에는 전체 용적의 1/3~1/2만 채우도록 하고 과도하게 담지 않도록 한다.

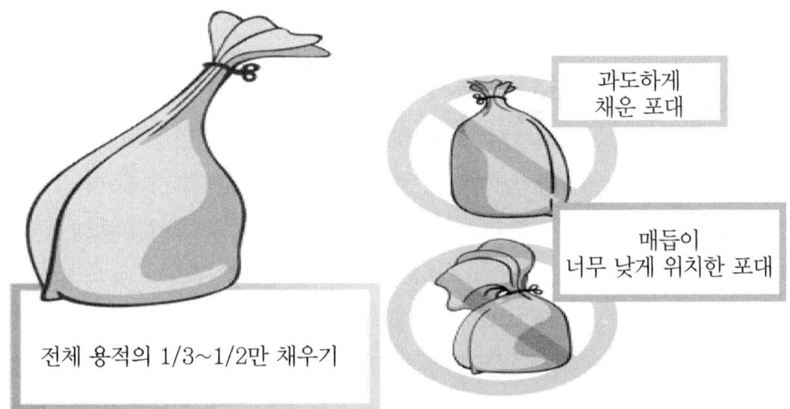

〈그림 3〉 포대의 올바른 매듭 위치

⑥ 포대의 입구 끝 부분을 포대의 바깥쪽으로 말아 잡아서 포대 입구의 크기를 보다 넓게 하여 작업을 안정적으로 유지할 수 있도록 한다.

⑦ 포대의 표면에 표시된 최대적재중량을 지켜야 하며, 포대 표면에 최대적재중량이 표시되어 있지 않다면, 포대의 크기와 재질에 따른 최대적재중량을 포대의 표면에 표시하고, 이를 준수하여야 한다.

⑧ 가루나 알곡 등의 내용물을 포대에 담을 때는 보호안경과 분진마스크를 착용하며, 깔때기와 같은 도구를 사용한다.

〈그림 4〉 포대용 깔때기

⑨ 물품이나 자재가 포대를 손상시킬 우려가 있거나, 포대 밖으로 튀어나와 위해를 가할 수 있는 뾰족한 물체를 운반할 때에는 포대 사용을 금지하며 작업 전에 면밀히 점검한 후 작업을 시행한다.

2) 운반 작업

(1) 위험요인

① 운반 작업을 수행하는 운반통로가 계단이나 턱이 있는 평탄하지 않은 통로 또는 장애물이 있는 지역을 통과하는 경우에는 전도나 추락의 위험이 있다.

② 운반 작업 시 발을 딛는 바닥면에 대한 시야가 충분치 못한 경우에는 발을 헛딛거나 장애물 등을 인식하지 못해 전도의 위험이 있다.

③ 무거운 무게의 포대를 들고 이동할 경우 신체의 균형 유지에 어려움이 있어 전도의 위험이 발생할 수 있다.

④ 포대를 바닥에서 들거나 다시 바닥으로 내릴 때 신체 부위에 포대의 표면이 쓸려 찰과상이 발생할 수 있다.

⑤ 포대 내에 뾰족하거나 모서리가 있는 자재 및 물품을 적재하여 운반할 경우, 포대의 표면이 내부의 적재물로 인해 손상될 수 있고, 이로 인해 포대 밖으로 돌출된 자재 및 물품의 모서리에 찔리거나 긁혀 찰과상, 창상 및 자상을 입을 수 있다.

〈그림 5〉 찰과상, 창상 및 자상 사고 위험이 있는 포대

⑥ 일반적인 포대의 경우 운반 시 과도한 손 근육 및 상지 근육의 사용을 유발하므로 작업이 반복적으로 지속될 경우, 근골격계 질환을 발생시킬 위험이 있다.

⑦ 비닐이나 폴리프로필렌 등의 재질로 된 포대는 표면이 미끄러워 운반 시 많은 양의 근력이 소모됨으로써 근골격계 질환이 발생될 위험이 있다.

⑧ 포대 운반과 포대를 들고 내릴 때 낙하, 충돌, 끼임 등 사고 발생 위험이 있다.

(2) 예방대책

① 운반 작업을 수행할 경우에는 최대한 계단이나 턱이 있는 통로 등은 피하여 운반하도록 하고, 가능한 한 램프나 평탄한 통로를 통해 운반하도록 한다. 최대한 짧은 거리에서만 적용하도록 하고 비교적 긴 거리에서는 컨베이어 벨트나 기타 운반도구를 사용하여 작업한다.

② 포대의 중량이 근로자 1인이 들고 운반하기에 충분할 정도로 〈표 1〉 인력운반 중량 권고기준을 유지하고, 그 기준 중량을 초과할 경우에는 지게차나 이동대차 등의 운반기계 · 기구를 이용하거나 2인 이상이 함께 운반하도록 한다.

③ 포대를 운반할 때는 허리 높이에서 포대를 감싸듯이 들고 운반하고 포대를 어깨 높이 이상 들고 운반하지 않도록 한다.

④ 허리와 어깨에 무리가 갈 수 있으므로 절대 포대를 던져서 운반하지 않는다.

⑤ 포대 내부의 날카로운 적재물에 의한 포대 표면의 손상이나 과도하게 뾰족한 부위가 없는지 확인한 후 작업을 하도록 한다.

⑥ 운반 작업 전 · 후에 반드시 스트레칭을 실시하여 근육의 손상을 방지하며, 운반 작업 중에는 충분한 휴식을 통해 신체에 과도한 무리를 주지 않도록 한다.

⑦ 미끄러운 포대를 들고 운반할 경우에는 마찰력을 높여주는 코팅 장갑 등을 사용하여 과도한 근육의 사용을 줄이고 손의 찰과상을 방지한다.

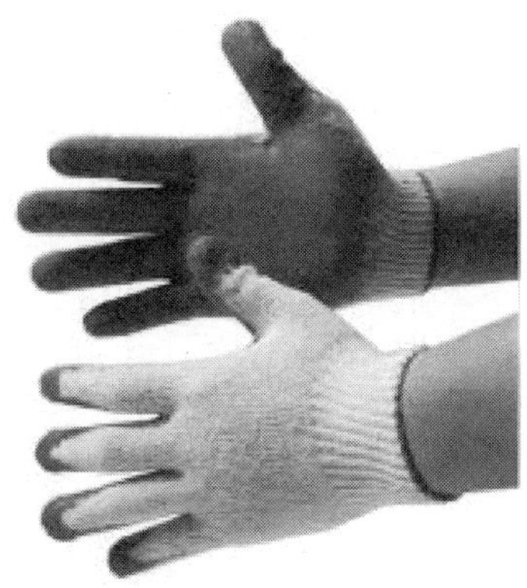

〈그림6〉 미끄럼방지 코팅 장갑

⑧ 운반 작업 시 발 등의 끼임 사고를 방지하기 위하여 안전화를 착용하여야 한다.

3) 쌓기 작업

(1) 위험요인

① 포대를 과도하게 높게 쌓을 경우, 쌓기의 불균형이 발생하여 포대의 무너져 내림에 따른 협착 위험이 있다.

② 포대의 손상이나 포대 입구의 허술한 매듭으로 포대 내부에 있는 자재가 밖으로 유출될 경우, 적재한 포대들 간에 균형을 상실하여 붕괴 또는 전도로 인한 근로자 협착 사고 위험이 있다.

③ 포대 적재 작업 시 손에 가해지는 과도한 무게 및 포대의 거친 표면으로 인하여 손바닥에 찰과상을 입을 수 있다.

(2) 예방대책

① 포대는 최대한 평평하게 하고, 포대를 채우고 있는 자재가 포대 전체에 고루 펴져 무게를 분산하도록 한다. 포대의 높이는 균형을 잃지 않을 정도로 쌓으며, 높이 쌓아야 할 경우에는 적재 하단부에 포대를 넓게 배치하고, 상층으로 갈수록 표면적이 좁아지는 형태로 쌓아 안정적인 균형을 가질 수 있도록 한다.

② 포대를 여러 층으로 쌓을 때에는 적재물이 균형을 잃지 않도록 포대 내부의 적재물의 위치를 고루 펴서 하층의 포대와 상층의 포대 접촉면을 최대한 넓고 평탄하게 하고, 상하부에서 서로 접촉하는 포대의 위치가 엇갈리도록 적재하여 포대가 무너져 내릴 가능성을 낮추어야 한다.

③ 포대 내 자재가 상단의 포대 무게로 인해 포대 밖으로 누출되지 않도록 매듭을 단단히 묶어야 하며, 포대의 표면이 손상되어 자재의 유출 가능성이 존재하는 포대는 사용하지 않아야 하고 적재된 포대의 전도를 막을 수 있는 보조 끈이나 그물망 등을 사용하여 안정성을 높일 수 있도록 한다.

④ 포대를 들거나 놓을 때 몸이 중심을 잃지 않도록 하고, 포대가 손이나 몸통에 쓸리지 않도록 한다.

⑤ 날카롭거나 뾰족한 물품이 들어 있어서 무게에 의해 포대 표면이 손상될 우려가 있을 경우에는 복층적재를 하지 않도록 한다.

⑥ 포대가 비틀어지거나 휘어진 상태로 적재되지 않도록 한다.

산업현장의 안전디자인 적용에 관한 기술지침(G-95-2012)

1. 목적

이 지침은 작업장 내의 시설 혹은 작업공간을 설치할 때 안전디자인의 원리를 적용함으로써 산업재해를 근원적으로 예방하기 위한 산업안전보건상의 기술지침을 정함을 목적으로 한다.

2. 적용범위

이 지침은 작업장의 시설 혹은 작업공간의 설치와 관련된 안전보건관리에 적용한다.

3. 용어의 정의

1) 이 지침에서 사용하는 용어의 정의는 다음과 같다.

(1) "안전디자인(Safe Design)"이라 함은 작업장의 시설, 공간 등(이하 "시설 등"이라 한다)을 디자인할 때 전체 생애주기를 고려하여 주 기능의 안전달성도를 높이고, 타 기능과의 상승적 연계나 통합을 통하여 안전성, 사용편의성, 사용자 특성 등을 동시에 고려하는 디자인을 말한다.[22]

(2) "생애주기(Life Cycle)"란 시설 등의 개념설계에서부터 디자인, 건설/생산, 공급과 설치, 의뢰와 사용, 유지관리, 해체, 폐기와 재활용에 이르기까지 제품 수명의 전 과정을 말한다.

(3) "사용편의성(Usefulness)"이란 불편함을 제거하고 도움이 되는 정도를 증가시키는 사용성(Usability)과 유용성(Utility)을 합친 개념이다.

2) 그 밖의 용어의 정의는 이 지침에 특별히 규정하는 경우를 제외하고는 산업안전보건법, 같은 법 시행령, 같은 법 시행규칙 및 산업안전보건기준에 관한 규칙에서 정하는 바에 따른다.

4. 안전디자인과 산업안전

1) 시설 등에 대한 안전디자인은 내재된 위험요소를 제거하거나 최소화하기 위해 초기 계획 단계에서부터 전체 생애주기에 걸친 전 과정에 걸쳐서 위험요인 파악과 관리가 이루어져야 한다.

---

22) "안전디자인"의 개념에 대해서는 최근 안전보건공단의 「안전디자인 인증시스템 구축을 위한 기반조사(2010)」에서 정의하고 있고, 국회 안전디자인 포럼, 행정안전부 2010 정책방향, 호주 ASCC의 "Guidence on the principles of safe design for work"에서도 유사한 정의를 내리고 있다.

2) 안전디자인을 통한 위험관리의 대상은 시설, 하드웨어(Hardware), 시스템, 장비, 도구, 재료, 에너지 통제, 레이아웃(Layout) 그리고 배열 같은 디자인을 모두 포함한다.

3) 안전디자인은 개념 설계와 계획 단계에서부터 목적물이 완성될 때까지 근로자의 안전성과 사용편의성 및 사용자 특성을 반영하기 위하여 근로자를 안전디자인 과정에 참여시키는 것에서부터 시작하여야 한다.

4) 작업장에서 근로자의 안전성과 사용편의성을 최대한 높이기 위해서는 안전보건관리의 전반적인 측면에서 안전디자인의 원리를 적용시켜야 한다.

5) 안전보건관리에서 효율적으로 위험요인을 관리하기 위해서는 안전디자인 계획 초기 단계에서부터 위험을 제거하거나 최소화하여야 한다. 이는 전체 생애주기 후기 단계에서 위험을 제거하거나 최소화하기 위해 노력하는 것보다 더 실용적이고 경제적이다.

6) 안전디자인 적용 시 효과
   (1) 산업재해(사망, 부상, 질병 등)의 예방
   (2) 시설 등의 편리성 향상
   (3) 사용능력의 향상
   (4) 생산성 향상
   (5) 비용 감소
   (6) 법규정 준수
   (7) 새로운 아이디어와 혁신

5. 안전디자인의 5요소

작업장에 안전디자인을 적용 시 〈그림 1〉과 같이 안전보건관리에 5가지 요소를 고려하여야 한다.

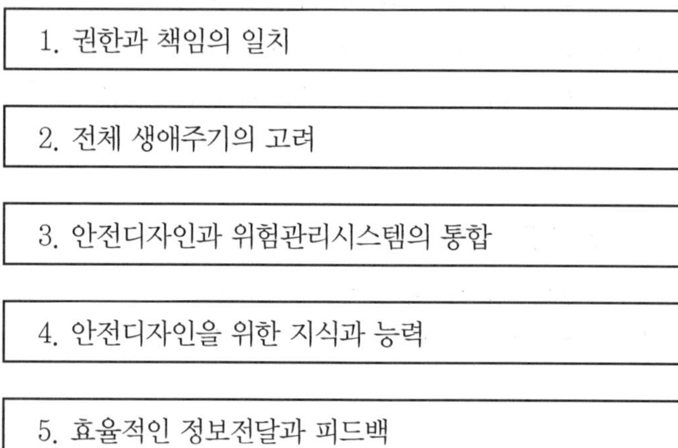

1. 권한과 책임의 일치
2. 전체 생애주기의 고려
3. 안전디자인과 위험관리시스템의 통합
4. 안전디자인을 위한 지식과 능력
5. 효율적인 정보전달과 피드백

〈그림 1〉 안전디자인의 달성을 위한 5요소

1) 권한과 책임의 일치

(1) 안전디자인의 기능을 관리하거나 통제하는 사람에게 안전보건관리의 권한과 그에 합당한 책임을 부여하여야 한다.

(2) 안전디자인의 과정은 여러 단계를 거치게 되고 각 단계의 디자인 기능에 대한 통제 수준에 따라 안전보건관리에 대한 권한이 부여되어야 한다.

2) 전체 생애주기 고려

(1) 안전디자인은 제품의 개념설계에서부터 해체 및 폐기/재활용까지 모든 단계에서 적용되어야 한다. 안전디자인은 모든 단계에서 위험을 제거하거나 감소하는 것을 목표로 한다.

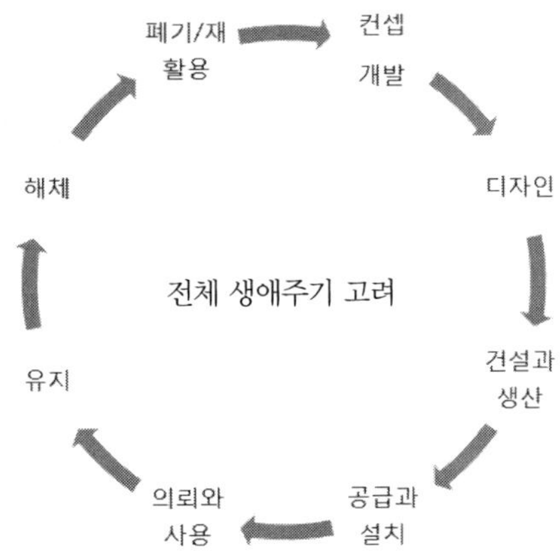

〈그림 2〉 안전디자인 라이프사이클

(2) 생애주기는 안전디자인의 핵심 개념으로서 모든 생애주기 단계에서 관련되어 있는 제반 안전보건상의 예상되는 문제점을 파악하고 대책을 강구해야 하며 관련된 요구사항을 기능설명서에 표시하여야 한다.

(3) 안전디자인 계획의 수립 시에는 다음 각 호의 사항을 포함하여야 한다.

① 생애주기 각 단계에서 위험성 평가

② 위험통제 옵션(Option) 개발

③ 실험 혹은 평가 계획 개발

④ 안전한 건설/제조, 공급/설치, 위임/사용, 유지, 해체, 폐기/재활용을 위한 지침

(4) 각 생애주기의 다음 단계로 진행되어 나아갈 때마다 안전을 위한 고려사항이 지침으로 마련되어야 하며, 그 지침에 따라 위험통제의 효과를 관찰하고 필요한 통제를 실시하여야 한다(부록 1 참조).

(5) 안전디자인 계획과 연관된 위험통제의 감시와 평가는 안전보건관리시스템과 통합되어야 한다.

3) 안전디자인 과정과 위험관리시스템의 통합

(1) 안전디자인 과정에서의 위험관리는 다음 절차에 따라 진행되어야 한다.

① 안전디자인에 관한 모든 위험요소 파악
② 안전디자인 관련 위험요인에 대한 위험성 평가
③ 위험요소 제거
④ 위험통제 조치에 대한 감시와 모니터링
⑤ 위험요소 평가결과 문서화 및 기록 유지
⑥ 생애주기와 관련된 관계자들의 의견 수렴 및 상담

(2) 디자인 과정에 위험관리시스템을 통합

① 사업장 위험요인의 효율적인 통제와 재해예방을 위하여 안전디자인 과정 각 단계별로 사업장의 위험관리시스템과 통합 운영해야 한다.

〈그림 3〉 안전디자인 과정과 위험관리시스템의 통합 모델

② 각 단계별로 적절한 위험관리가 이루어지도록 안전디자인 과정은 위험관리시스템과 통합하여야 한다.

㉠ 예비 디자인 단계에서 디자인 문제점 및 요구사항 분석이 이루어짐과 동시에 위험 및 위기상황에 대한 분석을 통하여 관련된 다양한 사항에 대한 책임과 역할, 위험요소 평가기준을 결정하여야 한다.

㉡ 컨셉 개발 단계에서 디자인을 위한 다양한 정보수집 과정에서 다음 사항을 고려한 예비위험분석을 실시해야 한다.

- 선행 유사 프로젝트에 대한 위험요소와 사고사례에 대한 조사

• 잠재적 위험요소 확인 및 다양한 위험성 확인 기술과 도구들의 사용
• 위험성 리스트를 체계적으로 일반화하고 문서화

㉢ 디자인 옵션 단계에서 여러 가지 디자인 해결책을 만들게 되는데 이와 동시에 다음 사항을 고려하여 위험을 분석하고 평가해야 한다.

• 위험과 관련된 안전기준의 확인 및 해결책의 적용
• 사고 발생 가능성과 예상되는 결과를 통합하여 위험요소의 수준을 분석
• 인간의 능력과 기술적인 면을 동시에 고려
• 안전기준에 부합하는 디자인 옵션을 개발

④ 디자인 통합과정을 통하여 실제 적용을 위한 디자인 옵션을 선택하게 되는데, 이 과정에서 다음 사항을 고려한 위험의 통제와 제거가 이루어져야 한다.

㉠ 검토된 디자인 대안들에 수반되는 위험요소를 관련 안전기준에 따라 체계적으로 평가

㉡ 안전기준에 적합하고 위험을 최소화 할 수 있는 최선의 해결책을 선택

⑤ 디자인 완성 단계에서는 다양한 사용자와 함께 디자인 해결책에 대한 검사와 시험작동, 평가를 실시해야 하며, 유사 시 잔여 위험에 대한 통제 계획을 수립해야 한다.

4) 안전디자인을 위한 지식과 능력

(1) 안전디자인을 계획하고 관리할 때에는 다음과 같은 지식과 기술을 갖추어야 한다.

① 산업안전보건 법규 및 관련 기준 및 다른 규제력을 가진 관련 규정들에 대한 지식 및 요구사항에 대한 지식

② 생애주기에 대한 지식

③ 위험요소의 식별, 위험요소 평가와 조절방법에 대한 지식

④ 기술적 디자인 표준에 대한 지식

⑤ 인간의 능력과 특성, 행동에 대한 관련 지식

⑥ 다양한 분야의 정보나 지식 등을 새로운 해결책으로 통합하는 능력

(2) 안전디자인은 특정한 기술과 지식, 경험을 가진 다양한 사람들로 구성되어야 한다.

① 디자인하고자 하는 제품 등에 대한 철저한 지식 보유자

② 다양한 측면에서 위험을 평가할 수 있는 인간공학자, 관련 분야 엔지니어, 재료공학자 등 다양한 분야의 전문지식 보유자

5) 효율적인 정보 전달과 피드백

(1) 위험에 대한 정보는 안전디자인 생애주기 단계에서 관련자들에게 정확히 알려져야 하고, 또한 모든 당사자들이 발견한 새로운 위험 관련 정보들은 체계적으로 통합 관리되어야 한다.

(2) 디자인 계획 수립 시에 발견하지 못한 위험요인들이 생애주기 진행과정에 관계된 사

람들로부터 발견될 수 있도록 의사소통 통로를 항상 유지해야 하며, 발견된 위험요인에 대한 정보는 문서화되어 디자이너(Designer)에게 전달되고 관리되어야 한다.

(3) 생애주기 각 단계마다 포함되는 모든 사람들 사이에 효과적인 정보전달을 위하여 위험에 대한 정보는 문서화되어야 하며, 각종 설명서, 경고표지, 라벨 등은 쉽게 읽을 수 있고 이해할 수 있도록 제작되어야 한다.

(4) 안전디자인 과정에서 위험정보를 효율적으로 전달하고 통제하기 위한 정보순환 및 피드백은 〈그림 4〉와 같은 정보순환 모형에 따라 이루어져야 한다.

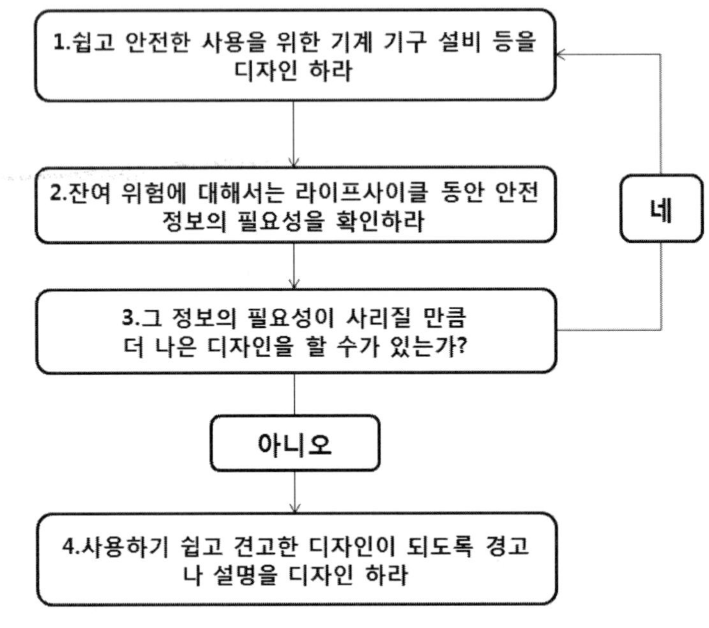

〈그림 4〉 안전디자인 정보순환 모형

(5) 사업장에서 사업주와 근로자는 안전디자인과 관련한 안전과 건강의 문제를 상담 등을 통하여 해결하는 데 서로 협력하여야 한다. 상담은 사업장 밖에서 또는 사업장 내에서 이루어질 수 있다.

6. 인간공학적 원리의 적용

1) 안전디자인에 인간공학적 원리를 적용해야 한다. 인간공학은 근로자 중심의 원리이며 안전보건관리에서 중요시되어야 하는 규칙이다.

2) 인간공학적 원리의 적용은 안전디자인 과정에서 시설 등의 최종 사용자에게 영향을 줄 수 있는 인적 요소와 능력, 그리고 제한점을 광범위하게 고려하는 것을 포함한다.

3) 시설 등의 안전디자인 과정에서 작업을 수행하는 근로자의 신체적 특성과 인지적 특성, 심리적인 특성 등을 고려한 작업환경이 조성될 수 있도록 인간공학적 원리를 적용해야 한다.
4) 작업장에서 인간공학적 원리를 적용할 경우에는 사용자 안전과 동시에 편리함과 효용성, 생산성, 편안함 등이 고려되어야 한다.
5) 디자인된 제품이나 공간의 필요성을 분석할 때 다음과 같이 5가지 인간공학적 요소를 고려한다〈표 1〉.

〈표 1〉 디자인 분석에 필요한 인간공학적 요소

분석요소	내용
1. 사용자 특성	그들의 신체적, 정신적, 행위적 특성과 능력, 지식
2. 작업 특성	작업자들에게 요구되는 것과 실제 하는 행동 (작업요구도, 의사결정 능력, 작업조직 요구, 작업시간)
3. 작업환경	작업지역, 공간, 조명, 소음, 온도 조건
4. 장비 디자인과 사용자 인터페이스(Interface)	작업을 할 수 있게 만드는 하드웨어(Hardware)와 소프트웨어(Software), 이동기구, 보호복, 공구, 도구 등
5. 작업조직	작업패턴, 작업량의 유동성, 작업시간, 다른 사람들과의 소통필요성, 그 외 산업·경제적 영향 등

〈부록 1〉

작업장 설비 안전디자인 고려사항(예시)

1. 설비의 생애주기 고려	작업장의 공정이나 설비의 생애주기 단계를 고려, 제조에서부터 사용, 분해와 폐기까지 안전디자인의 원리를 적용한다.
2. 안전한 설치를 위한 디자인	작업장 설비의 설치와 관련된 위험은 다음의 항목으로 제거나 감시될 수 있다. • 설치 전 단독으로 서 있을 때 안정적일 수 있도록 디자인 • 나사를 조이기 전, 구조적으로 안정적일 수 있도록 디자인 • 설치 전 안전에 도움이 될 수 있는 지지대 제공 • 들어 올리고 다루기 용이하게 부착점을 제공
3. 안전한 사용을 위한 디자인	다음 사항을 고려하라. • 근로자의 신체적 특징 • 조작하는 사람이 단위시간에 수행할 수 있는 양, 복잡성, 그리고 속도의 최대치 • 장시간 같은 자세의 육체적 활동을 최소화시키는 일 • 공정이나 설비가 적용될 작업 환경의 배치도(Layout) • 기기 장치와 배치도(기기 장치의 작동상태에 대한 명확한 정보를 '정보 과부하'가 걸리지 않을 만큼 제공하고, 배치도는 작동 위치에서 정보가 잘 보일 수 있게) • 작동에 있어서 틀린 작동보다 옳은 작동을 상대적으로 제어하기 쉽게 만듦 • 위급 상황에 있어서 근로자가 어떻게 반응하는지 • 비상 버튼의 위치와 사용편의성에 대한 안전디자인을 고려
4. 근로자의 신체적 특징	근로자의 신체적 특징의 범위를 수용할 수 있어야 한다. 크기, 범위, 무게와 같은 인간의 규모와 역량을 고려하여 공정과 근로자 간의 완벽한 조화를 이루게 해야 한다. 잠재적 불편, 피로감, 오류, 그리고 부상을 줄이기 위해 근로자의 신체와 정신을 고려하여 인간공학적으로 디자인한다.
5. 의도적인 사용과 예측 가능한 오용에 대한 고려	설비나 도구의 오용은 공장이 원래 디자인된 의도와는 다르게 사용된다는 것을 의미한다. 설계자는 이런 경우를 대비해 위험의 노출을 알리는 경보장치를 설치해 놓을 수도 있다.
6. 안전한 정비를 위한 디자인	공장을 수리하거나 정비할 때 마주칠 수 있는 문제에 대한 고려가 필요하다. 예를 들면 • 정비할 필요를 줄인다. • 정비의 횟수가 늘어나면 그만큼 위험도 늘어난다. • 위험 지역 밖에서의 정비수리센터를 둔다. 예를 들어 주유구를 움직이는 기계에서 멀리 설치하고, 정비수리센터로의 접근을 용이하게 만든다.
7. 고장이 났을 때 안전디자인	고장 발생 시 문제점을 파악한 뒤, 고장이 났을 경우 안전한 형태로 고장이 나도록 디자인한다. 예를 들어, 만일 움직이는 기계가 고장이 났을 경우, 부러진 부분(Part)이 튀어나오지 않게 디자인한다.

인적 오류 예방에 관한 인간공학적 안전보건관리 지침(G-96-2012)

1. 목적

이 지침은 인적 오류의 예방과 관련된 주요 과제를 중심으로 인간공학적 원리를 산업안전보건관리에 적용하는 데 필요한 지침을 정함을 목적으로 한다.

2. 적용범위

이 지침은 모든 사업장에 적용된다.

3. 용어의 정의

1) 이 지침에서 사용하는 용어의 정의는 다음과 같다.

(1) "인간공학(Ergonomics)"이라 함은 사람과 작업 간의 "적합성"에 관한 과학을 말한다. 이는 사람을 최우선으로 놓고, 사람의 능력과 한계를 고려한다. 또한 인간공학은 작업, 정보 및 환경이 각 작업자에게 적합하도록 만드는 것을 추구한다.

(2) "인적 오류(Human Error)"라 함은 부적절한 인간의 결정이나 행동으로 어떤 허용범위를 벗어난 바람직하지 못한 인간의 행위를 말한다. 인간의 오류는 크게 행동오류(Action Error)인 실수와 건망증, 생각오류(Think Error)인 착오, 의도적 오류인 위반으로 분류할 수 있다.

(3) "OJT(On-the-job Training)"(이하 "OJT"라 한다)라 함은 직장 내 훈련 또는 현장 훈련 등을 말하며 직무 중에 이루어지는 교육훈련을 의미한다.

(4) "인간기계체계(Human-machine System)"라 함은 어떠한 환경 속에서 인간과 기계가 특정한 목적을 수행하기 위하여 결합된 집합체를 말한다.

2) 그 밖의 용어의 정의는 이 지침에 특별히 규정하는 경우를 제외하고는 산업안전보건법, 같은 법 시행령, 같은 법 시행규칙 및 산업안전보건기준에 관한 규칙에서 정하는 바에 따른다.

4. 인적 오류 예방에 관한 인간공학적 고려사항

1) 인적 오류와 안전보건의 관련성

(1) 인적 오류는 누구에게나 발생될 수 있는 인간의 특성임을 인식해야 한다.

(2) 업무 관련 사고와 질병의 예방을 위하여 사업장에서는 안전보건관리에 인적 오류 예방을 위한 인간공학적 원리를 적용하여야 한다.

(3) 인적 오류는 근로자와 작업 간의 적합성 부족으로 발생되며 인적 오류의 예방을 위해서는 잘못된 작업설계, 시간적 압박, 작업부담, 작업자 역량, 의사소통체계(Communication System) 등의 인적 오류 발생 요인을 잘 관리하여야 한다.

2) 작업관리상의 인간공학적 관점

(1) "평소에 업무를 잘 처리하는 근로자는 위험이나 응급 상황에서도 일을 잘 처리할 것이다."라고 판단해서는 안 된다.

(2) "근로자는 항상 정해진 위치에서 문제를 잘 감지하며, 문제 발생 시 즉각적으로 적절한 조치를 취할 것이다."라고 생각해서는 안 된다.

(3) "근로자는 항상 정해진 절차에 따라 작업할 것이다."라고 판단해서는 안 된다.

(4) 작업 관련 "사고예방 또는 위험제어 방법을 잘 몰라도 당해 직무에 잘 훈련된 근로자라면 모든 것을 잘 해결할 수 있다."라고 판단해서는 안 된다.

(5) "근로자에 대한 안전보건교육을 실시하는 것만으로 인적 오류를 효과적으로 예방할 수 있다."라고 생각해서는 안 된다. 인간이 실수하더라도 사고로 이어지지 않는 작업환경 조성 등을 고려하여야 한다.

(6) "정상적인 근로자들은 항상 합리적인 행동을 하고, 의도하지 않은 오류나 고의적인 위반을 하지 않을 것이다."라고 단정해서는 안 된다.

(7) 작업에 지나치게 간섭함으로써 근로자에게 역량집중을 위한 선택과 집중을 하지 못하게 해서는 안 된다.

(8) 정량적 위험성평가에 있어서 문서화된 근거자료에 의하지 않고 추측만으로 인적 오류의 확률을 제시해서는 안 된다.

3) 인간공학적 고려사항

(1) 인적 오류는 인간의 자연스러운 특성으로서 사전 예측과 식별이 가능하며 근로자의 인적 오류를 사전에 예방 및 관리할 수 있다는 것을 인식하여야 한다.

(2) 인적 오류에 대한 관리는 안전보건관리시스템에 통합하여 체계적이고 적극적인 방법으로 실시하여야 한다.

(3) 잘못된 작업 설계는 인적오류의 근원적인 원인이 된다. 작업내용과 절차를 설계하는 데 당해 작업의 근로자들을 포함시켜야 한다.

(4) 전체적인 작업 또는 공정 중 어디에서 인적 오류가 발생될 수 있는지를 파악하기 위하여 사전에 위험성평가를 실시하여야 한다.

(5) 위험성평가를 통하여 근로자의 개인적 특성과 작업내용 및 작업환경 등을 중심으로 인적 오류의 원인을 파악해야 한다. 위험성평가의 목적은 근로자가 왜 실수를 하였는지 실수할 가능성이 얼마나 있는지를 확인하는 데 목적을 두어야 한다.

5. 작업절차에 관한 인간공학적 고려사항

1) 작업절차 관리 주요 내용

(1) 작업절차를 잘 관리하는 인적 오류를 예방하는 가장 효율적인 방법이다라는 것을 인식해야 한다.

(2) 모든 작업장에서는 작업절차에 대한 관리지침을 가지고 있어야 하며, 작업절차에는 수행과제의 처리절차, 작업순서에 따른 세부 지침, 절차에 대한 갱신과 근로자들의 적응방법 등을 포함해야 한다.

(3) 작업절차 관리지침에는 안전보건상의 주요 과제 수행을 위한 절차도 포함되어야 하며 작업장의 작업절차가 잘 구축되었는지를 점검하여야 한다(부록 1 참조).

2) 인간공학적 고려사항

(1) 작업절차가 적합한 방법으로 이루어지고 있는지에 대한 위험성평가를 실시해야 한다. 위험성평가를 통하여 작업절차를 개선하기 위한 정보를 파악하여야 한다.

(2) 작업절차는 근로자의 역량을 고려하여 설계되어야 하며 작업절차와 근로자의 역량은 서로 상호 보완적 관계에 있어야 한다. 즉, 작업절차는 근로자의 역량을 고려하여 설계되어야 한다.

(3) 작업절차 관리를 위한 시스템을 구축하고 세부적인 근로자 중심의 관리방법과 관리등급 등을 설정하여야 한다. 즉, 근로자의 안전성과 편리성, 수행성 등을 고려하여 작업절차를 설계해야 한다.

(4) 작업절차는 목적에 부합되도록 하고 근로자의 요구(Needs)와 과제, 직무, 환경, 장비 등에 대한 위험성평가 결과를 작업절차에 반영해야 한다.

6. 안전보건교육에 관한 인간공학적 고려사항

1) 안전보건교육 방향

(1) 안전보건교육은 근로자가 작업수행과 관련된 책임을 수행하고 안전보건 기준에 따른 적합한 행동을 할 수 있도록 변화시키는 데 목적을 두어야 한다.

(2) 안전보건교육은 기술과 경험, 그리고 지식의 결합과 동기부여, 안전한 작업태도 등을 형성하여 근로자가 안전한 작업을 수행할 수 있도록 하여야 한다.

(3) 사업주는 근로자와 작업간의 적합성이 지속적으로 유지되도록 하여야 하며, 안전보건교육 시 다음 사항을 고려하여야 한다.

① 근로자의 신체적 · 인지적 특성을 반영하지 못하는 작업내용

② 근로자와 작업 간의 부적합의 원인이 되는 작업 관련 내용 및 이와 관련된 안전보건 내용

③ 근로자가 작업을 수행하는 데 불편하게 느끼거나 기피하는 사항
④ 새로운 기술, 환경, 공정 등의 변화와 관련된 안전보건내용

2) 인간공학적 고려사항

(1) 근로자의 능력은 위험성평가에서 확인된 주요 책임과 활동내용, 수행과제들과 연계되어야 한다.
(2) 근로자 능력개발을 위한 안전보건교육은 당해 직무수행에 관련된 전문적 내용에 모든 안전보건 관련 내용을 동시에 포함하는 방향으로 확립되고 유지되어야 한다.
(3) 안전보건교육은 현장실습을 통하여 근로자의 안전에 대한 역량을 강화하는 방향으로 실시되어야 한다.
(4) 안전보건교육 내용에는 예측 가능한 작업 및 동작 조건, 간헐적이고 복잡한 활동, 긴급 및 위험상황, 유지 보수 등을 포함하여 고려하여야 한다.
(5) OJT는 위험성평가와 위험성평가 관련된 절차 및 통제방법들과 연계성을 가지고 운영되어야 한다.
(6) 교육훈련은 목적하는 기대치를 충족시킬 수 있다는 것이 인정되어야 하며, 요구하는 것을 해결할 수 있다는 것이 평가되고 기록되어야 한다.
(7) 작업수행과 관련된 자격들은 작업장의 위험요인과 위험에 적절하게 대응할 수 있어야 하고 작업장의 특성을 반영할 수 있는 내용의 것이어야 한다.

7. 인력배치에 관한 인간공학적 고려사항

1) 인력배치와 안전보건의 관련성

(1) 안전보건 주요 업무가 계획대로 완수되지 않거나 예정된 시간보다 지연되지 않도록 적절한 인력배치를 하여야 한다.
(2) 다음과 같은 경우에 인적 오류의 원인이 되므로 적절한 인력배치 계획을 수립 · 추진해야 한다.
① 연장근무 및 휴일 근무 시
② 스트레스, 피로, 작업자 의사소통 부족 등의 경우
③ 고객들의 불만 증가, 납품소요시간 지연 등에 따른 심리적 부담이 증가되는 경우

2) 인간공학적 고려사항

(1) 인력 배치 시 당해 작업 근로자의 의견을 반영하여야 한다.
(2) 인력 배치 시에는 작업절차가 안전하게 운용될 수 있도록 근로자의 작업능력과 기술적인 측면을 동시에 고려해야 한다.
(3) 근로자에게 업무에 필요한 지식과 기술들을 습득할 수 있는 충분한 인수인계 기간을 제공하여야 한다.

(4) 작업배치 시 연장 근무에 대한 안전작업 방법과 절차를 명시해야 한다.

(5) 다음과 같은 조치를 통하여 인적 오류의 발생을 최소화하여야 한다.

① 인력배치 시 근로자 개인별 업무량과 숙련도에 대한 한계를 설정

② 물리적, 정신적 업무량을 모두 고려하여 적절한 직무요구도를 설정

③ 근로자가 무엇을 요구하는지, 언제까지 작업 완료가 가능한지, 이런 업무를 실행하기 위해 어떤 정보가 필요한지에 대한 정확한 이해와 업무 분석을 실시

④ 근로자가 핵심 활동에 집중할 수 있도록 명확한 역할과 책임, 우선순위를 설정

(6) 인간기계체계 속에서 각각의 기능들이 인간에 의해 수행되어야 하는지(수동적), 시스템에 의해 수행되어야 하는지(자동적) 또는 인간－기계 조합으로 수행되는지를 결정해야 한다. 이러한 과정을 통하여 인간－기계의 최적화 결합을 창출해내야 한다.

8. 조직변화와 관련된 인간공학적 고려사항

1) 기업은 목표 달성을 위하여 지속적인 혁신과 변화를 추구하게 되며 이와 관련된 조직의 변화는 새로운 안전보건상의 문제점을 야기시킬 수 있으므로 이와 관련된 인간공학적 대책을 수립 · 추진하여야 한다.

2) 조직변화는 작업내용, 작업공정, 작업절차와 방법, 책임과 역할, 작업환경 등의 변화를 가져오며 이러한 과정에서 근로자와 작업 간의 부적합이 초래되지 않도록 인간기계체계 측면에서의 안전보건관리계획을 수립 · 추진하여야 한다.

3) 너무 많은 동시다발적인 변화는 작업자의 불안전 행동을 유발하는 원인이 되므로 이를 예방하기 위한 인간공학적 작업장 설계와 작업배치, 작업환경 조성, 안전보건교육 등을 실시하여야 한다.

4) 조직변화에 수반되는 제안된 위험요인의 통제와 관련된 변화효과가 직 · 간접적으로 검증 및 평가되고 피드백되는지를 확인할 수 있어야 한다.

5) 조직 변화에 따라 직접적으로 주어지는 위험요소와 변화의 과정에서 일어날 수 있는 위험요소에 대한 위험성평가를 실시해야 한다.

6) 변화의 전 과정에서 잠재되거나 숨겨진 안전보건상의 문제가 없는지를 점검하고 작업자와 자연스러운 상담을 통하여 확인해야 한다(부록 2 참조).

7) 모든 주요 업무와 책임이 확인되고 성공적으로 새로운 조직에 이전되었는지를 확인해야 한다.

8) 새로운 직무와 변경된 역할에 대한 안전보건교육과 지도를 실시하고 이행 여부를 감독함으로써 올바른 절차와 방법에 따라 작업이 수행되는지를 확인해야 한다.

9) 조직변화가 없는 정적인 조직에서도 새로운 위험요인이 발생할 수 있음을 인식하여야 한다. 예를 들면 사업장 근로자의 고령화 현상, 조직문화의 변화, 리더십의 변화 등이 작업장의 안전보건에 영향을 미친다.

9. 작업장 의사소통에 관한 인간공학적 고려사항

1) 의사소통의 중요성

(1) 구두 및 서면에 의한 의사소통은 안전을 유지하는 데 매우 중요한 요소임을 인식하여야 한다.

(2) 작업장 내 동료들 간에 또는 다른 작업팀들 간에 작업수행, 유지보수, 비상시 행동 등에 대한 안전보건 정보를 효율적으로 공유할 수 있는 의사소통체계를 구축하여야 한다.

(3) 사업장의 모든 관계자들은 작업장 내의 위험요인을 관리할 수 있도록 위험요인에 대한 주요한 정보를 알 수 있어야 한다.

2) 안전유지를 위한 인간공학적 고려사항

(1) 위험성평가를 실시할 때 누가 의사소통을 필요로 하는지, 그들이 필요로 하는 것은 무엇인지를 확인해야 한다.

(2) 효율적인 안전 의사소통을 위한 매체와 방법을 고려해야 한다.

(3) 근로자들이 작업을 수행하기 전에 위험요소에 대한 대화를 유도함으로써 위험요인에 주의를 촉구하고 인적 오류를 사전에 예방하도록 한다.

(4) 의사소통 대상이 되는 외국인 근로자의 특성을 고려하여 적절한 언어와 용어를 사용하여야 한다.

(5) 작업과정에서 안전 관련 중요한 내용과 작업 단계를 강조하고 안전보건교육에 근로자가 관심을 가질 수 있도록 하여야 한다.

(6) 만약 전달하는 정보가 매우 중요할 때에는 전달효과를 높이기 위하여 2가지 이상의 방법/매체를 사용하여야 한다.

(7) 서명을 하였다고 의사소통이 잘 이루어졌다고 생각해서는 안 된다.

(8) 효율적인 의사소통을 위하여 체크리스트를 활용하는 것이 바람직하다.(부록 3 참조)

3) 인수인계와 관련된 인간공학적 고려사항

(1) 많은 위험지역에서 의사소통의 핵심적인 영역은 인수인계와 관련이 있음을 인식하여야 한다.

(2) 안전한 인수인계를 위하여 사업장에서는 고위험에 관한 인수인계 정보의 확인, 근로자의 의사소통 기술 개발 및 인수인계의 중요성 강조, 인수인계 절차의 확립 등을 실시하여야 한다.

(3) 인수인계는 서로 얼굴을 마주보고 실시되어야 하며, 인수인계자 쌍방의 책임하에 양방향으로 실시되어야 한다.

(4) 인수인계는 구두와 서면을 동시에 사용하여 인수자에게 필요한 정보에 대한 분석내용을 중심으로 충분한 시간을 가지고 이루어져야 한다.

4) 작업허가시스템 운영에 관한 인간공학적 고려사항

(1) 작업허가는 작업장의 경영자 및 감독자와 근로자 사이의 안전을 확보하기 위한 효율적인 의사소통 방법임을 인식하여야 한다.

(2) 작업허가는 작업의 공백이나 중복이 없이 누가 무엇을 수행하는지에 대한 역할과 책임을 명확히 하고 위험요인에 대한 단계별 통제가 이루어지는 방향으로 운영되어야 한다.

(3) 작업허가시스템과 작업허가 관련 절차에 관한 문서를 작성할 때에는 근로자의 안전에 관한 의견을 반영해야 한다.

(4) 동시 또는 상호 의존적으로 실시하는 업무에서는 관련 작업허가가 서로 연관성을 갖도록 하여 위험관리상의 사각지대가 발생하지 않도록 하여야 한다.

(5) 작업허가시스템의 모든 근로자에게 안전에 관한 안전보건교육을 실시하고 작업허가시스템과 관련되어 있는 다른 사람들에게도 관련 정보를 제공해야 한다.

10. 작업장 설계에 관한 인간공학적 고려사항

1) 작업장 설계의 중요성

(1) 작업장 설계는 근로자의 안전보건에 큰 영향을 미친다. 작업장 설계에는 작업통제, 작업장 및 작업설비의 배치 등이 포함되어야 한다.

(2) 작업장 설계 시 근로자의 실수로 인한 사고와 질병을 예방하기 위하여 근로자에 적합한 작업절차와 내용, 사용 장비, 작업배치 등을 고려하여야 한다.

(3) 근로자 개인과 전체 조직에 심각한 안전보건문제의 발생을 예방하기 위하여 인간공학적 원칙을 준수하여야 한다. 인간공학적 원리의 효과적인 적용으로 작업의 안전성과 생산성을 높을 수 있다.

(4) 작업장 설계 과정에서 인적 요소와 인간공학에 대한 고려가 이르면 이를수록 더 나은 결과가 될 가능성이 높아지며, 잘못된 설계는 많은 안전보건상의 문제를 야기시킨다는 것을 인식하여야 한다.

2) 인간공학적 고려사항

(1) 작업장 설계 및 작업장비의 배치와 작업절차는 주요 인간 공학적 표준에 따라 설계되어야 한다.

(2) 작업장 설계 시 생산, 유지, 보수 및 시스템 지원 담당자 등 다양한 유형의 근로자의 의견을 적극 반영하여야 한다.

(3) 디자인은 근로자의 신체 크기, 강점, 지적 능력을 포함하는 근로자의 특성을 고려하여야 한다.

(4) 작업절차는 안전성과 운용성 및 유지관리에 적합하도록 설계되어야 한다.
(5) 비정상 또는 긴급을 요구하는 모든 예측 가능한 운영조건을 고려하여 설계하여야 한다.
(6) 근로자와 시스템 간의 상호작용을 고려하여 설계하여야 한다.

11. 피로 예방과 교대근무에 관한 인간공학적 고려사항

1) 휴식과 회복 시간, 업무 요구량 간의 균형을 상실한 부실한 교대근무의 설계는 피로, 사고, 부상 및 직업병의 발생 원인이 될 수 있음을 인식해야 한다.
2) 피로는 일반적으로 근로자의 정신적 또는 신체적 능력의 감소를 가져오며, 인적 오류를 유발하는 원인이 되므로 과도한 작업 시간이나 부적절하게 설계된 교대근무 형태가 발생하지 않도록 하여야 한다.
3) 피로는 느린 반응, 정보처리능력의 감소, 건망증, 무의식 행동, 지각능력 감소, 주의력 감소, 위험인식 결여, 오류 및 사고 유발, 질병, 상해, 생산성 감소를 초래하는 원인이 되므로 작업자 특성과 작업 간의 적합성을 고려한 안전보건관리계획을 수립 · 추진하여야 한다.
4) 피로는 다음과 같은 측면에서 안전보건상의 부정적인 영향을 미침을 인식하여야 한다.
(1) 집중하고 명확한 판단 또는 정보를 받아들이고 실행하기 어렵다.
(2) 주의력 또는 기억력의 저하를 초래한다.
(3) 근로자의 반응이 점점 느려져 작업 중에 위험이 초래된다.
(4) 반복되는 실수를 하게 된다.
(5) 피로하기 때문에 업무 중 잠시 동안 조는 경우가 발생한다.
(6) 업무에 대한 동기부여나 흥미가 떨어지게 된다.

5) 피로는 어떤 다른 유형의 위험과 다름없이 관리되어야 하며, 피로의 위험을 과소평가해서는 안 된다.
6) 사업주는 근로자의 의지에 반하는 잔업이나 특정한 회사 사정으로 발생하는 피로와 피로로 인한 위험요소를 관리하여야 한다.
7) 근무 시간에 대한 변경 사항은 위험요소로 인식하고 평가하여야 한다.
8) 작업을 상시 모니터링하고, 근무 시간, 연장 근무와 교대 근무의 제한을 설정하는 피로예방 시스템을 갖추어야 한다.
9) 교대 작업의 위험을 평가하고 관리하는 계획적이고 체계적인 접근 방식은 근로자의 건강과 안전을 향상시켜야 한다.
10) 많은 위험 요인이 변화되는 작업 일정(Schedule) 설계와 관련이 있다. 작업 일정을 설계할 때는 교대근무의 위험을 평가하고 관리하는 것을 고려해야 한다.

12. 유지관리, 검사, 시험 등에 관련된 인간공학적 고려사항

1) 유지관리, 검사, 시험의 중요성

(1) 유지관리, 검사와 시험(Maintenance, Inspection, Testing : MIT), 이하 "유지관리 등"이라 한다)과 관련된 작업에는 많은 위험요인을 내포하고 있음을 인식해야 한다.

(2) 유지관리 등 작업에 있어서 아무리 잘 훈련되고 의욕적인 근로자에게도 인적 오류는 발생될 수 있으므로 인적 오류 예방을 위한 인간공학적 대책을 수립 · 추진하여야 한다.

(3) 유지관리 등 작업에서의 인적 오류는 대부분 예측할 수 있고 확인되고 관리되어질 수 있으므로 위험성평가를 통하여 안전한 작업절차와 방법 등에 관한 작업지침을 확립 · 운영하여야 한다.

2) 인간공학적 고려사항

(1) 유지관리 등 업무의 제반 활동을 위하여 각 담당자별로 역할과 책임을 부여하여야 한다.

(2) 관련 시설과 장비를 확인하기 위한 시스템을 확보하고, 유지관리 등 시스템에 그 관련 시설과 장비를 포함시켜야 한다.

(3) 유지관리 등 업무 담당 근로자의 능력을 것을 보증할 수 있고, 유지관리 등 활동에 착수하고 있는 근로자의 능력을 확인하고 감독하는 시스템을 구축해야 한다.

(4) 유지관리 등 업무의 적절한 지시와 적절한 지원을 위한 절차를 마련하여야 한다.

(5) 유지관리 등 업무 시의 문제점에 대한 초기 징후를 찾아 관리하여야 한다.(예 큰 잔무 일, 초과하는 수리시간, 직원으로부터 부정적인 피드백)

(6) 일정한 점검표에 따라 유지관리가 정해진 절차에 따라 실시되어야 하고, 인적 오류로부터 발생하는 실수와 사고를 조사하고 시스템을 개선해야 한다.(부록 4 참조)

(7) 유지관리 등 업무 수행 시 모든 직원 사이에 효과적인 의사소통을 보장하여야 한다.

(8) 시험, 검사 및 증명 테스트를 위한 명확한 통과/실패 기준을 위한 절차를 갖추어야 한다.

(9) 유지관리 등 업무에 종사하는 근로자를 작업설계, 작업분석, 작업절차 제정 등에 참여시켜야 한다.

13. 안전문화 형성에 관한 인간공학적 고려사항

1) 안전문화의 중요성

(1) 안전문화는 "우리가 여기서 일을 하는 방법"으로 이해되며, 작업장에서 근로자 행동과 성과에 영향을 미치게 됨을 인식하여야 한다.

(2) 안전문화는 안전관리시스템 등에 큰 영향을 미치며, 안전보건 관련 제도나 시스템은 전체적으로 전 기업 문화의 기반을 형성한다.

(3) 안전문화 형성을 위하여 다음과 같은 사항들을 고려하여야 한다.

① 안전을 최우선으로 생각하는 경영방침과 리더십 유형

② 근로자의 자발적인 참여제도

③ 근로자의 교육훈련과 역량

④ 효율적 의사소통체계

⑤ 절차의 준수

⑥ 조직학습

2) 인간공학적 고려사항

(1) 안전문화의 변화 과정은 장기적인 관점에서 추진하여야 한다.

(2) 안전문화 형성을 위해서는 우선 기존의 문화수준을 측정하는 것부터 시작해야 한다. 이것은 기존의 안전문화가 어떤 부분이 취약하고 개선이 필요한지를 알려주며, 안전문화 형성을 위한 목표 설정에 도움을 준다.

(3) 안전문화 형성의 방향을 설정하기 위한 첫 번째 조치로써 근로자들에 대한 인적 요인 조사를 체크리스트를 이용하여 실시하여야 한다(부록 5 참조).

(4) 조직 내의 많은 요인들이 안전문화 형성에 영향을 미치며 안전문화의 형성을 위하여 〈표 1〉과 관련된 사항들을 고려하여야 한다.

〈표 1〉 안전문화 형성에 영향을 미치는 요인들

문화 형성요인	경영방침, 제도, 시스템	경영자 활동(예시)
가시적인 안전경영 방침	• 정기적 작업장 방문 및 안전보건 확인 • 현장 근로자들과 안전문제 논의 • 안전우선 방침 및 안전투자 • 작업절차 위반에 대한 엄격한 조치 • 절차위반 방지를 위한 시스템 개선	• 평상시 작업장 방문 시간 배정 • 경영방침 솔선수범 • 근로자 안전에 관심을 갖기 (가정 안전 등 정보제공) • 넓은 안전관련 이슈에 관심 표명 • 적극적인 안전행동 솔선수범
안전문제에 대한 근로자의 주도적 참여	• 안전보건에 폭넓은 근로자 참가 제도 • 상담 시 법규 기준 이상의 조언 • 안전정책과 목표설정 • 근로자의 사고/아차사고 조사 제도	• 안전경영 정책을 지지 • 경영자 일일 현장 체험 근무 • 안전 우수직원/부서 포상 • 안전증진자에 대한 인센티브 등
노사 간의 신뢰	• 안전증진을 위한 정기적 노사협의 • 공정하고 안전한 문화 촉진 • 경영방침에 근로자에 대한 존경과 신뢰를 표명	• 좋은 인간관계/ 모범적인 행동 • 경영자의 약속을 철저히 준수 • 모든 근로자에 대한 신뢰 구축

좋은 의사소통	• 명확하고 간결한 안전 인쇄물 제공 • 날마다 최신 안전 이슈에 대한 간결한 정보 제공 • 비공식적 안전 미팅을 통한 경청과 피드백	• 안전 주요 이슈를 제시하는 근로자 참가 격려 • 의사소통 기술 증진 특별훈련 • 한 가지 이상의 의사소통 수단보유
역량 있는 근로자	• 직무 및 안전보건 관련 좋은 역량보증 시스템 구축	• 정기적으로 자기 직무와 안전문제에 기여한 근로자를 선발

〈부록 1〉

작업절차에 관한 체크리스트

여러분 사업장이 좋은 작업절차를 가지고 있다면 아래 사항을 대부분 체크할 수 있다.

1	당신은 다음 절차를 알고 싶을 때 항상 쉽게 절차서를 찾을 수 있는가? • 작업운영절차(Operation Tasks) • 시운전 작업업무의 위탁 절차(Commissing Tasks) • 유지보수 작업 절차(Maintenance Tasks) • 이상 또는 비정상 작업(Abnormal or Emergency Tasks)
2	당신이 찾고자 하는 절차는 최신 버전으로 업데이트되어 있는가?
3	당신이 찾고자하는 절차는 논리적인 단계로 명시되었는가?
4	당신이 찾고자 하는 절차가 읽기 쉽고 분명하다면, 그 이유는 무엇인가? • 쉽게 이해할 수 있는 단어를 사용한다. • 업무철차를 도표, 그림, 흐름도, 체크리스트 등을 사용하여 설명한다. • 글자의 크기와 색깔, 스타일, 삽화가 분명하다.
5	절차서가 정확하고 실제로 작업을 수행하는 방법을 잘 기술하고 있는가?
6	특히 주의해야 하는 작업단계를 강조하고 있는가?
7	각각의 작업에 필요한 특별한 장비(도구, 복장 등)에 대한 설명이 도움을 주는가?
8	작업절차서가 더럽거나 찢어지거나 누락된 부분이 없이 항상 좋은 상태인가?
9	이 절차서가 작업방법에 대한 교육자료로 사용되는가?
10	작업 내용이 변경되었을 때 신속히 변경내용을 반영하는가?
11	다른 관련된 정보, 즉 감독관의 구두 지시나 설명과 일치하는가?
12	참고자료, 휴대용 체크리스트 등의 작업보조자료가 보급되고 있는가?

〈부록 2〉

조직변화가 잘 이루어지는지를 점검하기 위한 체크리스트
[관리자 체크리스트]

아래 항목들이 조직변화의 과정에서 잘 이루어지는지를 체크하고 실행한다.

1	조직 개편의 필요성이 대두될 때 근로자에게 이야기를 하는가?
2	조직 변경이 왜 불가피한 상황인지를 설명하는가?
3	변경 계획에서 있어 관련된 직원과 상담하는가?
4	근로자의 생각과 관심에 귀 기울여 주는가?
5	변화의 전 과정에 속에서 근로자와 의사소통을 하는가?
6	변화와 관련한 위험요소를 완전히 이해하고 있는가?
7	위험요소를 줄일 수 있는 모든 일들을 하고 있는가?
8	새로운 조직에서 일시적으로 업무량이 늘어나는 것을 고려하는가?
9	조직변화로 인한 기술과 경험의 손실을 고려하는가?.
10	조직변화를 실행하기 위한 절차가 잘 이루어지고 있는가?
11	변화된 새로운 역할에서 필요한 안전보건교육을 계획하고 있는가?
12	예상치 않는 갑작스런 변화에 대처할 수 있는가?(핵심 인력의 갑작스런 손실 등)
13	다음 단계의 변화에서 문제가 일어나지 않도록 각각의 변화 계획을 세우는가?

〈부록 3〉

효과적인 의사소통을 위한 관리자 체크리스트

관리자는 좋은 의사소통을 위하여 다음 사항들을 점검한다.

1	관리자와 감독자는 정기적으로 근로자와 얼굴을 마주보고 안전에 대해 이야기하는가?
2	안전 정보(포스터, 메모, 소식지, 대화 및 발표 등)에 다음 사항을 고려하여 사용하는가? • 이해하기가 명확하고 쉬운가? • 간결하고 핵심적인 내용인가? • 정기적으로 최신 정보로 교체되는가?
3	근로자는 일에 지장을 주지 않으면서 적절하게 의사소통을 할 수 있는 시간을 가지고 있는가?
4	의사소통에 장비(라디오, 인터콤, 사내 이메일)가 활용되는가?
5	대화는 일반적으로 작업장에서 소음으로 방해받지 않는가?
6	근로자는 중요한 안전 정보가 받아들여지고 확실히 이해하고 있는가?
7	근로자는 교대 작업 시 아래 사항들을 고려하여 인수인계를 잘 하고 있는가? • 교대 시 인수인계를 할 시간이 항상 충분한가? • 직접적으로 업무교대 시 작업장의 상태에 대해 이야기하는가? • 교대가 이루어질 때 서면으로 작성된 기록을 인계받는가?
8	회사는 특별한 상황이나 긴급사항 시 전달체계가 잘 되어 있는가?
9	근로자와 계약자, 근로자와 관리자와 같은 서로 다른 그룹 간에 서로서로 의사소통이 잘 이루어지고 있는가?

〈부록 4〉

유지관리 과정에서의 체크리스트

관리자는 유지관리를 실시할 때 다음 사항을 확인해야 한다.

1	어떤 업무가 주요 위험 사고로 이어질 수 있는지 완전히 이해하고 있는가?
2	발생률이 낮은 사고에 대해서도 확실한 대비책을 가지고 있는가?
3	주요 사고 위험 평가에 대한 유지관리 계획에 기초해서 실시하는가?
4	교대업무 간에 인수인계가 잘 이루어지고 있는가?
5	유지관리 등 업무에 익숙지 않은 기술 또는 그런 직원들을 다루어야 하는가?
6	유지관리 과정에서 안전 순찰을 적절히 실시하고 있는가?
7	유지관리 등 시스템의 접근성을 고려하여 지속적으로 개선하고 있는가?
8	문제점의 초기 징후를 찾아 관리하고 있는가? (예 큰 잔무 일, 초과하는 수리시간, 직원으로부터의 부정적인 피드백)
9	유지보수를 하는 데 있어 인적 오류로부터 발생되는 실수와 사고를 조사하고 시스템을 개선하고 있는가?

〈부록 5〉

안전한 조직문화 조성을 위한 체크리스트

1	관리자가 정기적으로 작업장을 방문하여 근로자와 안전에 관한 문제에 대해 논의하는가?
2	회사는 안전에 관한 문제에 대해 정기적으로 정확한 정보를 제공하는가?
3	근로자는 안전 문제에 대해 관심이 높고 사업주는 이를 심각하게 받아들이고 근로자에게 회사 측에서 무엇을 하고 있는지 알려주고 있는가?
4	안전은 항상 회사 측에서 가장 우선순위로 생각하고 있는가?
5	안전하지 않으면(위험상태에서) 근로자는 작업을 멈출 수 있는가?
6	회사는 모든 사고와 아차사고를 조사하고 관리하며 사후관리를 제공하는가?
7	회사는 안전에 관한 아이디어가 늘 최신의 상태가 되도록 유지하는가?
8	근로자는 필요하다면 안전 장비와 훈련을 제공받을 수 있는가? • 이를 위한 예산은 적정한가?
9	모든 근로자는 모든 위험요인의 제거를 요청할 수 있는가?
10	근로자는 안전문제에 대해 언제나 의견을 제시할 수 있고 회사는 이런 근로자들을 비난하지 않는가?

안전보건 리더십에 관한 지침(G－107－2013)

1. 목적

사업장의 안전보건문제를 소홀히 다룰 경우 사업주는 치명적인 인적, 물적 손실을 입을 수 있다. 사업주는 이런 손실을 미연에 방지하기 위하여 안전보건문제를 주도적으로 관리하는 효율적인 리더십이 필요하다. 이 지침은 안전보건 리더십의 함양에 관한 주요 내용을 단계별로 제시하는 것을 목적으로 한다.

2. 적용범위

이 지침은 안전보건관리 활동을 실행하는 사업장에 적용한다.

3. 용어의 정의

1) 이 지침에서 사용하는 용어의 정의는 다음과 같다.
   (1) "리더십(Leadership)"이란 주어진 상황에서 조직의 목표를 효과적으로 성취하기 위하여 구성원 개인 및 집단의 활동에 영향을 미치는 리더의 행위를 말한다.

2) 그 밖에 이 지침에서 사용하는 용어의 정의는 이 지침에 특별한 규정이 있는 경우를 제외하고는 산업안전보건법, 같은 법 시행령, 같은 법 시행규칙, 산업안전보건기준에 관한 규칙 및 관련 고시에서 정하는 바에 의한다.

4. 리더십의 기본 원칙

1) 사업주의 강력하고 적극적인 리더십

(1) 가시적이고 적극적인 지원체계 구축
(2) 효율적인 하향식 의사전달체계와 관리구조 확립
(3) 적절한 안전보건관리체계와 사업 결정 과정과의 유기적 관계 규정

2) 근로자의 적극적인 참여의식

(1) 안전보건 관리체계의 증진 및 유지에 기여
(2) 효율적인 상향식 의사전달체계 참여
(3) 수준 높은 교육훈련에 참가

3) 평가를 통한 안전보건관리체계 개선

(1) 위험요소 확인 및 관리

(2) 타당성 있는 권고의 수용

(3) 모니터링, 보고 및 검토사항 이행

5. 안전보건관리로 인한 이점과 결점

1) 안전보건관리가 잘 추진되는 작업장

(1) 근로자의 결근 혹은 이동이 줄어들고, 사고에 대한 위험요소가 줄어들고 관련 비용이 감소한다.

(2) 사업주와 근로자 사이의 신뢰가 형성되고 원만한 협력체계가 만들어진다.

(3) 고객 및 투자자 그리고 사회로부터 사회적 기업으로 인정받게 되고 더 좋은 평판을 얻게 된다.

(4) 근로자의 건강이 좋아져서 근무에 대한 만족도가 높아지고, 이는 생산성 향상으로 이어진다.

2) 안전보건관리활동이 미흡한 작업장

(1) 근로자들의 질병 혹은 상해로 인해 실질 근로일수가 줄어든다.

(2) 근로자들이 작업 관련 질환을 앓게 되고, 최악의 경우 직업병으로 사망에 이르게 할 수도 있다.

(3) 근로자들이 작업 중 상해를 입을 가능성이 높아진다. 경우에 따라 근로자의 상당수가 치명적인 상해를 입을 수도 있다.

6. 안전보건에 관한 사업주의 역할

안전보건문제는 기업이나 조직의 사업을 성공적으로 이끄는 데 있어 매우 중요하다. 따라서 사업주는 강력하고 치밀한 리더십을 통해 조직 내에 양호한 안전보건상태가 유지되도록 항상 노력해야 한다.

1) 근로자를 비롯하여 사업 관련자들에 대한 위험요소를 평가해야 한다.

2) 안전보건에 관한 계획, 조직, 통제 및 모니터링과 예방 혹은 보호책 등을 마련해야 한다.

3) 문서화된 안전보건정책을 보유한다.

4) 근로자들이 유용한 안전보건 상담을 받을 수 있도록 한다.

5) 근로자들의 언제든지 작업장 내의 위험요소와 예방 및 보호조치들에 대해 상담 혹은 논의할 수 있도록 한다.

7. 안전보건관리 절차

1) 계획

사업주는 조직 내 위험요소에 민감하게 대응하여 효율적인 안전보건관리의 방향을 설정하고, 구체적인 안전보건 정책을 수립해야 한다. 이것은 조직문화와 그 가치 및 실행기준의 중요한 부분으로 정착되어야 한다. 사업주는 주도적으로 안전보건상의 필요성을 조직 내에 환기시켜야 한다. 사업주는 안전보건정책을 통해 주요 문제점들을 인식하고, 이를 공론화하여 위험요소를 최소화하여 안전보건상의 양호한 상태를 유지할 수 있는 방안을 모색하여야 한다. 이때 경영진 각자의 역할을 명확히 할당한다.

(1) 안전보건문제는 경영진의 회의 시 정례적인 안건으로 논의되도록 한다.
(2) 사업주는 리더십을 발휘하여 안전보건문제에 대한 논의를 주도적으로 이끌 수 있는 체계를 만든다.
(3) 사업주는 안전보건상의 목표를 명확히 설정한다.
(4) 안전보건관리책임자는 사업주를 도와 안전보건상의 문제해결에 감독자 역할을 한다.

2) 실행

근로자 및 고객을 포함한 조직 관련자의 안전보건문제는 위험요소를 민첩하고 적절하게 다루는 효율적인 관리시스템을 통해 관리되어야 한다. 안전보건문제를 주도하여 책임감 있게 다루기 위해 사업주가 실행해야 하는 내용은 다음과 같다.

(1) 안전보건시설을 충분하게 갖춘다.
(2) 안전보건대책이 마련되도록 한다.
(3) 위험성 평가를 실행한다.
(4) 안전보건상의 문제 해결에 있어 근로자 혹은 그 대표자가 참여하도록 한다. 사업주는 새로운 작업과정과 내용 혹은 새로운 인력 및 자원을 도입할 때 안전보건상의 문제를 반드시 고려하여 필요한 조치들이 안전보건정책에 반영되도록 한다.
  ① 사업주는 작업현장에서 안전보건 조치들의 실행 여부를 확인하고, 이를 정책에 적극 반영하는 리더십을 보여야 한다.
  ② 안전보건관리책임자와 관리감독자는 안전보건에 관한 지식을 갖추도록 한다.
  ③ 물품, 장비 혹은 서비스의 조달 기준을 규정하는 것은 안전보건상의 위험요소를 사전에 방지하는 데 도움이 된다.
  ④ 사업 상대 및 주요 공급자 혹은 계약자의 안전보건상태도 조직에 영향을 미칠 수 있으므로 사전에 평가되어야 한다.
  ⑤ 각 부문별로 위험요소 관리자를 지정하고, 고위 임원이 주도하는 산업안전보건위원회를 통한 안전보건정책은 위험요소 관리의 우선순위 및 불필요한 의사결정과정을 줄임으로써 이에 소요되는 시간 및 노력을 절약할 수 있다.

⑥ 적절한 안전보건에 관한 교육훈련을 경영진에게 실행하여 조직 내 주요 안전보건문제들에 대한 이해와 식견을 높일 수 있는 기회를 제공한다.

⑦ 근로자들이 안전보건문제에 적극 참여할 수 있는 방안을 강구하여 조직 내의 모든 관계자가 양호한 안전보건상태에서 작업이 이루어질 수 있도록 한다.

3) 검토

모니터링과 보고체계는 안전보건관리 시의 중요 부분이다. 사업주는 관리체계에 따라 안전보건정책의 실행에 대해 일상적인 보고뿐만 아니라 사고 등의 특정 사례에 대한 보고를 받을 수 있는 체계를 구축한다. 엄격한 모니터링체계에 의해 계획된 바대로 일상적인 점검이 이루어질 뿐만 아니라, 관련 사항들도 보고되도록 한다.

(1) 교육훈련을 통해 사고 및 질병으로 인한 결근율과 같은 사고통계를 보고하도록 한다. 이는 장기적인 사고 예방책을 마련하는 데 중요하므로 이에 대한 효율적인 모니터링이 이루어져야 한다.

(2) 안전보건에 대한 관리 구조 및 위험관리의 효율성에 대한 정례적인 검토가 실행되도록 한다.

(3) 새로운 절차에 따른 작업과정의 도입으로 기존의 주요 안전보건관리가 부실하게 될 가능성이 있을 경우에는 이를 사업주에게 즉시 보고할 수 있는 체계를 갖추게 한다.

(4) 새롭고 변화된 법적 요구사항이 제기될 경우 이를 실행할 절차를 마련하도록 한다.

(5) 안전보건에 대한 모니터링은 필요시 근로자도 참여하도록 한다.

(6) 관리감독자의 안전보건관리에 관한 평가가 이루어지게 한다.

4) 조치

안전보건관리의 실행 상태에 대한 사업주의 검토는 필수적이다. 사업주는 적어도 1년에 1회는 그러한 검토를 하는 것이 바람직하다. 검토 과정의 주요 내용은 다음과 같다.

(1) 안전보건정책이 현재 조직의 계획 그리고 목표 등을 반영하고 있는지 점검한다.

(2) 위험관리와 다른 안전보건체계가 경영진에 효율적으로 보고되고 있는지 점검한다.

(3) 안전보건관리의 미비점과 모든 관련 임원 및 관리 결정의 효율성을 검토한다.

(4) 취약점을 표명하는 조치와 그 이행을 모니터하는 시스템을 점검한다.

(5) 주요 미비점 혹은 사건들에 대한 즉각적인 점검을 고려한다.

(6) 조직 내에서 이루어지는 안전보건 및 복지의 실행은 기록되고 정리되어 매년 정례적으로 공지되도록 한다.

(7) 안전보건관리책임자는 작업현장을 방문하여 정보를 수집하고 이를 바탕으로 안전보건정책을 검토한다.

8. 안전보건 문화의 정착

1) 사업주의 역할

조직 내에서 긍정적인 안전보건 문화를 정착시키는 것은 효율적인 안전보건 관리에 기본적인 요소이다. 이를 위한 사업주의 역할은 다음과 같다.

(1) 관리 정도에 따라 조직 분위기에 미칠 수 있는 다양한 정책에 대해 근로자에게 이해시킨다.

(2) 모든 관리자들이 안전보건을 증진시키는 데 힘쓰도록 한다.

(3) 안전보건관리에 대한 모든 정보가 공개되도록 한다.

(4) 근로자가 안전보건관리에 동참할 수 있는 동기 부여를 증진시키는 것이 곧 안전을 향상시키는 데 기본적인 사항임을 이해하고 그것이 실질적인 실행으로 옮겨질 수 있도록 노력하며 이것을 관리자들에게 확신시킨다.

(5) 조직의 사회적 책임은 안전보건에 대한 위험요소를 효율적으로 관리하는 것도 포함된다. 안전보건관리는 선택이 아니라 필수 정책사항임을 인식한다.

(6) 근로자들이 모이는 자리마다 안전보건관리가 언급되도록 한다. 안전보건에 관한 토의 시에는 근로자는 물론 계약자 및 방문자 그리고 일반 대중의 건강과 복지에 매우 중요함을 인식시킨다.

(7) 모든 조직의 정책 결정 시 우선적으로 안전보건 문제가 논의되도록 한다. 조직의 다양한 회의 혹은 모임에서 안전보건에 관한 문제가 화두가 되어야 한다. 이것은 조직의 사회적 책임이라는 측면에서도 중요하다.

(8) 실행사항을 검토할 때 안전보건은 중요한 요소이므로 근로자들이 사전에 이 문제에 관심을 갖고 자발적으로 주의를 기울일 수 있도록 적절한 조치를 취한다. 관리자들은 안전보건정책을 이해하고, 이의 실행을 위해 조직은 각 부서 안전보건문제가 어떻게 관리되고 있는지를 설명할 수 있어야 한다. 이러한 내용은 전반적인 조직 운영의 검토대상이 되어야 한다.

(9) 실행 조치들을 통해서 주요 위험요소들이 잘 통제되고 있음을 확인한다. 관리자는 안전보건관리의 적절한 실행 여부를 주요 지표를 통해서 확인하고 대응조치를 취해야 한다. 이러한 조치는 내부적으로는 물론 외부적으로도 유사한 위험요소를 지닌 유사 작업에 대해서 비교할 수 있다.

(10) 장기적인 안전보건관리의 목표를 설정하고 지속적인 향상을 위한 노력을 경주한다. 주요 위험요소와 안전보건문제를 통제하기 위한 장기목표를 설정하고, 이에 따른 계획을 세운다.

(11) 근로자들에게 안전보건관리가 다른 사업상의 가치만큼 중요함을 보여준다. 산업안전보건위원회를 통해 근로자들과 정례적으로 만나 안전보건문제를 논의하고, 그들이 이 문제에 보다 많은 관심을 갖도록 하며, 그들의 견해를 적극 고려하고 또 반영하도록 한다. 근로자들이 제기한 문제에 대한 조치들은 곧 바로 공지한다.

(12) 다른 관리자들뿐만 아니라 고객 또는 관련 계약자들과도 안전보건관리를 논의한다. 양호한 안전보건관리가 유지되는 회사는 외부 계약자들이 조직을 신뢰할 수 있는 여건을 조성하게 된다.
(13) 관리자들이 안전보건관리 문제를 소홀히 할 경우 이를 설명하고 질책하여 즉시 시정하도록 조치하는 체계를 갖춘다. 또한, 만일 사고가 발생 시 그에 대한 철저한 원인 조사를 실행한다.

2) 안전보건관리자의 역할

안전보건관리자가 안전보건관리를 위한 적절한 시스템을 구축하고 통제하기 위해서 해야 할 사항은 다음과 같다.

(1) 조직 내의 위험요소들을 이해하고 이들을 적절히 통제하기 위하여 기술적 문제뿐만 아니라 인간적 요소를 고려한 안전보건관리시스템을 정착시킨다. 즉, 발생 가능한 사고 위험을 사전에 파악하고 이를 예방하기 위한 사전조치를 취한다.
(2) 안전보건관리부서는 적절한 관리통제능력을 유지하도록 하고, 이를 정기적으로 점검한다.
(3) 사고 발생 시에는 그에 대한 근본적인 원인을 찾아 분석하고, 그러한 사고를 사전에 예방할 수 있는 조치를 취한다.
(4) 안전보건관리감독자들은 적극적으로 안전보건상의 문제를 찾도록 한다. 사고 발생 전 적극적으로 위험요소를 찾아 사전에 예방조치를 취하는 것이 무엇보다도 중요하다.
(5) 양호한 작업장 운용을 위해서는 초기 설계 및 건설뿐만 아니라 위험요소에 대한 근로자들의 의견과 검토 그리고 평가가 중요하다. 따라서 이를 다루는 협력시스템이 반드시 필요하다.
(6) 관리조직 및 생산기술의 변화에 대한 안전보건관리는 이를 위한 계획에 따라 철저히 실행되어야 한다.
(7) 안전보건관리 문제와 관련된 모든 문제는 연례적으로 종합적으로 검토하여, 적절한 대응 조치와 실행 여부를 점검한다. 이러한 점검을 통해 도출된 결론은 차년도 실행 계획에 적극 반영한다.

3) 관리감독자의 역할

(1) 조직에서 사업주의 태도와 결정은 관리감독자들의 행동과 우선 순위 결정에 상당한 영향을 미치게 되므로 필요하다고 판단 시 모든 관리감독자들이 긍정적인 안전보건 문화 정착을 위한 훈련을 받도록 한다.
(2) 관리감독자의 역할은 단순히 일을 지시하고 그것이 규정과 지시에 따라 잘 이행되는지를 모니터링하는 데 있는 것이 아니다. 관리감독자는 리더로서 행동해야 하므로, 안전보건문제를 해결하기 위하여 여러 제안들을 수렴하고 조직원들에게 동기를 부

여해야 한다.

(3) 안전보건관리책임자는 관리감독자를 통하여 실제 현장에서 일어나고 있는 상황을 점검하여 문제가 어디에 있는지 또 어떻게 진행되고 있는지를 정확히 파악해야 한다. 관리감독자와의 솔직한 의사전달은 문제해결에 있어 매우 중요하다.

(4) 관리감독자들이 긍정적인 안전보건문화를 향상시키는 데 주도적으로 기능하도록 동기를 부여하고 고무한다. 이를 위해서는 관리감독자와 근로자와의 긴밀한 협조관계가 형성되도록 한다.

(5) 안전보건문제는 별개의 기능을 하는 것이 아니라, 생산성과 경쟁력 그리고 수익성 모두의 통합적 부분으로서 기능하고, 또 안전보건상의 위험요소들이 곧 사업상의 위험요소임을 인식해야 한다.

4) 근로자의 역할

(1) 양호한 안전보건상태를 유지하기 위해서는 근로자들의 적극적인 참여가 중요하다. 그들의 안전한 작업환경 없이 효율적인 사업 운용도 불가능하다. 따라서 관리자는 근로자 혹은 근로자 대표자들과의 협력관계를 강화해야 한다.

(2) 근로자 혹은 그들의 대표자들이 안전보건관리의 문제를 관리하는 각 단계에 적극 참여하도록 하여 안전보건관리 담당부서가 위험요소를 찾고, 적절한 방법으로 그에 대응책을 마련하는 협력관계를 유지하도록 한다.

(3) 조직구성원 모두가 안전보건상의 문제가 지닌 중요성을 인식하고, 적절한 예방조치가 실행되는 데 참여하도록 한다.

9. 안전보건 점검

1) 계획

사업주의 안전보건에 대한 역할은 어떻게 증명할 수 있는가?

2) 실행

(1) 사업주는 조직 내의 모든 부서에서 안전보건관리가 이루어지게 했는가?

(2) 사업주는 조직 내 모든 관련자들이 안전보건관리에 대해 훈련받고, 실행하도록 어떤 조치를 취하고 있는가?

(3) 근로자 혹은 안전보건관리감독자는 안전보건관리 문제에 적절한 상담을 하고, 그들의 관심사에 대해 필요시 경영진과 정보교환이 가능한가?

(4) 적절한 위험성 평가가 이루어지고, 민감한 통제조치가 설정되고 또 유지되도록 하는 데 어떤 시스템이 작동하고 있는가?

3) 검토

(1) 작업현장에서 실제 발생하고 있는 일과 어떤 검사 혹은 위험성평가가 실제 이루어지고 있는가에 대해 잘 알고 있는가?

(2) 상해 및 작업과 관련된 질병에 대한 자료와 보고 등의 안전보건에 관한 정보들을 사업주는 정기적으로 받고 있는가?

(3) 안전보건 실행에 관해 타 조직의 정책과 실행 방안을 비교하여 활용하는 방안이 있는가?

(4) 작업내용의 변화가 있을 경우, 그로 인한 안전보건관리 문제를 사업주도 알 수 있도록 규정되어 있는가?

4) 조치

안전보건관리 문제에 대한 경영진 차원의 적절한 검토가 이루어지도록 무엇을 하고 있는가?

인력운반작업에 관한 안전가이드(G-119-2015)

1. 목적

이 지침은 인력운반작업과 관련하여 발생할 수 있는 다양한 형태의 안전사고의 예방을 위하여 필요한 기술적 사항을 제공을 목적으로 한다.

2. 적용범위

이 지침은 사업장에서 인력을 사용한 운반작업 시 적용한다.

3. 용어의 정의

1) 이 지침에서 사용하는 용어의 정의는 다음과 같다.

(1) "수작업"이라 함은 손 혹은 신체의 힘으로 물건을 운반하거나 지지하는 것을 말한다.(올림, 내림, 밀고 당김, 옮기거나, 움직이는 것을 포함한다)

(2) "인력운반"이라 함은 동력을 이용하지 않고 순수하게 사람의 힘으로 하물을 밀거나, 당기거나, 들고 있거나, 들어 옮기거나 또는 내려놓는 일체의 동작을 말한다.

(3) "인력운반의 한계"라 함은 인력으로 운반할 수 있는 최대한의 중량을 말한다.

(4) "위험요소(Hazard)"라 함은 사용자에게 유해하거나 상해를 발생시키는 본질 또는 성질을 말하며 재난의 선행 조건으로 다음과 같은 경위로 발생된다.

① 불규칙적 기능(기계류의 고장, 인적 오류 또는 부적합한 특성을 가진 물질을 공정에서 사용 등)

② 정상 작동

(5) "들기작업(Lifting)"이라 함은 작업자가 아래에 있는 것을 위로 올리거나 또는 위에 있는 것을 아래로 내리는 작업을 말한다.

(6) "파지(Grip)"라 함은 손으로 꽉 움키어 쥐는 것을 말한다.

(7) "유지보수(Maintenance)"라 함은 장비의 양호한 작동상태를 유지하기 위한 정기 또는 비정기적 행위를 말한다.

(8) "작업환경(Work environment)"이라 함은 작업자의 작업 공간을 둘러싸고 있는 물리적, 화학적, 생물학적, 조직적, 사회적, 문화적 요인을 말한다.

(9) "작업자"라 함은 기계의 설치, 운전, 조정, 보수, 청소, 수리 또는 운반 등의 주어진 업무를 수행하는 자를 총칭하는 것을 말한다.

2) 그 밖에 이 지침에 사용하는 용어의 정의는 이 지침에 특별한 규정이 있는 경우를 제외하고는 산업안전보건법, 같은 법 시행령, 같은 법 시행규칙, 산업안전보건기준에 관한 규칙 및 관련 고시에서 정하는 바에 의한다.

4. 인력운반작업에 관한 사항

1) 일반사항

(1) 인력운반작업 시에는 다음 〈표 1〉과 같은 인력운반작업 분석프로그램을 활용하여 작업을 분석한다.

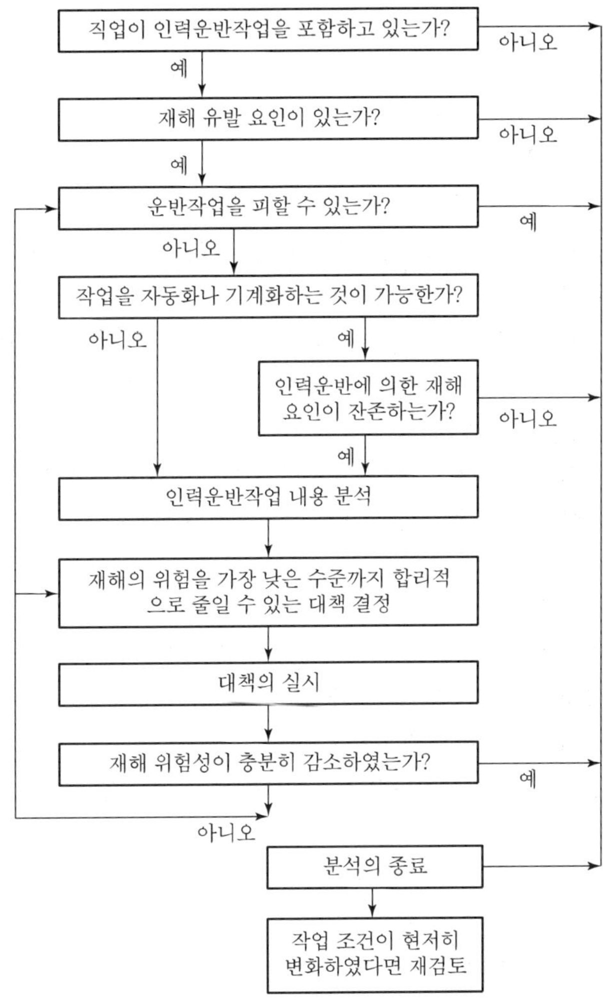

〈표 1〉 인력운반작업 분석프로그램

(2) 〈표 1〉을 활용하여 사업장 운반작업을 분석한 후 다음 각 호의 운반재해예방기본원칙을 토대로 구체적인 대책을 수립한다.

① 작업공정을 개선하여 운반의 필요성이 없도록 한다.

② 운반작업을 줄인다.

③ 운반횟수(빈도) 및 거리를 최소화, 최단거리화한다.

④ 중량물의 경우는 2－3인이 운반하도록 한다.

⑤ 운반 보조 기구 및 기계를 이용한다.

2) 운반 대상물의 최적화

(1) 모든 작업공정을 분석하여 운반작업이 반드시 필요한 공정인가 정밀 검토한다.

① 제품 원료의 입고 · 저장 · 불출과정

② 제품 설계, 시작품, 금형입고, 불출, 수리과정

③ 공구입고 · 불출과정

④ 각종 점검과정

(2) 정리를 철저히 한다.

① 사용할 수 있는 것과 사용할 수 없는 것을 구분하여 사용하지 못하는 것은 즉시 처분한다.

② 현장에서는 남은 재료, 불량품 및 사용하지 못하는 물건 등은 작업장을 협소하게 만들고 생산에도 지장을 초래하므로 바로 정리한다.

(3) 정돈을 철저히 한다.

필요한 것은 구분하여 무엇이 어디에 있는지 사용빈도에 따라 바로 알고 사용하기 쉽고, 편리한 장소에 안전한 상태로 깨끗하게 보관한다.

(4) 운반작업을 최대한 줄인다.

① 공정순으로 기계설비 등을 배치하여 일관된 생산이 되도록 한다.

② 작업부품이나 공구 등은 사용빈도를 고려하여 분당 1회 이상 사용하는 것은 작업자의 최적 작업범위 내에 배치하고 시간당 1회 이상 사용하는 것은 작업자의 최대 작업범위 내에 배치한다.

(5) 다음 각 호의 요소가 있는지 사전에 파악하여 개선함으로써 운반환경을 최적 상태로 유지한다.

① 운반공간이 협소한가 여부

② 바닥이 미끄러운가 여부

③ 바닥이 울퉁불퉁한가 여부

④ 바닥의 일부가 파손되어 있는가 여부

⑤ 운반 경로 중에 계단이 있는가 여부

⑥ 운반에 영향을 줄 정도로 덥거나 추운가 여부

⑦ 익숙하지 않은 환경에서 운반을 행하지 않는가 여부
⑧ 운반에 적절한 조명인가 여부
⑨ 의사소통에 지장을 줄 정도의 소음이 발생되고 있지는 않은가 여부

3) 운반에너지의 최소화

(1) 운반횟수, 운반거리 및 운반높이를 고려하여 작업자에 적합한 운반조건을 표준화한다.

(2) 운반조건을 표준화하여 이를 바탕으로 인력 운반작업 한계허용중량을 산출하여 작업자에 적합한 인력운반중량을 정한다.

(3) 인력운반작업 한계허용중량을 구하는 식은 다음과 같다. 한계허용중량(Action Limit) $=40(15/H)(1-0.004\,|V-75|)(0.7+7.5/D)(1-F/Fm)$

여기서, H : 화물의 중심에서 두 발목의 중간지점까지의 거리(cm)
V : 바닥에서, 물체 중심까지의 거리(cm) (표 2 참조)
D : 화물을 들어올리는 높이(cm)
F : 들어올리는 빈도(횟수/분)
Fm : 화물 높이에 따른 보정계수

〈표 2〉 바닥에서 물체 중심까지의 거리

작업시간	Fm(횟수/분)	
	V>75cm	V<75cm
1 시간	18	15
8 시간	15	12

4) 화물의 중량 표시

(1) 취급하는 화물에는 가급적 보기 쉬운 곳에 중량을 표시한다.

(2) 작업자 책임자는 화물의 중량을 계산하는 방법을 숙지시켜 중량에 따라 화물의 운반 소요인력 및 로프 등 운반보조장비 필요성을 파악하도록 한다.

(3) 화물의 중량은 체적에 그 화물의 비중을 곱하여 계산한다. 단, 여기서 주의할 사항은 현장에서 빠짐없이 체적을 측정하기란 매우 곤란하기 때문에 목측에 의해 판정하는 일이 많다. 이 경우 길이의 측정은 10%의 오차가 있으면 체적 또는 중량에 30%의 차이가 발생하게 되므로, 길이의 목측은 정확하게 판정하는 훈련이 필요하다.

(4) 대표적인 물질의 비중의 값은 다음과 같다.

① 철 : 7.8
② 콘크리트 : 2.3
③ 흙 : 2.1
④ 납 : 11.4
⑤ 알루미늄 : 2.7

5. 인력운반작업 절차

작업자는 화물의 특성을 파악하여 이에 맞는 운반작업 절차를 수립하고 충분한 교육훈련을 받은 후 필요한 보호구를 착용한 후 올바른 운반자세를 숙지하여 실천하여야 한다.

(1) 사업주는 작업자에게 매년 운반안전교육을 실시하여 올바른 운반자세가 몸에 배도록 하여야 한다.

(2) 작업자는 운반하기 전에 반드시 운반안전교육을 받고 올바른 운반자세를 익혀 항상 실천하여야 한다.

〈표 3〉 인력운반중량 권장기준

작업형태	성별	연령별 허용 권장기준(kg)			
		18세 이하	19-35세	36-50세	51세 이상
일시작업 (시간당 2회 이하)	남	25	30	27	25
	여	17	20	17	15
계속작업 (시간당 3회 이상)	남	12	15	13	10
	여	8	10	8	5

① 사업주는 화물의 특성에 따라 적정한 보호구를 지급하고 작업자는 이를 반드시 착용한 후에 운반작업을 한다.

예 화물의 특성

- 화물이 뜨거운가 여부
- 화물이 지나치게 차가운가 여부
- 화물의 모서리가 날카로운가 여부
- 화물이 깨지거나 반응이 있나 여부 등

② 화물 운반 시의 올바른 자세를 익히고 실천한다.

㉠ 화물의 무게중심을 찾아 최대한 몸의 무게중심에 가까이 밀착시킨다.

㉡ 인체의 기계적인 이점을 활용하여 대퇴부와 정강이 사이의 각도를 90도 이상 두어 이곳에서 나오는 힘으로 화물을 든다.

㉢ 양발은 화물을 사이에 두고 대각선으로 2족장 정도 벌려 안정된 자세를 유지한다.

㉣ 손바닥 전체로 화물을 감싸고 턱은 당기며 허리를 곧추세우고 지면과 직각이 되도록 하여 다리 힘으로 든다.

㉤ 화물을 들고 방향을 전환할 때에는 갑자기 허리를 틀지 말고 한두 걸음 좌우 측으로 나간 후 발과 함께 돌리도록 하여 허리에 갑자기 무리가 가지 않도록 한다.

③ 화물 특성에 알맞은 운반작업 절차를 수립하고 이를 몸에 배도록 교육, 훈련시킨다.

6. 인력운반작업의 위험성 및 안전대책

1) 인력운반작업 위험 제어의 중요성

인력운반작업은 부상 및 질환의 가장 큰 원인이다. 근골격계 질환은 보고된 전체 질환의 40%를 차지하며, 인력운반작업에 의한 부상이 보고된 전체 부상 건수 중 30~34%를 차지한다.

2) 인력운반작업 부상

(1) 물품 취급 중 발생한 부상의 85%는 인력운반작업으로 물품을 적재할 때 발생한다. 기계를 사용할 경우 부상은 줄어든다. 전체 부상 중 50%는 허리 부상이다.

(2) 인력운반작업 부상의 60%는 과도한 양의 짐이 신체에 과중한 부담을 주어서 발생한다. 6%는 날카로운 모서리, 7%는 으깨짐(Crushing)에 의한 것이다.

(3) 인력운반작업 부상의 48%는 짐을 들어 올리고 내리는 과정에서 발생한다. 16%는 짐을 옮길 때, 12%는 짐을 끌어당길 때 발생한다.

(4) 인력운반작업 부상의 가장 흔한 원인은 컨테이너에 짐을 싣고 내리는 작업이다. 이것이 전체 인력운반작업 관련 부상의 53%를 차지한다.

(5) 조사 자료에 따르면 인력운반작업 관련 부상의 75%는 적절한 예방 조치를 취한다면 방지할 수 있다. 대부분의 인력운반작업 관련 부상(70%)은 인력운반작업 생산 작업자에게 발생한다. 위험에 노출된 기타 직업군으로는 운전자(6%), 인부(5%), 유지보수 작업자(3%), 청소부(1.6%), 음식 공급자(Caterer)(1%)이다.

(6) 인력운반 작업 부상은 주로 정보 또는 교육/훈련이 부족해서, 또는 안전하지 않은 작업 절차 때문에 발생한다. 작업자가 다루는 물품에 대한 통제력을 상실할 때 흔히 발생한다. 무거운 물건을 몸에서 너무 멀리 떨어진 상태에서 든다거나, 아니면 든 물건이 다른 사람에게 떨어지기도 한다.

3) 인력운반 작업 위험 관리

사업주는 상당히 높은 것으로 평가된 위험에 대한 예방 및 보호 조치를 계획, 조직, 관리, 모니터 및 검토하는 효과적인 방안을 마련해야 한다. 다음의 활동은 이를 지원하기 위한 것이다.

(1) 어떤 인력운반 작업의 위험이 높은지 파악한다. 업체의 경험(예를 들면, 작업 관찰, 작업자와의 대화, 부상 이력 등) 및 이 가이드에 명시된 업계 우선순위 등을 토대로 어떤 활동에 초점을 둘 것인지를 결정한다.

(2) 무거운 물건의 이동, 나르기 힘든 물체, 밀거나 끄는 작업이 특히 힘든 경우, 어떤 작업에 한 명 이상이 필요할 때, 손을 힘들게 뻗어야 하는 경우, 반복적인 취급작업, 어깨 높이 위로 손을 뻗어야 하는 경우, 엉거주춤한 작업 자세, 불편한 작업환경, 장거리 운송 등에 특히 주의를 기울인다.

(3) 이들 활동을 보다 세부적으로 평가하며 어떤 요소가 위험을 발생시키는지 파악한다. 일반적인 평가일 수도 있겠지만 부상을 야기할 수 있는 모든 요소를 파악해야 한다. 이를 통해 모든 요소에 대한 방어책을 결정할 수 있다.

(4) 적절한 예방 및 보호조치를 도입한다. 부상 위험을 야기할 수 있는 인력운반작업 활동은 가능한 한 피하도록 한다. 최근에는 지게차, 컨베이어, 진공양중기, 공기압 시스템 등 기계장비의 사용이 늘어나고 있다. 적재량 또한 줄어드는 추세이다. 이런 일련의 조치들을 전체적인 위험 절감 계획의 일환으로 단계적으로 도입해야 한다.

(5) 관리감독자(안전관리자) 또는 작업자에게 변경 내용에 대해 알린다. 이들을 초기단계에서 참여시킨다면 이들의 경험에서 배울 수 있다.

(6) 위험을 완전히 제거할 수 없고 보호적인 조치에 의존해야 한다면 건강 체크가 중요하다. 건강 체크는 해당 개인이 작업에 적합한지를 확인하고, 발생 가능한 건강문제를 조기에 파악하며, 업체가 취한 조치의 전반적인 효과를 모니터링하는 것이다.

(7) "요람에서 무덤까지"와 같은 접근방식은 원자재 공급, 생산, 유통 및 인도에 이르기까지 공급망 전반에 걸친 인력운반작업 위험 문제들을 통제하는 데 도움이 될 것이다.

(8) 공급업체 및 생산업체가 제품을 어떻게 공급하며, 취급하고, 유통되어야 하는지에 대해 합의를 한다면, 각 단계에 적절한 물품 취급 해결책을 사용할 수 있다. 공급망 내 각 공급업체는 다른 업체들과 협력해야 할 법적의무를 갖고 있다.

(9) 작업자들에 대한 교육/훈련 및 정보는 어떤 부상이 발생 가능하며, 발생 원인, 기계 보조 장비의 안전한 사용, 안전한 인력운반작업 방식, 특히, 자세, 들어 올리는 기법 및 운반 방식 등에 대한 내용들을 포함해야 한다.

(10) 실행한 조치가 개선을 이루었는지 점검한다. 이를 위해 병가 및 질환 기록을 체크하고, 기계 보조 장비의 사용을 모니터링한다.

4) 작업의 해결책 방안 제시

(1) 인력운반작업 부상

① 위험성 평가

㉠ 위험성 평가의 결과를 활용한다면 부상 건수에서 현저한 개선을 이룰 수 있다. 인력운반작업 평가를 하지 않은 업체들은 인력운반작업 부상 비율이 더 높다. 합리적인 평가를 한 업체들은 부상 건수가 훨씬 적다.

② 부대, 박스 등의 단위 무게

㉠ 일반적으로 한 부대는 50kg까지 또는 그 이상에 이르기도 하지만, 요즘에는 무게가 점차 줄어드는 추세이다. 대부분의 사람들이 들기에 안전한 무게는 25kg 이하이며, 트럭 가까이에서 운반할 경우이다.

㉡ 많은 원자재 공급업체의 경우 요즘에는 20kg 포장이 일반적 표준이지만, 이에 대한 인체공학적 평가가 아직 필요하다. 무게가 25kg을 넘거나, 트럭에서 멀리

운반해야 할 경우 보다 세부적인 평가가 필요하다.

㉢ 많이 사용되고 있는 20kg 부대의 경우, 적절한 훈련을 받는다면 정상의 건강한 성인 남자가 보조기구 없이 안전하게 취급할 수 있다. 그러나 업체는 공급망 어디에도 불리한 변수가 없는지 확인해야 한다(운반 시 접근 불편, 계단이용 등).

㉣ 기계 보조 기구가 언제든지 이용 가능한 경우에만(또는 두 사람이 같이 운반하는 경우) 많은 양의 운반을 고려한다. 문제 발생이 염려되는 경우에는 보다 적은 양을 운반하도록 규정해야 한다.

㉤ 컨테이너의 모양이 물건을 쉽게 들어 올릴 수 있도록 최적화되거나 손잡이가 제공된다면 도움이 될 수 있다.

③ 팰릿(Pallet) 적재/하역

㉠ 화물이 팰릿에 적재된 상태로 운반되는 경우 전체 팰릿을 기계로 취급하는 것이 가능하다.

㉡ 팰릿 테이블은 인력운반작업으로 팰릿을 적재하고 하역하기에 적절한 높이로 팰릿을 위치시키는 데 유용할 수 있다. 그러나 팰릿 상태로 들어온 물품을 화물 컨테이너 안에서 분류해야 할 경우 문제가 생길 수 있다. 이는 작업자가 상당히 긴 수직 거리에 걸쳐서 물품을 취급해야 함을 의미한다.

㉢ 하나의 해결책은 운반 단위를 적게 하도록 규정하거나, 기계 장비의 사용이 항상 가능할 수 있는 방식으로 운송하는 것이다.

④ 운반 단위의 무게 감소와 들어 올리는 횟수 증가

㉠ 일반적으로 짐을 들어 올리는 빈도수가 늘어나더라도 운반 단위의 무게를 줄이는 것이 더 유리하다. 예를 들면, 50kg 컨테이너 50개를 들어 올리는 것보다 25kg 컨테이너 100개를 들어 올리는 것이 더 유리하다. 그러나 횟수를 너무 많이 늘리면 (일반적 또는 어깨 등 국지적) 피로로 인해 장점이 상쇄되기 때문에 이 점에 유의한다.

㉡ 무게를 줄일 때, 쌓는 높이를 어깨 높이 이상으로 높이지 않는 것이 중요하다. 그리고 필요시 휴식을 제공하다. 한 번에 두 개의 짐을 옮기는 것과 같은 잘못된 관행은 허용하지 않는다. 작업 설계 및 입무 순환도 고려한다.

⑤ 작업에 의한 팔 관련 질환

㉠ 팔 관련 질환 위험 통제에 대한 한 사례에 따르면 연간 1000명당 875건의 병가 발생을 3년 후 연간 85건으로 줄인 바 있다.

㉡ 대부분의 업체들은 업무순환, 교육, 훈련, 선별고용, 의료검진, 재배치 등을 통해 대체적으로 문제를 해결할 수 있다고 생각한다. 추가적인 휴식 기간 제공은 별다른 차이를 낳지 못한다.

㉢ 한 업체는 인체공학적인 관점에서의 개선을 꾸준히 추진하는 한편, 교대근무시간(예를 들면, 4.5시간)을 제한하면서 건강을 체크하여 팔 관련 질환을 조기에 파악하고 신속한 재배치를 실시한 것이 성공적이었다.

㉣ 문제가 있는 작업에서 물러난 작업자들에게 조기에 물리치료 및 기타 치료를 제공한다면 이들이 보다 조기에 업무에 복귀하는 것이 가능하다.

7. 파지에 관한 사항

다음에 제시되는 사항들은 주로 중소기업 또는 소규모 조직의 관리자들을 위한 것이다. 그러나 기본적인 원칙은 규모와 관계없이 모든 작업장에 적용 가능하다. 인력운반작업으로 인한 부상 방지는 경영 측면에서도 바람직한 것이다.

1) 파지의 위험성 평가

(1) 위험성 검토

① 이 가이드는 인력운반작업에서 작업자들의 건강 및 안전에 영향을 미치는 위험성(Risk)을 검토한다. 위험성이 있다면 해당 규정을 적용한다.

② 작업자들과 관리감독자는 작업장 내 어떤 위험이 있는지를 가장 잘 안다. 따라서 이들을 위험성 검토에 참여시킨다. 이들은 위험성을 제어하기 위한 실용적인 해결책을 제시할 수 있다.

(2) 사업주의 의무

① 산업안전보건기준에 관한 규칙 등 관련 규정은 사업주에게 다음을 요구한다.
㉠ 가능한 한 위험한 인력운반작업을 방지한다.
㉡ 피할 수 없는 위험한 인력운반작업에 의한 부상 위험을 평가한다.
㉢ 가능한 한 위험한 인력운반작업에 의한 부상 위험을 줄인다.

② 위의 내용은 "(3) 인력운반 작업 방지 검토" 및 "(4) 부상 위험의 평가 및 감소"에 자세히 설명되어 있다.

③ 작업자들에게도 다음과 같은 의무가 있다.
㉠ 안전을 고려하여 마련된 적절한 작업 시스템을 따른다.
㉡ 안전을 위해 제공된 장비를 적절히 사용한다.
㉢ 건강 및 안전 문제에 대해 사업주와 협력한다.
㉣ 위험한 인력운반 작업활동이 있다면 사업주에게 알린다.
㉤ 자신들의 작업이 다른 작업자들을 위험하게 하지 않도록 주의한다.

(3) 인력운반작업 방지 검토

① 다음과 같이 해당 물품을 반드시 옮겨야 하는지 또는 움직여야 하는지 검토한다.
㉠ 대형 작업물을 반드시 옮겨야 하는지 아니면 물품이 이미 있는 곳에서 안전하게 작업(예를 들면, 포장 및 기계가공을 하는 것이 가능한지 여부
㉡ 환자가 움직이는 대신, 환자를 직접 찾아가서 치료를 할 수 있는지 여부

㉢ 원자재를 사용 지점으로 파이프를 통해 보낼 수 있는지 여부

② 특히 새로운 프로세스의 경우, 자동화를 고려한다.

③ 다음과 같은 기계화 및 보조도구의 사용이 가능한지 검토한다.

㉠ 컨베이어

㉡ 팰릿(Pallet) 트럭

㉢ 전기 또는 수동조작(Hand－powered) 승강장치

㉣ 지게차

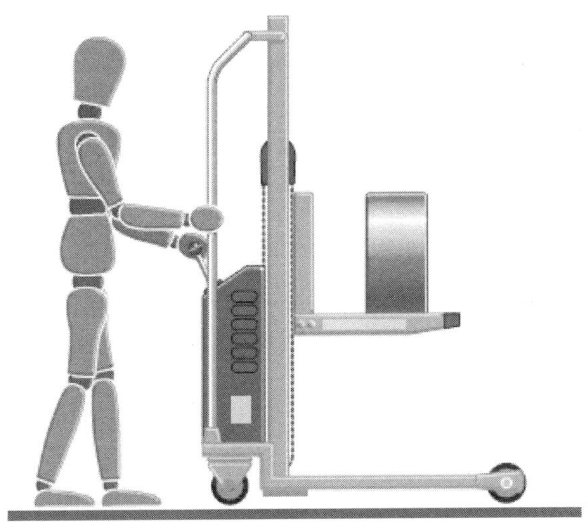

〈그림 1〉 기계화 또는 보조도구의 사용[23)]

④ 그러나 자동화 및 기계화로 인한 새로운 위험 발생 가능성에 주의한다. 예를 들면, 다음 사항을 고려한다.

㉠ 자동화된 공장이라도 청소 및 유지보수가 필요하다.

㉡ 지게차는 작업에 적합해야 하며 적절한 교육과 훈련을 받은 작업자에 의해 사용되어야 한다.

(4) 부상 위험의 평가 및 감소

① 평가는 사업주의 책임이다. 업체는 대부분의 평가를 자체적으로 할 수 있어야 한다.

② 사업주와 작업자 및 안전관리자는 다른 누구보다도 업체의 상황을 잘 알고 있다. 대부분의 경우, 단순히 몇 분만 관찰을 해도 작업을 더 쉽고 덜 위험하게, 즉 신체적으로 덜 부담이 가는 방식을 찾아낼 수 있고, 작업장 내에 세부적인 평가를 필요로 하는 위험한 들기작업(Lifting)이 있는지 파악할 수 있다.

③ 어렵거나 예외적인 상황, 또는 처음 시작 단계에서는 외부 전문가의 조언이 필요할 수 있다.

---

23) 〈그림 1〉 출처 : HSE, "INDG－143 : Getting to grips with manual handling"

④ 〈표 4〉는 고려해야 하는 문제점의 종류를 제시하고 있다.

⑤ 평가 내용을 잊어버리거나, 무시해서는 안 된다. 평가의 목적은 작업의 최악의 상황을 부각시키기 위해서이다. 그리고 이것은 업체가 가장 우선적으로 개선하기 위해 초점을 두어야 하는 부분이다(〈표 4〉 참조).

⑥ 또한 작업장에 대대적인 변화가 발생했을 때는 평가를 업데이트하는 것이 중요하다.

⑦ 위험성 평가(포괄적(Generic) 평가 포함)의 대상이 된 모든 작업자들에게는 파악된 위험에 대한 내용을 전달해야 한다.

〈표 4〉 평가

평가를 할 때 고려해야 하는 문제점	부상 위험을 감소시키는 방법
작업이 다음과 같은 것을 포함하는가? (1) 물건을 몸에서 떨어진 상태로 든다. (2) 몸을 구부리거나, 돌리거나 또는 위에 높이 있는 물건을 집는다. (3) 수직적으로 큰 움직임 (4) 물건을 옮기는 거리가 길다. (5) 밀거나 끌어당기는 일이 몹시 힘들다. (6) 반복적인 인력운반작업 (7) 휴식 및 회복 시간이 불충분하다. (8) 프로세스에 의해 작업속도(Work Rate)가 정해져 있다.	다음이 가능한가? (1) 들기 작업에 보조도구를 사용한다. (2) 효율 개선을 위해 작업장 배치를 개선한다. (3) 몸을 구부리거나 돌리는 횟수를 줄인다. (4) 특히 무거운 물건의 경우 바닥에서부터 또는 어깨 위로의 들기 작업을 없앤다. (5) 옮기는 거리를 줄인다. (6) 반복적인 인력운반작업을 없앤다. (7) 작업을 다양화하여, 한 근육이 쉬는 동안 다른 근육을 사용하도록 한다. (8) 끌어당기기보다는 미는 작업을 한다.
운반물이 다음과 같은가? (1) 무겁고, 부피가 크거나 다루기 힘든가? (2) 잘 잡아지지 않는가? (3) 불안정하거나 예측 불가능한 방향으로 움직일 가능성(동물 등)이 있는가? (4) 위험한가?(뾰족하거나 뜨거운가?) (5) 무질서하게 쌓여져 있는가? (6) 너무 커서 옮기는 상태에서 앞을 보기 어려운가?	운반물을 다음과 같이 만들 수 있는가? (1) 무게 및 부피를 줄인다. (2) 잡기 쉽게 만든다. (3) 보다 안정성을 높인다. (4) 손에 쥘 때 덜 위험하게 한다. 작업물이 외부에서 온다면, 공급업체에게 손잡이나 소형 단위로 제공해줄 것을 요청한 적이 있는가?
작업환경에 다음과 같은 문제가 있는가? (1) 자세를 제약하는 사항 (2) 평탄하지 못하고 장애물이 있거나 미끄러운 바닥 (3) 여러 층을 오가며 일함 (4) 덥고/춥고/습도가 높은 환경 (5) 바람이 거세거나 기타 강한 공기 움직임 (6) 흐릿한 조명 (7) 의복 및 개인보호구(PPE)로 인한 움직임 또는 자세의 불편함	다음이 가능한가? (1) 자유로운 움직임을 저해하는 장애물을 제거한다. (2) 바닥 환경을 개선한다. (3) 층계 및 경사가 심한 통로를 이동하는 것을 피한다. (4) 지나치게 덥거나 춥지 않도록 한다. (5) 조명을 개선한다. (6) 덜 불편한 보호 의복 또는 개인보호구(PPE)를 제공한다. (7) 작업자의 의복과 신발이 작업에 적합하도록 한다.

개인 역량, 업무가 다음에 해당하는가?	다음이 가능한가?
(1) 특별한 역량, 예를 들어 평균 이상의 힘이나 민첩성을 필요로 하는가? (2) 건강 문제가 있거나 학습/신체적 장애가 있는 사람들의 위험을 높이는가? (3) 임신한 여성들의 위험을 높이는가? (4) 특별한 정보 또는 교육 및 훈련을 필요로 하는가?	(1) 신체적으로 약한 사람들에게 특별한 주의를 기울인다. (2) 임신한 여성 작업자들에 특히 유의한다. (3) 작업자들에게 어떤 일에 직면하게 될지 등 보다 자세한 정보를 제공한다. (4) 보다 많은 교육 및 훈련을 제공한다. 필요하다면 직업 보건 전문가로부터 자문을 구한다.
보조 도구 및 장비	**다음이 가능한가?**
(1) 작업에 적합한 기기인가? (2) 잘 유지, 보수되어 있는가? (3) 기기의 바퀴가 바닥 표면에 적합한가? (4) 바퀴가 잘 굴러가는가? (5) 손잡이 높이가 허리와 어깨 사이인가? (6) 손잡이의 파지력이 좋고 편안한가? (7) 제동창치가 있는가? 있다면 제대로 작동하는가?	(1) 작업에 보다 적합한 장비를 제공한다. (2) 문제를 방지하기 위해서 계획된 예방적 유지보수를 실시한다. (3) 바퀴와 타이어 또는 바닥재를 교체하여 장비가 보다 잘 움직일 수 있도록 한다. (4) 보다 좋은 손잡이를 제공한다. (5) 제동장치가 사용하기 편리하며, 신뢰할 만하고 효과적이다.
작업 구성 관련 변수	**다음이 가능한가?**
(1) 작업이 반복적이거나 지겨운가? (2) 작업이 기계나 시스템에 의해 속도가 정해져 있는가? (3) 작업자들이 작업 부담이 과중하다고 느끼는가? (4) 작업자와 관리자들 간에 커뮤니케이션이 부족한가?	(1) 단조로움을 줄이기 위해서 작업에 변화를 준다. (2) 작업자들의 기술(Skill)을 보다 많이 사용한다. (3) 작업량 및 마감시한을 달성 가능한 수준으로 조정한다. (4) 보다 원활한 커뮤니케이션 및 팀워크를 장려한다. (5) 의사결정 시 작업자들을 참여시킨다. (6) 교육 훈련 및 정보 제공을 개선한다.

⑧ 위험성은 "합리적으로 실행 가능한" 최저 수준으로 줄여야 한다. 이는 투입하는 예방 조치 비용(시간, 노력 및 돈)이 효과보다 높아지는 수준이 되기 전까지 위험을 줄여나가야 함을 의미한다.

⑨ 사업주는 가능하다면 기계적 보조도구를 제공하도록 하며, 위험 평가 시 발견된 위험은 이런 수단을 통해서 줄이거나 제거할 수 있다. 또한 기계적 보조도구의 사용을 다른 상황에서도 고려해야 한다. 예를 들면, 안전뿐만 아니라 생산성 향상에도 유용할 수 있다. 〈그림 2〉의 손수레(Sack truck)같이 간단한 것도 커다란 개선을 가져올 수 있다.

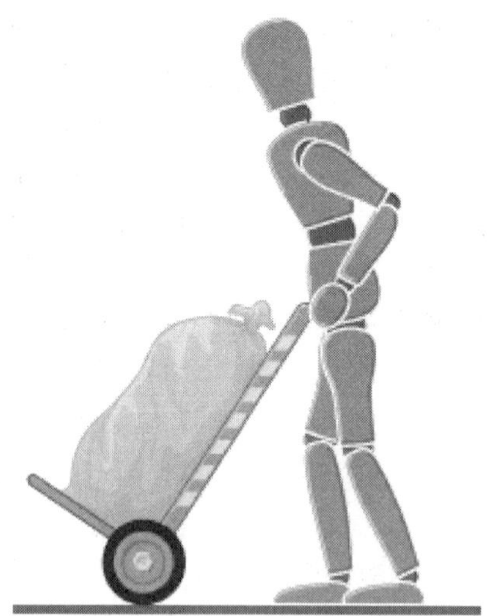

〈그림 2〉 손수레의 사용[24)]

2) 파지에 대한 교육 및 훈련

(1) 교육 및 훈련은 중요하지만, 이것만으로는 다음과 같은 문제점들은 극복할 수 없다.

① 기계적 보조도구의 결여

② 부적절한 작업물

③ 열악한 작업 환경

(2) 교육 및 훈련은 다음 사항을 포함해야 한다.

① 인력운반작업 위험요소 및 부상의 발생원인

② 바람직한 작업 기법을 포함한 안전한 인력운반작업 방법

③ 개별 작업 및 환경에 적합한 작업 시스템

④ 기계적 보조도구의 사용방법

⑤ 실제 작업 실행을 통해 교육 및 훈련 지도자는 문제점을 파악하고, 작업자가 잘못하고 있는 점을 바로잡을 수 있도록 한다.

---

24) 〈그림 2〉 출처 : HSE, "INDG－143 : Getting to grips with manual handling"

〈부록〉

인력운반작업 절차 예시

1. 박스형 화물 운반
   가. 작업자가 들 수 있는 중량인가 파악한다.
      (1) 일시 작업 시(시간당 2회 이하)
         - 권장사항에 따라 1인 운반중량을 제한함
      (2) 계속 작업 시(시간당 3회 이상)
         - 권장사항의 1/2로 줄임
      (3) 운반중량을 파악하고 운반횟수, 거리, 운반대상물과 운반자의 위치 등을 고려하여 인력운반 한계허용중량을 계산, 적용
         - 인력운반 한계허용중량은 운반자로부터 수평 · 수직 · 운반거리 및 운반횟수 등 제 요소를 고려하여 산정
   나. 운반화물의 상태 및 필요한 보호구를 파악한다.
      (1) 화물 표면의 거칢, 날카로움, 뜨거움, 차가움
      (2) 내용물의 무게중심의 유동성, 반발성(폭발, 발열, 가스) 깨짐 가능성 여부
   다. 운반 경로 및 목적지에서 장애물의 유무를 파악한다.
      (1) 운반 경로상의 온도, 조명 등의 적절 여부
      운반작업이 행하여지는 작업장소의 온도, 습도, 환기를 적절하게 유지하고 작업장소 및 운반경로상에 있는 기계류 등의 형태를 명확히 볼 수 있도록 적정 조도를 유지
      (2) 못 등 걸림요소, 바닥의 요철 등 운반 경로상의 동 하중 증가 요인 확인 및 제거
      (3) 운반 경로상의 통로 폭은 화물의 폭을 제외하고 60cm 이상의 폭을 확보
   라. 앞발과 뒷발 사이를 적절히 벌려 운반 대상물이 그 사이에 놓이게 하여 몸의 무게중심과 대상물의 무게중심이 가능한 한 일치되게 한다.
   마. 시선을 대상물의 무게중심에 두고 허리를 지면에 직각이 되게 하면서 천천히 다리를 굽혀서 대퇴부와 정강이 사이의 각도를 90도로 유지한다.
   바. 대상물의 무게중심을 고려하여 대칭이 되도록 두 손 전체로 꽉 움켜쥐고 들 수 있는지 일단 5-10cm정도 들어본다.
   사. 다리 힘으로 들어 올리면서 턱은 앞쪽으로 당기고 허리를 바로 펴고 시선은 전방으로 목적지를 향하여 본다.
   아. 들어 올린 후에는 몸 쪽으로 대상물을 붙여서 팔과 몸으로 무게를 분산한다.

2. 쇠막대 등 장척물의 1인 운반
   가. 운반 가능한 중량인가 파악한다.
   나. 운반 경로 및 장애물 유무를 확인한다.

다. 대상물의 특성에 따라 필요한 보호구를 확인, 착용한다.
라. 전체 장척물 길이의 1/2 되는 지점에 얇은 각목을 받쳐 놓고 감싸 잡는다.
바. 허리를 편 상태에서 정강이와 대퇴부 사이의 각도를 90도 이상 유지하면서 다리의 힘으로 일어선다.
사. 장척물을 60도 이상의 각도로 세우면서 그 사이에 한쪽 다리를 구부려 허벅지에 대어 받침대로 삼는다.
아. 대상물의 중심에 대칭을 잡고 다리 힘으로 선다.

3. 쇠막대 등 장척물의 2인 운반
가. 기본 운반 절차는 쇠막대 등 장척물의 1인 운반의 경우에서와 같이 동일하게 실시한다.
나. 장척물의 한쪽 끝에 A(리더 : 앞에 서는 사람)가 위치하고 같이 운반하는 사람 B는 A 쪽 끝에서 전체 장척물 길이의 1/4 되는 곳에 위치한다.
다. A 리더의 신호(구령)에 맞춰 함께 들어서 B의 어깨 위에 올린다.
라. A 리더는 다른 한쪽으로 이동하여 다른 쪽 끝으로부터 전체 길이의 1/4 되는 곳에서 B와 같이 어깨에 올린다.
마. A 리더의 신호에 맞춰 일어선다.
바. A 리더의 신호에 맞춰 같은 쪽 발을 뗀다.
사. 내려 놓을 때에는 역순으로 실시한다.

4. 둥근 링 모양의 물체 운반
가. 운반 기본자세를 항상 유지하면서 다음과 같이 운반한다.
나. 링을 일으켜 세운다.
다. 허벅지에 붙이고 손은 링의 양 끝 단을 잡는다.
라. 한쪽 다리의 무릎을 펴면서 구부러진 다리의 허벅지를 받침점으로 회전시킨다.
마. 양 대칭으로 잡아 양쪽 허벅지에 링을 올려 놓는다.
바. 링의 밑부분을 잡고 가슴 쪽으로 살짝 기대여 3점 지지로 한다.
사. 다리 힘으로 일어나서 3점 회전을 한다.
아. 허벅지로 밀어 올리듯이 작업대 위에 놓고 몸의 힘으로 밀어 놓는다.

인력운반 작업 위험성평가에 관한 기술지침(M-35-2012)

1. 목적

이 지침은 산업안전보건기준에 관한 규칙(이하 "안전보건규칙"이라 한다) 제35조(관리감독자의 유해 · 위험방지 업무 등)에 의거 인력운반 작업 시 발생되는 위험상황 등에 관한 기술적 사항을 정함을 목적으로 한다.

2. 적용범위

이 지침은 인력운반 작업 시에 적용한다.

3. 용어의 정의

1) 이 지침에서 사용하는 용어의 정의는 다음과 같다.
   (1) "위험성 평가"라 함은 위험으로부터 안전조치를 선정하기 위해 위험한 상황에서 사용자에게 건강상의 손상이나 상해를 유발시킬 수 있는 정도와 가능성을 종합적으로 평가하는 것을 말한다.
   (2) "작업자"라 함은 기계의 설치, 운전, 조정, 보수, 청소, 수리 또는 운반 등의 주어진 업무를 수행하는 자를 총칭하는 것을 말한다.
   (3) "작업장(Work Place)"이라 함은 주어진 작업자에 대하여 작업 환경으로 둘러싸인 작업공간 내의 작업장비들의 조합을 말한다.
2) 그 밖에 이 지침에서 사용하는 용어의 정의는 이 지침에 특별한 규정이 있는 경우를 제외하고는 「산업안전보건법」, 같은 법 시행령, 같은 법 시행규칙, 안전보건규칙 및 고용노동부 고시에서 정하는 바에 따른다.

4. 배경

1) 인력운반 작업에 의한 부상을 포함한 근골격계 질환(MSD)은 가장 흔한 직업병 중 하나이며 다음 사항에 유념해야 한다.
   (1) 근골격계 질환을 방지하기 위한 조치를 취할 수 있다.
   (2) 예방 조치들은 비용효과적(Cost-effective)이다.
   (3) 모든 근골격계 질환을 예방할 수는 없다. 따라서 증상의 조기 보고, 적절한 치료 및 재활이 필수적이다.

2) 취해야 할 조치

(1) 합리적이고 타당한 경우, 위험한 인력운반 작업을 피한다.

(2) 피할 수 없는 위험한 인력운반 작업을 평가한다.

(3) 합리적이고 타당한 수준으로 부상 위험을 줄인다.

5. 평가 지침

1) 인력운반 작업 평가표(MAC ; Manual Handling Assessment Charts)

(1) 인력운반 작업 평가표(MAC)는 작업물 들기 및 내리기, 운반, 단체로 작업물 다루는 작업에서 가장 흔한 위험 요소들을 평가하는 것과 관련하여 보건 및 안전 관리자들을 지원하는 새로운 수단이다.

(2) 사업주, 안전 관리자, 안전 담당자 및 기타 작업자들에게 인력운반 작업 평가표는 고위험 인력운반 작업 파악, 위험 평가 수행 지원 등의 측면에서 유용하다.

(3) 인력운반 작업 평가표는 밀고 당기는 것(Pushing and Pulling)을 포함한 일부 인력운반 작업에는 적합하지 않다.

(4) 모든 위험 평가에 포괄적으로 사용될 수 없다.

(5) 점수표를 작성할 때 개별 및 심리사회적 문제들을 고려해야 한다.

(6) 인력운반 작업 평가표는 직업 관련 상지 질환의 위험을 평가할 목적으로 설계된 것은 아니다.

2) 인력운반 작업 평가표 작성 방법

(1) 충분한 시간을 두고 작업을 관찰함으로써 관찰한 사항이 일상적으로 행해지는 작업 절차에 해당하는 것임을 확인하도록 한다.

(2) 평가과정 동안 작업자 및 안전 담당자와 협의한다. 여러 명이 동일한 작업을 하고 있는 경우, 작업자의 관점에서 업무의 요구사항 및 부담을 이해할 수 있도록 한다.

(3) 필요하다면 작업을 녹화하여 나중에 작업장이 아닌 다른 곳에서 다시 보는 것이 도움이 될 수 있다.

(4) 적절한 평가 유형을 선택한다(예를 들면, 작업물 들기, 운송 또는 단체(Team)로 작업물 다루기 등). 특정 작업이 작업물 들기와 운반을 포함한다면, 두 경우를 모두 고려한다.

(5) 평가를 하기 전에 평가 지침서를 읽는다.

(6) 적절한 평가 지침 내용 및 흐름도(Flow Chart)에 근거하여 각 위험 요소별 위험 레벨을 결정한다. 위험 레벨은 다음과 같이 분류된다.

① 녹색(Green) – 낮은 위험 레벨 : 필요시 특별 위험 그룹(임산부, 젊은 작업자 등)의 취약성을 고려한다.

② 황색(Amber) – 중간 위험 레벨 : 작업을 주의 깊게 검토한다.

③ 적색(Red) – 높은 위험 레벨 : 즉각적인 조치가 필요하다. 작업자의 상당수가 부상 위험에 노출되어 있을 가능성이 있다.

④ 보라색(Purple) – 매우 높은 위험 레벨 : 작업이 심각한 부상 위험을 내포하고 있으며, 면밀한 조사가 필요하다. 특히 한 작업자가 작업물의 전체 무게를 지탱해야 할 경우 더욱 그러하다.

(7) 〈그림 1〉에 제시된 컬러밴드(색상)와 해당하는 점수를 점수표에 입력한다. 컬러밴드는 작업의 어떤 요소들에 주의를 기울여야 하는지를 파악하게 해준다.

(8) 전체 점수를 더한다. 총점은 가장 시급한 우선 과제들을 파악하고, 개선 조치들의 효과를 점검할 수 있게 해준다.

(9) 기타 요구되는 작업 정보를 점수표에 입력한다.

(10) 유의사항 : 평가의 목적은 과제의 전체 위험 레벨을 파악하고 줄이는 것이다.

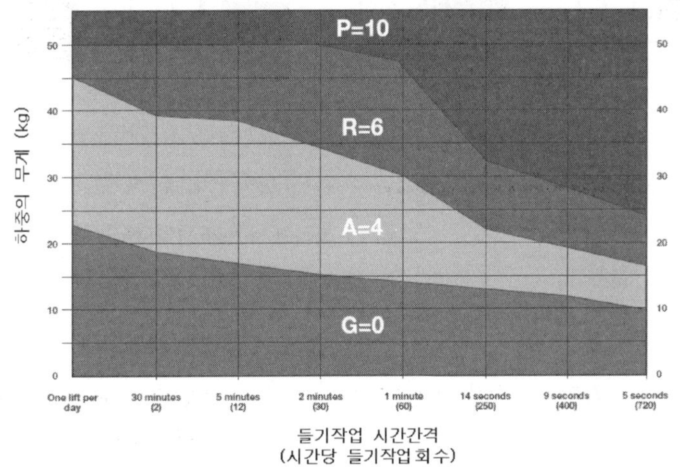

〈그림 1〉 작업물 들기작업 시 무게/빈도 관계

3) 작업물 들기작업의 평가 지침

(1) 무게 또는 빈도

① 작업물의 무게 및 들어 올리는 작업의 반복률(Repetition Rate)을 파악한다.

② 〈그림 1〉에 제시된 그래프에서 해당하는 컬러밴드를 찾아 컬러밴드 및 해당 점수를 점수표에 적는다. 보라색이면 작업에 대한 면밀한 검토가 필요하며, 부상 위험이 심각하다는 것을 뜻한다. 특히 한 작업자가 작업물의 전체 무게를 지탱해야 해야 한다면 더욱 그러하다. 인력운반 작업이 가벼운 무게를 처리하지만 빈도가 높은 경우 녹색 구역에 해당하지만, 상지 질환의 발생 위험이 있다.

③ 추가적인 평가가 필요하다면 "작업장 내 상지 질환(Upper Limb Disorders In the Workplace)"을 고려해야 한다.

(2) 허리에서 손까지의 거리

작업을 관찰하고 작업자의 손과 허리 사이의 수평적 거리를 검토한다. 항상 "최악의 경우 시나리오"를 평가한다. 다음을 바탕으로 평가를 한다.

① 가까움 : 상체가 똑바른 자세이며 팔이 수직으로 일직선을 유지함(G/0), 〈그림 2〉 (가) 참조

② 보통 : 팔이 몸에서 떨어짐(A/3), 〈그림 2〉 (나) 참조
보통 : 상체가 앞으로 숙여짐(A/3), 〈그림 2〉 (다) 참조

③ 멂 : 팔이 몸에서 떨어지며 상체가 앞으로 숙여짐(R/6), 〈그림 1〉 (라) 참조

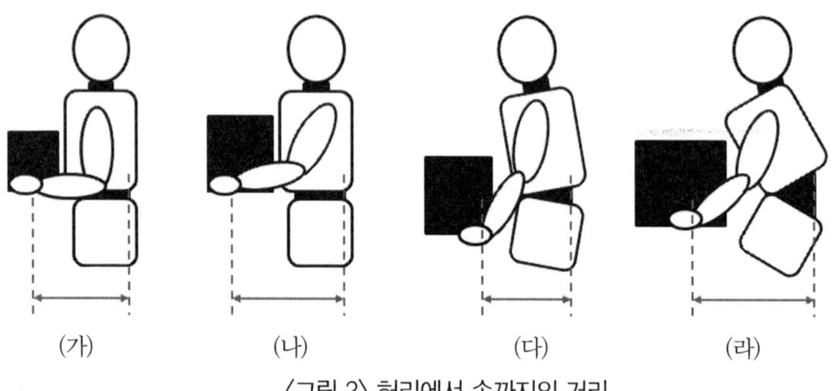

〈그림 2〉 허리에서 손까지의 거리

(3) 수직으로 들어 올림

들기를 시작할 때 및 작업이 진행됨에 따른 작업자 손의 위치를 관찰한다. 항상 '최악의 경우 시나리오'를 평가한다. 다음을 지침으로 사용한다.

① 무릎 위 및 팔꿈치 높이 아래(G/0), 〈그림 3〉 (가) 참조

② 무릎 아래 및 팔꿈치 높이 위(A/1), 〈그림 3〉 (나) 참조

③ 바닥 또는 그 아래, 〈그림 3〉 (다) 참조. 머리 높이 또는 그 이상(R/3), 〈그림 3〉 (라) 참조

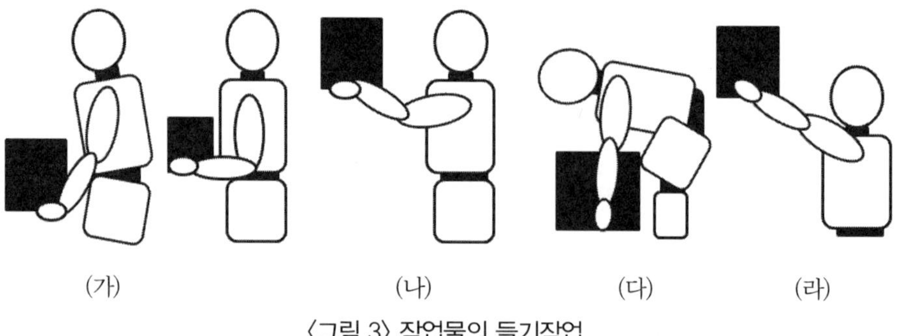

〈그림 3〉 작업물의 들기작업

(4) 상체 돌리기 및 옆으로 굽히기

① 작업물을 들어 올릴 때 작업자의 상체를 관찰한다.

② 엉덩이와 허벅지와 비교하여 상체가 돌아가거나, 들어 올릴 때 작업자가 한쪽으로 기울어지면, 컬러밴드는 황색이며 해당하는 점수는 1이다.

③ 들어 올릴 때 상체가 돌아가고 동시에 한쪽으로 기울어지면, 적색이며 해당하는 점수는 2이다.

(5) 자세의 제한

① 작업자의 움직임이 방해받지 않으면, 녹색이며 점수는 0이다.

② 공간적 제약(예를 들면, 팰릿화물(Pallet Load)과 호퍼(Hopper) 간 간격이 좁음) 또는 작업장 설계(예를 들면, 모노레일 컨베이어가 너무 높이 있는 경우 등) 때문에 들어 올리는 작업 시 자세가 제한된다면, 황색이며 점수는 1이다.

③ 자세가 심각하게 제한된다면 적색이며 점수는 3이다(예를 들면, 수화물 보관과 같이 한정된 공간 내 작업 등).

(6) 작업물의 파지(Grip)

〈표 1〉 작업물의 파지 – 들기(Lifting)작업

우수(G/0)	보통(A/1)	미흡(R/2)
컨테이너에 적절한 손잡이가 있으며, 목적에 부합함	컨테이너에 손잡이가 있으나 불편함	컨테이너의 설계가 부실하며, 부품이 단단히 고정되어 있지 않고, 작업물들이 불규칙적이고, 크기가 크거나 다루기 어려움
느슨한(Loose) 부품들이 편안히 쥘 수 있게 해줌	손가락이 컨테이너 밑에서 90도 각도로 움켜잡아야 함	작업물들이 단단하지 않거나 무게가 예측 불가능함

(7) 바닥 표면

〈표 2〉 바닥 표면 – 들기작업

우수(G/0)	보통(A/1)	미흡(R/2)
좋은 상태를 유지하며 건조하고 깨끗한 바닥	바닥은 건조하나, 낡거나 평평하지 않는 등 상태가 좋지 않음	바닥이 오염 또는 젖어 있거나 경사가 심하거나, 발 디디고 서있기 불안정함

(8) 기타 환경적 요소

① 작업물을 들어 올리는 작업이 극한의 온도, 공기의 유동이 심한 곳 또는 극한의 조명 조건(지나치게 어둡거나 밝음)에서 실시되면 작업 환경을 관찰하고 점수를 준다. 위

험성 중 하나라도 발견되면 점수는 1이며, 두 개 이상의 위험성이 있으면 점수는 2이다.

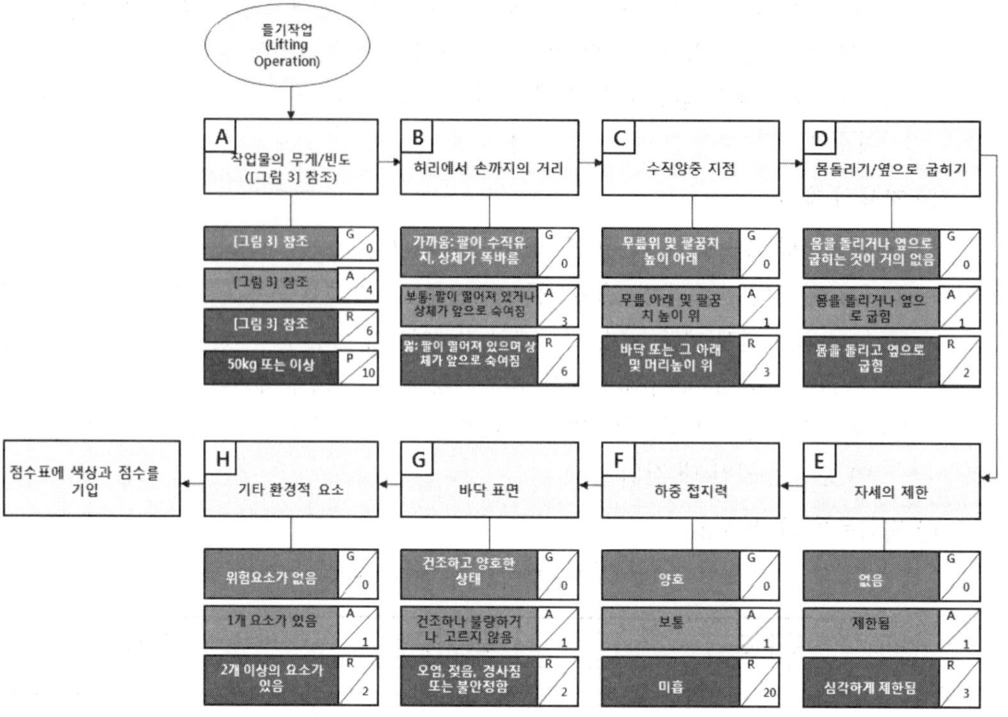

〈그림 4〉 작업물 들기작업 평가표

4) 작업물 운송작업의 평가 지침

(1) 무게/빈도

① 작업물 운송 작업의 무게 및 빈도를 파악한다.

② 〈그림 1〉에 제시된 그래프에서 해당하는 컬러밴드를 찾아 컬러밴드 및 해당 점수를 점수표에 적는다. 보라색이면 작업에 대한 면밀한 검토가 필요하며, 부상 위험이 심각하다는 것을 뜻한다.

③ 특히 한 작업자가 작업물의 전체 무게를 운반해야 한다면 더욱 그러하다.

(2) 허리에서부터 손까지의 거리

작업을 관찰하고 작업자의 손과 허리 사이의 수평적 거리를 검토한다. 항상 '최악의 경우 시나리오'를 평가한다. 다음을 바탕으로 평가를 한다.

① 가까움 : 상체가 똑바른 자세이며 팔이 수직으로 일직선을 유지함(G/0), 〈그림 5〉 (가) 참조

② 보통 : 팔이 몸에서 떨어짐(A/3), 〈그림 5〉 (나) 참조
상체가 앞으로 숙여짐(A/3), 〈그림 5〉 (다) 참조

④ 멂 : 팔이 몸에서 떨어지며 상체가 앞으로 숙여짐(R/6), 〈그림 5〉 (라) 참조

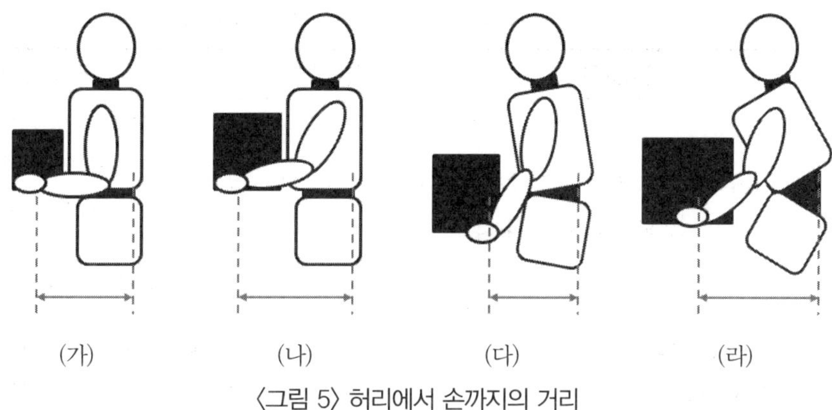

〈그림 5〉 허리에서 손까지의 거리

(3) 비대칭적 상체/작업물

작업자의 자세 및 작업물의 안정성은 근골격계 질환과 관련된 위험 요소이다. 다음을 바탕으로 평가를 한다.

① 작업물과 손이 상체 앞에서 대칭을 이룸(G/0), 〈그림 6〉 (가) 참조

② 작업물과 손이 비대칭적이며, 몸이 반듯한 자세를 유지함(A/1), 〈그림 6〉 (나) 참조

③ 작업물을 한 손으로 옆으로 운반함(R/2), 〈그림 6〉 (다) 참조

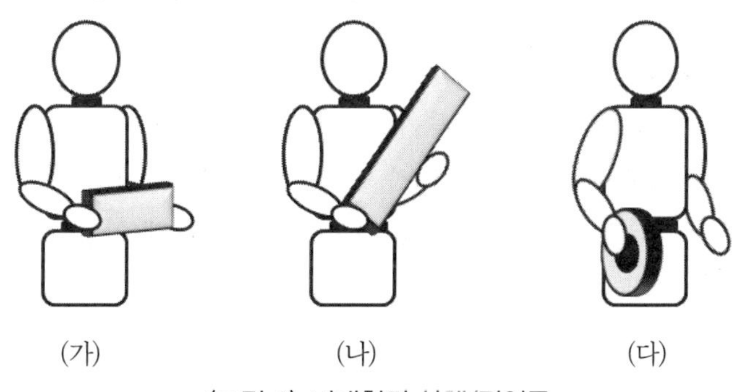

〈그림 6〉 비대칭적 상체/작업물

(4) 자세의 제한

① 작업자의 움직임이 방해받지 않으면, 녹색이며 점수는 0이다.

② 운송작업 시 자세가 제한된다면(예를 들면, 통로가 좁아서 통과할 때 작업물을 돌리거나 움직여야 함), 황색이며 점수는 1이다.

③ 자세가 심각하게 제한된다면 적색이며 점수는 3이다(예를 들면, 지하저장고와 같이 천장이 낮아서 몸을 앞으로 굽힌 상태에서 운송해야 함).

(5) 작업물의 파지

〈표 3〉 작업물의 파지 – 운송작업

우수(G/0)	보통(A/1)	미흡(R/2)
컨테이너에 적절한 손잡이가 있으며, 목적에 부합함	컨테이너에 손잡이가 있으나 불편함	컨테이너의 설계가 부실하며, 부품이 단단히 고정되어 있지 않고, 작업물들이 불규칙적이고, 크기가 크거나 다루기 어려움
느슨한 부품들이 편안히 쥘 수 있게 해줌	손가락이 컨테이너 밑에서 90도 각도로 움켜잡아야 함	작업물들이 단단하지 않거나 무게가 예측 불가능함

(6) 바닥 표면

〈표 4〉 바닥 표면 – 운송작업

우수 G/0)	보통(A/1)	미흡(R/2)
좋은 상태를 유지하며 건조하고 깨끗한 바닥	바닥은 건조하나, 낡거나 평평하지 않는 등 상태가 좋지 않음	바닥이 오염되거나/젖어 있거나 경사가 심하거나, 발 디디고 서있기 불안정함

(7) 기타 환경적 요소

① 운송작업이 극한의 온도, 공기의 유동이 심한 곳 또는 극한의 조명 조건(지나치게 어둡거나 밝음)에서 실시되면 작업 환경을 관찰하고 점수를 매긴다.

② 위험성 중 하나라도 발견되면 점수는 1이며, 두 개 이상의 위험성이 있으면 점수는 2이다.

(8) 운송거리

작업을 관찰하며, 운송 총 거리를 측정한다.("일직선"을 뜻하는 것이 아님)

(9) 운송경로에 위치한 장애물

① 운송경로를 관찰한다.

② 작업자가 경사가 심한 곳, 층계 위로, 닫힌 문을 거쳐서 또는 걸려 넘어질 수 있는 위험 요소 주변을 거쳐 가야 한다면, 컬러밴드는 황색이며 점수는 2이다.

③ 사다리를 올라가야 한다면 적색 및 점수 3이 적용된다.

④ 만약 작업에 하나 이상의 위험이 있다면(예를 들면, 경사가 심한 곳을 지나 사다리를 올라감) 점수를 모두 더한다. 사다리 높이 데이터 및/또는 각도를 평가표에 별도로 기입한다.

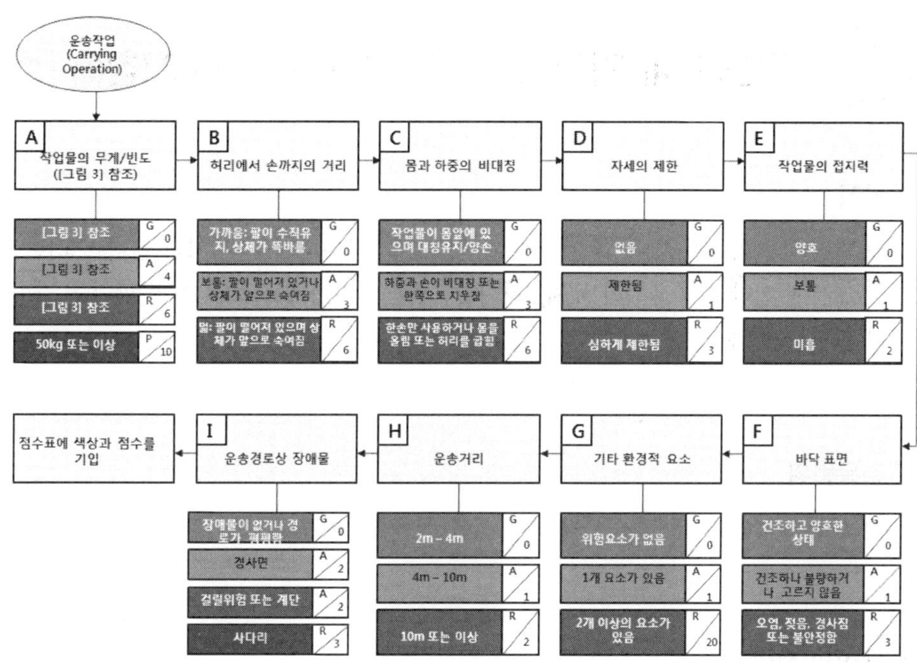

〈그림 7〉 작업물 운송작업 평가표

〈표 5〉 인력운반 작업평가 점수표

※ 인력운반 작업 평가표를 사용하여 각 위험요소에 해당 컬러밴드와 점수 기입

위험요소	컬러밴드(G, A, R 또는 P)			점수		
작업물 무게 및 들기/운송빈도						
허리부터 손까지 거리						
수직들기 위치						
몸통회전/옆방향 굽힘 비대칭 몸통/적재물(운송작업)						
자세의 제한						
작업물의 파지						
바닥 표면						
기타 환경적 요소						
운송거리						
운송경로 중 장애물(운송작업)						
기타 위험요소(개인, 심리적 요소 등)	총점					

작업장 내 기계 소음평가에 관한 기술지침(M－37－2012)

1. 목적

이 지침은 산업안전보건기준에 관한 규칙(이하 "안전보건규칙"이라 한다) 제3편 제4장(소음 및 진동에 의한 건강장해의 예방)에 의거 작업장 내 기계 소음문제 및 평가에 관한 기술적 사항을 정함을 목적으로 한다.

2. 적용범위

이 지침은 작업장 내 기계 소음평가 시에 적용한다.

3. 용어의 정의

1) 이 지침에서 사용하는 용어의 정의는 다음과 같다.

(1) "작업자"라 함은 기계의 설치, 운전, 조정, 보수, 청소, 수리 또는 운반 등의 주어진 업무를 수행하는 자를 총칭하여 말한다.

(2) "작업장(Work Place)"이라 함은 주어진 작업자에 대하여 작업 환경으로 둘러싸인 작업공간 내의 작업장비들의 조합을 말한다.

2) 그 밖에 이 지침에서 사용하는 용어의 정의는 이 지침에 특별한 규정이 있는 경우를 제외하고는 「산업안전보건법」, 같은 법 시행령, 같은 법 시행규칙, 안전보건규칙 및 고용노동부 고시에서 정하는 바에 따른다.

4. 일반사항

이 지침은 기계 소음 문제, 소음 평가 및 실질적인 통제 방식에 대한 지침을 제공한다. 업체들은 이런 문제들의 상당수를 자체적으로 해결할 수 있다고 생각하겠지만, 만약 전문가의 도움이 필요하다면, 이 지침을 사용하여 전문가 또는 컨설팅 업체에게 문제점을 효과적으로 설명함으로써 적절한 대응책을 제공받을 수 있다.

5. 소음문제

1) 소음이 건강에 미치는 위험성

(1) 소음은 청각 손상 및 이명을 야기할 수 있다. 또한 의사소통 방해, 피로 야기, 효율 저하, 사기 감소, 업무 성과 저하 등을 초래할 수 있다.

(2) 높은 수준의 소음에 잠시 노출되면 몇 시간 동안의 일시적인 청각 손실이 발생할 수 있다. 이런 노출이 반복적으로, 또는 지속적으로 이루어지면 영구적인 청각 손상이 발생할 수 있다. 이것은 가장 심각하면서 광범위하게 발생하는 산업 재해 중 하나이다.

2) 소음발생 공정

(1) 소음이 발생하는 공정은 매우 다양하다. 금속 절단 톱 등과 같은 개별 기기에서부터 프레스 작업장과 같은 전체 공장이나 부서에 이르기까지 다양하다. 휴대 가능하고 전원으로 작동하는 공구 및 수작업 도구들이 때때로 고정된 기기만큼 많은 소음을 발생시킬 수 있다.

(2) 위험에 노출된 작업자들은 이런 기기들을 사용하는 사람들뿐만 아니라 유지보수 작업자, 청소부, 지게차 운전자 및 작업장 관리감독자 등 기기 근방에서 일하는 사람들도 포함한다.

(3) 엔지니어링 업체는 높은 수준의 소음이 발생할 수 있는 기타 산업 부문에서 유지보수 작업을 맡아 하는 경우도 있다.

3) 소음의 단위

(1) 소음은 일반적으로 dB로 기술되는 "데시벨"이란 단위로 측정된다. 3데시벨이 증가하면 소음 수준이 두 배로 높아진다.

(2) 인간의 귀가 모든 주파수 대역의 소리에 동일하게 민감하게 반응하지 않기 때문에, 업무 재해 관련 소음은 건강한 귀의 반응을 모사하는 식으로 측정된다. 이는 "A"라는 보정이 가해진 데시벨, 즉 dB(A)로 표시한다.

(3) 청력 손상의 위험은 소음의 수준뿐만 아니라 노출의 성격 및 기간에 좌우된다. 하루 작업 시간 동안의 총 소음 노출은 "일일 개인 노출 소음량"으로 지칭한다.

6. 소음평가

1) 법적 요건

(1) 안전보건규칙에 의한 작업장 내 소음규정은 업무로 인한 청력 손상 위험을 실질적으로 합당한 최저 수준으로 줄이기 위한 것이다.

(2) 위 규정의 주요 내용은 다음과 같다.

① 소음 수준이 85dB(A)을 넘어서는 경우 담당 인력에 의해 소음 평가가 행해져야 함

② 합당하고 가능한 경우 소음을 줄이기 위한 조치가 취해져야 함

③ 작업자에게 청력 손상 위험에 대한 정보를 제공해야 함

④ 특정 상황에서는 귀 보호장비를 제공해야 함

⑤ 작업자는 제공된 귀 보호장비를 사용하고, 결함이 있을 시 보고해야 함

⑥ 기기 제작자 및 공급업체는 자신들이 제공하는 장비에 의해 발생 가능한 소음에 대한 정보를 제공함

2) 소음 평가

(1) 작업자의 일일 개인 노출 소음량이 85dB(A)(최초 권장레벨(First Action Level)) 이상, 또는 200Pa 또는 그 이상의 음압(최고 권장레벨(Peal Action Level))에 이르는 경우 사업주는 소음 평가를 실시해야 한다.

(2) 단기간 소음 노출이 매우 높은 수준일 경우 최고 권장레벨을 넘어설 가능성이 많으며, 특정 "충격" 형태의 작업 기간 동안 또는 카트리지에 의해 작동되는 공구를 사용하는 경우 일일 개인 노출 소음량이 85dB(A)에 미치지 못하더라도 최고 권장 레벨을 초과할 수 있다.

(3) 소음 평가에 대한 검토 및 수정 · 보완이 다음과 같은 경우 필요하다.

① 평가가 더 이상 유효하지 않다고 의심되는 사유가 있는 경우

② 평가와 관련된 작업에 상당한 변동이 행해진 경우

3) 소음 평가의 착수

(1) 소음은 엔지니어링 작업에서는 광범위하게 발생한다. 대부분의 업체들은 소음 문제가 있는지의 여부를 파악해야 할 것이다.

(2) 작업자들이 소리쳐야 하거나, 2m 떨어진 다른 작업자의 말을 제대로 알아듣기 어려운 경우 또는 서로 간 대화하기 어렵다면, 소음 문제가 있다고 간주할 수 있다.

(3) 충격이 가해지는 작업에 의해 발생하는 단기간의 매우 높은 소음은 매우 명백하며, 고려대상이 된다.

(4) 이러한 일차 평가에서 소음 위험이 존재하지 않는다는 결론이 나오면 추가적인 조치가 필요하지 않다.

(5) 소음 문제가 존재하는 것이 분명하면 평가를 위한 조치가 필요하다. 의구심이 들 경우 소음 측정을 실시하여 담당 인력에 의한 평가가 필요한지의 여부를 결정해야 한다.

4) 소음평가 담당자

(1) 소음 평가 담당자는 작업소음규정의 요건 및 세부 평가 지침을 숙지해야 한다.

(2) 일부 대규모 업체에서는 소음 평가를 수행할 능력을 갖춘 자체 인력을 보유하고 있다. 이들은 적절한 교육을 받은 전문 인력들을 보유하고 있기 때문에 문제 발생 시 이들을 현장에 즉시 투입하는 것이 바람직하다.

(3) 많은 업체들은 외부의 지원을 필요로 한다. 협회에서 지원을 받을 수도 있고 소음과 관련한 전문 용역 기관들을 이용할 수도 있다. 업체들은 용역 업체 선정과 관련하여 한국산업안전보건공단의 자문을 숙지해야 한다.

5) 소음 평가

(1) 소음 평가가 소음과 관련한 위험을 최소화하는 데 핵심적인 역할을 하지만, 소음 평가가 부실하게 행해지는 경우가 종종 있다. 외부 용역 업체를 사용하는 경우, 평가가 작업소음규정에 따라 행해져야 함을 서면으로 명시하는 것이 좋다.

(2) 소음 평가는 단순한 소음 측정이 아니다. 보다 정확히 말하면, 소음 평가는 어떤 작업자가 과도한 소음에 노출되는지를 파악해야 하며, 다음을 포함한 작업소음규정의 기타 요건에 따른 업체의 의무를 준수할 수 있도록 정보를 제공해 주어야 한다.

① 소음 노출의 감소

② 귀 보호

③ 귀 보호 구역의 표시

④ 작업자들에게 정보 제공

(3) 적절한 소음 평가는 다음과 같은 간단한 질문에 답할 수 있어야 한다.

① 소음 문제가 있는가? 다시 말하면, 최소 권장 레벨 또는 최고 권장 레벨을 넘어서는 소음 노출이 존재하는가?

② 얼마나 심각한 수준인가? 기술된 레벨 이상의 소음에 몇 명의 작업자가 노출되어 있는가?

③ 소음원은 무엇인가? 적어도 소음을 발생시키는 기기 또는 프로세스가 명시되어야 한다.

④ 어떤 조치가 필요한가? 소음 문제의 제거 또는 소음원에 대한 통제가 어디에서 실행될 수 있는지 기술해야 한다. 또한, 소음 감소를 위한 방법을 명시해야 하며 제안된 조치들에 대해 우선순위를 설정해야 한다.

⑤ 귀 보호 조치가 필요한가? 그렇다면, 어떤 유형의 조치가 적합한지 기술해야 한다. 이는 모든 유형의 귀 보호 조치가 모든 경우에 항상 적용될 수 있는 것은 아니기 때문이다.

⑥ 어디가 귀 보호 구역으로 표시되어야 하는가? 이것은 평가의 일환으로 행해지는 소음 측정에 따라 결정될 수 있다.

(4) 업체들은 소음 위험에 노출될 가능성이 높은 각 작업자들에게 적절한 정보와 지시 및 교육을 제공해야 한다. 그리고 가능하면 소음 평가 내용을 해당 작업자들이 쉽게 이해할 수 있는 양식으로(추가적인 설명이 필요하다면 덧붙여서) 제공하는 것이 바람직하다.

6) 기록

업체는 평가 자료를 기록으로 남겨서 보관해야 한다. 효과적인 기록 보관을 위해서는 평가 보고서에 평가 범위 및 실시 일자, 제정자를 명시해야 한다.

7) 기타 고려 사항

(1) 각 작업자의 노출 정도를 세부적으로 측정하지 않더라도 소음 정도가 일정한 장소를 기준으로 적절한 평가를 실시할 수 있다. 이 장소에서 일하는 작업자들을 한 그룹으로 묶어서 노출을 평가할 수 있다.

(2) 정확한 기기 또는 기술 부족 등의 이유로 담당 인력이 전체적인 평가를 제공할 수 없다면, 보고서에 이런 사실을 명시해야 한다. 마찬가지로 평가 당시에 어떤 기기 또는 프로세스가 작동하지 않아서, 소음 레벨이 더 높아질 가능성을 예상할 수 있다면 이런 사실도 기술한다.

(3) 평가는 귀의 청각 메커니즘에 대한 자세한 설명 또는 소음이 어떻게 청력을 손상시킬 수 있을 것인가에 대한 세부적인 내용을 담을 필요는 없다. 작업자가 노출되는 소음 수준이 아닌, 기기가 발생하는 소음 수준에 대한 세부적인 정보를 포함할 필요는 없다. 개별 귀 보호 장비의 선정과 관련 없는 주파수 대역 열거 등도 마찬가지로 불필요하다.

8) 소음 측정에 필요한 장비

(1) 일반적으로 "A" 보정이 가능한 적분형 소음계(Integrating Sound Level Meter)가 필요하다. 적절한 귀보호 장비를 파악하기 위해서는 옥타브밴드 소음계(Octave Band Facility)가 필요할 수 있다.

(2) 작업자가 소음 수준이 다른 여러 장소를 이동하면서 일하는 경우, 개별 노출량 측정기(Dosimetry)가 유용할 수 있다(그러나 항상 그러한 것은 아니다). 이런 경우에는 소음계보다는 적절한 소음노출량 측정기(Noise Dosimeter)의 사용이 더 효과적이다.

9) 보건 감독

(1) 일일 개인 소음 노출이 90dB(A) 이상인 모든 작업자들을 대상으로 정기적인 청력 검사를 실시하는 것이 바람직하다.

(2) 소음 노출이 위 레벨을 넘어선다면 청력 손상 위험이 급격히 높아진다. 따라서 청력 보호 장비를 사용하더라도 소음이 95dB(A) 이상이라면 소음 노출이 연간 수주에 그치는 등 일시적이지 않는 한, 업체는 작업자들에게 청력 검사를 실시해야 한다.

9) 소음 노출의 감소

(1) 적절하다고 판단되는 경우, 업체는 보호 장비 제공 이외의 다른 수단으로 소음 노출을 줄여야 한다. 소음 감소가 기술적으로 복잡하며, 잘못된 조치를 취할 경우 돈을 허비할 여지가 많기 때문에 전문가의 조언을 구하는 것이 필요하다.

(2) 소음 감소 조치는 다음을 포함한다.

① 프로세스, 부품 또는 기기의 설계 변경
② 소음 발생 기기와 작업자의 분리
③ 진동을 줄이기 위해 기기 부품을 감쇠(Damping)처리
④ 진동을 억제하는 장비를 사용한 기기 격리
⑤ 공압장비 배기관 등에 소음기(Silencer) 사용
⑥ 소음이 심한 기기 주변에 울타리 설치
⑦ 소음 진원지와 작업자 사이에 막 또는 장벽 설치
⑧ 작업자들에게 소음 피난처 제공
⑨ 작업장에 소음 흡수 자재 사용
⑩ 적극적인 소음 억제 조치 사용

작업장 내에서 인간공학에 관한 기술지침(M-39-2012)

1. 목적

이 지침은 산업안전보건기준에 관한 규칙(이하 "안전보건규칙"이라 한다) 제35조(관리감독자의 유해 · 위험방지 업무 등)에 의거 작업장 내에서 인간공학에 관한 기술적 사항을 정함을 목적으로 한다.

2. 적용범위

이 지침은 작업장 내에서 인간공학적 문제를 파악하는 데 적용한다.

3. 용어의 정의

1) 이 지침에서 사용하는 용어의 정의는 다음과 같다.
   (1) "인간공학"이라 함은 사람과 작업 간의 "적합성"에 관한 과학을 말한다. 이는 사람을 최우선으로 놓고, 사람의 능력과 한계를 고려한다. 또한, 인간공학은 작업, 장비, 정보 및 환경이 각 작업자에 적합하도록 만드는 것을 추구한다.
   (2) "작업자"라 함은 기계의 설치, 운전, 조정, 보수, 청소, 수리 또는 운반 등의 주어진 업무를 수행하는 자를 총칭하여 말한다.
   (3) "작업장(Work Place)"이라 함은 주어진 작업자에 대하여 작업 환경으로 둘러싸인 작업공간 내의 작업장비들의 조합을 말한다.
   (4) "작업환경(Work Environment)"이라 함은 작업자의 작업 공간을 둘러싸고 있는 물리적, 화학적, 생물학적, 조직적, 사회적, 문화적 요인을 말한다.
   (5) "장비(Equipment)"라 함은 조작을 하기 위해 사용되는 특정 장비, 장치, 공정 모듈을 말하며, '장비'라는 용어는 장비의 고장에 의해 손상된 제품(예 기판, 반도체)에는 적용되지 않는다.
2) 그 밖에 이 지침에서 사용하는 용어의 정의는 이 지침에 특별한 규정이 있는 경우를 제외하고는 「산업안전보건법」, 같은 법 시행령, 같은 법 시행규칙, 안전보건규칙 및 고용노동부 고시에서 정하는 바에 따른다.

4. 인간공학 엔지니어(Ergonomist)의 역할

1) 사람과 작업 간의 합치를 평가하기 위해서 인간공학 엔지니어는 다음을 포함한 여러 측면을 고려한다.

(1) 수행되고 있는 업무 및 작업자에 대한 요구사항

(2) 사용되는 장비(크기, 형태, 작업에 대한 적합성)

(3) 사용되는 정보(어떻게 제시되고, 접근되며, 변화되었는가)

(4) 물리적 환경(온도, 습도, 조명, 소음, 진동)

(5) 사회적 환경(팀워크 및 경영진의 지원 등)

2) 인간공학 엔지니어는 작업자의 다음을 포함한 물리적 측면을 고려한다.

(1) 신체 크기 및 형태

(2) 체력 및 힘

(3) 자세

(4) 감각, 특히 시각, 청각 및 촉각

(5) 근육, 관절, 신경에 가해지는 부담 및 압력

3) 인간공학 엔지니어는 또한 작업자의 다음과 같은 심리적 측면을 고려한다.

(1) 정신적 능력

(2) 개성

(3) 지식

(4) 경험

4) 위에 기술된 측면 및 업무, 장비, 작업 환경 및 작업자들 간의 상호작용을 평가하여, 안전하고 효과적이면서 생산적인 작업시스템을 설계할 수 있다.

5. 인간공학의 적용 예

1) 건강과 안전을 위한 인간공학의 역할

(1) 인간공학을 작업장에 적용함으로써 다음의 효과를 기대할 수 있다.

① 잠재적 사고를 줄인다.

② 잠재적 부상 및 질환을 줄인다.

③ 성과 및 생산성을 개선할 수 있다.

(2) 인간공학은 사고의 가능성을 줄일 수 있다. 예를 들면, 제어 패널 설계에서 다음 사항을 고려한다.

① 스위치 및 버튼의 위치 : 실수로 스위치가 꺼지면 작업이 잘못된 순서로 행해지면서 사고가 발생할 수 있다.

② 신호 및 제어기기의 예상치 : 대부분의 사람들은 초록색을 안전한 상태를 나타내는 것으로 해석한다. "경고 또는 위험한 상태"를 나타내는 데 초록색을 사용한다면 무시되거나 간과될 위험이 있다.

③ 정보의 과잉 : 어떤 작업자에게 너무 많은 정보가 주어지면, 혼란에 빠져 실수를 하거나 허둥지둥할 수 있다. 위험한 산업현장에서는 부정확한 결정 또는 잘못된 조치가 재앙적 결과를 가져올 수 있다.

(3) 인간공학은 또한 손목, 어깨, 허리 통증 등과 같은 질환이 발생할 잠재력을 줄일 수 있다. 제어기기 및 장비의 배치도의 예를 들면, 이들이 어떻게 사용되는가에 따라 위치가 정해져야 한다. 가장 많이 사용되는 것은 몸을 굽히거나, 팔을 멀리 뻗힐 필요 없이 쉽게 닿을 수 있는 위치에 놓여야 한다.

(4) 인간공학적 원칙을 따르지 않는다면 개인뿐만 아니라 조직에도 심각한 영향이 미칠 수 있다. 잘 알려진 사고의 상당수는 작업자들이 수행한 업무 및 그들이 일한 환경 설계 시 인간공학을 고려했다면 예방할 수 있었다.

2) 인간공학을 통해 해결할 수 있는 문제들

(1) 인간공학은 통상적으로 물리적 문제들을 해결한다. 예를 들면, 작업자가 다리를 뻗을 수 있는 충분한 공간을 가질 수 있도록 작업 표면의 적정한 높이를 확보하는 것 등이다.

(2) 그러나 인간공학은 또한 사람 및 작업의 심리적 및 사회적 측면을 다룬다. 예를 들면, 너무 많거나 적은 작업량, 불명확한 작업, 시간 압박, 불충분한 교육/훈련, 부족한 사회적 지원 등이 작업자 및 그가 하는 일에 부정적인 영향을 미칠 수 있다.

(3) 다음은 작업장에서 발견한 "통상적인" 인간공학적 문제를 잘 보여준다.

① 디스플레이 스크린(Display Screen) 장비

㉠ 화면의 위치가 적당하지 않다(작업자에게 너무 높거나, 낮거나, 가깝거나 멀다. 아니면 한쪽으로 치우쳐 있다).

㉡ 마우스가 너무 멀리 있으며, 사용하려면 손을 멀리 뻗어야 한다.

㉢ 의자가 적합한 높이로 조정되어 있지 않아서, 작업자의 자세가 부자연스럽거나 불편하다.

㉣ 위의 조명 또는 창문으로부터 빛이 화면을 눈부시게 만들어, 눈에 피로를 가중시킨다.

㉤ 하드웨어 및 소프트웨어가 사용하는 사람 또는 업무에 적합하지 않아, 좌절감과 스트레스를 야기한다.

㉥ 업무 중간에 충분한 휴식이나 변화가 없다.

㉦ 이런 문제들은 실수 및 생산성 저하, 스트레스, 눈의 피로, 두통 및 기타 통증을 가져올 수 있다.

② 수작업

㉠ 작업물이 너무 무겁거나 부피가 커서, 작업자에게 과중한 부담을 준다.

㉡ 작업물을 바닥에서 들어 올리거나 어깨 위로 놓아야 한다.

㉢ 작업이 반복적으로 들어 올리는 일을 자주 포함한다.

㉣ 작업이 몸을 구부리거나, 꼬는 등 부자연스러운 자세를 요구한다.

㉤ 작업물을 제대로 잡기 어렵다.

ⓑ 작업이 표면이 고르지 못하고, 미끄럽거나 경사진 바닥에서 행해진다.

ⓢ 작업이 촉박한 시한 내 행해져야 하며, 휴식 시간이 너무 적다.

ⓞ 이런 문제들은 허리 통증 및 팔, 손, 손가락 부상과 같은 신체적 부상을 가져올 수 있다. 또한 미끄러짐, 헛디딤, 넘어짐 등의 위험을 높인다.

③ 작업 관련 스트레스

㉠ 작업 부담이 너무 높거나 낮다.

㉡ 작업자들이 자신들의 업무 구성에 대해 발언권이 거의 없다.

㉢ 경영진 및 동료들의 지원이 별로 없다.

㉣ 요구사항이 서로 상충된다.(예를 들면, 높은 생산성과 품질 등)

④ 근무일의 관리

㉠ 교대 근무 간 회복 시간이 충분치 않다.

㉡ 교대 근무 일정이 적절하지 않다.

㉢ 교대 근무와 가사일을 모두 해내기 어렵다.

㉣ 초과 근무가 과도하다.

3) 인간공학적 문제들을 파악하는 방법

(1) 인간공학적 문제를 파악하는 방식은 여러 가지가 있다. 일반적인 관찰 및 체크리스트에서부터 정량적 리스크 평가 등에 이르기까지 다양하다.

(2) 다음과 같은 이상적인 접근 방식을 사용한다.

① 작업자들과 대화하고 그들의 견해를 구한다. 작업자들은 자신들의 업무, 자신들이 가진 문제점, 이것이 건강, 안전 및 성과에 미치는 영향 등에 대해 중요한 지식을 갖고 있다.

② 다음과 같은 질문을 함으로써 작업시스템을 평가한다.

㉠ 작업자가 편안한 자세에서 근무하는가?

㉡ 통증, 피로 또는 스트레스 등을 포함한 불편함을 겪는가?

㉢ 장비가 적합하고, 사용하기 편하고 유지보수가 잘되는가?

㉣ 작업자가 자신의 업무 환경에 만족하는가?

㉤ 에러가 수시로 발생하는가?

ⓑ 손가락에 플라스틱 밴드가 감겨 있거나 "가정용" 보호 패드 사용 등과 같이 장비 설계가 부적합하다는 것을 나타내는 신호가 있는가?

③ 자주 발생하는 에러 및 실수가 발생하고 사람이 부상당한 사고의 정황을 검토한다. 사고 보고서를 사용하여 사고의 세부 경위와 원인을 파악한다.

④ 병가 및 작업자 이직률을 기록하고 검토한다. 높은 수치는 위에 언급한 문제 및 작업장에 대한 불만에 기인할 수 있다.

4) 인간공학적 문제들을 파악한 후 해야 할 일들

(1) 가능한 원인을 파악하고 해결책을 모색한다. 작은 변경만으로도 작업을 훨씬 쉽고 안전하게 만들 수 있다. 다음은 그 예이다.

① 높이가 조절되는 의자를 제공하여 작업자들이 원하는 높이로 일할 수 있도록 한다.

② 책상 밑에 장애물을 치워서 다리를 뻗을 수 있는 공간을 마련한다.

③ 가장 많이 쓰는 물품들 및 가장 무거운 물품들이 허리와 어깨 높이에 위치하도록 선반을 정리한다.

④ 작업자가 불편한 위치에 놓인 제어 장치에 쉽게 손을 뻗을 수 있도록 플랫폼을 높인다.

⑤ 교대 근무 패턴을 조정한다.

⑥ 어려운 업무의 경우 순환 근무를 도입하여 신체 및 정신적 피로를 줄인다.

(2) 작업자들과 대화를 하여 이들의 아이디어를 구하고 가능한 해결책을 논의한다. 프로세스의 초기부터 작업자들을 참여시킨다. 이것은 모든 당사자들이 제시된 변화를 받아들이는 것을 보다 용이하게 한다.

(3) 변경 사항은 해당 업무를 하는 작업자의 평가를 거치도록 한다. 한 문제를 해결하기 위해 시행하는 변화가 다른 곳에서 문제를 야기하지 않도록 주의를 기울인다.

(4) 인간공학 전문가들에게 항상 자문을 구할 필요는 없으며, 변화 시행의 비용이 항상 높은 것은 아니다. 그러나 간단한 해결책을 구하지 못하거나, 문제가 복잡하면 전문가를 찾아갈 필요가 있다.

(5) 한국산업안전보건공단은 다양한 지침 자료를 출판하였으며, 대부분 무료이다. 업체 및 작업자들을 위한 이런 지침 자료는 안전하고 건강한 작업 환경을 확보하는 데 도움을 제공한다. 여기에는 실용적인 평가 체크리스트 및 자문을 포함한다.

(6) 바람직한 인간공학은 경제성을 보장한다. 인간공학에 대한 투자가 반드시 높은 비용을 의미하는 것은 아니며, 작업장 내 부상과 병가를 줄임으로써 장기적으로는 절감 효과를 가져온다.

(7) 작업장 내 인간공학을 이해한다면 일상적인 업무를 개선할 수 있다. 작업자의 통증, 스트레스를 제거하고, 업무 만족도를 향상시킬 수 있다. 인간공학적 해결책은 간단하며 복잡하지 않다. 의자의 높이를 조절하는 것 같이 간단한 변화만으로도 상당한 차이를 만들어 낼 수 있다.

들기 작업 및 인력운반 작업 시 보조기구의 사용에 관한 기술지침(M-45-2012)

1. 목적

이 지침은 산업안전보건기준에 관한 규칙(이하 "안전보건규칙"이라 한다) 제385조(중량물 취급)에 의거 들기 작업 및 인력운반 작업 시 보조기구를 사용할 때 발생되는 위험상황 등에 관한 기술적 사항을 정함을 목적으로 한다.

2. 적용범위

이 지침은 들기 작업 및 인력운반 작업 시 보조기구를 사용할 때에 적용한다.

3. 용어의 정의

1) 이 지침에서 사용하는 용어의 정의는 다음과 같다.
   (1) "작업자"라 함은 기계의 설치, 운전, 조정, 보수, 청소, 수리 또는 운반 등의 주어진 업무를 수행하는 자를 총칭하는 것을 말한다.
   (2) "작업장(Work Place)"이라 함은 주어진 작업자에 대하여 작업 환경으로 둘러싸인 작업공간 내의 작업장비들의 조합을 말한다.
   (3) "작업환경(Work Environment)"이라 함은 작업자의 작업 공간을 둘러싸고 있는 물리적, 화학적, 생물학적, 조직적, 사회적, 문화적 요인을 말한다.
2) 그 밖에 이 지침에서 사용하는 용어의 정의는 이 지침에 특별한 규정이 있는 경우를 제외하고는 「산업안전보건법」, 같은 법 시행령, 같은 법 시행규칙, 안전보건규칙 및 고용노동부 고시에서 정하는 바에 따른다.

4. 일반사항

1) 이 지침은 관리자와 작업자 및 그의 대표, 기타 물품을 들어 올리고 다루는 데 사용되는 보조기구들의 선정에 관여하는 사람들을 위한 것이다.
2) 인력운반 작업에 의한 허리 부상은 주요 산업재해 원인의 하나이다. 그러나 많은 경우 예방이 가능하며, 예방적 조치가 비용효과적이다. 허리 부상을 예방할 수 없는 경우에는, 징후의 조기 보고, 적절한 치료 및 재활이 필수적이다.

〈표 1〉 사업주의 역할

인력운반 작업 위험의 통제를 통해 다음을 확보함	통제가 제대로 이루어지지 않는다면 다음이 발생 가능함
(1) 생산/계약 유지 (2) 상품의 질 유지 (3) 보험 비용의 유지 또는 감소	(1) 재교육 비용 (2) 임금 및 초과 근무 비용 (3) 고객과의 신뢰 상실 (4) 대외 이미지 타격/형사고발 (5) 민간 소송 비용

〈표 2〉 작업자의 역할

들기 보조 기구를 사용하면 다음이 가능함	부상을 당한다면, 다음과 같은 사항이 타격을 받을 수 있음
(1) 부상 방지 (2) 통증 및 고통 예방, 본인 및 본인 가족들의 스트레스 방지 (3) 수익 감소/손실 방지	(1) 라이프스타일 (2) 여가 활동 (3) 수면 능력 (4) 잠재적 업무

3) 사업주의 부담

(1) 사례 1

① 한 회사의 경우, 인력운반 작업 부상에 대한 보상 청구로 3년 동안 약 2억 7천만 원을 지불함

② 이는 작업자들의 보상 청구(Liability Claim) 전체 액수의 20%를 차지함

(2) 사례 2

① 한 회사는 인력운반 작업 부상과 관련하여 한 해 근로손실일수가 373일에 달하는 손실을 겪음. 이는 결근 근로자에 약 4천 3백만 원에 이르는 임금을 지불하는 것에 해당함

② 보조 기구, 인력운반 작업 관련 교육, 재활 프로그램의 도입을 통해서 근로손실일을 74일, 임금 비용은 약 9백만 원 줄임

4) 작업자의 부담

(1) 사례 1

① 한 작업자는 무거운 물건을 반복적으로 들어 올리다가 허리 부상을 입음

② 8주 동안 병가를 내었으며 그 기간 동안 임금도 줄어듦

③ 평소 즐기던 여가 활동을 할 수 없었으며, 업무에 정상적으로 복귀할 수 없을까 봐

걱정함

④ 재발을 방지하기 위해서 회사는 호이스트를 설치하여 인력운반 작업의 필요성을 제거함

(2) 사례 2

① 한 작업자는 무겁고 긴 목재를 운반하다가 목재가 미끄러짐. 잡으려고 하다가 허리에 부상을 입음. 수 주 동안 침대에 누워 안정을 취함. 의사로부터 되도록 움직이지 말 것을 처방받았으며 통증이 계속됨

② 몇 개월 후 물리치료를 받았지만, 이미 부상이 만성화되었으며 치료가 별 효과가 없었음

③ 그는 아직도 매일 통증에 시달리며, 오랫동안 앉아있거나 서있기 힘듦. 수년이 지난 현재 아직도 실직 상태임

5) 운반 보조 기구에 대한 사례

(1) 사례 1 – 대형 부대

① 믹서에 25kg에 달하는 자재 부대(Sack)를 인력운반 작업으로 쏟아 부은 작업자들이 허리 부상을 입음

② 관리자 및 작업자 대표들이 문제 해결을 위해 고심함

③ 부대의 크기를 더 크게 하고 지게차로 처리하게 하였으며 투입구, 먼지 추출 등을 재설계하여 대형 부대의 사용을 용이하게 함

④ 이는 다음을 가능케 함

㉠ 인력운반 작업 방지

㉡ 먼지에 대한 노출을 줄임

㉢ 원자재 비용을 줄임

㉣ 적재 시간을 1시간에서 15분으로 줄여서 생산을 개선함

(2) 사례 2 – 맥주통 및 케이스 처리

① 대형 맥주 컨테이너 및 상자를 지하 저장고에 다음과 같이 운반해왔음

㉠ 로프(Rope)를 사용하여 경사가 심한 경사로(Skid)를 따라 맥주통을 내려보냄

㉡ 로프를 사용하여 경사로를 따라 상자를 내려보냄

② 맥주통은 종종 파손되었으며 위로 다시 올려 보내기 어려웠음

③ 전동 리프트를 설치하여 저장고로 맥주통과 상자를 운반함. 이는 힘든 인력운반 작업을 상당히 줄였으며 컨테이너 파손이 줄어듦

④ 또 다른 문제는 빈 맥주통을 차량에 싣는 문제임. 이는 차량의 옆/뒤에 리프트 또는 스윙 리프트 호이스트(Swing Lift Hoist)를 설치함으로써 해결할 수 있음

5. 안전한 들기작업 및 인력운반 작업

1) 수시로 발생하는 무거운 물품 운반의 위험을 방지하거나 줄이기 위한 방법

〈표 6〉 무거운 물품 운반의 위험을 방지하거나 줄이기 위한 방법

운반기계, 기구 / 작업	동력 운반기구, 대차(Trolley), 차량 등	무동력 운반기구, 대차 및 보조 도구	철도, 컨베이어, 슬라이드, 슈트(Chute), 롤러 볼(Roller Ball)
백(Bag), 부대, 박스 등 취급	지게차 (Forklift Truck) 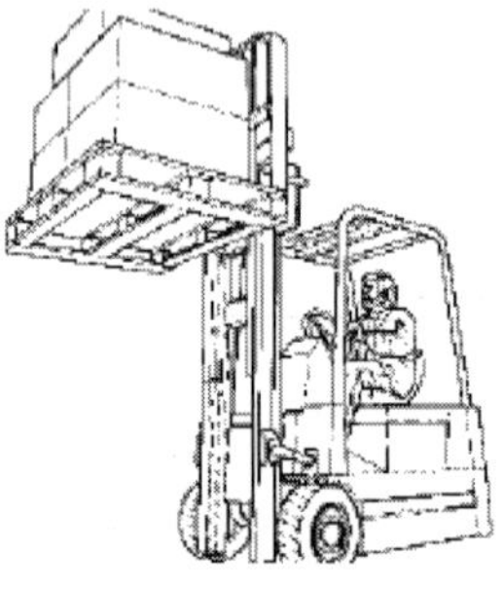	유압 승강기를 갖춘 운반기구 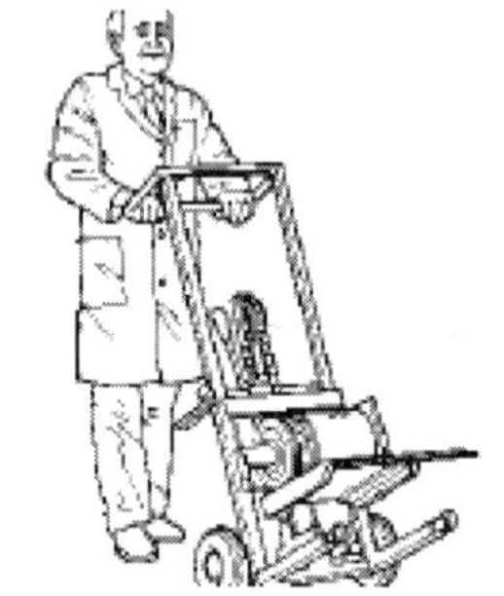	볼테이블 (Ball Table) 및 롤러 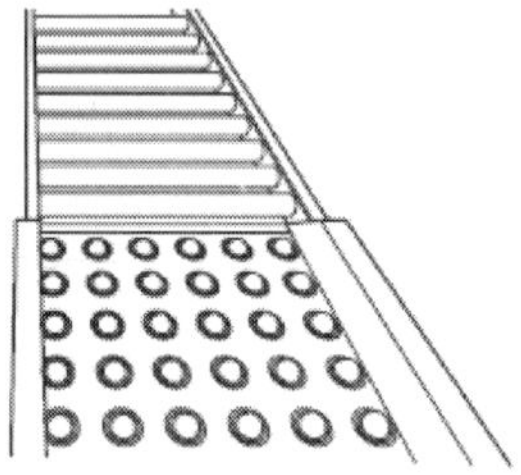
뭉치, 릴, 대형 및 소형통 취급	통/릴 회전기 	케그(Keg) 운반기구 	라인에서 자동무게감지 (In－line Weighting) 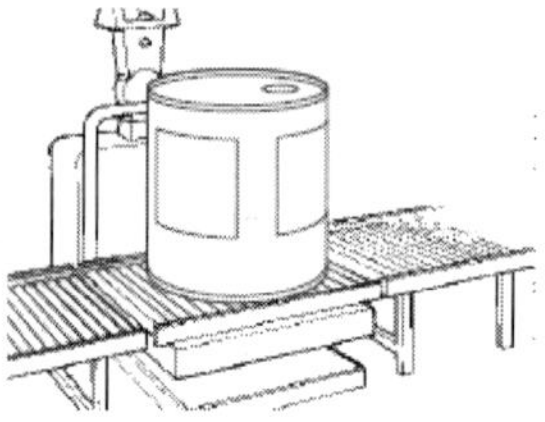
팰릿(Pallet) 포장 및 해체, 낮은 받침대 (Stillage) 및 컨테이너	팰릿 변환기 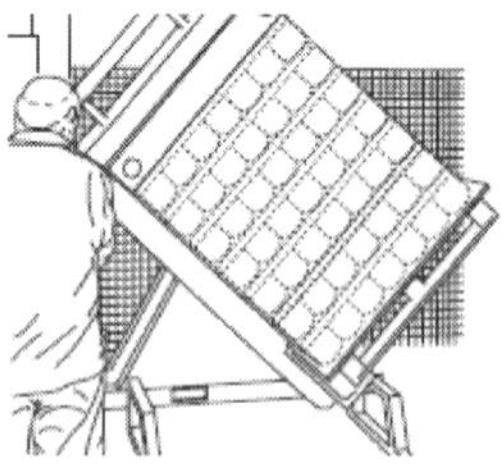	팰릿 리프트 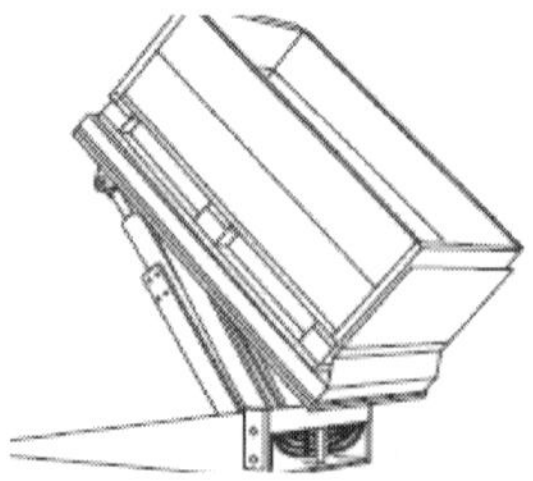	롤러 트랙(Roller Track) 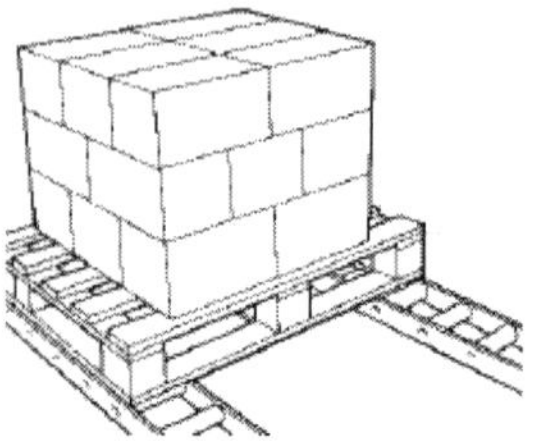

	지게차 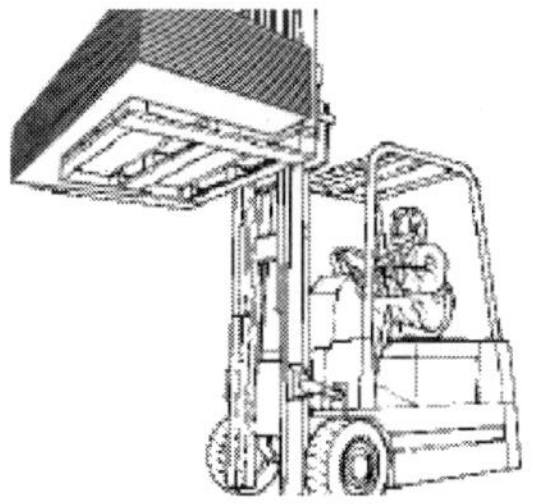	팰릿 운반기구 	중력 롤러 (Gravity Roller )
판재(Sheet) 자재 운반			
	배터리작동 운반기구 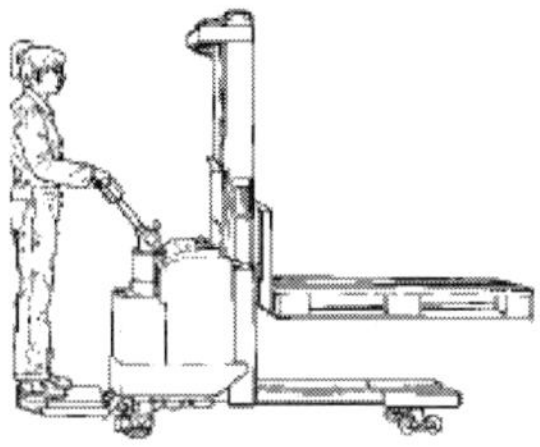	선반식 대차 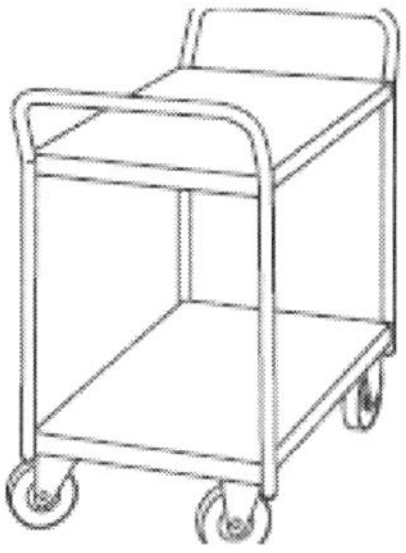	턴테이블이 장착 된 컨베이어 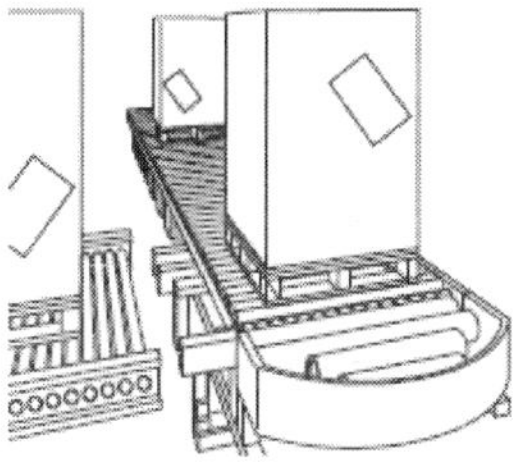
저장, 보관, 주문 처리			

2) 다음은 물품 들기 및 운반 보조도구를 사용하는 해결책의 일부 예이다. 인력운반 작업을 피하거나 단위 무게를 줄이는 것도 고려한다.

〈표 7〉 들기 및 운반 보조도구의 사용 예

운반기계, 기구 / 작업	높이 조절 가능한 기구, 회전 및 기울임이 가능한 테이블	기계식 호이스트 및 진공식 양중 기구	기타
	회전 테이블 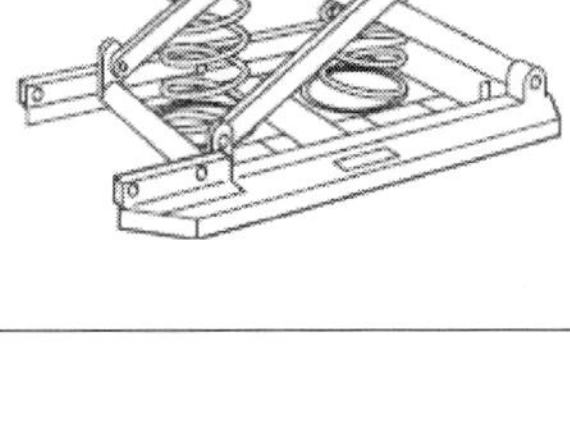	진공식 양중 보조기구 	흡입 컵(Suction Cup)을 갖춘 TV 대차 
백, 부대(Sack), 박스 등 취급			

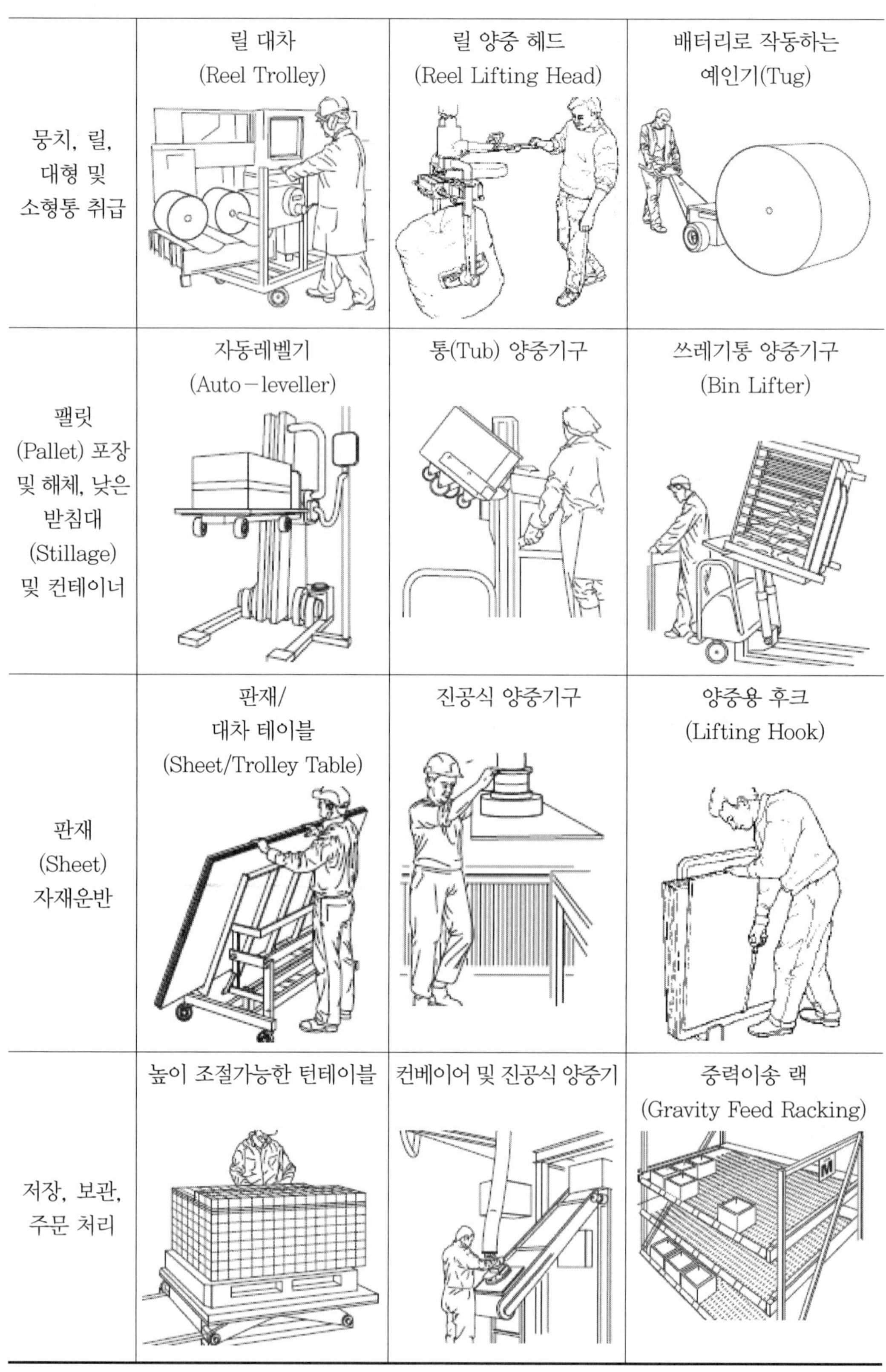

뭉치, 릴, 대형 및 소형통 취급	릴 대차 (Reel Trolley)	릴 양중 헤드 (Reel Lifting Head)	배터리로 작동하는 예인기(Tug)
팰릿(Pallet) 포장 및 해체, 낮은 받침대(Stillage) 및 컨테이너	자동레벨기 (Auto－leveller)	통(Tub) 양중기구	쓰레기통 양중기구 (Bin Lifter)
판재(Sheet) 자재운반	판재/ 대차 테이블 (Sheet/Trolley Table)	진공식 양중기구	양중용 후크 (Lifting Hook)
저장, 보관, 주문 처리	높이 조절가능한 턴테이블	컨베이어 및 진공식 양중기	중력이송 랙 (Gravity Feed Racking)

운반기계, 기구 / 작업	동력식 운반기구, 대차, 차량 등	무동력 운반기구, 대차 및 보조 도구	철도, 컨베이어, 슬라이드, 슈트(Chute), 롤러볼 (Roller Ball)
물품 발송/현장 및 내부 장소로 운반	대형트럭에 장착된 지게차 	별모양 바퀴식 (Star Wheeled) 운반기구 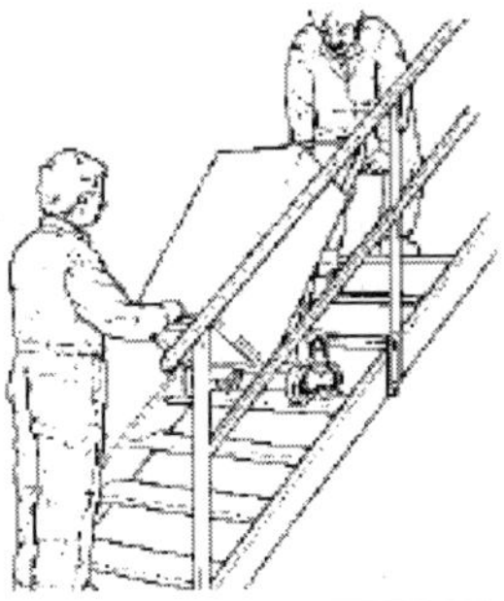	차량(Van) 적재를 위한 받침(Boom) 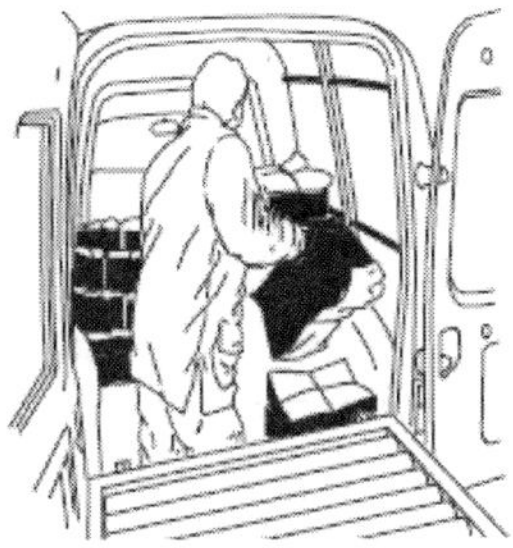
정착 및 유지보수 작업	차량에 장착된 호이스트 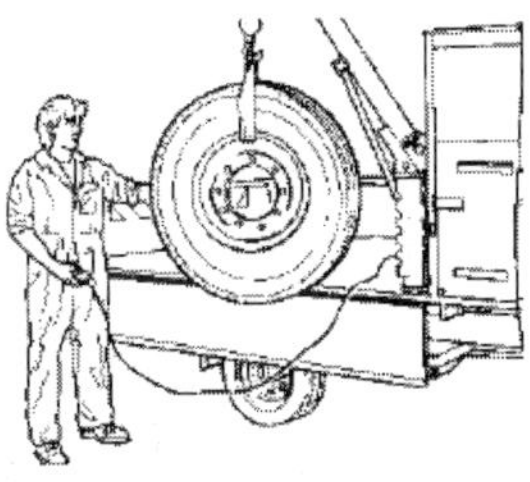	바퀴식 툴 박스 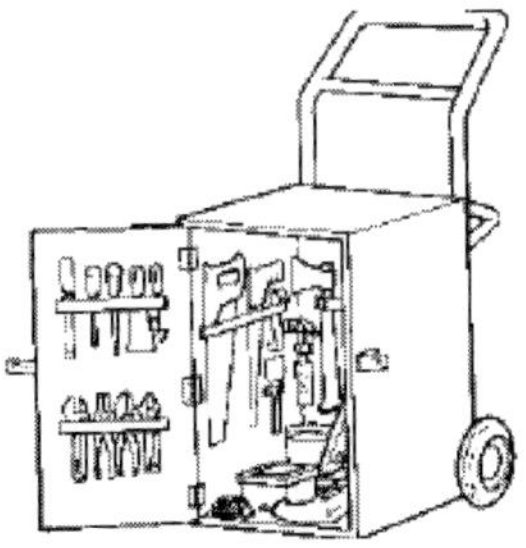	미끄럼대(Sliding Die) (마찰이 적은 표면) 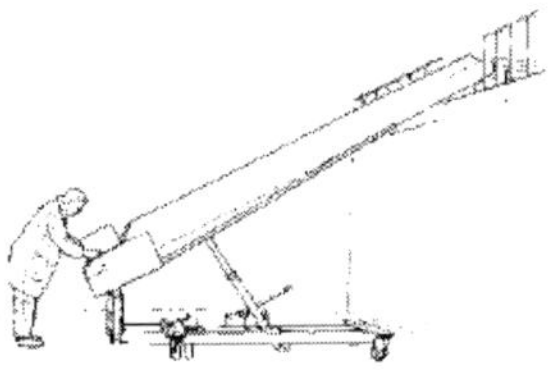
이동, 청소 및 쓰레기	동력식 예인기 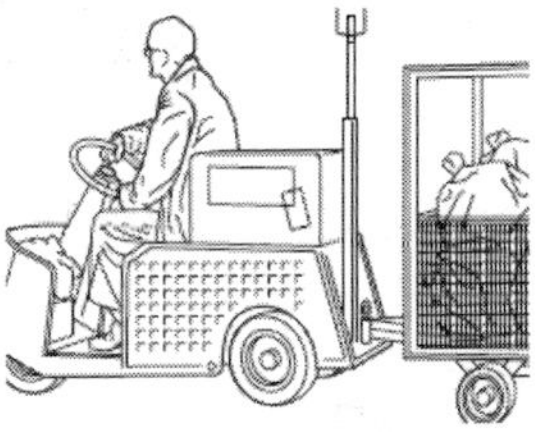	실린더 대차 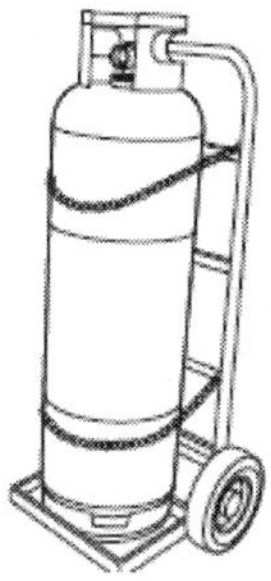	이동식 벨트 컨베이어 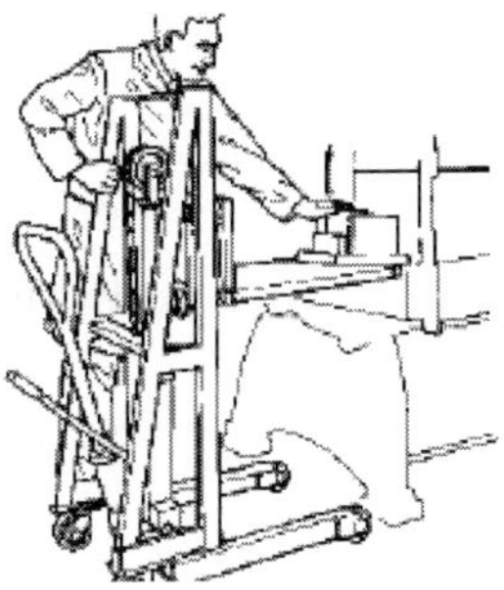

	의자식 리프트 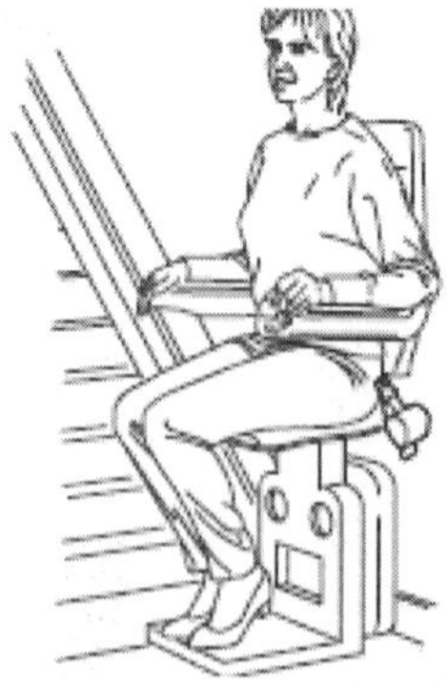	계단을 오르내릴 수 있는 휠체어 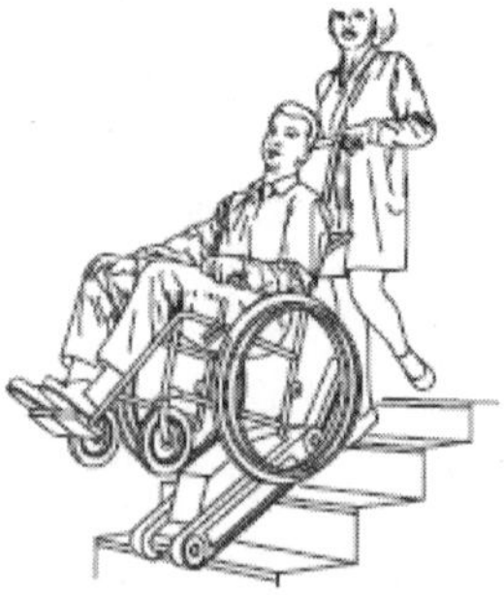	미끄럼 시트 (Slide Sheet) 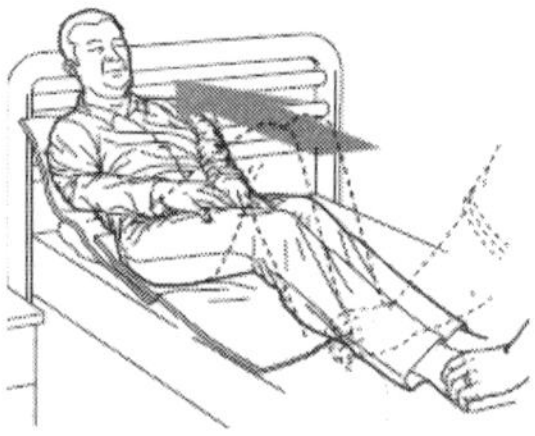
고객 다루기*			

*고객의 체형, 프라이버시 및 품위 등 고객의 상황을 고려하여 적절한 보조 기구를 선택하도록 한다.

운반기계, 기구 / 작업	높이가 조절 가능한 기구, 회전 및 기울임이 가능한 테이블	기계식 호이스트 및 진공식 양중기구	기타
물품 발송/현장 및 내부 장소로 운반	이동식 컨베이어 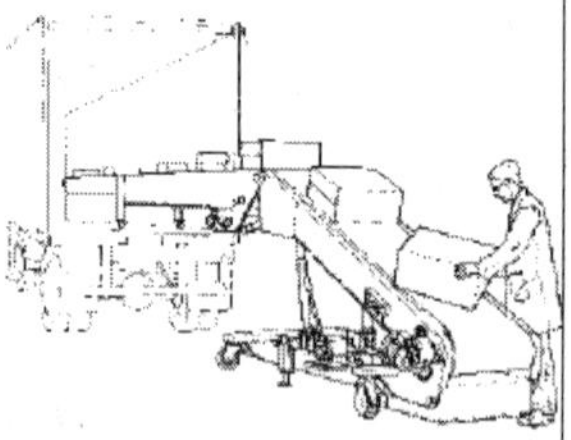	후면 양중기 	롤 케이지 (Roll Cage) 
정착 및 유지보수 작업	작업대 운반기구 (Platform Truck) 	밸브식 양중 지그 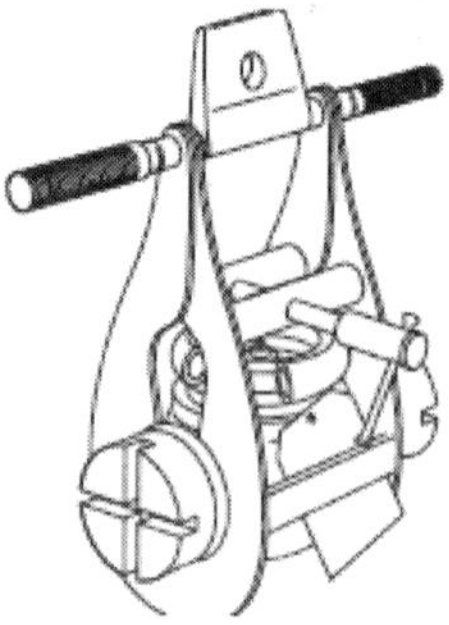	손 보호 장비 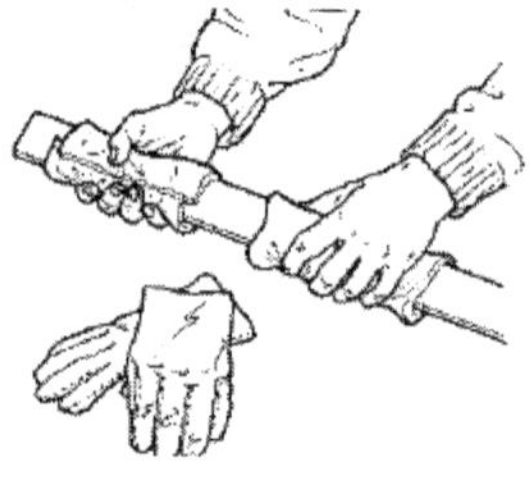

이동, 청소 및 쓰레기	스프링을 장착한 세탁 대차 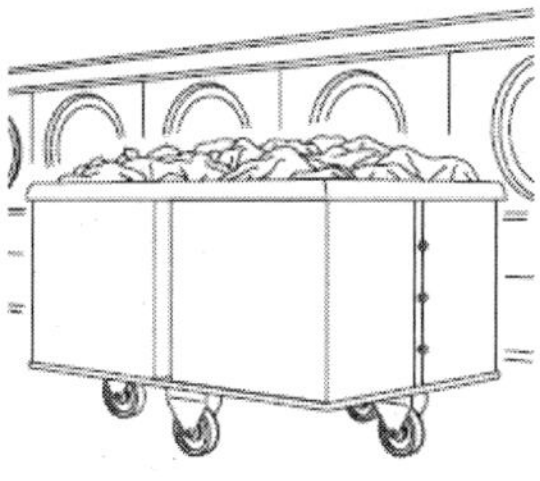	선반 대차 (Shelf Trolley) 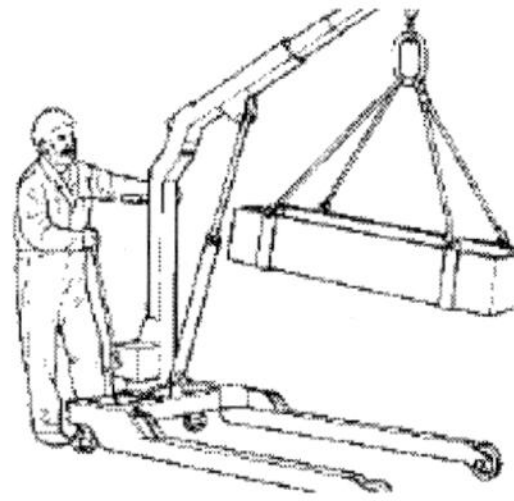	바퀴 달린 양동이 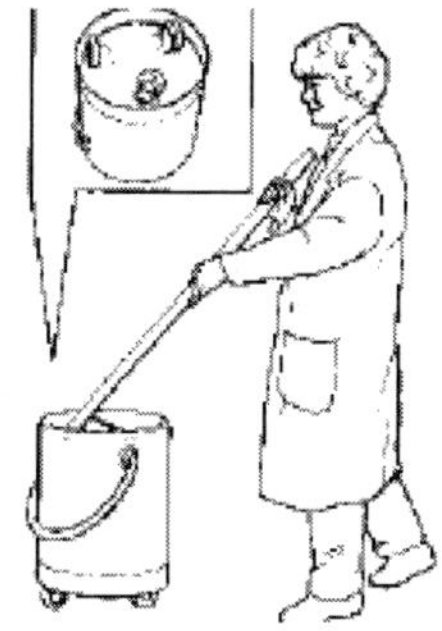
고객 다루기*	높이가 조절 가능한 침대 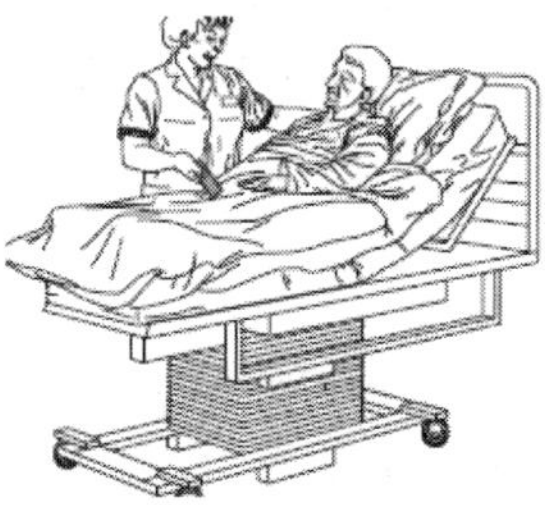	일어서는 것을 보조하는 승강장치 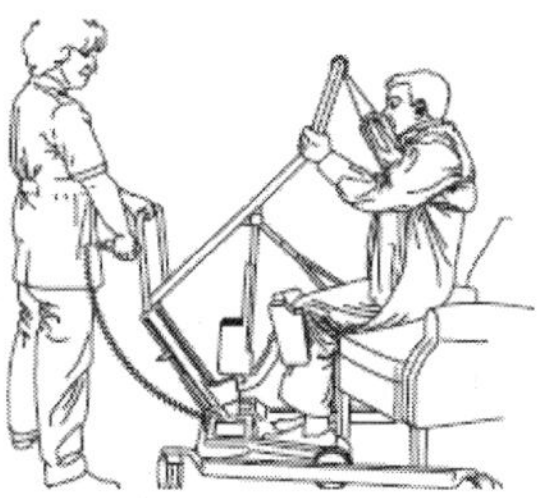	핸드 레일 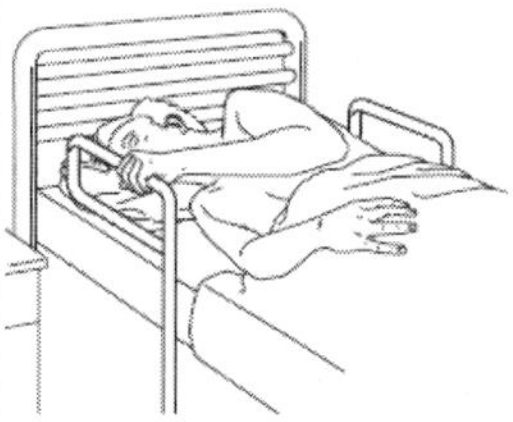

*고객의 체형, 프라이버시 및 품위 등 고객의 상황을 고려하여 적절한 보조 기구를 선택하도록 한다.

〈표 8〉 물품 운반 보조 도구 사례 연구

(1) 주문 처리 (가) 창고에서 고객 주문에 해당하는 물품들을 찾는 직원들은 반복적으로 구부리고 물건을 집느라고 허리, 목 및 어깨 통증으로 고생하였다. 중력이송 랙(Gravity Feed Racking)을 설치한 후 선반 깊숙이 손을 뻗을 필요가 없어졌다. (나) 무거운 물건들은 허리 높이에 놓아서 수거 트롤리로 미끄러질 수 있게 하였다. 턴테이블을 제공하여, 앞에서 물품을 선택하며 팰릿이 회전함으로써 손을 뻗을 필요가 없게 되었다.	(1) 장비 조립 (가) 자동 판매기에 냉각 장치를 장착하는 작업에서 위험 요소가 파악되었다. 처음에는 양중 보조기구가 구매되었지만 속도가 느렸고 작업자가 작업 구역을 제대로 보는 것을 어렵게 했다. (나) 인체공학 전문가들의 조언을 구하였으면 해결책 모색을 위해 작업자들을 참여시켰다. 자동판매기에 냉각기를 밀어 넣을 수 있는 올바른 높이에 놓여질 수 있고, 표면에 마찰이 발생하지 않아 냉각기가 제자리에 밀어 넣어질 수 있도록 트롤리를 선택하였다.
(2) 과일 상자 비우기 (가) 수퍼마켓의 직원들은 카트(Flat Bed Trolley)로부터 과일 상자를 비우기 위해 허리를 굽히는 작업을 반복하다보니 허리 부상으로 고생하였다. 회사는 발로 작동하는 유압식 작업대 운반기구(Platform Truck)를 도입하여, 몸을 굽힐 필요 없이 과일 상자를 비울 수 있게 되었다.	(2) 환자 다루기 (가) 환자들을 침대에 눕힐 때 도움이 필요할 수 있다. 미끄럼 시트(Slide Sheet)를 사용하면 환자를 편안한 자세로 눕히는 데 드는 수고를 줄일 수 있다.
(3) 포장된 물품의 저장 (가) 한 회사는 포장된 물품을 인력운반 작업으로 쌓는 작업과 관련하여 생산 및 보건/안전 문제가 있다는 것을 파악했다. (나) 각 생산 라인 끝에 바퀴가 달린 수레의 트레이(Tray)에 물품을 쌓았다. (다) 트레이에 쌓여진 높이는 그때그때 달랐는데, 자동레벨기(Auto Leveller)를 사용하여 이 문제를 해결하였다. (라) 이는 작업자의 자세를 개선하였다. 또한 생산성을 45% 높이고 위험을 제어하였다. 자본 회수 시간은 5개월이었다.	(3) 적재 팰릿 (가) 컨베이어에서 팰릿으로 물품을 적재하는 작업자들이 허리 통증을 자주 호소하며 결근하였다. 반복적으로 몸을 굽히고 손을 뻗는 작업을 하였기 때문이다. (나) 턴테이블을 장착한 양중기구(Scissor Lift)를 사용하여 문제를 해결하였다. 보다 무거운 물건의 경우에는 진공식 양중장치나 자동 팔레타이저(Palletizer)를 사용할 수 있다.

〈표 9〉 물품 운반 보조 도구 선정 시 고려해야 할 요소

(1) 평가 및 해결책 검토 시 작업자 및 안전 담당자들의 의견을 구한다.
(2) 공급업체/임대업체로부터 적합성에 대한 조언을 구한다.
(3) 가능하다면 시범적으로 장비를 요청하여 문제 해결이 가능한지 체크하며, 사용하게 될 작업자들을 참여시킨다.
(4) 공급업체에게 다른 고객들에 대해 물어보아서 실제 사용되는 상황을 본다.
(5) 들기 보조장비에 안전인증 마크가 부착되어 있는지 확인한다.
(6) 어떤 유지보수가 필요한지 고려한다.
(7) 장비 사용이 안전한 작업 부담 내에 있는지 확인한다.
(8) 장비가 사용될 장소에 적합한가? 장비가 움직일 만한 충분한 공간이 있는가?
(9) 안정성 및 지표면 측면에서 지형이 적합한가?
(10) 들기 보조장비 사용과 관련된 기타 위험, 즉 현장 안전 및 운전자 교육 등의 측면들을 고려한다.

들기 작업에 관한 기술지침(M-46-2012)

1. 목적

이 지침은 산업안전보건기준에 관한 규칙(이하 "안전보건규칙"이라 한다) 제3편 제12장(근골격계부담 작업으로 인한 건강장해의 예방)에 의거 들기 작업 시 발생되는 위험상황 등에 관한 기술적 사항을 정함을 목적으로 한다.

2. 적용범위

이 지침은 들기 작업 시에 적용한다.

3. 용어의 정의

1) 이 지침에서 사용하는 용어의 정의는 다음과 같다.
   (1) "작업자"라 함은 기계의 설치, 운전, 조정, 보수, 청소, 수리 또는 운반 등의 주어진 업무를 수행하는 자를 총칭하는 것을 말한다.
   (2) "작업장(Work Place)"이라 함은 주어진 작업자에 대하여 작업환경으로 둘러싸인 작업공간 내의 작업장비들의 조합을 말한다.
   (3) "들기 작업(Lifting)"이라 함은 작업자가 아래에 있는 것을 위로 올리거나 또는 위에 있는 것을 아래로 내리는 작업을 말한다.
2) 그 밖에 이 지침에서 사용하는 용어의 정의는 이 지침에 특별한 규정이 있는 경우를 제외하고는 「산업안전보건법」, 같은 법 시행령, 같은 법 시행규칙, 안전보건규칙 및 고용노동부 고시에서 정하는 바에 따른다.

4. 안전작업 대책

1) 들고 이동하는 작업 대책

다음 사항은 안전하게 들고 이동하는 작업을 위한 교육 및 훈련에 사용하기 적합한 실제적인 대책을 제시한 것이다.

(1) 〈그림 1〉과 같이 작업물을 들거나 다루기 전에 다음 사항을 고려한다.
   ① 들기 작업 계획
   ② 보조도구를 사용할 수 있는지 여부
   ③ 작업물을 놓는 위치

④ 다른 사람의 도움이 필요한지 여부

⑤ 폐포장지 등과 같은 장애물 제거

⑥ 오랫동안 작업물을 들고 움직여야 하는 경우, 중간에 탁자나 벤치에서 잠깐 쉬면서 바꾸어 쥐는 것을 고려해본다.

〈그림 1〉 작업물을 들거나 다루기 전에 안전대책 고려

② 작업물을 허리 가까이 유지한다.

㉠ 〈그림 2〉와 같이 작업물을 들고 이동할 때 가능하면 작업물을 몸 가까이 유지한다.

㉡ 작업물의 가장 무거운 쪽을 몸 가까이 놓는다.

㉢ 작업물에 가까이 접근하는 것이 불가능하면 들기 전에 작업물을 몸 쪽으로 당기려고 노력한다.

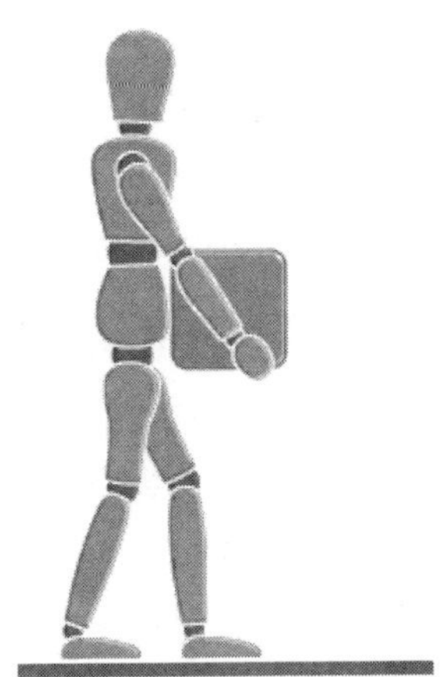

〈그림 2〉 작업물을 허리 가까이 유지

③ 안정된 발 자세를 취한다.

㉠ 균형을 유지하기 위해 〈그림 3〉과 같이 두 발을 벌리고, 한쪽 다리는 약간 앞쪽으로 놓는다.

㉡ 작업자는 안정성을 유지하기 위해서 작업물을 드는 동안 발을 움직일 준비가 되어 있어야 한다.

㉢ 몸에 달라붙는 옷이나 적합하지 않은 신발은 작업물을 들고 움직이는 작업을 어렵게 할 수 있으니 피한다.

〈그림 3〉 균형을 유지하기 위한 두 발의 위치

④ 작업물을 잘 잡는다.

㉠ 〈그림 4〉와 같이 가능하면 작업물을 몸 가까이 껴안는다.

㉡ 이런 자세가 손으로만 작업물을 꽉 쥐는 것보다 작업자에게 더 유리하다.

⑤ 좋은 자세에서 시작한다. 처음에는 허리, 엉덩이, 무릎을 약간 굽히는 것이, 허리를 완전히 굽히거나 엉덩이와 무릎을 완전히 구부리는 것(쪼그리기)보다 바람직하다.

〈그림 4〉 작업물을 몸 가까이 잡는 방법

⑥ 들고 움직일 때 허리를 더 굽히지 않는다. 작업물을 들어 올리기 전에 다리가 펴지기 시작하면 이런 자세가 될 수 있다.

⑦ 허리를 비틀거나 옆으로 기대지 않는다.

㉠ 〈그림 5〉와 같이 허리가 굽혀진 상태일 때 특히 허리를 비틀거나 옆으로 기대서는 안 된다. 어깨를 똑바로 유지하고 엉덩이와 같은 방향을 향하게 한다.

㉡ 작업물을 들면서 동시에 허리를 비트는 것보다는 발을 움직여서 방향을 전환하는 것이 더 바람직하다.

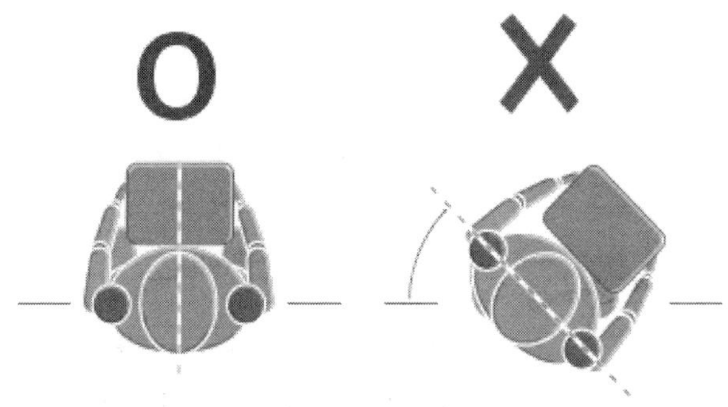

〈그림 5〉 운반작업 시 허리와 어깨의 방향 일치

⑧ 〈그림 6〉과 같이 작업물을 옮길 때 고개를 든다. 작업물을 제대로 들었으면 작업물 쪽을 보지 말고 정면을 주시한다.

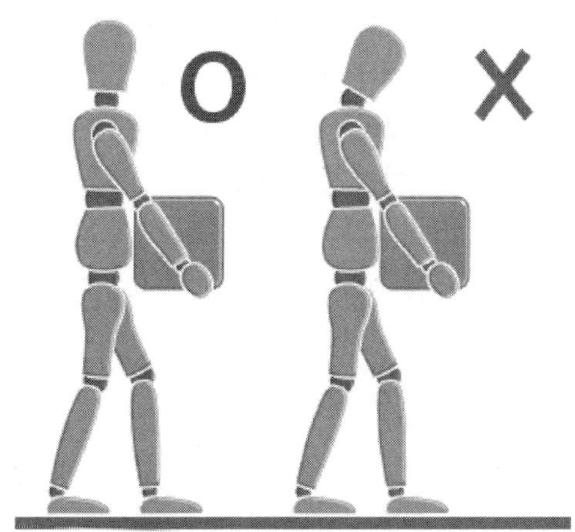

〈그림 6〉 운반작업 시 고개의 방향

⑨ 차분하게 움직인다. 작업물을 급격히 들러 올리면 안정성 유지가 어렵고 부상 위험이 높아지기 때문에 급격한 동작은 피한다.

⑩ 쉽게 처리할 수 있는 양보다 더 많이 들지 않는다.

㉠ 작업자들이 들 수 있는 양과 안전하게 들 수 있는 양에는 차이가 있다.

㉡ 의구심이 들면 조언을 구하거나 도움을 받는다.

⑪ 내려놓고 그 다음에 조정한다. 작업물을 드는 자세를 조정하고 싶으면, 〈그림 7〉과 같이 먼저 내려놓고 그런 다음에 원하는 자세로 작업물을 안는다.

〈그림 7〉 들기 작업 시 자세의 조정

2) 밀고 당기는 작업 대책

다음은 작업물을 밀거나 당길 때 유념해야 하는 사항들이다.

(1) 보조 도구

① 손수레 및 카트와 같은 보조 도구들의 손잡이는 어깨와 허리 사이여야 한다.

② 이들 도구는 바퀴가 부드럽게 움직이는 등 적절히 유지보수되어 있어야 한다.

③ 새로운 카트를 구입할 때 전반적으로 품질이 우수하고, 바퀴는 지름이 크고 적절한 소재로 만들었으며, 베어링 등이 최소한의 유지보수로 오래 지속될 수 있는지 등을 확인한다.

④ 작업자 및 안전 담당자들이 어떤 제품이 좋고 나쁜지를 잘 알고 있기 때문에 이들과 협의하는 것이 도움이 될 것이다.

(2) 보조 도구 사용 시 밀고 당기는 힘

① 좋은 상태에 있는 보조 도구를 사용하여 평평한 표면 위로 어떤 작업물을 옮길 때 드는 힘은 대략적으로 작업물 무게의 2%이다.

② 작업물 무게가 400kg인 예를 들면, 이것을 움직이는 데 드는 힘은 8kg이다. 바퀴가 제자리에 있지 않거나, 장비의 상태가 안 좋은 등 조건이 완벽하지 않다면 더 많은 힘이 필요하다.

③ 전방 시야가 확보되어 있고 움직임 및 정지를 통제할 수 있다고 가정한다면, 잡아당기는 것보다 밀도록 한다.

(3) 경사면

① 작업자는 경사면이나 경사로(Ramp)를 이동해야 한다면 밀고 당기는 힘이 매우 커야 하기 때문에 다른 작업자의 도움을 구한다.

② 400kg의 작업물을 1 : 12 경사면(약 5°)으로 옮겨야 하는 예를 들면, 가장 이상적인 조건하에서도(즉, 바퀴 상태가 좋고 경사면 바닥이 고르다) 30kg 이상의 힘이 필요하다.

③ 이는 남성의 기준치보다 더 높으며, 여성의 기준치보다는 훨씬 높은 수준이다.

(4) 고르지 않은 표면

① 지반이 연약하거나 고르지 못한 표면 위로 작업물을 움직이려면 더 많은 힘이 필요하다.

② 고르지 않은 표면의 경우, 처음에 작업물을 움직이기 위해 필요한 힘이 작업물 무게의 10%까지 증가할 수 있다.

③ 다만 바퀴가 더 큰 것을 사용한다면 어느 정도 이를 상쇄할 수 있다.

④ 연약한 지반의 경우 더 힘들 수 있다.

(5) 자세 및 이동속도

밀거나 당기는 작업을 더 쉽게 하기 위해서는 발을 작업물로부터 멀리 떨어뜨리고 보행속도보다 더 빨리 가지 않는다. 이는 작업자가 너무 일찍 지치지 않게 해준다.

5. 위험성 평가

1) 일반사항

(1) 부상위험의 판단은 각 상황별로 다르지만 주의를 요하는 특정 징후들이 있다. 예를 들면, 숨을 가쁘게 내쉬고 땀을 흘리거나 지나친 피로감, 나쁜 자세, 비좁은 작업공간, 무겁거나 잡기 어려운 작업물 또는 과거 허리를 다친 경력 등이다.

(2) 작업자들은 어떤 활동이 인기가 없고, 어렵거나 힘든지 분류할 수 있다.

(3) 업무, 작업장, 작업자별로 변수가 다양하기 때문에 위험성을 정확히 구분하기 어렵다.

(4) 그러나 이 지침에 제시된 일반적인 위험 평가 방법은 언제 보다 세부적인 위험 평가가 필요한지 파악할 수 있게 해준다.

2) 위험성 평가 원칙

(1) 완벽하게 '안전한' 들기작업은 없다. 그러나 다음 지침에 따라 작업하면 위험을 감소시킬 수 있고 보다 세부적인 평가의 필요성을 감소시킨다.

(2) 들어 올리고 내리는 작업

① 〈그림 8〉을 사용하여 쉽고 간편하게 평가를 할 수 있다. 각 영역은 해당 존의 들어 올리고 내리는 작업에서 허용 가능한 무게이다(팔을 뻗은 상태에서 작업하거나 높고 낮은 위치에서 작업하면 부상 위험이 발생할 가능성이 있기 때문에 허용 가능한 무게가 낮아진다).

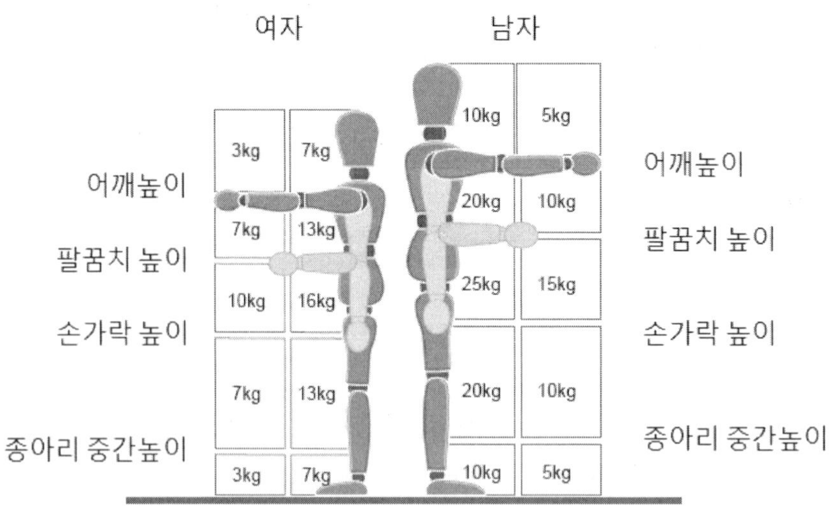

〈그림 8〉 팔의 높이별 허용무게

② 평가하고 있는 작업 활동을 관찰하고 이를 〈그림 8〉과 비교한다. 우선 작업물을 옮길 때 작업자의 손이 어떤 영역에 해당하는지를 결정한다. 그런 다음 처리되는 최대 무게를 평가한다. 그것이 위에 영역에 제시된 수치보다 낮으면 작업은 지침 내에서 수행되는 것이다.

③ 작업자의 손이 한 개 이상의 영역에 걸친다면 작은 무게를 적용한다. 만약 영역 경계선에 손이 위치한다면 중간 무게를 사용한다.

④ 위의 수치는 작업자가 양손으로 작업물을 쉽게 들 수 있고, 작업이 합당한 작업 조건에서 이루어지며, 안정된 자세를 취한다는 가정에 따른 것이다.

3) 몸 비틀기

작업자가 옆으로 몸을 비튼다면 허용 가능한 무게 수치를 더 줄인다. 작업자가 45도 이상으로 몸을 비튼다면 10%, 90° 이상으로 비튼다면 20%를 줄인다.

4) 자주 들어 올리고 내려야 하는 경우

(1) 〈그림 8〉의 수치는 작업이 자주 일어나지 않은 경우(시간당 최대 30회)에 적용되는 것이다.

(2) 작업 속도가 아주 빠르지 않고, 적절히 중간에 쉴 수 있으며, 여러 근육을 쓸 수 있으며, 작업자가 작업물을 오랫동안 들고 있지 않아도 되는 경우이다.

(3) 작업이 분당 1~2회 반복될 경우 위의 수치를 30% 줄이며, 분당 5~8회 반복되면 50%, 분당 12회 이상이면 80% 줄인다.

5) 밀고 당기는 작업

(1) 다음 〈표 1〉의 수치를 초과하지 않도록 한다.

〈표 1〉 밀고 당기는 작업에 필요한 힘

	남성	여성
밀고 당기는 작업을 시작 또는 정지하기 위해 필요한 힘	20kg	15kg
이동 시 필요한 힘	10kg	7kg

6) 결과의 사용 : 보다 세부적인 평가의 필요성

(1) 〈그림 8〉은 첫 번째 단계이다. 현재 작업이 지침에 명시된 수치보다 작은 수준에서 이루어진다면, 대부분의 경우 추가적인 평가를 할 필요가 없다. 단, 몸을 비틀거나 자주 반복되는 경우에는 허용 수치가 낮아진다는 점을 유념한다.

(2) 들고 내리는 작업의 경우, 다음에 해당하면 보다 세부적인 평가를 해야 한다.

① 양손으로 작업물을 쉽게 들 수 있는 경우 등 지침에 제시된 조건들을 충족시키지 못하는 경우

② 작업자가 건강 악화 또는 임신 등으로 역량이 감소되는 경우

③ 작업자의 손이 〈그림 8〉의 영역을 넘어선 위치에서 작업이 이루어지는 경우

④ 〈그림 8〉에 제시된 수치를 초과하는 경우

(3) 밀고 당기는 작업의 경우, 다음에 해당하면 보다 세부적인 평가가 필요하다.

① 고르지 못한 바닥, 협소한 작업 공간 등 추가적인 위험 요소가 존재하는 경우

② 작업자의 손(Knuckle) 위치와 어깨 높이 사이에 위치한 상태에서 작업물을 밀거나 당기는 작업을 할 수 없는 경우

③ 쉬는 시간 없이 약 20m 이상 작업물을 옮겨야 하는 경우

④ 〈그림 8〉에 제시된 수치를 초과할 가능성이 있는 경우

(4) 세부 평가에 대한 보다 상세한 조언은 작업물 들기, 옮기기 및 단체 운반과 관련한 일반적인 위험 요소들의 평가에 사용되는 "인력운반 작입의 위험싱 평가에 관한 기술 지침" 중 "인력운반 작업 평가표(Manual Handling Assessment Chart, MAC)"를 참조한다.

(6) 인력운반 작업 평가표는 고위험 수작업을 파악하고 세부적인 위험 평가 수행 측면에서 유용하다.

7) 지침을 절대로 초과해서는 안 되는가?

(1) 위험성 평가 지침에 제시된 수치는 작업물을 들고 옮기는 작업의 "안전한 한계치"가 아니기 때문에 그렇지 않다.

(2) 그러나 지침을 벗어나면 부상 위험이 높아질 가능성이 있기 때문에 개선을 위해서 면밀히 검토해야 한다.

(3) 현실적으로 가능하다면 작업 부담을 줄이는 것이 바람직하다.

(4) 사업자의 주요 의무는 부상 위험이 잠재한 들고 옮기는 작업을 제거하는 것이다.

(5) 만약 이것이 현실적으로 불가능하다면, 각 작업을 평가하여 부상 위험을 최소한으로 줄여야 한다.

(6) 부상 위험이 높아지면 작업을 보다 면밀히 검토하고 적절히 평가하여 부상 위험을 줄이도록 한다.

작업장 내 안전한 적재 및 하역작업을 위한 기술지침 (M-49-2012)

1. 목적

이 지침은 산업안전보건기준에 관한 규칙(이하 "안전보건규칙"이라 한다) 제177조(싣거나 내리는 작업)에 의거 작업장 내 적재 및 하역작업 시 발생되는 위험상황 등에 관한 기술적 사항을 정함을 목적으로 한다.

2. 적용범위

이 지침은 작업장 내 적재 및 하역작업 시에 적용한다.

3. 용어의 정의

1) 이 지침에서 사용하는 용어의 정의는 다음과 같다.
   (1) "작업자"라 함은 기계의 설치, 운전, 조정, 보수, 청소, 수리 또는 운반 등의 주어진 업무를 수행하는 자를 총칭하는 것을 말한다.
   (2) "작업장(Work Place)"이라 함은 주어진 작업자에 대하여 작업환경으로 둘러싸인 작업공간 내의 작업장비들의 조합을 말한다.
   (3) "작업환경(Work Environment)"이라 함은 작업자의 작업공간을 둘러싸고 있는 물리적, 화학적, 생물학적, 조직적, 사회적, 문화적 요인을 말한다.
2) 그 밖에 이 지침에서 사용하는 용어의 정의는 이 지침에 특별한 규정이 있는 경우를 제외하고는 「산업안전보건법」, 같은 법 시행령, 같은 법 시행규칙, 안전보건규칙 및 고용노동부 고시에서 정하는 바에 따른다.

4. 배송

1) 배송 및 수거는 운송 작업 중 가장 위험한 작업 중 하나이다.
2) 작업장 내 발생하는 운송 사고의 상당수가 배송 작업 중 발생한다.
3) 적재 및 하역 작업은 도로 또는 인도에서 가능하면 멀리 떨어져 있어야 한다.
4) 만약 이것이 가능하지 않다면 안전보건 규정이 공공 도로 또는 인도에서 행해지는 작업에도 적용되며, 사업자 및 작업자들의 정상적인 의무에 해당한다는 사실을 기억한다.
5) 차량 근처에서 운전하거나 걷는 일반 사람들에게 미칠 수 있는 위험을 고려하며 이를 위험성 평가에 포함시킨다.

6) 배송 작업 중 위험성을 통제한다.

(1) 가능하다면, 차량의 측면을 작업장에 쉽게 접근할 수 있게 놓는다.

(2) 가능하다면, 후진이 불필요하도록 작업장을 배치한다.

(3) 후진이 불가피하다면 가능한 안전하게 할 수 있도록 하며 눈에 잘 보이는 장비를 갖춘 적절한 차량 신호수를 배치한다.

(4) 공공 도로에서 움직일 경우, 교통 및 보행자가 우선하며, 차량 신호수는 공공 대로에서는 교통을 정지시킬 법적 권한이 없다는 사실에 유념한다. 원뿔형 교통 표시 또는 차단기가 사용되는 경우 해당 경찰 및 도로 당국과 협의를 하며 보행자들을 도로로 유도하지 않는다.

(5) 지게차를 사용할 경우 운전자들이 도로 경계석이나 도로 캠버(Camber)에 부딪혀 차가 전복되는 위험을 인식하도록 하며, 이런 조건하에서 정확한 운전 절차를 숙지하도록 한다.

(6) 굴절 차량이 서로 연결되어 있거나, 아니면 분리된 경우, 운전자가 이들을 주차시키는 방법을 잘 알고 있는지 확인한다. 운전자들이 주차 및 핸드 브레이크의 정확한 사용을 이해하며 제대로 사용하는지 확인한다.

(7) 각각의 배송 또는 수거 작업 전에 운전자에게 충분한 안전 정보, 예를 들면 작업장에서 수용할 수 있는 차량 종류의 제한, 일방통행과 같은 문제 등을 알린다. 가능하다면 주차, 안내소, 작업장 전체 도로, 하역 장소, 운전자 대기소, 방문 운전자들을 위한 절차 정보(눈에 잘 띄는 조끼 착용, 휴대폰 사용 제한, 후진 금지 또는 차량 신호수가 있을 때만 후진이 가능한 등의 특별 조건) 등을 포함한 현장 지도를 제공한다.

(8) 차량 사고, 사건 및 배송 및 수거 작업 동안 안전 문제가 있었을 경우 보고하는 간단한 시스템을 수립한다. 관련 당사자들과 정보를 공유하며, 보고 사항에 대해 필요한 조치를 취한다.

(9) 운전자에게 일반적인 안전 조치에 대한 교육 및 훈련을 제공하여 예기치 않은 상황에 대처하도록 하며, 방문한 현장의 안전 조치가 미흡하다고 판단되면 어떻게 대처해야 할지 판단할 수 있는 능력을 갖추도록 한다. 운전자들에게 간단한 안전 체크리스트를 제공하여 현장의 안전을 평가하는 데 도움이 되도록 한다.

(10) 운송 중 화물이 움직였을 때의 대처 요령에 대해 운전자 및 현장 작업자들을 교육시킨다.

(11) 인도 물품을 받는 경우, 작업 내내 현장에 있을 특정 작업자에게 하역 허가 권한을 주는 것을 고려한다. 이 작업자는 안전상 문제가 있으면 하역을 거부하거나 중지할 권한을 가지며, 인도 거부 결정을 하더라도 관리자가 지지할 것이라는 확신을 제공한다.

(12) 인도 차량 운전자의 사업자는 운전자에게 안전상 이유로 적재 또는 하역을 거부하거나 중단할 권한을 제공해야 하며, 고객들에게 운전자가 이런 권한을 갖는다는 사실을 알린다.

(13) 관련 규정은 모든 양중작업이 적임자에 의해 적절히 계획되고 감독되며 안전하게 수행되도록 사업자가 보장할 것을 요구한다. 양중장비를 사용하며 안전한 작업 중량이 표시되고, 적절히 유지보수되며, 정기적으로 철저한 검사를 받도록 한다.

(14) 안전 조치가 불만족스러울 때 취할 조치에 대해 모든 작업자들에게 교육시키며 문제가 발생할 경우 연락을 취할 수 있도록 다른 당사자들의 연락처를 알아둔다.

7) 위험작업에 대한 안전조치가 시행되지 못할 경우, 배송 또는 수거 작업이 이루어져서는 안 된다.

8) 배송 안전 조치들은 주문을 받기 전에 고려되고 가능하면 합의되어야 한다.

9) 이는 사고의 위험을 줄이며, 작업장이 화물 또는 이를 실은 차량을 처리하지 못해서 배송이 늦어지거나 되돌려짐으로써 발생하는 시간과 금전적 낭비를 줄인다.

10) 일반 안전 규정집을 작성하여 공급망에 있는 모든 당사자들에게 제공하며, 특정 배송에 적용되는 특정 배송 안전 조치를 마련한다.

11) 특정 공급업체나 배송업체로부터 정기적으로 배송을 받는다면, 해당 당사자들을 사전에 현장 평가에 참여시켜서 운전자 및 현장 작업자들을 위한 서면 지시서를 포함한 합의된 계획 및 절차를 작성하는 것이 바람직하다.

12) 그러나 특정 배송이 평소와 다르다면, 절차를 검토하고 필요하다면 수정하며 모든 관련 당사자들의 합의를 도출하기 전까지는 진행시켜서는 안 된다.

5. 적재 및 하역

1) 적재 및 하역은 위험할 수 있다. 무겁고 뜨거우며, 차거나 부식되기 쉬운 화물, 움직이는 차량, 차량 전복 및 높은 위치에서 작업하는 것 등이 모두 부상 및 사망을 야기할 수 있다.

2) 적재 및 하역 구역은 다음과 같아야 한다.

(1) 다른 차량 등 교통이 없어야 하며, 보행자 및 기타 사람들이 적재 및 하역작업에 섞여서는 안 된다.

(2) 전선, 파이프 및 기타 위험한 장애물이 없어야 한다.

(3) 바닥이 평평해야 한다. 안전을 유지하기 위해 트레일러는 단단하고 평탄한 바닥에 주차되어야 한다.

(4) 작업자들의 추락 위험이 있는 곳에는 펜스가 쳐져 있거나 기타 보호 장치가 되어 있어야 한다.

(5) 필요한 경우, 악천후에 대한 보호 장치가 제공되어야 한다. 예를 들면, 적재 작업 중 강한 바람은 매우 위험할 수 있다.

3) 적재 및 하역 작업 동안 화물은 가능하면 고르게 나뉘어져야 한다. 균등하지 못한 화물은 차량 또는 트레일러를 불안정하게 한다.

4) 화물이 옆으로 미끄러지지 않도록 주의하여 놓는다. 선반(Rack) 사용이 안정성을 확보하는 데 도움이 될 수 있다.

5) 무거운 화물은 위험하다. 이들을 통제하기 위해 어떤 조치가 필요한지 고려한다.

6) 도크레벨 제어장치(Dock Leveller 또는 Tail Lift)에 어떤 물질이 끼일 위험이 있다면 가드 또는 스커트 플레이트(Skirting Plate)와 같은 특별한 안전 장치가 필요하다.
7) 적재 및 하역 작업 시작 전에 견인차 및 트레일러의 브레이크가 걸려 있고, 모든 안정보조장치(Stabilizer)가 적절한 위치에 놓여 있는지를 확인한다.
8) 차량은 가능한 한 안정된 상태에 놓여 있어야 한다.
9) 기타 필요한 조치들은 다음과 같다.
   (1) 작업장에 따라서는 고소작업자들을 보호하기 위해서 안전대를 사용하는 것이 가능할 수 있다.
   (2) 운전자들이 작업에 관여하지 않는 경우 대기할 수 있는 안전한 장소를 제공한다. 가능한 경우 운전자들은 차안에 남아 있지 않는다. 적재/하역 작업에 관여하지 않는 다른 사람들은 그 구역에 있지 않는다.
   (3) 차량에 화물을 과도하게 싣지 않는다. 과적 차량은 불안정해질 수 있으며, 차의 운전 및 제동이 힘들어질 수 있다.
   (4) 적재 전에 현장 바닥 및 데크(Deck)를 점검하여 안전한지 확인한다. 쓰레기나 부러진 판자 등을 치운다.
   (5) 적재할 때, 나중에 어떻게 하역할 것인지 생각해본다. 단계적으로 하역될 경우, 가능한 한 쉽게 작업이 이루어질 수 있도록 하며 남은 화물이 불안정하거나 심하게 한쪽으로 몰려 있지 않도록 한다.
   (6) 화물은 적절하게 포장되어야 한다. 팰릿(Pallet)을 사용하는 경우, 운전자는 다음을 점검해야 한다.
      ① 팰릿이 좋은 상태이다.
      ② 화물이 제대로 놓여 있다.
      ③ 화물이 차량에 안전하게 적재되어 있다. 떨어지지 않도록 단단히 고정되어 묶여 있어야 한다.
   (7) 가능하면 후면과 측면 하역 게이트(Tailgate 및 Dropside)는 닫혀 있어야 한다. 적재물의 돌출이 불가피하다면 최소한으로 유지하며 명확히 표시한다.
   (8) 어떤 화물은 운송 시 고정시키기 어렵다. 화물 수송업체 및 인수업체는 사전에 세부 내용을 협의하며, 안전한 하역 절차에 합의하도록 한다.
   (9) 하역 전에 운송 동안 화물이 움직이지 않았는지 확인하며, 고정 장치를 제거할 때 화물이 움직이거나 떨어질 가능성이 있는지 점검한다.
   (10) 운전자가 실수로 차를 너무 빨리 빼서 가버리는 경우에 대비하기 위한 조치가 필요하다. 이런 일은 자주 발생하며 매우 위험하기 때문에 다음과 같은 조치가 필요하다.
      ① 신호등(Traffic Light) 사용
      ② 견인차 또는 트레일러 차량 제한장치(Restraint) 사용
      ③ 차가 움직여도 안전하다고 판단될 때까지 적재/하역 담당자가 자동차 키 또는 서류를 갖고 있는다.

6. 경사면에서의 적재 및 하역(Tipping)

1) 경사적재 및 하역(Tipping) 작업 시 차가 전복되는 사고가 매년 발생하며, 이는 심각한 인명 사고를 야기할 수 있다.
2) 방문 차량 운전자는 현장 사무소에 경사적재 및 하역작업을 보고해야 한다.
3) 현장 감독자와 운전자는 상호 의사소통하고 협력해야 한다. 예를 들면, 경사적재 및 하역이 곧 행해질 것이라는 사실을 모두 알고 있어야 하며, 해당 구역을 치우고, 바퀴 고정대(Wheel Stop)를 사용할 수 있도록 준비한다.
4) 현장 감독자는 경사적재 및 하역면(Tipping Face)이 적절하고 안전한지 확인한다. 예를 들면, 측면 경사가 너무 급격하지 않도록 한다.
5) 경사적재 및 하역 현장은 다음과 같아야 한다.
   (1) 평평해야 한다.
   (2) 안정되어 있어야 한다(현장 전체가 경사적재 및 하역동안 차량 및 화물을 견딜 수 있을 정도여야 한다).
   (3) 지상에 장애물이 없어야 한다(전선, 파이프 등).

6) 기타 조치들은 다음과 같다.
   (1) 굴절 차량은 항상 견인차와 트레일러가 일직선인 상태에서 기울어져야 한다.
   (2) 차량 전체에 걸쳐서 화물이 균등히 실려 있는지 점검한다.
   (3) 차량은 앞으로 움직여야 할 때라도 항상 평평한 상태를 유지해야 한다.
   (4) 바퀴 고정대를 사용하여 차량이 정확한 위치에 놓일 수 있도록 한다. 이것은 운전자가 언제 정지해야 할지 알 수 있을 정도로 충분히 크면서도, 차가 밖을 벗어나지 않도록 끝으로부터 어느 정도 멀리 떨어져 있어야 한다.
   (5) 후면게이트(Tailgate)가 안전한지 확인한다.
      ① 이는 경사적재 및 하역 전에 해제되고, 완전히 제거되어야 한다.
      ② 화물이 투입구 또는 슈트(Chute)를 통해서 방출된다면, 기울어질 때 화물의 충격으로 손상되지 않도록 후면게이트 잠금장치(Tailgate Latch)가 튼튼해야 한다.
      ③ 화물이 무리 없이 안전하게 방출되며 엉키지 않는지 확인한다.
   (6) 차체가 들어 올려질 때 차 뒤에 아무도 서있거나 걷지 않도록 한다.
   (7) 차체를 들어 올리거나 내릴 때, 운전자는 차를 떠나서는 안 되며, 차 문이 닫혀 있도록 한다. 경사적재 및 하역 메커니즘을 구동하기 위한 보조엔진(Donkey Engine)의 사용은 권장되지 않는다.
   (8) 운전자는 화물이 빠져나가지 못하는 것을 예상할 수 있을 정도로 충분한 경험을 갖추고 있어야 한다.
      ① 달라 붙은 화물을 떼어내기 위해 차를 흔드는 식으로 운전해서는 안 된다. 차체를 낮추고 다시 들어올리기 전에 남은 화물을 제거한다.
      ② 절대로 들어 올려진 차에 올라가 남아 있는 화물을 제거해서는 안 된다.

③ "기계진동식 적재물 방출시스템"과 같은 보조 기구가 도움이 될 수 있다.
④ 운전자는 경사적재 및 하역 후에 차체가 완전히 비어 있는지 확인한다.
⑤ 운전자는 화물을 완전히 제거되도록 앞으로 수 미터 이상 전진해서는 안 된다. 이는 화물이 차체 바닥에 있는 것을 확인한 후에만 허용될 수 있다.

(9) 차량은 일체의 전선과 접촉해서는 안 된다. 일부 전화선과 전력선이 비슷해 보이기 때문에 어떤 종류의 전선과 접촉했는지 명확하지 않을 수 있다. 이런 일이 발생하였고 안전을 즉시 보장할 수 없다면 다음 사항을 수행한다.
① 운전자는 가능하면 멀리 뛰어서 차에서 벗어난다.
② 뛰어 내릴 때 운전자는 땅과 차를 절대로 동시에 접촉해서는 안 된다. 이는 전기 회로를 완성하여 심각한 부상 또는 사망을 초래하기 때문이다.
③ 운전자는 차가 전력선과 접하고 있는 상태에서 어느 누구도 차와 접촉하지 않도록 한다.
④ 구역을 통제하고, 현지 전력 공급업체에 연락하여 전력 공급을 차단하도록 한다.
⑤ 가능하면 위험에 노출되지 않도록 한다.

(10) 차가 전복되기 시작한다면, 운전자는 운전자석 등에 기대고 핸들을 꽉 쥔다. 차가 넘어갈 때 운전자는 차에서 뛰어내리려고 하지 않는다.

7. 추락 방지

1) 추락 사고는 작업장 운송 관련 부상 사고에서 상당한 비중을 차지한다.
2) 사업자는 추락을 방지할 법적 의무가 있다.
3) 차량에 대한 접근은 필요한 사람에게만 제한적으로 허용되어야 한다.
4) 가능하면 작업자들이 바닥에서 일할 수 있도록 시스템 및 장비를 제공한다.
5) 각종 게이지 및 제어장치가 땅에서도 접근이 가능하도록 한다.
6) 수작업에 의한 포장작업(Sheeting)을 필요로 하지 않는 차를 사용한다. 즉, 중간 벌크 컨테이너와 같이 포장지(Sheet)를 필요로 하지 않는 포장방법(Packaging)을 사용하거나 또는 기계식 포장시스템을 사용한다.
7) 기계식 포장시스템은 위험을 줄이는 것 외에도 보통 차에 고정되어 있기 때문에 특별한 지지대나 플랫폼을 필요로 하지 않는다.
8) 높은 위치에서 일하는 것이 불가피하면, 영구적인 플랫폼이나 지지대를 제공하여 작업자가 화물 위에 올라가 작업하지 않도록 한다.
9) 플랫폼이 제공되는 경우, 적절한 사용법을 알려주고 사용을 모니터링하며, 충분한 수가 제공되도록 한다.
10) 높은 위치에서 일하는 작업자들을 보호하기 위해 안전대가 필요할 수 있다.
11) 차 위로 접근해야 하는 경우, 가능하면 고정된 계단을 사용한다. 흙받이(Mudguard)나 바퀴를 사용하지 않는다. 접근 수단이 차에 장착되어 있는 경우, 다음과 같아야 한다.

(1) 차의 앞 또는 뒤에 위치하면 가능하면 해당 부분 가까이 놓는다.
(2) 튼튼히 구축되어야 하며, 적절히 유지보수되고 단단히 고정되어 있다.
(3) 가능한 경우, 수직 또는 차 위쪽을 향해 안쪽으로 경사져 있어야 한다.
(4) 각 칸은 발가락 또는 발이 디딜 수 있도록 공간이 충분해야 한다.

12) 육교(Walkway)를 사용하여 차 위 주변을 다닐 수 있도록 한다. 육교는 미끄럼을 방지하는 자재로 만들어져야 한다.

13) 서서 또는 쪼그리고 앉아서 일하는 작업자들을 보호하기 위해 상단 및 중간 가드레일을 제공하거나, 접을 수 있는 핸드레일을 사용하는 등 추가적인 보호 조치를 취한다.

14) 위에 언급한 장치들이 현장에 설치되어 있지 않았으면 이를 설치하거나, 또다른 접근 방식을 사용한다.

15) 장치를 나중에 설치한 경우, 개조로 인해 장비의 구조적 통합기능(Integrity)에 문제가 있지 않은지, 그리고 개조된 장비가 안전한지 확인한다. 예를 들면, 유조차에 용접작업을 할 경우 심각한 위험이 발생할 수 있다.

16) 차량 위에서 이루어지는 작업은 가능하면 다른 교통 및 보행자와는 떨어진 지정된 장소에서만 행하도록 하고, 강한 바람 및 악천후로부터 보호되도록 한다.

17) 비가 오거나 추운 상황에서는 특별한 주의가 필요하다.

18) 차는 평탄한 바닥에 주차시키며, 주차 브레이크를 걸고, 시동키를 빼놓고 있어야 한다.

19) 적합한 신발과 필요한 경우 눈 및 머리 보호구가 사용되어야 한다.

21) 어느 누구도 움직이는 차 위로 올라가려고 해서는 안 된다. 이는 사고의 주요 원인 중 하나이다.

21) 차가 적절한 좌석 및 안전 장비를 갖추고 승객을 안전히 태울 수 있도록 설계되었을 때만 승객을 태우는 것이 허용된다.

22) 같은 장소에서 여러 사업자가 일할 때 이들은 안전 조치를 조정할 의무가 있다. 예를 들면, 높은 위치에서 일을 해야 하며 차 위로 접근할 수 있는 영구적이고 안전한 장비가 제공되지 않으면 목적지의 현장 감독자가 적절한 사다리를 제공하는 등 대안이 마련되어야 한다.

10가지 소음억제 기술에 관한 기술지침(M-63-2012)

1. 목적

이 지침은 산업안전보건기준에 관한 규칙(이하 "안전보건규칙"이라 한다) 제3편 제4장(소음 및 진동에 의한 건강장해의 예방)에 의거 모든 산업현장에서 정상 작동 또는 사용에 영향을 끼치지 않고 빠르고 쉽게 소음을 저감하기 위하여 널리 적용되는 10가지 소음 억제 기술을 제시함을 목적으로 한다.

2. 적용범위

이 지침은 작업장에서 발생하는 소음을 제어할 때에 적용한다.

3. 용어의 정의

1) 이 지침에서 사용하는 용어의 정의는 다음과 같다.
   (1) "댐퍼(Damper)"라 함은 자유 진동 또는 과도 진동을 감쇠(수렴)시키거나, 공진 상태의 진폭을 감소시키거나, 자려진동을 방지하기 위하여 감쇠를 발생하는 장치. 감쇠기 또는 제진기를 말한다.
   (2) "소음(Noise)"이라 함은 바람직하지 않은 소리를 의미하며 음성, 음악 등의 전달을 방해하거나 생활에 장애, 고통을 주거나 하는 소리를 말한다.
   (3) "휀 소음(Fan Noise)"이라 함은 휀의 회전에 의하여 야기되는 기류의 흐트러짐에 의하여 발생하는 소음을 말한다.
   (4) "흡음(Sound Absorption)"이라 함은 소리의 에너지를 흡수 또는 투과시키는 것을 말한다.
   (5) "데시벨(dB)"이라 함은 파워(전력, 음향출력 등), 음의 세기 또는 기타의 양을 비교하는 데 사용되는 것으로 차원이 없는 단위를 말한다.

2) 그 밖에 이 지침에서 사용하는 용어의 정의는 이 지침에 특별한 규정이 있는 경우를 제외하고는 「산업안전보건법」, 같은 법 시행령, 같은 법 시행규칙, 안전보건규칙 및 고용노동부 고시에서 정하는 바에 따른다.

4. 소음 제어기술

1) 감쇠(Damping)

(1) 대표적 적용 부문

슈트(Chutes), 호퍼, 기계 가드, 패널(Panel), 컨베이어, 탱크 등

(2) 적용기술

다음 2가지의 기본 기술이 있다.

① 제진재(Damping Material)를 판재금속의 표면에 붙이는 개방층 감쇠(Unconstrained Layer Damping)

② 얇은 판 형태의 감쇠재를 판재금속 사이에 설치하는 폐쇄층 감쇠(Constrained Layer Damping)

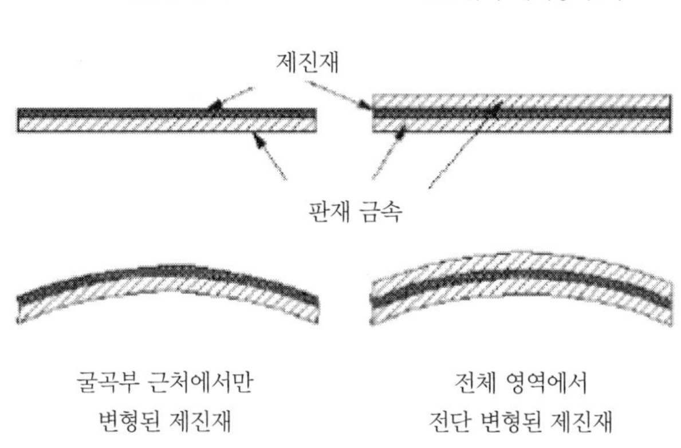

(3) 소음억제 기술

① 시판되고 있는 방음조치가 된 강판을 사용하여 강재(또는 알루미늄)가드, 패널 또는 기타 설비들을 다시 제작하거나 자가 접착성 강판(Self Adhesive Steel Sheet)을 구입한다.

② 자가 접착성 강판은 기존 설치되어 있는 설비의 내부나 외부에 간단히 붙일 수 있으며, 평평한 표면의 80% 정도를 설치하면 방사되는 소음의 5~25dB를 감소시킬 수 있다.

③ 패널 두께의 40~100% 두께로 시공한다.

④ 판재가 두꺼우면 효율이 떨어지며, 두께 3mm 이상의 판재는 두꺼울수록 실질적으로 소음 감소를 달성하기 어렵다.

2) 휀(Fan)의 최적 설치

(1) **대표적 적용 부문**

축류휀(Axial Flow Fan) 또는 원심휀(Centrifugal Fan)

(2) 적용기술

① 휀의 효율과 발생소음은 정확히 반비례하며 휀의 효율이 최대일 때 최소 소음이 발생한다. 휀 효율이 감소하도록 설치된 휀은 소음을 증가시킨다.

② 가장 일반적인 소음 증가 예의 두 가지는 휀의 가까이에 덕트의 밴드(Bend)가 있는 경우(특히 흡입측)와 댐퍼(휀 흡입측과 배출측)를 설치하는 경우이다.

③ 밴드나 댐퍼의 설치 위치는 휀으로부터 적어도 덕트 직경의 2~3배 이상 떨어진 위치에 설치하여 밴드 또는 댐퍼와 휀 사이에서 발생하는 난류를 억제하여야 한다. 이렇게 하면 3~12dB 정도의 소음을 감소시킬 수 있다.

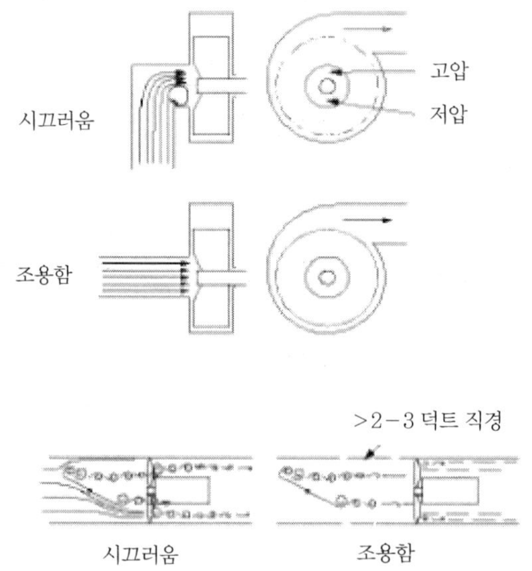

3) 덕트작업(Duct Work)

(1) **대표적 적용 부문**

추출, 환기, 냉각, 벽 및 담의 개구부

(2) 소음억제 기술

① 소음기를 설치하는 대신 덕트작업 시 음향흡수재를 마지막 밴드(Band)에 부착함으로써 덕트 또는 개구부로부터 공기전파소음(Airborne Noise)을 10~20dB 감소시킬 수 있다.

② 개구부에 흡음재가 부착된 직각 밴드관을 설치한다.

③ 직각으로 굽은 덕트의 양쪽에 덕트 직경의 2배 정도 길이에 걸쳐서 흡음제를 부착하는 것이 가장 바람직하다.

④ 유속이 3m/s 이상인 경우는 흡음제가 도포된 천을 사용한다.

⑤ 덕트 진동은 보통 감쇠(Damping)에 의하여 처리할 수 있다.

4) 휀 속도

(1) 대표적 적용 부문

축류 또는 원심 휀

(2) 소음억제 기술

① 휀 소음은 대략 휀 속도의 5제곱에 비례한다.

② 많은 경우에 제어 시스템 또는 풀리 크기의 변경 그리고 댐퍼를 다시 설치함으로써 휀 속도를 조금 떨어뜨려서 소음을 크게 감소시킬 수 있다.

③ 아래 표는 휀 속도 감소에 대하여 기대되는 소음 감소를 나타낸다.

휀 속도 감소	소음 감소
10%	2dB
20%	5dB
30%	8dB
40%	11dB
50%	15dB

5) 공기배출

잘 설계된 소음기는 배압(Back Pressure)을 증가시키지 않는다.

(1) 대표적 적용 부문

소음기(Silencer)

(2) 소음억제 기술

① 소음기를 효과적으로 설치하면 공기배출소음을 10~30dB 줄일 수 있다.

② 더 큰 커플링과 소음기를 설치하여 배압을 감소시킨다.

③ 소음기가 막히지 않게 한다.

④ 다중 배출(Multiple Exhaust), 즉 분기관(Manifold)을 통하여 하나의 큰 지름을 가지는 파이프의 소음기로 공기가 배출되면 25dB까지 소음이 감소된다.

6) 공기 노즐

(1) 대표적 적용 부문

냉각, 건조, 블로잉(Blowing) 등

(2) 소음억제 기술

① 기존 노즐을 교체하여 소음레벨을 10dB까지 줄일 뿐만 아니라 압축공기 사용량도 줄일 수 있다.

② 노즐의 형상은 아래 그림과 같은 유입장치(Entraining Unit)를 갖는 형태로서 여러 제조업체에서 다양한 크기로 제작된다.

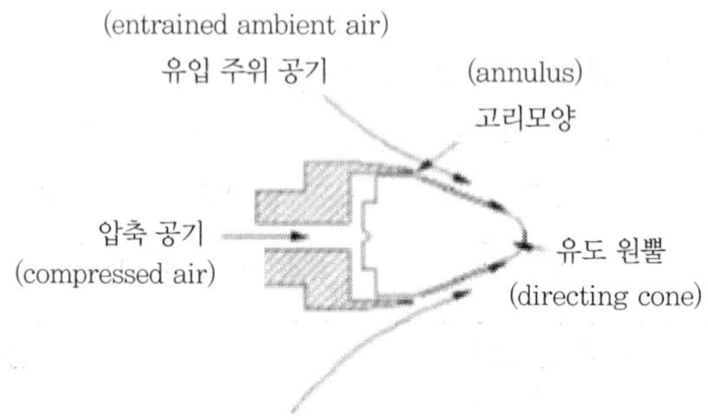

7) 진동 절연 패드

(1) 대표적 적용 부문

기계 받침(Machine Feet), 펌프, 중2층 설치(Mezzanine Installation) 등

(2) 소음억제 기술

① 코르크가 접착된 고무패드 위에 모터, 펌프, 기어박스 등을 설치하는 것이 구조물 받침대에서 방사되는 진동과 소음의 전달을 줄이는 효과적인 방법이다.

② 고무패드를 사용하는 것이 강체 지지대와 바닥에 체결된 진동하는 유닛에 유용한 방법이다.

③ 부가적인 패드는 아래 그림과 같이 볼트머리 아래에 설치해야 한다.

④ 고무/네오프렌(Neoprene) 또는 스프링타입과 같은 규격품의 방진제품이 있으며, 절연체의 타입은 진동주파수, 진동체의 질량 등에 따라 결정되므로 방진 마운트의 공급자에게 제품의 추천을 요청할 필요도 있다.

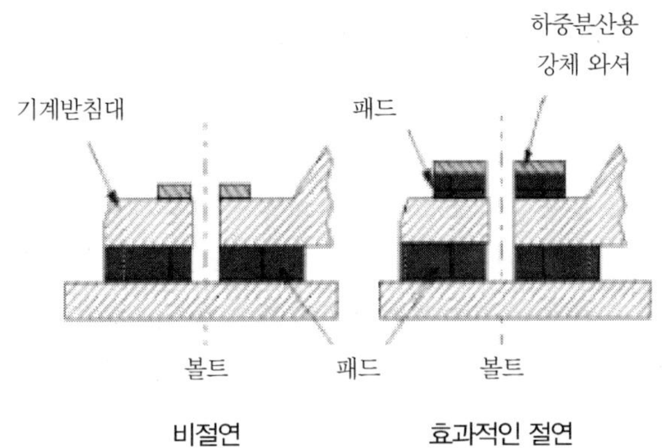

8) 설치 · 사용 중인 기계 가드

(1) 소음억제 기술

기계에 설치된 가드를 개선하면 소음을 상당한 수준까지 줄일 수 있다.

① 틈새의 최소화 가드의 틈새를 1/2로 줄이면 소음을 3dB 감소시킬 수 있다. 만약 개구부를 플랙시브 실(Seal), 부가적인 밀폐 부착 패널 등으로 90%까지 줄이면 소음을 10dB까지 줄일 수 있다.

② 흡음재
흡음재를 가드의 안쪽에 붙이면 가드에 의해 갇혀진 소음을 줄일 수 있다. 결과적으로 틈새를 통하여 소음이 적게 방출된다. 가드의 안쪽에 흡음재를 붙이지 않으면 작업자 측에서 소음이 증가하는 결과를 초래한다.

9) 체인과 타이밍 벨트 구동

(1) 소음억제 기술

① 시끄러운 체인구동을 조용한 타이밍 벨트로 교체한다.

② 타이밍 벨트를 사용하는 경우 치차의 형상(Tooth Profile)을 변경함으로써 소음발생을 적게 설계할 수 있다.

③ 매우 조용하게 가동될 필요가 있는 경우 역V자형 치차(Chevron Tooth) 형태로 설계함으로써 6~20dB 정도의 소음 감소효과를 얻는다.

10) 전기모터

(1) 소음억제 기술

휀, 펌프, 기계공구 등에 사용되는 전기모터를 저소음 모터로 교체하고 시스템에 내장시키는 방법으로 소음을 10dB까지 감소시킬 수 있다.

근골격계부담작업 유해요인조사 지침(H-9-2018)

1. 목적

이 지침은 산업안전보건기준에 관한 규칙(이하 "안전보건규칙"이라 한다) 제12장 및 고용노동부고시 제2018-13호(근골격계부담작업의 범위 및 유해요인조사 방법에 관한 고시)의 규정에 따라 근골격계부담작업의 유해요인조사 목적, 시기, 방법, 내용, 조사자, 개선과 사후조치 등을 제시함을 목적으로 한다.

2. 적용범위

이 지침은 안전보건규칙에 따라 근골격계부담작업 유해요인조사를 실시하는 사업장에 적용한다.

3. 용어의 정의

1) 이 지침에서 사용하는 용어의 정의는 다음과 같다.
   (1) "근골격계부담작업"이라 함은 법제24조제1항제5호에 따른 작업으로서 작업량 · 작업속도 · 작업강도 및 작업구조 등에 따라 고용노동부장관이 정하여 고시하는 작업을 말한다(별표1).
   (2) "근골격계질환 유해요인"이라 함은 근골격계부담작업을 포함하는 작업과 관련하여 근골격계질환을 유발시킬 수 있는 반복동작, 부적절한 자세(부자연스런 또는 취하기 어려운 작업자세), 과도한 힘(무리한 힘의 사용), 접촉스트레스(날카로운 면과의 신체접촉), 진동 등을 말하며, 간략히 "유해요인"이라 말할 수 있다(별표2).
   (3) "유해요인조사자"라 함은 근골격계부담작업 유해요인조사를 수행하는 자로서 보건관리자 또는 관련업무의 수행능력 등을 고려하여 사업주가 지정하는 자를 말한다.
2) 그 밖에 이 지침에서 사용하는 용어의 정의는 이 지침에 특별한 규정이 있는 경우를 제외하고는 산업안전보건법, 같은 법 시행령, 같은 법 시행규칙, 산업안전보건기준에 관한 규칙 및 관련 고시에서 정하는 바에 의한다.

4. 유해요인조사 목적

유해요인조사의 목적은 근골격계질환 발생을 예방하기 위해 안전보건규칙에 따라 근골격계질환 유해요인을 제거하거나 감소시키는 데 있다. 따라서, 유해요인조사의 결과를 근골격계질환의 이환을 부정 또는 입증하는 근거나 반증자료로 사용할 수 없다.

5. 근골격계부담작업 보유 여부 결정

사업주는 안전보건규칙 제656조 제1호와 고용노동부고시 제2018－13호에 따라 근골격계 부담작업 보유 여부를 결정한다. 근골격계부담작업 여부는 〈별표 2〉를 참조하여 판단한다.

6. 유해요인조사 시기

1) 사업주는 근골격계부담작업을 보유하는 경우에 다음 각호의 사항에 대해 최초의 유해요인 조사를 실시한 이후 매 3년마다 정기적으로 실시한다.
   (1) 설비 · 작업공정 · 작업량 · 작업속도 등 작업장 상황
   (2) 작업시간 · 작업자세 · 작업방법 등 작업조건
   (3) 작업과 관련된 근골격계질환 징후(Signs)와 증상(Symptoms) 유무 등
2) 사업주는 다음 각호에서 정하는 경우에는 수시로 유해요인조사를 실시한다.
   (1) 법에 따른 임시건강진단 등에서 근골격계질환자가 발생하였거나 근로자가 근골격계 질환으로 「산업재해보상보험법 시행령」 별표 3 제2호 가목 · 마목 및 제12호 라목에 따라 업무상 질병으로 인정받은 경우
   (2) 근골격계부담작업에 해당하는 새로운 작업.설비를 도입한 경우
   (3) 근골격계부담작업에 해당하는 업무의 양과 작업공정 등 작업환경을 변경한 경우

7. 유해요인조사 방법

1) 유해요인조사는 〈그림 1〉과 같이 근골격계부담작업을 보유하거나 업무상 근골격계질환 자가 발생 · 인정된 경우 실시하며, 근로자와의 면담, 증상설문조사, 인간공학적 측면을 고려하여 조사한다.
2) 유해요인조사는 유해요인조사표(별지 제1호 서식)를 활용하여 조사개요, 작업장 상황조사, 작업조건 조사를 실시하며, 작업조건 조사를 실시할 때 추가 필요하다고 판단되는 경우 작업분석 · 평가도구(부록 2)를 활용하여 조사대상 근골격계부담작업 또는 근로자의 근골격계질환 유해요인에 대해 분석 · 평가한다. 또한 유해요인조사는 근골격계질환 증상 조사표(별지 제2호 서식)를 활용하여 근로자의 직업력, 근무형태, 근골격계질환의 징후 또는 증상 특징 등의 정보를 파악한다. 유해요인조사표의 작성 예가 필요할 경우 〈부록 3〉을 참조한다.

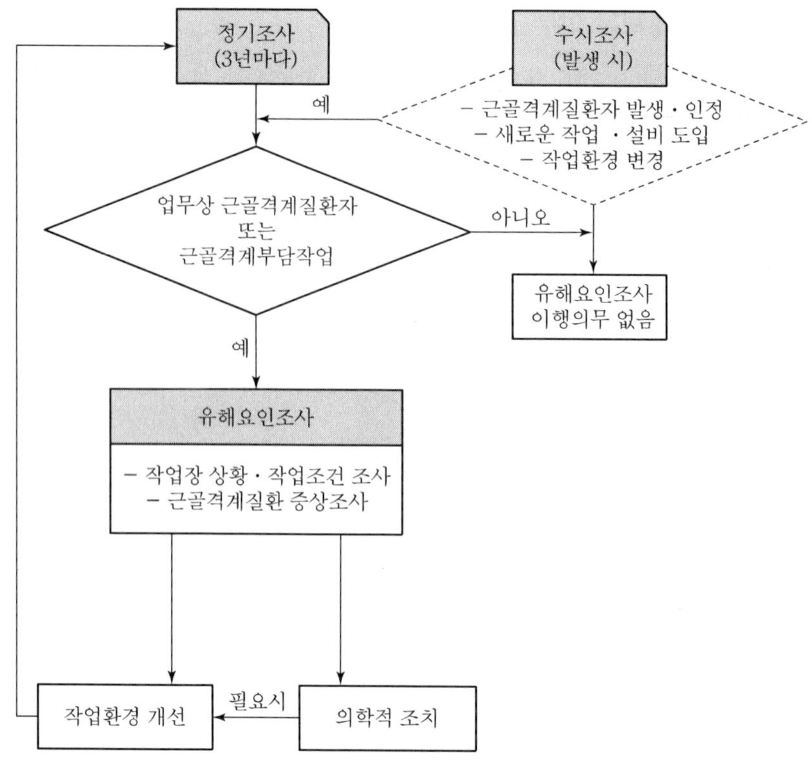

〈그림 1〉 유해요인조사 흐름도

3) 사업주는 사업장 내 근골격계부담작업에 대하여 전수조사를 원칙으로 한다. 다만, 동일한 작업형태와 동일한 작업조건의 근골격계부담작업이 존재하는 경우에는 근골격계부담작업의 종류와 수에 대한 대표성, 조사실시 주기 또는 연도 등을 고려하여 단계적으로 일부 작업에 대해서 조사할 수 있다.

8. 유해요인조사 내용

1) 유해요인조사는 작업장 상황조사, 작업조건 조사, 증상 설문조사로 구성된다.
   (1) 작업장 상황조사 항목은 다음 내용을 포함한다.
      ① 작업공정
      ② 작업설비
      ③ 작업량
      ④ 작업속도 및 최근 업무의 변화 등
   (2) 작업조건조사 항목은 다음 내용을 포함한다.
      ① 반복동작
      ② 부적절한 자세

③ 과도한 힘

④ 접촉스트레스

⑤ 진동

⑥ 기타 요인(예 극저온, 직무스트레스)

(3) 증상 설문조사 항목은 다음 내용을 포함한다.

① 증상과 징후

② 직업력(근무력)

③ 근무형태(교대제 여부 등)

④ 취미활동

⑤ 과거질병력 등

9. 유해요인조사자

1) 사업주는 보건관리자에게 사업장 전체 유해요인조사 계획의 수립 및 실시 업무를 하도록 한다. 다만, 규모가 큰 사업장에서는 보건관리자 외에 부서별 유해요인조사자를 지정하여 조사를 실시하게 할 수 있다.

2) 사업주는 보건관리자가 선임되어 있지 않은 경우에는 유해요인조사자를 지정하고, 사업장의 유해요인조사 계획을 수립하여 실시하도록 한다. 다만, 근골격계질환 예방 · 관리프로그램을 운영하는 사업장에서는 근골격계질환 예방 · 관리 추진팀이 수행할 수 있다.

3) 사업주는 유해요인조사자에게 유해요인조사에 관련한 제반 사항에 대하여 교육을 실시하여야 한다. 다만, 근골격계질환 예방 · 관리프로그램을 운영하는 사업장은 근골격계질환 예방 · 관리 추진팀이 유해요인조사를 포함한 교육을 이미 받았을 경우 이를 생략할 수 있다.

4) 사업주는 사업장 내부에서 유해요인조사자를 선정하기 곤란한 경우 유해요인조사의 일부 또는 전부를 관련 전문기관이나 전문가에게 의뢰할 수 있다.

10. 작업환경 개선 등 사후조치

1) 작업환경 개선은 〈그림 1〉에 따라 실시하되, 유해요인조사 또는 근골격계질환 증상조사 결과를 바탕으로 근골격계질환 발생 위험이 높은 경우로써 다음 각호의 사항에 따른다.

(1) 다수의 근로자가 유해요인에 노출되고 있거나 증상 및 불편을 호소하는 작업

(2) 비용편익 효과가 큰 작업

2) 사업주는 인간공학적으로 설계된 인력작업 보조설비 및 편의설비를 설치하는 등 적절한 개선계획을 수립하고, 해당 근로자 또는 근로자 대표에게 알려야 하며, 적정한 작업환경 개선 등 사후조치를 실시하여야 한다.

3) 사업주는 개선계획의 수립 및 그 타당성을 검토하기 위하여 외부의 전문기관이나 전문가로부터 지도 · 조언을 들을 수 있다.

11. 문서의 기록과 보존

1) 사업주는 안전보건규칙에 따라 문서를 기록 또는 보존하되 다음을 포함하여야 한다.
   (1) 유해요인조사 결과(해당될 경우 근골격계질환 증상조사 결과 포함)
   (2) 의학적 조치 및 그 결과
   (3) 작업환경 개선계획 및 그 결과보고서
2) 사업주는 상기 1)의 (1)과 (2) 문서의 경우 5년 동안 보존하며, (3) 문서의 경우 해당 시설 · 설비가 작업장 내에 존재하는 동안 보존한다.

〈별표 1〉

근골격계부담작업* (제3조 관련)

1. 하루에 4시간 이상 집중적으로 자료입력 등을 위해 키보드 또는 마우스를 조작하는 작업
2. 하루에 총 2시간 이상 목, 어깨, 팔꿈치, 손목 또는 손을 사용하여 같은 동작을 반복하는 작업
3. 하루에 총 2시간 이상 머리 위에 손이 있거나, 팔꿈치가 어깨 위에 있거나, 팔꿈치를 몸통으로부터 들거나, 팔꿈치를 몸통 뒤쪽에 위치하도록 하는 상태에서 이루어지는 작업
4. 지지되지 않은 상태이거나 임의로 자세를 바꿀 수 없는 조건에서, 하루에 총 2시간 이상 목이나 허리를 구부리거나 트는 상태에서 이루어지는 작업
5. 하루에 총 2시간 이상 쪼그리고 앉거나 무릎을 굽힌 자세에서 이루어지는 작업
6. 하루에 총 2시간 이상 지지되지 않은 상태에서 1kg 이상의 물건을 한 손의 손가락으로 집어 옮기거나, 2kg 이상에 상응하는 힘을 가하여 한 손의 손가락으로 물건을 쥐는 작업
7. 하루에 총 2시간 이상 지지되지 않은 상태에서 4.5kg 이상의 물건을 한 손으로 들거나 동일한 힘으로 쥐는 작업
8. 하루에 10회 이상 25kg 이상의 물체를 드는 작업
9. 하루에 25회 이상 10kg 이상의 물체를 무릎 아래에서 들거나, 어깨 위에서 들거나, 팔을 뻗은 상태에서 드는 작업
10. 하루에 총 2시간 이상, 분당 2회 이상 4.5kg 이상의 물체를 드는 작업
11. 하루에 총 2시간 이상 시간당 10회 이상 손 또는 무릎을 사용하여 반복적으로 충격을 가하는 작업

* : 〈부록 1. 근골격계부담작업 여부 판단(예)〉를 참조한다.

〈별표 2〉

근골격계질환 유해요인 설명

유해요인	설명
반복동작	같은 근육, 힘줄, 인대 또는 관절을 사용하여 반복 수행되는 동일한 유형의 동작으로서 그 유해 정도는 반복횟수, 빠르기, 관련되는 근육군의 수, 사용되는 힘에 따라 다름 
부적절한 자세	각 신체 부위가 취할 수 있는 중립자세를 벗어나는 자세를 말하며, 예를 들어 손가락 집기, 손목 좌우 돌리기, 손목 굽히거나 뒤로 젖히기, 팔꿈치 들기, 팔 비틀기, 목 젖히거나 숙이기, 허리 돌리기 · 구부리기 · 비틀기, 무릎 꿇기 · 쪼그려 앉기, 한발로 서기, 장시간 서서 일하는 동작, 정적인 자세 등 자세를 일컬음 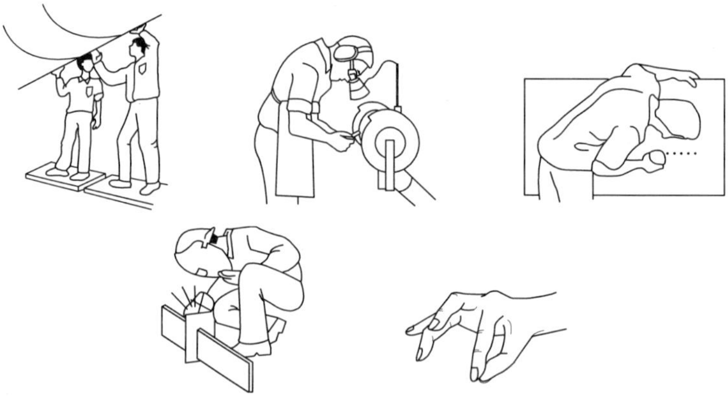
과도한 힘	들거나 내리기, 밀거나 당기기, 운반하기, 지탱하기 등으로 물체, 환자 등을 취급할 때 이루어지는 무리한 힘이나 동작을 말함 

접촉 스트레스	작업대 모서리, 키보드, 작업공구, 가위 사용 등으로 인해 손목, 손바닥, 팔 등이 지속적으로 눌리거나 손바닥 또는 무릎 등을 사용하여 반복적으로 물체에 압력을 가함으로써 해당 신체부위가 받는 충격 또는 접촉부담을 말함
진동	신체부위가 동력기구, 장비와 같이 진동하는 물체와 접촉하여 영향을 받게 되는 진동으로서 버스, 트럭 등 운전으로 인한 전신진동과 착암기, 임팩트 등 사용으로 인한 손, 팔 부위의 국소진동으로 구분함
기타	극저온, 직무스트레스 등

〈별지 제1호 서식〉

유해요인조사표

(아래의 〈유해요인조사표 작성가이드〉를 참조하여 작성)

1. 조사개요(해당 사항에 ✔ 하거나 내용을 기재함)

<table>
<tr><td>조사 구분</td><td>☐ 정기조사</td><td colspan="2">☐ 수시조사
☐ 근골격계질환자 발생 시
☐ 새로운 작업 · 설비도입 시
☐ 업무의 양과 작업공정 등 작업환경 변경 시</td></tr>
<tr><td>조사 일시</td><td></td><td>조 사 자</td><td></td></tr>
<tr><td>조사부서명</td><td colspan="3"></td></tr>
<tr><td>작업공정명</td><td colspan="3"></td></tr>
<tr><td>작 업 명</td><td colspan="3"></td></tr>
</table>

2. 작업장 상황 조사

작업 설비	☐ 변화 없음 ☐ 변화 있음(내용요약 :)
작 업 량	☐ 변화 없음 ☐ 변화 있음(내용요약 :)
작업 속도	☐ 변화 없음 ☐ 변화 있음(내용요약 :)
업무 형태	☐ 변화 없음 ☐ 변화 있음(내용요약 :)
기 타	☐ 변화 없음 ☐ 변화 있음(내용요약 :)

3. 작업조건 조사(인간공학적인 측면을 고려한 조사)

1단계 : 작업별 주요내용(유해요인조사자)

작업명(단수 또는 복수의 단위작업으로 구성됨) :
작업내용 :

2단계 : 단위작업별 작업부하 및 작업빈도(근로자 면담)

작업 부하(A)	점수	작업 빈도 또는 노출수준(B)	점수
매우 쉬움	1	계절마다(연 2~3회)	1
쉬움	2	가끔(1일 또는 주 2~3회)	2
약간 힘듦	3	자주(1일 4시간 이하)	3
힘듦	4	계속(1일 4시간 이상)	4
매우 힘듦	5	초과근무시간(1일 8시간 이상)	5

단위작업명	부담작업(호)	작업부하(A)	작업빈도(B)	총점수(A×B)

3단계 : 유해요인평가			
작 업 명		근로자명	

단위작업명	단위작업명
사진 또는 그림	사진 또는 그림

작업별 유해요인 원인분석

단위 작업명		부담작업(호)	
유해요인	유해요인의 발생원인 또는 노출특징	비고	

단위 작업명		부담작업(호)	
유해요인	유해요인의 발생원인 또는 노출특징	비고	

3-1. 작업분석 · 평가 결과표(작업분석 · 평가가 필요한 경우 사용)

작업공정명		작 업 명	
단위작업별 작업 모습 (※사진 또는 그림)			

작업분석 · 평가도구*	평가결과	판 정

* : 〈부록 2. 작업분석 · 평가도구〉를 참조한다.

4. 종합요약

유해요인조사표 작성가이드

1. 조사개요

 – 양식에 따라 조사구분, 조사일시, 조사자, 조사부서명 등 기재함
 – 작업공정명은 해당 작업의 포괄적인 공정명을 기재하고(예, 도장공정, 포장공정 등), 작업명은 보다 구체적으로 기재함(예, 자동차휠 공급작업, 의자포장 및 공급 작업 등).

2. 작업장 상황 조사

 – 노동자와의 면담 및 작업관찰을 통해 작업설비, 작업량, 작업속도 등 기재
 – 이전 유해요인조사 날짜를 기준으로 작업설비, 작업량, 작업속도, 업무형태, 기타의 변화 유무를 체크하고, 변화가 있을 경우 언제부터/얼마나 변화가 있었는지를 구체적 기재.

3. 작업조건 조사

 – (1단계) 〈1. 조사개요〉에 기재한 작업명을 적고, 작업내용은 단위작업으로 구분이 가능한 경우 각각의 단위작업 내용을 기재(예, 포장상자에 의자 넣기, 포장된 상자를 운반수레로 당기기, 운반수레 밀기 등).
 – (2단계) 단위작업명에는 해당 작업 시 수행하는 세분화된 작업명을 적고, 해당 부담작업을 수행하는 노동자와의 면담을 통해 노동자가 자각하고 있는 작업의 부하를 5단계로 구분하여 점수를 기재함. 작업의 빈도 또는 노출수준도 5단계로 구분하여 해당 점수를 적고, 총점수(근골격계부담작업 위험성 수준 또는 근골격계질환 발생 위험성 수준)는 작업부하와 작업빈도의 곱으로 계산함. 총점수는 유해요인조사 평가 대상의 우선순위 결정에 활용함.
 – (3단계) 단위작업을 가장 잘 설명하는 사진 또는 그림을 선택함. '유해요인'은 〈별표 2. 근골격계부담작업 유해요인〉을 참조하여 반복동작, 부적절한 자세, 과도한 힘, 접촉스트레스, 진동, 기타로 구분하여 기재함. '유해요인의 발생원인 또는 노출특징'은 해당 유해요인별로 작성함.
 – (3 – 1. 작업분석 · 평가 결과표) 조사대상 근골격계부담작업에 대해 1~3단계 작업조건 조사 이외에 특정 작업분석 · 평가 도구를 이용하여 추가적인 유해요인 평가가 필요한 경우 실시함. 적절한 작업분석 · 평가 도구를 선택하며, 복수의 평가도구를 이용한 유해요인평가 방법이 더 바람직함

4. 종합요약

 – 조사대상 근골격계부담작업에 대해 실시한 조사개요, 작업상황 조사, 작업조건 조사, 작업분석 · 평가 결과를 바탕으로 결론을 도출하면서 종합 요약함.

〈별지 제2호서식〉

근골격계질환 증상조사표

I. 아래 사항을 직접 기입해 주시기 바랍니다.

성 명		연 령	만 _____ 세
성 별	□ 남 □ 여	현 직장경력	_____ 년 _____ 월
작업부서	_______ 부 _______ 라인 _________ 작업(수행작업)	결혼여부	□ 기혼 □ 미혼
현재 작업 (구체적으로)	작 업 내 용 : ______________________ 작 업 기 간 : _______ 년 _______ 월		
1일 근무시간	_____ 시간 근무 중 휴식시간(식사시간 제외) ___ 분씩 ___ 회 휴식		
현 작업 전에 했던 작업	작 업 내 용 : ______________________ 작 업 기 간 : _______ 년 _______ 월		

1. 규칙적인(한번에 30분 이상, 1주일에 적어도 2－3회 이상) 여가 및 취미활동을 하고 계시는 곳에 표시(∨)하여 주십시오.
   □ 컴퓨터 관련활동 □ 악기연주(피아노, 바이올린 등) □ 뜨개질 자수, 붓글씨
   □ 테니스/배드민턴/스쿼시 □ 축구/족구/농구/스키 □ 해당사항 없음

2. 귀하의 하루 평균 가사노동시간(밥하기, 빨래하기, 청소하기, 2살 미만의 아이 돌보기 등)은 얼마나 됩니까 ?
   □ 거의 하지 않는다 □ 1시간 미만 □ 1－2시간 미만 □ 2－3시간 미만 □ 3시간 이상

3. 귀하는 의사로부터 다음과 같은 질병에 대해 진단을 받은 적이 있습니까?
   (해당 질병에 체크)
   (보기 : □ 류머티스 관절염 □ 당뇨병 □ 루프스병 □ 통풍 □ 알코올중독)
   □ 아니오 □ 예('예'인 경우 현재상태는 ? □ 완치 □ 치료나 관찰 중)

4. 과거에 운동 중 혹은 사고로(교통사고, 넘어짐, 추락 등) 인해 손/손가락/손목, 팔/팔꿈치, 어깨, 목, 허리, 다리/발 부위를 다친 적인 있습니까?
   □ 아니오 □ 예
   ('예'인 경우 상해 부위는 ? □손/손가락/손목 □팔/팔꿈치 □어깨 □목 □허리 □다리/발)

5. 현재 하고 계시는 일의 육체적 부담 정도는 어느 정도라고 생각합니까?
   □ 전혀 힘들지 않음 □ 견딜만 함 □ 약간 힘듦 □ 힘듦 □ 매우 힘듦

II. 지난 1년 동안 귀하의 작업과 관련하여 목, 어깨, 팔/팔꿈치, 손/손가락/손목, 허리, 다리/발 중 어느 한 부위에서라도 통증, 쑤심, 찌릿찌릿함, 뻣뻣함, 화끈거림, 무감각 등을 느끼신 적이 있습니까?

□ 아니오(수고하셨습니다. 설문을 다 마치셨습니다.)

□ 예("예"라고 답하신 분은 아래 표의 통증부위에 체크(∨)하고, 해당 통증부위의 세로줄로 내려가며 해당 사항에 체크(∨)해 주십시오)

통증 부위	목 ( )	어깨 ( )	팔/팔꿈치 ( )	손/손목/손가락 ( )	허리 ( )	다리/발 ( )
1. 통증의 구체적 부위는?		□ 오른쪽 □ 왼쪽 □ 양쪽 모두	□ 오른쪽 □ 왼쪽 □ 양쪽 모두	□ 오른쪽 □ 왼쪽 □ 양쪽 모두		□ 오른쪽 □ 왼쪽 □ 양쪽 모두
2. 한번 아프기 시작하면 통증 기간은 얼마 동안 지속됩니까?	□ 1일 미만 □ 1일－1주일 미만 □ 1주일－1달 미만 □ 1달－6개월 미만 □ 6개월 이상	□ 1일 미만 □ 1일－1주일 미만 □ 1주일－1달 미만 □ 1달－6개월 미만 □ 6개월 이상	□ 1일 미만 □ 1일－1주일 미만 □ 1주일－1달 미만 □ 1달－6개월 미만 □ 6개월 이상	□ 1일 미만 □ 1일－1주일 미만 □ 1주일－1달 미만 □ 1달－6개월 미만 □ 6개월 이상	□ 1일 미만 □ 1일－1주일 미만 □ 1주일－1달 미만 □ 1달－6개월 미만 □ 6개월 이상	□ 1일 미만 □ 1일－1주일 미만 □ 1주일－1달 미만 □ 1달－6개월 미만 □ 6개월 이상
3. 그때의 아픈 정도는 어느 정도입니까? (보기 참조)	□ 약한 통증 □ 중간 통증 □ 심한 통증 □ 매우 심한 통증	□ 약한 통증 □ 중간 통증 □ 심한 통증 □ 매우 심한 통증	□ 약한 통증 □ 중간 통증 □ 심한 통증 □ 매우 심한 통증	□ 약한 통증 □ 중간 통증 □ 심한 통증 □ 매우 심한 통증	□ 약한 통증 □ 중간 통증 □ 심한 통증 □ 매우 심한 통증	□ 약한 통증 □ 중간 통증 □ 심한 통증 □ 매우 심한 통증
	〈보기〉	약한 통증 : 약간 불편한 정도이나 작업에 열중할 때는 못 느낀다. 중간 통증 : 작업 중 통증이 있으나 귀가 후 휴식을 취하면 괜찮다. 심한 통증 : 작업 중 통증이 비교적 심하고 귀가 후에도 통증이 계속된다. 매우 심한 통증 : 통증 때문에 작업은 물론 일상생활을 하기가 어렵다.				
4. 지난 1년 동안 이러한 증상을 얼마나 자주 경험하셨습니까?	□ 6개월에 1번 □ 2－3달에 1번 □ 1달에 1번 □ 1주일에 1번 □ 매일	□ 6개월에 1번 □ 2－3달에 1번 □ 1달에 1번 □ 1주일에 1번 □ 매일	□ 6개월에 1번 □ 2－3달에 1번 □ 1달에 1번 □ 1주일에 1번 □ 매일	□ 6개월에 1번 □ 2－3달에 1번 □ 1달에 1번 □ 1주일에 1번 □ 매일	□ 6개월에 1번 □ 2－3달에 1번 □ 1달에 1번 □ 1주일에 1번 □ 매일	□ 6개월에 1번 □ 2－3달에 1번 □ 1달에 1번 □ 1주일에 1번 □ 매일
5. 지난 1주일 동안에도 이러한 증상이 있었습니까?	□ 아니오 □ 예	□ 아니오 □ 예	□ 아니오 □ 예	□ 아니오 □ 예	□ 아니오 □ 예	□ 아니오 □ 예
6. 지난 1년 동안 이러한 통증으로 인해 어떤 일이 있었습니까?	□ 병원 · 한의원 치료 □ 약국치료 □ 병가, 산재 □ 작업 전환 □ 해당 사항 없음 □ 기타 (　　　)	□ 병원 · 한의원 치료 □ 약국치료 □ 병가, 산재 □ 작업 전환 □ 해당 사항 없음 □ 기타 (　　　)	□ 병원 · 한의원 치료 □ 약국치료 □ 병가, 산재 □ 작업 전환 □ 해당 사항 없음 □ 기타 (　　　)	□ 병원 · 한의원 치료 □ 약국치료 □ 병가, 산재 □ 작업 전환 □ 해당 사항 없음 □ 기타 (　　　)	□ 병원 · 한의원 치료 □ 약국치료 □ 병가, 산재 □ 작업 전환 □ 해당 사항 없음 □ 기타 (　　　)	□ 병원 · 한의원 치료 □ 약국치료 □ 병가, 산재 □ 작업 전환 □ 해당 사항 없음 □ 기타 (　　　)

〈부록 1〉

1. 근골격계부담작업 여부 판단(예)

<table>
<tr><td colspan="4">제1호 근골격계부담작업</td></tr>
<tr><td colspan="4">고용노동부고시 기준 : 하루에 4시간 이상 집중적으로 자료입력 등을 위해 키보드 또는 마우스를 조작하는 작업</td></tr>
<tr><th colspan="4">부담작업 예</th></tr>
<tr><td colspan="2"></td><td colspan="2">A 노동자는 하루 작업시간 중 키보드를 이용하여 입력하는 작업 3시간, 마우스를 조작하여 입력하는 작업을 2시간 수행함</td></tr>
<tr><th colspan="4">부담작업 여부 판단 예</th></tr>
<tr><th>부담작업 요소
(유해요인)</th><th>하루 총
노출시간</th><th>요소별
부담작업 여부</th><th>최종판단 결과*</th></tr>
<tr><td>키보드 조작(반복동작, 부적절한 자세)</td><td>3</td><td>×</td><td rowspan="2">부담작업 아님</td></tr>
<tr><td>마우스 조작(반복동작, 부적절한 자세)</td><td>2</td><td>×</td></tr>
</table>

* : 신체부위별 동일 조직(근육, 힘줄, 인대 등)에 기준시간 이상 동안 영향을 미칠 경우 부담작업으로 판단함(이하 동일).

제2호 근골격계부담작업			
고용노동부고시 기준 : 하루에 총 2시간 이상 목, 어깨, 팔꿈치, 손목 또는 손을 사용하여 같은 동작을 반복하는 작업			
부담작업 예			
	A 노동자는 하루 작업시간 중 어깨를 반복적으로 들어 올렸다 내렸다 하는 작업을 1시간 30분, 팔꿈치를 반복적으로 굽히고 펴는 작업을 30분, 손목을 반복적으로 굽히고 펴는 작업을 3시간 수행함		
부담작업 여부 판단 예			
부담작업 요소 (유해요인)	하루 총 노출시간	요소별 부담작업 여부	최종판단 결과
어깨 동작(반복동작, 부적절한 자세)	1.5	×	부담작업
팔꿈치 동작(반복동작, 부적절한 자세)	0.5	×	
손목 동작(반복동작, 부적절한 자세)	3	○	

제3호 근골격계부담작업			
고용노동부고시 기준 : 하루에 총 2시간 이상 머리 위에 손이 있거나, 팔꿈치가 어깨 위에 있거나, 팔꿈치를 몸통으로부터 들거나, 팔꿈치를 몸통 뒤쪽에 위치하도록 하는 상태에서 이루어지는 작업			
부담작업 예			
	A 노동자는 하루 작업시간 중 머리 위로 손을 올리고 수행하는 작업 1시간, 팔꿈치를 어깨 위로 올리고 수행하는 작업 30분, 몸통으로부터 팔꿈치를 드는 작업을 1시간 수행함		
부담작업 여부 판단 예			
부담작업 요소 (유해요인)	하루 총 노출시간	요소별 부담작업 여부	최종판단 결과
머리위손 동작(부적절한 자세)	1	×	추가 관찰 후 판단 필요 (어깨의 동일 조직 여부, 노출시간 정도를 판단하기 어려움)
어깨위팔꿈치 동작(부적절한 자세)	0.5	×	
몸통뒤팔꿈치 동작(부적절한 자세)	1	×	

제4호 근골격계부담작업

고용노동부고시 기준 : 지지되지 않은 상태이거나 임의로 자세를 바꿀 수 없는 조건에서, 하루에 총 2시간 이상 목이나 허리를 구부리거나 트는 상태에서 이루어지는 작업

부담작업 예

A 작업자는 임의로 자세를 바꿀 수 없는 조건에서 하루 작업시간 중 목을 굽힌 채 작업을 1시간 30분, 목을 비튼 채 작업을 1시간, 허리를 구부린 채 작업을 1시간 30분 수행함

부담작업 여부 판단 예

부담작업 요소 (유해요인)	하루 총 노출시간	요소별 부담작업 여부	최종판단 결과
목굽힘 동작(부적절한 자세)	1.5	×	추가 관찰 후 판단 필요 (목의 동일 조직 여부, 노출시간 정도를 판단하기 어려움)
목비틀림 동작(부적절한 자세)	1.0	×	
허리굽힘 동작(부적절한 자세)	1.5	×	

제5호 근골격계부담작업

고용노동부고시 기준 : 하루에 총 2시간 이상 쪼그리고 앉거나 무릎을 굽힌 자세에서 이루어지는 작업

부담작업 예

A 노동자는 하루 작업시간 중 쪼그리고 앉아 30분, 무릎 굽힌 자세로 1시간 작업 수행함

부담작업 여부 판단 예

부담작업 요소 (유해요인)	하루 총 노출시간	요소별 부담작업 여부	최종판단 결과
쪼그림 동작(부적절한 자세)	0.5	×	부담작업 아님
무릎굽힘 동작(부적절한 자세)	1	×	

<table>
<tr><th colspan="4">제6호 근골격계부담작업</th></tr>
<tr><td colspan="4">고용노동부고시 기준 : 하루에 총 2시간 이상 지지되지 않은 상태에서 1kg 이상의 물건을 한 손의 손가락으로 집어 옮기거나, 2kg 이상에 상응하는 힘을 가하여 한 손의 손가락으로 물건을 쥐는 작업</td></tr>
<tr><th colspan="4">부담작업 예</th></tr>
<tr><td colspan="2"></td><td colspan="2">A 노동자는 지지되지 않은 상태에서 하루 작업시간 중 1kg 이상의 힘으로 물건을 한 손의 손가락으로 집는 작업을 1시간, 2kg 이상의 힘으로 물건을 쥐고 2시간 30분 동안 작업을 수행함</td></tr>
<tr><th colspan="4">부담작업 여부 판단 예</th></tr>
<tr><th>부담작업 요소
(유해요인)</th><th>하루 총
노출시간</th><th>요소별
부담작업 여부</th><th>최종판단 결과</th></tr>
<tr><td>1kg 이상 힘이 소요되는 손가락 집기로 물건 취급
(부적절한 자세, 과도한 힘)</td><td>1</td><td>×</td><td rowspan="2">부담작업</td></tr>
<tr><td>2kg 이상 힘이 소요되는 손/손가락 쥐기로 물건 취급
(부적절한 자세, 과도한 힘)</td><td>2.5</td><td>○</td></tr>
</table>

제7호 근골격계부담작업

고용노동부고시 기준 : 하루에 총 2시간 이상 지지되지 않은 상태에서 4.5kg 이상의 물건을 한 손으로 들거나 동일한 힘으로 쥐는 작업

부담작업 예

A 노동자는 지지되지 않은 상태에서 하루 작업시간 중 6kg의 물건을 한 손으로 드는 작업을 3시간, 4.5kg 가량의 힘으로 물건을 쥐고 1시간 동안 작업을 수행함

부담작업 여부 판단 예

부담작업 요소 (유해요인)	하루 총 노출시간	요소별 부담작업 여부	최종판단 결과
6kg 물건 한 손 들기동작(과도한 힘)	3	○	부담작업
4.5kg 가량 힘으로 손/손가락 쥐기 (과도한 힘, 부적절한 자세)	1	×	

제8호 근골격계부담작업

고용노동부고시 기준 : 하루에 10회 이상 25kg 이상의 물체를 드는 작업

부담작업 예

A와 B 노동자는 하루 작업시간 중 30kg의 물건을 드는 작업을 12회 수행함

부담작업 여부 판단 예

부담작업 요소 (유해요인)	하루 총 노출시간	요소별 부담작업 여부	최종판단 결과
30kg 물건을 두 명(30kg/2인=15kg)이 들기 동작(과도한 힘)	12회	×	부담작업 아님

제9호 근골격계부담작업

고용노동부고시 기준 : 하루에 25회 이상 10kg 이상의 물체를 무릎 아래에서 들거나, 어깨 위에서 들거나, 팔을 뻗은 상태에서 드는 작업

부담작업 예

A 노동자는 하루 작업시간 중 무릎 아래에서 13kg의 물건을 20회 들었고, 어깨 위에서 10kg의 물건을 20회 들었으며, 팔을 뻗은 상태에서 10kg의 물건을 15회 드는 작업을 수행함

부담작업 여부 판단 예

부담작업 요소 (유해요인)	하루 총 노출시간	요소별 부담작업 여부	최종판단 결과
무릎 아래에서 13kg 물건 들기 동작(과도한 힘, 부적절한 자세)	20회	×	추가 관찰 후 판단 필요(허리 또는 어깨의 동일 조직 여부, 노출 정도, 두 손 사용 여부를 판단하기 어려움)
어깨 위에서 10kg 물건 들기 동작(과도한 힘, 부적절한 자세)	20회	×	
팔 뻗은 상태에서 10kg 물체 들기 동작(과도한 힘, 부적절한 자세)	15회	×	

제10호 근골격계부담작업

고용노동부고시 기준 : 하루에 총 2시간 이상, 분당 2회 이상 4.5kg 이상의 물체를 드는 작업

부담작업 예

A 노동자는 하루 작업 시간 중 3시간 동안 분당 4회의 속도로 6kg의 물건을 드는 작업을 수행함

부담작업 여부 판단 예

부담작업 요소 (유해요인)	하루 총 노출시간	요소별 부담작업 여부	최종판단 결과
분당 4회로 6kg 물건 들기 동작(과도한 힘)	3	○	부담작업

제11호 근골격계부담작업			
고용노동부고시 기준 : 하루에 총 2시간 이상 시간당 10회 이상 손 또는 무릎을 사용하여 반복적으로 충격을 가하는 작업			
부담작업 예			
	A 노동자는 하루 작업시간 중 1시간 동안 8회 정도 손바닥으로 부품을 쳐서 홈에 단단하게 끼워지도록 조립하는 작업을 수행함		
부담작업 여부 판단 예			
부담작업 요소 (유해요인)	하루 총 노출시간	요소별 부담작업 여부	최종판단 결과
시간당 8회로 손바닥 충격을 가하는 작업(접촉스트레스)	1	×	부담작업 아님

〈부록 2〉

작업분석 · 평가 도구

작업분석 · 평가도구	분석 가능 유해요인	적용 신체 부위	적용 가능 업종	출처*
작업긴장평가지수 (Job Strain Index)	• 반복동작 • 부적절한 자세 • 과도한 힘	• 손가락 • 손목	• 중소 제조업 • 검사업 • 재봉업 • 육류가공업 • 포장업 • 자료입력 • 자료처리 • 손목의 움직임이 많은 작업	"The Strain Index : A Proposed Method to Analyze Jobs For Risk of Distal Upper Extremity Disorders." Moore, J. S., and Garg, A, 1995, AIHA Journal, 56(5):443−458 http://ergo.human.cornell.edu/ahJSI.html
NIOSH 들기작업평가식 (Revised NIOSH Lifting Equation)	• 반복동작 • 부적절한 자세 • 과도한 힘	• 허리	• 대상물 취급 • 포장물 배달 • 음료 배달 • 조립 작업 • 인력에 의한 중량물 취급작업 • 무리한 힘이 요구되는 작업 • 고정된 들기작업	Applications Manual for the Revised NIOSH Lifting Equation, Waters, T. R., Putz−Anderson, V., Garg, A., National Institute for Occupational Safety and Health, January, 1994(DHHS, NIOSH Publication No, 94−110) http://www.industrialhygiene.com/calc/lift.html

작업분석 · 평가도구	분석 가능 유해요인	적용 신체 부위	적용 가능 업종	출처*
Snook 밀기당기기 평가표 (Snook Push/Pull Hazard Tables)	• 반복동작 • 부적절한 자세 • 과도한 힘	• 허리 • 몸통 • 어깨 • 다리	• 음식료품 서비스업 • 세탁업 • 가정집 • 관리업 • 포장물 운반/배달 • 쓰레기 수집업 • 요양원 • 응급실, 앰뷸런스 • 운반수레 밀기/당기기 작업 • 대상물 운반이 포함된 작업	"The Design of Manual Handling Tasks : Revised Tables of Maximum Acceptable Weights and Forces," Snook, S.H. and Ciriello, V.M., Ergonomics, 1991, 34(9) : 1197–1213 http://ekginc.com/snooktables.pdf
RULA (Rapid Upper Limb Assessment)	• 반복동작 • 부적절한 자세 • 과도한 힘	• 손목 • 아래팔 • 팔꿈치 • 어깨 • 목 • 몸통	• 조립작업 • 생산 작업 • 재봉업 • 관리업 • 정비업 • 육류가공업 • 식료품 출납원 • 전화 교환원 • 초음파기술자 • 치과의사/치과 기술자	"RULA : A Survey Method for the Investigation of Work–Related Upper Limb Disorders," McAtamney, L. and Corlett, .N., Applied Ergonomics, 1993, 24(2) : 91–99 http://ergo.human.cornell.edu/ahRULA.html

작업분석 · 평가도구	분석 가능 유해요인	적용 신체 부위	적용 가능 업종	출처*
REBA (Rapid Entire Body Assessment)	• 반복동작 • 부적절한 자세 • 과도한 힘	• 손목 • 아래팔 • 팔꿈치 • 어깨 • 목 • 몸통 • 허리 • 다리 • 무릎	• 환자를 들거나 이송 • 간호사 • 간호보조 • 관리업 • 가정부 • 식료품 창고 • 식료품 출납원 • 전화교환원 • 초음파기술자 • 치과의사/치위생사 • 수의사	"Rapid Entire Body Assessment(REBA)," Hignett, S. and McAtamney, L., Applied ergonomics, 2000, 31 : 201–205. http://ergo.human.cornell.edu/ahREBA.html
ACGIH 상지진동 노출기준 (ACGIH Hand/Arm Vibration TLV)	• 진동	• 손가락 • 손목 • 어깨	• 연마작업 • 연사작업 • 분쇄작업 • 드릴작업 • 재봉작업 • 실톱작업 • 사슬톱작업 • 진동이 있는 전동공구를 사용하는 작업 • 정규적으로 진동 공구를 사용하는 작업	1998 Threshold Limit Values for Physical Agents in the Work Environment, 1998 TLVs® and BEIs® Threshold limit values for chemical substances and physical agents biological exposure indices, pp 109–131, American Conference of Governmental Industrial Hygienists.

작업분석 · 평가도구	분석 가능 유해요인	적용 신체 부위	적용 가능 업종	출처*
GM–UAW 유해요인 체크리스트 (GM–UAW Risk Factor Checklist)	• 반복동작 • 부적절한 자세 • 과도한 힘 • 접촉스트레스 • 진동	• 손가락 • 손목 • 아래팔 • 팔꿈치 • 어깨 • 목 • 몸통 • 허리 • 다리 • 무릎	• 조립작업 • 생산작업 • 중소규모 조립작업	"UAW–GM Ergonomics Risk Factor Checklist RFC2" United Auto Workers–General Motors Centerfor Human Resources, Health and Safety Center, 1998.
워싱턴주 유해요인 체크리스트 (Washington State Appendix B)	• 반복동작 • 부적절한 자세 • 과도한 힘 • 접촉스트레스 • 진동	• 손가락 • 손목 • 아래팔 • 팔꿈치 • 어깨 • 목 • 몸통 • 허리 • 다리 • 무릎	• 조립작업 • 생산작업 • 재봉작업 • 육류가공업 • 자료입력 • 자료처리 • 중소규모 조립업 • 정비업 • 환자 이송 • 포장물 운반/배달 • 포장물 정리 • 음식료품 • 서비스업 • 정규적으로 진동공구를 사용하는 작업	WAC 296–62–05174, "Appendix B : Criteria for analyzing and reducing WMSD hazards for employers who choose the Specific Performance Approach," Washington State Department of Labor and Industries, May 2000. http://www.lni.wa.gov/wisha/

* : US OSHA, Ergonomics program, Final rule, 29CFR Part 1910, Docket No. s–777, Federal register, Vol. 65, No. 220, pp. 68262–68870, 2000.

유해요인조사표(예시1)

1. 조사개요(해당 사항에 ✔ 하거나 내용을 기재함)

<table>
<tr><td rowspan="4">조사 구분</td><td rowspan="4">☑ 정기조사</td><td colspan="2">☐ 수시조사</td></tr>
<tr><td colspan="2">☐ 근골격계질환자 발생 시</td></tr>
<tr><td colspan="2">☐ 새로운 작업 · 설비도입 시</td></tr>
<tr><td colspan="2">☐ 업무의 양과 작업공정 등 작업환경 변경 시</td></tr>
<tr><td>조사 일시</td><td>2018. 5. 22.</td><td>조 사 자</td><td>홍길동</td></tr>
<tr><td>부 서 명</td><td colspan="3">승합조립부</td></tr>
<tr><td>작업공정명</td><td colspan="3">타이어써브공정</td></tr>
<tr><td>작 업 명</td><td colspan="3">휠공급작업</td></tr>
</table>

2. 작업장 상황 조사

● 작업설비	☑ 변화 없음	☐ 변화 있음(내용요약 :)
● 작업량	☐ 변화 없음	☑ 변화 있음(2개월 전부터 작업량 감소)
● 작업속도	☑ 변화 없음	☐ 변화 있음(내용요약 :)
● 업무형태	☑ 변화 없음	☐ 변화 있음(내용요약 :)
● 기타	☑ 변화 없음	☐ 변화 있음(내용요약 :)

3. 작업조건 조사(인간공학적인 측면을 고려한 조사)

1단계 : 작업별 주요내용(유해요인조사자)

작업명 : 휠공급작업
작업내용 :
1) 작업장 바닥의 파렛트 위의 타이어 휠을 컨베이어라인에 들어 올림
2) 컨베이어라인 위의 휠에 공기주입구를 조립함

2단계 : 단위작업별 작업부하 및 작업빈도(근로자 면담)

작업 부하(A)	점수	작업 빈도(B)	점수
매우 쉬움	1	3개월마다(연 2~3회)	1
쉬움	2	가끔(하루 또는 주 2~3일)	2
약간 힘듦	3	자주(1일 4시간)	3
힘듦	4	계속(1일 4시간 이상)	4
매우 힘듦	5	초과근무 시간(1일 8시간 이상)	5

단위작업명	부담작업(호)	작업부하(A)	작업빈도(B)	총점수(A×B)
1) 휠 들어올리기	4, 9	3	5	15
2) 공기주입구 조립	2, 3, 4	2	5	10

3단계 : 유해요인평가			
작 업 명	휠공급작업	근로자명	김철수

휠 들어올리기

공기주입구 조립

작업별 유해요인 원인분석

단위 작업명	휠 들어올리기	부담작업(호)	4, 9
유해요인	유해요인의 발생원인 또는 노출특징		비고
–부적절한 자세(4호)	–몸통을 굽힘		어떻게 하면, 몸통을 굽히지 않고 작업할 수 있을까?
–과도한 힘(9호)	–15kg의 휠을 들어올림		
–부적절한 자세(9호)	–무릎 아래에 놓인 휠 들기 위해 몸통 굽힘		

단위 작업명	공기주입구 조립	부담작업(호)	2, 3, 4
유해요인	유해요인의 발생원인 또는 노출특징		비고
–반복동작(2호)	–반복적으로 어깨를 들고 조립작업		어떻게 하면, 어깨를 들지 않고, 목을 굽히지 않을 수 있을까?
–부적절한 자세(3호)	–어깨를 들어올려 뻗침		
–부적절한 자세(4호)	–조립작업 시 목을 굽힘		

4. 종합요약

유해요인조사표(예시2)

1. 조사개요(해당사항에 ✔ 하거나 내용을 기재하시오)

조사 구분	☑ 정기조사	□ 수시조사 ☑ 근골격계질환자 발생 시 ☑ 새로운 작업 · 설비 도입 시 □ 업무의 양과 작업공정 등 작업환경 변경 시	
조사 일시	2018. 3. 22.	조 사 자	홍길동
부 서 명	포장부		
작업공정명	의자포장공정		
작 업 명	의자포장 및 운반		

2. 작업장 상황 조사

● 작업설비	☑ 변화 없음 □ 변화 있음(내용요약 :)
● 작업량	☑ 변화 없음 □ 변화 있음(내용요약 :)
● 작업속도	☑ 변화 없음 □ 변화 있음(내용요약 :)
● 업무형태	☑ 변화 없음 □ 변화 있음(내용요약 :)
● 기타	☑ 변화 없음 □ 변화 있음(내용요약 :)

3. 작업조건 조사(인간공학적인 측면을 고려한 조사)

1단계 : 작업별 주요내용(유해요인조사자)

작업명 : 의자포장 및 운반
작업내용 :
1) 컨베이어를 타고 오는 의자를 포장상자에 넣음
2) 운반수레에 포장된 상자 2개를 한꺼번에 운반수레 위로 당겨 옮김
3) 운반수레(500kg)를 약 10m 정도 밀고 이동함

2단계 : 단위작업별 작업부하 및 작업빈도(근로자 면담)

작업 부하(A)	점수	작업 빈도(B)	점수
매우 쉬움	1	3개월마다(연 2~3회)	1
쉬움	2	가끔(하루 또는 주 2~3일)	2
약간 힘듦	3	자주(1일 4시간)	3
힘듦	4	계속(1일 4시간 이상)	4
매우 힘듦	5	초과근무 시간(1일 8시간 이상)	5

단위작업명	부담작업(호)	작업부하(A)	작업빈도(B)	총점수(A×B)
1) 포장상자에 의자 넣기	2, 3, 9	5	4	20 (예시 3 참조)
2) 포장된 상자를 운반수레로 당기기	3, 6 (수시－작업도입)	4	4	16
3) 운반수레 밀기	부담작업 아님 (수시－질환발생)	5	3	15

3단계 : 유해요인평가

작 업 명	의자포장 및 운반	근로자명	이영자

포장상자에 의자 넣기	포장된 상자 수레 당기기	운반수레 밀기
사진 또는 그림	사진 또는 그림	사진 또는 그림

작업별 유해요인 노출특징

단위 작업명	포장상자에 의자 넣기	부담작업(호)	2, 3, 9
유해요인	유해요인의 발생원인 또는 노출특징		비고
-반복동작(2호)	-어깨를 반복적으로 들어올림		어떻게 하면, 어깨를 들지 않고 작업할 수 있을까? (예시 3 참조)
-부적절한 자세(3호)	-어깨를 들어올려 뻗침		
-부적절한 자세(9호)	-의자를 어깨 높이까지 들어올림		
-과도한 힘(9호)	-12kg 의자를 들어올림		
단위 작업명	포장된 상자를 운반수레로 당기기	부담작업(호)	3, 6(수시)
유해요인	유해요인의 발생원인 또는 노출특징		비고
-부적절한 자세(3호)	-포장상자를 잡기 위해 어깨를 뻗침		어떻게 하면, 어깨를 뻗치지 않고 작업할 수 있을까?
-과도한 힘(6호)	-포장상자의 끈을 손가락으로 잡아 당김		
단위 작업명	운반수레 밀기	부담작업(호)	부담작업 아님 (수시)
유해요인	유해요인의 발생원인 또는 노출특징		비고
-과도한 힘(밀기)	-인력으로 운반수레(총 500kg) 밀기		어떻게 하면, 인력으로 밀지 않을까?

3-1. 작업분석 · 평가 결과표

작업공정명	의자포장공정	작 업 명	의자포장

사진 또는 그림

작업분석 · 평가도구	평가결과	판 정
REBA	조치수준 5단계 중 4단계 (10점)	위험수준이 높으며 곧 개선 필요

4. 종합요약

환경미화원의 근골격계질환 예방지침(H-10-2012)

1. 목적

이 지침은 산업안전보건기준에 관한 규칙(이하 "안전보건규칙"이하 한다) 제12장 근골격계 부담작업으로 인한 건강장해 예방에 의거 직업적이며 반복적으로 쓰레기 또는 폐기물을 수거하거나 청결하게 유지하며, 재활용품을 수거 · 분류하는 업무를 하는 근로자의 근골격계질환 예방 등에 관한 기술적인 사항을 정함을 그 목적으로 한다.

2. 적용범위

이 지침은 환경미화작업 중 가로청소, 생활폐기물, 음식물폐기물, 대형폐기물 및 재활용품을 수집 · 운반하는 작업을 행하는 사업장에 적용한다.

3. 용어의 정의

1) 이 지침에서 사용되는 용어의 정의는 다음과 같다.

(1) "환경미화작업"이라 함은 거리나 생활공간에서 발생한 각종 쓰레기를 수집, 운반, 분류, 처리하는 작업을 말하며, 이러한 작업을 하는 근로자를 환경미화원이라 한다.

(2) "근골격계질환"이라 함은 반복적인 동작, 부적절한 작업자세, 무리한 힘의 사용, 날카로운 면과의 신체 접촉, 진동 및 온도 등의 요인에 의하여 발생하는 건강장애로서 목, 어깨, 허리, 상 · 하지의 신경근육 및 그 주변 신체조직 등에 나타나는 질환을 말한다.

(3) "가로청소"라 함은 빗자루, 집게, 쓰레받기 및 손수레 등의 청소도구를 이용하여 도보로 이동하면서 청소하는 작업을 말한다.

(4) "생활폐기물"이라 함은 공장 또는 공사현장 등 사업장에서 일정량 이상 배출되는 것과 주변 환경을 오염시킬 수 있거나 인체에 위해를 줄 수 있는 지정폐기물을 제외한 것을 말한다.

(5) "음식물류폐기물"이라 함은 식재료의 생산, 수송, 유통 · 보관 및 조리과정에서 손상되거나 버려지는 동식물성의 폐기물을 말한다.

(6) "대형폐기물"이라 함은 가정과 사업장에서 배출되는 가구, 가전제품, 기자재 등 개별계량과 품목식별이 가능한 폐기물과 종량제 봉투에 담기 어려운 폐기물을 말한다.

(7) "재활용폐기물"이라 함은 재사용 · 재생 이용하거나 재사용 · 재생 이용할 수 있는 상태로 만들 수 있는 폐기물을 말한다.

(8) "수집 · 운반"이라 함은 폐기물이나 폐기물이 담긴 수거용기를 일정한 장소로 인력 또는 운반장비를 이용하여 옮기는 작업을 말한다.

(9) "상 · 하차"라 함은 폐기물을 인력 또는 장비를 이용하여 차량에 싣거나 내리는 작업을 말한다.

(10) "분류"라 함은 폐기물을 종류에 따라 나누는 작업을 말한다.

2) 그 밖에 이 지침에서 사용하는 용어의 정의는 이 지침에 특별한 규정이 있는 경우를 제외하고는 산업안전보건법, 같은 법 시행령, 같은 법 시행규칙, 산업안전보건기준에 관한 규칙 및 관련 고시에서 정하는 바에 의한다.

4. 환경미화원 작업별 유해위험요인

(1) 환경미화원의 작업별 유해위험요인은 〈별표 1〉과 같다.

5. 환경미화작업에 있어 근골격계질환 유해위험요인

1) 가로청소

(1) 과도한 힘

① 빗자루 및 쓰레받기 등 청소도구를 한손으로 들 때
② 빗자루를 이용하여 힘을 주어 쓸기 작업을 할 때
③ 수집된 쓰레기 마대를 묶어서 수거장소로 옮길 때
④ 무거운 청소도구를 사용할 때

(2) 반복성 및 부자연스런 또는 취하기 어려운 자세

① 높이 조절이 불가능한 청소도구를 사용할 때
② 빗자루 및 쓰레받기 등 고정된 청소도구의 손잡이를 잡을 때
③ 한쪽 방향으로 이동을 하면서 허리를 굽히고 빗자루질을 할 때
④ 한쪽 손으로 빗자루질을 할 때 반복적으로 손목을 움직일 때
⑤ 쓰레기를 비우기 위해 쓰레받기를 들어 비스듬히 기울여 마대에 담을 때
⑥ 한쪽 발로 마대 안의 쓰레기를 눌러 밟을 때
⑦ 가로 쓰레기통을 비우거나 손으로 쓰레기를 줍기 위해 바닥에 쪼그리고 앉을 때
⑧ 접근하기 어려운 곳에 팔을 뻗어서 쓰레기를 수거할 때

(3) 기타 근골격계질환 유발 유해위험요인

① 빗자루 및 쓰레받기 등 청소도구 손잡이를 쥘 때 접촉스트레스 발생
② 장시간의 입식 및 이동작업에 따른 하지부위 불편

③ 계단 또는 돌출된 부분에 발이 걸리거나 평편하지 않는 곳에 발을 잘못 내딛을 때 미끄러짐으로 인한 요통 발생

④ 작업에 적합한 개인보호구를 착용하지 않고 작업할 때

2) 생활폐기물 수집 · 운반 작업

(1) 과도한 힘

① 바닥에 놓인 폐기물을 들어 올릴 때

② 여러 개의 폐기물을 동시에 들어 올릴 때

③ 폐기물을 양손으로 끌어당길 때

④ 상차된 폐기물을 수거차량 안쪽으로 밀 때

(2) 반복성 및 부자연스런 또는 취하기 어려운 자세

① 바닥에 놓인 폐기물을 허리를 굽혀 들어 올릴 때

② 폐기물을 한손 또는 양손으로 반복적으로 들어 올릴 때

③ 접근하기 어려운 곳에 있는 폐기물을 팔을 뻗어서 들 때

④ 폐기물을 수거차량에 허리를 비틀어 던질 때

⑤ 폐기물을 수거차량으로 팔을 어깨 위로 들어 올릴 때

⑥ 수거차량 보조석에 반복적으로 허리를 비틀어 승 · 하차할 때

(3) 기타 근골격계질환 유발 유해위험요인

① 수거차량 이동 시 차량 및 도로면 상태에 따른 진동 발생

② 돌출되거나 움푹 파인 곳, 평편하지 않거나 물기가 있는 곳에 발을 잘못 내딛을 때 미끄러짐으로 인한 요통 발생

③ 장시간의 입식 및 이동작업에 따른 하지부위 불편

3) 음식물류폐기물 수집 · 운반 작업

(1) 과도한 힘

① 바닥에 놓인 폐기물을 한손 또는 양손으로 들어 올릴 때

② 폐기물이 담긴 수거용기를 끌거나 밀어서 이동하거나 이동방향을 바꿀 때

③ 폐기물 수거용기를 차량 리프트에 상차시킬 때

(2) 반복성 및 부자연스런 또는 취하기 어려운 자세

① 바닥에 놓인 폐기물을 허리를 굽혀 들어 올릴 때

② 폐기물을 한손 또는 양손으로 반복적으로 들거나 수거용기에 담을 때

③ 폐기물을 허리를 숙인 상태에서 몸통으로부터 팔을 뻗어서 수거용기에 담을 때

④ 차량 보조석에 반복적으로 허리를 비틀어 승 · 하차할 때

(3) 기타 근골격계질환 유발 유해위험요인

① 차량 이동 시 차량 및 도로면 상태에 따른 진동 발생
② 돌출되거나 움푹 파인 곳, 평편하지 않거나 물기가 있는 곳에 발을 잘못 내딛을 때 미끄러짐으로 인한 요통 발생
③ 장시간의 입식 및 이동작업에 따른 하지부위 불편

4) 대형폐기물 수집 · 운반 작업

(1) 과도한 힘

① 과중한 중량물 및 바닥에 놓인 폐기물을 한손 또는 양손으로 들어 올릴 때
② 상차된 폐기물을 수거차량 안쪽으로 밀거나 당길 때
③ 상차된 폐기물을 수거차량 위에서 정리할 때
④ 정리된 폐기물을 고정시키기 위하여 밧줄이나 그물망을 당길 때
⑤ 폐기물을 하차시키기 위하여 한손 또는 양손으로 끌어당길 때

(2) 반복성 및 부자연스런 또는 취하기 어려운 자세

① 바닥에 놓인 폐기물을 허리를 굽혀 들어 올릴 때
② 폐기물을 어깨 위로 팔을 뻗어서 수거차량에 상차할 때
③ 수거차량 보조석에 반복적으로 허리를 비틀어 승 · 하차할 때
④ 밧줄로 폐기물을 고정시키기 위하여 상차된 폐기물 위로 밧줄이나 그물망을 던질 때
⑤ 수거차량에서 폐기물을 허리를 비틀어 바닥으로 하차시킬 때

(3) 기타 근골격계질환 유발 유해위험요인

① 밧줄이나 그물망을 당길 때 접촉스트레스 발생
② 수거차량 이동 시 차량 및 도로면 상태에 따른 진동 발생
③ 폐기물을 상차하기 쉽도록 도구를 이용하거나 인력으로 분해할 경우 신체부위에 충격 야기
④ 장시간의 입식 및 이동작업에 따른 하지부위 불편

5) 재활용품 수집 · 운반 작업

(1) 과도한 힘

① 과중한 중량물을 바닥에 놓인 재활용품을 한손 또는 양손으로 들어 올릴 때
② 상차된 재활용품을 수거차량 안쪽으로 밀거나 당길 때
③ 상차된 재활용품을 수거차량 위에서 정리할 때
④ 정리된 재활용품을 고정시키기 위하여 밧줄이나 그물망을 당길 때
⑤ 재활용품을 하차시키기 위하여 한손 또는 양손으로 끌어당길 때

(2) 반복성 및 부자연스런 또는 취하기 어려운 자세

① 바닥에 놓인 재활용품을 허리를 굽혀 들어 올릴 때
② 바닥에 놓인 재활용품을 허리를 굽혀 종류별로 분류할 때
③ 재활용품을 어깨 위로 팔을 뻗어서 수거차량에 상차할 때
④ 수거차량 후면부에 반복적으로 허리를 비틀어 승 · 하차할 때
⑤ 수거차량 상부에서 수거된 재활용품을 종류별로 마대에 분류하여 담을 때
⑥ 수거차량에서 재활용품을 허리를 비틀어 바닥으로 하차시킬 때

(3) 기타 근골격계질환 유발 유해위험요인

① 밧줄이나 그물망을 당길 때 접촉스트레스 발생
② 수거차량 이동 시 차량 및 도로면 상태에 따른 진동 발생
③ 장시간의 입식 및 이동작업에 따른 하지부위 불편

6. 환경미화작업에 있어 근골격계질환 예방을 위한 개선대책

근로자는 허리부위에 부담을 주는 엉거주춤한 자세, 앞으로 구부린 자세, 뒤로 젖힌 자세, 비틀린 자세 등의 부자연스러운 자세를 취하지 않도록 작업방법 개선 등 필요한 조치를 강구해야 한다. 또한 근골격계질환 발생 우려가 있는 작업에 대하여 근골격계질환 예방을 위한 작업환경개선 지침(KOSHA GUIDE H-66-2012)을 참조한다.

1) 가로청소

(1) 인력작업

① 허리를 굽히지 않고 팔꿈치가 몸으로부터 최대한 가깝게 유지하도록 한다.
② 오른손과 왼손을 위아래로 번갈아가면서 빗자루를 잡는다.

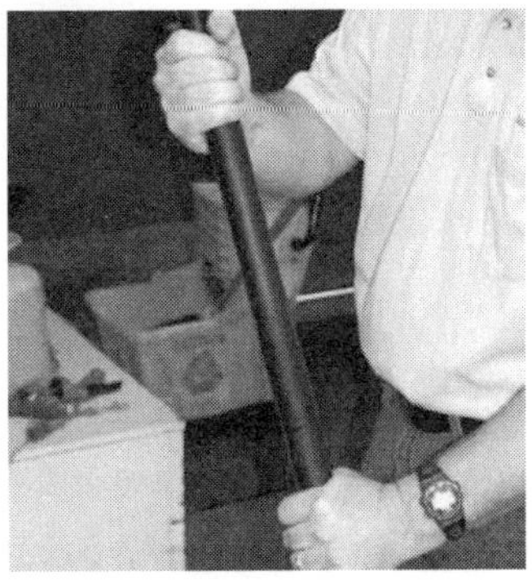

〈그림 1〉 손잡이 잡는 방법의 예

③ 빗자루와 쓰레받기를 동시에 들고 작업하지 않는다.

④ 대상물(쓰레기)에 가능한 가까이 접근하여 허리의 굽힘과 팔의 뻗침을 최소화한다.

(2) 보조도구(수공구)

① 가볍고 허리를 굽히지 않는 형태의 청소도구를 사용한다.

② 빗자루와 쓰레받기는 작업자의 높이에 맞게 길이를 조절할 수 있는 것을 선택한다.

③ 청소도구의 손잡이는 손목이 꺾이지 않도록 손잡이가 꺾인 것을 선택한다.

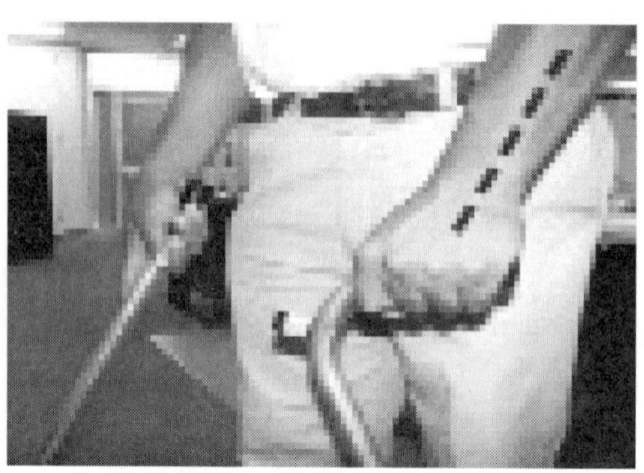

〈그림 2〉 손잡이가 꺾인 청소도구의 예

③ 청소도구의 손잡이는 폼슬리브(Foam Sleeve)를 붙여 파워그립이 되도록 한다.

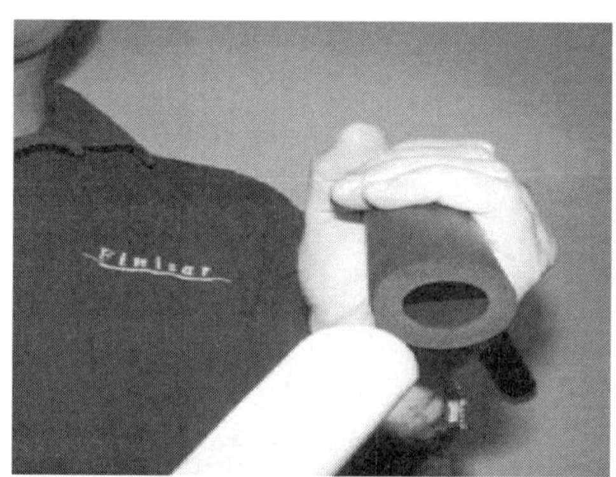

〈그림 3〉 손잡이 폼슬리브의 예

④ 바닥에 쪼그리고 앉을 때에는 무릎 보호대를 사용한다.

(3) 작업환경 및 건강관리

① 젖어 있는 땅은 피하고 뛰지 말고 도보로 이동한다.

② 작업에 적합한 개인보호구(미끄럼방지 안전화, 야간작업 시 눈에 잘 띄는 보호의, 무릎보호대, 마스크, 장갑)를 착용한다.

2) 생활폐기물 수집 · 운반 작업

(1) 인력작업

① 한 번에 들고 나르는 거리를 줄인다.

② 한 번에 여러 개를 들지 않는다.

③ 무거운 폐기물 운반 시 단독으로 작업하지 않고, 2인이 함께 작업한다.

④ 발은 어깨 너비를 유지하고 팔과 폐기물을 몸통에 가능한 가깝게 하여 무릎을 구부리고 다리와 엉덩이의 힘으로 든다.

〈그림 4〉 올바른 중량물 취급 방법

⑤ 폐기물에 가능한 가까이 접근하여 허리의 굽힘과 팔의 뻗침을 최소화한다.

⑥ 승 · 하차 시 발 디딤대를 이용하여 팔과 손목에 과도한 힘과 허리를 비트는 부자연스러운 자세가 발생하지 않도록 한다.

(2) 보조도구(수공구)

① 수거차량 후면부에 리프트를 설치하여 작업자의 중량물 취급에 따른 부담을 줄여준다.

② 생활폐기물 봉투 전용 수거함을 두어 인력에 의한 중량물 취급을 줄여준다.

③ 좌석에 요추받침 등을 제공하여 요추부의 부담을 줄여준다.

(3) 작업환경 및 건강관리

① 젖어 있는 땅은 피하고 뛰지 말고 도보로 이동한다.

② 작업에 적합한 개인보호구(미끄럼방지 안전화, 야간작업 시 눈에 잘 띄는 보호의, 무릎보호대, 마스크, 장갑)를 착용한다.

③ 야간작업에 대한 교육과 훈련을 실시하여 근로자가 야간작업에 잘 적응할 수 있도록 지도해준다.

④ 야간작업 동안 규칙적이고 칼로리가 낮으면서 소화가 잘 되는 음식을 섭취한다.

3) 음식물류폐기물 수집 · 운반 작업

(1) 인력작업

① 폐기물 수거용기를 당기는 동작보다 미는 동작으로 작업을 한다.
② 폐기물 수거용기를 밀어서 이동 시 모퉁이에서는 반경을 크게 해서 돈다.
③ 발은 어깨 너비를 유지하고 팔과 폐기물을 몸통에 가능한 가깝게 하여 무릎을 구부리고 다리와 엉덩이의 힘으로 든다.
④ 폐기물에 가능한 가까이 접근하여 허리의 굽힘과 팔의 뻗침을 최소화한다.
⑤ 승 · 하차 시 발 디딤대를 이용하여 팔과 손목에 과도한 힘과 허리를 비트는 부자연스러운 자세가 발생하지 않도록 한다.

(2) 보조도구(수공구)

① 폐기물 수거용기 바퀴의 직경이 가급적 큰 것을 선택한다.
② 좌석에 요추받침 등을 제공하여 요추부의 부담을 줄여준다.

(3) 작업환경 및 건강관리

① 젖어 있는 땅은 피하고 뛰지 말고 도보로 이동한다.
② 작업에 적합한 개인보호구(미끄럼방지 안전화, 야간작업 시 눈에 잘 띄는 보호의, 무릎보호대, 마스크, 장갑)를 착용한다.
③ 야간작업에 대한 교육과 훈련을 실시하여 근로자가 야간작업에 잘 적응할 수 있도록 지도해준다.
④ 야간작업 동안 규칙적이고 칼로리가 낮으면서 소화가 잘 되는 음식을 섭취한다.
⑤ 수거차량 리프트 작업 안전수칙을 철저히 준수한다.
⑥ 수거차량 리프트가 정상적으로 작동하는지 수시로 점검하고, 점검 및 이물질 제거 시 작동을 멈춘 후 확인하다.

4) 대형폐기물 수집 · 운반 작업

(1) 인력작업

① 한 번에 들고 나르는 거리를 줄인다.
② 한 번에 여러 개를 들지 않는다.
③ 무거운 폐기물 운반 시 단독으로 작업하지 않고, 2인이 함께 작업한다.
④ 발은 어깨 너비를 유지하고 팔과 폐기물을 몸통에 가능한 가깝게 하여 무릎을 구부리고 다리와 엉덩이의 힘으로 든다.
⑤ 폐기물에 가능한 가까이 접근하여 허리의 굽힘과 팔의 뻗침을 최소화한다.
⑥ 승 · 하차 시 발 디딤대를 이용하여 팔과 손목에 과도한 힘과 허리를 비트는 부자연스러운 자세가 발생하지 않도록 한다.

(2) 보조도구(수공구)

① 차량 후면부에 리프트를 설치하여 작업자의 중량물 취급에 따른 부담을 줄여준다.
② 좌석에 요추받침 등을 제공하여 요추부의 부담을 줄여준다.

(3) 작업환경 및 건강관리

① 작업에 적합한 개인보호구(안전화, 안전모, 무릎보호대, 마스크, 장갑)를 착용한다.
② 쓰레기나 목재에서 못 같은 날카로운 것은 따로 구분하며, 폐기물 짐 더미 위로 걸어 다니지 않는다.

5) 재활용품 수집 · 운반 작업

(1) 인력작업

① 한 번에 들고 나르는 거리를 줄인다.
② 한 번에 여러 개를 들지 않는다.
③ 무거운 폐기물 운반 시 단독으로 작업하지 않고, 2인이 함께 작업한다.
④ 발은 어깨 너비를 유지하고 팔과 폐기물을 몸통에 가능한 가깝게 하여 무릎을 구부리고 다리와 엉덩이의 힘으로 든다.
⑤ 폐기물에 가능한 가까이 접근하여 허리의 굽힘과 팔의 뻗침을 최소화한다.
⑥ 승 · 하차 시 발 디딤대를 이용하여 팔과 손목에 과도한 힘과 허리를 비트는 부자연스러운 자세가 발생하지 않도록 한다.

(2) 보조도구(수공구)

① 수거차량 후면부에 리프트를 설치하여 작업자의 중량물 취급에 따른 부담을 줄여준다.
② 좌석에 요추받침 등을 제공하여 요추부의 부담을 줄여준다.

(3) 작업환경 및 건강관리

① 작업에 적합한 개인보호구(안전화, 안전모, 손목보호대, 무릎보호대, 마스크, 장갑)를 착용한다.
② 야간작업에 대한 교육과 훈련을 실시하여 근로자가 야간작업에 잘 적응할 수 있도록 지도해준다.
③ 야간작업 동안 규칙적이고 칼로리가 낮으면서 소화가 잘 되는 음식을 섭취한다.

7. 환경미화작업에 있어 의학적 및 관리적인 개선방안

1) 사업주는 근로자를 대상으로 정기적인 안전보건 교육을 실시하고 다음의 내용을 포함하여 근골격계질환 예방교육을 실시한다.

(1) 근골격계부담작업 유해요인

(2) 근골격계질환의 징후 및 증상
(3) 근골격계질환 발생 시 대처요령
(4) 올바른 작업자세 및 작업도구, 작업시설의 올바른 사용방법
(5) 올바른 중량물 취급요령과 보조기구들의 사용방법
(6) 그 밖의 근골격계질환 예방에 필요한 사항

2) 사업주는 근골격계부담작업에 근로자를 종사하도록 하는 경우에는 매 3년마다 정기적으로 유해요인조사를 실시하여야 하며 유해요인조사 실시는 근골격계부담작업 유해요인조사지침(KOSHA GUIDE H-9-2012)을 참조한다.
3) 사업주는 근골격계부담작업 유해요인조사 결과 근골격계질환이 발생할 우려가 있을 경우 근골격계질환 예방·관리 정책수립, 교육 및 훈련, 의학적 관리, 작업환경 개선활동 등 근골격계질환 예방활동을 체계적으로 수행하도록 권장한다. 이 경우 사업장 근골격계질환 예방·관리 프로그램(KOSHA GUIDE H-65-2012)을 참조한다.
4) 사업주는 근골격계질환 조기발견, 조기치료 및 조속한 직장복귀를 위한 의학적 관리를 수행하도록 권장한다. 이 경우 사업장의 근골격계질환 예방을 위한 의학적 조치에 관한 지침(KOSHA GUIDE H-68-2012)을 참조한다.
5) 사업주는 신체 또는 작업복 오염 시 세면 및 목욕 등에 필요한 세척시설을 설치한다.
6) 사업주는 작업장 또는 휴게실에 세탁시설을 설치하여 오염된 작업복을 가져가지 않도록 한다.
7) 사업주는 오염된 작업복과 출퇴근 복장이 별도로 보관될 수 있도록 탈의실을 설치하고 개인물품 보관시설을 갖춘다.
8) 사업주는 주기적인 예방접종과 감염성질환 예방 교육을 실시한다.
9) 야간작업에 따른 근로자의 건강관리는 교대작업자의 보건관리지침(KOSHA GUIDE H-22-2011)을 참조한다.
10) 근로자는 추운 날씨에 작업 시에는 방한복과 방한장갑을 착용하고, 더운 날씨에 작업 시에는 흡습성과 환기성이 좋은 작업복을 착용하며, 적절한 식염과 식수를 섭취한다.
11) 근로자는 짧은 시간 자주 휴식을 취하고 간단한 스트레칭을 실시하며, 피곤을 느끼거나 근육에 통증이 올 때는 휴식 및 잠깐 동안 작업을 중지한다.
12) 근로자는 취식 전, 흡연 시, 화장실 사용 전후, 오염된 작업복이나 물품을 취급 후 손을 씻는다.

〈별표 1〉

환경미화원의 작업별 유해위험요인

구분	가로청소	생활폐기물수거	음식물류 폐기물수거	대형폐기물수거	재활용품수거
과도한 힘	• 한손으로 청소도구를 듦 • 쓸기 작업 시 팔에 힘을 줌	• 한손 또는 양손으로 폐기물을 듦 • 힘을 주어 폐기물을 손으로 쥠	• 한손 또는 양손으로 폐기물을 듦 • 수거용기 운반	• 한손 또는 양손으로 폐기물을 들거나 힘을 주어 폐기물을 손으로 쥠 • 밧줄이나 그물망 당김	• 한손 또는 양손으로 폐기물을 들거나 힘을 주어 폐기물을 손으로 쥠 • 밧줄이나 그물망 당김
부자연스런 또는 취하기 어려운 자세	• 고정된 청소도구의 손잡이를 잡음 • 목이나 허리를 측면으로 구부려 작업 • 쓰레받기를 기울여 마대에 담을 때 어깨 들림 • 쓰레기통을 비우거나 쓰레기를 줍기 위해 바닥에 쪼그리고 앉음	• 폐기물을 들어 올릴 때 허리 굽힘 • 폐기물을 던지거나 어깨 위로 들어 올릴 때 허리 비틀림 •차량보조석에 승·하차 시 허리 비틀림	• 폐기물을 들어 올릴 때 허리 굽힘 • 허리를 숙인 상태에서 팔을 뻗음 • 차량보조석에 승·하차 시 허리 비틀림	• 폐기물을 들어 올릴 때 허리 굽힘 • 폐기물을 던지거나 어깨 위로 들어 올릴 때 허리 비틀림 • 밧줄이나 그물망을 던질 때 • 차량 후면에 승·하차 시 허리 비틀림	• 폐기물을 들어 올릴 때 허리 굽힘 • 폐기물을 던지거나 어깨 위로 들어 올릴 때 허리 비틀림 • 밧줄이나 그물망을 던질 때 • 차량 후면에 승·하차 시 허리 비틀림
반복성	• 손목·팔꿈치·어깨부위를 반복적으로 사용하여 쓸기 작업	• 손목·팔꿈치·어깨부위를 반복적으로 사용하여 폐기물 수거	• 손목·팔꿈치·어깨부위를 반복적으로 사용하여 폐기물 수거	• 손목·팔꿈치·어깨부위를 반복적으로 사용하여 폐기물 수거 및 정리	• 손목·팔꿈치·어깨부위를 반복적으로 사용하여 폐기물 분류 및 정리
접촉 스트레스	• 청소도구의 손잡이를 쥘 때	–	–	• 밧줄이나 그물망을 당길 때	• 밧줄이나 그물망을 당길 때
진동	–	• 차량 및 차량상태에 따른 진동발생	• 차량 및 차량상태에 따른 진동발생	• 차량 및 차량상태에 따른 진동발생	• 차량 및 차량상태에 따른 진동발생
기타 건강장해	• 장시간 입식작업에 따른 하지부위 불편	• 장시간 입식작업에 따른 하지부위 불편	• 장시간 입식작업에 따른 하지부위 불편	• 장시간 입식작업에 따른 하지부위 불편 • 폐기물 분해 시 신체부위 충격	• 장시간 입식작업에 따른 하지부위 불편

요양보호사의 근골격계질환 예방지침(H-11-2012)

1. 목적

이 지침은 직업적으로 노인요양시설 등 노인의료복지시설이나 방문요양 서비스 등 재가노인복지시설에서 종사하는 근로자 및 이들의 관리자가 근골격계질환을 예방할 수 있는 기술지침을 정함을 목적으로 한다.

2. 적용범위

이 지침은 노인의료복지시설이나 재가노인복지시설 등에서 의사 또는 간호사의 지시에 따라 신체적, 정신적, 심리적 및 정서 사회적 보살핌이 제공되는 사업장에 적용한다.

3. 용어의 정의

1) 이 지침에서 사용되는 용어의 정의는 다음과 같다.

(1) "근골격계질환"이라 함은 반복적인 동작, 부적절한 작업자세, 무리한 힘의 사용, 날카로운 면과의 신체 접촉, 진동 및 온도 등의 요인에 의하여 발생하는 건강장애로서 목, 어깨, 허리, 상·하지의 신경근육 및 그 주변 신체 조직 등에 나타나는 질환을 말한다.

(2) "요양보호시설"이라 함은 심신이 허약한 노인이나 장애인 등이 요양을 목적으로 이용하는 장기요양시설 또는 재가방문 요양보호 대상자가 거주하고 있는 시설을 말한다.

(3) "요양보호사"라 함은 노인복지법 제39조에 규정된 자격을 가지고 노인의료복지시설(노인요양시설 등)이나 재가노인복지시설(방문요양서비스 등) 등에서 근무하며 노인 등의 신체활동 또는 가사활동 지원 등의 업무를 전문적으로 수행하는 사람을 말한다.

(4) "요양보호"라 함은 노인의료복지시설이나 재가노인복지시설 등에서 심신이 허약한 노인이나 장애인에게 신체적, 정신적, 심리적 및 정서 사회적 보살핌을 제공하는 행위를 말한다.

(5) "요양보호 대상자"라 함은 심신이 허약한 노인이나 장애인 등이 노인의료복지시설이나 재가노인복지시설 등에서 신체적, 정신적, 심리적 및 정서 사회적 보살핌을 제공받는 자를 말한다.

(6) "근골격계질환 예방관리 프로그램"이라 함은 유해요인조사, 작업환경개선, 의학적 관리, 교육·훈련, 평가에 관한 사항 등이 포함된 근골격계질환을 예방관리하기 위한 종합적인 계획을 말한다.

2) 그 밖에 이 지침에서 사용하는 용어의 정의는 이 지침에 특별한 규정이 있는 경우를 제외하고는 산업안전보건법, 같은 법 시행령, 같은 법 시행규칙, 산업안전보건기준에 관한 규칙 및 관련 고시에서 정하는 바에 의한다.

4. 요양보호직종의 작업별 유해위험요인

단위작업	작업내용	유해 · 위험요인	신체부위별 유해수준
요양보호	• 요양보호대상자 등 중량물을 들거나 내리는 작업 • 기저귀 교체, 체위변경 • 휠체어 등 기구를 활용하여 밀거나 당기는 이동 • 식사 보조 • 치매 등 증상관리	• 부자연스런 자세 • 반복성 • 과도한 힘 • 직무스트레스	• 어깨$^{++}$ • 허리$^{+++}$ • 손, 손목$^{+++}$ • 팔꿈치$^{+}$
목욕	• 요양보호대상자를 들거나 내릴 때 • 샤워 등 목욕업무	• 부자연스런 자세 • 반복성 • 과도한 힘 • 미끄러짐	• 어깨$^{++}$ • 허리$^{+++}$ • 손, 손목$^{+}$ • 팔꿈치$^{+}$
청소	• 물기, 오물 등 청소 • 비닐봉투(쓰레기 보관함) 들기 및 운반	• 부자연스런 자세 • 반복성 • 과도한 힘 • 미끄러짐	• 어깨$^{++}$ • 허리$^{+}$ • 손, 손목$^{+++}$ • 팔꿈치$^{+}$
세탁	• 젖은 세탁물을 꺼내거나 운반 및 보관함 이동 • 세탁물 정리 및 보관 • 세탁물을 수작업으로 건조	• 부자연스런 자세 • 반복성 • 과도한 힘 • 미끄러짐	• 어깨$^{+++}$ • 허리$^{++}$ • 손, 손목$^{++}$ • 팔꿈치$^{++}$

※ 유해성(아주 강함 : +++, 강함 : ++, 있음 : +)

1) 요양보호사의 근골격계질환 유해위험요인

(1) 무리한 힘의 사용

① 요양보호 대상자를 침대, 바닥, 휠체어로부터 들거나 이동하거나 내릴 때

② 경사로에서 요양보호대상자를 휠체어, 침대를 이용하여 밀거나 당길 때

③ 식자재나 세탁물 등 중량물을 들거나, 이동하거나 내릴 때 또는 문턱 등 장애물을 넘기 위하여 이동대차를 들거나 밀거나 당길 때

④ 요양보호 대상자의 배설 도움, 이동을 위하여 부축하면서 이동할 때

⑤ 요양보호대상자의 외출 또는 이동을 위하여 문턱 등 장애물을 넘기 위해 휠체어를 들거나 밀거나 당길 때

⑥ 요양보호대상자의 옷 갈아입히기, 기저귀 교체 등 체위변경 작업수행시

⑦ 요양보호대상자가 넘어지는 것을 막으려 할 때 또는 바닥이나 침상에서 일으켜 세울 때

(2) 반복동작 또는 부적절한 작업자세에 의한 신체부담

① 침대의 자세조절(각도 또는 높이)을 위하여 반복적으로 레버를 돌려야 할 때

② 침대에서 배뇨, 배설 등 위생요양을 필요로 할 때 허리를 구부려서 체위변경을 하거나 기저귀 교환 등 작업을 수행할 때

③ 이동하는 것을 돕기 위하여 팔을 뻗거나 허리를 돌리는 동작을 하는 경우

④ 침구류, 의복류 등 세탁물을 정리하거나 건조대에 거는 경우

⑤ 반복적인 손, 손목 등 신체부위를 활용한 세면, 목욕, 옷 갈아입히기 등 위생요양 작업수행

⑥ 식사준비 및 식사보조 작업수행

⑦ 인력으로 수행하여야 하는 관절운동 등 신체기능 회복 훈련

⑧ 작업자의 신체적 특성을 고려하지 않은 물품 보관 적재대 또는 작업대 높이

⑨ 바닥에 쪼그려 앉아서 물기제거 또는 등 부적절한 자세에서의 반복적 청소작업

(3) 기타 근골격계질환 유발 유해위험요인

① 치매 관리, 교대 근무 등으로 인한 스트레스

② 물기 또는 기름기 등으로 인해 미끄러운 작업장 바닥

③ 올바른 작업방법 및 근골격계질환에 대한 사업주 및 근로자 인식 부족

④ 정리정돈이 되지 않은 작업장 바닥 및 통로

⑤ 적정조도 미달에 따른 사고 유발 및 시력저하(보통작업 : 150럭스 이상)

5. 요양보호사의 근골격계질환 예방 대책

1) 요양보호대상자 이동작업 예방대책

(1) 요양보호대상자를 이동할 경우에는 다음 흐름도와 같이 요양보호대상자의 상태 및 요양보호사의 숙련도를 고려하여 작업방법을 결정한다.

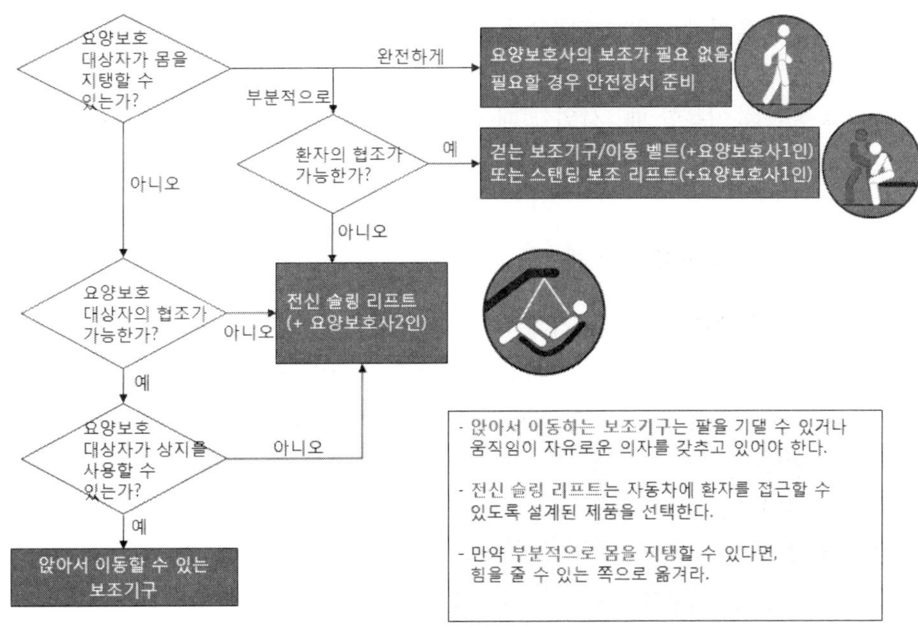

(2) 요양보호대상자를 이동하기 위한 올바른 이송방법은 다음과 같다.

① 들기작업 전에 동선을 최소화하기 위해 먼저 옮길 장소와 방법을 정한다.

② 손과 다리의 근육을 사용하여 요양보호대상자를 몸에 최대한 근접시킨다.

③ 어깨높이 이상이나 무릎아래 높이에서 들거나 내리는 동작은 피한다.

④ 들어 올리는 동안 허리를 무리하게 비틀지 않도록 한다.

⑤ 요양보호대상자를 들거나 내릴 때에는 2인 이상 함께 하거나, 보조기구를 사용한다.

2) 보조기구를 활용한 신체부담 저감 대책

(1) 침대에서 자세를 바꾸거나 요양보호대상자를 이동시킬 때에는 높이와 각도가 조절되는 침대를 활용하여 근력부담과 부자연스런 자세를 줄인다. 와상환자의 패드교체 등 업무와 같이 허리를 구부려 반복적으로 힘을 가하는 작업의 경우에는 높낮이를 조절하여 과도하게 허리가 구부러지는 것을 최소화한다.

(2) 보다 쉽게 요양보호대상자 이동 작업을 할 수 있도록 도와주는 보조기구, 슬라이딩 보드, 미끄럼 매트 등 사용을 고려한다.

(3) 요양보호대상자 이동을 위한 휠체어는 높이조절이 가능하고, 접근이 용이하며, 가벼운 제품을 사용한다.

(4) 전신이 불편하거나 거동이 불편한 요양보호대상자는 휠체어나 침대에서의 이동 시 전신 슬링 리프트를 사용한다.

(5) 목욕을 위한 요양보호대상자를 들거나 내리는 횟수를 감소하고, 신체부담을 경감하기 위하여 바퀴가 부착된 목욕용 이동 가능 휠체어 또는 침상카트를 활용한다. 바퀴에는 안전을 위하여 잠금장치가 되어 있어야 한다.

(6) 거동이 불편한 요양보호대상자가 앉거나 일어날 때, 보행 시에 환자 이송을 돕는 보행용 벨트 또는 리프트 바를 사용한다.

(7) 화장실을 이용할 때, 샤워할 때 안전하게 몸을 지탱할 수 있도록 도와주는 '보조 손잡이 또는 바'를 사용한다.

3) 요양보호시설 환경개선 대책

(1) 작업환경개선을 통한 근골격계질환 예방을 위해서는 다음의 사항을 중점적으로 개선한다.

① 세탁실, 식당, 목욕실, 계단 등은 미끄러짐 방지를 위한 예방조치를 하였는가?

② 요양보호대상자를 이동하기 위한 전신 슬링 리프트, 목욕용 침대, 이동 가능 목욕용 휠체어, 높낮이 조절 가능 휠체어 등 적정한 보조기구들을 구비하였는가? 구비한 보조기구는 활용하고 있는가?

③ 중량물 운반을 위한 이동대차는 활용하는가? 이동대차 활용이 가능하도록 문턱 등 방해물은 제거하였는가?

④ 인력으로 요양보호대상자를 들거나 내릴 때, 운반 시에는 최소한 2명 이상이 올바른 작업자세로 작업을 수행하고 있는가?

⑤ 부자재 등 중량물 보관 적재대는 신체부담 경감을 위하여 적정한 높이로 설치되었는가? 어깨높이에 설치한 경우에는 작업발판 등을 설치하였는가?

⑥ 근골격계질환을 일으킬 수 있는 유해위험요인에 관하여 근로자가 숙지하고 있는가?

(2) 근골격계질환 예방을 위한 주요 작업환경 개선사항

① 요양보호 대상자 및 중량물 운반을 위한 이동대차의 사용을 원활하도록 하고, 부주의로 인해 걸려서 넘어짐 재해예방을 위하여 화장실, 세탁실 등에는 문턱이 없도록 한다. 이미 문턱이 설치된 시설물을 사용하는 경우에는 경사진 이동통로를 설치한다.

② 요양보호시설 내 작업장 바닥은 미끄러져 넘어지는 재해의 예방을 위하여 수시로 물기를 제거하도록 하고, 물기가 있는 작업장 바닥에는 넘어짐 주의 표지판을 설치한다.

③ 세탁실, 목욕실, 조리실 등 물기가 있는 작업장 바닥에서 미끄럼 방지를 위하여 미끄럼 방지 타일(Non-slip 타일) 또는 미끄럼 방지 테이프를 부착한다.

④ 세탁물, 식자재, 위생설비 등을 보관하는 적재대 높이가 어깨높이 이상인 경우에는 부자연스런 작업자세에서의 중량물 취급을 제거하기 위하여 발받침대 등을 설치한다.

⑤ 중량물 취급작업 시 '권장 수직높이'는 근로자의 무릎 위에서 어깨 사이 아래이며, 최적의 수직 높이는 주먹에서 팔꿈치 사이이므로 중량물은 이를 고려하여 보관하도록 한다.

⑥ 침대, 조리 작업대 등 작업높이는 팔꿈치보다 5~10cm 정도 낮게 조정하는 것이 바람직하며, 큰 힘을 요하는 패드교체 등 작업 수행 시에는 팔꿈치보다 10~20cm 정도 낮게 설치하는 것이 바람직하므로, 너무 낮게 설치된 침대로 인하여 과도한 허리

구부러짐 등 부자연스런 작업자세가 발생하지 않도록 한다. 단, 낙상위험이 있는 요양보호대상자의 경우는 충분한 안전 손잡이 등을 설치한다.

⑦ 세탁기의 물배기 호스는 세탁실 바닥으로 물이 흐르지 않도록 직접 배기구로 연결하여 설치한다.

⑧ 비닐봉투 및 저장용기에 보관된 세탁물, 음식물 쓰레기 등 중량물을 이동 시에는 이동대차를 활용한다.

4) 의학적 및 관리적 예방대책

(1) 근골격계질환 부담작업 및 유발 유해요인에 대해서 충분히 이해할 수 있도록 올바른 요양보호대상자 운반 등에 관한 유해성 주지 교육을 실시한다.

(2) 사업주는 근골격계부담작업에 근로자를 종사하도록 하는 경우에는 매 3년마다 정기적으로 유해요인조사를 실시하여야 하며 유해요인조사 실시는 근골격계부담작업 유해요인조사 지침(KOSHA GUIDE H-9-2012)을 참조한다.

(3) 요양보호 대상자 관리(치매질환자 등) 및 교대 근무 등으로 인하여 스트레스예방을 위하여 올바른 스트레스 해소법에 관한 교육을 실시한다.

(4) 필요한 경우, 전사적인 근골격계질환 예방을 위하여 경영층이 참여하는 것을 전제로 인간공학적 분석, 유해요인에 관한 작업환경개선, 의학적 관리, 교육 및 훈련 등이 포함된 근골격계질환 예방관리 프로그램을 운영한다.(사업장 근골격계질환 예방관리 프로그램(KOSHA GUIDE H-65-2012) 참조)

(5) 5kg 이상의 중량물을 들어 올리는 작업일 경우 자주 취급하는 물품에 대하여 근로자가 쉽게 알 수 있도록 물품의 중량과 무게중심에 대하여 작업장 주변에 안내표시를 한다.

(6) 요양보호사가 취급하는 물품의 중량, 취급빈도, 운반거리, 운반속도 등 인체에 부담을 주는 작업의 조건에 따라 작업시간과 휴식시간 등을 적정하게 배분하여야 한다.

(7) 사업주는 근골격계질환 조기발견, 조기치료 및 조속한 직장 복귀를 위한 의학적 관리를 수행하도록 권장한다. 이 경우 사업장의 근골격계질환 예방을 위한 의학적 조치에 관한 지침(KOSHA GUIDE H-68-2012)을 참조한다.

25 SECTION 교대작업자의 보건관리지침(H-22-2019)

1. 목적

이 지침은 산업안전보건기준에 관한 규칙(이하 "안전보건규칙"이라 한다) 제669조(직무스트레스에 의한 건강장해 예방조치), 제79조(휴게시설) 및 제81조(수면장소 등의 설치)의 규정과 관련하여 야간작업을 포함한 교대작업자의 건강장해 예방을 위한 작업관리 및 건강관리에 관한 사항을 정함을 목적으로 한다.

2. 적용범위

이 지침은 야간작업을 포함한 교대작업이 있는 모든 사업장에 적용한다.

3. 용어의 정의

1) 이 지침에서 사용하는 용어의 정의는 다음과 같다.
   (1) "교대작업"이라 함은 작업자들을 2개 반 이상으로 나누어 각각 다른 시간대에 근무하도록 함으로써 사업장의 전체 작업시간을 늘리는 근로자 작업일정이나 작업조직 방법을 말한다.
   (2) "교대작업자"라 함은 작업일정이 교대작업인 근로자를 말한다.
   (3) "야간작업"이라 함은 오후 10시부터 익일 오전 6시까지 사이의 시간이 포함된 교대작업을 말한다.
   (4) "야간작업자"라 함은 야간 작업시간마다 적어도 3시간 이상 정상적 업무를 하는 근로자를 말한다.
2) 그 밖에 이 지침에서 사용하는 용어의 정의는 이 지침에 특별한 규정이 있는 경우를 제외하고는 산업안전보건법, 같은 법 시행령, 같은 법 시행규칙 및 안전보건규칙에서 정하는 바에 의한다.

4. 작업관리

1) 교대작업자의 작업설계를 적용할 때 유념할 사항

(1) 모든 교대작업형태에 적용할 수 있는 최적이고 일반적인 권고는 없다.
(2) 이 지침에서 제안된 교대작업설계 시 고려사항들 중 하나의 교대작업에 대한 작업설계에 동시에 적용할 수 없는 사항들도 있음을 유념해야 한다.

2) 교대작업자의 작업설계를 할 때 고려해야 할 권장사항

(1) 야간작업은 연속하여 3일을 넘기지 않도록 한다.

(2) 야간반 근무를 모두 마친 후 아침반 근무에 들어가기 전 최소한 24시간 이상 휴식을 하도록 한다.

(3) 가정생활이나 사회생활을 배려할 때 주중에 쉬는 것보다는 주말에 쉬도록 하는 것이 좋으며 하루씩 띄어 쉬는 것보다는 주말에 이틀 연이어 쉬도록 한다.

(4) 교대작업자 특히 야간작업자는 주간작업자보다 연간 쉬는 날이 더 많이 있어야 한다.

(5) 근무반 교대방향은 아침반 → 저녁반 → 야간반으로 정방향 순환이 되게 한다.

(6) 아침반 작업은 너무 일찍 시작하지 않도록 한다.

(7) 야간반 작업은 잠을 조금이라도 더 오래 잘 수 있도록 가능한 한 일찍 작업을 끝내도록 한다.

(8) 교대작업일정을 계획할 때 가급적 근로자 개인이 원하는 바를 고려하도록 한다.

(9) 교대작업일정은 근로자들에게 미리 통보되어 예측할 수 있도록 한다.

5. 건강관리

1) 교대작업자의 건강관리를 위해 사업주가 고려해야 할 사항

(1) 야간작업의 경우 작업장의 조도를 밝게 하고 작업장의 온도를 최고 27℃가 넘지 않는 범위에서 주간작업 때보다 약 1℃ 정도 높여 주어야 한다.

(2) 야간작업 동안 사이 잠(Napping)을 자게 하면 졸림을 방지하는 데 효과적이므로 특히 사고위험이 높은 작업에서는 짧은 사이 잠을 자게 하는 것이 좋다. 사이 잠을 위하여 수면실을 설치하되 소음 또는 진동이 심한 장소를 피하고 남 · 여용으로 구분하여 설치하도록 한다.

(3) 야간작업 동안 대부분의 회사 식당이 문을 닫기 때문에 규칙적이고 적절한 음식이 제공될 수 있도록 배려하여야 한다. 야간작업자에게 적절한 음식이란 칼로리가 낮으면서 소화가 잘 되는 음식이다.

(4) 교대작업자에 대하여 주기적으로 건강상태를 확인하고 그 내용을 문서로 기록 · 보관한다.

(5) 교대작업에 배치할 근로자에 대하여 교대작업에 대한 교육과 훈련을 실시하여 근로자가 교대작업에 잘 적응할 수 있도록 지도해 준다.

(6) 교대작업자의 작업환경 · 작업내용 · 작업시간 등 직무스트레스요인조사와 뇌 · 심혈관질환 발병위험도평가(KOSHA GUIDE H－200－2018 참조)를 실시하고 그 결과에 따라 근로자 건강증진활동 지침(고용노동부고시 제2015－104호 참조) 등을 참고하여 적절한 조치를 실시한다.

(7) 신규입사자를 산업안전보건법 시행규칙 별표12의2의 야간작업(2종)*에 배치 시 배치예정업무에 대한 적합성 평가를 위하여 배치 전 건강진단을 실시하고, 배치 후 6개월 이내 특수건강진단을 실시한다.

* 야간작업(2종)

가. 6개월간 밤 12시부터 오전 5시까지의 시간을 포함하여 계속되는 8시간 작업을 월 평균 4회 이상 수행하는 경우

나. 6개월간 오후 10시부터 다음 날 오전 6시 사이의 시간 중 작업을 월 평균 60시간 이상 수행하는 경우

(8) 재직자는 배치 후 첫 번째 특수건강진단(6개월 이내)을 받은 이후 12개월 주기로 검진을 진행한다.

2) 교대작업자로 배치할 때 업무적합성평가가 필요한 근로자

다음과 같은 건강상태의 근로자를 교대작업에 배치하고자 할 때는 의사인 보건관리자 또는 산업의학전문의에게 의뢰하여 업무적합성평가를 받은 후 배치하도록 권장한다.

(1) 간질증상이 잘 조절되지 않는 근로자

(2) 불안정 협심증(Unstable angina) 또는 심근경색증 병력이 있는 관상동맥질환자

(3) 스테로이드 치료에 의존하는 천식 환자

(4) 혈당이 조절되지 않는 당뇨병 환자

(5) 혈압이 조절되지 않는 고혈압 환자

(6) 교대작업으로 인하여 약물치료가 어려운 환자(예를 들면, 기관지확장제 치료 근로자)

(7) 반복성 위궤양 환자

(8) 증상이 심한 과민성대장증후군(Irritable bowel syndrome)

(9) 만성 우울증 환자

(10) 교대제 부적응 경력이 있는 근로자

3) 교대작업자의 개인 생활습관 관리

(1) 야간작업 후 낮 수면을 효과적으로 취하는 방법

① 야간작업자는 작업 후 가능한 한 빨리 잠자리에 든다.

② 가족들은 야간작업자가 취침 중에 주위에서 소음이 나지 않도록 배려한다.

③ 교대작업자는 가족에게 자신의 교대작업일정을 알려준다.

④ 개인 차이는 있지만 최소 6시간 이상 연속으로 수면을 취한다.

(2) 운동요법과 이완요법

① 교대작업자는 잠들기 전 3시간 이내에 운동을 하지 않도록 한다. 지나치게 운동하면 잠을 빨리 깨게 되어 회복에 방해를 받기 때문이다.

② 이완요법과 명상을 규칙적으로 하면 수면에 도움이 되고 교대작업에 적응하는 데도 도움이 된다.

(3) 영양

① 야간작업 후 잠들기 전에는 과량의 식사, 커피 및 음주는 피하는 것이 좋다. 위에서 음식이 소화될 때까지의 부담이 수면을 방해할 수 있기 때문이다.

② 교대작업 중에 갈증을 느끼지 않더라도 자주 물을 마시도록 한다.

26 SECTION 유통업 근로자의 근골격계질환 예방지침(H-23-2011)

1. 목적

이 지침은 산업안전보건기준에 관한 규칙(이하 "안전보건규칙"이라 한다) 제12장 근골격계 부담작업으로 인한 건강장해의 예방에 의거 유통업에 종사하는 근로자들의 근골격계질환 예방 등에 관한 기술적 사항을 정함을 목적으로 한다.

2. 적용범위

이 지침은 일반적인 유통업을 행하는 사업장에서의 6개 작업(상 · 하차, 입 · 출고 분류, 운반, 적재, 판매)에 적용한다.

3. 용어의 정의

1) 이 지침에서 사용하는 용어의 정의는 다음과 같다.

(1) "근골격계질환"이라 함은 반복적인 동작, 부적절한 작업자세, 무리한 힘의 사용, 날카로운 면과의 신체 접촉, 진동 및 온도 등의 요인에 의하여 발생하는 건강장해로서 목, 어깨, 허리, 상 · 하지의 신경근육 및 그 주변 신체 조직 등에 나타나는 질환을 말한다.

(2) "근골격계질환 예방관리 프로그램"이라 함은 유해요인조사, 작업환경개선 의학적 관리, 교육 · 훈련, 평가에 관한 사항 등이 포함된 근골격계질환을 예방관리하기 위한 종합적인 계획을 말한다.

(3) "상 · 하차 작업"이라 함은 유통의 대상이 되는 물건을 인력 또는 장비를 이용하여 차량에 싣거나 차량에서 내리는 작업을 말한다.

(4) "입 · 출고 작업"이라 함은 근로자가 유통의 대상이 되는 물건의 종류 및 수량 확인을 거쳐 창고에 넣거나 창고에서 꺼내는 작업을 말한다.

(5) "분류 작업"이라 함은 유통의 대상이 되는 물건을 일정한 기준에 따라 나누는 작업을 말한다.

(6) "운반 작업"이라 함은 유통의 대상이 되는 물건 따위를 인력 또는 운반보조장비를 이용하여 옮겨 나르는 작업을 말한다.

(7) "적재 작업"이라 함은 유통의 대상이 되는 물건을 창고 또는 차량에 쌓거나 싣는 작업을 말한다.

(8) "판매 작업"이라 함은 소비자가 선택할 수 있도록 상점 등에 진열한 물건을 일정금

액을 받고 제공하는 작업을 말한다.

2) 그 밖에 이 지침에서 사용하는 용어의 정의는 이 지침에 특별한 규정이 있는 경우를 제외하고는 산업안전보건법, 같은 법 시행령, 같은 법 시행규칙 및 안전보건규칙에서 정하는 바에 의한다.

4. 유통업종 근로자의 근골격계질환발생 유해요인

1) 상 · 하차 작업

(1) 반복동작

① 물건을 운반차량에 상차하기 위하여 물건을 들어서 올리는 작업동작을 반복적으로 하는 때

② 물건을 운반차량에서 하차하기 위하여 물건을 들어서 차량 밖으로 내리는 작업동작을 반복적으로 하는 때

(2) 부적절한 작업자세

① 운반차량에 물건을 상차하는 경우 바닥에 놓여 있는 물건을 들어올리기 위하여 허리를 과도하게 굽히거나 비틀 때

② 운반차량에서 물건을 하차하는 경우 차량 내에 상차된 물건을 작업장 바닥에 내릴 때 허리를 과도하게 굽히거나 비틀 때

③ 운반차량에 물건을 상차 또는 하차하는 경우 물건을 들어올려 팔을 어깨 위로 과도하게 뻗을 때

(3) 과도한 힘의 사용

① 운반차량에 중량물 또는 손잡이가 없거나 잡기가 어려운 물건 등을 상차하는 때

② 운반차량에서 중량물 또는 손잡이가 없거나 잡기가 어려운 물건 등을 하차하는 때

(4) 접촉스트레스

① 박스형태의 물건을 상차할 때 손, 손목 등이 모서리에 접촉

② 박스형태의 물건을 하차할 때 손, 손목 등이 모서리에 접촉

2) 입 · 출고 작업

(1) 반복동작

① 입 · 출고를 위하여 물건을 순서대로 자동 운송 장치에 놓을 때

② 바코드 스캔작업을 진행할 경우 물건과 전표 간의 거리가 변함에 따라 팔을 굽혔다 펼 때

③ 허리높이 이하에 위치한 물건의 입 · 출고 현황 파악을 위한 바코드 스캔작업 시 허리를 굽혔다 펼 때

(2) 부적절한 작업자세

① 입 · 출고를 위하여 물건을 순서대로 자동 운송 장치에 놓을 때 허리를 과도하게 굽히거나 비틀 때

② 허리높이 이하에 위치한 물건의 입 · 출고 현황 파악을 위한 바코드 스캔작업 시 허리를 굽혔다 펴는 동작을 할 때

(3) 과도한 힘의 사용

① 입 · 출고를 위하여 자동 운송 장치에 중량물 또는 손잡이가 없거나 잡기 어려운 물건 등을 올려놓을 때

(4) 접촉스트레스

① 박스형태의 물건을 상차할 때 손, 손목 등이 모서리에 접촉

② 박스형태의 물건을 하차할 때 손, 손목 등이 모서리에 접촉

3) 분류 작업

(1) 반복동작

① 자동 운송장비에 의하여 화물이 이송되는 과정에서 용도에 따른 분류를 위하여 근로자가 팔을 뻗거나 구부리는 동작을 할 때

② 수작업으로 물건의 분류기준에 의하여 분류장소에 분류를 할 때 허리 등의 비틀리는 동작을 할 때

(2) 부적절한 작업자세

① 유통을 위한 물건을 분류하는 과정에서 허리를 과도하게 굽히거나 몸통을 비틀 때

② 작업장 바닥에 있는 물건을 분류하는 경우에는 허리를 과도하게 숙이거나 장시간 쪼그린 상태에서 일 할 때

(3) 과도한 힘의 사용

① 중량물을 분류하는 과정에서 인력으로 들어올리거나 내리는 때

② 중량물을 분류하는 과정에서 인력으로 밀거나 당기는 때

(4) 접촉스트레스

① 자동운송장치에 의하여 화물이 이송되는 과정에서 장치와 근로자 사이의 접촉

(5) 정적인 자세

① 물건을 자동화설비에서 분류하는 경우 근로자의 상체만 움직이고 근로자의 하체가 고정되는 때

4) 운반 작업

(1) 부적절한 작업자세

① 인력으로 물건을 운반할 경우 물건을 들어올릴 때나 내려놓을 때에 어깨위에서의 작업 또는 허리를 과도하게 굽히는 부적절한 작업자세

② 운반보조장비를 이용하여 운반할 경우 밀거나 당기는 부적절한 작업자세

(2) 과도한 힘의 사용

① 중량물 운반 보조 장비가 없이 인력으로 중량물을 운반할 경우 물건과 근로자 사이의 간격이 멀어지면서 과도한 힘을 사용할 때

② 운반 보조 장비를 사용할 경우 밀거나 당기는 때

(3) 접촉스트레스

① 박스형태의 물건을 운반할 때 모서리에 손, 손목이 닿는 경우

5) 적재 작업

(1) 반복동작

① 적재를 위하여 하차된 물건을 이동하는 작업동작을 반복할 때

② 물건을 창고에 적재하기 위하여 물건을 들어서 쌓는 작업동작을 반복할 때

(2) 부적절한 작업자세

① 물건을 창고에 적재할 때 작업장 바닥에서 물건을 들어올리기 위하여 허리를 과도하게 굽힐 때

② 물건을 창고에 적재할 때 물건을 위로 쌓는 작업을 하기 위하여 팔을 어깨 위로 들고 과도하게 뻗는 동작을 할 때

(3) 과도한 힘의 사용

① 중량물 이동장비가 없이 인력으로 중량물을 운반할 경우 물건과 근로자 사이의 간격이 멀어질 때

② 이동장비를 사용할 경우 밀거나 당길 때

(4) 접촉스트레스

박스형태의 물건을 적재할 때 손, 손목이 모서리에 접촉

6) 판매 작업

(1) 부적절한 작업자세

① 판매할 상품이 진열되어 있는 위치가 근로자의 어깨 부위보다 높은 곳에 위치한 상품을 진열하거나 꺼낼 때 근로자의 팔을 어깨 위로 과도하게 뻗는 동작을 할 때

② 판매할 상품이 진열되어 있는 위치가 근로자의 허리 아래에 위치한 상품을 꺼낼 때 근로자가 쪼그린 자세나 비틀린 상태에서 작업할 때

(2) 과도한 힘의 사용

① 박스나 포대 형태의 상품을 판매할 때 상품을 꺼내는 작업을 할 때

② 소비자가 구매한 상품을 포장대에서 내려 운반보조장비 등에 담을 때

(3) 접촉스트레스

① 근로자가 물건을 담거나 계산대에서 장시간 작업하는 경우 계산대의 모서리 부분과 접촉

(4) 정적인 자세

① 근로자가 계산대에서 장시간 서서 작업할 때

5. 유통업종 근로자의 근골격계질환 예방대책

1) 상 · 하차 작업

(1) 물건을 상하차할 경우에 차량과 연결된 자동화설비의 높이를 근로자의 팔꿈치 정도의 높이로 맞춰 허리를 과도하게 굽히는 부적절한 작업자세가 발생하지 않도록 한다.

(2) 중량물은 2인 이상 취급하도록 하며 인력운반을 최소화하도록 중량물을 들어올리는 자동화설비를 사용하도록 한다.

2) 입 · 출고 작업

(1) 운반작업을 할 경우 물건을 몸에 밀착시켜서 허리를 세우고 들어올린다. 이때 중량물의 경우에는 2인 이상 작업을 하도록 하며 운반동선을 최소화하도록 한다.

(2) 바코드 스캔작업을 할 경우 과도하게 팔을 뻗는 작업이 일어나지 않도록 물건과 근로자 사이의 거리를 가까이 유지하도록 한다. 가능하면 인간공학적으로 개선된 스캐너 등을 사용하여 과도하게 뻗는 작업을 없애도록 한다.

(3) 부적절한 작업자세에 의한 근골격계질환 예방을 위하여 물건의 높이와 위치를 근로자가 편히 작업할 수 있는 위치로 재조정하도록 한다.

3) 분류 작업

(1) 근로자가 물건을 분류할 때 인력작업을 최소화할 수 있는 자동화 설비를 사용한다.

(2) 인력작업으로 분류할 경우 높낮이 조절이 가능한 작업대를 사용하여 과도한 허리굽힘, 쪼그린 자세 등 부적절한 작업자세에 의한 작업이 일어나지 않도록 한다.

4) 운반 작업

(1) 운반작업을 할 통로는 이동경로를 정하여 노면을 고르게 하고 운반동선을 최소화하도록 한다.

(2) 운반작업을 위한 이동통로의 조도는 보통작업(150럭스) 이상으로 한다.

(3) 운반 시 리프팅 장치가 장착된 높낮이 조절이 가능한 운반설비 등을 사용하여 허리를 굽히는 부적절한 작업자세를 없애도록 한다.

(4) 운반설비는 가능한 손잡이가 있는 것을 사용하고 손잡이는 미끄러지지 않는 재질을 사용하도록 하며 접촉스트레스 방지를 위하여 신체접촉 부분이 돌출된 형태가 아닌 것을 사용한다.

(5) 운반보조장비의 바퀴는 주기적으로 점검하여 공기압이 낮거나 마모가 심할 경우 교체하도록 한다.

5) 적재 작업

(1) 화물의 적재 시 인력작업을 최소화하기 위한 진공압축을 이용한 이동적재설비 등을 사용하여 허리를 굽히는 부적절한 작업자세를 제거하도록 한다.

(2) 인력작업을 하는 경우 물건을 허리높이에서 들 수 있도록 작업장을 설계하도록 하고 중량물 취급 시 과도한 힘이 요구되지 않도록 중량을 조절한다.

(3) 적재할 물건이 박스형태가 아닌 경우 운반용 손잡이를 이용하여 적재하도록 한다.

6) 판매 작업

(1) 자주 판매하는 물건은 판매대의 중간에 위치하고 판매량이 적은 물건은 판매대의 상단 또는 하단에 위치시켜 근로자의 부적절한 작업자세의 빈도를 낮추도록 한다.

(2) 계산대의 경우 근로자의 다리 부분이 편안하게 움직일 수 있는 공간을 확보하도록 하고 피로예방매트를 설치하거나 장시간 서서 일하는 근로자를 위하여 의자를 제공한다.

① 서서 일하는 근로자를 위하여 의자를 제공할 때에는 작업범위와 작업공간, 작업 시 이동 빈도 등을 고려하여 좌식 의자나 입좌식 의자를 제공한다.

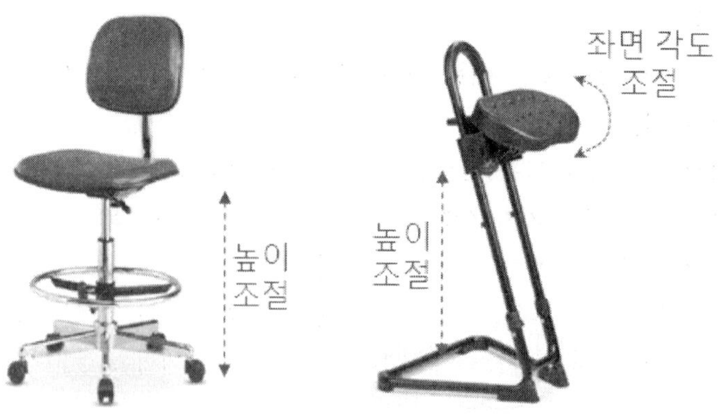

〈그림 1〉 좌식 의자　　〈그림 2〉 입좌식 의자

② 만약 공간이 협소하여 의자를 제공하기 어려운 경우에는 발걸이/발받침대 등을 제공한다.

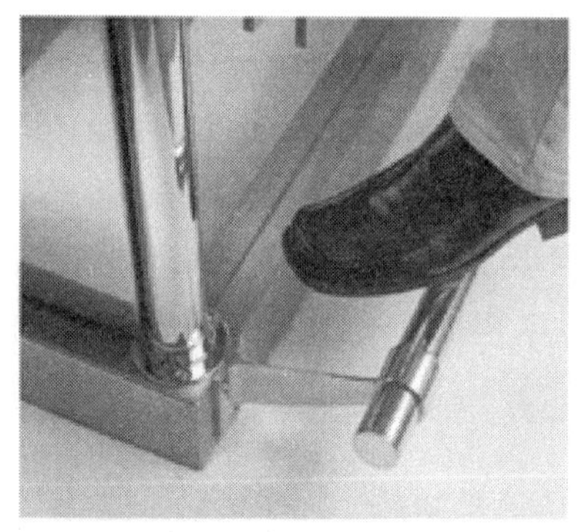

〈그림 3〉 발걸이

(3) 신체와 자주 접촉이 일어나는 부분에 쿠션패드를 장착하여 접촉스트레스를 최소화하도록 한다.

(4) 작업별 교대순환을 통하여 오래 서서 하는 업무와 그렇지 않은 업무를 번갈아 실시하도록 한다.

6. 의학적 및 관리적 개선방안

1) 사업주는 근로자 및 관리감독자를 대상으로 근골격계질환 발생의 예방을 위하여 다음 사항에 대한 교육을 실시한다.

(1) 근골격계질환 유해요인 및 대처요령

(2) 올바른 작업방법과 운반 및 보조도구의 사용방법

(3) 근골격계질환의 증상과 징후

(4) 근골격계질환 발생 시 대처요령 등

2) 관리자는 순환근무를 통해 근로자가 같은 작업을 반복하거나 오랫동안 같은 자세를 취하지 않도록 한다.
3) 작업대, 작업공간 및 기기배치 등을 개선하여 근골격계질환 예방을 위한 작업환경개선을 실시한다. 이 경우 「근골격계질환 예방을 위한 작업환경개선 지침(KOSHA CODE H−39−2005)」을 참조한다.
4) 사업주는 근골격계부담작업에 근로자를 종사하도록 하는 경우에는 매 3년마다 정기적으로 유해요인조사를 실시하여야 하며, 이 경우 「근골격계부담작업 유해요인조사 지침(KOSHA GUIDE H−9−2011)」을 참조한다.
5) 사업주는 근골격계부담작업 유해요인조사 결과 근골격계질환이 발생할 우려가 있을 경우 근골격계질환 예방 · 관리 정책수립, 교육 및 훈련, 의학적 관리 작업환경개선활동 등 근골격계질환 예방활동을 체계적으로 수행하도록 권장한다. 이 경우 「사업장 근골격계질환 예방 · 관리 프로그램(KOSHA CODE H−31−2003)」을 참조한다.
6) 사업주는 근골격계질환 조기발견, 조기치료 및 조속한 직장복귀를 위한 의학적 관리를 수행하도록 권장한다. 이 경우 「사업장의 근골격계질환 예방을 위한 의학적 조치에 관한 지침(KOSHA CODE H−43−2007)」을 참조한다.

〈별표 1〉

유통업 근로자의 대표작업 유해요인

작업명	작업내용	유해요인	비고
상하차 작업	물건을 인력 또는 장비를 이용하여 차량에 싣거나 내리는 작업	반복동작	팔, 어깨, 허리
		부적절한 작업자세	팔, 어깨, 허리
		과도한 힘의 사용	손, 어깨, 허리
		접촉스트레스	손/손목
입출고 작업	물건의 종류 및 수량 확인을 거쳐 창고에 넣거나 창고에서 꺼내는 작업	반복동작	팔, 어깨, 허리
		부적절한 작업자세	팔, 어깨, 허리
		과도한 힘의 사용	어깨, 허리
		접촉스트레스	손/손목
분류 작업	물건을 일정한 기준에 따라 나누는 작업	반복동작	팔, 허리
		부적절한 작업자세	허리, 다리
		과도한 힘의 사용	어깨, 허리
		접촉스트레스	손목
		정적인 자세	상체, 하체
운반 작업	물건을 인력 또는 운반보조장비를 이용하여 옮겨 나르는 작업	부적절한 작업자세	어깨, 허리
		과도한 힘의 사용	팔, 어깨, 허리
		접촉스트레스	손/손목
적재 작업	물건을 창고 또는 차량에 쌓거나 싣는 작업	반복동작	팔, 어깨
		부적절한 작업자세	팔, 어깨, 허리
		과도한 힘의 사용	팔, 허리
		접촉스트레스	손/손목
판매 작업	상점 등에 진열한 물건을 일정금액을 받고 제공하는 작업	부적절한 작업자세	팔, 허리, 다리
		과도한 힘의 사용	팔, 어깨, 다리
		접촉스트레스	허리, 손/손목
		정적인 자세	하체

〈별표 2〉

수동 운송장비 및 자동 운송장비 예시

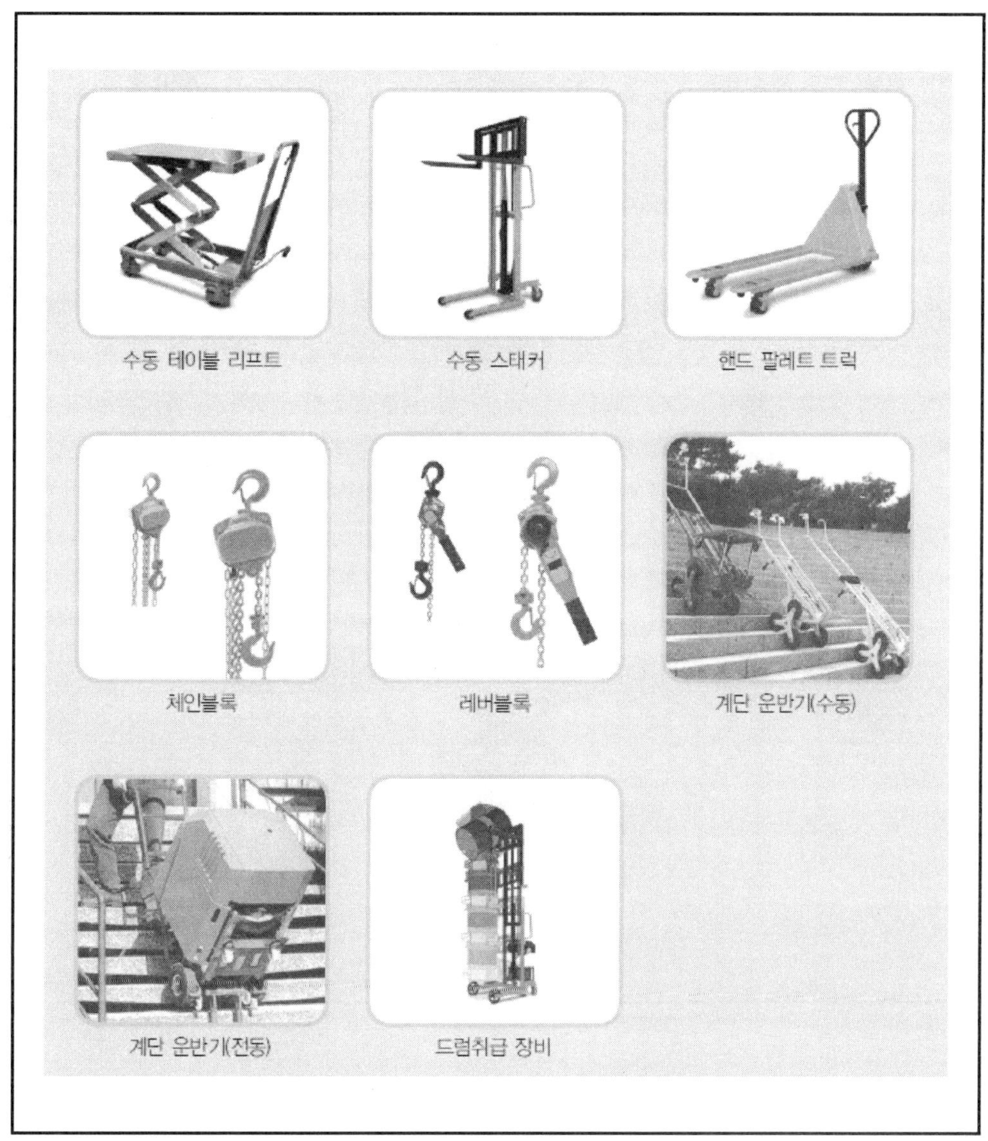

전동 포크리프트
전동 팔레트 트럭
전동 스태커
전동 견인차
수직 반송기
고소 작업차
에어 밸런스
전동 테이블 리프트

차량정비원의 근골격계질환 예방지침(H-24-2011)

1. 목적

이 지침은 산업안전보건기준에 관한 규칙(이하 "안전보건규칙"이라 한다) 제12장 근골격계 부담작업으로 인한 건강장해의 예방에 의거 차량정비원 근골격계질환 유해요인의 원인 및 그 예방대책에 대한 필요한 사항을 제시함으로써 근골격계질환 예방 등에 관한 기술적 사항을 정함을 목적으로 한다.

2. 적용범위

이 지침은 차량의 하체, 판금, 도장 등 정비작업을 하는 사업장에 적용한다.

3. 용어의 정의

1) 이 지침에서 사용하는 용어의 정의는 다음과 같다.

(1) "차량정비원"이라 함은 승용차, 버스, 트럭, 특장차 등 자동차의 엔진, 차체 그리고 관련 부품 등을 수공구 및 관련 장비를 사용하여 조정, 정비, 수리, 교환하는 업무를 수행하는 근로자를 말한다.

(2) "근골격계질환"이라 함은 반복적인 동작, 부적절한 작업자세, 무리한 힘의 사용, 날카로운 면과의 신체 접촉 스트레스, 진동 및 온도 등의 요인에 의하여 발생하는 건강장애로서 목, 어깨, 허리, 상·하지의 신경근육 및 그 주변 신체 조직 등에 나타나는 질환을 말한다.

(3) "정비작업"이라 함은 차량의 하체, 판금, 도장작업 등 자동차 정비를 위한 전체 작업을 말한다.

(4) "하체공정"이라 함은 치량의 하체 또는 엔진 관련 소모품 및 각종 부품 또는 전기설비 등을 수리·교환하는 작업공정을 말한다.

(5) "판금공정"이라 함은 차량의 파손되거나 찌그러진 표면을 절단하고, 망치로 펴거나 용접하는 등의 작업공정을 말한다.

(6) "도장공정"이라 함은 차량 표면을 연마하고, 스프레이 도장하는 작업공정을 말한다.

(7) "정형작업"이라 함은 작업 동작이나 자세가 근로자와 관계없이 일정한 범위 내에서 고정되어 있는 형태의 작업으로 작업의 내용이나 방법이 주로 특정 기계·기구 등 설비를 이용하는 작업을 말한다.

(8) "비정형 작업"이라 함은 정형 작업이 아닌 작업으로 작업의 내용이나 방법이 작업여건 등에 따라 수시로 변하는 형태의 작업을 말한다.

2) 그 밖에 이 지침에서 사용하는 용어의 정의는 이 지침에 특별한 규정이 있는 경우를 제외하고는 산업안전보건법, 같은 법 시행령, 같은 법 시행규칙 및 안전보건규칙에서 정하는 바에 의한다.

4. 작업공정별 근골격계질환 유해요인

1) 하체공정

(1) 반복동작

① 드라이버, 렌치 등의 수공구를 이용한 엔진 관련 부품을 풀고 제거하는 작업을 할 때
② 부품 투입과 고정을 위한 교환 또는 보수작업을 할 때

(2) 부적절한 작업자세

① 차량의 하체 또는 엔진 관련 부품 교환 또는 보수작업 등을 할 때 목, 허리를 앞으로 숙이거나 뒤로 젖히는 부적절한 작업자세
② 차량 하부 작업을 위해 누워서 목을 들거나 옆으로 누워서 목, 어깨, 팔 등을 드는 부적절한 작업자세
③ 차량의 다양한 작업 높이에 따른 작업별 다른 작업점에서 교환 및 보수작업, 전기 작업 등을 위해 차량 내의 좁은 공간에서 목을 숙이거나 측면으로 비튼 상태, 허리를 앞으로 숙이는 부적절한 작업자세

(3) 과도한 힘의 사용

① 타이어, 차량 부품 등을 중량물을 보조기구 없이 인력에 의해 운반할 때
② 타이어를 탈 · 장착하는 과정에서 순간적으로 큰 힘을 가할 때
③ 작업과정에서 무거운 수공구를 취급할 때
④ 차량 내 좁은 공간에서 쪼그리고 앉은 상태에서 시트 등의 중량물을 들 때

(4) 접촉스트레스/진동

① 하체 공정 작업 시 협소한 작업공간에서 이루어지는 분해, 조립과정에서 팔, 손, 손목 등이 자동차에 지속적으로 접촉
② 분해, 조립 과정에서 지속적인 진동공구(에어 임팩트, 토크렌치, 에어 드라이버 등)의 사용으로 인한 손, 손가락의 국소진동에 노출

2) 판금공정

(1) 반복동작

① 해머 등 수공구를 이용하여 자동차 외부에 힘을 가하여 두드리는 작업을 반복적으로 할 때

② 어깨, 팔, 팔꿈치, 손목, 손을 이용한 그라인딩 작업을 반복적으로 할 때

(2) 부적절한 작업자세

① 용접, 각종 부품 교체 · 분해 등의 작업 시 쪼그리고 앉은 등의 부적절한 작업자세

② 차량의 다양한 작업 높이에 따라 신체를 굽히거나 과도하게 뻗치는 등의 부적절한 작업자세

(3) 과도한 힘의 사용

① 자동차 분해 · 조립 등의 작업에서 부품 등을 순간적으로 큰 힘을 가하면서 밀거나 들어 올리거나 내리는 작업을 할 때

② 해머 등의 수공구 사용 시 순간적으로 큰 힘을 주어서 작업을 할 때

③ 좁은 공간에서 쪼그리고 앉은 상태에서 판넬 등의 중량물을 들거나 내릴 때

(4) 접촉스트레스/진동

① 협소한 작업공간에서 이루어지는 분해, 조립, 절단, 용접 작업에서 팔, 손목, 손 등이 차량에 지속적으로 접촉

② 펜스(Fence), 판넬 등의 조립 및 그라인딩 작업과정에서 지속적인 진동공구의 사용으로 인해 손, 손가락 등이 국소진동에 노출

3) 도장공정

(1) 반복동작

① 스프레이 도장 작업 전 연마 등을 위해 연마기를 사용하여 반복적으로 작업할 때

② 스프레이건 등을 들고 어깨, 팔, 손목 등을 이용하여 반복적으로 움직이며 도장작업을 할 때

(2) 부적절한 작업자세

① 연마 및 스프레이 도장 등의 작업 시 수시로 쪼그리고 앉는 부적절한 작업자세

② 차량의 다양한 작업 높이에 따라 신체를 굽히거나 과도하게 뻗치는 등의 부적절한 작업자세

4) 비정형적 작업

전반적인 자동차수리 과정에서 수시로 무겁고, 특이한 형태의 부품 또는 제품 등의 물체를 이동시키는 일들이 요구되며 이로 인한 비정형적인 작업을 수행하는 작업

5. 차량정비원 근골격계질환예방 예방대책

1) 하체공정

(1) 반복동작 작업에 대한 예방대책

① 드라이버, 렌치 등의 수공구를 이용한 엔진 관련 부품을 풀고 제거하고 투입하고 고정하는 교환 또는 보수작업을 할 때 반복동작의 정도가 심한 경우에는 가능한 자동으로 작동이 가능한 수공구로 작업을 대체하거나 그렇지 못할 경우 다수의 근로자들이 교대하도록 하여 한 근로자의 반복 작업 시간을 가능한 줄이도록 하여야 한다.

② 반복적인 작업을 연속으로 수행하는 근로자에게는 해당 작업 이외의 작업을 중간에 넣거나 다른 근로자로 순환시키는 등 장시간의 연속작업이 수행되지 않도록 하여야 한다.

(2) 부적절한 작업 자세에 대한 예방대책

① 근로자가 허리부위에 부담을 주는 엉거주춤한 자세, 앞으로 구부린 자세, 뒤로 젖힌 자세, 비틀린 자세 등의 부적절한 작업 자세를 취하지 않도록 작업장 구조, 작업방법 개선 등 필요한 조치를 강구하여야 한다.

㉠ 차량용 리프트, 높낮이 조절 작업대, 좌식 보조의자 등을 활용하여 적절한 작업점에서 각종 분해, 조립 등의 작업이 가능토록 하여 부적절한 작업자세를 예방하여야 한다.

㉡ 엔진작업 등에 활용이 가능한 가슴받침대, 하부작업용 보조기구를 활용하여 허리, 목 등의 부적절한 작업 자세를 줄이도록 노력하여야 한다.

② 근로자는 다음과 같은 작업 자세를 취하도록 노력하여야 한다.

㉠ 서 있거나 의자에 앉은 자세인 경우에는 허리의 부담을 줄이기 위하여 동일한 자세를 장시간 취하지 않도록 하여야 한다.

㉡ 중량물을 들어올리기, 당기기, 밀기 등 허리 부위에 부담을 주는 동작이나 자세를 가능한 한 피하도록 하여야 한다.

㉢ 목 또는 허리 부위를 갑자기 비트는 동작이 발생하지 않도록 하고, 작업할 때의 시선은 동작에 맞추어 작업 정면을 향하도록 하여야 한다.

③ 근골격계질환을 예방하기 위한 스트레칭을 실시하여야 한다.

(3) 과도한 힘의 사용 작업에 대한 예방대책

① 사업주는 인력으로 들어 올리는 작업에 근로자를 종사하도록 하는 때에는 과도한 중량으로 인하여 근로자의 목 · 허리 등 근골격계에 무리한 부담을 주지 아니하도록 최대한 노력하여야 한다.

㉠ 근로자가 수작업으로 물건을 취급하는 경우에는 동 물건의 중량이 남자 근로자인 경우 체중의 40% 이하, 여자 근로자인 경우 체중의 24% 이하가 되도록 노력하여야 한다.

㉡ 수작업으로 중량물을 취급하게 하는 경우에는 가급적 근로자 2인 이상이 공동으로 작업을 수행하여야 하며, 각 근로자에게 중량 부하가 균일하게 전달되도록 노력하여야 한다.

㉢ 중량물의 폭은 일반적으로 75cm 이상이 되지 않도록 하고, 부적절한 작업자세 및 동작을 피할 수 있도록 작업 공간(권장넓이 : 125~140cm)을 확보하여야 한다.

㉣ 가능한 이동대차 또는 타이어 휠 리프트 등을 이용하여 중량물 취급 작업을 최대한 줄이도록 노력하여야 한다.

② 사업주는 5킬로그램 이상의 중량물을 들어 올리는 작업에 근로자를 종사하도록 하는 때에는 다음의 조치를 하여야 한다.

㉠ 일상적으로 근로자가 수작업으로 5킬로그램 이상의 물품을 들어 올리는 작업을 하는 경우에는 근로자가 작업위치에서 쉽게 볼 수 있는 작업장 주변 등에 해당 물품의 중량 및 무게중심에 대한 안내표시를 하여야 한다.

㉡ 동일 작업장 내의 여러 작업 장소에서 다수의 근로자가 5kg 이상의 물품을 들어 올리는 수작업을 하는 경우에는 다수의 근로자가 쉽게 볼 수 있는 장소를 선정하여 해당 물품의 중량 및 무게중심에 대한 안내표시를 부착하여야 한다.

㉢ 안내표시는 형태 · 규격 등에 제한이 없으나 작업장의 특성에 맞도록 근로자가 해당 물품의 중량과 무게중심에 대해 쉽게 알 수 있도록 작성하여야 한다.

㉣ 주로 취급하는 물품의 무게중심이 수시로 바뀔 경우에는 주된 작업에 따른 무게중심을 표시하되 작업에 따라 무게중심이 바뀐다는 사실을 근로자에게 주지시켜야 한다.

③ 전용 운반용구를 사용하지 않는 등 근로자가 취급하기 곤란한 5kg 이상의 물품에 대하여는 손잡이를 붙이거나 갈고리, 진공빨판 등 적절한 보조도구를 제공하여야 한다.

④ 5kg 이상의 중량물을 수작업으로 들어 올리는 작업에 근로자를 종사하도록 하는 경우에는 신체에 부담을 감소시킬 수 있는 작업자세에 대해서 알려주어야 한다.

㉠ 중량물은 몸에 가깝게 위치시킨다.

㉡ 발을 어깨넓이 정도로 벌리고 몸은 정확하게 균형을 유지한다.

㉢ 무릎을 굽히도록 한다.

㉣ 목과 등이 거의 일직선이 되도록 한다.

㉤ 등을 반듯이 유지하면서 다리를 편다.

㉥ 가능하면 중량물을 양손으로 잡는다.

(4) 접촉스트레스 및 진동 작업에 대한 예방대책

① 수공구는 가능한 가벼운 것을 사용하여 손, 손목 부담을 줄이도록 하여야 한다.

② 수공구는 잡을 때 손목이 비틀리지 않고 팔꿈치를 들지 않아도 되는 형태의 것을 사

용하여야 한다.

③ 수공구의 손잡이는 손바닥 전체에 압력이 분포하도록 너무 크거나 작지 않도록 하고 미끄러지지 않으며 충격을 흡수할 수 있는 재질을 사용하여야 한다.

④ 무리한 힘을 요구하는 공구는 동력을 사용하는 공구로 교체하거나 지그를 활용하되 소음 및 진동을 최소화하고 주기적으로 보수 · 유지하여야 한다.

⑤ 진동공구는 다음과 같이 작업관리를 하여야 한다.

㉠ 진동공구는 진동의 크기가 작고, 진동의 인체전달이 작은 것을 선택하고 연속적인 사용시간을 제한하여야 한다.

㉡ 진동공구를 이용하여 작업을 할 때 다음과 같이 관리를 하여야 한다.

㉮ 작업시간당 10분 이상의 휴식시간을 제공하여야 한다.

㉯ 진동공구 작업을 할 때 진동을 흡수할 수 있는 재질의 장갑을 착용하여야 한다.

㉰ 착용하는 장갑은 손에 잘 맞아 작업에 방해가 되지 않도록 한다.

㉱ 사용하는 공구로 인한 위험성이나 질병에 대한 교육을 받아야 한다.

㉲ 작업자 중 손가락 부위가 쑤시거나, 저리거나, 손끝이 창백해지는 증상이 있을 시 즉시, 관리자에게 보고하여야 한다.

⑦ 수공구와 장갑의 사용

장갑은 대개 기계적인 스트레스나 추위, 진동과 같은 열악한 작업 환경에서 손을 보호하기 위해 착용되고 있으나 다음과 같은 단점이 있으므로 신중하게 사용하여야 한다.

㉠ 악력이 10~20% 감소된다.

㉡ 손의 민첩성 등 손의 감각이 저하된다.

㉢ 회전력이 감소된다.

㉣ 작업자의 손 크기에 맞지 않을 경우 스트레스를 줄 수 있다.

⑧ 작업의 다양성을 제공하여야 한다.

㉠ 작업자가 오직 한 가지 수공구만을 사용하여 작업을 수행하게 되면 동일한 근육을 지속적으로 반복 사용하여 해당 신체부위가 과부하로 고통이나 상해를 받을 수 있다.

㉡ 따라서 다른 신체부위의 근육을 사용할 수 있도록 작업의 다양성을 제공하여 해당 부위의 신체부하를 배분시켜야 한다.

2) 판금공정

(1) 부적절한 작업자세에 대한 예방대책

① 차량의 다양한 작업 높이에 따른 작업을 할 때 근로자가 허리부위에 부담을 주는 엉거주춤한 자세, 앞으로 구부린 자세, 뒤로 젖힌 자세, 비틀린 자세 등의 부적절한 작

업자세를 취하지 않도록 작업장 구조, 작업방법 개선 등 필요한 조치를 강구하여야 한다.

② 용접 또는 부품 교체 · 분해 등의 작업을 할 때 높낮이 조절 작업대, 좌식 보조의자 등을 활용하여 적절한 작업점에서 작업이 가능하도록 조치하여 부적절한 작업자세를 취하지 않도록 하여야 한다.

(2) 반복동작, 부적절한 작업자세, 과도한 힘, 접촉스트레스 및 진동에 대한 예방대책은 하체공정에 제시된 예방대책을 참조한다.

3) 도장공정

(1) 부적절한 작업자세에 대한 예방대책

① 차량의 다양한 작업 높이에 따른 작업을 할 때 근로자가 허리부위에 부담을 주는 엉거주춤한 자세, 앞으로 구부린 자세, 뒤로 젖힌 자세, 비틀린 자세 등의 부적절한 작업자세를 취하지 않도록 작업장 구조, 작업방법 개선 등 필요한 조치를 강구하여야 한다.

② 도장을 위한 연마 및 스프레이 도장 등의 작업을 할 때 높낮이 조절 작업대, 좌식 보조의자 등을 활용하여 적절한 작업점에서 작업이 가능토록 하여 부적절한 작업자세를 예방하도록 한다.

(2) 반복동작, 부적절한 작업자세에 대한 예방대책은 하체공정에 제시된 예방대책을 참조한다.

4) 비정형적 작업에 대한 예방대책

(1) 비정형적 작업에 대한 예방대책은 「근골격계질환 예방을 위한 작업환경개선 지침(KOSHA CODE H-39-2005)」을 참조한다.

6. 의학적 및 관리적 개선방안

1) 사업주는 근로자를 대상으로 정기적인 안전보건 교육을 실시하고 다음의 내용을 포함하여 근골격계질환 예방교육을 실시한다.

(1) 근골격계질환 유해요인

(2) 근골격계질환의 징후 및 증상

(3) 근골격계질환 발생 시 대처요령

(4) 올바른 작업자세 및 작업도구, 작업시설의 올바른 사용방법

(5) 올바른 중량물 취급요령과 보조기구들의 사용방법

(6) 그 밖의 근골격계질환 예방에 필요한 사항

2) 사업주는 근골격계부담작업에 근로자를 종사하도록 하는 경우에는 매 3년마다 정기적으로 유해요인조사를 실시하여야 하며 이 경우 「근골격계부담작업 유해요인조사 지침(KOSHA GUIDE H-9-2011)」을 참조한다.

3) 사업주는 근골격계부담작업 유해요인조사 결과 근골격계질환이 발생할 우려가 있을 경우 근골격계질환 예방·관리정책 수립, 교육 및 훈련, 의학적 관리 작업환경개선활동 등 근골격계질환 예방활동을 체계적으로 수행하도록 권장한다. 이 경우 「사업장 근골격계질환 예방·관리 프로그램(KOSHA CODE H-31-2003)」을 참조한다.

4) 사업주는 근골격계질환 조기발견, 조기치료 및 조속한 직장복귀를 위한 의학적 관리를 수행하도록 권장한다. 이 경우 「사업장의 근골격계질환 예방을 위한 의학적 조치에 관한 지침(KOSHA CODE H-43-2007)」을 참조한다.

〈별표 1〉

차량정비원 근로자의 대표작업 유해요인

공정명	작 업 내 용	유 해 요 인	비 고
하체	차량의 하체 또는 엔진 관련 소모품 및 각종 부품 또는 전기 설비 등을 수리 · 교환하는 작업공정	반복동작	목, 어깨
		부적절한 작업자세	목, 어깨, 허리
		과도한 힘	손목/손, 허리
		접촉스트레스	손목/손, 무릎
		진동	손목/손
판금	차량의 파손되거나 찌그러진 표면을 절단하고, 망치로 펴거나 용접하는 등의 작업공정	반복동작	목, 어깨
		부적절한 작업자세	목, 어깨, 손목/손, 허리
		과도한 힘	손목/손, 허리
		접촉스트레스	손목/손, 무릎
		진동	손목/손
도장	차량 표면을 연마하고, 스프레이 도장하는 작업공정	반복동작	목, 어깨
		부적절한 작업자세	목, 어깨, 허리

건물 내 청소원의 건강장해 예방에 관한 지침(H-25-2011)

1. 목적

이 지침은 산업안전보건기준에 관한 규칙(이하 "안전보건규칙"이라 한다) 제12장 근골격계 부담작업으로 인한 건강장해의 예방 및 제13장 그 밖의 유해인자에 의한 건강장해의 예방에 의거 직업적이며 반복적으로 건물 내 청소 작업을 하는 근로자의 근골격계질환 등 건강장해 예방에 관한 기술적 사항을 정함을 목적으로 한다.

2. 적용범위

이 지침은 일반적인 건물 내 청소작업을 행하는 사업장에 적용한다.

3. 용어의 정의

1) 이 지침에서 사용하는 용어의 정의는 다음과 같다.

(1) "근골격계질환"이라 함은 반복적인 동작, 부적절한 작업자세, 무리한 힘의 사용, 날카로운 면과의 신체 접촉, 진동 및 온도 등의 요인에 의하여 발생하는 건강장해로서 목, 어깨, 허리, 상·하지의 신경근육 및 그 주변 신체 조직 등에 나타나는 질환을 말한다.

(2) "청소작업"이라 함은 청소도구 운반, 벽면 및 천정의 먼지제거, 손걸레 청소 바닥 및 계단 쓸기, 대걸레 청소, 진공청소기 사용, 바닥 광택, 쓰레기 수거 기타 청소를 위한 가구나 장비의 이동 등 수작업 및 기계사용을 포함하는 작업을 말한다.

2) 그 밖에 이 지침에서 사용하는 용어의 정의는 이 지침에 특별한 규정이 있는 경우를 제외하고는 산업안전보건법, 같은 법 시행령, 같은 법 시행규칙 및 안전보건규칙에서 정하는 바에 의한다.

4. 건물 내 청소원의 유해요인

1) 근골격계부담 요인

(1) 과도한 힘의 사용

① 종이, 플라스틱, 병 등의 쓰레기를 수거하고 운반할 때

② 양동이 등 용기에 물을 채우거나 용기를 들고 이동할 때

③ 대걸레, 손걸레 등을 짜거나 밀고 당기면서 청소작업을 수행할 때

(2) 반복동작 또는 부적절한 작업자세

① 빗자루, 대걸레(마대) 등을 이용하여 바닥을 쓸거나 닦을 때
② 적절하게 설계되지 않은 대걸레(마대) 및 롤러를 사용하여 벽면을 닦을 때
③ 천장의 먼지제거 작업 시 반복적으로 고정된 자세를 유지할 때
④ 진공청소기 등의 장비를 반복적으로 사용하여 청소작업을 수행할 때

(3) 기타 근골격계질환 유해요인

① 빗자루, 대걸레 등을 사용할 때 날카로운 손잡이 모서리로 인한 접촉스트레스
② 전동광택기 등의 장비를 사용할 때 손 · 팔 부위 진동

2) 뇌심혈관질환/직무스트레스 유발 요인

(1) 잘못된 생활습관 및 기초질환 관리 부족
(2) 열악한 근무환경, 직무요구 및 직무자율, 동료와의 갈등, 직무불안정 등 직무스트레스 요인

3) 화학물질 취급 등

(1) 청소 시 사용되는 각종 세정제, 세척제 등의 화학물질 취급에 대하여 근로자가 유해성을 주지하지 못한 채 작업을 수행함으로써 취급물질에 의한 눈 · 피부 자극, 중독
(2) 동물의 대변, 음식물 쓰레기, 페인트 통 등을 취급할 때의 피부 접촉과 비위생적인 피부관리로 인한 피부질환 및 감염성 질환

4) 실내 오염물질

(1) 사무실 등 실내 청소 시 공기 중에 떠다니는 분진(먼지), 곰팡이, 세균, 바이러스 등의 오염물질에 노출

5) 사고성 재해요인

(1) 바닥에 높이차 및 경사가 있거나 요철 등이 존재할 때, 청소도구 및 자재 등의 정리정돈 미흡으로 인한 통로 확보가 되어 있지 않을 때 미끄러짐/넘어짐
(2) 세정제, 세척제 등의 사용으로 인해 바닥이 미끄럽거나 물기로 젖어 있을 때 미끄러짐/넘어짐
(3) 쓰레기 수거 및 분류 작업 시 날카로운 물체(유리, 나무 조각 등)의 접촉과 보호구 미착용으로 인한 절단 · 베임 · 찔림

5. 유해요인 예방대책(개선방안)

1) 근골격계질환 예방

(1) 원자재 보관

① 청소작업 시 필요한 세정제, 세척제 등은 선반 등 별도의 저장소에 보관하고 1일 작업에 필요한 양만큼만 반출하여 사용한다.

② 무거운 청소도구, 세제 등을 보관할 때에는 바닥 높이를 피하고, 무릎에서 어깨 사이의 높이에 보관한다.

(2) 인력작업(물품취급)

① 가구, 쓰레기봉투 등의 중량물을 치우거나 옮기는 작업은 2인 이상이 함께 하거나 수레, 이동대차 등의 보조도구 사용, 전용 분리수거함 설치 등을 적용한다.

② 물품을 들거나 내릴 때는 몸에 최대한 밀착시켜서 하며, 허리를 굽히거나 비틀지 않는다.

③ 청소도구, 쓰레기 수거 용기 등은 바퀴가 달린 전용 운반도구를 사용하여 빈번하게 들거나 운반하는 동작을 제거한다.

④ 대용량의 세척제 용기는 작은 용량의 용기로 교체하거나 플라스틱과 같은 가벼운 용기 재질의 제품을 선택한다.

⑤ 음식물, 일반쓰레기 등 중량물 운반 시에는 운반동작, 이동횟수, 취급높이 등을 고려하여 2개 이상으로 분할하여 취급토록 하고, 양손으로 운반 시 양쪽의 무게를 비슷하게 분산시키도록 한다.

(3) 작업장 디자인

① 복도, 통로 및 계단은 정리정돈과 명확한 구획을 설정하고 넘어지거나 미끄러지지 않도록 바닥을 편평하고 깨끗하게 유지한다.

② 통로, 계단의 조도는 어두운 밤에도 누구나 쉽게 인지할 수 있도록 밝게 하여 시력저하, 피로감 완화, 사고예방 등의 효과를 얻도록 한다.

③ 출입구, 통로, 계단은 양쪽 방향 모두 이동 및 운반이 가능하도록 충분한 넓이를 확보한다.

④ 쓰레기봉투, 청소도구 등의 무거운 물품을 빈번하게 이동하거나 운반하여야 하는 곳은 계단 대신에 미끄럽지 않은 경사로를 설치한다.

(4) 청소도구(보조도구)

① 빗자루, 대걸레(마대) 등의 손잡이는 작업 시 손목이 빈번하게 꺾이지 않도록 〈그림 1〉을 참고하여 꺾인 손잡이의 제품을 사용한다.

〈그림 1〉 손잡이가 꺾인 제품 예시

② 무거운 대걸레(마대) 등은 〈그림 2〉와 같이 중간에 보조 손잡이를 추가로 설치하여 손, 팔 부위의 근육부담을 줄여준다.

〈그림 2〉 보조 손잡이 설치 예시

③ 쓰레기봉투가 담긴 통은 들어올리는 작업 시 흡인력을 감소시킬 수 있도록 〈그림 3〉과 같이 통의 하단에 공기가 들어올 수 있는 통풍구(Vent)를 만들거나 통의 안쪽에 공기 배기구가 있는 제품을 사용한다.

〈그림 3〉 통풍구 및 공기 배기구 설치 모습

④ 무릎을 굽히거나 앉은 자세에서 작업이 이루어져야 할 경우 무릎보호대 및 패드를 부착하고 작업한다.
⑤ 플라스틱 통, 용기 등의 손잡이는 두께가 2.5~3.8cm가 되도록 하며, 미끄럽지 않고 완충성이 있는 소재의 손잡이를 사용한다.
⑥ 면적이 넓은 장소를 청소 및 광택 시에는 대걸레 대신 전동식 청소기를 사용하도록 하여 신체에 걸리는 부하를 경감시킬 수 있도록 한다.
⑦ 전동광택기 사용 시 신체에 전달되는 진동을 최소화하기 위해 손잡이 부분에 패드를 부착하거나 장시간 사용 시 방진장갑을 착용한다.
⑧ 높은 곳을 청소할 때에는 과도한 상지 뻗힘을 경감시키기 위해 사다리를 이용하여 작업하거나 손잡이가 긴 작업도구를 이용한다.
⑨ 샤워실, 화장실 등의 청소 시 사용하는 세탁솔, 수세미 등은 손잡이가 꺾여 있거나 머리 부분이 회전 가능한 도구로 교체한다.
⑩ 대걸레를 짤 때 허리굽힘을 최소화하기 위해 손잡이가 긴 탈수기를 사용하며, 개구부가 넓고 청소 전 물과 청소 후 물이 분리되어 담길 수 있는 구조의 것을 사용한다.
⑪ 전동광택기 사용 시 계단을 오르내리거나 이동 시 용이하도록 계단 이동용 바퀴를 기계에 부착하여 사용한다.
⑫ 계단, 건물의 창틀 등 협소한 공간을 청소할 때에는 부적절한 작업 자세 및 장비이동을 최소화하기 위해 배낭형 진공청소기를 사용한다.
⑬ 아파트나 건물 계단의 논슬립 부위 청소 및 광택 시 수세미, 걸레 등의 수작업을 지양하고 자동 논슬립 청소/광택기에 의한 작업이 이루어질 수 있도록 한다.

(5) 의학적 및 관리적 예방대책

① 근골격계질환 부담작업 및 유발 유해요인에 대해서 충분히 이해할 수 있도록 올바른 물품 취급 및 운반 등에 관한 유해성 주지 교육을 실시한다.
② 순환근무
㉠ 관리자는 가능한 손걸레 청소, 바닥 및 계단 쓸기, 대걸레 청소 등과 같은 다른 업무를 순환시켜 준다.
㉡ 관리자는 작업계획 수립시 지속적으로 신체부담을 유발하는 작업이 반복되지 않도록 작업물량 및 작업시간 등에 변화를 주도록 한다.

③ 사업주는 근골격계부담작업에 근로자를 종사하도록 하는 경우에는 매 3년마다 정기적으로 유해요인조사를 실시하여야 하며 유해요인조사 실시는 「근골격계부담작업 유해요인조사지침(KOSHA GUIDE H－9－2011)」을 참조한다.
④ 필요한 경우, 전사적인 근골격계질환예방을 위하여 경영층이 참여하는 것을 전제로 인간공학적 분석, 유해요인에 관한 작업환경개선, 의학적 관리, 교육 및 훈련 등이 포함된 근골격계질환 예방관리 프로그램을 운영한다. 이때 「사업장 근골격계질환 예방관리 프로그램(KOSHA CODE H－31－2003)」을 참조한다.

⑤ 5kg 이상의 중량물을 들어올리는 작업일 경우 자주 취급하는 물품에 대하여 근로자가 쉽게 알 수 있도록 물품의 중량과 무게중심에 대하여 작업장 주변에 안내표시를 한다.

⑥ 건물 내 청소원이 취급하는 물품의 중량, 취급빈도, 운반거리, 운반속도 등 인체에 부담을 주는 작업의 조건에 따라 작업시간과 휴식시간 등을 적정하게 배분하여야 한다.

⑦ 휴식 및 짧은 작업정지시간 제공

㉠ 사업주는 근로자에게 규칙적으로 휴식시간을 제공하여야 한다.

㉡ 작업자는 피곤을 느끼거나 근육에 통증이 올 때 휴식을 취하거나 잠깐 동안 작업을 멈추도록 한다.

㉢ 작업자는 10~15초간의 짧은 작업정지시간을 자주 갖고 그동안에 자세를 바꾸고 간단히 스트레칭을 실시한다.

⑧ 사업주는 근골격계질환 조기발견, 조기치료 및 조속한 직장복귀를 위한 의학적 관리를 수행하도록 권장한다. 이 경우 「사업장의 근골격계질환 예방을 위한 의학적 조치에 관한 지침(KOSHA CODE H-43-2007)」을 참조한다.

2) 뇌심혈관질환/직무스트레스 예방

(1) 근로자를 대상으로 뇌심혈관질환 발병위험인자인 생활습관 요인, 건강상태 요인을 조사하여 향후 뇌심혈관질환으로 진전될 가능성을 예측 · 관리하기 위한 뇌심혈관질환 발병위험도평가를 실시한다. 이 경우 「직장에서의 뇌심혈관질환 예방을 위한 발병위험도 평가 및 사후관리 지침(KOSHA GUIDE H-1-2010)」을 참조한다.

(2) 청소작업 종사 근로자는 연 1회 이상 일반건강진단를 실시하며, 일반건강진단 결과에 따라 필요한 때에는 근무상 조치 등 사후관리를 통하여 뇌심혈관질환을 예방한다. 이 경우 「일반건강진단결과에 따른 사후관리 지침(KOSHA GUIDE H-4-2010)」을 참조한다.

(3) 근로자를 대상으로 뇌심혈관질환의 특성, 예방의 중요성, 발병위험도 평가의 의미, 질환 예방을 위한 사후관리 방법 등의 내용이 포함된 뇌심혈관질환 예방 교육을 실시한다.

(4) 작업환경 · 작업내용 · 근로시간 등 직무스트레스 요인에 대하여 평가하고 근로시간 단축, 장 · 단기 순환작업 등의 개선대책을 마련하여 시행한다. 이 경우 「직무스트레스 요인 측정 지침(KOSHA CODE H-42-2006)」 및 「직무스트레스 자기관리를 위한 근로자용 지침(KOSHA GUIDE H-39-2011)」, 「건물청소원의 직무스트레스 예방지침(KOSHA GUIDE H-28-2011)」 등을 참조한다.

(5) 관리자는 근로자들이 신체적 피로 및 정신적 스트레스를 해소할 수 있도록 휴식시간에 이용할 수 있는 휴게시설을 설치한다.

(6) 작업량 · 작업일정 등 작업계획 수립 시 해당 근로자의 의견을 반영한다.

(7) 건강진단 결과, 상담자료 등을 참고하여 적절하게 근로자를 배치하고 직무스트레스 요인, 건강문제 발생 가능성 및 대비책 등에 대하여 해당 근로자에게 충분히 설명한다.

3) 피부질환 및 감염성질환 예방

(1) 조직적 관리

① 사용하는 세정제, 세척제 등에 대한 물질안전보건자료(MSDS)를 비치하고 취급근로자에게 취급 시 유의사항, 응급조치 요령 등에 대하여 교육을 실시한다.

② 음식물 쓰레기 등 오염물질을 취급한 후 반드시 손을 씻을 수 있게 하고 음료수나 물 섭취를 제한하는 등 근로자를 대상으로 감염성질환 예방 교육을 실시한다.

③ 자극적이지 않은 세정제, 깨끗한 수건, 작업 전후에 사용할 수 있는 피부보호 크림 등을 제공하여 근로자의 피부를 보호할 수 있도록 조치한다.

④ 개인 락커, 샤워실, 손을 씻을 수 있는 장소 등 적절한 개인위생시설을 설치한다.

(2) 개인적 관리

① 쓰레기 분리수거 시 못 등의 날카로운 물체는 따로 취급하고, 안전화나 장화를 착용하고 작업한다.

② 식사 전, 음료수 섭취 전, 흡연 시, 화장실 사용 전후에는 반드시 손을 씻어 청결을 유지한다.

③ 동물/사람의 대변이나 쓰레기 등 감염의 우려가 있는 물질은 안전하게 자루에 넣어 따로 잘 포장하고, 장갑 등의 보호 장비 없이 해당 물질을 만지거나 다루지 않도록 주의한다.

4) 호흡기질환 예방

(1) 사무실 등의 실내를 청소할 때에는 충분히 환기시키고 습식 등 실내분진 발생을 최대한 억제할 수 있는 방법으로 청소한다.

(2) 실외로부터 자동차 매연 그 밖의 오염물질이 실내로 들어올 우려가 있는 때에는 통풍구, 창문, 출입문 등의 공기 유입구를 재배치하는 등의 조치를 하여야 한다.

(3) 그 밖에 호흡기질환 예방을 위한 조치사항은 「사무실 작업환경 관리지침(KOSHA CODE H-6-2003)」을 참조한다.

5) 사고성 재해 예방

(1) 청소도구 운반, 대걸레 청소 등 작업 수행 시 미끄러운 바닥에 의한 넘어짐이 발생하지 않도록 미끄럼방지(Non-slip) 장화를 착용하고 작업한다.

(2) 청소작업 시 작업경로의 주변에 있는 물기, 기름 등 이물질에 의한 미끄러짐/넘어짐이 발생하지 않도록 주의하여 청소를 진행한다.

(3) 신발을 구겨 신거나 바지를 내려 입는 등 단정하지 않은 상태로 청소작업 수행 시 미끄러짐/넘어짐 재해가 발생할 수 있으므로 단정한 복장을 착용한다.

(4) 관리자는 건물 및 사무실 등의 지면, 바닥이 평평하고 단단한 상태로 유지되도록 수시로 보수하고, 불필요한 경사를 제거하여 미끄러짐/넘어짐 재해를 예방할 수 있도록 한다.

(5) 유리나 나무조각 등 날카로운 물체 접촉으로 인한 절단 · 베임 · 찔림 재해를 예방하기 위해 보호장갑, 안전장화, 베임 방지 바지 등 적절한 개인보호구를 착용한다.

(6) 쓰레기 수거 및 분류작업 시 날카로운 물건 등은 집게를 이용하고 다른 물건과 구분하여 수집한다.

6. 유해요인 제거를 위한 점검사항

건물 내 청소작업의 유해요인 제거를 위한 작업환경 개선, 작업방법 및 작업자세의 개선, 작업도구의 개선, 관리적 개선 시의 점검사항은 〈별표 2〉의 체크리스트를 활용한다.

〈별표 1〉

건물 내 청소직종의 대표적인 작업별 유해요인

작업명	작업내용	유해요인	비고
1. 청소도구 운반	청소를 위한 도구, 세제를 수레 등에 적재 후 운반작업	무리한 힘(중량물)	어깨, 허리
		부적절한 작업자세	어깨, 허리, 다리
		접촉스트레스	손/손목
		미끄러짐/넘어짐	다리, 허리
2. 벽면 및 천정 먼지제거	건물 내 벽면/천정의 먼지를 빗자루 또는 전용도구를 사용하여 제거 작업	부적절한 작업자세	목, 어깨, 팔
		반복동작	목, 어깨, 팔
		정적인 자세	목, 어깨
		접촉스트레스	손/손목
3. 손걸레 청소	벽면, 바닥, 계단 난간 등을 손걸레를 사용하여 청소 작업	부적절한 작업자세	목, 어깨, 팔, 허리
		반복동작	손/손목, 어깨, 팔
		접촉스트레스	손/손목
		화학물질(세제) 노출	눈, 피부
4. 바닥 및 계단 쓸기	빗자루와 쓰레받기를 사용하여 바닥 먼지를 쓸어내거나 담는 작업	부적절한 작업자세	손/손목, 어깨, 팔, 허리
		반복동작	손/손목, 팔, 어깨
		접촉스트레스	손/손목
		미끄러짐/넘어짐	다리, 허리
5. 대걸레 청소	대걸레를 물, 세제에 적셔 바닥, 계단 등을 닦는 작업	부적절한 작업자세	손/손목, 어깨, 팔, 허리
		반복동작	손/손목, 팔, 어깨
		접촉스트레스	손/손목
		화학물질(세제) 노출	눈, 피부
		미끄러짐/넘어짐	다리, 허리
6. 진공 청소기 사용	진공청소기를 사용하여 실내 바닥 등을 청소하는 작업	부적절한 작업자세	손/손목, 팔, 어깨
		반복동작	손/손목, 팔, 어깨
		접촉스트레스	손/손목
7. 바닥 광택	전동광택기 등을 사용하여 바닥에 광택을 내는 작업	반복동작	손/손목, 팔, 어깨
		접촉스트레스	손/손목
		진동	손/손목, 팔, 어깨
8. 쓰레기 수거	청소도구 정리 및 쓰레기 분리수거 작업	무리한 힘(중량물)	어깨, 허리
		부적절한 작업자세	어깨, 허리, 다리
		미끄러짐/넘어짐	다리, 허리
		베임/찔림	손/손목, 무릎, 다리

〈별표 2〉

건물 내 청소원의 유해요인 제거를 위한 점검사항

항 목	예	아니오
근골격계질환		
㉮ 작업환경 개선		
1. 적절하며 조절 가능한 조명장치는 있는가?		
2. 청소장비와 도구를 위한 적절한 보관시설이 있는가?		
3. 청소장비 주변에 사용하기 편한 세척시설이 있는가?		
4. 보관시설을 포함한 근무영역에서의 환기가 가능한가?		
5. 바닥은 고르고 평평한가?		
6. 날카로운 모서리 등 다칠 수 있는 환경이 존재하지 않는가?		
7. 온도와 습도는 적당한가?		
㉯ 작업방법 및 작업자세 개선		
1. 가슴 이상의 높이에서 행해지는 동작이 자주 발생되지 않는가?		
2. 힘을 주어 밀거나 당기는 동작이 자주 발생되지 않는가?		
3. 팔을 뻗어 무거운 물건을 드는 동작이 자주 발생되지 않는가?		
4. 상체를 비틀거나 앞으로 구부리는 동작이 자주 발생되지 않는가?		
5. 무릎을 꿇거나 웅크리는 동작이 자주 발생되지 않는가?		
6. 손목을 구부리거나 좌우로 비트는 동작이 자주 발생되지 않는가?		
7. 손에 갑작스런 충격 또는 힘이 가해지는 동작이 자주 발생되지 않는가?		
㉰ 작업도구 개선		
1. 청소작업 시 노동력을 경감시킬 수 있는 보조도구를 선택하였는가?		
2. 수작업을 대체할 수 있는 운반구를 도입하였는가?		
3. 근로자의 신체 조건에 맞도록 도구를 개선하였는가?		
4. 바닥 및 문턱 등의 작업환경에 적합하도록 도구를 개선하였는가?		
5. 작업인력/작업량 대비 충분한 숫자의 도구를 도입하였는가?		
6. 무거운 설비의 사용을 가급적 피하고 있는가?		
7. 팔을 뻗는 등 높은 부위의 청소를 위해 적절한 도구를 제공하는가?		
㉱ 관리적 개선		
1. 청소작업 시 필요한 보호구를 지급/착용하는가?		

2. 작업 시작 전 및 작업 중 수시로 스트레칭을 실시하는가?		
3. 올바른 중량물 취급방법을 숙지하고 있는가?		
4. 청소도구 및 재료를 수시로 정리하여 통로를 확보하고 있는가?		
5. 같은 자세로 오랫동안 작업하지 않고 틈틈이 짧은 휴식을 갖는가?		
6. 슬리퍼를 착용하거나 신발을 꺾어 신고 작업하지는 않는가?		
7. 사용하는 세제, 세척제 등에 대한 유해 · 위험성을 알고 있는가?		
뇌심혈관질환 및 직무스트레스		
1. 전 직원을 대상으로 건강진단을 실시하고 관리하는가?		
2. 뇌심혈관질환 및 직무스트레스 예방교육을 실시하고 있는가?		
3. 뇌심혈관질환 발병위험도 평가 및 사후관리를 실시하는가?		
4. 뇌심혈관질환 및 직무스트레스 예방을 위한 건강증진 프로그램을 운영하는가?		
5. 직무스트레스 요인 평가 및 개선대책 마련을 위한 활동을 하는가?		
6. 신체적 피로 및 정신적 스트레스 해소를 위한 휴식시간과 시설이 있는가?		
7. 근로자와 사업주가 뇌심 및 스트레스 예방활동에 적극적으로 참여하는가?		
피부질환 및 감염성질환		
1. 피부질환 및 감염성질환 예방을 위한 계획을 수립 · 시행하는가?		
2. 세정제, 세척제 등에 대한 물질안전보건자료(MSDS)를 비치하고 있는가?		
3. 화학물질 취급근로자는 취급 시 유의사항, 응급조치 요령 등의 교육을 받는가?		
4. 피부질환 및 감염성질환 예방 교육을 실시하고 있는가?		
5. 개인보호구 및 피부 보호용품(수건, 크림 등) 등을 착용하는가?		
6. 개인 락커, 샤워실 등 적절한 개인위생시설이 설치되어 있는가?		
호흡기질환		
1. 호흡기질환 예방교육을 실시하고 있는가?		
2. 청소 시 충분히 환기시키고 분진발생 억제를 위한 방법으로 청소하는가?		
3. 방진마스크, 보안경 등의 개인보호구를 착용하는가?		
4. 작업근로자는 분진에 대한 건강진단을 받는가?		

조리직종 근로자의 건강장해 예방에 관한 지침(H-26-2011)

1. 목적

이 지침은 산업안전보건기준에 관한 규칙(이하 "안전보건규칙"이라 한다) 제12장 근골격계 부담작업으로 인한 건강장해 예방에 의거 조리 직종에 종사하는 근로자의 건강장해 예방에 관한 기술적 사항을 정함을 목적으로 한다.

2. 적용범위

이 지침은 조리직종 업무를 보유하고 있는 모든 사업장에 적용한다.

3. 용어의 정의

1) 이 지침에서 사용하는 용어의 정의는 다음과 같다.
   (1) "근골격계질환"이라 함은 반복적인 동작, 부적절한 작업자세, 무리한 힘의 사용, 날카로운 면과의 신체 접촉, 진동 및 온도 등의 요인에 의하여 발생하는 건강장해로서 목, 어깨, 허리, 상·하지의 신경근육 및 그 주변 신체 조직 등에 나타나는 질환을 말한다.
   (2) "인간공학적 위험요인"이라 함은 사용자를 고려하지 않고 작업대, 작업장공구, 기계기구 등을 디자인함으로써 상해를 유발시킬 수 있는 무리한 힘, 반복작업, 부적절한 작업 자세, 정적인 자세, 접촉스트레스 등의 요소들을 말한다.
   (3) "열피로(Heat Stress)"라 함은 고열환경에 노출되어 신체 온도조절 중추 이상으로 나타나는 피로감, 집중력 감소, 두통, 소화불량 등 제반 증상들을 말한다.
   (4) "애벌세척"이라 함은 본세척을 하기 전 이물질 등을 제거하기 위하여 실시하는 1차 세척을 말한다.
2) 그 밖에 이 지침에서 사용하는 용어의 정의는 이 지침에 특별한 규정이 있는 경우를 제외하고는 산업안전보건법, 같은 법 시행령, 같은 법 시행규칙 및 안전보건규칙에서 정하는 바에 의한다.

4. 조리직종의 작업별 유해요인

조리직종의 대표적인 작업별 유해요인은 다음과 같다.

1) 식자재 운반 및 보관작업

(1) 과도한 힘의 사용 또는 중량물 취급

① 식자재 및 식기류 운반 시 수작업에 의한 중량물 취급

② 공간이 좁고 통로에 문턱이나 계단이 있어 운반대차의 사용 시 과도한 힘의 사용

③ 과도하게 적재된 운반대차를 밀거나 당길 때

(2) 부적절한 작업 자세

① 무릎 아래 또는 어깨 위의 높이에 적재할 때 팔을 올리거나 허리를 굽히는 부적절한 작업 자세

2) 전처리(조리준비) 작업

(1) 과도한 힘의 사용 또는 중량물 취급

① 식자재 및 조리도구 운반 시 수작업에 의한 중량물 취급

② 식자재가 담긴 용기를 바닥에서 밀거나 당기는 작업 시 과도한 힘의 사용

③ 야채, 육류 등의 절단작업 및 밀가루 반죽 작업 시 과도한 힘의 사용

(2) 부적절한 작업자세

① 작업대의 높이가 너무 낮을 경우 목 및 허리를 굽히는 부적절한 작업자세

② 손잡이가 있는 조리 기구를 사용시 손목이 꺾이는 부적절한 작업자세

③ 야채 세척 및 가공 작업 시 쪼그려 앉은 부적절한 작업자세

(3) 반복동작

① 야채 등의 식재료를 절단하거나 다듬는 작업 시 손, 손목, 팔의 반복동작

② 면을 뽑거나 칼로 자르는 작업 시 손가락, 손목, 팔의 반복동작

(4) 정적인 자세

① 조리준비 작업 시 장시간 서서 일하는 정적자세

② 야채 세척 및 다듬는 작업 시 장시간 쪼그려 앉은 정적자세

(5) 접촉스트레스

① 조리 기구를 손으로 꽉 쥐는 경우와 밀가루 반죽 작업 시 손/손목에 접촉스트레스

② 작업대 모서리에 기대는 경우 접촉스트레스

(6) 저온환경

① 냉장 및 냉동창고 출입 시 저온

3) 조리작업

(1) 과도한 힘의 사용 또는 중량물 취급

① 솥 등 취사 용기에 식재료를 투입 시 수작업에 의한 중량물 취급
② 조리 기구를 한 손으로 들고 작업 시 손목에 과도한 힘의 사용
③ 식재료를 혼합하는 작업 시 손 및 어깨에 과도한 힘의 사용

(2) 부적절한 작업 자세

① 작업대의 높이가 작업자의 키와 맞지 않아 목 및 허리의 굽힘 등의 부적절한 작업 자세
② 식재료를 다량으로 혼합하는 작업 시 허리 굽힘, 비틀림 등의 부적절한 작업 자세
③ 조리 기구를 한 손으로 들고 작업 시 손목 꺾임의 부적절한 작업자세

(3) 반복동작

조리 작업 시 손목, 팔, 어깨 등의 반복동작

(4) 접촉스트레스

① 조리 기구를 손으로 꽉 쥐는 경우 손/손목에 접촉스트레스
② 작업대 모서리에 기대는 경우 접촉스트레스

(5) 고온 및 고열환경

① 조리 작업 시 고온 다습한 실내공기에 노출
② 조리 작업 시 고온의 조리기구 및 음식물에 피부 화상 위험

(6) 유해가스 등

취사기구 사용 시 연료 연소에 의한 유해가스(CO, CO_2)가 발생되어 노출

4) 식기세척 작업

(1) 과도한 힘의 사용 또는 중량물 취급

① 식기 운반 시 수작업에 의한 중량물 취급
② 과도하게 적재된 운반대차를 밀거나 당길 때 과도한 힘의 사용

(2) 부적절한 작업자세

① 작업대의 높이가 너무 낮을 경우 목 및 허리의 굽힘 등의 부적절한 작업자세
② 식기를 자동세척기에 투입하거나 꺼내는 작업 시 허리의 비틀림 등의 부적절한 작업 자세

(3) 반복동작

설거지 작업 시 손목, 팔, 어깨 등의 반복동작

(4) 정적인 자세

설거지 작업 시 장시간 서서 일하는 정적자세

(5) 접촉스트레스

① 식기를 수작업으로 세척 시 손 · 손목에 접촉스트레스
② 작업대 모서리에 기대는 경우 접촉스트레스

(6) 화학물질 노출

알칼리성 세제 사용으로 가성소다 등의 화학물질 노출

(7) 자외선

자외선 살균소독기 사용으로 자외선 방출에 노출

(8) 소음

식기세척기 가동 시 소음 노출

5) 청소작업

(1) 과도한 힘의 사용 또는 중량물 취급

음식물쓰레기 운반 시 수작업에 의한 과도한 힘의 사용

(2) 부적절한 작업자세

작업장 바닥 및 취사도구 청소 시 쪼그려 앉는 자세, 허리 굽힘, 비틀림 등의 부적절한 작업자세

(3) 반복동작

청소작업 시 손목, 팔, 어깨 등의 반복동작

6) 배식(서빙) 작업

(1) 과도한 힘의 사용 또는 중량물 취급

음식을 배식대 및 고객 테이블로 운반 시 과도한 힘의 사용

(2) 부적절한 작업자세

음식을 고객 테이블에 배치하는 작업과 수거하는 작업 시 허리 굽힘 등의 부적절한 작업자세

5. 조리직종의 작업별 유해위험요인 개선방안

1) 식자재 운반 및 보관

(1) 식자재 등의 보관

① 식자재 및 식기류 등은 무릎과 어깨높이 사이에 보관한다.

② 선반의 높이는 키가 작은 작업자의 어깨높이보다 더 높지 않도록 한다.

③ 어깨보다 더 높은 선반을 사용할 경우에는 발받침대를 제공한다.

④ 선반과 작업자 사이에 작업대가 있을 경우에는 과도한 뻗침을 예방하기 위하여 선반의 높이를 더 낮추어야 한다.

⑤ 자주 사용하거나 무거운 품목은 가능한 허리 높이에 보관하고 가벼운 품목은 가장 낮거나 높은 위치의 선반에 보관한다.

(2) 식자재 등의 운반

① 식자재 등 중량물을 운반하는 작업은 호이스트 등 보조기구와 높낮이 조절이 가능한 운반대차를 활용한다.

② 운반대차를 사용할 경우에는 당기는 형태보다 미는 형태로 작업을 하도록 한다.

③ 넘어지거나 충돌의 위험을 예방하기 위하여 통로에 운반대차, 조리기구, 용기, 폐기물 등 장애물이 없도록 한다.

④ 음식물 쓰레기통 또는 식자재 용기 등에 바퀴를 설치하여 밀어서 운반하도록 한다.

⑤ 음식물 및 식기 등을 운반하는 용기는 손잡이가 있는 용기를 사용하도록 한다.

⑥ 인력으로 들거나 내리는 작업 시에는 대상물을 몸에 가까이 하고 발을 어깨넓이로 유지한 상태에서 무릎을 구부리고 엉덩이와 다리의 힘으로 들도록 한다.

⑦ 무릎 아래 및 어깨 높이 위에서의 중량물 취급 작업은 피하도록 한다.

⑧ 미끄럽거나 너무 뜨거운 것 또는 균형이 맞지 않는 물건은 들지 않도록 한다.

⑨ 구입 품목은 더 가벼운 무게의 포장단위로 구입한다.(쌀 20kg ⇒ 10kg)

2) 전처리 및 조리작업

(1) 작업대 설계

① 작업대는 높낮이 조절이 가능한 작업대를 제공하여 작업자의 신체 특성에 높이를 맞출 수 있도록 한다.

② 작업대의 높이는 작업자의 팔꿈치 높이보다 약간 아래의 높이가 되도록 하고 작업 형태에 따라 높이를 맞추도록 한다.(〈그림 1〉 참조)

③ 키가 작은 작업자를 위해서는 적합한 높이에 맞출 수 있는 보조 받침대를 제공하도록 한다.

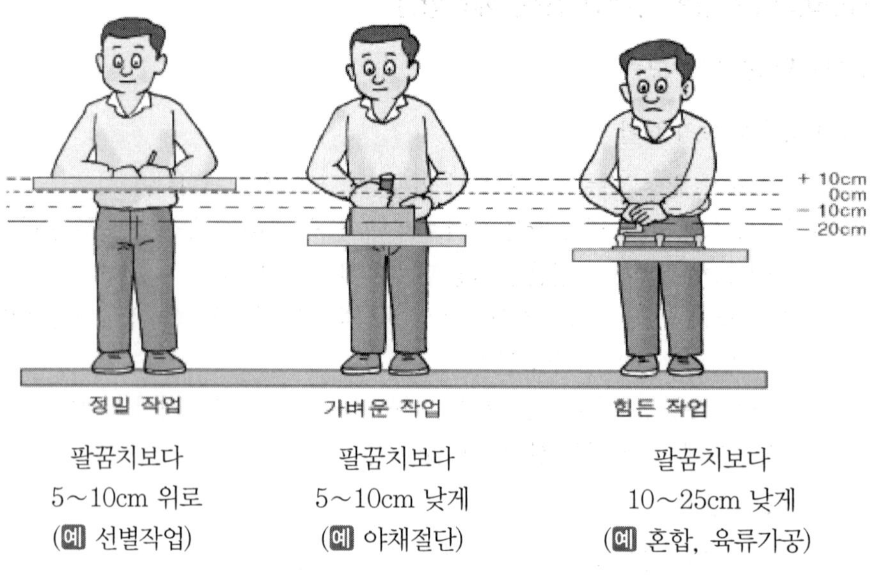

팔꿈치보다 5~10cm 위로 (예 선별작업)	팔꿈치보다 5~10cm 낮게 (예 야채절단)	팔꿈치보다 10~25cm 낮게 (예 혼합, 육류가공)

〈그림 1〉 작업대 설계높이

④ 키가 더 큰 작업자를 위해서는 작업대 위에 두꺼운 상판을 올려놓아 작업 높이를 맞추도록 한다.

⑤ 장시간 서서 일하는 작업자에게는 발 받침대(Footstools) 및 피로예방매트를 제공한다.

⑥ 빈번하게 사용하는 품목들은 정상 작업영역에 배치시켜 작업하고 간헐적으로 사용하는 품목들은 가능한 최대 작업영역에 배치시켜 작업하도록 한다.(〈그림 2〉 참조)

〈그림 2〉 정상 작업영역 vs 최대 작업영역

(2) 작업공간 및 통행로 확보

① 가능한 작업공간은 충분히 확보하도록 한다.

② 주방 내 통로는 두 사람이 교차할 수 있을 정도의 충분한 넓이를 확보하고 통로상에는 장애물이 위치하지 않도록 한다.

③ 식자재 창고와 주방은 가능한 작업 동선이 최소화되도록 배치하고 운반대차를 사용하는 데 방해가 되지 않도록 문턱을 제거하거나 경사진 통로를 설치한다.

④ 식자재 창고와 주방의 층수가 다를 경우 엘리베이터 등 승강장치를 설치하여 이용한다.

⑤ 주방에 설치된 모든 후드가 적절하게 기능을 하는지 확인하고 정기적으로 청소 및 유지관리를 실시한다.

⑥ 호스 릴을 설치하여 물 호스가 바닥에 방치되지 않도록 한다.

⑦ 취사도구가 설치된 작업대 상부에는 적절한 환기설비를 설치하고 상시 가동하도록 한다.

(3) 작업장 바닥

① 작업장 바닥은 미끄럼방지 재질로 시공을 하거나 코팅을 한다.

② 일반타일 및 리놀륨 바닥재는 젖었을 경우에는 항상 미끄러울 수 있으므로 바닥재 사용을 피한다.

③ 주방 바닥의 형태와 재질은 가능한 동일하게 하고 부득이 다른 형태의 바닥을 설치할 경우에는 그 종류를 최소화한다.

④ 바닥에 흘린 것은 신속하고 효과적으로 제거될 수 있도록 하고 청소가 용이한 구조가 되어야 한다.

⑤ 배수로는 운반대차 이동에 방해가 되지 않도록 설치한다.

⑥ 젖은 장소나 미끄러운 위험한 장소에는 경고표지를 부착한다.

⑥ 작업자는 미끄러움을 방지할 수 있는 신발을 착용하도록 한다.

(4) 인력작업

① 반복동작의 빈도가 높은 전처리 작업들은 가능한 자동화 설비로 대체한다.(예 세미기, 감자탈피기, 야채절단기, 반죽기, 면 뽑는 기계, 믹서, 육절기 등)

② 작업점을 몸에 최대한 가까이 하여 허리를 굽히거나 팔을 뻗치는 등 부적절한 작업자세가 유발되지 않도록 한다.

③ 식재료 운반은 높낮이 조절이 가능한 운반대차를 활용하도록 한다.

④ 가공된 식재료 및 양념을 투입하는 작업은 무게가 최소화되도록 소량 단위로 투입한다.

⑤ 조리 기구 사용 시에는 항상 손가락 집기보다 감싸 쥐기로 작업할 수 있는 도구를 선택하고 작업하도록 한다.

⑥ 조리기구의 손잡이 등은 손목이 굽혀지지 않도록 인간공학적으로 설계된 도구를 작업 상황에 맞게 사용한다.

⑦ 일하는 동안 무릎을 꿇거나 구부리는 자세, 쪼그려 앉는 자세보다는 의자 또는 보조 기구를 사용한다.
⑧ 작업자는 열 스트레스를 예방하기 위하여 조리작업을 하기 전 물을 충분히 마시고 작업하는 동안에도 자주 물을 마신다.
⑨ 조리작업 시에는 고무장갑, 앞치마, 발목이 긴 장화 등을 착용하도록 한다.

3) 식기세척(설거지) 작업

(1) 작업대는 높낮이 조절이 가능한 작업대를 제공하여 작업자의 신체 특성에 높이를 맞출 수 있도록 하고 키가 작은 작업자를 위해서는 적합한 높이에 맞출 수 있는 보조 받침대를 사용한다.
(2) 장시간 서서 일하는 작업자에게는 발 받침대(Footstools) 및 피로예방매트를 제공한다.
(3) 작업점을 몸에 최대한 가까이 하여 허리를 굽히거나 팔을 뻗치는 등 부적절한 작업 자세가 유발되지 않도록 한다.
(4) 작업자의 반복동작이 최소화되도록 자동세척기를 설치하여 사용하고 1차 세척조(애벌 세척조)와 자동세척기는 작업동선이 최소화되도록 배치한다.
(5) 자동 식기세척기에는 환기설비를 설치하고 유효하게 작동되도록 유지한다.
(6) 작업자에게는 앞치마 및 고무장갑을 지급하여 착용하도록 한다.
(7) 세제 및 린스 등의 화학물질은 구획된 별도의 장소에 보관하고 근로자가 잘 볼 수 있는 곳에 물질안전보건자료를 비치한다.
(8) 작업장 바닥은 전처리 및 조리작업장 바닥의 지침을 준용한다.
(9) 자외선 살균소독기는 문을 개방 시에는 자동으로 램프가 꺼지는 구조를 사용하고 이상 유무를 상시 점검한다.
(10) 자외선 살균소독기는 휴게실과 같이 근로자의 거주공간에 배치하지 않도록 하고 점검, 보수 작업 시에는 보안경 등 보호구를 착용한다.
(11) 자동세척기 작업 시 귀마개를 착용한다.

4) 청소작업

(1) 주방 바닥의 청소 작업은 긴 손잡이가 달린 청소도구를 사용하여 허리의 굽힘 자세를 최소화하도록 한다.
(2) 청소작업에 사용하는 물은 호스 릴을 설치하여 사용하도록 한다.
(3) 바닥청소에 사용하는 세척제는 구획된 별도의 장소에 보관하고 근로자가 잘 볼 수 있는 장소에 물질안전보건자료를 비치한다.

5) 배식 및 서빙작업

(1) 음식물을 배식하기 위한 운반 작업은 운반대차를 이용하도록 하고 운반대차에 적재 시에는 무릎에서 어깨높이 사이에만 적재하도록 한다.

(2) 음식물을 좌식 테이블에 배치하거나 빈 그릇 등을 수거하는 작업 시에는 허리를 굽히지 않고 앉은 자세로 하도록 하고 필요시에는 무릎보호대를 착용하도록 한다.

6) 의학적 및 관리적인 개선방안

(1) 사업주는 조리직종 근로자에 대하여 안전보건교육을 실시하고 교육내용에는 다음의 내용이 포함되도록 한다.

① 근골격계부담작업의 유해요인 및 근골격계질환의 징후와 증상 등

② 물질안전보건자료의 제도 및 취급 화학물질의 유해성 등

③ 열 피로(Heat Stress)의 징후와 증상 등

(2) 순환근무

① 관리자는 가능한 전처리 작업, 서빙작업, 설거지 및 청소와 같은 다른 업무를 순환시켜 준다.

② 관리자는 메뉴를 계획할 경우 매일 장시간 손질이 많이 가는 메뉴가 반복되지 않도록 변화를 주도록 한다.

(3) 휴식 및 짧은 작업정지시간 제공

① 사업주는 근로자에게 규칙적으로 휴식시간을 제공하여야 한다.

② 작업자는 피곤을 느끼거나 근육에 통증이 올 때 휴식을 취하거나 잠깐 동안 작업을 멈추도록 한다.

③ 작업자는 10~15초간의 짧은 작업정지시간을 자주 갖고 그동안에 자세를 바꾸고 간단히 스트레칭을 실시한다.

(4) 사업주는 근골격계부담작업에 근로자를 종사하도록 하는 경우에는 매 3년마다 정기적으로 유해요인조사를 실시하여야 하며 이 경우 「근골격계부담작업 유해요인조사 지침(KOSHA GUIDE H-9-2011)」을 참조한다.

(5) 사업주는 근골격계부담작업 유해요인조사 결과 근골격계질환이 발생할 우려가 있을 경우 근골격계질환 예방 · 관리정책 수립, 교육 및 훈련, 의학적 관리 작업환경개선활동 등 근골격계질환 예방활동을 체계적으로 수행하도록 권장한다. 이 경우 「사업장 근골격계질환 예방 · 관리 프로그램(KOSHA CODE H-31-2003)」을 참조한다.

(6) 근로자 건강진단 및 의학적 조치

① 특수건강진단 대상물질을 취급하는 근로자에 대해서는 특수건강진단을 실시하고 사후관리를 실시한다.

② 사업주는 근골격계질환 조기발견, 조기치료 및 조속한 직장복귀를 위한 의학적 관리를 수행하도록 권장한다. 이 경우 「사업장의 근골격계질환 예방을 위한 의학적 조치에 관한 지침(KOSHA CODE H−43−2007)」을 참조한다.

(7) 사업주는 5kg 이상을 들거나 내리는 장소에는 해당 물품의 중량과 무게중심에 대한 안내표지를 부착하여야 한다.

〈표 1〉 조리직종의 대표적인 작업별 유해요인

작 업 명	작업 내용	유해요인	비 고
1. 식자재 운반 및 보관작업	식자재 및 조리도구 운반 및 적재	과도한 힘(중량물)	손/손목, 허리
		부적절한 작업자세	팔, 어깨, 허리
2. 전처리 작업	• 야채, 육류 등의 절단 및 다듬기작업 • 밀가루 반죽 및 면 뽑는 작업	과도한 힘(중량물)	손/손목, 허리
		부적절한 작업자세	손/손목, 목, 허리
		반복동작	손/손목, 팔, 어깨
		정적인 자세	목, 무릎/다리
		접촉스트레스	손/손목
		저온환경	–
3. 조리작업	전처리된 재료를 끓이고 볶는 등의 조리작업	과도한 힘(중량물)	손/손목, 허리
		부적절한 작업자세	손/손목, 목, 허리
		반복동작	손/손목, 팔, 어깨
		접촉스트레스	손/손목
		유해가스(CO, CO_2)	–
		고온(화상)	–
		고열환경	–
4. 식기세척 작업	식기 및 조리도구 등을 세척하는 작업	과도한 힘(중량물)	손/손목, 허리
		부적절한 작업자세	손/손목, 목, 허리
		반복동작	손/손목, 팔, 어깨
		정적인 자세	목, 무릎/다리
		접촉스트레스	손/손목
		화학물질(세제) 노출	눈, 피부
		자외선 노출	눈, 피부
		소음노출	–
5. 배식 및 서빙작업	• 음식을 배식대로 운반 및 분배작업 • 홀 서빙작업	과도한 힘(중량물)	손/손목, 허리
		부적절한 작업자세	허리
6. 청소작업	주방바닥 및 작업대 등의 청소작업	과도한 힘(중량물)	손/손목, 허리
		부적절한 작업자세	손/손목, 허리, 어깨

감정노동에 따른 직무스트레스 예방지침(H-34-2011)

1. 목적

이 지침은 산업안전보건기준에 관한 규칙 제669조 "직무스트레스에 의한 건강장해 예방 조치"에 의거 감정노동을 하는 근로자의 직무스트레스를 예방하고 관리하는 사항을 정함을 목적으로 한다.

2. 적용범위

이 지침은 감정노동을 하는 근로자를 고용하고 있는 사업장에 적용한다.

3. 용어의 정의

1) 이 지침에서 사용하는 용어의 정의는 다음과 같다.
   (1) "감정노동(Emotional Labor)"이라 함은 직업상 고객을 대할 때 자신의 감정이 좋거나, 슬프거나, 화나는 상황이 있더라도 사업장(회사)에서 요구하는 감정과 표현을 고객에게 보여주는 등 고객응대업무를 하는 노동을 말한다.
   (2) "소진(Burn Out)"이라 함은 감정적인 요구가 큰 상황에 장기간 노출됨으로써 나타나는 신체적, 감정적, 정신적 탈진상태를 말한다.(특히 사람들을 직접 대하는 서비스 종사자들에게 생길 수 있으며 감정적 탈진, 비인격화, 그리고 개인적 성취의 저하로 나타난다.)

2) 그 밖에 이 지침에서 사용하는 용어의 정의는 이 지침에 특별한 규정이 있는 경우를 제외하고는 산업안전보건법, 같은 법 시행령, 같은 법 시행규칙 및 안전보건규칙에서 정하는 바에 의한다.

4. 감정노동과 소진

1) 감정노동은 개인적으로 좋아하고, 싫어하고, 슬프고, 화나는 매우 사적인 감정보다 조직을 위해서 조직에서 원하는 방식대로 감정을 표현하도록 강요된 감정으로 업무를 하기 때문에 자신이 느끼는 감정과 조직에서 요구하는 감정 간의 부조화로 정서적 소진과 아울러 다양한 건강상의 문제를 발생시킨다.
2) 감정노동을 많이 하는 근로자는 감정노동을 하지 않는 근로자에 비해 우울수준이 높고, 자기비하감, 자기가 누군지 무감각해지는 증상, 사람에 대한 무관심 등이 나타난다.

5. 감정노동을 하는 근로자를 위한 스트레스 관리

감정노동을 하는 근로자의 직무스트레스 예방과 관리를 위하여 사업주, 보건관리자 및 관리감독자는 일상관리, 조기발견과 조기대응 그리고 직장복귀 지원을 한다.

1) 일상관리

일상관리의 일반적인 사항은 「직무스트레스 예방관리지침」에 따르고, 여기에는 감정노동에 해당되는 내용이다.

(1) 감정노동은 직무스트레스의 중요한 요인이라는 인식을 한다.

직무스트레스에 대한 관심이 증가하고 있으며, 특히 감정노동을 하는 근로자들의 직무스트레스는 예방과 관리가 필요하다는 것을 인식한다.

(2) 산업안전보건교육에 감정노동에 관한 내용을 포함한다.

정기적으로 하는 산업안전보건교육에 감정노동과 건강에 관한 내용을 포함한다.

(3) 감정노동 자체를 완화시키는 방안을 마련한다.

고객이 많을수록, 특히 근로자에게 무리한 서비스를 요구하는 고객이 많을수록, 감정노동으로 인한 직무스트레스와 건강상태는 악화된다. 따라서 업무를 하는 상황을 조정하여 감정노동의 빈도와 정도를 완화시킨다.

① 서비스 제공 고객의 적정 수

과도한 감정노동을 완화시킬 방안으로 서비스 제공 고객 수의 적정성, 감정노동을 과다하게 요구하는 고객의 수 등을 파악해서 근로자가 적정한 정도의 서비스를 제공하도록 한다.

② 친절교육 등의 영향 고려

사업주는 친절 교육 등을 시행할 때, 근로자가 이를 어떻게 받아들이고 있으며, 이 교육은 어떤 의미이며, 근로자에게 어떤 영향을 주는지를 파악한다. 친절교육을 통한 고객 위주의 서비스 질 관리는 물론 근로자의 직무스트레스 예방과 관리를 위한 조직의 지원도 병행한다.

③ 직무순환

감정노동만 지나지게 할 경우 근로사는 소진할 가능싱이 높다. 따라시 사업주는 근로자가 감정노동과 다른 노동으로 순환하거나 혼합해서 할 수 있도록 한다.

④ 서비스에 대한 기준 마련

사업장에서 요구되는 감정노동을 잘 수행하고 있는지 사업주는 다양한 감시와 보상을 실시하고 있다. 감시를 하는 것은 근로자에게 스트레스 요인이 된다. 보상과 제재가 근로자의 건강에 어떤 영향을 주는지를 살핀다. 적정 서비스를 근로자가 하기 위해서는 무엇보다도 근로자가 바라는 사항, 그들이 갖고 있는 문제점을 잘 알아야 한다. 근로자와의 대화, 면담, 워크샵 등을 통해서 적정 서비스에 대한 기준을 마련하여 시행한다.

⑤ 휴식을 위한 편안한 공간 제공 사업주는 근로자에게 휴식을 할 수 있도록 적정한 공

간을 제공한다. 특히, 편안한 공간에서 휴식을 취할 수 있고, 상사, 동료들을 신경 쓰지 않는 공간을 제공한다.

(4) 고객과의 갈등이 발생할 때의 조치

① 고객과 갈등이 발생했을 때 고객의 이야기만 듣거나, 관리자가 자의적으로 판단하고 경고조치, 시말서, 공개사과 등의 질책을 하지 않는다. 근로자, 고객 모두의 이야기를 경청하고, 조직적 차원에서 개선해야 할 점, 지원해야 할 점을 먼저 조치한다.

② 해당 근로자가 업무부담이 많았거나, 피로가 누적되었다거나, 조직 내의 지원이 부족하여 스트레스가 쌓인 상황에서 고객과의 갈등이 발생하였을 때에는 해당 근로자의 원인에 맞는 조치로 업무 부담을 줄여 주거나, 휴식시간을 늘리는 등의 조치를 한다.

③ 문제에 대해 차분하게 고객과 근로자의 이야기를 경청한다. 고객과 근로자는 상이한 입장에서 같은 상황을 설명할 수 있다는 점을 전제로 한다.

④ 문제와 갈등은 같은 상황에서 다양한 사람이 갖고 있는 다른 인식, 다른 요구가 결합되어 나타난다는 점을 숙지한다.

⑤ 해당 문제가 왜 발생했는지, 조직에서 개선해야 할 점이 무엇인지 종합적으로, 다양한 차원에서 파악한다.

⑥ 기존의 조직체계, 조직문화, 훈련, 교육, 고객의 특성 등과 연계하여 문제를 파악한다.

⑦ 조직 내에서 근로자와 고객의 갈등 유발을 최소화시킬 수 있는 방안을 마련하고 실행한다.

⑧ 고객과의 갈등을 감소할 수 있는 요구사항을 상시적으로 말할 수 있는 통로를 마련하여, 고객불만 제기사항에 대한 근로자 측 입장을 배려한다.

⑨ 근로자가 그동안 업무부담이 많았거나, 피로가 누적되었다거나, 조직 내의 지원이 부족하여 스트레스가 쌓여 발생한 상황이라면 여기에 맞는 조치를 취한다.

⑩ 근로자가 직장생활 관련 부담 및 불만족, 또는 일－가정 양립으로 발생한 부분이 있다면 각각에 맞는 해당조치를 취한다.

(5) 근로자, 회사, 고객 '모두가 행복한 서비스' 문화 정착을 위한 조치 고객의 요구사항은 어떤 상황에서도 수용해야 하는 것이 아니며 '적절한' 서비스는 고객이 필요한 정보를 적시에 제공하고, 서비스를 제공하는 근로자와 서비스를 받는 고객 모두가 행복하고 배려해야 한다는 것을 알리도록 한다. 회사가 바라는 '모두가 행복한 서비스'가 무엇인지 알리고, 회사가 근로자도 고객처럼 대우하고 싶어 하며, 실제 그러한 지원을 하고 있다는 점을 고객에게 알림으로써 '모두가 행복한 서비스'에 고객이 함께 할 수 있도록 유도한다.

2) 감정노동에 따른 건강문제의 조기발견과 조기대응

감정노동에 따른 건강문제를 가진 근로자의 조기발견과 대응은 일반적인 직무스트레스의 경우와 비슷하므로 「직무스트레스의 일상적인 관리를 위한 관리감독자용 지침(KOSHA

GUIDE H-38-2011)」 및 「근로자의 우울증 예방을 위한 관리감독자용 지침(KOSHA GUIDE H-37-2011)」에 따라 조치한다.

3) 휴직자의 직장복귀 지원

감정노동과 관련하여 휴직한 근로자의 직장복귀는 「직무스트레스의 일상적 관리를 위한 관리감독자 지침(KOSHA GUIDE H-38-2011)」에 따른다.

사업장 직무스트레스 예방 프로그램(H-40-2011)

1. 목적

이 지침은 산업안전보건기준에 관한 규칙 제669조 "직무스트레스에 의한 건강장해 예방 조치"에 의거 직무스트레스 요인을 관리하여 근로자의 직무스트레스에 의한 건강장해를 예방하는 사항을 정함을 목적으로 한다.

2. 적용범위

이 지침은 직무스트레스 예방 프로그램을 작성하여 시행하는 사업장에 적용한다.

3. 용어의 정의

1) 이 지침에서 사용하는 용어의 정의는 다음과 같다.
   (1) "직무스트레스 예방 프로그램"이라 함은 직무스트레스 요인을 사전에 파악하여 관리하고, 직무스트레스로 인한 건강장해를 조기에 발견하며, 직무스트레스로 인한 건강장해 발생 시 신속한 사후 조치와 재활을 시행하는 것을 말한다.
   (2) "직무스트레스 요인"이라 함은 「직무스트레스요인 측정 지침」(KOSHA CODE, H-42-2006)에서 제시한 물리적 환경, 직무 요구, 직무 자율, 관계갈등, 직무 불안정, 조직 체계, 보상 부적절, 직장문화 등의 8개 영역에 해당하는 요인을 말한다.

2) 그 밖에 이 지침에서 사용하는 용어의 정의는 이 지침에 특별한 규정이 있는 경우를 제외하고는 산업안전보건법, 같은 법 시행령, 같은 법 시행규칙 및 안전보건규칙에서 정하는 바에 의한다.

4. 직무스트레스 예방 프로그램 기본방향

1) 사업주와 근로자는 직무스트레스 요인을 제거하거나 관리하여 직무스트레스로 인한 건강장해를 예방하거나 최소화하기 위하여 적극적으로 노력한다.
2) 사업주와 근로자는 직무스트레스 예방과 초기관리가 늦어지면 결과적으로 산업재해 및 각종 질병이 발생하여 이에 대한 치료 등 관리비용이 더 많이 발생할 수 있음을 인식한다.
3) 사업주와 근로자는 직무스트레스를 예방하기 위하여 전 직원의 지속적인 참여와 적극적인 활동을 통하여 예방할 수 있음을 인식한다.
4) 사업주는 직무스트레스의 예방 프로그램에 근로자를 참여시키고, 근로자는 프로그램 운영

의 모든 단계에 적극적으로 참여한다.

5) 직무스트레스를 효과적으로 예방하기 위하여 근로자 참여형 프로그램을 활용한다.
6) 사업주는 직무스트레스 예방 프로그램을 운영하기 위하여 외부 전문가의 자문을 받거나 협력 체계를 마련한다.
7) 근로자의 직무스트레스 요인, 프로그램 운영내용, 결과 등에 관한 모든 사항을 기록하고, 보존한다.

5. 직무스트레스 예방 프로그램 추진팀 구성

1) 사업주는 효율적이고 합리적인 직무스트레스 예방 프로그램을 운영하기 위하여 사업장 특성에 맞게 직무스트레스 예방 프로그램 추진팀을 구성하되, 예산 등에 대한 결정권한이 있는 자가 반드시 참여하도록 한다.
2) 예방 프로그램 추진팀은 업종, 규모 등 사업장의 특성에 따라 적정 인력이 참여하도록 구성한다. 이때 근로자 대표가 반드시 참여하도록 하고, 사업장의 여건에 따라 관리감독자, 인사 및 노무 담당자, 산업보건의, 보건관리자, 심리상담사, 정신보건 관계자 등이 참여하게 한다.
3) 산업안전보건위원회가 구성된 사업장은 예방 프로그램 추진팀의 업무를 산업안전보건위원회에 위임할 수 있다.

6. 직무스트레스 예방 프로그램 추진 모형

직무스트레스 예방 프로그램 추진 모형은 〈그림 1〉과 같다.

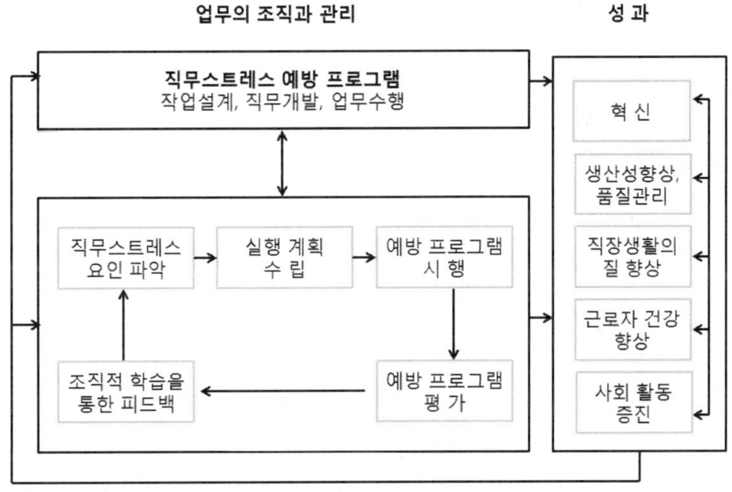

〈그림 1〉 직무스트레스 예방 프로그램 추진 모형

1) 직무스트레스를 예방하기 위한 프로그램은 직무스트레스 요인 파악, 실행 계획 수립, 프로그램 시행, 프로그램 평가, 조직적 학습을 통한 피드백의 순서로 진행한다.
2) 직무스트레스 예방 프로그램은 직무 설계, 업무 개발, 작업에 영향을 미친다.
3) 직무스트레스 예방 프로그램의 추진을 통해 혁신이 이루어지고, 생산성 향상과 품질 관리가 이루어지며, 직장생활의 질이 좋아지고, 근로자의 건강과 사회활동이 향상된다.

7. 직무스트레스 예방 프로그램 수행 절차

1) 직무스트레스 요인 파악

(1) 근로자를 면담하여 근로자가 인식한 직무스트레스 요인을 파악한다.
(2) 「직무스트레스요인 측정 지침」(KOSHA CODE, H－42－2006)에 제시된 한국인 직무스트레스요인 측정도구를 이용하여 직무스트레스 요인을 파악하고 평가한다.
(3) 결근, 이직, 직무성과 등에 대한 자료를 수집하여 근로자 면담결과와 직무스트레스요인 측정 결과에서 나타난 정보를 통합하여 근로자의 직무스트레스 요인을 정리한다.
(4) 직무스트레스가 높은 부서의 업무내용을 파악한다.

2) 실행 계획 수립

(1) 합리적이고 실질적인 실행 계획을 수립하기 위해서는 다음의 사항을 고려해야 한다.
① 무엇에 초점을 두고 프로그램을 진행할 것인가?
② 어떻게 관리할 것인가?
③ 프로그램을 담당하는 사람이 누구인가?
④ 프로그램의 진행에 참여하는 사람은 누구인가?
⑤ 진행 일정을 어떻게 정할 것인가?
⑥ 어떤 자원이 필요한가?
⑦ 기대효과는 무엇인가?
⑧ 효과를 어떻게 파악할 것인가?
⑨ 실행 계획과 결과를 어떻게 평가할 것인가?
(2) 직무스트레스 예방 프로그램의 우선순위를 정한다.
(3) 우선순위에 따라 직무스트레스 예방 프로그램의 목표를 구체적이고 명확하게 설정한다.

3) 직무스트레스 예방 프로그램의 시행

(1) 직무스트레스 요인을 관리하기 위한 조직적 차원의 전략은 근무시간 관리, 적절한 휴식시간 제공, 업무 일정의 합리적 운영, 적정 업무량 배정, 자신의 업무와 관련된 결정에 참여할 수 있는 기회 제공, 의사소통 창구 마련, 다양한 지지체계 구축, 자아발전의 기회 제공, 근로자에 대한 교육과 훈련의 시행 등이다.

(2) 근로자와 토의하여 사업장 실정에 맞게 직무스트레스 요인을 관리하기 위한 전략을 수정한다.

(3) 수립된 전략을 토대로 직무스트레스 예방 프로그램을 실행하고 적용한다.

(4) 프로그램을 실행할 때는 체계적으로 모니터링하고, 실행 내용을 빠짐없이 기록한다.

(5) 프로그램 실행의 가장 핵심적인 사항은 근로자와 관리자의 참여이므로, 프로그램 시행의 모든 단계에 근로자와 관리자가 적극적으로 참여할 수 있도록 한다.

4) 직무스트레스 예방 프로그램의 평가

(1) 직무스트레스 예방 프로그램 시행 후 직무스트레스요인 측정도구를 이용하여 직무스트레스 정도를 재평가한 후 사전 측정결과와 비교한다.

(2) 수립한 목표를 달성하였는지 평가한다.

(3) 실행 계획과 프로그램 수행내용의 약점과 강점을 평가한다.

5) 조직적 학습에 따른 피드백

(1) 평가에서 나타난 문제점은 그 다음에 시행할 직무스트레스 예방 프로그램에 보완하여 적용한다.

(2) 프로그램의 평가와 피드백을 위해 다양한 사람들의 의견을 청취한다.

사무실 작업환경 관리지침(H-60-2012)

1. 목적

이 지침은 산업안전보건법(이하 "법"이라 한다) 제24조(보건상의 조치), 제42조(작업환경의 측정 등), 산업안전보건기준에 관한 규칙(이하 "안전보건규칙"이라 한다) 제11장(사무실에서의 건강장해 예방) 규정에 의거 같은 법의 적용을 받는 사무실에서 작업하는 근로자의 건강장해 예방과 쾌적한 작업환경 조성을 위한 지침을 정하는 것을 목적으로 한다.

2. 적용범위

이 지침은 법의 적용을 받는 일반 사무실 및 사업장에 부속된 사무실에 적용한다.

3. 용어의 정의

1) 이 지침에서 사용하는 용어의 정의는 다음과 같다.

(1) "사무실"이라 함은 중앙관리방식의 공기정화설비 등을 갖추고 근로자가 업무를 수행하는 실내공간과 그 부속시설인 휴게실, 식당, 화장실, 회의실, 강당, 보건의료시설, 복도, 계단 등의 공간을 말한다.

(2) "사무실 오염물질"이라 함은 분진 · 가스 · 증기 등과 곰팡이 · 세균 · 바이러스 등 사무실의 공기중에 떠다니면서 근로자에게 건강장해를 유발할 수 있는 물질을 말한다.

(3) "공기정화설비 등"이라 함은 사무실 오염물질을 바깥으로 내보내거나 바깥의 신선한 공기를 실내로 끌어들이는 급 · 배기장치, 오염물질을 제거 또는 감소시키는 여과제 또는 온도, 습도, 기류 등을 조절하여 공급할 수 있는 냉 · 난방장치, 그 밖의 이에 상응하는 장치 등을 말한다.

(4) "호흡성 분진"이라 함은 호흡기를 통하여 폐포에 축적될 수 있는 크기의 분진을 말하며, 침착되는 부위 및 먼지입경에 따라 다음과 같이 구분할 수 있다.

① "흡입성 입자상 물질(IPM ; Inhalable Particulate Mass)"이라 하면 호흡기 어느 부위에 침착하더라도 독성을 나타내는 물질로서 입경범위는 0~100μm를 말하다.

② "흉곽성 입자상 물질(TPM ; Thoracic Particulate Mass)"이라 하면 기도나 폐포에 침착할 때 독성을 나타내는 물질로서 평균 입경은 10μm를 말한다.

③ "호흡성 입자상 물질(RPM ; Respirable Particulate Mass)"이라 하면 가스 교환 부위, 즉 폐포에 침착할 때 유해한 물질로서, 평균 입경이 4μm를 말한다.

(5) "기적"이라 함은 사무실 바닥으로부터 4미터 이상의 공간을 제외한 총 용적에서 사무실 내에 있는 설비나 기기가 점유한 용적을 뺀 공기의 체적을 말한다.

2) 그 밖에 이 지침에서 사용하는 용어의 정의는 이 지침에 특별한 규정이 있는 경우를 제외하고는 산업안전보건법, 같은 법 시행령, 같은 법 시행규칙, 산업안전보건기준에 관한 규칙 및 관련 고시에서 정하는 바에 의한다.

4. 사무실 작업환경 관리 기준

1) 기적

근로자가 상시 근로하는 사무실 내(이하 "실내"라 한다.)의 근로자 1인에 대하여 10세제곱미터 이상으로 한다.

2) 환기

실내의 환기는 직접 외기를 향하여 개방할 수 있는 창을 설치하고 그 면적은 바닥면적의 20분의 1 이상이 되도록 해야 한다. 단 환기가 충분히 이루어지는 성능의 설비를 갖춘 때는 그러하지 아니하다.

3) 온 · 습도

(1) 실내 온도가 섭씨 10도 이하인 경우 난방 등 적당한 온도조절을 위한 조치를 강구하여야 한다.

(2) 실내를 냉방하는 경우, 당해 실내의 기온과 외부온도의 차이가 섭씨 10도 이하로 하여서는 아니 된다. 다만 전자계산기, 컴퓨터, 정밀기기 등을 설치한 작업실에서는 그 근로자에게 보온을 위하여 필요한 조치를 한 경우에는 그러하지 아니하다.

(3) 중앙집중식 공기정화설비 등을 갖추고 있는 경우에는 실내의 기온이 섭씨 17도 이상 28도 이하, 상대습도가 40% 이상 75% 이하가 되도록 조치하여야 한다.

4) 기류

공기정화설비 등에 의해 사무실로 들어오는 공기가 근로자에게 직접 접촉되지 아니하도록 하고 기류속도는 매 초당 0.5m 이하가 되도록 조치하여야 한다.

5) 조도

(1) 실내 작업면의 조도를 다음 표 좌측 작업구분에 따라 우측란 기준에 적합하도록 하여야 한다.

작업 구분	기 준
초정밀 작업	750 럭스 이상
정밀 작업	300 럭스 이상
보통 작업	150 럭스 이상
기타 작업	75 럭스 이상

단, 감광재료의 취급 등 특수한 작업을 수행하는 실에 대하여는 그러하지 아니하다.

(2) 실내 채광과 조명에 대해서는 명암대조가 심하지 않고 눈부심을 발생시키지 않는 방법으로 하여야 한다.

(3) 실내의 조명설비에 대하여 6개월마다 1회 이상 정기적으로 실내 조명설비를 점검하여야 한다.

6) 소음 및 진동 방지

실내 근로자에게 유해한 영향을 미칠 우려가 있는 소음 또는 진동에 대하여 차음 또는 흡음의 기능을 갖는 천장과 격리벽을 설치하는 등 그 전파를 방지하기 위한 필요한 조치를 강구하여야 한다.

7) 급수

실내 근로자에게 식용으로 공급하는 식수는 국가의 수질검사 기준에 합격한 것이어야 한다.

8) 배수

배수 관련 설비에 대하여 당해 설비의 정상적인 기능이 방해되지 않도록 보수 또는 청소하여야 한다.

9) 사무실의 청결

(1) 사무실을 항상 청결하게 유지 관리하기 위하여 실내분진발생을 최대한 억제할 수 있는 방법을 사용하여 청소하여야 한다.

(2) 실외로부터 자동차 매연 그 밖의 오염물질이 실내로 들어올 우려가 있는 때에는 통풍구, 창문, 출입문 등의 공기유입구를 재배치하는 등의 조치를 하여야 한다.

(3) 미생물로 인한 사무실 공기오염을 방지하기 위하여 건물표면 및 공기정화설비 등에 오염되어 있는 미생물을 제거하여야 하며 6개월에 1회 이상 정기적으로 방제 및 청소를 실시하여야 한다.

10) 휴게설비

근로자가 휴식시간 등에 이용할 수 있는 휴게설비를 설치하여야 하며 또한 환기장치가 설치된 흡연실을 마련하여야 한다.

11) 공기정화설비 등의 점검

동력에 의한 강제환기 설비에 대하여 최초 사용 시, 또한 분해하여 개조 또는 수리를 행한 때에는 사용 전에 점검을 하여야 하며, 6개월마다 1회 정기적으로 이상 유 · 무를 점검하고 그 결과를 기록한 서류를 1년간 보존하여야 한다.

5. 사무실 오염물질별 관리기준

공기정화설비 등을 중앙 집중식 냉난방식으로 설치한 경우, 실내에 공급되는 공기는 다음 각 호의 기준에 적합하도록 당해 대상물질을 관리해야 한다.

1) 호흡성 분진

실내 공기 중에 부유하고 있는 호흡성 분진의 총량은 1m^3당 0.15mg 이하가 되도록 하여야 한다.

2) 일산화탄소

당해 실내 일산화탄소(CO)의 농도가 10ppm(외기가 오염되어 있어 일산화탄소의 농도가 10ppm 이하인 공기를 공급하기 곤란한 경우에는 20ppm 이하) 이하가 되도록 하여야 한다.

3) 이산화탄소

당해 실내 공기 중 이산화탄소(CO_2)의 농도가 1,000ppm 이하가 되도록 하여야 한다.

4) 이산화질소

(1) 이산화질소(NO_2)가 발생되는 연소기구(발열량이 극히 적은 것을 제외한다.)를 사용하는 실내작업장에는 배기통, 환기팬 및 기타 공기순환을 위한 적절한 설비를 설치하여 이산화질소의 당해 실내 농도가 0.15ppm 이하로 되도록 조치하여야 한다.

(2) 사업주는 연소기구를 사용할 때 매일 당해 기구의 이상 유무를 점검하여야 한다.

5) 포름 알데히드

사무실 내 포름알데히드(HCHO)의 농도가 0.1ppm 이하가 되도록 하여야 한다.

6. 사무실 오염물질별 평가

1) 측정대상

실내 환경에 대한 평가를 하고자 할 때에는 다음 사항을 측정하여야 한다.

(1) 공기 중 호흡성 분진 농도
(2) 공기 중 일산화탄소 농도
(3) 공기 중 이산화탄소 농도
(4) 공기 중 이산화질소 농도
(5) 공기 중 포름알데히드 농도

2) 평가항목

사무실 환경의 평균적인 오염도를 평가하고자 할 때에는 1)에서 규정하고 있는 사항에 대해 평균적인 평가가 될 수 있도록 사무실 환경을 평가하여야 한다.

3) 측정방법

(1) 본 항에서 규정하는 아래 표 좌측란의 측정대상에 대한 측정 시 동표 우측란에 기록한 측정기 또는 이와 동등 이상의 성능을 보유한 측정기를 사용하여야 한다.

측정대상	측 정 기 기
호흡성 분진 농도	분립장치 또는 호흡성 분진을 포집할 수 있는 기기를 이용한 여과포집방법 (개인시료채취기 또는 지역시료채취기)
일산화탄소 농도	직독식으로 측정할 수 있는 기기
이산화탄소 농도	직독식으로 측정할 수 있는 기기
이산화질소 농도	표준농도로 보정된 직독식으로 측정할 수 있는 기기로 정기적으로 보정을 해야 함
포름알데히드 농도	직독식으로 측정할 수 있는 기기 또는 개인용 시료 포집기로 포집하여 비색법(UV) 또는 고속액체크로마토그래피(HPLC) 등

(2) 측정지점은 당해 근로자의 호흡기 및 유해물질 발생원에 근접한 위치 또는 근로자 작업행동 범위의 주작업 위치에서 근로자의 호흡기 높이에서 측정하여야 한다.

4) 기록보존

전 항의 규정에 의한 측정을 행한 때에는 그때마다 다음 사항을 기록하여 이를 5년간 보존하여야 한다.

(1) 측정일시
(2) 측정방법
(3) 측정장소
(4) 측정조건
(5) 측정결과
(6) 측정자의 성명
(7) 측정결과에 따른 개선조치사항

5) 기타 사항

기타 실내 작업환경측정에 필요한 사항은 고용노동부고시 제2011-25호(작업환경측정 및 정도관리규정)를 준용한다.

사업장 근골격계질환 예방 · 관리 프로그램(H-65-2012)

1. 목적

이 프로그램은 산업안전보건기준에 관한 규칙(이하 "안전보건규칙"이라 한다) 제12장의 규정에 의거 근골격계질환 예방을 위한 유해요인 조사와 개선, 의학적 관리, 교육에 관한 근골격계질환 예방 · 관리 프로그램(이하 "예방 · 관리 프로그램"이라 한다)의 표준을 제시함을 목적으로 한다.

2. 적용범위

이 프로그램은 유해요인조사 결과 근골격계질환이 발생할 우려가 있는 사업장으로서 예방 · 관리프로그램을 작성하여 시행하는 경우에 적용한다.

3. 용어의 정의

1) 이 프로그램에서 사용하는 용어의 정의는 다음과 같다.
   (1) "관리감독자"라 함은 사업장 내 단위 부서의 책임자를 말한다.
   (2) "보건담당자"라 함은 보건관리자가 선임되어 있지 않은 사업장에서 대내외적으로 산업보건관계업무를 맡고 있는 자를 말한다.
   (3) "보건의료전문가"라 함은 산업보건분야의 학식과 경험이 있는 의사, 간호사 등을 말한다.
2) 그 밖에 이 지침에서 사용하는 용어의 정의는 이 지침에 특별한 규정이 있는 경우를 제외하고는 산업안전보건법, 같은 법 시행령, 같은 법 시행규칙, 산업안전보건기준에 관한 규칙 및 관련 고시에서 정하는 바에 의한다.

4. 예방 · 관리 프로그램 기본방향

1) 예방 · 관리 프로그램은 〈그림 1〉에서 정하는 바와 같은 순서로 진행한다.

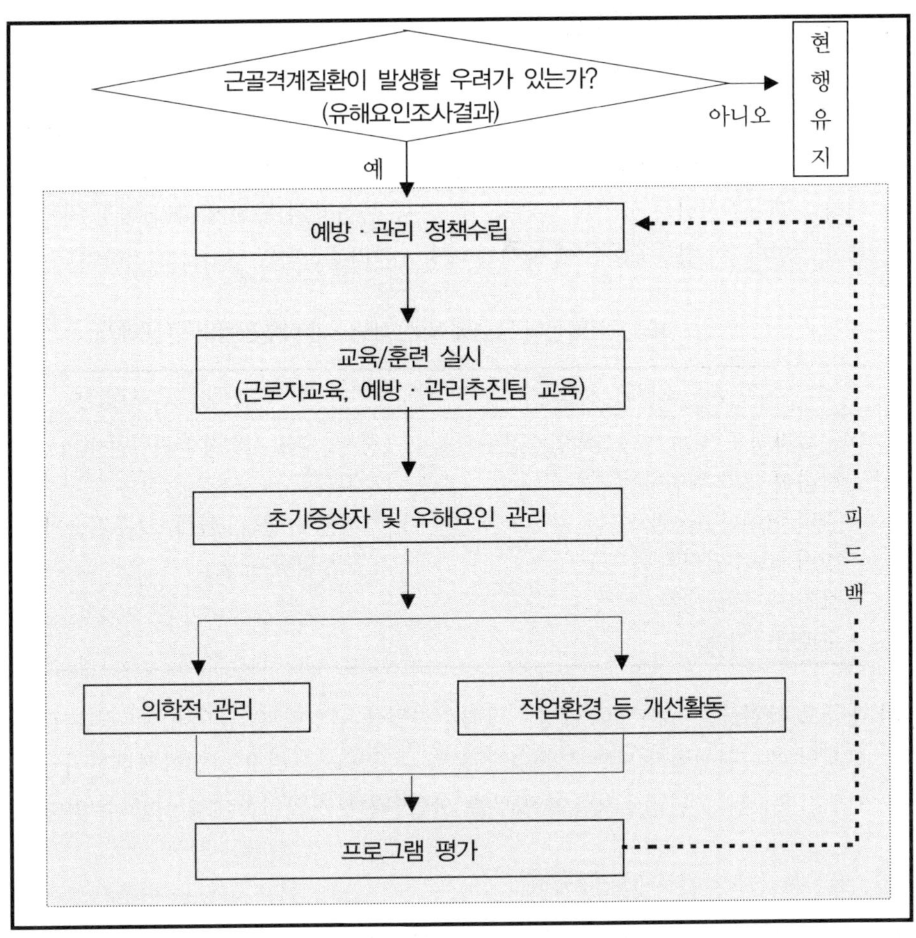

〈그림 1〉 예방 · 관리 프로그램 흐름도

2) 사업주와 근로자는 근골격계질환이 단편적인 작업환경개선만으로는 예방하기 어렵고 전 직원의 지속적인 참여와 예방활동을 통하여 그 위험을 최소화할 수 있다는 것을 인식하고 이를 위한 추진체계를 구축한다.
3) 사업주와 근로자는 근골격계질환 발병의 직접원인(부자연스런 작업자세, 반복성, 과도한 힘의 사용 등), 기초요인(체력, 숙련도 등) 및 촉진요인(업무량, 업무시간, 업무스트레스 등)을 제거하거나 관리하여 건강장해를 예방하거나 최소화한다.
4) 사업주와 근로자는 근골격계질환의 위험에 대한 초기관리가 늦어지게 되면 영구적인 장애를 초래할 가능성이 있을 뿐만 아니라 이에 대한 치료 등 관리비용이 더 커짐을 인식한다.
5) 사업주와 근로자는 근골격계질환의 조기발견과 조기치료 및 조속한 직장복귀를 위하여 가능한 한 사업장 내에서 재활프로그램 등의 의학적 관리를 받을 수 있도록 한다.

5. 근골격계질환 예방 · 관리추진팀

1) 사업주는 효율적이고 성공적인 근골격계질환의 예방 · 관리를 추진하기 위하여 사업장 특성에 맞게 근골격계질환 예방 · 관리추진팀(이하 "예방 · 관리추진팀"이라 한다)을 구성하되 예방 · 관리추진팀에는 예산 등에 대한 결정권한이 있는 자가 반드시 참여하도록 한다.
2) 예방 · 관리추진팀은 사업장의 업종, 규모 등 사업장의 특성에 따라 적정 인력이 참여하도록 구성한다. 이 경우 〈표 1〉에 예시된 예방 · 관리추진팀의 인력을 고려하여 구성할 수 있다.

〈표 1〉 사업장의 특성에 맞는 예방 · 관리추진팀의 구성(예시)

중 · 소규모 사업장	대규모 사업장
• 근로자대표 또는 명예산업안전감독관을 포함하여 그가 위임하는 자 • 관리자(예산결정권자) • 정비 · 보수담당자 • 보건 · 안전담당자 • 구매담당자 등	중 · 소규모 사업장 추진팀원 이외 다음의 인력을 추가함 • 기술자(생산, 설계, 보수기술자) • 노무담당자 등

3) 대규모 사업장은 부서별로 예방 · 관리추진팀을 구성할 수 있으며, 이 경우 관리자는 해당 부서의 예산결정권자 또는 부서장으로 할 수 있다. 그리고 산업안전보건위원회가 구성된 사업장은 예방 · 관리추진팀의 업무를 산업안전보건위원회에 위임할 수 있다.

6. 예방 · 관리 프로그램 실행을 위한 노 · 사의 역할

1) 사업주의 역할

(1) 기본정책을 수립하여 근로자에게 알려야 한다.
(2) 근골격계질환의 증상 · 유해요인 보고 및 대응체계를 구축한다.
(3) 예방 · 관리프로그램에 대한 지속적인 관리 · 운영을 지원한다.
(4) 예방 · 관리추진팀에게 예방 · 관리프로그램의 운영 의무를 명시한다.
(5) 예방 · 관리추진팀에게 예방 · 관리프로그램을 운영할 수 있도록 사내자원을 제공한다.
(6) 근로자에게 예방 · 관리프로그램의 개발 · 수행 · 평가에 참여 기회를 부여한다.

2) 근로자의 역할

(1) 작업과 관련된 근골격계질환의 증상 및 질병발생, 유해요인을 관리감독자에게 보고한다.
(2) 예방 · 관리프로그램의 개발 · 평가에 적극적으로 참여 · 준수한다.
(3) 근로자는 예방 · 관리프로그램의 시행에 적극적으로 참여한다.

3) 예방 · 관리추진팀의 역할

(1) 예방 · 관리프로그램의 수립 및 수정에 관한 사항을 결정한다.
(2) 예방 · 관리프로그램의 실행 및 운영에 관한 사항을 결정한다.
(3) 교육 및 훈련에 관한 사항을 결정하고 실행한다.
(4) 유해요인 평가 및 개선계획의 수립과 시행에 관한 사항을 결정하고 실행한다.
(5) 근골격계질환자에 대한 사후조치 및 근로자 건강보호에 관한 사항 등을 결정하고 실행한다.

4) 보건관리자의 역할

사업주는 보건관리자에게 예방 · 관리추진팀의 일원으로서 다음과 같은 업무를 수행하도록 한다.

(1) 주기적으로 작업장을 순회하여 근골격계질환을 유발하는 작업공정 및 작업유해요인을 파악한다.
(2) 주기적인 근로자 면담 등을 통하여 근골격계질환 증상 호소자를 조기에 발견하는 일을 한다.
(3) 7일 이상 지속되는 증상을 가진 근로자가 있을 경우 지속적인 관찰, 전문의 진단의뢰 등의 필요한 조치를 한다.
(4) 근골격계질환자를 주기적으로 면담하여 가능한한 조기에 작업장에 복귀할 수 있도록 도움을 준다.
(5) 예방 · 관리프로그램의 운영을 위한 정책 결정에 참여한다.

7. 근골격계질환 예방 · 관리 교육

1) 근로자 교육

(1) 교육대상 및 내용

사업주는 모든 근로자 및 관리감독자를 대상으로 다음 사항에 대한 기본교육을 실시한다.

① 근골격계부담작업에서의 유해요인
② 작업도구와 장비 등 작업시설의 올바른 사용방법
③ 근골격계질환의 증상과 징후 식별방법 및 보고방법
④ 근골격계질환 발생 시 대처요령
⑤ 기타 근골격계질환 예방에 필요한 사항

(2) 교육방법 및 시기

① 최초 교육은 예방 · 관리프로그램이 도입된 후 6개월 이내에 실시하고 이후 매 3년마다 주기적으로 실시한다. 다만, (1)의 ③항의 규정에 의한 교육은 매년 1회 이상

실시한다.

② 근로자를 채용한 때와 이 프로그램의 적용대상 작업장에 처음으로 배치된 자 중 교육을 받지 아니한 자에 대하여는 작업배치 전에 교육을 실시한다.

③ 교육시간은 2시간 이상 실시하되 새로운 설비의 도입 및 작업방법에 변화가 있을 때에는 유해요인의 특성 및 건강장해를 중심으로 1시간 이상의 추가교육을 실시한다.

④ 교육은 근골격계질환 전문교육을 이수한 예방 · 관리추진팀의 팀원이 실시하며 필요시 관계전문가에게 의뢰할 수 있다.

2) 예방 · 관리추진팀

(1) 교육대상 및 내용

사업주는 예방 · 관리추진팀에 참여하는 자를 대상으로 다음 내용에 대한 전문교육을 실시한다.

① 근골격계부담작업에서의 유해요인

② 근골격계질환의 증상과 징후의 식별방법

③ 근골격계질환의 증상과 징후의 조기 보고의 중요성과 보고방법

④ 예방 · 관리프로그램의 수립 및 운영방법

⑤ 근골격계질환의 유해요인 평가 방법

⑥ 유해요인 제거의 원칙과 감소에 관한 조치

⑦ 예방 · 관리프로그램 및 개선대책의 효과에 대한 평가방법

⑧ 해당 부서의 유해요인 개선대책

⑨ 예방 · 관리프로그램에서의 역할

⑩ 기타 근골격계질환 예방 · 관리를 위하여 필요한 사항 등

(2) 교육방법

① 교육시간은 교육내용을 습득하여 근로자 교육을 실시할 수 있을 만큼 충분한 시간 동안 실시한다.

② 전문교육은 전문기관에서 실시하는 근골격계질환 예방 관련 전문과정 교육으로 대체할 수 있다.

8. 유해요인조사

유해요인조사는 「근골격계부담작업 유해요인조사 지침(KOSHA GUIDE H－9－2012)」에 따른다.

9. 유해요인의 개선 등

1) 유해요인의 개선방법

(1) 사업주는 작업관찰을 통해 유해요인을 확인하고, 그 원인을 분석하여 그 결과에 따라 공학적 개선(Engineering Control) 또는 관리적 개선(Administrative Control)을 실시한다.

(2) 공학적 개선은 다음의 재배열, 수정, 재설계, 교체 등을 말한다.

① 공구 · 장비

② 작업장

③ 포장

④ 부품

⑤ 제품

(3) 관리적 개선은 다음을 말한다.

① 작업의 다양성 제공

② 작업일정 및 작업속도 조절

③ 회복시간 제공

④ 작업 습관 변화

⑤ 작업공간, 공구 및 장비의 주기적인 청소 및 유지보수

⑥ 작업자 적정배치

⑦ 직장체조 강화 등

2) 개선계획서의 작성과 시행

(1) 사업주는 개선 우선순위 등을 고려하여 개선계획서를 작성하고 시행한다.

(2) 사업주가 개선계획서를 작성할 때에는 노동조합 또는 해당 근로자의 의견을 수렴하고, 필요한 경우에는 관계전문가의 자문을 받는다.

(3) 사업주가 개선계획서를 작성하는 경우에는 공정명, 작업명, 문제점, 개선방안, 추진일정, 개선비용, 해당 근로자의 의견 또는 확인 등을 포함힌다.

(4) 사업주는 수립된 개선계획서가 일정대로 진행되지 않은 경우에 그 사유, 향후 추진방안, 추진일정 등을 해당 근로자에게 알린다.

(5) 사업주는 개선이 완료되었을 경우에 노동조합 또는 근로자가 참여하는 다음 사항의 평가를 실시하고, 문제점이 있을 경우에는 보완한다.

① 유해요인 노출 특성의 변화

② 근로자의 증상 및 질환 발생 특성의 변화(특정기간의 빈도, 질환의 발생률, 강도율, 증상호소율, 건강관리실 이용 회수, 의료기관 이용 특성 등)

③ 근로자의 만족도

(6) 사업주는 문제되는 작업 중 개선이 불가능하거나 개선효과가 없어 유해요인이 계속 존재하는 경우에는 유해요인 노출시간 단축, 작업 시간 내 교대근무 실시, 작업순환 등 작업조건을 개선할 수 있다.

(7) 사업주는 개선계획서의 수립과 평가를 문서화하여 보관한다.

3) 휴식시간

2시간 이상 연속작업이 이루어지지 아니하도록 적정한 휴식시간을 부여하되 1회에 장시간 휴식을 취하기보다는 가능한 한 조금씩 자주 휴식을 제공할 수 있도록 한다.

4) 새로운 시설 등의 도입 시 유의사항

사업주는 새로운 설비, 장비, 공구 등을 도입하는 경우에는 근로자의 인체 특성과 유해요인 특성 등 인간공학적인 측면을 고려한다.

10. 의학적 관리

의학적 관리는 〈그림 2〉에서 정하는 바와 같은 순서로 진행한다.

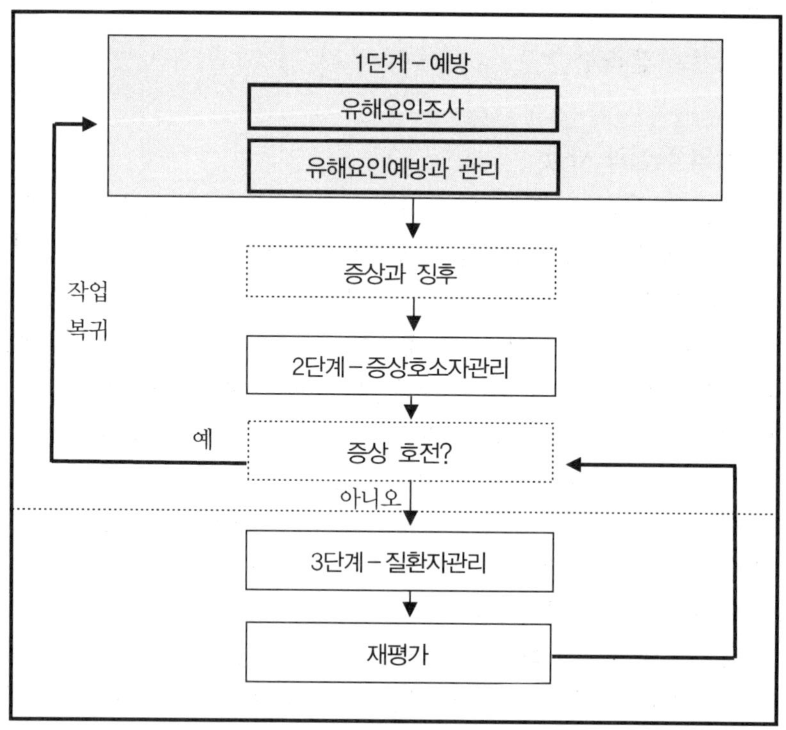

〈그림 2〉 의학적 관리업무 흐름도

1) 증상호소자 관리

(1) 근골격계질환 증상과 징후호소자의 조기발견체계 구축

① 사업주는 근골격계질환 증상의 조기 발견과 조치를 위하여 관련 증상과 징후가 있는 근로자가 이를 즉시 관리감독자에게 보고할 수 있도록 한다. 이를 위하여 사업주는 이러한 보고를 꺼리게 하거나 불이익을 당할 우려가 있는 기존의 관행이나 조치들을 제거한다.

② 사업주는 근로자로부터 근골격계질환 증상과 징후의 보고를 받은 경우에는 작업관련 여부를 판단하여 보고일로부터 7일 이내에 적절한 조치를 한다.

③ 사업주는 이를 위하여 보고를 접수하고 적절한 조치를 할 수 있는 체계를 갖추고 필요한 경우에는 관계전문가를 위촉할 수 있다.

④ 사업주는 필요한 경우에는 근로자와의 면담과 조사를 통하여 근골격계질환이 있는 근로자를 조기에 찾아낸다.

(2) 증상과 징후보고에 따른 후속조치

① 사업주는 근골격계질환 증상과 징후를 보고한 근로자에 대하여는 신속한 조치를 취하고 필요한 경우에는 의학적 진단과 치료를 받도록 한다.

② 사업주는 다음과 같은 신속한 해결방법을 확보하여 해당 업무를 개선한다.

㉠ 신속하게 근골격계질환의 증상호소자 관리방법 확보

㉡ 해당 업무의 근로자와 애로사항에 대하여 상담하고 유해요인이 있는지 확인

㉢ 유해요인을 제거하기 위하여 근로자의 조언 청취

(3) 증상호소자 관리의 위임

① 사업주는 근골격계질환의 증상호소자 관리를 위하여 필요한 경우에는 보건의료전문가에게 이를 위임할 수 있다.

② 사업주는 위임한 보건의료전문가에게 다음의 정보와 기회를 제공한다.

㉠ 근로자의 업무설명 및 그 업무에 존재하는 유해요인

㉡ 근로자의 능력에 적합한 업무와 업무제한

㉢ 사내 근골격계질환의 증상호소자 관리방법

㉣ 작업장 순회점검

㉤ 기타 근골격계질환 관리에 필요한 사업장 내의 정보

③ 사업주는 보건의료전문가에게 근골격계질환자 관리에 대하여 다음과 같은 내용의 소견서를 제출하도록 한다.

㉠ 근로자의 업무에 존재하는 근골격계질환 유해요인과 관련된 근로자의 의학적 상태에 관한 견해

㉡ 임시 업무제한 및 사후관리에 대한 권고사항

㉢ 치료를 요하는 근골격계질환자에 대한 검사결과 및 의학적 상태를 근로자에게

통보한 내용

㉣ 근골격계질환을 악화시킬 수 있는 비업무적 활동에 대하여 근로자에게 통보한 내용

(4) 업무제한과 보호조치

① 사업주는 근골격계질환 증상호소자에 대한 조치가 완료될 때까지 그 작업을 제한하거나 근골격계에 부담이 적은 작업으로의 전환 등을 실시할 수 있다.

② 증상호소자는 사업주가 시행하는 근골격계부담작업 완화를 위한 작업제한, 작업전환을 정당한 사유 없이 거부하여서는 아니 된다.

2) 질환자 관리

(1) 질환자의 조치

사업주는 건강진단에서 근골격계질환자로 판정된 자는 즉시 소견서에 따른 의학적 조치를 한다.

(2) 질환자의 업무복귀

① 사업주는 질환자나 보건의료전문가를 통하여 주기적으로 질환자의 치료와 회복 상태를 파악하여 근로자가 빠른 시일 내에 업무에 복귀하도록 한다.

② 사업주는 업무복귀 전에 근로자와 면담을 실시하여 업무적응을 지원한다.

③ 사업주는 질환의 재발을 방지하기 위하여 필요한 경우 업무복귀 후 일정기간 동안 업무를 제한할 수 있다.

④ 사업주는 치료 후 업무복귀 근로자에 대하여 주기적으로 보건상담을 실시하여 그 예후를 관찰하고 질환의 재발방지조치를 한다.

(3) 건강증진활동프로그램

① 사업주는 직장체조, 스트레칭 등 건강증진활동을 제공하여 근골격계질환에 대한 근로자의 적응능력을 강화시킨다.

② 사업주는 근로자 면담, 스트레칭 및 근력강화 등의 프로그램을 운영함으로써 근로자의 적응능력 증대 및 복귀를 지원한다.

③ 근로자는 사업주가 추진하는 건강증진활동에 적극 참여한다.

11. 예방 · 관리프로그램의 평가

1) 사업주는 예방 · 관리프로그램 평가를 매년 해당 부서 또는 사업장 전체를 대상으로 다음과 같은 평가지표를 활용하여 실시할 수 있다.

(1) 특정 기간 동안에 보고된 사례 수를 기준으로 한 근골격계질환 증상자의 발생빈도
(2) 새로운 발생 사례 수를 기준으로 한 발생률의 비교
(3) 근로자가 근골격계질환으로 일하지 못한 날을 기준으로 한 근로손실일수의 비교
(4) 작업개선 전후의 유해요인 노출 특성의 변화
(5) 근로자의 만족도 변화
(6) 제품 불량률 변화 등

2) 사업주는 예방 · 관리프로그램 평가결과 문제점이 발견된 경우에는 다음 연도 예방 · 관리프로그램에 이를 보완하여 개선한다.

12. 문서의 기록과 보존

1) 사업주는 다음과 같은 내용을 기록 보존한다.
(1) 증상 보고서
(2) 보건의료전문가의 소견서 또는 상담일지
(3) 근골격계질환자 관리카드
(4) 사업장 예방 · 관리프로그램 내용

2) 사업주는 근로자의 신상에 관한 문서는 5년 동안 보존하며, 시설 · 설비와 관련된 자료는 시설 · 설비가 작업장 내에 존재하는 동안 보존한다.

근골격계질환 예방을 위한 작업환경개선 지침(H-66-2012)

1. 목적

이 지침은 산업안전보건기준에 관한 규칙(이하 "안전보건규칙"이라 한다) 제659조(작업환경 개선)의 규정에 의거 작업환경 개선 시에 필요한 사항을 제시함으로써 근골격계질환 예방에 기여함을 목적으로 한다.

2. 적용범위

이 지침은 근골격계부담작업에 대한 유해요인조사 결과 근골격계질환이 발생할 우려가 있는 작업을 주 대상으로 하되, 작업환경 및 작업조건의 일상적 개선에도 적용할 수 있다.

3. 용어의 정의

1) 이 지침에서 사용하는 용어의 정의는 다음과 같다.
   (1) "작업환경"이란 함은 작업시간, 작업방법, 작업자세 등 작업조건과 작업상태를 말한다.
   (2) "유해요인"이라 함은 작업환경에 기인한 근골격계에 부담을 줄 수 있는 동작의 반복성, 부자연스럽거나 취하기 어려운 자세, 과도한 힘, 접촉 스트레스, 진동 등의 요인을 말한다.
   (3) "퍼센타일(Percentile)"이라 함은 전체를 100으로 봤을 때, 작은 쪽에서 몇 번째인가를 나타내는 백분위수를 말한다.
   (4) "작업공간"이라 함은 사무, 공작, 기타 각종 작업을 행하기 위하여 주로 사용하는 작업대, 작업의자, 작업기기 및 공구 등이 놓인 장소로서 작업이 지속적으로 이루어지는 공간을 말하며, 작업공간에는 양쪽 팔이 수평 및 수직 방향으로 도달하는 직접적인 작업공간뿐 아니라 통로, 기자재 운반에 필요한 간접적인 공간도 포함된다.
   (5) "작업표준"이라 함은 근골격계질환을 예방하기 위하여 올바른 작업수행방법을 표준화한 것으로서 작업조건, 작업방법, 작업기기, 관리방법, 작업물체, 작업자세, 작업동작, 작업시간 등에 대한 기준을 말한다.
2) 그 밖에 이 지침에서 사용하는 용어의 정의는 이 지침에 특별한 규정이 있는 경우를 제외하고는 산업안전보건법, 같은 법 시행령, 같은 법 시행규칙, 산업안전보건기준에 관한 규칙 및 관련 고시에서 정하는 바에 의한다.

4. 작업 유형에 따른 자세 선택

작업 유형에 의해 결정된 최적의 작업 자세는 작업의 질(質)을 높이고 생산성을 향상시키며 일에 대한 만족도를 높인다. 〈그림 1〉에 제시된 작업자세 선택 흐름도를 참고하여 최적의 작업 자세로 일할 수 있도록 한다.

1) 작업 시 빈번하게 이동해야 하는 경우 서서 하는 작업형태가 좋다.
2) 제한된 공간에서의 작업 중 힘을 쓰는 작업은 서서 하는 작업형태가 좋다. 이때, 발걸이 또는 발 받침대를 함께 사용한다.
3) 제한된 공간에서의 가벼운 작업 중 빈번하게 일어나야 하는 경우에는 입/좌식(Sit－stand) 작업형태가 좋다.
4) 제한된 공간에서의 가벼운 작업 중 일어나기가 거의 없는 경우에는 앉아서 하는 작업형태가 좋다.

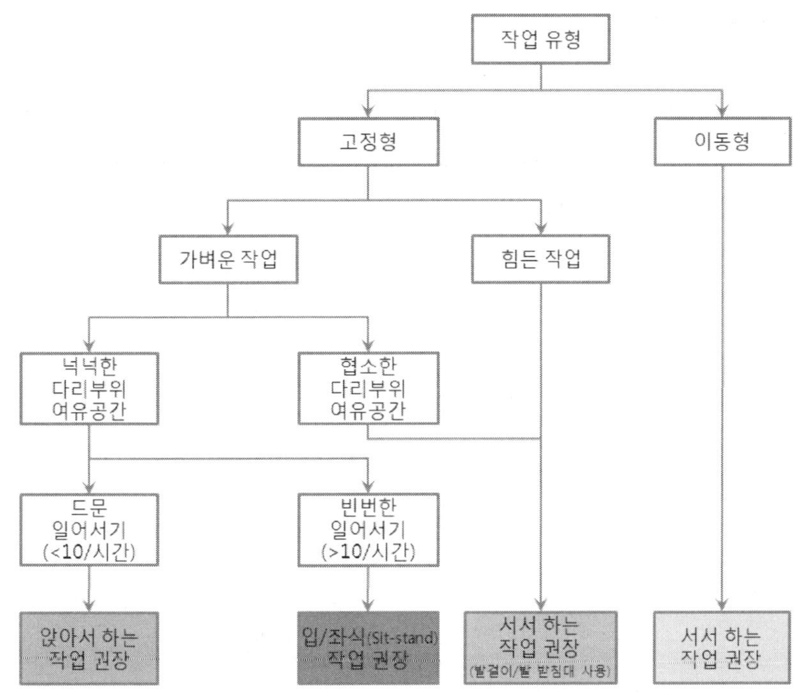

〈그림 1〉 작업자세 선택 흐름도

5. 작업환경 개선을 위한 인체측정

1) 인체측정치를 이용한 설계

사업주는 인체측정치를 이용하여 작업장 레이아웃, 기계기구 및 설비 등을 공학적으로 개선할 때에는 다음의 원칙을 작업조건에 따라 선택적으로 적용한다(〈그림 1〉 참조).

(1) 조절 가능한 설계

작업에 사용하는 설비, 기구 등은 체격이 다른 여러 근로자들을 위하여 직접 크기를 조절할 수 있도록 조절식으로 설계하고, 조절범위는 여성의 5퍼센타일(최소치)에서 남성의 95퍼센타일(최대치)로 한다.

(2) 극단치를 이용한 설계

① 조절 가능한 설계를 적용하기 곤란한 경우에는 극단치를 이용하여 설계할 수 있다.
② 극단치를 이용한 설계는 최대치를 이용하거나 최소치를 이용한다.
③ 최대치는 작업대와 의자 사이의 간격, 통로나 비상구 높이, 받침대의 안전한계중량 등에 적용하고 대표치는 남성의 95퍼센타일을 이용한다.
④ 최소치는 선반의 높이, 조정장치까지의 거리 등 뻗치는 동작이 있는 작업에 적용하고 대표치는 여성의 5퍼센타일을 이용한다.

(3) 평균치를 이용한 설계

① 극단치를 이용한 설계가 곤란한 경우에는 평균치를 이용하여 설계할 수 있다.
② 평균치를 이용한 설계는 식당 테이블이나 출근버스의 손잡이 높이처럼 짧은 시간동안 근로자들이 공동으로 이용하는 설비 등에 적용하고 대표치는 남녀 혼합 50퍼센타일 범위를 이용한다.

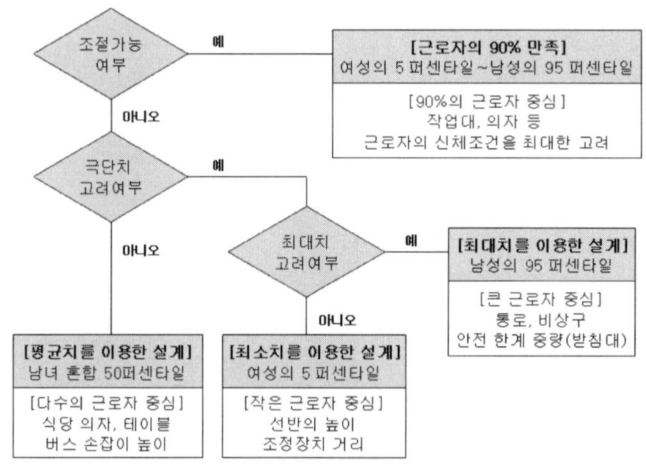

〈그림 2〉 인체측정치를 이용한 설계 흐름도

2) 인체측정 기준치

작업대 및 작업기기의 조절 가능 범위, 작업형태와 방법 등을 설계 또는 선택할 때는 다음에서 정하는 인체측정 기준치를 이용하여 근로자의 신체조건과 운동성을 고려한다.

(1) 신장

신장이 큰 근로자를 기준으로 작업통로 및 고정식 작업대 높이 등을 설계함으로써 허리를 굽혀 작업하지 않게 한다.

(2) 머리 높이

신장이 큰 근로자를 대상으로 자연스런 자세에서 시야가 좁아지지 않게 한다.

(3) 어깨 높이

작업 시 손은 허리에서 어깨 높이 사이에 위치하도록 하며, 어깨 높이보다 높지 않게 한다.

(4) 팔길이

뻗치는 작업의 경우 팔 길이가 가장 짧은 사람을 기준으로 한다.

(5) 손크기

손이 작은 근로자도 잡을 수 있도록 한다.

(6) 팔꿈치 높이

작업대(작업점) 및 의자의 높이를 결정할 때에는 팔꿈치 높이를 기준점으로 활용한다.

(7) 오금 높이

의자의 앉는 면의 높이는 오금의 높이에서 무릎각도가 90도 전 · 후가 되도록 하고, 필요시 발걸이 또는 발받침대를 활용한다.

(8) 엉덩이 너비

의자의 앉는 면의 너비 기준을 체격이 큰 근로자에게 맞춘다.

6. 작업환경 개선방법

사업주는 근골격계질환이 발생할 우려가 있는 작업에 대하여는 작업표준을 정하고 작업대, 의자, 작업공간 및 기기배치, 수공구, 중량물의 취급, 작업자세 및 동작 등을 고려하여 개선한다.

1) 작업표준 설정

(1) 새로운 기기 또는 설비 등을 도입하였을 경우에는 그때마다 작업표준을 재검토하여 작성한다.
(2) 작업시간, 작업량 등을 정할 때에는 작업내용, 취급중량, 자동화 등의 상황, 보조기구의 유무, 작업에 종사하는 근로자의 수, 성별, 체격, 연령, 경험 등을 고려한다.
(3) 컨베이어 작업 등과 같이 작업속도가 기계적으로 정해지는 경우에는 근로자의 신체적인 특성의 차이를 고려하여 적정한 작업속도가 되도록 한다.

(4) 야간작업을 하는 경우에는 낮 시간에 하는 동일한 작업의 양보다 적은 수준이 되도록 조절한다.

(5) 반복적인 작업에 대하여는 다음과 같이 조정한다.

① 반복적인 작업을 연속적으로 수행하는 근로자에게는 해당 작업 이외의 작업을 중간에 넣거나 다른 근로자로 순환시키는 등 장시간의 연속작업이 수행되지 않도록 한다.

② 반복의 정도가 심한 경우에는 공정을 자동화하거나 다수의 근로자들이 교대하도록 하여 한 근로자의 반복작업 시간을 가능한 한 줄이도록 한다.

(6) 올바른 작업방법은 근육피로도 및 근력부담을 줄이고 동시에 작업효율 및 품질을 향상시키므로 작업방법 설계 시 다음을 고려한다.

① 동작을 천천히 하여 최대 근력을 얻도록 한다.

② 동작의 중간범위에서 최대한의 근력을 얻도록 한다.

③ 가능하다면 중력방향으로 작업을 수행하도록 한다.

④ 최대한 발휘할 수 있는 힘의 15% 이하로 유지한다.

⑤ 힘을 요구하는 작업에는 큰 근육을 사용한다.

⑥ 짧게, 자주, 간헐적인 작업/휴식 주기를 갖도록 한다.

⑦ 대부분의 근로자들이 그 작업을 할 수 있도록 작업을 설계한다.

⑧ 정확하고 세밀한 작업을 위해서는 적은 힘을 사용하도록 한다.

⑨ 힘든 작업을 한 직후 정확하고 세밀한 작업을 하지 않도록 한다.

⑩ 눈동자의 움직임을 최소화한다.

2) 작업공간 및 기기 배치

(1) 부자연스러운 작업자세 및 동작을 제거하기 위하여 작업장, 사무실, 통로 등의 작업공간을 충분히 확보하고 제품 · 부품 및 기기(이하 '물품') 등의 모양, 치수 등을 고려하여 배치한다.

(2) 작업공간에 물품 등을 배치할 때에는 다음의 사항을 고려한다.

① 가장 빈번하게 사용되는 물품은 가장 사용하기 편리한 곳에 배치시킨다.

② 상대적으로 더 중요한 물품은 사용하기 편리한 지점에 위치시킨다.

③ 연속해서 사용해야 하는 물품은 서로 옆에 놓거나 순서를 반영하여 위치시킨다.

(3) 작업장의 작업기기는 근로자가 부자연스러운 자세로 작업해야 하지 않도록 배치한다.

(4) 장시간 서서 작업하는 경우에는 작업동작의 위치에 맞추어 발 받침대를 제공한다.

3) 작업대

(1) 작업대(작업점) 높이는 작업정면을 보면서 팔꿈치 각도가 90도를 이루는 자세로 작업할 수 있도록 조절하고 근로자와 작업면의 각도 등을 적절히 조절할 수 있도록 한다.

(2) 작업대의 작업면은 〈그림 3〉과 같이 팔꿈치 높이 또는 약간 아래에 있도록 하고 팔꿈치 이하 부위는 수평이거나 약간 아래로 기울게 한다. 또한 아주 정밀한 작업인 경우에는 팔꿈치 높이보다 높게 하고 팔걸이를 제공한다.

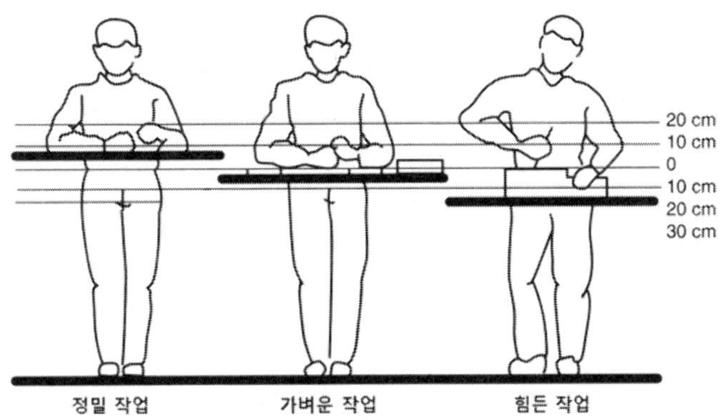

〈그림 3〉 작업 종류에 따른 권장 작업높이

(3) 작업영역은 〈그림 4〉와 같이 정상작업영역 이내에서 이루어지도록 하고 부득이한 경우에는 최대작업영역에서 하되 그 작업이 최소화되도록 한다.

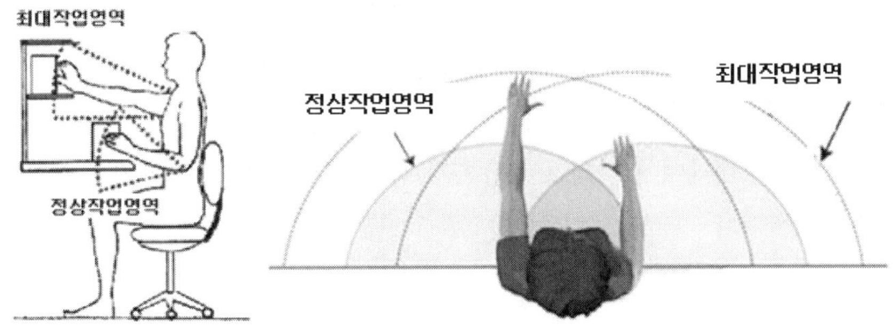

〈그림 4〉 작업영역

4) 의자

(1) 장시간 앉아서 작업하는 경우에는 다음 조건에 적합한 의자를 제공한다.

① 의자의 높이는 눈과 손의 위치가 적절하고 무릎관절의 각도가 90도 전 · 후가 되도록 조절할 수 있어야 한다.

② 의자는 충분한 너비의 등받이가 있어야 하고 근로자의 체형에 따라 허리부위부터 어깨부위까지 편안하게 지지될 수 있어야 한다.

③ 의자의 앉는 면은 근로자의 엉덩이가 앞으로 미끄러지지 않는 재질과 구조로 하고 의자의 깊이는 근로자의 등이 등받이에 닿을 수 있어야 한다.

④ 가능한 한 팔걸이가 있는 것을 사용한다.

⑤ ①~④를 만족시키기 위하여 필요한 경우 발 받침대를 사용한다.

(2) 장시간 서서 작업하는 경우에는 다음 조건에 적합한 입좌식 의자(선 채로 엉덩이만 걸치는)나 작업 중 잠시 앉아 휴식을 취할 수 있는 의자를 제공한다(〈그림 5〉 참조).

① 입좌식 의자의 높이는 편안하게 서 있을 때 엉덩이를 의자의 앉는 면에 걸칠 수 있도록 허벅지에서 엉덩이 전 · 후가 되도록 조절할 수 있어야 한다.

② 입좌식 의자의 앉는 면(좌면) 각도는 조절할 수 있어야 한다.

③ 입좌식 의자는 몸을 기댈 때 뒤로 밀리거나 흔들리지 않고 지지할 수 있는 구조이어야 한다.

〈그림 5〉 입좌식 의자

(3) 작업면 아래에서 다리가 자유롭게 움직일 수 있도록 설계된 것을 제공한다.

5) 수공구

(1) 수공구는 가능한 한 가벼운 것으로 사용한다.

(2) 수공구는 잡을 때 손목이 비틀리지 않고 팔꿈치를 들지 않아도 되는 형태의 것을 사용한다.

(3) 수공구의 손잡이는 손바닥 전체에 압력이 분포되도록 너무 크거나 작지 않도록 하고 미끄러지지 않으며 충격을 흡수할 수 있는 재질을 사용한다.

(4) 무리한 힘을 요구하는 공구는 동력을 사용하는 공구로 교체하거나 지그를 활용하되 소음 및 진동을 최소화하고 주기적으로 보수 · 유지한다.

(5) 진동공구는 진동의 크기가 작고, 진동의 인체전달이 작은 것을 선택하고 연속적인 사용시간을 제한한다.

6) 중량물의 취급

(1) 5kg 이상의 중량물을 들어올리는 작업을 하는 때에는 다음의 조치를 한다.

① 주로 취급하는 물품에 대하여 근로자가 쉽게 알 수 있도록 물품의 중량과 무게중심에 대하여 작업장 주변에 안내표시를 한다.

② 취급하기 곤란한 물품에 대하여는 손잡이를 붙이거나 갈고리, 진공빨판 등 적절한 보조도구를 활용한다.

(2) 인력으로 중량물을 취급하는 경우에는 〈그림 6〉과 같이 작업점에 따라 적절한 작업영역에서 취급하도록 한다.

(3) 운반구의 손잡이는 잡기에 불편하지 않도록 길이, 두께, 깊이 등을 고려하고 미끄러지지 않도록 마찰력이 높은 재질과 구조를 사용한다.

(4) 적정 중량을 초과하는 물건을 취급하는 경우에는 2인 이상이 함께 작업하도록 하고, 이 경우 가능한 한 각 근로자에게 중량이 균일하게 전달되도록 한다.

(5) 중량물을 취급하는 작업장의 바닥은 요철부위가 없고 잘 미끄러지지 않으며 쉽게 움푹 들어가지 않도록 탄력성과 내충격성이 뛰어난 재료를 사용한다.

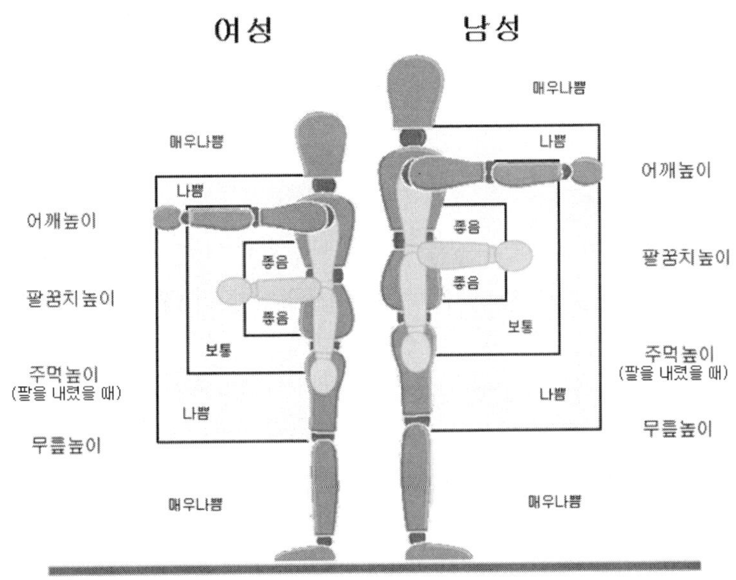

〈그림 6〉 작업점의 높이에 따른 적정 작업영역

(6) 가능한 한 중량물 취급 작업 전부 또는 일부를 자동화하거나 기계화하여 근로자의 허리부담을 경감시키도록 노력한다. 다만, 이것이 곤란한 경우에는 운반용 대차 등 적절한 보조기기를 사용하도록 하며 보조기기는 작업자가 사용하기에 불편하지 않도록 한다.

(7) 근로자는 인력으로 중량물을 취급하는 경우에는 다음 작업방법에 따라 작업한다(〈그림 7〉 참조).

(1) 중량물에 몸의 중심을 가깝게 한다.

(2) 발을 어깨너비 정도로 벌리고 몸은 정확하게 균형을 유지한다.

(3) 무릎을 굽힌다.

(4) 가능하면 중량물을 양손으로 잡는다.

(5) 목과 등이 거의 일직선이 되도록 한다.

(6) 등을 반듯이 유지하면서 무릎의 힘으로 일어난다.

〈그림 7〉 올바른 중량물 취급방법

7) 작업자세 및 동작

(1) 근로자가 허리부위에 부담을 주는 엉거주춤한 자세, 앞으로 구부린 자세, 뒤로 젖힌 자세, 비틀린 자세 등의 부적절한 자세를 취하지 않도록 작업장의 구조, 작업방법 개선 등 필요한 조치를 강구한다.

(2) 근로자는 다음과 같은 작업자세를 취하도록 노력한다.

① 서 있거나 의자에 앉은 자세인 경우에는 허리의 부담을 줄이기 위하여 동일한 자세를 장시간 취하지 않도록 한다.

② 물건 들어올리기, 당기기, 밀기 등 허리 부위에 부담을 주는 동작이나 자세를 가능한 한 피하도록 한다.

③ 목 또는 허리 부위를 갑자기 비트는 동작이 발생하지 않도록 하고, 작업할 때의 시선은 동작에 맞추어 작업 정면을 향하도록 한다.

8) 기타 작업요인

(1) 근골격계부담작업을 행하는 작업장의 온도, 습도, 환기를 적절하게 유지하고 작업장소, 통로, 계단, 기계류 등의 형상을 정확히 알 수 있도록 적절한 조도를 유지한다.

(2) 날카롭고 단단한 면 또는 차가운 면을 가진 물체와 직접 접촉하지 않도록 하고 부득이 신체와 접촉하는 경우에는 장갑 또는 손목 지지대를 사용하도록 하여 직접적인 접촉을 피하도록 한다.

(3) 근골격계부담작업에 대하여는 2시간 이상 연속작업이 이루어지지 않도록 적정한 휴식시간을 부여하되, 1회에 장시간 휴식보다는 가능한 한 짧더라도 자주 휴식을 취하도록 한다.

(4) 휴식시간에 작업으로 인한 피로를 풀 수 있도록 안락하고 편안한 휴식장소를 제공한다.

7. 작업환경개선계획 작성과 시행 · 평가

(1) 사업주는 유해요인조사 결과에 의한 개선의 우선순위에 따라 해당 근로자 또는 근로자 대표의 의견을 수렴하여 작업환경개선계획을 수립한다. 이 경우 KOSHA GUIDE H-0-2012 '근골격계부담작업 유해요인조사 지침'에 따른다.

(2) 작업환경개선계획은 공정명, 작업명, 문제점, 개선방안, 추진일정, 개선비용 등을 포함하여 작성한다.

(3) 작업환경 개선안을 확정하고 현장에 적용할 때에는 다음의 고려사항을 검토한다.

① 개선에 대한 아이디어를 갖고 있는가?

② 개선안의 적용이 용이한가? 같은 효과를 내면서 비용이 적게 드는 대안은 없는가?

③ 개선에 필요한 요구조건이 수용 가능한가? 기술적, 금전적, 시간적 제약은 없는가?

④ 생산성, 효율성, 품질의 개선 효과가 있는가?

⑤ 사용자의 정서에 긍정적으로 작용하는 받아들일 수 있는 대안인가?

⑥ 적용에 필요한 훈련 시간은 적당하고 가능한가?

⑦ 개선 후 과거에 인지되지 않았던 위험요소가 첨가되지는 않는가?

(4) 사업주는 개선이 완료되었을 경우에는 해당 근로자와 함께 개선의 효과를 평가하고 문제점이 있을 경우에는 이를 보완한다.

(5) 사업주는 문제가 되는 작업 중 개선이 불가능하거나 개선효과가 없어 유해요인이 계속 존재하는 경우에는 유해요인 노출시간 단축, 작업순환 등의 방법을 적용한다.

(6) 사업주는 작업환경개선계획의 타당성을 검토하거나 작업환경개선계획 작성 및 시행 시 필요한 경우에는 전문가 또는 전문기관의 자문을 받을 수 있다.

국소진동 측정 및 평가지침(H-77-2012)

1. 목적

이 지침은 산업안전보건기준에 관한 규칙(이하 "안전보건규칙"이라 한다) 제3편(보건기준) 제4장(소음 및 진동에 의한 건강장해의 예방)의 규정에 의거 진동발생 기계 · 기구를 사용하는 작업에 종사하는 근로자의 건강장해 예방과 관련하여 실시하는 국소진동의 측정과 평가방법을 정함을 목적으로 한다.

2. 적용범위

이 지침은 진동발생 기계 · 기구를 사용할 때 손에 전달되는 주기적인 진동, 비주기적 간헐 진동 및 충격진동의 측정 · 평가에 적용한다.

3. 용어의 정의

1) 이 지침에서 사용하는 용어의 정의는 다음과 같다.

(1) "진동"이라 함은 기계, 기구, 시설 및 기타 물체의 사용으로 인하여 발생되는 강한 흔들림을 말한다.

(2) "진동원"이라 함은 진동을 발생시키는 기계 · 기구 등을 말한다.

(3) "국소진동"이라 함은 작업자의 손이나 팔로 전달되는 진동을 말한다.

(4) "변환기"라 함은 진동 신호를 전기 신호로 바꾸어주는 장치를 말한다.

(5) "가속도 실효값"이라 함은 발생되는 진동의 최대 진폭에 대한 평균 제곱근을 말한다.

(6) "3축 가중 가속도값"이라 함은 x, y, z 각 축에 대한 주파수 가중 가속도 실효값을 제곱하여 더한 값의 제곱근을 말한다.

(7) "1일 진동노출량"이라 함은 x, y, z축에 대한 3축 가중 가속도 값을 8시간에 해당하는 진동에너지 양으로 환산한 것을 말한다.

2) 그 밖에 이 지침에서 사용하는 용어의 정의는 이 지침에서 특별히 규정하는 경우를 제외하고는 산업안전보건법, 같은 법 시행령, 같은 법 시행규칙 및 안전보건규칙에서 정하는 바에 따른다.

4. 국소진동 노출 측정 · 평가에 영향을 주는 요인

1) 국소진동의 측정 · 평가값에 영향을 주는 인자는 다음과 같다.

(1) 진동의 주파수 스펙트럼

(2) 진동의 크기

(3) 작업일당 노출시간

(4) 작업일의 누적노출량

2) 개발된 표준 측정 · 평가 방법이 없으나 측정 · 평가 결과에 영향을 미치는 인자는 다음과 같다.

(1) 손에 전달되는 진동의 방향

(2) 작업방법과 작업의 숙련도

(3) 작업자의 연령, 신체조건 및 건강상태

(4) 작업시간대별 노출형태

(5) 진동공구를 잡는 힘의 크기

(6) 손, 팔 및 몸의 자세

(7) 진동원의 형태와 조건

(8) 진동에 노출되는 손의 면적과 위치

(9) 기타 작업장의 온도 등 기후 조건, 혈액순환에 영향을 주는 개인 질환, 말초혈액 순환에 영향을 주는 약물의 복용, 흡연, 소음 · 화학물질의 노출 등

5. 국소진동 측정준비

1) 국소진동 측정대상 작업에 대한 정보 파악

국소진동을 측정하기 전에 다음 사항을 파악한다.

(1) 진동원

(2) 진동원의 작동

(3) 진동 노출에 영향을 줄 수 있는 작업조건

(4) 진동 노출에 영향을 줄 수 있는 부속 공구나 부품

(5) 최고 진동 발생 가능 작업 및 시간

(6) 각 작업별 잠재 유해 · 위험도

2) 측정방법의 구분

국소진동의 측정방법은 작업형태 및 시간에 따라 다음의 네 가지로 구분한다.

(1) 연속작업에 대한 측정

① 진동발생 작업시간이 연속적이고 길며 작업시간 동안 작업자의 신체가 진동원에 지속적으로 접촉되어 있는 때에는 해당 작업의 모든 시간 동안 측정한다.

② 1일 진동 노출량을 측정하기 위해서는 노출 진동의 크기와 시간을 조사한다.

(2) 간헐작업에 대한 장시간 측정

① 진동발생 작업시간이 길고 발생되는 진동이 간헐적이어서 무진동 노출시간이 작업시간 사이에 짧게나마 있으나 작업자의 신체가 진동원의 표면에 지속적으로 접촉되어 있는 때에는 해당 작업의 모든 시간 동안 측정한다. 이 경우 무진동 노출시간은 해당 작업시간의 일부로 본다.

② 1일 진동 노출량을 측정하기 위해서는 노출진동의 크기와 시간을 조사한다. 이 경우 진동노출시간의 산정에는 무진동 노출시간도 포함한다.

(3) 간헐작업에 대한 단시간 측정

① 진동발생 작업 시간이 짧고 간헐적이지만 무진동 시간 동안 작업자의 신체가 진동원의 표면에서 떨어져 있거나 진동이 없는 다른 기계 · 기구 등에 접촉되는 때에는 진동발생 작업시간 동안만 측정한다.

② 측정시간이 지나치게 짧아 신뢰할 만한 결과값의 산출이 어려운 때에는 실제작업 조건과 유사한 상태에서 이루어지는 모의 진동노출을 통하여 측정하는 등 충분한 시간동안 측정이 이루어지도록 한다.

③ 1일 진동 노출량을 측정하기 위해서는 노출 진동의 크기와 시간을 조사한다.

(4) 단일 또는 반복 충격작업에 대한 측정

① 충격진동이 발생하는 시간을 정하여 측정하되 측정시간은 무진동시간이 최소화될 수 있도록 한다.

② 1일 진동 노출량을 측정하기 위해서는 노출진동의 크기, 충격진동의 발생횟수 및 측정한 충격진동의 횟수를 산출한다.

③ 임팩트렌치 또는 리베팅해머의 사용 등과 같이 단일 또는 반복되는 충격진동에 작업자가 노출되는 경우로서 실 노출시간의 산출이 곤란하고 충격진동 횟수의 산출만이 가능한 경우에 적용한다.

6. 국소진동의 측정

1) 측정장비

(1) 측정장비의 보정과 점검

① 진동측정장비는 변환기, 증폭기, 지시계 및 기록계 등으로 구성된다.

② 국소진동의 측정에 사용되는 모든 장비는 측정 전후에 적절히 가동하고 있는지를 점검한다. 또한 측정장비는 공인된 검인정기관에서 주기적으로 보정을 실시한다.

(2) 진동 변환기

국소진동의 측정에 사용하는 변환기는 다음의 조건에 적합한 것을 사용한다.

① 국소진동의 측정에 사용되는 가속도계 등 변환기는 측정하고자 하는 국소진동 범위

에 적합한 것이어야 하며 가속도값이 큰 충격진동을 측정하고자 하는 때에는 특별히 설계된 변환기를 사용한다.

② 측정에 사용하는 변환기는 작업의 방해를 최소화할 수 있는 것을 사용한다.

③ 진동 변환기로서 가속도계를 사용하는 때에는 다음의 조건에 적합한 것을 사용한다.

㉠ 사용되는 가속도계의 공진 주파수는 30kHz 이상이어야 한다.

㉡ 가속도계의 무게는 진동원 손잡이 등 무게의 5% 미만이어야 한다. 가속도계 등의 무게가 커서 진동측정에 영향을 줄 가능성이 있는 때에는 가속도계 등의 무게와 동일한 무게를 진동원에 부착시킨 전후의 측정결과를 비교하여 큰 차이가 있을 때에는 보다 가벼운 가속도계를 사용한다.

㉢ 측정대상 주파수인 6.3~1,250Hz(1/3 옥타브밴드 기준)의 주파수에서 충분한 감도를 가지면서 충격에 견딜 수 있는 가속도계를 사용한다.

㉣ 온 · 습도 등 환경조건이 측정 감도에 영향을 받지 않는 가속도계를 사용한다.

(3) 변환기의 부착위치 및 방향

① 국소진동 측정 위치는 〈그림 1〉에서와 같이 기본중심 좌표계 또는 생체역학 좌표계를 중심으로 3개 직교 좌표축의 가속도값을 나타낼 수 있도록 한다.

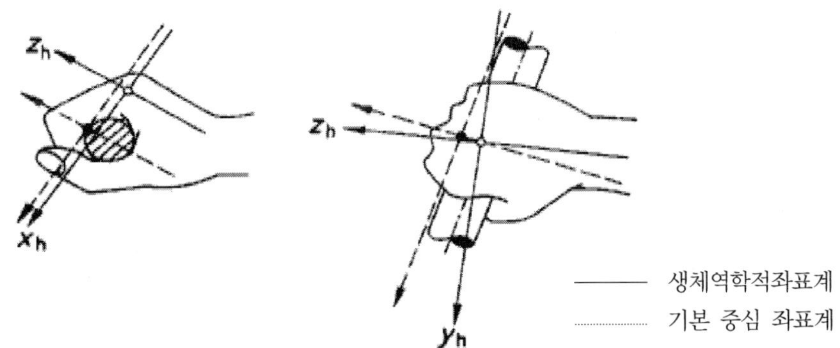

(a) 손으로 잡는 위치(원기둥 막대를 손으로 잡는 것을 표준으로 함)

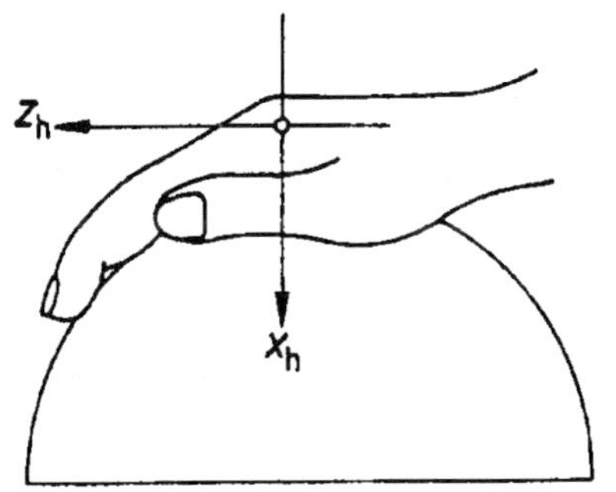

(b) 평평한 손바닥 위치(원을 손으로 누르는 것을 표준으로 함)

〈그림 1〉 국소진동의 측정을 위한 3개 직교 좌표축

② 3개 축에 대한 진동의 측정은 동시에 실시한다. 다만 동시 측정이 작업 등의 특성상 곤란한 때에는 한 개 또는 두 개의 축에 대한 측정을 실시한 후 나머지 축들에 대한 측정을 연속적으로 실시할 수 있다. 이 경우 작업자의 진동에 대한 노출조건이 유사하여야 한다.

③ 국소진동은 진동체의 표면으로서 진동원을 잡는 위치의 중심 부위에 가까운 곳에서 측정하고 변환기의 부착 위치를 기록한다.

(4) 변환기의 부착방법

① 변환기는 단단하게 부착한다. 다만, 견고한 부착이 어려운 때에는 특별히 고안된 어댑터 등을 사용한다.

② 탄성체의 표면에 변환기를 부착하는 때에는 변환기가 부착되는 위치에서 해당 탄성체를 제거하거나 탄성체를 충분히 눌러서 탄성을 제거한 상태로 부착한다. 이 방법으로 탄성체에 부착이 불가능한 때에는 어댑터 등을 사용한다.

③ 진동변환기를 부착하는 때에는 변환기, 보조기구 등의 공진으로 인하여 그 진동이 손으로 전달되지 않도록 주의한다.

④ 가속도계의 부착은 다음 중 한 가지 방법을 사용한다.

㉠ 나사를 사용한 부착

㉡ 접착제를 사용한 부착

㉢ 클램프를 사용한 부착

㉣ 손으로 잡을 수 있는 어댑터의 사용

2) 국소진동 측정 단위

(1) 국소진동에 대한 1차적 측정단위는 주파수가중 가속도 실효값(Root－mean－square)으로 하며 단위는 m/s^2으로 한다.

(2) 가속도 실효값 산정을 위한 가속도값의 적분은 선형적분법을 사용하고 대표값을 사용하도록 적분시간을 선정한다.

3) 측정시간

(1) 정상작업시간 동안의 측정

① 진동원이나 해당 작업에 대하여 대표적인 평균진동이 측정될 수 있도록 한다. 진동원에 신체가 접촉되기 시작한 순간부터 측정을 시작하고 신체접촉이 끝나면 즉시 측정을 종료한다. 이 경우 측정시간에는 무진동 노출시간을 포함하고 가능한 한 하루 중 수회 해당 진동원이나 작업에 대한 측정을 실시한다.

② 총 측정시간은 최소한 1분 이상 되어야 한다.

③ 장시간 1회 측정보다는 단시간 수회 측정이 바람직하므로 해당 작업에 대하여 최소한 3회 이상 측정을 실시한다.

④ 8초 미만의 단시간 측정은 특히 저주파 진동에 대한 신뢰성을 떨어뜨리게 되므로 피하여야 하며 불가피한 경우에는 총 측정시간이 1분 이상이 될 수 있도록 4회 이상 측정을 실시한다.

(2) 모의 작업을 통한 측정

① 짧은 작업을 반복하면서 진동원을 빈번히 들고 놓은 경우 등 정상작업이 이루어지는 동안 진동측정이 불가능하거나 어려운 경우에는 모의 작업을 통한 측정방법을 사용한다.

② 측정을 실시하는 모의 작업은 가능한 한 중단 없이 실제 작업시간보다 충분히 오랫동안 실시한다.

4) 1일 진동 노출시간의 측정

1일 진동 노출량을 산정하기 위해서는 작업자의 1일 진동 실 노출시간을 산정하되 다음의 정보를 근거로 한다.

(1) 작업시간 중의 실 노출시간 측정

① 초시계의 사용

② 진동원과 연결된 자료 저장창치의 사용

③ 비디오촬영 결과의 분석

④ 작업자의 행동분석 자료

(2) 작업률(1일 작업시간당 작업주기)에 대한 정보

① 작업률 정보는 작업을 종료할 때까지의 생산제품의 양 등을 근거로 하여 산정한다.

② 1일 진동노출시간은 주기당 노출시간과 일간 총 작업주기 수를 곱하여 산정한다.

③ 진동원의 사용시간을 작업자의 기억에 의존하는 때에는 사용시간의 과다산정 가능성에 주의한다.

5) 진동원을 손으로 잡는 힘

(1) 국소진동에 대한 작업자의 노출은 진동원을 잡는 힘(Gripping Force)에 좌우되므로 작업 중 진동원을 잡는 힘이 대표적인 때에 측정을 실시한다.

(2) 손과 진동원을 잡는 위치 사이의 잡는 힘을 측정하고 작업자의 자세와 개인적인 작업조건도 함께 기록한다.

6) 주파수의 보정

(1) 국소진동의 인체에 대한 영향은 주파수에 따라 달라지므로 다음 중 한 가지 방법으로 주파수 보정을 실시한다.

① 아날로그형 주파수 필터의 사용

② 디지털형 주파수 필터의 사용

③ 주파수 보정값의 사용

(2) 1/3옥타브밴드 중심 주파수에 대한 주파수 보정값은 〈표 2〉와 같으며 계산식은 식 (1) 과 같다.

$$a_{hw} = \sqrt{\sum_i (W_{hi} a_{hi})^2} \quad \cdots\cdots (1)$$

여기서, a_{hw} : 가속도 실효값(m/s²)

W_{hi} : i번째 중심주파수에 대한 가중값

a_{hi} : i번째 중심주파수에 대한 가속도 실효값(m/s²)

〈표 2〉 1/3옥타브밴드 값에 적용하는 주파수 가중값

주파수 번호	공칭 주파수(Hz)	가중치(Whi)
8	6.3	0.727
9	8	0.873
10	10	0.951
11	12.5	0.958
12	16	0.896
13	20	0.782
14	25	0.647
15	31.5	0.519
16	40	0.411
17	50	0.324
18	63	0.256
19	80	0.202
20	100	0.160
21	125	0.127
22	160	0.101
23	200	0.0799
24	250	0.0634
25	315	0.0503
26	400	0.0398

27	500	0.0314
28	630	0.0245
29	800	0.0186
30	1000	0.0135
31	1250	0.00894

7. 국소진동의 평가

1) 3축 가중 가속도값의 계산

(1) 대부분의 진동원은 3개 직교축 모두에 대한 진동을 발생시키고 모든 축이 동일하게 인체에 영향을 줄 수 있으므로 x, y 및 z축에 대한 주파수가중 가속도 실효값을 각각 기록한다.

(2) 국소진동의 노출평가에는 3개 직교축의 진동값을 고려한 3개 축의 가속도 실효값(Root-sum-of-square)을 적용하고 3축 가중 가속도값의 계산은 식 (2)와 같다.

$$a_{hv} = \sqrt{(a_{hwx})^2 + (a_{hwy})^2 + (a_{hwz})^2} \quad \cdots\cdots (2)$$

여기서, a_{hv} : 3축 가중 가속도 값(m/s²)
a_{hwx} : x축에 대한 가속도 실효값(m/s²)
a_{hwy} : y축에 대한 가속도 실효값(m/s²)
a_{hwz} : z축에 대한 가속도 실효값(m/s²)

(3) 3개 축에 대한 측정이 곤란하여 1개 또는 2개 축에 대한 측정만이 이루어진 경우에는 최대진동 노출 축을 반드시 포함시켜야 하며 측정결과값에 1.0~1.7에 해당하는 가중값을 곱하여 3축 가중 가속도값을 산출하고 보고서에 측정결과와 함께 가중값과 선정사유를 기재한다.

2) 1일 노출량 계산

(1) 국소진동 노출 평가는 노출진동의 크기와 시간을 고려한 8시간 등가 에너지 값인 1일 진동 노출량으로 하며 이 값의 계산은 식 (3)과 같다.

$$A(8) = a_{hw}\sqrt{\frac{T}{T_0}} \quad \cdots\cdots (3)$$

여기서, $A(8)$: 1일 진동 노출량

a_{hw} : 가속도 실효값(m/s²)

T : 1일 진동 노출시간

T_0 : 8시간 해당 기준시간(28,800초)

(2) 작업자가 여러 개의 서로 다른 가속도의 국소진동에 노출되는 경우의 1일 진동 노출량은 식 (4)에 따라 구한다.

$$A(8) = \sqrt{\frac{1}{T}\sum_{i=1}^{n}(a_{hvi})^2 T_i} \quad \cdots\cdots (4)$$

여기서, a_{hvi} : i작업에 대한 가속도 실효값(m/s²)

n : 1일 총 진동 작업 수

T_i : i작업의 지속시간

3) 국소진동에 대한 1일 노출량과 인체영향의 관계

(1) 국소진동에 의한 인체영향은 10% 작업자에게서의 수지백증 발생 가능 평균 진동노출기간과 1일 진동 노출량의 관계로 나타낼 수 있다. 두 인자 간의 관계는 식 (5)와 같다. 이 식에 의한 진동 노출 작업자군의 평균 진동노출기간은 작업자군에 대한 평균의 개념이므로 개인에 대하여는 적용하지 않는다.

$$D_y = 31.8[A[8]]^{-1.06} \quad \cdots\cdots (5)$$

여기서, D_y : 진동 노출 작업자군의 평균 진동노출기간(년)

$A(8)$: 1일 진동 노출량

(2) 식 (5)에서 진동 노출 작업자군의 평균 진동노출기간과 1일 진동 노출량과의 관계는 〈표 3〉 및 〈그림 2〉와 같이 나타낼 수 있다.

〈표 3〉 1일 진동 노출량과 작업자의 10% 수지백증 발생 가능 노출기간의 관계

노출기간(년)	1	2	4	8
1일 진동노출량(m/s²)	26	14	7	3.7

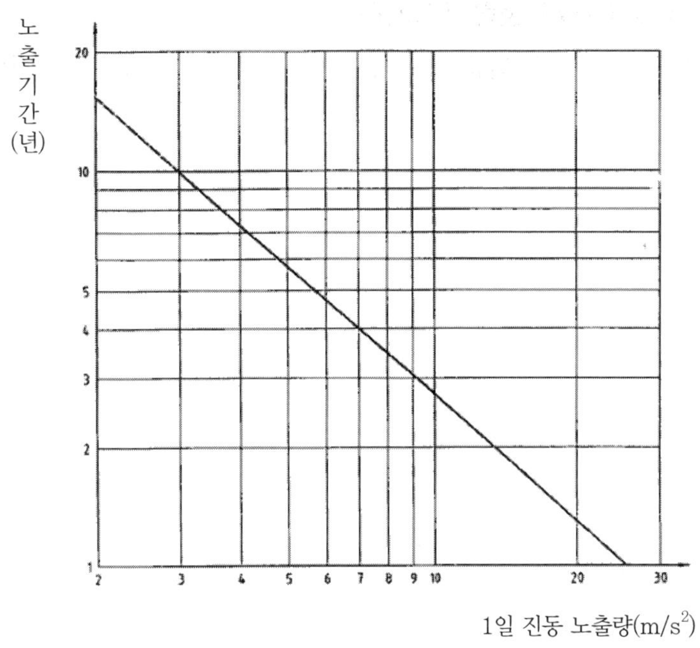

〈그림 2〉 노출작업자의 10% 수지백증 발생 가능 기간과 진동노출량의 관계

4) 측정 · 평가 결과의 보고

국소진동의 측정 · 평가결과 보고서에는 다음 사항을 포함한다.

(1) 측정 대상 회사명, 측정일, 측정자
(2) 측정대상 작업자 성명 및 작업 공정명
(3) 온도, 습도, 소음 등의 작업장 환경조건
(4) 작업명칭, 작업 대상물, 작업내용 등의 측정대상 작업의 조건
(5) 진동원의 명칭, 형식, 동력, 회전수, 토크 및 부속공구
(6) 측정 장비의 제조사, 형식 및 모델
(7) 변환기의 보정방법 및 보정일
(8) 변환기의 무게, 부착위치 및 부착방법
(9) 각 작업별 및 각 축별 가속도 실효값
(10) 각 작업별 손과 팔의 자세, 손목의 각도, 팔꿈치와 어깨의 각도 등 작업자의 진동작업 관련 작업자세
(11) 각 작업별 3축 가중 가속도값
(12) 1일 진동 노출량
(13) 10% 작업자에게서의 수지백증 발생 가능 평균진동 노출기간

8. 국소진동에 대한 1일 노출량 권고기준

8시간을 기준으로한 일일 진동 노출량은 5.0m/s²를 초과하지 않도록 한다.

36 SECTION 형틀목공의 근골격계질환 예방지침(H-90-2012)

1. 목적

이 지침은 산업안전보건기준에 관한 규칙(이하 "안전보건규칙"으로 한다) 제12장 근골격계 부담작업으로 인한 건강장해 예방에 따라 건설근로자 중 형틀(거푸집) 공사 작업에 종사하는 형틀목공 및 이들의 관리자가 근골격계질환을 예방할 수 있는 기술지침을 정함을 목적으로 한다.

2. 적용범위

이 지침은 건물 건설업에서 형틀(거푸집)공사 작업을 수행하는 건설 현장에 적용한다.

3. 용어의 정의

1) 이 지침에서 사용되는 용어의 정의는 다음과 같다.

(1) "근골격계질환"이라 함은 반복적인 동작, 부적절한 작업자세, 무리한 힘의 사용, 날카로운 면과의 신체 접촉, 진동 및 온도 등의 요인에 의하여 발생하는 건강장해로서 목, 어깨, 허리, 상하지의 신경근육 및 그 주변 신체조직 등에 나타나는 질환을 말한다.

(2) "형틀목공"이라 함은 형틀공사 작업을 수행하는 목수를 말한다.

(3) "형틀(거푸집) 작업"이라 함은 건물 건설에서 콘크리트 타설을 위하여 매 층마다 서포트(지지대)와 형틀을 제작, 조립, 콘크리트 타설 후 해체하는 작업을 말한다.

(4) "슬라브"라 함은 구조물이 수평인 판상 부분, 예를 들면 바닥, 천장 등을 말하며, 주로 콘크리트 구조로 되어 있는 것을 말한다.

(5) "갱폼 작업"이라 함은 아파트 매 층 벽면 시공 시 외부에서 제작된 벽면형태의 갱폼을 인양하여 설치/해체하는 작업을 말한다.

2) 그 밖에 이 지침에서 사용하는 용어는 이 지침에서 특별한 규정이 있는 경우를 제외하고는 산업안전보건법, 같은 법 시행령, 같은 법 시행규칙, 산업안전보건기준에 관한 규칙(안전보건규칙) 및 고용노동부 고시에서 정하는 바에 따른다.

4. 형틀공사의 공정흐름도

〈표 1〉 형틀공사의 공정흐름도 및 유해요인

공정명	단위작업명	작업내용	유해요인
형틀(거푸집) 작업 (조립)	벽체 조립	소정의 형태 및 차수의 콘크리트물을 만들기 위해 거푸집용 합판을 조립하는 작업	과도한 힘 부자연스런 자세 반복성
	슬라브 조립	건축물 기초인 슬라브를 조립하는 작업	과도한 힘 부자연스런 자세 반복성
	가공	콘크리트를 거푸집에 맞게 가공하는 작업	과도한 힘 부자연스런 자세
형틀(거푸집) 작업 (해체)	벽체 해체	거푸집의 벽면을 해체하는 작업	과도한 힘 부자연스런 자세 반복성
	슬레이브 해체	거푸집에 쓰인 슬레이브를 해체하는 작업	과도한 힘 부자연스런 자세 반복성
	인양	하층 해체 작업 후 상층 작업을 위해 거푸집을 인력으로 이송	과도한 힘 부자연스런 자세
갱폼 작업	인양	갱폼을 해체 및 운반하는 작업	과도한 힘 부자연스런 자세

* 본 단위작업 분류가 건설업 형틀공사의 모든 작업을 포함하고 있지는 않음

① 벽체 조립

② 슬라브 조립

③ 거푸집 인양

④ 갱폼 인양

⑤ 벽체해체

⑥ 슬라브 해체

〈그림 1〉 형틀 공사 작업 유형

5. 형틀공사의 근골격계질환 유해위험요인

1) 반복동작

(1) 거푸집 벽체 및 슬라브 조립 · 해체를 위해 핀 고정 및 해체 시 망치질 작업을 할 때 손목이나 팔꿈치 부위 충격이 누적됨

(2) 망치, 빠루, 지렛대, 커터기, 스패너 등 공구를 사용한 거푸집 벽체 및 슬라브 해체 작업을 할 때 손목 부위 충격이 누적됨

2) 부적절한 작업자세

(1) 벽체 조립 및 해체 작업 시 상부 작업을 할 경우와 슬라브 조립 및 해체 작업 시 천장 작업을 할 경우 위보기 자세로 작업이 이루어져 목 신전 자세와 위팔이 90도 이상 거상 자세 유발. 슬라브 조립 및 해체 작업 시에 벽체 조립 및 해체 작업 시 보다 더욱 부적절한 자세 유발

(2) 벽체 조립 및 해체 작업 시 하부 작업을 할 경우와 슬라브 조립 및 해체 작업 시 바닥 작업을 할 경우에 허리를 숙인 자세 또는 쪼그린 자세로 작업이 이루어져 허리 및 무릎 부위 부적절한 자세 유발. 슬라브 조립 및 해체 작업 시에 벽체 조립 및 해체 작업 시 보다 더욱 부적절한 자세 유발

(3) 거푸집 인양 작업 시 하층에서 위층으로 자재 인양 시 위보기 자세로 작업이 이루어져 목 신전 자세와 위팔이 90° 이상 거상 자세 유발

(4) 거푸집 인양 작업 시 상층 작업자는 아래층을 보며 자재 인양 시 허리를 숙인 자세 유발

(5) 갱폼 조립 및 해체 작업 시 쪼그린 자세로 볼트를 취부하는 작업으로 허리 및 무릎에 부적절한 자세 유발

(6) 갱폼 조립 및 해체 작업으로 라쳇 렌치 사용 시 손목 부위 부적절한 자세 유발

3) 과도한 힘의 사용

(1) 거푸집용 합판(18~35kg), 서포트(지지대 12.8kg), 멍에(33.7kg) 등을 보조 기구 없이 인력에 의해 운송 및 취급할 때
(2) 작업발판(13.4kg) 위치 변경을 위해 작업발판 들기 작업을 할 때
(3) 공구(망치, 빠루, 커터기, 라쳇 렌치 등) 사용 시 손가락, 손목, 팔꿈치 부위에 과도한 힘 사용으로 인해 충격 발생

4) 접촉 스트레스

(1) 공구(망치, 빠루, 커터기, 라쳇 렌치 등) 사용 시 손가락, 손목, 팔꿈치 부위에 과도한 힘 사용으로 인해 충격 발생
(2) 거푸집, 갱폼, 발판 들기 작업 시 나무, 쇠 등과 손 및 손가락 부위에 지속적으로 접촉

6. 형틀목공 근로자의 근골격계질환 예방을 위한 인간공학적 대책

1) 반복동작 작업에 대한 인간공학적 대책

(1) 핀 고정 및 해체 시 망치 작업에 의해 손가락/손목, 팔꿈치 부위 충격을 예방하기 위해 망치 손잡이에 충격 방지용 패드를 부착한다.

〈그림 2〉 충격 방지 고무패드가 부착된 빠루 망치

(2) 망치, 빠루, 지렛대, 커터기, 스패너 등의 수공구를 이용하여 벽체 및 슬라브 조립 및 해체 작업을 할 때 반복동작의 정도를 감소시키기 위해 해당 작업 이외의 작업을 중간에 넣거나 다른 근로자로 순환시키는 등 장시간의 연속작업이 수행되지 않도록 하여야 한다.

2) 부적절한 작업 자세에 대한 인간공학적 대책

(1) 벽체 조립 및 해체 작업 시 상부 작업과 슬라브 조립 및 해체 작업 시 천장 작업을 하는 경우 위보기 자세의 부담을 줄이기 위해 사다리나 기계식 리프트를 이용하여 작업 높이를 최소 어깨 높이 이하로 낮추어 위팔이 90° 이상으로 거상되는 작업 자세를 줄인다. 목이 뒤로 신전(젖혀짐)되어 나타나는 근육부담을 완화시킬 수 있도록 목 지지 보호용품 등을 사용하여 근육 피로도를 감소시킨다. 위보기 작업은 하루 누적 4시간 이내로 제한한다.

〈그림 3〉 목 지지 보호용품

(2) 벽체 조립 및 해체 작업 시 하부 작업과 슬라브 조립 및 해체 작업 시 바닥 작업을 하는 경우 쪼그린 자세의 부담을 줄이기 위해 쪼그린 자세의 누적 작업시간을 줄이거나 중간중간 휴식을 취할 수 있도록 한다. 무릎 보호대, 쿠션매트, 보조의자 등은 무릎 부담을 완화시키는 데 효과적이다.

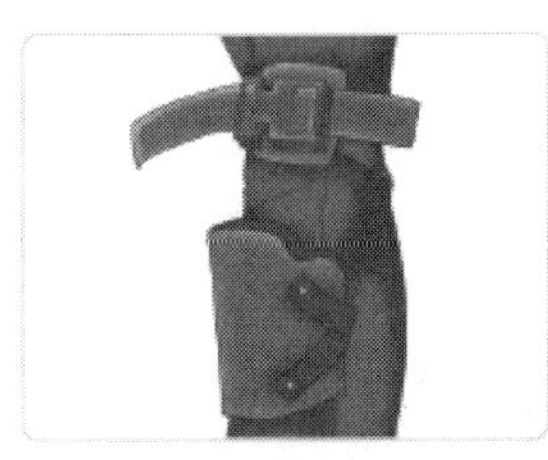
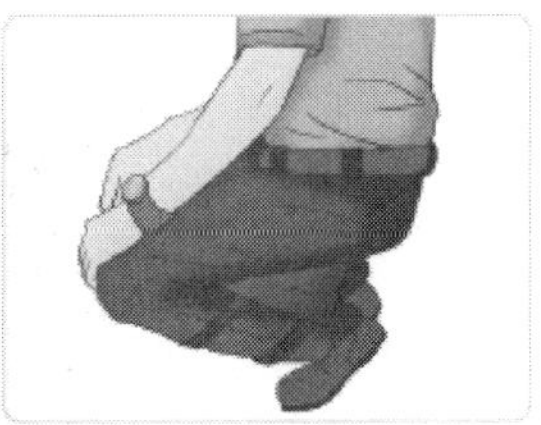

〈그림 4〉 무릎 보호대, 쿠션매트

(3) 갱폼 조립 및 해체 시 쪼그린 자세로 볼트를 취부하는 자세를 예방하기 위해 공구 손잡이를 확장하여 쪼그리지 않고 일어서서 작업할 수 있도록 한다. 볼트 취부 공구는 전동 공구로 대체한다.

〈그림 5〉 하부 작업용 확장 공구손잡이

(4) 부적절한 작업 자세로 유사 작업을 연속으로 수행하는 근로자에게는 해당 작업 이외의 작업을 중간에 넣거나 다른 근로자로 순환시키는 등 부적절한 자세로 장시간의 연속작업이 수행되지 않도록 하여야 한다.

3) 과도한 힘의 사용 작업에 대한 인간공학적 대책

(1) 거푸집용 합판(18~35kg) 등 수작업으로 중량물을 취급하게 하는 경우에는 가급적 근로자 2인 이상이 공동으로 작업을 수행하여야 하며, 각 근로자에게 중량 부하가 균일하게 전달되도록 노력하여야 한다.

(2) 작업발판 등은 가능한 경량화된 자재로 대체하며, 이동 시 이동대차 또는 리프트 등을 이용하여 중량물 취급 작업을 최대한 줄이도록 노력하여야 한다.

〈그림 6〉 중량물 운송 시 리프트 이용

(3) 중량물을 수작업으로 들어 올리는 작업에 근로자를 종사하도록 하는 경우에는 신체에 부담을 감소시킬 수 있는 작업자세에 대해서 알려주어야 한다.

① 중량물은 몸에 가깝게 위치시킨다.

② 발을 어깨넓이 정도로 벌리고 몸은 정확하게 균형을 유지한다.

③ 무릎을 굽히도록 한다.

④ 목과 등이 거의 일직선이 되도록 한다.

⑤ 등을 반듯이 유지하면서 다리를 편다.

⑥ 가능하면 중량물을 양손으로 잡는다.

〈그림 7〉 올바른 중량물 취급방법

4) 접촉스트레스에 대한 인간공학적 대책

(1) 수공구는 가능한 가벼운 것을 사용하여 손, 손목 부담을 줄이도록 하여야 한다.

(2) 수공구는 잡을 때 손목이 비틀리지 않고 팔꿈치를 들지 않아도 되는 형태의 것을 사용하여야 한다.

(3) 수공구의 손잡이는 손바닥 전체에 압력이 분포하도록 너무 크거나 작지 않도록 하고 미끄러지지 않으며, 흡수할 수 있는 재질을 사용하여야 한다.

(4) 무리한 힘을 요구하는 공구는 동력을 사용하는 공구로 교체하거나 지그를 활용하되 소음 및 진동을 최소화하고 주기적으로 보수 · 유지하여야 한다.

(5) 작업자가 오직 한 가지 수공구만을 사용하여 작업을 수행하게 되면 동일한 근육을 지속적으로 반복 사용하여 해당 신체부위가 과부하로 고통이나 상해를 받을 수 있다. 따라서 다른 신체 부위의 근육을 사용할 수 있도록 작업의 다양성을 제공하여 해당 부위의 신체부하를 배분시켜야 한다.

7. 의학적 및 관리적 개선방안

1) 사업주 또는 건설 현장 관리자는 근로자를 대상으로 정기적인 안전보건교육을 실시하고 다음의 내용을 포함하여 근골격계질환 예방교육을 실시한다.
   (1) 근골격계질환 유해요인(부담 작업)
   (2) 근골격계질환의 증상과 징후
   (3) 근골격계질환 발생 시 대처요령
   (4) 올바른 작업 자세 및 작업도구, 작업시설의 사용방법
   (5) 올바른 중량물 취급요령과 보조기구들의 사용방법
   (6) 그 밖의 근골격계질환 예방에 필요한 사항
2) 관리자는 현장 순회를 자주 하여 작업방법, 보호구 착용, 작업장 주위 정리정돈 등을 확인하여 개선한다.
3) 관리자는 작업대, 작업공간 및 기기배치 등을 개선하여 근골격계질환 예방을 위한 작업환경개선을 실시한다. 이 경우 "근골격계질환 예방을 위한 작업환경개선 지침(KOSHA CODE H-39-2005)"을 참조한다.
4) 관리자는 정규 근무시간 외에 초과 근무를 하지 않도록 작업관리를 하여야 하며, 근로자가 휴일 없이 연속적으로 근무하지 않도록 관리한다.
5) 관리자는 근로자가 취급하는 물품의 중량, 취급빈도, 운반거리, 운반속도 등 인체에 부담을 주는 작업의 조건에 따라 작업시간과 휴식시간 등을 적정하게 배분하여야 한다.
6) 관리자는 추운 날씨에 작업 시에는 한기에 과도하게 노출되지 않도록 관리하며, 더운 날씨에 작업 시에는 흡습성과 환기성이 좋은 작업복을 착용하도록 하고, 적절한 식염과 식수를 섭취한다.
7) 사업주는 근골격계질환 조기 발견, 조기 치료 및 조속한 직장복귀를 위한 의학적 관리를 수행하도록 권장한다. 이 경우 "사업장의 근골격계질환 예방을 위한 의학적 조치에 관한 지침(KOSHA CODE H-43-2007)"을 참조한다.

피로도 평가 및 관리지침(H－91－2012)

1. 목적

이 지침은 산업안전보건기준에 관한 규칙(이하 "안전보건규칙"이라 한다) 제79조(휴게시설)와 제81조(수면장소 등의 설치) 및 제669조(직무스트레스에 의한 건강장해 예방조치) 규정과 관련하여 근로자의 신체적 피로를 평가하고 건강장해를 예방하는 데 필요한 사항을 정함을 목적으로 한다.

2. 적용범위

이 지침은 산업안전보건법이 적용되는 모든 사업장과 근로자에게 적용한다.

3. 용어의 정의

이 지침에서 사용하는 용어의 정의는 이 지침에 특별한 규정이 있는 경우를 제외하고는 산업안전보건법, 같은 법 시행령, 같은 법 시행규칙, 산업안전보건기준에 관한 규칙 및 관련 고시에서 정하는 바에 의한다.

4. 피로의 증상, 기여요인, 영향

1) 피로의 증상

(1) 피로한 근로자는 "기운이 없다. 지친다. 나른하다. 아침에 일어나기 힘들다. 두통이 있다. 식욕이 없다, 소화가 잘 안 된다. 불면증이 있다. 체중이 증가 또는 감소하였다."와 같은 일반적인 증상을 호소할 수 있다.

(2) 피로의 신체적 증상으로는 머리가 무거움, 숨쉬기가 어렵고 전신권태, 사지통증, 동작완만, 관절의 강직과 이완 등이 있다.

(3) 피로의 정신적 증상으로는 현기증, 주의 집중력 감소, 졸음, 심리적 불안정 등이 있다.

(4) 피로 증상이 더 심해지는 경우 근육통, 호흡곤란, 이상 발한, 소화기 장애, 두통과 현기증 등이 생길 수 있다.

2) 피로의 기여요인

피로의 기여요인은 다음 〈표 1〉과 같이 작업 관련 요인과 개인적 요인이 포함된다.

〈표 1〉 피로의 기여요인

작업 관련 요인	기타 요인
작업부하 • 작업방식 : 작업자세, 작업의 흐름, 조작방법, 동작순서, 근육작업 • 작업밀도 : 작업속도, 에너지사용, 주의집중과 긴장도, 업무요구도 작업환경조건 • 물리적 환경 : 조명, 소음, 진동, 환기, 온도조건(고온, 저온) • 사회심리적 환경 : 직무스트레스 작업편성과 시간 • 작업편성 : 작업관리의 엄격성, 규제 또는 자율성 유무, 책임분담 여부 • 작업시간 : 1일 연속작업시간, 부적절한 휴식, 부적절한 근무 일정 및 교대시기, 교대근무 간 불충분한 회복시간 기타 요인 • 과도한 출퇴근시간 • 퇴근 후 추가근무 • 빈번하거나 늦은 시간까지 지속되는 회식	개인적 요인 • 연령(예 고령인 경우 밤근무 적응이 더 어려움) • 피로를 주요 증상으로 나타내는 질환 또는 건강상태(예 비만, 빈혈, 결핵, 우울증, 스트레스, 당뇨병, 임신, 갑상선 기능 저하, 심장질환, 만성피로증후군 등) • 약물 부작용(예 일부 항고혈압제, 대개의 신경안정제, 소염진통제, 항경련제, 부신피질 스테로이드, 감기약, 경구 피임약 등) • 지나친 음주와 흡연, 신체활동 부족 • 사회활동과 가정생활로 인한 수면 및 휴식 부족

3) 피로의 영향

(1) 피로로 인한 수면부족은 졸림, 판단력 저하, 반응속도 저하, 실수 증가, 손상 증가를 유발할 수 있다.

(2) 피로를 느끼는 근로자는 안전 및 건강 관련 행위 변화가 생기고 집중력이 저하되어 작업능률을 저하시키고 산업재해 발생률을 높인다.

(3) 근로자 다수가 피로감을 느끼는 사업장의 경우 근로자들의 결근율 및 이직률 증가, 재해발생률 증가 등으로 인해 사업장 전반의 생산성을 저하시키게 된다.

5. 피로도 평가

1) 근로자의 피로도 평가

개별 근로자의 피로도를 평가하는 경우 〈별표 1〉의 피로도 평가 척도를 사용한다. 이때 총점을 9로 나눈 평균이 높을수록 피로도가 높음을 의미한다. 평가기준은 몇 가지가 있으나 대체로 평균 3점 이하인 경우 피로도가 낮다고 평가되며 평균 4.5점 이상인 경우 피로가 높다고 평가된다. 피로증상이 심하거나 피로도 점수가 높은 근로자의 경우 의사 또는 전문가 상담을 통해 정확한 평가 및 진단을 받을 필요가 있다.

2) 집단수준의 피로 평가

사업장의 작업 관련 피로 수준을 평가하기 위해서는 산업보건통계자료를 이용하거나 직접 조사를 한다.

(1) 피로 평가에 사용될 수 있는 사업장 지표는 다음 〈표 2〉와 같다.

〈표 2〉 피로 수준을 반영하는 사업장 지표

지표	설명
결근율	피로한 근로자가 더 잘 결근하는 경향이 있음
근로자 이직률	피로는 직무 불만족을 초래하여 이직률을 높임
약물 사용, 남용	피로한 근로자는 음주, 흡연을 더 하게 되고 수면제, 각성제 또는 각성음료를 더 사용할 수 있음
작업 관련 긴장	피로한 근로자는 업무 중 손상을 더 잘 입음. 사업장의 손상률 증가는 피로도의 지표로 사용될 수 있음
생산시간 손실	피로한 근로자는 작업능률이 떨어지고 건강 관련 문제를 더 경험하기 때문에 생산율을 저하시킴

(2) 근로자들의 피로 평가를 위해 근로자 서베이, 포커스 그룹 면접, 퇴직자 면접 등을 한다.

3) 피로의 작업 관련 요인 파악

사업장에서 피로의 작업 관련 요인을 파악하기 위해서 다음 〈별표 2〉의 체크리스트를 활용할 수 있다.

6. 피로의 관리

1) 근로자 개인 관리

(1) 일반적 생활습관 관리

① 규칙적인 운동을 한다.

② 금연을 하고 과도한 음주를 삼가고 습관성 약물 사용을 피한다.

③ 가능한 카페인(커피 등) 섭취를 줄이고 물을 충분히 섭취한다.

④ 균형 잡힌 식사를 한다. 설탕과 같은 단순당 섭취를 피하고 비타민과 미네랄을 충분히 섭취한다.

⑤ 적절한 체중을 유지한다.

⑥ 충분한 수면을 취한다.

⑦ 업무량의 조절과 효율적인 시간 계획으로 충분히 휴식을 취한다.

⑧ 긍정적인 스트레스 대처법을 배운다. 이완운동, 스트레칭 등을 활용하고 고충이 있을 때 주위사람과 대화하고 도움을 청하는 습관을 갖는다.

(2) 교대작업, 장시간 근로자의 개인관리

① 교대작업을 하는 근로자는 "교대작업자의 보건관리지침(KOSHA GUIDE H－22－2011)"에 제시된 교대작업자의 개인 생활습관관리를 이행하여 교대작업으로 인한 피로도를 낮추도록 한다.

② 장시간 근로자는 "장시간 근로자 보건관리 지침(KOSHA GUIDE H－47－2011)"에 제시된 개인 조치사항을 이행하여 장시간 근로로 인한 피로도를 낮추도록 한다.

2) 사업장 관리

(1) 일반적 관리

① 사업주는 피로 관리를 위하여 다음 〈표 3〉의 방안을 활용한다.

〈표 3〉 피로 관리 방안

구 분	세부 사항
근무편성, 교대근무 설계	• 교대방향은 아침반, 저녁반, 야간반으로 정방향 순환이 되도록 한다. • 근무 간 회복을 위해 충분한 휴식시간을 준다. • 연속 야간근무 횟수는 최소화한다. • 통상 근무자인 경우에도 휴일근무 및 연속근무를 최소화한다. • 연장 근무 후에는 작업 복귀 전 충분한 휴식을 제공한다. • 근무표 편성 시 단순반복작업보다는 작업을 혼합하여 적절히 반영한다. • 근무표 설계나 작업 조정 시 근로자를 참여시키거나 의견을 반영한다. • 초과근무를 최소화할 수 있도록 근로자를 충분히 채용한다. • 작업량 증가에 대비할 수 있도록 근로자를 충분히 채용한다.

휴가 관리	• 연차휴가의 과도한 누적을 줄이고 최소화할 수 있는 절차를 마련한다. • 휴가 신청이 합리적으로 처리되도록 한다. • 휴가자 업무는 시의적절하게 대체되도록 한다. • 근무표와 휴가표 관리 및 모니터링 절차를 체계화한다. • 근무표를 편성하고 휴가원을 승인할 때 해당 근로자의 요구도와 미치는 영향을 고려한다.
작업환경관리	• 부자연스러운 작업자세에 대해 인간공학적 개선을 한다. • 작업속도와 작업주기를 적정화한다. • 작업환경(소음, 진동, 조명, 온도, 환기 등)을 개선하고 자동화를 통한 중량물 들기를 최소화한다. • 위험한 작업에 대해 안전조치 등 대책을 마련한다. • 연장근무 등을 시행한 경우 휴식시설 또는 안전한 귀가수단을 제공한다. • 출퇴근에 편의를 제공한다.
보건관리	• 근로자에게 피로와 관련된 사고나 건강문제에 대해 신속하게 관리자에게 보고하도록 교육한다. • 보건관리자는 근로자가 피로를 예방하고 관리할 수 있도록 관련 교육을 시행한다.

② 사업주는 "직무스트레스요인 측정 지침(KOSHA GUIDE H－69－2012)"을 이용하여 사업장의 직무스트레스 요인을 파악하고, "사업장 직무스트레스 예방 프로그램(KOSHA GUIDE H－40－2011)"을 참고하여 직무스트레스로 인한 건강장해 조기발견 및 신속한 사후조치를 위한 사업장 직무스트레스 예방 프로그램을 시행한다.

③ 피로증상과 작업 관련 피로요인은 주저 없이 신속하게 보고하도록 한다.

(2) 교대작업, 장시간 근로자가 있는 사업장 관리

① 사업주는 교대작업자에 대해서는 "교대작업자의 보건관리지침(KOSHA GUIDE H－22－2011)"에 제시된 작업관리 및 건강관리를 이행한다.

② 사업주는 장시간 근로자에 대해서는 "장시간 근로자 보건관리 지침(KOSHA GUIDE H－47－2011)"에 제시된 사업주 및 보건관리자 조치사항을 이행한다.

〈별표 1〉

피로도 평가 척도 : Fatigue Severity Scale(FSS)

지난 1주일 동안의 상태를 가장 잘 반영하는 점수에 표시를 해 주십시오.							
	전혀 그렇지 않다.				매우 그렇다.		
	←				→		
1. 피로하면 의욕이 없어진다.	1	2	3	4	5	6	7
2. 운동을 하면 피곤해진다.	1	2	3	4	5	6	7
3. 쉽게 피곤해진다.	1	2	3	4	5	6	7
4. 피로 때문에 신체활동이 감소된다.	1	2	3	4	5	6	7
5. 피로로 인해 종종 문제가 생긴다.	1	2	3	4	5	6	7
6. 피로 때문에 지속적인 신체활동이 어렵다.	1	2	3	4	5	6	7
7. 피로 때문에 업무나 책임을 다 하지 못한다.	1	2	3	4	5	6	7
8. 내가 겪고 있는 가장 힘든 문제를 세 가지 뽑는다면 그중에 피로가 포함된다.	1	2	3	4	5	6	7
9. 피로 때문에 직장, 가정, 사회활동에 지장을 받는다.	1	2	3	4	5	6	7
	총점 :			평균 :			

(출처 : 정규인 · 송찬희. 피로와 우울, 불안증 환자에서 Fatigue Severity Scale의 임상적 유용성. 정신신체의학 2001 ; 9(2) : 164－73.)

〈별표 2〉

피로의 작업 관련 요인 체크리스트

구 분	확인 항목
근무편성, 교대근무 설계	교대근무자에서 : • 교대방향이 아침반, 저녁반, 야간반으로 정방향 순환이 되는가? • 야간작업은 연속하여 3일을 넘지 않는가? • 근무 간 회복을 위해 충분한 휴식시간이 주어지는가? • 근무표를 작성하고 근무시간을 결정할 때 근로자가 참여할 수 있는가? 모든 사업장에서 : • 휴일근무 및 연속근무가 빈번하지 않는가? • 초과근무를 최소화할 수 있도록 근로자가 충분히 채용되어 있는가? • 작업 중 휴식을 취할 수 있도록 근로자가 충분히 채용되어 있는가?
휴가 관리	• 계획되지 않은 결근과 업무량 증가를 커버할 수 있는 대기당직자가 확보되어 있는가? • 휴가를 충분히 사용할 수 있도록 근무표가 편성되어 있는가? • 휴가자 업무에 대해 업무조정이나 대체 인력 투입이 적절하게 되고 있는가? • 근로자의 과도한 피로 유발 여부를 확인하기 위해 근무시간이 모니터링되고 있는가? • 과도한 병가 또는 병가 패턴을 파악하기 위한 절차가 있는가? • 연차휴가의 적절한 사용 여부를 파악하고 관리하기 위한 절차가 있는가?
작업환경관리	• 조명, 환기, 소음수준은 적절한가? • 작업공간은 작업 특성에 적절한가? • 근로자의 휴식시설은 적절한가? • 근로자가 작업 중 휴식을 적절하게 취할 수 있는가? • 근로자가 예정된 휴식을 취하고 있는지 모니터링되고 있는가?
보건관리	• 근로자에게 피로와 관련된 사고나 건강문제에 대해 보고하도록 독려하고 있는가? • 보건관리자는 피로를 예방하고 관리하는 보건교육을 시행하고 있는가?

은행출납사무원의 근골격계질환 예방지침(H－105－2012)

1. 목적

이 지침은 산업안전보건기준에 관한 규칙(이하 "안전보건규칙"이라 한다) 제12장 근골격계 부담작업으로 인한 건강장해 예방에 따라 은행출납사무원 및 이들의 관리자가 근골격계질환을 예방할 수 있는 기술적 사항을 정함을 목적으로 한다.

2. 적용범위

이 지침은 은행출납사무원을 고용한 사업장을 대상으로 한다.

3. 용어의 정의

1) 이 지침에서 사용하는 용어의 정의는 다음과 같다.
   (1) "은행출납사무원"이라 함은 금전의 수납, 환전 및 지불 또는 우편서비스와 관련하여 은행, 우체국, 신용금고, 새마을금고, 기타 유사금융기관 등에서 고객을 대상으로 관련 업무를 처리하는 자를 말한다.
   (2) "근골격계질환"이라 함은 반복적인 동작, 부적절한 작업자세, 무리한 힘의 사용, 날카로운 면과의 신체 접촉, 진동 및 온도 등의 요인에 의하여 발생하는 건강장해로서 목, 어깨, 허리, 상하지의 신경근육 및 그 주변 신체조직 등에 나타나는 질환을 말한다.
2) 그 밖에 이 지침에서 사용하는 용어의 정의는 이 지침에 특별한 규정이 있는 경우를 제외하고는 산업안전보건법, 같은 법 시행령, 같은 법 시행규칙, 산업안전보건기준에 관한 규칙 및 관련 고시에서 정하는 바에 의한다.

4. 은행출납사무원의 근골격계질환 유해위험요인

1) 근무환경

근무시간 동안 좁은 공간에서 많은 사람들이 업무를 하고 있으며, 업무시간 내내 다수의 고객을 응대함에 따라 부적절한 자세가 생긴다.

2) 직무스트레스

은행출납업무는 고객의 요청에 의해 업무가 지속적으로 이루어져 스스로 업무통제가 불가능하고, 현금을 다루는 업무로 긴장이 수반되어 전반적으로 직무 스트레스가 높은 근무환경에 속한다.

3) 부적절한 작업자세

(1) 의자에 앉은 상태에서 출납업무 시 서있는 고객과 상담이 이루어지는 경우가 많아 시선이 30° 이상 높게 위치하게 되어 목 신전상태가 반복된다.

(2) 컴퓨터 작업 시 책상 아래로 별도의 키보드 거치대가 없는 경우 키보드가 책상 위에 있는 상태에서 작업 시 어깨가 위로 들리는 상태에서 작업이 이루어져 목과 어깨 근육 부담이 유발된다.

(3) 의자에 앉은 상태에서 업무 시 등이 의자 등받이에 접촉되지 않은 상태에서 업무를 지속하는 경우 허리 부담이 유발된다.

(4) 컴퓨터 모니터의 위치가 정면에 있지 않고 좌우에 위치하거나 정면 시선보다 위에 위치하는 경우 목과 허리, 상지에 부담이 유발된다.

(5) 의자와 팔걸이의 높낮이가 조절되지 않는 경우 팔꿈치가 적절히 지지되지 않아 상지와 어깨부담이 유발되며, 의자 높이가 너무 높거나 낮은 경우 허리 및 무릎 부담이 유발된다.

4) 반복동작

(1) 컴퓨터 작업으로 인한 키보드, 마우스 사용 시 반복 작업이 발생하며, 손가락, 손목, 허리의 부담이 유발된다.

(2) 컴퓨터 작업과 고객 응대 출납업무로 인해 목 굴곡과 신전이 반복되어 목 부담이 유발된다.

(3) 고객 응대 업무로 인해 일어서서 허리 숙인 자세의 업무가 반복되어 허리 부담이 유발된다.

5) 정적 자세

(1) 컴퓨터 작업 시 시선이 모니터에 고정되어 목과 어깨가 고정 상태로 작업할 때 목과 어깨 부담이 유발된다.

(2) 반복적인 키보드, 마우스 작업으로 인해 상지 및 손목 고정 상태로 작업할 때 손목과 손가락에 부담이 유발된다.

6) 접촉 스트레스

(1) 키보드 사용 시 손가락과 손바닥에 반복적인 접촉 스트레스가 유발된다.

(2) 마우스 사용 시 손가락에 반복적인 접촉 스트레스가 유발된다.

(3) 책상 가장자리에 접촉되어 상지와 손에 반복적인 접촉 스트레스가 유발된다.
(4) 무릎이 책상에 닿는 경우에 접촉 스트레스가 유발된다.
(5) 얇은 종이를 계속적으로 만지는 경우에 손가락에 접촉 스트레스가 유발된다.
(6) 전화통화 시 부족한 손을 대신하여 전화기를 지지하는 부위에 접촉 스트레스가 유발된다.

5. 인간공학적 대책

1) 부적절한 작업자세에 대한 인간공학적 대책

(1) 고객을 응대하는 과정에서 발생하는 팔 뻗침과 허리 숙임, 목 신전 등을 최소화하기 위하여 고객과의 응대거리를 가깝게 한다.
(2) 목 신전 자세를 예방하기 위하여 고객이 앉은 상태에서 시선이 정면을 향한 상태로 업무가 이루어질 수 있게 데스크의 형태를 낮게 개선한다.
(3) 정상작업 영역 내에서 고객응대가 이루어지고, 최대작업영역을 벗어나지 않게 개선한다.

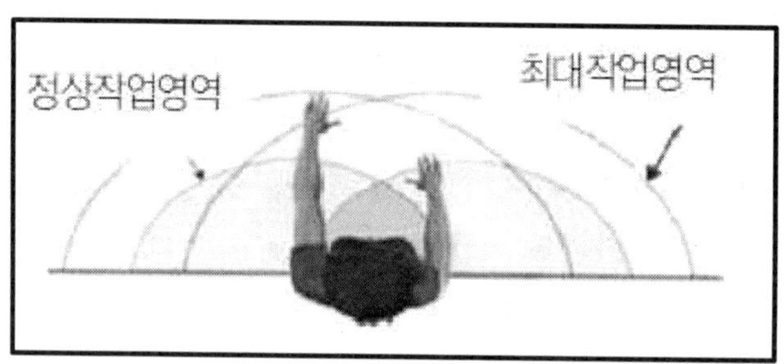

(4) 서류받침대 및 캐비닛 등 보조기구 사용으로 책상 상부의 작업공간을 확보한다.
(5) 책상 아래 적정한 높이에 키보드와 마우스가 같은 높이에 위치할 수 있는 키보드 트레이를 사용하고, 작업자의 신체조건에 따라 기울기, 높이 등을 조절할 수 있도록 한다.

(6) 허리받침대를 사용하여 허리를 곧게 유지하여 앉고, 대퇴후면부위에 지나친 압박을 피하기 위해 발받침대를 사용해 다리를 편안하게 지지하도록 한다.
(7) 작업자 정면에 모니터를 위치하여 목과 허리의 비틀림이 발생하지 않도록 하며 높이, 각도가 조절되는 모니터와 의자와 팔걸이가 조절되는 의자를 이용한다.
(8) 다리가 자유롭게 움직일 수 있는 공간을 확보하여 작업 시 발생되는 부적절한 작업 자세를 최소화한다.
(9) 컴퓨터 작업장 설계는 다음의 〈그림 1~6〉을 참조하여 목, 허리, 팔꿈치, 손목, 무릎 자세가 자연스럽게 유지될 수 있도록 한다. KOSHA GUIDE H-105-2012를 참조한다.

작업자의 시선은 수평선 상으로부터 아래로 10~15° 이내일 것, 눈으로부터 화면까지의 시거리는 40cm 이상을 유지한다.

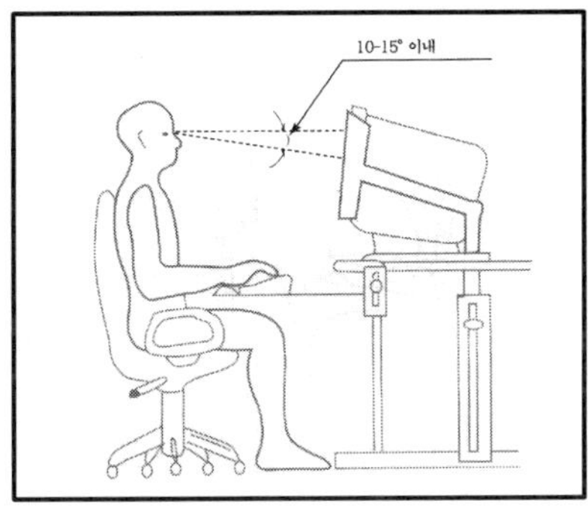
10-15° 이내

〈그림 1〉 작업자의 시선범위

팔꿈치 내각은 90°이상
키보드높이를 조절하여 작업자
어깨가 올라가지 않도록 할 것

〈그림 2〉 팔꿈치 내각 및 키보드 높이

아래팔과 손등은 수평을 유지하고, 아래팔은 손등과 일직선을 유지하여 손목이 꺾이지 않도록 한다.

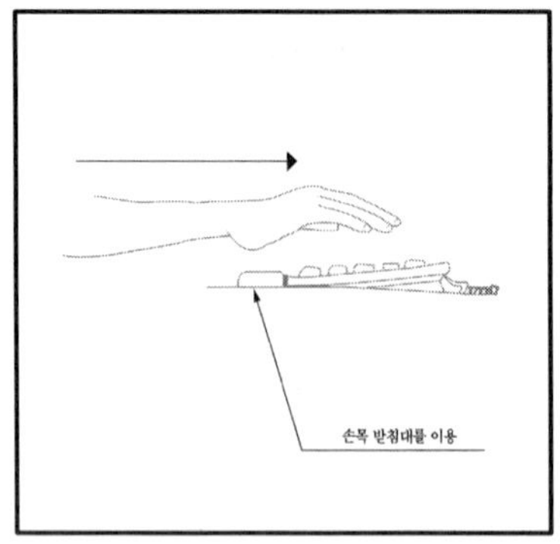
손목 받침대를 이용

〈그림 3〉 아래팔과 손등은 수평을 유지

서류받침대는 거리,각도,높이조절이
용이한 것을사용하여 화면과 동일한
높이에 두고 사용할 것

〈그림 4〉 서류받침대 사용

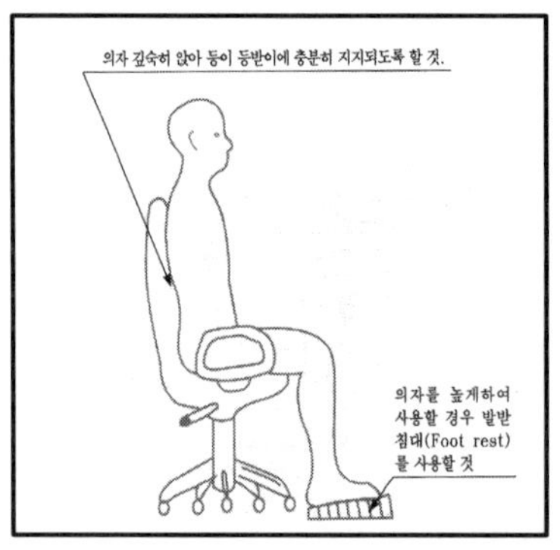
의자 깊숙히 앉아 등이 등받이에 충분히 지지되도록 할 것.
의자를 높게하여
사용할 경우 발받
침대(Foot rest)
를 사용할 것

〈그림 5〉 발받침대

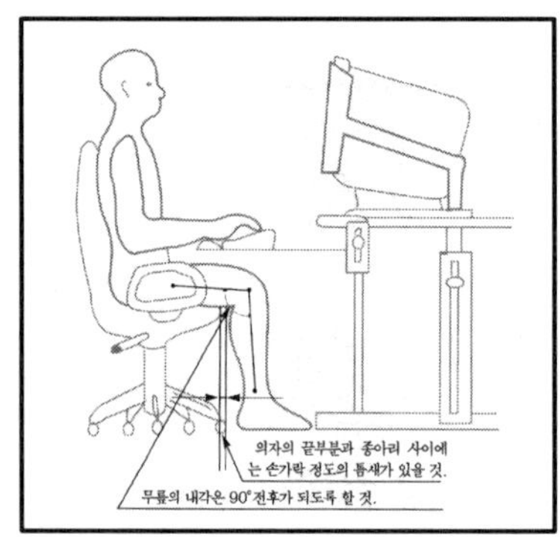
의자의 끝부분과 종아리 사이에
는 손가락 정도의 틈새가 있을 것.
무릎의 내각은 90° 전후가 되도록 할 것.

〈그림 6〉 무릎내각

2) 접촉 스트레스에 대한 인간공학적 대책

(1) 부드러운 재질의 손목받침대를 사용하여 접촉 스트레스를 줄인다.

(2) 마우스를 움직일 때는 전체 팔을 사용하도록 하며, 손바닥 전체로 마우스를 잡도록 한다.

(3) 무릎이 책상에 닿는 부분이 없도록 책상 아래 공간을 확보할 수 있도록 제작한다.

3) 사업주는 근골격계부담작업에 노출되는 근로자에게 매 3년마다 정기적으로 유해요인조사를 실시하여야 하며, 유해요인조사 실시는 근골격계부담작업 유해요인조사지침(KOSHA GUIDE H-9-2012)을 참조한다.

4) 사업주는 근골격계부담작업 유해요인조사 결과 근골격계질환이 발생할 우려가 있을 경우 근골격계질환 예방 · 관리정책 수립, 교육 및 훈련, 의학적 관리, 작업환경개선 활동 등 근

골격계질환 예방활동을 체계적으로 수행하도록 권장한다. 이 경우 사업장 근골격계질환 예방 · 관리 프로그램(KOSHA GUIDE H-65-2012)을 참조한다.

5) 관리자는 작업대, 작업공간 및 기기배치 등을 개선하여 근골격계질환 예방을 위한 작업환경개선을 실시한다. 이 경우 근골격계질환 예방을 위한 작업환경 개선 지침(KOSHA GUIDE H-66-2012)을 참조한다.

6. 의학적 및 관리적 개선방안

1) 사업주 또는 관리자는 근로자를 대상으로 정기적인 안전보건교육을 실시하고 다음의 내용을 포함하여 근골격계질환 예방교육을 실시한다.
   (1) 근골격계질환 유해요인(부담 작업)
   (2) 근골격계질환의 증상과 징후
   (3) 근골격계질환 발생 시 대처요령
   (4) 올바른 작업 자세 및 작업도구, 작업시설의 사용방법
   (5) 올바른 중량물 취급요령과 보조기구들의 사용방법
   (6) 그 밖의 근골격계질환 예방에 필요한 사항

2) 사업주는 근골격계질환 조기 발견, 조기 치료 및 조속한 직장복귀를 위한 의학적 관리를 수행하도록 권장한다. 이 경우 사업장의 근골격계질환 예방을 위한 의학적 조치에 관한 지침(KOSHA GUIDE H-68-2012)을 참조한다.
3) 사업주는 근골격계질환의 예방 및 관리를 위해 근골격계질환의 원인의 하나로 알려진 직무스트레스 관리가 권장된다. 이 경우 은행출납사무원의 직무스트레스 관리지침(KOSHA GUIDE H-85-2012)을 참조한다.
4) 사업주 및 관리자는 정규 근무시간 외에 초과 근무를 하지 않도록 관리를 하여야 하며, 근로자가 휴일 없이 연속적으로 근무하지 않도록 관리한다.
5) 사업주 및 관리자는 반복작업을 하는 근로자에 대해 정기적으로 휴식을 제공한다. 휴식은 근육피로가 발생하기 전에 주어져야 하며, 짧고 잦은 휴식이 더 권장된다. 휴식시간에 목과 어깨, 손을 중심으로 한 스트레칭을 할 수 있도록 지원한다.

골프경기보조원의 근골격계질환 예방지침(H-106-2012)

1. 목적

이 지침은 산업안전보건기준에 관한 규칙(이하 "안전보건규칙"이라 한다) 제12장 근골격계 부담작업으로 인한 건강장해 예방에 따라 골프경기보조원들의 근골격계질환을 예방할 수 있는 기술지침을 정함을 목적으로 한다.

2. 적용범위

이 지침은 골프경기보조원이 근무하는 사업장을 대상으로 한다.

3. 용어의 정의

1) 이 지침에서 사용하는 용어의 정의는 다음과 같다.

(1) "골프경기보조원(Caddie)"이라 함은 골퍼들이 원활한 경기를 할 수 있도록 경기자의 클럽(골프채)을 운반 또는 취급하거나 골프경기의 규칙에 따라서 경기를 도와주는 역할을 하는 사람을 말한다.

(2) "근골격계질환"이라 함은 반복적인 동작, 부적절한 작업자세, 무리한 힘의 사용, 날카로운 면과의 신체 접촉, 진동 및 온도 등의 요인에 의하여 발생하는 건강장해로서 목, 어깨, 허리, 상하지의 신경근육 및 그 주변 신체조직 등에 나타나는 질환을 말한다.

2) 그 밖에 이 지침에서 사용하는 용어의 정의는 이 지침에 특별한 규정이 있는 경우를 제외하고는 산업안전보건법, 같은 법 시행령, 같은 법 시행규칙, 산업안전보건기준에 관한 규칙 및 관련 고시에서 정하는 바에 의한다.

4. 골프경기보조원의 근골격계질환 유해위험요인

1) 근무환경

(1) 하루 4시간에서 9시간 이상을 골프장 코스에서 근무한다. 18홀 기준으로 1회 경기보조에 보통 5시간이 소요되므로, 하루 2회 경기보조를 하는 경우 대기 시간까지 포함하면 장시간 근무한다.

(2) 골프경기 보조업무는 골프클럽에 맞는 사고, 골프 볼에 의한 타구사고, 전동카트에 의한 사고가 발생할 수 있는 업무이다.

(3) 업무의 대부분이 야외에서 이루어지고, 골프 볼을 찾기 위해 풀숲을 다니는 등 거친

자연환경에 노출될 수 있다. 야외 근무환경으로 인해 여름에는 더위와 강한 자외선에 노출되며, 겨울에는 추위에 노출된다.

2) 무리한 힘의 사용

(1) 골프백(13~15kg)을 고객의 차량에서 꺼내어 경기과에 배치 시, 골프백을 전동카트에 배치 시, 경기가 종료된 후 골프백을 차량에 실을 때 중량물 들기와 운반에 의해 허리 부담이 유발된다.

3) 반복동작 또는 부적절한 작업자세에 의한 신체부담

(1) 주로 걷는 업무이며, 골프장의 경사로 인해 오르막길을 걷거나 내리막길을 걷는 경우가 반복되어 무릎, 발목에 부담이 유발된다.

(2) 그린보수(디보트 배토), 볼과 골프클럽 닦기, 잔디에 마크하고 볼 들기, 핀꽂기, 러프 지역 또는 그 외 지역에서 잃어버린 볼 찾기, 카트 청소, 코스 청소 등의 업무 시 허리를 굴곡한 상태의 작업이 반복적으로 이루어져 허리 부담이 유발된다.

(3) 그린보수(디보트 배토), 잔디에 마크하고 볼 들기, 핀 꽂기 등의 업무 시 쪼그린 자세의 작업이 반복되어 무릎 부담이 유발된다.

(4) 골프백에서 골프클럽을 꺼내 내장객에게 줄 때, 손을 이용하여 수신호할 때 팔꿈치를 편 상태에서 위팔 상지가 어깨 높이 이상 놓이게 되어 어깨부담이 유발된다.

4) 사고로 인한 손상

(1) 경사로를 오르거나 내려올 때 발목을 접질리기 쉽다.

(2) 골프클럽 또는 골프공에 맞는 사고로 인해 외상이 생길 수 있다.

(3) 전동카트 작동 시 작동 부주의, 급경사, 절벽 등 불안정한 지형에 의한 사고로 인해 외상이 생길 수 있다.

5. 골프경기보조원의 근골격계질환 예방을 위한 인간공학적 대책

1) 무리한 힘의 사용 작업에 대한 인간공학적 대책

(1) 골프백(13~15kg)을 들 때는 하나 이상 들지 않도록 하여 중량물 부담을 최대한 줄이도록 하여야 한다.

(2) 중량물을 수작업으로 들어 올리는 작업에 근로자를 종사하도록 하는 경우에는 신체부담을 감소시킬 수 있는 올바른 들기 자세에 대해서 알려주어야 한다.

① 중량물은 몸에 가깝게 위치시킨다.

② 발을 어깨넓이 정도로 벌리고 몸은 정확하게 균형을 유지한다.

③ 무릎을 굽히도록 한다.
④ 목과 등이 거의 일직선이 되도록 한다.
⑤ 등을 반듯이 유지하면서 다리를 편다.
⑥ 가능하면 중량물을 양손으로 잡는다.

〈그림 1〉 올바른 중량물 취급방법

2) 반복동작 또는 부적절한 작업자세에 대한 인간공학적 대책

(1) 주로 걷는 업무의 특성상 발이 편한 신발을 신어야 하며, 경사로 미끄러짐을 방지하기 위하여 신발 바닥에 미끄럼 방지 장치가 되어 있는 신발(캐디 전용 신발)을 착용한다.

(2) 허리를 굴곡하는 자세의 작업 시 동시에 무릎을 굴곡하여 허리 굴곡이 과도하게 되는 것을 피한다.

(3) 쪼그린 자세의 작업 시 무릎을 구부린 자세로 유지하고 허리를 곧은 자세가 되도록 한다.

(4) 골프클럽을 골프백에서 꺼낼 때 몸을 가까이 하여 팔꿈치가 굴곡된 상태에서 꺼내고, 굴곡된 상태에서 내장객에게 전달한다. 손을 이용하여 수신호할 때 상지를 어깨 높이 이상 올리지 않도록 하며, 수신호 자세를 가능한 한 짧게 유지한다.

3) 사업주는 근골격계부담작업에 노출되는 근로자에게 매 3년마다 정기적으로 유해요인조사를 실시하여야 하며, 유해요인조사 실시는 근골격계부담작업 유해요인조사지침(KOSHA GUIDE H－9－2012)을 참조한다.

4) 사업주는 근골격계부담작업 유해요인조사 결과 근골격계질환이 발생할 우려가 있을 경우 근골격계질환 예방 · 관리정책 수립, 교육 및 훈련, 의학적 관리, 작업 환경개선 활동 등 근골격계질환 예방활동을 체계적으로 수행하도록 권장한다. 이 경우 사업장 근골격계질환 예방 · 관리 프로그램(KOSHA GUIDE H－65－2012)을 참조한다.

5) 관리자는 작업대, 작업공간 및 기기배치 등을 개선하여 근골격계질환 예방을 위한 작업환경개선을 실시한다. 이 경우 근골격계질환 예방을 위한 작업환경 개선 지침(KOSHA GUIDE H－66－2012)을 참조한다.

6. 사고 방지대책

1) 골프 전동카트 좌석에 안전벨트와 전복 방지 보호대를 설치하여 안전사고 방지 및 사고 시 중대 손상을 예방한다.
2) 사업주와 관리자는 골프클럽 및 타구 안전사고 예방을 위하여 안전교육을 정기적으로 실시하고, 안전수칙을 준수하도록 지원한다.
3) 골프장 운영자는 전동카트 사고 예방을 위하여 안전교육을 정기적으로 실시하고, 다음과 같은 안전수칙을 준수하도록 지원한다.
   ① 전동카트 운행 전에 예비점검을 통해 정상 작동 여부를 점검한다.
   ② 지정된 속도를 준수하여 과속을 하지 않으며, 급제동 및 급정지를 하지 않는다.
   ③ 지정된 도로만 주행하며, 급경사 및 사고 위험지역에 주차하지 않는다.
   ④ 주행 시 고객이 안전 손잡이를 잡도록 권유하며, 운전 중에 다른 행동을 하지 않는다.
   ⑤ 전동카트에서 내릴 때는 브레이크가 확실하게 작동되었는지 확인한다.

7. 의학적 및 관리적 개선방안

1) 골프장 운영자는 경기보조원을 대상으로 정기적인 안전보건교육을 실시하고 다음의 내용을 포함하여 근골격계질환 예방교육을 실시한다.
   ① 근골격계질환 유해요인(부담 작업)
   ② 근골격계질환의 증상과 징후
   ③ 근골격계질환 발생 시 대처요령
   ④ 올바른 작업 자세 및 작업도구, 작업시설의 사용방법
   ⑤ 올바른 중량물 취급요령과 보조기구들의 사용방법
   ⑥ 그 밖의 근골격계질환 예방에 필요한 사항
2) 골프장 운영자는 경기보조원에 대해 휴식을 제공한다. 휴식은 근육피로가 발생하기 전에 주어져야 하며, 짧고 잦은 휴식이 더 권장된다. 휴식시간에 어깨, 허리, 무릎, 발목을 중심으로 스트레칭을 할 수 있도록 지원한다.
3) 골프장 운영자는 근골격계질환 조기 발견, 조기 치료 및 조속한 직장복귀를 위한 의학적 관리를 수행하도록 권장한다. 이 경우 사업장의 근골격계질환 예방을 위한 의학적 조치에 관한 지침(KOSHA CODE H-68-2012)을 참조한다.
4) 골프장 운영자는 근골격계질환의 예방 및 관리를 위해 근골격계질환의 원인의 하나로 알려진 직무스트레스 관리가 권장된다. 이 경우 골프경기 보조원의 직무스트레스 관리지침(KOSHA GUIDE H-89-2012)을 참조한다.
5) 골프장 운영자는 순번제 근무를 실시하여 일부 근무자에게 근무시간이 과도하게 길어지지 않도록 관리를 하여야 하며, 연속으로 장기간 경기 보조를 하지 않도록 관리한다.

호텔 종사자의 근골격계질환 예방지침(H－107－2012)

1. 목적

이 지침은 산업안전보건기준에 관한 규칙(이하 "안전보건규칙"이라 한다) 제12장 근골격계 부담작업으로 인한 건강장해 예방에 의거 호텔업 종사자들의 근골격계질환 예방 등에 관한 기술적 사항을 정함을 목적으로 한다.

2. 적용범위

이 지침은 호텔업과 여기에 종사하는 근로자에게 적용한다.

3. 용어의 정의

1) 이 지침에서 사용하는 용어의 정의는 다음과 같다.
   (1) "호텔 종사자"라 함은 호텔에서 고객에게 각종 서비스를 제공하기 위하여 영접, 객실안내, 짐 운반, 객실예약, 우편물의 접수와 배달, 객실열쇠관리, 객실정리, 세탁보급, 음식제공 등 각종 서비스를 제공하는 업무를 담당하는 근로자를 말한다.
   (2) "근골격계질환"이라 함은 반복적인 동작, 부적절한 작업자세, 무리한 힘의 사용, 날카로운 면과의 신체 접촉, 진동 및 온도 등의 요인에 의하여 발생하는 건강장해로서 목, 어깨, 허리, 상하지의 신경근육 및 그 주변 신체조직 등에 나타나는 질환을 말한다.
2) 그 밖에 이 지침에서 사용하는 용어의 정의는 이 지침에 특별한 규정이 있는 경우를 제외하고는 산업안전보건법, 같은 법 시행령, 같은 법 시행규칙, 산업안전보건기준에 관한 규칙 및 관련 고시에서 정하는 바에 의한다.

4. 호텔 종사자의 작업별 유해위험요인

1) 벨 맨의 업무는 호텔의 정문에서 고객의 승차 및 하차 보조, 수화물 하차 및 운반, 발렛 파킹(Vallet Parking), 프런트 대기 등을 하는 것으로 수화물의 무게에 따른 과도한 힘, 부적절한 작업자세, 접촉 스트레스 및 장시간 서서 작업하는 등의 근골격계 부담요인에 노출될 수 있다.
2) 프런트 데스크 업무는 고객의 응대, 예약접수, 체크 인(Check In)과 체크 아웃(Check Out), 전화 응대 및 영상 단말기 업무 등을 하는 것으로 장시간 고정된 자세로 서서 근무함으로 인한 하지의 부담, 부자연스런 작업자세 등이 발생할 수 있다.

3) 룸 메이드 업무는 객실 및 욕실 등을 청소하는 업무를 하는 것으로 침구 정리 시 반복적인 침대 들기나 소파 등의 자리이동 시 과도한 힘, 욕실 청소와 정리 시 제약된 공간에서의 부자연스러운 작업자세와 반복적인 동작, 카트의 밀기와 당기기 등의 작업으로 근골격계의 부담이 발생할 수 있다.

4) 조리와 서빙업무는 식자재 준비, 조리, 서빙 등의 업무를 하는 것으로 식자재 운반과 보관 창고 적재 시 과도한 힘과 부자연스러운 작업자세, 음식 준비와 조리 시 반복적인 손동작과 조리대의 높이 등으로 인한 부자연스런 작업 자세, 식기 세척 시 반복동작, 음식의 서빙 업무 시 접시 등의 운반에 따른 과도한 힘, 청소와 정리작업 시 의자, 식기, 수저 등의 취급으로 과도한 힘과 부자연스러운 자세가 유발될 수 있다.

5) 세탁업무는 세탁물을 분류하는 작업, 세탁기 또는 건조기에 투입하는 작업, 프레스로 다림질하는 작업 및 세탁물을 보관하는 작업을 하는 것으로, 이때 과도한 힘 발생, 부자연스런 자세 및 반복동작이 유발되어 주로 허리, 어깨, 무릎, 목 등에 부담이 발생할 수 있다.

〈표 1〉 호텔 종사자의 근골격계질환 유해위험요인

유해요인	대표공정	공정 및 유해원인
반복성	룸 메이드, 조리, 세탁	같은 근육, 힘줄 또는 관절을 사용하여 동일한 유형의 동작을 되풀이함
부적절한 자세	벨 맨, 룸 메이드, 조리, 세탁, 프런트 데스크	반복적이고 지속적인 팔 뻗음, 비틂, 구부림, 머리 위 작업, 무릎 꿇음, 쪼그림, 손가락으로 집기 등의 불편한 자세를 취함
과도한 힘	벨 맨, 룸 메이드, 조리, 세탁	물체 등을 취급할 때 들어 올리거나 내리기, 밀거나 당기기, 돌리기, 휘두르기, 지탱하기, 운반하기, 던지기 등과 같은 동작으로 인해 근육의 힘을 사용함
접촉 스트레스	벨 맨, 조리	작업대, 수화물 등의 모서리, 작업공구(칼, 식기 등) 등으로 인한 손, 손목, 팔 등의 연속적인 자극과 압박을 받음
정적 자세	프런트 데스크, 벨 맨	장시간 고정된 자세로 업무를 수행함
기타	벨 맨	극심한 저온 또는 고온에 노출됨

5. 바른 작업방법

1) 벨 맨의 바른 작업방법

(1) 차 트렁크 화물 들기작업

① 화물을 확인한 후 적합한 들기방법을 생각한다.
② 무거운 중량물인 경우에는 동료에게 도움을 요청한다.
③ 화물을 몸에 가깝게 한다.
④ 양발을 들기에 편리하게 벌린다.
⑤ 허리를 구부리지 않고 무릎을 구부려 화물을 단단히 움켜잡고 일어난다.

(2) 일반 화물 취급

① 계단보다 경사로(Ramp)를 이용한다.
② 무거운 중량물 또는 장거리 운반 시 손수레(Trolley)를 이용한다.
③ 손수레를 잡아당기지 않고 민다.
④ 손수레 바퀴의 에어와 휠의 발란스를 확인한다.
⑤ 고객의 수화물 취급 등 중량물 취급 시 2인 1조의 작업을 통해 중량물 취급으로 인한 신체부담을 줄여준다.

2) 프런트 데스크 직원의 바른 작업방법

(1) 과도한 허리 굽힘은 피한다.
(2) 낮은 힐의 신발을 신는다.
(3) 휴식시간의 적절한 분배로 부담을 줄인다.
(4) 전화기를 목과 어깨 사이에 낀 채로 일하지 않는다.

3) 룸 메이드의 바른 작업방법

(1) 침대 정리

① 이불보 교체 시 허리를 굽히지 않고 무릎을 굽히고 침대를 들어 올려서 작업한다.
② 침대 각 모서리에서 허리를 굽히지 않도록 무릎을 꿇거나 구부리고 작업을 한다.
③ 베개보 교체 시 허리 굽힘 방지를 위해서 작업대(화장대, 테이블 등) 위에 놓고 작업한다.

(2) 카펫 청소

① 사용하기 쉽고 가벼운 진공청소기를 사용한다.
② 낮은 위치에 있는 부분을 청소할 경우에는 허리 굽힘을 피하고 무릎을 꿇고 작업한다.

(3) 욕실 청소

① 욕조 바닥을 청소할 경우에는 과도한 팔 뻗침과 허리 굽힘을 방지하기 위해 욕조에 최대한 근접해서 작업한다.

② 팔이 닫지 않는 부분은 도구를 사용한다.

③ 욕실 바닥을 청소할 경우에는 허리 굽힘을 피하고 무릎보호대를 착용하고, 무릎을 꿇고 작업한다.

(4) 바른 카트(Cart) 이동방법

① 앞이 보일 수 있게 과도한 적재를 금지한다.

② 움직이기 쉽고, 안정적인 카트를 이용한다.

③ 고장 난 카트는 상사에게 보고 후 교체한다.

④ 카트는 잡아당기지 말고 밀면서 이동한다.

4) 조리와 서빙업무의 바른 작업방법

(1) 음식의 운반 및 취급

① 무거운 재료나 음식은 트롤리(Trolley)를 사용한다.

② 음식을 준비할 때 자연스럽게 이동할 수 있도록 조리 테이블과 트롤리의 높이를 일정하게 한다.

③ 무거운 재료를 들 때는 2인 1조로 작업한다.

④ 무거운 물건과 자주 사용하는 물건은 무릎과 어깨 높이 사이에 적재한다.

⑤ 과도한 허리 굽힘을 방지하기 위하여 무릎 아랫부분은 적재를 금지한다.

(2) 음식 준비 및 요리

① 강한 힘을 주는 작업은 허리 높이의 작업대를 사용한다.

② 정교함을 요구하는 작업은 팔꿈치 높이의 작업대를 사용한다.

③ 과도한 팔 뻗침을 방지하기 위하여 작업면과 가까운 곳에서 작업한다.

④ 자주 사용하는 재료는 편리한 높이의 위치에 배치한다.

⑤ 부적절한 자세와 힘 방지를 위하여 인간공학적 주방 용구를 사용한다.

⑥ 조리작업의 특성상 식사시간 전후로 작업이 집중되는 경향이 있으므로 작업 전후 스트레칭을 통해 작업자의 경직된 근육을 풀어주는 것이 필요하다.

⑦ 전처리 작업 등은 여유시간에 미리 수행하여 특정 시간대에 집중되는 작업부하를 분산시키도록 한다.

(3) 식기류 세척

① 과도한 팔 뻗침 방지를 위하여 작업면과 가까운 곳에서 작업한다.

② 과도한 팔뻗침을 방지하기 위하여 몸 중앙 높이에 플렉서블 노즐을 이용한다.

(4) 트레이(Tray) 운반

① 무게의 밸런스를 유지한다.
② 트레이를 깨끗하고 물기가 없도록 한다.
③ 큰 트레이는 바른 자세로 어깨 위에 놓고 트레이(Tray)의 균형을 잡기 위해 양손을 사용한다.
④ 작은 트레이는 양팔과 손으로 균형을 잡고 운반한다.
⑤ 가능한 카트(Cart)를 사용하여 운반한다.
⑥ 한 번에 많은 접시를 운반하는 것을 금지한다.
⑦ 트레이에 음식 등을 놓을 때에 무거운 것은 중앙의 손이 받치는 부분에 놓는다.

(5) 음료 또는 음식 서빙(Serving)

① 과도한 팔 뻗침 방지를 위하여 음료를 따를 때 컵을 몸에 가깝게 놓고 따른다.
② 손님에게 시중들 때 과도한 팔 뻗침 방지를 위하여 가까운 곳에서 시중을 든다.

(6) 테이블과 의자 운반

① 가능한 이동대차를 사용한다.
② 단단히 잡고 몸에 가깝게 한 후 운반한다.
③ 허리가 굽혀지거나 비틀리지 않도록 한다.
④ 의자를 많이 쌓은 채로 운반하지 않는다.
⑤ 무겁거나 많은 양일 경우 여러 사람과 같이 한다.

5) 세탁물 취급자의 바른 작업방법

(1) 세탁물 분류 및 세탁

① 수거대의 바닥에 있는 세탁물을 들어올리기 위해 과도한 허리굽힘을 방지하기 위하여 높낮이 조절이 가능한 세탁물 수거대를 사용한다.
② 과도한 힘의 사용을 방지하기 위하여 무게가 적게 나가는 수거대를 사용한다.
③ 무거운 세탁물인 경우 동료에게 협조를 요청한다.

(2) 세탁물 건조 및 접기

① 과도한 팔 뻗침 방지를 위하여 건조기와 작업자의 간격을 줄인다.
② 멀리 있는 부분의 작업을 위해 발 받침대를 이용한다.
③ 허리 충격을 완화할 수 있는 신발을 착용한다.

(3) 다림질 및 포장

① 쉬운 강도의 다른 업무와 교대로 하도록 한다.
② 규칙적인 휴식시간과 스트레칭을 실시한다.
③ 허리 충격을 완화할 수 있는 신발을 착용한다.

6. 작업환경 개선

1) 벨 맨

(1) 대차를 이용할 수 있는 경사로(Ramp)를 만들다.

(2) 고객의 화물을 운반할 때에는 대차를 이용할 수 있도록 하고, 동력설비를 갖춘 대차를 지급하여 운전에 필요한 힘을 최소화할 수 있도록 한다.

(3) 높낮이 조절이 가능한 이동대차를 활용하여 고객의 수화물 취급 시 부자연스런 자세를 최소화할 수 있도록 한다.

2) 프런트 데스크

(1) 프런트 데스크는 2단 구조의 프런트 데스크 설계로 컴퓨터 작업과 기타 작업(고객응대, 전화응대) 시 적절한 높이가 유지되도록 하는 것이 필요하다.

(2) 장시간 서있는 충격을 완화해 줄 수 있는 내충격성 매트 또는 두꺼운 카펫을 바닥에 깐다.

3) 룸 메이드

(1) 침대를 서랍식 또는 자동으로 개선하여 손쉽게 앞으로 나오고 위로 올라갈 수 있도록 한다.

(2) 화장실 정리 및 세척 시에 좁은 공간에서 쪼그리거나 허리를 굽히는 등의 부자연스러운 자세로 작업하는 것을 최소화하기 위해 보조 도구들을 제공한다.

(3) 미니 바 확인 및 보충할 때에 부자연스러운 자세를 취하지 않도록 냉장고의 위치를 테이블 위쪽에 두도록 한다.

(4) 유리창 청소를 할 때에는 손걸레가 아닌 창문 전용 스팀 청소기를 이용하여 팔을 뻗거나 허리를 숙이는 동작을 제거하도록 한다.

(5) 빌트인 청소기를 설치하여 청소기를 들고 다니면서 발생하는 과도한 힘과 부자연스러운 자세를 최소화하도록 한다.

(6) 동력설비를 갖춘 대차를 지급하여 운전에 필요한 힘을 최소화할 수 있도록 한다.

4) 조리와 서빙

(1) 식자재와 식기류 운반은 동력설비를 갖춘 대차를 지급하여 운전에 필요한 힘을 최소화할 수 있도록 한다.

(2) 식자재 운반 도구에 손잡이가 없을 경우 적절한 형태의 손잡이를 부착하도록 한다.

(3) 세척대와 조리대는 작업자가 허리를 굽히거나 팔을 과도하게 뻗는 등의 부자연스러운 자세를 줄이도록 높이와 깊이를 설계하여 설치하도록 한다.

(4) 신장이 다른 모든 작업자들이 사용할 수 있도록 세척대와 조리대에 발판을 마련한다.

(5) 높이 조절이 가능한 대차를 제공하여 세척이 끝난 접시를 적절한 높이에서 올려놓을 수 있도록 한다.

(6) 조리도구는 손목부위의 불필요한 부담을 제거하기 위해 작업형태에 따라 손잡이를 인간공학적으로 제조한 것을 제공한다.

(7) 무거운 조리도구는 쥐는 느낌을 최대한 편안하게 할 수 있는 모양의 손잡이를 부착한다.

(8) 혼자 운반하기 힘든 대형 조리도구의 경우 손잡이를 4개 또는 양손을 모두 사용할 수 있을 정도의 길이로 한다.

(9) 중량이 무겁고 큰 조리도구의 경우 보조 바퀴를 달아 이동을 용이하게 한다.

(10) 대형 솥은 기울이거나 각도를 조절할 때에 인력이 아닌 동력을 이용하여 조절할 수 있도록 한다.

(11) 미끄러짐을 방지하기 위하여 미끄럼 방지 신발을 제공한다.

5) 세탁

(1) 세탁물 분류 시 바닥이 아닌 작업대에서 분류할 수 있도록 작업대를 설치한다.

(2) 분류가 된 세탁물을 작업대에서 바로 대차에 적재할 수 있도록 하고, 동력설비를 갖춘 대차를 지급하도록 한다.

(3) 다림용 프레스기는 작동 바 대신에 작동 버튼으로 작동할 수 있도록 하고 프레스기 뚜껑이 자동으로 내려오도록 한다.

(4) 세탁물을 걸 경우 걸이대를 제공한다.

6) 관리자는 작업대, 작업공간 및 기기배치 등을 개선하여 근골격계질환 예방을 위한 작업환경개선을 실시한다. 이 경우 근골격계질환 예방을 위한 작업환개선 지침(KOSHA GUIDE H-66-2012)을 참조한다.

7. 의학적 및 관리적 개선방안

1) 사업주는 근로자를 대상으로 정기적인 안전보건교육을 실시하고 다음의 내용을 포함하여 근골격계질환 예방교육을 실시한다.

(1) 근골격계부담작업 유해요인

(2) 근골격계질환의 징후 및 증상

(3) 근골격계질환 발생 시 대처요령

(4) 올바른 작업자세 및 작업도구, 작업시설의 올바른 사용방법

(5) 올바른 중량물 취급요령과 보조기구들의 사용방법

(6) 그 밖의 근골격계질환 예방에 필요한 사항

2) 관리자가 해야 할 일

(1) 호텔에서 이루어지는 잡종 작업은 자동화가 곤란하므로 불필요한 신체부담을 줄이기 위한 표준작업지침을 정하여 근로자가 표준작업지침과 작업속도를 지킬 수 있도록 관리하는 것이 필요하다.

(2) 근로자들이 작업 시 느끼는 불편사항을 쉽게 제기할 수 있고, 이를 접수하여 검토하고 개선하는 것을 활성화하는 것이 필요하다.

(3) 직무순환은 특정 부위의 신체부담을 줄일 수 있으므로, 각 업무의 강도와 특성을 분류한 다음, 업무를 순환하는 계획을 잡는다.

(4) 자주 현장을 순회하여 작업방법, 보호구 착용, 작업장 주위 정리정돈 등을 확인하여 개선한다.

(5) 정규 근무시간 외에 초과 근무를 하지 않도록 작업관리를 하여야 하며, 근로자가 휴일 없이 연속적으로 근무하지 않도록 관리한다.

(6) 근로자가 취급하는 물품의 중량, 취급빈도, 운반거리, 운반속도 등 인체에 부담을 주는 작업의 조건에 따라 작업시간과 휴식시간 등을 적정하게 배분하여야 한다.

(7) 5kg 이상의 중량물을 들어 올리는 작업일 경우 자주 취급하는 물품에 대하여 근로자가 쉽게 알 수 있도록 물품의 중량과 무게중심에 대하여 작업장 주변에 안내표시를 한다.

(8) 호텔 종사자가 취급하는 물품의 중량, 취급빈도, 운반거리, 운반속도 등 인체에 부담을 주는 작업의 조건에 따라 작업시간과 휴식시간 등을 적정하게 배분한다.

(9) 신입사원, 재배치 근로자, 장기간 휴직 후 복귀하는 근로자들에게는 적응기간을 제공하도록 한다.

(10) 벨맨은 장시간 서서 있으므로 내충격성 재질의 신발안창 등을 제공하여 신체부담을 줄여주도록 한다.

(11) 프런트 데스크 근무지는 작업교대주기를 줄여주는 것이 바람직하다.

(12) 객실의 침대 시트 교환 작업 등은 2인 1조로 무릎 꿇기 작업을 하도록 하는 것이 바람직하다.

(13) 객실과 욕실 작업을 교대로 하도록 하는 것이 필요하다.

(14) 도구나 세탁시설의 예방적인 보수 유지를 하여 항상 도구나 시설에 문제가 없게 한다.

3) 근로자가 해야 할 일

(1) 짧은 시간 자주 휴식을 취하고 간단한 스트레칭을 실시하며, 피곤을 느끼거나 근육에 통증이 올 때는 휴식 및 잠깐 동안 작업을 중지한다.

(2) 추운 날씨에 작업할 때에는 방한복과 방한장갑을 착용하고, 더운 날씨에 작업할 때에는 흡습성과 환기성이 좋은 작업복을 착용하며, 적절한 식염과 식수를 섭취한다.

4) 사업주는 근골격계질환 조기발견, 조기치료 및 조속한 직장복귀를 위한 의학적 관리를 수행하도록 권장한다. 이 경우 사업장의 근골격계질환 예방을 위한 의학적 조치에 관한 지침(KOSHA GUIDE H-68-2012)을 참조한다.

항공사 객실승무원의 근골격계질환 예방지침(H-108-2012)

1. 목적

이 지침은 산업안전보건기준에 관한 규칙(이하 "안전보건규칙"이라 한다) 제12장 근골격계 부담작업으로 인한 건강장해 예방에 따라 항공사 객실승무원들의 근골격계질환을 예방 등에 관한 기술적 사항을 정함을 목적으로 한다.

2. 적용범위

이 지침은 항공기 객실승무원을 고용하고 있는 항공사에 적용한다.

3. 용어의 정의

1) 이 지침에서 사용하는 용어의 정의는 다음과 같다.
   (1) "항공기 객실승무원"이라 함은 탑승객이 목적지까지 안전하고 쾌적하게 여행할 수 있도록 편의와 안전을 도모하기 위해 기내에서 각종 서비스를 제공하는 근로자를 말한다.
   (2) "근골격계질환"이라 함은 반복적인 동작, 부적절한 작업자세, 무리한 힘의 사용, 날카로운 면과의 신체 접촉, 진동 및 온도 등의 요인에 의하여 발생하는 건강장해로서 목, 어깨, 허리, 상하지의 신경근육 및 그 주변 신체조직 등에 나타나는 질환을 말한다.

2) 그 밖에 이 지침에서 사용하는 용어의 정의는 이 지침에 특별한 규정이 있는 경우를 제외하고는 산업안전보건법, 같은 법 시행령, 같은 법 시행규칙, 산업안전보건기준에 관한 규칙 및 관련 고시에서 정하는 바에 의한다.

4. 항공기 객실 승무원의 작업별 유해위험요인

객실승무원의 대표적인 인력운반작업은 신문뭉치 들어올리기 작업, 비행기 출입문 당기기 작업, 음료 및 식사제공을 위한 카트를 밀고 당기기 작업, 승객의 기내 수화물 운반 및 짐칸에 넣고 꺼내기 및 거동이 불편한 승객 부축하기 등이다.

1) 업무내용 및 근무환경

(1) 기내를 정돈하고 목적지, 비행시간, 항로 및 귀빈 탑승현황 등에 대하여 확인한다.
(2) 승객에게 신문, 식사, 면세품 등을 제공한다.

(3) 승객의 수하물 운반을 돕는다.
(4) 비상시 비상탈출 설비를 가동하여 승객의 탈출을 돕는다.
(5) 항공사 객실 승무원의 작업공간은 승무원의 편안한 작업보다는 승객의 좌석을 중심으로 경제적인 공간의 사용이 이루어지므로, 매우 한정된 공간 안에서 작업을 하게 되어 부자연스러운 자세로 활동을 하게 된다.
(6) 승무원의 작업 공간은 준비장소(Galley)와 인적 서비스가 이루어지는 통로(Aisle)와 좌석까지의 거리 등이다. 장시간 서서 근무해야 하는 경우가 많다.
(7) 항공기 객실 승무원의 작업환경은 움직임의 반경이 좁은 통로에서 음료수나 음식이 가득 실린 카트를 끌거나 밀며, 허리를 구부리는 자세가 반복되고 간혹 예기치 못한 난기류로 인해 몸의 중심을 잃거나 넘어지는 경우도 발생한다.
(8) 기내라는 특수한 공간에서 제한된 짧은 시간 내에 업무를 완수해야 하고, 계속 서서 일을 한다.

2) 무리한 힘

(1) 탑승객을 위한 무거운 신문뭉치(한 뭉치가 7kg) 여러 개를 항공기 입구로 옮겨서 일부는 카트에 펼쳐 놓고, 나머지는 승객 좌석 위의 선반에 넣을 때 무리한 힘이 가해진다.
(2) 좁은 통로에 서서 승객의 기내 수화물을 천장에 있는 짐칸에 올려주거나 내려주는 경우에 무리한 힘이 가해진다.
(3) 비행기 출입문을 열고 닫기 위해서 당기기 작업은 초기 당기는 힘이 최대 22kg까지 가해지므로 무리한 힘을 사용하게 된다.
(4) 음료수나 식사 쟁반이 담겨져 있는 카트를 1~2명의 승무원이 승객을 대상으로 주문을 받으며 서비스를 제공한다. 이때 카트를 밀고 당기고, 직선으로 움직이도록 하기 위해 양쪽 다리에 힘을 주는 등 무리한 힘을 사용하게 된다.
(5) 좁은 통로에 서서 음식이나 음료가 담긴 용기, 쟁반 등을 운반할 때에 중량물 취급으로 무리한 힘이 가해진다. 식사 트레이를 몇 십 번씩이나 꺼내서 나누어주고 다시 회수해서 수납하는 작업이 신체에 부담이 된다.
(6) 음료 제공을 하기 위해서 음료수 박스를 들어서 옮길 때에 무리한 힘을 사용하게 된다.

3) 부적절한 자세

(1) 신문뭉치나 승객의 기내 수화물을 무릎을 구부리고 들거나 승객 좌석 위의 선반에 넣을 때 팔이 어깨 위로 올라가는 거상 자세를 취하게 된다.
(2) 부적절한 작업공간과 비좁은 공간으로 부자연스러운 작업 자세를 취하게 되는 경우가 많다.
(3) 승무원들은 승객과 대면하여 시선이 승객을 향하도록 한 상태에서 응대하는 자세를

취해야 하기 때문에 허리와 무릎 및 어깨를 굽히거나 비트는 동작이 자주 발생한다.

(4) 승객에게 음료나 음식을 제공하거나 수거할 때에 통로에서 최대 150cm 정도의 거리를 커버하므로 몸을 구부리고 동시에 비튼 자세를 취하게 된다.

(5) 청결을 유지하기 위해 수시로 정리하는 화장실은 비좁아서 구부정한 자세 등 부자연스러운 자세로 작업을 하게 된다.

(6) 항공기의 열려져 있는 문을 한쪽 팔을 쭉 뻗어서 문을 잡아당기며, 이때 허리의 자세는 뻗친 팔 쪽으로 기울이면서 잡아당기게 된다.

(7) 무릎을 굽히는 동시에 허리도 굽히거나 젖힌 자세이므로 척추에 많은 부담을 줄 수 있는 자세를 자주 취한다.

(8) 비행시간 동안 집중적으로 신속하게 움직이며 승객 개개인을 대상으로 업무수행을 하므로 부적절한 자세를 취하기 쉽다.

4) 반복동작

(1) 수십 명 이상의 승객에게 반복해서 식사와 음료를 나누어 준다.

(2) 준비실(Galley)에서 승객에게 서비스하기 위한 물품을 챙기는 작업을 반복적으로 한다.

(3) 좁은 통로를 이용하여 카트를 움직이고, 승객들을 일대일로 대하면서 물품을 전달하는 빈도가 자주 있으며, 이때에 좌석에 앉은 승객을 선 자세에서 응대하므로 허리를 굽히거나 비트는 동작을 자주 반복하게 된다.

5. 근골격계질환 예방을 위한 개선대책

1) 작업방법 개선

(1) 자주 사용하거나 무거운 품목은 가능한 허리 높이에 보관하고 가벼운 품목은 가장 낮거나 높은 위치의 선반이나 보관대에 둔다.

(2) 식자재, 음료수 및 식기류 등은 무릎과 어깨높이 사이에 보관한다.

(3) 무릎 아래 및 어깨 높이 위에서의 중량물 취급 작업은 피하도록 한다.

(4) 빈번하게 사용하는 품목은 가장 접근이 쉬운 위치에서 보관한다.

(5) 근로자는 허리부위에 부담을 주는 엉거주춤한 자세, 앞으로 구부린 자세, 뒤로 젖힌 자세, 비틀린 자세 등의 부자연스러운 자세를 취하지 않도록 작업방법 개선 등 필요한 조치를 강구한다.

(6) 승객의 기내 수화물의 운반은 가급적 승객이 직접 취급할 수 있도록 권고한다.

(7) 승객의 수화물을 천장에 있는 짐칸에 넣을 때는 바닥보다는 의자의 손잡이나 의자에 놓고 들어 올리도록 한다.

(8) 사업주와 항공기 객실사무장은 다음과 같은 "올바른 물품취급 지침"을 객실 승무원들에게 주시시키고 항상 볼 수 있는 위치에 게시하도록 한다.

① 물품을 들거나 내릴 때는 허리를 굽히거나 비틀지 않는다.
② 어깨 위 높이에는 가능한 한 물품을 두지 않는다. 부득이 한 경우에 보다 가벼운 것을 두도록 한다.
③ 물품을 운반할 때는 이동대차를 사용한다.
④ 상자, 트레이 등의 용기는 알맞은 손잡이가 있는 제품을 선택한다.
⑤ 무거운 물품은 가볍게 나눠서 들거나 둘이서 같이 든다.

2) 작업환경개선 조치

(1) 작업자의 신체적 특성을 고려하지 않은 물품 보관 적재대 또는 작업대 높이를 개선하도록 한다. 적재함의 위치는 무릎 위, 허리 아래로 하는 것이 바람직하다.
(2) 유해요인 조사결과 근골격계 부담작업이 존재하여 질환 발생 우려가 있는 경우에는 즉시 개선하도록 한다.
(3) 적재물의 위치개선, 작업량의 조정, 편안하고 이완된 자세를 위한 작업공간의 배치 등이 포함된 개선활동을 지속적으로 행한다.
(4) 기내의 통로는 카트를 밀거나 당기면서 이동하기 때문에 통로 바닥의 마찰력이 적합한 재질로 개선한다.
(5) 기내 수화물의 무게를 제한하고, 5kg 이상의 중량물을 들어 올리는 작업일 경우 자주 취급하는 물품에 대하여 근로자가 쉽게 알 수 있도록 물품의 중량과 무게중심에 대하여 작업장 주변에 안내표시를 한다.
(6) 근골격계질환 발생 우려가 있는 작업에 대하여 근골격계질환 예방을 위한 작업환경 개선 지침(KOSHA GUIDE H－66－2012)을 참조한다.

6. 의학적 및 관리적 개선방안

1) 사업주는 근로자를 대상으로 정기적인 안전보건교육을 실시하고 다음의 내용을 포함하여 근골격계질환 예방교육을 실시한다.
(1) 근골격계부담작업 유해요인
(2) 근골격계질환의 징후 및 증상
(3) 근골격계질환 발생 시 대처요령
(4) 올바른 작업자세 및 작업도구, 작업시설의 올바른 사용방법
(5) 올바른 중량물 취급요령과 보조기구들의 사용방법
(6) 그 밖의 근골격계질환 예방에 필요한 사항

2) 항공기 객실사무장은 증상호소 근로자에 대한 의학적조치 근골격계질환을 조기에 발견하기 위하여 주기적으로 증상조사를 실시하고 증상 호소자에 대하여는 사업장의 근골격계질환예방을 위한 의학적 조치에 관한 지침(KOSHA GUIDE H－68－2012)에 준하여 의학

적 조치를 실시한다.

3) 사업주는 근골격계질환의 예방 및 관리를 위해 근골격계질환의 원인의 하나로 알려진 직무스트레스 관리가 권장된다. 승무원들의 객실 업무는 육체적인 피로뿐 아니라, 승객을 대면하여 거의 모든 상황에서도 친절함을 유지해야 하므로 정신적인 피로가 심한 업무이기 때문에 항공기 객실승무원의 직무스트레스 관리지침(KOSHA GUIDE H－87－2012)을 참조한다.

4) 관리자의 할 일

(1) 사업주 및 항공기 객실사무장은 정규 근무시간 외에 초과 근무를 하지 않도록 관리를 하여야 하며, 근로자가 휴일 없이 연속적으로 근무하지 않도록 관리한다.

(2) 가급적 순환근무를 하여 근골격계의 부담을 줄이도록 한다.

(3) 사업주는 근로자에게 규칙적으로 휴식시간을 제공한다.

(4) 충격을 흡수할 수 있는 신발을 제공한다.

(5) 좁은 기내에서 인력운반작업에 불편하지 않고, 신체의 부담을 낮출 수 있으며, 허리와 어깨의 관절과 근육을 보호할 수 있고, 업무동작에서 움직임의 제한을 최소화할 수 있도록 유니폼을 개선하도록 한다.

(6) 객실 승무원은 피곤을 느끼거나 근육에 통증이 올 때 휴식을 취하거나 잠깐 동안 작업을 멈추도록 한다.

고열작업환경 관리지침(W-12-2017)

1. 목적

이 지침은 산업안전보건법(이하 "법"이라한다) 제24조(보건상의 조치) 및 산업안전보건기준에 관한 규칙 제7장(온 · 습도에 의한 건강장해의 예방)의 적용을 받는 고열작업에 대한 작업환경관리지침을 정하여 동 업무에 종사하는 근로자의 건강보호를 목적으로 한다.

2. 적용범위

이 지침은 다음의 장소에서의 작업에 적용한다.

1) 용광로 · 평로 · 전로 또는 전기로에 의하여 광물 또는 금속을 제련하거나 정련하는 장소
2) 용선로(鎔銑爐) 등으로 광물 · 금속 또는 유리를 용해하는 장소
3) 가열로(加熱爐) 등으로 광물 · 금속 또는 유리를 가열하는 장소
4) 도자기 또는 기와 등을 소성(燒成)하는 장소
5) 광물을 배소(焙燒) 또는 소결(燒結)하는 장소
6) 가열된 금속을 운반 · 압연 또는 가공하는 장소
7) 녹인 금속을 운반 또는 주입하는 장소
8) 녹인 유리로 유리제품을 성형하는 장소
9) 고무에 황을 넣어 열처리하는 장소
10) 열원을 사용하여 물건 등을 건조시키는 장소
11) 갱내에서 고열이 발생하는 장소
12) 가열된 노를 수리하는 장소
13) 그 밖에 법에 따라 노동부장관이 인정하는 장소, 또는 고열작업으로 인해 근로자의 건강에 이상이 초래될 우려가 있는 장소

3. 정의

1) 이 지침에서 사용하는 용어의 정의는 다음과 같다.
   (1) "고열"이라 함은 열에 의하여 근로자에게 열경련 · 열탈진 또는 열사병 등의 건강장해를 유발할 수 있는 더운 온도를 말한다.
   (2) "습구흑구온도지수(Wet-Bulb Globe Temperature : WBGT)"라 함은 근로자가 고열환경에 종사함으로써 받는 열스트레스 또는 위해를 평가하기 위한 도구(단위 : ℃)로서 기온, 기습 및 복사열을 종합적으로 고려한 지표를 말한다.

2) 그 밖에 이 지침에서 사용하는 용어의 정의는 특별한 규정이 있는 경우를 제외하고는 법, 같은 법 시행령, 같은 법 시행규칙 및 산업안전보건기준에 관한 규칙에서 정하는 바에 의한다.

4. 고열의 측정 및 평가

1) 평가 시 고려사항

사업주는 고열작업에 근로자를 종사하도록 하는 때에는 열경련 · 열탈진 등의 건강장해를 예방하기 위하여 고열의 위해성을 평가하여야 하며, 평가 시 다음 사항을 고려한다.

(1) 고열작업의 종류 및 발생원
(2) 고열작업의 성질(특성 및 강도 등)
(3) 온열특성(기온, 기습, 기류, 복사열 등)
(4) 근로자의 작업 활동 및 착용한 의복 형태
(5) 고열 관련 상해 및 질병 발생 실태
(6) 산업환기설비 등의 설치와 적절성
(7) 근로자의 열순응 정도
(8) 기타 고열환경 개선에 필요한 사항

2) 고열의 측정 및 평가

(1) 측정대상인자

고열의 측정은 기온, 기습 및 흑구온도 인자들을 고려한 습구흑구온도지수(WBGT)로 한다.

(2) 측정주기

사업주는 고열작업에 근로자를 종사하도록 하는 때에는 법 제42조의 규정에 따라 6개월에 1회 이상 정기적으로 습구흑구온도지수를 측정한다. 다만, 근로자가 열경련 · 열탈진 등의 증상을 호소하거나 고열작업으로 인해 건강장해가 우려되는 경우에는 필요에 따라 수시로 측정을 실시할 수 있다.

(3) 측정기기의 조건

고열은 습구흑구온도지수(WBGT)를 측정할 수 있는 기기 또는 이와 동등 이상의 성능을 가진 기기를 사용한다.

(4) 측정 방법 및 시간

① 고열을 측정하는 경우에는 측정기 제조자가 지정한 방법과 시간을 준수하며, 열원마다 측정하되 작업장소에서 열원에 가장 가까운 위치에 있는 근로자 또는 근로자

의 주 작업행동 범위에서 일정한 높이에 고정하여 측정한다.

② 측정기기를 설치한 후 일정 시간 안정화시킨 후 측정을 실시하고, 고열작업에 대해 측정하고자 할 경우에는 1일 작업시간 중 최대로 높은 고열에 노출되고 있는 1시간을 10분 간격으로 연속하여 측정한다.

(5) 고열의 평가

고열의 평가는 다음의 순서로 실시한다.

① 습구흑구온도지수(WBGT)의 산출

각각의 측정에 대한 습구흑구온도지수는 다음의 식으로 계산한다.

㉠ 옥외(태양광선이 내리쬐는 장소)는 식 (1)과 같다.

WBGT(℃)=0.7×자연습구온도+0.2×흑구온도+0.1×건구온도 ·········· (1)

㉡ 옥내 또는 옥외(태양광선이 내리쬐지 않는 장소)는 식 (2)와 같다.

WBGT(℃)=0.7×자연습구온도+0.3×흑구온도 ·········· (2)

② 평균 WBGT의 산출

평균 WBGT는 식 (3)으로 구한다.

$$평균\ WBGT(℃) = \frac{WBGT_1 \times t_1 + WBGT_2 \times t_2 + \cdots + WBGT_n \times t_n}{t_1 + t_2 + \cdots + t_n} \quad \cdots (3)$$

여기서, $WBGT_n$: 각 습구흑구온도지수의 측정치(℃)

t_n : 각 습구흑구온도지수의 측정시간(분)

③ 착용복장에 따른 WBGT 기준 보정

〈표 1〉의 노출기준은 보통 작업복을 입은 순응된 작업근로자를 대상으로 설정된 것이므로 〈표 2〉의 착용복장의 종류에 따라 보정을 실시해야 한다. 착용복장에 따른 WBGT 보정값($WBGT_{eff}$)은 식 (4)에 따른다.

$WBGT_{eff}$(℃)=WBGT+CAF ·········· (4)

여기서, CAF : 의복보정지수(℃)

〈표 1〉 고열작업의 노출기준

작업휴식시간비	작업강도		
	경작업	중등작업	중작업
계속작업	30.0℃	26.7℃	25.0℃
매시간 75% 작업, 25% 휴식	30.6℃	28.0℃	25.9℃
매시간 50% 작업, 50% 휴식	31.4℃	29.4℃	27.9℃
매시간 25% 작업, 75% 휴식	32.2℃	31.1℃	30.0℃

주) • 경작업 : 200kcal/hr까지의 열량이 소요되는 작업을 말하며 앉아서 또는 서서 기계의 조정을 하기 위하여 손 또는 팔을 가볍게 쓰는 일 등을 뜻함.
• 중등작업 : 200~350kcal/hr까지의 열량이 소요되는 작업을 말하며 물체를 들거나 밀면서 걸어다니는 일 등을 뜻함.
• 중작업 : 350~500kcal/hr까지의 열량이 소요되는 작업을 말하며 곡괭이질 또는 삽질하는 일 등을 뜻함.

〈표 2〉 착용복장에 따른 WBGT 노출기준의 보정값

복장 형태	CAF*
여름작업복	0℃
상하가 붙은 면 작업복	+2℃
겨울 작업복	+4℃
방수복	+6℃

* CAF : Clothing Adjustment Factors

④ 작업대사율의 결정

〈표 3〉, 〈표 4〉 및 식 (5)를 참고하여 각 작업의 총 작업대사율(M_{TWA})과 그에 따른 작업강도를 결정한다.

$$M_{TWA} = \frac{(M_1 t_1 + M_2 t_2 + \cdots + M_n t_n)}{t_1 + t_2 + \cdots + t_n} \quad \cdots\cdots (5)$$

여기서, M_n : 각 작업의 작업대사율(kcal/hr 또는 Watt)
t_n : 각 작업의 작업시간(분)

〈표 3〉 신체자세 및 동작에 따른 작업대사율

신체자세 및 동작	작업대사율(kcal/min)
앉은 자세	0.3
선 자세	0.6
걷는 동작	2.0~3.0
경사진 면을 걷는 동작	걷는 동작의 소모 칼로리에 고도 1m 상승 시마다 0.8을 추가

〈표 4〉 작업형태에 따른 작업대사율

작업의 형태	작업대사율(kcal/min)	
	평균	범위
• 수작업 −경작업(글쓰기, 손뜨개질 등) −중작업(워드작업 등)	 0.4 0.9	 0.2~1.2
• 한 팔로 하는 작업 −경작업 −중작업(구두 수선, 소파 제작 등)	 1.0 1.7	 0.7~2.5
• 양팔로 하는 작업 −경작업(줄질, 나무대패질, 정원고르기 등) −중작업	 1.5 2.5	 1.0~3.5
• 몸 전체로 하는 작업 −경작업 −중등작업(마루 청소, 카페트 털기 등) −중작업(선로 깔기, 흙 파기, 나무껍질 벗기기 등) −격심한 작업	 3.5 5.0 7.0 9.0	 2.5~15.0

〈계산 예〉 조립라인에 서서 무거운 수공구를 양팔을 사용하여 작업할 경우

임무(Task)	작업대사율(kcal/min)
• 걷는 동작 • 양팔을 사용한 중작업과 가벼운 몸 전체로 하는 작업 • 기초대사량	2.0 3.0 1.0
• 분당 총 작업대사율 • 시간당 총 작업대사율	6.0kcal/min 360kcal/hr

⑤ 노출기준 초과 여부의 결정

③항에서 산출된 착용복장에 따른 WBGT 보정값($WBGT_{eff}$)과 ④항에서 산출된 작업대사율을 사용하여 〈그림 1〉로부터 노출기준 초과 여부를 판단하고 〈표 1〉의 노출기준으로부터 작업강도별 적정한 작업휴식시간비를 선정한다.

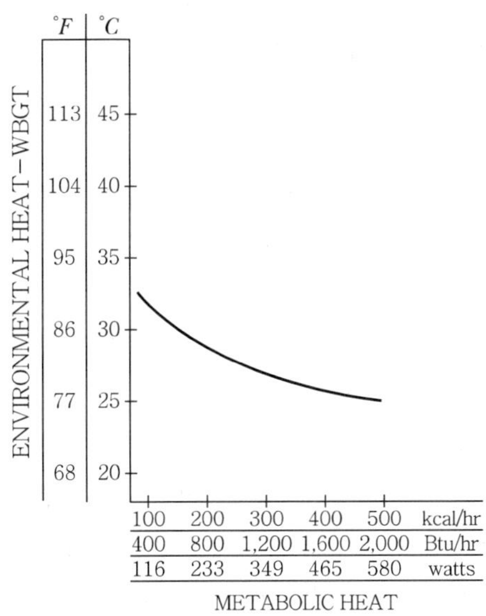

〈그림 1〉 $WBGT_{eff}$ 및 작업대사율과 노출기준(TLV)의 관계

5. 고열작업환경의 관리

1) 환경관리

사업주는 고열작업에 근로자를 종사하도록 하는 때에는 건강장해를 예방하기 위하여 다음 각호의 환경관리 조치를 취한다.(고열에 의한 건강장해는 〈첨부 1〉 참조)

(1) 고열작업이 실내인 경우에는 고열을 감소시키기 위하여 환기장치를 설치하거나 열원과의 격리, 복사열의 차단 등 필요한 조치를 한다. 고열작업이 옥외에서 행해지는 경우에는 가능한 한 직사광선을 차단할 수 있는 간단하고 쉬운 지붕이나 천막 등을 설치하며 작업 중에는 적당히 살수 등을 실시할 수 있도록 한다.

(2) 고열작업이 실내인 경우에는 냉방 또는 통풍 등을 위하여 적절한 온·습도 조절장치를 설치한다. 냉방장치를 설치하는 때에는 외부의 대기온도보다 현저히 낮게 하지 않는다. 다만, 작업의 성질상 냉방장치를 하여 일정한 온도를 유지하여야 하는 장소로서 근로자에게 보온을 위하여 필요한 조치를 하는 때에는 예외로 한다.

(3) 갱내에서 고열이 발생하는 경우에는 갱내의 기온이 섭씨 37도 이하가 되도록 유지한다. 다만, 인명구조작업 또는 유해·위험방지작업을 함에 있어서 고열로 인한 근로자의 건강장해를 방지하기 위하여 필요한 조치를 한 때에는 예외로 한다.

2) 작업관리

사업주는 고열작업에 근로자를 종사하도록 하는 때에는 건강장해를 예방하기 위하여 다음 각호의 작업관리 조치를 취한다.

(1) 근로자를 새로이 배치할 경우에는 고열에 순응할 때까지 고열작업시간을 매일 단계적으로 증가시키는 등 필요한 조치한다. 이 경우 고열에 순응하지 않는 근로자란 고열작업 전주에 매일 열에 노출되지 않았던 근로자를 말한다. 고열에의 순응은 하루 중 오전에는 시원한 곳에서 일하게 하고 오후에만 고열작업을 시키는 방법 등으로 실시한다.

(2) 근로자가 온도 · 습도를 쉽게 알 수 있도록 온도계 등의 기기를 상시 작업장소에 비치한다.

(3) 인력에 의한 굴착작업 등 에너지소비량이 많은 작업이나 연속작업은 가능한 한 줄인다.

(4) 작업의 강도와 습구흑구온도지수에 따라 결정된 작업휴식시간비를 초과하여 근로자가 작업하지 않도록 한다.

(5) 근로자들이 휴식시간에 이용할 수 있는 휴게시설을 갖춘다. 휴게시설을 설치하는 때에는 고열작업과 격리된 장소에 설치하고 잠자리를 가질 수 있는 넓이를 확보한다.

(6) 고열물체를 취급하는 장소 또는 현저히 뜨거운 장소에는 관계근로자 외의 자의 출입을 금지시키고 그 뜻을 보기 쉬운 장소에 게시하여야 한다.

(7) 작업복이 심하게 젖게 되는 작업장에 대하여는 탈의시설, 목욕시설, 세탁시설 및 작업복을 건조시킬 수 있는 시설을 설치 · 운영한다.

(8) 근로자가 작업 중 땀을 많이 흘리게 되는 장소에는 소금과 깨끗하고 차가운 음료수 등을 비치한다.

3) 보호구

사업주는 고열작업에 근로자를 종사하도록 하는 때에는 건강장해를 예방하기 위하여 다음 각호의 기준에 따라 적절한 보호구와 작업복 등을 지급 · 관리하고 이를 근로자가 착용하도록 조치한다.

(1) 다량의 고열물체를 취급하거나 현저히 더운 장소에서 작업하는 근로자에게는 방열장갑 및 방열복을 개인 전용의 것으로 지급한다.

(2) 작업복은 열을 잘 흡수하는 복장을 피하고 흡습성, 환기성의 좋은 복장을 착용시킨다.

(3) 직사광선하에서는 환기성이 좋은 모자 등을 쓰게 한다.

(4) 근로자로 하여금 지급한 보호구는 상시 점검하도록 하고 보호구에 이상이 있다고 판단한 경우 사업주는 이상 유무를 확인하여 이를 보수하거나 다른 것으로 교환하여 준다.

4) 건강관리

(1) 건강장해 예방조치

사업주는 고열작업에 근로자를 종사하도록 하는 때에는 건강장해를 예방하기 위하여 다음 각 호의 건강장해 예방조치를 취한다.

① 건강진단 결과에 따라 적절한 건강관리 및 적정배치 등을 실시한다.

② 근로자의 수면시간, 영양지도 등 일상의 건강관리지도를 실시하고 필요시 건강상담을 실시한다.

③ 작업 개시 전 근로자의 건강상태를 확인하고 작업 중에는 주기적으로 순회하여 상담하는 등 근로자의 건강상태를 확인하고 필요한 조치를 조언한다.

④ 작업근로자에게 수분이나 염분의 보급 등 필요한 보건지도를 실시한다.

⑤ 휴게시설에 체온계를 비치하여 휴식시간 등에 측정할 수 있도록 한다.

(2) 고열작업 종사자의 고려사항

사업주는 다음 각호에 해당하는 근로자에 대하여는 고열작업의 내용과 건강상태의 정도를 고려하여야 한다.

① 비만자

② 심장혈관계에 이상이 있는 자

③ 피부질환을 앓고 있거나 감수성이 높은 자

④ 발열성 질환을 앓고 있거나 회복기에 있는 자

⑤ 45세 이상의 고령자

5) 안전보건교육

사업주는 고열작업에 근로자를 종사하도록 하는 때에는 작업을 지휘 · 감독하는 자와 해당 작업근로자에 대해서 다음 각호의 내용에 대한 안전보건교육을 실시한다.

(1) 고열이 인체에 미치는 영향(〈별첨 1〉 참조)

(2) 고열에 의한 건강장해 예방법

(3) 응급 시의 조치사항

6) 응급 시의 조치 등

사업주는 고열작업에 종사하는 근로자가 열사병 · 열경련 등 건강장해를 일으키는 것에 대비하여 다음 각호의 조치를 취한다.

(1) 열사병의 증상이 있는 경우 즉시 모든 활동을 중단하고 서늘한 곳으로 이동시킨 후 의복을 느슨하게 하거나 최대한 의복을 많이 벗겨서 구급차가 도착하기 전까지 냉각처치를 하여 체온을 최대한 떨어뜨려야 한다. 의식이 저하되어 있는 경우에는 입으로 물 또는 약을 먹이면 안 된다. 구토를 할 경우 기도가 막히거나 흡인되어 더 위험

할 수 있다.

(2) 열경련 · 열탈진 등의 증상이 있는 경우 지체 없이 서늘한 곳에 이동시켜 체온을 떨어뜨리고 증상에 따라 수분 및 염분 등을 보충시킨다. 필요한 경우 즉시 의사의 진찰을 받도록 한다.

(3) 긴급연락망을 미리 작성하여 고열작업근로자에게 주지시킨다.

(4) 가까운 병원이나 의원 등의 소재지와 연락처를 파악해둔다.

6. 기록보존

사업주는 전 항의 규정에 의한 고열작업에 대해 평가 및 관리를 행한 때에는 그 결과를 기록하고 5년간 보존한다.

〈별첨 1〉

고열이 인체에 미치는 영향

(1) "열사병(Heat stroke)"이라 함은 땀을 많이 흘려 수분과 염분 손실이 많을 때 발생한다. 갑자기 의식상실에 빠지는 경우가 많지만, 전구증상으로서 현기증, 악의, 두통, 경련 등을 일으키며 땀이 나지 않아 뜨거운 마른 피부가 되어 체온이 41℃ 이상 상승하기도 한다. 응급조치로는 옷을 벗어 나체에 가까운 상태로 하고, 냉수를 뿌리면서 선풍기의 바람을 쏘이거나 얼음 조각으로 맛사지를 실시한다.

(2) "열탈진(Heat exhaustion)"이라 함은 땀을 많이 흘려 수분과 염분손실이 많을 때 발생하며 두통, 구역감, 현기증, 무기력증, 갈증 등의 증상이 나타난다. 심한 고열환경에서 중등도 이상의 작업으로 발한량이 증가할 때 주로 발생한다. 고온에 순화되지 않은 근로자가 고열환경에서 작업을 하면서 염분을 보충하지 않은 경우에도 발생한다. 응급조치로는 작업자를 열원으로부터 벗어난 장소에 옮겨 적절한 휴식과 함께 물과 염분을 보충해 준다.

(3) "열경련(Heat cramps)"이라 함은 고온환경하에서 심한 육체적 노동을 함으로써 수의근에 통증이 있는 경련을 일으키는 고열장해를 말한다. 다량의 발한에 의해 염분이 상실되었음에도 이를 보충해 주지 못했을 때 일어난다. 작업에 자주 사용되는 사지나 복부의 근육이 동통을 수반해 발작적으로 경련을 일으킨다. 응급조치로는 0.1%의 식염수를 먹여 시원한 곳에서 휴식시킨다.

(4) "열허탈(Heatcollapse)"은 고온 노출이 계속되어 심박수 증가가 일정한 도를 넘었을 때 일어나는 순환장해를 말한다. 전신권태, 탈진, 현기증으로 의식이 혼탁해 졸도하기도 한다. 심박은 빈맥으로 미약해지고 혈압은 저하된다. 체온의 상승은 거의 볼 수 없다. 응급조치로는 시원한 곳에서 안정시키고 물을 마시게 한다.

(5) "열피로(Heat fatigue)"는 고열에 순화되지 않은 작업자가 장시간 고열환경에서 정적인 작업을 할 경우 발생하며 대량의 발한으로 혈액이 농축되어 심장에 부담이 증가하거나 혈류분포의 이상이 일어나기 때문에 발생한다. 초기에는 격렬한 구갈, 소변량 감소, 현기증, 사지의 감각 이상, 보행곤란 등이 나타나 실신하기도 한다. 응급조치로는 서늘한 곳에서 안정시킨 후 물을 마시게 한다.

(6) "열발진(Heat rashes)"은 작업환경에서 가장 흔히 발생하는 피부장해로서 땀띠(prickly heat)라고도 말한다. 땀에 젖은 피부 각질층이 떨어져 땀구멍을 막아 한선 내에 땀의 압력으로 염증성 반응을 일으켜 붉은 구진(papules)형태로 나타난다. 응급조치로는 대부분 차갑게 하면 소실되지만 깨끗이 하고 건조시키는 것이 좋다.

한랭작업환경 관리지침(W-17-2015)

1. 목적

이 지침은 『산업안전보건법』(이하 "법"이라한다) 제24조(보건조치) 및 산업안전보건기준에 관한 규칙(이하 "안전보건규칙"이라 한다) 제6장(온도 · 습도에 의한 건강장해의 예방)의 적용을 받는 한랭작업에 대한 작업환경관리지침을 정하여 동 업무에 종사하는 근로자의 건강보호를 목적으로 한다.

2. 적용범위

이 지침은 다음의 장소에서의 작업에 적용한다.

1) 다량의 액체공기 · 드라이아이스 등을 취급하는 장소
2) 냉장고 · 제빙고 · 저빙고 또는 냉동고 등의 내부
3) 그 밖에 법에 따라 노동부장관이 인정하는 장소, 또는 한랭작업으로 인해 근로자의 건강에 이상이 초래될 우려가 있는 장소

3. 정의

1) 이 지침에서 사용하는 용어의 정의는 다음과 같다.
   (1) "한랭"이라 함은 냉각원에 의하여 근로자에게 동상 등의 건강장해를 유발할 수 있는 차가운 온도를 말한다.
   (2) "한랭환경"이라 함은 「2. 적용범위 1), 2), 3)」에 해당하는 장소에서의 작업을 말한다.
   (3) "등가냉각온도"라 함은 기온과 기류를 조합하여 작업자가 실제 느끼는 체감온도를 말하며 복사열은 고려하지 않았다.
   (4) "작업대사율"이라 함은 작업할 때 소비되는 열량을 나타내기 위하여 성별, 연령별 및 체격의 크기를 고려한 지수로서 다음의 식으로 계산한다.

$$\text{작업대사율} = \frac{\text{작업에 소요된 에너지대사량} - \text{안정 시 에너지대사량}}{\text{기초대사량}}$$

   (5) "Clo(Clothing and Thermal Insulation) 값"이라 함은 의복에 의한 보온효과를 나타내는 보정계수를 말하며 1Clo는 피부와 주위 기온 사이의 온도차에 대해 복사와 대류에 의한 5.55kcal/m^2/hr의 열교환 값을 의미한다.

(6) "경작업"이라 함은 190kcal까지의 열량이 소요되는 작업을 말하며, 앉아서 또는 서서 기계의 조정을 하기 위하여 손 또는 팔을 가볍게 쓰는 일 등을 뜻하고, "중등작업"이라 함은 시간당 191~350kcal의 열량이 소요되는 작업을 말하며, 물체를 들거나 밀면서 걸어다니는 일 등을 뜻하며, "중작업"이라 함은 시간당 350~500kcal의 열량이 소요되는 작업을 말하며, 곡괭이질 또는 삽질하는 일 등을 뜻한다.

2) 그 밖의 용어의 정의는 이 지침에서 특별한 규정이 있는 경우를 제외하고는 산업안전보건법, 동법 시행령, 시행규칙, 안전보건규칙 및 관련 고시에서 정하는 바에 의한다.

4. 한랭의 측정 및 평가

1) 평가할 때의 고려 사항

사업주는 한랭작업에 근로자를 종사하도록 하는 때에는 전신저체온증 · 동상 등의 건강장해를 예방하기 위하여 한랭으로 인한 근로자의 유해성을 평가하여야 하며, 평가할 때에는 다음 사항을 고려하여야 한다.

(1) 한랭작업의 종류 및 발생원

(2) 한랭작업의 성질(특성 및 강도)

(3) 한랭특성(기온, 기류 등)

(4) 근로자의 작업활동 및 착용한 의복 형태

(5) 한랭 관련 상해 및 질병 발생실태

(6) 온 · 습도조절장치 등의 적절성

(7) 기타 한랭환경을 개선하는 데 필요한 사항

2) 한랭의 측정 및 평가

(1) 측정대상 인자는 기온, 기류로 한다.

(2) 측정주기는 다음과 같다.

사업주는 한랭작업에 근로자를 종사하도록 하는 때는 법 제42조의 규정에 따라 6개월에 1회 이상 정기적으로 온도 및 기류를 측정해야 한다. 다만, 근로자가 전신 저체온증 · 동상 등의 건강장해 증상을 호소하거나 한랭작업으로 인해 건강장해가 우려되는 경우에는 필요에 따라 수시로 측정을 실시할 수 있다.

(3) 측정기기의 조건

① 기온은 0.5도 이하의 간격으로 측정이 가능한 온도계나 동등 이상의 성능을 가진 기기를 사용한다.

② 기류는 0~20m/s 이상 범위의 풍속을 측정할 수 있는 기기나 동등 이상의 성능을 가진 기기를 사용한다.

(4) 측정방법 및 시간

① 측정은 단위작업장소에서 측정대상이 되는 근로자의 작업행동범위 내에서 주 작업위치의 바닥면으로부터 50cm 이상, 150cm 이하의 위치에서 실시한다.

② 기온은 기기의 안정을 고려하여 설치 후 5분 이상 기다린 다음 측정하고, 측정방법은 〈표 1〉과 같다.

〈표 1〉 한랭작업의 측정방법

기온	측정방법	
	연속작업	간헐작업
영하 30℃ 미만	20분 이상 1분 간격으로 연속 측정	5분 간격으로 연속 측정
영하 30℃ 이상	30분 이상 5분 간격으로 연속 측정	

③ 전자식 일체형 장비로 자동측정 및 자료처리가 가능한 경우에는 측정간격을 30초로 지정하되 각 간헐작업의 시간은 평균치의 산출을 위해 별도로 기록한다.

(5) 한랭의 평가

한랭의 평가는 다음의 순서로 실시한다.

① 한랭환경의 노출을 제한하기 위한 지표로 기온 및 기류를 측정하고 〈표 2〉를 이용하여 등가냉각온도를 구한다. 등가냉각온도에 경계를 표시하여 온도 크기에 따라 위험 및 조치영역을 구분한다.

〈표 2〉 등가냉각온도(℃)

기류 (km/h)	기온(℃)								
	4	−1	−7	−12	−18	−23	−29	−34	−40
	등가 온도(℃)								
0	4	−1	−7	−12	−18	−23	−29	−30	−40
8	3	−3	−9	−14	−21	−26	−32	−38	−44
16	−2	−9	−16	−23	−30	−35	−43	−50	−57
24	−6	−13	−20	−28	−36	−43	−50	−58	−65
32	−8	−16	−23	−32	−39	−47	−55	−63	−71
40	−9	−18	−26	−34	−42	−51	−59	−67	−76
48	−10	−19	−27	−36	−44	−53	−62	−70	−78
56	−11	−20	−29	−37	−46	−55	−63	−72	−81
64	−12	−21	−29	−38	−47	−56	−65	−73	−82
64 이상은 추가적 영향 없음	거의 위험 없음 (마른 피부로 1시간 이내인 경우 안전감각 상실이 가장 큰 위험)			위험 증가 (1분 내에 노출된 생체조직이 얼 위험)			매우 위험 (30초 내에 노출된 생체조직이 얼 위험)		
	마른 의복 착용			지속적인 작업 불가					

② 〈표 3〉을 이용하여 작업할 때 착용한 의복의 Clo 값을 구한다.

〈표 3〉 착용한 의복의 Clo 값

의복의 조합	Clo 값
속옷(상하), 셔츠, 바지, 상의, 부인용 조끼, 양말, 구두	1.11
속옷(상하), 방한상의, 방한바지, 양말, 구두	1.40
속옷(상하), 셔츠, 바지, 상의, 외투재킷, 모자, 장갑, 양말, 구두	1.60
속옷(상하), 셔츠, 바지, 상의, 외투재킷, 외투바지, 양말, 구두	1.86
속옷(상하), 셔츠, 바지, 상의, 외투재킷, 외투바지, 모자, 장갑, 양말, 구두	2.02
속옷(상하), 외투재킷, 외투바지, 방한상의, 방한바지, 양말, 구두	2.22
속옷(상하), 외투재킷, 외투바지, 방한상의, 방한바지, 모자, 장갑, 양말, 구두	2.55
바탕이 두꺼운 방한복, 극지맥	3~4.5
침낭	3~8

③ 〈표 4〉 및 〈표 5〉를 이용하여 작업부하를 평가한다.

〈표 4〉 신체자세 및 동작에 따른 작업대사율

신체자세 및 동작	작업대사율(kcal/min)
앉은 자세	0.3
선 자세	0.6
걷는 동작	2.0~3.0
경사진 면을 걷는 동작	걷는 동작의 소모 칼로리에 고도 1m 상승할 때마다 0.8을 추가

〈표 5〉 작업형태에 따른 작업대사율

작업형태	작업대사율	
	평균(kcal/min)	범위(kcal/min)
• 수작업 –경작업(글쓰기, 손뜨개질 등) –중작업(워드작업 등)	 0.4 0.9	 0.2~1.2
• 한 팔로 하는 작업 –경작업 –중작업(구두 수선, 소파 제작 등)	 1.0 1.7	 0.7~2.5

• 양팔로 하는 작업 –경작업(줄질, 나무대패질, 정원 고르기 등) –중작업	 1.5 2.5	 1.0~3.5
• 몸 전체로 하는 작업 –경작업 –중등작업(마루 청소, 카펫 털기 등) –중작업(선로 깔기, 흙 파기, 나무껍질 벗기기 등) –격심한 작업	 3.5 5.0 7.0 9.0	 2.5~15.0

④ 기류를 고려한 등가냉각온도 〈표 2〉와 작업할 때 착용한 의복의 Clo 값으로 보정한 작업부하별 등가냉각온도 〈그림 1〉 사이의 범위를 산출하여 〈표 6〉의 노출기준과 연속작업시간을 평가한다.

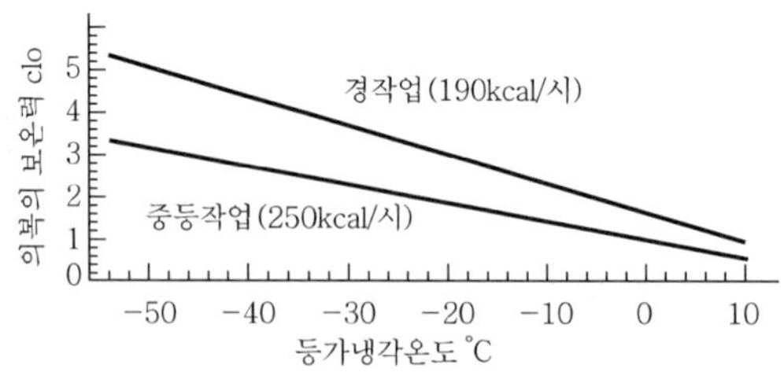

〈그림 1〉 작업강도별 기온과 필요한 의복의 보온력과의 관계

〈표 6〉 한랭의 노출기준(4시간 교대작업에 있어서 연속작업시간의 한도)

등가냉각온도	작업 강도	연속작업시간(분)
–10~–25℃	경작업 중등작업	~50 ~60
–26~–40℃	경작업 중등작업	~30 ~45
–41~–55℃	경작업 중등작업	~20 ~30

주) 풍속이 0.5m/초 이하에서는 무풍으로 한다.

⑤ 한랭의 노출기준은 〈표 6〉과 같이 4시간 교대작업을 기준으로 등가냉각온도가 –10~–25℃일 때 경작업인 경우에는 50분간, 중등작업인 경우는 60분간 연속작업을 허용한다. 한번 연속작업을 한 후에는 30분 정도 충분한 휴식이 필요하다. 예를 들어, 연속작업시간이 20분이고 휴식시간이 30분인 경우 하루 4시간 작업한다고 했을 때 연속작업 5회, 휴식 5회 실시한다(작업 20분–휴식 30분–작업 20분 등).

5. 한랭작업환경의 관리

1) 환경관리

사업주는 한랭작업에 근로자를 종사하도록 하는 때에는 건강장해를 예방하기 위하여 다음 각호의 환경관리 조치를 취한다.(한랭에 의한 건강장해는 〈부록〉 참조)

(1) 한랭작업이 실내인 경우에는 난방 등을 위하여 적절한 온·습도 조절장치를 설치한다. 다만, 작업의 성질상 난방장치를 설치하는 것이 현저히 곤란하여 별도의 건강장해 방지조치를 한 때에는 예외로 한다.

(2) 근로자가 온도·습도를 쉽게 알 수 있도록 온도계 등의 기기를 상시 작업장소에 비치한다.

2) 작업관리

사업주는 한랭작업에 근로자를 종사하도록 하는 때에는 동상 등의 건강장해를 예방하기 위하여 다음 각호의 조치를 취한다.

(1) 혈액순환을 원활히 하기 위한 운동지도를 실시한다.

(2) 적정한 지방과 비타민 섭취를 위한 영양지도를 실시한다.

(3) 젖은 작업복 등은 즉시 갈아입도록 한다.

(4) 근로자들이 휴식시간에 이용할 수 있는 휴게시설을 갖춘다. 휴게시설을 설치하는 때에는 한랭작업과 격리된 장소에 설치한다. 한랭작업이 야외작업인 경우에는 트레일러, 승합차 등과 같은 이동식 시설을 포함한 따뜻한 휴게시설이 제공되어야 한다.

(5) 다량의 저온물체를 취급하는 장소 또는 현저히 차가운 장소에는 관계 근로자 외의 자의 출입을 금지시키고 그 뜻을 보기 쉬운 장소에 게시하여야 한다.

(6) 작업복이 심하게 젖게 되는 작업장에 대하여는 탈의시설, 목욕시설, 세탁시설 및 작업복을 건조시킬 수 있는 시설을 설치·운영한다.

(7) 추운 곳에서 일하는 근로자들은 가급적 순환근무를 하여 한랭환경에 너무 오래 노출되지 않게 한다.

(8) 한랭환경의 작업에서 차가운 금속에 근로자의 피부가 접촉되지 않도록 한다.

3) 보호구

사업주는 한랭작업에 근로자를 종사하도록 하는 때에는 건강장해를 예방하기 위하여 다음 각호의 기준에 따라 적절한 보호구와 작업복 등을 지급·관리하고 이를 근로자가 착용하도록 조치한다.

(1) 다량의 저온물체를 취급하거나 현저히 추운 장소에서 작업하는 근로자에게는 방한모, 방한화, 방한장갑 및 방한복을 개인 전용의 것으로 지급한다.

(2) 기온이 4℃ 이하의 작업환경에서는 근로자가 적절한 보호복을 착용하도록 하며, 젖

은 곳에서는 방수복을 착용하게 한다.

(3) 신발은 고무인 바닥을 천으로 둘러싸고 가죽으로 덮은 부츠를 제공한다.

(4) 머리를 통해 50%의 열소실이 있는 경우 털모자 또는 열선이 있는 안전모와 같은 머리 보호구를 제공한다.

(5) 근로자로 하여금 지급한 보호구는 상시 점검하도록 하고 보호구에 이상이 있다고 판단한 경우 사업주는 이상 유무를 확인하여 이를 보수하거나 다른 것으로 교환하여 준다.

4) 건강관리

(1) 건강장해 예방조치

사업주는 한랭작업에 근로자를 종사하도록 하는 때에는 전신저체온증 · 동상 등의 건강장해를 예방하기 위하여 다음 각호의 조치를 하여야 한다.

① 건강진단 결과에 따라 적절한 건강관리 및 적정배치 등을 실시한다.

② 근로자의 수면시간, 영양지도 등 일상의 건강관리지도를 실시하고 필요한 때에는 건강상담을 실시한다.

③ 작업을 시작하기 전 근로자의 건강상태를 확인하고 작업 중에는 주기적으로 순회하여 상담하는 등 근로자의 건강상태를 확인하고 필요한 조치를 조언한다.

④ 작업근로자에게 따뜻한 음료의 공급 등 필요한 보건지도를 실시한다.

(2) 한랭작업 종사의 제한

사업주는 다음 각호에 해당하는 근로자를 한랭작업에 배치하고자 할 때에는 의사인 보건관리자 또는 산업의학전문의에게 의뢰하여 업무에 적합한지를 평가받도록 한다.

① 고혈압 및 심장혈관질환자

② 간장 및 위장기능 장애자

③ 위산과다증자 및 신장기능 이상자

④ 감기에 잘 걸리거나 한랭에 알레르기가 있는 자

⑤ 과거에 한랭장애 병력이 있는 자

⑥ 흡연 및 음주를 많이 하는 자

5) 안전보건교육

사업주는 한랭작업에 근로자를 종사하도록 하는 때에는 작업을 지휘 · 감독하는 자와 해당 작업근로자에 대해서 다음 각호의 내용에 대한 안전보건교육을 실시한다.

① 전신저체온증 · 동상 등 한랭장애의 증상(〈부록〉 참조)

② 전신저체온증 · 동상 등 한랭장애의 예방방법

③ 응급한 때의 조치사항

6) 응급조치등

사업주는 전항 ③의 규정에 의한 응급조치를 하고자 하는 경우에는 다음 각호의 조치를 취한다.

(1) 전신저체온증 등 조금이라도 한랭장애의 증상이 나타나면 지체 없이 따뜻한 곳으로 이동하여 체온을 올리고 따뜻한 음료 등을 보충시킨다. 필요한 때에는 의사의 진찰을 받도록 한다.

(2) 긴급 연락망을 미리 작성하여 한랭작업 근로자에게 주지시킨다.

(3) 가까운 병원이나 의원 등의 소재지와 연락처를 파악해 둔다.

6. 기록보존

사업주는 전항의 규정에 의한 한랭작업에 대해 평가 및 관리를 행한 때에는 그 결과를 기록하고 5년간 보존한다.

〈부록〉

한랭이 인체에 미치는 영향

(1) "전신저체온증(Hypothermia)"은 몸의 심부온도(직장온도)가 35℃ 이하로 내려간 것을 말하며, 기온이 18.3℃ 또는 수온이 22.2℃ 이하일 때 발생할 수 있다. 첫 증상으로 억제하기 어려운 떨림과 냉감각이 생기고, 심박동이 불규칙하고 느려지며, 맥박은 약해지고 혈압은 낮아진다. 점차 떨림이 발작적이고 억제하기 어렵게 되고, 언어이상, 기억상실, 근육운동 무력화와 졸음이 오게 된다. 이때 한랭노출 위험의 첫 경고증상으로는 사지의 통증을 들 수 있으며, 심한 떨림은 위험신호로 간주해야 한다. 체온이 32.2~35℃에 이르면 신경학적 억제 증상으로 운동실조, 자극에 대한 반응도 저하와 언어이상 등이 온다. 임계온도 30℃ 이하가 되면 체온조절기능과 맥박, 혈압, 신체 각 기관의 기능이 급격히 떨어지고, 28℃ 이하에서는 부정맥이 증가하게 된다. 27℃에서는 떨림이 멎고 혼수에 빠지게 되고, 23~25℃에 이르면 사망하게 된다.

(2) "동상(Frost bite)"은 혹심한 한랭에 노출됨으로써 표재성 조직(피부 및 피하조직) 자체가 동결하여 조직이 손상되는 것을 말한다. 피부의 빙점은 0~2℃이지만 실제로 −5~−10℃ 또는 그 이하에서도 좀처럼 얼지 않는다. 피부가 얼면 따끔따끔하고 저리며 가렵다. 피부는 회백색이고 단단하다. 중증환자에서는 지각 이상과 강직이 생기고, 뼈, 근육 및 신경조직 등 심부조직이 손상된다. 피부는 희고 부종이 있다. 동결시간이 2~3초이며 몇 시간 후에 구반이 없어진다(제1도 동상). 동상이 오래 계속되면 수포를 형성하고, 광범위한 삼출성 염증이 일어난다(제2도 동상). −15~−20℃의 환경에서 심부조직이 오랫동안 동결되면 조직의 괴사 및 괴저를 일으킨다(제3도 동상). 조직이 동상을 입었을 때의 조직손상은 세포외액의 수분이 얼어서 삼투압이 높아져 세포의 탈수현상이 초래되기 때문이다.

PART 03 인간공학

01장 인간공학 개론

PROFESSIONAL ENGINEER ERGONOMICS

SECTION 01 인간공학의 정의

1. 정의 및 목적

1) 정의

(1) 인간공학은 인간의 육체적 · 생리적 · 심리적 특성과 한계를 연구하고, 이를 도구, 기계, 장비, 제품, 직무, 작업환경 그리고 시스템 등의 설계에 응용함으로써, 인간이 이를 보다 편리하고, 안전하며, 쾌적하게, 그리고 효율적으로 이용할 수 있도록 연구하는 학문이다.

(2) 자스트러제보스키(Jastrzebowski)의 정의

인간공학(Ergonomics)이란, 'Ergon(일 또는 작업)'과 'Nomos(자연원리 또는 법칙)' 그리고 '−ics(학문)'의 합성어이다.

(3) 미국산업안전보건청(OSHA)의 정의

① 인간공학은 사람들에게 알맞도록 작업을 맞추어 주는 과학(지식)이다.

② 인간공학은 작업 디자인과 관련된 다른 인간특징뿐 아니라 신체적인 능력이나 한계에 대한 학문의 체계를 포함한다.

(4) ISO(International Organization for Standardization)의 정의

인간공학은 건강, 안전, 작업성과 등의 개선을 요구하는 작업, 시스템, 제품, 환경을 인간의 신체적 · 정신적 능력과 한계에 부합시키는 것이다.

(5) 차파니스(A. Chapanis)의 정의

기계와 환경조건을 인간의 특성, 능력 및 한계에 잘 조화되도록 설계하기 위한 수법을 연구하는 학문이다.

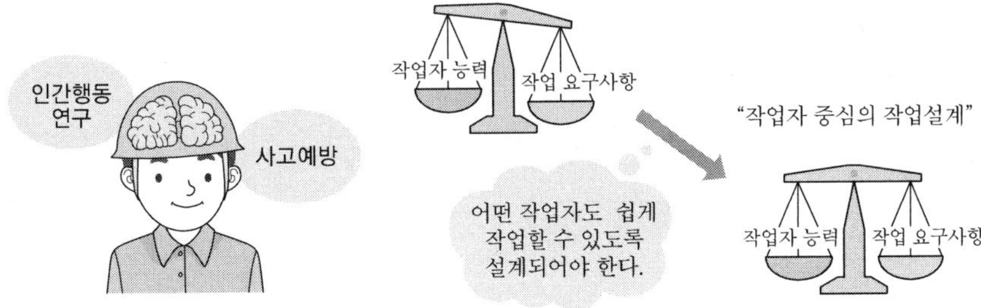

2) 목적

(1) 작업장의 배치, 작업방법, 기계설비, 전반적인 작업환경 등에서 작업자의 신체적인 특성이나 행동하는 데 받는 제약조건 등이 고려된 시스템을 디자인한다.

(2) 건강, 안전, 만족 등과 같은 특정한 인생의 가치기준(Human Values)을 유지하거나 높인다.

(3) 인간과 기계 및 작업환경과의 조화가 잘 이루어질 수 있도록 하여 작업자의 안전성, 작업능률, 편리성, 쾌적성(만족도)을 향상시킨다.

[인간공학의 목적]

3) 인간공학의 접근방법

(1) 제품의 설계와 관련된 인간의 능력, 한계, 특징, 행동, 동기(Motivation), 사용하는 절차, 사용하는 환경에 관한 정보를 체계적으로 응용하는 방법

(2) 제품이나 환경에 대한 인간의 반응 및 인간에 대한 정보를 밝혀내는 체계적인 조사 방법으로 이러한 정보는 설계지침을 개발하거나 다양한 설계의 대안을 예측하는 데 기초적인 자료로 사용된다.

4) 문제유형

(1) 인체측정(Anthropometric)

인체측정은 인체의 길이, 무게, 부피의 측정이 포함된다. 인체측정학적 문제들은 이들 치수와 작업장 설계 사이의 적합성 부족으로 나타나는데, 이에 대한 해결책은 설계를 수정하고 양립성을 세우는 것이다.

(2) 인지공학(Cognitive)

인지문제는 정보 처리를 필요로 하는 작업에서 정보의 과부하나 정보의 결여 시에 발생되는데 단기기억과 장기기억 모두가 피로해질 수 있다. 또한 인지 기능은 각 성능을 최적의 상태로 유지하는 데 충분하게 쓰이지 않을 수도 있다. 이에 대한 해결책은 향상된 수행도를 위해 기계의 기능과 함께 인간의 기능을 보완하는 것이다.

(3) 근골격계(Musculoskeletal)

목, 어깨, 허리, 신경, 근육 등의 피로 때문에 발생하는 문제들을 다루며 누적외상을 포함한다. 이 문제에 대한 해결방안은 보조 장비를 제공하거나 인간의 능력 범위를 고려하여 작업을 재설계함으로써 얻을 수 있다.

(4) 심장혈관(Cardiovascular)

이 문제들은 심장을 포함한 순환계의 스트레스(압박)를 다룬다. 스트레스의 결과로 늘어나는 산소요구량에 맞추어 근육에 더 많은 혈액을 보내게 된다. 근육작업과 심장 압박 하에서의 작업이 그 좋은 예이다. 주로 작업자를 보호하기 위한 작업의 재설계와 작업교대로 해결할 수 있다.

(5) 정신운동(Psychomotor)

정신운동계의 피로로 인한 문제들은 인간의 능력에 맞는 작업요구의 재정의와 작업보조물을 제공함으로써 가장 잘 해결될 수 있다. 시각의 집중을 요하는 정밀작업이 그 예이다. 많은 경우에 있어서 문제가 되는 직무는 여러 영역에 걸쳐 스트레스를 발생시킨다. 각 영역에서의 스트레스는 우선 독립적으로 다루어지고 그 다음 서로의 상호작용을 고려해야 한다. 이런 방식으로 대부분의 문제를 해결할 수 있다.

2. 배경 및 필요성

1) 인간공학의 배경

(1) 초기(1940년 이전)

기계 위주의 설계 철학

① 길브레스(Gilbreth) : 벽돌쌓기 작업의 동작 연구(Motion Study)

② 테일러(Tailor) : 시간 연구

(2) 체계수립과정(1945～1960년)

기계에 맞는 인간 선발 또는 훈련을 통해 기계에 적합하도록 유도

(3) 급성장기(1960～1980년)

우주경쟁과 더불어 군사 · 산업분야에서 주요분야로 위치, 산업현장의 작업장 및 제품 설계에 있어서 인간공학의 중요성 및 기여도 인식

(4) 성숙의 시기(1980년 이후)

인간요소를 고려한 기계 시스템의 중요성 부각 및 인간공학분야의 지속적 성장

2) 필요성

(1) 산업재해의 감소
(2) 생산원가의 절감
(3) 재해로 인한 손실 감소
(4) 직무만족도의 향상
(5) 기업의 이미지와 상품선호도 향상
(6) 노사 간의 신뢰 구축

3. 사업장에서의 인간공학 적용분야

1) 유해 · 위험작업 분석
2) 제품설계에 있어 인간에 대한 안전성 평가
3) 작업공간의 설계
4) 인간－기계 인터페이스 디자인

[작업대 높이 개선]

[작업공간의 재설계] [제품 무게 경량화]

4. 인간공학의 학문적 연구분야

1) 생리학

순환계와 호흡계의 능력을 파악하여 적정 운동량 내지 작업량을 결정한다.

2) 감성공학

인간이 가지고 있는 이미지나 감성을 구체적인 제품설계로 실현해내는 공학적인 접근방법이다. 감성의 정성적 · 정량적 측정을 통해 제품이나 환경의 설계에 반영한다.

3) 생체역학

인체해부학과 생리학 그리고 역학을 바탕에 두고 우리 인체구조와 동작을 역학적으로 표현한다. 인간의 한계근력, 활동범위, 작업시야, 활동 시 인체 각 부위에 걸리는 힘의 상관관계 등을 연구한다. 이를 통해 작업환경의 설계, 개선, 제품의 개발, 근골격계 질환의 예방 등에 적용된다.

4) 인체측정학

인체의 형태적 측정평가를 통하여 각 치수와 특성을 계측하는 것을 말한다. 인체측정은 구조적 인체치수와 기능적 인체치수로 분류된다.

5) 인지공학

인간의 문제해결능력인 인지과정에 중점을 두는 분야이며, 인지의 작용과 그것을 지탱하는 구조에 대해서 학제적 · 종합적으로 연구하는 과학이다. 인지공학은 지적 능력과 지적 행동원리의 정밀한 지식을 얻는 것을 목적으로 한다.

6) 안전공학

안전은 위험으로부터 상대적으로 얼마나 멀리 떨어져 있느냐에 달려 있으며, 이러한 안전을 공학적으로 연구하고 분석하여 실제 작업에 적용한다.

7) 심리학

작업 수행에 필요한 정신적 부하와 인간의 성능을 연구한다. 인간의 학습, 동기부여, 개인차, 사회적 행동 등이 주요 연구대상이 된다.

8) 작업연구

낭비를 최소화하고 인간이 좀 더 편할 수 있는 작업방법을 연구하여, 이를 표준화하기 위한 방법론을 말한다.

9) 산업위생학

소음, 진동, 조명, 온 · 습도, 분진, 공중위생 등 산업위생과 관련된 분야이다.

10) 제어공학

기계와 사람 사이의 정보 전달, 협력, 분담 등을 통하여 전체 시스템의 목적을 달성하는 것과 관련된다.

11) 산업 디자인

인간에게 편리함과 안락함을 줄 수 있도록 생활공간이나 의자, 가구, 의류, 가전제품 등의 설계에 적용하는 분야이다.

12) HCI(Human－Computer Interaction)

최근 업무의 전산화가 많이 이루어져 컴퓨터의 사용이 증대됨에 따라, 컴퓨터 및 소프트웨어의 개발을 인간의 인지과정 규명과 적용에 중점을 두고 연구하는 분야이다.

5. 산업인간공학의 가치

산업인간공학이란 인간의 능력과 관련된 특성이나 한계점을 체계적으로 응용하여 작업체계의 개선에 활용하는 연구분야로서 다음과 같은 가치를 갖는다.

(1) 인력 이용률의 향상
(2) 훈련비용의 절감
(3) 사고 및 오용으로부터의 손실 감소
(4) 생산성의 향상
(5) 사용자의 수용도 향상
(6) 생산 및 정비유지의 경제성 증대

인간-기계 체계

1. 인간-기계 체계의 정의 및 유형

1) 인간-기계 통합체계는 인간과 기계의 상호작용으로 인간의 역할에 중점을 두고 시스템을 설계하는 것이 바람직함

2) 인간-기계 체계의 기본기능

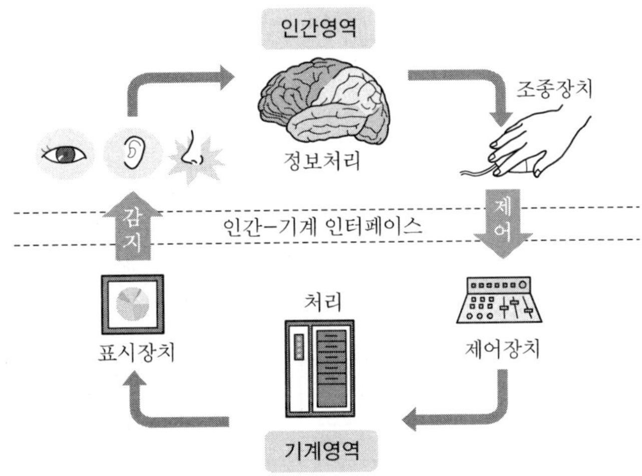

[인간-기계 체계에서의 인터페이스 설계]

(1) 감지기능

① 인간 : 시각, 청각, 촉각 등의 감각기관

② 기계 : 전자, 사진, 음파탐지기 등의 기계적인 감지장치

(2) 정보저장기능

① 인간 : 기억된 학습 내용

② 기계 : 펀치카드(Punch Card), 자기테이프, 형판(Template), 기록, 자료표 등의 물리적 기구

(3) 정보처리 및 의사결정기능

① 인간 : 행동을 하겠다는 결심

② 기계 : 모든 입력된 정보에 대해서 미리 정해진 방식으로 반응하게 하는 프로그램(Program)

(4) 행동기능

① 물리적 조정행위 : 조종장치 작동, 물체나 물건을 취급, 이동, 변경, 개조 등

② 통신행위 : 음성(사람의 경우), 신호, 기록 등

(5) 인간의 정보처리능력

인간이 신뢰성 있게 정보 전달을 할 수 있는 기억은 5가지 미만이며 감각에 따라 정보를 신뢰성 있게 전달할 수 있는 한계 개수는 5~9가지이다. 밀러(Miller)는 감각에 대한 경로용량을 조사한 결과 '신비의 수(Magical Number) 7±2(5~9)'를 발표했다. 인간의 절대적 판단에 의한 단일자극의 판별범위는 보통 5~9가지라는 것이다.

$$정보량\ H = \log_2 n = \log_2 \frac{1}{p},\ p = \frac{1}{n}$$

여기서, 정보량의 단위는 bit(Binary Digit)임
p : 실현 확률, n : 대안 수

(6) 인간의 정보처리과정

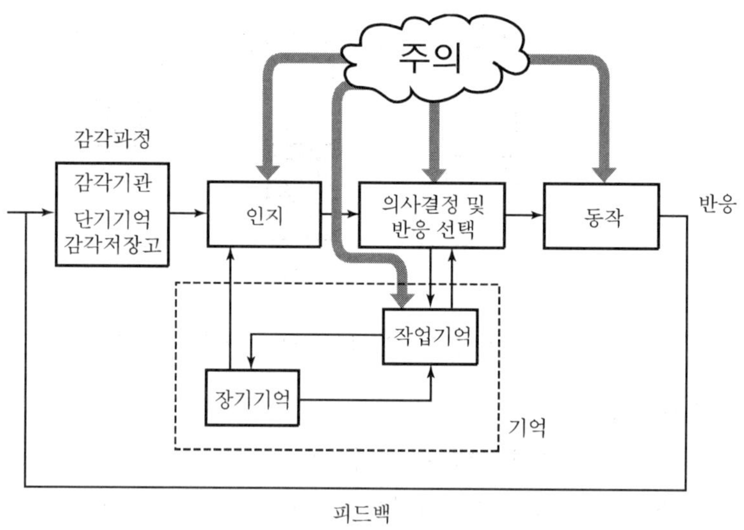

[인간의 정보처리과정]

① 단기기억(STM ; Short Term Memory)
감각기억으로부터의 정보가 인식 속으로 들어오는 기억단계로, 약 20~30초간의 기억이나 저장이 가능한 정도이다.

② 작업기억(WM ; Working Memory)
정보들을 일시적으로 보유하고 각종 인지적 과정을 계획하는 등에 사용되는 기억으로, 작업기억의 용량은 밀러의 법칙(Magic Number)인 7±2를 따른다.

③ 장기기억(LTM ; Long term Memory)
의미 있는 기억이나 일반적인 지식과 연관된 정보, 장시간 기억에 남은 사건들에 관한 정보로, 지속적인 반복학습에 의하여 일정 방법으로 저장된 기억을 말한다.

3) 정보이론

(1) 정보경로

인간의 정보 입력과 출력에 관한 정보처리과정을 정보이론에서는 아래 [그림]과 같이 나타낸다. 자극과 관련된 정보가 입력되면 제대로 해석되어 올바른 반응이 되기도 하지만 입력 정보가 손실되어 출력에 반영되지 않거나, 불필요한 소음정보가 추가되어 반응이 일어나기도 한다.

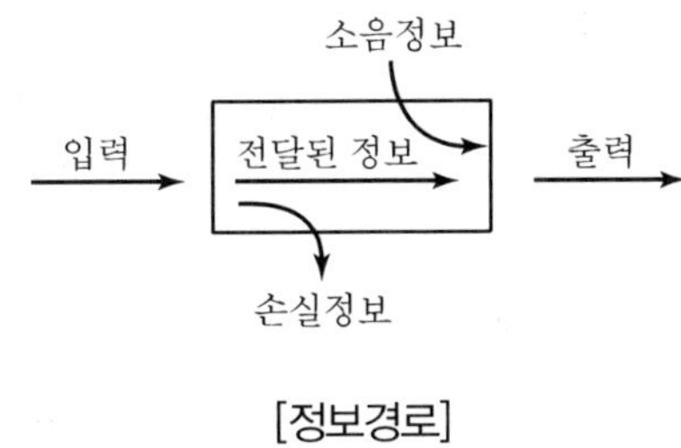

[정보경로]

(2) 자극과 반응에 관련된 정보량

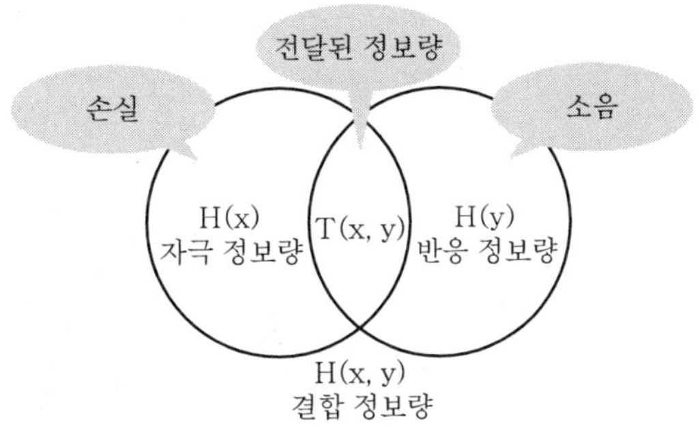

[자극과 반응 정보량]

위 [그림]은 정보전달과 관련된 자극 정보량(Stimulus Information) 및 반응정보량(Response Information)을 나타낸다. 자극 정보량을 H(x), 반응 정보량을 H(y), 자극과 반응 정보량의 합집합을 결합 정보량 H(x, y)라 하면 전달된 정보량(Transmitted Information) T(x, y), 소음 정보량과 손실 정보량은 다음 수식으로 표현된다.

$$T(x,\ y) = H(x) + H(y) - H(x,\ y)$$

$$\text{손실 정보량} = H(x) - T(x,\ y) = H(x,\ y) - H(y)$$

$$\text{소음 정보량} = H(y) - T(x,\ y) = H(x,\ y) - H(x)$$

제품의 사용과 관련된 정보전달체계에서는 손실 정보량과 소음 정보량을 줄이고 전달된 정보량을 늘릴 수 있도록 제품을 설계하여야 한다. [그림]에서 보면 자극 정보량과 반응 정보량이 일치하면 전달된 정보량도 이들 정보량과 같게 되고 손실과 소음 정보량은 없어진다.

정보 이론은 디자인 방법에 따라 전달된 정보량이 어떻게 다른가를 비교 · 분석하여 디자인 방법 등을 평가하는 데 이용할 수 있다.

(3) 신호검출 이론

인간은 잡음이나 소음(Noise)이 있는 상황에서 제시된 자극을 감지하여 신호의 유무를 판단한다. 신호검출 이론(SDT ; Signal Detection Theory)은 잡음이 신호검출에 미치는 영향을 다룬다. 일반적으로 신호를 검출할 때에는 신호검출을 간섭하는 소음이 있으며, 공장의 소음처럼 사람의 외부에서 발생할 수도 있지만 사람의 신경활동처럼 내부적인 것도 있다.

신호검출 이론에서는 소음이 정규분포(Normal Distribution)를 따르고, 신호가 나타나면 신호의 강도는 소음의 강도에 추가된다고 가정한다. 사람은 제시된 자극이 소음뿐인지 소음과 신호가 합하여진 것인지를 판정해야 한다.

신호검출 이론에서는 사람이 신호의 유무를 판단할 때 판정기준을 정하여 판단한다고 보는데, 제시된 자극 수준이 판정기준 이상이면 신호가 있다고 말하고 판정기준 이하이면 신호가 없다고 판정한다고 본다.

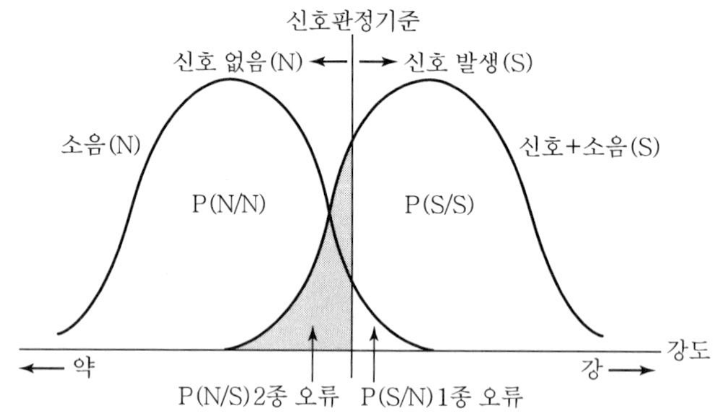

[신호검출 이론]

일반적으로 신호 강도가 높거나, 소음 강도가 낮으면 신호의 유무에 대한 판단은 쉽다. 그러나 두 분포가 중첩된 부분에서는 신호의 유무를 판단하기가 어렵고 관측자의 판정은 네 가지의 결과가 될 수 있다. 소음(N)만 있는 상황에서 신호(S)가 없다고 판정할 확률 P(N/N)나 신호가 있는 상황에서 신호가 있다고 판정하는 확률 P(S/S)는 의사 결정을 제대로 할 확률이다. 신호가 없는데 신호가 있다고 판정하는 오류 P(S/N)는 허위경보를 범할 확률(1종오류 확률)이 되며, 신호가 있는데 없다고 판정하는 오류 P(N/S)는 신호를 검출하지 못할 확률(2종오류 확률)이 된다.

| 신호검출 이론에서 신호의 판정과 오류 |

판정 \ 자극	소음(N)	소음+신호(S)
신호 없음(N)	적중 P(N/N)	신호 검출 못함 2종 오류 P(N/S)
신호 발생(S)	허위 경보 1종 오류 P(S/N)	적중 P(S/S)

2. 인간－기계 통합체계의 특성

1) 수동체계 : 자신의 신체적인 힘을 동력원으로 사용(수공구 사용)
2) 기계화 또는 반자동체계 : 운전자의 조종장치를 사용하여 통제하며 동력은 전형적으로 기계가 제공
3) 자동체계 : 기계가 감지, 정보처리 · 의사결정 등 행동을 포함한 모든 임무를 수행하고 인간은 감시, 프로그래밍 · 정비 유지 등의 기능을 수행하는 체계

(1) 입력정보의 코드화(Chunking)

기억력은 한계가 있다. 이런 한계를 극복하려면 새로운 정보와 지식을 덩어리로 묶어(Chunking) 사용해야 한다.

(2) 암호(코드)체계 사용상의 일반적 지침

① 암호의 검출성 : 타 신호가 존재하더라도 검출이 가능해야 한다.
② 암호의 변별성 : 다른 암호표시와 구분이 되어야 한다.
③ 암호의 표준화 : 표준화되어야 한다.
④ 부호의 양립성 : 인간의 기대와 모순되지 않아야 한다.
⑤ 부호의 의미 : 사용자가 부호의 의미를 알 수 있어야 한다.
⑥ 다차원 암호의 사용 : 2가지 이상의 암호를 조합해서 사용하면 정보전달이 촉진된다.

3. 인간공학적 설계의 일반적인 원칙

1) 인간의 특성을 고려한다.
2) 시스템을 인간의 예상과 양립시킨다.
3) 표시장치나 제어장치의 중요성, 사용빈도, 사용순서, 기능에 따라 배치하도록 한다.

4. 인간-기계시스템 설계과정 6가지 단계

1) 목표 및 성능명세 결정 : 시스템 설계 전 그 목적이나 존재이유가 있어야 함
2) 시스템 정의 : 목적을 달성하기 위한 특정한 기본기능들이 수행되어야 함
3) 기본설계 : 시스템의 형태를 갖추기 시작하는 단계(직무분석, 작업설계, 기능 할당)
4) 인터페이스 설계 : 사용자 편의와 시스템 성능에 관여
5) 촉진물 설계 : 인간의 성능을 증진시킬 보조물 설계
6) 시험 및 평가 : 시스템 개발과 관련된 평가와 인간적인 요소 평가 실시

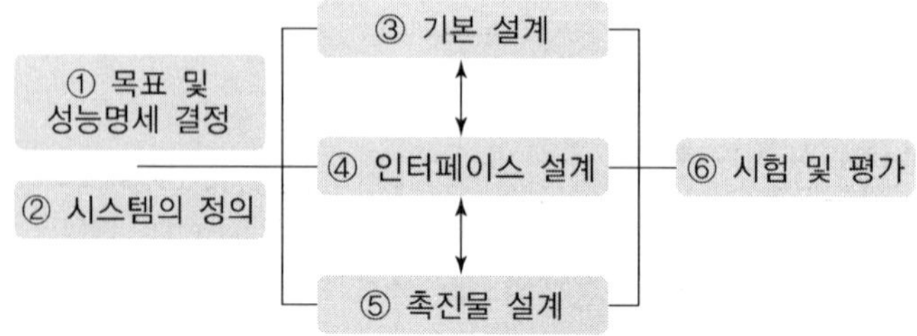

[인간-기계시스템 설계과정]

5. 인간-기계시스템의 분석 및 평가

1) 기능 분석 및 업무 분석과의 관계
2) 실험에 의한 평가 분석
3) 모의실험법에 의한 평가
4) 링크 분석
5) 작동 순서도표의 도법

6. 인간-기계시스템에 사용되는 표시장치

1) 양적인 정보
2) 질적인 정보
3) 상태정보
4) 경보, 신호정보
5) 표시정보
6) 확인정보
7) 수치, 문자와 상징적인 정보
8) 시간에 따른 정보

SECTION 03 체계설계와 인간요소

1. 체계설계 시 고려사항

인간 요소적인 면, 즉 신체의 역학적 특성 및 인체측정학적 요소 고려

2. 인간기준(Human Criteria)의 유형

1) 인간성능(Human Performance) 척도 : 감각활동, 정신활동, 근육활동 등
2) 생리학적(Physiological) 지표 : 혈압, 뇌파, 혈액성분, 심박수, 근전도(EMG), 뇌전도(EEG), 산소소비량, 에너지소비량 등
3) 주관적 반응(Subjective Response) : 피실험자의 개인적 의견, 평가, 판단 등
4) 사고빈도(Accident Frequency) : 재해 발생의 빈도

3. 체계기준의 구비조건(평가척도의 요건)

1) 실제적 요건 : 객관적 · 정량적이며, 강요적이 아니고, 수집이 쉬우며, 특수한 자료 수집기법이나 기기가 필요 없고, 돈이나 실험자의 수고가 적게 드는 것이어야 한다.
2) 신뢰성(반복성) : 시간이나 대표적 표본의 선정에 관계없이, 변수 측정의 일관성이나 안정성을 말한다.
3) 타당성(적절성) : 변수가 실제로 의도하는 목표를 잘 반영하는가를 나타내는 척도를 말한다.
4) 순수성(무오염성) : 측정하는 구조 외적인 변수의 영향은 받지 않는 것을 말한다.
5) 민감도 : 피검자 사이에서 볼 수 있는 예상 차이점에 비례하는 단위로 측정해야 함을 말한다.

4. 인간공학의 연구방법

1) 조사연구(일반적인 설문조사에 해당)

(1) 대상 : 인구집단의 속성에 대한 연구
(2) 변수 : 기준변수, 계층변수
(3) 연구대상 : 대표표본, 랜덤 표본추출
(4) 자료수집 방법 : 현장이나 실험실
(5) 분석방법 : 빈도분석, 중심경형, 표준편차 등

2) 실험연구(연구실 등에서 실험을 통해 얻어지는 연구)

(1) 대상 : 변수가 인간행동에 미치는 영향

(2) 변수 : 독립변수(관찰하고자 하는 원인이 되는 변수, 실험에서 변화되는 변수), 종속변수(평가 척도나 기준의 관심의 대상이 되는 변수, 독립변수에 의해 변화되는 결과변수), 통제변수(종속변수에 영향을 미칠 수는 있으나 독립변수에 포함되지 아니하는 변수)

(3) **연구대상** : 대표표본, 표본크기

(4) **자료수집 방법** : 실험실

(5) **분석방법** : 분산분석(ANOVA) 등

5. 인간과 기계의 상대적 기능

1) 인간이 현존하는 기계를 능가하는 기능

(1) 매우 낮은 수준의 시각, 청각, 촉각, 후각, 미각적인 자극 감지

(2) 주위의 이상하거나 예기치 못한 사건 감지

(3) 다양한 경험을 토대로 의사결정(상황에 따라 적절한 결정을 함)

(4) 관찰을 통해 보통 귀납적(Inductive)으로 추진

(5) 주관적으로 추산하고 평가

2) 현존하는 기계가 인간을 능가하는 기능

(1) 인간의 정상적인 감지범위 밖에 있는 자극을 감지

(2) 자극을 연역적(Deductive)으로 추리

(3) 암호화(Coded)된 정보를 신속하게, 대량으로 보관

(4) 반복적인 작업을 신뢰성 있게 추진

(5) 과부하 시에도 효율적으로 작동

3) 인간-기계 시스템에서 유의하여야 할 사항

(1) 인간과 기계의 비교가 항상 적용되지는 않는다. 컴퓨터는 단순반복 처리가 우수하나 적은 양일 때는 사람의 암산 이용이 더 용이하다.

(2) 과학기술의 발달로 인하여 현재 기계의 열세한 점이 극복될 수 있다.

(3) 인간은 감성을 지닌 존재이다.

(4) 인간이 기능적으로 기계보다 못하다고 해서 항상 기계가 선택되지는 않는다.

6. 고장률의 유형

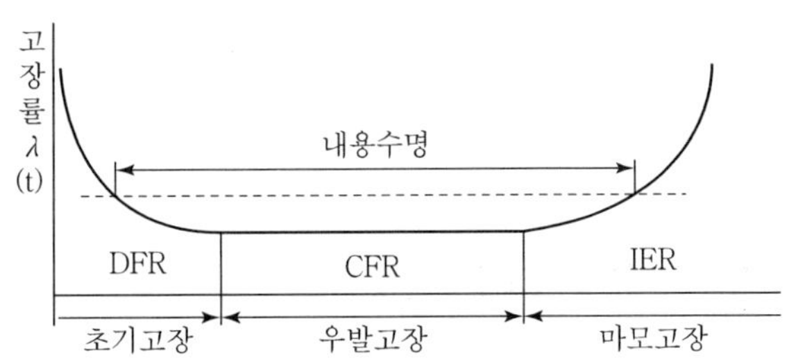

[기계의 고장률(욕조곡선, Bathtub Curve)]

1) 초기고장(감소형)

제조가 불량하거나 생산과정에서 품질관리가 안 돼 생기는 고장

(1) 디버깅(Debugging) 기간 : 결함을 찾아내어 고장률을 안정시키는 기간

(2) 번인(Burn－in) 기간 : 장시간 움직여보고 그동안에 고장난 것을 제거하는 기간

2) 우발고장(일정형)

실제 사용하는 상태에서 발생하는 고장으로, 예측할 수 없는 랜덤의 간격으로 생기는 고장

신뢰도 : $R(t) = e^{-\lambda t}$

(평균고장시간이 t_0인 요소가 t시간 동안 고장을 일으키지 않을 확률)

3) 마모고장(증가형)

설비 또는 장치가 수명을 다하여 생기는 고장. 안전 진단 및 적절한 보수에 의해서 방지할 수 있는 고장

02장 인간감각 및 입력표시

PROFESSIONAL ENGINEER ERGONOMICS

SECTION 01 시각 및 시각 표시장치

1. 시각과정

1) 눈의 구조

(1) 각막 : 빛이 통과하는 곳
(2) 홍채 : 눈으로 들어가는 빛의 양을 조절(카메라 조리개 역할)
(3) 모양체 : 수정체의 두께를 조절하는 근육
(4) 수정체 : 빛을 굴절시켜 망막에 상이 맺히는 역할(카메라 렌즈 역할)
(5) 망막 : 상이 맺히는 곳, 감광세포가 존재(상이 상하좌우 전환되어 맺힘)
(6) 시신경 : 망막으로부터 정보를 전달
(7) 맥락막 : 망막을 둘러싼 검은 막, 어둠상자 역할

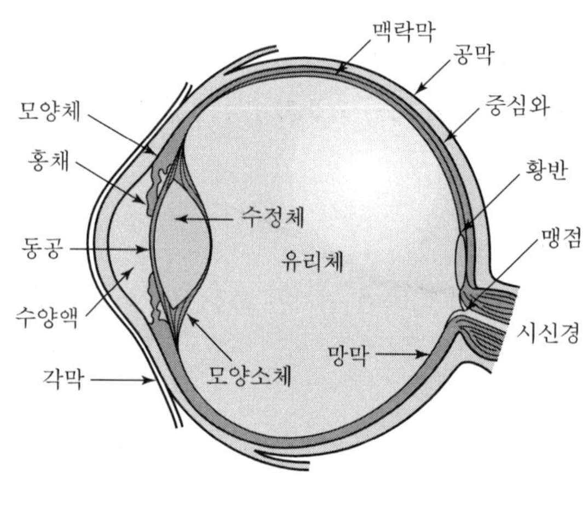

[눈의 구조]

2) 시력과 눈의 이상

(1) 디옵터(Diopter)

수정체의 초점조절 능력, 초점거리를 m으로 표시했을 때의 굴절률(단위 : D)

$$렌즈의\ 굴절률\ \text{Diopter(D)} = \frac{1}{\text{m}\ 단위의\ 초점거리}$$

$$사람의\ 굴절률 = \frac{1}{0.017} = 59\text{D}$$

사람 눈은 물체를 수정체의 1.7cm(0.017m) 뒤쪽에 있는 망막에 초점이 맺히도록 함

(2) 시각과 시력

① 시각(Visual Angle) : 보는 물체에 대한 눈의 대각

$$시각[분] = 60 \times \tan^{-1}\frac{L}{D} = L \times 57.3 \times \frac{60}{D}$$

눈과 글자의 거리가 28cm, 글자의 크기가 0.2cm, 획폭이 0.03cm일 때 시각은 얼마인가?

해설 $시각[분] = 60 \times \tan^{-1}\frac{L}{D} = L \times 57.3 \times \frac{60}{D} = 0.03 \times 57.3 \times \frac{60}{28} = 3.68$

여기서, L : 시선과 직각으로 측정한 물체의 크기(획폭), D : 물체와 눈 사이의 거리

② $시력 = \frac{1}{시각}$

3) 눈의 이상

(1) 원시 : 가까운 물체의 상이 망막 뒤에 맺힘, 멀리 있는 물체는 잘 볼 수 있으나 가까운 물체는 보기 어려움

(2) 근시 : 먼 물체의 상이 망막 앞에 맺힘, 가까운 물체는 잘 볼 수 있으나 멀리 있는 물체는 보기 어려움

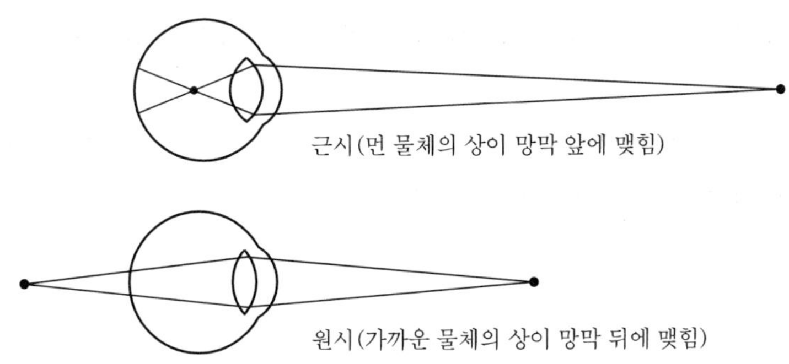

근시(먼 물체의 상이 망막 앞에 맺힘)

원시(가까운 물체의 상이 망막 뒤에 맺힘)

4) 순응(조응)

갑자기 어두운 곳에 들어가면 보이지 않거나 밝은 곳에 갑자기 노출되면 눈이 부셔 보기 힘들다. 그러나 시간이 지나면 점차 사물의 형상을 알 수 있는데, 이러한 광도수준에 대한 적응을 순응(Adaption) 또는 조응이라고 한다.

(1) 암순응(암조응) : 우선 약 5분 정도 원추세포의 순응단계를 거쳐 약 30~35분 정도 걸리는 간상세포의 순응단계(완전 암순응)로 이어진다.

(2) 명순응(명조응) : 어두운 곳에 있는 동안 빛에 민감하게 된 시각계통을 강한 광선이 압도하기 때문에 일시적으로 안 보이게 되나 명순응 시간은 길게 잡아 1~2분이면 충분하다.

2. 시식별에 영향을 주는 조건

1) 조도 : 물체의 표면에 도달하는 빛의 밀도

(1) 풋-캔들(fc ; foot-candle)

1촉광(촛불 1개)의 점광원으로부터 1foot 떨어진 구면에 비추는 빛의 밀도

(2) 조도(Lux)

1촉광의 광원으로부터 1m 떨어진 구면에 비추는 빛의 밀도

$$조도 = \frac{광속}{(거리)^2}$$

2) 광도(Luminance)

단위면적당 표면에서 반사(방출)되는 빛의 양

(단위 : Lambert(L), foot-Lambert(fL), nit(cd/m^2))

(1) 램버트(L ; Lambert)

완전 발산 및 반사하는 표면에 표준 촛불로 1cm 거리에서 조명될 때 조도와 같은 광도

(2) 풋-램버트(fL ; foot-Lambert)

완전 발산 및 반사하는 표면에 1fc로 조명될 때 조도와 같은 광도

3) 휘도

빛이 어떤 물체에서 반사되어 나오는 양

4) 명도대비(Contrast)

표적의 광도와 배경의 광도 차

$$대비 = \frac{L_b - L_t}{L_b} \times 100$$

여기서, L_t : 표적의 광도
L_b : 배경의 광도

칠판의 반사율이 20%일 때, 분필로 쓴 글자와의 대비가 −300%라면 분필 글자의 반사율은 몇 %인가?

해설 대비(%) = 100 × (반사율(b) − 반사율(t))/반사율(b)
반사율(t)를 x로 놓고 계산하면, 80%의 글자 반사율이 계산된다.

5) 휘광(Glare)

휘도가 높거나 휘도대비가 클 경우 생기는 눈부심

6) 푸르키네 현상(Purkinje Effect)

조명수준이 감소하면 장파장에 대한 시감도가 감소하는 현상. 즉 밤에는 같은 밝기를 가진 장파장의 적색보다 단파장인 청색이 더 잘 보인다.

3. 정량적 표시장치

1) 정량적 표시장치

온도나 속도 같은 동적으로 변하는 변수나 자로 재는 길이 같은 계량치에 관한 정보를 제공하는 데 사용

2) 정량적 동적 표시장치의 기본형

(1) 동침형(Moving Pointer)

고정된 눈금상에서 지침이 움직이면서 값을 나타내는 방법으로 지침의 위치가 일종의 인식상의 단서로 작용하는 이점이 있다.

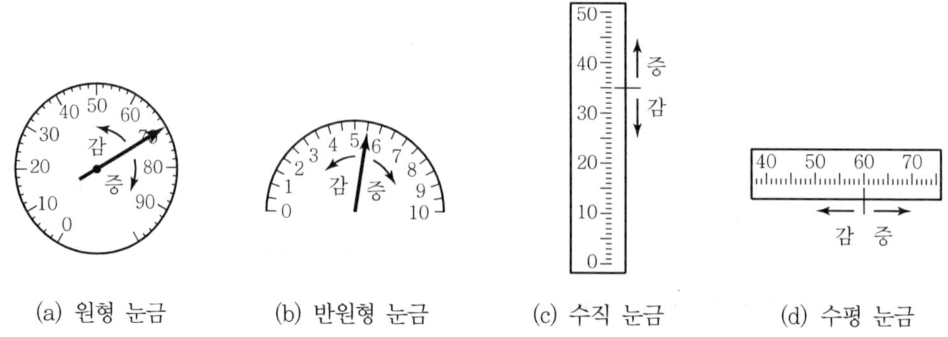

(a) 원형 눈금 (b) 반원형 눈금 (c) 수직 눈금 (d) 수평 눈금

(2) 동목형(Moving Scale)

값의 범위가 클 경우 작은 계기판에 모두 나타낼 수 없는 동침형의 단점을 보완한 것으로 표시장치의 공간을 적게 차지하는 이점이 있다.
하지만, 동목형의 경우에는 "이동부분의 원칙(Principle of Moving Part)"과 "동작방향의 양립성(Compatibility of Orientation Operate)"을 동시에 만족시킬 수 없으므로 공간상의 이점에도 불구하고 빠른 인식을 요구하는 작업장에서는 사용을 피하는 것이 좋다.

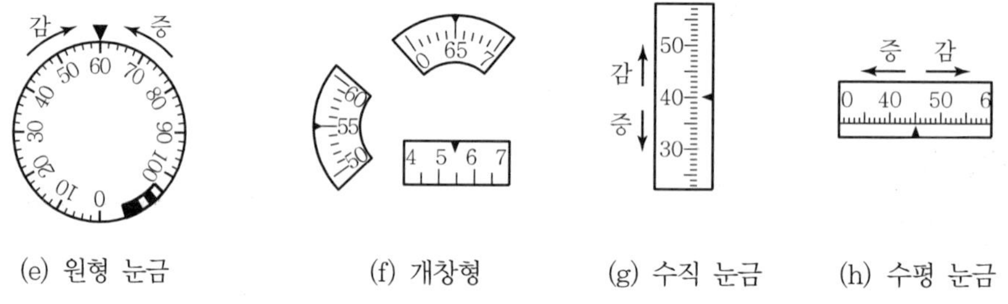

(e) 원형 눈금 (f) 개창형 (g) 수직 눈금 (h) 수평 눈금

(3) 계수형(Digital Display)

수치를 정확히 읽어야 할 경우 인접 눈금에 대한 지침의 위치를 추정할 필요가 없기 때문에 Analog Type(동침형, 동목형)보다 더욱 적합, 계수형의 경우 값이 빨리 변하는 경우 읽기가 곤란할 뿐만 아니라 시각 피로를 많이 유발하므로 피해야 한다.

0	0	2	5	3

4. 정성적 표시장치

1) 온도, 압력, 속도와 같은 연속적으로 변하는 변수의 대략적인 값이나 변화추세 등을 알고자 할 때 사용

2) 나타내는 값이 정상인지 여부를 판정하는 등 상태점검을 하는 데 사용

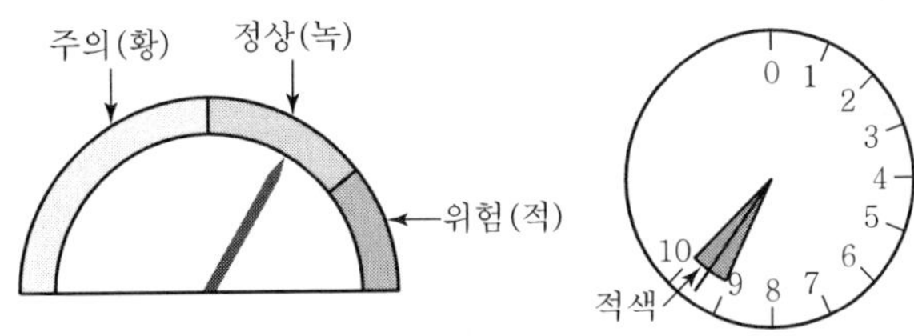

5. 신호 및 경보등

1) 광원의 크기, 광도 및 노출시간

(1) 광원의 크기가 작으면 시각이 작아짐

(2) 광원의 크기가 작을수록 광속발산도가 커야 함

2) 색광

(1) 색에 따라 사람의 주위를 끄는 정도가 다르며 반응시간이 빠른 순서는 ① 적색, ② 녹색, ③ 황색, ④ 백색 순임

(2) 명도가 높은 색채는 빠르고 경쾌하게 느껴지고, 명도가 낮은 색채는 둔하고 느리게 느껴짐. 가볍고 경쾌한 색에서 느리고 둔한 색의 순서를 나타내면 백색>황색>녹색>등색>자색>청색>흑색 순임

(3) 신호 대 배경의 명도대비(Contrast)가 낮을 경우에는 적색 신호가 효과적임

(4) 배경이 어두운 색(흑색)일 경우 명도대비가 좋거나 신호의 절대명도가 크면 신호의 색은 주위를 끄는 데 별로 중요하지 않음

3) 점멸속도

(1) 점멸 융합주파수(약 30Hz)보다 작아야 함

(2) 주의를 끌기 위해서는 초당 3~10회의 점멸속도에 지속시간은 0.05초 이상이 적당함

4) 배경 광(불빛)

(1) 배경의 불빛이 신호등과 비슷할 경우 신호광 식별이 곤란함

(2) 배경 잡음의 광이 점멸일 경우 점멸신호등의 기능을 상실

(3) 신호등이 네온사인이나 크리스마스트리 등이 있는 지역에 설치되는 경우에는 식별이 쉽지 않음

6. 묘사적 표시장치

1) 항공기의 이동표시

배경이 변화하는 상황을 중첩하여 나타내는 표시장치로, 효과적인 상황 판단을 위해 사용한다.

(1) 항공기 이동형(외견형) : 지평선이 고정되고 항공기가 움직이는 형태

(2) 지평선 이동형(내견형) : 항공기가 고정되고 지평선이 이동되는 형태(대부분의 항공기의 표시장치가 이에 속함)

(3) 빈도 분리형 : 외견형과 내견형의 혼합형

항공기 이동형	지평선 이동형
지평선 고정, 항공기가 움직이는 형태, Outside-in(외견형), Bird's Eye	항공기 고정, 지평선이 움직이는 형태, Inside-out(내견형), Pilot's Eye, 대부분의 항공기 표시장치

2) 항공기 위치 표시장치의 설계 원칙

로스코, 콜, 젠슨(Roscoe, Corl, Jensen)(1981)은 항공기 위치 표시장치 설계와 관련하여 다음과 같이 원칙을 제시했다.

(1) **표시의 현실성**(Principle of Pictorial Realism)

표시장치에 묘사되는 이미지는 기준틀에 상대적인 위치(상하, 좌우), 깊이 등이 현실세계의 공간과 어느 정도 일치하여 표시가 나타내는 것을 쉽게 알 수 있어야 함

(2) **통합**(Principle of Integration)

관련된 모든 정보를 통합하여 상호관계를 바로 인식할 수 있도록 함

(3) **양립적 이동**(Principle of Compatibility Motion)

항공기의 경우, 일반적으로 이동 부분의 영상은 고정된 눈금이나 좌표계에 나타내는 것이 바람직함

(4) 추종표시(Principle of Pursuit Presentation)

원하는 목표(Target)와 실제 지표가 공통 눈금이나 좌표계에서 이동함

3) CRT 표시장치

CRT 표시장치는 상태와 관계의 변동을 표현하며, CRT에 나타내는 영상은 그 성질이나 목적에 따라 달라지기는 하나, 장면의 직접 재현(TV), 점영상(Blip ; 레이더나 항공 관제탑 표시장치), 도식적 표시(여러 가지 검사 및 의료 장비에서와 같은), 디지털 문자-숫자나 상형문자 등이 있다.

7. 문자-숫자 표시장치

문자-숫자 체계에서 인간공학적 판단기준은 가시성(Visibility), 식별성(Legibility), 판독성(Readability)이다.

① 가시성(Visibility, 검출성) : 배경과 분리되는 글자나 상징의 질

② 식별성(Legibility) : 글자를 구별할 수 있는 속성

③ 판독성(Readability) : 문자-숫자군으로 나타낸 정보를 인식할 수 있는 질

1) 획폭비

문자나 숫자의 높이에 대한 획 굵기의 비율

(1) 검은색 바탕에 흰색 숫자의 최적 획폭비는 1 : 13.3 정도

(2) 흰색 바탕에 검은색 숫자의 최적 획폭비는 1 : 8 정도

※ 광삼(Irradiation) 현상

검은색 바탕의 흰색 글씨가 주위의 검은색 배경으로 번져 보이는 현상

A B C D 검은색 바탕의 흰색 글씨(음각)

A B C D 흰색 바탕에 검은색 글씨(양각)

따라서, 검은색 바탕의 흰색 글씨가 더 가늘어야 한다.

2) 종횡비

문자나 숫자의 폭에 대한 높이의 비율

(1) 문자의 경우 최적 종횡비는 1 : 1 정도

(2) 숫자의 경우 최적 종횡비는 3 : 5 정도

3) 문자－숫자의 크기

일반적인 글자의 크기는 포인트(pt ; Point)로 나타내며 $\frac{1}{72}$in(0.35mm)을 1pt로 한다.

4) 읽기 용이성(Readability)

CRT나 인쇄물의 읽기 용이성과 이해도는 글자 모양(Style), 글자체, 글자 크기, 대비, 줄간격, 자간, 행의 길이, 주변 여백 등 여러 인자들의 영향을 받는다.

8. 시각적 암호 · 부호 · 기호

1) 묘사적 부호

사물이나 행동을 단순하고 정확하게 묘사한 것(도로표지판의 보행신호, 유해물질의 해골과 뼈 등)

2) 추상적 부호

메시지(傳言)의 기본요소를 도식적으로 압축한 부호로 원래의 개념과는 약간의 유사성이 있음

3) 임의적 부호

부호가 이미 고안되어 있으므로 이를 배워야 하는 것(산업안전표지의 원형 → 금지표지, 사각형 → 안내표지 등)

9. 작업장 내부 및 외부 색의 선택

작업장 색채 조절은 사람에 대한 감정적 효과, 피로 방지 등을 통하여 생산능률 향상에 도움을 주려는 목적과 사고 방지를 위한 표식의 명확화 등을 위해 사용한다.

1) 내부

(1) 윗벽 : 색은 기계공장의 경우 8 이상의 명도를 가진 회색 또는 엷은 녹색
(2) 천장 : 75% 이상의 반사율을 가진 백색
(3) 정밀작업 시 : 명도 7.5~8, 색상은 회색, 녹색 사용
(4) 바닥 색 : 광선의 반사를 피해 명도 4~5 정도 유지

2) 외부

(1) 벽면 : 주변 명도의 2배 이상

(2) 창틀 : 명도나 채도를 벽보다 1～2배 높게

3) 기계에 대한 배색

전체 기계 : 녹색(10G 6/2)과 회색을 혼합해서 사용 또는 청록색(7.5BG6/15) 사용

4) 반사율 비교

(1) 반사율 : 물체 표면에 도달하는 조명과 광도의 비

(2) 옥내 최적 반사율

① 천장 : 80～90%

② 벽 : 40～60%

③ 가구 : 25～45%

④ 바닥 : 20～40%

5) 색의 심리적 작용

(1) 크기 : 명도 높으면 크게 보임

(2) 원근감 : 명도 높으면 가깝게 보임

(3) 온도감 : 적색 Hot, 청색 Cold → 실제 느끼는 온도는 색에 무관

(4) 안정감 : 윗부분 명도가 높고, 아랫부분 명도가 낮을 경우 안정감이 높음

(5) 경중감 : 명도가 높으면 가볍게 느낌

(6) 속도감 : 명도가 높으면 빠르고 경쾌함

(7) 맑기 : 명도가 높으면 맑은 느낌

(8) 진정효과 : 녹색, 청색 → 한색계 : 침착함
주황, 빨강 → 난색계 : 강한 자극

(9) 연상작용 : 적색 → 피, 청색 → 바다, 하늘

표시장치 및 조정장치의 설계

1. 표시장치의 설계

1) 정량적 표시장치

정량적 수치를 정확하게 파악하는 것이 목적으로 아날로그 타입, 디지털 타입, 전자식 타입이 이용된다. 아날로그 타입에서는 지침(Pointer)이 움직이는 형과 눈금(Scale)이 움직이는 형이 존재한다.

2) 정성적 표시장치

정확한 수치보다는 상태식별이나 점검을 목적으로 하는 경우에 이용된다. 바람직한 범위의 유지나, 상태를 판단하고자 할 때는 구간별 색이나 범위만 지정해 놓는 것이 판단을 용이하게 한다. 즉, 자동차의 배터리 농도가 어느 정도까지가 정상이고 얼마 이하면 갈아야 되는가를 소비자가 알 필요는 없으며, 이러한 경우에는 정상인 경우와 갈아야 되는 경우를 색으로만 구분을 달리하면 되는 것이다.

3) 묘사적 표시장치

묘사적 표시장치는 사물의 재현을 위한 TV와 같은 표시장치를 의미한다.

| 정량적 표시장치의 유형 |

Analog Displays		Digital Display	Electronic Displays
Moving Pointer	Moving Scale		
10 20	10 20	5 3 . 1	

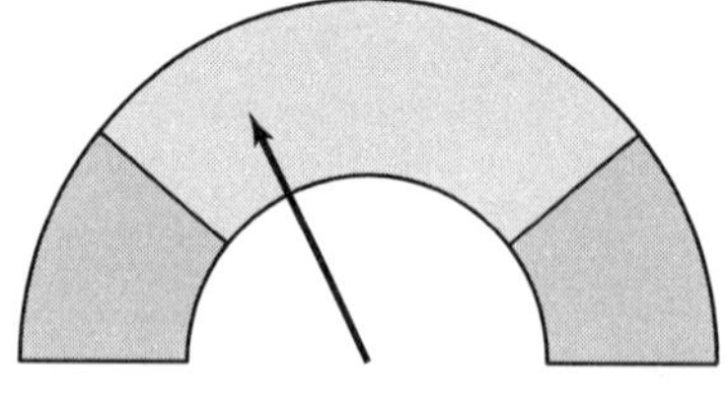

•변수 상태 범위 식별
•바람직한 범위 유지
•변화 추세율 파악

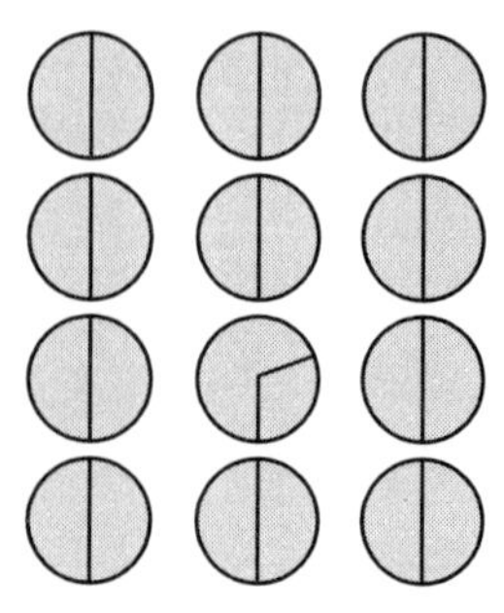

[정성적 표시장치의 형태]

2. 조정장치의 설계

아래 그림은 조정장치의 예를 나타낸다.

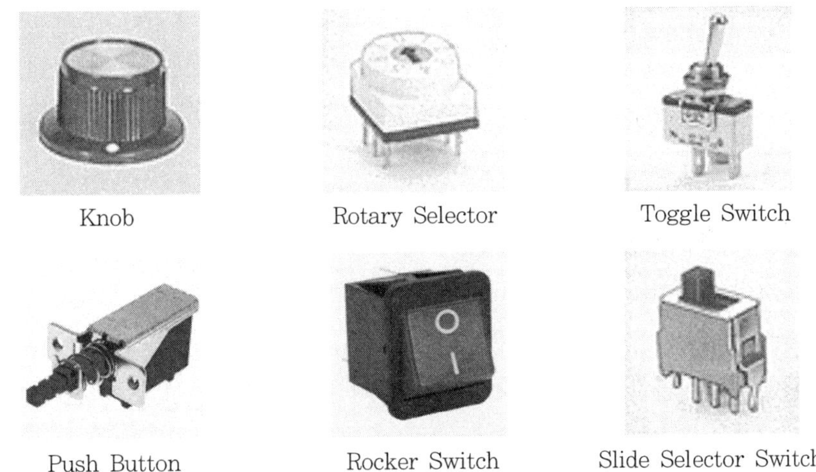

[조정장치의 예]

조정장치를 설계할 때에는 조정 변수의 타입이 연속형인가 이산형인가에 따라 또는 작동 요건, 표시장치와 조정장치의 관계, 정확도, 사용 자세 등에 관한 요인을 고려하여야 한다.

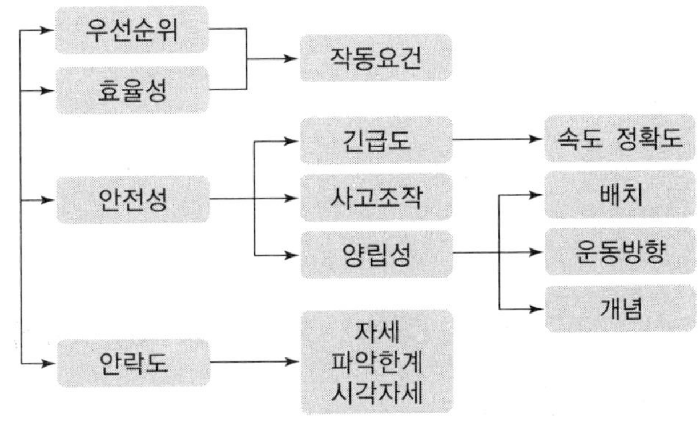

[조정장치의 설계 시 고려 요소]

조정장치의 배치 원칙은 중요성의 원칙, 사용 순서의 원칙, 사용 빈도의 원칙, 기능별 배치의 원칙을 들 수 있다.

① 중요성의 원칙 : 목표 달성의 중요도에 따라 조정장치를 배치함

② 사용 순서의 원칙 : 사용 순서에 따라 가까이 배치함

③ 사용 빈도의 원칙 : 사용 빈도에 따른 우선 순위

④ 기능별 배치의 원칙 : 기능적으로 관련된 부품들을 모아서 배치함을 원칙으로 제시한다.

또한, 조정장치를 여러 개 배치하거나 설계할 때는 조정장치별 모양, 표면 감촉, 크기, 색, 기능별 그룹화, 라벨 등을 통하여 구별을 용이하게 할 수 있다.

3. 제어장치의 종류

1) 개폐에 의한 제어(On－Off 제어)

$\frac{C}{D}$비로 동작을 제어하는 제어장치

(1) 수동식 푸시(Push Button)

(2) 발(Foot) 푸시

(3) 토글 스위치(Toggle Switch)

(4) 로터리 스위치(Rotary Switch)

똑딱 스위치(Toggle Switch), 누름단추(Push Button)를 작동할 때에는 중심으로부터 30° 이하를 원칙으로 하며 25° 정도의 위치에 있을 때 작동시간이 가장 짧다.

2) 양의 조절에 의한 통제

연료량, 전기량 등으로 조절하는 통제장치

(1) 노브(Knob)
(2) 핸들(Hand Wheel)
(3) 페달(Pedal)
(4) 크랭크(Crank)

3) 반응에 의한 통제

계기, 신호, 감각에 의한 통제 또는 자동경보 시스템

4. 조정－반응 비율(통제비, C/D비, C/R비, Control Display, Ratio)

1) 통제표시비(선형조정장치)

$$\frac{X}{Y}=\frac{C}{D}=\frac{\text{통제기기의 변위량}}{\text{표시계기지침의 변위량}}$$

2) 조종구의 통제비

$$\frac{C}{D}\text{비}=\frac{\left(\frac{a}{360}\right)\times 2\pi L}{\text{표시계기지침의 이동거리}}$$

여기서, a : 조종장치가 움직인 각도
L : 반경(지레의 길이)

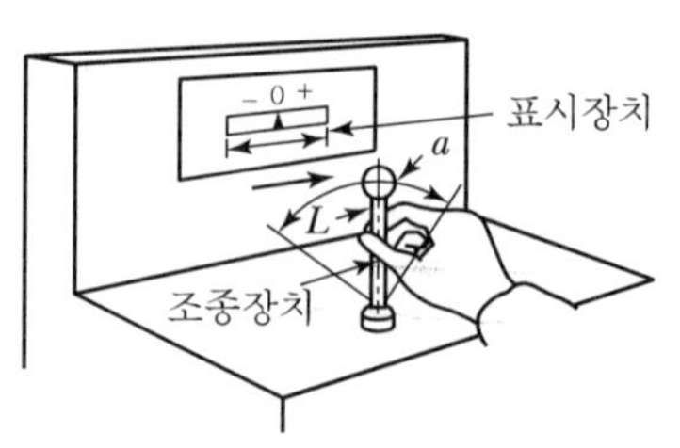

[선형표시장치를 움직이는 조정구에서의 C/D비]

3) 통제 표시비의 설계 시 고려해야 할 요소

(1) 계기의 크기 : 조절시간이 짧게 소요되는 사이즈를 선택하되 너무 작으면 오차가 클 수 있음

(2) 공차 : 짧은 주행시간 내에 공차의 인정범위를 초과하지 않는 계기를 마련

(3) 목시거리 : 목시거리(눈과 계기표 시간과의 거리)가 길수록 조절의 정확도는 적어지고 시간이 소요됨

(4) 조작시간 : 조작시간이 지연되면 통제비가 크게 작용함

(5) 방향성 : 계기의 방향성은 안전과 능률에 영향을 미침

4) 통제비의 3요소

(1) 시각감지시간

(2) 조절시간

(3) 통제기기의 주행시간

5) 최적 C/D비

(1) C/D비가 증가함에 따라 조정시간은 급격히 감소하다가 안정되며 이동시간은 이와 반대가 된다.(최적통제비 : 1.18~2.42)

(2) C/D비가 적을수록 이동시간이 짧고 조정이 어려워 조정장치가 민감하다.

청각 및 청각 표시장치

1. 청각

1) 귀의 구조

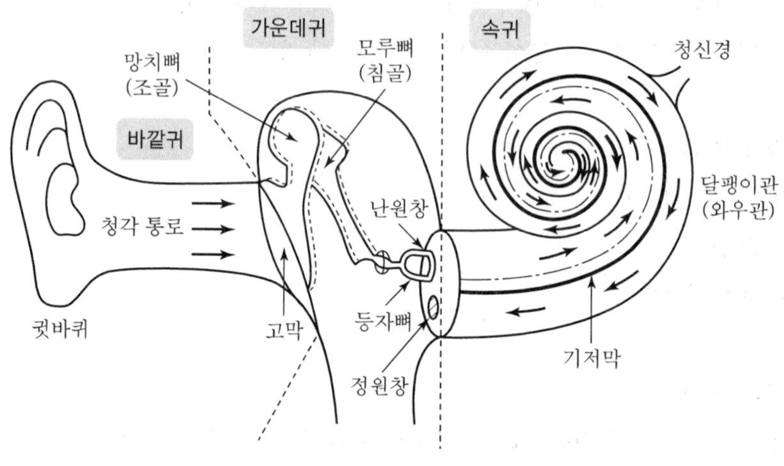

[귀의 구조와 음파의 통로]

(1) 바깥귀(외이) : 소리를 모으는 역할

(2) 가운데귀(중이) : 고막의 진동을 속귀로 전달하는 역할

(3) 속귀(내이) : 달팽이관에 청세포가 분포되어 있어 소리자극을 청신경으로 전달

2) 음의 특성 및 측정

(1) **음파의 진동수(Frequency of Sound Wave) : 인간이 감지하는 음의 높낮이**

소리굽쇠를 두드리면 고유진동수로 진동하게 되는데 소리굽쇠가 진동함에 따라 공기의 입자가 전후방으로 움직이며 이에 따라 공기의 압력은 증가 또는 감소한다. 소리굽쇠와 같은 간단한 음원의 진동은 정현파(사인파)를 만들며 사인파는 계속 반복되는데 1초당 사이클 수를 음의 진동수(주파수)라 하며 Hz(Hertz) 또는 CPS(Cycle/s)로 표시한다.

(2) 음의 강도(Sound Intensity)

음의 강도는 단위면적당 동력(Watt/m²)으로 정의되는데 그 범위가 매우 넓기 때문에 로그(Log)를 사용한다. Bell(B, 두음의 강도비의 로그값)을 기본측정단위로 사용하고 보통은 dB(Decibel)을 사용한다.(1dB=0.1B)

음은 정상기압에서 상하로 변하는 압력파(Pressure Wave)이기 때문에 음의 진폭 또는 강도의 측정은 기압의 변화를 이용하여 직접 측정할 수 있다. 하지만 음에 대한 기압차는 그 범위가 너무 넓어 음압수준(SPL ; Sound Pressure Level)을 사용하는 것이 일반적이다.

$$\text{SPL(dB)} = 10\log\left(\frac{P_1}{P_0}\right)^2$$

P_1은 측정하고자 하는 음압이고 P_0는 기준음압($20\mu N/m^2$)이다.

이 식을 정리하면

$$\text{SPL(dB)} = 20\log\left(\frac{P_1}{P_0}\right)$$이다.

또한, 두 음압 P_1, P_2를 갖는 두 음의 강도차는

$$\text{SPL}_2 - \text{SPL}_1 = 20\log\left(\frac{P_2}{P_0}\right) - 20\log\left(\frac{P_1}{P_0}\right) = 20\log\left(\frac{P_2}{P_1}\right)$$이다.

거리에 따른 음의 변화는 d_1은 d_1거리에서 단위면적당 음이고 d_2는 d_2거리에서의 단위면적당 음이라면, 음압은 거리에 비례하므로 식으로 나타내면

$$P_2 = \left(\frac{d_1}{d_2}\right)P_1$$이다.

$\text{SPL}_2(\text{dB}) - \text{SPL}_1(\text{dB}) = 20\log\left(\frac{P_2}{P_1}\right)$에 위의 식을 대입하면

$$= 20\log\left(\frac{\frac{d_1 P_1}{d_2}}{P_1}\right) = 20\log\left(\frac{d_1}{d_2}\right) = -20\log\left(\frac{d_2}{d_1}\right)$$

따라서 $\text{dB}_2 = \text{dB}_1 - 20\log\left(\frac{d_1}{d_2}\right)$이다.

소음이 심한 기계로부터 2m 떨어진 곳의 음압수준이 100dB이라면 이 기계로부터 4.5m 떨어진 곳의 음압수준은 약 몇 dB인가?

해설 $dB_2 = dB_1 - 20\log\left(\frac{d_2}{d_1}\right) = 100 - 20\log\left(\frac{4.5}{2}\right) = 92.96(\text{dB})$

(3) 음력레벨(PWL ; Sound Power Level)

$$\text{PWL} = 10\log\left(\frac{P}{P_0}\right)\text{dB}$$

여기서, P : 음력(Watt), P_0 : 기준의 음력 10~12Watt

작업장 내의 설비 3대에서는 각각 80dB과 86dB 및 78dB의 소음을 발생시키고 있다. 이 작업장의 전체 소음은 약 몇 dB인가?

해설 $\text{PWL(dB)} = 10\log(10^{\frac{A_1}{10}} + 10^{\frac{A_2}{10}} + 10^{\frac{A_3}{10}})$

$= 10\log(10^{\frac{80}{10}} + 10^{\frac{86}{10}} + 10^{\frac{78}{10}})$

$\fallingdotseq 87.5$

3) 음량(Loudness)

(1) Phon과 Sone

① Phon 음량수준 : 정량적 평가를 위한 음량수준 척도, Phon으로 표시한 음량수준은 이 음과 같은 크기로 들리는 1,000Hz 순음의 음압수준(dB)

② Sone 음량수준 : 다른 음의 상대적인 주관적 크기 비교, 40dB의 1,000Hz 순음 크기(=40 Phon)를 1sone으로 정의, 기준음보다 10배 크게 들리는 음이 있다면 이 음의 음량은 10sone이다.

$$\text{sone치} = 2^{(\text{Phon치} - 40)/10}$$

(2) 인식소음 수준

① PNdb(Perceived Noise Level)의 척도는 910~1,090Hz대의 소음 음압수준

② PLdb(Perceived Level of Noise)의 척도는 3,150Hz에 중심을 둔 1/3 옥타브대 음을 기준으로 사용

4) 은폐(Masking) 효과

음의 한 성분이 다른 성분에 대한 귀의 감수성을 감소시키는 상황으로 피은폐된 한 음의 가청 역치가 다른 은폐된 음 때문에 높아지는 현상을 말한다. 예로 사무실의 자판소리 때문에 말소리가 묻히는 경우이다.

2. 청각적 표시장치

1) 시각장치와 청각장치의 비교

시각장치 사용	청각장치 사용
① 경고나 메시지가 복잡한 경우 ② 경고나 메시지가 긴 경우 ③ 경고나 메시지가 후에 재참조되는 경우 ④ 경고나 메시지가 공간적인 위치를 다루는 경우 ⑤ 경고나 메시지가 즉각적인 행동을 요구하지 않는 경우 ⑥ 수신자의 청각 계통이 과부하 상태일 경우 ⑦ 수신 장소가 너무 시끄러울 경우 ⑧ 직무상 수신자가 한곳에 머무르는 경우	① 경고나 메시지가 간단한 경우 ② 경고나 메시지가 짧은 경우 ③ 경고나 메시지가 후에 재참조되지 않는 경우 ④ 경고나 메시지가 시간적인 사상을 다루는 경우 ⑤ 경고나 메시지가 즉각적인 행동을 요구하는 경우 ⑥ 수신자의 시각 계통이 과부하 상태일 경우 ⑦ 수신장소가 너무 밝거나 암조응 유지가 필요할 경우 ⑧ 직무상 수신자가 자주 움직이는 경우

2) 청각적 표시장치가 시각적 표시장치보다 유리한 경우

(1) 신호 자체가 음일 때
(2) 무선거리 신호, 항로정보 등과 같이 연속적으로 변하는 정보를 제시할 때
(3) 정보가 즉각적인 행동을 요구하는 경우
(4) 조명으로 인해 시각을 이용하기 어려운 경우

3) 경계 및 경보신호 선택 시 지침

(1) 귀는 중음역에 가장 민감하므로 500~3,000Hz가 좋음
(2) 300m 이상 장거리용 신호에는 1,000Hz 이하의 진동수를 사용
(3) 칸막이를 돌아가는 신호는 500Hz 이하의 진동수를 사용
(4) 배경소음과 다른 진동수를 갖는 신호를 사용하고 신호는 최소 0.5~1초 지속
(5) 주의를 끌기 위해서는 변조된 신호를 사용
(6) 경보효과를 높이기 위해서는 개시시간이 짧은 고강도의 신호 사용

촉각 및 후각 표시장치

1. 피부감각

1) 통각 : 아픔을 느끼는 감각
2) 압각 : 압박이나 충격이 피부에 주어질 때 느끼는 감각
3) 감각점의 분포량 순서 : ① 통점 → ② 압점 → ③ 냉점 → ④ 온점

2. 조정장치의 촉각적 암호화

1) 표면 촉감을 사용하는 경우
2) 형상을 구별하는 경우
3) 크기를 구별하는 경우

3. 동적인 촉각적 표시장치

1) 기계적 진동(Mechanical Vibration) : 진동기를 사용하여 피부에 전달, 진동장치의 위치, 주파수, 세기, 지속시간 등 물리적 매개변수
2) 전기적 임펄스(Electrical Impulse) : 전류자극을 사용하여 피부에 전달, 전극위치, 펄스 속도, 지속시간, 강도 등

4. 후각적 표시장치

후각은 사람의 감각기관 중 가장 예민하고 빨리 피로해지기 쉬운 기관으로 사람마다 개인차가 심하다. 코가 막히면 감도도 떨어지고 사람은 냄새에 빨리 익숙해져서 노출 후 얼마 후에는 냄새의 존재를 느끼지 못한다.

5. 웨버(Weber)의 법칙

특정 감각의 변화감지역(ΔI)은 사용되는 표준자극(I)에 비례한다.

$$웨버\ 비 = \frac{\Delta I}{I}$$

여기서, I : 기준자극 크기, ΔI : 변화감지역

1) 감각기관의 웨버(Weber) 비

감각	시각	청각	무게	후각	미각
웨버 비	1/60	1/10	1/50	1/4	1/3

웨버 비가 작을수록 인간의 분별력이 좋아짐

2) 인간의 감각기관의 자극에 대한 반응속도

청각(0.17초) > 촉각(0.18초) > 시각(0.20초) > 미각(0.29초) > 통각(0.70초)

03장 인체측정 및 응용

PROFESSIONAL ENGINEER ERGONOMICS

SECTION 01 인체계측

1. 인체측정

1) 인체계측학의 정의

인간의 신체측정에 관한 학문으로서 신체 각 부분의 크기, 활동범위, 근력 등을 측정하며, 여기서 얻어진 자료는 제품설계, 작업장, 생활가구 및 공간 등의 설계 시 기초자료로 활용된다.

2) 인체측정방법

(1) 구조적(정적) 인체치수

① 표준 자세에서 움직이지 않는 피측정자를 인체측정기로 측정
② 설계의 표준이 되는 기초적인 치수를 결정
③ 마틴측정기, 실루엣 사진기, Size Korea

(2) 기능적(동적) 인체치수

① 움직이는 몸의 자세로부터 측정
② 사람은 일상생활 중에 항상 몸을 움직이기 때문에 어떤 설계 문제에는 기능적 치수가 더 널리 사용됨
③ 구조적(정적) 치수만 적용 시 실제 상황과 불일치 초래
④ 사이클그래프, 마르티스트로브, 시네필름, VTR

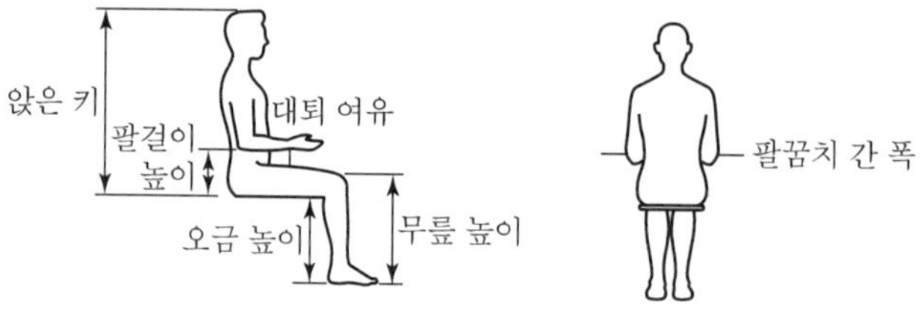

[구조적 인체치수의 예]

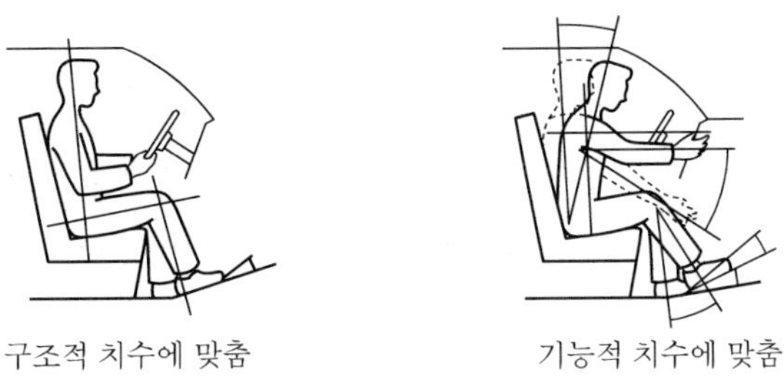

[자동차의 설계 시 구조적 치수와 기능적 치수의 차이]

2. 인체계측자료의 응용원칙

1) 극단치 설계(최대치수와 최소치수 사용)

특정한 설비를 설계할 때, 거의 모든 사람을 수용할 수 있는 경우(최대치수)가 필요한데 문, 통로, 탈출구 등을 예로 들 수 있다. 최소치수의 예로는 선반의 높이, 조종장치까지의 거리 등이 있다.

(1) 최소치수 : 하위 백분위 수(퍼센타일, Percentile) 기준 1, 5, 10%.

(2) 최대치수 : 상위 백분위 수(퍼센타일, Percentile) 기준 90, 95, 99%

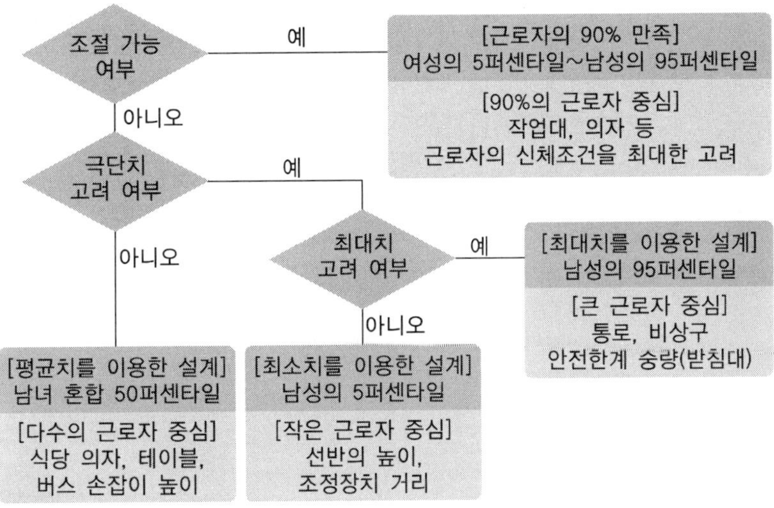

2) 조절 가능한 설계 조절범위(5~95%)

체격이 다른 여러 사람에게 맞도록 조절식으로 만드는 것이 바람직하다. 그 예로는 자동차 좌석의 전후 조절, 사무실 의자의 상하 조절 등이 있다.

3) 평균치를 기준으로 한 설계

최대치수나 최소치수를 기준으로 설계하기도 부적절하고 조절식으로 하기도 불가능할 때, 평균치를 기준으로 설계한다. 예를 들면, 손님의 평균 신장을 기준으로 만든 은행의 계산대 등이 있다. 하지만 이는 바람직한 설계는 아니다.

※ 실제 평균치 인간은 존재하지 않음

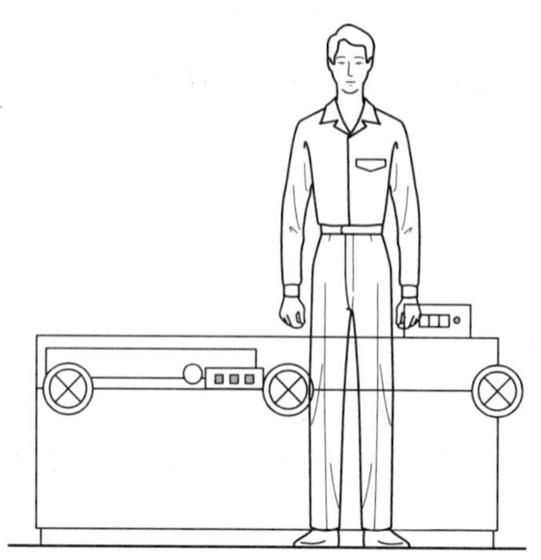

(a) 대부분의 사람은 위와 같은 외형을 지닌다.

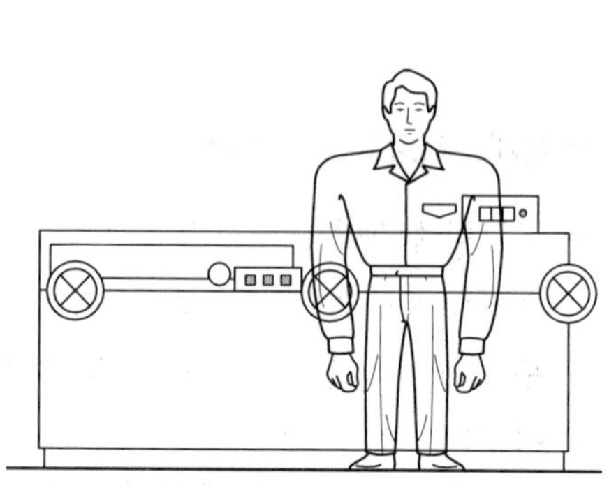

(b) 그러나, 일부 설계자들은 사람들이 위와 같은 외형을 지녔다고 생각한다.

[공업용 선반 설계 : 휴먼 인터페이스]

(출처 : Singleton, 1962. 영국 런던의 과학 및 산업 연구부, 산업인간공학)

작업공간 및 작업자세

1. 작업공간의 설계

작업공간이란 사람이 어떤 목적을 달성하기 위하여 활동하는 공간을 총칭한다.

2. 개별 작업공간 설계지침

1) 설계지침

(1) 주된 시각적 임무
(2) 주 시각임무와 상호 교환되는 주 조정장치
(3) 조정장치와 표시장치 간의 관계
(4) 사용순서에 따른 부품의 배치(사용순서의 원칙)
(5) 자주 사용되는 부품을 편리한 위치에 배치(사용빈도의 원칙)
(6) 체계 내 또는 다른 체계와의 거리를 일관성 있게 배치
(7) 팔꿈치 높이에 따라 작업면의 높이를 결정
(8) 과업수행에 따라 작업면의 높이를 조정
(9) 높이 조절이 가능한 의자를 제공
(10) 서 있는 작업자를 위해 바닥에 피로예방 매트를 사용
(11) 정상 작업영역 안에 공구 및 재료를 배치

2) 작업공간

(1) 작업공간 포락면(Envelope) : 한 장소에 앉아서 수행하는 작업활동에서 사람이 작업하는 데 사용하는 공간
(2) 파악한계(Grasping Reach) : 앉은 직업자가 특정한 수작업을 편히 수행할 수 있는 공간의 외곽한계
(3) 특수작업역 : 특정 공간에서 작업하는 구역

3) 수평작업대의 정상 작업역과 최대 작업역

(1) 정상 작업영역 : 위팔(상완)을 자연스럽게 수직으로 늘어뜨린 채, 아래팔(전완)만으로 편하게 뻗어 파악할 수 있는 구역(34~45cm)
(2) 최대 작업영역 : 아래팔(전완)과 위팔(상완)을 곧게 펴서 파악할 수 있는 구역(55~65cm)
(3) 파악한계 : 앉은 작업자가 특정한 수작업을 편히 수행할 수 있는 공간의 외곽한계

(4) 작업포락면 : 최대작업력으로 구성되는 3차원의 최대작업공간으로서 작업공간의 설계 시 이 작업포락면 안에 모든 부품과 도구가 배치되어야 한다.

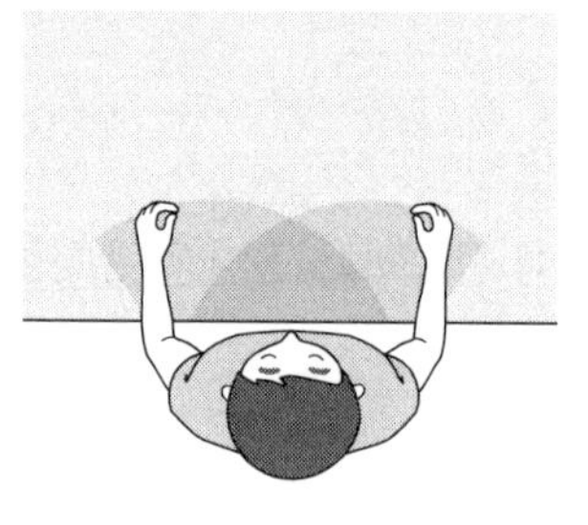
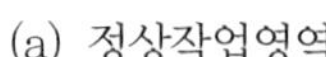
(a) 정상작업영역

(b) 최대작업영역

4) 작업대 높이

(1) 최적높이 설계지침

작업대의 높이는 상완을 자연스럽게 수직으로 늘어뜨리고 전완은 수평 또는 약간 아래로 편안하게 유지할 수 있는 수준

(2) 착석식(의자식) 작업대 높이

① 의자의 높이를 조절할 수 있도록 설계하는 것이 바람직
② 섬세한 작업은 작업대를 약간 높게, 거친 작업은 작업대를 약간 낮게 설계
③ 작업면 하부 여유공간이 대퇴부가 가장 큰 사람이 자유롭게 움직일 수 있을 정도로 설계

(3) 입식 작업대 높이

① 정밀작업 : 팔꿈치 높이보다 5～10cm 높게 설계
② 일반작업 : 팔꿈치 높이보다 5～10cm 낮게 설계
③ 힘든 작업(重작업) : 팔꿈치 높이보다 10～20cm 낮게 설계

(4) 선 작업 대비 앉은 작업의 상대적 장점

① 작은 근력의 이용에 따른 피로축적도가 상대적으로 낮다.(선 경우는 앉은 경우에 비해 피로가 2배가량 빨리 축적된다.)
② 안정감이 높아 정밀작업에 유리하다.
③ 발로 움직이는 조종장치의 작동이 용이하다.

(5) 앉은 작업이 추천되는 경우

① 모든 작업도구 및 부품이 파악한계 내에 위치할 경우
② 작업 시 큰 힘이 요구되지 않는 경우(<4kg)
③ 대부분의 작업이 정밀조립과 사무작업인 경우
④ 발로 움직이는 조종장치가 자주 사용돼야 할 경우

(6) 선 작업이 추천되는 경우

1) 착석 시 작업대의 구조가 다리의 여유공간을 갖지 못할 경우
2) 작업 시 큰 힘이 요구되는 경우(>4kg)
3) 주요 작업도구 및 부품이 파악한계 밖에 위치할 경우
4) 작업내용이 많은 이동을 요하는 경우

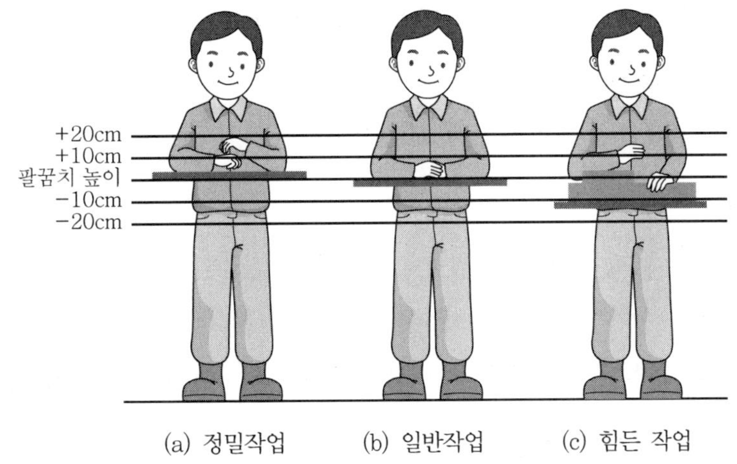

[작업특성별 팔꿈치 높이와 작업대 높이의 관계]

3. 전체 작업공간 설계지침

1) 작업장 배치 시 유의사항

(1) 작업의 흐름에 따라 기계를 배치한다.
(2) 비상시에 쉽게 대비할 수 있는 통로를 마련하고 사고 진압을 위한 활동통로가 반드시 마련되어야 한다.
(3) 공장 내외에는 안전한 통로를 두어야 하며, 통로는 선을 그어 작업장과 명확히 구별하도록 한다.
(4) 기계설비 주위의 재료나 반제품은 이동이 원활하면서도 최단거리에 정돈되도록 한다.

2) 작업장 절약의 원칙

(1) 적게 운동할 것
(2) 재료나 공구는 취급하는 부근에 정돈할 것
(3) 동작의 수를 줄일 것
(4) 동작의 양을 줄일 것
(5) 물건을 장시간 취급할 때는 장구를 사용할 것

4. 부품배치의 원칙(공간의 배치 원리)

1) 중요성의 원칙

부품의 작동성능이 목표달성에 긴요한 정도에 따라 우선순위를 결정한다.

2) 사용빈도의 원칙

부품이 사용되는 빈도에 따른 우선순위를 결정한다.

3) 기능별 배치의 원칙

기능적으로 관련된 부품을 모아서 배치한다.

4) 사용순서의 원칙

사용순서에 맞게 순차적으로 부품들을 배치한다.

5) 일관성의 원리

동일한 구성요소들은 기억이나 찾는 것을 줄이기 위하여 같은 지점에 위치해야 한다.

6) 조종장치와 표시장치의 양립성의 원리

조종장치와 관련된 표시장치들이 근접하여 위치해야 하고, 여러 개의 조종장치와 표시장치들이 사용되는 경우에는 조종장치와 표시장치의 관계를 쉽게 알아볼 수 있도록 배열 형태를 반영해야 한다.

5. 동작경제의 원칙

1) 신체 사용에 관한 원칙

① 두 손의 동작은 같이 시작하고 같이 끝나도록 한다.
② 휴식시간을 제외하고는 양손이 동시에 쉬지 않도록 한다.
③ 두 팔의 동작은 동시에 서로 반대방향으로 대칭적으로 움직이도록 한다.
④ 손과 신체의 동작은 작업을 원만하게 처리할 수 있는 범위 내에서 가장 낮은 동작등급을 사용하도록 한다.
⑤ 가능한 한 관성(Momentum)을 이용하여 작업을 하도록 하되 작업자가 관성을 억제하여야 하는 경우에는 발생되는 관성을 최소한으로 줄인다.
⑥ 손의 동작은 부드럽고 연속적인 동작이 되도록 하며 방향이 갑작스럽게 크게 바뀌는 모양의 직선동작은 피하도록 한다.
⑦ 탄도동작(Ballistic Movement)은 제한되거나 통제된 동작보다 더 신속하고 용이하며 정확하다.(탄도동작의 예로 숙련된 목수가 망치로 못을 박을 때 망치 궤적이 수평선 상의 직선이 아니고 포물선을 그리면서 작업을 하는 동작을 들 수 있다.)

⑧ 가능하면 쉽고 자연스러운 리듬이 작업동작에 생기도록 작업을 배치한다.

⑨ 눈의 초점을 모아야 작업을 할 수 있는 경우는 가능하면 없애고 이것이 불가피할 경우에는 눈의 초점이 모아지는 서로 다른 두 작업지침 간의 거리를 짧게 한다.

2) 작업장 배치에 관한 원칙

① 모든 공구나 재료는 정해진 위치에 있도록 한다.

② 공구, 재료 및 제어장치는 사용위치에 가까이 두도록 한다.(정상작업영역, 최대작업영역)

③ 중력이송원리를 이용한 부품상자(Gravity Feed Bath)나 용기를 이용하여 부품을 부품사용장소에 가까이 보낼 수 있도록 한다.

④ 가능하다면 낙하식 운반(Drop Delivery)방법을 사용한다.

⑤ 공구나 재료는 작업동작이 원활하게 수행되도록 그 위치를 정해준다.

⑥ 작업자가 잘 보면서 작업을 할 수 있도록 적절한 조명을 비추어 준다.

⑦ 작업자가 작업 중 자세의 변경, 즉 앉거나 서는 것을 임의로 할 수 있도록 작업대와 의자높이가 조절되도록 한다.

⑧ 작업자가 좋은 자세를 취할 수 있도록 높이가 조절되는 좋은 디자인의 의자를 제공한다.

3) 공구 및 설비 설계(디자인)에 관한 원칙

① 치구나 족답장치(Foot－operated Device)를 효과적으로 사용할 수 있는 작업에서는 이러한 장치를 사용하도록 하여 양손이 다른 일을 할 수 있도록 한다.

② 가능하면 공구 기능을 결합하여 사용하도록 한다.

③ 공구와 자세는 가능한 한 사용하기 쉽도록 미리 위치를 잡아준다.(Pre－position)

④ (타자 칠 때와 같이) 각 손가락이 서로 다른 작업을 할 때에는 작업량을 각 손가락의 능력에 맞게 분배해야 한다.

⑤ 레버(Lever), 핸들 그리고 제어장치는 작업자가 몸의 자세를 크게 바꾸지 않더라도 조작하기 쉽도록 배열한다.

6. 의자 설계 원칙

1) 체중분포 : 의자에 앉았을 때 대부분의 체중이 골반뼈에 실려야 편안하다.

2) 의자 좌판의 높이 : 좌판 앞부분 오금 높이보다 높지 않게 설계(치수는 5% 되는 사람까지 수용할 수 있게 설계)

3) 의자 좌판의 깊이와 폭 : 폭은 큰 사람에게 맞도록, 깊이는 대퇴를 압박하지 않도록 작은 사람에게 맞도록 설계

4) 몸통의 안정 : 체중이 골반뼈에 실려야 몸통 안정이 쉬워진다.

5) 요추전만이 이루어져야 한다.

[신체치수와 작업대 및 의자 높이의 관계] [인간공학적 좌식 작업환경]

04장 작업생리학

PROFESSIONAL ENGINEER ERGONOMICS

작업생리학의 정의

우리의 신체는 작업(또는 일상생활)의 목표를 달성하기 위하여 끊임없는 신체활동을 수행하게 된다. 이러한 신체활동은 골격 및 근육, 그리고 대사(Metabolism)에 의하여 좌우된다. 이러한 관점에서 작업생리학의 목적은 작업자가 직업적인 요인에 의하여 피로가 누적되거나 신체적인 무리를 가져오지 않고 수행할 수 있는 작업기준의 설정에 관련하여 생리학적 반응치를 기준으로 작업에 따른 피로가 누적되지 않는 수준의 작업기준을 설정하는 것이다.

신체의 구조

1. 뼈

우리 몸에는 200개가 넘는 많은 뼈가 있다. 이 뼈들은 서로 연결되어 뼈대를 이루고 우리 몸의 생김새를 유지하여 준다. 뼈는 근육이 붙는 자리가 되며 관절에서 운동이 일어날 때 지렛대와 같은 구실을 한다. 어떤 뼈는 속에 부드러운 장기를 감싸서 보호한다(머리뼈는 뇌, 늑골은 폐와 심장). 또 뼛속의 골수에서는 혈액세포를 만들며, 칼슘의 99%는 뼈에 저장되어 있다. 머리, 목, 몸통을 이루는 뼈를 몸통골격, 팔다리를 이루는 뼈를 사지골격이라고 한다. 각 골격을 이루는 뼈의 수는 몸통골격이 80개(머리뼈 28개, 설골 1개, 늑골 24개, 흉골 1개, 척추골 26개)이며, 사지골격은 126개(상지연결대(견갑골, 쇄골) 4개, 자유상지뼈 60개, 하지연결대(관골) 2개, 자유하지뼈 60개)로 총 206개이다.

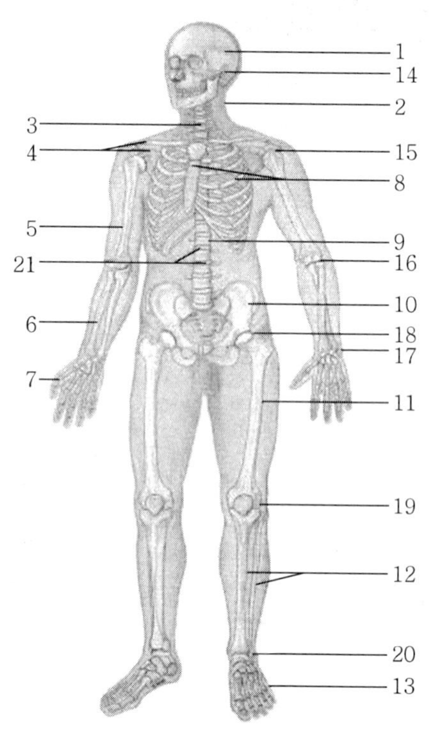

1. 두부(Head)
2. 경부(Neck)
3. 척주(경추)(Vertebral Column(Cervical Part))
4. 상지대(Shoulder Girdle)
5. 상완(Arm(Brachium))
6. 전완(Forearm(Antebrachium))
7. 손(Hand(Manus))
8. 흉곽과 흉골(Thorax and Sternum)
9. 척주(요추)(Vertebral Column(Lumbar Portion))
10. 골반(Pelvic Bones(Pelvis))
11. 대퇴골(Femur)
12. 경골과 비골(Tibia and Fibula)
13. 발(Foot)

관절(Joint(Articulations))

14. 약관절(Temporomandibular Joint)
15. 견관절(Shoulder Joint)
16. 주관절(Elbow Joint)
17. 요골수근관절(Radiocarpal Joint)
18. 고관절(Hip Joint)
19. 슬관절(Knee Joint)
20. 거퇴관절(Ankle Joint)
21. 추간원판(Intervertebral Discs)

[신체의 각 부위와 골격]

2. 근육

1) 기 능

인체는 약 400개의 근육으로 구성되며 근육은 체중의 40~50%를 차지한다. 근육은 인체 에너지 중 약 1/2를 사용하며 인체 자세 유지, 인체 활동 수행, 체온을 유지하는 역할을 한다.

2) 근육의 구조

근섬유(Muscle Fibers), 연결 조직(Connective Tissues), 신경(Nerve)으로 구성된다.

(1) 근섬유

긴 원주형 세포로 대부분 근원섬유(Myofibrils)라 불리는 수축성 요소들로 구성된다.

① 근육섬유(Fiber)에는 패스트 트위치(백근, FT ; Fast Twitch)와 슬로 트위치(적근, ST ; Slow Twitch)의 2가지 섬유가 있으며 패스트 트위치는 미오글로빈이 적어서 백색으로 보이며(백근), 슬로 트위치는 반대로 미오글로빈이 많아서 암적색으로 보인다(적근).

② FT 섬유는 무산소성 운동에 동원되며, 단거리 달리기와 같이 단시간 운동에 많이 사용된다. ST 섬유는 유산소성 운동에 동원되며, 장시간 지속되는 운동에 사용된다.
③ FT는 ST보다 근육섬유가 거의 2배 빨리 최대 장력에 도달하고, 빨리 완화된다.
④ FT 섬유(백근)는 ST 섬유(적근)보다 지름도 더 크며, 고농축 마이오신 ATP아제(Myosin－ATPase)로 되어 있어 보다 높은 장력을 나타내지만 피로도 빨리 오게 된다.

(2) 연결 조직

신경이나 혈관이 근육 속으로 드나들 수 있는 경로를 제공한다.

(3) 신경

감각 신경 섬유(근육의 길이나 긴장도에 대한 정보에 관여)와 운동 신경 섬유[근육활동과 관련하여 중추신경으로부터 오는 임펄스(Impulse)를 근육에 전달하여 섬유가지에 의해 근육 섬유 통제]로 구성된다.

(4) 운동 단위(Motor Unit)

동일한 운동신경섬유 가지들에 의해 통제되는 근육섬유 집단, 근육의 기본 기능 단위이다.

(5) 근육의 구성

근육은 근섬유(Muscle Fiber), 근원섬유(Myofibril), 근섬유분절(Sarcomere)로 구성되어 있고, 근섬유분절은 근원섬유를 따라 반복적인 형태로 배열되어 있는데 골격근의 수축 단위가 된다. 근섬유분절은 가는 액틴(Actin)과 두꺼운 미오신(Myosin)이라는 단백질 필라멘트로 구성되어 있다.

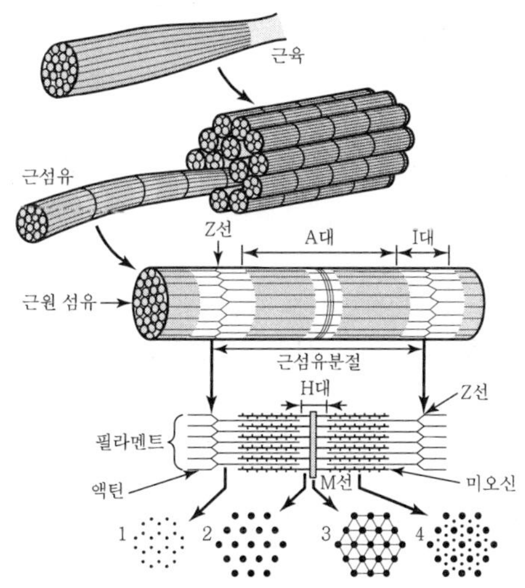

[근육의 구조]

① A대 : 액틴과 미오신의 중첩된 부분, 어둡게 보임
② I대 : 액틴 존재, 밝게 보임
③ H대 : A대의 중앙부, 약간 밝은 부분, 미오신만 존재
④ M선 : H대의 중앙부에 위치한 가느다란 선
⑤ Z선 : I대의 중앙부에 위치한 가느다란 선

3) 근육의 부착

골격근(Skeletal Muscle)은 원칙적으로 관절을 넘어서 두 뼈에 걸쳐서 기시부와 정지부를 가지고 있으며 대부분이 건(힘줄, Tendon)에 의해 골막에 부착되어 수축에 의해 관절운동을 한다.

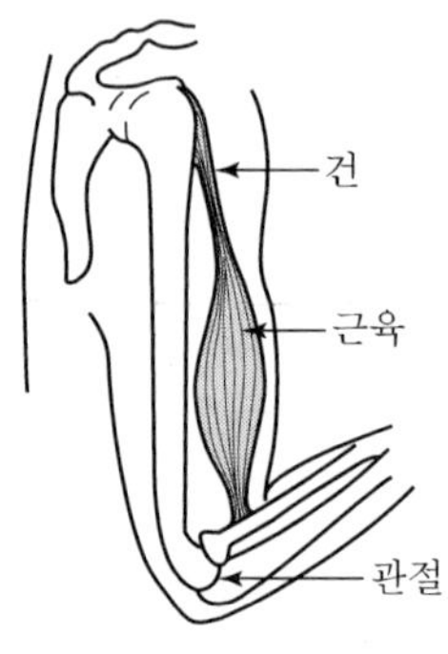

[근육의 부착]

(1) 힘줄(건, Tendons)

근육을 뼈에 부착시키고 있는 조밀한 섬유연결조직으로 근육에 의해 발휘된 힘을 뼈에 전달해 주는 기능을 한다.

(2) 인대(Ligaments)

조밀한 섬유조직으로 뼈의 관절을 연결해 주고 관절 부위에서 뼈들이 원활하게 협응할 수 있도록 한다.

(3) 연골(Cartilage)

관절 뼈의 표면, 코, 그리고 귀 같은 인체 기관에서 볼 수 있는 것으로 반투명의 탄력조직을 말한다.

(4) 근막(Fascia)

근육과 다른 인체 구조물을 둘러싸서 이것들을 서로 분리시키는 역할을 한다.

4) 근육의 수축원리

(1) 근육수축 이론(Sliding Filament Theory)

근육은 자극을 받으면 수축을 하는데 이러한 수축은 근육의 유일한 활동으로 근육의 길이는 단축된다. 근육이 수축할 때 짧아지는 것은 미오신 필라멘트 속으로 액틴 필라멘트가 미끄러져 들어간 결과이다.

(2) 특징

① 액틴과 미오신 필라멘트의 길이는 변하지 않는다.

② 근섬유가 수축하면 I대와 H대가 짧아진다. 최대로 수축했을 때는 Z선이 A대에 맞닿고 I대는 사라진다.

③ 각 섬유는 일정한 힘으로 수축하며, 근육 전체가 내는 힘은 활성화된 근섬유 수에 의해 결정된다.

(3) 근육수축의 유형

① 등장성 수축(Isotonic Contraction)
수축할 때 근육이 짧아지며 동등한 내적 근력을 발휘한다.

② 등척성 수축(Isometric Contraction)
수축과정 중에 근육의 길이가 변하지 않는다.

5) 근육활동의 측정

관절운동을 위해 근육이 수축할 때 전기적 신호를 검출할 수 있는데, 무리가 있는 부위의 피부에 전극을 부착하여 기록할 수 있다. 근육에서의 전기적 신호를 기록하는 것을 근전도라 하며 국부 근육활동의 척도로서 사용된다.

6) 근육의 대사

구성물질이나 축적되어 있는 단백질, 지방 등을 분해하거나 음식을 섭취하였을 때 필요한 물질을 합성하여 기계적인 일이나 열을 만드는 화학적인 과정이다. 기계적인 일은 내부적으로 호흡과 소화, 그리고 외부적으로 육체적인 활동에 사용되며, 이때 열이 외부로 발산된다.

(1) 무기성 환원과정

충분한 산소가 공급되지 않을 때, 에너지가 생성되는 동안 피루브산이 젖산으로 바뀐다. 활동 초기에 순환계가 대사에 필요한 충분한 산소를 공급하지 못할 때 일어난다.

(2) 유기성 산화과정

산소가 충분히 공급되면 피루브산은 물과 이산화탄소로 분해되면서 많은 양의 에너지를 방출한다. 이 과정에 의해 공급되는 에너지를 통해 비교적 긴 시간 동안 작업을 수행할 수 있다.

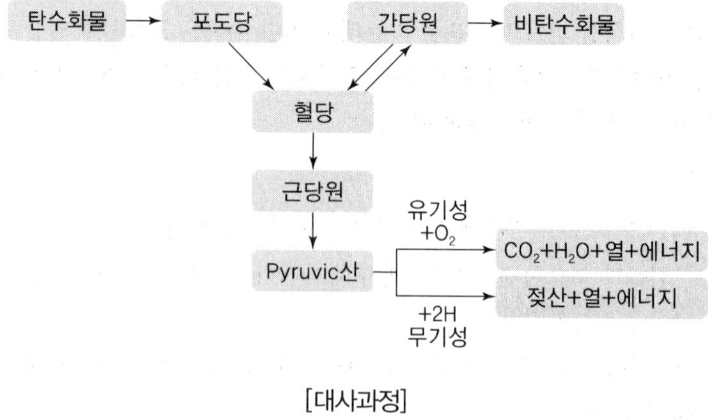

[대사과정]

3. 신경계통

신경계통은 뇌와 척수로 이루어진 중추신경계통과 뇌신경과 척수신경으로 이루어진 말초신경계통으로 나눈다. 신경계통을 이루는 기본 단위는 신경원(신경세포)이다. 대개 신경에는 근육에 분포하는 운동신경섬유, 감각을 받아들이는 감각신경섬유, 자율신경섬유 등 여러 기능을 갖는 신경섬유가 섞여 있게 된다.

4. 순환기계통

순환기계통은 심장혈관계통과 림프계통을 합하여 일컫는 말이다. 심장질환계통은 심장과 혈관으로 되어 있다. 심장은 순환한 혈액을 받아 온몸으로 펌프질하는 구실을 한다. 심장에서 나가는 혈관을 동맥, 심장으로 들어오는 혈관을 정맥이라고 한다. 림프계통은 림프구를 만드는 장기와 림프관으로 이루어져 있다.

03 SECTION 에너지대사

1. 에너지대사(Metabolism)

인체는 활동을 위하여 에너지를 필요로 하게 되며, 이는 포도당(Glucose)으로 구성되어 있는 당원(Glycogen)과 산소의 화학적 결합을 통해 생성이 된다.

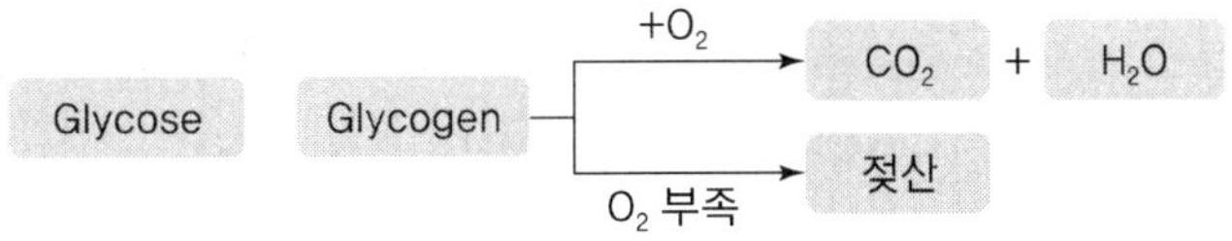

2. 젖산의 축적 및 근육의 피로

1) 젖산의 축적

인체활동의 초기에서는 일단 근육 내의 당원을 사용하지만 이후의 인체활동에서는 혈액으로부터 영양분과 산소를 공급받아야 한다. 이때 인체활동 수준이 너무 높아 근육에 공급되는 산소량이 부족한 경우에는 혈액 중에 젖산이 축적된다.

2) 근육의 피로

육체적으로 격렬한 작업에서는 충분한 양의 산소가 근육활동에 공급되지 못해 무기성 환원과정에 의해 에너지가 공급되기 때문에 근육에 젖산이 축적되어 근육의 피로를 유발하게 된다.

3. 산소 빚(Oxygen Debt)

우리가 일싱의 가벼운 운동이나 작업을 수행할 경우 우리 몸이 필요로 하는 산소 요구량과 우리가 흡입하는 산소의 양은 비슷하나, 힘든 운동이나 육체적 부담이 있는 작업을 수행할 경우 우리가 흡입하는 산소의 흡입량이 산소 소모량보다 부족하게 되어 운동이나 작업을 수행하기 어렵게 된다. 즉, 안정기에 흡입하는 산소의 양 이상으로 흡입하는 여분의 산소량이 산소부채를 일으키게 된다. 이러한 경우 격한 운동이나 힘든 작업 후에 필요한 산소의 양을 갚는다는 개념을 사용하게 된다. 산소 빚을 채우기 위한 작업종료 후에도 맥박수와 호흡수는 휴식상태의 수준으로 바로 돌아오지 않고 서서히 감소하게 된다.

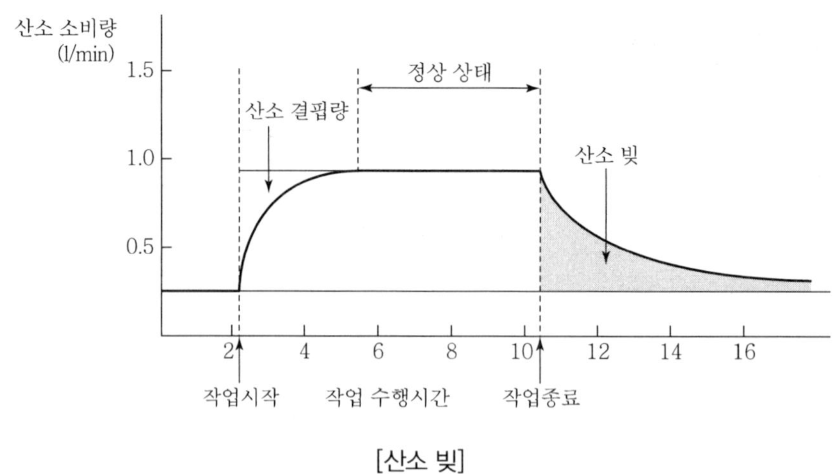

[산소 빚]

3. 기초 대사량(BMR ; Basal Metabolic Rate)

체표면적 산출식과 기초대사량 표에 의해 산출

$$A = H^{0.725} \times W^{0.425} \times 72.46$$

여기서, A : 몸의 표면적(cm^2)
H : 신장(cm)
W : 체중(kg)

생명을 유지하기 위한 최소한의 에너지 소비량을 의미하며 성, 연령, 체중은 개인의 기초대사량에 영향을 주는 중요한 요인이다.

1) 성인 기초대사량 : 500~1,800kcal/day
2) 기초+여가 대사량 : 2,300kcal/day
3) 작업 시 정상적인 에너지 소비량 : 4,300kcal/day

4. 에너지 대사율(RMR)

에너지 대사율이란 인간이 기본적인 생명을 유지하는 데 필요한 기초대사량, 즉 가장 기본적인 에너지 소비량과 특정 작업 시 소비된 에너지의 비율을 말한다. 에너지 대사율은 다음 식으로 표시할 수 있다.

$$R = \frac{\text{작업대사량}}{\text{기초대사량}} = \frac{\text{작업 시 소비에너지} - \text{안정 시 소비에너지}}{\text{기초대사량}}$$

에너지 소비량은 주로 산소 소비량을 기준으로 예측하게 되는데, 이는 특정 작업 시의 호흡량과 안정 시의 호흡량을 측정하는 방법으로 산출한다. 기초대사량은 인간의 단위체표면적당 1시간 동안의 대사량을 기준표에 의하여 적용한다.

RMR에 의한 작업강도는 일반적으로 다음과 같이 구분하여 설명할 수 있다.
① 경작업(0~2RMR) : 사무실 작업, 정신작업 등
② 중(中)작업(2~4RMR) : 힘이나 동작, 속도가 적은 하체작업 등
③ 중(重)작업(4~7RMR) : 동작, 속도가 큰 전신작업 등
④ 초중(超重)작업(7RMR 이상) : 과격한 전신작업

작업강도가 커질수록 작업 지속시간은 짧아진다. 즉, RMR 3일 때는 약 3시간 가량의 연속작업이 가능하나 RMR이 7인 경우 약 10분 이상 지속할 수 없다.

04 SECTION 휴식시간의 산정

1. Murrell's Model

Murrel(1965)은 작업활동에 필요한 휴식시간을 추산하는 공식을 다음과 같이 제안하였다. 작업에 대한 평균 에너지 값의 상한을 5kcal/분으로 잡을 때 어떤 활동이 이 한계를 넘는다면 휴식시간을 삽입하여 에너지 값의 초과분을 보상해 주어야 한다. 작업의 평균 에너지 값을 E [kcal/분]이라 하고, 60분간의 총 작업시간에 포함되어야 하는 휴식시간 R(분)은 다음과 같이 산정한다.

$$E \times (\text{작업시간}) + 1.5 \times (\text{휴식시간}) = 5 \times (\text{총 작업시간})$$

즉, $E(60-R) + 1.5R = 5 \times 60$이어야 하므로

$$R = \frac{60(E-5)}{E-1.5}$$

여기서 E는 작업에 소요되는 에너지값, 1.5는 휴식시간 중의 에너지 소비량 추산값이고 5는 평균 에너지값이다.
하루에 보통 사람이 낼 수 있는 에너지는 약 4,300kcal/일 정도이며, 여기서 기초대사와 여기에 필요한 2,300kcal를 빼면 나머지 2,000kcal/일 정도가 평상 작업에 가용한 에너지이다. 이

것을 480분(8시간 근무 시)으로 나누면 4kcal/분이 나온다. 작업에 필요한 평균 에너지 값의 상한을 5kcal/분으로 잡을 때, 어떤 활동이 한계를 넘으면 휴식시간을 포함시켜 주어야 한다.

어떤 작업을 하는 데 있어서 소모하는 열량이 1시간에 420kcal이다. 이 작업의 시간당 휴식시간은 약 얼마인가?(단, 에너지 값의 상한은 5kcal/min, 휴식 시 에너지는 1.5kcal/min이다.)

해설 에너지 값의 상한이 5kcal/min, 작업평균에너지 $E=420\text{kcal}/60\text{min}=7\text{kcal/min}$이므로

$$R(\text{분})=\frac{60(E-5)}{E-1.5}=\frac{60(7-5)}{7-1.5}\fallingdotseq 22\text{분}$$

여기서, E : 작업의 평균에너지(kcal/min)

05 SECTION 피로와 생체리듬

1. 피로의 증상 및 대책

1) 피로의 정의

신체적 또는 정신적으로 지치거나 약해진 상태로서 작업능률의 저하, 신체기능의 저하 등의 증상이 나타나는 상태

2) 피로의 종류

(1) 주관적 피로

피로는 피곤하다라는 자각을 제일의 징후로 하게 된다. 피로감은 권태감이나 단조감 또는 포화감이 따르며 의지적 노력이 없어지고 주의가 산만하게 되고, 불안과 초조감이 쌓여 극단적인 경우에는 직무나 직장을 포기하게도 한다.

(2) 객관적 피로

객관적 피로는 생산된 것의 양과 질의 저하를 지표로 한다. 피로에 의해서 작업리듬이 깨지고 주의가 산만해지고, 작업수행의 의욕과 힘이 떨어지며 생산 실적이 떨어지게 된다.

(3) 생리적(기능적) 피로

피로는 생체의 제 기능 또는 물질의 변화를 검사결과를 통해서 추정한다. 현재 고안되어 있는 여러 가지 검사법의 대부분은 생리적 · 기능적 피로를 취급하고 있으나 피로란 특

정한 실체가 있는 것도 아니기 때문에 피로에 특유한 반응이나 증상은 존재하지 않는다.

(4) 근육피로

① 해당 근육의 자각적 피로　② 휴식의 욕구

③ 수행도의 양적 저하　④ 생리적 기능의 변화

(5) 신경피로

① 사용된 신경계통의 통증

② 정신피로 증상 중 일부

③ 근육피로 증상 중 일부

(6) 정신피로와 육체피로

① 정신피로 : 정신적 긴장에 의해 일어나는 중추신경계의 피로이다.

② 육체피로 : 육체적으로 근육에서 일어나는 신체피로이다.

(7) 급성피로와 만성피로

① 급성피로 : 보통의 휴식에 의하여 회복되는 것으로 정상피로 또는 건강피로라고도 한다.

② 만성피로 : 오랜 기간에 걸쳐 축적되어 일어나는 피로로서 휴식에 의해서 회복되지 않으며, 축적피로라고도 한다.

3) 피로의 증상

(1) 신체적 증상(생리적 현상)

① 작업에 대한 자세가 흐트러지고 지치게 된다.

② 작업에 대한 무감각, 무표정, 경련 등이 일어난다.

③ 작업효과나 작업량이 감퇴 및 저하된다.

(2) 정신적 증상(심리적 현상)

① 주의력이 감소 또는 경감된다.

② 불쾌감이 증가된다.

③ 긴장감이 해지 또는 해소된다.

④ 권태, 태만해지고, 관심 및 흥미감이 상실된다.

⑤ 졸음, 두통, 싫증, 짜증이 일어난다.

4) 피로의 발생원인

(1) 피로의 요인

① 작업조건 : 작업강도, 작업속도, 작업시간 등

② 환경조건 : 온도, 습도, 소음, 조명 등

③ 생활조건 : 수면, 식사, 취미활동 등
④ 사회적 조건 : 대인관계, 생활수준 등
⑤ 신체적 · 정신적 조건

(2) 기계적 요인과 인간적 요인

① 기계적 요인 : 기계의 종류, 조작부분의 배치, 색채, 조작부분의 감촉 등
② 인간적 요인 : 신체상태, 정신상태, 작업내용, 작업시간, 사회환경, 작업환경 등

5) 피로의 측정법

(1) 생리학적 측정

작업을 할 때 인체가 받는 부담은 작업의 성질에 따라 상당한 차이가 있다. 이 차이를 연구하기 위한 방법이 생리적 변화를 측정하는 것이다. 즉, 산소소비량, 근전도, 플리커치 등으로 인체의 생리적 변화를 측정한다.

① 근전도(EMG) : 근육활동의 전위차를 기록하여 측정
② 심전도(ECG) : 심장의 근육활동의 전위차를 기록하여 측정

심장이 활동하는 동안의 전기적 자극을 기록한 그래프를 심전도(ECG 또는 EKG)라고 하며 일반적으로 12유도(Lead)를 사용하여 기록한다. 안정 시 심장근육 세포의 안쪽은 음전극(Negative Charge)을, 바깥쪽은 양전극(Positive Charge)의 분극상태를 유지한다. 이러한 분극상태는 소듐(Na^+)이 세포막으로 이동하면서 깨지게 되어 탈분극(Depolarization)이 시작되고, 이때 심근의 수축이 일어나게 된다. 심전도 상에는 구별할 수 있는 세 가지의 파장이 형성된다.

- P파는 SA node를 통해 심방에 전달된 자극이 심방을 탈분극(Depolarization)시키면서 나타나는 파장이다. P파는 약 0.08초 정도 소요되며, P파가 시작되고 약 0.1초 후 심방은 수축한다.
- QRS파는 심실의 탈분극 시 나타나며, 심실 수축 이전에 실행된다. 또한 QRS파가 복잡하게 나타나는 것은 심근 및 심장 전도계의 구조적 특징 때문이고 소요시간은 약 0.008초이다.
- T파는 심실의 재분극(Repolarization) 시에 나타나며 약 0.16초 정도 소요된다. 재분극은 탈분극보다 천천히 진행되어, QRS파보다 길게 벌어지고 진폭도 보다 낮게 나타난다. 또한 심방의 재분극은 크기가 작고 큰 QRS 파에 가려져 나타나지 않는다.
- P－R 분절(Interval)은 심방의 수축으로부터 심실의 수축이 일어나기까지의 시간으로 약 0.16초가 소요된다.
- S－T 분절은 심실의 탈분극에서 재분극까지의 시간과 심실의 수축시간을 말한다.

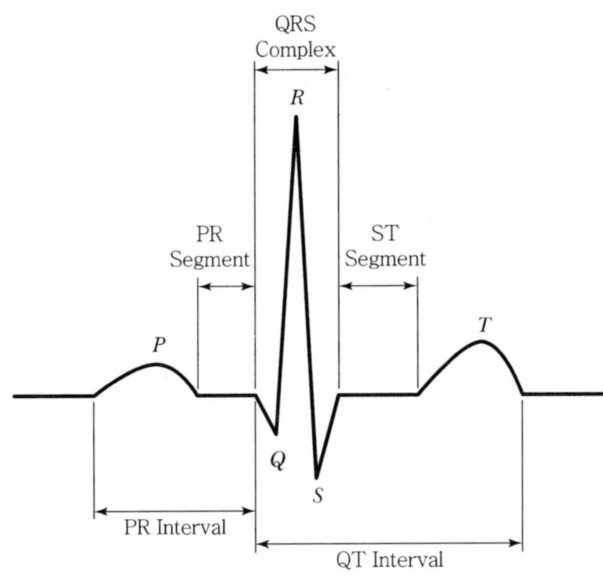

[심장파형 그래프]

③ 산소소비량 : 신체활동 시 소비되는 산소소모량을 측정하며 1L/min의 산소가 5kcal/L분의 에너지를 생산하는 관계를 이용한다.

④ 점멸융합주파수(플리커법) : 사이가 벌어져 회전하는 원판으로 들어오는 광원의 빛을 단속시켜 연속광 또는 단속광으로 보이는 경계에서의 빛의 단속주기를 플리커치라 한다. 정신적으로 피로한 경우에는 주파수 값이 내려가는 것으로 알려져 있다.

⑤ 기타 정신부하에 관한 생리적 측정치 : 눈꺼풀의 깜박임률(Blink Rate), 동공지름(Pupil Diameter), 뇌의 활동전위를 측정하는 뇌파도(EEG ; Elecro Encephalo Gram)

(2) **심리학적 측정** : 주의력 테스트, 집중력 테스트 등

(3) **생화학적 측정** : 혈액농도, 혈액수분, 요전해질, 요단백질 측정

6) 피로의 예방과 회복대책

(1) 단조감에 의한 피로 : 휴식을 적절하게 부여할 것
(2) 신체적 긴장에 의한 피로 : 운동에 의해 긴장을 풀 것
(3) 정신적 긴장에 의한 피로 : 불필요한 마찰을 배제할 것
(4) 정신적 노력에 의한 피로 : 휴식, 양성훈련을 실시할 것
(5) 작업에 수반된 피로 : 충분한 영양을 섭취할 것, 목욕이나 가벼운 체조를 할 것, 휴식과 수면을 취할 것

2. 생체리듬

1) 생체리듬(Biorhythm, Biological Rhythm)

인간의 생리적인 주기 또는 리듬에 관한 이론

2) 생체리듬(바이오리듬)의 종류

(1) 육체적(신체적) 리듬(P ; Physical Cycle) : 신체의 물리적인 상태를 나타내는 리듬, 청색 실선으로 표시하며 23일의 주기이다.

(2) 감성적 리듬(S ; Sensitivity) : 기분이나 신경계통의 상태를 나타내는 리듬, 적색 점선으로 표시하며 28일의 주기이다.

(3) 지성적 리듬(I ; Intellectual) : 기억력, 인지력, 판단력 등을 나타내는 리듬, 녹색 일점쇄선으로 표시하며 33일의 주기이다.

3) 위험일

3가지 생체리듬은 안정기(+)와 불안정기(−)를 반복하면서 사인(Sine) 곡선을 그리며 반복되는데 (+) → (−) 또는 (−) → (+)로 변하는 지점을 영(Zero) 또는 위험일이라 한다. 위험일에는 평소보다 뇌졸중이 5.4배, 심장질환이 5.1배, 자살이 6.8배나 높게 나타난다고 한다.

사고발생률이 가장 높은 시간대는 다음과 같다.

① 24시간 중 : 03~05시 사이

② 주간업무 중 : 오전 10~11시, 오후 15~16시

4) 생체리듬(바이오리듬)의 변화

(1) 야간에는 체중이 감소한다.

(2) 야간에는 말초운동 기능이 저하하고, 피로의 자각증상이 증대된다.

(3) 혈액의 수분, 염분량은 주간에 감소하고 야간에 증가한다.

(4) 체온, 혈압, 맥박은 주간에 상승하고 야간에 감소한다.

06 SECTION 반응시간

인간의 행동은 환경의 자극에 의해서 일어나는데 환경으로부터의 자극은 눈이나 귀 등의 감각기관에서 수용되고, 신경을 통해서 대뇌에 전달되어, 해석 · 판단 과정을 거쳐 반응하게 된다. 필요한 행동의 경우에 말단기관에 명령을 내려서 언어로 응답하거나, 손이나 발 등의 신체기관을 움직여서 기계 및 장비 등을 조작한다.

어떤 자극에 대한 반응을 재빨리 하려고 하여도 인간의 경우에는 반응하기 위해 시간이 소요된다. 즉, 어떠한 자극을 제시하고 여기에 대한 반응이 발생하기까지의 소요시간을 반응시간(RT ; Reaction Time)이라고 하며, 반응시간은 감각기관의 종류에 따라서 달라진다.

하나의 자극에 반응하는 경우를 단순반응, 두 가지 이상의 자극에 대해 각각에 대응하는 반응을 고르는 경우를 선택반응이라고 한다. 이때 통상 되도록 빨리 반응 동작을 일으키도록 지시되어 최대의 노력을 해서 반응했을 때의 값으로 계측된다. 이 값은 대뇌중추의 상태를 짐작할 수 있도록 해주며, 정신적 사건의 과정을 밝히는 도구나 성능의 실제적 척도로서 사용된다.

1. 단순반응시간(Simple Reaction Time)

1) 하나의 특정 자극에 대해 반응을 시작하는 시간으로 항상 같은 반응을 요구한다.
2) 통제된 실험실에서의 실험을 수행하는 것과 같은 상황을 제외하고 단순반응시간과 관련된 상황은 거의 없다. 실제 상황에서는 대개 자극이 여러 가지이고, 이에 따라 다른 반응이 요구되며, 예상도 쉽지 않다.
3) 단순반응시간에 영향을 미치는 변수에는 자극 양식(Stimulus Detectability, 강도, 지속시간, 크기 등), 공간 주파수(Spatial Frequency), 신호의 대비 또는 예상(Preparedness 또는 Expectancy of a Signal), 연령(Age), 자극 위치(Stimulus Location), 개인차 등이 있다.

2. 선택반응시간(Choice Reaction Time)

1) 여러 개의 자극을 제시하고, 각각에 대해 서로 다른 반응을 요구하는 경우의 반응시간이다.
2) 일반적으로 정확한 반응을 결정해야 하는 중앙처리시간 때문에 자극과 반응의 수가 증가할수록 반응시간이 길어진다. 힉-하이만(Hick-Hyman)의 법칙에 의하면 인간의 반응시간(RT ; Reaction Time)은 자극 정보의 양에 비례한다고 한다. 즉, 가능한 자극-반응 대안들의 수(N)가 증가함에 따라 반응시간(RT)이 대수적으로 증가한다. 이것은 $RT = a + b\log_2 N$의 공식으로 표시될 수 있다.

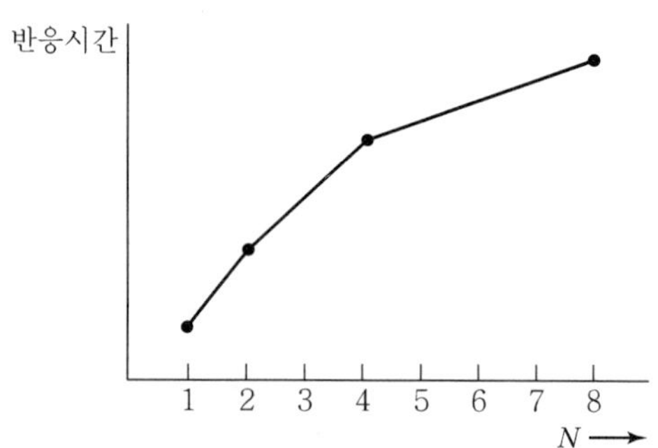

[반응시간(RT)에 대한 힉-하이만(Hick-Hyman)의 법칙]

선택반응시간은 자극 발생 확률의 함수이다. 대안 수가 증가하면 하나의 대안에 대한 확률은 감소하게 되고, 선택반응시간이 증가하게 된다. 여러 개의 자극이 서로 다른 확률로 발생하면, 발생 가능성이 많은 자극에 대한 반응시간은 짧아지고 발생 가능성이 높은 자극에 대한 반응시간은 길어진다.

발생 가능성이 높은 자극이 발생하면 미리 이에 대한 반응을 준비하고 있기 때문에 적절한 반응을 찾는 시간이 빨라져서 반응시간이 빠르다. 그 반대의 경우에는 예상한 자극이 아니므로 적절한 반응을 찾는 데 시간이 걸리게 된다.

3) 선택반응시간에 영향을 미치는 인자는 자극의 발생 가능성 이외에도 많은데, 그 인자들로는 자극과 응답의 양립성(Compatibility), 연습(Practice), 경고(Warning), 동작유형(Type of Movement), 자극의 수 등이 있다.

4) 반응시간은 여러 가지 조건에 따라서 상당한 변동을 나타낸다. 시각, 청각, 촉각의 자극별 반응시간을 비교하면 시각 자극이 가장 크며, 청각, 촉각의 차이는 적고 또한 자극의 강도, 크기와도 관계가 있다. 청각적 자극은 시각적 자극보다도 시간이 짧고, 신속하게 반응할 수 있는 이점이 있다. 청각자극이 경보로서 사용되고 있는 것도 이 때문이다. 즉, 감각기관별 반응시간은 청각 0.17초, 촉각 0.18초, 시각 0.20초, 미각 0.29초, 통각 0. 70초이다.

3. 피트의 법칙(Fitt's Law)

동작시간에 영향을 미치는 것으로 이동거리와 동작 대상의 과녁의 크기가 있으며, 일반적으로 이동거리가 멀고 과녁이 작을수록 직무를 수행하는 데 걸리는 시간이 길어지게 된다. Fitts는 이러한 인간의 행동과 속도에 대한 관계를 설명하는 피트의 법칙(Fitt's Law)을 주장하였고, 이는 다음의 수식에 의해 표현된다.

$$T = a + b\log_2\left(\frac{D}{W} + 1\right)$$

여기서, T는 동작을 완수하는 데 필요한 평균 시간이다. 일반적으로 MT(Movement Time)로 표현하고, a와 b는 실험 상수로서 데이터를 측정하기 위해 직선을 측정하여 얻어진 실험치로 결정한다.

D는 대상 물체의 중심으로부터 측정한 거리로, 일반적으로 A(Amplitude)로 표현한다.

W는 움직이는 방향을 축으로 하였을 때 측정되는 목표물의 폭이다. 또한 W는 최종 목표치에 다다를 때 허용되는 오차치이기도 하다.

피트의 법칙을 통해 어떤 목표에 닿기 위해서 목표물의 크기가 작아질수록 속도와 정확도가 나빠지고 목표물과의 거리가 멀어질수록 필요한 시간이 더 길어진다는 것을 알 수 있다.

05장 생체역학

PROFESSIONAL ENGINEER ERGONOMICS

SECTION 01 해부학 기초 용어

1. 인체의 면

인체는 입체이므로 3방향의 면을 생각할 수 있다.

1) 시상면(Sagittal Plane)

인체를 좌우로 나누는 전후방향의 면들, 그중에서 좌우 동형으로 나누는 중간의 대칭면을 정중면(Median Plane)이라 한다.

2) 관상면(Coronal or Frontal Plane)

인체를 전후로 나누는 좌우방향의 면들

3) 횡단면(Transverse or Horizontal Plane)

인체를 상하로 나누는 면들

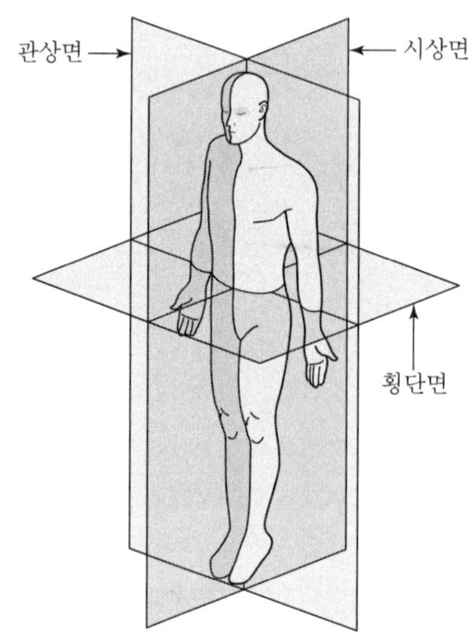

2. 방향을 나타내는 용어

1) 상측 또는 두측(Superior or Cranial) : 머리 상단에 가까운 쪽
2) 하측 또는 미측(Inferior or Caudal) : 꼬리(발)에 가까운 쪽
3) 전측 또는 복측(Anterior or Ventral) : 인체의 전면에 가까운 쪽
4) 후측 또는 배측(Posterior or Dorsal) : 인체의 후면에 가까운 쪽
5) 내측(Medial) : 정중면에 가까운 쪽
6) 외측(Lateral) : 정중면에서 먼 쪽
7) 내(안, Internal or Inside) : 특히 속이 비어 있는 장기에서 내면 쪽
8) 외(밖, External or Outside) : 외면 쪽
9) 근위(Proximal) : 팔다리에서 흔히 사용되는 용어로서 몸통에서 가까운 쪽
10) 원위(Distal) : 몸통에서 먼 쪽

3. 움직임을 나타내는 용어

1) 팔, 다리

① 벌림(외전, Abduction) : 몸의 중심선으로부터 멀리 떨어지게 하는 동작(예 팔을 옆으로 들기)
② 모음(내전, Adduction) : 몸의 중심선으로의 이동(예 팔을 수평으로 편 상태에서 수직위치로 내리는 것

2) 팔꿈치

① 굽힘(굴곡, Flexion) : 관절이 만드는 각도가 감소하는 동작(예 팔꿈치 굽히기)
② 폄(신전, Extension) : 관절이 만드는 각도가 증가하는 동작(예 굽힌 팔꿈치 펴기)

3) 손

① 엎침(회내, Pronation) : 손바닥을 아래로 향하도록 하는 회전
② 뒤침(회외, Supination) : 손바닥을 위로 향하도록 하는 회전

4) 발

① 바깥돌림(외선, Lateral Rotation) : 몸의 중심선으로부터의 회전
② 안쪽돌림(내선, Medial Rotation) : 몸의 중심선으로의 회전

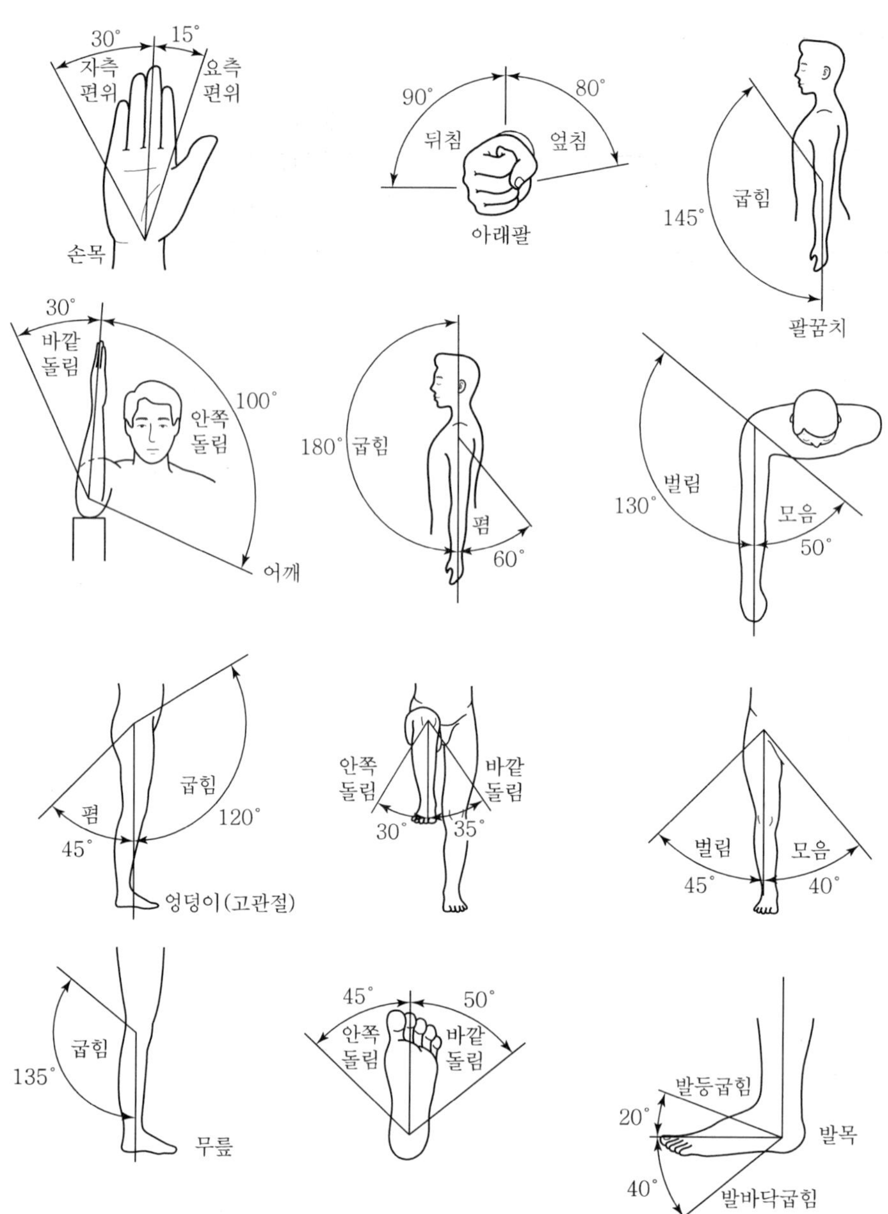
30°
15°
자측
편위
요측
편위
손목
90°
80°
뒤침
엎침
아래팔
145°
굽힘
팔꿈치
30°
바깥
돌림
안쪽
돌림
100°
어깨
180°
굽힘
폄
60°
130°
벌림
모음
50°
굽힘
폄
120°
45°
엉덩이(고관절)
안쪽
돌림
바깥
돌림
30°
35°
벌림
모음
45°
40°
굽힘
135°
무릎
45°
50°
안쪽
돌림
바깥
돌림
발등굽힘
20°
발목
40°
발바닥굽힘

[신체부위의 운동]

생체역학의 정의

1. 생체역학

물리학의 제반법칙과 공학적 개념을 사용하여 일상생활 및 작업활동에서 여러 신체부위에 의하여 이루어지는 동작과 이러한 신체부위에 작용하는 힘(Force)에 관하여 연구하는 학문이다.

2. 작업생체역학

물리학, 생체역학의 원리를 이용하여 작업자와 그들이 사용하는 기구 · 기계 그리고 재료 사이에 작용하는 물리적인 상호작용을 연구하여 작업수행도를 향상시킴과 동시에 작업에 따른 근골격계(筋骨格系) 부상의 위험을 최소화하는 분야다.

생체역학적 판단 기준은 신체 각 관절부위를 중심으로 한 근골격계가 외부에 자극에 대하여 견딜 수 있는 한계 연구에 이용된다.

※ 작업 중 자세의 변화와 외부 자극(힘, 중량) 수준의 변화에 따라 각 신체 부위별 근골격계에 작용하는 힘(압력, 인장강도)을 측정하고 안전 한계와 비교하여 적절성을 평가하는 방법이다.

3. 작업생체역학의 기본 가정

움직임이 없는 상태에서의 모든 관절은 정적 평형상태에 있다. 즉, 각 관절에 걸리는 힘의 합은 0이고, 모든 모멘트의 합도 0이다.

생체역학적 판단기준

1. 힘과 모멘트의 평형

물체가 움직이지 않으면 정적 평형상태(Static Equilibrium)에 있다고 말한다. 물체가 정적 평형상태를 유지하기 위해서는 힘의 평형과 모멘트의 평형이 충족되어야 한다. 힘의 평형은 작용하고 있는 모든 힘의 총합이 0이 되는 것이고, 모멘트의 평형은 작용하고 있는 모든 외부 모멘트의 총합이 0이 되는 것이다.

1) 힘의 평형

$$\sum Fx = 0 \quad \sum Fy = 0 \quad \sum Fz = 0$$

힘의 평형은 각 힘의 작용선에 작용한 힘과 반작용들의 합이 0이라는 의미이다.

2) 모멘트(Moment) 평형

$$\sum Mx = 0 \quad \sum My = 0$$

힘의 작용선상에서는 돌아가려는 힘이 거리에 비례하여 발생한다. 돌아가려는 회전 모멘트는 힘 · 거리로 표시되며, 평형을 이루는 경우에 작용하는 모멘트들의 합은 0이 된다. 힘의 작용선이 축을 지나거나 평행인 것은 모멘트를 발생시키지 않는다. 모멘트는 작용선(Line of Action)으로부터 회전 중심점(Point of Rotation)까지의 수직 거리와 힘을 곱한 값이기 때문에 같은 하중이라 해도 하중으로부터 가까운 곳보다 멀리 떨어진 곳에서의 모멘트가 더 크게 된다.

아래 그림과 같이 한 손에 70N의 무게(Weight)를 떨어뜨리지 않도록 유지하려면 노뼈(척골 또는 Radius) 위에 붙어 있는 위팔두갈래근(Biceps Brachii)에 의해 생성되는 힘 F_m은 얼마이어야 하는가?[이때 위팔두갈래근은 팔굽관절(Elbow Joint)의 회전 중심으로부터 3cm 떨어진 곳에 붙어 있으며 90°를 이룬다. 손 위 물체의 무게중심과 팔굽관절의 회전 중심과의 거리는 30cm이다. 전완(Forearm)과 손의 무게, 위팔두갈래근 외의 근육의 활동은 모두 무시하시오.]

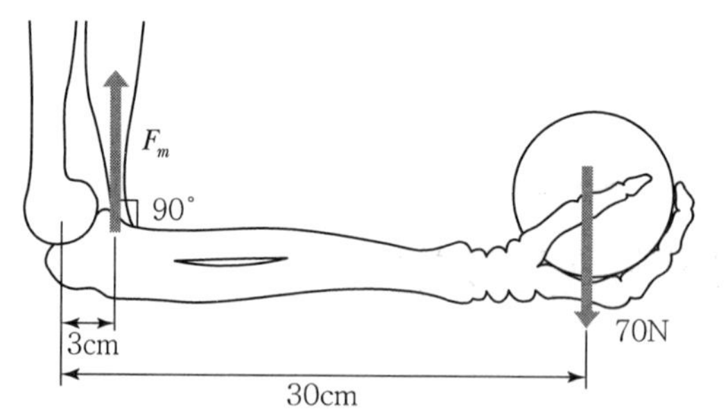

해설 모멘트 평형을 유지하면 떨어뜨리지 않을 수 있으므로 $\sum M = 0$

$70\text{N} \times 30\text{cm} - F_m \times 3\text{cm} = 0$

$\therefore F_m = 700\text{N}$

그림과 같이 200N의 중량물을 들고 힘판(Force Platform) 위에 올라 정적 자세를 취하고 있는 사람을 5개의 막대(Stick) 모형으로 2차원 공간에서 표시했다. 힘판에서 측정된 지면 반력은 900N이었고, 각 분절의 무게와 수평에서의 상지와 몸통의 무게, 중심위치 등이 그림에 나타나 있다.

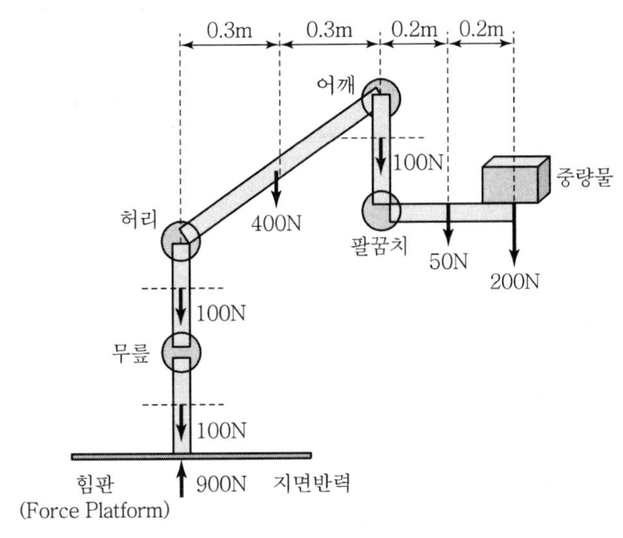

(1) 정적 자세를 취한 사람이 역학적 평형을 이루고 있기 위한 2개의 조건을 적으시오.

해설
- 힘의 평형 : 한 점에 작용하는 모든 힘들의 합력이 0이 되어야 한다.
- 모멘트 평형 : 한 점에 작용하는 모든 모멘트의 합이 0이 되어야 한다.

(2) 그림에 있는 사람의 자세가 평형을 이루기 위한 허리 관절에서의 반력(Reaction Force)을 구하시오.

해설 허리 관절에서의 반력 $= -900(N) + 100(N) + 100(N) = 700(N)$

(3) 그림에 있는 사람의 자세가 평형을 이루기 위한 허리 관절에서의 반력모멘트(Moment)를 구하시오.

해설 허리 관절에서의 반력모멘트 $= 0.3 \times 400 + 0.6 \times 50 + 0.8 \times 50 + 1.0 \times 200$

$= 390(Nm)$

사람의 무게중심은 아래 그림과 같이 2개의 저울 위에 놓인 쐐기로 지지되는 널빤지 위에 사람을 눕혀 구한다. 각 저울의 눈금이 표시와 같고 키를 알고 있을 때 머리에서부터 잰 무게중심까지의 거리 x를 구하시오.

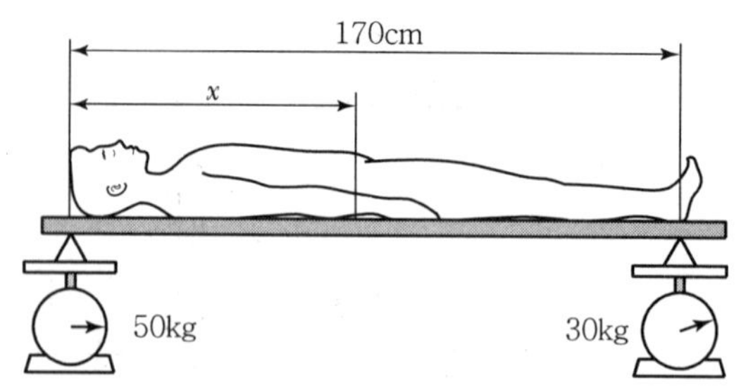

해설 힘의 평형조건인 $\Sigma F=0$을 만족해야 하므로

$\Sigma F_y=50+30-w=0$

$w=80$

모멘트 평형조건을 만족해야 하므로

$\Sigma M=x\times 80-170\times 30=0$에서

$x=63.75$cm가 된다.

06장 작업환경 관리

PROFESSIONAL ENGINEER ERGONOMICS

소음

1. 등감곡선(등청감곡선)

정상적인 청력을 가진 18~25세의 사람을 대상으로 순음에 대하여 느끼는 시끄러움의 크기를 실험하여 얻은 곡선이다. 음의 물리적 강약은 음압에 따라 변화하지만 사람의 귀로 듣는 음의 감각적 강약은 음압뿐만 아니라 주파수에 따라 변한다. 따라서 같은 크기로 느끼는 순음을 주파수별로 구하여 그래프로 작성한 것을 말한다. 등청감곡선에 따르면 사람의 귀로는 주파수 범위 20~20,000Hz의 음압레벨 0~130dB 정도를 가청할 수 있고, 이 청감은 4,000Hz 주위의 음에서 가장 예민하며 100Hz 이하의 저주파음에서는 둔하다.

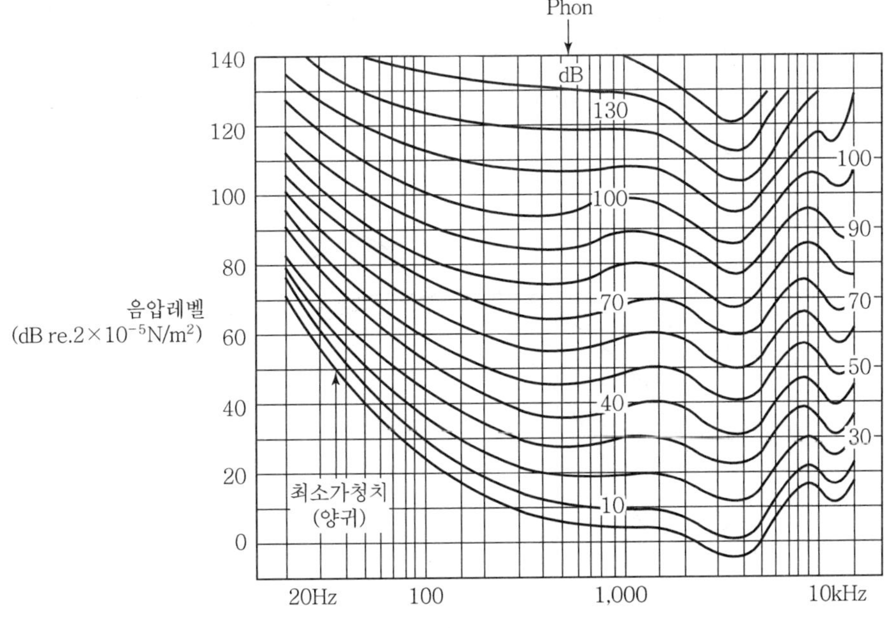

[순음에 대한 등청감곡선]

2. 소음계와 소음 노출량계

(1) 소음계

소음의 주파수를 분석하지 않고 총 음압수준만을 측정하는 기기

(2) 소음노출량계

개인 노출량을 측정하는 기기

(3) 소음계는 주파수에 따른 사람의 느낌을 감안하여 음압을 측정할 수 있고 보정 없이 측정할 수도 있다.

(4) 음압수준의 보정(특성보정치 기준 주파수 = 1,000Hz)

① A특성치 : 대략 40Phon의 등감곡선과 비슷하게 주파수에 따른 반응을 보정하여 측정한 음압수준

② B특성치 : 대략 70Phon의 등감곡선과 비슷하게 주파수에 따른 반응을 보정하여 측정한 음압수준

③ C특성치 : 대략 100Phon의 등감곡선과 비슷하게 주파수에 따른 반응을 보정하여 측정한 음압수준

④ A특성치와 C특성치의 차가 크면 저주파음이고 차가 작으면 고주파음이다.

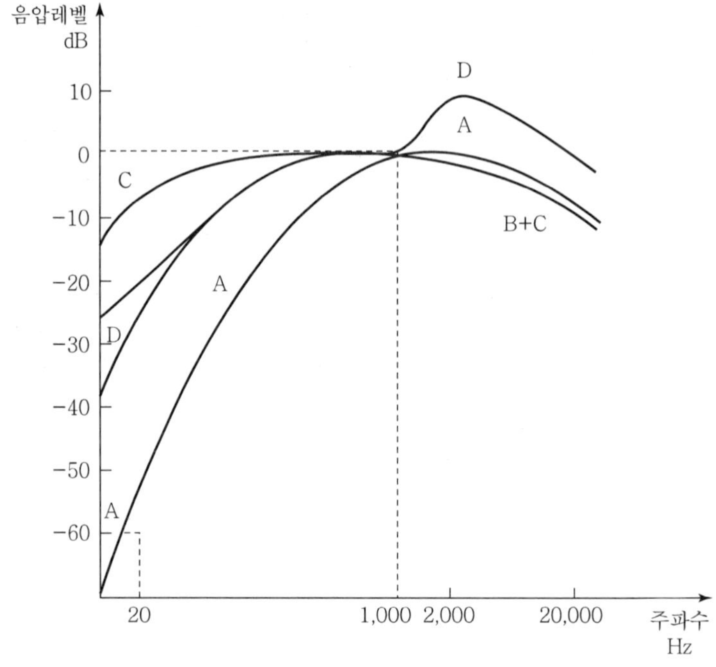

[소음의 A, B, C 특성]

청감보정회로	신호보정	용도
A 특성	저음역대	일반적으로 많이 이용
B 특성	중음역대	거의 사용하지 않음
C 특성	고음역대	소음등급 평가, 물리적 특성 파악 시 이용
D 특성	고음역대	항공기 소음 평가
Liner(L 혹은 F 특성)	없음	물리적 특성 파악

(5) 소음수준과 소음노출량의 관계

$$SPL = 90 + 16.61\log\frac{D}{12.5T}$$

$$TWA = 90 + 16.61\log\frac{D}{100}$$

여기서, SPL : 측정시간에 있어서의 평균치dB(A)
D : 소음노출량계로 측정한 노출량(%)
T : 측정시간(hr)
TWA : 8시간 평균치

8시간 노출량이 115%일 때 음압수준을 구하시오.

해설 $TWA = 90 + 16.61\log\frac{D}{100} = 90 + 16.61\log\frac{115}{100} = 91\text{dB}$

3. 옥타브밴드 분석기 사용

(1) 옥타브밴드 분석기

주파수 분석-소음특성을 정확히 평가하기 위해 사용하며, 중심주파수 31.5, 63, 125, 250, 500, …, 8,000Hz에서 분석할 수 있는 기구이다.

(2) 주파수 분석기

소음의 특성(스펙트라)을 분석하여 방지기술에 활용하는 데 필수적이며, 정비형과 정폭형이 있다.

① 정비형 : 대역(Band)의 하한 및 상한주파수를 f_1 및 f_u라 할 때, 어떤 대역에서도 f_1/f_u의 비가 일정한 필터임

$$\frac{f_l}{f_u} = 2^n$$

여기서, n : 1/1 혹은 1/3

② 정폭형 : 각 대역의 주파수 폭(밴드폭) $bw(f_u - f_1)$가 일정한 필터임

③ 1/1 옥타브 및 1/3 옥타브밴드 분석기 : 정비형 필터임

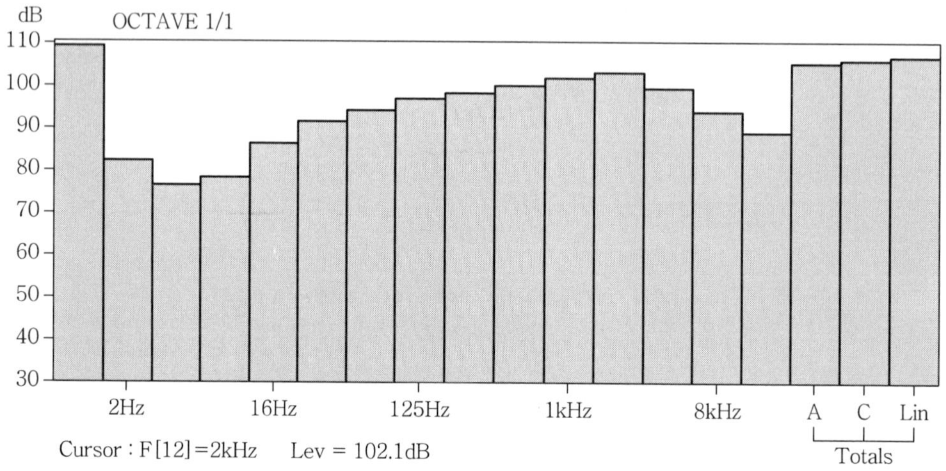

[주파수 분석(1/1 옥타브밴드) 예]

소음에 대한 허용기준

1. 청력장애

주파수 500, 1,000, 2,000, 3,000 및 4,000Hz에서 평균 25dB 이상의 청력손실을 초래한 경우를 말한다.

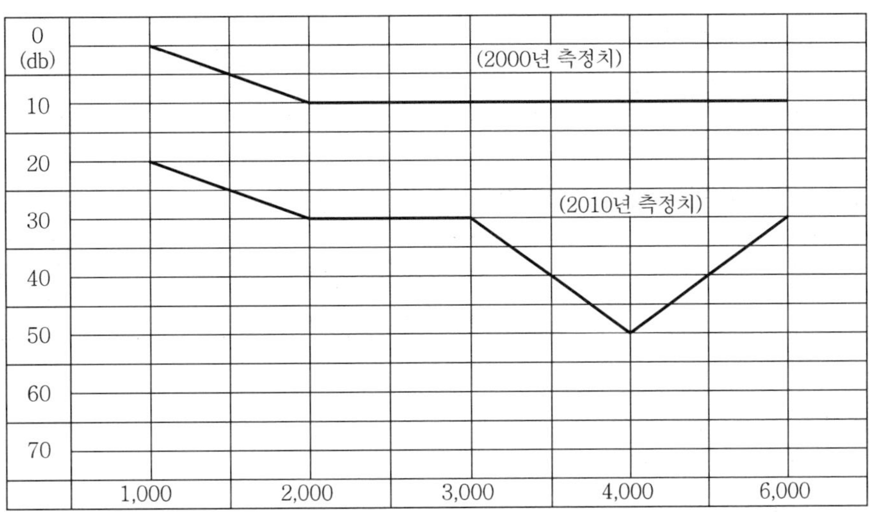

주) 2000년 측정치 결과 청력손실치는 정상인에 가까우나 2010년 측정 결과 4000Hz에서 청력손실치가 50dB로 가파른 하강을 보이기 때문에 위 작업자의 경우 소음성 난청으로의 이환이 거의 확실시되므로 특별관리를 실시하여 함. 귀마개 착용은 물론, 때에 따라서는 작업전환이 필요하며 정밀하게 청력검사를 실시하여야 함(소음성 난청의 특성은 4,000Hz 부근에서 깊은 골을 나타내며 이를 C5-dip 현상이라고 하며, 이와는 별도로 6,000Hz 등 고음역에서 하강값을 보이면 노인성 난청의 특징을 나타낸다고 볼 수 있음)

[순응청력 프로그램 측정에 의한 사업장 관리 예]

2. 허용기준

(1) 근로자가 40년간 노출될 때 근로자의 절반에서 500, 1,000, 2,000, 3,000Hz에서의 평균 청력손실이 25dB을 초과하지 않도록 보호해야 한다.

(2) 연속음의 허용기준(우리나라 고용노동부의 노출기준)

1일 노출시간	8	4	2	1	1/2	1/4	115dB(A)을 초과해서는 안 된다.
음압수준[dB(A)]	90	95	100	105	110	115	

① 한국 : 1일 8시간 노출 시 노출기준은 90dB이고 5dB 증가할 때마다 노출시간은 반감됨

② 미국 ACGIH : 1일 8시간 노출 시 노출기준은 85dB이고 3dB 증가할 때마다 노출시간은 반감됨

(미국 ACGIH의 허용기준)

1일 노출시간	8	4	2	1	1/2	1/4	1/8	1/16
허용기준[dB(A)]	85	88	91	94	97	100	103	106

(3) 충격음의 허용기준(우리나라 고용노동부의 노출기준)

1일 노출기준	100회	1,000회	10,000회	140dB(A)을 초과해서는 안 된다.
dB	140	130	120	

(4) 해외 소음기준

① 영국의 소음기준
- 개인의 일간 또는 주간의 소음노출 : 87dB(A)
- 작업일 동안 최고의 소음 노출 : 140dB(C)

② EU의 소음기준(DIRECTIVE 2003/10/EC)
- 1일 8시간 기준 소음 폭로 레벨 : 85dB(A)
- 1일 최고 소음도 : 137dB(C)

3. 소음노출지수

$$소음노출지수= \frac{C_1}{T_1} + \frac{C_2}{T_2} + \cdots + \frac{C_n}{T_n}$$

여기서, C_n : 노출시간
T_n : 허용노출시간

4. 고용노동부 기준 등가소음 레벨

$$Leq = 16.61 \times \log\left(\frac{T_1 \times 10^{\frac{LA_1}{16.61}} + T_2 \times 10^{\frac{LA_2}{16.61}} + \cdots + T_n \times 10^{\frac{LA_n}{16.61}}}{T_1 + T_2 + \cdots + T_n}\right)$$

여기서, LA_n : 각 소음레벨의 측정치[dB(A)]
T_n : 각 소음레벨 측정치 발생시간(min)

5. 청력손실 계산

(1) 4분법

$$평균청력손실(dB) = \frac{a + 2b + c}{4}$$

여기서, a : 500Hz에서의 청력손실
b : 1,000Hz에서의 청력손실
c : 2,000Hz에서의 청력손실

(2) 6분법

$$평균청력손실(dB) = \frac{a + 2b + 2c + d}{6}$$

여기서, a : 500Hz에서의 청력손실
b : 1,000Hz에서의 청력손실
c : 2,000Hz에서의 청력손실
d : 4,000Hz에서의 청력손실

03 SECTION 진동

1. 진동

물체의 전후 운동

2. 변위

일정 시간 내에 도달하는 위치까지의 거리

3. 진동의 강도

정상 정지위치로부터의 최대변위

4. 속도

변위의 시간 변화율

5. 가속도

속도의 시간 변화율

6. 공명

발생한 진동에 맞추어 생체가 진동하는 성질(진동의 증폭)

7. 멀미(Motion Sickness)

진동에 의한 가속도 자극이 내이의 전정, 반고리관에 작용하여 야기된 자율신경계를 중심으로 하는 일과성의 병적 반응

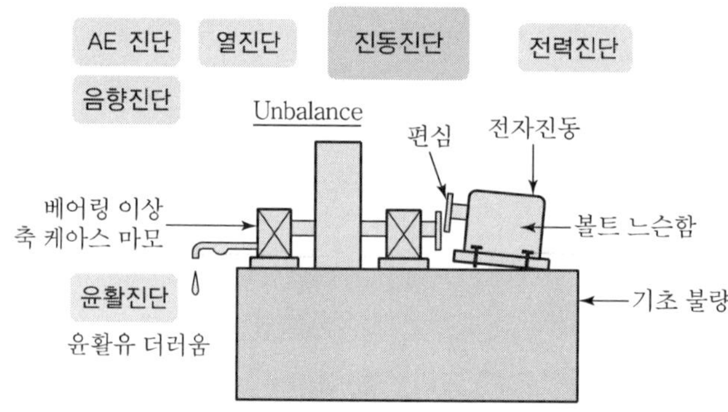

진동의 측정 및 평가

1. 진동의 측정

(1) 진동가속도의 측정

6.3~1,250Hz(1/3옥타브밴드의 중심주파수)의 주파수 범위에서 가속도 측정, 공진주파수 30kHz 이상

① 가속도계 선정은 온도, 습도, 주변 진동 등의 환경요인을 고려

② 가속도계 위치는 진동기계 · 기구의 표면과 신체가 접촉하는 부분, 손잡이의 중심부분에 위치시키며 해당 부위에 가속도계 설치가 곤란한 경우 손잡이형 어댑터를 이용

③ 소음 측정기를 이용할 수 있음(마이크 대신 Pick Up 사용)

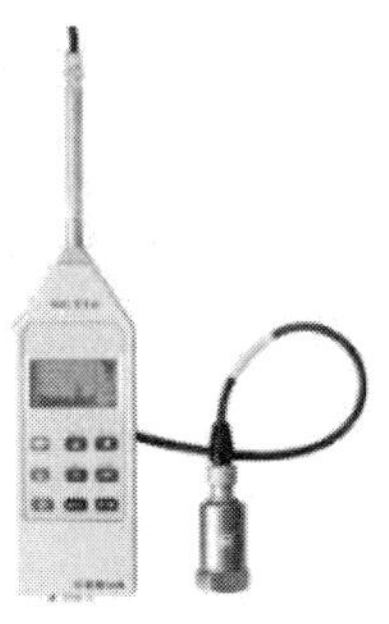

[진동측정기]

(2) 진동 가속도 레벨

진동 가속도 레벨계의 감각보정회로를 통하지 않고 측정한 값(진동의 물리량 레벨)

(3) 진동 레벨

감각 보정회로를 거쳐 인체의 감각량으로 환산된 것

① dB(V) : 수직감각 보정회로

② dB(H) : 수평감각 보정회로

(4) 진동수준계(Vibration Level Meter)

① 60~120dB의 측정 범위(기준 가속도 $a_0 = 10^{-5}\text{m/s}^2$)

② 1~90Hz(진동량의 증폭장치+인체의 진동감각에 맞춘 Filter)

↑ 소음기의 보정회로와 같은 역할

(5) 진동의 측정 : dB(기준치 = 10^{-5}m/s²)

(6) 인위적 진동

① 폭발, 타격 등에 의한 충격진동
② 지속적인 정상진동(기계)
③ 충격 및 정상진동의 중첩

2. 진동의 평가 및 허용기준

(1) 전신진동

① 대상 : 1~80Hz(이 이상은 인체 표면에서 감쇠됨)
② 생체반응 : 진동의 강도, 진동 수, 방향, 폭로시간에 관계
③ 작업능률 유지를 위해 피로의 능력감퇴 경계
④ 수직진동 : 4~8Hz에서 최저 → 가장 민감(8시간 폭로기준 : 90dB에 상당)
⑤ 수평진동 : 1~2Hz에서 최저 → 가장 민감
⑥ 진동수에 따른 등청감곡선과 같은 것 : 등청감각곡선
⑦ 폭로한계 = 피로와 능력감퇴경계의 2배(+6dB) ← 건강과 안전 유지
⑧ 쾌감감퇴경계 = 피로와 능력감퇴경계의 1/3배(−10dB) ← 쾌감 유지

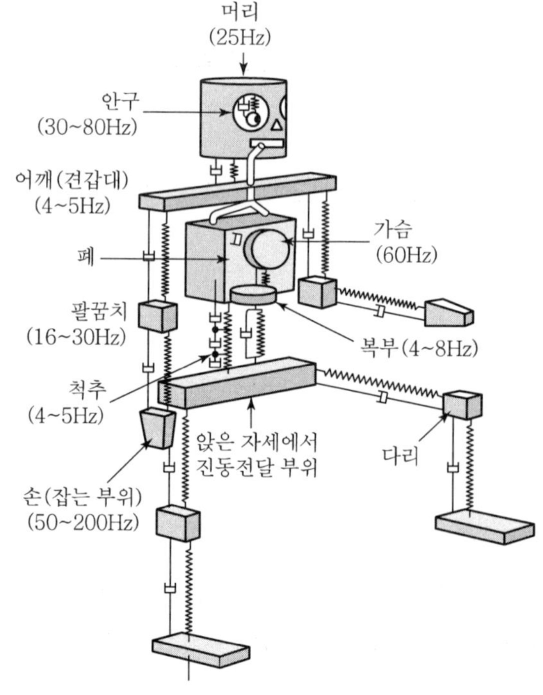

[인체의 공명 진동수]

(2) 국소진동

폭로시간이 8시간 이하인 경우의 보정

(3) 진동의 허용치 3가지

① 작업능률 저하 한계
② 쾌감의 저하 한계
③ 건강 및 안전 유지의 한계

[인체진동 측정기]

평가규격	내용	주파수범위	허용기준(VL, dB)
ISO 2631(1)	피로능률 감퇴 경계	1~80	90
	쾌적 감퇴 경계		90
	생리적 영향		90
	수면방해		60(최소)
ISO 2631(3)	Z축 전신진동	0.63~0.1	–

진동이 인체에 미치는 영향 및 대책

1. 진동에 의한 장애

(1) 전신진동의 영향

2~100Hz가 문제됨([비교] 국제적 합의사항은 1~80Hz)

① 시력 저하, 안구 공진에 의한 시력 저하, 내장의 공진에 의한 위장의 영향, 순환기 장해 말초신경 수축, 혈압 상승, 맥박 증가, 발한 및 피부저항의 저하, 산소소비량 증가, 폐환기 촉진

② 공명 주파수 : 상체(5Hz), 두부(20~30Hz), 안구(60~90Hz), 내장(4kHz)

(2) 국소진동의 영향

8~1,500Hz가 문제됨([비교] 국제적 합의사항은 6~1,000Hz)

>>참고 백납병(Raynaud's Disease)

말초혈관 순환장애로 발작성이 있는 간헐적인 수지 동맥의 혈관 수축이 일어나는 병으로 5~15분 정도 지속되며 감각 마비, 창백해지는 증상이 나타남

[국소진동]

2. 전신진동대책

(1) 인체보호를 위한 4단계

① 진동 노출의 측정 및 예측

② 폭로한계와 진동대책의 적절한 범위의 적용과 채택
③ 진동대책의 감소량과 대책의 형태 결정
④ 근로자 보호를 위한 경제적인 개선책과 가장 효율적인 방법을 선택하고 적용

(2) 근로자와 발진원 사이의 진동대책

① 구조물의 진동을 최소화
② 발진원의 격리
③ 전파 경로에 대한 수용자의 위치
④ 수용자의 격리
⑤ 측면 전파 방지

(3) 인체에 도달되는 진동장해의 최소화 대책

① 진동의 폭로기간을 최소화
② 작업 중 적절한 휴식
③ 피할 수 없는 진동인 경우 최선의 작업을 위한 작업장 관리, 작업역할 면에서 인간공학적 설계
④ 심한 운전 혹은 진동에 폭로 시 필요한 근로자의 훈련과 경험을 가짐
⑤ 근로자의 신체적 적합성 고려, 금연
⑥ 진동의 감수성을 촉진시키려는 물리적 · 화학적 유해물질의 제거 또는 회피
⑦ 심한 진동이나 운전에 있어서 직업적으로 폭로된 근로자들을 의학적 면에서 부적격자로 제외
⑧ 초과된 진동을 최소화시키기 위한 공학적 설계와 관리

3. 국소진동의 대책

① 진동공구에서의 진동 발생률 감소 : Chain Saw의 설계를 Motor Driven Machine으로 바꿈
② 진동공구의 무게를 10kg 이상 초과하지 않게 할 것
③ 손에 진동이 도달하는 것을 감소시키며, 진동의 감폭을 위하여 장갑 사용
④ 적절한 휴식

4. 기계의 방진원리

① 기계실 마루구조의 강성을 증가시킴과 동시에 기계를 유효한 방법으로 방진하여 진동이 구조체에 전달되는 것을 약하게 하여 방진을 함

② 방진용 완충재의 두께가 2배로 되면 용수철 정수는 1/2이 되고 면적이 2배로 되면 용수철 정수도 2배가 되므로 재료의 특성을 나타내는 데는 양구율을 사용하는 편이 좋음 즉, 용수철 정수 R은

$$R = E \cdot \frac{s}{d} \qquad f_n = \frac{1}{2\pi}\sqrt{\frac{R_a}{m}} = \frac{1}{2\pi}\sqrt{\frac{E}{md}}$$

여기서, f_n : 고유 진동수
R_a : 방진재의 단위 면적당 용수철 정수($N/m \cdot m^2$)
m : 띄운 마루의 면밀도(kg/m^2)
E : 방진재의 양구율(N/m^2)
d : 방진재의 두께(m)
s : 방진재의 면적(m^2)

5. 방진 재료

(1) 강철로 된 코일 용수철

① 장점 : 설계요소가 명확하여 처짐양도 크게 취할 수 있어 낮은 진동수의 차단이 생김
② 단점 : 저항성분이 작아서 공진점의 진폭을 억제하려면 오일 댐퍼 등의 저항요소가 필요, 코일 용수철 자체의 종진동에 의하여 저항을 하게 됨

(2) 방진고무

① 장점
㉠ 여러 가지 형태로 된 철물로 튼튼하게 부착할 수 있음
㉡ 설계 자료가 잘 되어 있어서 용수철 정수를 광범위하게 선택 가능
㉢ 고무의 내부마찰로 적당한 저항력을 가지며 공진 시의 진폭도 지나치게 커지지 않음
② 단점 : 내후성, 내유성, 내약품성이 약함

(3) 코르크

① 재질이 일정하지 않으며 균일하지 않으므로 정확한 설계가 곤란함
② 처짐을 크게 할 수 없으므로 고유 진동수는 10Hz 전후밖에 되지 않아 진동 방지라기보다 고체음의 전파 방지에 유익

(4) 펠트(Felt)

① 경미한 것 이외에는 사용하지 않음
② 재질도 여러 가지이며 방진재료라기보다는 지지용

(5) 공기 용수철

① 차량에 많이 쓰이며 구조가 복잡하여도 성능이 좋음

② 기계류나 특수한 시험실 등의 고급 방진지지용으로 사용

(6) 각종 방진재료의 비교

구분	코일용수철	방진고무	코르크	Felt
정적 처짐의 제한	설계 자유	최대두께의 10%까지	두께(최대 10cm)의 6%까지	–
정적 처짐의 할증률	1	1.1~1.6	1.8~5	9~17
유효범위 F[Hz]	5Hz 이하	5Hz 이하	40Hz 이상	100Hz 이상
허용하중[kg/cm^3]	설계 자유	2~6	2.5~4	0.2~1.5

07장 휴먼에러(Human Error) 개요

PROFESSIONAL ENGINEER ERGONOMICS

SECTION 01 인간요소와 휴먼에러

1. 휴먼에러(인간실수)

1) 휴먼에러의 관계

$$SP = K(HE) = f(HE)$$

여기서, SP : 시스템퍼포먼스(체계성능)
HE : 인간과오(Human Error)
K : 상수, f : 관수(함수)

(1) K≒1 : 중대한 영향 (2) K<1 : 위험 (3) K≒0 : 무시

2) 휴먼에러의 분류

(1) 심리적(행위에 의한) 분류(Swain)

① 생략에러(Omission Error)
작업 내지 필요한 절차를 수행하지 않는 데서 기인하는 에러

② 실행(작위적) 에러(Commission Error)
작업 내지 절차를 수행했으나 잘못한 실수 : 선택착오, 순서착오, 시간착오

③ 과잉행동에러(Extraneous Error)
불필요한 작업 내지 절차를 수행함으로써 기인한 에러

④ 순서에러(Sequential Error)
작업수행의 순서를 잘못한 실수

⑤ 시간에러(Timing Error)
소정의 기간에 수행하지 못한 실수(너무 빨리 혹은 늦게)

가스밸브를 잠그는 것을 잊어 사고가 났다면 작업자는 어떤 인적 오류를 범한 것인가?

해설 생략에러(누락오류, Omission Error)

(2) 원인 레벨(Level)적 분류

① 1차 에러(Primary Error)
작업자 자신으로부터 발생한 에러(안전교육을 통하여 제거)

② 2차 에러(Secondary Error)
작업형태나 작업조건 중에서 다른 문제가 생겨 그 때문에 필요한 사항을 실행할 수 없는 오류나 어떤 결함으로부터 파생하여 발생하는 에러

③ 지시 에러(Command Error)
요구되는 것을 실행하고자 하여도 필요한 정보, 에너지 등이 공급되지 않아 작업자가 움직이려 해도 움직이지 않는 에러

(3) 정보처리과정에 의한 분류

① 인지확인 오류 : 외부의 정보를 받아들여 대뇌의 감각중추에서 인지할 때까지의 과정에서 일어나는 실수

② 판단, 기억오류 : 상황을 판단하고 수행하기 위한 행동을 의사결정하여 운동중추로부터 명령을 내릴 때까지 대뇌과정에서 일어나는 실수

③ 동작 및 조작오류 : 운동중추에서 명령을 내렸으나 조작을 잘못하는 실수

(4) 인간의 행동과정에 따른 분류

① 입력 에러 : 감각 또는 지각의 착오

② 정보처리 에러 : 정보처리 절차 착오

③ 의사결정 에러 : 주어진 의사결정에서의 착오

④ 출력 에러 : 신체반응의 착오

⑤ 피드백 에러 : 인간제어의 착오

(5) 라스무센(Rasmussen)의 인간행동모델에 따른 원인기준에 의한 휴먼에러 분류방법(James Reason의 방법)

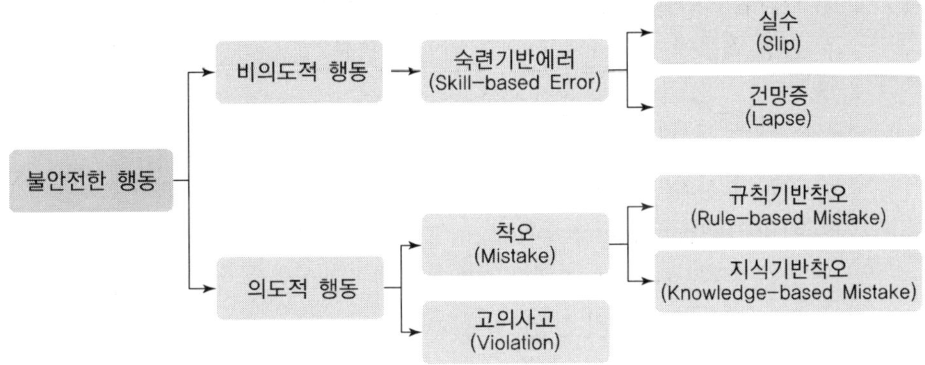

[라스무센의 SRK 모델을 재정립한 리즌의 불안전한 행동 분류(원인기준)]

인간의 불안전한 행동을 의도적인 경우와 비의도적인 경우로 나누었다. 비의도적 행동은 모두 숙련 기반의 에러, 의도적 행동은 규칙기반착오와 지식기반착오, 고의사고로 분류할 수 있다.

(6) 인간의 오류모형

① 착오(Mistake) : 상황 해석을 잘못하거나 목표를 잘못 이해하고 착각하여 행하는 경우

② 실수(Slip) : 상황이나 목표의 해석을 제대로 했으나 의도와는 다른 행동을 하는 경우

③ 건망증(Lapse) : 여러 과정이 연계적으로 일어나는 행동 중에서 일부를 잊어버리고 하지 않거나 또는 기억의 실패에 의하여 발생하는 오류

④ 위반(Violation) : 정해진 규칙을 알고 있음에도 고의로 따르지 않거나 무시하는 행위

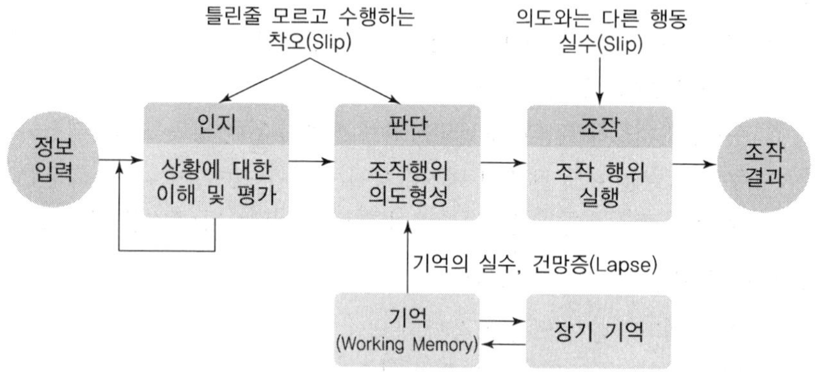

[정보처리 모형과 오류형태]

(7) 인간실수(휴먼에러) 확률에 대한 추정기법

인간의 잘못은 피할 수 없다. 하지만 인간오류의 가능성이나 부정적 결과는 인력 선정, 훈련절차, 환경설계 등을 통해 줄일 수 있다.

① 인간실수 확률(HEP ; Human Error Probability)

특정 직무에서 하나의 착오가 발생할 확률

$$HEP = \frac{\text{인간실수의 수}}{\text{실수 발생의 전체기회 수}}$$

인간의 신뢰도(R) = (1 − HEP) = 1 − P

② THERP(Technique for Human Error Rate Prediction)

인간실수확률(HEP)에 대한 정량적 예측기법으로 분석하고자 하는 작업을 기본행위로 하여 각 행위의 성공, 실패확률을 계산하는 방법

③ 결함수분석(FTA ; Fault Tree Analysis)

복잡하고 대형화된 시스템의 신뢰성 분석에 이용되는 기법으로 시스템의 각 단위 부품의 고장을 기본 고장(Primary Failure or Basic Event)이라 하고, 시스템의

결함 상태를 시스템 고장(Top Event or System Failure)이라 하여 이들의 관계를 정량적으로 평가하는 방법

3) 4M 위험성 평가

작업공정 내 잠재하고 있는 위험요인을 Man(인간), Machine(기계), Media(작업매체), Management(관리) 등 4가지 분야로 위험성을 파악하여 위험제거대책을 제시하는 방법

(1) Man(인간) : 작업자의 불안전 행동을 유발하는 인적 위험 평가

(2) Machine(기계) : 생산설비의 불안전 상태를 유발하는 설계 · 제작 · 안전장치 등을 포함한 기계 자체 및 기계 주변의 위험 평가

(3) Media(작업매체) : 소음, 분진, 유해물질 등 작업환경 평가

(4) Management(관리) : 안전의식 해이로 사고를 유발시키는 관리적 사항 평가

[4M의 항목별 위험요인(예시)]

항 목	위 험 요 인
Man (인간)	• 미숙련자 등 작업자 특성에 의한 불안전 행동 • 작업에 대한 안전보건 정보의 부적절 • 작업자세, 작업동작의 결함 • 작업방법의 부적절 등 • 휴먼에러(Human Error) • 개인 보호구 미착용
Machine (기계)	• 기계 · 설비 구조상의 결함 • 위험 방호장치의 불량 • 위험기계의 본질안전 설계의 부족 • 비상시 또는 비정상 작업 시 안전연동장치 및 경고장치의 결함
Media (작업매체)	• 작업공간(작업장 상태 및 구조)의 불량, 작업방법의 부적절 • 가스, 증기, 분진, 퓸 및 미스트 발생 • 산소결핍, 병원체, 방사선, 유해광선, 고온, 저온, 초음파, 소음, 진동, 이상기압 등 • 취급 화학물질에 대한 중독 등
Management (관리)	• 관리조직의 결함 • 규정, 매뉴얼의 미작성 • 안전관리계획의 미흡 • 교육 · 훈련의 부족 • 부하에 대한 감독 · 지도의 결여 • 안전수칙 및 각종 표지판 미게시

4) 휴먼에러 대책

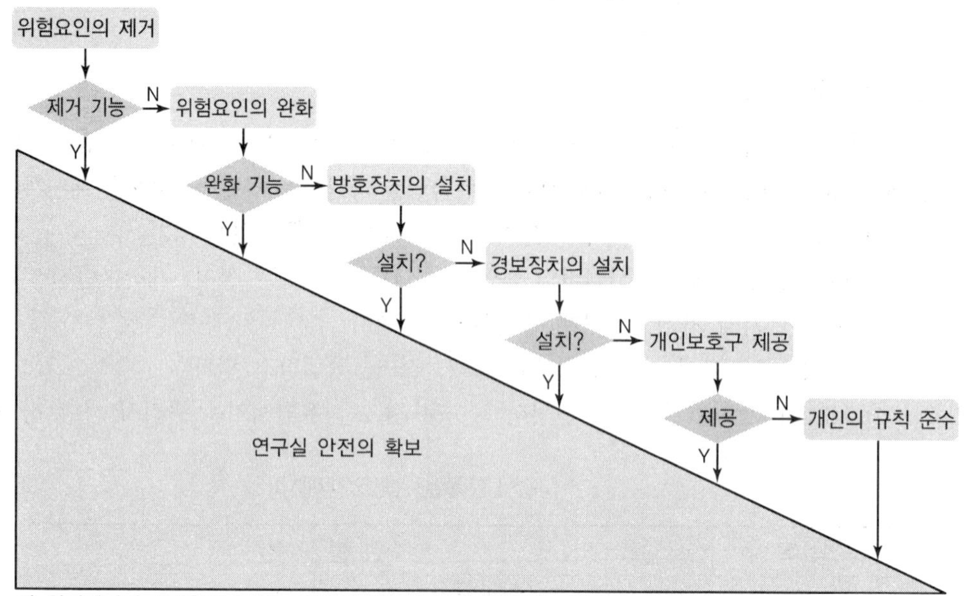

각 위치에서의 삼각형의 높이는 연구실 안전 확보에 기여하는 정도를 나타낸다.

(1) 배타설계(Exclusion Design)

설계 단계에서 사용하는 재료나 기계 작동 메커니즘 등 모든 면에서 휴먼에러 요소를 근원적으로 제거하도록 하는 디자인 원칙이다. 예를 들어, 유아용 완구의 표면을 칠하는 도료는 위험한 화학물질일 수 있다. 이런 경우 도료를 먹어도 무해한 재료로 바꾸어 설계하였다면 이는 에러 제거 디자인의 원칙을 지킨 것이 된다.

(2) 보호설계(Preventive Design)

근원적으로 에러를 100% 막는다는 것은 실제로 매우 힘들 수 있고, 경제성 때문에 그렇게 할 수 없는 경우가 많다. 이런 경우에는 가능한 에러 발생 확률을 최대한 낮추어 주는 설계를 한다. 즉, 신체적 조건이나 정신적 능력이 낮은 사용자라 하더라도 사고를 낼 확률을 낮게 설계해 주는 것을 에러 예방 디자인 혹은 풀 푸르프(Fool Proof)디자인이라고 한다. 예를 들어, 세제나 약병의 뚜껑을 열기 위해서는 힘을 아래 방향으로 가해 돌려야 하는데 이것은 위험성을 모르는 아이들이 마실 확률을 낮추는 디자인이다.

- Fool Proof
  사용자가 조작 실수를 하더라도 사용자에게 피해를 주지 않도록 설계하는 개념
  자동차 시동장치(D에선 시동이 걸리지 않음)

(3) 안전설계(Fail－safe Design)

사용자가 휴먼에러 등을 범하더라도 그것이 부상 등 재해로 이어지지 않도록 안전장치의 장착을 통해 사고를 예방할 수 있다. 이렇듯 안전장치 등의 부착을 통한 디자인 원칙

을 페일 세이프(Fail Safe)디자인이라고 한다. Fail Safe 설계를 위해서는 보통 시스템 설계 시 부품의 병렬체계설계나 대기체계설계와 같은 중복설계를 해준다. 병렬체계설계의 특징은 다음과 같다.

① 요소의 중복도가 증가할수록 계의 수명은 길어진다.
② 요소의 수가 많을수록 고장의 기회는 줄어든다.
③ 요소의 어느 하나가 정상적이면 계는 정상이다.
④ 시스템의 수명은 요소 중 수명이 가장 긴 것으로 정할 수 있다.

인적 오류 예방 및 대책 수립

일본의 구로다는 제조업에 근무하는 신입 근로자들이 빠지기 쉬운 심리적인 에러를 다음 표와 같이 제시하고 있다.

| 신입자가 범하기 쉬운 에러 |

① 지각정보의 취사 선택이 계획대로 행해지지 않는다. → 무엇이 중요한 것인가를 선택
② 지각정보가 과잉이 되어 혼란하게 된다.
③ 지각정보의 통합화, 시계열적 처리가 가능치 않다.
④ 지각감도가 낮다. → 지각정보의 변동률을 판단하여 큰 편차가 되지 않도록 한다.
⑤ 단기기억을 사용할 여유가 없다.
⑥ 기억량이 적고 확실치 않다.
⑦ 기억이 원활하게 인출되지 않는다. → 기억하고 있는 것이 곧바로 생각나지 않는다.
⑧ 결심이 뒤따르지 않아 미궁이다. → 자신이 없다.
⑨ 예측 폭이 좁다. → 바로 직전에 행한 것이 생각나지 않는다.
⑩ 가장 중요한 것에 초점이 흩어진다.
⑪ 최악의 상태가 되었을 때 눈치 챈다.
⑫ 조작이 늦고 매끄럽지 못하며 더욱이 분주한 상태가 된다.
⑬ 외부로부터 갈라져서 전체 순서가 혼란스럽다.
⑭ 어느 것도 여유가 없고 정신적 긴장상태에 바로 결함이 있다.

신입 근로자들은 새로운 현장의 업무에 익숙하지 못하기 때문에 정보를 입수하여 취사 선택하고 단기에 기억한 것을 계획대로 이행하지 못하는 경향이 높으며, 습관이 형성되어 있지 않아 어떻게 처리해야 안전한지 망설이게 되고 확인하는 시간이 늦어 정해진 시간에 조작이 완료되지 않아 서둘러 판단하므로 조작에 혼란이 생기고 불필요한 긴장을 하게 되며 정신적 피

로가 높게 되어 실수를 쉽게 범하게 된다. 그러나 반대로 숙련자들이 많은 경험이나 습관에 젖어 자신 과잉으로 오류를 범하는 예가 많음을 예시하고 있다. 몸에 익숙한 조작을 하게 될 때는 기억의 조합이나 대응 조작을 깊게 생각할 필요가 없는 기억이 생략되거나 중단되는 경우도 있으며 믿으면 모두 틀리게 동작할 위험성도 생기는 경우가 있다. 숙련자가 에러를 범하는 것은 중단회로가 갖는 위험성이다.

| 숙련자가 범하기 쉬운 에러 |

① 오랫동안 반복하고 있다. → 습관이 되어 있다.
② 업무내용을 잘 알고 있다. → 억측을 하기 쉽다.
③ 빨리 가능하다. → 조작의 빠짐이 생긴다.
④ 여유가 있다. → 노는 것이 많다.
⑤ 장시간 가능하다. → 의식수준이 낮아진다.
⑥ 그 업무에만 흥미가 있다. → 다른 것에 흥미가 없고 시야가 좁아진다.

그 외 현장에서 일상적인 안전에 결함이 되기 쉬운 에러로서 흔히 볼 수 있는 것은 다음 표와 같다.

| 제조업에 종사하는 자가 범하기 쉬운 에러 |

① 복잡한 조작은 생략한다.
② 작업효율을 저해하는 안전장치는 의도적으로 제거한다.
③ 간단하고 깊은 관계없는 응급순서는 실시하지 않는다.
④ 고장으로부터 복귀하기 위해 스위치류를 함부로 주무르거나 회전시킨다.
⑤ 공황일 때는 간단히 조작하는 것이 불가능하다.
⑥ 조작 중에는 잘못을 조작한 결과 중대한 것을 눈치 채지 못한다.
⑦ 움직이고 있는 회전체는 멈추지 않는다.
⑧ 운전원은 장치를 정지시키지 않는다.
⑨ 시간여유가 있어도 필히 다음 예정업무에 손을 뗀다.
⑩ 이상이 있으면 전원이 현장에 모인다.
⑪ 앞에 계획한 불안전 조작을 반복한다.
⑫ 안전을 위하여 특히 의식해서 실시된 행동은 곧 얇아진다.

08장 휴먼에러 예방을 위한 작업설계

PROFESSIONAL ENGINEER ERGONOMICS

SECTION 01 인지 특성을 고려한 설계 원리

제품의 사용방법은 사용자의 정보 처리 특성에 관한 지식을 반영한 설계가 필요하다. 즉, 사용자의 심리적 · 인지적 특성을 고려한 사용자 중심의 설계가 사용 편리성을 높이는 데 중요하다.

1. 좋은 개념 모형의 제공

제품을 설계하는 디자이너들은 나름대로 제품을 통하여 의도하는 바가 있으나 사용자에게 직접적으로 설명할 기회는 주어지지 않고 제품의 외관이나 표시장치, 조정장치 또는 사용 설명서 등을 통해서만 사용자에게 개념을 제공할 수 있다. 사용자는 주로 경험과 훈련, 지시 등을 통하여 얻은 개념으로 제품에 대한 개념 모형을 형성하게 된다. 개념 모형들 중에서 디자이너와 사용자의 모형이 일치할 때 제품을 사용하는 사용자는 실수를 하지 않게 되는 것이다.

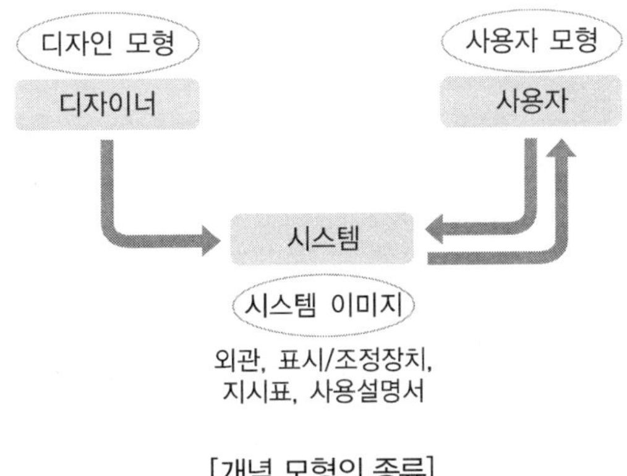

[개념 모형의 종류]

2. 가시성(Visibility)

사용자가 제품의 작동상태나 작동방법 등을 쉽게 파악할 수 있도록 중요 기능을 노출하는 것을 가시성(Visibility)이라 한다. 제품에서 살펴보아야 할 중요한 부분과 행위 결과에 대한 정보를 나타내면 무엇이 가능하고 무엇을 해야 하는지에 관한 단서를 제공해 준다. 일반적으로 어떻게 작동할 것인가에 대한 작동장치나 조정장치와 행위의 결과와 현재의 작동 상태를 표시하여 주는 표시장치나 상태 표시기 등이 가시성을 표현하여 준다.

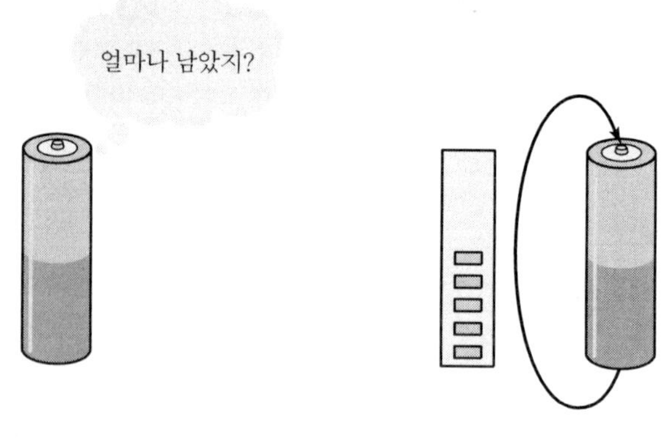

[건전지와 가시성]

3. 피드백(Feedback)

피드백이란 제품의 작동 결과에 관한 정보를 사용자에게 알려주는 것을 의미한다. 사용자가 제품을 사용하면서 얻고자 하는 목표를 얻기 위해서는 조작에 대한 결과가 어떤 상태로 나타나는가를 알려주기 위한 피드백이 필요한 것이다. 일반적으로 피드백에는 시각적인 피드백인 표시판뿐만 아니라 청각적인 피드백인 측음(Sidetone) 등을 사용할 수도 있다.

4. 양립성(Compatibility)

양립성이란 외부의 자극과 인간의 기대가 서로 모순되지 않아야 하는 것, 즉 제어장치와 표시장치 사이의 연관성이 인간의 예상과 어느 정도 일치하는가를 말하는 것이다.

1) 공간적 양립성

공간적 방향과 인간의 기대가 일치하는 것으로 왼쪽 그림과 같이 위의 대상과 아래의 대상이 불일치하는 것보다 오른쪽과 같이 일치성을 갖는 것이다.

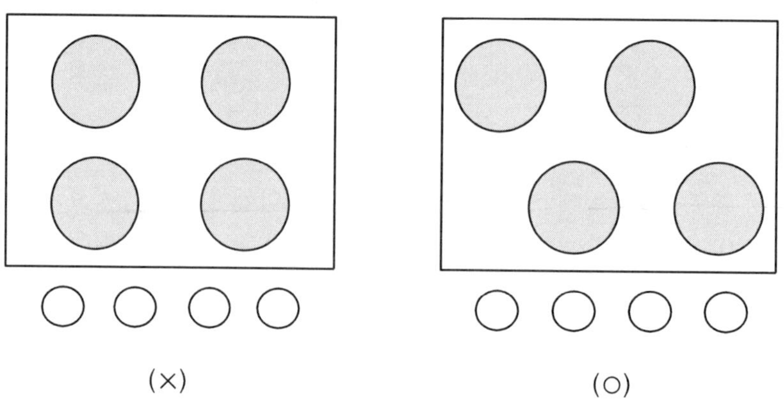

(×) (○)

2) 운동적 양립성

표시장치, 조정장치, 체계반응 등 운동방향과 기계의 움직이는 방향이 일치하는 것으로, 예를 들어 그림에서는 오른 나사의 전진방향에 대한 기대가 해당된다.

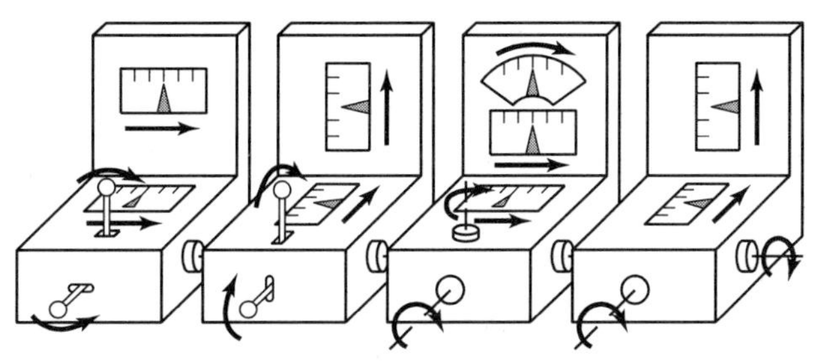

[운동적 양립성에 따른 설계 예]

3) 개념적 양립성

외부로부터의 자극에 대해 인간이 가지고 있는 개념적 연상의 일관성을 말하는데, 예를 들어 파란색 수도꼭지와 빨간색 수도꼭지가 있는 경우 빨간색 수도꼭지를 보고 따뜻한 물이라고 연상하는 것을 말한다.

[공간 양립성] [운동 양립성] [개념 양립성]

양립성은 두 가지 요인에서 기인한다. 첫 번째는 본질적으로 습득하여 갖게 되는 관계를 생각할 수 있다. 자동차의 핸들을 오른쪽으로 돌리면 우회전하고, 왼쪽으로 돌리면 좌회전하는 것은 태어나면서 본질적으로 갖게 되는 관계라고 할 수 있다. 두 번째는 자라면서 환경 속에서 얻게 되는 문화적 습득을 들 수 있다. 세면대에서 아래 위쪽 방향으로 조작하는 수도꼭지를 보면 미국회사 제품은 위로 올리면 물이 나오고, 일본회사 제품은 아래로 내리면 물이 나오게 된다. 미국 사회에서는 스위치를 위쪽으로 올리면 작동 상태가 되고, 일본 사회에서는 스위치를 아래쪽으로 내리면 작동 상태가 된다. 자동차의 통행이 일본은 좌측 통행이고, 미국은 우측 통행인 것도 문화적 차이라 할 수 있다.

사용자의 기대와 일치하지 않는 경우에는 당연히 제품의 작동방법을 배우는 데 시간이 많이 소요될 것이며, 조작 시간도 많이 소요될 수밖에 없고, 실수도 많을 수밖에 없다. 사용자가 불평할 것도 당연하다. 많은 연습을 하여 작동방법을 배웠다 하더라도 긴박한 상황에서는 원래 사람이 기대했던 대로 행동이 나타난다는 것이다. 따라서, 인간의 기대와 일치하도록 설계하는 양립성의 개념은 인간의 실수를 줄이기 위하여 필요한 원리이다.

5. 제약과 행동유도성(Affordance)

사람들은 사물의 특성에 관한 해석을 하면서 어떻게 조작하거나 행동할 것인가에 대하여 추측을 하게 된다. 즉, 사물의 특성은 사물을 어떻게 다룰 것인가에 대한 단서를 제공하여 준다.

예 아래 그림은 어느 호텔에 있는 출입문을 나타낸다. 문을 열고 들어가려는 방문객은 일시적으로 왼쪽으로 열어야 할까, 아니면 오른쪽으로 열어야 할까 고민을 하게 될 것이다. 문의 손잡이에서 사용자에게 문을 여는 것에 대하여 제공하고 있는 단서는 아무 것도 없는 것이다. 만일 손잡이 부분을 그림과 같이 옆으로 달아 놓는 것이 아니라 열어야 될 쪽에 위치시켜 아래 위쪽으로 달아 놓았다면 왼쪽이냐 오른쪽이냐를 놓고 고민할 필요가 없을 것이다.

[출입문과 행동유도성]

물건에 물리적 또는 의미적인 특성을 부여하여 사용자의 행동에 관한 단서를 제공하는 것을 행동유도성(Affordance)이라 한다. 제품에 사용상 제약을 주어 사용방법을 유인하는 것도 바로 행동유도성에 관련되는 것이다. 좋은 행동유도성을 가진 디자인이라면 그림이나 설명도 필요 없이 사용자는 단지 보기만 하여도 무엇을 해야 할지에 관하여 알 수 있도록 설계되어 있는 것이다.

이러한 행동유도성은 행동에 제약을 가하도록 사물을 설계함으로써 특정한 행동만이 가능하도록 유도하는 데서 온다. 물리적 특성에 의존하여 한정된 행위만이 가능하도록 하는 물리적 제약이나, 주어진 상황의 의미나 문화적 관습에 따라 해석이 가능하도록 하는 제약 등이 제품 설계에서 주로 이용된다.

6. 오류 방지를 위한 강제적 기능(Forcing Function)

어떠한 단계에서 실패가 생기면 다음 단계로 넘어가는 것이 차단되도록 행동이 제약되는 상황을 오류 방지를 위한 강제적 기능이라고 한다. 이 강제적 기능은 잘못된 행위를 발견하기 쉽게 만드는 강력한 물리적 제약 중의 하나로 오류를 범하게 되면 안전이나 시스템에 막대한 영향을 줄 가능성이 있을 때에 안전성을 확보하기 위하여 사용하는 방법 중 하나이다. 일반적으로 제품에 강제적 기능을 부여하는 경우에는 사용하는 데 불편함을 초래할 수 있다. 따라서, 사용 시의 불편을 최소화하며 안전성을 확보하기 위한 강제적 기능을 가진 디자인이 필요하다.

예 미국에서는 한때 자동차 운행 시에 운전석과 조수석 모두에서 안전벨트를 착용하는 것을 의무화한 적이 있었다. 법적으로 운전석과 조수석의 안전벨트를 착용하지 않은 상태에서 시동을 걸면 경고음이 나며 시동이 걸리지 않도록 하는 강제적 기능을 부여한 적이 있다. 당연히 운전자들은 불편할 수밖에 없었다. 안전벨트가 고장나면 자동차의 엔진은 정지되었으며, 조수석에 짐을 실은 경우에도 승객으로 감지하여 안전벨트를 채우지 않으면 시동은 걸리지 않았다. 불편한 운전자들은 정비공장에서 안전벨트의 기능을 떼어버리는 경우가 많이 발생하였다. 결국은 안전벨트 미착용 시 시동이 걸리지 않는 강제적 기능은 취소되었으며, 조수석의 안전벨트 미착용에 대한 경고음도 울리지 않도록 설계가 변경되고 말았다. 강제적 기능에 의한 안전성 확보는 사용 시의 불편함과 반작용 관계에 있는 경우가 많은데 이를 단적으로 나타내주는 예이다.

강제적 기능 장치는 크게 Interlock(맞잠금), Lockin(안잠금), Lockout(바깥잠금)으로 분류된다. 맞잠금(Interlock)은 조작들이 올바른 순서대로 일어나게끔 강제하는 장치이다. 안전을 확보하기 위하여 갖추어져야 할 조건들이 모두 만족되는 경우에만 작동이 되도록 하는 강제적 기능이다.

예 다음 그림과 같이 전자레인지나 가스오븐레인지를 사용하는 사람이라면 이런 경우를 생각해 볼 수 있다. 보통 이들은 시간조절기로 시간을 예약하고 작동을 시키는데 어린아이가 와서 작동 중인 전자레인지나 가스 오븐레인지의 문을 열고 손을 집어넣고 장난을 한다면 어떻게 될 것인가? 당연히 계속 작동 중이라면 위험에 처할 것이다. 다행히도 이들 제품을 설계한 사람들은 이러한 조건에서는 작동이 멈추도록 하는 강제적 기능을 부여해 놓았다.

[가스오븐레인지와 Interlock 기능]

제품의 작동을 계속 유지시킴으로써 작동의 멈춤으로 오는 피해를 막기 위한 예방 개념을 안잠금(Lock In)이라 한다. 예를 들어 안잠금은 컴퓨터 사용자가 프로그램 사용 중에 저장을 하지 않고 종료 버튼을 선택할 경우에, 저장이 안 된 채로 종료되는 것이 아니라 점검해서 저장할 것이냐고 친절하게 물어보기까지 실질적인 작동을 유지시킴으로써 올 수 있는 피해를 줄이고자 하는 것이 해당된다.

또 하나의 강제적 기능의 유형은 바깥잠금(Lock Out)이다. 바깥잠금은 위험한 상태로 들어가거나 사건이 일어나는 것을 방지하기 위하여 들어가는 것을 제한 또는 예방하는 개념이다. 예를 들면 백화점 같은 대형 건물의 에스컬레이터나 통로들을 설계할 때 지상 1층까지는 같은 형태로 배치하다가, 지하로 내려가는 것에 대해서는 이제까지 방향과는 달리 다른 곳으로 돌아서 내려가도록 위치시키는 것이 해당된다. 이는 건물에 화재가 나는 등의 위급한 상황에서 사람들이 1층까지 내려온 뒤에는 더 이상 지하로 내려가지 않도록 진행을 방해하는 개념으로 설계한 강제적 개념이다.

인간-기계 시스템의 상호작용 모형

1. 행위의 7단계 모형

인지심리학자인 Norman(1989)은 인터페이스를 통하여 시스템과 상호 작용하는 사용자는 7단계의 인지과정을 거친다고 생각하고, 다음과 같은 행위의 7단계 모형을 제안하였다.

사용자들은 처음에 무엇을 할 것인가에 관한 목표를 설정한다. 사용자의 목표가 행위로 옮겨가는 형태는 아래의 [그림]에 표현되어 있다.

1. 목표설정
2. 의도의 형성
3. 행위의 명세화
4. 행위의 실행
5. 시스템 상태의 변화 지각
6. 변화된 상태의 해석
7. 목표나 의도의 관점에서 시스템 상태 평가

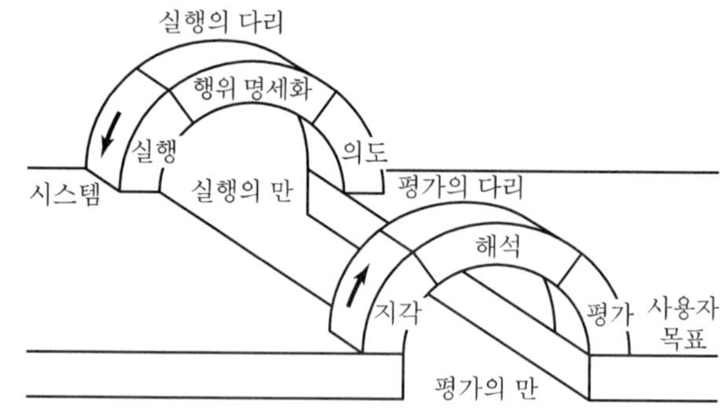

사용자의 목표와 물리적 시스템은 일종의 '만(Gulf)'의 형태를 형성하며 사용자의 목표를 실행으로 옮기는 '실행의 다리교각(Execution Bridge)'에 의해 연결되어 있다.

잘 설계된 인터페이스는 사용자들의 목표와 물리적 시스템을 잘 연결지어 줌으로써 두 상태

사이의 전환이 쉽고 분명하도록 해준다. 반면 열악하게 설계된 인터페이스는 이러한 전환에 필요한 지식이나 신체적 능력을 갖지 못하게 하여 결과적으로 성공적인 과제 수행을 이끌어내지 못한다. 일단 행위들이 실행되면 사용자들은 원래의 목표를 시스템의 상태와 비교해야 한다. 이 과정은 '평가의 만(Gulf of Evaluation)'에서 평가의 다리를 통하여 이루어진다.
시스템 디스플레이들이 잘 설계되어 있다면 사용자들이 비교적 쉽게 시스템의 상태를 확인하고 원래의 목표와 비교할 수 있을 것이다.

2. PDS 해석

Norman의 7단계 모형 중에서 1은 사용자가 달성하고 싶은 모형이며, 인터페이스를 통하여 시스템과 상호작용하는 단계는 2~7의 단계이다. 2~7까지의 단계는 크게 P(Plan, 의도 형성), D(Do, 실행), S(See, 평가)의 세 가지 과정으로 구분할 수 있다.
Plan(의도 형성) 단계는 시스템을 어떻게 조작할 것인지 사용자가 의도를 형성하는 단계로, 7단계 모형에서 2. 의도의 형성과 3. 행위의 명세화 단계를 포함한다. 의도 형성을 위해서는 시스템의 내용이 인터페이스를 통하여 적절하게 안내되어야 한다.
Do(실행) 단계는 실제로 실행하는 과정으로 4. 행위의 실행 단계를 포함한다. See(평가) 단계는 실행 결과가 올바르게 진행되어 가는지 평가하는 과정으로 시스템으로부터 인터페이스를 통한 적절한 피드백을 통하여 이루어진다. 평가 단계는 7단계 행위 모형에서 5. 시스템 상태의 변화 지각, 6. 변화된 상태의 해석, 7. 목표나 의도의 관점에서 시스템 상태를 평가하는 단계를 포함한다.
시스템이 제대로 사용되고 있는지를 평가하기 위해서는 일련의 조작순서를 PDS 과정에 따라 기술하고, P에서는 가이드라인 유무와 적절성, D에서는 하드웨어 조건, S에서는 피드백의 유무와 적절성을 평가하는 것이 바람직하다.

3. GOMS 모델

목표와 행위 사이의 관계에 관한 또 다른 모형은 Card, Moran 및 Newell에 의해 개발되고 Kieras(1988)에 의해 확장된 GOMS(Goals, Operators, Methods, Selection Rules) 모델이다. GOMS 모델은 사용자들이 목표들과 하위 목표들을 형성하여 여러 방법이나 선택 규칙들(Selection Rules)로 목표들을 달성한다고 가정한다. GOMS는 하나의 문제 해결을 위해서 전체 문제를 하위 문제로 분해하고 다시 하위 문제의 가장 작은 하위 단위들로 분해한다. 이렇게 분해된 가장 작은 하위 문제들을 모두 해결함으로써 전체 문제를 해결한다는 것이 GOMS의 기본 논리이다.
GOMS는 이러한 논거를 기반으로 하여 어떤 문제를 해결하기 위해서 인간이 어떤 행위를 취할지를 예측하여 그 문제를 해결하는 데 소요되는 시간, 학습시간 등을 평가하기 위한 모델링 방법이다. 이를 위해 GOMS는 인간의 행위를 목표(Goals), 조작(Operators), 방법(Methods), 선택 규칙(Selection Rules) 등으로 표현한다.

감성공학과 유니버설 디자인

1. 감성공학

감성공학의 개념은 1986년 일본 마쯔다(Mazda) 자동차 회사에서 미야타(Miata)라는 스포츠카를 개발하며 도입되었다. 새로운 스포츠카의 설계 개념인 '인마일체(人馬一體)'를 구체화하기 위하여 기능적인 측면 이외에 사용자의 감성 측면까지 고려하여 디자인하면서 미야타는 미국시장에서 선풍적인 인기를 끌게 되었고, 이와 함께 감성공학이라는 용어도 알려지기 시작한 것이다.

일본 히로시마 대학의 나가마찌 교수는 사람의 미음을 추구하는 정서시대가 올 것이라고 예측하여 1970년대부터 정서공학(Emotional Engineering)이라는 표현을 사용하였고 1988년 국제인간공학회(IEA)에서 감성공학(Kansei Engineering)이라는 용어를 통해 감성공학의 이론적 기초를 제시하였다.

인간은 매우 논리적이며 분석적인 특성을 가진 이성적인 면이 있는가 하면 이성적으로는 해석할 수 없는 직관적 · 감각적 · 감성적인 특성을 함께 가지고 있다.

감성공학에서 정의하고 있는 감성의 개념은 외부의 물리적인 자극으로 인한 인간의 감각, 지각 과정에서 야기되는 심리적 체험으로 쾌적감, 고급감, 불쾌감 등에 대한 복합적인 감정이다. 개인이 느끼는 감성은 외부 자극의 종류와 강도에 따라 변화될 뿐만 아니라 개별적 요인, 사회적 요인, 문화적 요인에 따라 변화하는 광범위한 개념이다. 따라서 감각정보에 대하여 직관적이고 반사적으로 발생할 수 있을 뿐만 아니라 복합적이고 종합적이어서 명확하게 표현하기 어려운 애매모호성과 불확실성을 가지며 다양하게 변화되는 특성을 갖고 있다.

감성공학의 핵심은 인간의 쾌적성을 평가하기 위한 기초 자료로서 인간의 시각, 청각, 후각, 미각, 촉각 등의 감각 기능을 측정하고 인간이 어떤 제품 조건하에서 '깜찍하다, 고급스럽다, 참신하다, 친밀하다'라는 감정을 느끼는가를 측정하고 평가하는 것이다. 감성 형용사를 이용한 초창기 감성공학의 주요 관점은 언어를 어떻게 시각적 형태로 변환시키는가의 시각적 구현에 있었다. 시각 위주의 초기 감성공학은 감성이 외부의 물리적 자극에 의한 감각, 지각으로부터의 인간의 내부에 야기되는 고도의 심리적 체험으로 확대해석되면서 시각뿐 아니라, 청각, 촉각, 후각, 미각 등 오감 전체로 확대되었다.

시각적 감성 위주에서 종합적 감성으로 감성공학의 연구 범위가 확대되면서 감성을 보다 객관적으로 계측하고 응용하는 감각계측에 관심이 모아졌고, 생리적 지수 측정을 통한 객관적 · 간접적 감각예측으로 응용되었다. 이에 따라 감성공학 연구에 참여하는 학문 분야도 인간공학을 비롯하여 인지공학, 심리학, 생리학, 인공현실감 기술, 인간감각계측 기술, 생체역학 기술, 센서 기술 등으로 다양화되었다.

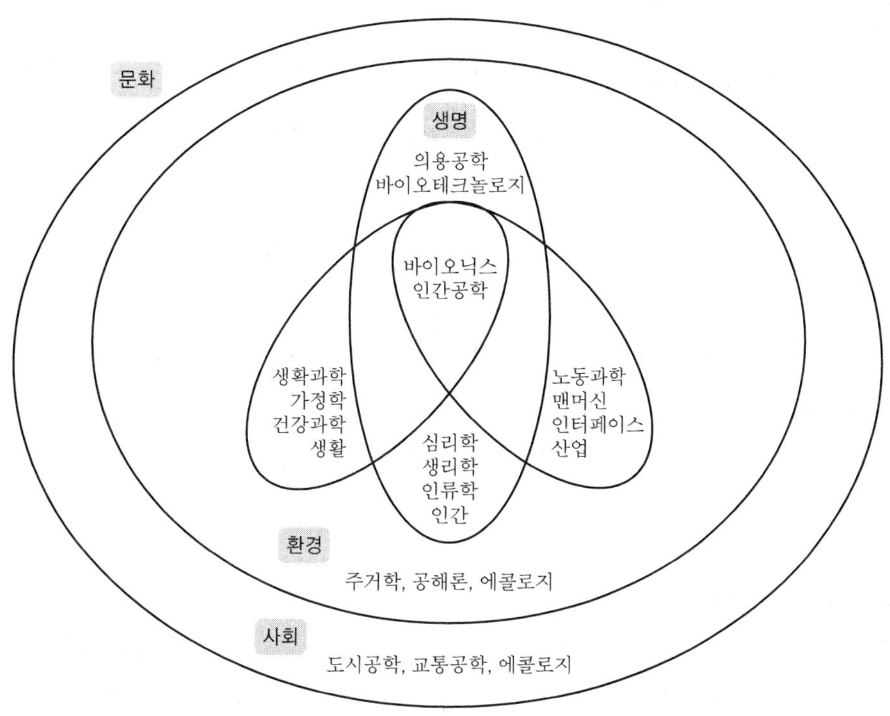

[감성공학의 관련 학문분야]

예 자동차 디자인에서의 감성공학 적용 예

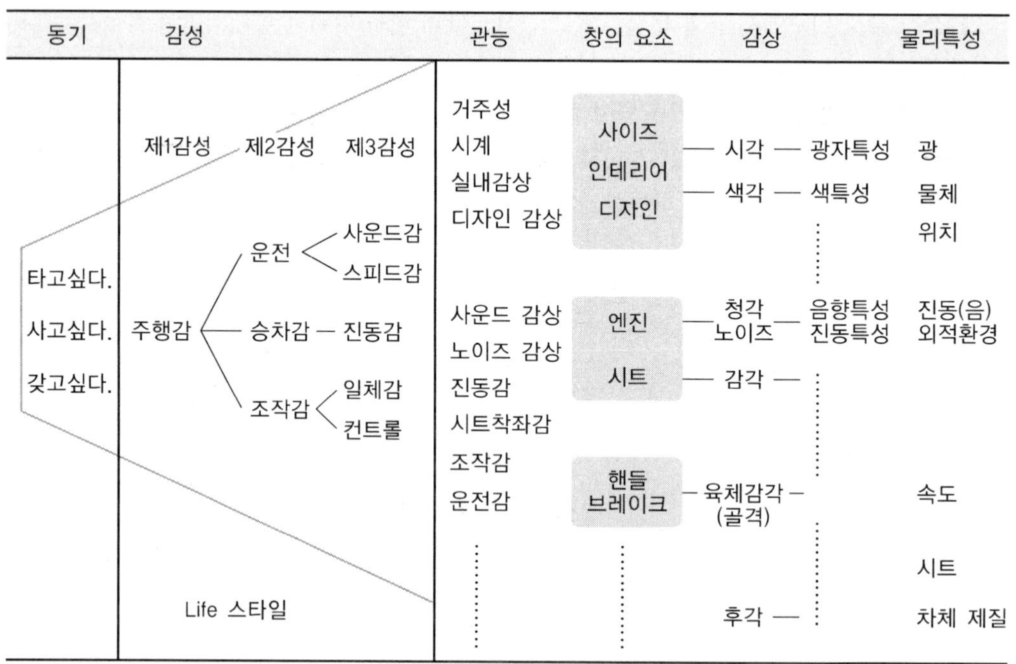

[자동차 디자인을 위한 감성구조]

2. 유니버설 디자인

유니버설 디자인(Universal Design)이란 건강한 사람뿐만 아니라 신체장애인, 노인 등도 건강한 사람처럼 제품을 사용할 수 있도록 배려하는 설계 철학이다. 유니버설이라는 단어는 '보편적인', '만인의', '개개인을 향함'이라는 의미가 내포되어 있다. 개개인을 존중해야 한다는 의미로 유니버설 디자인은 모든 사용자들에게 쾌적하고 사용하기 편리한 환경과 제품을 제공한다는 목적을 지향하는 의식과 태도라고 할 수 있다.

유니버설 디자인이라는 용어는 미국 노스캐롤라이나 주립대학의 Ronald L. Mace에 의해 1990년대에 처음으로 사용되었으며, '특별한 개조나 특수 설계를 하지 않고 모든 사람들이 가능한 한 최대한까지 이용할 수 있도록 배려된 제품이나 환경 디자인'이라고 정의하였다.

Null & Cherry(1996)는 유니버설 디자인을 창출하는 데 필수적으로 고려해야 할 원칙을 다음과 같이 네 가지로 정리하였다.

1) 신체기능 지원(Supportive)

신체기능상 필요한 도움을 제공해야 하며, 도움을 제공할 때에 어떠한 부담도 초래해서는 안 된다.

2) 융통성(Adaptable)

상품이나 환경이 다양한 사람들의 요구를 충족시켜 주어야 한다. 요구의 다양성을 만족시키기 위한 선택 가능성, 능력의 다양성을 수용하기 위한 조절 가능성 등을 포함해야 한다.

3) 접근용이성(Accessible)

방해가 되거나 위협적인 물리적 환경을 변화시켜서 조작이나 행동을 위한 장애물이 제거된 상태를 의미한다.

4) 안전지향(Safety Oriented)

사고의 가능성이나 위험성을 제거하고 안전을 확보하기 위하여 설계를 고려한다.
유니버설 디자인의 발원지인 노스캐롤라이나 주립대학의 유니버설 디자인센터에서는 유니버설 디자인에 관한 7가지 기본적 원칙을 다음과 같이 설명하고 있다.

(1) 공평한 사용(Equitable Use)

사용자의 연령이나 성별, 체격의 차이, 신체 기능의 차이 등에 영향을 받지 않고 어떠한 사람이라도 공평하게 사용할 수 있도록 설계한다.

(2) 사용 시의 유연성 확보(Flexibility in Use)

다양한 사용자나 사용 환경에 대응할 수 있는 유연성을 확보하여 사용상의 자유로움을 높인다.

(3) 간단하고 직관적인 사용방법 추구(Simple and Intuitive Use)

제품의 사용방법을 사용자의 지식이나 경험, 언어능력, 집중력에 관계없이 직감적으로 이해할 수 있도록 설계한다.

(4) 인식하기 쉬운 정보의 제공(Perceptible Information)

사용 상황이나 사용자의 감각 능력에 관계없이 필요한 정보를 효과적으로 전달할 수 있도록 설계되어야 한다.

(5) 오류에 관한 수용(Tolerance for Error)

사고의 가능성이나 위험을 제거하며, 사용상의 오류에 대하여 안전을 확보하도록 설계한다.

(6) 신체적 부담의 경감(Low Physical Effort)

다양한 체격과 신체 능력을 가진 사람들이 편하게 사용할 수 있도록 불편한 자세나 과도한 힘이 필요하지 않도록 설계한다.

(7) 사용에 적합한 사용 공간(Size and Space for Approach and Use)

사용자의 체격이나 이동 능력에 관계없이 이용하기 쉽고 조작이 용이하도록 공간이나 크기를 확보한다.

09장 인간과오 및 대책

PROFESSIONAL ENGINEER ERGONOMICS

인간과오의 개요

1. 인간과오의 개요와 HEP

1) 개요

인간은 항상 과오를 일으키는 사고(Accident) 발생의 잠재요인이 내재하며, 또한 기능적 특성에 있어서 인간 변화성(Human Variability)이 상존하여 이로 인한 인간의 신뢰도 정도에 따라 인간-기계 시스템(Human Machine System)의 안전이 확보되고 산업재해에 영향을 미친다. 인간이 명시된 정확도, 순서, 시간 한계 내에서 지정된 행위를 하지 못하는 것이며, 그 결과 시스템의 성능과 출력에 부성적 역할이나 중단을 초래한다.

2) 인간과오(Human Error)

시스템의 성능, 안전 또는 효율을 저하시키거나 감소시킬 잠재력을 갖고 있는 부적절하거나 원치 않는 인간의 결정이나 행동으로 어떤 허용범위를 벗어난 일련의 인간동작 중의 하나이다.(요구된 수행도로부터의 이탈-Meister)

3) 인간 신뢰도(Human Reliability)

시스템의 어떤 허용한계를 위배하는 행동으로서 인간실수 확률(HEP ; Human Error Probability)의 기본 단위로 표시되며 주어진 작업이 수행되는 동안 발생하는 에러 확률이다.

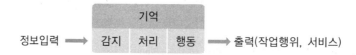

	기억		
정보입력 →	감지	처리	행동 → 출력(작업행위, 서비스)

4) 인간 실수/착오의 메커니즘(Human Mistake Mechanism)

위치의 착오, 순서의 착오, 패턴의 착오, 형(形)의 착오, 잘못의 기억

① 입력착오 : 감각(Sensory) 혹은 지각(Perceptual) 입력의 착오
② 처리착오 : 중재(Mediation) 혹은 정보처리 착오
③ 출력착오 : 신체적 반응 및 인간 제어의 착오

2. 분석적 인간 신뢰도

1) Discrete Job(이산적 직무)에서의 인간 확률 : 수요(Demand) 신뢰도

① $\text{HEP} = \dfrac{(\text{에러의 수})}{(\text{에러 발생의 전체 기회 수})} \approx \hat{p}$

② 직무의 성공적 수행확률 $= 1 - \text{HEP}$

품질관리 관계자가 조립라인에서 볼 베어링을 검사할 때, 5000개의 베어링을 조사하여 400개를 불량품으로 처리하였으나 이 Batch에는 실제로 1,000개의 불량 베어링이 있었다. HEP는?

해설 $HEP = \dfrac{600}{5,000} = 0.12$ (여기서, 600개는 기각하지 못한 불량 베어링)

인간신뢰도(Human Reliability) : $R_H = 1 - 0.12 = 0.88(88\%)$

③ 시도당 $\hat{p}$로부터의 HEP 추정값, $n_1 \sim n_2$까지의 규정된 일련의 시도를 실수 없이 성공적으로 완수할 인간신뢰도(반복이산 직무)

$$R(n_1, n_2) = (1-p)^{n_2 - n_1 + 1}$$

여기서, p : 실수확률

2) Continuous Job(연속 직무)에서의 인간 실수율 : 시간(Time) 신뢰도

Vigilance(경계), Stabilizing(안정화), Tracking(추적) 등 연속적인 Monitoring이 필요한 작업

① 실수율(λ)이 불변이고(Stationary), 과거의 성능과 무관(Poisson, 실수과정)하다고 가정, 지정(t_1, t_2)된 동안의 Human Reliability는

$$R(t_1, t_2) = \text{Exp}[-\lambda(t_2 - t_1)]$$

② $\lambda(t)$가 변할 때 – 비정상적(Nonstationary) 과정

$$R(t_1, t_2) = \text{Exp}\left[-\int_{t_1}^{t_2} \lambda(t)dt\right]$$

3) 요원의 중복(Redundancy of Human Task)

Backup 요원의 중복(Redundancy) : (한 사람의 인간신뢰도 $= R_1$)

$$R_2 = 1 - (1 - R_1)^2$$

4) 인간과오 확률 분석의 효용성

① Human Machine System의 Reliability 예측
② Human－Machine Integration에 기능의 효율적 배분
③ 인간공학적 접근으로 설계된 장치/시스템의 Failure 가능성과 결과의 계량화
④ 요원 훈련 계획의 성공에 대한 예측

3. 인간과오의 분류와 요인

인간과오(Human Error)란 기기 · 기계를 조작 · 보수 · 운용하는 단계에서도 일어나지만, 조작 실수와 에러의 대부분은 제품이나 시스템 개발에 있어서 시스템에 설정된 설계 측 요인의 에러에 기인한다.

| Rouse(1983)가 제안한 인간 과오/오류의 분류방법 |

1. 시스템 상태의 관찰 • 올바른 읽음을 공연히 재검토한다. • 올바른 읽음을 잘못 해석한다. • 적절한 상태변수를 틀리게 읽는다. • 충분한 수의 변수를 관찰하지 못한다. • 부적절한 상태변수를 관찰한다. • 임의 상태변수를 관찰하지 못한다. 2. 가설의 선택 • 가설이 관찰한 상태변수 값의 원인이 아니다. • 상당히 가능할 것 같은 원인을 먼저 고려한다. • 아주 비용이 많이 드는 곳에서부터 시작한다. • 가설이 관찰한 변수와 기능적으로 연관되어 있지 않다. 3. 가설의 시험 • 결론에 도달하기 전에 중지한다. • 잘못된 결론에 도달한다. • 올바른 결론을 고려하여 폐기한다. • 가설을 시험하지 않는다.	4. 목표의 선택 • 목표를 불충분하게 규정한다. • 반생산적이거나 비생산적인 목표를 선택한다. • 목표를 선택하지 않는다. 5. 절차의 선택 • 선택한 절차가 목표를 완전히 달성할 수 없다. • 선택한 절차가 잘못된 목표에 도달하다. • 선택한 절차가 목표 달성에 불필요하다. • 절차를 선택하지 않는다. 6. 절차의 선택 • 필요한 정지를 생략한다. • 필요한 정지를 불필요하게 반복한다. • 불필요한 정지를 추가한다. • 단계를 잘못된 순서로 실행한다. • 단계를 너무 일찍 또는 너무 늦게 실행한다. • 틀린 위치나 범위에서 제어한다. • 절차가 완수되기 전에 중지한다. • 관련이 없고 부적절한 단계를 실행한다.

1) 인간과오의 분류

(1) 조작 에러 원인의 영역

① 개인의 특성요인 : 능력이나 훈련의 부족 또는 의욕(Motivation) 저하

② 환경 요인 : 장치나 기기의 인간공학적 배려 부족, 환경조건과 작업공간의 미비, 과도한 부하나 나쁜 작업조건, 조작이나 안전에 필요한 기술적 데이터의 부적절 등 시스템 부적합에 기인하는 것

(2) 분류방법

① Behavior-oriented : 에러를 일으키는 원인으로부터의 분류

② Task-oriented : 에러 발생의 결과로부터의 분류

③ System-oriented : 에러가 발생하는 시스템 개발단계(설계 · 생산 · 시험 · 가동 등)로부터의 분류

(3) 독립 행동 결과를 분류(Swain & Guttman, 1983)

① 부작위(생략, Omission) 에러

② 작위(실행, Commission) 에러

③ 과잉행동(Extraneous) 에러

④ 순서(Sequence) 에러

⑤ 시간(Timing) 에러

(4) 정보처리과정으로부터의 휴먼 에러(橋本, 1980)

① 감지, 인지, 확인(Perception, Recognition, Identification) 에러

② 판단, 연상, 기억(Judgement, Association, Memory) 에러

③ 반응, 동작, 조작, 통제(Response, Movement, Reaction, Control) 에러

2) 인간과오 발생의 인간 측 요인(휴먼 에러를 일으키는 원인)

① 주위 환경 상태의 변화

② 무리한 작업에 따른 피로

③ 많은 긴장을 요하는 작업

④ Biorhythm 수준

㉠ Physical Cycle(육체적 : 청색, 11.5~23일 주기)

㉡ Sensitive Cycle(감성적 : 적색, 14~28일 주기)

㉢ Intellectual Cycle(지성적 : 녹색, 16.5~33일 주기)

⑤ 불안한 감정 상태

4. 인간과오 분석기법과 대책

1) 인간과오확률(HEP)에 대한 추정 기법

(1) Critical Incident Technique(CIT, 위급사건기법)

요원들의 면접을 통하여 사고, 위기일발(Nearmiss), 조작실수, 불안전한 조건과 관행들에 관련한 정보를 수집하여 활용하고 개선함

(2) Human Error Rate Bank(인간실수자료은행)

2) 실험적 직무자료

① Data Store(Payne, 1962)
조종, 표시장치, 조종간, 계기 등 수행시간과 신뢰도

② Sandia Human Error Rate Bank(SHERB)
THERP를 근거로 한 여러 산업 직무에 대한 HEP

3) 판단적 직무 자료(Pontecorvo)

① 특정한 직무 모수(Parameter)에 대한 인간 추정치

② 평점이 매겨진 60개의 직무 중 Data Store를 적용할 수 있는 29개의 직무 신뢰도 추정치를 사용하여 회귀선을 구하고 정량적 신뢰도 추정치를 유도

4) 직무 위급도 분석(Task Criticality Rating Analysis Method, Pickrel)

① 실수 효과의 심각성(Severity) 4등급 : 안전, 경미, 중대, 파국

② 이로부터 빈도와 심각성을 동시에 반영하는 실수 위급도 평점(Criticality Rating)을 유도

③ 높은 위급도 평점의 실수를 감축하기 위해 노력

5) 인간실수율 예측기법(THERP ; Technique for Human Error Rate Prediction)

① HEP에 대한 예측기법, 사건들을 일련의 Binary 의사결정 분기들로 모형화

② 대문자(A) – 실패(F), 소문자(a) – 성공(s)으로 표시

③ 직무 A와 B의 상호 종속성은 $b \mid a$, $B \mid a$, $b \mid A$, $B \mid A$ 등의 부호로 표현

④ 사건나무 작성 후 성공, 실패의 조건부 확률의 추정치가 부여되면, 경로 확률 계산

⑤ 나무를 통한 각 경로의 확률 계산

⑥ Norminal(공칭) HEP, Basic(기초) HEP, Conditional(조건부) HEP

⑦ 종속성(Dependency) : 개인/사람들 간에 관련된 직무의 수행에서 발생하는 잡성으로부터의 직무 원소들 간의 종속성($\%_{dep}$)

㉠ Omission(부작위) 실수, 순서 누락 등의 HEP로 나타내는 완전종속
㉡ 종속성을 고려하지 않으면 직무착오확률을 과소 추정
㉢ 그 이전의 직무(N－1)에서의 실패, 성공을 전제로 직무 N에서의 조건부 실패, 성공 확률

$$\mathrm{Prob}N \mid N-1 = (\%_{dep})1.0 + (1-\%_{dep})\ \mathrm{Prob}N$$

⑧ THERP의 출력 및 감도 분석
㉠ 설계 절충(Design Trade－off) 조사
㉡ 확률적 위험 평가에 사용할 수 있는 직무 성공, 실패 확률의 추정치
㉢ 자료의 불확실성으로 추정된 HEP, 종속도, Stress, 인간성능 등의 지수값으로 감도 분석 후 변동이 System Output에 미치는 영향을 확정하여 유용함

6) 조작자 행동나무(OAT ; Operator Action Tree) : 인간 신뢰도 분석

① 진단 및 의사 결정 착오와 관련, 사건의 위급 노정에서 운전자의 역할 분석
② 각 의사결정 단계에서의 조작자의 선택에 따라 성공, 실패 원인의 경로 분기
③ 성능 추정치(HEP)가 사건나무(Event Tree), 결함나무(Fault Tree) 분석에 편입
④ 환경적 사건에 대한 인간 반응 단계 구분 : 감지, 진단, 반응
⑤ 착오 진단을 위한 실수확률과 가용시간 간의 관계 모형
⑥ 대수－대수－시간－신뢰도(Log－Log－Time－Reliability) 상관관계 모형

7) 결함수 분석(FTA ; Fault Tree Analysis)

① 복잡한 체계분석에서 결함의 누적 효과를 논리적으로 표현
② 기초결함집합의 영향이 논리적 AND－OR Gate(관문)를 통해 시스템 성패를 명시
③ 발생률뿐만 아니라 위험지속기간의 영향도 고려해야 함

8) Human Error Simulator

(1) Monte Carlo Simulation

① 확률적 모형 필요
② 체계 내의 과도/과소 부하 부문 분석 및 직무의 기간 내 완수 여부 결정
③ 달성 인간 신뢰도 배분, 조기 예측 및 평가를 위한 종합 인간－기계 신뢰 모형
④ 발전소 보전 활동(MAPPS), 미해군 작전 등에 적용

(2) 확정적 모의 실험(HOS ; Human Operator Simulator)

① 인간－기계 조업을 확정적으로 모의실험
② 모수(기억, 습관, 강도 등)들과 성능 출력의 관계 함수

③ 행동개시, 완수 시간, 관련 신체 부위, 관련 표시 및 조종 기능, 행동에 관한 절차를 포함한 Operator의 활동 역사 일지를 출력

④ Time－line과의 유대분석, 체계 평가의 체계효과(Effectiveness) 기준과 비교

5. 결함수분석법(FTA ; Fault Tree Analysis)

1) 정의

시스템의 고장을 논리게이트로 찾아가는 연역적, 정량적 분석기법

(1) 1962년 미국 벨 연구소의 H. A. Watson에 의해 개발된 기법으로 최초에는 미사일 발사사고를 예측하는 데 활용하다 점차 우주선, 원자력산업, 산업안전 분야에 소개

(2) 시스템의 고장을 발생시키는 사상(Event)과 그 원인과의 관계를 논리기호(AND 게이트, OR 게이트 등)를 활용하여 나뭇가지 모양(Tree)의 고장 계통도를 작성하고 이를 기초로 시스템의 고장확률을 구한다.

2) 특징

(1) Top down 형식(연역적)

(2) 정량적 해석기법(컴퓨터 처리 가능)

(3) 논리기호를 사용한 특정 사상에 대한 해석

(4) 서식이 간단해서 비전문가도 짧은 훈련으로 사용할 수 있다.

(5) Human Error의 검출이 어렵다.

3) FTA의 기본적인 가정

(1) 중복사상은 없어야 한다.

(2) 기본사상들의 발생은 독립적이다.

(3) 모든 기본사상은 정상사상과 관련되어 있다.

4) FTA의 기대효과

(1) 사고원인 규명의 간편화

(2) 사고원인 분석의 일반화

(3) 사고원인 분석의 정량화

(4) 노력, 시간의 절감

(5) 시스템의 결함 진단

(6) 안전점검 체크리스트 작성

5) FTA에 사용되는 논리기호 및 사상기호

번호	기호	명칭	설명
1	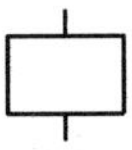	결함사상(사상기호)	개별적인 결함사상
2	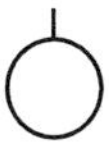	기본사상(사상기호)	더 이상 전개되지 않는 기본사상
3		기본사상(사상기호)	인간의 실수
4	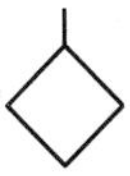	생략사상(최후사상)	정보 부족, 해석기술 불충분으로 더 이상 전개할 수 없는 사상
5		통상사상(사상기호)	통상발생이 예상되는 사상
6	 (IN)	전이기호	FT도 상에서 부분에의 이행 또는 연결을 나타낸다. 삼각형 정상의 선은 정보의 전입을 뜻한다.
7	 (OUT)	전이기호	FT도 상에서 다른 부분에의 이행 또는 연결을 나타낸다. 삼각형 정상의 선은 정보의 전출을 뜻한다.
8	 출력 입력	AND 게이트(논리기호)	모든 입력사상이 공존할 때 출력사상이 발생한다.
9	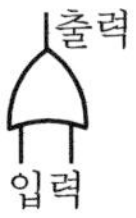 출력 입력	OR 게이트(논리기호)	입력사상 중 어느 하나가 존재할 때 출력사상이 발생한다.
10	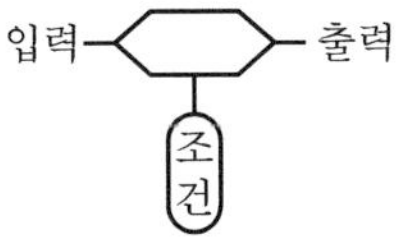 입력 출력 조건	수정게이트	입력사상에 대하여 게이트로 나타내는 조건을 만족하는 경우에만 출력사상이 발생한다.
11	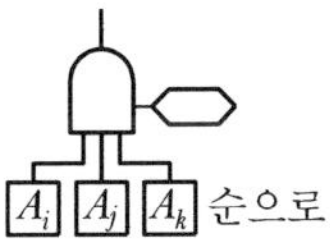 A_i A_j A_k 순으로	우선적 AND 게이트	입력사상 중 어떤 현상이 다른 현상보다 먼저 일어날 경우에만 출력사상이 발생한다.
12	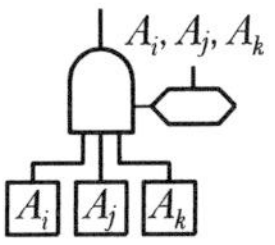 A_i, A_j, A_k A_i A_j A_k	조합 AND 게이트	3개 이상의 입력현상 중 2개가 일어나면 출력현상이 발생한다.

13	동시발생	배타적 OR 게이트	OR 게이트로 2개 이상의 입력이 동시에 존재할 때는 출력사상이 생기지 않는다.
14	위험 지속 시간	위험지속 AND 게이트	입력현상이 생겨서 어떤 일정한 기간이 지속될 때에 출력이 생긴다.
15	동시발생 안한다	배타적 OR 게이트	OR 게이트지만 2개 또는 2 이상의 입력이 동시에 존재하는 경우에는 생기지 않는다.
16	A	부정 게이트 (Not 게이트)	부정 모디파이어(Not modifier)라고도 하며 입력현상의 반대현상이 출력된다.
17	out put(F) P in put	억제 게이트 (Inhibit 게이트)	하나 또는 하나 이상의 입력(Input)이 True이면 출력(Output)이 True가 되는 게이트

6) FTA의 순서 및 작성방법

(1) FTA의 실시순서

① 대상으로 한 시스템 파악
② 정상사상의 선정
③ FT도의 작성과 단순화
④ 정량적 평가
　㉠ 재해발생 확률 목표치 설정
　㉡ 실패 대수 표시
　㉢ 고장발생 확률과 인간에러 확률
　㉣ 재해발생 확률 계산
　㉤ 재검토
⑤ 종결(평가 및 개선권고)

(2) FTA에 의한 재해사례 연구순서(D. R. Cheriton)

(1) Top 사상의 선정
(2) 사상마다의 재해원인 규명
(3) FT도의 작성
(4) 개선계획의 작성

6. 확률사상의 계산

1) 논리곱의 확률(독립사상)

$A(x_1 \cdot x_2 \cdot x_3) = Ax_1 \cdot Ax_2 \cdot Ax_3$

$G_1 = ① \times ② = 0.2 \times 0.1 = 0.02$

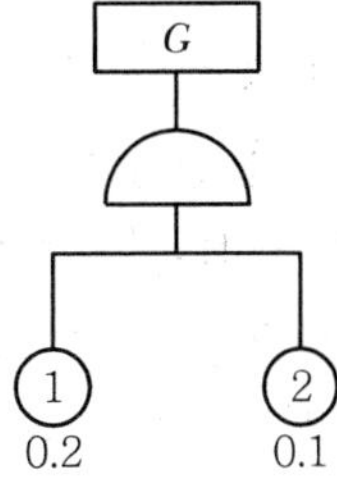

[논리곱의 예]

2) 논리합의 확률(독립사상)

$A(x_1 + x_2 + x_3) = 1 - (1 - Ax_1)(1 - Ax_2)(1 - Ax_3)$

3) 불 대수의 법칙

(1) 동정법칙 : $A + A = A,\ AA = A$

(2) 교환법칙 : $AB = BA,\ A + B = B + A$

(3) 흡수법칙 : $A(AB) = (AA)B = AB$

$A + AB = A \cup (A \cap B) = (A \cup A) \cap (A \cup B) = A \cap (A \cup B) = A$

$\overline{A \cdot B} = \overline{A} + \overline{B}$

(4) 분배법칙 : $A(B + C) = AB + AC,\ A + (BC) = (A + B) \cdot (A + C)$

(5) 결합법칙 : $A(BC) = (AB)C,\ A + (B + C) = (A + B) + C$

4) 드 모르간의 법칙

(1) $\overline{A + B} = \overline{A} \cdot \overline{B}$

(2) $A + \overline{A} \cdot B = A + B$

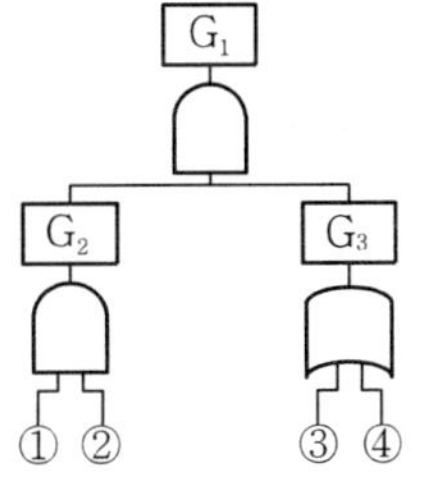

①의 발생확률 : 0.3
②의 발생확률 : 0.4
③의 발생확률 : 0.3
④의 발생확률 : 0.5

[FTA의 분석 예]

$G_1 = G_2 \times G_3$

$= ① \times ② \times [1-(1-③)(1-④)]$

$= 0.3 \times 0.4 \times [1-(1-0.3)(1-0.5)] = 0.078$

5) 미니멀 컷셋과 미니멀 패스셋

(1) 컷셋과 미니멀 컷셋 : 컷이란 그 속에 포함되어 있는 모든 기본사상이 일어났을 때 정상사상을 일으키는 기본사상의 집합을 말하며, 미니멀 컷셋은 정상사상을 일으키기 위해 필요한 최소한의 컷을 말한다. 즉 미니멀 컷셋은 컷셋 중에 타 컷셋을 포함하고 있는 것을 배제하고 남은 컷셋들을 의미한다.(시스템의 위험성 또는 안전성을 말함)

(2) 패스셋과 미니멀 패스셋 : 패스란 그 속에 포함되어 있는 기본사상이 일어나지 않을 때 처음으로 정상사상이 일어나지 않는 기본사상의 집합으로서 미니멀 패스셋은 그 필요한 최소한의 컷을 말한다.(시스템의 신뢰성을 말함)

6) 미니멀 컷셋 산정법

(1) 정상사상에서 차례로 하단의 사상으로 치환하면서 AND 게이트는 가로로, OR 게이트는 세로로 나열한다.

(2) 중복사상이나 컷을 제거하면 미니멀 컷셋이 된다.

$$T = A_1 \cdot A_2 = (X_1 \cdot X_2) \cdot A_2 = \begin{matrix} X_1\,X_2\,X_3 \\ X_1\,X_2\,X_4 \end{matrix}$$

즉, 컷셋은 $(X_1\,X_2\,X_3)$, $(X_1\,X_2\,X_4)$이며, 미니멀 컷셋은 $(X_1\,X_2\,X_3)$, $(X_1\,X_2\,X_4)$ 중 1개이다.

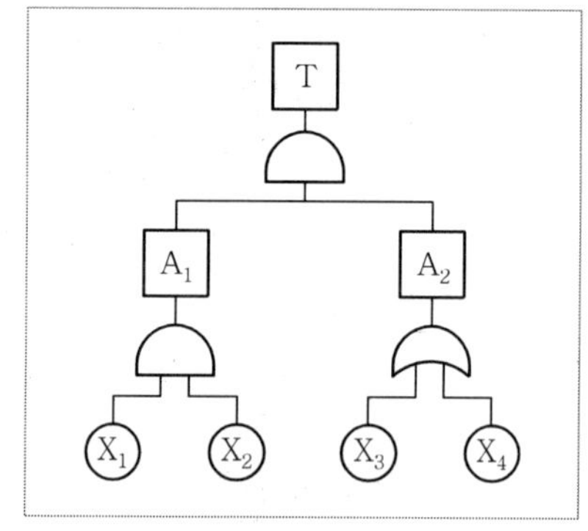

미니멀 컷셋의 예

$$T = A \cdot B = \begin{matrix} X_1 \\ X_2 \end{matrix} \cdot B = \begin{matrix} X_1\,X_1\,X_3 \\ X_1\,X_2\,X_3 \end{matrix}$$

즉, 컷셋은 $(X_1\,X_3)$, $(X_1\,X_2\,X_3)$이며, 미니멀 컷셋은 $(X_1\,X_3)$이다.

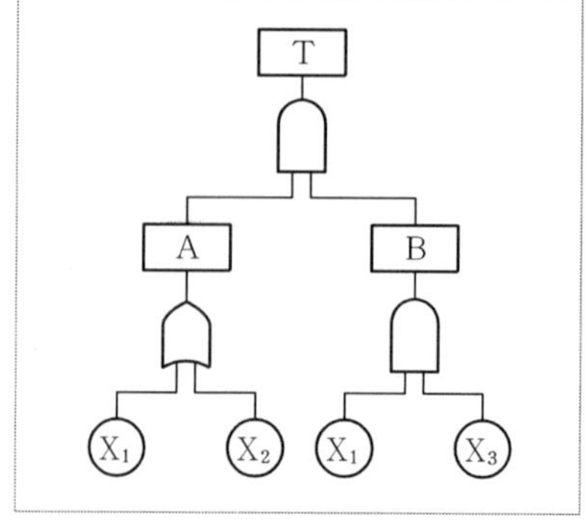

$$T = A \cdot B = \frac{X_1}{X_2} \cdot B = \frac{X_1\, X_1\, X_2}{X_2\, X_1\, X_2}$$

즉, 컷셋 및 미니멀 컷셋 모두 $(X_1\, X_2)$이다.

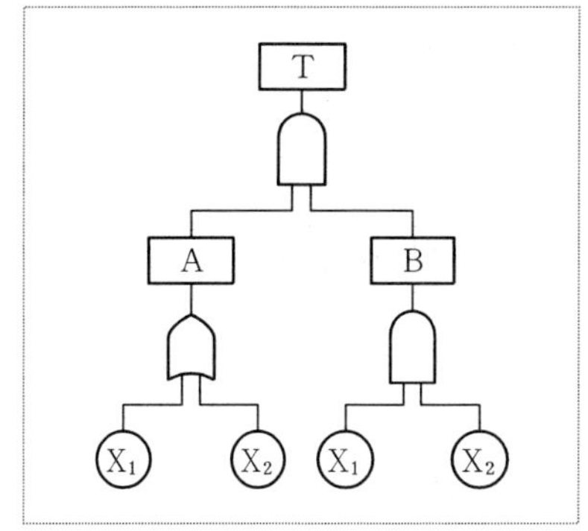

$$T = A \cdot B = \frac{X_1}{X_2} \cdot B = \frac{X_1\, X_3\, X_4}{X_2\, X_3\, X_4}$$

즉, 컷셋은 $(X_1\, X_3\, X_4)(X_2\, X_3\, X_4)$, 미니멀 컷셋은 $(X_1\, X_3\, X_4)$ 또는 $(X_2\, X_3\, X_4)$ 중 1개이다.

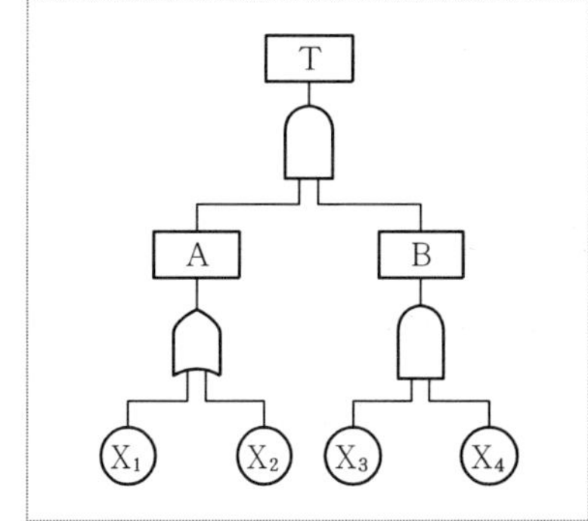

SECTION 02 착오와 실수

1. 산업안전심리의 5대 요소

1) 동기(Motive)

능동력은 감각에 의한 자극에서 일어나는 사고의 결과로서 사람의 마음을 움직이는 원동력

2) 기질(Temper)

인간의 성격, 능력 등 개인적인 특성을 말하는 것으로 생활환경에 영향을 받는다.

3) 감정(Emotion)

희로애락의 의식

4) 습성(Habits)

동기, 기질, 감정 등이 밀접한 관계를 형성하여 인간의 행동에 영향을 미칠 수 있도록 하는 것

5) 습관(Custom)

자신도 모르게 습관화된 현상을 말하며 습관에 영향을 미치는 요소는 동기, 기질, 감정, 습성이다.

2. 착오

1) 착오의 종류

(1) 위치착오
(2) 순서착오
(3) 패턴의 착오
(4) 기억의 착오
(5) 형(모양)의 착오

2) 착오의 원인

(1) 심리적 능력한계
(2) 감각차단현상
(3) 정보량의 저장한계

3. 착시

물체의 물리적인 구조가 인간의 감각기관인 시각을 통해 인지한 구조와 일치되지 않게 보이는 현상

학설	그림	현상
Zoller의 착시		세로의 선이 굽어보인다.
Orbigon의 착시		안쪽 원이 찌그러져 보인다.
Sander의 착시		두 점선의 길이가 다르게 보인다.
Ponzo의 착시		두 수평선부의 길이가 다르게 보인다.
Müler－Lyer의 착시	(a) (b)	a가 b보다 길게 보인다. 실제는 a＝b이다.
Helmholz의 착시	(a) (b)	a는 세로로 길어 보이고, b는 가로로 길어 보인다.
Hering의 착시	(a) (b)	a는 양단이 벌어져 보이고, b는 중앙이 벌어져 보인다.
Köhler의 착시 (윤곽착오)		평형의 호를 본 후 즉시 직선을 본 경우에 직선은 호의 반대방향으로 굽어보인다.
Poggendorf의 착시	(a) (c) (b)	a와 c가 일직선으로 보인다. 실제는 a와 b가 일직선이다.

4. 착각현상

착각은 물리현상을 왜곡하는 지각현상을 말한다.(인간의 노력으로 고칠 수 있는 것이 아님)

1) 자동운동 : 암실 내에서 정지된 작은 광점을 응시하면 움직이는 것처럼 보이는 현상
2) 유도운동 : 실제로는 정지한 물체가 어느 기준물체의 이동에 따라 움직이는 것처럼 보이는 현상
3) 가현운동 : 영화처럼 물체가 빨리 나타나거나 사라짐으로 인해 운동하는 것처럼 보이는 현상

10장 산업안전심리

PROFESSIONAL ENGINEER ERGONOMICS

산업심리 개념 및 요소

1. 산업심리의 개요

산업심리란 산업활동에 종사하는 인간의 문제 특히, 산업현장 근로자들의 심리적 특성 그리고 이와 연관된 조직의 특성 등을 연구 · 고찰 · 해결하려는 응용심리학의 한 분야로 산업 및 조직심리학(Industrial and Organizational Psychology)이라 불리기도 한다.

산업심리의 주요한 영역으로는 선발과 배치, 인간공학, 노동과학, 안전관리학, 교육과 개발 등이 있다.

2. 심리검사의 종류

1) 직업적성

(1) 기계적 적성 : 기계작업에 성공하기 쉬운 특성

① 손과 팔의 솜씨

② 공간 시각화

③ 기계적 이해

(2) 사무적 적성

2) 적성검사의 종류

(1) 계산에 의한 검사 : 계산검사, 기록검사, 수학응용검사

(2) 시각적 판단검사 : 형태비교검사, 입체도 판단검사, 언어식별검사, 평면도판단검사, 명칭판단검사, 공구판단검사

(3) 운동능력검사(Motor Ability Test)

① 추적(Tracing) : 아주 작은 통로에 선을 그리는 것

② 두드리기(Tapping) : 가능한 빨리 점을 찍는 것

③ 점찍기(Dotting) : 원 속에 점을 빨리 찍는 것

④ 복사(Copying) : 간단한 모양을 베끼는 것

⑤ 위치(Location) : 일정한 점들을 이어 크거나 작게 변형

⑥ 블록(Blocks) : 그림의 블록 개수 세기

⑦ 추적(Pursuit) : 미로 속의 선 따라가기

(4) 정밀도검사(정확성 및 기민성) : 교환검사, 회전검사, 조립검사, 분해검사

(5) 안전검사 : 건강진단, 실시시험, 학과시험, 감각기능검사, 전직조사 및 면접

(6) 창조성검사(상상력을 발동시켜 창조성 개발능력을 점검하는 검사)

(7) 직무적성도 판단검사 : 설문지법, 색채법, 설문지에 의한 컴퓨터 방식

3. 산업안전 심리의 요소(심리검사의 구비 요건)

1) 표준화

검사의 관리를 위한 조건, 절차의 일관성과 통일성에 대한 심리검사의 표준화가 마련되어야 한다. 검사의 재료, 검사받는 시간, 피검자에게 주어지는 지시, 피검자의 질문에 대한 검사자의 처리, 검사 장소 및 분위기까지도 모두 통일되어 있어야 한다.

2) 타당도

측정하고자 하는 것을 실제로 잘 측정하는지의 여부를 판별하는 것. 특정한 시기에 모든 근로자를 검사하고, 그 검사 점수와 근로자의 직무평정 척도를 상호 연관시키는 예측 타당성을 갖추어야 한다.

(1) 구인 타당도(Construct Validity) : 검사도구가 측정하고자 하는 개념이나 이론을 제대로 측정하고 있는지에 대한 타당도이다.

(2) 내용 타당도(Content Validity) : 검사가 다루고 있는 주제를 그 검사 내용의 측면에서 상세히 분석하여 타당도를 얻는 것. 밝혀진 각 내용 영역에서 대표적인 질문들을 뽑고, 그 질문들을 검사해서 얼마나 적합한지를 살피고 측정하는 과정을 거쳐서 본 검사 내용이 어느 정도 타당한지 그 정도를 나타내는 말이다.

3) 신뢰도

한 집단에 대한 검사응답의 일관성을 말하는 신뢰도를 갖추어야 한다. 검사를 동일한 사람에게 실시했을 때 '검사조건이나 시기에 관계없이 얼마나 점수들이 일관성이 있는가, 비슷한 것을 측정하는 검사점수와 얼마나 일관성이 있는가' 하는 것 등

4) 객관도 : 채점이 객관적인 것을 의미

5) 실용도 : 실시가 쉬운 검사

인간관계와 활동

1. 인간관계

1) 인간관계 관리방식

(1) 종업원의 경영참여기회 제공 및 자율적인 협력체계 형성
(2) 종업원의 윤리경영의식 함양 및 동기부여

2) 테일러(Taylor) 방식

(1) 시간과 동작연구(Motion Time Study)를 통해 인간의 노동력을 과학적으로 분석하여 생산성 향상에 기여
(2) 부정적 측면
① 개인차 무시 및 인간의 기계화
② 단순하고 반복적인 직무에 한해서만 적정

3) 호손(Hawthorne)의 실험

(1) 미국 호손공장에서 실시된 실험으로 종업원의 인간성을 과학적으로 연구한 실험
(2) 물리적인 조건(조명, 휴식시간, 근로시간 단축, 임금 등)이 생산성에 영향을 주는 것이 아니라 인간관계가 절대적인 요소로 작용함을 강조

4) 집단에서 개인이 나타낼 수 있는 사회행동의 형태

(1) 협력 : 협조나 조력, 분업 등을 통하여 힘을 하나로 모으는 것
(2) 대립관계에서의 공격 : 상대방을 가해하거나 압도하여 어떤 목적을 달성하려고 하는 것
(3) 대립관계에서의 경쟁 : 같은 목적에 관하여 서로 겨루어 상대방보다 빨리 도달하고자 하는 것
(4) 융합 : 상반되는 목표가 강제, 타협, 통합에 의하여 하나가 되는 것
(5) 도피와 고립 : 자기가 소속된 인간관계에서 이탈하는 것

5) 집단의 효과

(1) 동조효과 : 집단의 압력에 의해, 다수의 의견을 따르게 되는 현상
(2) 시너지 효과(상승효과)
(3) 청중효과(Audience Effect) : 다른 사람이 존재함으로써 개인의 과제수행이 촉진되는 것

6) 직장에서의 인간관계 유형

(1) 화합응집형 : 구성원들이 서로 긍정적 감정과 친밀감을 지니는 동시에 직장에 대한 소속감과 단결력이 높은 경우로 이런 유형의 직장에는 구성원들의 정서적 관계를 중시하는 지도력 있는 상사가 있는 경우가 대부분이다.

(2) 대립분리형 : 구성원들이 서로 적대시하는 두 개 이상의 하위집단으로 분리되어 있는 경우. 하위집단 간에는 서로 반목하지만 하위집단 내에서는 서로 친밀감을 지니며 응집력도 높다.

(3) 화합분산형 : 직장구성원 간에는 비교적 호의적인 관계가 유지되지만 직장에 대한 응집력이 미약한 경우

(4) 대립분산형 : 직장구성원 간의 감정적 갈등이 심하며 직장의 인간관계에 구심점이 없는 경우

2. 인간관계 메커니즘

1) 동일화(Identification)

다른 사람의 행동양식이나 태도를 투입시키거나 다른 사람 가운데서 자기와 비슷한 점을 발견하는 것

2) 투사(Projection)

자기 속의 억압된 것을 다른 사람의 것으로 생각하는 것

3) 커뮤니케이션(Communication)

갖가지 행동양식이나 기호를 매개로 하여 어떤 사람으로부터 다른 사람에게 전달하는 과정

• 커뮤니케이션 개선 방안 : 제안제도, 고충처리제도, 인사상담제도

4) 모방(Imitation)

남의 행동이나 판단을 표본으로 하여 그것과 같거나 또는 그것에 가까운 행동 또는 판단을 취하는 것

5) 암시(Suggestion)

다른 사람으로부터의 판단이나 행동을 무비판적으로 논리적 · 사실적 근거 없이 받아들이는 것

3. 집단행동

1) 통제가 있는 집단행동(규칙이나 규율이 존재)

(1) 관습 : 풍습(Folkways), 예의(Ritual), 금기(Taboo) 등으로 나누어짐

(2) 제도적 행동(Institutional Behavior) : 합리적으로 성원의 행동을 통제하고 표준화함으로써 집단의 안정을 유지하려는 것

(3) 유행(Fashion) : 공통적인 행동양식이나 태도 등을 말함

2) 통제가 없는 집단행동(성원의 감정, 정서에 의해 좌우되고 연속성이 희박)

(1) 군중(Crowd) : 성원 사이에 지위나 역할의 분화가 없고 성원 각자는 책임감을 가지지 않으며 비판력도 가지지 않는다.

(2) 모브(Mob) : 폭동과 같은 것을 말하며 군중보다 합의성이 없고 감정에 의해 행동하는 것

(3) 패닉(Panic) : 모브가 공격적인 데 반해 패닉은 방어적인 특징이 있음

(4) 심리적 전염(Mental Epidemic) : 어떤 사상이 상당 기간에 걸쳐 광범위하게 논리적 근거 없이 무비판적으로 받아들여지는 것

3) 집단 간 갈등

집단 간 갈등의 원인으로는 집단 간 목표 차이, 집단 간 의견 차이, 한정된 자원 등이 있을 수 있다. 집단 간 갈등을 해소하기 위해서는 집단 간의 갈등 문제보다 상위의 목표를 제시함으로써 갈등을 협동관계로 바꿀 수 있다. 또한 직무순환 등의 방법은 상대 집단에서 문제를 바라보게 함으로써 집단 간 견해 차이를 줄일 수 있다. 한정된 자원의 문제는 자원을 늘리는 방법으로 갈등을 줄일 수 있다.

03 SECTION 직업적성과 인사심리

1. 직업적성의 분류

1) 기계적 적성

기계작업에 성공하기 쉬운 특성

(1) 손과 팔의 솜씨

신속하고 정확한 능력

(2) 공간 시각화

형상, 크기의 판단능력

(3) 기계적 이해

공간시각능력, 지각속도, 경험, 기술적 지식 등 복합적 인자가 합쳐져 만들어진 적성

2) 사무적 적성

(1) 지능
(2) 지각속도
(3) 정확성

2. 적성검사의 종류

1) 시각적 판단검사
2) 정확도 및 기민성 검사(정밀성 검사)
3) 계산에 의한 검사
4) 속도에 의한 검사

3. 적성 발견 방법

1) 자기 이해

자신의 것으로 인지하고 이해하는 방법

2) 개발적 경험

직장경험, 교육 등을 통한 자신의 능력 발견 방법

3) 적성검사

(1) 특수 직업 적성검사

특수 직무에서 요구되는 능력 유무 검사

(2) 일반 직업 적성검사

어느 직업분야의 적성을 알기 위한 검사

4. 인사관리의 중요한 기능

1) 조직과 리더십(Leadership)
2) 선발(적성검사 및 시험)
3) 배치
4) 작업분석과 업무평가
5) 상담 및 노사 간의 이해
6) 직무분석 : 조직에서 특정 직무에 적합한 사람을 선발하기 위해 어떤 특성이 필요한지를 파악하기 위해 직무를 조사하는 활동
   (1) 직무분석 방법
      ① 면접법
      ② 관찰법
      ③ 설문지법
   (2) 직무분석을 통해 얻은 정보의 활용
      ① 인사선발
      ② 교육 및 훈련
      ③ 배치 및 경력개발
7) 직무평가 : 조직 내에서 각 직무마다 임금수준을 결정하기 위해 직무들의 상대적 가치를 조사하는 것

5. 적성배치의 효과

1) 근로의욕 고취
2) 재해의 예방
3) 근로자 자신의 자아실현
4) 생산성 및 능률 향상

6. 적성배치에서 고려할 기본사항

1) 적성검사를 실시하여 개인의 능력을 파악한다.
2) 직무평가를 통하여 자격수준을 정한다.
3) 객관적인 감정 요소에 따른다.
4) 인사관리의 기준원칙을 고수한다.

04 SECTION 인간행동 성향 및 행동과학

1. 인간의 일반적인 행동특성

1) 레빈(Lewin · K)의 법칙

레빈은 인간의 행동(B)은 그 사람이 가진 자질, 즉 개체(P)와 심리적 환경(E)의 상호함수관계에 있다고 하였다.

$$B = f(P \cdot E)$$

여기서, B : Behavior(인간의 행동)
f : function(함수관계)
P : Person(개체 : 연령, 경험, 심신상태, 성격, 지능 등)
E : Environment(심리적 환경 : 인간관계, 작업환경 등)

2) 인간의 심리

(1) 간결성의 원리 : 최소에너지로 빨리 가려고 함(생략행위)
(2) 주의의 일점집중현상 : 어떤 돌발사태에 직면했을 때 멍한 상태
(3) 억측판단(Risk Taking) : 위험을 부담하고 행동으로 옮김(예 신호등이 녹색에서 적색으로 바뀌어도 차가 움직이기까지 아직 시간이 있다고 생각하여 건널목을 건넜을 경우)

3) 억측판단이 발생하는 배경

(1) 희망적인 관측 : '그때도 그랬으니까 괜찮겠지'하는 관측
(2) 정보나 지식의 불확실 : 위험에 대한 정보의 불확실 및 지식의 부족
(3) 과거의 선입관 : 과거에 그 행위로 성공한 경험의 선입관
(4) 초조한 심정 : 일을 빨리 끝내고 싶은 초조한 심정

4) 작업자가 작업 중 실수나 과오로 사고를 유발시키는 원인

(1) 능력부족
① 부적당한 개성
② 지식의 결여
③ 인간관계의 결함

(2) 주의부족
① 개성

② 감정의 불안정

③ 습관성

(3) 환경조건 부적합

① 각종의 표준불량

② 작업조건 부적당

③ 계획불충분

④ 연락 및 의사소통 불충분

⑤ 불안과 동요

2. 사회행동의 기초

1) 적응의 개념

적응이란 개인의 심리적 요인과 환경적 요인이 작용하여 조화를 이룬 상태. 일반적으로 유기체가 장애를 극복하고 욕구를 충족하기 위해 변화시키는 활동뿐만 아니라 신체적 · 사회적 환경과 조화로운 관계를 수립하는 것

2) 부적응

사람들은 누구나 자기의 행동이나 욕구, 감정, 사상 등이 사회의 요구 · 규범 · 질서에 비추어 용납되지 않을 때는 긴장, 스트레스, 압박, 갈등이 일어나는데 대인관계나 사회생활에 조화를 잘 이루지 못하는 행동이나 상태를 부적응 또는 부적응 상태라 이른다.

(1) 부적응의 현상

능률저하, 사고, 불만 등

(2) 부적응의 원인

① 신체 장애 : 감각기관 장애, 지체부자유, 허약, 언어 장애, 기타 신체상의 장애

② 정신적 결함 : 지적 우수, 지적 지체, 정신이상, 성격결함 등

③ 가정 · 사회환경의 결함 : 가정환경 결함, 사회 · 경제적 · 정치적 조건의 혼란과 불안정 등

3) 인간의 의식 Level별 신뢰성

단계	의식의 상태	신뢰성	의식의 작용
Phase 0	무의식, 실신	0	없음
Phase Ⅰ	의식의 둔화	0.9 이하	부주의
Phase Ⅱ	이완상태	0.99~0.99999	마음이 안쪽으로 향함(Passive)
Phase Ⅲ	명료한 상태	0.99999 이상	전향적(Active)
Phase Ⅳ	과긴장 상태	0.9 이하	한 점에 집중, 판단 정지

3. 동기부여

동기부여란 동기를 불러일으키게 하고 일어난 행동을 유지시켜 일정한 목표로 이끌어 가는 과정을 말한다.

1) 매슬로(MASLOW)의 욕구단계이론

(1) 생리적 욕구(제1단계) : 기아, 갈증, 호흡, 배설, 성욕 등

(2) 안전의 욕구(제2단계) : 안전을 기하려는 욕구

(3) 사회적 욕구(제3단계) : 소속 및 애정에 대한 욕구(친화 욕구)

(4) 자기존경의 욕구(제4단계) : 자기존경의 욕구로 자존심, 명예, 성취, 지위에 대한 욕구(승인의 욕구)

(5) 자아실현의 욕구(성취욕구)(제5단계) : 잠재적인 능력을 실현하고자 하는 욕구(성취욕구)

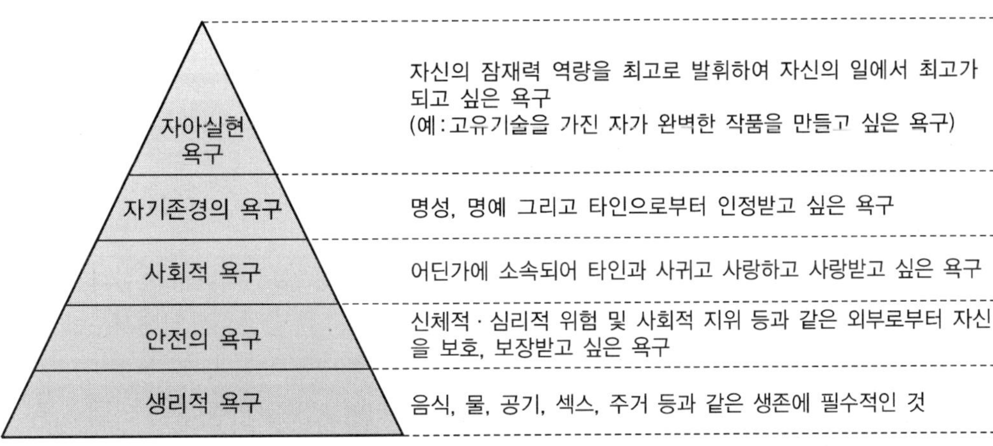

2) 알더퍼(Alderfer)의 ERG 이론

(1) E(Existence) : 존재의 욕구

생리적 욕구나 안전욕구와 같이 인간이 자신의 존재를 확보하는 데 필요한 욕구이다. 또한 여기에는 급여, 성과급, 육체적 작업에 대한 욕구 그리고 물질적 욕구가 포함된다.

(2) R(Relation) : 관계 욕구

개인이 주변사람들(가족, 감독자, 동료작업자, 하위자, 친구 등)과 상호작용을 통하여 만족을 추구하고 싶어하는 욕구로서 매슬로 욕구단계 중 사회적 욕구에 속한다.

(3) G(Growth) : 성장 욕구

매슬로의 자기 존경의 욕구와 자아실현의 욕구를 포함하는 것으로서, 개인의 잠재력 개발과 관련되는 욕구이다. ERG 이론에 따르면 경영자가 종업원의 고차원 욕구를 충족시켜야 하는 것은 동기부여를 위해서만이 아니라 발생할 수 있는 직 · 간접비용을 절감한다는 차원에서도 중요하다.

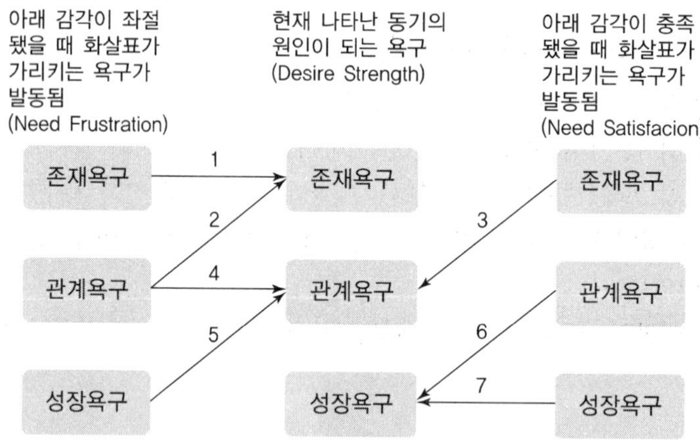

[ERG 이론의 작동원리]

3) 맥그리거(Mcgregor)의 X이론과 Y이론

(1) X이론에 대한 가정

① 원래 종업원들은 일하기 싫어하며 가능하면 일하는 것을 피하려고 한다.
② 종업원들은 일하는 것을 싫어하므로 바람직한 목표를 달성하기 위해서는 그들을 통제하고 위협하여야 한다.
③ 종업원들은 책임을 회피하고 가능하면 공식적인 지시를 바란다.
④ 인간은 명령되는 쪽을 좋아하며 무엇보다 안전을 바라고 있다는 인간관

⇒ X이론에 대한 관리 처방

㉠ 경제적 보상체계의 강화　　㉡ 권위주의적 리더십의 확립
㉢ 면밀한 감독과 엄격한 통제　㉣ 상부책임제도의 강화
㉤ 통제에 의한 관리

(2) Y이론에 대한 가정

① 종업원들은 일하는 것을 놀이나 휴식과 동일한 것으로 볼 수 있다.
② 종업원들은 조직의 목표에 관여하는 경우에 자기지향과 자기통제를 행한다.
③ 보통 인간들은 책임을 수용하고 심지어는 구하는 것을 배울 수 있다.
④ 작업에서 몸과 마음을 구사하는 것은 인간의 본성이라는 인간관
⑤ 인간은 조건에 따라 자발적으로 책임을 지려고 한다는 인간관
⑥ 매슬로의 욕구체계 중 자기실현의 욕구에 해당한다.

⇒ Y이론에 대한 관리 처방

㉠ 민주적 리더십의 확립　　㉡ 분권화와 권한의 위임
㉢ 직무 확장　　㉣ 자율적인 통제

4) 허즈버그(Herzberg)의 2요인 이론(위생요인, 동기요인)

(1) 위생요인(Hygiene)

작업조건, 급여, 직무환경, 감독 등 일의 조건, 보상에서 오는 욕구(충족되지 않을 경우 조직의 성과가 떨어지나, 충족되었다고 성과가 향상되지 않음)

(2) 동기요인(Motivation)

책임감, 성취 인정, 개인발전 등 일 자체에서 오는 심리적 욕구(충족될 경우 조직의 성과가 향상되며 충족되지 않아도 성과가 떨어지지 않음)

(3) 허즈버그(Herzberg)의 일을 통한 동기부여 원칙

① 직무에 따라 자유와 권한 부여
② 개인적 책임이나 책무를 증가시킴
③ 더욱 새롭고 어려운 업무수행을 하도록 과업 부여
④ 완전하고 자연스러운 작업단위를 제공
⑤ 특정의 직무에 전문가가 될 수 있도록 전문화된 임무를 배당

(4) 허즈버그(Herzberg)가 제시한 직무충실(Job Enrichment)의 원리

① 자신의 일에 대해서 책임을 더 지도록 한다.
② 직무에서 자유를 제공하기 위하여 부가적 권위를 부여한다.
③ 전문가가 될 수 있도록 전문화된 과제들을 부과한다.
④ 완전하고 자연스러운 작업 단위를 제공한다.
⑤ 여러 가지 규제를 제거하여 개인적 책임감을 증대시킨다.

| 동기부여에 관한 이론들의 비교 |

<table>
<tr><th>매슬로(MASLOW)의
욕구단계이론</th><th>알더퍼(Alderfer)의
ERG 이론</th><th>허즈버그(Herzberg)의
2요인 이론</th><th>맥그리거(Mcgreger)의
X, Y이론</th></tr>
<tr><td>자아실현의 욕구
(제5단계)</td><td rowspan="2">G(Growth) :
성장욕구</td><td rowspan="2">동기요인
(Motivation)</td><td rowspan="2">Y이론</td></tr>
<tr><td>자기존경의 욕구
(제4단계)</td></tr>
<tr><td>사회적 욕구(제3단계)</td><td>R(Relation) :
관계욕구</td><td rowspan="3">위생요인
(Hygiene)</td><td rowspan="3">X이론</td></tr>
<tr><td>안전의 욕구(제2단계)</td><td rowspan="2">E(Existence) :
존재의 욕구</td></tr>
<tr><td>생리적 욕구(제1단계)</td></tr>
</table>

5) 데이비스(K. Davis)의 동기부여 이론

(1) 지식(Knowledge)×기능(Skill)＝능력(Ability)
(2) 상황(Situation)×태도(Attitude)＝동기유발(Motivation)
(3) 능력(Ability)×동기유발(Motivation)＝인간의 성과(Human Performance)
(4) 인간의 성과×물질적 성과＝경영의 성과

6) 작업동기와 직무수행과의 관계 및 수행과정에서 느끼는 직무 만족의 내용을 중심으로 하는 이론

(1) 콜만의 일관성 이론 : 자기존중을 높이는 사람은 더 높은 성과를 올리며 일관성을 유지하여 사회적으로 존경받는 직업을 선택
(2) 브룸의 기대이론 : 기대(Expectancy), 도구성(Instrumentality), 유인도(Valence)의 3가지 요소의 값이 각각 최댓값이 되면 최대의 동기부여가 된다는 이론
(3) 록크의 목표설정 이론 : 인간은 이성적이며 의식적으로 행동한다는 가정에 근거한 동기이론

[종업원의 동기부여와 관련된 목표설정이론]

① 구체적인 목표를 주는 것이 좋다.
② 피드백이 중요하다.
③ 목표설정과정에서 종업원의 참여가 중요하다.

[효과적인 목표의 특징]

① 목표는 측정 가능해야 한다.
② 목표는 구체적이어야 한다.
③ 목표는 그 달성에 필요한 시간의 제한을 명시해야 한다.

7) 아담스(Adams)의 공정성 이론

인간은 자신과 타인의 투입된 노력과 산출을 비교하여 그 비가 서로 공정해지는 방향으로 동기부여가 되고 행동한다는 것이다. 즉, 작업동기는 입력 대비 산출결과가 적을 때 나타난다.

$$자신\left(\frac{산출(Output)}{입력(Input)}\right)=타인\left(\frac{산출(Output)}{입력(Input)}\right)$$

(1) 입력(Input) : 일반적인 자격, 교육수준, 노력 등을 의미한다.
(2) 산출(Output) : 봉급, 지위, 기타 부가 급부 등을 의미한다.
(3) 공정성이나 불공정성은 자신이 일에 투자하는 투입과 그로부터 얻어내는 결과의 비율을 타인이나 타 집단의 투입에 대한 결과의 비율과 비교하면서 발생한다는 개념이다.

8) 안전에 대한 동기유발방법

(1) 안전의 근본이념을 인식시킨다.
(2) 상과 벌을 준다.
(3) 동기유발의 최적수준을 유지한다.
(4) 목표를 설정한다.
(5) 결과를 알려준다.
(6) 경쟁과 협동을 유발시킨다.

4. 주의와 부주의

1) 주의의 특성

(1) 선택성(소수의 특정한 것에 한한다.)

인간은 어떤 사물을 기억하는 데에 3단계의 과정을 거친다.

첫 번째 단계는 감각보관(Sensory Storage)으로 시각적인 잔상(殘像)과 같이 자극이 사라진 후에도 감각기관에 그 자극감각이 잠시 지속되는 것을 말한다.
두 번째 단계는 단기기억(Short－Term Memory)으로 누구에게 전해야 할 메시지를 잠시 기억하는 것처럼 관련 정보를 잠시 기억하는 것인데, 감각보관으로부터 정보를 암호화하여 단기기억으로 이전하기 위해서는 인간이 그 과정에 주의를 집중해야 한다.
세 번째 단계인 장기기억(Long－Term Memory)은 단기기억 내의 정보를 의미론적으로 암호화하여 보관하는 것이다.

인간의 정보처리능력은 한계가 있으므로 모든 정보가 단기기억으로 입력될 수는 없다. 따라서 입력정보들 중 필요한 것만을 골라내는 기능을 담당하는 선택여과기(Selective

Filter)가 있는 셈인데, 브로드벤트(Broadbent)는 이러한 주의의 특성을 선택적 주의(Selective Attention)라 하였다.

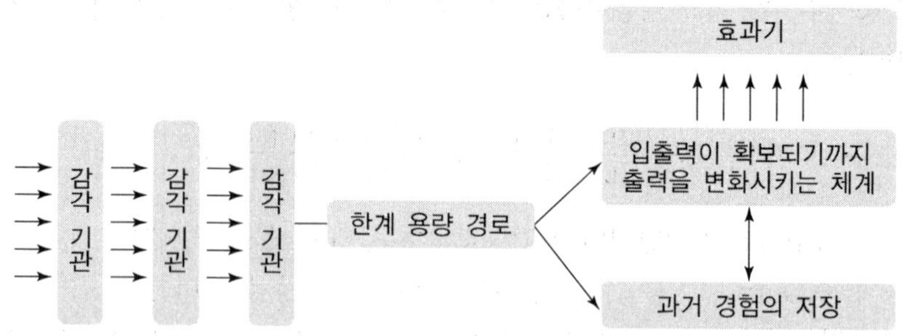

[Broadbent의 선택적 주의 모형]

(2) 방향성(시선의 초점이 맞았을 때 쉽게 인지된다.)

주의의 초점에 합치된 것은 쉽게 인식되지만 초점으로부터 벗어난 부분은 무시되는 성질을 말하는데, 얼마나 집중하였느냐에 따라 무시되는 정도도 달라진다.

정보를 입수할 때에 중요한 정보의 발생방향을 선택하여 그곳으로부터 중점적인 정보를 입수하고 그 이외의 것을 무시하는 이러한 주의의 특성을 집중적 주의(Focused Attention)라고도 한다.

(3) 변동성(인간은 한 점에 계속하여 주의를 집중할 수는 없다.)

주의를 계속하는 사이에 언제인가 자신도 모르게 다른 일을 생각하게 된다. 이것을 다른 말로 '의식의 우회'라고 표현하기도 한다.

대체적으로 변화가 없는 한 가지 자극에 명료하게 의식을 집중할 수 있는 시간은 불과 수초에 지나지 않고, 주의집중 작업 혹은 각성을 요하는 작업(Vigilance Task)은 30분을 넘어서면 작업성능이 50% 이하로 현저하게 저하한다.

아래 그림에서 주의가 외향(外向) 혹은 전향(前向)이라는 것은 인간의 의식이 외부사물을 관찰하는 등 외부정보에 주의를 기울이고 있을 때이고, 내향(內向)이라는 것은 자신이 사고(思考)나 사색에 잠기는 등 내부의 정보처리에 주의집중하고 있는 상태를 말한다.

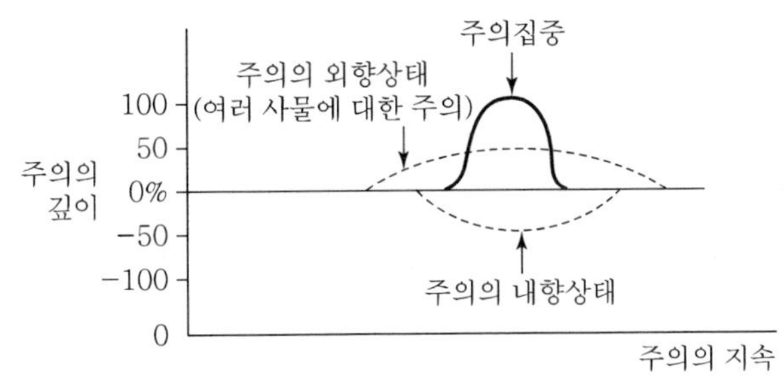

[주의집중의 도식화]

2) 부주의 원인

(1) 의식의 우회

의식의 흐름이 옆으로 빗나가 발생하는 것(걱정, 고민, 욕구불만 등에 의하여 정신을 빼앗기는 것)

(2) 의식수준의 저하

혼미한 정신상태에서 심신이 피로할 경우나 단조로운 반복작업 등의 경우에 일어나기 쉬움

(3) 의식의 단절

지속적인 의식의 흐름에 단절이 생기고 공백의 상태가 나타나는 것. 주로 질병의 경우에 나타남

(4) 의식의 과잉

지나친 의욕에 의해서 생기는 부주의 현상(일점 집중현상)

(5) 부주의 발생원인 및 대책

① 내적 원인 및 대책

㉠ 소질적 조건 : 적성배치

㉡ 경험 및 미경험 : 교육

㉢ 의식의 우회 : 상담

② 외적 원인 및 대책

㉠ 작업환경조건 불량 : 환경정비

㉡ 작업순서의 부적당 : 작업순서정비

3) ECR(Error Cause Removal) 제안제도

작업자 스스로가 자기의 부주의 또는 제반 오류의 원인을 생각함으로써 개선을 하도록 하는 제도

ECR 제안제도에서 실수 및 과오의 3대 원인은 다음과 같다.

① 능력부족 : 적성의 부적합, 지식의 부족, 기능의 미숙

② 주의부족 : 개성, 감정의 불안정, 습관성

③ 환경조건 : 표준 불량, 계획불충분, 작업조건 불량

11장 리더십

PROFESSIONAL ENGINEER ERGONOMICS

01 SECTION 리더십의 개요

1. 리더십의 유형

1) 리더십의 정의

(1) 집단목표를 위해 스스로 노력하도록 사람에게 영향력을 행사한 활동
(2) 어떤 특정한 목표달성을 지향하고 있는 상황에서 행사되는 대인 간의 영향력
(3) 공통된 목표달성을 지향하도록 사람에게 영향을 미치는 것

2) 리더십의 유형

(1) 선출방식에 의한 분류

① 헤드십(Headship) : 집단 구성원이 아닌 외부에 의해 선출(임명)된 지도자로 권한을 행사한다.
② 리더십(Leadership) : 집단 구성원에 의해 내부적으로 선출된 지도자로 권한을 대행한다.

(2) 업무추진방식에 의한 분류

① 독재형(권위형, 권력형, 맥그리거의 X이론 중심) : 지도자가 모든 권한행사를 독단적으로 처리(개인 중심)
② 민주형(맥그리거의 Y이론 중심) : 집단의 토론, 회의 등을 통해 정책을 결정(집단 중심), 리더와 부하직원 간의 협동과 의사소통
③ 자유방임형(개방적) : 리더는 명목상 리더의 자리만을 지킴(종업원 중심)

3) 리더의 중요한 기능

(1) 집단 구성원에 대한 배려 : 조직의 단결과 통일성을 위해 요구되는 기능
(2) 조직구조의 주도 : 외부환경에 대한 올바른 판단, 미래에 대한 비전 제시, 새로운 기술 등에 대한 정보 제공 등 조직 주도 업무를 수행
(3) 생산활동의 강조

4) 리더의 구비요건

(1) 화합성
(2) 통찰력
(3) 정서적 안정성 및 활발성
(4) 판단력

5) 경로목표이론

리더가 하위자들을 어떻게 동기유발시켜 설정된 목표를 달성하도록 할 것인가에 관한 이론. 리더는 작업 상황에서 하위자들이 목표달성을 위해 필요하다고 생각되는 요소를 제공함으로써 목표달성의 수준을 높이려고 노력한다.

(1) 지시적 리더 : 하위자들에게 과업수행을 지시하고 기대되고 있는 것이 무엇이며 그 과업이 어떻게 수행되어야 하는지에 대해 말해준다.
   ① 외적 통제성향인 부하는 지시적 리더행동을 좋아한다.
   ② 부하의 능력이 우수하면 지시적 리더행동은 효율적이지 못하다.

(2) 지원적 리더 : 하위자의 복지와 욕구에 유의하며 인격적으로 존중한다.

(3) 참여적 리더 : 하위자들을 의사결정과정에 참여시켜 그 제안을 의사결정에 반영한다(리더가 결정하지 않는다). 이때 내적 통제 성향인 부하는 참여적 리더행동을 좋아한다.

(4) 성취지향적 리더 : 일에 대한 도전적인 자세를 요구하며 가능한 한 최고의 수준으로 업적을 완수하도록 돕는다.

경로목표이론은 리더를 어느 한 가지 리더십에 한정시키는 것이 아니라, 리더는 자신의 행동을 상황이나 하위자의 동기유발을 위한 요구에 적응시켜야 한다고 주장한다.

6) 상황적 리더십

허시(Hersey)와 블랜차드(Blanchard)가 주장한 상황적 리더십(Situational Leadership Theory) 이론은 리더가 이끌 멤버들의 자발적 참여의지(부하의 성숙도)가 어느 정도냐에 리더십 스타일을 맞춰가야 좋은 성과를 얻는다는 이론이다.

2. 리더십의 기법

1) 헤어(M. Hare)의 방법론

(1) 지식의 부여

종업원에게 직장 내의 정보와 직무에 필요한 지식을 부여한다.

(2) 관대한 분위기

종업원이 안심하고 존재하도록 직무상 관대한 분위기를 유지한다.

(3) 일관된 규율

종업원에게 직장 내의 정보와 직무에 필요한 일관된 규율을 유지한다.

(4) 향상의 기회

성장의 기회와 사회적 욕구 및 이기적 욕구의 충족을 확대할 기회를 준다.

(5) 참가의 기회

직무의 모든 과정에서 참가를 보장한다.

(6) 호소하는 권리

종업원에게 참다운 의미의 호소권을 부여한다.

2) 리더십에 있어서의 권한

(1) 조직이 지도자에게 부여한 권한

① 합법적 권한 : 군대, 교사, 정부기관 등 법적으로 부여된 권한
② 보상적 권한 : 부하에게 노력에 대한 보상을 할 수 있는 권한
③ 강압적 권한 : 부하에게 명령할 수 있는 권한

(2) 지도자 스스로 자신에게 부여한 권한

① 전문성의 권한 : 지도자가 전문지식을 가지고 있는가와 관련된 권한
② 위임된 권한 : 부하직원이 지도자의 생각과 목표를 얼마나 잘 따르는지와 관련된 권한

3) 행동변화 4단계

(1) 1단계 : 지식의 변화
(2) 2단계 : 태도의 변화
(3) 3단계 : 개인(행동)의 변화
(4) 4단계 : 집단 또는 조직의 변화

4) 리더십의 특성

(1) 대인적 숙련
(2) 혁신적 능력
(3) 기술적 능력
(4) 협상적 능력
(5) 표현 능력
(6) 교육훈련 능력

5) 리더십의 기법

(1) 독재형(권위형)

① 부하직원을 강압적으로 통제

② 의사결정권은 경영자가 가지고 있음

(2) 민주형

① 발생 가능한 갈등은 의사소통을 통해 조정

② 부하직원의 고충을 해결할 수 있도록 지원

(3) 자유방임형(개방적)

① 의사결정의 책임을 부하직원에게 전가

② 업무회피 현상

6) 카리스마적 리더십

베버는 카리스마적 리더에 대해 위기의 상황에서 사람들을 구할 수 있는 해결책을 가지고 나타나는 신비스럽고 자아도취적이며 사람들을 끌어들이는 흡입력을 지닌 사람이라고 보았다.

• 카리스마적 리더의 주요 특성 : 비전 제시 능력, 개인적 매력, 수사학적 능력

7) 변혁적 리더십

인본주의, 평등, 평화, 정의, 자유와 같은 포괄적이고 높은 수준의 도덕적 가치와 이상에 호소하여 부하들의 의식을 더 높은 단계로 끌어올리려고 한다.

• 변혁적 리더십의 구성요인 : 개인적 배려, 비전 제시, 카리스마

3. 헤드십

1) 외부로부터 임명된 헤드(Head)가 조직 체계나 직위를 이용, 권한을 행사하는 것. 지도자와 집단 구성원 사이에 공통의 감정이 생기기 어려우며 항상 일정한 거리가 있다.

2) 권한

(1) 부하직원의 활동을 감독한다.

(2) 상사와 부하와의 관계가 종속적이다.

(3) 부하와의 사회적 간격이 넓다.

(4) 지위형태가 권위적이다.

4. 관료주의

관료주의는 막스 베버(Max Weber)에 의해 산업혁명 초기 조직의 특징인 기업주와 종업원의 불평등, 착취 등을 시정하기 위해 고안되었다. 관료주의는 합리적 · 공식적 구조로서의 관리자 및 작업자의 역할을 규정하여 비개인적 · 법적인 경로(업무분장)를 통하여 조직이 운영되어 질서있는 체계이며 정확하고 효율적이다. 개인적인 편견의 영향을 받지 않고 종업원 개인의 능력에 따라 상위층으로의 승진이 보장된다.

1) 관료주의 조직을 움직이는 네 가지 기본원칙(막스 베버)

(1) 노동의 분업 : 작업의 단순화 및 전문화
(2) 권한의 위임 : 관리자를 소단위로 분산
(3) 통제의 범위 : 각 관리자가 책임질 수 있는 작업자의 수
(4) 구조 : 조직의 높이와 폭

2) 관료조직의 문제점

관료조직은 조직 자체가 아무리 훌륭하여도 인간이 언제나 공식적인 조직에 순종하지 않는 등 다음과 같은 문제점을 가지고 있다.

(1) 인간의 가치와 욕구를 무시하고 인간을 조직도 내의 한 구성요소로만 취급한다.
(2) 개인의 성장이나 자아실현의 기회가 주어지지 않는다.
(3) 개인은 상실되고 독자성이 없어질 뿐 아니라 직무 자체나 조직의 구조, 방법 등에 작업자가 아무런 관여도 할 수가 없다.
(4) 사회적 여건이나 기술의 변화에 신속히 대응하기가 어렵다.

5. 사기와 집단역학

1) 집단의 적응

(1) 집단의 기능

① 행동규범 : 집단을 유지, 통제하고 목표를 달성하기 위한 것
② 응집성 : 집단 구성원들이 그 집단에 남아 있기를 원하는 정도
③ 집단의 목표 : 집단의 역할을 위해 목표가 있어야 함

(2) 슈퍼(Super)의 역할이론

① 역할 갈등(Role Conflict) : 작업 중에 상반된 역할이 기대되는 경우가 있으며, 그럴 때 갈등이 생긴다.

[역할 갈등의 원인]

㉠ 역할 모호성 : 집단 내에서 개인이 수행해야 할 임무와 책임 등이 명확하지 않

을 때 역할 갈등이 발생한다.

ㄴ 역할 부적합 : 집단 내 개인에게 부여된 역할에 대해서 개인의 능력이나 성격 등이 적합하지 않을 때 역할 갈등이 발생한다.

ㄷ 역할 마찰 : 역할 간 마찰, 역할 내 마찰

② 역할 기대(Role Expectation) : 자기의 역할을 기대하고 감수하는 수단이다.

③ 역할 조성(Role Shaping) : 개인에게 여러 개의 역할 기대가 있을 경우 그중의 어떤 역할 기대는 불응, 거부할 수도 있으며 혹은 다른 역할을 해내기 위해 다른 일을 구할 때도 있다.

④ 역할 연기(Role Playing) : 관찰 및 피드백에 의한 학습 원칙을 가지며 자아탐색인 동시에 자아실현의 수단이다.

[역할 연기의 장점]

ㄱ 흥미를 갖고, 문제에 적극적으로 참가한다.

ㄴ 문제의 배경에 대하여 통찰하는 능력을 높임으로써 감수성이 향상된다.

ㄷ 자기 태도의 반성과 창조성이 생기고, 발표력이 향상된다.

(3) 슈퍼(D. E. Super)에 의한 직업생활의 단계

① 탐색(Exploration) ② 확립(Establishment)

③ 유지(Maintenance) ④ 하강(Decline)

(4) 집단에서의 인간관계

① 경쟁 : 상대보다 목표에 빨리 도달하려고 하는 것

② 도피, 고립 : 열등감으로 소속된 집단에서 이탈하는 것

③ 공격 : 상대방을 압도하여 목표를 달성하려고 하는 것

(5) 개인 목표 갈등

집단 내에서 두 개 이상의 양립할 수 없는 목표가 개인에게 주어지면 어느 것을 선택해야 할지 몰라 갈등을 겪을 수 있다.

① 접근－접근형 : 두 개 이상의 동등한 가치를 지닌 대안들 중 선택을 해야 할 경우에 겪는 갈등

② 접근－회피형 : 두 개 이상의 부정적 결과를 초래하는 일들 중 어느 하나를 선택해야 할 경우에 겪는 갈등

③ 회피－회피형 : 주어진 목표가 긍정적인 속성과 부정적인 속성을 모두 지니고 있는 경우 발생하는 갈등

2) 소시오메트리

소시오메트리(Sociometry)는 구성원 상호 간의 선호도를 기초로 집단 내부의 동태적 상호관계를 분석하는 기법이다. 소시오메트리는 구성원들간의 좋고 싫은 감정을 관찰, 검

사, 면접 등을 통하여 분석한다.

소시오메트리 연구조사에서 수집된 자료들은 소시오그램(Sociogram)과 소시오매트릭스(Sociomatrix) 등으로 분석하여 집단 구성원 간의 상호관계 유형과 집결 유형, 선호인물 등을 도출할 수 있다.

소시오그램은 집단 구성원들 간의 선호, 무관심, 거부 관계를 나타낸 도표로서, 집단 구성원 간의 전체적인 관계유형은 물론 집단 내의 하위 집단들과 내부의 세력 집단과 비세력 집단을 구분할 수 있으며 정규신분, 주변신분, 독립신분 등 구성원들 간의 사회적 서열관계도 이끌어 낼 수 있다. 또한, 집단 구성원 간의 선호신분 또는 자생적 리더도 찾아볼 수 있다.

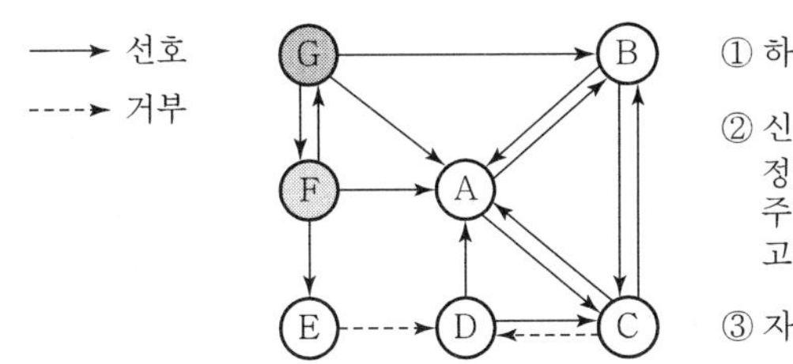

[소시오그램 예시]

위 [그림]을 보면 A, B, C와 D, E의 두 하위 집단이 존재하는 것을 알 수 있으며, A, B, C는 정규신분 위치를 점하고 있고, F와 G는 주변신분, D와 E는 고립신분임을 알 수 있다. 또한 A는 자생적 리더임을 알 수 있다.

소시오매트릭스는 소시오그램에서 나타나는 집단 구성원들간의 관계를 수치에 의하여 계량적으로 분석할 수 있다.

구성원 \ 선호거부	A	B	C	D	E	F	G
A	×	①	①				
B	①	×	①				
C	①	①	×	−1			
D	1		1	×	−1		
E	1			−1	×		
F	1				−1	×	①
G	1	1				①	×
선호 총계	6	3	3	−2	−2	1	1
선호신분지수	1.00	0.50	0.50	−0.33	−0.33	0.17	0.17

① : 상호선호　1 : 선호　−1 : 거부

위의 [표]는 소시오매트릭스의 예로서 구성원 각자의 다른 구성원에 대한 선호(1), 무관심(0), 거부(−1) 관계를 모두 종합하여 집단 내의 자생적 서열구조와 선호인물을 계산해 낼 수 있다. 선호신분지수(Choice Status Index)는 구성원들의 선호도를 나타내며 가장 높은 점수를 얻은 구성원은 집단의 자생적 리더라고 할 수 있다.

선호신분지수=선호 총계/(구성원 수－1)

위의 [표]와 [그림]은 소시오그램을 소시오매트릭스 형태로 나타낸 것으로, 집단 내의 신분서열은 소시오그램의 결과와 같이 선호신분지수에 의하여 A(1.00), B(0.50), C(0.50)는 정규신분, F(0.17), G(0.17)은 주변신분, D(－0.33), E(－0.33)는 고립신분으로 나타나고 있으며, A가 가장 높은 선호신분지수 값을 얻어 집단의 리더로 이해된다.

3) 집단 응집성

집단 응집성은 구성원들이 서로에게 매력적으로 끌리어 그 집단목표를 공유하는 정도라고 할 수 있다. 집단 응집성의 정도는 집단의 사기, 팀 정신, 구성원에게 주는 집단매력의 강도, 집단과업에 대한 성원의 관심도를 나타내 주는 것이다.
응집성이 강한 집단은 소속된 구성원이 많은 매력을 갖고 있는 집단이며 구성원들이 서로 오랫동안 같이 있고 싶어하는 집단이다.
집단 응집성의 정도는 구성원들 간의 상호작용의 수와 관계가 있기 때문에 상호작용의 횟수에 따라 집단의 사기를 나타내는 응집성 지수(Cohesiveness Index)라는 것을 계산할 수 있다.

$$\text{응집성 지수} = \frac{\text{실제 상호선호관계의 수}}{\text{가능한 상호선호관계의 총수}(= {}_{n}C_{2})}$$

집단 응집성은 상대적인 것이며 응집성이 높은 집단일수록 결근율과 이직률이 낮고 구성원들이 함께 일하기를 원하며 구성원 상호 간에 친밀감과 일체감을 갖고 집단목적을 달성하기 위해 적극적이고 협조적인 태도를 보인다.

앞의 [표] 소시오매트릭스에 나타난 7명 구성원들 간의 실제 선호관계 수는 4개이며, 가능한 선호관계수는 21(=${}_{7}C_{2}$)로 4/21=0.190이 된다. 응집성 지수는 0~1까지의 값을 가질 수 있으며, 앞의 [표]에서 구한 집단 응집성 지수는 비교적 낮은 것으로 평가할 수 있다.

집단 응집성을 결정하는 요인은 다음과 같다.

(1) 함께 보내는 시간

사람들은 함께 보내는 시간을 많이 가질수록 더욱 친하게 되고, 상호 간의 이해와 매력이 증진된다.

(2) 집단 가입의 어려움

집단에 가입하기 어려운 집단일수록 그 집단의 응집성은 커진다.

(3) 집단의 크기

구성원 수가 많을수록 한 구성원이 모든 구성원과 상호작용을 하기가 더욱 어렵기 때문에 집단의 구성원 수가 많을수록 응집력이 적어진다.

(4) 외부의 위협

집단의 구성원들은 외부세력으로부터 위협을 받는 경우에 자신들을 보호하고 집단의 안전을 위하여 협동목적을 찾고 서로 단결함으로써 집단의 응집성을 강화하는 경향이 있다.

(5) 외부의 위협

외부의 위협이 너무 강할 때에는 집단의 기존 응집성 여하에 따라서 구성원들 간의 단합이 분열될 수 있고 더욱 강화될 수도 있다.

(6) 과거의 경험

집단은 과거의 성공 또는 실패의 경험이 응집성에 영향을 미친다.

응집력이 강한 집단에서는 일반적으로 규범적인 동조행위가 강하고 구성원들의 욕구충족도 높지만 이것이 반드시 조직의 목표달성에 기여한다고 볼 수 없다. 응집성이 높다 하더라도 집단과 조직의 목적이 일치하지 않으면 생산성이 오히려 저하되고 응집성이 낮다 하더라도 목표가 일치하면 생산성은 증가한다. 목표가 일치하지 않으면 의미 있는 영향을 미치지 못하며 집단의 목표가 조직의 목적과 일치될 때 집단 응집성과 집단성의 사이에 긍정적인 관계가 성립한다.

4) 욕구저지

(1) 욕구저지의 상황적 요인

① 외적 결여 : 욕구만족의 대상이 존재하지 않음
② 외적 상실 : 욕구를 만족해오던 대상이 사라짐
③ 외적 갈등 : 외부조건으로 인해 심리적 갈등 발생
④ 내적 결여 : 개체에 욕구만족의 능력과 자질 부족
⑤ 내적 상실 : 개체의 능력 상실
⑥ 내적 갈등 : 개체 내 압력으로 인해 심리적 갈등 발생

5) 모랄 서베이(Morale Survey)

근로의욕조사라고도 하는데, 근로자의 감정과 기분을 과학적으로 고려하고 이에 따른 경영의 관리활동을 개선하려는 데 목적이 있다.

(1) 실시방법

① 통계에 의한 방법 : 사고 상해율, 생산성, 지각, 조퇴, 이직 등을 분석하여 파악하는 방법

② 사례연구(Case Study)법 : 관리상의 여러 가지 제도에 나타나는 사례에 대해 연구함으로써 현상을 파악하는 방법

③ 관찰법 : 종업원의 근무 실태를 계속 관찰함으로써 문제점을 찾아내는 방법

④ 실험연구법 : 실험그룹과 통제그룹으로 나누고 정황, 자극을 주어 태도 변화를 조사하는 방법

⑤ 태도조사 : 질문지법, 면접법, 집단토의법, 투사법 등에 의해 의견을 조사하는 방법

(2) 모랄 서베이의 효용

① 근로자의 심리 요구를 파악하여 불만을 해소하고 노동 의욕을 높인다.

② 경영관리를 개선하는 데 필요한 자료를 얻는다.

③ 종업원의 정화작용을 촉진시킨다.

㉠ 소셜 스킬(Social Skills) : 모랄을 향상시키는 능력

㉡ 테크니컬 스킬 : 사물을 인간에 유익하도록 처리하는 능력

6) 관리 그리드(Managerial Grid)

(1) 무관심형(1,1)

생산과 인간에 대한 관심이 모두 낮은 무관심한 유형으로서, 리더 자신의 직분을 유지하는 데 필요한 최소의 노력만을 투입하는 리더 유형

(2) 인기형(1,9)

인간에 대한 관심은 매우 높고 생산에 대한 관심은 매우 낮아서 부서원들과의 만족스런 관계와 친밀한 분위기를 조성하는 데 역점을 기울이는 리더 유형

(3) 과업형(9,1)

생산에 대한 관심은 매우 높지만 인간에 대한 관심은 매우 낮아서, 인간적인 요소보다도 과업수행에 대한 능력을 중요시하는 리더유형

(4) 타협형(5,5)

중간형으로 과업의 생산성과 인간적 요소를 절충하여 적당한 수준의 성과를 지향하는 유형

(5) 이상형(9,9)

팀형으로 인간에 대한 관심과 생산에 대한 관심이 모두 높으며, 구성원들에게 공동목표 및 상호의존관계를 강조하고, 상호신뢰적이고 상호존중관계 속에서 구성원들의 몰입을 통하여 과업을 달성하는 리더유형

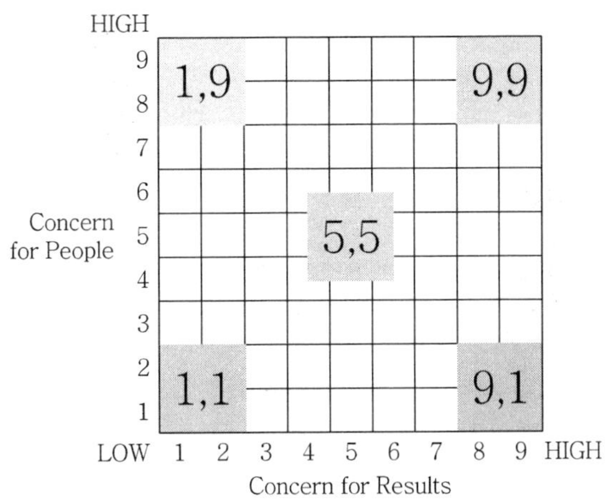

[관리 그리드]

7) 상황적합성 이론(Contingency Theory)

피들러(F. Fiedler)에 의해 개발된 상황적합성 이론(Contingency Theory)에 의하면 리더십의 효과는 리더십의 유형과 상호작용에 의하여 결정된다고 한다.

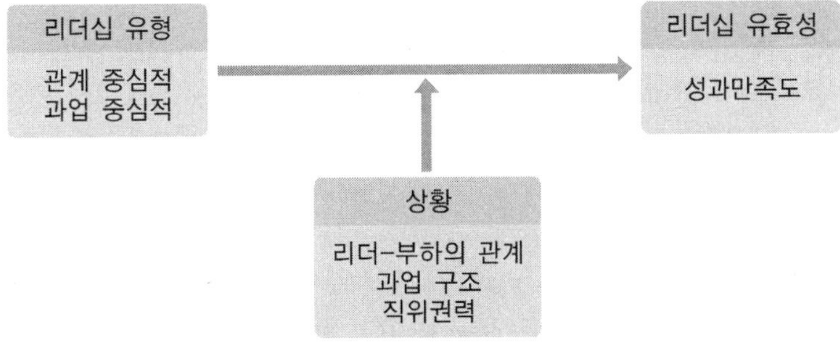

[상황적합성 이론]

8) 경로-목표(Path-Goal Theory)

하우스(R. House)에 의하여 개발된 경로-목표 이론은 피들러의 상황적합성 이론과 마찬가지로 여러 다른 상황에서 리더십 효과를 예측하려고 하였다. 이 이론을 경로-목표 이론이라고 부르는 이유는 리더의 역할을 부하들에게 목표에 이르도록 경로를 가르치며 도와주는 것으로 보았기 때문이다.

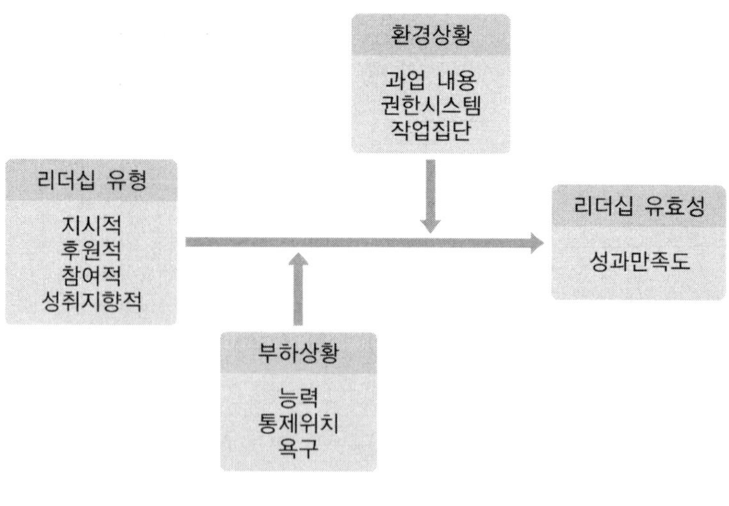

[경로-목표이론]

6. 지각과 정서

1) 지각(Perception)

지각이란 개인이 접하는 환경에 어떠한 의미를 부여하는 과정이다. 즉, 환경에 대한 영상을 형성하는 데 있어서 외부로부터 들어오는 감각적 자극을 선택 · 조직 · 해석하는 과정이다.

(1) 지각항상성

주위에 있는 어떤 대상의 특성에 대하여 일단 익숙해지고 나면 그 대상이 어떤 조건하에 놓이더라도 우리가 알고 있는 동일한 것으로 지각하는 경향을 항상성이라고 한다. 즉, 감각기관에 들어오는 물리적 자극이 변화함에도 불구하고 대상물체는 변하지 않고 그 물체의 특성이 그대로 지속된다.

① 색채 항상성 : 어떤 물체가 주변의 조명 조건에 관계없이 동일한 색깔을 가지고 있다고 보는 경향
② 크기 항상성 : 거리에 상관없이 지각된 크기를 동일하게 보는 현상
③ 형태 항상성 : 관찰자의 시각 방향에 상관없이 같은 모양을 가진 것으로 지각하는 경향이다.
④ 위치 항상성 : 관찰자가 움직이면 망막에 맺히는 상의 위치도 바뀌지만 그 물체가 늘 같은 위치에 정지된 것으로 지각하는 것이다.

(2) 착시(Illusion)

대상을 물리적 실체와 다르게 지각하는 현상을 말하며 대상의 물리적 조건이 같다면 언제나 누구에게나 경험되는 지각현상이다. 착시는 항상성의 반대개념으로 객관적인 깊

이, 거리, 길이, 넓이, 방향과 이에 상응하는 지각 간의 불일치 현상에서 그 예를 찾아볼 수 있다.

(3) 3차원 지각(공간지각)

우리가 지각하는 대부분의 자극은 3차원의 형태를 가진 물체들이다. 공간지각을 시각에서 보면 단안단서와 양안단서로 나누어 생각해 볼 수 있다.

① 단안단서(單眼端緖) : 한 눈으로 깊이에 관한 정보를 얻게 하는 단서를 단안단서라고하며 다음과 같은 것들이 있다.

㉠ 결(표면결의 밀도) : 멀어질수록 결이 조밀해진다.

㉡ 직선적 조망 : 두 물체 사이의 간격이 클수록 두 물체는 가깝게 보인다(철도레일).

㉢ 선명도 : 선명할수록 가깝게 보인다.

㉣ 크기(상대적 크기) : 보다 큰 물체가 가까운 것으로 지각된다.

㉤ 겹침(중첩) : 한 물체가 다른 물체를 가릴 때 가려진 물체가 멀리 있는 것으로 지각된다.

㉥ 사물의 이동방향 : 우리가 움직이고 있을 때 같은 방향으로 이동하는 것은 멀게 지각되고 반대방향으로 움직이는 것은 가깝게 지각된다.

㉦ 빛과 그림자 : 밝게 보이는 물체가 가깝게 보인다.

㉧ 수평으로부터의 거리 : 수평선의 위나 아래쪽으로 멀리 떨어져 있을수록 가깝게 보인다.

② 양안단서

㉠ 수렴현상 : 물체까지의 거리가 가까울수록 정중선에 가깝게 두 눈이 모이는 현상을 수렴이라 한다. 눈 근육의 긴장감으로 생기는 자극이 뇌에 전달되어 거리지각의 단서가 된다.

㉡ 망막불일치(양안부동) : 두 눈이 떨어져 있으므로 망막에 맺히는 상은 서로 달라지는데 이와 같이 두 눈의 망막에 맺히는 상의 불일치 정도가 깊이지각의 단서로 작용한다.

(4) 운동지각

망막에서 상의 위치변화가 운동지각을 일으킨다. 운동지각은 실제 움직이는 물체에 대한 지각과 정지된 자극에서 얻는 지각 두 가지로 나누어 생각해 볼 수 있다. 가현운동에서는 파이현상, 유인운동, 자동운동 등이 있다.

① 실제 운동지각

물체의 운동에 대한 지각은 관찰자 자신에게서 오는 정보와 대상물체와 배경 간의 관계정보 등이 종합되어 복잡한 판단과정을 거쳐 이루어진다.

② 가현운동

객관적으로는 움직이지 않는데도 움직이는 것처럼 느껴지는 심리적 현상, 즉 움직이는 물체의 자극 없이 지각되는 운동현상을 의미한다.

㉠ 자동운동 : 어두운 밤에 멀리 있는 불빛을 보고 있으면 그 불빛이 옆으로 또는 앞으로 움직이는 것 같은 착각을 하게 되는데 이러한 현상을 자동운동이라 한다. 이현상은 불빛의 위치에 관한 단서, 즉 맥락이 없거나 모호하기 때문에 나타나는 것이다.

㉡ 유인운동 : 구름 사이의 달을 볼 때 달이 움직이는 것처럼 보이는데, 이러한 현상을 유인운동이라 한다. 유인운동 현상은 움직이는 배경과 고정된 전경의 반전형상 때문에 생긴다.

㉢ 파이(Phi) 현상 : 일렬로 연결된 전등에 차례로 불을 켜면 마치 불빛이 점선을 따라 움직이는 것처럼 지각하는데 이 현상을 파이 현상이라 한다. 이 현상은 지각상의 지속성(잔상) 때문에 나타나는데 이 원리를 이용한 것이 영화와 TV 화면이다.

㉣ 베타운동(β－Movement) : 2개의 광점이 적당한 시간 간격으로 점멸하면 하나의 광점이 그 사이를 움직이는 것처럼 보이는 현상이다.

㉤ 운동잔상(運動殘像) : 한 방향을 향한 운동을 계속해서 관찰한 후 정지한 것을 보면 반대방향의 운동으로 느끼게 되는 현상이다.

2) 정서

정서란 생리적 각성, 사고나 신념, 주관적 평가 그리고 신체적 표현 등으로 인한 흥분상태를 말한다. 대부분의 정서이론은 정서유발사상, 생리적 흥분, 주관적 정서경험들 간의 관계성을 제시하고자 하는 것이다. 정서에 관한 이론들은 생리적 요소, 행동적 요소 그리고 인지적 요소들에 대한 강조 정도에 따라 구분해 볼 수 있다.

(1) 정서이론의 유형

① 제임스－랑게(James－Lange) 이론

미국의 제임스(James)와 덴마크의 랑게(Lange)가 주장한 이론으로 신체변화 후 그것에 대한 느낌이 정서라는 것이다. 어떤 자극에 처해 있을 때 먼저 신체변화가 일어나고 그 신체변화에 대한 정보가 대뇌에 전달되어 감정체험이 있게 된다는 것이다.

② 개논－바드(Cannon－Bard) 이론

㉠ 캐논(Cannon)은 자율신경계에 대한 연구를 바탕으로 여러 가지 측면에서 제임스(James)의 이론을 비판하였다. 캐논은 어떤 정서 경험들은 생리적 변화가 발생하기 이전에 발생하므로 내장기관의 변화를 즉각적 정서경험의 기제라고 생각하기 힘들고 내장기관의 활동을 사람들이 정확하게 지각하기가 매우 어렵다고 주장하였다.

㉡ 캐논은 정서에서 중심적인 역할을 시상에 두었다. 외부의 정서자극은 시상을

통해 대뇌피질과 다른 신체부위에 전해지며 정서의 느낌이란 것은 피질과 교감신경계의 합동적 흥분의 결과라고 주장하였다.

㉢ 캐논의 주장은 바드(Bard)에 의해서 확장되었기 때문에 캐논-바드 이론이라고 알려졌는데 이론에 따르면 신체변화와 정서경험은 동시에 일어난다. 이후 연구들에 의하면 캐논-바드의 주장과는 달리 정서경험에 중요한 뇌 부위는 시상이라기보다는 시상하부와 변연계인 것으로 밝혀졌다.

③ 샤흐터(Schachter)의 2요인설(정서인지이론)

제임스-랑게 이론을 확장하여 주장한 것으로 정서는 인지적 요인과 생리적 흥분상태 간의 상호작용의 함수라는 것이다. 샤흐터의 정서이론에 의하면 정서경험에 있어서 인지적 측면이 강조된다.

(2) 정서의 손상

① 히로토와 셀리그먼의 학습된 무기력에 대한 연구

학습된 무기력이란 자신의 의도적인 행동으로 변경시킬 수 없는 중요한 사태에 계속 직면할 때 나타나는 동기적 · 정서적 · 인지적 손상 등을 말하는 것이다. 히로토(Hiroto)와 셀리그먼(Seligman)은 연구에서 인간의 통제불능의 경험이 학습된 무기력을 유발한다는 것을 밝혔다.

② 학습된 무기력의 결정요인

처음에 셀리그먼은 학습된 무력감의 주요한 성분은 능력이라고 했는데 최근에 자신의 이론을 수정하여 무기력의 핵심은 결과에 대한 당사자의 인지적 해석이라고 주장하여 개인이 처한 상황과 자신의 수행에 대한 인지적 평가가 학습된 무기력의 주요 결정요인임을 시사했다.

③ 학습된 무기력의 현상

학습된 무기력은 보통 의욕상실(동기적 손상), 우울증(정서적 손상), 성공에 대한 기대가 낮거나 과제를 풀 때 가설을 체계적으로 세워 해결하는 방식을 취하지 않음(인지적 손상) 등으로 나타난다.

7. 좌절 · 갈등

1) 갈등의 원인

갈등은 양립할 수 없는 두 가지 이상의 요구가 동시에 발생할 때 생긴다. 어느 쪽을 선택하건 다른 쪽의 욕구가 해결될 수 없기 때문에 부분적인 좌절감이 생긴다.

2) 갈등의 유형

① 접근-접근 갈등 : 긍정적인 욕구가 동시에 나타나서 어떻게 행동해야 좋을지 모르는 상태에서 나타나는 갈등이다.

② 회피-회피 갈등 : 두 가지 목표가 동시에 매력을 주기보다는 혐오감을 느끼거나 회피하고 싶은 갈등이다.

③ 접근-회피 갈등 : 미국의 심리학자 레윈(Lewin)이 제시한 방식으로 긍정적인 동기나 목표를 선택함에 있어서 부정적인 동기나 목표가 수반되어 장애가 될 때 경험하게 되는 심리적 상태이다.

3) 적응의 방법

(1) 직접적 대처

불편하고 긴장된 상황을 변화시키기 위해 의식적으로 합리적으로 반응하는 행동을 말하는데 다음의 세 가지 중 어느 하나를 선택하게 된다.

① 공격적 행동과 표현 : 외부적인 대상이나 조건을 변경시키기 위해 공격적으로 반응하거나 저항한다.

② 태도 및 포부수준의 조정 : 최초의 욕구나 목표를 다소 축소하여 현실적으로 가능한 방법을 찾는다. 타협적인 반응으로서 갈등과 좌절에 직접적으로 대처하는 수단으로 가장 흔히 사용한다.

③ 철수 또는 회피 : 자신이 어쩔 수 없는 상황에서 철수가 현실적인 해결책이긴 하나 문제의 핵심은 해결되지 않고 남게 되어 이 방법이 반복되면 개인의 발전에 도움이 되지 않는다.

(2) 방어적 대처(방어기제)

방어기제는 자존심을 유지하면서 불안을 회피하기 위해 자신의 실제 욕망과 목표행동을 속이면서 좌절 및 갈등에 반응하는 양식이다. 방어기제는 스트레스 및 불안의 위협으로부터 자기를 보호하는 수단이 되며, 의도적이 아닌 무의식적인 과정이다.

① 도피형 방어기제

㉠ 부정 : 고통스러운 환경이나 위협적인 정보를 지각하거나 직면하기를 거부하는 것으로 위협적인 정보를 의식적으로 거부하거나 현실화된 그 정보가 타당하지 않고 잘못된 내용이라고 간주하는 것이다.

㉡ 퇴행 : 생의 초기에 성공적인 경험에 의지함으로써 특정 욕구불만 상태에 빠질 때 유아기의 행동이나 사고로 되돌아가서 문제를 해결하려는 현상으로 퇴행은 긴장해소와 장애극복을 위한 도피행동이다.

㉢ 동일시 : 외부 대행자의 성취를 통해 만족에 접근하는 과정이다. 즉, 어떤 개인이 다른 사람 또는 집단과의 동일성을 느끼거나 정서적 유대감을 가짐으로써 자기만족을 찾는 방어기제이다. 다른 사람의 업적과 자신을 동일한 위치에 놓음으로써 억압된 욕구를 충족시켜 자아를 보호하는 것으로 동일시는 단순한 모방이 아니고 마음속에 심어진 행동가치의식의 성격을 띤다. 동일시는 도덕

적 가치의식이 형성되는 근원이 되기도 한다. 프로이드(Frued)는 어린이들이 부모와 동일시하는 하나의 이유를 자기방어라고 믿었다.

② 대체형 방어기제

어떤 문제 또는 장애가 있어서 불안이나 긴장이 생길 경우 자기의 목표를 변경하여 불안을 해소하는 방법으로 기만형 기제보다 큰 적응적 가치를 가진다.

㉠ 승화 : 사회적으로 용납되지 않는 충동 및 욕구를 사회적으로 용납될 수 없는 바람직한 형태로 변형하는 것이다. 프로이드(Frued)에 의하면 승화는 성적 · 공격적 충동이 사회적으로 용납되는 형태로 바뀌는 것으로써 성격발달의 기초가 된다. 예술작품과 과학연구는 성적 에너지의 승화된 결과로 설명된다.

㉡ 반동형성 : 자기가 느끼고 바라는 것과 정반대로 감정을 표현하고 행동하는 것으로서 부정의 행동적 형태라고 볼 수 있다. 반동형성은 자기의 욕구나 감정이 너무나 받아들일 수 없고 무거운 죄의식이 쌓일 때 나타나는 반응양식이다.

㉢ 치환(전위) : 만족되지 않는 충동에너지를 다른 대상으로 돌림으로써 긴장을 완화시키는 방어기제로 유사한 것으로 책임전가, 희생양이 있다.

③ 기만형의 기제

자신에 대한 위협을 느끼지 않도록 자기감정과 태도를 바꾸어 불안이나 긴장에 대한 자신의 인식을 반영시키는 것으로서 위험 자체를 제거해 주는 것이 아니라 기만적인 방법으로 불안을 일시적으로 제거해 주는 방어기제이다.

㉠ 투사 : 자신의 동기나 불편한 감정을 다른 사람에게 돌림으로써 불안 및 죄의식에서 벗어나고자 하는 방어기제이다. 자아가 타아나 초자아로부터 가해지는 압력 때문에 불안을 느낄 때 그 원인을 외부세계로 돌림으로써 불안을 제거하려는 것이다.

㉡ 억압 : 고통스러운 감정과 경험 등을 의식수준 이하로 끌어내리는 무의식적인 과정이다. 정신건강에 나쁜 영향을 미치는 기제로 억압된 욕구는 완전히 망각되거나 없어지지 않고 무의식에 남아있게 된다.

㉢ 합리화 : 사회적으로 용납되지 않는 감정 및 행동에 용납되는 이유를 붙여 자신의 행동을 정당화함으로써 사회적 비판이나 죄의식을 피하려는 방어기제이다. 합리화는 주로 어떤 실패나 불만의 원인이 자기의 무능이나 결함 때문이었지만 구실을 만들어 스스로를 기만하고 타인을 기만하는 행동으로 나타난다. 합리화는 대체로 위장된 논리가 그 대부분이어서 현실과는 부적절한 사고나 행동으로 나타나게 되는 경우가 많다.

㉣ 주지화 : 도피형 방어기제인 '부정'의 교묘한 형태로서 위협적인 감정에서 자기를 떼놓기 위해 문제 장면이나 위협조건에 관한 지적인 토론 및 분석을 하는 것이다. 지능이 높거나 교육수준이 높은 사람에게 발견된다.

8. 지각과 평가

1) 시각법칙

두 개의 도형을 보면 (A)에 비해서 (B) 도형이 긴장감이 강하게 느껴진다. 즉, 오른쪽 시야보다는 왼쪽이 우위이며 위쪽보다는 아래쪽의 시야가 우위이다. (B) 도형은 상하좌우가 모두 우위가 아니어서 강한 긴장감을 일으킨다. 이를 지각의 시각법칙이라 한다.

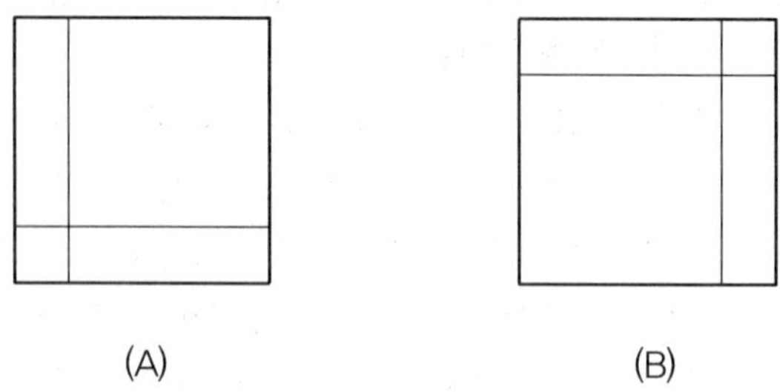

(A) (B)

2) 상황

그림 (A)의 경우 원의 둘레에 얼마 정도의 큰 원들이 있느냐에 따라서 왼쪽보다는 오른쪽 중심원의 크기가 더 크게 지각된다. 그림 (B)의 경우 양쪽에 있는 정사각형의 크기에 따라서 그 사이를 잇는 선의 거리가 다르게 보인다. 이와 같이 어떠한 경험을 해왔느냐 또는 어떠한 상황에 있었느냐에 따라서 같은 사실이라도 다르게 느껴질 수 있다.

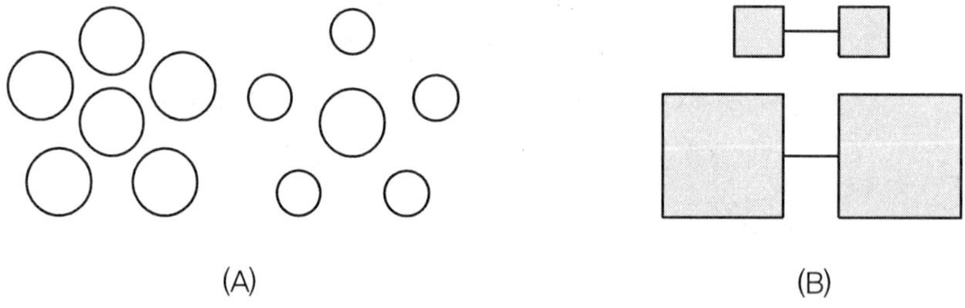

(A) (B)

3) 도형과 배경법칙(Figure－Ground)

도형과 배경 법칙이란 지각을 함에 있어 어떤 것은 주체인 도형으로, 어떤 것은 배경으로 나뉘어서 지각되는 것을 말한다. 아래 그림 (A)는 이마가 맞닿도록 두 얼굴을 기울여 놓았다. 여기에 약간의 변형을 하면 그림 (B)와 같이 두 얼굴이나 촛불로 보여질 수 있다.

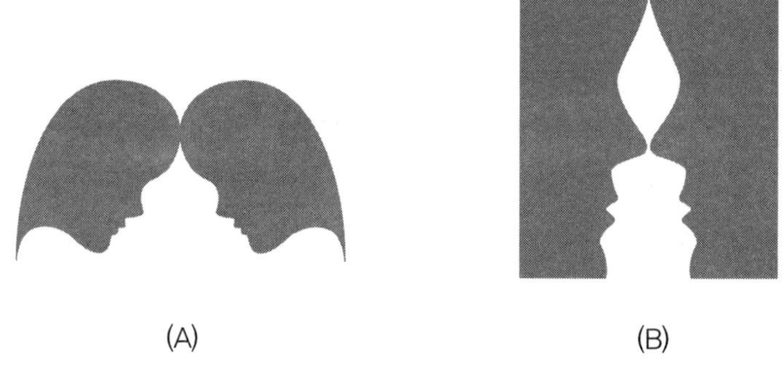

(A) (B)

4) 게스탈트 법칙(Gestalt Laws)

게스탈트 법칙이란 게스탈트 심리학자들이 제안한 대표적인 지각집단화의 원리들이다. 한 물체에 속한 정보들을 낱개로 보는 것이 아니라 하나의 덩어리로 묶어서 지각한다는 것이다. 아래 그림을 보면 (A)는 근접(Proximity)으로서 가까이 있는 요소들이 하나의 집단으로 묶인다는 원리이다. (B)는 유사성(Similarity)으로 형태나 색 등이 유사한 요소들이 하나의 집단으로 묶인다는 원리이다. (C)는 연속성(Continuity)으로서 각각 점으로 된 것들이 두 개의 선의 형태로 지각된다. 이는 점과 점 사이가 실제로는 개방되어 있지만 닫혀있다고 보는 것이다.

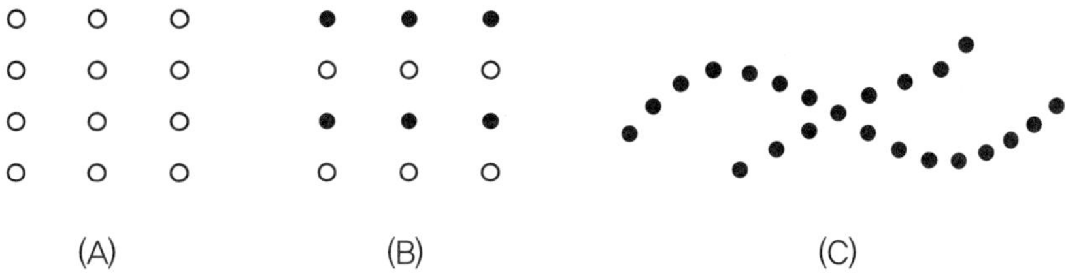

(A) (B) (C)

5) 기대

사람은 두드러진 자극에 주의를 집중할 뿐만 아니라 기대, 욕구, 관심에 걸맞는 자극에 주의를 집중하게 된다. 과거의 경험은 인간의 머릿속에 어떤 상황이 일어날 것으로 기대하고 예측하게 만드는데 이러한 기대가 지각에 영향을 주게 된다. 직장을 구하는 사람에게는 구직광고가 눈에 잘 띄게 되고 배고픈 사람에게는 음식점 간판이 잘 보이게 된다.

12장 직무스트레스

PROFESSIONAL ENGINEER ERGONOMICS

직무스트레스 개요

직무스트레스란 업무상 요구사항이 근로자의 능력이나 자원, 바람과 일치하지 않을 때 생기는 유해한 신체적 · 정서적 반응을 말한다.(NIOSH, 1999)

직무스트레스의 발병 요인

1) 업무시간, 교대근무 등의 시간적인 압박
2) 상사, 동료 등과의 대인관계 갈등
3) 의사결정 참여, 의사소통 구조 등의 조직문화
4) 휴게시설, 사무실환경 등 열악한 근무환경
5) 고용불안, 성차별, 감정노동 등

>>참고 직무스트레스 요인

직무스트레스요인 측정지침(KOSHA Guide, H-67-2012)에서 제시한 물리적 환경, 직무요구, 직무자율, 관계갈등, 직무 불안정, 조직체계, 보상 부적절, 직장문화 등의 8개 영역에 해당하는 요인을 말함

직무스트레스의 반응

1) 카테콜아민, 코티졸, 혈압 상승
2) 불안, 불안장애, 우울, 탈진 등
3) 생산성 감소, 결근, 흡연, 무력감 등

사업장 직무스트레스 예방 프로그램

1. 수행 절차

(1) 직무스트레스 요인 파악

① 근로자 면담
② 직무스트레스 요인 측정도구 활용
③ 직무스트레스가 높은 부서의 업무내용 파악

(2) 실행계획 수립

① 프로그램 담당자, 진행자, 진행일정, 기대효과 등 검토
② 예방 프로그램의 우선순위 선정
③ 우선순위에 따라 목표를 구체적이고 명확하게 설정

(3) 예방 프로그램 시행

① 근무시간 관리, 휴식시간 제공, 업무 일정의 합리적 운영, 교육 및 훈련의 시행
② 프로그램을 시행하면서 체계적으로 모니터링하고, 기록함
③ 프로그램 시행의 모든 단계에 근로자와 관리자가 적극적으로 참여토록 함

(4) 예방프로그램 평가

① 직무스트레스 요인 측정도구를 이용하여 전후 비교
② 실행계획과 프로그램 수행내용의 약점과 강점을 평가

(5) 조직적 학습에 대한 피드백

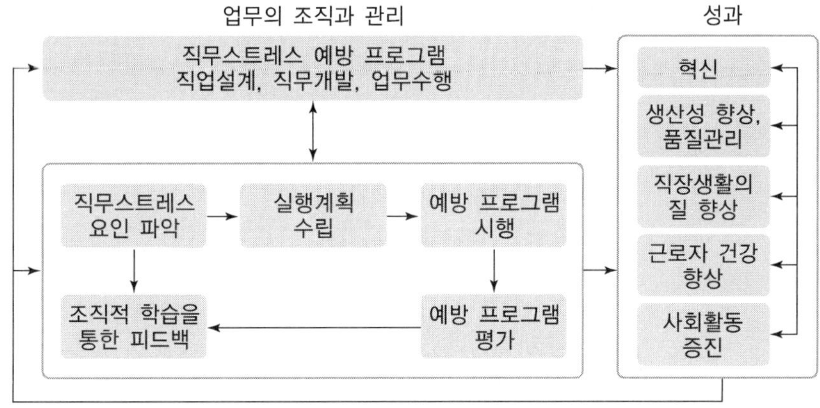

NIOSH의 직무스트레스 모형

NIOSH의 직무스트레스 모형에서 보면 직무스트레스 요인은 크게 작업 요인, 조직 요인, 환경 요인으로 구분된다. 작업 요인은 작업부하, 작업속도, 교대근무 등을 의미하며 조직 요인은 역할갈등, 관리유형, 의사결정 참여, 고용불확실 등이 포함된다. 환경 요인으로는 조명, 소음 및 진동, 고열, 한랭 등이 포함된다.

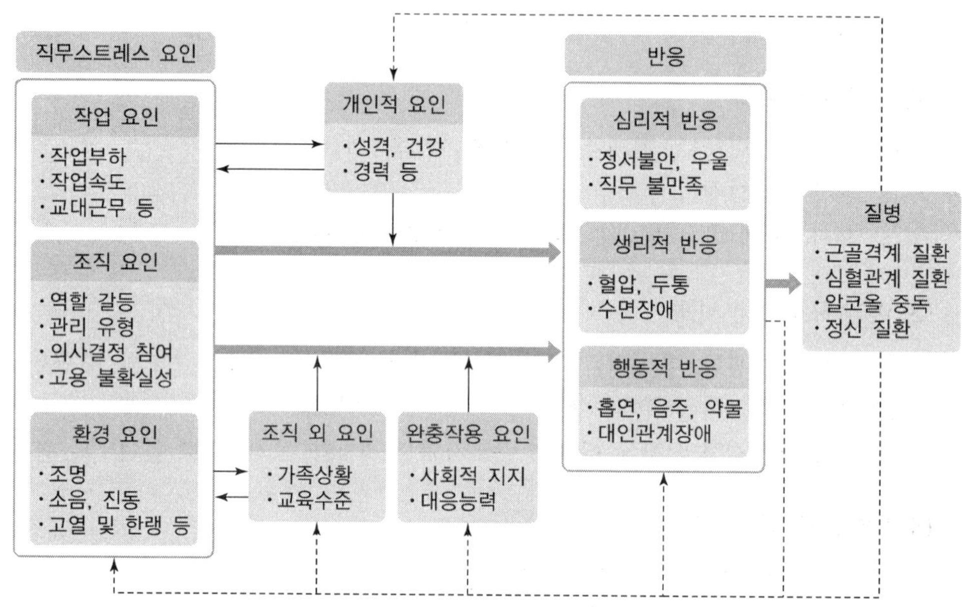

[NIOSH의 직무스트레스 모형]

13장 근골격계 질환

PROFESSIONAL ENGINEER ERGONOMICS

안전과 생산

1. 근골격계 질환 발생요인

1) 개인적 차이에 의한 요인(연령, 성별, 신체조건, 생활 및 작업 습관, 기타 병력)

(1) 신체적 적응 능력이 떨어지는 고령자(연령)
(2) 여성(남성에 비해 여성의 유병률이 높음)
(3) 사고 경력과 근골격계 질환과 관련된 질병을 가지고 있는 경우
(4) 작업경력이 많은 경우
(5) 작업습관이 부적절한 경우(힘, 자세, 휴식패턴 등과 관련하여)
(6) 규칙적인 운동을 하지 않는 경우

개인적 차이에 의한 요인들이 근골격계 질환의 발생의 한 요인으로 작용한다. 예를 들어 같은 작업조건에서 여성이 남성보다 근골격계 질환의 발생률이 높다는 것은 알려진 사실이다. 또한 신체조건의 차이에 따라 특정 근골격계 질환의 발생률에 차이가 존재한다는 연구결과도 있다. 하지만 이러한 개인적 차이가 근골격계 질환 발생의 원인이 된다고 하여 이들 요인을 통제하고 관리한다는 것은 불가능한 일이다. 연령이 원인이 된다고 하여 일정 연령대의 사람만 일을 하게 할 수는 없는 일이다. 이 경우 노동강도의 설정기준은 개인별 차이를 충분히 고려한 여유율을 확보하여야 한다.

2) 작업 관련 요인(자세, 반복, 힘, 휴식, 작업내용, 진동, 작업환경 등의 물리적 작업요인)

(1) 반복적인 동작을 계속적으로 수행되는 작업
(2) 무리한 힘을 요구하는 작업
(3) 부자연스러운 작업자세를 요구하는 작업(잘못된 작업장 구조)
(4) 작업 수행 중 팔이나 팔꿈치, 손바닥 등이 날카로운 면과 접촉하는 경우
(5) 추운 환경에서 일하는 작업
(6) 과도한 진동이 손이나 팔 등에 전달되는 경우(잘못된 공구 사용)
(7) 단조로운 작업내용(단순반복작업)

3) 사회 · 경제적 요인

직무만족도, 작업통제력, 정신적 스트레스와 긴장, 조직적 요인 등 물리적 직업 관련 요인에 비해 상대적 계량화가 어려운 요인이다.

(1) 직업 만족도가 적은 경우, 근무조건 만족도가 적은 경우
(2) 자신의 작업내용에 대한 의사결정권과 통제의 수준이 없거나 낮은 경우
(3) 업무적 스트레스(납기, 긴장을 요하는 작업내용 등)가 높은 경우
(4) 불안정한 고용, 기타 불안정한 심리상태

사회 · 경제적 요인들은 그동안 상대적으로 그 중요성에 비해 소홀하게 취급되어 왔다. 이러한 요인들은 물리적 요인에 비해 직접적으로 근골격계 질환 발생의 원인으로 작용하기보다는 그 위험의 수준을 증폭시키는 것으로 파악되고 있다.

가장 중요한 원인은 직업관련성 요인이라는 것이 명백한 사실이며 개별적인 직업관련성 요인의 분절과 그에 따른 발생기여도의 계량화작업은 거의 불가능할 정도로 그 발생 구조가 하나의 인자만이 아닌 다양한 인자들이 복합적으로 작용한다는 사실이다. 과도한 작업강도는 또 다른 스트레스를 유발시키는 요인으로 작용하는 것처럼 다른 근골격계 질환의 발생과 유기적으로 결합되어 있어 어느 하나를 따로 떼어 내거나 소홀히 취급해서는 안 된다는 것이다.

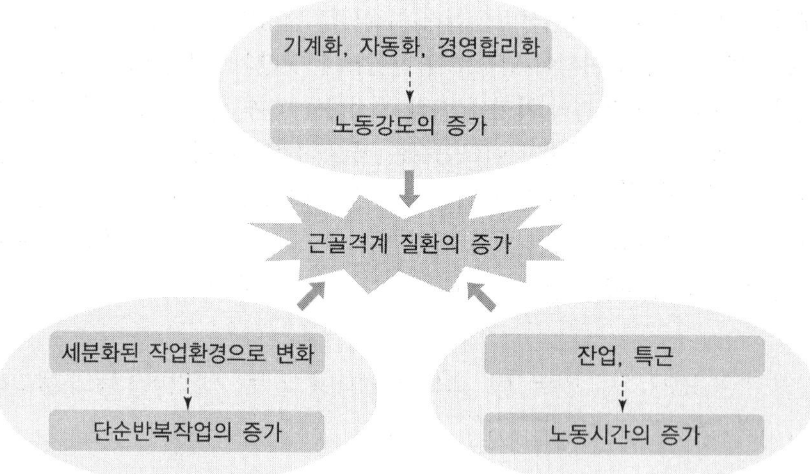

(1) 반복동작

반복동작은 관절을 중심으로 이루어지는 동적인 동작일 수도 있으며, 주기적인 근육의 수축도 포함된다. 반복성은 시간주기로 표현할 수 있는데 Silverstein은 30초 이하의 경우를 고반복성으로 정의하였다. 한편 ILO에서는 작업주기가 10초(0.17분) 이하인 경우 근육의 피로를 유발하게 되어 휴식이 필요하며 작업주기가 짧을수록 회복시간은 더욱

길어지게 된다고 보고하였다. Kilborn은 신체 부위에 따른 반복성을 다음과 같이 정의하였다.

| 신체부위에 따른 반복성의 기준 |

신체부위	분당 반복 횟수	위험 정도
어 깨	분당 2.5회 이상(시간당 150회 이상)	고위험
팔 꿈 치	분당 10회 이상(시간당 600회 이상)	고위험
손 목	분당 10회 이상(시간당 600회 이상)	고위험
손 가 락	분당 200회 이상(시간당 12,000회 이상)	고위험

(2) 지속적 작업시간

작업 내용에 따라 30분 내지 1시간 간격으로 휴식이 필요하며, 휴식 시에는 스트레칭 등의 여러 가지 운동이 필요하다. 그러나 내용에 관계없이 노동시간만을 생각하는 경우 재해는 필연적으로 촉발하게 된다. 단순한 반복작업의 경우 조직에는 극히 미세한 손상(Micro Trauma)만이 발생하며, 이러한 미세 손상은 평상적 동작에서는 조직에 전혀 문제가 되지 않는다. 즉, 우리 몸의 자연치유능력은 이 정도의 미세 손상으로부터 조직을 복원시킴으로써 손가락이나 손목을 수십 년씩 사용하여도 닳거나, 망가지지 않도록 한다. 그러나 이러한 미세손상이 1시간에 수백 번 혹은 수천 번 반복될 경우 자연치유능력으로 손상을 회복시킬 틈을 얻지 못한다. 또한 이런 손실이 6개월 이상 지속될 경우에는 미세 손상이 누적되어 경우에 따라서는 복원이 불가능한 상태에 이를 수도 있을 것이다.

(3) 불안정한 작업자세와 신체적 결함

지속적으로 불안정한 작업자세를 취할 경우 누적외상성 장해의 빈도가 증가하는데, 부위별로 보면 목을 과도하게 구부릴 경우(45° 이상) 또는 옆으로 돌린 자세 등이 질병 발생 위험도가 증가하는 대표적인 불안정한 작업자세라 할 수 있다.

또한 남자가 해야 할 일을 여성이 한다던가, 체력이 약한 사람이 힘든 반복작업에 투입되는 등 근로자 개인의 체력을 고려하지 않은 작업배치 또는 신체적 결함이 하지에 있는 근로자를 기립자세에서의 반복 작업에 투입하는 경우 등 신체조건상의 무리가 있을 경우에는 내적 재해뿐만 아니라 외적 재해까지도 유발하기 쉬워지므로 작업공정여건을 고려하여 배치하고 근로자의 최적 작업자세를 유지하도록 한다.

(4) 무리한 힘이 필요한 작업(Forceful Exertions)

무리한 힘을 쓰는 작업일 경우 많은 근력을 필요로 하게 되고, 결과적으로 인대에 높은 부하가 걸리게 된다. 수근관을 지나는 굴근건(Flexertendon)은 4.5kg 이상의 무게를 다룰 경우 건초염의 빈도가 증가하는 것으로 알려져 있다. 물론 다른 위험요소가 동시에 작용할 경우 그 질병 발생의 빈도가 증가하게 된다.
Silverstein의 연구에서는 반복작업의 경우 위험도가 5배 증가한 반면, 무리한 힘과 반복작업이 동시에 이루어질 경우 그 위험도가 15배나 증가하였다고 보고하였다.

(5) 작업기술 미숙

숙련도에 따라 작업이 배정되지 않으면 반복작업은 부상과 직결되기 쉽다. 일반 작업은 어려운 작업이나 숙련도가 낮은 작업이라도 그때그때 주의를 환기시키며 작업을 할 수 있으나 반복작업은 내용이 간단해도 숙련되지 않으면 사고의 위험이 높다.

(6) 보호장비 결여

모든 작업자와 기계는 예방을 위한 보호장비를 갖춰야 한다. 예를 들면 제조업에서는 경보장치, 제어장치, 보호장치가 있어야 하고, 필요 시 장갑이나 안경, 복장 등의 예방장비가 갖춰져 있어야 한다.

(7) 작업환경 불량

습도와 온도가 쾌적하지 않고 소음, 진동이 심한 곳에서의 반복작업은 빈번한 장해발생의 요인으로 작용한다.

(8) 정신 · 심리적 불안정 상태

가족 또는 근로자 자신의 문제로 심리적 갈등이 있을 때, 또는 몹시 피로하거나 정신적 질병이 있는 경우에도 쉽게 건강문제가 발생되므로 이런 경우 상담을 통한 정신 · 심리적 불안을 풀게 하거나 무리한 작업에서 제외시키는 것이 중요하다.
그러나 이와 같은 직업적 유발요인 이외에도 사회적 요인 등의 직업 외적 요인이 영향을 미치는 것으로 알려져 있으며, 여성의 경우 집안에서의 가사노동이 큰 영향을 미칠 수 있어서 직업적 요인에 의한 위험을 정확히 판단하는 것이 매우 어렵다고 할 수 있다.
근골격계 질환은 위와 같은 요인들이 근로자에게 동시에 작용될 때 더욱 큰 영향을 미치게 된다.
또한 누적외상성 장해, 경견완장해 등의 정의에서 설명하고 있는 것처럼 증상의 양상이 특징적으로 발생하기보다는 다양한 증상이 동시에 다발하는 복합질환이어서 질환의 원인을 정의하기가 어려운 점 등이 문제해결을 더욱 어렵게 하고 있다.

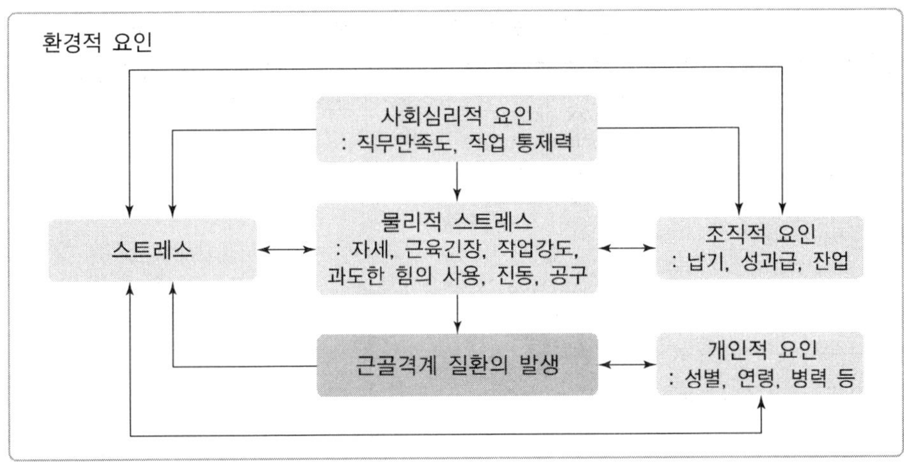

[근골격계 질환 발생 모델]

2. 근골격계 질환 발생 가능성이 높은 작업

누적외상성 장해는 연마, 프레스, 용접, 절단, 재봉 등의 수작업이 많은 제조업과 가축으로부터 여러 부위의 고기를 발라내는 육류가공업, 전화교환작업, 타이핑을 많이 하는 컴퓨터 관련 자료입력작업, 음악가, 트럭운전수 등에서 많이 발생되고 있다.

이러한 작업에서도 특히 컴퓨터와 관련된 작업환경에 대해서는 많은 연구결과 작업환경을 개선시키는 구체적인 대안들이 제시되어 일부 사업장에서는 실제로 뚜렷한 생산성 향상 및 의료비 절감이라는 측면에서 많은 효과를 보고 있다. 근골격계 질환 발생 가능성이 높은 작업 및 작업위험요인은 아래 표와 같다.

| 근골격계 질환 발생 가능성이 높은 작업 및 작업요인 |

공통적 위험요인	작업내용
• 반복 움직임이 많을 때	• 사이클이 30초 이하이거나, 1교대당 1,000개 이상 작업 등
• 큰 손힘이 요구될 때	• 손에 걸리는 부게가 3.2kg보다 클 때 등
• 부적절한 자세로 하는 작업	• 팔꿈치와 팔을 들어올리거나, 손목과 손을 굽히는 작업 등
• 기계적인 스트레스	• 날카로운 테이블 끝에 의지하는 팔이나 손 등
• 높은 정도의 진동	• 진동공구 작업 등
• 극한 온도에의 노출	• 고온 · 저온에 노출되는 작업 등
• 장갑을 껴야 하는 작업	• 날카로운 칩 취급작업 등
• 작업장에서 수공구의 사용	• 부적절한 자세로 작업할 가능성이 높은 좁은 공간 작업 등
• 손으로 움켜쥐거나 손끝으로 잡아야 하는 작업	• 부품 조립 작업 등
	• 핀치그립 작업 등(파워그립보다 3~4배 많은 힘을 필요로 함)
• 여러 형태로 잡음	

| 근골격계 질환 발생 가능성이 높은 작업 및 위험요소 |

작업	장해	작업상의 위험요소
1. 연마작업	Tenosynovitis Thoracic Outlet Carpal Tunnel De Quervain's Pronator Teres	손목의 반복동작 지속적인 어깨 들어올림 진동 꺾인 손목자세
2. 프레스작업	Tendinitis of Wrist and Shoulder De Quervain's	손목의 반복동작 어깨의 반복동작 팔꿈치 꺾기 Pushing Control을 위한 손목꺾임
3. 머리 위의 조립 (용접, 페인팅, 자동차 수리)	Thoracic Outlet Shoulder Tendinitis	지속적으로 팔을 들어올리는 자세 어깨보다 높은 손의 자세
4. 벨트 컨베이어 조립	Tendinitis of Wrist and Shoulder Carpal Tunnel Thoracic Outlet	전후좌우로 들어올리는 팔의 자세 손목의 반복동작
5. 타이핑, 키펀치, 출납원	Tension Neck Thoracic Outlet Carpal Tunnel	정적이고 제한적인 자세 손가락의 고빈도 동작 꺾인 손목자세 손바닥 압력
6. 재봉사	Thoracic Outlet De Quervain's Carpal Tunnel	반복적인 어깨 및 손목동작 손바닥 압력
7. 작은 부품 조립 (철사감기, 밴드싸기)	Tension Neck Thoracic Outlet Wrist Tndinitis, Epicondylitis	지속적인 부적절한 자세 꺾인 손목자세와 엄지손가락의 압력 반복적인 손목운동 강력한 손목의 젖힘과 내전
8. 우편배달부	Shoulder Problem Thoracic Outlet	어깨끈으로 무거운 짐을 나름
9. 음악가	Wrist Tendinitis Carpal Tunnel Epicondylitis	손목의 반복동작 손바닥 압력 어깨의 반복동작
10. 유리절단작업, 전화교환작업	Ulnar Nerve Entrapment	지속적인 팔꿈치 구부림 자세
11. 실내장식작업	Thoracic Outlet Carpal Tunnel	지속된 어깨의 굽힘 반복적인 손목 굽힘
12. 포장작업	Tendinitis of Shoulder and Wrist Tension Neck Carpal Tunnel	지속적인 어깨 하중 손목의 반복동작, 과도한 힘
13. 트럭운전사	Thoracic Outlet	지속적인 어깨의 들어올림 자세
14. 코어 제작	Tendinitis of Wrist	반복적인 손목운동
15. 가정부, 요리사	De Quervain's Carpal Tunnel	지속적이고 고빈도의 손목동작
16. 목공 및 벽돌작업	Carpal Tunnel Guyon Tunnel	손바닥 압력
17. 창고작업	Thoracic Outlet Shoulder Tendinitis	부자연스러운 자세에서 어깨에 걸리는 지속적인 하중
18. 재료운반	Thoracic Outlet Shoulder Tendinitis	어깨로 물건을 나름
19. 제재업/건설	Shoulder Tendinitis Epicondylitis	무거운 물건을 반복적으로 던짐
20. 육류가공작업	De Quervain's Carpal Tunnel	손목의 과도한 힘과 반복동작

근골격계 질환의 발병 단계 및 종류

1. 근골격계 질환의 발병 단계

근골격계 질환의 증세는 매우 다양하며 구분하기가 애매한 경우가 많으나 특히 통증, 민감함, 쇠약함, 부어오름, 무감각증 등의 증세를 보이게 되는데 이러한 증세는 일반적으로 다음 세 단계로 분류할 수 있다.

- 1단계 : 작업시간 동안에 통증이나 피로함을 호소하지만 하룻밤을 지내거나 휴식을 취하게 되면 아무렇지도 않게 된다. 작업능력의 저하가 발생하지는 않는다. 이러한 상황은 몇 주, 몇 달 동안 계속될 수 있으며 다시 회복할 수 있다.
- 2단계 : 작업시간 초기부터 발생하는데 하룻밤이 지나도 통증이 계속된다.
- 3단계 : 휴식을 할 때도 계속 고통을 느끼게 되며 반복되는 움직임이 없는 경우에도 발생하게 된다. 잠을 잘 수 없을 정도로 고통이 계속되며 낮에도 작업을 수행할 수가 없게 되며 다른 일에도 어려움을 겪게 된다.

2. 근골격계 질환의 종류

1) 건염(Tendonitis)

반복하여 움직이거나 구부리거나 딱딱한 표면에 부딪히거나 진동에 의하여 건(Tendon)의 섬유질이 손상되거나 찢어지는 등의 건에 염증이 생기는 질환이다. 건이 점점 두꺼워지거나 울퉁불퉁하거나 불규칙한 표면이 되는 현상이 나타난다.
어깨부위에 건처럼 건초(Sheath)가 없는 부위에서는 손상되어서 부위가 석회질화하여 딱딱하게 된다.
증상은 손, 팔꿈치, 어깨 부위가 붓거나 누르면 통증이 있고 힘을 쓸 수 없게 된다.

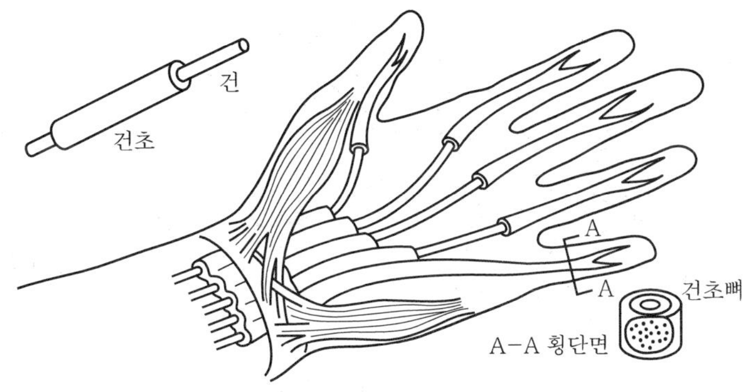

[건(腱)은 다른 인체의 구조와 마찰을 막음]

2) 건초염(Tendosynovitis)

손가락의 활액초(Synovial Sheath) 안쪽의 건(Tendon)에 발생하는데 건초(Sheath)는 혈류량이 많아지게 되어 붓고 통증을 느끼게 된다. 건의 표면이 거칠어지게 되며 따라서 감염된 건초부분이 건에 압력을 가하게 된다. 증상은 손이나 팔이 붓고 누르면 아프다.

3) 회전근개 손상(Rotator Cuff Injury)

4개로 구성된 어깨 회전근개(돌림근띠) 부위 중 1개 이상 근육의 힘줄에 염증이 발생한다. 증상은 통증을 동반하고 어깨를 움직이는 데 장해가 온다.

4) 결절증(Ganglion)

관절부위의 얇은 막이나 건초부분의 낭종(Cystic Tumor), 활액(Synovial Fluid)을 채우고 있는 건초(Tendon Sheath)가 부풀어 오르는 현상을 말한다. 손목의 윗부분이나 요골부위가 붓거나 혹이 생기기도 한다.

5) 수근 터널증후군(CTS ; Carpal Tunnel Syndrome)

손의 손목뼈 부분의 중심신경(Median Nerve)의 압박에 의한 결과로 나타난다. 건초(Tendon)의 팽창은 손목뼈 관의 공간을 작게 만들어 중심신경을 자극시킨다. 이러한 손목뼈 관의 크기는 손목의 굴절(Flexion) 혹은 신전(Extension)할 때나 옆으로 움직일 경우에는 작아지게 된다.

증상은 손목부위에 감각마비, 쑤심, 욱신거리는 증상이 있고 특히 밤에 통증이 더욱 심하다. 손바닥 안쪽에서는 대부분의 손바닥과 손가락에, 손등 쪽에서는 엄지의 척골 쪽, 검지의 윗부분 두 마디, 약지 등에 영향을 미친다. 따라서 이러한 부위의 감각을 통하여 이 증세의 여부를 알 수 있다.

또한 이 증상은 매우 다양하게 일어날 수 있으나 대부분은 수근관 구조의 정상이 아닌 이상변화에 의해 발생하여 정중신경에 압박을 주게 되어 결과적으로 통증을 유발시킨다.

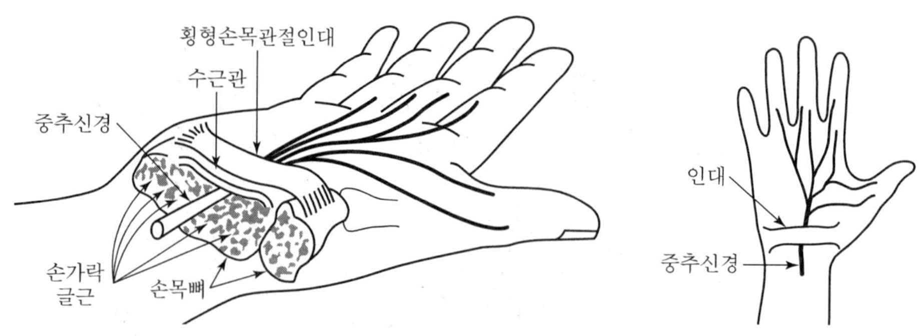

[수근터널증후군]

※ 손목의 정중 신경이 눌렸을 때 발생함

6) 주관절 외상과염(테니스 엘보)

팔꿈치 부위의 인대에 염증이 생김으로써 일어나는 것으로, 증상은 팔꿈치가 붓고 힘을 쓸 수 없을 정도로 통증이 심하다.

(1) 과도한 피로와 인대의 손상

손의 반복작업에 따른 피로와 노화과정에 의해서 손목의 힘줄을 둘러싸고 있는 활막액이 자연히 혼탁해지고 점성이 높아지게 되어 염증성 반응이 일어나 신경을 압박하게 된다.

(2) 뼈의 탈구와 골절

수근골의 탈구, 골절 등의 부상을 당하였을 때나 손목관절염 등의 질병이 발생하여 관 내부가 좁아지게 되어 신경을 압박하게 된다.

(3) 손목의 부종

수근관을 이루는 조직들이 부어오르면서 손이 붓게 되는데 이러한 증상의 대부분은 임신기간에 흔히 관찰되고 출산 후 시간이 지남에 따라 자연히 가라앉게 된다.

7) 백색수지증(White Finger)

손 부위에 혈액의 원활한 공급이 이루어지지 않을 경우 발생하는데 손가락이 차가워지거나, 무감각해지거나, 쿡쿡 쑤시는 증상이 온다. 손가락의 움직임을 마음대로 하지 못하게 되며, 특히 찬 기운이나 진동으로 인한 손가락의 혈관 수축이 원인이다. 진동이 있는 도구를 힘을 주어 잡고 사용하는 작업에서 가장 많이 발생한다.

8) 기욘관증후군(Guyon Tunnel Syndrome)

손목에 위치한 기욘관(Guyon Tunnel Syndrome)을 지나고 있는 척골신경(Ulnar Nerve)의 손상에 의하여 나타난다. 손목의 지속적인 굴절 및 신전행위의 반복이나, 손바닥으로 물체를 두드리는 등의 누적된 충격에 의하여 나타나기도 한다.

일반적으로 신체부위별 근골격계 질환의 발생부위는 다음 그림과 같다.

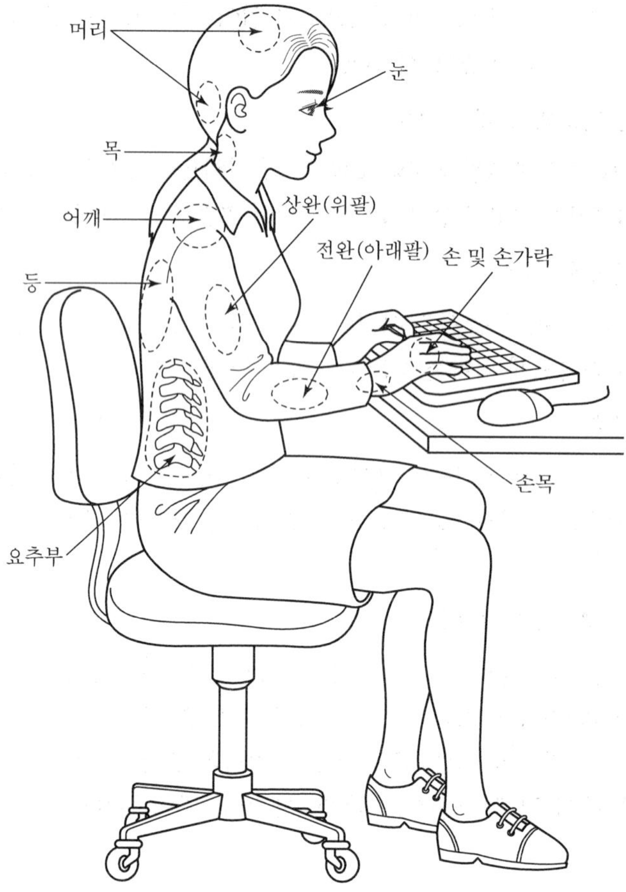

[신체 부위별 명칭과 근골격계질환의 발생부위]

건염(Tendinitis)	회전근개 손상(Rotator Cuff Injury)	건초염(Tensynovitis)
인대의 섬유질이 찢기거나 상처를 입어 염증이 발생한다. 증상은 손, 팔꿈치, 어깨의 손상부위가 붓거나 누르면 통증이 있고 힘을 쓸 수 없게 된다.	4개로 구성된 어깨 회전근개(돌림근띠) 부위 중 1개 이상의 근육의 힘줄에 염증이 발생한다. 증상은 통증을 동반하고 어깨를 움직이는 데 장해가 온다.	인대 또는 이들을 둘러싸고 있는 건초(건막)부위가 부어오른다. 증상은 손이나 팔이 붓고 누르면 아프다.
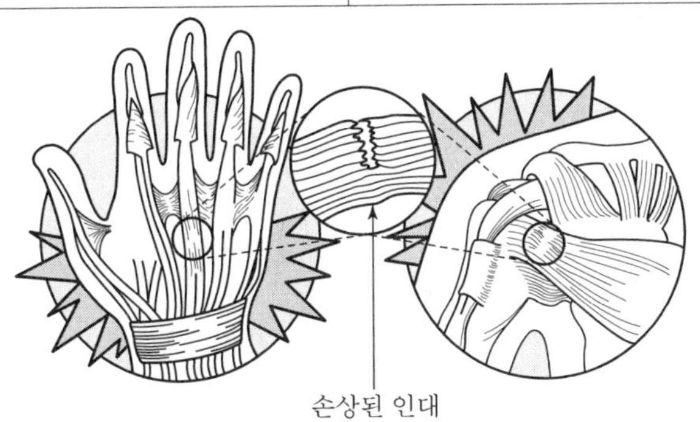		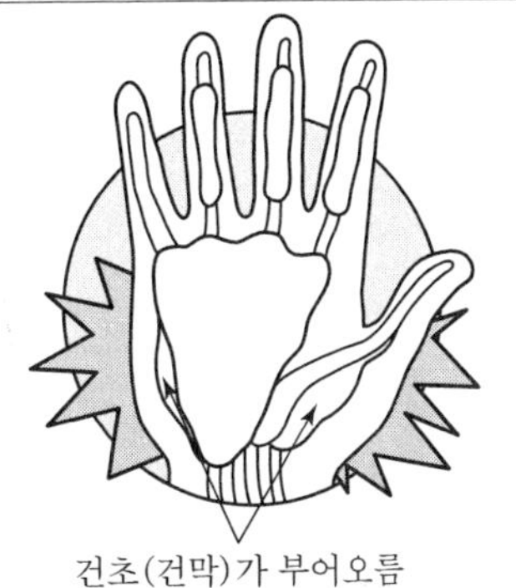
수근관증후군(CTS)	주관절 외상과염(테니스 엘보)	백색수지증(White Finger)
손목을 지나는 정중신경(Median Nerve)에 심한 압력이 가해짐으로 인해 일어난다. 증상은 손목부위의 감각마비, 쑤심, 욱신거림 등으로 특히 밤에 통증이 더욱 심하다.	팔꿈치 부위의 인대에 염증이 생김으로써 일어난다. 증상은 팔꿈치가 붓고 힘을 쓸 수 없을 정도로 통증이 심하다.	손가락 혈관의 혈액순환 이상 시에 발생한다. 증상은 손가락이 하얗게 되거나 감각이상 혹은 쑤심 등의 통증을 동반한다.
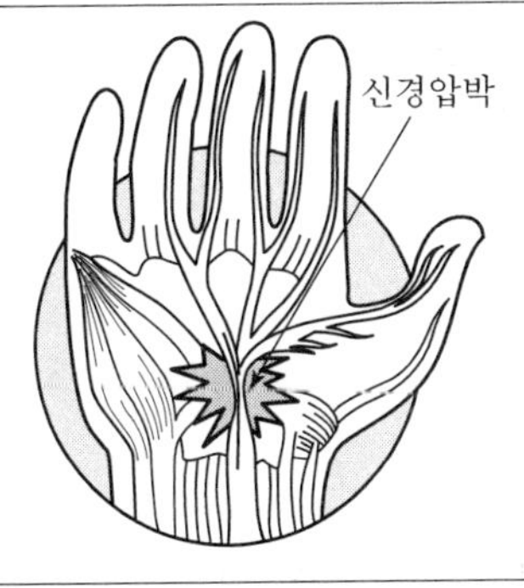	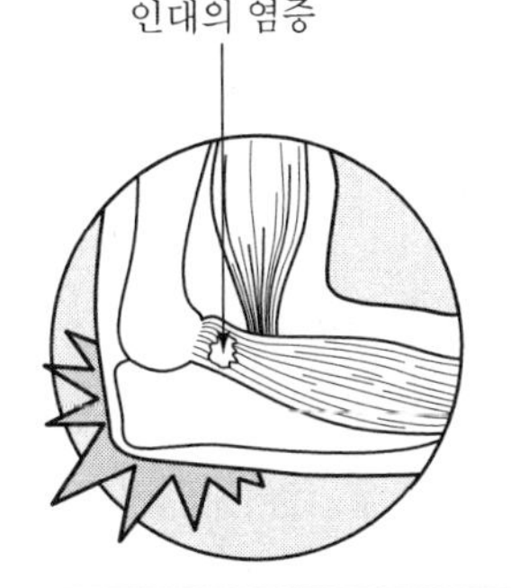	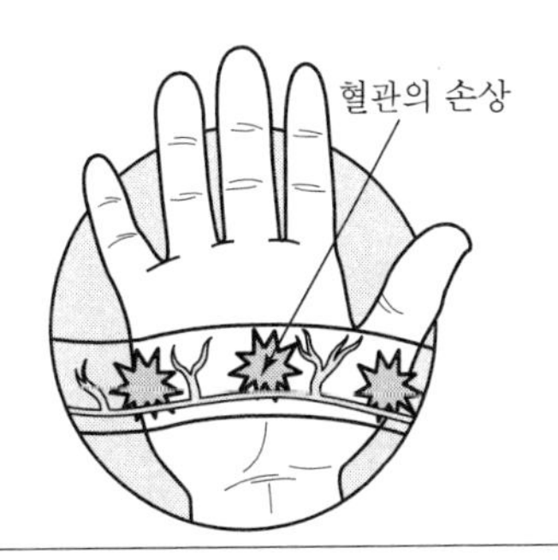

[근골격계 질환의 종류 및 증상]

3. 주요 근골격계 질환의 발생 원인 및 증상

1) 근막통증후군

(1) 원인 : 목이나 어깨를 과다 사용하거나 과도한 굽힘 자세를 지속적으로 유지

(2) 증상 : 목이나 어깨부위 근육의 통증 및 움직임의 둔화

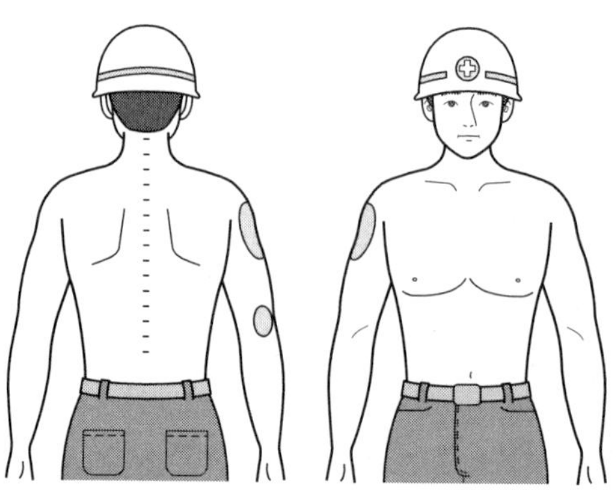

2) 요통

(1) 원인 : 중량물을 들거나 옮기는 자세 및 허리를 비틀거나 구부리는 자세

(2) 증상 : 추간판 탈출로 인한 신경압박 및 허리 근육 부위에 염좌가 발생하여 통증 및 감각마비

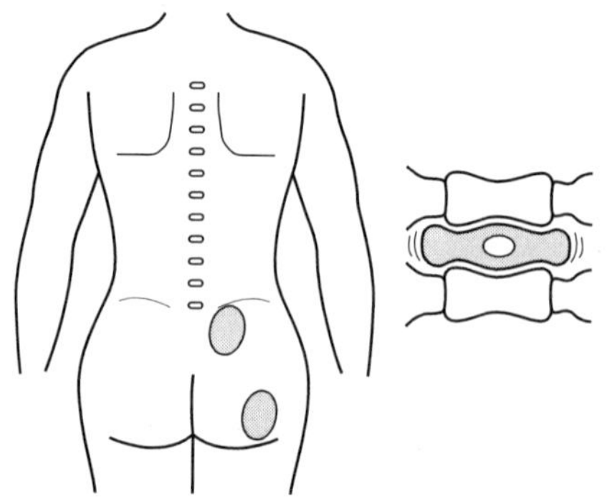

3) 누적외상병(CTDs ; Cumulative Trauma Disorders)

오랜 시간 동안 지속적이고 반복적인 작업을 하는 사람들에게 주로 나타나며 특정 신체 부위 및 근육의 과도한 사용으로 인해 근육, 관절, 혈관, 신경 등에 미세한 손상이 발생하는 근골격계 질환이다.

주요 증상으로는 손, 손목, 팔목, 어깨, 목, 허리 등의 지속적 통증을 들 수 있다. 누적외상병의 원인으로는 장시간 동안 같은 자세 유지, 불안정한 자세, 무리한 힘의 사용, 과도한 반복 작업, 휴식 없는 연속적 작업 등이 있다. 대부분은 한동안 쉬면 저절로 치유되지만, 때로는 외과 수술이 필요하기도 하고 심각한 경우에는 환자가 수술 후 다시 작업을 수행할 수 없게 되는 경우도 있다. 예방을 위해서는 작업 도중에라도 짧은 휴식을 취하

고 규칙적인 운동을 해주는 것이 좋다.

손목의 신경이 인대에 눌리거나 염증이 생겨 통증을 일으키는 손목터널증후군(CTS)과 힘줄을 싸고 있는 힘줄집에 염증이 생기는 건염(Tendinitis) 등이 CTD에 포함된다. 손목터널증후군의 경우 반복적으로 키보드를 사용하는 컴퓨터 작업자에게서 많이 나타나는 것으로 알려졌다.

4) 수근관증후군(CTS ; Carpal Tunnel Syndrome)

수근관이란 손목 앞쪽의 피부조직 밑에 손목을 이루는 뼈와 인대들에 의해 형성되어 있는 작은 통로인데, 이곳으로 9개의 힘줄과 하나의 신경이 손 쪽으로 지나간다. 수근관증후군은 이 통로가 여러 원인으로 좁아지거나 내부 압력이 증가하면, 여기를 지나가는 정중신경(Median Nerve)이 손상되어 이 신경 지배 영역인 손바닥과 손가락에 이상 증상이 나타나는 것이다. 평생 이 질환에 걸릴 확률은 50% 이상으로 알려져 있으며, 팔에서 발생하는 신경질환 중 가장 흔하다.

(1) 원인 : 반복적이고 지속적인 손목의 압박 및 굽힘 자세

(2) 증상 : 손가락의 저림 및 감각 저하

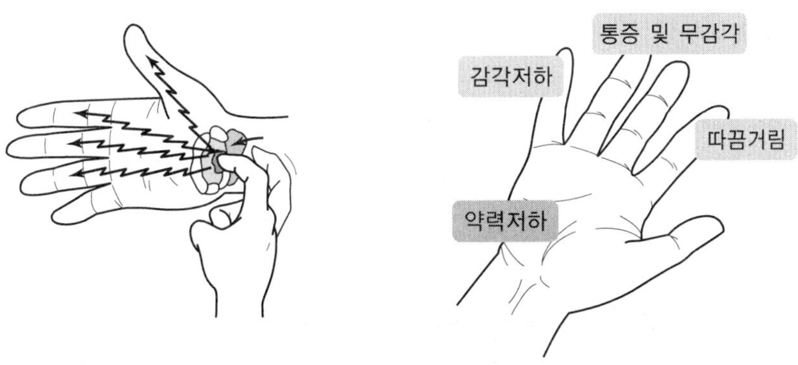

[수근관증후군]

5) 내상과염, 외상과염

(1) 원인 : 과다한 손목 및 손가락의 동작

(2) 증상 : 팔꿈치 내 · 외측의 통증

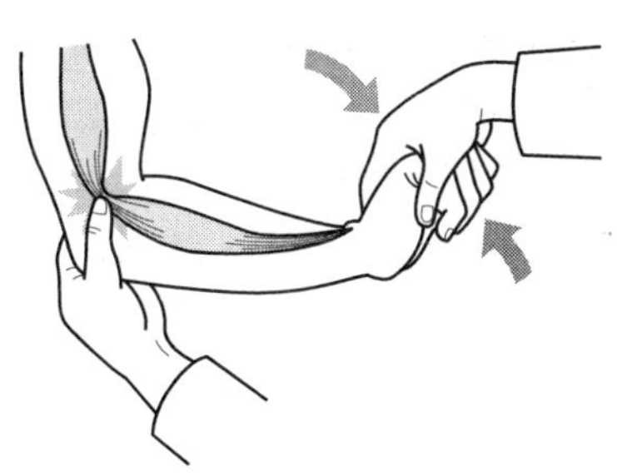

6) 수완진동증후군

(1) 원인 : 진동공구 사용
(2) 증상 : 손가락의 혈관수축, 감각마비, 하얗게 변함

7) 기타 근골격계 질환

(1) 회전근개염 : 팔을 들어올리거나 회전할 때의 어깨 통증
(2) 드퀘르벵건초염 : 엄지손가락과 손목의 통증
(3) 결정종 : 두드러진 감지 증상은 없으나 신경이나 혈관을 누르면 통증이나 근력 약화 등이 나타남

4. 작업 종류에 따른 장해 및 원인

사람은 손과 손목을 이용해 다양하고 복잡한 작업을 할 수 있다. 이 손과 손목은 신경과 건(腱), 인대, 뼈, 혈관 등 복잡한 조직으로 되어 있다. 이들 조직 중 어떤 부분은 다음과 같은 것들에 의해 자극과 긴장을 받을 수 있다.

- 진동공구나 장비
- 반복적으로 비틀림이 있는 손 운동
- 불편한 자세로 손과 손목에 힘을 주어야 하는 작업
- 여러 요인들이 결합된 상태로 힘을 쓰는 작업

구분	장해	원인	대책
수근터널 증후군 (Carpal Tunnel Syndrome)	• 손과 손가락의 통증, 마비, 쑤심, 발진, 악력(쥐는 힘)의 약화 • 때때로 증상은 주간에만 나타남	손목의 수근터널을 통과하는 신경을 압박, 손목의 굽힘이나 비틀림 또는 특별하게 힘을 아래로 가하는 경우 유발될 수 있음	• 유발원 제거 • 손목의 휴식 • 염증예방약 복용
테니스 엘보 (Tennis Elbow)	손과 손목, 전박(前膊)의 통증, 부어오름, 허약, 피부의 붉어짐, 손과 손가락의 약화	팔이나 팔목, 손가락 건(腱)의 과도한 사용 • 유발원 제거 • 휴식 • 의사의 처방이 있으면 찜질 실시	

화이트 핑거(White Finger) (또는 레이놀드 현상이라 부름)	손과 손가락의 통제 능력이 상실되고 마비됨, 쑤심, 피부가 하얗게 변함, 열이나 차가움에 대한 감각을 잃고 통증 발생	• 해머, 체인톱, 로터리 그라인더, 연삭기와 같은 진동 기구의 반복적 사용 • 손의 혈관에 산소가 공급되지 못하고 혈관이 죽게 될 경우	증상을 유발하는 작업을 중지하는 것 이외에는 효과적인 조치가 없음
트리거 핑거 증후군 (Trigger Finger Syndrome)	손가락과 손의 통증, 부어오름, 약화	• 힘을 주어 손가락을 반복해 구부림 • 예를 들어 방아쇠형 수동기구와 압축공기기구의 사용	• 원인의 제거 • 휴식 • 의사의 처방이 있으면 찜질 실시
해머 증후군 (Hammer Syndrome)	엄지손가락 기저부분의 손 끝에 통증이 많음, 손가락이 마비되며 차가움에 대한 감각이 상실됨	손을 사용해 물체를 침	• 원인의 제거 • 휴식 • 의사의 처방이 있으면 찜질 실시

14장 유해요인 평가

PROFESSIONAL ENGINEER ERGONOMICS

근골격계 질환의 유해요인평가

1. 근골격계 질환의 주요평가 도구

| 주요평가도구의 종류와 그 특징 |

평가도구 (Analysis Tools)	평가되는 위해요인	관련된 신체부위	적용대상 작업 종류	한계점
REBA (Rapid Entire Body Assessment)	반복성 힘 불편한 자세	손목, 팔, 어깨, 목, 상체, 허리, 다리	간호사, 청소부 주부 등의 작업이 비고정적인 형태의 서비스업계통	반복성 미고려
OWAS (Ovaco Working Posture Analysing System)	불편한 자세 힘 노출시간	상체, 허리, 하체	중량물 취급	중량물작업 한정 반복성 미고려
JSI(작업긴장도지수) (Job Strain Index)	반복성 힘 불편한 자세	손, 손목	경조립작업, 검사, 육류가공, 포장, 자료 입력, 세탁 등	손, 손목부위 작업 한정, 평가의 객관성
RULA (Rapid Upper Limb Assessment)	반복성 힘 불편한 자세	손목, 팔, 팔꿈치, 어깨, 목, 상체	조립작업, 목공작업, 정비작업, 육류가공, 교환대, 치과	반복성과 정적 자세의 고려가 다소 미흡, 전문성 요구
Revised NIOSH Lifting Equation(NIOSH 들기작업지침)	반복성 힘 불편한 자세	허리	물자 취급(운반, 정리), 음료수 운반, 4kg 이상의 중량물 취급, 과도한 힘을 요하는 작업, 고정된 들기 작업	전문성 요구

2. RULA(Rapid Upper Limb Assessment)의 사용과 적용방법

McAtamney & Corlett(1993)이 개발하여 EU의 VDU 작업장의 최소안전 및 건강에 관한 요구 기준과 영국(UK)의 직업성 상지질환의 예방지침의 기준을 만족하는 보조도구로 사용하고 있다. 근골격계 질환(직업성 상지질환)과 관련한 위해인자에 대한 개인작업자의 노출 정도를 평가하기 위한 목적으로 개발되었으며, 개발과정에서 의류산업체의 재단, 재봉, 검사, 포장 작업 그리고 VDU 작업자 등을 포함하는 다양한 제조업의 작업을 그 분석연구의 대상으로 하였다.

1) RULA의 개발 목적

작업자 근골격계 질환(직업성 상지질환)과 관련한 위해인자에 대한 개인작업자의 노출 정도를 신속하게 평가하기 위한 방법을 제공하기 위하여 근육의 피로를 유발시킬 수 있는 부적절한 작업자세, 힘, 그리고 정적이거나 반복적인 작업과 관련한 신체적인 부담요소를 파악하고 그에 따른 보다 포괄적인 인간공학적 평가를 위한 결과를 제공하기 위한 목적으로 개발되었다.

2) RULA의 개요

(1) RULA의 평가표는 크게 각 신체부위별 작업자세를 나타내는 그림과 3개의 배점표로 구성되어 있다.

(2) 평가대상이 되는 주요 작업요소로는 반복 수, 정적 작업, 힘, 작업자세, 연속작업시간 등이 고려된다.

(3) 평가방법은 크게 신체부위별로 A와 B 그룹으로 나누어지면 A, B의 각 그룹별로 작업자세 그리고 근육과 힘에 대한 평가로 이루어진다. 아래 [그림]에 RULA의 평가과정에 대한 개요가 나타나 있다.

(4) 평가 결과는 1~7 사이의 총점으로 나타내며 점수에 따라 4개의 조치단계(Action Level)로 분류된다.

(5) 전술한 바와 같이 RULA는 작업장에 존재하는 근골격계 질환과 관련한 위해작업요인의 존재 유무와 그 정도를 신속히 파악하기 위한 간이평가도구로서 추후 포괄적인 작업장의 인간공학적 분석과 개선을 위한 참고적 보조도구로 사용되어야 할 것이다.

(6) RULA는 보조도구라는 한계가 있지만 잘 훈련된 전문가에 의하여 활용될 경우 작업장의 위해요인 파악과 개선을 위한 선도적 도구(Initiator)로서 사용될 수 있는 장점을 지니고 있다고 할 것이다.

(7) RULA를 비롯한 많은 평가도구들이 결국은 보편성(Generality)과 민감성(Sensitivity)의 상충이라는 한계를 지니고 있으므로 평가도구를 익히는 과정에서 충분한 훈련과 반복을 통하여 평가의 신뢰도와 일관성을 높일 수 있도록 하여야 할 것이다.

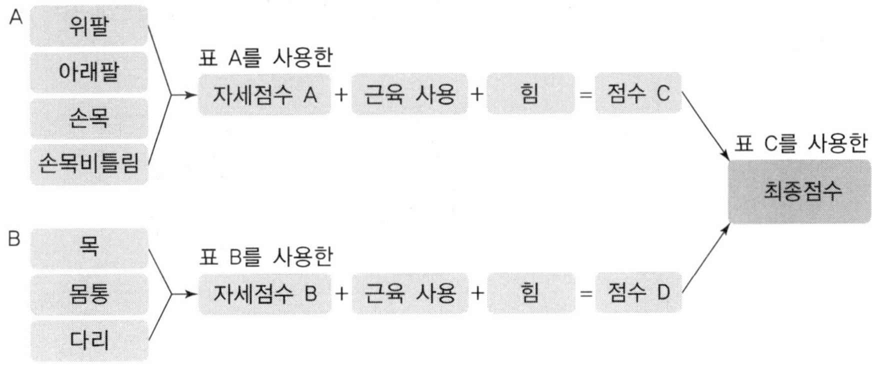

RULA 평가표의 사용방법

1. 〈평가그룹 A〉 팔과 손목 분석

- 신체부위 중 위팔(Upper Arm), 아래팔(Lower Arm), 손목에 대하여 평가한다.
- 양쪽팔의 자세가 다를 경우 각각에 대하여 분리 평가한다.

■ 제1단계 : 위팔(Upper Arm)의 위치에 대한 평가

(1) 작업 중 위팔의 자세가 아래의 5가지 자세 중 어디에 주로 속하는가에 따라 해당 점수를 부여함

(2) 위팔의 위치가 상체의 움직임에 따라 변화함에 상관없이 평가의 기준은 상체를 앞뒤로 나누는 관상면(Frontal Plane)과 위팔 사이의 각도로 한다.

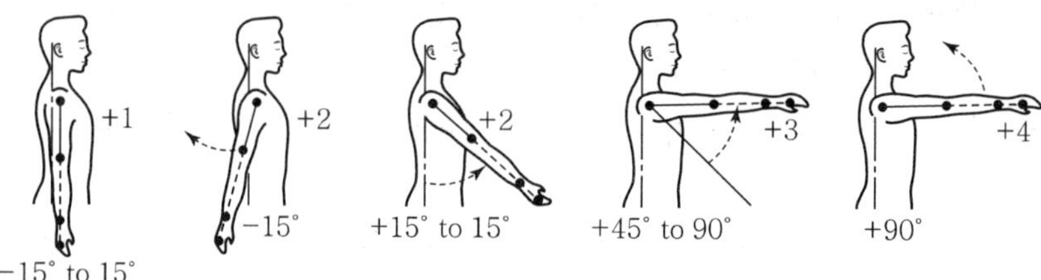

[추가 점수 부여]

자세가 아래의 사항에 해당될 경우 위의 해당 점수에 추가 점수를 합산한다.

① 어깨가 들려 있는 경우 : +1점

② 위팔이 몸에서부터 벌려져 있는 경우 : +1점

③ 팔이 어딘가에 지탱되거나 기댄 상태일 때 : −1점

■ 제2단계 : 아래팔(Lower Arm)의 위치에 대한 평가

작업 중 아래팔의 자세가 위의 2가지 자세 중 주로 어디에 속하는가에 따라 해당 점수를 부여함

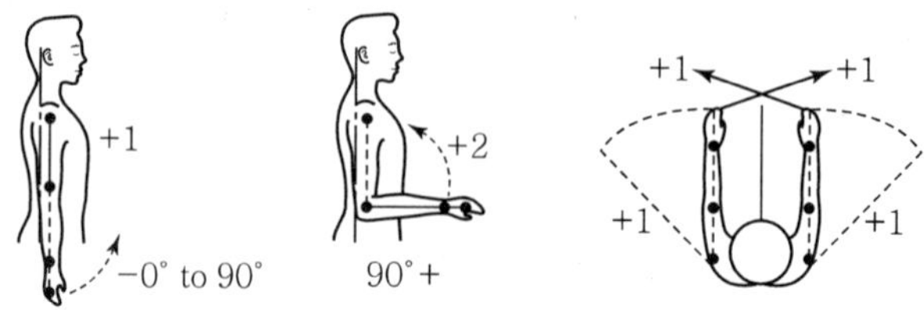

[추가 점수 부여]

자세가 아래의 사항에 해당될 경우 위의 해당 점수에 추가 점수를 합산(위의 세 번째 그림 참조)

① 팔이 몸의 중앙을 교차하여 작업하는 경우 : +1점

② 팔이 몸통을 벗어나 작업하는 경우 : +1점

■ 제3단계 : 손목(Wrist)의 위치에 대한 평가

작업 중 손목의 자세가 위의 3가지 자세 중 어디에 주로 속하는가에 따라 해당 점수를 부여함

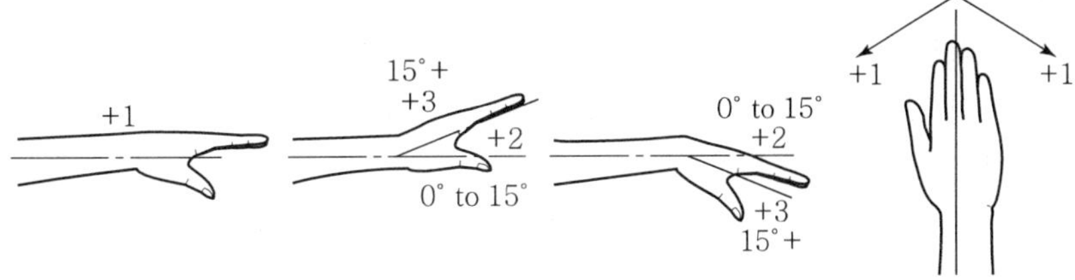

[추가 점수 부여]

자세가 아래의 사항에 해당될 경우 위의 해당 점수에 추가 점수를 합산(위의 네 번째 그림 참조)

① 손목이 위의 그림처럼 중앙선을 기준으로 좌우로 구부러져 있는 경우 : +1점

■ 제4단계 : 손목(Wrist)의 비틀림(Twist)에 대한 평가

작업 중 손목의 비틀림의 정도가 아래의 2가지 평가 기준 중 어디에 주로 속하는가에 따라 해당 점수를 부여함

① 작업 중 손목이 최대치의 절반 이내에서 비틀어진 경우 : +1점

② 작업 중 손목이 최대치 범위까지 비틀어진 상태인 경우 : +2점

손목의 비틀림은 아래팔의 축을 중심으로 한 Pronation, Supination을 말한다.

■ 제5단계 : 평가 점수의 환산

위에서 평가한 4가지 단계의 점수에 따른 줄과 칸을 평가표 표 A에서 찾아 평가그룹 A에서의 점수로 기록한다.

■ 제6단계 : 근육 사용 정도에 대한 평가

① 작업 중 근육의 사용정도를 평가하는 부분으로 작업 시 몸의 경직성 여부와 작업의 반복빈도를 평가하는 부분

② 작업 시 고정된 작업자세를 유지하거나(예를 들어 10분 이상 한 자세를 유지하는 경우) 또는 분당 4회 이상의 반복작업을 하는 경우 : +1점

③ 정적 자세(Static Postures)의 경우 사용되는 근력의 정도는 일반적으로 1시간 작업 시 보통 최대수의 근력(MVC)의 5%를 초과하지 않도록, 8시간의 경우 MVC의 2%를 초과하지 않도록 한다.(또는 최대 근력 사용 시 10초 이하, 보통의 근력 사용 시 1분 이하, 약한 근력 사용 시 4분 이하 정적 자세 유지)

■ **제7단계 : 무게나 힘이 부가될 경우에 대한 평가**

작업 중 공구나 작업물을 들어 나르는 경우 아래의 4가지 사항 중 어디에 속하는가에 따라 해당 점수를 부여한다.

① 간헐적으로 2kg 이하의 짐을 드는 경우 : 0점

② 간헐적으로 2~10kg 사이의 짐을 드는 경우 : +1점

③ 정적 작업이거나 반복적으로 2~10kg 사이의 짐을 드는 경우 : +2점

④ 정적 · 반복적으로 10kg 이상의 짐을 들거나, 또는 갑작스럽게 물건을 들거나 충격을 받는 경우 : +3점

■ **제8단계 : 팔과 손목 부위에 대한 평가 점수의 환산**

제5단계에서 환산된 점수 A에 제6단계와 7단계의 점수를 합하여 평가그룹 A에서의 팔과 손목 부위에 대한 평가 점수 C를 계산한다.

2. 〈평가그룹 B〉 목, 몸통, 다리의 분석

■ **제9단계 : 목의 위치에 대한 평가**

작업 중 목의 자세가 아래의 4가지 자세 중 어디에 주로 속하는가에 따라 해당 점수를 부여함

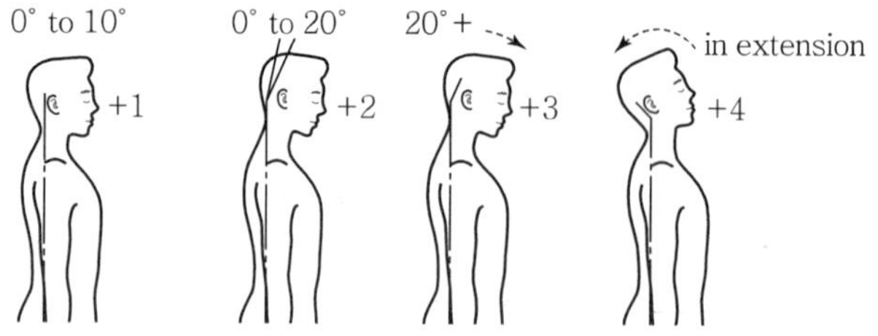

[추가 점수 부여]

자세가 아래의 사항에 해당될 경우 위의 해당 점수에 추가 점수를 합산

① 작업 중 목이 회전(비틀림)되는 경우 : +1점

② 작업 중 목이 옆으로 구부러지는 경우 : +1점

■ 제10단계 : 몸통의 위치에 대한 평가

작업 중 몸통의 자세가 아래의 4가지 자세 중 어디에 주로 속하는가에 따라 해당 점수를 부여함

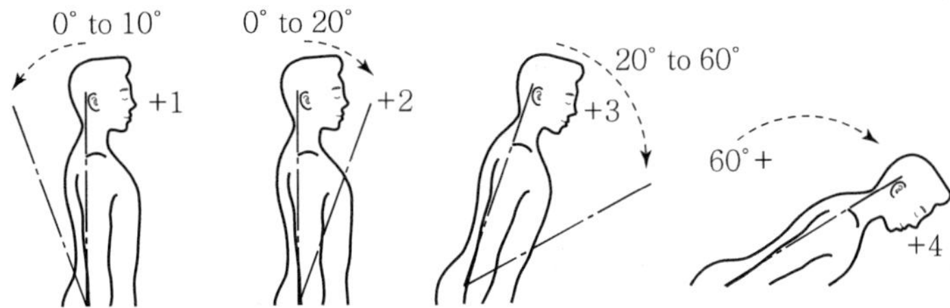

※ 뒤로 젖혀진 경우

1. 선 자세는 10°, 앉은 자세는 20°
2. 앉은 경우 등의 잘 지지되면 1점, 아니면 2점 부과

[추가 점수 부여]

자세가 아래의 사항에 해당될 경우 위의 해당 점수에 추가 점수를 합산

① 작업 중 몸통이 회전(비틀림)하는 경우 : +1점
② 작업 중 몸통이 옆으로 구부러지는 경우 : +1점

■ 제11단계 : 다리와 발의 상태에 대한 평가

작업 중 다리와 발의 상태가 아래의 2가지 자세 중 어디에 주로 속하는가에 따라 해당 점수를 부여함

① 다리와 발이 잘 지탱되고 균형이 잡혀 있을 경우 : +1점
② 그렇지 않을 경우 : +2점

■ 제12단계 : 평가 점수의 환산

위에서 평가한 제3단계의 점수를 표 B에서 찾아서 평가점수 C를 계산한다.

■ 제13단계 : 근육 사용 정도에 대한 평가

① 작업 중 근육의 사용 정도를 평가하는 부분으로 작업 시 몸의 경직성 여부와 작업의 반복빈도를 평가하는 부분
② 작업 시 작업자세가 경직(예를 들어 10분 이상 한 자세를 유지하는 경우)되어 있거나 분당 4회 이상의 반복작업을 하는 경우 : +1점

■ 제14단계 : 무게나 힘이 부가될 경우에 대한 평가

작업 중 공구나 작업물을 들어 나르는 경우 다음의 4가지 사항 중 어디에 속하는가에 따라 해당 점수를 부여함

① 간헐적으로 2kg 이하의 짐을 드는 경우 : 0점
② 간헐적으로 2~10kg 사이의 짐을 드는 경우 : +1점
③ 정적이거나 반복적으로 2~10kg 사이의 짐을 드는 경우 : +2점
④ 정적 · 반복적으로 10kg 이상의 짐을 들거나, 또는 갑작스럽게 물건을 들거나 충격을 받는 경우 : +3점

■ 제15단계 : 목과 몸통, 다리 부위에 대한 평가 점수의 환산

제12단계에서 환산된 점수 B에 제13단계와 14단계의 점수를 합하여 목과 몸통, 다리 부위에 대한 평가 점수 D를 계산한다.

■ 최종단계 : 총점(Final Score)의 계산과 조치수준(Action Level)의 결정

① 제8단계와 제15단계에서 계산된 점수 C와 점 B를 각각 표 C에서의 세로축과 가로축의 값으로 하여 최종 점수를 계산한다.
② 최종점수의 값은 1~7점 사이의 값으로 계산되며, 그 값의 범위에 따라 다음과 같은 조치를 취하게 된다.

3. 최종점수에 따른 조치단계의 결정

① 1~2점 : 수용 가능한 작업(Acceptable Job)
② 3~4점 : 계속적 추적관찰을 요함(Investigate Further)
③ 5~6점 : 계속적 관찰과 빠른 작업개선을 요함(Investigate Further and Change Soon)
④ 7점 이상 : 정밀조사와 즉각적인 개선이 요구됨

REBA(Rapid Entire Body Assessment)

1. REBA의 개발

① Hignett & McAtamney(2000)이 개발

② 근골격계 질환(직업성 상지질환)과 관련한 위해인자에 대한 개인작업자의 노출 정도를 평가하기 위한 목적으로 개발되었으며, 특히 상지작업을 중심으로한 RULA와 비교하여 간호사 등과 같이 예측이 힘든 다양한 자세에서 이루어지는 서비스업에서의 전체적인 신체에 대한 부담 정도와 위해인자에의 노출 정도를 분석하기 위한 목적으로 개발되었다.

2. REBA의 개요

① REBA의 평가표는 크게 각 신체부위별 작업자세를 나타내는 그림과 4개의 배점표로 구성되어 있다.

② 평가대상이 되는 주요 작업요소로는 반복성, 정적 작업, 힘, 작업자세, 연속작업시간 등이 고려된다.

③ 평가방법은 크게 신체부위별로 A와 B 그룹으로 나누어지면 A, B의 각 그룹별로 작업자세 그리고 근육과 힘에 대한 평가가 이루어진다.

④ 평가에 결과는 1～15점 사이의 총점으로 나타내며 점수에 따라 5개의 조치단계(Action Level)로 분류된다.

REBA WORKSHEET

(점검 내용은 표의 오른쪽 그림을 참고한다.)

	움직임	점수	추가 점수
몸통	곧바로 선자세	1	• 몸통이 비틀리거나 옆으로 구부러질 시 : +1
	0~20° 구부림, 0~20° 뒤로 젖힘	2	
	20~60° 구부림, 20° 이상의 젖힘	3	
	60° 이상의 구부림	4	
목	움직임	점수	추가 점수 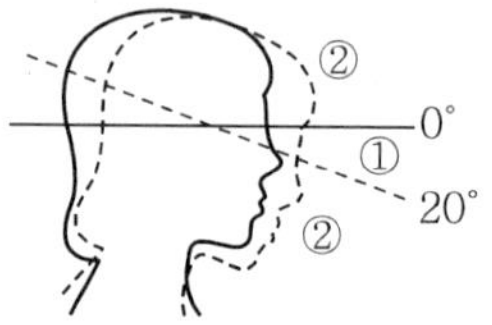
	0~20° 구부림	1	• 목이 비틀리거나 옆으로 숙일 시 : +1
	20° 이상의 구부림, 뒤로 젖혀질 시	2	
다리	움직임	점수	추가 점수 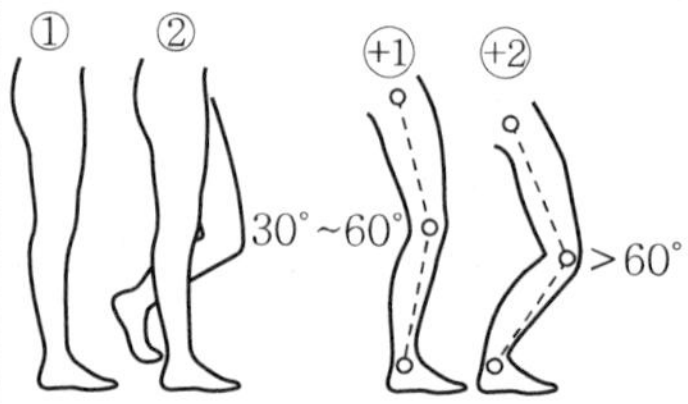
	두 다리가 모두 나란하거나 걷거나 앉아 있을 시	1	무릎이 • 30~60° 사이로 구부러질 시 : +1 • 60° 이상일 시 : +2 (앉은 자세 제외)
	발바닥이 한 발만 땅에 지지될 시	2	
위팔	움직임	점수	추가 점수 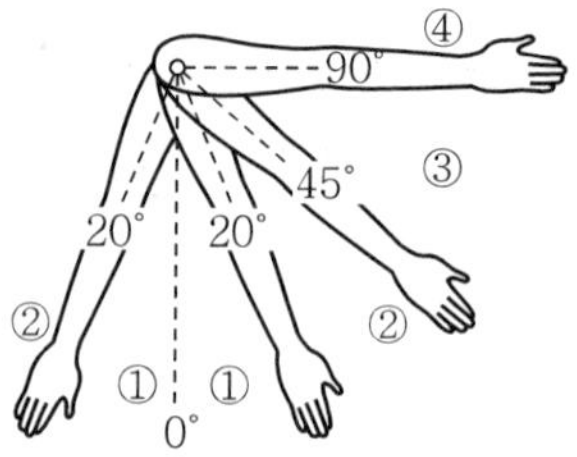
	20° 안에서의 움직임	1	• 위팔이 벌어지거나 회전 시 : +1 • 어깨가 들려진다면 : +1 • 팔이 무엇인가에 지탱되거나 기대어질 시 : −1
	20~45°의 들림, 20° 이상의 젖힘	2	
	45~90° 사이의 들림	3	
	90° 이상의 들림	4	
아래팔	움직임	점수	추가 점수 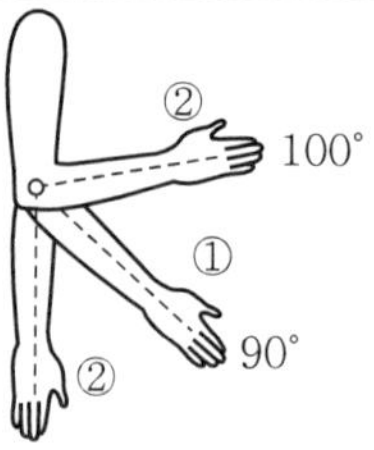
	60~100° 사이의 들림	1	추가 내용 없음
	100° 이상의 들림, 0~60°의 들림	2	
손목	움직임	점수	추가 점수 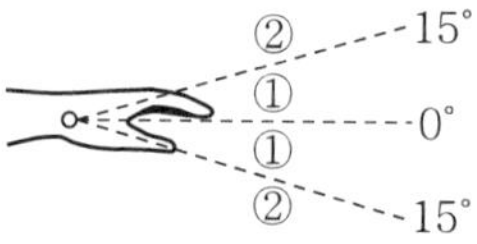
	0~15° 사이의 꺾임이나 들림	1	• 손목이 비틀어질 시 : +1
	15° 이상의 꺾임이나 들림	2	

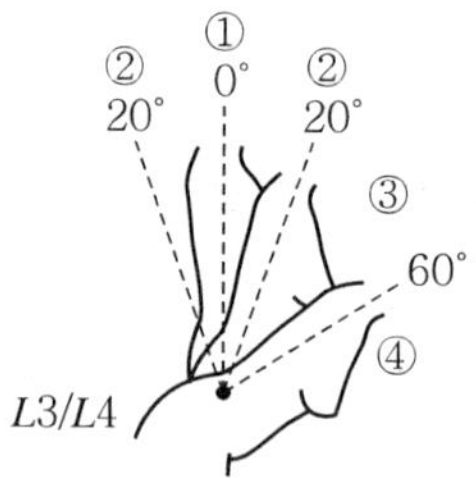

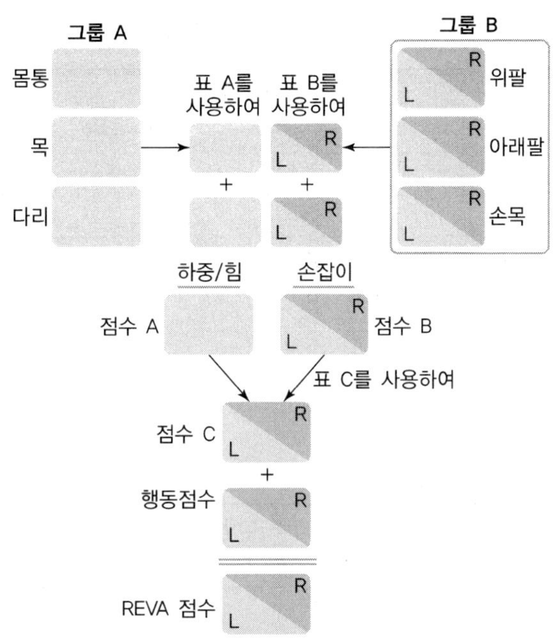

[REBA 점수 환산표]

표 A와 하중

표 A													
		목											
몸통		1				2				3			
	다리	1	2	3	4	1	2	3	4	1	2	3	4
1		1	2	3	4	1	2	3	4	3	3	5	6
2		2	3	4	5	3	4	5	6	4	5	6	7
3		2	4	5	6	4	5	6	7	5	6	7	8
4		3	5	6	7	5	6	7	8	6	7	8	9
5		4	6	7	8	6	7	8	9	7	8	9	9

하중/힘			
<5kg	5~10kg	>10kg	충격 또는 갑작스런 힘의 사용
0	1	2	+1

표 B와 손잡이

표 B							
		아래팔					
위팔		1			2		
	손목	1	2	3	1	2	3
1		1	2	2	1	2	3
2		1	2	3	2	3	4
3		3	4	5	4	5	5
4		4	5	5	5	6	7
5		6	7	8	7	8	8
6		7	8	8	8	9	9

손잡이			
좋음	보통	나쁨	채택할 수 없음
무게 중심에 위치한 튼튼하고 잘 고정된 적절한 손잡이가 있는 경우	어느 정도 적절한 손잡이가 있는 경우이거나 대상물의 한 부위가 손잡이 대용으로 사용 가능한 경우	비록 들 수는 있으나 손으로 들기에 적절하지 않고 손잡이가 있으나 부적절한 경우	손잡이가 없거나 위험한 형태의 손잡이가 있는 경우
0	1	2	3

표 C와 행동점수

표 C													
		점수 B											
		1	2	3	4	5	6	7	8	9	10	11	12
점수 A	1	1	1	1	2	3	3	4	5	6	7	7	7
	2	1	2	2	3	4	4	5	6	6	7	7	8
	3	2	3	3	3	4	5	6	7	7	8	8	8
	4	3	4	4	4	5	6	7	8	8	9	9	9
	5	4	4	4	5	6	7	8	8	9	9	9	9
	6	6	6	6	7	8	8	9	9	10	10	10	10
	7	7	7	7	8	9	9	9	10	10	11	11	11
	8	8	8	8	9	10	10	10	10	10	11	11	11
	9	9	9	9	10	10	10	11	11	11	12	12	12
	10	10	10	10	11	11	11	11	12	12	12	12	12
	11	11	11	11	11	12	12	12	12	12	12	12	12
	12	12	12	12	12	12	12	12	12	12	12	12	12

행동점수	
• +1	• 한 군데 이상 신체부위가 고정되어 있는 경우. 예를 들면 1분 이상 잡고 있기
• +1	• 좁은 범위에서 반복적인 작업을 하는 경우. 예를 들면 분당 4회 이상 반복하기 (걷기는 포함되지 않음)
• +1	• 급하게 넓은 범위에서 변화되는 행동 또는 불안정한 하체의 자세

REBA 조치단계

조치단계	REBA 점수	위험단계	조치(추가정보 조사 포함)
0	1	무시해도 좋음	필요 없음
1	2~3	낮음	필요할지도 모름
2	4~7	보통	필요함
3	8~10	높음	곧 필요함
4	11~15	매우 높음	지금 즉시 필요함

Strain Index 분석

• 위스콘신 대학에서 처음 개발한 상지질환에 대한 정량적 평가기법이다.
• 6개의 위험요소를 곱한 값이 스트레인 지수이며 각 요소는 근육사용 힘(Exertion), 근육사용 기간, 빈도, 자세, 작업 속도, 하류 작업시간으로 구성되어 있다.
• 이러한 요소들 중 근육사용 힘(Exertion)이 가장 심각한 위험요소로 평가되고 있다. 스트레인 지수가 5를 초과하면 상지질환으로 초래될 가능성이 있는 것을 의미하고, 3 이하이면 안전하며 7 이상은 매우 위험한 것으로 간주된다.

[분석방법]

1. 일반인들이 이 분석기법을 사용할 때는 비디오 테이프에 녹화하여 분석하는 것이 바람직하다.

   비디오 촬영 시 주의사항

   (1) 양손 동작을 동시에 볼 수 있는 위치에 카메라 앵글을 맞춘다.
   (2) 3~4개의 카메라 앵글을 사용하고 가능하면 위(TOP)에서 촬영하는 앵글을 포함한다.
   (3) 가능한 한 신체의 많은 부분이 각 단계별 연속작업이 중단되지 않도록 촬영되어야 한다.
   (4) 조도를 충분히 밝게 하여 정지동작이나 슬로 모션도 명쾌히 보이도록 한다.
   (5) 특별히 대상자를 주의 깊게 살펴보고 팔과 손의 동작을 가까이 볼 필요가 있다.
   (6) 직무의 변화를 보기 위해 가능하면 3, 4 사이클 이상을 기록하고 여러 사람을 기록하여야 한다.
   (7) 작업자가 카메라를 의식하여 작업하지 않도록 오랫동안 촬영한다.

2. 단계별 직무가 모두 조사되고 동작이 기록된 다음 각 작업기간을 모두 더한 것이 사이클당 개별 동작횟수로 결정된다.
3. 교대(Shift)당 총 동작 수는 작업기간 동안의 사이클 수와 사이클당 동작 수의 곱에 의해 결정된다.
4. 작업기간 동안의 사이클 수는 일반적으로 제품이 생산기록 수에 의해 결정된다.
5. 사이클 타임은 비디오 테이프에 기록된 시간에 의해 결정된다.
6. 직무 단계들에 대한 내용을 조사하기 위해서 직무의 여러 단계를 조사해야 한다.
7. 같은 직무를 한 사람 이상 수행할 경우 다른 사람의 직무에 대해서도 여러 사이클을 기록해 두는 것이 도움이 된다.
8. 이 평가요소 이외의 돌출 위험요인으로는 아래와 같은 요인들이 있다.
   • 사용되는 도구의 모양

- 진동의 상태
- 장갑의 낡은 상태
- 손의 저온(Cold) 여부
- 팔과 손의 접촉 스트레스
- 작업물량에 따른 임금 인센티브 제도

9. 손 도구들은 저비용으로 구입하기 위해 조잡한 제품을 주로 구입하는 경향이 있고 제품 사용으로 인한 불편함을 경험할 수 없는 사람이 구매하기 때문에 이러한 모순이 지속되고 있다.
10. 도구의 타입, 모양, 무게, 모서리, 진동의 종류, 손잡이 특징 등이 생체역학적 스트레스에 영향을 줄 수 있다.
11. 진동의 정도는 측정기로 주로 평가되고 있으며 VWF(Vibration White Finger, Reynauds Syndrome) 및 수근관 터널증후군과 관련되어 있다.

근골격계 긴장지표

(JOb strain Index, 근골격계 질환의 위험요인 점검표)

| 근골격계 긴장지표(The Strain Index) |

구분	강도	사이클당 %	분당 횟수	손/손목 자세	작업의 속도	일일 작업 시간
1	약함	<10	<4	매우 좋음	매우 느림	<1
	1	0.5	0.5	1	1	0.25
2	다소 힘듦	10~29	4~8	좋음	느림	1~2
	3	1	1	1	1	0.5
3	힘듦	30~49	9~14	보통	보통	2~4
	6	1.5	1.5	1.5	1	0.75
4	매우 힘듦	50~79	15~19	나쁨	빠름	4~8
	9	2	2	2	1.5	1
5	한계치에 가까움	≥80	≥20	아주 나쁨	매우 빠름	≥8
	13	3	3	3	2	1.5

| 해석기준표 : 근골격계 긴장지표에 관한 설명 |

1. 1단계 : 점수 결정 기준

평가 기준	Borg Scale B	가한 힘
약함	2 이하	이완된 상태
다소 힘듦	3	의식적 힘을 부가
힘듦	4~5	현저히 힘을 사용, 얼굴 무표정
매우 힘듦	6~7	과다한 힘 사용, 얼굴표정 변함
극한에 가까움	7 이상	힘을 주기 위해 어깨나 몸통 사용

(1) 강도

(2) 사이클 결정

사이클당 %=100×(힘 부가 시간(초)/전체 측정시간 사이클(초))= %

(3) 분당 횟수

분당 횟수=힘을 가한 횟수/총 관찰 시간(분)

(4) 손/손목 자세

평가 기준	손목신장각도	손목굴절각도	외전각도	감지 자세
매우 좋음	0~10	0~5	0~10	완전히 중립
좋음	11~25	6~15	11~15	거의 중립
보통	26~40	16~30	16~20	중립이 아님
나쁨	41~60	31~50	21~25	현저히 굽어짐
아주 나쁨	60° 이상	50° 이상	25° 이상	극한

(5) 작업의 속도

평가 기준	MTM	감지 속도
매우 느림	80 이하	매우 이완되고 느린 속도
느림	81~90	고유한 시간의 속도
보통	91~100	보통의 동작 속도
빠름	101~115	서두름, 속도유지 요구
매우 빠름	115% 이상	속도유지 불가능 정도

2. 2단계

가중치에 따른 환산 점수 결정

평가점수	강도	사이클	분당 횟수	손 자세	작업속도	작업시간
1	1	0.5	0.5	1	1	0.25
2	3	1	1	1	1	0.5
3	6	1.5	1.5	1.5	1	0.75
4	9	2	2	2	1.5	1
5	13	3	3	3	2	1.5

3. 3단계

SI(근골격계 긴장지표)=각 요소의 환산점수의 곱

(강도×사이클%×분당 횟수×손/손목자세×작업속도×작업시간)

OWAS 분석법

(Ovako Working Posture Analysing System)

1. 서론

요통이나 어깨, 팔, 목 관련 재해와 같은 근골격계 질환(WMSDs ; Work-related Musculo-skeletal Disorders)의 대부분의 경우는 작업자세가 원인이 되는 건강 장해로 이를 분석 및 평가하기 위해서는 작업자세에 대한 평가가 빠질 수 없다. 작업자세가 건강에 주는 영향을 분석하는 데는 자세(신체의 굴곡, 사지 관절의 굴곡) 등을 조사하는 것이 중요하지만, 하중(무게나 발휘하는 힘)이나 시간(지속 시간, 휴식 간격, 반복하는 횟수, 빠르기 등)의 요인도 추가적으로 검토해야 한다. 실제로 작업자세에 대한 문제점을 현장에서 검토하려고 하면, 이런 많은 요인 중 어떤 것을 어떻게 기록하는 것이 작업부담 평가나 개선에 유효할 것인가를 결정하는 데 중요하다.

2. 각종 작업자세 평가법과 OWAS

특정 직종의 특정 작업의 작업자세 평가에는 그 때마다 인간공학 전문가가 평가 목적과 수행 중인 작업에 적절한 기록법이나 평가법을 개발하고 이용해 왔다. 다른 업종 간의 비교나 장기적인 작업자세 관찰을 하는 것 같은 상황에서는 표준적인 방법을 사용할 필요가 있는데 각종 작업자세 평가법 중에서 전신의 자세 평가에 이용할 수 있고, 특별한 용구를 필요로 하지 않으며, 현장에서 기록 및 해석할 수 있고, 평가 기준을 완비하고 있으며, 분명하고, 간편하게 평가할 수 있는 것이 바로 OWAS이다.

OWAS는 핀란드(Finland)의 제철 회사(Ovako Oy)에 근무하고 있던 Karhu와 Finland 노동위생연구소(Institute of Occupational Health)의 Kuorinka에 의해 1973년에 개발되었다. 본 기법을 처음으로 소개한 Karhu의 1977년의 논문에는 자세 분류밖에 기재되어 있지 않지만, Stoffert의 1985년의 논문에서는 평가법까지 포함한 완전한 방법이 상술되고 있다. 측정자 간의 자세 판별의 일치율은 90% 이상으로 높고, 20개 이상의 업종에서 테스트되었다. 1980년대 후반부터 OWAS를 통한 작업조사나 작업 개선이 이루어지고 있다.

3. OWAS에 의한 작업자세 기록법

OWAS에서는 작업 시작점의 작업자세를 허리, 상지, 하지, 무게의 4항목으로 나누어 이것을 코드화한 4항의 숫자(자세코드)로 기록한다. 이 자세 분류는 불쾌감의 주관적 평가, 자세에 의한 건강 영향 평가, 실용 가능성을 고려해 결정된 것이다.

자세의 기록은 Snap-reading법(관찰 간격이 일정한 워크 샘플링법의 일종)을 이용한다. 즉, 일정시간 간격으로 그 순간의 자세를 읽어내고, 자세코드를 용지에 기록해 간다. 측정 간격은 30초/60초, 연속관찰 시간은 20~40분, 10분 이상의 휴식을 한다. 기록방법은 대상으로 하는 작업의 내용에 따라서 정할 필요가 있다. 복수의 공정보다 힘든 작업에 대해서 공정별 평가나 공정 간 비교를 하고 싶은 경우에는 자세코드와 함께 공정명을 나타내는 작업코드를 동시에 기록한다. OWAS 분석은 허리, 상지, 하지, 무게에 대한 각 자세코드를 중심으로 해서 AC값을 찾고, 그 값을 중심으로 최종평가를 하게 된다.

| OWAS 코드 |

구분	코드
허 리	1) 똑바로 폄 2) 20° 이상 앞/뒤로 굽힘 3) 20° 이상 옆으로 굽히거나 비틂 4) 20° 이상 앞/뒤로 굽힌 상태에서 옆으로 굽히거나 비틂
상 지	1) 양팔이 모두 어깨보다 밑 2) 한 팔이 어깨의 높이 혹은 그것보다 위(팔꿈치가 어깨보다 위) 3) 양팔이 모두 어깨의 높이 혹은 그것보다 위
하 지	1) 앉은 경우 2) 양발로 똑바로 선 경우 3) 한쪽 발에 중심을 두고 똑바로 선 경우 4) 양발을 굽혀 선 경우(엉거주춤) 5) 한쪽 발에 중심을 두고 무릎을 굽혀 선 경우(엉거주춤) 6) 한쪽 또는 양발의 무릎을 바닥에 대고 있는 경우 7) 걷거나 이동하는 경우
무게(힘)	1) 10kg 이하인 경우　　2) 10~20kg인 경우 3) 20kg 이상인 경우
목/머리	1) 정위치　　2) 20° 이상 앞으로 굽힘 3) 20° 이상 옆으로 굽힘　　4) 20° 이상 뒤로 굽힘 5) 20° 이상 비틂

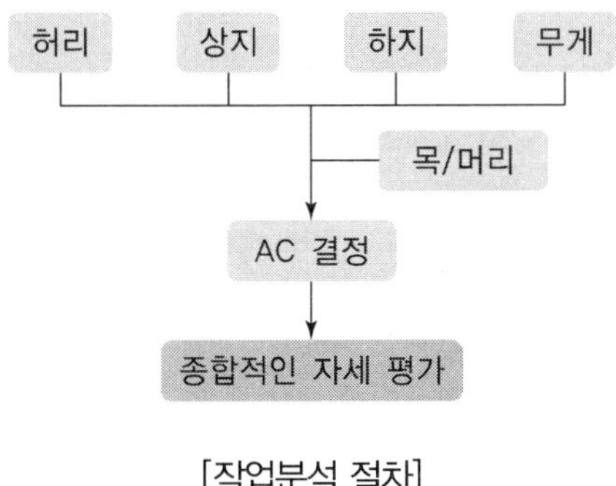

[작업분석 절차]

4. OWAS에 의한 작업자세의 평가법

OWAS에서는 자세의 부담도와 개선 요구도를 이하의 4단계에서 판정하는 AC(Action Category)를 사용한다. 아래 표는 AC 판정표를 나타낸 것이다.

- AC 1 : 이 자세에 의한 근골격계 부담은 문제없다. 개선은 불필요하다.
- AC 2 : 이 자세는 근골격계에 유해하다. 근시일 동안에 개선해야 한다.
- AC 3 : 이 자세는 근골격계에 유해하다. 가능한 한 조기에 개선해야 한다.
- AC 4 : 이 자세는 근골격계에 매우 유해하다. 바로 개선해야 한다.

AC 판정표를 이용하는 것으로 이하와 같은 평가를 할 수 있다.

(1) 문제가 있는 자세의 평가 : 각 시각의 자세코드의 AC를 구한다. AC가 3이나 4의 데이터를 평가하는 것으로, 어느 시각의 작업 자세에 문제가 있는가를 조사할 수 있다. 작업 개선에 이용할 경우에는 AC가 3이나 4의 시각의 작업을 다음 표를 참고로 해서 보다 낮은 AC의 작업 자세가 되도록 개선한다.

(2) 작업의 전체적 평가나 작업 간의 비교 : 각 시각의 자세코드의 AC를 구하고, 단순 집계한 것과 각 AC의 비율을 구한다. 이 중 AC 4 또는 AC 3+AC 4의 비율은 작업의 전체적 부담도를 나타내는 지표로서 이용할 수 있다. 작업 간은 AC 4 또는 AC 3+AC 4의 비율을 비교하면, 어느 쪽의 자세 부담이 높은지를 알 수 있다. 작업 개선의 효과도 AC 4 또는 AC 3+AC 4의 비율이 높은 어떤 것만 낮추는 것으로 평가할 수 있다.

AC 판정표

AC값		(1)			(2)			(3)			(4)			(5)			(6)			(7)		
		(1)	(2)	(3)	(1)	(2)	(3)	(1)	(2)	(3)	(1)	(2)	(3)	(1)	(2)	(3)	(1)	(2)	(3)	(1)	(2)	(3)
(1)	(1)	1	1	1	1	1	1	1	1	1	2	2	2	2	2	2	1	1	1	1	1	1
	(2)	1	1	1	1	1	1	1	1	1	2	2	2	2	2	2	1	1	1	1	1	1
	(3)	1	1	1	1	1	1	1	1	1	2	2	3	2	2	3	1	1	1	1	2	1
(2)	(1)	2	2	3	2	2	3	2	2	3	3	3	3	3	3	3	2	2	2	2	3	3
	(2)	2	2	3	2	2	3	2	3	3	3	4	4	3	4	4	3	3	4	2	4	3
	(3)	3	3	4	2	2	3	3	3	3	3	4	4	4	4	4	4	4	4	2	4	3
(3)	(1)	1	1	1	1	1	1	1	1	2	3	3	3	4	4	4	1	1	1	1	1	1
	(2)	2	2	3	1	1	1	1	1	2	4	4	4	4	4	4	3	3	3	1	1	1
	(3)	2	2	3	1	1	1	2	3	3	4	4	4	4	4	4	4	4	4	1	1	1
(4)	(1)	2	3	3	2	2	3	2	2	3	4	4	4	4	4	4	4	4	4	2	4	3
	(2)	3	3	4	2	3	4	3	3	4	4	4	4	4	4	4	4	4	4	2	4	3
	(3)	4	4	4	2	3	4	3	3	4	4	4	4	4	4	4	4	4	4	2	4	3

5. OWAS의 한계와 다른 수법과의 병용

(1) 자세 변화의 기록 : OWAS는 다른 방법에 비하면 자세 분류가 꽤 크기 때문에 같은 자세 코드임에도 다양한 자세가 포함된다. 특히, 상지나 하지 등 몸의 일부의 움직임이 적으면서도 반복하여 사용하는 작업 등에서는 차이를 파악하기 어렵다고 판단된다. 하중을 고려한 자세에만 한정한다면 Posture Targeting이 상세하게 기술할 수 있지만, 1회의 기록에 30초 정도 걸리게 된다. 상지에 한정한다면 보다 상세하게 기록할 수 있고, 평가 기준도 완비하고 있는 RULA가 좋을지도 모른다. 문제의 작업을 충분히 알고 있는 상황이면, 관절 각도계나 경사계를 이용하거나, 고정된 장소에서의 작업이 중심이라면 화상 해석 등에 기초를 두는 자세 해석도 이용할 수 있을 것이다.

(2) 보관 유지 자세의 평가 : OWAS는 비연속적 관찰법인 워크 샘플링법에 기초를 두어 데이터를 수집한다. 이 때문에, 원칙적으로 지속 시간의 검토는 할 수 없고, 보관 유지 자세의 평가는 곤란하다. 예를 들면, 자세 변환이 없는 선 자세의 작업은 그 구속성이 상당히 높아도 AC에는 영향을 주지 않고, AC 자체도 그 정도 높게 되지 않는다. OWAS에서 관찰의 연속성을 가지게 하려면, 측정 간격을 충분히 짧게 하는 방법이 있다. 그러나 그런 데이터의 경우에는 스톱워치를 이용하여 재조사하는 편이 간단할 수도 있다.

(3) 보다 엄밀한 요추부 부담 평가 : OWAS로도 요추부 부담은 어느 정도까지는 평가할 수 있다. 그러나 보다 엄밀하게 평가하고 싶은 경우에는 요추부 추간판압박력을 추정하거나, 미국 NIOSH(National Institute for Occupational Safety and Health)의 Lifing Equation을 이용하면 좋을 것이다. 요추부 추간판압박력은 L5/S1의 압박력이 350kg(3,400N)을 넘어가지 않으면 문제가 적은 것으로 알려져 있다. 통상, 요추부 추간판압박력을 직접 현장에서 측정하는 것이 어렵기 때문에 추정식이 이용되고 있다. Chaffin의 추정식으로는 체간, 대퇴, 하퇴, 상완, 전완의 각 세그먼트의 경사각과 취급하는 물건의 중량 등의 데이터를 사용한다(2차원의 경우). 이들의 각도는 사진으로 쉽게 읽어낼 수 있으므로, 현장에서의 평가에도 이용 가능할 것이다. 그러나 계산이 꽤 복잡하다. 그 때문의 프로그램이 미시간 대학에서 개발, 판매되고 있다.

(4) 전체적 평가 : 현재의 OWAS에서는 AC 3나 AC 4의 작업 자세를 AC가 낮은 작업으로 줄이도록 하는 마땅한 기준이 없다. 또한, OWAS에서는 AC 3나 AC 4에 해당되는 작업자세의 AC를 어디까지 내리면 요통이 몇 % 저하한다는 내용의 보고는 그리 많지 않으므로 이용 사례를 통해 향후 검토하는 것이 필요하다.

OWAS 작업분석 SHEET

부서명		작업설명	
공정명			
분석자			
날 짜	. . .		

자료 입력 및 분석

신체 부위	작업자세 형태						
허리	(1) 똑바로 폄	(2) 20도 이상 구부림	(3) 20도 이상 비틂	(4) 20도 이상 비틀어 구부림			
상지	(1) 양팔 어깨 아래	(2) 한팔 어깨 위	(3) 양팔 어깨 위				
하지	(1) 앉음	(2) 양발 똑바로	(3) 한발 똑바로	(4) 양무릎 굽힘	(5) 한무릎 굽힘	(6) 무릎 바닥	(7) 걸음
무게	(1) 10kg 미만	(2) 10~20kg	(3) 20kg 이상				
목/머리	(1) 정위치	(2) 20도 이상 굽힘	(3) 20도 이상 옆으로	(4) 20도 이상 뒤로	(5) 20도 이상 비틂		

AC값		(1)			(2)			(3)			(4)			(5)			(6)			(7)		
		(1)	(2)	(3)	(1)	(2)	(3)	(1)	(2)	(3)	(1)	(2)	(3)	(1)	(2)	(3)	(1)	(2)	(3)	(1)	(2)	(3)
(1)	(1)	1	1	1	1	1	1	1	1	1	2	2	2	2	2	2	1	1	1	1	1	1
	(2)	1	1	1	1	1	1	1	1	1	2	2	2	2	2	2	1	1	1	1	1	1
	(3)	1	1	1	1	1	1	1	1	1	2	2	3	2	2	3	1	1	1	1	2	1
(2)	(1)	2	2	3	2	2	3	2	2	3	3	3	3	3	3	3	2	2	2	2	3	3
	(2)	2	2	3	2	2	3	2	3	3	3	4	4	3	4	4	3	3	4	2	4	3
	(3)	3	3	4	2	2	3	3	3	3	3	4	4	4	4	4	4	4	4	2	4	3
(3)	(1)	1	1	1	1	1	1	1	1	2	3	3	3	4	4	4	1	1	1	1	1	1
	(2)	2	2	3	1	1	1	1	1	2	4	4	4	4	4	4	3	3	3	1	1	1
	(3)	2	2	3	1	1	1	2	3	3	4	4	4	4	4	4	4	4	4	1	1	1
(4)	(1)	2	3	3	2	2	3	2	2	3	4	4	4	4	4	4	4	4	4	2	4	3
	(2)	3	3	4	2	3	4	3	3	4	4	4	4	4	4	4	4	4	4	2	4	3
	(3)	4	4	4	2	3	4	3	3	4	4	4	4	4	4	4	4	4	4	2	4	3

AC값		
최종 평가	AC 1, 2	AC 3, 4
	관망의 작업	재설계가 필요한 작업
개선 방향		

개정 NIOSH 중량물 취급 기준

(NLE ; Revised NIOSH Lifting Equation)

1. 개요

본 기준은 중량물을 취급하는 작업에 대한 요통 예방을 목적으로 작업 평가와 작업 설계를 지원하기 위해서 만들어진 것이다. 중량물을 취급하는 작업에 의해 수반되는 건강 장해를 막기 위한 기준은 여러 나라에서 설정되어 있지만, 그 대부분이 최대 취급 중량과 두 손 취급 횟수 또는 두 손의 총 취급 중량 등만을 규정하고 있을 정도이다.

이것에 비해 본 기준은 취급 중량과 취급 횟수뿐만 아니라, 중량물 취급 위치 · 인양 거리 · 신체의 비틀기 · 중량물 들기 쉬움 정도 등 여러 요인을 고려하고 있으며, 보다 정밀한 작업 평가 · 작업 설계에 이용할 수 있게 되어 있다. 본 기준은 중량물 취급에 관한 생리학 · 정신물리학 · 바이오메커니컬 해석 · 역학(병리학)의 각 분야에서의 연구 성과를 통합한 결과이다.

그러나 본 기준의 실용성은 현시점에서는 완전하게는 확인되고 있지 않다. 향후, 데이터를 집약해 검토를 거듭할 필요가 있다.

2. 본 기준의 적용 범위

본 기준은 다음과 같은 중량물을 취급하는 작업에는 적용할 수 없다.

- 한 손으로 물건을 취급하는 경우
- 8시간 이상 물건을 취급하는 작업을 계속하는 경우
- 앉거나 무릎을 굽힌 자세로 작업을 하는 경우
- 작업 공간이 제약된 경우
- 밸런스가 맞지 않는 물건을 취급하는 경우
- 운빈이니 밀거나 끌거나 하는 것 같은 작업에서의 중량물 취급
- 손수레나 운반카를 사용하는 작업에 따르는 중량물 취급
- 빠른 속도로 중량물을 취급하는 경우(약 75cm/초를 넘어가는 것)
- 바닥면이 좋지 않은 경우(지면과의 마찰계수가 0.4 미만인 경우)
- 온도/습도 환경이 나쁜 경우(온도 19~26℃, 습도 35~50%의 범위에 속하지 않는 경우)

3. 단일작업 해석 : RWL(와)과 LI

본 방법에는 거의 동일한 조건의 중량물을 취급하는 작업을 하는 경우의 해석(단일작업 해석, Single-task Analysis)과 조건이 다른 중량물을 취급하는 작업을 실시하는 경우의 해석(복

수작업 해석, Multi－task Analysis)이 있다. 여기에서는 먼저 단일작업 해석의 방법을 해설한다.

단일작업 해석에서는 먼저 중량물을 옮기려는 거리나 들기 횟수 등의 작업 조건으로부터 RWL(Recommended Weight Limit, 추천 중량 한계)이라고 하는 수치를 계산한다. 이 RWL(단위 : kg)은 건강한 작업자가 그 작업 조건에서 작업을 최대 8시간 계속해도 요통의 발생 위험이 증대되지 않는 취급물 중량의 한계값이다. RWL은 이하의 식으로 계산한다. 각 계수는 다음 절에서 설명한다.

$$RWL = LC \times HM \times VM \times DM \times AM \times FM \times CM$$

여기에서, LC는 부하상수, HM은 수평계수, VM은 수직계수, DM은 거리계수, AM은 비대칭성 계수, FM은 빈도계수, CM은 결합계수이다.

RWL이 계산된 다음에 아래 식으로 LI(Lifting Index, 들기 지수)를 구한다.

$$LI = L/RWL$$

여기에서 L은 실제의 작업에서 취급하는 물건의 중량(Load Weight, 부하 중량)이다. LI는 식에 나타내었듯이 실제의 작업이 추천 한계인 RWL의 몇 배가 될지를 나타내는 값이다. 결국 LI가 주어진 작업 조건에서 중량물을 취급하는 작업의 한계 중량인 RWL을 넘어가고 있는지를 알아보는 것이다. LI가 1보다 크게 되는 것은 요통의 발생 위험이 높은 것을 나타낸다. 그러므로, LI가 1 이하가 되도록 작업을 설계/재설계할 필요가 있다.

4. 각 계수의 개요

1) LC(Load Constant, 부하 상수)

RWL을 계산하는 데 있어서의 상수로 23kg이다. 다른 계수 HM, VM, DM, AM, FM, CM은 전부 0~1의 범위를 취하므로 결국 본 기준에서는 어떠한 경우도 RWL은 23kg를 넘어가지 않게 된다.

2) HM(Horizontal Multiplier, 수평계수)

발의 위치에서 물건을 보관 · 유지하고 있는 손의 위치까지의 수평 거리(H ; Horizontal Location, 수평 위치, 단위 : cm)로부터 아래 식을 이용해 구한다. 발의 위치는 발목의 위치로 하고, 발이 전후로 교차하고 있는 경우는 좌우의 발목 위치의 중점을 다리 위치로 한다. 손의 위치는 중앙의 위치로 하고, 좌우의 손위치가 다른 경우는 좌우 손위치의 중점을 이용한다.

$$HM = 1(H \leq 25cm) = 25/H(25 \sim 63cm)$$

주) 본 기준은 두 손으로 물건을 취급하는 작업만을 대상으로 하고 있다.

3) VM(Vertical Multiplier, 수직계수)

지면으로부터 중량물을 보관 · 유지하고 있는 손 위치까지의 수직 거리(V ; Vertical Location, 수직 위치, 단위 : cm)로부터 다음의 식을 이용해 구한다. 손의 위치는 HM의 경우와 같이 정의한다.

$$VM = 1 - (0.003 \times |V - 75|) \quad (0 \le V \le 175)$$
$$= 0 \quad (V > 175\text{cm})$$

4) DM(Distance Multiplier, 거리계수)

중량물을 들고 내리는 수직방향의 이동 거리의 절대치(D ; Vertical Travel Distance, 수직 이동 거리, 단위 : cm)로부터 다음의 식을 이용해 구한다. 수직 이동 거리 D는 중량물의 이동 전 원래 지점(Origin)과 이동 지점(Destination)의 위치에서의 수직 위치 V의 차의 절대치이다.

$$DM = 1 \quad (D \le 25\text{cm})$$
$$= 0.82 + 4.5/D \quad (25 \sim 175\text{cm})$$

주) 본 기준에서는 들기 속도를 취급하지 않는다. 따라서 대단히 빠른 들기 동작(약 1초 이내에 75cm 이상의 거리를 오르내림하는 동작)이나 던지는 등의 중량물을 취급하는 동작에는 적용할 수 없다.

5) AM(Asymmetric Multiplier, 비대칭성 계수)

중량물이 몸의 정면에서 몇 ° 어긋난 위치에 있는지 나타내는 각도 A(Asymmetry Angle, 비대칭각, 단위 : °, 바닥에 있어서의 양발목 중점을 각도계측의 중심으로 하고 몸의 정면에 중량물이 있는 경우 0°, 몸의 바로 옆에 있는 경우 90°가 된다)로부터 아래 식을 이용해 구한다.

$$AM = 1 - 0.0032 \times A \quad (0 \le A \le 135^\circ)$$
$$= 0 \quad (A > 135^\circ)$$

주) 여기서 정의한 비대칭각 A는 중량물의 위치를 가리키는 값이고, 실제의 몸이 비틀기 양을 나타내는 값은 아니다.

6) FM(Frequency Multiplier, 빈도계수)

원칙적으로 들기 빈도 F(Lifting Frequency, 단위 : 회/분), 작업 시간 LD(Lifting Duration), 수직위치 V(Vertical Location, VM에서 해설함)로부터 다음 표를 이용해 결정한다.

들기 빈도 F (회/분)	작업 시간 LD(Lifting Duration)					
	LD≤1시간		1시간<LD≤2시간		2시간<LD	
	V<75cm	V≥75cm	V<75cm	V≥75cm	V<75cm	V≥75cm
<0.2	1.00	1.00	0.95	0.95	0.85	0.85
0.5	0.97	0.97	0.92	0.92	0.81	0.81
1	0.94	0.94	0.88	0.88	0.75	0.75
2	0.91	0.91	0.84	0.84	0.65	0.65
3	0.88	0.88	0.79	0.79	0.55	0.55
4	0.84	0.84	0.72	0.72	0.45	0.45
5	0.80	0.80	0.60	0.60	0.35	0.35
6	0.75	0.75	0.50	0.50	0.27	0.27
7	0.70	0.70	0.42	0.42	0.22	0.22
8	0.60	0.60	0.35	0.35	0.18	0.18
9	0.52	0.52	0.30	0.30	0.00	0.15
10	0.45	0.45	0.26	0.26	0.00	0.13
11	0.41	0.41	0.00	0.23	0.00	0.00
12	0.37	0.37	0.00	0.21	0.00	0.00
13	0.00	0.34	0.00	0.00	0.00	0.00
14	0.00	0.31	0.00	0.00	0.00	0.00
15	0.00	0.28	0.00	0.00	0.00	0.00
>15	0.00	0.00	0.00	0.00	0.00	0.00

들기 빈도 F는 적어도 15분간 작업을 관찰해서 구하는 것이 기본이지만, 빈도가 일정하지 않을 경우에는 보다 긴 시간의 관찰로 구할 필요가 있다. 빈도가 다른 작업이 조합되어 있는 경우에는 그것을 해석하는 것이 마땅하지만, 전체적인 평균 빈도를 이용한 해석도 가능하다.

들기 작업이 15분 이상 계속되지 않는 경우에는 다음과 같은 특별 순서를 취한다. 예를 들어, 한 Cycle이 8분간의 들기 작업(들기 빈도는 10회/분)과 7분간의 들지 않는 작업인 휴식이 반복되는 경우에 있어서 15분간의 평균 들기 빈도 F는 10회/분×8분÷15분=5.33회/분으로 계산한다. 같은 방법으로 한 Cycle이 1분간의 들기 작업(들기 빈도는 10회/분)과 2분간의 들지 않는 작업으로 구성되어 있는 경우에는 15분간 작업하는 것으로 계산하기 위해서는 5Cycle이 실행되는 것이 되므로, 이때의 들기 빈도 F는 10회/분×1분×5Cycle/분÷15분=3.4회/분과 같이 계산된다. 이러한 경우의 작업 시간 LD의 분류는 반복되는 Cycle의 시간으로 하고, Cycle 중에 들기 작업이 짧기 때문이 1시간 미만의 분류(LD≤1시간)로 하지 않는다.

작업 시간 LD의 분류는 작업 시간 WT(Work Time, 중량물 들기 작업 시간)와 회복 시간 RT(Recovery Time, 중량물 들기 작업 이외의 가벼운 작업 또는 휴식)의 관계로 다음과 같이 정한다.

(1) LD≤1시간 : 1시간 이하의 들기 작업 시간 WT가 있고 잇따라 WT의 1.2배 이상의 회복 시간 RT가 있는 경우가 이것에 속한다. 예를 들어, 45분간 들기 작업을 해 60분간 휴식하는 경우가 이 분류에 포함된다. RT가 짧아서 WT의 1.2배가 되지 않는 경우에는 들기 작업을 계속하고 있다고 볼 수 없으므로 보다 긴 LD로 분류해야 한다. 예를 들면, 30분간 들기 작업을 하고 10분간 휴식하고 다시 45분간 들기 작업을 한 경우, RT인 휴식시간이 10분간으로 앞의 WT인 들기 작업 30분에 비해 짧기 때문에 들기 작업 시간은 30분+45분=75분으로 계산되어야 한다. 따라서, WT는 1시간을 넘어가는 것으로 분류해야 한다.

(2) 1시간<LD≤2시간 : 1시간에서 2시간 이하의 들기 작업 시간 WT가 있고 잇따라 WT의 0.3배 이상의 회복 시간 RT가 있는 경우가 이것에 속한다. 예를 들면, 90분간 들기작업을 하고 30분간 휴식한 경우가 이것에 분류된다. RT가 짧아서 WT의 0.3배가 안 되는 경우는 들기 작업을 계속하고 있다고 볼 수 없으므로 보다 긴 LD로 분류해야 한다.

(3) 2시간<LD≤8시간 : 2시간부터 길게 8시간까지 들기 작업의 경우가 이에 속한다. 본 기준에서는 들기 작업이 8시간 이상 지속하는 경우의 기준치는 제공되고 있지 않다.

들기 빈도 F가 0.2회/분보다 작은 경우에 있어서의 F는 0.2회/분으로 한다. F가 거의 없는 0.1회/분인 경우는 충분히 긴 휴식 시간이 포함되어 있으므로 작업 시간 LD가 1시간 이하의 분류(LD≤1시간)의 빈도계수 FM(FM≥1.00)을 항상 이용한다.
표에 값이 없는 경우는 근방의 값으로부터 직선보간법을 이용해서 구한다.

7) CM(Coupling Multiplier, 결합계수)

중량물의 들기 정도에 관한 계수로, 결합 타입(Coupling Type)과 수직 위치 V(Vertical Location, VM에서 설명했음)로부터 다음 표를 이용해 결정한다.

결합 타입	수직 위치 V	
	V<75cm	V≥75cm
양호(Good)	1.00	1.00
보통(Fair)	0.95	1.00
불량(Poor)	0.90	0.90

결합 타입의 분류는 이하 같이 정한다.

(1) 양호(Good) : 최적으로 설계된 용기(상자이나 운반용 나무상자 등)를 사용하면서, 최적의 손잡이나 손을 넣을 수 있는(Hand－hold cut－out) 용기 형태인 경우는 이것으로 분류한다. 또는, 용기에 넣어 운반하지 않을 것 같은 원재료 등이나 부드러운(Loose) 물건 및 부정형(Irregular)의 물건을 사용하면서 그것을 손으로 싸거나 쉽게 잡아서 드는 것이 용이하면 이것으로 분류한다.

(2) 보통(Fair) : 최적으로 설계된 용기를 사용하면서, 손잡이가 보통이거나 손을 넣을 수 있는 용기가 최적이 아니면 이것으로 분류된다. 손잡이가 보통이거나 손을 넣을 수 있는 용기가 아니거나, 부드러운 물건이나 부정형의 물건을 사용하면서 손을 용기의 밑에 넣어 거의 90도 이상 굴곡시킬 수 있다면 이것으로 분류된다.

(3) 불량(Poor) : 최적으로 설계되지 않은 용기를 사용하면서 부드러운 물건, 부정형의 물건 등이 부피가 크고, 들기 힘들며, 각이 날카로운 물건일 경우에 이것으로 분류하고, 딱딱하지 않아서 들면 한 가운데가 튀어나와 버리는 것 같은 물건도 이것으로 분류된다.

15장 근골격계 질환 예방관리 프로그램

PROFESSIONAL ENGINEER ERGONOMICS

개요

산업안전보건기준에 관한 규칙 제662조에 의거 근골격계 질환 다수 발생 사업장에 대한 동종질환 예방관리를 위하여 사업주가 프로그램을 수립 · 시행해야 한다.

근골격계 질환 예방관리 프로그램 수립 · 시행 대상

1) 근골격계질환자가 연간 10명 이상 발생한 사업장
2) 근골격계질환자가 연간 5명 이상 발생한 사업장으로서 발생비율이 그 사업장의 근로자 수의 10퍼센트 이상인 경우
3) 근골격계질환 예방과 관련하여 노사 간 이견이 지속되는 사업장으로서 고용노동부장관이 필요하다고 인정한 경우

근골격계 질환 예방관리 프로그램 시행 내용

1) 경영층의 의지와 근로자 참여
2) 예방관리추진팀 구성
3) 교육 및 훈련

대상	과정명	교육대상	실시시기	교육시간
근로자 및 관리감독자	최초 교육	전체 근로자	도입 후 6개월 이내	2시간 이상
	배치 전 교육	신규 채용자와 타 부서 배치근로자	배치 전	2시간 이상

대상	과정명	교육대상	실시시기	교육시간
근로자 및 관리감독자	보수교육 • 일반사항 • 징후/증상, 보고방법	전체 근로자	3년마다 1년마다	2시간 이상
	추가교육	신규설비와 작업 방법 변경 근로자	3년마다	1시간 이상
예방관리 추진팀	전문교육	추진팀원	도입 전	4시간 이상
	보수교육	추진팀원	1년마다	2시간 이상
사업주	기본교육 • 근골격계질환 이해 • 예방관리 프로그램 이해	경영층	도입 전	2시간 이상

유해요인조사

• 작업설비, 작업공정, 작업량, 작업속도 등 작업장 상황
• 작업시간, 작업자세, 작업방법, 작업동작 등 작업조건
• 부담작업과 관련된 근골격계 질환의 징후 및 증상 유무

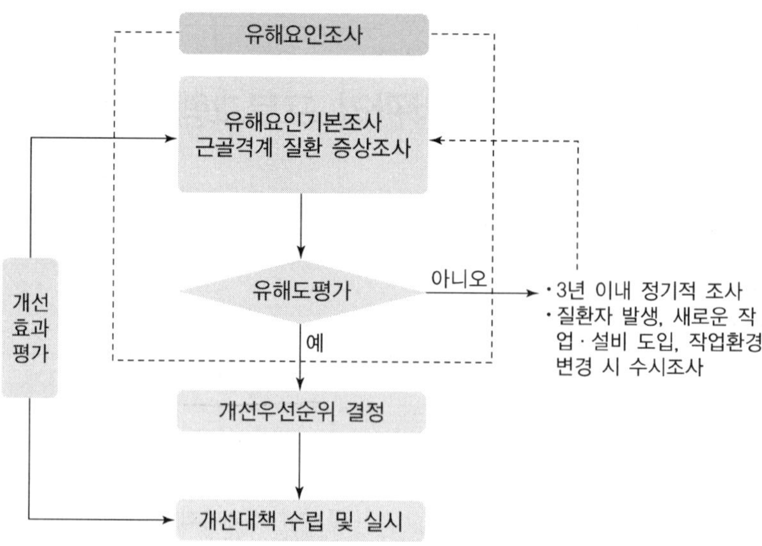

1) 최초 유해요인조사

신설된 사업장으로 근골격계 부담작업에 근로자가 종사하는 경우 사업주는 신설일로부터 1년 이내에 최초 유해요인조사를 실시한다.

2) 정기 유해요인조사

최초 유해요인조사를 완료한 날(최초 유해요인조사 이후 수시 유해요인조사를 실시한 경우에는 수시 유해요인조사를 완료한 날)부터 매 3년마다 주기적으로 사업주는 조사자로 하여금 부서 내의 정기 유해요인조사를 실시하게 하되, 정기 유해요인조사를 완료한 후 2개월 이내에 작업환경 개선대책을 수립한다.

3) 수시 유해요인조사

최초 또는 정기 유해요인조사 실시 여부와 관계없이 다음의 실시 사유가 발생한 경우 부서 조사자로 하여금 수시 유해요인조사를 실시하도록 하며 그 결과를 정기 유해요인조사와 같이 처리한다.

① 법에 의한 임시건강진단 등에서 근골격계질환자가 발생하였거나 근로자가 근골격계 질환으로 「산업재해보상보험법 시행령」 별표 3(같은 표 제2호 가목 · 라목 및 제6호에 따른 질병만 해당한다.)에 따라 업무상 질병으로 인정받은 경우

② 근골격계 부담작업에 해당하는 새로운 작업 · 설비를 도입한 경우

③ 근골격계 부담작업에 해당하는 업무의 양과 작업공정 등 작업환경을 변경한 경우

4) 작업환경 개선

① 개선 및 사후조치 : 공정책임자는 작업관찰을 통해 유해요인을 확인하고 그 원인을 분석하여 그 결과에 따라 공학적 개선 또는 관리적 개선, 행동 개선을 실시한다.

② 개선계획서의 작성과 시행

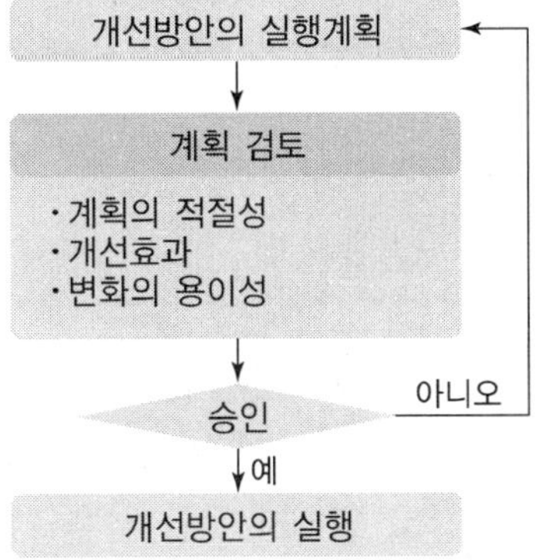

5) 의학적 관리

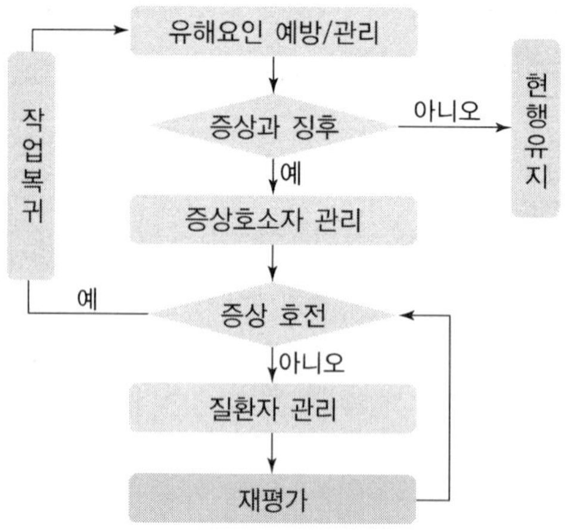

[의학적 관리의 업무 흐름도]

① 증상과 징후보고에 따른 후속조치

- 신속하게 근골격계질환의 증상호소자 관리방법 확보
- 해당 업무의 근로자와 애로사항에 대하여 상담하고 유해요인이 있는지 확인
- 유해요인을 제거하기 위하여 근로자의 조언 청취

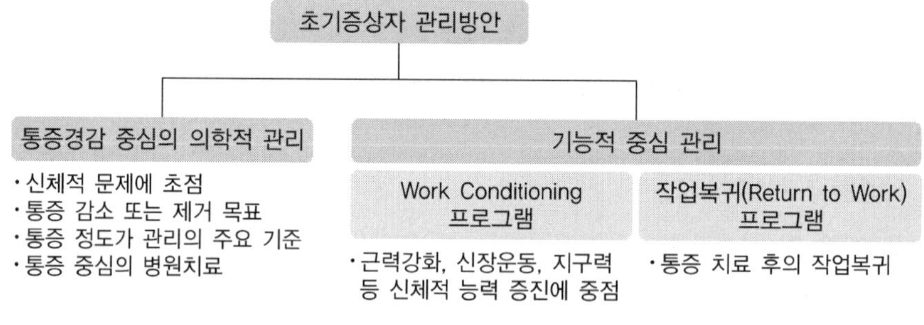

[초기증상자 관리방안 체계도]

② 업무제한과 보호조치

③ 질환자의 업무복귀

④ 건강증진활동 프로그램

6) 평가 및 문서화

① 특정 기간 동안에 보고된 사례 수를 기준으로 한 근골격계질환 증상자의 발생빈도

② 새로운 발생 사례 수를 기준으로 한 발생률의 비교

③ 근로자가 근골격계질환으로 일하지 못한 날을 기준으로 한 근로손실일수의 비교

④ 작업개선 전후의 유해요인 노출 특성의 변화

⑤ 제품 불량률 변화 등

예방관리 프로그램의 적용을 위한 기본 원칙과 필요조건

기본원칙	내 용
인식의 원칙	• 작업 특성상 근골격계질환자가 존재할 수밖에 없는 현실을 노 · 사 모두가 인정하는 것이 문제 해결의 출발점 • 이러한 문제는 지속적인 관리를 통해서만 문제점을 최소화할 수 있다는 접근방법에 대한 인식 필요 • 가장 중요한 것은 최고 경영자의 의지
노 · 사 공동 참여의 원칙	• 예방관리의 대상은 작업 설비도 포함되지만 결국 사람에 대한 관리가 핵심이므로 성공 여부는 노 · 사의 신뢰성 확보 여부에 따라 달라지므로 반드시 공동 참여와 공동 운영이 필요 • 직무순환, 휴식시간 조절 등과 같이 관리 대책의 상당 부분이 노 · 사 협의를 통해 결정되어야 할 사안임
전사적 지원 원칙	• 보건관리자와 관련된 특정 부서만의 활동으로 소정의 목적을 달성할 수 없음 • 설비, 인사, 총무 등 다양한 조직의 참여가 필요하며, 외국의 많은 사업장에서는 전사적 품질관리의 차원에서 예방활동을 하고 있음
사업장 내 자율적 해결 원칙	• 질환의 조기발견 및 조기치료를 위하여 사업장 내에 일상적 자율예방관리시스템이 있어야 함 • 자율적 해결을 위해서는 사업장 내 인적 조직이 필요하지만 인적 조직에 꼭 전문가가 있어야 하는 것은 아님 ※ 시스템 정착 과정에서는 일정 기간 외부 전문가와의 연계가 필요할 수 있음
시스템 접근의 원칙	중독성 질환처럼 작업설비, 특정 물질 등만을 관리대상으로 할 수 없으며, 발생원인이 작업의 고유 특성뿐 아니라 개인적 특성, 기타 사회 · 심리적 요인 등 복합적인 특성을 가짐에 따라 시스템적 접근 필요
지속성 및 사후 평가의 원칙	질환의 특성상 예방사업의 효과가 단시간에 나타나지 않으므로 지속적 관리 및 평가에 따른 보완 과정이 반드시 필요
문서화의 원칙	• 일상적 예방관리를 위한 실행 결과의 기록 보존 및 이에 대한 환류시스템이 있어야만 정확한 평가와 수정 · 보완이 가능함 • 문서화를 통해서만이 일상적 관리가 제대로 수행되고 있는지에 대한 평가가 가능함

16장 수공구의 설계

PROFESSIONAL ENGINEER ERGONOMICS

01 SECTION 수공구의 설계

1. 수공구란

인구 문명의 발달은 도구의 발달과 같은 역사를 지니고 있으며, 수공구는 인간의 한정된 힘과 활동범위를 확대하기 위한 목적으로 발달되어 왔다.

수공구란 인간이 손에 쥐고서 사용하는 비교적 소형의 도구를 일컫는 것으로 다음의 3가지로 구분할 수 있다.

① 수동 수공구 : 인간의 힘을 동력원으로 하는 것으로 주로 망치나 칼 등이 이에 해당한다.

[수동 수공구의 예]

② 전동 수공구 : 기계의 힘을 동력원으로 하는 것으로 전동 드라이버나 전동 톱 등이 이에 해당한다.

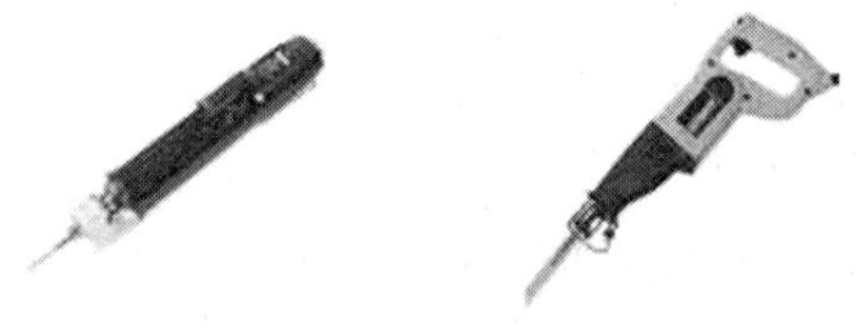

[전동 수공구의 예]

수공구의 설계 시에는 인간의 육체적 한계를 덜어주는 측면 외에도 수공구의 사용으로 인한 신체적 부담과 안전을 고려해야 한다.

일반적으로 인간이 당하는 부상의 종류 중 손부위 부상 비율이 5~10% 정도를 차지하며, 손부위 부상 중 전동 도구에 의한 부상률은 약 20% 정도를 차지하고 있다. 따라서 이러한 단순부상과 근골격계질환 등을 방지하고 인간의 육체적 한계를 보완해 줄 수 있는 수공구의 설계가 요구된다.

2. 수공구 설계 및 사용 원칙

(1) 목적에 맞는 특정 공구를 사용하라.

사용 목적에 맞는 도구를 택하여 사용하는 것이 바람직하다. 흔히 무게 및 활용성 등을 고려하여 다기능 도구를 사용하는 경우가 많은데 이는 결코 바람직하지 않다.

(2) 가능한 수공구보다 동력 공구를 사용하라.

사람의 힘에는 한계가 존재하고 작업을 하다 보면 무리하게 신체를 사용하는 경우가 종종 발생하게 된다. 사람의 무리한 신체 사용을 억제하기 위한 동력 공구의 사용이 필요하다. 단, 진동 등의 물리적 위험에 대한 충격흡수장치가 요구된다.

(3) 손과 사용 용도에 적합한 그립(Grip)을 사용하라.

일반적인 손잡이 그립의 종류는 다음의 3가지로 구분되며 사용 용도에 따른 손잡이의 직경이 증가하는 특징이 있다.

① Power Grip : 큰 힘을 발휘하는 작업, 안전을 위하여 잘 지지하고 사용해야 하는 공구 등의 손잡이에 사용되며, 다섯 손가락 모두를 고정하고 사용하여야 한다. 일반적으로 전동 드릴, 자동차 수동기어, 자동차 핸들 등이 이에 해당되며, 손잡이의 직경은 약 35~50mm 정도에 해당한다.

② Precision Grip : 정확성이 요구되는 작업에 적합한 그립의 형태로, 2~3개의 손가락을 사용한다. 일반적으로 사용되는 힘의 크기는 Power Grip의 약 20%이다.
종류는 나이프, 칫솔, 면도기, 연필 등이 이에 해당하며, 용도에 따라 직경은 다양하다.

③ 반파워그립 : 네 손가락으로 고정하여 사용하는 그립으로 일반적으로 골프채나 테니스채 손잡이가 이에 해당한다. 사용되는 힘의 크기는 Power Grip의 2/3 정도이다.

(4) 손잡이 길이는 95% 남성의 손 폭을 기준으로 설계한다.

일반적인 손잡이의 길이는 최소 11cm 이상, 장갑을 사용할 때 최소 12.5cm 이상의 길이가 추천되며, 망치 등 회전력을 이용하는 경우에는 보다 길어진다.

(5) 손잡이의 단면은 원형 형태로 설계한다.

이는 손잡이로 인한 손바닥 부위의 압박을 감소하기 위함이며, 손가락 형태로 모양이 갖추어진 Form-fitting 형태는 바람직하지 않다.

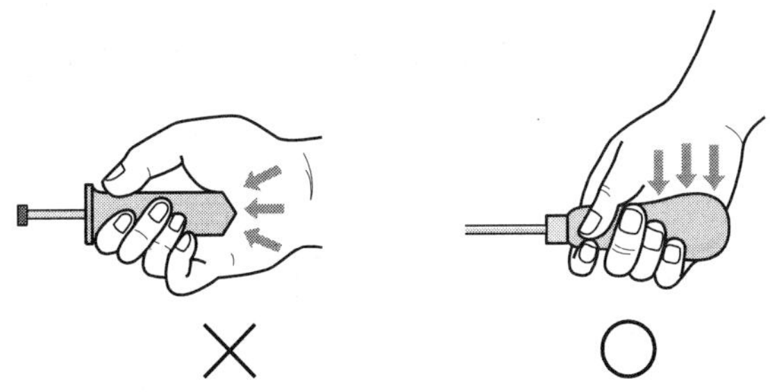

(6) 올바른 손잡이 재질을 선택한다.

손잡이의 재질은 비전도성이며, 열과 땀에 강한 물질로 미끄럼이 방지되어야 한다.

(7) 양손으로 사용할 수 있도록 설계되어야 한다.

한손으로 사용하기 힘든 수공구의 경우나 무게가 나가는 공구일 경우 양손 사용을 통해 무게의 부담을 경감시켜야 한다.

(8) 여성 및 양손잡이 모두를 고려한 설계를 한다.

일반적인 손잡이의 경우 사용자 집단의 특성을 고려하여 설계하여야 하며, 흔히 사용되는 수공구의 경우 양손잡이나, 여성 등을 고려하여 손잡이의 두께, 길이, 최소 작동력 등을 결정하여 설계하여야 한다.

(9) 동력 공구의 스위치는 한 손가락 사용이 아닌 최소 두 손가락 또는 엄지를 사용하도록 설계한다.

일반적으로 개별 손가락의 힘은 전체 손가락 힘의 10%에 불과하고, 이 중에서도 엄지가 가장 크며 새끼손가락은 엄지의 절반 이하이다. 따라서 한 손가락에 가해지는 힘의 사용을 줄여주기 위하여 최소 두 손가락 또는 엄지를 사용하도록 설계하여야 한다.

(10) 손목이 아닌 손잡이를 꺾어라.

손목이 중립 위치에 유지되어 비틀림과 꺾임의 방지를 통하여 손목의 근골격계질환을 예방하고, 무리한 힘을 쓰지 않을 수 있다.

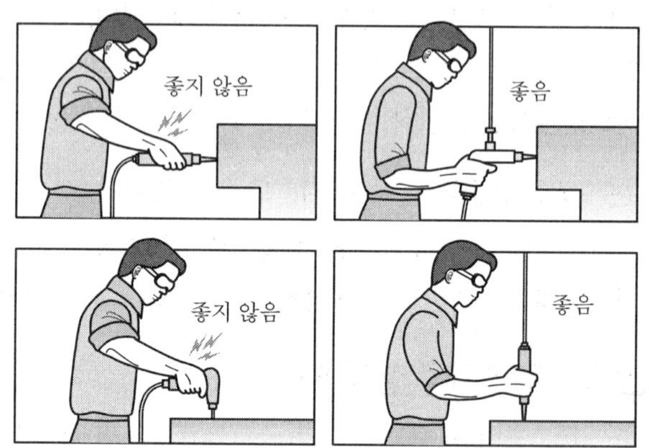

(11) Plier 형태의 손잡이에는 스프링 장치 등을 이용하여 자동으로 손잡이가 열리도록 설계한다.

이렇게 설계를 하면 수공구 사용 시 절반의 힘만 사용하는 효과를 가질 수 있다.

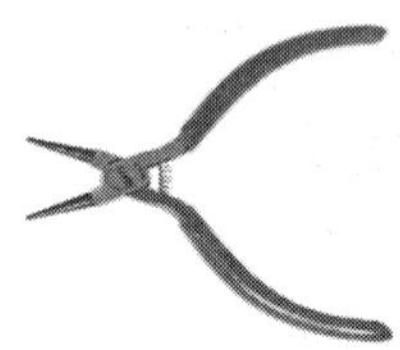

17장 제조물책임법

PROFESSIONAL ENGINEER ERGONOMICS

제조물책임(PL ; Product Liability)법

1. 제조물 책임의 개념과 도입배경

(1) 제조물 책임이란?

제조물 책임(PL ; Product Liability)이란 결함이 있는 제품에 의하여 소비자 또는 제3자의 신체상, 재산상의 손해가 발생한 경우 제조자 · 판매자 등 그 제조물의 제조 · 판매의 일련의 과정에 관여한 자가 부담하여야 하는 손해배상책임을 말한다.

민법상의 불법행위로 인한 손해배상책임보다 피해자들이 좀 더 쉽게 손해배상을 받을 수 있도록 입증책임의 부담을 가볍게 한 것으로, 외국에서는 오래전부터 인정되던 것인데 우리나라에서는 「제조물책임법」이 제정되어 2002년 7월 1일부터 시행되고 있다.

(2) 제조물책임법의 시행배경

미국을 포함한 구미 선진국에서 시행되고 있는 제조물책임법(Product Liability Law)의 취지는 간단히 말해서 기업의 사회적 책임 강화 및 소비자의 보호이다.

민법상의 불법행위를 이유로 한 손해배상 청구를 하려면 가해자의 고의, 과실을 입증해야 하는데, 일반적으로 소비자가 전문지식을 갖춘 제조업자를 대상으로 제조업자의 과실을 입증한다는 것은 매우 어렵다. 따라서 제품의 결함으로 인해 피해를 입은 소비자가 제조업자의 고의, 과실을 입증하지 않아도 제조물의 결함만을 입증하면 피해 배상을 받을 수 있도록 입증책임의 부담을 덜어주어 제품 이용자의 피해를 보다 쉽게 구제하는 데 제조물책임법의 목적이 있는 것이다.

(3) '제조물'의 개념

제조물책임법의 대상이 되는 제품은 "다른 동산이나 부동산의 일부를 구성하는 경우를 포함한 제조 또는 가공된 동산"이다(제조물책임법 제2조 제1호). 따라서 제조 · 가공을 하여 탄생되는 제품이 아닌 1차 농산물(임, 축, 수산물 포함)은 이 법의 적용 대상이 되지 않는다.

또한 기계 · 에어컨 · 보일러 등 그 자체의 판매가 아닌 기구 설치에 하자가 있더라도 제조물책임법에 근거한 책임을 물을 수는 없다.

그리고 '동산'의 의미는 부동산을 제외한 모든 물건을 말하는데 일정한 형태를 가지고 있는 고체 · 액체 · 기체와 같은 유체물은 물론, 형체가 없는 전기와 기타 관리할 수 있는 자연력도 포함이 된다.

다만, 아파트나 빌딩과 같은 부동산 그 자체는 이 법의 적용대상이 되지 않는다. 그러나 부동산의 일부를 구성하고 있다고 하더라도 조명시설, 배관시설, 공조시설 등 개별적인 동산은 이 법의 적용대상에 포함된다.

2. 제조물 책임을 지게 되는 경우

제품으로 인해 사고가 발생했다고 해서 무조건 제조업자의 책임을 인정하는 것은 아니다. 피해자는 제품에 결함이 있고 그 결함으로 인해 피해가 발생한 경우에만 제조업자에게 제조물 책임을 물을 수 있다.

1) 제조상의 결함(제조물책임법 제2조 제2호 가목)

제조물이 원래 의도한 설계와 다르게 제조 · 가공됨으로써 안전하지 못하게 된 경우를 말한다. 제조업자가 제조 · 가공상 주의의무를 다 했느냐의 여부와는 상관이 없다.

이러한 결함은 주로 제품의 제조, 관리단계에서의 인적 · 기술적 부주의에 기인한 것으로, 예를 들면 품질관리 불량, 안전장치 고장, 조립상태의 검사불량, 부품불량 등을 들 수 있다.

2) 설계상의 결함(제조물책임법 제2조 제2호 나목)

제조물의 설계 단계에서 안정성을 충분히 배려하지 않았기 때문에 제품이 안전성을 결여한 경우로 그 설계에 의해 제조된 제품은 모두 결함이 있는 것으로 볼 수 있다.

예를 들면 안전설계 불량, 안전장치 미비, 주요 원재료 및 부품의 부적합 등을 들 수 있다.

3) 표시상의 결함(제조물책임법 제2조 제2호 다목)

제조업자가 합리적인 설명, 지시, 경고 기타의 표시를 하였더라면 당해 제조물에 의하여 발생될 수 있는 피해나 위험을 줄이거나 피할 수 있었음에도 이를 하지 아니한 경우를 말한다.

예를 들면, 취급설명서의 설명 미흡, 표시불량(과대 · 사기), 사용상 위험에 대한 경고 부실 등을 들 수 있다.

3. 제조물 책임을 지는 자

제조물 책임을 지는 자를 「제조물책임법」에서는 '제조업자'로 표현하고 있는데, 책임을 지는 제조업자란,

① 제품을 직접적으로 제조 · 가공한 자

② 제품을 직접적으로 수입한 자

③ 그리고 PB 상품이나 OEM 상품처럼 직접 제품을 제조 · 가공하지는 않았더라도 제품에 성명 · 상호 · 상표 기타의 표시를 하여 자신을 제조업자 · 가공업자 · 수입업자로 표시하고 있거나 오인시킬 수 있는 표시를 하고 있는 자이다.

4. 손해배상책임

1) 제조물책임

제조물책임법에 있어서 손해배상책임이란 제조자가 결함이 있는 제조물로 인하여 생명, 신체 또는 재산상의 손해를 입은 자에게 그 손해를 배상할 책임을 지는 것을 말한다(제조물책임법 제3조 제1항). 제조업자는 결함과 상당한 인과관계가 있는 모든 손해에 대해 배상해야 한다. 피해자는 제품의 결함으로 생명을 잃거나 신체, 건강을 해치게 된 경우는 물론 재산이 피해를 입은 경우, 손해액이 많고 적음을 불문하고 모든 손해에 대하여 배상을 청구할 수 있다.

2) 무과실책임

민법상 불법행위책임에 있어서는 피해자가 손해배상을 청구하려면 제조자의 고의 또는 과실을 입증해야 하지만, 제조물책임에서는 제품의 '결함'으로 피해가 생긴 것만 입증되면 제조업자의 고의, 과실 여부를 입증하지 않아도 제조업자가 책임을 져야 하는 무과실책임을 채택하였다.

그 이유는 산업사회의 급격한 발전으로 제품은 고도화 · 전문화되는 반면 피해소비자는 제조공정 및 사용방법 등에 관한 정보가 부족하여 손해배상청구 요건 사실의 입증이 어려워졌기 때문이다. 그리하여 제조물의 결함 · 손해 그리고 결함과 손해와의 인과관계만 입증하면 되도록 하여 소비자의 입증 부담을 경감시킨 것이다.

예를 들면, 병균에 오염된 사료로 인하여 양계장의 닭들이 폐사한 경우, 원고는 구입 시에 닭 사료가 병균에 오염된 결함만 입증하면 되고, 그와 같이 오염되게 된 데에 대한 사료제조업자의 과실은 입증하지 않아도 되는 것이다(대판 1977.1.25선고, 75다2092).

3) 면책 특약의 제한

이 법에 의한 손해배상책임을 배제하거나 제한하기로 제조업자 및 판매업자와 소비자

사이에 체결한 계약은 무효다. 이는 제조업자 등이 미리 자신의 책임을 제한하는 특약을 약정하더라도 효력이 없도록 함으로써 소비자를 보호하기 위한 것이다.

다만, 피해자가 사업자라면, 사람의 생명 신체가 아닌 영업용 재산에 대하여 발생한 손해에 대해 제조업자와 피해자 간에 체결한 면책 특약의 효력을 예외적으로 인정하고 있다(제조물책임법 제6조).

4) 연대책임

동일한 손해에 대하여 배상할 책임이 있는 자가 2인 이상 있는 때에는 각자가 연대하여 그 손해를 배상할 책임이 있다(제조물책임법 제5조). 즉, 부품의 결함으로 손해가 발생한 경우 부품제조업자와 완성품제조업자가 연대하여 책임을 지게 된다.

먼저 배상을 하게 된 자는 다른 연대책임자에 대하여 내부적인 책임비율에 따라 구상권을 행사할 수 있으나 다른 한편에게 지급능력이 없으면 먼저 배상한 자가 부담을 감수해야 한다.

5. 제조자가 면책되는 경우

제조업자가 다음 사실들을 입증한 경우에는 제조물 책임을 면한다.

1) 제조업자가 당해 제품을 공급하지 아니한 사실. 도난당한 제품과 같이 제조업자가 그 제품의 공급에 관여하지 아니한 제품에 의하여 피해가 발생한 경우가 이에 해당한다.
2) 제조업자가 당해 제품을 공급한 때의 과학 · 기술수준으로는 결함의 존재를 발견할 수 없었다는 사실
3) 제조물의 결함이 제조업자가 당해 제품을 공급할 당시의 법령이 정하는 기준을 준수함으로써 발생한 사실. 그러나 'KS' 마크나 '품', '검'자 마크 등 안전관련 마크를 받았다거나 형식 승인 등을 받았다는 사실만으로 제조업자는 책임을 면제받는 것은 아니다.
4) 원재료, 부품의 경우는 당해 원재료나 부품을 사용한 제품 제조업자의 설계 또는 제작에 관한 지시로 인해 결함이 발생했다는 사실

그러나 이러한 면책 사유가 인정된다고 하여도 제조업자가 제품을 공급한 후에 제품에 결함이 존재한다는 사실을 알거나 알 수 있었음에도 그 결함에 의한 손해의 발생을 방지하기 위한 적절한 조치를 하지 않았다면 이 법에 의한 책임을 면제받지는 못한다(제조물책임법 제4조 제2항).

6. 소멸시효(제조업자의 책임기간)

(1) 손해 및 제조자 등을 안 때로부터 3년

제조물책임의 손해배상은 피해자 또는 그 법정대리인이 손해 및 손해를 발생시킨 제조자를 안 때로부터 3년 이내에 청구하여야 한다.

(2) 제조자 등이 제조물을 공급한 날로부터 10년

제조자가 손해를 발생시킨 제조물을 공급한 때로부터 10년이 경과한 때에는 손해배상청구권이 소멸된다. 예외적으로, 이 기간은 신체에 축적된 경우에 사람의 건강을 해하는 물질에 의한 손해 또는 일정한 잠복기간이 경과한 후에 증상이 나타나는 손해, 예컨대 의약품이나 화학제품과 같이 그 복용 또는 사용에서 피해 발생까지 장기간의 시간이 소요되는 경우 등에 대하여는 그 손해가 발생한 때로부터 기산된다.

7. 제조물책임법 시행에 따른 기업의 대응방안

1) 품질을 개선하여 제품 결함으로 인한 사고를 예방한다.
2) 제품의 사용 설명서를 자세하고 꼼꼼하게 작성한다.
3) 사용상의 주의사항, 위험에 대한 경고문구를 충실하게 기재한다.
   표시상의 결함에 따른 소송이 증가할 것으로 예상되므로, 주의사항과 경고문구 등에 신경을 써야 한다.
4) 사고에 대비하기 위해 PL보험에 가입한다.
5) PL 전담 임 · 직원을 두고 관리를 철저히 한다.
6) 소송 발생에 대비하여, 제품개발, 유통, 공급, 판매와 관련한 상세한 기록을 남겨둔다.
7) 제품 개발, 판매, 출시 과정에서 법률전문가의 자문을 받는다.

18장 작업분석

PROFESSIONAL ENGINEER ERGONOMICS

공정분석

1. 공정분석의 정의

공정분석이란 작업대상물이 순차적으로 가공되어 제품이 완성되기까지의 작업 경로 전체를 시간적 · 공간적으로 설정하고, 이를 작업의 전체적인 순서로 표준화하는 것이다. 공정분석의 목적은 개개의 공정의 효율을 생각하여 종합적인 생산의 효율을 높이는 데 있으며 작업을 단순화하는 최선의 작업을 부가적인 비용 없이 더 좋은 결과를 얻을 수 있는 방법으로 설계하는 것이다.

2. 공정분석도와 기호

1) 가공(Operation) : ○

작업 목적에 따라 물리적 또는 화학적 변화를 가한 상태 또는 다음 공정 때문에 준비가 행해지는 상태를 말한다.

2) 운반(Transportation) : ⇨

어떤 대상물이 한 장소에서 다른 장소로 이동하는 상태이다. 단, 이동이 작업의 일부로서 그 작업역 가운데서 작업이나 검사하는 동안에 이루어지는 경우는 포함되지 않는다.

3) 검사(Inspection) : □

어떤 대상을 기준과의 차이를 조사할 때 또는 대상이 갖고 있는 여러 특성의 어떤 질이나 양을 확인할 때 발생한다.(작업의 특별한 경우)

4) 지연(정체)(Delay) : D

대상물이 다음 예정되고 있는 단계로 즉시 이동되지 않는 상황에 머무르고 있을 때 발생한다. 그러나 그 대상물이 물리적 또는 화학적 성질의 변화를 의도하고 있는 경우는 포함되지 않는다.

5) 저장(보관)(Storage) : ▽

원재료, 부품 또는 제품이 가공 또는 검사되는 일이 없이 저장되고 있는 상태이다.

| 한국공업규격 KSA3002 공정도 기호 |

공정 분류	공정도시 기호		공정 내용	비고
가공 (작업)	○		원재료 또는 부품을 가지고 작업하는 상태(물리적 · 화학적 변화)	
운반	⇨		재료, 부품, 제품 등이 한 장소에서 다른 장소로 이동하는 상태	
정체	D	△	원료, 재료 및 부분품의 저장	
		▽	제품 또는 반제품의 저장	
		✡	지체 또는 정체	
		▽	대기(수량 또는 로트 대기)	
검사	□	□	수량검사(검수)	
		◇	품질검사	
	복합	◇	품질 중심 수량 검사	
		□	수량 중심 품질 검사	

3. 작업공정도

작업공정도(Operation Process Chart)는 원자재로부터 완제품(반제품)이 나올 때까지 공정에서 이루어지는 작업과 검사의 모든 과정을 순서대로 표현한 도표로, 사용되는 재료와 시간 정보를 함께 나타낸다. 작업공정도는 제조 과정의 순서를 정확하게 파악할 수 있으며, 자재들의 구입 및 조립 여부와 부품들 사이의 조립 관계 등을 파악하는 데 이용된다. 또한 개선의 ECRS 원칙을 이용하면 개선안을 도출할 수 있다.

1) 개선의 ECRS

① 이 작업은 꼭 필요한가? 제거할 수 없는가?(Eliminate)

② 이 작업을 다른 작업과 결합시키면(사람, 장소 및 시간 관점에서) 더 나은 결과가 생길 것인가?(Combine)

③ 이 작업의 순서를 바꾸면(사람, 장소 및 시간 관점에서) 좀 더 효율적이지 않을까?(Rearrange)

④ 이 작업을 좀 더 단순화할 수 있지 않을까?(Simplify)

2) 5W1H 설문방식

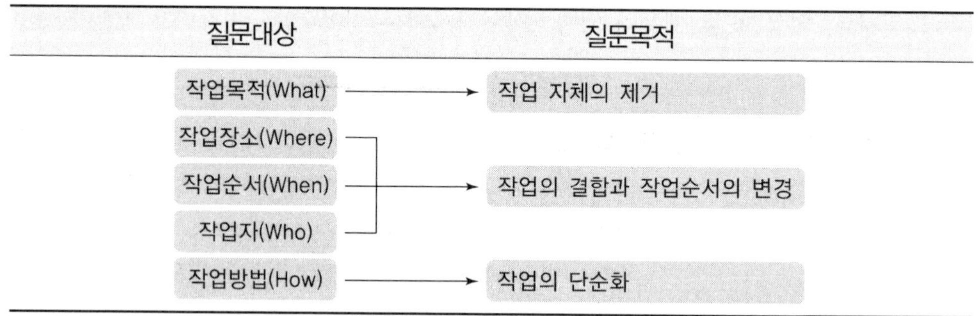

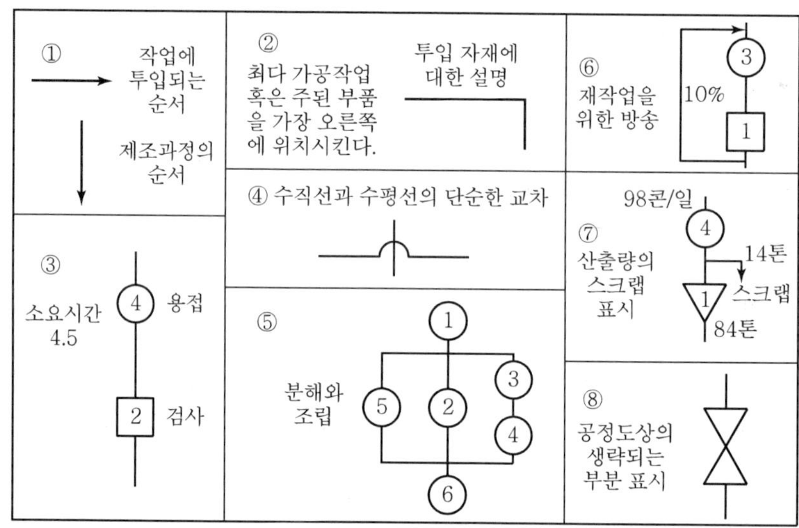

[작업공정도 작성방법 예시]

4. 유통선도

유통선도(Flow Diagram)는 제조 과정에서 발생하는 작업, 운반, 정체, 검사, 보관 등의 사항이 생산 현장의 어느 위치에서 발생하는가를 알 수 있도록 부품의 이동경로를 배치도상에 선으로 표시한 후, 공정도에서 사용되는 기호와 번호를 발생 위치에 따라 유통선상에 표시한 도표이다.

유통선도는 기자재 소통상 혼잡 지역을 파악하거나, 공정 흐름 중에서 역류 현상 점검, 시설 재배치(운반 거리의 단축) 등에 이용될 수 있다.

5. 유통공정도

유통공정도(Flow Process Chart)는 공정 중에 발생하는 모든 작업, 검사, 운반, 저장, 정체 등을 자재나 작업자의 관점에서 흘러가는 순서에 따라 표현한 도표로 소요시간, 운반 거리 등의 정보를 기입한다.

유통공정도는 ① 제품이나 자재, ② 작업이나 작업자 관점의 두 가지 유형으로 분류된다.

유통공정도는 유통선도와 같이 사용되며 이들을 이용하면 생산 공정에서 발생하는 잠복 비용(Hidden cost : 운반 거리, 정체, 저장과 관련되는 비용)을 발견하여 감소시키는 데 도움을 준다.

6. 다중활동도표

다중활동도표(Multi-activity Chart)는 한 개의 작업 부서에서 발생하는 한 사이클 동안의 작업 현황을 작업자와 기계 사이의 상호관계를 중심으로 표현한 도표이다. 특별히 작업자와 기계 사이의 상호관계를 대상으로 작성한 다중활동도표를 Man-machine Chart라 한다. Man-machine Chart는 작업자와 기계로 이루어진 작업의 현황을 체계적으로 파악하여 기계와 작업자의 유휴시간을 단축하고 작업효율을 높이는 데에 이용된다.

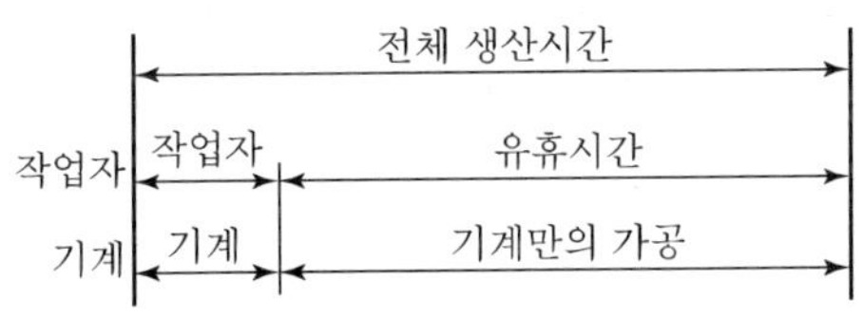

[기계와 작업자의 작업시간]

아래 그림은 작업자 1명이 자동기계 1대를 담당하여 작업할 때의 작업 현황이다.

(작업자가 1대의 기계를 담당)

시간	인간	기계 1	
0 – 1.5	자재물림 L_1	자재물림 L_1	4.0 주기시간
1.5 – 4.0	유휴	자재물림 Run	

작업자 1명이 동종의 기계를 1대 담당할 경우에 주기시간은 4.0분이고, 유휴시간은 작업자에게서 2.5분이 발생한다. 시간당 생산량은 60/4=15개이다.

(작업자가 2대의 기계를 담당)

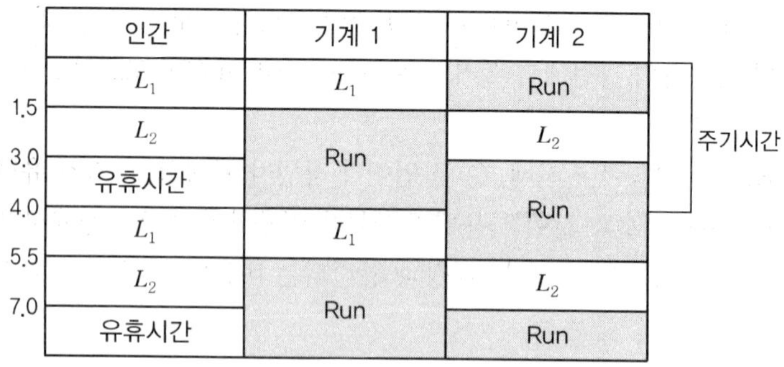

	인간	기계 1	기계 2
	L_1	L_1	Run
1.5	L_2	Run	L_2
3.0	유휴시간		Run
4.0	L_1	L_1	
5.5	L_2	Run	L_2
7.0	유휴시간		Run

주기시간

작업자 1명이 동종의 기계를 2대 담당할 때의 Man−machine Chart이다. 이때 주기시간은 4.0분, 유휴시간은 작업자에게서 1분이 발생하며, 시간당 생산량은 (60/4)×2대=30개이다.

7. 크로노사이클그래프(Chronocyclegraph)

연구대상인 신체부위에 꼬마전구 등의 광원을 부착한 후 광원을 일정시간 간격으로 켰다 껏다 하면서 찍은 사진으로 동작의 경로와 가속, 감속까지 관찰할 수 있다. 일반적으로 점선을 구성하는 점의 길이를 보고 상대적인 동작 속도까지 파악할 수 있다.

8. 사이클차트(SIMO Chart)

작업동작을 서블릭 단위로 나누어 분석하고 각 서블릭에 소요된 시간을 함께 표시한 미세동작 연구에 사용되는 공정도

02 SECTION 동작분석

1. 동작분석의 개요

동작분석은 작업을 수행하는 각 신체부위의 동작을 세분화한 뒤, 이를 분석하여 이 중 위험요인을 제거하고, 비능률적인 동작의 개선을 통해 작업자가 보다 편하게 작업을 수행하고, 생산성을 높이고자 하는 데 목적이 있다.

2. 서블릭(Therblig) 분석

서블릭 분석은 동작연구 학자인 Gilbreth가 정의한 분석기법으로 인간이 행하는 손동작(Manual Operation)에서 분해 가능한 최소한의 기본 단위 동작을 의미한다.
손동작의 내용(어떤 형태로 이루어지는가)보다는 손동작의 목적에 따라 기본 동작을 18가지로 구분하였는데, 현재는 F(Find, 찾아냄)는 제외되고 17가지 기호만 이용된다.

서블릭은 효율적 서블릭과 비효율적 서블릭으로 분류할 수 있다. 효율적 서블릭은 작업의 진행과 직접적인 연관이 있는 동작으로 동작 분석을 통하여 시간의 단축은 가능하나, 동작을 완전하게 배제하기는 어렵다. 비효율적 서블릭은 작업을 진행시키는 데에 도움이 되지 못하는 동작들로서 동작 분석을 통하여 제거할 수 있다.
서블릭을 이용한 분석은 동작 내용을 파악하여 서블릭으로 나타낸 후에 비효율적인 서블릭은 배제하거나 감소시키려 노력하고, 효율적인 서블릭은 어떻게 하면 쉽게 빨리 행할 수 있는가를 분석하게 된다.

효율적 서블릭과 비효율적 서블릭을 분류하면 다음과 같다.

1) 효율적 서블릭

(1) 기본동작

TE, TL, G, RL, PP

(2) 목적을 가진 동작

U, A, DA

2) 비효율적 서블릭

(1) 정신적/반정신적 동작

Sh, St, P, 1, Pn

(2) 정체적인 동작

UD, AD, R, H

| 서블릭 기호 예 |

Therblig	기호		정의
	영문	심볼	
찾기 (Search)	Sh		눈 또는 손으로 목표 위치를 알고자 할 때 발생 (공구나 부품의 위치를 고정시켜 배제 가능) 예 연필이 어디 있는가 두리번거린다.
고르기 (Select)	St	→	2개 이상의 비슷한 물건 중에서 하나를 선택할 때 (일반적으로 찾기 다음에 고르기 발생) 예 연필통에서 연필 한 자루를 집을 때
쥐기 (Grasp)	G	∩	대상물을 손가락으로 잡을 때 예 못을 박기 위하여 망치를 손에 쥘 때
빈손 이동 (Transport Empty)	TE	◡	빈손으로 대상물에 손을 뻗침(Reach) 예 책상 위에 놓여져 있는 펜을 잡으러 갈 때
운반 (Transport Loaded, Move)	TL		손으로 물건을 움직이는 동작을 가르침. 끌거나 미는 경우의 저항을 받는 손동작은 운반으로 취급 예 편지에 서명하기 위하여 펜을 가져옴
잡고 있기 (Hold)	H		손으로 대상물을 잡아 그 위치를 고정시키는 동작 예 볼트를 잡고 있으면서 다른 손으로 너트를 끼움
내려 놓기 (Release Load)	RL		작업자가 대상물을 손에서 놓아주는 동작 소요시간이 가장 적게 걸리는 Therblig 예 펜꽂이에 펜을 꽂은 후 손을 뗀다.
바로 놓기 (Position)	P	9	의도한 위치에 대상물을 놓을 수 있도록 대상물의 방향을 바꾸거나 위치를 바로잡는 동작 예 열쇠를 구멍에 일렬로 가져가는 동작
미리 놓기 (Pre-position)	PP		다음을 위하여 대상물을 정해진 장소에 놓는 동작 예 다음에 사용하기 위하여 지우개를 정해진 위치에 놓음
검사 (Inspect)	I	0	규격에 일치하는지의 여부를 판정하는 동작 예 육안으로 양복지의 재봉의 불량 여부를 검사
조립 (Assemble)	A	#	두 개 이상을 통합하여 한 개로 만드는 동작 예 만년필 뚜껑을 만년필에 씌우는 것

분해 (DisAssemble)	DA	╫	대상물을 분리하여 두 개로 만드는 동작 예 만년필 뚜껑을 만년필로부터 분리시킨다.
사용 (Use)	U	∪	도구, 연장 등을 사용 목적에 따라 다루는 동작 예 펜으로 편지에 Sign을 한다.
피할 수 있는 지연 (Avoidable Delay)	AD	└─○	부주의, 태만에 의해 발생하는 피할 수 있는 지연
불가피한 지연 (Unvoidable Delay)	UD	╱○	작업자가 본의 아니게 어쩔 수 없이 겪는 지연
계획 (Plan)	Pn		신체 동작을 하기 위한 정신적인 반응 과정 예 다음 조립부품이 무엇인지 모색하는 경우
휴식 (Rest)	R		피로회복을 위하여 허용된 피로 여유시간

3. 필름(영화) 분석법(Film Method)

1) 미세동작연구(Micromotion Study)

화면 안에 시계와 작업진행 상황이 동시에 들어가도록 사진이나 비디오카메라로 촬영을 한 뒤 한 프레임씩 서블릭에 의하여 SIMO Chart(Simultaneous Motion Cycle Chart)를 그려 동작을 분석하는 연구방법이다.

(1) 장점

① 작업내용 설명과 동시에 작업시간 추정 가능
② 관측자가 들어가기 곤란한 곳까지 분석 가능
③ 미세동작 분석과정을 다른 작업에 응용 용이

(2) 단점

① 많은 비용 및 장시간 소요
② 작업자가 평상시 작업상태를 유지하기 어려움

2) 메모모션 분석(Memomotion Study)

매우 저속으로 작업의 진행상황을 촬영한 후, 이를 도표로 그려 분석하는 방법이다.

(1) 장점

① 장시간의 작업을 기록하고 빠른 시간 내 검토 가능
② 서로 연관된 작업상황(조작업)과 불규칙적으로 발생하는 상황을 기록 가능

3) 사이클그래프(Cyclegraph)

신체 중에서 어떤 부분의 동작경로를 알기 위하여 원하는 부분에 광원을 부착하여 사진을 찍는 방법(Still Camera 사용)으로 작업자의 동작을 전구의 빛의 궤적으로 알아낸다.

4) 크로노사이클 그래프(Chronocycle Graph)

광원을 일정한 시간 간격으로 점멸시키면서 사진촬영을 한다. 작업경로 파악, 움직임 속도, 가속도 파악이 가능하며 손동작의 장애물에 의한 지연이나 급격한 방향 전환동작 등의 파악이 가능하다.

5) Strobo 분석

움직이는 동작을 1초 동안에 여러 번 찍은 사진들을 한 매의 사진에 합친 효과로 동작 교정에 활용한다.

6) VTR(Video Tape Recorder) 분석

즉시성 · 확실성 · 재현성 및 편의성을 갖고 있으며 레이팅의 오차한계가 5% 이내로 레이팅의 신뢰도가 높다.

7) 아이 카메라(Eye Camera) 분석

아이 카메라나 아이 마크 레코더(Eye Mark Recorder)를 이용하여 눈동자의 움직임을 분석 · 기록하는 방법

19장 표준시간

PROFESSIONAL ENGINEER ERGONOMICS

표준시간의 설정

1. 표준시간의 정의

표준시간이란 정해진 방법과 설비를 사용하여 정해진 작업조건에서, 그 일에 요구되는 보통 숙련도를 가진 작업자가 정상적으로 작업을 수행할 경우 1단위의 작업량을 완성하는 데 필요한 시간을 말한다. 대량 생산의 관점에서 반복하여 생산할 때 계속 작업에 의해 발생되는 불가피한 지연까지도 포함하여 평균적으로 제품 1개를 생산하는 데 얼마나 소요되느냐를 신뢰성 있게 추정한 평균시간의 추정치라고 볼 수 있다.

2. 표준시간의 구성

표준시간은 8시간의 정상 작업을 기준으로 정하기 때문에 작업에 직접 소요되는 정규 작업시간과 계속 작업을 함으로써 발생하는 비정규적인 지연시간으로 구분할 수 있다. 작업에 소요되는 정규 작업시간은 보통 속도를 기준으로 정미시간이라 부르며, 작업시간과 준비, 마무리 시간으로 구분된다. 작업시간은 생산에 직접 기여하는 주 작업(가공, 절삭, 조립, 분해 등)시간과 간접적으로 생산에 기여하는 부수 작업(재료 청소, 제품 청소 등)시간으로 구성된다. 준비, 마무리 시간은 보통 1로트 작업에 1회 발생한다. 비정규적인 지연시간은 여유시간이라 부르며, 작업자의 생리적 피로 회복을 보상하기 위한 인적 여유시간과 관리상 필요한 비인적 여유시간으로 구분한다.

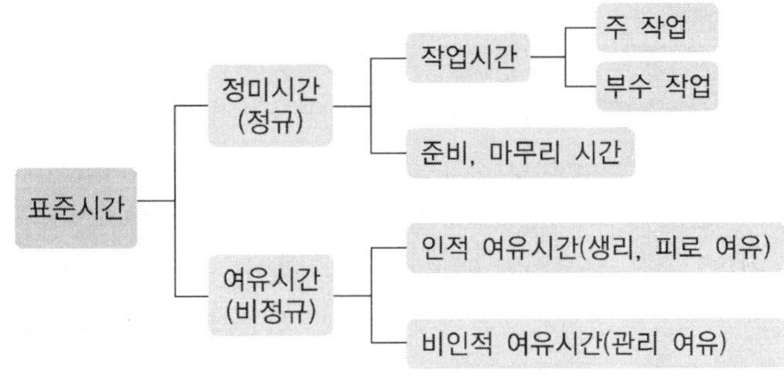

[표준시간의 구성]

3. 표준시간의 산정

표준시간의 산정 방법은 ① 과거 자료나 경험에 의한 방법, ② 직접 측정 방법, ③ 간접 측정 방법으로 분류할 수 있다. 과거의 자료나 경험에 의한 방법은 과거 자료를 이용하거나 작업조건, 방법, 수행도 등을 고려하여 수정하거나 전문가의 경험을 이용하는 방법으로 비용이 저렴하고 산정시간을 절약할 수 있는 장점이 있는 반면에 작업 여건의 변화 사항을 반영하지 못할 가능성이 있다.

직접 측정 방법은 연속적인 측정 방법인 시간 연구법과 간헐적 측정 방법인 워크 샘플링으로 구분할 수 있다.

간접 측정 방법은 표준시간에 관련된 실적 자료를 분석하여 함수 관계식이나 도표로 나타내어 이용할 수 있도록 한 방법으로 표준자료법이나 PTS법 등이 해당된다.

$$\text{기본공식 : 표준시간(ST)} = \text{정미시간(NT)} + \text{여유시간(AT)}$$

1) 정미시간(NT ; Normal Time)

'정상시간(T_n)'이라고도 하며, 매회 또는 일정한 간격으로 주기적으로 발생하는 작업요소의 수행시간이다.

$$\text{정미시간(NT)} = \text{관측시간의 대푯값}(T_0) \times \left(\frac{\text{레이팅 계수}(R)}{100}\right)$$

(1) 관측시간의 대푯값은 관측평균시간(이상값은 제외)이다.

(2) 레이팅(Rating) 계수(R) : '평정계수', '정상화계수'라고도 하며, 대상 작업자의 실제 작업속도와 시간연구자의 정상작업속도의 비

$$\text{레이팅 계수}(R) = \frac{\text{기준수행도}}{\text{평가값}} \times 100\% = \frac{\text{정상작업속도}}{\text{실제작업속도}} \times 100\%$$

2) 여유시간(AT ; Allowance Time)

여유시간은 모든 작업에서 일반적으로 부여하는 일반 여유와 작업에 따라 특수한 상황에서 부여하는 특수 여유로 분류한다. 일반 여유는 인적 여유(Personal Sllowance), 피로여유(Fatigue Allowance), 불가피한 지연여유(Unavoidable Delay)로 분류된다. 인적 여유는 물 마시기, 화장실 가기 등과 같이 작업자의 생리적 · 심리적 요구에 의하여 발생하는 지연시간을 보상하기 위한 것으로 작업환경이나 작업 난이도에 따라 달라질 수 있다. 피로여유는 정신적 · 육체적 피로를 회복시키기 위해 부여하는 여유시간이다. 피로여유는 순수하게 인력으로 하는 작업과 관련하여 부여한다. 불가피한 지연여유는 설비의 보수 · 유지, 기계의 정지, 조장의 작업지시 등과 같이 작업자와 관계없이 발생되

는 지연을 의미한다.

특수한 작업 상황에서 부여하는 특수 여유로는 작업자 한 명이 동일한 기계를 여러 대 담당할 때 발생하는 기계 유휴에 의한 생산량 감소를 보상하기 위한 기계간섭(Machine Interference) 여유, 조 작업의 경우에 작업자 상호 간의 보조를 맞추기 위한 지연을 보상하는 조 여유, 작업 능률이 100%에 도달하기 위해 필요한 물량에 미달되어 물량을 생산하는 경우에 부여하는 소로트 여유 등이 있다.

3) 표준시간의 계산

(1) 외경법(작업 여유율, Work Allowances) : 정미시간에 대한 비율을 여유율로 사용한다.

$$\text{여유율}(A) = \frac{\text{여유시간}}{\text{정미시간}}$$

$$\text{표준시간}(ST) = \text{정미시간} \times (1 + \text{여유율}) = \mathrm{NT}(1 + A) = NT\left(1 + \frac{AT}{BT}\right)$$

여기서, NT : 정미시간
AT : 여유시간

(2) 내경법(근무 여유율, Shift Allowances) : 근무시간에 대한 비율을 여유율로 사용한다.

$$\text{여유율}(A) = \frac{\text{여유시간}}{\text{근무시간}} = \frac{\text{여유시간}}{\text{정미시간} + \text{여유시간}}$$

$$\text{표준시간}(ST) = \text{정미시간} \times \left(\frac{1}{1 - \text{여유율}}\right)$$

4) 표준시간의 구비조건

공정성(일관성), 적정성(신뢰성), 보편성

5) 표준시간의 설정방법

(1) 직접관찰법 : Stop Watch 관측법, Film 분석법, Work Sampling법
(2) 합성법 : 기정시간 표준법(PTS법), 표준시간 자료법(PTS법)
(3) 실적법 : 실적통계법, 요원비율법, 경험수치법

ILO(국제노동기구) 추천 여유율 기준표

1. 1번의 기초여유율에 작업의 내용에 따라 2번의 변동피로여유율의 각 항목을 더하여 전체 작업별 여유율을 계산함
2. 일반적으로 경조립작업(전자조립 등)에서는 15%, 자동차조립과 같은 약간 중조립 작업의 경우 15~20%, 제철, 조선과 같은 힘든 작업에서는 30% 이상의 여유율이 확보되어야 한다.

1. 기초여유(Constant)	男	女	D. 공기조건(Air Conditions)	男	女
인적 여유	5	7	통풍이 잘되고 신선한 공기	0	0
기본피로여유	4	4	통풍은 나쁘지만 유해가스 없음	5	5
			요주의 작업	5~15	5~15
2. 변동피로여유(Variable)					
A. 자세 : 서 있는 자세	2	4	E. 눈의 긴장도(Visual Strain)		
부자연한 자세	2	5	어느 정도 정밀	0	0
불편한 자세(구부려)	4	7	정밀(마이크로미터, 계산척 사용)	2	2
상당히 불편한	9	11	상당히 정밀	5	5
자세(누워서, 뻗어서)					
			F. 청각긴장도(Aural Strain)		
B. 중량물취급(인상, 잡아당김, 밀기)			연속적	0	0
단위 : kg 25	0	1	간혹 시끄러움	2	2
5	1	2	간혹 매우 시끄러움	5	5
7.5	2	3	간혹 매우 高音	5	5
10	3	4			
12.5	4	6	G. 정신적 긴장도(Mental Strain)		
15	6	9	(긴 작업순서의 기억이나 복수작업)		
17.5	8	12	어느 정도 복잡	1	1
20	10	15	복잡 또는 오랫동안 지켜봐야 됨	4	4
22.5	12	18	상당히 복잡	8	8
25	14	–			
30	19	–	H. 정신적 단조감(Mental Monotony)		
40	33	–	작다.	0	0
50	58	–	보통	1	1
			크다.	4	4
C. 조명(Light Conditions)					
정상보다 약간 어두움	0	0	I. 신체적 단조감(Physical Monotony)		
어두움	2	2	다소 싫증	0	0
상당히 어두움	5	5	싫증	2	1
			매우 지겨움	5	2

4. 시간 연구법

시간 연구법은 측정 대상 작업의 시간적 경과를 스톱워치, 전자식 타이머나 VTR 카메라 등의 기록장치를 이용하여 직접 관측하여 표준시간을 산출하는 방법이다.

시간 연구법은 연속적으로 대상 작업을 직접 관측하여 작업시간을 측정한 뒤, 전체 작업시간에 대한 평균 추정치를 구한다. 따라서 평균에 관한 추정치의 신뢰성을 높이기 위하여 누구를 대상으로 관측할 것인가, 어떻게 작업시간을 구분하여 측정할 것인가, 몇 번을 관측할 것인가 등에 관한 문제를 검토하여야 한다.

충분한 숙련도를 가진 작업자를 측정 대상으로 하며, 측정 목적에 호응하여 협력적인 자세를 가진 작업자를 1~2명 선발하여 측정한다. 표준시간은 보통 정도의 숙련도를 기준으로 정하기 때문이다.

작업시간을 어떻게 구분하여 측정할 것인가 하는 문제에서는 작업 전체를 하나로 묶어 측정하면 요소 작업의 변경 시마다 모두를 다시 측정해야 하는 문제가 발생한다. 따라서 요소 작업으로 구분하여 측정하는 것이 유리하다. 요소 작업으로 분할하여 측정하면 작업 내용을 명확하게 기술하여 규정할 수 있어서 요소 작업별 시간치를 이용하여 표준 자료 개발에 이용할 수 있으며, 작업 변경이 있을 경우에는 변경된 요소 작업만을 다시 측정하면 된다. 또한 요소 작업마다 레이팅(작업 수행도)과 여유율을 다르게 산정할 수 있어서 작업 상황을 더 현실적으로 반영할 수 있다.

5. 워크 샘플링

워크 샘플링(Work Sampling)이란 통계적 수법(확률의 법칙)을 이용하여 관측대상을 랜덤으로 선정한 시점에서 작업자나 기계의 가동상태를 스톱워치 없이 순간적으로 관측하여 그 상황을 추정하는 방법이다. 여유율 산정, 가동률 산정, 표준시간의 산정, 업무 개선과 정원 설정 용도로 활용한다.

1) 종류

(1) 퍼포먼스 워크 샘플링(Performance Work Sampling)

워크 샘플링에 의하여 관측과 동시에 레이팅하는 방법으로 사이클이 매우 긴 작업이 대상이다.

$$\text{정미시간} = \frac{\text{총 소요시간} \times \text{작업시간비율}}{\text{생산된 제품 수}} \times \text{레이팅 계수}$$

(2) 체계적 워크 샘플링(Systematic Work Sampling)

관측시각을 균등한 시간간격으로 만들어 워크 샘플링하는 방법으로, 편의의 발생염려가 없는 각 작업요소가 랜덤하게 발생하는 경우나 작업에 주기성이 있어도 관측간격이 작업요소의 주기보다 짧은 경우에 적용된다.

(3) 층별 샘플링(Stratified Sampling)

층별로 연구를 실시한 후 가중평균값을 구하는 워크 샘플링 방법이다.

2) 워크 샘플링의 장단점

(1) 장점

① 관측을 순간적으로 하기 때문에 작업자를 방해하지 않으면서 용이하게 연구를 진행시킨다.

② 조사기간을 길게 하여 평상시의 작업상황을 그대로 반영시킬 수 있다.

③ 사정에 의해 연구를 일시 중지하였다가 다시 계속할 수도 있다.

④ 여러 명의 작업자나 여러 대의 기계를 한 명 혹은 여러 명의 관측자가 동시에 관측할 수 있다.

⑤ 자료수집이나 분석에 필요한 순수시간이 다른 시간연구방법에 비하여 적다.

⑥ 특별한 시간측정 설비가 필요 없다.

(2) 단점

① 한 명의 작업자나 한 대의 기계만을 대상으로 연구하는 경우 비용이 커진다.

② Time Study보다 덜 자세하다.

③ 짧은 주기나 반복작업인 경우 적당치 않다.

④ 작업방법 변화 시 전체적인 연구를 새로 해야 한다.

6. 표준자료법(Standard Data System)

작업요소별로 시간연구법 또는 PTS법에 의하여 측정된 표준자료(Standard Data)의 데이터베이스(Database)가 있을 경우, 필요시 작업을 구성하는 요소별로 표준자료들을 다중회귀분석법(Multiple Regression Analysis)을 이용하여 합성함으로써 정상시간(정미시간)을 구하고, 여기에 여유시간을 가산하여 표준시간을 산정하는 방법으로, '합성법(Synthetic Method)'이라고도 한다.

1) 장점

(1) 제조원가의 사전견적이 가능하며, 현장에서 직접 측정하지 않더라도 표준시간을 산정할 수 있다.

(2) 레이팅이 필요 없다.

(3) 표준자료의 사용법이 정확하다면 누구라도 일관성 있게 표준시간을 산정할 수 있다.

(4) 표준자료는 작업의 표준화를 유지 내지 촉진할 수 있다.

2) 단점

(1) 표준시간의 정도가 떨어진다.
(2) 작업개선의 기회나 의욕이 없어진다.
(3) 표준자료 작성의 초기비용이 크기 때문에 생산량이 적거나 제품이 큰 경우에는 부적합하다.
(4) 작업조건이 불안정하거나 작업의 표준화가 곤란한 경우에는 표준자료의 작성이 어렵다.

7. PTS법

PTS법(Predetermined Time Standard System)이란 기본동작요소(Therblig)와 같은 요소동작(Element Motion)이나 운동(Movement)에 대해서 미리 정해 놓은 일정한 표준요소 시간값을 나타낸 표를 적용하여 개개의 작업을 수행하는 데 소요되는 시간값을 합성하여 구하는 방법이다. 표준시간의 설정, 작업방법의 개선 용도로 활용한다.

1) PTS법의 기본원리

(1) 사람이 통제하는 작업은 한정된 종류의 기본동작으로 구성되어 있다.
(2) 각 기본동작의 소요시간은 몇 가지 시간변동요인에 의하여 결정된다.
(3) 언제, 어디서 동작을 하든 변동요인만 같으면 소요시간은 기준시간값과 동일하다.
(4) 작업의 소요시간은 동작을 구성하고 있는 각 기본동작의 기준시간값의 합계와 동일하다.

2) 종류

(1) WF(Work Factor, 1938)
(2) MTM(Method Time Measurement, 1948)
(3) MODAPTS(Modular Arrangement of Predetermined Time Standards, 1966)
(4) BMT(Basic Motion Time Study, 1950)
(5) DMT(Dimensional Motion Times, 1952)

3) 특징

(1) 장점

① 표준시간 설정과정에 있어서 현재의 방법을 보다 합리적으로 개선할 수 있다.
② 표준자료의 작성이 용이하다.
③ 작업방법과 작업시간을 분리하여 동시에 연구할 수 있다.

④ 작업자에게 최적의 작업방법을 훈련시킬 수 있다.
⑤ 정확한 원가의 견적이 용이하다.

(2) 단점

① 거의 수작업에 적용되며, 다만 수작업시간에 수분 이상이 소요된다면 분석에 필요한 시간이 다른 방법에 비해 상당히 길어지므로 비경제적일 수도 있다. 그리고 비반복작업과 자유로운 손의 동작이 제약될 경우와 기계시간이나 인간의 사고판단 등의 작업 측정에는 적용이 곤란하다.
② 작업표준의 설정 시에는 PTS법과 병행하여 Stopwatch법이나 Work Sampling법을 적용하는 것이 일반적이다. 그리고 PTS법의 도입 초기에는 전문가의 자문이 필요하고 교육 및 훈련비용이 크다.
③ PTS법의 여러 기법 중 회사의 실정에 알맞은 것을 선정하는 일 자체가 용이하지 않으며, PTS법의 작업속도를 회사의 작업에 합당하도록 조정하는 단계가 필요하다.

8. WF법(Work Factor System)

1) 8가지 표준요소

① 동작－이동(T ; Transport)
② 쥐기(Gr ; Grasp)
③ 미리놓기(PP ; Preposition)
④ 조립(Asy ; Assemble)
⑤ 사용(Use ; Use)
⑥ 분해(Dsy ; Disassemble)
⑦ 내려놓기(RI ; Release)
⑧ 정신과정(MP ; Mental Process)

| WF법 적용범위 |

시스템	사용시간단위	적용범위
Detailed WF(DWF)	1WFU(Work Factor Unit) =0.0001분(1/10,000분)	작업주기가 매우 짧은, 특히 0.15분 이하인 대량생산작업
Ready WF(RWF)	1RU(Ready WF Unit)=0.001분	작업주기가 0.1분 이상인 작업

2) 특징

① 스톱워치를 사용하지 않는다.
② 정확성과 일관성이 증대한다.

③ 동작 개선에 기여한다.
④ 실제 작업 전에 표준시간의 산출이 가능하다.
⑤ 작업방법 변경 시 표준시간의 수정을 위하여 전체 작업을 재측정할 필요가 없다.
⑥ 유동공정의 균형 유지가 용이하다.
⑦ 기계의 여력 계산 및 생산관리를 위한 기준이 된다.

표준시간의 활용

표준시간의 용도는 다음과 같다.

1. 계획용

1) 생산계획을 위한 기초(제조능력)
2) 일정계획을 위한 기초(제조일정)
3) 인원계획, 잔업계획, 설비계획을 위한 기초
4) 표준원가 설정, 원가견적의 기초
5) 외주단가 결정의 기초

2. 관리용

1) 작업 퍼포먼스 저하에 따른 로스시간, 비가동 로스시간의 발견 및 제거
2) 각종 작업방법 비교의 기준으로 작업방법, 치공구, 설비의 개선 실시
3) 설계 및 제조방식의 개선 정도를 평가
4) 작업자, 감독자의 성과 측정 및 평가
5) 컨베이어 작업 등의 작업량 균형 유지

20장 통계학

PROFESSIONAL ENGINEER ERGONOMICS

개요

1. 기술통계학과 추측통계학

기술통계학은 자료를 표나 그래프로 나타내어 중심경향도나 산포도와 같은 특성들을 설명하기 위한 절차들로 구성. 추측통계학은 표본으로부터의 정보를 기초로 전체 모집단에 관한 추측을 하기 위한 절차들로 구성

통계학	기술통계				자료의 정리 및 요약
					특성치에 의한 자료의 분석
	추측통계	추측통계를 위한 확률이론 1. 개별사상의 확률 2. 확률분포의 기초 3. 주요 확률분포 4. 표본통계량과 확률	모수통계	1변량 분석	추정
					검정
					분산분석
				다변량 분석	회귀분석, 상관분석
					2변량의 경우
					다변량의 경우
			비모수통계		x^2을 이용한 비모수 통계
					기타 주요 비모수 통계
			기타 주요 통계 분석		시계열 분석 및 지수
					통계적 의사결정론

요약통계량

1. 추정치(Estimate)와 추정량(Estimator)

모집단의 대표치인 모수를 추정하기 위해 표본으로부터 계산된 값을 추정치(Estimate)라 한다.

2. 중심경향도

1) 모집단의 평균

$$\mu = \frac{\sum X_i}{N} \text{(}N\text{은 모집단의 관찰치의 수)}$$

그룹화된 자료의 평균을 계산하는 공식 : k가 계급의 수이고 M_1, M_2, …, M_k가 k개의 계급에 대한 가운데 값이라 하자. f_1, f_2, …, f_k를 해당되는 도수라 하면 평균은

$$\bar{x} = \frac{\sum f_i M_i}{n}$$

2) 중앙값(Median)

자료를 크기순으로 배열했을 때 중앙에 있는 값
도수분포표로부터 중앙값은

$$A + \frac{n/2 - c}{d}(B - A)$$

여기서, A, B : 중앙값을 포함하는 계급의 하한, 상한
c : A보다 작은 관찰치의 개수
d : $A \sim B$ 사이의 관찰치의 수

3) 최빈값(Mode)

관찰치에 대한 최빈값은 가장 큰 도수를 갖는 값이다. 최빈값이 반드시 하나일 필요는 없다.

4) 백분위수

관찰치 x_1, x_2, …, x_n이 오름차순으로 배열되어 있다고 하자. p번째 백분위수(x_p)란 관찰치의 p%가 x보다 작거나 같고 관찰치의 $(1-p)$%는 x_p보다 크거나 같은 값이다.

① 계산절차

- n개의 관찰치를 오름차순으로 배열한다. 가장 작은 값을 갖는 관찰치가 1순위이고 두 번째 작은 값을 갖는 관찰치가 2순위이다.
- $i = (p \times n)/100$을 계산한다. 여기서 p는 관심 있는 백분위수이고 n은 표본크기이다. 예 $p = i/n \times 100$
- i가 정수이면 p번째 백분위수는 순위 i와 $I+1$을 갖는 값의 평균이다.
- i가 정수가 아니면 p번째 백분위수는 i보다 큰 다음 정수의 순위를 갖는 값이다.

3. 산포

모분산 $\sigma^2 = \dfrac{\Sigma(x_i - \mu)}{N}$ 여기서, N은 모집단의 크기이다.

표본분산 $S^2 = \dfrac{\Sigma(x_i - \overline{x})^2}{n-1} = \dfrac{\Sigma x^2 - \overline{x}^2}{n-1}$ 여기서, n은 표본크기이다.

그룹화된 자료(도수분포)에 대한 분산을 계산하는 공식
: k가 계급의 수이고 M_1, M_2, …, M_k가 k개의 계급에 대한 가운데 값이라 하자.
f_1, f_2, …, f_k를 해당되는 도수라 하면

표본분산은 $S^2 = \dfrac{\Sigma f_i(M_i - \overline{x})^2}{n-1} = \dfrac{\Sigma f_i M_i^2 - n\overline{x}^2}{n-1}$

모분산은 $\sigma^2 = \dfrac{\Sigma f_i M_i^2 - N\mu^2}{N}$

모집단의 평균과 표준편차가 알려져 있다면 관찰치 x의 표준화 값은 $z = \dfrac{(x-\mu)}{\sigma}$

표본평균과 표준편차가 사용되면 표준화 값은 $z = \dfrac{x - \overline{x}}{S}$ 이며, 이때의 표준화 값을 z값이라고 부른다.

확률이론

① 확률실험(Random Experiment) : 결과가 확실하게 예측될 수 없는 실험
② 기본결과 : 확률실험의 각 가능한 결과
③ 표본공간 : 실험에 대한 모든 가능한 기본결과들의 집합
④ 사건 : 기본결과의 특정한 모임 즉 표본공간으로부터 하나 이상의 기본결과들을 포함하는 집합으로 대문자로 나타냄

이산확률분포

1. 확률변수

변수 X가 갖는 값을 확실히 예측할 수 없을 때 변수 X는 확률변수이다. 확률변수 X가 어떤 구간에 있는 유한개의 서로 다른 값을 가지면 이산확률변수이고, 확률변수 X가 어떤 구간에 있는 모든 값을 가지면 연속확률변수이다.

1) 이산확률분포

이산확률변수 X가 갖는 각각의 가능한 값 xi에 확률 $P(X=xi)$를 관계시키는 표, 그래프 또는 규칙이다.

2) 누적분포함수(Cumulative Distribution Function)

x를 어떤 실수값이라 할 때 X의 누적분포함수는 함수 $F(x)=P(X \le x)$이며, $0 \le F(x) \le 1$이다.

3) 확률변수의 기대값 또는 평균

확률분포의 중심에 대한 측도로서 사용되며, 이산확률변수 X의 기대값 또는 평균은 기호 $E(X)$나 μx로 나타내고 $E(X)=\mu x=\Sigma xP(x)$이다.
X가 확률변수이고 $g(X)$가 X의 함수일 때 $Y=g(X)$의 기대값은 $E(Y)=E[g(X)] =\Sigma g(x) \cdot P(x)$이다.

4) 이산확률변수의 분산

$\sigma^2=\Sigma(x-\mu)^2P(x)$이다. 표준편차는 기호 σ로 나타내며 분산의 양의 제곱근이다.

X의 일차함수의 기대값, 분산과 표준편차
X가 확률변수이고 $Y=a+bX$라 하자.(a, b는 주어진 상수)
Y의 기대값은$E(Y)=a+bE(X)$
Y의 분산은 $Var(Y)=b2\,Var(X)$
Y의 표준편차는 분산의 제곱근으로 $\sigma y=|b|\sigma x$이다.

2. 주요 확률분포

확률분포명	확률분포식	모수	평균	분산	비고(확률계산표)
베르누이분포			p	pq	
이항분포	$\binom{n}{X}p^x q^{n-x}$	n, p	np	npq	이항분포표
기하분포	pqx	p	q/p	q/p^2	
초기하분포	$\dfrac{\binom{K}{X}\binom{N-K}{n-X}}{\binom{N}{n}}$	N, K, n	np	$npq\left(\dfrac{N-n}{N-1}\right)$	
포아송분포	$\dfrac{e^{-\lambda}\lambda^x}{X!}$	λ	λ	λ	포아송분포표
정규분포	$\dfrac{1}{\sqrt{2\pi}\,\sigma}e^{\frac{-1}{2}\cdot\left(\frac{x-\mu}{\sigma}\right)^2}$	μ, σ	μ	σ^2	
표준정규분포	$\dfrac{1}{\sqrt{2\pi}}e^{\frac{-z^2}{2}}$		0	1	표준정규분포표
지수분포	$\lambda e^{-\lambda x}$	λ	$\dfrac{1}{\lambda}$	$\dfrac{1}{\lambda^2}$	지수분포표

참고 : 자유도를 표시할 때 보통 V, δ 혹은 df 등이 많이 사용되고 있다.

3. 이산확률분포의 종류

베르누이분포, 이항분포, 기하분포, 초기하분포, 음이항분포, 포아송분포

1) 베르누이분포

상호배반인 두 가지 가능한 기본결과 중 하나를 갖는 실험. X를 베르누이분포를 갖는 이산확률변수라 하자. 여기서 성공확률은 p이고 실패확률은 $(1-P)$이다. X의 표본공간 $S=0,\ 1$이고 X의 확률함수는 $P(X=0)=1-p$, $P(X=1)=p$이다. X의 평균 $\mu = E(X)=p$, 분산 $\sigma^2 = Var(X) = p(1-p) = pq$, 표준편차 $\sigma = \sqrt{pq}$이다.

2) 이항분포

베르누이분포의 일반화. 이항실험에서 확률변수 X는 독립적으로 n번 반복된 베르누이 시행에서 얻어지는 성공의 횟수를 나타낸다.

확률변수 X를 성공의 확률이 p인 실험을 독립적으로 n번 시행하여 얻어지는 성공 횟수라 하자. $q=(1-p)$이고 x가 확률변수 X의 어떤 값일 때 n번 시행 중 x번 성공할

확률은

$$P(X=x)={}_nC_x p^x q^{n-x},\ \ x=0,\ 1,....n$$

일반적으로 $np \geq 5$인 이항분포의 확률을 근사시키는 데는 정규곡선 이용

3) 포아송분포

포아송확률변수 X는 이산확률변수로 어떤 시간과 공간에서의 사건 발생수를 표시한다.

(1) 포아송분포를 따르는 변수의 특징

① 사건발생은 서로 독립
② 사건발생의 확률은 시간 또는 공간의 길이에 비례
③ 어떤 극히 작은 구간에서 두 사건 이상이 발생할 확률은 무시된다.

(2) 포아송분포에 대한 공식

$$P(X=x)=\frac{\lambda^x e^{-\lambda}}{x!} x=0,\ 1,\ 2,\ \cdots$$

포아송분포는 λ라는 단일 모수에 의존하고 평균과 분산은 모두 λ

(3) 이항분포에 대한 포아송분포의 근사

포아송분포는 $n \geq 50$이고 $np \leq 5$이면 이항분포에 대한 좋은 근사치를 제공한다. 이항분포의 평균 $\mu = np$임. 따라서 이항분포를 근사시키기 위해 포아송분포를 사용할 때 포아송분포의 평균은 $\lambda = np$로 한다.

4) 기하분포(Geometric Distribution)

베르누이실험에서 발생. 이항실험에서는 시행 횟수 n을 고정시키고, n번 시행에서의 성공 횟수를 결정한다. 이와 달리 기하분포에서는 확률변수 X가 첫번째 성공을 얻는 데 필요한 시행횟수를 나타낸다. 확률변수 X가 첫 성공이 나올 때까지 독립적 시행 횟수라 하고 x가 X의 특정한 값이라 하자. 확률변수 X에 대한 확률함수는

$$P(X=x)=qx-1p$$

$$x=1,\ 2,\ \cdots$$

$$평균=\frac{1}{p},\ 분산=\frac{q}{p2},\ 표준편차=\frac{\sqrt{q}}{p}$$

5) 초기하분포

확률변수 X는 N개의 원소를 갖는 유한모집단으로부터 복원없이 선택된 n개의 확률표본에서의 성공횟수(일반적으로 표본의 비율이 5% 이하면 이항분포 사용, 5% 이상이면 초기하분포가 정확)

모수가 N(모집단의 수), n(표본의 수), k(모집단에서 성공의 수)인 초기하확률변수 X(n개의 표본에서 성공의 수)의 확률함수는

$$P(X=x)=f(x)=\binom{k}{x}\binom{N-k}{n-x}/\binom{N}{n}$$

초기하 확률변수의 평균과 분산은 $E(X)=n\cdot(k/N)=np$

$$Var(X)=\left(\frac{N-n}{N-1}\right)npq$$

이항분포와 초기하분포의 분산은 유한모집단 수정계수를 제외하고 같다.

연속확률분포

1. 밀도함수(Density Function)

연속확률변수 X의 확률분포를 나타내는 부드러운 곡선을 함수 $f(X)$로 나타내고 X의 밀도함수라 한다.

1) 연속확률변수의 기대치와 분산

$$E(X)=\mu=\int_{-\infty}^{\infty}xf(x)dx$$

$$Var(X)=\sigma^2=\int_{-\infty}^{\infty}(x-\mu)^2f(x)dx=E(X^2)-[E(X)]^2=\int_{-\infty}^{\infty}x^2f(x)dx-\mu^2$$

2) 균등분포

$$f(X) = \frac{1}{(b-a)} \qquad a \le X \le b$$

$$\mu = E(X) = \frac{(a+b)}{2}$$

$$\sigma^2 = Var(X) = \frac{(b-a)^2}{12}$$

$$P(c \le X \le d) = \frac{(d-c)}{(b-a)}$$

2. 정규분포 or Gauss 분포

곡선은 종모양으로 $X = \mu$에 대해 대칭이며 $-\infty$에서 $+\infty$까지 나타난 곡선 아래의 총면적은 1이고, 평균 · 중앙 그리고 최빈값이 모두 μ와 같다.

1) 표준정규분포

확률변수가 평균=0이고 분산=1인 정규분포를 가지면 표준정규분포를 갖는다고 하고 $N(0,\ 1)$로 표시. 표준정규 확률변수를 X보다는 Z로 나타내는 것이 일반적이다.

2) 표준화 변환

X가 $N(\mu,\ \sigma^2)$에 따라 분포되어 있다고 하자. 표준정규분포로의 변환은 $Z = \dfrac{X-\mu}{\sigma}$

>>참고 이항에 대한 정규근사

이항확률들을 근사시키기 위해 정규곡선을 사용하는 것은 $np \ge 5$와 $nq \ge 5$이면 적절하다. 이항분포를 근사시킬 때 평균 $\mu = np$와 분산 $\sigma^2 = npq$를 가진 정규분포를 사용한다.

3. 지수분포

어떤 작업을 완성하는 데 걸리는 시간(포아송분포는 발생하는 사건의 횟수이므로 이산확률변수이며, 대기시간은 어떠한 값도 가질 수 있기 때문에 연속확률변수임)

$$f(x) = \lambda e^{-\lambda x},\ 0 \le x < \infty$$

여기서, λ는 단위시간당 사건발생횟수

1) 특징

① 확률변수 X는 0에서 ∞까지의 값을 가질 수 있다.

② 분포의 최빈값은 0이다. 즉 λ값에 관계없이 밀도함수의 정점은 $X=0$에서 나타나고 X가 증가하면 함수는 감소한다. 분포는 오른쪽으로 비대칭이므로 최빈치 < 중앙값 < 평균이다.

2) 지수분포의 확률계산

X가 $X=0$과 $X=x$ 사이의 값을 취할 확률은 $P(X \le x) = \int_0^x \lambda e^{-\lambda x} dx = 1 - e^{-\lambda x}$,

$0 \le x < \infty$

표본이론(Sampling Theory)

1. 표본과 관련된 오차

① 표본추출오차(표본오차) : 추출단위의 우연선정으로부터 나타나는 오차

② 비표본추출오차 : 표본의 선정이 적절하지 못한 경우, 측정오차(Measurement Error)

1) 표본추출의 방법

(1) 확률표본추출법(Random Sampling) : 모집단의 각 요소가 표본에 포함될 수 있는 확률이 사전에 알려진 표본추출방법(단순확률추출법, 층별표본추출법, 군집표본추출법, 체계적 표본추출법 등)

(2) 비확률표본추출법(Nonrnadom Sampling) : 판단추출/편의추출 등

2. 확률표본

① 확률분포가 $f(x)$인 모집단으로부터 추출된 표본크기가 n인 확률표본이란 동일한 $f(x)$를 각각의 확률밀도함수로 갖는 n개의 상호독립적인 확률변수들인 $X_1, X_2, \ldots X_n$의 집합을 의미한다.

② 확률표본의 구성요소인 확률변수들 $X_1, X_2, \ldots X_n$은 상호독립적이고 동일한 분포(IID ; Independent and Identically Distributed)이다.

1) 통계량(Statistic)

확률표본을 구성하는 확률변수들의 함수이다. 따라서 통계량 자체도 하나의 확률변수이며 그 자신의 분포를 갖는다. 대표적인 통계량은 표본평균, 표본분산, 표본비율이다.

2) 표본분포(Sampling Distribution) : 통계량(Statistic)의 확률분포

주어진 모집단에 대해 추정량 $\hat{\theta}$가 갖는 값이 표본에 따라 변하므로 $\hat{\theta}$는 확률분포를 가지는 확률변수이다. 이 확률분포는 확률변수 $\hat{\theta}$의 표본분포라 부른다.

3) 추정량의 바람직한 성질

(1) 표본오차(Sampling Error)

$\hat{\theta}$가 어떤 미지의 모수 θ의 추정량이라 하자. 차이 D= | $\theta-\hat{\theta}$ | $\hat{\theta}$을 표본오차 또는 추정오차라 부른다.(추출단위의 우연선정으로부터 나타나는 오차임)

(2) 불편추정량(Unbiased Estimator)

$\hat{\theta}$을 미지의 모수 θ의 추정량이라 하자. $E(\hat{\theta})=\theta$이면 $\hat{\theta}$은 θ의 불편추정량이다.

(3) 상대적 효율

θ_1과 θ_2가 두 개의 불편추정량이라 하자. θ_2에 대한 θ_1의 상대적 효율은 그들의 분산들의 비, 즉 상대적 효율$=\dfrac{Var(\theta_2)}{Var(\theta_1)}$이다. $\mathrm{Var}(\theta_1)<\mathrm{Var}(\theta_2)$이면 추정량 θ_1이 θ_2보다 효율적이라 한다.

(4) 최소분산 불편추정량(BLUE Error, BLUE ; Best Linear Unbiased Estimator)

$\hat{\theta}$가 θ의 추정량이고 더 작은 분산을 가진 다른 불편추정량이 없다면 그 추정량 $\hat{\theta}$은 θ의 최소분산 불편추정량이다.

3. 표본통계량의 평균과 분산 및 표본분포

표본통계량	평균	분산	상황 및 여건	활용될 표본분포
$\overline{X}$	μ	$\frac{\sigma^2}{n}$	분산이 알려짐	$Z=\frac{\overline{X}-\mu}{\sigma/\sqrt{n}}$
			분산이 未知이고 小標本	$t=\frac{\overline{X}-\mu}{s/\sqrt{n}}$
			분산이 未知이나	$Z=\frac{\overline{X}-\mu}{\sigma/\sqrt{n}}$
			$n\geq 30$일 때	
s^2	σ^2	$\frac{2\sigma^2}{\nu(\text{자유도})}$	정규모집단, 단일표본	$\chi^2(r)=\frac{(n-1)s^2}{\sigma^2}$
$\frac{{s_1}^2}{{s_2}^2}$	−	−	정규모집단, 복수표본	$F_{r1,\ r2}=\frac{{s_1}^2}{{s_2}^2}$
$\hat{p}$	p	pq/n	$n\geq 30$	$Z=\frac{\hat{p}-p}{\sqrt{pq/n}}$

4. 카이자승분포

1) 표본분산(S^2)의 분포

모집단이 정규분포일 때 S^2의 분포는 카이자승분포를 이용하여 나타낼 수 있으며, 또 특수한 경우에는 F분포와 연관된다.

X_1, X_2, … , X_n이 정규분포 $N(\mu,\ \sigma^2)$으로부터 추출된 표본크기 n인 확률표본의 구성요소일 때

$$\frac{(n-1)S^2}{S^2}=\frac{\sum_{i=1}^{n}(X_i-\overline{X})^2}{\sigma^2}$$

여기서, $S^2=\frac{1}{n-1}\sum_{i=1}^{n}(X_i-\overline{X})^2$은 $x^2(n-1)$분포를 한다.

2) 카이자승분포의 평균과 분산

$\mu=r,\ \sigma^2=2r$

5. t분포

표준정규분포의 확률변수 Z에서 σ를 표본표준편차인 S로 대체하면 $T=\dfrac{\overline{X}-\mu}{S/\sqrt{n}}$이 되며 확률변수 T는 자유도가 $n-1$인 t분포를 한다.(t분포는 n이 커짐에 따라 표준정규분포에 접근한다.)

1) t분포의 특징

① t분포는 종모양의 형태로 표준정규분포와 대체로 같은 모양을 가져 평균은 0이다.

② t분포는 분포의 자유로라 불리는 ν에 의존한다. 모평균에 대한 신뢰구간을 구성할 때 적절한 자유도는 $\nu=(n-1)$이다. 여기서 n은 표본크기이다.

③ t분포의 분산은 $\dfrac{\nu}{(\nu-2)}$로 항상 1보다 크다($\nu>2$). ν가 증가함에 따라 이 분산은 1에 접근하고 모양도 표준정규분포에 접근한다.

④ 표준정규변수 Z의 분산이 1인 반면에 t의 분산이 1보다 크므로 t분포는 표준정규분포보다 중간에서 약간 더 평평하고 두터운 꼬리를 갖는다.

6. F분포

두 정규모집단의 분산이 같은 경우 F 통계량 $F=\dfrac{{S_y}^2}{{S_x}^2}$은 자유도가 $df_1=m-1$, $df_2=n-1$인 F 분포임

신뢰구간의 추정과 설정

1. 신뢰수준(Level of Confidence)

신뢰구간의 신뢰수준은 모집단에서 취해진 확률표본을 사용하여 계산된 구간에 모수가 포함될 확률을 측정해 준다. 신뢰수준은 기호$(1-\alpha)$로 표시된다.

1) 구간추정 공식의 종합

추정대상	추정량	구간추정(신뢰구간)	비고
		$\bar{x}-z_{\alpha}/2\ \sigma/\sqrt{n} < \mu < \bar{x}+z_{\alpha}/2\ \sigma/\sqrt{n}$	모분산이 알려진 경우
μ	$\bar{x}$	$\bar{x}-t_{\alpha/2}\ s/\sqrt{n} < \mu < \bar{x}+t_{\alpha/2}\ s/\sqrt{n}$	모분산이 未知이고 小標本(n<30)
		$\bar{x}-z_{\alpha/2}\ s/\sqrt{n} < \mu < \bar{x}+z_{\alpha/2}\ s/\sqrt{n}$	모분산이 未知이나 大標本(n≥30)
p	$\hat{p}$	$\hat{p}-z_{\alpha/2}\sqrt{\frac{\hat{p}\hat{q}}{n}} < p < \hat{p}+z_{\alpha/2}\sqrt{\frac{\hat{p}\hat{q}}{n}}$	n≥30이어야 함
σ^2	s^2	$\frac{(n-1)s^2}{X^2_{\alpha/2}} < \sigma^2 < \frac{(n-1)s^2}{X^2_{1-\alpha/2}}$	

2) 표본크기의 결정

(1) 모평균 추정 시

기지의 분산 σ^2을 갖는 정규 모집단으로부터 확률표본을 취한다고 하자. 그러면 모평균에 대한 $100(1-\alpha)\%$ 신뢰구간은 관찰치의 수가 $n=\frac{z_{\alpha}/2^2\alpha^2}{D^2}$이라면 표본평균의 양쪽으로 거리 D만큼 있게 된다.

(2) 모비율 추정 시

어떤 모집단으로부터 확률표본을 취한다고 하자. 그러면 모비율에 대한 $100(1-\alpha)\%$ 신뢰구간은 관찰치의 수가 $n=\frac{0.25z_{\alpha}/2^2}{D^2}$이면 표본비율의 양쪽으로 D만큼 있게 된다. p의 추정치가 존재하면 $n=\frac{z_{\alpha}/2^2\hat{p}\hat{q}}{D^2}$를 사용

2. 두 평균의 차이에 대한 신뢰구간

1) 분산이 알려져 있거나 표본크기가 클 때

두 정규모집단으로부터 관찰된 표본평균이 $\bar{x}_1$와 $\bar{x}_2$이면 $(\mu1-\mu2)$에 대한 $100(1-\alpha)\%$ 신뢰구간은

$$\left[(\bar{x}_1 - \bar{x}_2) - z_\alpha/2\sqrt{\frac{{\sigma_1}^2}{n_1} + \frac{{\sigma_2}^2}{n_2}},\ (\bar{x}_1 - \bar{x}_2) + z_\alpha/2\sqrt{\frac{{\sigma_1}^2}{n_1} + \frac{{\sigma_2}^2}{n_2}}\right]$$

표본크기가 30 이상이고 모분산을 모른다면 모분산을 대응하는 표본분산으로 대치 가능하다. 표본크기가 큰 경우에는 모집단 분포가 정규분포가 아니어도 이 근사치가 적절하다.

2) 분산이 알려져 있지 않지만 같은 경우이고 표본의 크기가 작을 때

$$\left[(\bar{x}_1 - \bar{x}_2) - t_\alpha/2(\nu)\sqrt{\frac{{S_p}^2}{n_1} + \frac{{S_p}^2}{n_2}},\ (\bar{x}_1 - \bar{x}_2) - t_\alpha/2(\nu)\sqrt{\frac{{S_p}^2}{n_1} + \frac{{S_p}^2}{n_2}}\right]$$

여기서 자유도는 $(n_1 + n_2 - 2)$이고 ${S_p}^2$은 공통모분산의 합동추정치이다.

$${S_p}^2 = \frac{(n_1 - 1)\bar{x}_1 + (n_2 - 1)\bar{x}_2}{(n_1 + n_2 - 2)}$$

3) 두 모비율의 차이$(p_1 - p_2)$에 대한 $100(1-\alpha)\%$ 신뢰구간은

$$\left[(\hat{p}_1 - \hat{p}_2) - z_\alpha/2\sqrt{\frac{\hat{p}_1\hat{q}_1}{n_1} + \frac{\hat{p}_2\hat{q}_2}{n_2}},\ (\hat{p}_1 - \hat{p}_2) - z_\alpha/2\sqrt{\frac{\hat{p}_1\hat{q}_1}{n_1} + \frac{\hat{p}_2\hat{q}_2}{n_2}}\right]$$ 이다.

가설검정

신뢰구간은 모수의 가능한 값에 대한 정보를 제공한다. 이 정보를 얻는 또 다른 방법은 모수의 잠정적인 값에 대한 어떤 가설을 설정하고 표본자료가 이 가설을 지지하는지를 조사함으로써 이 가설을 검정한다.

① 귀무가설과 대립가설 : 귀무가설–통계적으로 나타난 차이나 관계가 우연의 법칙으로 생긴 것이라는 진술
② 검정통계량 : 귀무가설의 기각 여부를 결정하는 데 사용될 확률변수
③ 결정규칙 : 귀무가설 H0을 기각하는 검정통계량 값의 집합과 채택하는 값의 집합을 정한다.

④ 기각치(Critical Value) : 기각영역(Critical Region)과 채택영역(Acceptance Region)을 분리시켜주는 값

1) 가설검정의 오류

H0이 사실일 때 H0을 기각하면 제1종 오류가 발생한다.
H0이 거짓일 때 H0을 채택하면(기각하지 않으면) 제2종 오류가 발생한다. 기호 β로서 표현하며 제2종 오류를 범할 확률 β는 귀무가설이 거짓일 때 검정통계량이 채택영역에 있을 확률이다.

귀무가설의 진위 / 귀무가설의 채택, 기각	귀무가설이 옳음	귀무가설이 틀림
귀무가설의 채택	옳은 결정(확률 : $1-\alpha$)	제2종 오류(확률 : β)
귀무가설의 기각	제1종 오류(확률 : α)	옳은 결정(확률 : $1-\beta$) : 검정력

(1) 유의수준

검정의 유의수준은 H0이 사실이라는 조건에서 검정통계량이 기각역에 있을 확률이다. 유의수준은 기호 α로서 표현된다.

(2) p값

검정의 p값은 실제 얻은 값보다 더 극단적인 표본추정치를 얻을 확률이다. 작은 p값들은 귀무가설에 반대되는 증거를 제공한다. 미리 설정된 유의수준 α를 사용할 때는 p값이 α보다 작으면 항상 귀무가설을 기각한다.

(3) 가설검정 절차

① 귀무가설과 대립가설의 설정
② 검정통계량(Test Statistic)의 선정
③ 유의수준 α 선택 및 기각치의 결정
④ 표본통계량 계산
⑤ 관찰된 표본통계량을 기각치와 비교 ⇒ 통계적 의사결정

2) 가설검정공식 종합표

표본수	검정대상모수	검정통계량	비고
단일 표본		$Z=\frac{\bar{x}-\mu_0}{\sigma/\sqrt{n}}$	모분산이 알려진 경우
	μ	$Z=\frac{\bar{x}-\mu_0}{s/\sqrt{n}}$	모분산을 모르거나 대표본 (n≥30)
		$t=\frac{\bar{x}-\mu_0}{s/\sqrt{n}}$	모분산을 모르고 소표본 (n<30)
	P	$Z=\frac{\hat{p}-p_0}{\sqrt{p_0q_0/n}}$	n≥30이어야 함
	σ^2	$X^2=\frac{(n-1)s^2}{{\sigma_0}^2}$	
복수 표본	$\mu_1-\mu_2$	$Z=\frac{(\bar{x}_1-\bar{x}_2)-(\mu_1-\mu_2)}{\sqrt{{\sigma_1}^2/n_1+{\sigma_2}^2/n_2}}$	두 모분산이 알려진 경우
		$Z=\frac{(\bar{x}_1-\bar{x}_2)-(\mu_1-\mu_2)}{\sqrt{{s_1}^2/n_1+{s_2}^2/n_2}}$	두 모분산을 모르거나 대표본
		$t_{n1+n2-2}=\frac{(\bar{x}_1-\bar{x}_2)-(\mu_1-\mu_2)}{s\sqrt{1/n_1+1/n_2}}$	두 모분산을 모르거나 같고 소표본
		$t_{n-1}=\frac{\overline{D}-E(\overline{D})}{s_D\sqrt{n}}$	두 표본이 대응된 쌍을 이룰 경우
	p_1-p_2	$Z=\frac{(\widehat{p_1}-\widehat{p_2})-(p_1-p_2)}{\sqrt{\frac{\widehat{p_1}\widehat{q_1}}{n_1}+\frac{\widehat{p_2}\widehat{q_2}}{n_2}}}$	귀무가설이 $p_1 >< p_2$일 때 주로 쓰임
		$Z=\frac{(\widehat{p_1}-\widehat{p_2})-(p_1-p_2)}{\sqrt{\widehat{pq}(\frac{1}{n_1}+\frac{1}{n_2})}}$	귀무가설이 $p_1=p_2$일 때 주로 쓰임
	${\sigma_1}^2/{\sigma_2}^2$	$F=\frac{{\sigma_1}^2}{{\sigma_2}^2}$	

(1) 가설 H_0

$(p_1-p_2)=0$의 검정은 표본이 독립이고 표본추정치가 대략 정규분포라는 가정에 의

존한다. 이것이 성립하기 위해서 $n_1p_1 \geq 5$, $n_1q_1 \geq 5$, $n_2p_2 \geq 5$, $n_2q_2 \geq 5$이 요구된다. 이 조건이 성립되면 검정통계량 $Z = \dfrac{\hat{p_1} - \hat{p_2}}{\sqrt{\dfrac{\hat{pq}}{n_1} + \dfrac{\hat{pq}}{n_2}}}$ 을 계산하여 이 값을 표준정규분포로부터 얻은 기각치와 비교한다. 여기서 p의 합동추정치는

$$\hat{p} = \frac{n_1\hat{p_1} + n_2\hat{p_2}}{n_1 + n_2} = \frac{X_1 + X_2}{n_1 + n_2}$$ 이다.

분산분석(ANOVA ; Analysis of Variance)

셋 이상의 모집단 평균들이 서로 동일한가를 검정할 필요가 있을 경우 3개 이상의 모평균이 동일하다는 가설을 검정하려면 표본 내(그룹 내) 분산과 표본 간(그룹 간) 분산을 분석하여야 한다.

기준비율＝표본 간의 분산/표본 내의 분산

ANOVA는 둘 이상의 정규모집단의 평균이 모두 같다는 귀무가설을 검정하는 방법이다. 또 일원분류 아노바는 종속변수의 평균은 독립변수(요인)의 값(또는 수준)에 의해 영향을 받지 않는다는 귀무가설을 검정하기 위해 사용(회귀분석)한다. 모집단들은 등분산을 가지는 것으로 가정되고 독립적인 확률표본이 각각의 모집단으로부터 얻어진다(일원분산분석의 기본가정 ⇒ 기본가정이 충족되기 어려울 경우에는 크루스칼－윌리스 검정 사용).

1) 일원분산분석에서 총제곱합의 분할

$$\mathrm{SST} = \mathrm{SSW(SSE)} + \mathrm{SSB}$$

$$\mathrm{SST} = \sum_{j=1}^{k}\sum_{i=1}^{n_j}(x_{ij} - \overline{x})^2$$

$$\mathrm{SSW} = \sum_{j=1}^{k}\sum_{i=1}^{n_j}(x_{ij} - \overline{x_j})^2 = \sum_{j=1}^{k}(n_j - 1)S_j^2$$

$$\mathrm{SSB} = \sum_{j=1}^{k} n_j(\overline{x_j} - \overline{x})^2$$

총제곱합 SST는 $SST = \sum_{j=1}^{k}\sum_{i=1}^{n_j}(x_{ij} - \overline{x})^2$으로 계산되고 자료에서의 총변동을 측정한다. 그룹 간 제곱합 SSB는 서로 다른 표본평균 사이의 변동을 측정하고 $SSB = \sum_{j=1}^{k} n_j(\overline{x_j} - \overline{x})^2$, 그룹 내 제곱합 SSW(또는 오차제곱합 SSE)는 표본 내의 변동을 측정하고 $SSW = \sum_{j=1}^{k}\sum_{i=1}^{n_j}(x_{ij} - \overline{x_j})^2 = \sum_{j=1}^{k}(n_j - 1)S_j^2$

변동요인	제곱합	자유도	평균제곱	F비율
그룹 간	SSB	b－1	MSB＝SSB/(b－1)	MSB/MSW
그룹 내	SSW	N－b	MSW＝SSW/(N－1)	
총변동	SST	n－1		

F통계량＝MSB/MSW를 계산하여 이것을 자유도 $df_1 = (k-1)$과 자유도 $df_2 = (n-k)$를 가지는 F기각치와 비교 ⇒ F통계량의 큰 값은 귀무가설의 기각한다.

① j번째 그룹(인자수준)의 μ_j의 100(1－α)% 신뢰구간 : $\overline{X}_{.j} \pm t_{\alpha/2}(N-b)\sqrt{\frac{MSW}{n_j}}$

② 평균의 차에 대한 100(1－α)% 신뢰구간 :

$$(\overline{X}_{.1} - \overline{X}_{.2}) \pm t_{\alpha/2}(N-b)\sqrt{MSW\left(\frac{1}{n_1} + \frac{1}{n_2}\right)}$$

회귀분석과 상관분석

1) 회귀분석

한 변수 혹은 여러 변수가 다른 변수에 미치는 영향력의 크기를 수학적 관계식(Equation)으로 추정하고 분석한다.

2) 상관분석

두 변수의 관계를 나타내는 수학적 관계식보다 두 변수가 관련된 정도에만 초점을 둔다.

개요	
회귀분석(Regression Analysis)	상관분석(Correlation Analysis)
1. 회귀모형의 설정 1) 회귀모형의 가정 2) 모회귀선과 표본회귀선의 개념 2. 모회귀선의 추정 : 최소자승법 3. 모회귀선의 평가 1) 적합도 측정 : 표본회귀선이 관측치들을 얼마나 잘 나타내고 있는가를 측정 ① 절대평가방법 : 추정표준오차(s) ② 상대평가방법 : 결정계수(r^2) 2) 유의성검정 : 회귀식의 기울기가 1인지를 검정 H_0 : $\beta=0$에 대한 t검정 H_0 : $\beta=0$에 대한 F검정 4. 회귀모형을 이용한 추정과 예측 1) 모회귀선상의 값 $E(Y_0)$의 신뢰구간 2) 개별관측치 Y_0의 예측구간 5. 회귀분석의 가정에 대한 검토 잔차분석	1. 모상관계수 ρ와 표본상관계수 r $\rho=\frac{Cov(X,Y)}{\sigma_x \cdot \sigma_y}=\frac{E[(X-\mu_x)(Y-\mu_y)]}{\sigma_x \cdot \sigma_y}=E\left[\left(\frac{X-\mu_x}{\sigma_x}\right)\left(\frac{Y-\mu_y}{\sigma_y}\right)\right]$ S_{xy}를 X와 Y의 표본공분산, S_x, S_y를 X와 Y의 표본표준편차라 하면 $r=\hat{\rho}=\frac{S_{xy}}{S_x \cdot S_y}=\frac{\sum x_i y_i}{\sqrt{\sum x_i^2 \sum y_i^2}}$ ($r=0$: No Linear Relation임에 주의) 2. 모상관계수 ρ와 통계적 추론 (H_0 : $\beta=0$와 H_0 : $\rho=0$ 에 대한 검정이 동일함)

3) 단순선형 회귀모형(Simple Linear Regression Model)

(1) 모회귀선

방정식 $E(Y_i \mid X=x_i)=\alpha+\beta x_i$

(2) 표본회귀선

모회귀선의 추정된 방정식 $\hat{Y}=a+bX$ (a, b는 $\hat{\alpha}$, $\hat{\beta}$로 표시하기도 함)를 표본회귀선이라 부른다.

(3) 잔차(Residuals)

주어진 값 $X=xi$에 대해 실제값 Yi와 예측된 값 $\hat{y_i}$ 사이의 차이는 $\hat{e_i}$로 표시된다. 이 값 $\hat{e_1},\cdots\hat{e_n}$은 잔차라 부르고 다음 식으로 얻어진다.

$$\hat{e_i}=y_i-\hat{y_i}=y_i-(a+bx_i)$$

4) 단순선형 회귀모형의 기본가정

오차항 e_i는 다음의 성질을 갖는 것으로 가정한다.

(1) 정규성 : 어떤 값 xi에 대해 오차항은 정규분포를 가진다.
(2) 평균은 0 : 어떤 값 xi에 대해 $E(xi)=0$이다.
(3) 등분산성 : 분산은 X의 모든 값에 대해 동일하다.
(4) 계열상관(Serial Correlation)이 없음 : 오차항은 서로 독립이다.$(E(\varepsilon_i,\ \varepsilon_j)=0,$
$i \neq j)$
(5) e_i는 독립변수 X의 값과 독립이다.

5) 추정

최소자승법에 의한 회귀모수의 추정

6) 검정

(1) 적합도 검정(선형회귀방정식의 설명력 : 총분산(SST)=설명분산(SSR)+비설명분산(SSE) 총제곱합=회귀제곱합+오차제곱합)

① 절대평가 : 추정표준오차(ε_i의 표준편차인 σ의 추정량)

$$s_3 = \sqrt{\frac{\sum(Y_i-\widehat{Y_i})^2}{n-2}} = \sqrt{\frac{SSE}{n-2}} = \sqrt{MSE}$$

② 상대평가 : 결정계수 $R2 = \dfrac{SSR}{SST} = 1 - \dfrac{SSE}{SST}$

③ b와 r의 관계 : $b = r\dfrac{S_y}{S_x} = \dfrac{S_{xy}}{S_x S_y}$

④ 상관계수 r과 결정계수 r^2의 관계 : 표본상관계수 r을 제곱한 값이 회귀분석의 적합도 측정기준인 결정계수와 같다.

(2) 유의성 검정(회귀식의 기울기가 1인지를 검정)

H_0 : $\beta=0$에 대한 t검정, F검정

① 회귀계수 $\beta=0$에 대한 t검정

단순회귀모형에서 b의 표본분포

(평균)β (분산) $Var(b) = {\sigma_b}^2 = \dfrac{\sigma^2}{\sum(X_i-\overline{X})^2}$

$$(\text{분산의 추정치})\ s_b{}^2 = \frac{s^2}{\sum(X_i - \overline{X})^2} = \frac{MSE}{\sum(X_i - \overline{X})^2} = \frac{\sum e_i{}^2/(n-2)}{\sum(X_i - \overline{X})^2}$$

β에 대한 $100(1-\alpha)\%$의 신뢰구간

$$b - t_{\alpha/2}(n-2) \cdot s_b < \ = \beta \leq b + t_{\alpha/2}(n-2) \cdot s_b$$

H_0 : $\beta = 0$를 검정하기 위한 t통계량

$$T = \frac{b - \beta_0}{s_b} = \frac{b - 0}{s_b} = \frac{b}{s_b}$$

(s_b에 추정치 a, b가 포함되어있으므로 자유도는 $n-2$)

② 회귀계수 $\beta = 0$에 대한 F검정과 분산분석

$H-0$: $\beta = 0$, H_1 : $\beta \neq 0$에 대한 F검정의 기각역

$$F = \frac{MSR}{MSE} > \ F_\alpha(1,\ n-2)$$

③ F검정과 t검정

단순회귀분석에서 F검정 통계량의 값은 t검정통계량값의 제곱과 동일하다.

7) 회귀모형을 이용한 추정과 예측

(1) 모회귀선상의 값 $E(Y_0)$의 $100(1-\alpha)\%$ 신뢰구간 (σ^2이 未知인 경우)

$$\hat{Y}_0 \pm t_{\alpha/2}(n-2)s\sqrt{\frac{1}{n} + \frac{(X_0 - \overline{X})^2}{\sum(X_i - \overline{X}^2)}}$$

(2) 개별관측치 Y_0의 $100(1-\alpha)\%$ 예측구간 (σ^2이 未知인 경우)

$$\hat{Y}_0 \pm t_{\alpha/2}(n-2)s\sqrt{\frac{1}{n} + \frac{(X_0 - \overline{X})^2}{\sum(X_i - \overline{X}^2)} + 1}$$

(확률오차 ε에 의한 추가적 불확실성이 존재)

8) 회귀분석의 가정에 대한 검토(잔차분석)

오차항 ε_i는 잔차 e_i로 추정되며 회귀모형의 가정을 충족시키는지는 잔차를 분석하여야 알 수 있다.

9) 모상관계수 ρ에 대한 통계적 추론

(1) H_0 : $\rho=\rho_0$에 대한 검정통계량

$$Z=\frac{A_r-E(Z_r)}{\sigma_{Zr}}=\frac{\frac{1}{2}\ln\left(\frac{1+r}{1-r}\right)-\frac{1}{2}\ln\left(\frac{1+\rho_0}{1-\rho_0}\right)}{\sqrt{1/(n-3)}}$$

(2) 또는 H_0 : $\rho=0$이 참이라면 $T=\frac{r-0}{\sqrt{\frac{1-r^2}{n-2}}}=\frac{r\sqrt{n-2}}{\sqrt{1-r^2}}$은 자유도가 $n-2$인 t분포를 따른다.

M·E·M·O

PART

04

예상문제 풀이

PROFESSIONAL ENGINEER ERGONOMICS

표와 같이 재해가 발생한 기업체에 대하여 다음 각 항목을 구하시오.
(단, 하루 8시간, 1년 245일 근무하고, 연평균 근로자 수는 1,300명으로 가정한다.)

항목	재해발생일	근로자 수	재해자 수	장애등급	휴업급여 (만 원)	치료급여 (만 원)
1	2007.1.22	1,245명	1명	13급	660	300
2	2007.3.20	1,260명	1명	14급	350	200
3	2007.5.15	1,318명	2명	12급, 13급	2,000	800
4	2007.8.20	1,290명	3명	사망, 3급, 12급	43,000	8,000
5	2007.10.25	1,310명	1명	14급	200	70
6	2007.12.5	1,345명	2명	13급, 14급	500	200

| 신체장애등급별 근로손실일수 |

장애등급	1~3	4	5	6	7	8	9	10	11	12	13	14
근로 손실일수	7,500	5,500	4,000	3,000	2,200	1,500	1,000	600	400	200	100	50

1. 재해율
2. 천인율
3. 도수율
4. 강도율
5. 종합재해지수
6. 경제적 손실액

해답

1. 재해율

$$재해율=\frac{재해자\ 수}{연평균\ 근로자\ 수}\times 100=\frac{10}{1,300명}\times 100=0.77$$

[근로자 100인당 1년간 발생하는 재해발생자 수]

2. 천인율

$$천인율=\frac{재해자\ 수}{연평균\ 근로자\ 수}\times 1,000=\frac{10}{1,300명}\times 1,000=7.7$$

[근로자 1,000인당 1년간 발생하는 재해발생자 수]

3. 도수율

$$도수율 = \frac{재해\ 발생건수}{연\ 근로시간\ 수} \times 1,000,000 = \frac{10}{8 \times 245 \times 1,300} \times 1,000,000 = 3.92$$

[근로자 100만 명이 1시간 작업 시 발생하는 재해건수]

4. 강도율

$$강도율 = \frac{근로손실일수}{연\ 근로시간\ 수} \times 1,000 = \frac{15,850}{8 \times 245 \times 1,300} \times 1,000 = 6.22$$

[연 근로시간 1,000시간당 재해로 인해서 잃어버린 근로손실일수]

※ 근로손실일수＝7,500일(사망)＋7,500일(3급)＋200일×2(12급)＋100일×3(13급)
＋50일×3(14급)＝15,850일

5. 종합재해지수

$$종합재해지수(FSI) = \sqrt{도수율(FR) \times 강도율(SR)}$$
$$= \sqrt{3.92 \times 6.22} = 4.94$$

[재해 빈도의 다수와 상해 정도의 강약을 종합]

6. 경제적 손실액

경제적 손실액＝직접비＋(직접비×4)＝56,280만 원＋(56,280만 원×4)
＝281,400만 원

※ 직접비 : 간접비＝1 : 4

공정도(ASME)에서 사용되는 기호 5가지는?

해답

1. 가공(Operation) : ○

   작업 목적에 따라 물리적 또는 화학적 변화를 가한 상태 또는 다음 공정 때문에 준비가 행해지는 상태를 말한다.

2. 운반(Transportation) : ⇨

   어떤 대상물이 한 장소에서 다른 장소로 이동하는 상태이다. 단, 이동이 작업의 일부로서 그 작업역 가운데서 작업이나 검사하는 동안에 이루어지는 경우는 포함되지 않는다.

3. 검사(Inspection) : □

   어떤 대상과 기준 간의 차이를 조사할 때 또는 대상이 갖고 있는 여러 특성의 질이나 양을 확인할 때 발생한다.

4. 지연(정체, Delay) : D

   대상물이 다음 예정되고 있는 단계로 즉시 이동되지 않는 상황에 머무르고 있을 때 발생한다. 그러나 그 대상물이 물리적 또는 화학적 성질의 변화를 의도하고 있는 경우는 포함되지 않는다.

5. 저장(보관, Storage) : ▽

   원재료, 부품 또는 제품이 가공 또는 검사되는 일이 없이 저장되고 있는 상태이다.

인간의 정보처리 과정에 대한 Wickens의 모델은 다음 그림과 같다.

1. 다음 보기의 기능들을 ( ) 안에 쓰시오.

[보기] 단기기억, 장기기억, 실행계획, 지각, 감각, 주의(력)

A ( ), B ( ), C (의사결정(인지)), D ( )
E ( ), F ( ), G ( )

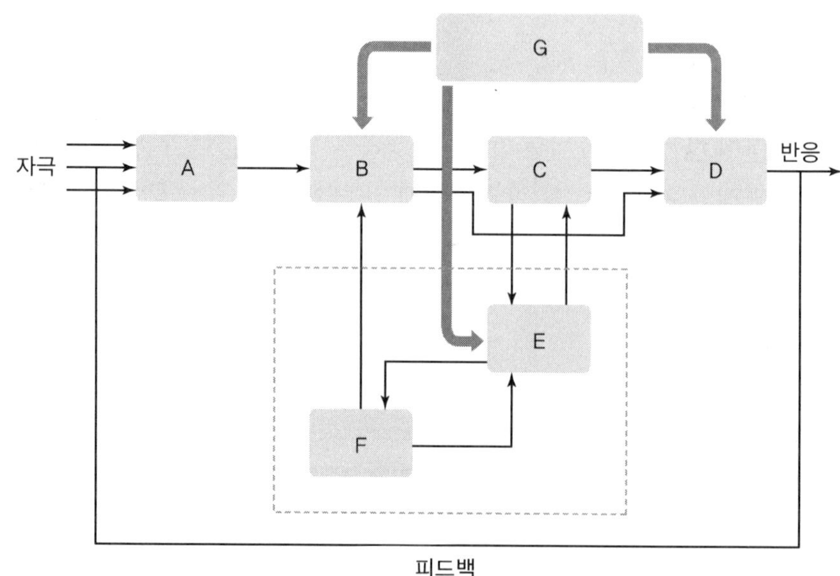

2. 기억의 3종류인 감각버퍼(Sensory Buffer), 단기기억, 장기기억의 특성을 간단히 설명하시오.

3. 정보처리 과정에 단기기억의 용량을 늘리기 위한 방법 2가지를 적고 설명하시오.

해답

1. A(감각), B(지각), C(의사결정), D(실행계획), E(단기기억), F (장기기억), G(주의력)

2. ① 감각버퍼

자극이 사라진 후에도 순간적으로 감각기간에 감각이 지속되는 것으로 감각과정에서 사용되는 기억이다. 초단기 기억이며 수초 만에 사라진다. 시각의 경우에는 잔상 효과가 청각의 경우에는 잔향 효과 등이 존재한다.

② 단기기억

감각보관에서 주의집중에 의해 기록된 방금 일어난 일에 대한 정보와 장기기억에서 인출된 관련 정보로 시간적으로 수분이 지나면 기억이 사라진다. 인간의 단기기억의 용량은 7±2이다.

③ 장기기억

단기기억에 의해 저장된 정보는 반복에 의해 장기기억에 기억된다.

3. 방법

① 청킹(Chunking) : 입력정보를 의미 있는 단위로 배합하고 편성

② 리허설 : 입력된 정보를 마음에서 되뇌임

04 QUESTION 정량적 표시장치의 특징에 대하여 설명하시오.

해답

1. 동침형(Moving Pointer)

고정된 눈금 상에서 지침이 움직이면서 값을 나타내는 방법으로 지침의 위치가 일종의 인식상의 단서로 작용하는 이점이 있다.

2. 동목형(Moving Scale)

값의 범위가 클 경우 작은 계기판에 모두 나타낼 수 없는 동침형의 단점을 보완한 것으로 표시장치의 공간을 적게 차지하는 이점이 있다.

하지만 '이동부분의 원칙(Principle of Moving Part)'과 '동작방향의 양립성(Compatibility of Orientation Operate)'을 동시에 만족시킬 수가 없으므로 빠른 인식을 요구하는 작업장에서는 사용을 피하는 것이 좋다.

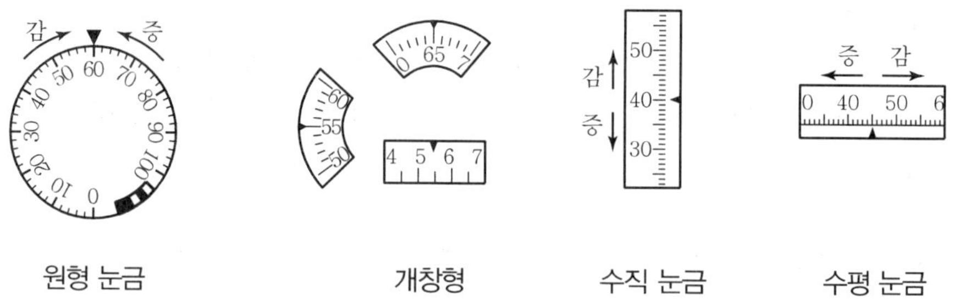

원형 눈금 개창형 수직 눈금 수평 눈금

3. 계수형(Digital Display)

수치를 정확히 읽어야 할 경우 인접 눈금에 대한 지침의 위치를 추정할 필요가 없기 때문에 Analog Type(동침형, 동목형)보다 더욱 적합하다. 그러나 값이 빨리 변하는 경우 읽기가 곤란할 뿐만 아니라 시각 피로를 유발하므로 가급적 피해야 한다.

0	0	2	5	3

㈜인간 회사에서 조립작업장의 소음을 측정한 결과 100dBA 60분, 90dBA 240분 95dBA 180분의 소음을 확인하였다. 이 회사는 안전 법규에 적합한 작업장 환경을 유지하고 있는가?

※ 일반적으로 주어지는 표에서 90dB의 TLV=8hr, ±5dB 증가할 때마다 1/2씩 TLV는 증가, 감소함

소음도[dB(A)]	1일 허용작업시간(hr)	소음도[dB(A)]	1일 허용작업시간(hr)
85	16	100	2
90	8	105	1
95	4	110	0.5

해답

노출량 $D(\%)=(C_1/T_1+C_2/T_2+\cdots+C_n/T_n)\times 100(\%)$

(단, C_1, C_2, C_n : 측정소음레벨, T_1, T_2, T_n : 노출기준(TLV, min)이므로 식에 대입하면,

$D=(1/2+4/8+3/4)\times 100=175>100$이므로 안전환경을 위한 작업환경 기준을 초과한 소음 위험 작업장이다.)

06 QUESTION

주어진 그림과 표를 참고하여 다음 물음에 답하시오.

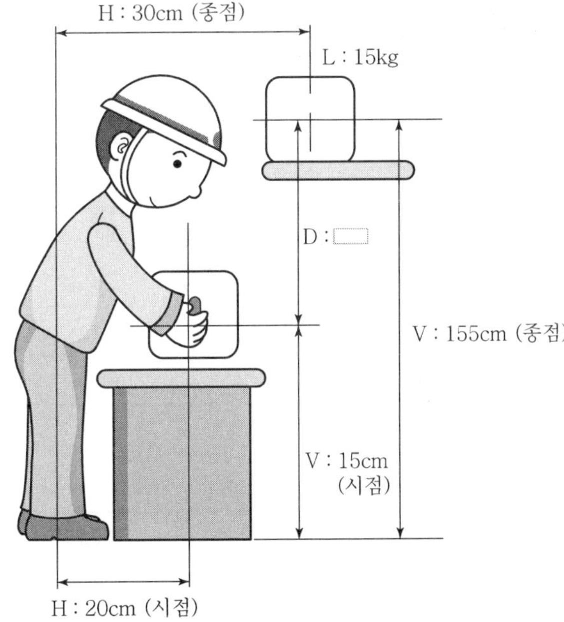

작업물 무게(kg)	손의 위치(cm)				수직 거리(cm)	비대칭 각도(°)		작업 빈도수	작업 시간	작업물 손잡이 상태
	시점		종착점			시점	종착점	횟수/분	시간	양호(Good) (　)
L	H	V	H	V	D	A	A	F	T	보통(Fair) (○)
15	20	15	30	155		0	0	3	8	불량(Poor) (　)

(표 1)

Factors	Metric(SI) Unit일 경우
LC	23kg
HM	25/H
VM	$1-0.003\times\lvert V-75\rvert$
DM	$0.82+4.5/D$
FM	(표 2)에서 구함
AM	$1-0.0032\times A$
CM	(표 3)에서 구함

(표 2)

F (lifts/min)	Duration					
	<1 hour		1~2 hour		2~8 hour	
	V<75cm(30in)	V≥75cm(30in)	V<75cm(30in)	V≥75cm(30in)	V<75cm(30in)	V≥75cm(30in)
≤0.2	1.00	1.00	0.95	0.95	0.85	0.85
0.5	0.97	0.97	0.92	0.92	0.81	0.81
1	0.94	0.94	0.88	0.88	0.75	0.75
2	0.91	0.91	0.84	0.84	0.65	0.65
3	0.88	0.88	0.79	0.79	0.55	0.55
4	0.84	0.84	0.72	0.72	0.45	0.45
5	0.80	0.80	0.60	0.60	0.35	0.35

(표 3)

Coupling Type (손잡이 형태)	CM	
	V<75cm(30in)	V≥75cm(30in)
Good	1.00	1.00
Fair	0.95	1.00
Poor	0.90	0.90

1. 시점과 종점에서의 RWL을 구하시오.

구분	RWL	=	LC	HM	VM	DM	AM	FM	CM	RWL (kg)
시점	RWL	=								
종점	RWL	=								

2. 시점과 종점에서의 LI를 구하시오.

시점	종점

3. 시점과 종점에서 가장 시급히 개선해야 할 점 한 가지씩만 서술하시오.

① 시점 :

② 종점 :

해답

1. 시점과 종점에서의 RWL을 구하시오.

LC, HM, VM, DM, AM, FM, CM을 각각의 표 1, 2, 3을 통하여 구하면 다음과 같이 계산할 수 있다.

구분	RWL	=	LC	HM	VM	DM	AM	FM	CM	RWL (kg)
시점	RWL	=	23	1	0.82	0.85	1	0.55	0.95	8.397
종점	RWL	=	23	0.83	0.76	0.85	1	0.55	1	6.827

2. 시점과 종점에서의 LI를 구하시오.

'LI = 작업물의 무게/RWL(시점 및 종점)'이므로 이를 계산하면 다음과 같다.

시점	종점
1.786	2.197

3. 시점과 종점에서 가장 시급히 개선해야 할 점 한 가지씩만 서술하시오.

1번에서 시점과 종점 중 개선이 가장 시급한 부분은 계수값이 가장 적은 FM(작업빈도)이다. 따라서 작업빈도를 낮추어 주어야 한다.

① 시점 : 가장 0에 가까운 FM(작업빈도) 요소를 개선해야 한다.

② 종점 : 가장 0에 가까운 FM(작업빈도) 요소를 개선해야 한다.

다음 사진에 보이는 작업을 대상으로 RULA, REBA, JSI 중에서 이 작업의 유해요인 평가에 가장 적절하다고 생각되는 도구 하나를 선택하고 다음에 답하시오.

1. 평가도구의 선택 근거를 간략히 설명하시오.

2. 선택한 평가표를 이용하여 평가를 수행하시오.

3. 근골격계질환 관련 가장 위험한 신체부위와 개선 방안에 대하여 간략히 설명하시오.

해답

1. 현재 작업자의 상체 움직임이 많이 나타나고 있고 무릎을 굽히는 등의 하지 작업이 나타지 않으므로 RULA 평가도구를 선택한다.

2. 최종점수 7점으로 즉각적인 작업환경의 개선이 요구되는 작업으로 평가된다.

3. 상박과 목부분이 최대허용점수 대비 위험점수가 높게 평가되어 가장 위험한 신체부위이며, 의자의 높이를 조절 가능하게 하여 작업자의 어깨들림 및 목의 젖혀짐을 예방할 수 있다.

육체적 작업능력(PWC ; Physical Work Capacity)이 20kcal/min인 근로자가 인력운반 작업을 수행하고 있을 때 에너지 대사량을 측정한 결과 산소소비량이 2L/min이었다. 다음 각각의 사항에 대하여 설명하시오.(단, 휴식 중 에너지 소비량은 1.5kcal/min)이다.

1. 근로자의 8시간 작업 시 적정휴식시간을 산출하시오.

2. 에너지대사율(RMR ; Relative Metabolic Rate)을 산출하시오.(단, 기초대사량은 안정 시 대사량의 80%이다.)

해답

1. 작업자의 작업 시 에너지 소비량은 산소소비량×5kcal/min=10kcal/min이다.
따라서, Murell의 공식을 이용하면

M=10(작업 시 에너지대사량)−1.5(안정 시 에너지대사량)=8.5kcal/min

8시간 작업 시 적정휴식시간=[(8.5−4)/(8.5−1.5)]×8=5.14(시간)

2. 에너지대사율 산출은 다음의 식을 이용한다.

$$R=\frac{\text{작업대사량}}{\text{기초대사량}}=\frac{\text{작업 시 소비에너지}-\text{안정 시 소비에너지}}{\text{기초대사량}}$$

=(10−1.5)/(1.5×0.8)=8.5/1.2=7.08이다.

이 경우 RMR 기준으로 7 이상이므로 초중작업에 해당한다.

근골격계 질환(WMSD)의 발생과 관련한 다음 물음에 답하시오.

1. 개인적 차이에 의한 요인, 작업 관련 요인, 사회 · 경제적 요인 등으로 구분하여 발생요인을 설명하시오.

2. 근골격계 부담작업 업무수행 관련 손(Hand)과 손목(Wrist) 부위에서 주로 발생하는 수근관증후군(손목터널증후군, Carpal Tunnel Syndrome)의 발생원인 및 증상에 대하여 설명하시오.

해답

1. 근골격계 질환의 발생요인

(1) 개인적 차이에 의한 요인

연령, 성별, 신체조건, 생활 및 작업습관, 기타 병력

- 신체적 적응 능력이 떨어지는 고령자(연령)
- 남자에 비해 여성 작업자의 유병률이 더 높다(성별).
- 사고 경력 및 근골격계 질환과 관련된 질병을 가지고 있는 경우
- 작업경력이 많은 경우
- 작업습관이 부적절한 경우(힘, 자세, 휴식패턴 등과 관련하여)
- 규칙적인 운동을 하지 않는 경우
- 개인적 차이에 의한 요인들이 근골격계 질환 발생의 한 요인으로 작용하는 것은 사실이다. 예를 들어 같은 작업조건에서 여성이 남성보다 근골격계질환의 발생률이 높다는 것은 알려진 사실이다. 또한 신체조건의 차이에 따라 특정 근골격계질환의 발생률에 차이가 존재한다는 연구결과도 있다. 하지만 이러한 개인적 차이가 근골격계질환 발생의 원인이 된다고 하여 이들 요인을 통제하고 관리한다는 것은 불가능한 일이다. 예를 들어 연령이 원인이 된다고 하여 일정 연령대의 사람만 일을 하게 할 수는 없는 일이다. 이 경우 노동강도의 설정기준은 개인별 차이를 충분히 고려한 여유율을 확보하여야 한다.

(2) 작업 관련 요인

자세, 반복, 힘, 휴식, 작업내용, 진동, 작업환경 등의 물리적 작업요인

- 반복적인 동작을 계속적으로 수행되는 작업
- 무리한 힘을 요구하는 작업
- 부자연스러운 작업자세를 요구하는 작업(잘못된 작업장 구조)

- 작업 수행 중 팔이나 팔꿈치, 손바닥 등이 날카로운 면과 접촉
- 추운 환경에서 일하는 작업
- 과도한 진동이 손이나 팔 등에 전달되는 경우(잘못된 공구 사용)
- 단조로운 작업내용(단순반복작업)

근골격계질환의 작업 관련 요인(자세, 반복, 힘, 휴식) 중에서, 부적절한 작업자세는 작업장의 구조개선과 수공구의 개선 등을 통하여 비교적 용이하게 개선될 수 있는 편이다. 따라서 일부에서는 이러한 요인에 대한 개선만을 중점적으로 강조하며 다른 더 중요한 요인에 대한 개선을 회피하고 있는 것이 현실이다. 특히 일부 학자들과 전문단체 또는 정부기관에서 이러한 방향으로의 호도를 조장하고 있는 사실에 주목해야 할 것이다. 이러한 작업장 개선은 가장 기본적인 사항이며 오히려 나머지 반복성, 힘, 휴식비율 등의 요인에 대한 개선이 보다 근본적이며, 또한 자본이 추구하는 생산성과 관련된 요소로서 장기적인 관점에서의 위해성에 대한 증명과 이의 감소를 위한 다각적인 투쟁(연구, 홍보, 규제 등)이 이루어져야 할 것이다.

(3) 사회 · 경제적 요인

직무만족도, 작업통제력, 정신적 스트레스와 긴장, 조직적 요인 등 물리적 직업 관련 요인에 비해 상대적 계량화와 어려운 요인이다.

- 직업 만족도 및 근무조건 만족도가 적은 경우
- 자신의 작업내용에 대한 의사결정권과 통제의 수준이 없거나 낮은 경우
- 업무적 스트레스(납기, 긴장을 요하는 작업내용 등)가 높은 경우
- 불안전한 고용, 기타 불안전한 심리상태

사회 · 경제적 요인들은 그동안 상대적으로 그 중요성에 비해 소홀하게 취급되어 왔다. 이러한 요인들은 물리적 요인에 비해 직접적으로 근골격계 질환 발생의 원인으로 작용하기보다는 그 위험의 수준을 증폭시키는 것으로 파악되고 있다.

2. 손목터널증후근

(1) 원인 : 키보드나 마우스의 과도한 사용 또는 손목을 자주 사용하는 작업에 대한 작업적인 요인으로 인해 발생하는 질환이다.

(2) 증상 : 손바닥에서 엄지, 검지, 중지와 약지의 절반에 감각이 무뎌지거나 통증이 생긴다. 하루 종일 컴퓨터를 사용하는 사무직 근로자 또는 손을 많이 사용하는 조립 및 검사작업자에게 많이 발생한다.

다음의 도표를 보고 물음에 답하시오.

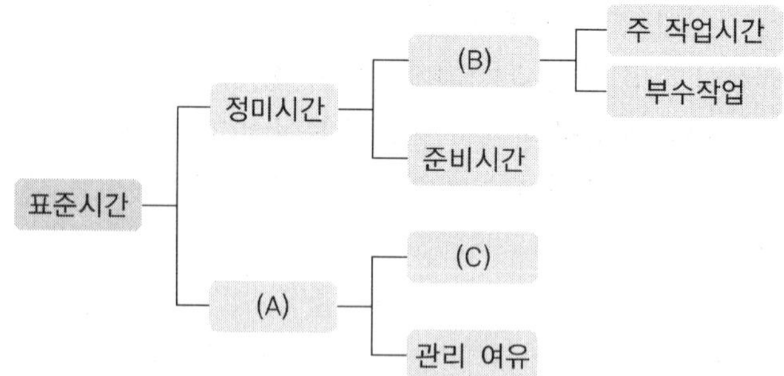

1. A~C를 채우시오.

2. A를 ILO에서는 어떻게 구분하고 있는지 구분 기준을 쓰시오.

3. 내경법, 외경법에 의한 여유율을 설명하시오.

해답

1. A : 여유시간(비정규시간), B : 작업시간, C : 인적 여유시간

2. ILO 여유율 및 여유시간 구분은 아래와 같다.

<table>
<tr><td rowspan="2">고정</td><td colspan="2">인적 여유</td><td>5</td></tr>
<tr><td colspan="2">기본 피로여유</td><td>4</td></tr>
<tr><td rowspan="9">변동 피로 여유</td><td>자세</td><td>서 있는 자세~매우 불편한 자세</td><td>2~9</td></tr>
<tr><td>중량물 취급</td><td>2.5~50kg</td><td>0~58</td></tr>
<tr><td>조명</td><td>정상/약간 어두움~매우 어두움</td><td>0~5</td></tr>
<tr><td>공기조건</td><td>통풍 좋고 신선~요주의</td><td>0~15</td></tr>
<tr><td>눈의 긴장도</td><td>정밀한 편~매우 정밀</td><td>0~5</td></tr>
<tr><td>소음수준</td><td>연속적~간혹 매우 고음</td><td>0~5</td></tr>
<tr><td>정신적 긴장</td><td>복잡한 편~상당히 복잡</td><td>1~8</td></tr>
<tr><td>단조로움</td><td>작다.~크다.</td><td>0~4</td></tr>
<tr><td>지루함</td><td>다소 싫증~매우 지겨움</td><td>0~5</td></tr>
</table>

3. 내경법과 외경법의 여유율은 다음과 같다.

(1) 내경법에 의한 여유율=여유시간/(정미시간+여유시간)
내경법에 의한 표준시간=정미시간×[1/(1−여유율)]

(2) 외경법에 의한 여유율=여유시간/정미시간
외경법에 의한 표준시간=정미시간×(1+여유율)

관측시간 평균 0.8분, 레이팅계수 110%, 여유시간 0.044분일 때, 외경법 및 내경법에 의한 표준시간을 계산하시오.

해답

- 외경법에 의한 여유율=여유시간/정미시간=0.044/(0.8×1.1)=5%
내경법에 의한 여유율=여유시간/(정미시간+여유시간)
=0.0044/[0.0044+(0.8×1.1)]=4.76%

- 외경법에 의한 표준시간 산정=0.8×1.1×(1+여유율)=0.8×1.1×(1.05)=0.924분
내경법에 의한 표준시간 산정=(0.8×1.1)/(1−여유율)=0.8×1.1/(1−0.0476)
=0.924분

다음 도표를 보고 각 물음에 답하시오.

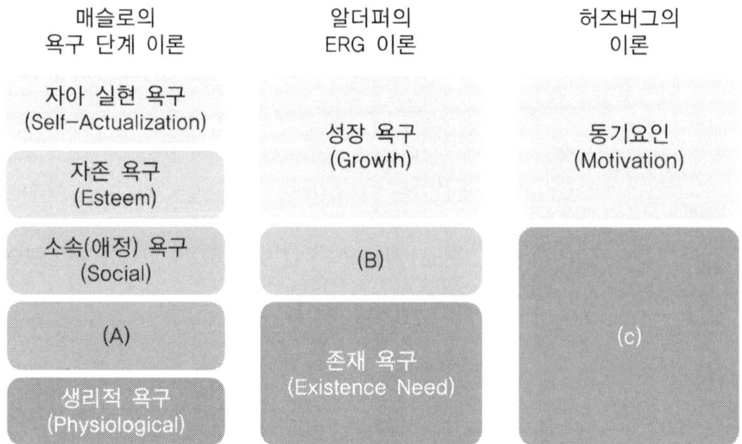

1. A~C를 채우고 간단히 설명하시오.
2. 인간공학전문가로서 작업자들에게 안전에 대한 동기를 부여할 수 있는 요인을 기술하시오.

해답

1. A : 안전의 욕구(일단 생리적 욕구가 어느 정도 충족되면 안전의 욕구가 나타난다. 이 욕구는 근본적으로 신체적 · 감정적인 위험으로부터 보호되고 안전해지기를 바라는 욕구이다.)

   B : 관계욕구(직장에서 타인과의 대인관계, 가족, 친구 등과 관련되는 모든 요구를 포괄한다. 관계욕구는 매슬로의 안전 욕구와 사회적 욕구 그리고 존경 욕구의 일부를 포함한다고 볼 수 있다.)

   C : 위생요인(욕구 충족이 되지 않을 경우 조직구성원에게 불만족을 초래하지만 그러한 욕구를 충족시켜준다 하더라도 직무 수행 동기를 적극적으로 유발하지 않는 요인을 말한다.)

2. 동기부여를 위한 다음의 활동을 수행할 수 있다.

   ① 작업동기(보상정책) : 안전행동에 대한 보상을 줌으로써 안전사고를 줄임
   안전포인트제도 시행 및 안전포인트를 활용한 인사제도 및 개인성과의 연계

   ② 작업동기(교육) : 자신이 안전행동을 하지 않았을 경우에 발생하는 사고에 대해 인식하게 하여 안전한 작업을 수행할 수 있는 동기를 부여

   ③ 작업동기(행동적 접근) : 개인 및 조직의 목표를 설정하고 이를 실행함으로써 사고율을 감소시킬 수 있다.(예 무사고 100일 계획)

   ④ 작업동기(기타) : 작업자들에게 많은 자율권과 의사결정에 참여토록 함으로써 주인의식을 가지고 작업에 임할 수 있도록 동기를 부여

근골격계질환 예방관리프로그램과 관련하여 프로그램을 시행하여야 하는 경우에 대하여 설명하시오.

해답

근골격계질환 예방관리프로그램을 시행하여야 하는 경우는 다음과 같다.

(1) 근골격계질환자가 연간 10명 이상 발생한 사업장

(2) 근골격계질환자가 연간 5명 이상 발생한 사업장으로서 발생비율이 그 사업장의 근로자 수의 10퍼센트 이상인 경우

(3) 근골격계질환 예방과 관련하여 노사 간 이견이 지속되는 사업장으로서 고용노동부장관이 필요하다고 인정한 경우

근골격계부담작업에 대한 유해요인조사 결과 근골격계질환이 발생할 우려가 있는 경우에는 작업환경 개선에 대한 설계원리로 인체 특성을 고려한 설계방식을 적용하여야 한다. 인체 특성을 고려한 설계의 개념과 적용사례를 설명하시오.

해답

1. 극단치 설계(최대치수와 최소치수 사용)

특정한 설비를 설계할 때, 거의 모든 사람을 수용할 수 있는 경우(최대치수)가 필요하다. 문, 통로, 탈출구 등을 예로 들 수 있다. 최소치수의 예로는 선반의 높이, 조종장치까지의 거리 등이 있다.

(1) 최소치수 : 하위 백분위 수(퍼센타일, Percentile) 기준 1, 5, 10%

(2) 최대치수 : 상위 백분위 수(퍼센타일, Percentile) 기준 90, 95, 99%

2. 조절 가능한 설계 조절범위(5~95%)

체격이 다른 여러 사람에 맞도록 조절식으로 만드는 것이 바람직하다. 그 예로는 자동차 좌석의 전후 조절, 사무실 의자의 상하 조절 등이 있다.

3. 평균치를 기준으로 한 설계

최대치수나 최소치수를 기준으로 설계하기도 부적절하고 조절식으로 하기도 불가능할 때, 평균치를 기준으로 설계를 한다. 예를 들면, 손님의 평균 신장을 기준으로 만든 은행의 계산대 등이 있다. 하지만 이는 바람직한 설계는 아니다.

※ 실제 평균치 인간은 존재하지 않음

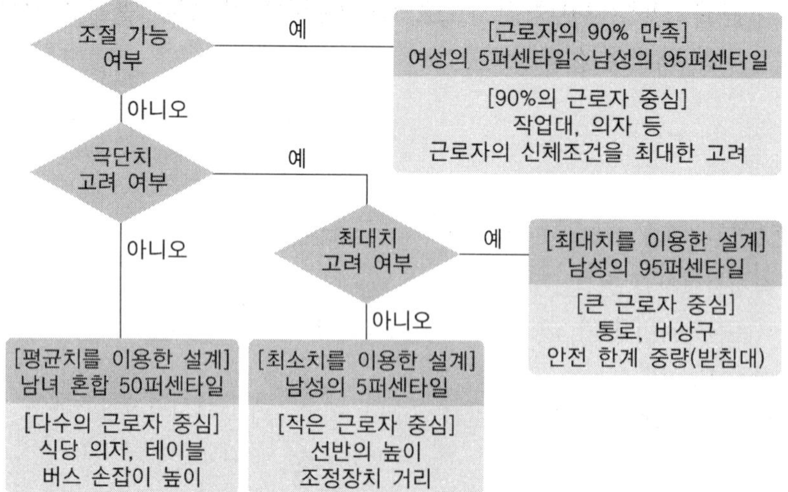

15 QUESTION 인적 오류를 심리적 행동에 따라 분류한 Swain의 휴먼에러(Human Error) 분류 유형 5가지를 설명하시오.

해답

① 생략에러(Omission Error) : 작업 내지 필요한 절차를 수행하지 않는 데서 기인하는 에러
② 실행(작위적)에러(Commission Error) : 작업 내지 절차를 수행했으나 잘못한 실수 – 선택착오, 순서착오, 시간착오
③ 과잉행동에러(Extraneous Error) : 불필요한 작업 내지 절차를 수행하는 데서 기인한 에러
④ 순서에러(Sequential Error) : 작업수행의 순서를 잘못한 실수
⑤ 시간에러(Timing Error) : 소정의 기간에 수행하지 못한 실수(너무 빨리 혹은 늦게)

16 QUESTION 제조물 책임법이 성립하기 위한 조건과 제조물 책임법상의 주요 결함의 종류를 설명하고, 사업주의 제조물 책임법 면책 조건을 설명하시오.

해답

(1) 제조물 책임법이 성립하기 위해서는 제품의 결함이 발생하고 그로 인한 소비자의 재산상의 손실이 발생하여야 한다.

(2) 주요 결함은 3가지로, 사용상의 결함, 설계상의 결함, 표시상의 결함이 있다.

(3) 사업주의 제조물 책임법 면책 조건

① 제조업자가 당해 제품을 공급하지 아니한 사실을 입증하면 된다. 도난당한 제품과 같이 제조업자가 그 제품의 공급에 관여하지 아니한 제품에 의하여 피해가 발생한 경우가 이에 해당한다.

② 제조업자가 당해 제품을 공급한 때의 과학 · 기술수준으로는 결함의 존재를 발견할 수 없었다는 사실을 입증하면 된다.

③ 제조물의 결함이 제조업자가 당해 제품을 공급할 당시의 법령이 정하는 기준을 준수함으로써 발생한 사실을 입증하면 된다. 그러나 'KS'마크나 '품', '검'자 마크 등 안전 관련 마크를 받았다거나 형식 승인 등을 받았다는 사실만으로 제조업자는 책임을 면제받는 것은 아니다.

④ 원재료, 부품의 경우는 당해 원재료나 부품을 사용한 제품 제조업자의 설계 또는 제작에 관한 지시로 인해 결함이 발생했다는 사실을 입증하면 된다.

17 QUESTION 인간의 오류모형 4가지를 도식화하고 설명하시오.

해답

인간의 오류모형에는 다음의 4가지가 있다.

① 착오(Mistake) : 상황해석을 잘못하거나 목표를 잘못 이해하고 착각하여 행하는 경우

② 실수(Slip) : 상황이나 목표의 해석을 제대로 했으나 의도와는 다른 행동을 하는 경우

③ 건망증(Lapse) : 여러 과정이 연계적으로 일어나는 행동 중에서 일부를 잊어버리고 하지 않거나 또는 기억의 실패에 의하여 발생하는 오류

④ 위반(Violation) : 정해진 규칙을 알고 있음에도 고의로 따르지 않거나 무시하는 행위

이를 도식화하면 다음과 같다.

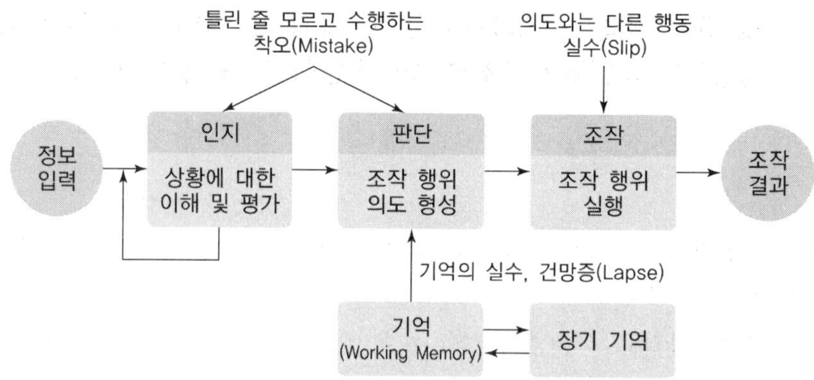

[정보처리 모형과 오류형태]

18 QUESTION NIOSH 직무스트레스 모형을 도식화하여 설명하시오.

해답

NIOSH의 직무스트레스 모형에서 보면 직무스트레스 요인은 크게 작업요인, 조직요인, 환경요인으로 구분된다. 작업요인에는 작업부하, 작업속도, 교대근무 등이, 조직요인에는 역할갈등, 관리유형, 의사결정 참여, 고용불확실 등이 포함되며, 환경요인에는 조명, 소음 및 진동, 고열, 한랭 등이 포함된다.

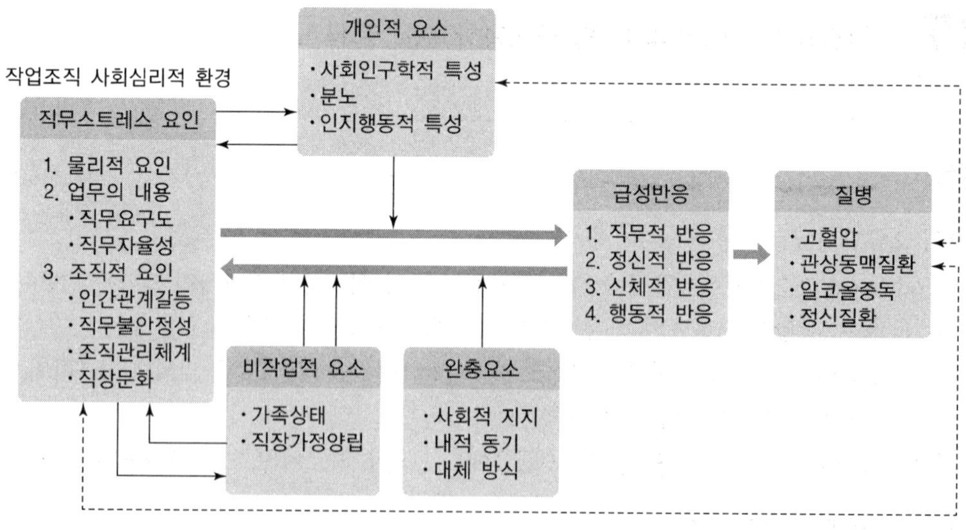

[NIOSH 직무스트레스 설명 모형 도식]

근골격계질환 주요 평가도구 5가지를 기술하고 설명하시오.

해답

평가도구명 (Analysis Tools)	평가되는 위해요인	관련된 신체부위	적용대상 작업 종류	한계점
REBA (Rapid Entire Body Assessment)	• 반복성 • 힘 • 불편한 자세	손목, 팔, 어깨, 목, 상체, 허리, 다리	간호사, 청소부, 주부 등의 작업이 비고정적인 형태의 서비스업 계통	반복성 미고려
OWAS (Ovaco Working Posture Analysing System)	• 자세 • 힘 • 노출시간	상체, 허리, 하체	중량물 취급	중량물작업 한정 반복성 미고려
JSI(작업긴장도지수) (Job Strain index)	• 반복성 • 힘 • 불편한 자세	손, 손목	경조립작업, 검사, 육류가공, 포장, 자료입력, 세탁	손, 손목 부위 작업 한정, 평가의 객관성
RULA (Rapid Upper Limb Assessment)	• 반복성 • 힘 • 불편한 자세	손목, 팔, 팔꿈치, 어깨, 목, 상체	조립작업, 목공작업, 정비작업, 육류가공, 교환대, 치과	반복성과 정적 자세의 고려가 다소 미흡, 전문성 요구
Revised NIOSH Lifting Equation(NIOSH 들기작업지침)	• 반복성 • 힘 • 불편한 자세	허리	물자취급(운반, 정리), 음료수운반, 4kg 이상의 중량물취급, 과도한 힘을 요하는 작업, 고정된 들기작업	전문성 요구

QUESTION

산업재해의 4대 위험요인을 4M으로 설명하시오.

해답

작업공정 내 잠재하고 있는 4대 위험요인에는 Man(인간), Machine(기계), Media(작업매체), Management(관리)가 있다.

(1) Man(인간) : 작업자의 불안전 행동을 유발시키는 인적 위험 평가
(2) Machine(기계) : 생산설비의 불안전 상태를 유발시키는 설계 · 제작 · 안전장치 등을 포함한 기계 자체 및 기계 주변의 위험 평가
(3) Media(작업매체) : 소음, 분진, 유해물질 등 작업환경 평가
(4) Management(관리) : 안전의식 해이로 사고를 유발시키는 관리적인 사항 평가

| 4M의 항목별 위험요인(예시) |

항목	위험요인
Man (인간)	• 미숙련자 등 작업자 특성에 의한 불안전 행동 • 작업에 대한 안전보건 정보의 부적절 • 작업자세, 작업동작의 결함 • 작업방법의 부적절 등 • 휴먼에러(Human Error) • 개인 보호구 미착용
Machine (기계)	• 기계 · 설비 구조상의 결함 • 위험 방호장치의 불량 • 위험기계의 본질안전 설계의 부족 • 비상시 또는 비정상 작업 시 안전연동장치 및 경고장치의 결함 • 사용 유틸리티(전기, 압축공기 및 물)의 결함 • 설비를 이용한 운반수단의 결함 등
Media (작업매체)	• 작업공간(작업장 상태 및 구조)의 불량, 작업방법의 부적절 • 가스, 증기, 분진, 흄 및 미스트 발생 • 산소결핍, 병원체, 방사선, 유해광선, 고온, 저온, 초음파, 소음, 진동, 이상기압 등 • 취급 화학물질에 대한 중독 등
Management (관리)	• 관리조직의 결함 • 규정, 매뉴얼의 미작성 • 안전관리계획의 미흡 • 교육 · 훈련의 부족 • 부하에 대한 감독 · 지도의 결여 • 안전수칙 및 각종 표지판 미게시 • 건강검진 및 사후관리 미흡 • 고혈압 예방 등 건강관리 프로그램 운영

21 QUESTION 양립성의 종류 3가지를 예를 들어서 설명하시오.

해답

양립성이란 안전을 근원적으로 확보하기 위한 전략으로서 외부의 자극과 인간의 기대가 서로 모순되지 않아야 하는 것. 제어장치와 표시장치 사이의 연관성이 인간의 예상과 어느 정도 일치하는가 말하는 것이다.

1) 공간적 양립성

어떤 사물들, 특히 표시장치나 조정장치의 물리적 형태나 공간적인 배치의 양립성을 말한다.

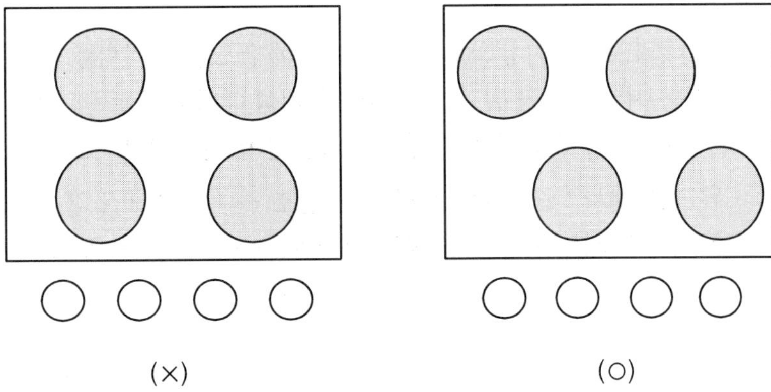

2) 운동적 양립성

표시장치, 조정장치, 체계반응 등 운동방향의 양립성을 말하는데, 예를 들어 그림에서는 오른 나사의 전진방향에 대한 기대가 해당된다.

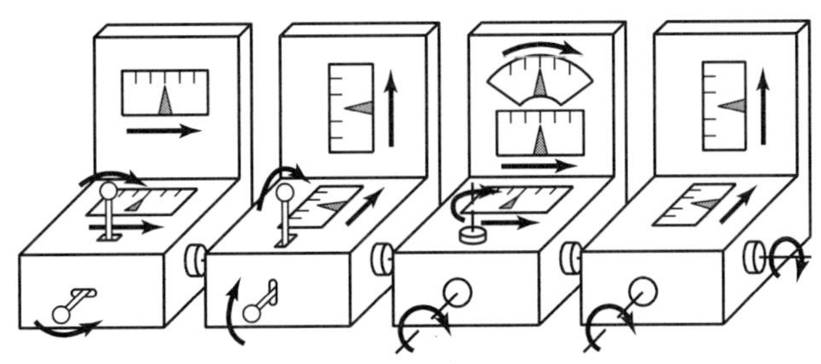

[운동적 양립성에 따른 설계 예]

3) 개념적 양립성

외부로부터의 자극에 대해 인간이 가지고 있는 개념적 연상의 일관성을 말하는데, 예를 들어 파란색 수도꼭지와 빨간색 수도꼭지가 있는 경우 빨간색 수도꼭지를 보고 따뜻한 물이라고 연상하는 것을 말한다.

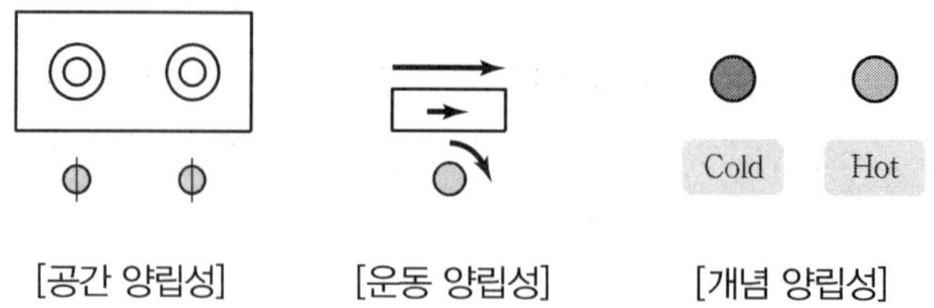

[공간 양립성] [운동 양립성] [개념 양립성]

근육 내의 포도당이 분해되어 근육 수준에 필요한 에너지를 만드는 과정은 산소의 이용 여부에 따라 유기성 대사와 무기성 대사로 구분된다. 아래에 있는 대사과정에서 ( ) 속에 적절한 용어 또는 화학식을 적으시오.

- 유기성 대사 : 근육 내 포도당 + 산소 → (①) + (②) + 열 + 에너지
- 무기성 대사 : 근육 내 포도당 + 수소 → (③) + 열 + 에너지

해답

① 물(H_2O)
② 이산화탄소(CO_2)
③ 젖산($C_3H_6O_3$)

조정장치(Control)의 디자인 요소 중에서 조종 – 반응비율(Control – Response Ratio ; C/R 비율)은 조정장치 조작의 민감도와 관계가 있다. 다음 각각의 경우에 대하여 C/R 비율을 구하시오.

1. 조종장치를 4cm 움직였을 때 반응(또는 표시) 장치가 20cm 움직일 경우

2. 놉(Knob) 조정 장치를 5회전시켰을 때 반응(또는 표시) 장치가 15cm 움직일 경우

3. 길이가 10cm인 레버(Lever)를 36° 움직였을 때 반응(또는 표시) 장치가 10cm 움직일 경우

해답

1. 조종장치의 C/R비 $= \dfrac{\text{조종장치가 움직인 거리}}{\text{표시장치의 반응 거리}} = \dfrac{4}{20} = \dfrac{1}{5}$

2. 놉(Knob) C/R비 $= \dfrac{1}{\text{1회전 시 움직인 거리}} = \dfrac{1}{3}$

3. 레버의 C/R비 $= \dfrac{(a/360) \times 2\pi L}{\text{표시장치 이동거리}}$

$$= \frac{(36/360) \times 2\pi \times 10}{10} = \frac{\pi}{5}$$

QUESTION

진동이 인체에 미치는 영향과 이를 예방하기 위한 방안에 대하여 기술하시오.

해답

진동이 인체에 미치는 영향에는 안구 공진에 의한 시력 저하, 내장의 공진에 의한 위장의 영향, 순환기 장해 말초신경 수축, 혈압상승, 맥박증가, 발한 및 피부저항의 저하, 산소소비량 증가, 폐환기 촉진 등이 있다.

▣ 진동 예방 대책

1. 인체보호를 위한 4단계
   ① 진동 노출의 측정 및 예측
   ② 폭로한계와 진동대책의 적절한 범위의 적용과 채택
   ③ 진동대책의 감소량과 대책의 형태 결정
   ④ 근로자 보호를 위한 경제적인 개선책과 가장 효율적인 방법을 선택하고 적용

2. 근로자와 발진원 사이의 진동대책
   ① 구조물의 진동을 최소화
   ② 발진원의 격리
   ③ 전파 경로에 대한 수용자의 위치
   ④ 수용자의 격리
   ⑤ 측면 전파 방지

3. 인체에 도달되는 진동장해의 최소화 대책
   ① 진동의 폭로기간을 최소화
   ② 작업 중 적절한 휴식
   ③ 피할 수 없는 진동인 경우 최선의 작업을 위한 작업장 관리, 작업역할 면에서 인간 공학적 설계
   ④ 심한 운전 혹은 진동에 폭로 시 필요한 근로자의 훈련과 경험을 가짐
   ⑤ 근로자의 신체적 적합성, 금연
   ⑥ 진동의 감수성을 촉진시키려는 물리적 · 화학적 유해물질의 제거 또는 회피
   ⑦ 심한 진동이나 운전에 있어서 직업적으로 폭로된 근로자들을 의학적 면에서 부적격자로 제외
   ⑧ 초과된 진동을 최소화시키기 위한 공학적 설계와 관리를 수행

SDT(Signal Detection Theory, 신호검출이론)의 개념을 기술하고 S/D 자극 강도의 확률 밀도 관계를 그래프로 그려 정의하시오. 또 시스템 이상에 관한 신호처리확률, 각 상황에서의 비용을 고려하여 SDT사상 확률, 작업자 1회 신호에 대한 기대비용(EC) 함수식을 나타내시오.

해답

▣ 신호검출이론 : 소리의 강도는 연속선 상에 있고, 신호가 나타났는지의 여부를 결정하는 반응 기준은 연속선 상의 어떤 한 점에서 정해지며, 이 기준에 따라 네 가지 반응대안의 확률이 결정된다. 즉, 판정자는 반응 기준보다 자극의 강도가 클 경우 신호가 나타난 것으로 판정하고, 반응 기준보다 자극의 강도가 작을 경우 신호가 없는 것으로 판정한다.

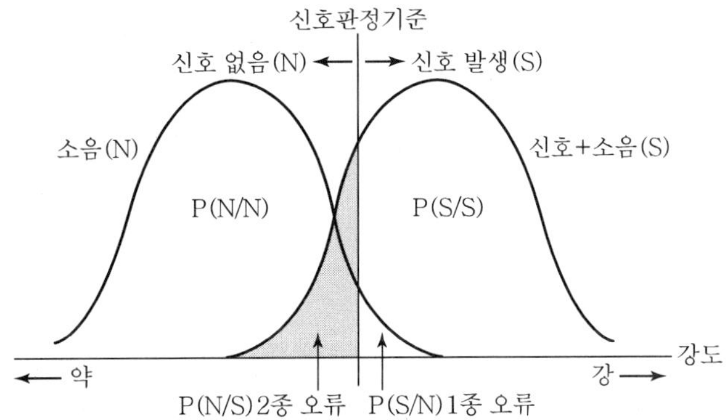

판정 \ 자극	소음(N)	소음+신호(S)
신호 없음(N)	적중 P(N/N)	신호검출 못함 2종 오류 P(N/S)
신호 발생(S)	허위 경보 1종 오류 P(S/N)	적중 P(S/S)

▣ 작업자 1회 신호에 대한 기대비용(EC)

$$EC = V_{CN} \times P(N) \times P(N|N) + V_{HIT} \times P(S) \times P(S|S) - C_{FA} \times P(N) \times P(S|N) - C_{MISS} \times P(S) \times P(N|S)$$

P(N) : 잡음이 나타날 확률

P(S) : 신호가 나타날 확률

V_{CN} : 잡음을 제대로 판정했을 경우 발생하는 이익

V_{HIT} : 신호를 제대로 판정했을 경우 발생하는 이익

C_{FA} : 허위경보로 인한 손실

C_{MISS} : 신호를 검출하지 못함으로써 발생하는 손실

26 QUESTION

다음 물음에 답하시오.

1. 아래 그림과 같이 한 손에 70N의 무게(Weight)를 떨어뜨리지 않도록 유지하려면 노뼈(척골 또는 Radius) 위에 붙어 있는 위팔두갈래근(Biceps Brachii)에 의해 생성되는 힘 F_m은 얼마이어야 하는가?(단, 위팔두갈래근은 팔굽관절(Elbow Joint)의 회전 중심으로부터 3cm 떨어진 곳에 붙어 있으며 90°를 이루고, 손위 물체의 무게중심과 팔굽관절의 회전중심의 거리는 30cm이다. 이때, 전완(Forearm)과 손의 무게 및 위팔두갈래근 외 근육의 활동은 모두 무시하시오.)

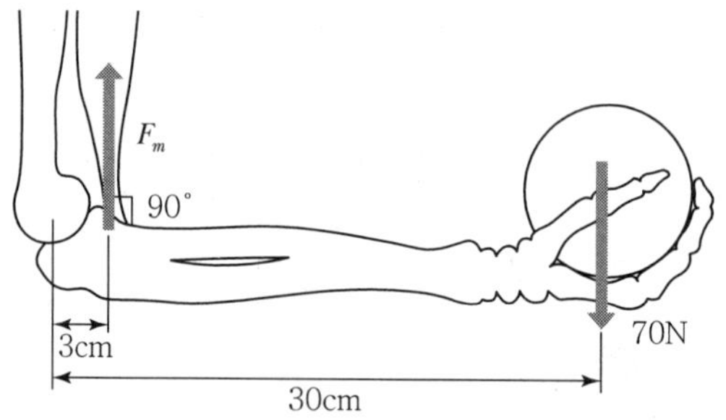

2. 한 사람이 두 개의 저울 위에 왼발과 오른발을 각각 올려놓고 서 있다. 양발 사이는 30cm 떨어져 있고, 왼발의 저울 눈금은 50kg, 오른발의 저울 눈금은 30kg이라면 ① 몸무게와 ② 무게중심의 위치를 왼발에서부터 거리로 나타내시오.

해답

1. M(모멘트)$=r$(거리)$\times F$(힘)이고 $\Sigma M=0$이므로

$70\text{N}\times 30\text{cm}-F_m\times 3\text{cm}=0$

$\therefore\ F_m=700\text{N}$

2. ① 몸무게$=50+30=80\text{kg}$

② 왼발에서의 모멘트 균형 $80\text{kg}\times x\,\text{cm}-30\text{kg}\times 30\text{cm}=0$

무게중심 : $30\text{cm}\times\dfrac{30\text{kg}}{(50+60)\text{kg}}=11.25\text{cm}$, 왼발에서부터 11.25cm 떨어져 있음

어느 부품을 조립하는 컨베이어 라인의 5개 요소작업에 대한 작업시간이 다음과 같다.

요소작업	1	2	3	4	5
작업시간(초)	20	12	14	13	12

1. 이 라인의 주기시간은 얼마인가?
2. 시간당 생산량은?
3. 공정 효율은?
4. 만일 요소작업 1을 2사람의 작업자로 배치한다면 컨베이어 라인의 주기시간은 어떻게 변하는가?

해답

1. 요소작업 1이 애로공정이며, 주기시간은 20초이다.
2. 시간당 생산량＝3,600/20＝180(개)/시간
3. 공정효율$=\dfrac{\text{총 작업시간}}{\text{총 작업자 수}\times\text{주기시간}}=\dfrac{71\text{초}}{5\text{명}\times 20\text{초}}=0.71$

   ∴ 71%
4. 요소작업 3이 애로공정이 되며 주기시간은 14초가 된다.

인적 오류(Human Error)의 가능성이나 부정적인 결과를 줄이기 위해 다음 3가지 설계방법이 사용된다. 각각에 대하여 간단히 설명하시오.

1. 배타설계(排他設計, Exclusion Design)
2. 보호설계(保護設計, Preventive Design)
3. 안전설계(安全設計, Fail－safe Design)

해답

1. 배타설계(Exclusion Design)

설계 단계에서 사용하는 재료나 기계 작동 메커니즘 등 모든 면에서 휴먼에러 요소를 근원적으로 제거하도록 하는 디자인 원칙이다. 예를 들어, 유아용 완구의 표면을 칠하는 도료는 위험한 화학물질일 수 있다. 이런 경우 도료를 먹어도 무해한 재료로 바꾸어 설계하였다면 이는 에러제거 디자인의 원칙을 지킨 것이다.

2. 보호설계(Preventive Design)

근원적으로 에러를 100% 막는다는 것은 실제로 매우 힘들 수 있고, 경제성 때문에 그렇게 할 수 없는 경우가 많다. 이런 경우에는 가능한 에러 발생 확률을 최대한 낮추어 주는 설계를 한다. 즉, 신체적 조건이나 정신적 능력이 낮은 사용자라 하더라도 사고를 낼 확률을 낮게 설계해 주는 것을 에러 예방 디자인, 혹은 풀－프루프(Fool Proof)디자인이라고 한다. 예를 들어, 세제나 약병의 뚜껑을 열기 위해서는 힘을 아래 방향으로 가해 돌려야 하는데, 이것은 위험성을 모르는 아이들이 뚜껑을 열어 내용물을 마실 확률을 낮추는 디자인이다.

[Fool Proof]
사용자가 조작 실수를 하더라도 사용자에게 피해를 주지 않도록 설계하는 개념
예 자동차 시동장치(D에선 시동이 걸리지 않음)

3. 안전설계(Fail－safe Design)

사용자가 휴먼에러 등을 범하더라도 그것이 부상 등 재해로 이어지지 않도록 안전장치의 장착을 통해 사고를 예방할 수 있다. 이렇듯 안전장치 등의 부착을 통한 디자인 원칙을 페일－세이프(Fail Safe)디자인이라고 한다. Fail Safe 설계를 위해서는 보통 시스템 설계 시 부품의 병렬체계설계나 대기체계설계와 같은 중복설계를 해준다.
병렬체계설계의 특징은 다음과 같다.
① 요소의 중복도가 증가할수록 계의 수명은 길어진다.
② 요소의 수가 많을수록 고장의 기회는 줄어든다.
③ 요소의 어느 하나가 정상적이면 계는 정상이다.
④ 시스템의 수명은 요소 중 수명이 가장 긴 것으로 정할 수 있다.

작업 효율을 향상시키기 위한 인간공학적 동작경제원칙에 대해 신체 사용, 작업영역 배치, 공구류 및 설비의 설계에 관한 원칙(또는 Guideline)을 각각 4개 이상 포함하여 기술하시오.

해답

▣ 동작경제의 원칙

1. 신체 사용에 관한 원칙
   ① 두 손의 동작은 같이 시작하고 같이 끝나도록 한다.
   ② 휴식시간을 제외하고는 양손이 동시에 쉬지 않도록 한다.
   ③ 두 팔의 동작은 동시에 서로 반대방향으로 대칭을 이뤄 움직이도록 한다.
   ④ 손과 신체의 동작은 작업을 원만하게 처리할 수 있는 범위 내에서 가장 낮은 동작등급을 사용하도록 한다.
   ⑤ 가능한 한 관성(Momentum)을 이용하여 작업을 하도록 하되 작업자가 관성을 억제하여야 하는 경우에는 발생되는 관성을 최소한으로 줄인다.

2. 작업장 배치에 관한 원칙
   ① 모든 공구나 재료는 정해진 위치에 있도록 한다.
   ② 공구, 재료 및 제어장치는 사용위치에 가까이 두도록 한다.(정상작업영역, 최대작업영역)
   ③ 중력이송원리를 이용한 부품상자(Gravity Feed Bath)나 용기를 이용하여 부품을 부품사용장소에 가까이 보낼 수 있도록 한다.
   ④ 가능하다면 낙하식 운반(Drop Delivery)방법을 사용한다.
   ⑤ 공구나 재료는 작업동작이 원활하게 수행되도록 그 위치를 정해준다.

3. 공구 및 설비 설계(디자인)에 관한 원칙
   ① 치구나 족답장치(Foot－operated Device)를 효과적으로 사용할 수 있는 작업에서는 이러한 장치를 사용하도록 하여 양손이 다른 일을 할 수 있도록 한다.
   ② 가능하면 공구 기능을 결합하여 사용하도록 한다.
   ③ 공구와 자세는 가능한 한 사용하기 쉽도록 미리 위치를 잡아준다(Pre－position)
   ④ (타자 칠 때와 같이) 각 손가락이 서로 다른 작업을 할 때에는 작업량을 각 손가락의 능력에 맞게 분배해야 한다.
   ⑤ 레버(Lever), 핸들 그리고 제어장치는 작업자가 몸의 자세를 크게 바꾸지 않더라도 조작하기 쉽도록 배열한다.

자극-반응 실험에 대한 결과가 다음과 같을 때 자극정보량(H(X)), 반응정보량(H(Y)), 전달된 정보량(T(X, Y)), 정보손실량을 구하시오.

자극 단계		반응			
		1	2	3	4
자극	1		25		
	2	25			
	3			25	
	4				25

해답

$H(X) = 4 \times 0.25 \times \log_2 \frac{1}{0.25} = 2\text{bits}$

$H(X, Y) = 4 \times 0.25 \times \log_2 \frac{1}{0.25} = 2\text{bits}$

$T(X, Y) = H(X) + H(Y) - H(X, Y) = 2 + 2 - 2 = 2\text{bits}$

다음 물음에 답하시오.

1. 일반적인 연구에서 평가척도의 요구조건(기준의 요건)을 5가지로 나열하시오.

2. ○○회사의 안전보건관리자는 작업에 따라 산소소비량을 이용하여 육체적인 작업 부하 정도를 조사하려 한다. 육체적 부하 정도는 성별, 나이, 작업내용에 의하여 영향을 받는다고 알려져 있으나, 작업자들의 대부분이 남자이기 때문에 연구조사는 남자만 고려하고자 한다. 이 연구에서 종속변수, 독립변수, 제어변수는?

해답

1. 체계기준의 구비조건(평가척도의 요건)
   (1) 실제적 요건 : 객관적이고, 정량적이며, 강요성을 띠지 않고, 수집이 쉬우며, 특수한 자료 수집기법이나 기기가 필요 없고, 돈이나 실험자의 수고가 적게 드는 것이어야 한다.

(2) 신뢰성(반복성) : 시간이나 대표적 표본의 선정에 관계없이, 변수 측정의 일관성이나 안정성을 말한다.

(3) 타당성(적절성) : 어느 것이나 공통적으로 변수가 실제로 의도하는 바를 어느 정도 측정하는가를 결정하는 것이다.(시스템의 목표를 잘 반영하는가를 나타내는 척도)

(4) 순수성(무오염성) : 측정하는 구조 외적인 변수의 영향은 받지 않는 것을 말한다.

(5) 민감도 : 피검자 사이에서 볼 수 있는 예상 차이점에 비례하는 단위로 측정해야 함을 말한다.

2. (1) 종속변수 : 산소소비량

(2) 독립변수 : 나이, 작업내용

(3) 제어변수 : 성별

다음의 표는 어느 작업에 대한 하루 8시간 동안 각 100회씩 작업샘플링(Work Sampling)한 결과이다.

연구일	1	2	3	4	5	6	7	8
관측횟수	100	100	100	100	100	100	100	100
작업횟수	90	88	92	94	86	89	91	90

1. 이 작업에 대한 유휴비율은?

2. 작업자가 하루 8시간 작업에 평균 200개를 생산한다면 표준시간은 얼마인가?(단, 레이팅 계수는 110%, 여유율은 정미시간에 대한 비율로 5%이다.)

해답

1. 유휴비율 $= \dfrac{\text{총 유휴횟수}}{\text{총 관측횟수}} = \dfrac{10+12+8+6+14+11+9+10}{100\times 8} = 10.0\%$

2. (1) 실제 작업시간 $=$ 총 작업시간 $\times$ 가동률 $= 480$분 $\times 0.9 = 432$분

(2) 개당 생산시간 $= \dfrac{\text{실제 총 작업시간}}{\text{총 생산량}} = \dfrac{432\text{분}}{200\text{개}} = 2.16$분/개

(3) 정미시간 $=$ 개당 생산시간 $\times$ 레이팅 계수 $= 2.16\times 1.1 = 2.376$분/개

(4) 표준시간 $=$ 정미시간 $\times(1+$여유율$) = 2.376\times(1+0.05) = 2.494$분/개

작업공정을 효율적으로 분석하기 위해 다음의 도표 또는 차트가 이용된다. 각각에 대해 5가지를 선택하여 설명하시오.

1. 작업공정도(Operation Process Chart)

2. 유통공정도(Flow Process Chart)

3. 유통선도(Flow Diagram)

4. 다중활동분석표(Multiple Activity Chart)

5. 크로노사이클그래프(Chronocyclegraph)

6. 사이클차트(SIMO Chart)

해답

1. 작업공정도(Operation Process Chart)

원자재로부터 완제품(반제품)이 나올 때까지 공정에서 이루어지는 작업과 검사의 모든 과정을 순서대로 표현한 도표로 사용되는 재료와 시간 정보를 함께 나타낸다. 작업공정도는 제조 과정의 순서를 정확하게 파악할 수 있으며, 자재들의 구입 및 조립 여부와 부품들 사이의 조립 관계 등을 파악하는 데에 이용된다. 또한 개선의 ECRS 원칙을 이용하면 개선안을 도출할 수 있다.

2. 유통공정도(Flow Process Chart)

공정 중에 발생하는 모든 작업, 검사, 운반, 저장, 정체 등을 자재나 작업자의 관점에서 흘러가는 순서에 따라 표현한 도표로 소요시간, 운반 거리 등의 정보를 기입한다.
유통공정도는 ① 제품이나 자재, ② 작업이나 작업자 관점의 두 가지 유형으로 분류된다.

3. 유통선도(Flow Diagram)

제조 과정에서 발생하는 작업 운반, 정체, 검사, 보관 등의 사항이 생산 현장의 어느 위치에서 발생하는가를 알 수 있도록 부품의 이동경로를 배치도 상에 선으로 표시한 후, 공정도에서 사용되는 기호와 번호를 발생 위치에 따라 유통선 상에 표시한 도표이다.

4. 다중활동분석표(Multiple Activity Chart)

다중활동도표(Multi Activity Chart)는 한 개의 작업 부서에서 발생하는 한 사이클 동안의 작업 현황을 작업자와 기계 사이의 상호관계를 중심으로 표현한 도표이다. 특별히 작업자와 기계 사이의 상호관계를 대상으로 작성한 다중활동도표를 Man-machine Chart라 한다. Man-machine Chart는 작업자와 기계로 이루어진 작업의 현황을 체계적으로 파악하여 기계와 작업자의 유휴시간을 단축하고 작업 효율을 높이는 데에 이용된다.

5. 크로노사이클그래프(Chronocyclegraph)

연구대상인 신체 부위에 꼬마전구 등의 광원을 부착한 후 광원을 일정시간 간격으로 켰다 껐다 하면서 찍은 사진으로 동작의 동작경로와 가속, 감속까지 관찰할 수 있다.

6. 사이클차트(SIMO Chart)

작업동작을 서블릭 단위로 나누어 분석하고 각 서블릭에 소요된 시간을 함께 표시한 미세동작 연구에 사용되는 공정도

34 QUESTION 신체 부하의 측정방법과 관련된 내용을 다음 보기에서 고르시오.

[보기] ECG, EMG, 산소소비량, Flicker Fusion Frequency, EOG, EEG

1. 심장활동의 정도 (　　　)
2. 에너지 대사량 (　　　)
3. 근육활동정도 (　　　)
4. 정신부하 (　　　)

해답

1. 심장활동의 정도 (ECG)
2. 에너지 대사량 (산소소비량)
3. 근육활동정도 (EMG)
4. 정신부하 (Flicker Fusion Frequency, EEG)

원자력발전소의 주 제어실에는 SRO(발전부장), RO(원자로과장), TO(터빈과장), EO(전기과장) 및 STA(안전과장)가 1조가 되어 3교대 방식으로 근무하고 있다. 각 운전원의 인화관계는 발전소 안전에 중대한 영향을 미칠 수 있다. 한 표본 운전조를 대상으로 인화 정도를 조사하여 아래와 같은 소시오그램을 작성하였다.

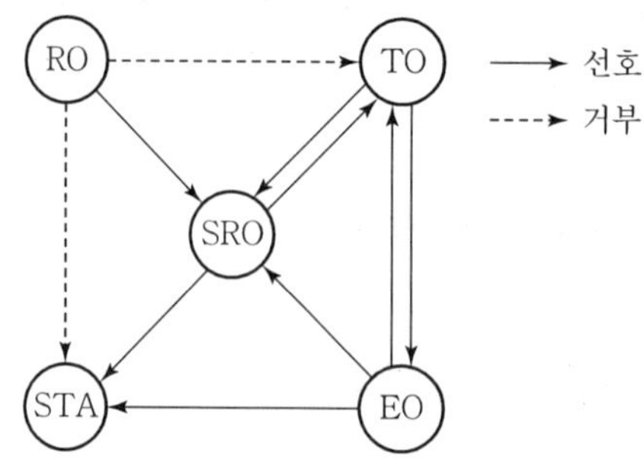

1. 이 그림을 바탕으로 각 운전원의 선호신분지수를 구하고, 이 표본 운전조의 실질적 리더를 찾으시오.
2. 이 집단의 응집성 지수를 구하시오.
3. 이 운전조의 인화관계를 평가하고, 문제점을 지적하시오.

해답

1. 선호신분지수, 실질적 리더

선호신분지수 $= \dfrac{\text{선호총계}}{\text{구성원}-1}$

	SRO	RO	TO	EO	STA
SRO	×		①		1
RO	1	×	−1		−1
TO	①		×	①	
EO	1		①	×	1
STA					×
선호 총계	3	0	1	1	1
선호신분지수	0.75	0	0.25	0.25	0.25

※ SRO의 선호신분지수가 가장 높으므로 실질적 리더임

2. 응집성 지수 $= \dfrac{\text{실제 상호관계의 수}}{\text{가능선호관계의 총수}(={}_nC_2)} = \dfrac{2}{{}_5C_2} = \dfrac{2}{10} = 0.2$

3. 응집성 지수가 0.2로 나타나 이 운전조의 인화관계는 다소 낮다고 할 수 있다. RO 같은 경우 선호신분지수가 0으로 나타나 심각한 수준이다.

빛에 대한 눈의 감도변화를 순응(順應, Adaptation)이라 한다. 일반적으로 시각 계통의 순응을 두 가지로 구분하는데, 각 순응에 대해 설명하시오.(단, 각 순응의 진행시간을 포함할 것)

해답

순응(조응)

갑자기 어두운 곳에 들어가면 보이지 않거나 밝은 곳에 갑자기 노출되면 눈이 부셔 보기 힘들다. 그러나 시간이 지나면 점차 사물의 형상을 알 수 있는데, 이러한 광도수준에 대한 적응을 순응(Adaption) 또는 조응이라고 한다.

(1) 암순응(암조응) : 우선 약 5분 정도 원추세포의 순응단계를 거쳐 약 30～35분 정도 걸리는 간상세포의 순응단계(완전 암순응)로 이어진다.
(2) 명순응(명조응) : 어두운 곳에 있는 동안 빛에 민감하게 된 시각 계통을 강한 광선이 압도하기 때문에 일시적으로 안 보이게 되나 명순응에는 길게 잡아 1～2분이면 충분하다.

산업현장에서의 소음과 관련된 명료도 지수(Articulation Index)에 대해 간단히 정의하시오.

해답

명료도 지수(AI ; Articulation Index)는 소음환경을 알고 있을 때의 이해도를 추정하기 위해 개발되었으며 각 옥타브대의 음성과 잡음의 dB값에 가중치를 곱하여 합계를 구한다. 송화음의 통화 이해도를 추정할 수 있는 근거로 명료도 지수를 사용한다.

38 QUESTION 단순반응시간과 선택반응시간의 차이점을 설명하시오.

해답

1. 단순반응시간(Simple Reaction Time)
   (1) 하나의 특정자극에 대해 반응을 시작하는 시간으로 항상 같은 반응을 요구한다.
   (2) 통제된 실험실에서의 실험을 수행하는 것과 같은 상황을 제외하고 단순반응시간과 관련된 상황은 거의 없다. 실제 상황에서는 대개 자극이 여러 가지이고, 이에 따라 다른 반응이 요구되며, 예상도 쉽지 않다.
   (3) 단순반응시간에 영향을 미치는 변수에는 자극 양식(Stimulus Detectability, 강도 · 지속시간 · 크기 등), 공간 주파수(Spatial Frequency), 신호의 대비 또는 예상(Preparedness 또는 Expectancy of a Signal), 연령(Age), 자극 위치(Stimulus Location), 개인차 등이 있다.

2. 선택반응시간(Choice Reaction Time)
   (1) 여러 개의 자극을 제시하고, 각각에 대해 서로 다른 반응을 요구하는 경우의 반응시간이다.
   (2) 일반적으로 정확한 반응을 결정해야 하는 중앙처리시간 때문에 자극과 반응의 수가 증가할수록 반응시간이 길어진다. 힉－하이만(Hick－Hyman)의 법칙에 의하면 인간의 반응시간(RT ; Reaction Time)은 자극 정보의 양에 비례한다고 한다. 즉, 가능한 자극－반응 대안들의 수(N)가 증가함에 따라 반응시간(RT)이 대수적으로 증가한다. 이것은 RT＝$a + b\log_2 N$의 공식으로 표시될 수 있다.

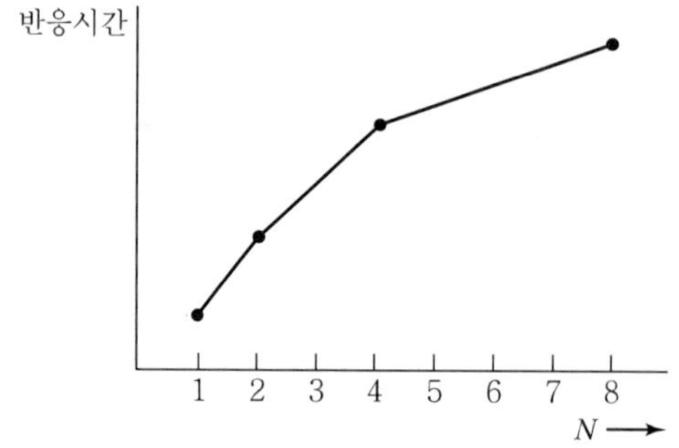

[반응시간(RT)에 대한 힉－하이만(Hick－Hyman)의 법칙]

작업장에서의 최적 구성요소 배치(Component Arrangement) 원칙을 4가지 이상 열거하시오.

해답

1. 중요성의 원칙
   부품의 작동성능이 목표달성의 중요 정도에 따라 우선순위를 결정한다.
2. 사용빈도의 원칙
   부품이 사용되는 빈도에 따른 우선순위를 결정한다.
3. 기능별 배치의 원칙
   기능적으로 관련된 부품을 모아서 배치한다.
4. 사용순서의 원칙
   사용순서에 맞게 순차적으로 부품들을 배치한다.
5. 일관성의 원리
   동일한 구성요소들은 기억이나 찾는 것을 줄이기 위하여 같은 지점에 위치해야 한다.
6. 조종장치와 표시장치의 양립성의 원리
   조종장치와 관련된 표시장치들이 가까이 위치해야 하고 여러 개의 조종장치와 표시장치들이 사용되는 경우에는 조종장치와 표시장치의 관계를 쉽게 알아볼 수 있도록 배열 형태를 반영해야 한다.

작업현장에서의 누적 외상성 장애(CTDs)를 정의하고 발생요인과 예방대책에 대하여 기술하시오.

해답

1. 누적 외상성 장애(CTDs) : 작업과 관련하여 특정 신체 부위 및 근육의 과도한 사용으로 인해 근육, 연골, 건, 인대, 관절, 혈관, 신경 등에 미세한 손상이 발생하여 목, 허리, 무릎, 어깨, 팔, 손목 및 손가락 등에 나타나는 만성적인 건강장해를 말한다. 노화에 따른 자연발생적 질환이라기보다 직업 특성(특히 작업 특성)과 밀접한 관계를 가지고 있다.

2. 발생요인 : 반복적인 작업, 부자연스런 또는 취하기 어려운 자세가 요구되는 작업, 과도한 힘이 요구되는 작업, 신체부위에 작업대 또는 작업물 등으로 인하여 접촉 스트레스가 발생하는 작업, 진동공구를 사용하는 작업, 고온 또는 저온에서 하는 작업 등으로 인하여 발생한다.

3. 예방대책
   (1) 같은 근육을 반복하여 사용하지 않도록 작업을 변경(작업순환)하여 작업자끼리 작업을 공유하거나 공정을 자동화시켜 주어야 한다.
   (2) 근육의 피로를 더 빨리 회복시키기 위해 충분한 휴식 시간이 주어져야 한다. 회복 기간은 짧게 자주 쉬는 것이 길게 쉬는 것보다 낫다.
   (3) 빠르고, 힘들고, 극단적인 운동을 제한하고 자연스럽고 이완된 자세에서 작업하도록 하는 것이 최선의 설계이다. 작업 시 발생하는 신체부위의 압박을 피하도록 하고, 극심한 고온이나 저온, 적정 조명이 되지 않은 작업 환경을 피해야 한다.
   (4) 사용되는 공구는 진동이 없어야 하고, 작동하는 데 큰 힘을 요하지 않아야 한다.
   (5) 손목은 자연스러운 상태를 유지하고 물건을 잡을 때는 손가락 전체를 이용한다.

다음은 중량물 취급작업의 NLE(NIOSH Lifting Equation)를 이용한 작업분석표이다.

단계 1. 작업 변수 측정 및 기록

중량물 무게(kg)		손의 위치(cm)				수직거리(cm)	비대칭 각도(도)		빈도	지속 시간	커플링
		시점		종점			시점	종점	횟수/분	(시간)	
L(평균)	L(최대)	H	V	H	V	D	A	A	F		C
12	12	30	60	54	130	90	0	0	4	0.75	Fair

단계 2. 계수 및 RWL 계산

	RWL	=	23	HM	VM	DM	AM	FM	CM		
시점	RWL	=	23	0.83	0.96	0.88	1.00	0.84	0.95	=	kg
종점	RWL	=	23	0.46	0.84	0.88	1.00	0.84	1.00	=	kg

1. 시점과 종점의 권장중량물한계(RWL)를 각각 순서대로 구하시오.

2. 시점과 종점의 들기작업 지수(LI)를 각각 순서대로 구하시오.

3. 시점과 종점 중 어디를 먼저 개선해야 되는가?

4. 3의 답에서 가장 먼저 개선해야 할 요소는 HM, VM, DM, AM, FM, CM 중 어느 것인가?

해답

1. 시점 : RWL = LC × HM × VM × DM × AM × FM × CM
= 23kg × 0.83 × 0.96 × 0.88 × 1.0 × 0.84 × 0.95
= 12.87kg

종점 : RWL = LC × HM × VM × DM × AM × FM × CM
= 23kg × 0.46 × 0.84 × 0.88 × 1.0 × 0.84 × 1.0
= 6.57kg

2. 시점 $\text{LI} = \dfrac{\text{작업물의 무게}}{\text{RWL}} = \dfrac{12\text{kg}}{12.87\text{kg}} = 0.93$

종점 $\text{LI} = \dfrac{\text{작업물의 무게}}{\text{RWL}} = \dfrac{12\text{kg}}{6.57\text{kg}} = 1.83$

3. 시점보다 종점의 LI 값이 크기 때문에 종점을 먼저 개선해야 한다.

4. 계수값이 가장 작은 HM(수평계수)을 먼저 개선한다.

다음은 4시간 동안의 작업내용을 Work Sampling한 내용이다. 다음의 물음에 답하여라.

구분	작업횟수	팔을 어깨 위로 들고 작업한 횟수	쪼그려 앉아서 작업한 횟수
작업 1	10	–	–
작업 2	20	3	5
작업 3	50	15	10
작업 4	10	10	5
유휴기간	10	–	–
총계	100회	28회	20회

1. 각 작업에 대한 8시간 동안의 추정 작업시간을 구하시오.

2. 8시간 동안 팔을 어깨 위로 들고 한 작업과 쪼그려 앉아 한 작업의 추정시간을 구하고, 각 작업의 근골격계 부담작업 해당 여부를 설명하시오.

해답

1. 작업횟수 1회당 관측시간=240분(4시간)/100회=2.4분
   여기서 8시간(2배) 기준 관측횟수를 2배로 하고 대입하면

구분	작업횟수	팔을 어깨 위로 들고 작업한 횟수	쪼그려 앉아서 작업한 횟수	작업별 8시간 기준 작업시간(분)
작업 1	20×2.4			48
작업 2	40×2.4	6×2.4	5×2.4	134.4
작업 3	100×2.4	30×2.4	10×2.4	360
작업 4	20×2.4	10×2.4	5×2.4	120
유휴시간	20×2.4			48

2.

구분	작업횟수	팔을 어깨 위로 들고 작업한 횟수	쪼그려 앉아서 작업한 횟수	작업별 8시간 기준 작업시간(분)
작업 1	20×2.4			48
작업 2	40×2.4	6×2.4	5×2.4	134.4
작업 3	100×2.4	30×2.4	10×2.4	360
작업 4	20×2.4	10×2.4	5×2.4	120
유휴시간	20×2.4			48
총 시간(분)	480	134.4	96	

- 근골격계부담작업 제3호 해당
  하루에 총 2시간 이상 머리 위에 손이 있거나, 팔꿈치가 어깨 위에 있거나, 팔꿈치를 몸통으로부터 들거나, 팔꿈치를 몸통 뒤쪽에 위치하도록 하는 상태에서 이루어지는 작업 ⇒ 134.4분(2시간 이상) 어깨를 들고 작업을 수행하므로 "부담작업에 해당"

- 근골격계부담작업 제5호
  하루에 총 2시간 이상 쪼그리고 앉거나 무릎을 굽힌 자세에서 이루어지는 작업 ⇒ 96분(2시간 이하) 쪼그리고 작업을 수행하므로 "부담작업에 미해당"

고령자를 위한 로봇을 만드는 회사에서 노인의 케어를 돕기 위한 새로운 로봇을 개발하였다. 노인들의 만족도가 기존의 로봇에 비하여 더 높은지를 알아보기 위해 사용성 평가를 실시할 경우 다음 물음에 답하시오.

1. 새로운 로봇의 만족도를 모평균 m_1, 기존 로봇의 만족도를 모평균 m_2라고 했을 때, 이 실험에 대한 귀무가설 및 대립가설을 서술하시오.

2. 이 실험에서의 종속변수와 독립변수를 구분하시오.

3. 이 실험에서의 검정방법을 쓰시오.

4. 접근성 및 사용성 평가에 대하여 정의하시오.

해답

1. (1) 귀무가설
   ⇒ H_0 : 기존 로봇의 만족도는 새로운 로봇의 만족도보다 크거나 같다.
   (2) 대립가설
   ⇒ H_1 : 새로운 로봇의 만족도가 기존 로봇의 만족도보다 낮다.

2. (1) 종속변수 : 로봇에 대한 만족도
   (2) 독립변수 : 노인용 로봇(신형, 구형)

3. 모평균에 대한 검정이므로, 모평균 차에 의한 검정(t검정) 수행

4. (1) 접근성의 정의
   접근성(Accessibility)은 산업 디자인, 사용자 인터페이스 디자인, 건축, 시스템 공학, 인간공학 등의 분야에서 쓰이는 용어로, 사용자의 신체적 특성이나, 지역, 성별, 나이, 지식수준, 기술, 체험과 같은 제한 사항을 고려하여 가능한 많은 사용자가 불편 없이 이용할 수 있도록 제품, 서비스를 만들어 제공하고 이를 평가할 때 쓰는 말이다. 접근성이 높다는 것은 이러한 제한 사항을 가진 사용자도 불편 없이 사용할 수 있다는 것을 뜻하며 접근성이 낮다는 것은 어떠한 제한 때문에 사용하기 불편하거나 사용할 수 없을 때를 말한다.

   (2) 사용성 평가의 정의
   사용성 평가란 어떤 소프트웨어나 제품을 사용함에 편리함을 측정하는 것으로, 다양한 제품의 사용자가 신체 상태와 사용환경을 고려하여 실제 사용자의 평가나 전문가 평가 등을 통해 제품의 안전성, 조작성, 만족도 등을 측정하는 것을 말한다.

활액관절(Synovial Joint)인 경첩관절(Hinge Joint), 회전관절(Pivot Joint)에 해당하는 예를 아래 보기에서 각각 고르고 간략히 설명하시오.

[보기] 팔굽관절(Elbow Joint), 무릎, 목, 어깨, 고관절(Hip Joint)

해답

1. 경첩관절 : 팔굽관절(Elbow Joint), 무릎, 목
2. 회전관절 : 어깨, 고관절(Hip Joint)

1) 경첩관절(Hinge Joint)

하나의 축을 따라 구부리고 펼 수 있는 관절로 팔꿈치가 특히 좋은 예이다. 위팔뼈의 둥근 끝부분이 자뼈의 구멍 속에서 회전한다.

2) 회전관절(중쇠관절, Pivot Joint)

길이가 긴 쪽을 축으로 하여 회전할 수 있는 관절. 뼈의 원통형 끝부분이 빈 원통형 속에 들어간다. 정강뼈와 종아리뼈 등을 예로 들 수 있다.

산업현장에서의 소음과 관련된 명료도 지수(Articulation Index)에 대해 간단히 정의하시오.

해답

명료도 지수(Articulation Index, 明瞭度指數)

통화 이해도 시험을 시행하는 데 드는 시간과 노력 때문에 통신 계통이나 잡음의 영향을 평가하는 데 비실용적이다. 이 경우 통화 이해도를 추정할 수 있는 근거로 명료도 지수를 사용하는데, 이는 각 옥타브대의 음성과 소음의 dB값에 가중치를 곱하여 합계를 구한 것이다. 음성통신계통의 명료도 지수가 약 0.3 이하이면 이러한 음성통신계통은 음성통신자료응 전송하기에는 부적당한 것으로 본다.

색채의 기능을 5가지 이상 열거하시오.

해답

1. 안전과 색채
2. 색채 치료
3. 색채와 능률
4. 배색기능
5. 색채의 감정기능

색채조절의 효과를 5가지 이상 열거하시오.

해답

1. 조명의 효율이 높다.
2. 자연스럽게 일할 분위기와 기분이 조성된다.
3. 신체의 피로 특히 눈의 피로를 덜어준다.
4. 주의가 집중되어 실패의 확률이 줄어든다.
5. 정리정돈과 청소가 잘 된다.
6. 건물이나 시설물의 보호와 유지에 좋다.

시각 디스플레이 중에서 HMD(Head Mounted Display)에 대해 서술하시오.

해답

HMD(Head Mounted Display)는 보안경이나 헬멧 형태로 눈앞의 지근 거리에 초점이 형성된 가상스크린을 보는 안경형 모니터 장치로서, 초기에는 군사용 시뮬레이션이나 가상현실(VR)을 실현하기 위해 개발되었다. 양쪽 눈의 근접한 위치에 1인치 이하의 LCD, OLED 등 마이크로 디스플레이에서 발생되는 이미지를 광학시스템을 통해 확대하여 대형 가상화면을 형성한다.

IT 산업의 비약적인 발전에 힘입어 휴대용 동영상 및 정보검색의 시대가 대두됨에 따라 휴대폰이나 PMP의 작은 화면에 만족하지 못하는 소비자의 수요에 적합한 개인 휴대용 모니터 장치로서 향후 크게 발전할 웨어러블 컴퓨터 산업의 핵심제품이다.

최근 HMD(Head Mounted Display) 또는 EGD라고도 하는 안경형 모니터가 게임 모바일 기기 등의 단말기에 장착되어 젊은이들 사이에 널리 퍼지고 있다. HMD장치의 핵심기술은 형성되는 가상스크린의 크기가 소비자들의 욕구를 충족시킬 수 있을 정도로 충분히 커야 할 뿐 아니라 광학적 분해능이 뛰어나며 왜곡과 광학수차가 최소화되어야 한다. 또한 제공되는 이미지 및 영상의 고화질, 선명도를 확보하기 위하여 마이크로 디스플레이는 DVD급 이상의 해상도를 가진 제품을 선택함으로써 사용자가 원하는 대화면과 고화질의 두 가지 수요를 모두 충족할 수 있어야 한다.

인간감각의 종류 중에서 체성감각에 대해 서술하시오.

해답

체성감각(體性感覺)은 척수신경 후근의 감각신경 가지들로 말미암아 일어나는 온몸의 감각을 가리키는데, 간단히 체감(體感)이라고도 한다. 촉각, 온도, 고유감각(몸의 위치), 통각(아픔)과 같은 감각 양상을 만든다.

이 감각계는 다음과 같은 서로 다른 수용기를 이용하여 다양한 자극에 반응한다.

온도수용기, 위해탐지기, 기계수용기, 화학수용기 그리고 수용기로부터 정보를 전달받는 것은 척수와 뇌의 신경 다발을 통하여 감각신경을 거쳐 일어난다.

작업자가 고온스트레스를 받게 되면 많은 생리적 증상이 나타난다. 이 중 Q10 효과라는 것이 있는데 간단히 설명하시오.

해답

Q10 온도계수

온도가 10도 상승함에 따라 증대되는 반응의 속도를 표시하는 수치이다. 즉, 10도 상승에 따르는 반응 속도의 증가배수를 말한다.

제조물 책임(Products Liability) 제도와 리콜(Recall) 제도를 성격, 기능, 근거법의 관점에서 비교하시오.

해답

구분	제조물 책임(PL) 제도	리콜(Recall) 제도
성격	• 민사적 책임원칙의 변경	• 행정적 규제
기능	• 사후적 손해배상책임을 통해 간접적인 소비자 안전확보	• 사전적 회수를 통해 예방적 · 직접적인 소비자안전확보
근거법	• 제조물책임법	• 소비자보호법, 자동차관리법, 식품위생법, 대기환경보전법
요건	• 제조물의 결함 • 손해의 발생 • 결함과 손해의 인과관계	• 제조물의 결함으로 위해가 발생하였거나 발생할 우려가 있을 때

인간공학 실험을 계획할 때, 피실험자에 대한 처리는 피실험자 내(Within Subject) 실험과 피실험자 간(Between Subject) 실험 중 선택할 수 있다. 두 방법이 어떤 경우에 선택될 수 있는지 설명하시오.

해답

1. 피실험자 내(Within Subject) : 실험하고자 하는 특성을 알아내기 위해 개인의 특성, 즉 실험 조건이나 상황에 따라 달라지는 개인의 특성을 연구하는 경우
2. 피실험자 간(Between Subject) : 군 간이나 집단의 개개의 특성, 즉 서로 다른 개인들 간의 차이를 나타내는 특성을 연구하는 경우

컴퓨터 사용자의 목표와 시스템의 물리적 상태 간의 인지적 거리를 나타내는 실행의 간격(Gulf of Execution)과 평가의 간격(Gulf of Evaluation)을 줄일 수 있는 방법에 대해 기술하시오.

해답

평가의 차이

구현하고자 하는 것과 구현한 것에 차이가 있다.

예 휴대폰 프로그램의 GUI(Graphical User Interface)를 컴퓨터에서 만든 후 실제 휴대폰에 올렸더니 기대했던 화면과 차이가 있었다.

일차 및 이차 과제(Primary and Secondary Task)를 동시에 수행할 때 정신자원(Mental Resources)을 할당하기 위한 전략을 기술하시오.

해답

정신자원(Mental Resources) 할당 전략

기억용량 제한의 문제는 처리자원(Mental Resources)의 문제로 개념화할 수 있다. 처리자원의 문제는 다음과 같이 비유하여 생각할 수 있다. 작업장의 작업대가 작아서(기억용량이 작아서) 새로 들어오는 물건이 옛 물건을 밀쳐내고, 그래서 옛 물건들이 처리되지 못하는 것(망각되는 것)이 아니라, 작업대의 용량은 충분한데 주어진 짧은 시간에 일을 할 작업자들이 부족하여 시간 내에 처리를 못하여 옛 물건이 처리가 안 된 채 밀려난다(망각)고 비유할 수 있다.

즉, 심적 처리자원이 충분하지 않아서 망각이 일어난다는 것이다. 특히 이러한 문제는 주의를 요하는 여러 개의 작업을 동시에 해야 할 경우에 드러난다. 흔히 우리의 처리자원은 제한되어 있는데, 이 제한된 처리자원을 효율적으로 할당하여 정보처리를 해야 작업기억이 잘 이루어질 수 있다. 기억력이 좋은 사람들은 대부분 이 처리자원(기억 용량)이 크거나 처리자원 할당을 효율적으로 하는 사람이라 할 수 있다. 처리자원의 제한성을 극복하는 한 가지 방법은 어떤 종류의 처리를 반복 연습을 통해 자동화시키는 방법이다. 자동화된 처리는 전체 처리자원에 부담을 주지 않는다. 보통 사람들은 타자를 치면서 전화 내용을 다 기억하지 못하나, 노련한 타자수들은 타자를 치면서도 동시에 다른 것을 이해하고 기억해내는 것이 그 예이다.
작업기억에 오래 유지한다고 하여 기억이 잘되는 것은 아니다. 능동적 정보처리를 얼마나 그리고 어떤 질의 정보처리를 했는가가 중요하다.

55 QUESTION 칵테일파티 효과(Cocktail Party Effect)에 대하여 설명하시오.

해답

칵테일 파티장에서 여러 소리가 들려오지만 자신의 이름이나 자신과 관련된 얘기가 언급되면 잘 들리는 현상을 1953년 콜린체리라는 사람이 부르기 시작하면서 붙여진 이름이다.

칵테일 효과는 '선택적 주의'의 한 유형으로 볼 수 있다. 선택적 주의란 '인간은 무수히 많은 정보에 모두 주의를 기울일 수 없다. 따라서 나와 관련이 있거나 상대적 유인가가 높은 정보에 취사적으로 집중'하는 것을 뜻한다. 인간에게 선택적 주의가 나타나는 근본적인 이유는 '의사결정의 단순화' 또는 '의사결정의 신속화' 때문이다. 칵테일파티 효과와는 다르지만 이러한 이유로 나타나는 또 다른 인간심리현상 중 하나로 '휴리스틱'이 있다.

사실 인간은 너무나 많은 자극 속에 노출되어 있다. 그리고 자극의 하나하나는 일종의 정보적 가치를 지니기 때문에, 인간은 이러한 자극들 중 자신에게 유불리한 정보를 신속하게 인지할 필요가 있다. 그러기 위해서는 의사결정구조를 단순화하고 신속화할 필요가 생겼고, 인간은 자신과 관련된 자극이 생겨났을 때, 그것을 신속하게 인지하기 위한 진화를 거듭하였던 것이다. 따라서 이러한 현상은 인간의 생존에 필수적인 방법이었지만, 또한 한 가지 문제를 발생시켰다. 바로 똑같은 자극(정보)에 노출되어도 서로 다른 자극(정보)을 인지하게 되는 것이다. 이로 인해 종종 인간의 잘못된 정보교환이 이루어지고 그로 인한 의사결정의 혼란을 겪게 된다.

그럼에도 불구하고 칵테일파티 효과를 포함한 선택적 주의는 우리의 일상생활에서 매일매일 겪게 되는 현상으로 결코 저항할 수 없는 영향력을 가진다. 따라서 조직 또는 단체의 의사결정은 자극(정보)에 대한 인지가 동일한지를 먼저 살펴보아야 할 것이다. 이를 위한 최선의 수단은 결국 대화뿐이며, 대화를 통한 소통만이 우리가 칵테일에 취해 정신을 잃지 않도록 도울 수 있다.

M·E·M·O

PART

05

부록 과년도 기출문제

2005년 77회 기출문제
2006년 79회 기출문제
2007년 82회 기출문제
2008년 85회 기출문제
2009년 88회 기출문제
2010년 91회 기출문제
2011년 94회 기출문제
2012년 97회 기출문제
2013년 100회 기출문제
2014년 103회 기출문제
2015년 106회 기출문제
2016년 109회 기출문제
2017년 112회 기출문제
2018년 115회 기출문제
2019년 118회 기출문제

77회 인간공학기술사

PROFESSIONAL ENGINEER ERGONOMICS

1교시 다음 문제 중 10문제를 선택하여 설명하시오.(각 문제당 10점)

1. 인간의 정보처리과정에서 중요한 개념 중의 하나인 양립성(Compatibility)의 3가지 종류는?

2. 근육 내의 포도당이 분해되어 근육 수준에 필요한 에너지를 만드는 과정은 산소의 이용 여부에 따라 유기성 대사와 무기성 대사로 구분된다. 아래에 있는 대사과정에서 (　) 안에 적절한 용어 또는 화학식을 적으시오.
   (1) 유기성 대사 : 근육 내 포도당+산소 → (①)+(②)+열+에너지
   (2) 무기성 대사 : 근육 내 포도당+수소 → (③)+열+에너지

3. 근골격계질환 예방을 위한 공학적(Engineering) 개선책과 관리적(Administrative) 개선책을 3가지씩 적으시오.

4. 작업장에서의 최적 구성요소 배치(Component Arrangement) 원칙을 4가지 이상 열거하시오.

5. 인간-기계시스템에서 청각장치와 시각장치 사용의 특성을 5가지 이상 비교하여 열거하시오.

6. 산업현장에서의 소음과 관련된 은폐효과(Masking Effect)를 간단히 정의하시오.

7. 작업자세 수준별 근골격계 위험 평가를 하기 위한 도구인 RULA(Rapid Upper Limb Assessment)를 적용하는 데 따른 분석 절차 부분(4개) 또는 평가에 사용하는 인자(부위)를 4개 이상 열거하시오.

8. 인체계측 자료를 이용한 설계(디자인) 원칙 3가지를 서술하시오.

9. 활액관절(Synovial Joint)인 경첩관절(Hinge Joint), 회전관절(Pivot Joint), 구상관절(Ball-and-Socket Joint)에 해당하는 예를 아래 보기에서 각각 고르시오.

[보기] 팔굽관절(Elbow Joint), 무릎, 목, 어깨, 고관절(Hip Joint)

   (1) 경첩관절 :
   (2) 회전관절 :

(3) 구상관절 :

10. Fitts의 실험에 따르면 움직인 거리(A)와 목표물의 너비(W)에 따라 동작시간은 어떤 식으로 표현되는가?

11. 공정도(ASME)에서 사용되는 기호 5가지는?

12. 제조물 책임법상의 결함 3가지는?

13. 신체 부하의 측정방법과 관련된 내용을 다음 보기에서 고르시오.

[보기] ECG, EMG, 산소소비량, Flicker Fusion Frequency, EOG, EEG

(1) 심장활동의 정도 ( )
(2) 에너지 대사량 ( )
(3) 근육활동 정도 ( )
(4) 정신부하 ( )

2교시 다음 문제 중 4문제를 선택하여 설명하시오.(각 문제당 25점)

1. 조정장치(Control)의 디자인 요소 중에서 조종－반응비율(Control－Response Ratio ; C/R 비율)은 조정장치 조작의 민감도와 관계가 있다. 다음 각각의 경우에 대하여 C/R 비율을 구하시오.
   1) 조종장치를 4cm 움직일 때 반응(또는 표시)장치가 20cm 움직일 경우
   2) 놉(Knob) 조정장치를 5회전시켰을 때 반응(또는 표시)장치가 15cm 움직일 경우
   3) 길이가 10cm인 레버(Lever)를 36° 움직일 때 반응(또는 표시)장치가 10cm 움직일 경우

2. SDT(Signal Detection Theory, 신호검출이론)의 개념을 S/D 자극 강도의 확률 밀도 관계를 그래프를 그려 정의하고, 시스템 이상에 관한 신호처리확률, 각 상황에서의 비용을 고려하여 SDT 사상 확률, 작업자 1회 신호에 대한 기대비용(EC) 함수식을 정의하시오.

3. 작업현장에서의 누적 외상성 장애(CTDs)를 정의하고 발생요인과 예방대책에 대하여 기술하시오.

4. 산업현장 작업장에서의 작업방법 개선의 의의와 추진방법에 대하여 기술하시오.

5. 1) 아래 그림과 같이 한손에 70N의 무게(Weight)를 떨어뜨리지 않도록 유지하려면 노뼈(척골 또는 Radius) 위에 붙어 있는 위팔두갈래근(Biceps Brachii)에 의해 생성되는 힘 F_m은 얼마이어야 하는가? 이때 위팔두갈래근은 팔굽관절(Elbow Joint)의 회전 중심으로부터 3cm 떨어진 곳에 붙어 있으며 90°를 이룬다. 손위 물체의 무게중심과 팔굽관절의 회전중심과의 거리는 30cm이다.(전완(Forearm)과 손의 무게는 무시하시오. 위팔두갈래근 외 근육의 활동은 모두 무시하시오.)

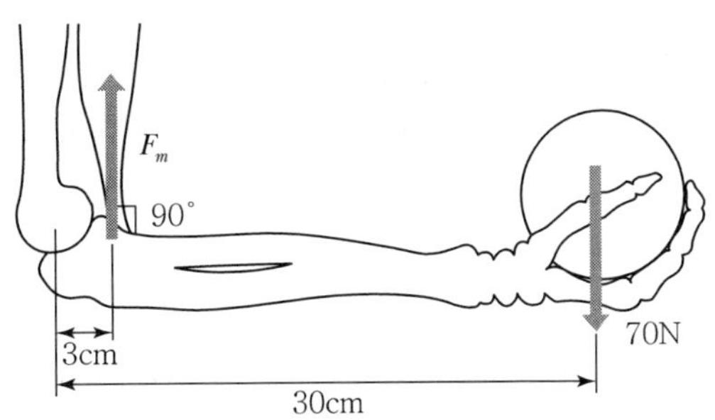

2) 한 사람이 두 개의 저울 위에 왼발과 오른발을 각각 올려놓고 서 있다. 양발 사이는 30cm 떨어져 있고, 왼발의 저울 눈금은 50kg, 오른발의 저울 눈금은 30kg이라면 (1) 몸무게와 (2) 무게중심의 위치를 왼발에서부터 거리로 나타내시오.

6. 어느 부품을 조립하는 컨베이어 라인의 5개 요소작업에 대한 작업시간이 다음과 같다.

요소작업	1	2	3	4	5
작업시간(초)	20	12	14	13	12

1) 이 라인의 주기시간은 얼마인가?
2) 시간당 생산량은?
3) 공정 효율은?
4) 만일 요소작업 1에 두 사람의 작업자로 배치한다면 컨베이어 라인의 주기시간은 어떻게 변하는가?

3교시 다음 문제 중 4문제를 선택하여 설명하시오.(각 문제당 25점)

1. 다음과 같은 요소(Component)로 구성된 인간－기계 시스템(Man－Machine System)이 있다.

> • 요소 1 : Hardware 1 (신뢰도＝0.9)
> • 요소 2 : Hardware 2 (신뢰도＝0.8)
> • 요소 3 : Software (신뢰도＝0.8)
> • 요소 4 : Humanware (신뢰도＝0.7)

  1) 인간－기계 시스템의 신뢰도를 구하기 위한 시스템 다이어그램(System Diagram)을 그리시오.
  2) 시스템 신뢰도를 계산하시오.
  3) 각 요소들의 특성을 기술하시오.
  4) 이 시스템의 신뢰도를 향상시키기 위한 각 요소들의 방안을 기술하시오.

2. 인간－기계 시스템의 표시장치(Display System)에서 정량적 장치와 정성적 장치의 종류와 설계를 위한 특성을 기술하시오.

3. 작업 효율을 향상시키기 위한 인간공학적 동작경제원칙을 정의하고, 신체 사용, 작업영역 배치, 공구류 및 설비의 설계에 관한 원칙(또는 Guideline)을 각각 4개 이상 포함하여 기술하시오.

4. 자극－반응 실험에 대한 결과가 다음과 같을 때 자극정보량(H(X)), 반응정보량(H(Y)), 전달된 정보량(T(X, Y)), 정보 손실량을 구하시오.

구분		반응			
		1	2	3	4
자극	1		25		
	2	25			
	3			25	
	4				25

5. 1) 일반적인 연구에서 평가척도의 요구조건(기준의 요건)을 5가지로 나열하시오.
  2) ㅇㅇ회사의 안전보건관리자는 작업에 따라 산소소비량을 이용하여 육체적인 작업 부하정도를 조사하려 한다. 육체적 부하 정도는 성별, 나이, 작업내용에 의하여 영향을 받는다고 알려져 있으나, 작업자들의 대부분이 남자이기 때문에 연구조사는 남자만 고려하고자 한다. 이 연구에서 종속변수, 독립변수, 제어변수는?

6. 다음은 중량물 취급작업의 NIOSH Lifting Equation을 이용한 작업분석표이다.

단계 1. 작업 변수 측정 및 기록

중량물 무게(kg)		손의 위치(cm)				수직거리 (cm)	비대칭 각도(도)		빈도	지속 시간	커플링
		시점		종점			시점	종점	횟수/분	(시간)	
L(평균)	L(최대)	H	V	H	V	D	A	A	F		C
12	12	30	60	54	130	90	0	0	4	0.75	Fair

단계 2. 계수 및 RWL 계산

	RWL	=	23	HM	VM	DM	AM	FM	CM	=	
시점	RWL	=	23	0.83	0.96	0.88	1.00	0.84	0.95	=	kg
종점	RWL	=	23	0.46	0.84	0.88	1.00	0.84	1.00	=	kg

1) 시점과 종점의 권장중량물한계(RWL)를 각각 순서대로 구하시오.
2) 시점과 종점의 들기작업 지수(LI)를 각각 순서대로 구하시오.
3) 시점과 종점 중 어디를 먼저 개선해야 되는가?
4) 3)의 답에서 가장 먼저 개선해야 할 요소는 HM, VM, DM, AM, FM, CM 중 어느 것인가?

4교시 다음 문제 중 4문제를 선택하여 설명하시오.(각 문제당 25점)

1. 1cd의 점광원으로부터 다음과 같은 곡면에 비추는 조도(Illuminance)는 얼마인가?
   1) 1m 떨어진 곡면의 $1m^2$에 비추는 조도는?
   2) 1m 떨어진 곡면의 $0.5m^2$에 비추는 조도는?
   3) 2m 떨어진 곡면의 $1m^2$에 비추는 조도는?
   4) 2m 떨어진 곡면의 $0.5m^2$에 비추는 조도는?
   5) 0.5m 떨어진 곡면의 $0.5m^2$에 비추는 조도는?

2. 인간공학(Human Factors)의 정의(Definition), 초점(Focus), 목적(Objectives) 그리고 접근 방법(Approach)에 대하여 기술하시오.

3. 소음(Noise)에 관하여 다음의 물음에 답하시오.
   1) Phon과 Sone의 정의를 간단히 기술하시오.
   2) 1,000Hz 80dB인 음의 Phon 값과 Sone 값은?

3) 다음과 같은 작업장에서 8시간을 작업하는 경우 소음노출지수는?
85dBA(2시간), 90dBA(4시간), 95dBA(2시간)

4. 산업근로현장에서 인력물자취급(MMH ; Manual Material Handling)에 따른 직업병 현황을 파악하고 MMH 시스템 설계 시 고려사항과 예방대책을 기술하시오.

5. 작업동기(Motivation)에 관한 이론 중 Maslow의 인간욕구 5단계설, Alderfer의 ERG이론, 그리고 Herzberg의 2요인론에 대한 다음의 요약표를 1) 완성하고, 2) 비교 · 설명하시오.

<table>
<tr><th>Maslow의 욕구 5단계설</th><th>Alderfer의 ERG이론</th><th>Herzberg의 2요인론</th></tr>
<tr><td>자아실현욕구</td><td rowspan="2">(　　　　　)</td><td rowspan="2">동기 요인</td></tr>
<tr><td>(　　　　　)</td></tr>
<tr><td>(　　　　　)</td><td rowspan="2">관계욕구</td><td rowspan="3">(　　　　　)</td></tr>
<tr><td>(　　　　　)</td></tr>
<tr><td>(　　　　　)</td><td>(　　　　　)</td></tr>
</table>

6. 다음의 표는 어느 작업에 대한 하루 8시간 동안 각 100회씩 작업 샘플링(Work Sampling)한 결과이다.

연구일	1	2	3	4	5	6	7	8
관측횟수	100	100	100	100	100	100	100	100
작업횟수	90	88	92	94	86	89	91	90

1) 이 작업에 대한 유휴비율은?
2) 작업자가 하루 8시간 작업에 평균 200개를 생산한다면 표준시간은 얼마인가?(단, 레이팅 계수는 110%, 여유율은 정미시간에 대한 비율은 5%이다.)

79회 인간공학기술사

PROFESSIONAL ENGINEER ERGONOMICS

1교시 다음 문제 중 10문제를 선택하여 설명하시오.(각 문제당 10점)

1. 인간공학의 연구영역을 4가지 이상 열거하시오.

2. 산업현장에서의 소음과 관련된 명료도 지수(Articulation Index)에 대해 간단히 정의하시오.

3. 색채의 기능을 5가지 이상 열거하시오.

4. 작업용 의자의 설계원칙 중 체압분포에 대해 서술하시오.

5. 색채조절의 효과를 5가지 이상 열거하시오.

6. 피로 측정을 위한 에너지대사율에 대해 서술하시오.

7. 인간-기계 시스템의 기본기능 중 정보의 감지, 정보의 보관 외의 2가지 기능에 대해 간단히 정의하시오.

8. VDT 작업에 관한 스트레스 유발요인을 4가지 이상 열거하시오.

9. 시각 디스플레이 중에서 HMD(Head Mounted Display)에 대해 서술하시오.

10. 인간감각의 종류 중에서 체성감각에 대해 서술하시오.

11. 산업재해에 대한 안전인간공학적 대책 중 전기재해의 기본적 대책에 대해 서술하시오.

12. 시각정보와 체성감각정보의 차이점에 대해 간단히 서술하시오.

13. 휴먼에러 혹은 산업재해가 발생하는 관계도를 간단히 도시하시오.

2교시 다음 문제 중 4문제를 선택하여 설명하시오.(각 문제당 25점)

1. 주변환경에 따라 신체의 열은 높아지거나 낮아질 수 있다. 다음 변수들을 이용하여 열교환방정식을 표현하시오.
   1) M : 대사(Metabolism)에 의한 열
   2) S : 신체에 저장되는 열(Heat Content)
   3) C : 대류와 전도에 의한 열교환량
   4) R : 복사에 의한 열교환량
   5) E : 증발에 의한 열손실

2. 작업자가 고온스트레스를 받게 되면 많은 생리적 영향이 나타난다. 이 중 Q10 효과라는 것이 있는데 간단히 설명하시오.

3. 눈으로 보지 않고 손을 수평면 상에서 움직이는 경우 짧은 거리는 지나치고 긴 거리는 못미치는 경향이 있는데 이를 무슨 효과라 하는가?

4. 다음 그림은 정상적인 작업조건에서의 산소빚(Oxygen Debt)의 예를 표현한 것이다. 산소빚이란 무엇을 말하는 것인지 간단히 설명하시오.

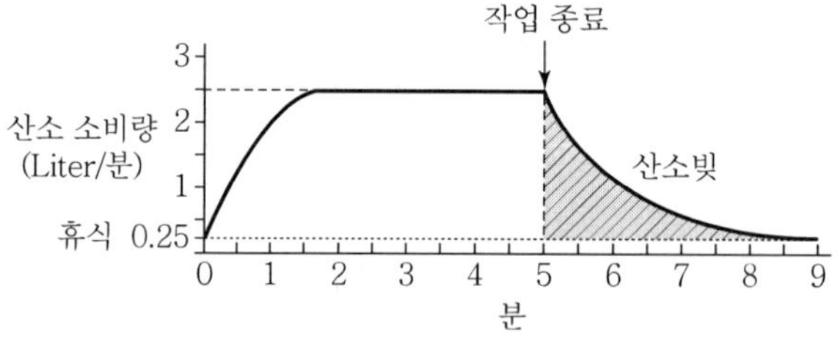

5. 2cd의 점광원으로부터 5m 떨어진 구면의 조도는?

6. 사람의 무게중심은 아래 그림과 같이 2개의 저울 위에 놓인 쐐기로 지지되는 널빤지 위에 사람을 눕혀 구한다. 각 저울의 눈금이 표시와 같고 키를 알고 있을 때 머리에서부터 잰 무게중심까지의 거리 x를 구하시오.

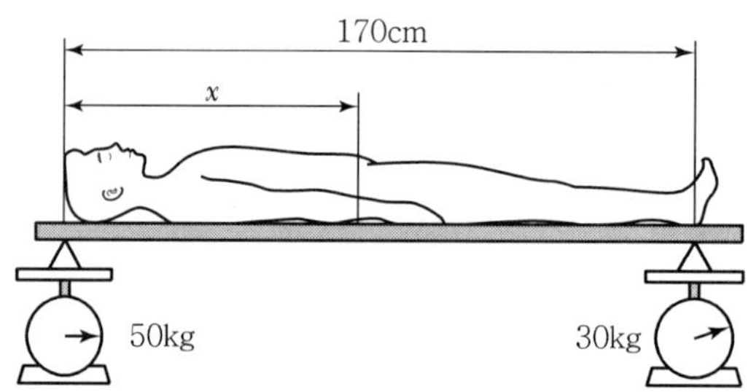

3교시 다음 문제 중 4문제를 선택하여 설명하시오.(각 문제당 25점)

1. 산업 현장에서 VDT(Visual Display Terminals) 증후군은 작업자의 시각적 측면, 근골격적 측면, 정신적 측면에 영향을 미친다. 각각의 측면에 대한 영향과 작업장에서의 대책 방안에 대해 기술하시오.

2. 시설배치의 목적은 생산시스템의 효율성을 높이기 위해 작업자, 기계, 원자재 등의 배치를 최적화하는 것이다.
   1) 이를 추구하기 위한 원칙을 5가지 이상 나열하시오.
   2) 시설배치의 형태에 있어서 공정별 배치(Layout by Process)와 제품별 배치(Layout by Product)의 장단점을 비교하시오.

3. 작업공정을 효율적으로 분석하기 위해 다음의 도표 또는 차트가 이용된다. 이 중 5가지를 선택하여 설명하시오.
   1) 작업공정도(Operation Process Chart)
   2) 유통공정도(Flow Process Chart)
   3) 유통선도(Flow Diagram)
   4) 다중활동분석표(Multiple Activity Chart)
   5) 크로노사이클그래프(Chronocyclegraph)
   6) 사이클차트(SIMO Chart)

4. 어느 조립공정의 표준시간을 측정하고자 한다.
   1) 다음 용어를 설명하시오.
      가) 정미시간(Normal Time)
      나) 수행도 평가(Performance Rating)
      다) 여유시간(Allowance Time)
      라) 표준시간(Standard Time)
   2) 스톱워치 또는 VTR을 이용하여 작업시간을 측정한 후 표준시간을 정하고자 한다. 여기에 필요한 절차를 5가지 이상 나열하시오.

5. 어느 휴대폰 조립공정에 대한 작업자와 기계의 요소작업 및 작업시간, 소요비용은 다음과 같다. 동시성을 달성하는 이론적 기계대수 n'을 구하시오.

구분	요소작업	작업시간
작업자	• 휴대폰 본체에 덮개 부착 • 배터리 부착 • 전원 및 통화시험 • 성능시험 후 휴대폰 분류	1.2분 0.5분 0.9분 0.6분
기 계	• 성능시험	8.5분
작업자기계동시작업	• 성능시험을 위한 준비	1.3분
비 용	• 인건비 10,000원/시간 • 기계비용 20,000원/시간	

6. 어느 공정은 5개의 요소작업으로 구성된다. 각 요소작업에 대해 10회의 관측을 실시한 결과는 다음과 같다. 신뢰수준 90%, 허용오차 $I=\overline{X}\pm 5\%$일 때 10회의 관측횟수의 적정성을 설명하시오.(단, $t=2.0$)

요소작업	$\overline{X}$	S
1	12	2
2	9	1
3	8	1
4	10	2
5	13	3

4교시 다음 문제 중 4문제를 선택하여 설명하시오.(각 문제당 25점)

1. 어떤 인간-기계 시스템(Man-machine System)의 각 구성요소의 신뢰도가 다음과 같다. 시스템 신뢰도를 계산하시오.(단, 직렬구조임)
   - Hardware 0.9
   - Software 0.8
   - Human 0.9

2. 인적 오류(Human Error)의 가능성이나 부정적인 결과를 줄이기 위해 많은 노력을 하고 있다. 인적 오류를 줄이기 위해 아래 3가지 설계방법이 사용되고 있는데 각각에 대하여 간단히 설명하시오.

(1) 배타설계(排他設計, Exclusion Design)
(2) 보호설계(保護設計, Preventive Design)
(3) 안전설계(安全設計, Fail－safe Design)

3. 빛에 대한 눈의 감도변화를 순응(順應, Adaptation)이라 한다. 일반적으로 시각계통의 순응을 두 가지로 구분하는데 각 순응에 대해 설명하고, 더 빨리 진행되는 순응을 고르시오.

4. 작업의 인간화(Work Humanization)와 동기부여관리적 측면에서 Maslow의 다섯 가지 욕구 계층구조가 있다. 각 계층이 무엇인지 간단히 설명하시오.

5. 제조물책임(Products Liability)과 리콜(Recall)제도를 성격, 기능, 근거법의 관점에서 비교하시오.

6. 다음은 산업재해 통계작성에 있어서 재해율을 산출하는 방법이다. 각각의 방법에 대해 설명하시오.
1) 도수율(Frequency Rate of Injury)
2) 강도율(Severity Rate of Injury)

82회 인간공학기술사

PROFESSIONAL ENGINEER ERGONOMICS

1교시 다음 문제 중 10문제를 선택하여 설명하시오.(각 문제당 10점)

1. 인간공학 실험을 계획할 때, 피실험자에 대한 처리는 피실험자 내(Within Subject) 실험과 피실험자 간(Between Subject) 실험 중 선택할 수 있다. 두 방법이 어떤 경우에 선택될 수 있는지 설명하시오.

2. 인간의 감각(Sensing) 기능에 대한 Weber의 법칙을 설명하고, 하나의 예를 설명하시오.

3. 시각적 정보전달의 유효성을 결정하는 요인 중 명시성(Legibility)과 가독성(Readability) 간의 차이를 구분해 설명하시오.

4. Swain이 제시한 휴먼에러(Human Error) 분류 방법에 의해 5개의 에러 유형을 제시하고 설명하시오.

5. 단순반응시간과 선택반응시간의 차이점을 설명하시오.

6. 휴먼에러(Human Error) 방지를 위한 강제적 기능 중 바깥잠금(Lock－out), 안잠금(Lock－in), 인터록(Interlock)을 각각 설명하시오.

7. 제어반 콘솔(Console) 상에 있는 각종 시각표시장치와 제어장치 요소 간의 배치 순위를 결정하는 지침을 설명하시오.

8. Max Weber가 제안한 관료주의의 조직 설계 원리 4가지를 제시하고 설명하시오.

9. 작업 표준시간을 측정하는 방법 4가지를 제시하고 설명하시오.

10. ILO 여유율 결정 시 피로를 일으키는 요인 4가지를 제시하고 설명하시오.

11. CRT를 사용하는 VDT 작업의 유해요인을 있는 대로 지적하시오.

12. 근골격계 유해요인 조사에 사용될 수 있는 인간공학적 평가기법 중 RULA와 REBA의 공통점과 차이점을 서술한 후, 각 기법 적용에 적합한 작업의 예를 하나만 설명하시오.

13. 수동물자취급작업(Manual Material Handing Task) 중 NIOSH 들기작업 수식 적용이 어려운 작업의 예를 드시오.

2교시 다음 문제 중 4문제를 선택하여 설명하시오.(각 문제당 25점)

1. 비닐하우스(Green House)에서 수행되는 딸기 채집 작업의 인간공학적 문제점들을 모두 제시하고 이에 대한 대책을 논의하시오.

2. VDT 사용자의 생리적 스트레스를 다음의 도구들을 이용해 측정하고자 한다. 생리적 스트레스 측정의 활용 방안을 설명하시오.
   1) EEG
   2) EOG
   3) EMG
   4) FFF(Flicker Fusion Frequency)

3. 운전 중 휴대폰 사용은 매우 위험한 것으로 여겨진다. 이를 확인하기 위해 실험을 실시하기로 했다. 실험 계획은 다음과 같았다.

   실험을 위해 20대 남자 5명의 피실험자를 선발했다. 이들에게 차례로 동일한 승용차를 시속 50km로 주행하게 하고, 운전 중 휴대전화를 사용하게 하거나 사용하지 않도록 했다. 사용 유무의 순서는 무작위(Random)로 했다. 주행 중 돌발상황을 연출해 급제동을 하도록 했다. 피실험자에게는 심박수 측정기를 부착해 운전 전과 돌발상황 후의 심박수의 변화를 측정했으며, 동시에 브레이크(Brake)를 밟기까지의 반응시간(Response Time)을 측정했다.

   1) 이 실험의 목적과 관련하여 귀무가설(H_0)과 대립가설(H_1)을 세우시오.
   2) 이 실험계획의 독립변수, 종속변수, 통제변수(혹은 제어변수)를 제시하시오.
   3) 이 실험의 가설을 검정하기 위한 적절한 통계적 검정방법을 적고 그것을 선택한 이유를 적으시오.

4. 어느 사업장에서 노동부 고시에 의한 근골격계 부담작업 판정을 한 결과 다음과 같은 4종류의 부담작업들이 발견되었다. 이들에 대해 다음 보기의 인간공학적 평가도구들을 사용해 정밀 평가를 실시하려고 한다. 각 부담작업별로 가장 적합한 평가방법 하나를 찾은 후, 선정된 평가방

법의 어떤 요소들이 이 부담작업들과 관련이 있는지 평가 요소를 적고 간단히 설명하시오.

[보기]
RULA, REBA, NLE, JSI(혹은 SI), Snook Table, Borg Scale, ACGIH 진동기준

근골격계 부담작업	평가 방법	각 방법에 포함되어, 부담작업의 내용을 평가할 수 있는 평가요소
1. 하루에 4시간 이상 집중적으로 자료 입력 등을 위해 키보드 또는 마우스를 조작하는 작업		
2. 하루에 총 2시간 이상 쪼그리고 앉거나 무릎을 굽힌 자세에서 이루어지는 작업		
3. 하루에 총 2시간 이상 지지되지 않은 상태에서 4.5kg 이상의 물건을 한 손으로 들거나 동일한 힘으로 쥐는 작업		
4. 하루에 25회 이상 10kg 이상의 물체를 무릎 아래에서 들거나, 팔을 뻗은 상태에서 드는 작업		

5. 익숙하게 사용하기 위해 어느 정도의 학습이 요구되는 제품 종류에 대해, 경쟁사 간 2개의 동급 제품을 선정해 사용성 평가를 실시하여 아래와 같은 작업(Task) 수행시간에 대한 데이터를 얻었으며, 회귀분석을 통해 반복횟수(N)와 작업수행시간(T_N) 간의 관계식을 얻었다.

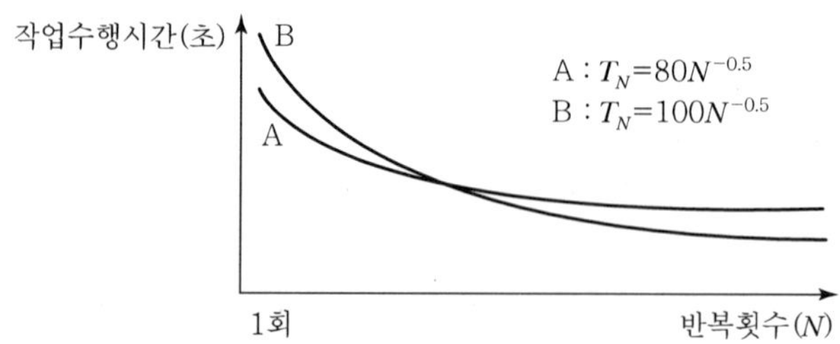

1) A제품과 B제품에 대한 학습률(Learning Rate)을 구하시오.
2) 제품의 학습성(Learnability) 측면과 효율성(Efficiency) 측면에서 두 제품 A, B의 사용성을 평가하시오.
3) 위의 두 평가 척도 외에 ISO의 사용성 평가척도 기준에 의할 때 어떤 평가척도(Measure)가 추가로 사용될 수 있는지 제시하고, 이를 위한 평가방법을 간단히 기술하시오.

6. 그림과 같이 200N의 중량물을 들고 힘판(Force Platform) 위에 올라 정적 자세를 취하고 있는 사람을 5개의 막대(Stick) 모형으로 2차원 공간에서 표시했다. 힘판에서 측정된 지면 반력은 900N이었고, 각 분절의 무게와 수평에서의 상지와 몸통의 무게, 중심위치 등이 그림에 나타나 있다.

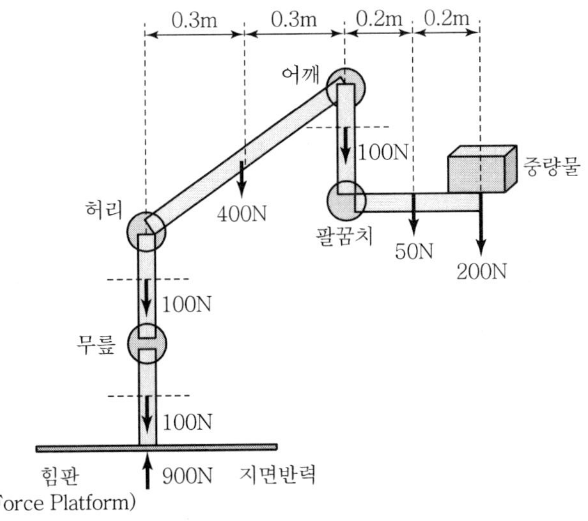

1) 정적 자세를 취한 사람이 역학적 평형을 이루고 있기 위한 2개의 조건을 적으시오.
2) 그림에 나타난 사람의 자세가 평형을 이루기 위한 허리 관절에서의 반력(Reaction Force)을 구하시오.
3) 그림에 나타난 사람의 자세가 평형을 이루기 위한 허리 관절에서의 반력모멘트(Moment)를 구하시오.

3교시 다음 문제 중 4문제를 선택하여 설명하시오.(각 문제당 25점)

1. 자동차의 실내공간을 쾌적한 느낌이 들도록 설계하라는 고객요구조사결과가 나왔다. 자동차 개발팀은 쾌적함을 주기 위한 설계 요소들을 찾고자 감성공학을 적용해 보기로 하였다. SD 척도를 이용한 감성공학 절차를 설명하시오.

2. 빈사율이 70%인 VDT 화면에 200lux의 외부조명이 비추고 있다.
   1) 배경의 평균 밝기가 200cd/m^2, 글자의 평균밝기가 15cd/m^{2}일 때 글자 대 배경의 대비(Contrast)를 구하시오.
   2) 동일한 상황에서 빛의 투과율이 50%인 필터 부착 시 대비(Contrast)를 구하시오.
   3) 시식별에 영향을 주는 필터의 효과를 설명하시오.

3. 제어시스템의 정상작동을 관찰해야 하는 운전자(Operator)가 있다. 작업이 완료될 때까지의 제어시스템의 정상작동 신뢰도는 0.9이다. 운전자의 시스템 관찰(Monitoring) 신뢰도는 0.8이다. 회사에서는 제어시스템의 정상 작동의 신뢰도를 높이기 위해 제어시스템을 중복 설치할지, 동일한 작업을 수행하는 운전자를 한 명 더 배치할지 고민하고 있다.

1) 제어시스템과 인간 작업자의 추가 비용이 동일하다면 어떻게 하는 것이 인간-기계 시스템의 전체 신뢰도를 높이겠는가? 이 인간-기계 시스템의 신뢰도 블록도를 각각 그려서 그 차이를 비교하시오.
2) 변경하려는 작업에 대해 인간-기계 시스템의 실패를 정상사건으로 하는 Fault Tree를 작성하고 정상사건이 발생할 확률을 구하시오.

4. 사용성(Usability) 평가방법 중 실험적 방법, GOMS와 같은 예측적 방법, 사용자 설문조사 방법의 차이를 아래 항목별로 역할과 구분하여 답하시오.

방법	평가주체	평가대상자	장단점	주로 사용하는 사용성 척도(Measure)
실험적 방법				
예측적 방법				
사용자 설문조사				

5. 어느 공장에서 인간공학적 설계원칙에 근거해 아래 그림과 같은 여러 사람이 공동으로 사용하는 입식 VDT 작업대를 설계하려고 한다. 단, 눈과 모니터까지의 수평거리는 500mm로 하고, 신발은 신지 않는 것으로 가정한다.

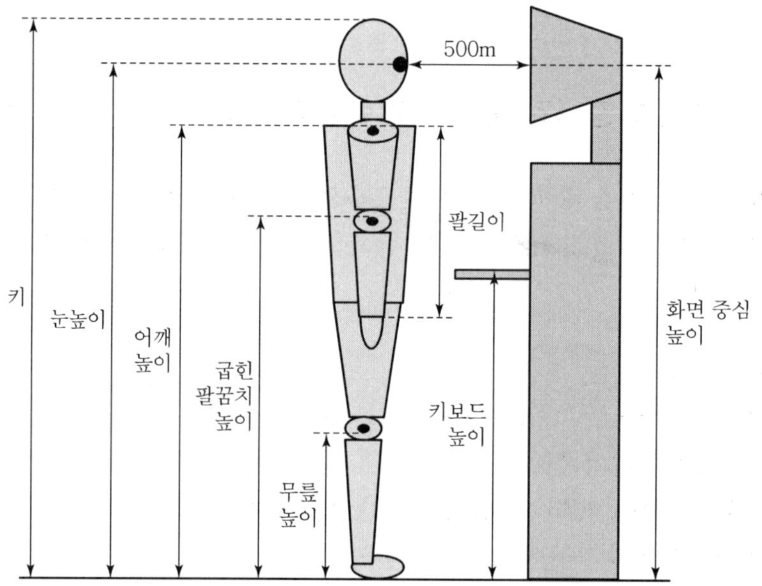

1) 바닥으로부터 모니터 중심까지의 높이를 결정하는 인간공학적 설계원리와 높이를 계산하여 제시하시오.
2) 바닥으로부터 키보드 중심까지의 높이를 결정하는 인간공학적 설계원리와 높이를 계산하여 제시하시오.

(단위 : mm)

	키	눈높이	어깨높이	굽힌 팔꿈치 높이	무릎 높이	팔 길이
5%	1,613	1,497	1,297	975	400	535
50%	1,707	1,590	1,382	1,046	438	574
95%	1,800	1,676	1,468	1,110	478	620

6. 다음 그림과 같은 작업자 A, B가 순서대로 앉아서 작업을 수행 중이다. 작업자 A는 양품과 불량품을 선별한다. 불량률은 50%이다. 선별된 양품만 작업자 B에게 전해진다. 작업자 B는 양품을 1, 2, 3, 4등급으로 각각 구분한다. 각 등급의 비율은 25%이다. 두 작업에 대한 반응시간은 Hick의 법칙(RT=a+b log2N)으로 알려져 있다.
   1) 제품 1개에 대한 A, B의 반응시간을 비교하면 누가 얼마나 더 빠른가?
   2) 1일 100개가 생산라인에 투입된다면 A, B 중 1일 누적 반응시간은 누가 얼마나 더 긴가?

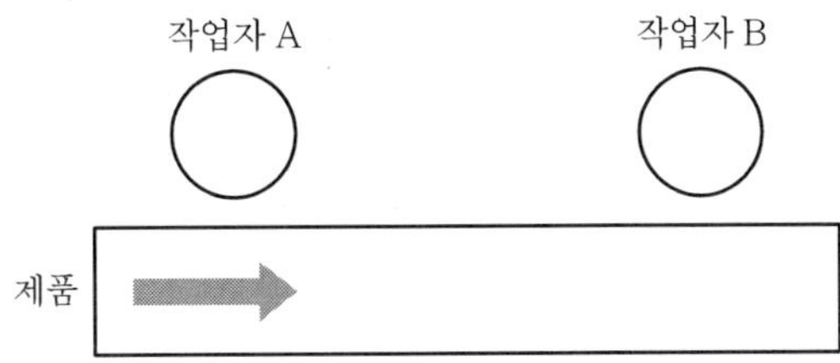

4교시 다음 문제 중 4문제를 선택하여 설명하시오.(각 문제당 25점)

1. 원자력발전소의 주 제어실에는 SRO(발전부장), RO(원자로과장), TO(터빈과장), EO(전기과장) 및 STA(안전과장)가 1조가 되어 3교대 방식으로 근무하고 있다. 각 운전원의 인화관계는 발전소 안전에 중대한 영향을 미칠 수 있다. 한 표본 운전조를 대상으로 인화 징도를 조사하여 아래와 같은 소시오그램을 작성하였다.

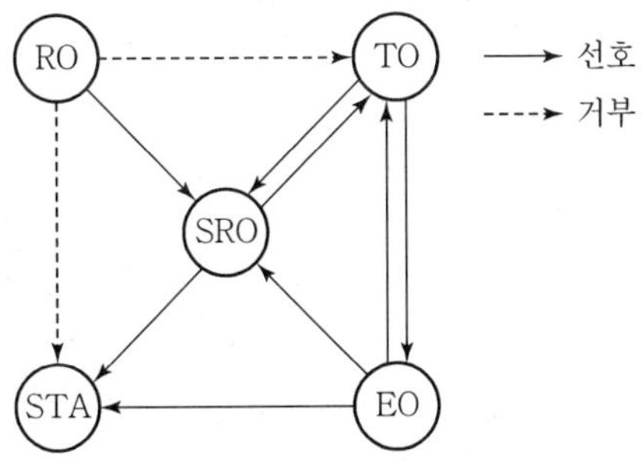

1) 이 그림을 바탕으로 각 운전원의 선호신분지수를 구하고, 이 표본 운전조의 실질적 리더를 찾으시오.
2) 이 집단의 응집성 지수를 구하시오.
3) 이 운전조의 인화관계를 평가하고, 문제점을 지적하시오.

2. 다음 그림과 같이 조이스틱의 헤드를 잡고 움직여서 커서의 위치를 조종하는 장치가 있다.
   1) 조이스틱을 30° 회전 시 커서는 8cm 이동한다. 장치의 C/R 비를 계산하시오.
   2) 이 문제에서 커서를 메뉴버튼 위에 위치시키는 데 소요되는 시간을 Fitts의 법칙으로 모델링하시오.
   3) 커서의 시작점은 화면의 중앙이고, 메뉴버튼의 중심위치도 현 위치에 고정될 수밖에 없다. 현재 상태에서 커서의 민감도가 너무 높다고 판정되었다. 커서의 이동시간을 줄여 주기 위해 취할 수 있는 2가지 방법을 제시하시오.

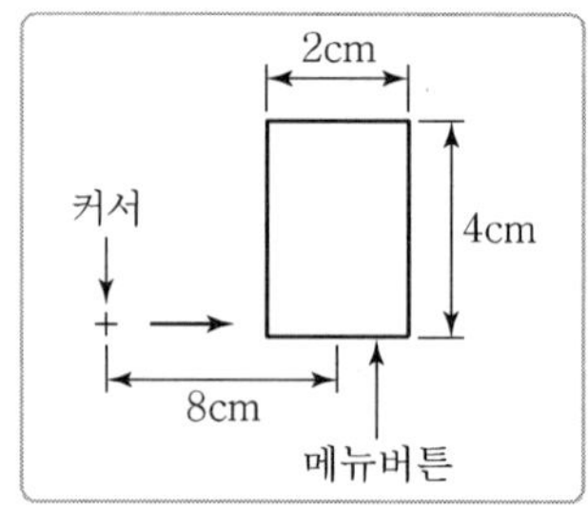

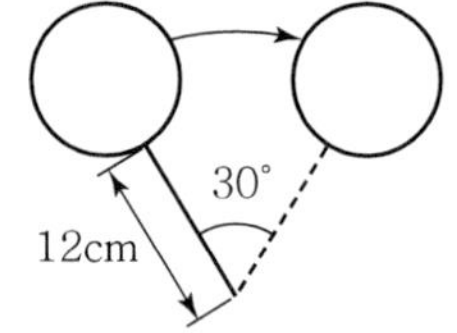

3. 다음 각 물음에 답하시오.
   1) 라스뮤센(Rasmussen)의 인간행동모델에 따른 휴먼 에러 분류 방법(James Reason의 방법)을 제시하시오.
   2) 아래의 시나리오에 나타나 있는 휴먼 에러를 찾아 문항 1)의 분류방법에 의거하여 분류하시오.

지방에 사는 나는 서울로 시험을 보러 가기 위해 승용차를 몰고 고속도로에 진입했다. 시험 걱정에 티켓을 뽑는다는 것을 깜박 잊고 고속도로에 진입했다. 고속도로는 항상 제한속도가 100km/h인 줄 알았는데, 다리를 통과하는 구간이 80km/h인줄 모르고 그대로 100km/h로 달리다가 과속카메라에 찍히고 말았다. 서울에 왔으나 남대문 근처의 시험장소는 처음 가는 곳이라, 숭례문이 나타났으나 남대문이 아닌 줄 알고 그냥 지나치고 말았다(숭례문은 남대문입니다). 시간이 없어 중앙선을 가로질러 U－턴을 했다가 근처의 경찰에게 걸리고 말았다. 스티커를 발부받은 후 시험장에 도착해 차를 급하게 주차시키고, 뛰쳐나갔는데 기어를 주차 모드에 놓지 않고 핸드브레이크도 채우지 않고 나가는 바람에 차가 비탈로 굴러 부서졌다.

---

4. A제품은 10개의 공정을 거쳐서 완제품으로 된다. 현재 이 공정의 사이클 타임은 10분으로 각 공정에 1대씩의 기계를 사용하고 있다. 사이클 타임을 5분으로 줄였을 때 전 라인의 생산능률은 몇 % 증가되겠는가?

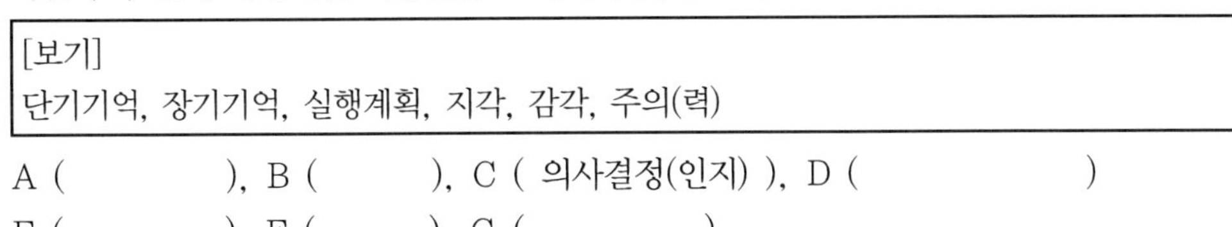

공정	1	2	3	4	5	6	7	8	9	10
소요시간	3.0	9.0	1.5	2.0	10.0	2.8	4.8	3.5	2.7	2.4

5. 인간의 정보처리 과정에 대한 Wickens의 모델은 다음 그림과 같다.

1) 다음 ( ) 안에 해당하는 기능들을 보기에서 찾아 쓰시오.

[보기]
단기기억, 장기기억, 실행계획, 지각, 감각, 주의(력)

A ( ), B ( ), C (의사결정(인지)), D ( )
E ( ), F ( ), G ( )

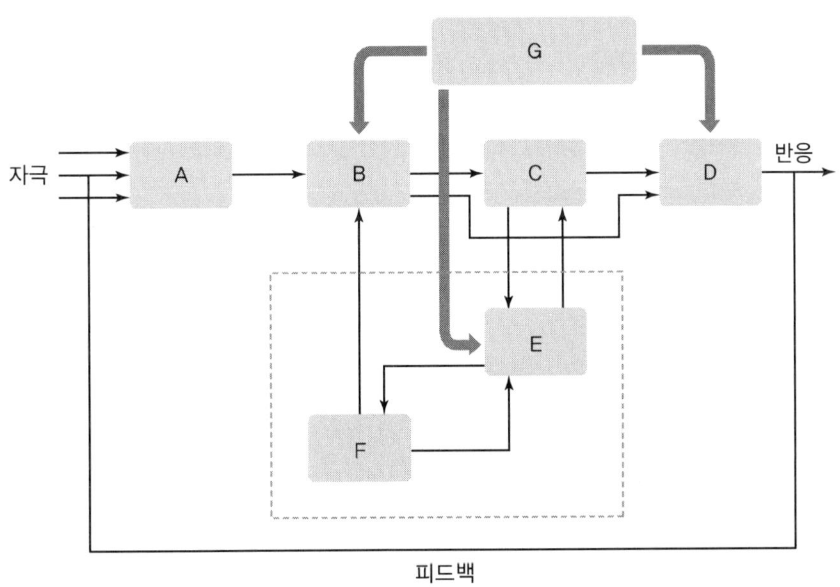

2) 기억의 세 종류인 감각버퍼(Sensory Buffer), 단기기억, 장기기억의 특성을 간단히 설명하시오.

3) 정보처리 과정에 단기기억의 용량을 늘리기 위한 방법 2가지를 적고 설명하시오.

6. 자동차 운전자가 시속 60km로 주행 중 실수로 가로수를 들이 받았을 때 운전자 측에 발생할 수 있는 피해 정도를 사건나무분석(Event Tree Analysis)으로 추정하려고 한다. 운전자의 신체적 손상에 영향을 줄 수 있는 요인으로는 Airbag의 작동 여부, 구조대가 너무 늦지 않게 구조하는지의 여부, 병원응급실에서 올바른 처치를 받을 수 있는지의 여부만을 고려하고자 한다.
   1) 이 상황에 적합한 사건나무를 그리시오.
   2) 과거 경험자로부터 Airbag이 제대로 작동할 확률이 0.8, 구조대가 제시간에 구조할 확률이 0.7, 응급실에 올바른 처치를 받을 수 있는 확률이 0.9라고 할 때 최악의 손상이 발생할 확률과 최선의 결과가 나올 확률을 각각 구하시오.

85회 인간공학기술사

PROFESSIONAL ENGINEER ERGONOMICS

1교시 다음 문제 중 10문제를 선택하여 설명하시오.(각 문제당 10점)

1. 어떤 종이에 인쇄된 글자와 종이 사이에는 대비가 존재한다. 만약 종이의 반사율이 90%이고, 인쇄된 글자의 반사율이 20%인 경우 이때의 대비를 계산하시오.(단, 소수점 둘째 자리에서 반올림하시오.)

2. 다음에 대하여 설명하시오.
   1) 의미미분법(Semantic Differential)
   2) 정보량의 단위인 1bit의 정의
   3) 은폐(Masking)

3. 정보 입력 설계 시 주로 시각 또는 청각장치를 사용한다. 각각의 장치를 사용해야 하는 용도를 3가지 경우에 대해 비교하시오.

4. 시배분(Time-sharing)은 감각정보 입력 설계 시 중요하게 고려해야 하는 요인 중의 하나이다. 시배분이란 무엇인지 설명하고, 한 가지 이상의 예를 드시오.

5. 입력 정보 설계 시 필요에 따라 정보의 자극을 암호화한다. 암호체계 사용상의 일반적인 지침인 암호의 검출성(Detectability), 변별성(Discriminability), 양립성(Compatibility)을 설명하시오.

6. 여러 통신 상황에서 음성 통신의 기준은 수화자의 이해도이다. 음성통신의 질을 평가하기 위해 여러 척도가 사용되는데, 명료도 지수(Articulation Index)와 이해도 점수(Intelligibility Score)가 그 예이다. 두 가지가 무엇을 뜻하는지를 설명하시오.

7. 휴먼에러(Human Error)에 대한 Reason의 분류 방식과 Swain의 분류 방식의 기본적 차이점을 비교하시오.

8. 인간의 식별 능력을 높일 수 있는 방법을 3가지 이상 설명하시오.

9. 제조물책임(PL)법에서의 '개발위험 항변(State-of-art Defense)'이 무엇인지 설명하시오.

10. 근육 수축 과정을 설명하시오.

11. 점멸융합주파수(Flicker Fusion Frequency)를 정의하고, 그 용도와 시각적 점멸융합주파수의 특성을 설명하시오.

12. 시스템 차트란 무엇이며, 이에 사용되는 기호를 설명하시오.

13. 어떤 작업자를 대상으로 시간연구(Time Study)를 적용하는지와 그 이유를 설명하시오.

2 교시 다음 문제 중 4문제를 선택하여 설명하시오.(각 문제당 25점)

1. 선반(Shelf) 1에 있는 상자를 검사한 후 양손으로 정면에 있는 선반 1에서 선반 2로 들어올리는 작업을 수행하고 있다(그림 참조). 들어올리기 작업은 45분 동안 분당 3회의 빈도로 이루어진다. 상자의 손상이 우려되어 선반 2에 내려놓을 때 주의를 요한다. 상자의 손잡이가 최적의 설계로 되어 있다고 가정할 때, 다음 각 물음에 답하시오.
   1) 다음의 표를 이용하여 NIOSH 들기 작업 공식에 따라 들기 작업을 분석하시오.
   2) 만약 들기 작업의 부하가 적절하지 못하다고 판단될 경우, 그 개선안을 제시하시오.

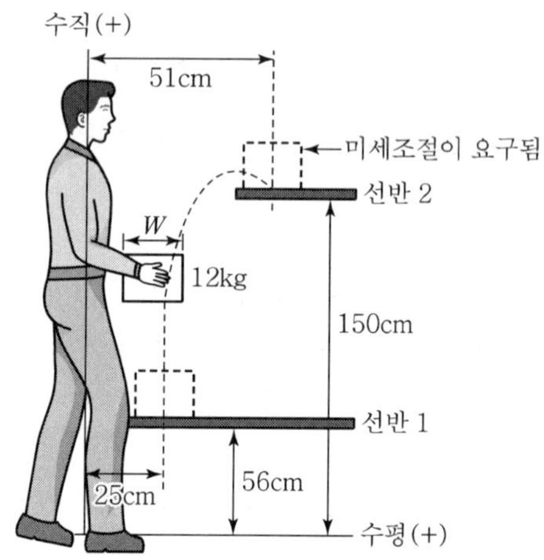

단계 1. 작업 변수 측정 및 기록											
중량물 무게(kg)		손의 위치(cm)				수직거리	비대칭 각도(도)		빈도	지속 시간	커플링
		시점		종점		(cm)	시점	종점	횟수/분	(시간)	
L(평균)	L(최대)	H	V	H	V	D	A	A	F		C

단계 2. 계수 및 RWL 계산

	RWL	=	23	× HM	× VM	× DM	× AM	× FM	× CM	=	
시점	RWL	=	23					0.84		=	kg
종점	RWL	=	23					0.84		=	kg

커플링 상태	수직위치(V)	
	75cm 미만	75cm 이상
양호(Good)	1.00	1.00
보통(Fair)	0.95	1.00
불량(Poor)	0.90	0.90

2. 그림과 같이 아래팔과 위팔이 90°의 관절각을 이루고 있을 때 10kg 무게의 공을 들고 있다면 이두박근은 얼마의 힘을 내야 하는가?(단, 그림과 같은 자세로 평형을 이루고 있다고 가정한다.)
   1) 팔꿈치 관절에 걸리는 모멘트
   2) 이두박근(Biceps)에 걸리는 힘 F_m
   3) 팔꿈치 관절에 걸리는 힘

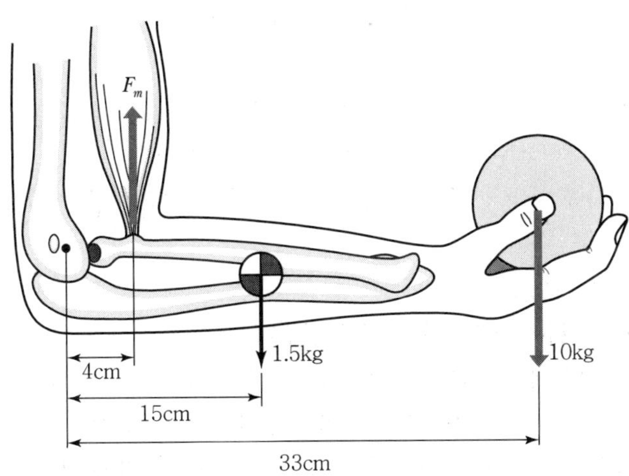

3. Wickens의 인간 정보처리 모델에 의하면 감각기관을 통해 들어온 신호는 다음과 같은 지각 과정을 거친다. 아래 빈칸에 적절한 단어를 쓰고, 이를 설명하시오.

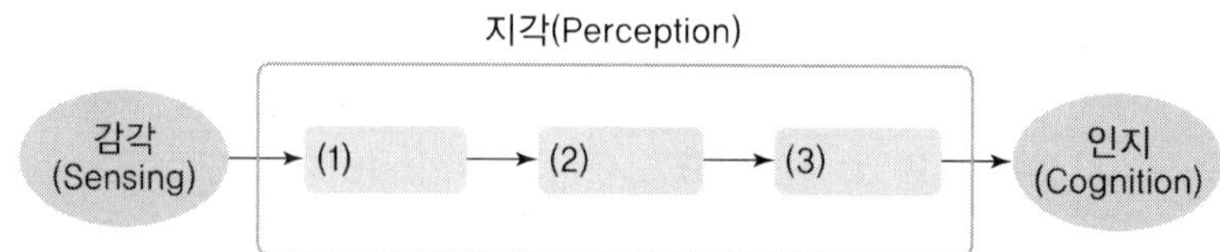

4. 4가지의 자극(X)에 대한 반응(Y)의 100회 시행을 관찰한 결과 아래와 같이 나타났다. 다음 물음에 답하시오.

구분		반응(Y)				합
		1	2	3	4	
자극(X)	1	0	25	0	0	25
	2	25	0	0	0	25
	3	0	0	0	25	25
	4	0	0	25	0	25
합		25	25	25	25	100

1) 전달 정보량, 손실정보량(Equivocation), 소음정보량(Noise)을 계산하시오.
2) 위의 결과로부터 정보이론(Information Theory)의 문제점을 설명하시오.

5. A 일관 설비 생산 업체의 주물공장에서는 1,000℃ 가열로를 작업자 한 명이 하루 8시간 동안 관리를 하고 있다. 작업자가 높은 작업 강도를 호소하여 작업부하를 알아보기 위하여 더글라스 백(Douglas Bag)을 이용하여 배기량을 10분간 측정하였더니 300리터였다. 수집된 배기가스 중 일부를 채취하여 가스미터를 이용하여 성분을 조사하니 산소가 15%, 이산화탄소가 6%였다. 대기 중의 질소가 차지하는 비율은 79%, 기초대사량은 1.2kcal/min, 안정 시 대사량은 1.5kcal/min이라고 가정할 때 다음 물음에 답하시오.
1) 분당 에너지 소비량을 구하시오.
2) Murrell이 제안한 공식을 따를 때 하루 중 작업－휴식 시간을 구하시오.
3) 에너지대사율(Relative Metabolic Rate)을 계산하시오.
4) 2), 3)의 결과에 따라 현 작업에 문제가 있다고 판단되면 개선 방향을 제안하시오.

6. 다음 물음에 답하시오.
1) 노만(Norman)의 행위 7단계 모형을 설명하시오.
2) 전방 500m 지점에 과속단속(제한속도 : 시속 50km) 카메라가 있다. 운전자는 과속단속에 적발되지 않으면서 가능한 빨리 통과하려 한다. 이 상황에서 운전자, 조향장치(Steering Wheel), 페달, 계기판으로 구성된 운전 시스템을 노만의 행위 7단계 모형을 이용하여 설명하시오.

3교시 다음 문제 중 4문제를 선택하여 설명하시오.(각 문제당 25점)

1. 분산분석(Analysis of Variance)을 정의하고, 그 용도를 설명하시오.

2. 다음 글을 읽고 물음에 답하시오.
그림의 상수도 장치는 왼쪽의 레버를 올리면 물이 나오고 내리면 물이 잠긴다. 그러나 많은 사람들이 물을 사용하기 위하여 전통적인 펌프처럼 레버를 올렸다 내렸다(Pumping)를 반복하고 있다.

1) 인간공학적 설계상의 문제점을 찾으시오.
2) 그림을 이용하여 개선방안을 제시하고 설명하시오.

3. 근육의 종류를 분류하고, 설명하시오.

4. 모 자동차 생산라인에서는 하루 10시간 작업으로 350대를 생산하고 있다. 조립 라인의 요소작업은 순차적으로 이루어지고 요소작업별 소요시간이 표와 같을 때 다음 각 물음에 답하시오.

요소작업	1	2	3	4	5	6	7	8	9	10
소요시간(분)	0.7	0.8	0.4	0.6	0.5	1.1	0.3	1.2	0.6	0.8

1) 생산주기시간(Cycle Time)을 구하시오.
2) 필요한 작업장 수 및 라인 밸런싱 방안을 제시하시오.
3) 공정효율을 구하시오.

5. 직경이 2cm인 핀(Pin)을 핀이 담겨져 있는 박스로부터 35cm 떨어진 보드(Board)의 구멍(직경 : 4cm)에 꽂는 작업을 수행하고 있다.

1) 핀 하나를 보드에 꽂는 작업에 소요되는 시간을 추정하는 방법을 설명하고, 그 시간을 추정하는 식을 제시하시오.
2) 이 작업에 소요되는 시간을 줄이는 방안을 제안하시오.

6. 다음 FTA에서 정상사건이 일어날 확률을 구하고 개선대책을 제안하시오.

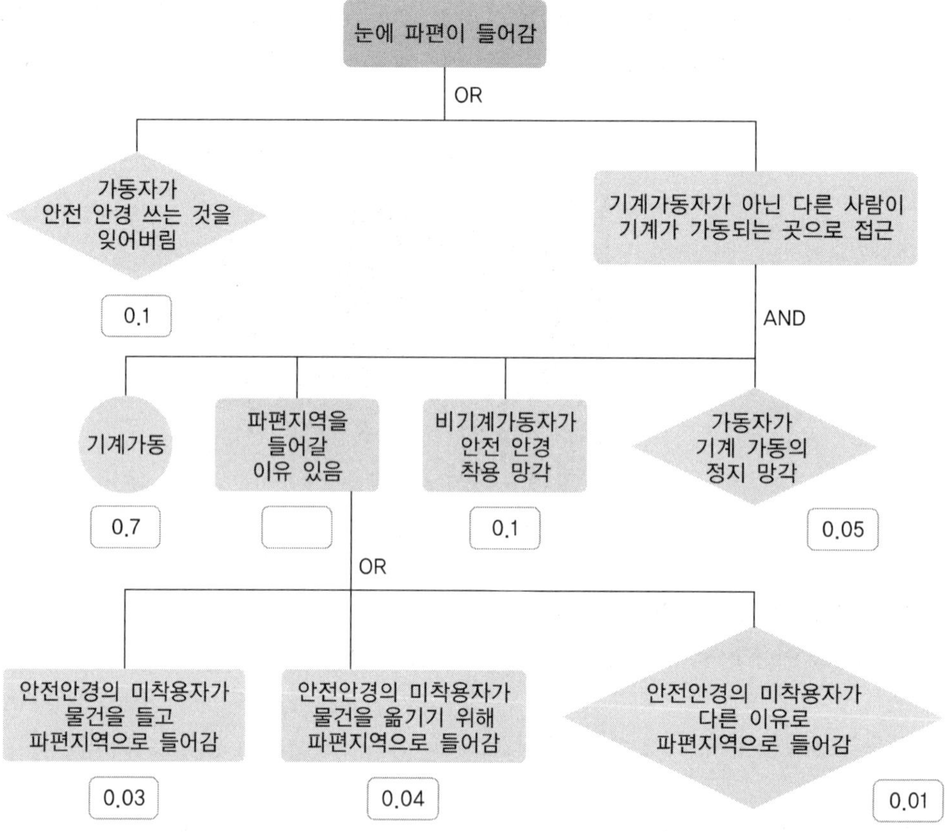

4교시 다음 문제 중 4문제를 선택하여 설명하시오.(각 문제당 25점)

1. 자동차 부품을 생산하는 T 사의 생산직 직원 K 씨는 핀(Pin) 클러치 프레스를 사용하여 가공 작업 중이었다. 성형된 제품을 마그네트(Magnet) 수공구를 사용하여 제거하려다 바닥 위로 돌출되어 있는 풋스위치(Foot Switch)를 밟아 프레스 슬라이드가 하강하여 금형에 우측 엄지 손가락이 절단되었다. 이 재해에 대하여 다음 표를 완성하시오.

조사 항목	내 용
재해 형태	
상해 종류	
기인물	
가해물	
불안전한 행동	
불안전한 상태	
관리적 원인	
예방 대책	

2. 어떤 요소작업에 소요되는 시간을 10회 측정하였더니 평균 1.57분, 표준편차 0.27분이었다. 다음에 각 물음에 답하시오.
   1) 신뢰수준 95%, 허용오차 ±5%일 때 현재 관측횟수가 충분한지를 판단하시오.
   ($Z_{0.025}=1.96$, $Z_{0.050}=1.645$, $Z_{0.005}=2.575$, $t_{0.025,9}=2.26$, $t_{0.050,9}=1.83$, $t_{0.005,9}=3.25$, $t_{0.025,10}=2.23$, $t_{0.050,10}=1.81$, $t_{0.005,10}=3.17$, $t_{0.025,11}=2.20$, $t_{0.050,11}=1.80$, $t_{0.005,11}=3.11$)
   2) 레이팅 계수가 120%, 정미시간(Normal Time)에 대한 PDF 여유율이 25%일 때 표준시간 및 8시간 근무 중 PDF 여유시간을 구하시오.
   3) 2)에서 여유율 25%를 근무시간에 대한 비율로 잘못 인식하여 표준시간을 계산하면 기업가 혹은 노동자 중 어느 쪽에 불리하게 되는지 설명하시오.

3. 제품이나 서비스의 총 제조시간 혹은 생산시간의 구성요소를 설명하고, 이를 이용하여 작업관리의 목적을 설명하시오.

4. SDT 이론에 대하여 다음에 답하시오.

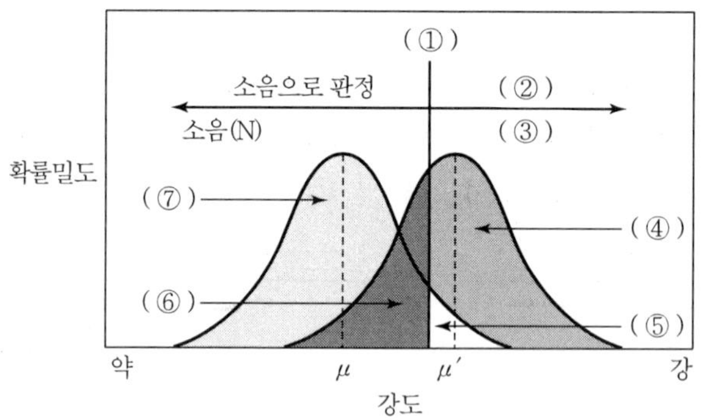

1) 그림의 빈칸을 채우시오.
2) 기본가정을 설명하시오.
3) 신호를 잘못 판정할 확률을 낮추는 가장 좋은 방법을 설명하시오.

5. 다음 그림에서 인간공학적 설계상의 문제점을 찾아 개선하시오.

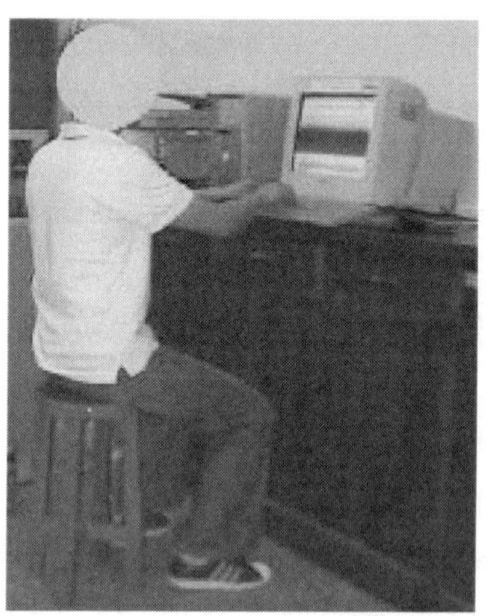

6. 근골격계 질환 예방을 위한 인간공학 프로그램(예방관리 프로그램)의 구성요소를 들고 설명하시오.

88회 인간공학기술사

PROFESSIONAL ENGINEER ERGONOMICS

1교시 다음 문제 중 10문제를 선택하여 설명하시오.(각 문제당 10점)

1. 컴퓨터 사용자의 목표와 시스템의 물리적 상태 간의 인지적 거리를 나타내는 실행의 간격(Gulf of Execution)과 평가의 간격(Gulf of Evaluation)을 줄일 수 있는 방법에 대해 기술하시오.

2. 일차 및 이차 과제(Primary and Secondary Task)를 동시에 수행할 때 정신자원(Mental Resources)을 할당하기 위한 전략을 기술하시오.

3. 소리의 크기를 나타내는 척도인 Phon과 Sone의 특징과 차이점을 기술하시오.

4. 청각 표시장치의 경계 및 경고 신호 설계에서 권장되는 가이드라인 중 3가지만 작성하시오.

5. NIOSH의 직무 스트레스 요인을 크게 3가지로 분류하고, 각 요인별로 2가지씩 예를 드시오.

6. 부적절하게 설계된 수공구(Hand Tool) 이용과 작업방식은 누적외상질환(CTDs ; Cumulative Trauma Disorders)의 발생 및 악화의 요인이 될 수 있다. 손목계의 CTDs를 발생시킬 수 있는 원인(작업형태) 중 5가지만 기술하시오.

7. 양립성(Compatibility)은 장비/기계의 조작(Control)에 따른 결과를 작업자가 예측하고 이해하는 데 중요한 영향을 미친다. 양립성의 형태(Type)를 구분하고, 그 내용을 설명하시오.

8. 전통적인 위험(Hazard)의 정도를 나타내는 3가지 수준을 구분하고, 안전을 위하여 경고문(Warning)에 반드시 포함되어야 할 기본요소를 기술하시오.

9. 산소 최대섭취량(MAP ; Maximal Aerobic Power)이 무엇인지 설명하고, 연령, 성별과 MAP의 관계를 설명하시오.

10. 단일차원의 정보에 대한 절대판단(Absolute Judgement)을 할 때 식별 가능한 자극수의 한계를 정보이론에 기반하여 기술하시오.

11. 정보가 인간의 기억 속에 입력되고(Encoding) 유지되며(Retention) 인출되는(Retrieving) 과정은 컴퓨터의 정보처리 과정과 매우 흡사하다. 정보처리 관점에서 인간의 기억시스템과 컴퓨터 시스템을 비교하여 기술하시오.

12. Rasumussen(1993)이 제안한 기술기반, 규칙기반, 지식기반의 세 가지 인지적 수준을 친숙성과 경험의 정도에 따라 변경하여 과제를 수행하는 기술적 모델(SRK Model)에 대하여 인적 오류의 관점에서 기술하시오.

13. 복잡한 의사결정과 선택의 문제에 소요되는 예상 반응시간(Response Time)은 Hick-Hyman Law에 의해 계산될 수 있다. 여러 대안 중 하나의 대안을 선택할 때 의사결정이 이루어지는 반응시간에 영향을 미치는 요인들을 설명하시오.

2 교시 다음 문제 중 4문제를 선택하여 설명하시오.(각 문제당 25점)

1. 신호탐지이론(Signal Detection Theory)은 작업자가 신호를 탐지할 때 영향을 미치는 요소인 민감도(Sensitivity)와 반응편중(Response Bias)을 정량적으로 측정하는 방법이다. 민감도와 반응편중의 정량화된 측정방법에 대해 기술하시오.

2. 기능할당(Function Allocation)의 몇 가지 원칙 중 하나는 작업자가 기계보다 우월한 부분은 작업자에게, 반대의 경우에는 기계에게 할당하는 것이다. 그러나 인간과 기계 간의 능력 차이만에 의한 기능할당은 실제 적용상에 한계를 갖고 있다. 이러한 원칙에 의거하여 기능할당을 할 경우 예상되는 문제점들을 설명하시오.

3. 새로 도입된 조립라인에서 작업자들이 허리 통증에 대한 불만이 제기되었다. 관련 연구에 의하면 작업대의 높이가 작업자의 허리 피로도에 가장 중요한 영향을 미치는 요인으로 파악되었다. 최적의 작업대 높이를 결정하기 위하여 12명의 작업자를 대상으로 피 실험자 내 실험(Within-Subject Design)을 실시하였다. 80cm, 85cm, 90cm 높이에서 각 1시간씩 작업하고 10분 휴식 후 주관적 허리 피로도를 동일한 순서로 측정하였다.
   (1) 위 실험에서의 독립변수와 종속변수를 기술하시오.
   (2) 위 실험의 경우 이월효과(Carry-over Effect)에 의해 그 결과를 정당화할 수 없으므로, 순서효과(Order Effect)를 최소화시킬 수 있는 3가지 대안을 기술하시오.

4. 이동 지침형(Moving Pointer)과 이동 눈금형(Moving Scale) 기기를 사용하는 디스플레이에서 수치가 변할 때 적용되는 인간의 정신모형을 설명하고, 이동지침이나 이동눈금 모두 인간의 정신모형을 만족시킬 수 없을 때 생태학적 디스플레이와 같은 최적의 인터페이스를 설계하는 기술을 설명하시오.

5. 시력과 대비감도에 영향을 미치는 요인 중 5가지만 나열하고 설명하시오.

6. 아래 그림과 같이 몸무게(W2)가 600N인 사람이 작업자 왼쪽에서 d=3m인 위치에 서있다. 작업대의 길이(l)와 무게(W1)가 각각 l=5m, W1=900N일 때 다음 물음에 답하시오.

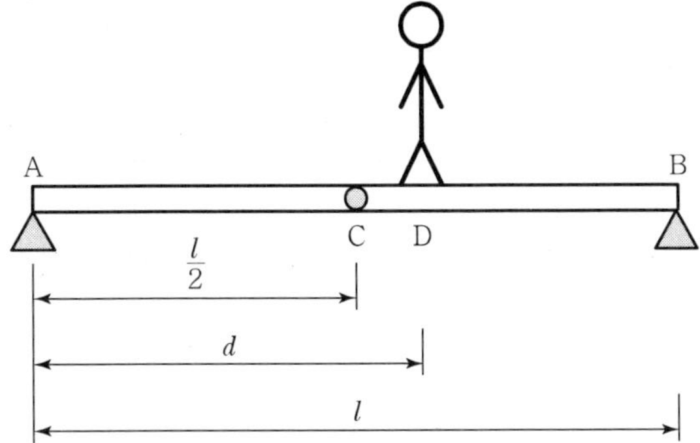

1) Free Body Diagram으로 도시하시오.
2) 작업대 양 끝지점인 A와 B에서의 힘을 계산하시오.

3교시 다음 문제 중 4문제를 선택하여 설명하시오.(각 문제당 25점)

1. 선, 면적, 부피와 같은 지각적 연속체를 판단할 때 지각적 편향이 일어난다. 이와 같이 물리적 크기와 지각적 크기 간의 관계를 나타내는 법칙(예컨대, 스티븐스의 법칙)이나 원리를 설명하시오.

2. TMI 혹은 체르노빌 원전 사고나 Vincennes호 사건에서처럼 진단적 정보에 대한 가설을 잘못 평가하여 사고가 발생되고 있다. 이와 같이 가설에 대한 평가를 왜곡시키는 작업자의 인지적 특성에 대하여 기술하시오.

3. 수작업에서 측정된 EMG(Electromyography) Data 분석을 통해 수작업부하를 평가하고자 한다. 다음 물음에 답하시오.
   1) 수작업에 사용된 힘의 수준을 파악하기 위한 EMG Data 분석 프로세스를 설명하시오.
   2) 측정된 EMG Data를 통해 수작업으로 인한 근육 피로를 어떻게 파악할 수 있는지 설명하시오.

4. 특정 작업장 설계에 인체측정 자료를 응용하고자 할 때 일반적으로 사용되는 절차를 기술하시오.

5. 소규모 가구제조업체에서 KOSHA 안전 기준을 만족하고 사고에 따른 보험료를 낮추기 위한 작업장 업무개선 프로그램을 수행하고자 한다. 우선 현 작업장의 안전수준을 진단하기 위한 기저선(Baseline)을 만들고자 한다. 안전 기저선(Safety Baseline)을 만들기 위한 단계를 구분하고, 주요 내용을 기술하시오.

6. 어느 제조 공정의 작업을 대상으로 하루(8시간 기준)에 100회씩, 10일 동안 워크 샘플링을 실시하였다. 일별 작업회수와 생산량은 다음 표와 같고, 레이팅은 90%, 여유율은 정미시간의 10%라고 할 때 다음 물음에 답하시오.

날짜(일)	1	2	3	4	5	6	7	8	9	10
작업횟수(회)	91	90	89	92	90	91	89	88	90	90
생산량(개)	200	190	200	210	200	180	220	190	210	200

1) 이 작업의 유휴비율을 구하시오.
2) 이 작업에서 생산된 제품의 개당 실제 생산시간을 구하시오.
3) 이 작업의 표준시간을 구하시오.

4교시 다음 문제 중 4문제를 선택하여 설명하시오.(각 문제당 25점)

1. 인간공학적 작업 분석도구 중 OWAS(Ovako Working posture Analysis System) 기법의 특징을 다른 기법들과 비교하여 장단점 중심으로 기술하시오.

2. 근골격계질환 예방관리 프로그램의 적용을 위한 기본원칙을 5가지만 나열하고, 각 원칙의 필요조건을 기술하시오.

3. 빛의 측정(광도측정, Photometry)과 관련된 개념(광도, 휘도, 조도, 반사율)의 단위와 상관관계를 기술하시오.

4. 작업부하 지표(Workload Index)가 가져야 하는 기준(Criteria)을 설명하고, 정신적 작업부하(Mental Workload)를 측정하는 가장 대표적인 주관적 측정방법들을 기술하시오.

5. 상황인식(Situation Awareness)은 어떤 환경의 단서를 지각하고 그들의 의미를 이해하여 주어진 세계의 상태를 파악하는 것을 말한다. 인간이 상황을 인식하는 방법(모델)이나 현상을 기술하시오.

6. 인간(사용자)중심시스템의 연구분야는 크게 인적수행도, 기능 및 직무분석, 인터페이스 설계, 지식작업습득 및 지원분야로 나눌 수 있다. 각 분야의 의미와 관련 기술에 대하여 기술하시오.

91회 인간공학기술사

PROFESSIONAL ENGINEER ERGONOMICS

1교시 다음 문제 중 10문제를 선택하여 설명하시오.(각 문제당 10점)

1. 작업 생리학에 대한 광범위한 연구 결과 에너지 소비량(Energy Expenditure)이 신체가 소비한 산소량(O_2 Consumption) 및 심장박동률(Heart Rate)과 선형관계(Linear Relationship)가 있음을 보여주고 있다. 그런데 심장박동률은 산소소비량만큼 척도로서의 신뢰도가 높지 않다. 그 이유를 설명하시오.

2. 제철 공장에 근무하는 작업자 A는 눈에서 3m 떨어진 벽보에 부착되어 있는 안전 포스터의 0.6mm 크기의 문자를 구분할 수 있다고 한다. 작업자 A의 시력을 구하시오.

3. 인간공학 연구를 통해 수집된 자료의 특성을 나타내는 4가지 척도(Scale)를 설명하시오.

4. 정상 시선(Normal Line of Sight)과 주시각 영역(Primary Visual Field, 권장 시각 영역)을 각각 정의하시오.

5. 인간공학 분야의 국제 표준은 ISO TC159(인간공학) 기술위원회에서 관장한다. ISO TC159 산하 4개 분과 위원회(Subcommittee)의 표준 개발 영역을 설명하시오.

6. 칵테일파티 효과(Cocktail Party Effect)에 대하여 설명하시오.

7. 시스템 안전 분석 기법의 하나인 FMEA에 대하여 다음을 설명하시오.
   1) 정의
   2) 수행 절차
   3) 적용 가능한 예

8. 2차 과업 척도(Secondary Task Measure)를 사용하여 정신적 작업부하(Mental Workload)를 측정하는 방법의 기본 논리를 설명하고 2차 과업으로 사용되는 과업 3가지를 설명하시오.

9. 진동은 크게 국소 진동과 전신 진동으로 구분할 수 있다. 이 중 전신 진동이 인체에 미치는 영향을 설명하시오.

10. 인체에서 서비스 기능(Service Function)이 무엇인지 설명하시오.

11. 청각적 표시장치에서 음성 혹은 언어 출력을 사용할 경우의 장단점을 설명하시오.

12. WF(Work Factor)에 대하여 다음 각 항목을 설명하시오.
   1) 정의
   2) 시간 단위
   3) 시간 변동요인

13. 제조 및 서비스 산업에서 사용되는 표준시간을 결정하는 방법 4가지를 쓰고, 설명하시오.

2 교시 다음 문제 중 4문제를 선택하여 설명하시오.(각 문제당 25점)

1. 인간 기억에 관한 다음 각 물음에 답하시오.
   1) 인간 기억 체계에 대한 다음 그림의 빈칸을 채우시오.

(①) —(②)→ 단기 기억장치 —리허설→ (③)

   2) 단기기억의 용량 및 증대 방안에 대하여 설명하시오.
   3) 최근효과(Recency Effect)에 대하여 설명하시오.
   4) 초두효과(Primacy Effect)에 대하여 설명하시오.

2. 인간은 여러 감각기관으로부터 정보를 받아들이는데 이 중 시각이 가장 큰 비중을 차지하는 것으로 알려져 있다. 시각작용에 대한 이론을 설명하고, 그 예를 제시하시오.

3. 다음 그림은 단순음(Pure Tone)의 주파수(Hz)와 강도(dB)에 따른 음의 감각적 척도인 음량(Loudness)을 나타낸다. ( ) 안에 알맞은 내용을 쓰거나 각 물음에 답하시오.

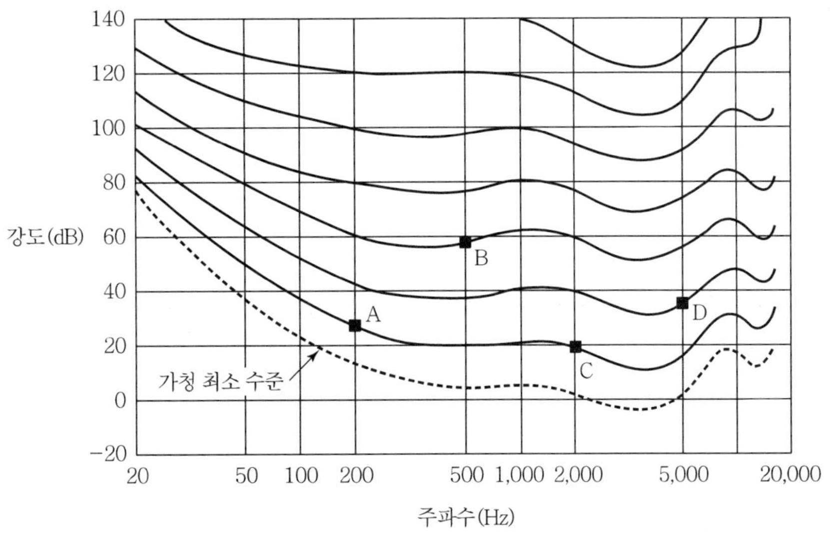

1) 물리적 측면에서 높이가 가장 높은 음은 (①)이고, 음의 세기가 가장 낮은 음은 (②)이다.
2) C음은 B음보다 (　　) 옥타브 높은 음이다.
3) B음은 A음보다 사람이 느끼기에 몇 배 시끄러운 음인지 구하시오.
4) 86dB인 음과 96dB인 음을 합한 음의 강도(dB)를 구하시오.
5) 음압계측기(Sound Level Meter)에 사용되는 척도(Scale)로 dB(A), dB(B), dB(C)가 있는데 인간 귀의 반응특성에 가장 근사한 척도를 제시하시오.

4. 근육의 구조 및 활동에 대하여 다음 물음에 답하시오.
   1) 다음 그림의 (　　) 안에 알맞은 내용을 써 넣으시오.

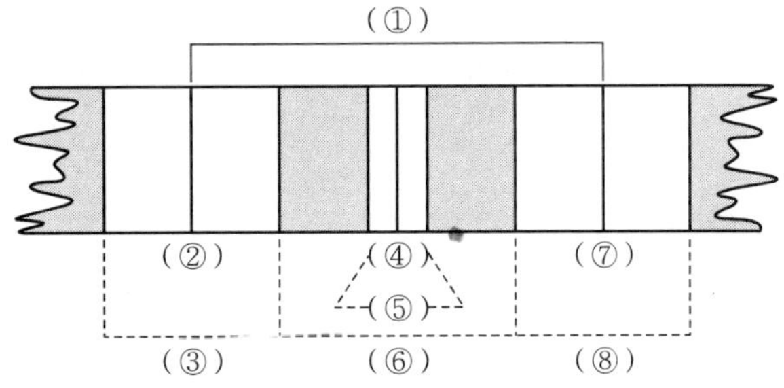

   2) 근육이 자극을 받을 때의 변화를 위 그림을 이용하여 설명하시오.

5. 우리나라는 2003년 7월 1일부터 근골격계질환에 대한 사업주의 예방 의무가 법제화되어 있다. 다음 각 물음에 답하시오.
   1) 근골격계질환 예방 관련 법령을 제시하시오.
   2) 근골격계질환 관련 법령의 적용 대상을 제시하시오.
   3) 근골격계질환에 대한 사업주의 법적 의무 사항을 제시하시오.
   4) 유해요인조사의 단계별 조사 내용을 제시하시오.

6. 수행도평가(Performance Rating)에 대하여 다음 각 항목을 설명하시오.
   1) 정의
   2) 수행도평가 훈련의 효과
   3) 수행도평가 결과의 평가

3 교시 다음 문제 중 4문제를 선택하여 설명하시오.(각 문제당 25점)

1. 영상표시단말기(VDT) 취급 근로자 작업관리 지침에 근거하여 VDT 작업에 대한 다음 각 항목을 설명하시오.
   1) 작업시간 및 휴식시간
   2) 작업자 시선 높이
   3) 화면과 작업자 눈과의 거리
   4) 팔꿈치 내각 및 아래팔과 손등이 이루는 각도
   5) 작업면에 도달하는 빛의 각도

2. 다음 각 물음에 답하시오.
   1) 다음 사진은 멕시코 어느 지방에 설치되어 있는 표지판이다. 장비, 도구, 시스템에 대한 심성 혹은 개념 모형 관점에서 문제점 및 그 개선 방안을 제시하시오.

   2) 다음의 조명 스위치에는 유니버설 디자인 관점에서 아래 사항이 반영되어 있다.

• 스위치 부분의 면적을 크게 함 • 조작 패널에 이름 표시(예 침실, 거실, 부엌 등) 기능 • 스위치 부분이 녹색으로 약하게 빛이 나는 반딧불이 기능

이와 같이 조명 스위치의 설계에 반영된 유니버설 디자인 원칙 4가지를 설명하시오.

3. 인간은 외부 자극에 대하여 감각기관을 통하여 정보를 받아들인 후 지각 및 판단 과정을 거쳐 반응을 보이게 된다. 외부 자극에 대한 인간 반응의 종류를 쓰고, 설명하시오.

4. 호흡의 과정과 호흡기계의 기능에 대하여 설명하시오.

5. 어느 검사 작업자가 반응기준 β에 의한 4가지 상황에 각각 반응할 확률이 아래와 같이 주어졌다. 정규분포의 z값, z값보다 같거나 작을 확률 p, z값과 분포가 만나는 점의 가로 좌표의 O값이 표와 같을 때 다음 각 물음에 답하시오.

1) 민감도(Sensitivity)를 구하시오.

2) 반응기준(Response Criterion) β값을 구하시오.

3) 반응기준 β에 영향을 주는 전형적인 요인 2가지를 제시하시오.

4) 신호탐지이론(SDT)의 적용 분야 중 검사작업을 제외한 3가지를 제시하시오.

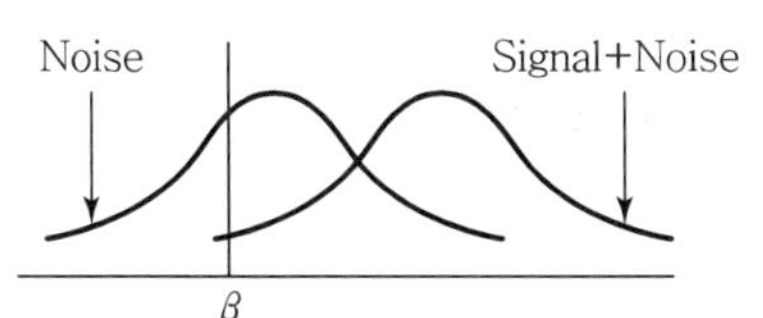

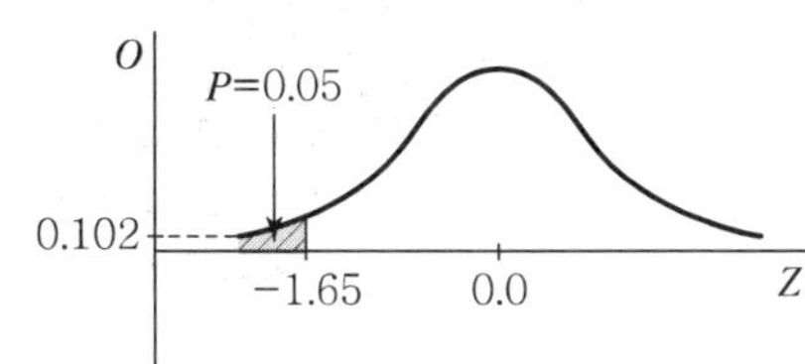

	Signal	Noise
Yes	0.95	0.70
No	0.05	0.30

p	z	O	p	z	O
.01	−2.33	.026	.26	−.64	.325
.02	−2.05	.049	.27	−.61	.331
.03	−1.88	.068	.28	−.58	.337
.04	−1.75	.086	.29	−.55	.343
.05	−1.65	.102	.30	−.52	.348
.06	−1.56	.118	.31	−.50	.352
.07	−1.48	.133	.32	−.47	.357
.08	−1.41	.148	.33	−.44	.362
.09	−1.34	.163	.34	−.41	.367
.10	−1.28	.176	.35	−.39	.370
.11	−1.23	.187	.36	−.36	.374
.12	−1.18	.199	.37	−.33	.378
.13	−1.13	.211	.38	−.31	.380
.14	−1.08	.223	.39	−.28	.384
.15	−1.04	.232	.40	−.25	.387
.16	−.99	.244	.41	−.23	.389
.17	−.95	.254	.42	−.20	.391
.18	−.92	.261	.43	−.18	.393
.19	−.88	.271	.44	−.15	.394
.20	−.84	.280	.45	−.13	.396
.21	−.81	.287	.46	−.10	.397
.22	−.77	.297	.47	−.08	.398
.23	−.74	.303	.48	−.05	.398
.24	−.71	.310	.49	−.03	.399
.25	−.67	.319	.50	.00	.399

6. 다음 표는 노브(Knob)를 회전시켰을 때 표시장치가 움직인 거리를 조사한 실험 결과이다. 노브의 회전수, 표시장치의 움직인 거리, 이동시간과 조정시간을 이용하여 아래 질문에 답하시오.

표시장치 이동거리(cm)	노브 회전수(회전)	이동시간(초)	조정시간(초)	C/R비
3	6	0.1	0.7	①
4	5	0.2	0.5	②
5	4	0.3	0.3	③
6	3	0.4	0.4	④

1) 표의 C/R비(①~④)를 구하시오.

2) 주어진 자료에서 최적 C/R비를 구하시오.

4교시 다음 문제 중 4문제를 선택하여 설명하시오.(각 문제당 25점)

1. 아래 그림을 보고 물음에 답하시오.

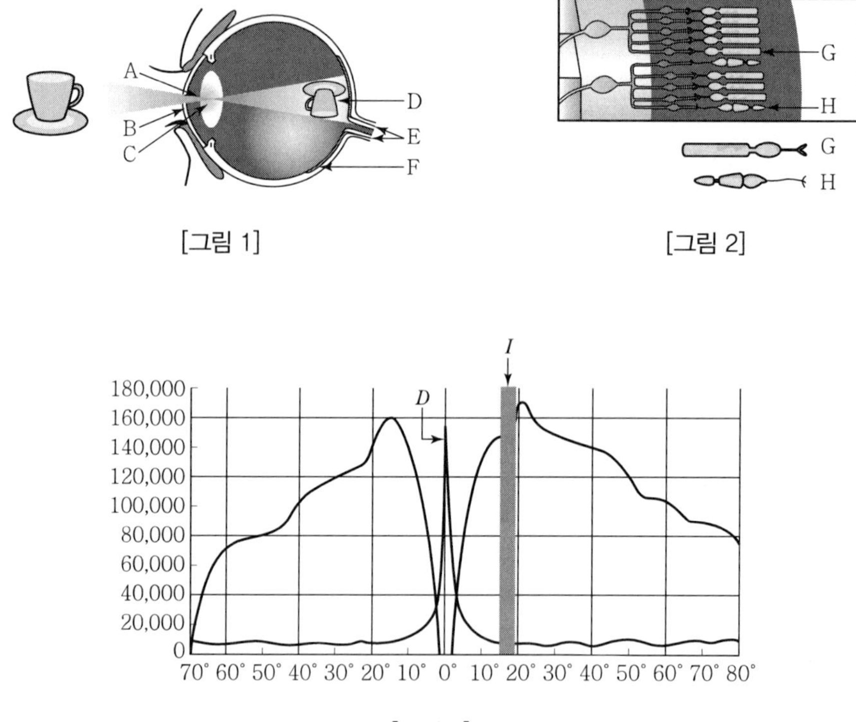

[그림 1]

[그림 2]

[그림 3]

1) 그림 1에서 카메라의 렌즈에 해당하는 C의 명칭을 쓰고, 노안의 특성과 관련지어 설명하시오.

2) 그림 2의 G와 H의 명칭을 각각 쓰고, 시각기능과 관련지어 설명하시오.

3) 그림 3의 Y축은 세포의 밀도를 나타내고, X축의 각도는 그림 1의 D를 기준으로 부여한다. D의 명칭을 쓰시오.

4) 그림 3에서 I의 이름을 쓰고, 시각기능과 관련지어 설명하시오.

2. 아래 그림과 같이 사두근 건(四頭筋 腱, Quadriceps Tendon)은 정강뼈(Tibia)에 30°의 각도로 연결되어 있으며 무릎관절의 중심에서 4cm 떨어져 있다. 만일 80N의 무게(Weight)가 나가는 물건을 무릎 관절로부터 28cm 떨어진 발목(Ankle)에 매달 경우 다음 각 물음에 답하시오.

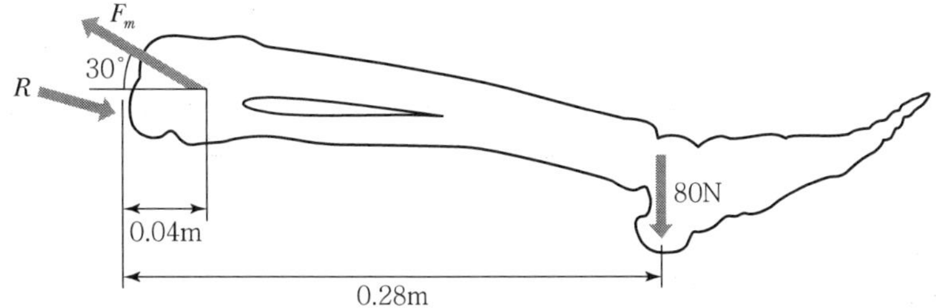

1) 다리를 수평으로 유지하기 위한 사두근 힘 F_m을 구하시오.

2) 이때 정강뼈(Tibia) 위 넙다리뼈(Femur)에 의해 발생하는 반응력(Reaction Force)의 크기 R과 방향을 구하시오.(단, 다리의 무게와 다른 근육의 영향은 무시한다.)

3. 1991년 개정된 NIOSH 들기작업 공식을 개발하는 데 적용된 기준(Criterion)으로 생체역학적(Biomechanical), 생리학적(Physiological), 심물리학적(Psychophysical) 기준이 있다. 아래 표에 빈칸을 채우시오.

분야(Discipline)	설계 기준(Design Criterion)	설정된 한계(Cut-off value)
생체역학	①	④
생리학	②	2.2~4.7kcal/min
심물리학	③	⑤

4. 표와 같이 재해가 발생한 기업체에 대하여 다음 각 항목을 구하시오.
(단, 하루 8시간, 1년 245일 근무하고, 연평균 근로자 수는 1,300명으로 가정한다.)

항목	재해발생일	근로자 수	재해자 수	장애등급	휴업급여 (만 원)	치료급여 (만 원)
1	2007.1.22	1,245명	1명	13급	660	300
2	2007.3.20	1,260명	1명	14급	350	200
3	2007.5.15	1,318명	2명	12급, 13급	2,000	800
4	2007.8.20	1,290명	3명	사망, 3급, 12급	43,000	8,000
5	2007.10.25	1,310명	1명	14급	200	70
6	2007.12.5	1,345명	2명	13급, 14급	500	200

신체장애등급별 근로손실일수												
장애등급	1~3	4	5	6	7	8	9	10	11	12	13	14
근로 손실일수	7,500	5,500	4,000	3,000	2,200	1,500	1,000	600	400	200	100	50

1) 재해율
2) 천인율
3) 도수율
4) 강도율
5) 종합재해지수
6) 경제적 손실액

5. 집을 한 채 짓는 건설공사 프로젝트를 진행하고 있다. 아래 표와 같이 건설작업은 10개의 활동으로 구성되어 있으며, 각 활동의 추정 소요시간 단위는 일(Days)이다. 이를 이용하여 다음 각 질문에 답하시오.

활동 I	예상소요일	선행활동
1	5	–
2	14	1
3	8	2
4	3	3
5	10	3
6	9	3
7	11	3
8	22	4, 5, 6
9	6	7
10	2	8, 9

1) 이 프로젝트의 CPM(Critical Path Method) 그물망도표(Network Diagram)를 그리시오.
2) 1)에서 그린 그물망도표의 주공정(主工程, Critical Path)을 명시하고 프로젝트가 완성되는 데 필요한 총 소요일수를 구하시오.

6. 다음 사건에 대하여 Swain과 Reason의 분류방법에 따라 휴먼에러를 분류하여 쓰시오.

사 건	Swain의 분류	Reason의 분류
워드 경력 20년의 사무원이 3시간 동안 심혈을 기울여 작성한 워드파일을 다 끝냈다는 기쁨으로 '저장 안함' 버튼을 눌러 닫았다.	①	②
구간 단속인 줄 모르고 구간 단속 입구의 단속 카메라와 구간 단속 출구의 단속 카메라 앞에서만 규정속도를 지키고, 나머지 구간에는 과속을 하였다.	③	④
비자 신청 서류 작성 방법을 몰라서 이 사람 저 사람에게 물어가며 작성하다가 서류 접수 마감 시간을 넘겼다.	⑤	⑥

94회 인간공학기술사

PROFESSIONAL ENGINEER ERGONOMICS

1교시 다음 문제 중 10문제를 선택하여 설명하시오.(각 문제당 10점)

1. 인간공학의 정의(Definition), 목적(Objective), 접근방법(Approach)을 설명하시오.

2. 골격계(Skeletal System)의 기능 5가지를 설명하시오.

3. 산업현장에서 재해가 발생하면 당황하지 말고 신속하게 조치를 취하여야 한다. 재해발생 시 조치순서를 설명하시오.

4. 신체활동의 부하측정과 관련된 척도를 〈보기〉에서 모두 골라 쓰시오.

[보기] 산소소비량, EMG, ECG, EEG, EOG, FFF, Borg RPE Scale, 부정맥지수

   1) 정신적 작업부하
   2) 근육활동 정도
   3) 주관적 반응
   4) 에너지 대사량
   5) 심장활동 정도

5. 인간의 오류(Human Error)는 다음과 같은 4가지로 구분할 수 있다. 각각의 의미를 설명하시오.
   1) Slip(실수)
   2) Lapse(건망증)
   3) Mistake(착오)
   4) Violation(위반)

6. 인간－기계 시스템(Human－Machine System)에 관한 다음 물음에 답하시오.
   1) 인간－기계 시스템을 정의하시오.
   2) 인간－기계 시스템 설계절차를 6단계로 구분하여 설명하시오.

7. 산업재해의 주요 원인인 4M과 안전대책을 위한 3E를 설명하시오.

8. 육체적인 작업활동의 수행은 근육수축과 이완의 반복을 통하여 이루어지며, 근육의 수축은 에너지를 필요로 한다. 근육수축에 사용되는 에너지는 근육 속에 저장되어 있는 글리코겐(Glycogen)이 글루코스(Glucose)로 분해되면서 에너지를 방출하게 되는 일련의 화학반응 과정을 거치며 생성되는데, 이 일련의 과정은 산소가 충분하게 공급되는지의 여부에 따라 2개의 대사(Metabolism)과정으로 분류된다. 각각의 대사과정을 용어나 화학식으로 전개하시오.

9. 인간의 정보처리 과정 중 기억체계 3가지를 설명하시오.

10. 인지 특성을 고려한 설계 원리 중 '양립성(Compatibility)'의 3가지 종류를 설명하시오.

11. 부품배치의 4원칙을 설명하시오.

12. 제조물책임법상 결함의 종류 3가지를 설명하시오.

13. 근로자 수가 1,200명인 A사업장의 도수율(FR)이 10.57, 강도율(SR)이 7.5일 때, 다음 각 재해통계치를 구하시오.
   1) 종합재해지수(FSI)
   2) 재해발생건수
   3) 근로손실일수

2교시 다음 문제 중 4문제를 선택하여 설명하시오.(각 문제당 25점)

1. 시각적 표시장치에 대한 다음 물음에 답하시오.
   1) 정량적 동적 표시 장치 중 동침형(Moving Pointer)과 동목형(Moving Scale)을 비교하여 설명하시오.
   2) 사업장에 근무하는 근로자가 10m 떨어진 곳에서 안전표지판 글자를 잘 읽을 수 있도록 설계(Design)하려고 한다. 20′(분)의 시각(Visual Angle)으로 글자 판독에 어려움이 없도록 하기 위한 글자의 높이(cm)를 구하시오.(단, 적정 시각은 20′(분)으로 가정한다.)

2. 다음은 A제품 설계를 위한 감각(Modality)별 기준자극의 크기와 자극변화감지역(JND)을 나타낸 것이다. 다음 물음에 답하시오.

자극 종류	기준자극 크기	자극변화감지역	웨버비 (Weber Ratio)
소리 강도(청각)	60dB	6dB	
면적 크기(시각)	$60cm^2$	$1cm^2$	
무게 크기(무게)	200g	4g	

1) 자극변화감지역(JND)에 관하여 설명하시오.
2) 각각의 자극에 대한 웨버비(Weber Ratio)를 구하시오.
3) 어느 자극을 사용하는 것이 가장 효과적인지 설명하시오.

3. 다음은 작업자 1명이 동일한 기계 2대를 담당할 때의 Man-machine Chart이다.

<table>
<tr><th>단위시간</th><th>인간</th><th>기계 1</th><th>기계 2</th></tr>
<tr><td>2분</td><td>Unload(2분)</td><td>Unload(2분)</td><td rowspan="4">자동가공(5분)</td></tr>
<tr><td>1분</td><td>Load(1분)</td><td>Load(1분)</td></tr>
<tr><td>1분</td><td>검사(1분)</td><td rowspan="7">자동가공(9분)</td></tr>
<tr><td>1분</td><td>이동(1분)</td></tr>
<tr><td>2분</td><td>Unload(2분)</td><td>Unload(2분)</td></tr>
<tr><td>1분</td><td>Load(1분)</td><td>Load(1분)</td></tr>
<tr><td>1분</td><td>검사(1분)</td><td rowspan="3">자동가공(4분)</td></tr>
<tr><td>1분</td><td>이동(1분)</td></tr>
<tr><td>2분</td><td>유휴(2분)</td></tr>
</table>

1) 작업자 1명이 기계 2대를 담당할 때의 주기시간을 구하시오.
2) 시간당 기계비용이 20,000원, 작업자비용이 25,000원이라면 3대의 동일한 기계를 사용할 때 시간당 생산량과 시간당 비용을 구하시오.
3) 최적 기계대수를 구하시오.

4. 인체치수와 제품설계에 대한 다음 물음에 답하시오.
1) 인체계측의 응용원칙을 설명하시오.
2) 제품 조립작업에 사용되는 부품을 담는 보관상자의 깊이를 설계하고자 한다. 남자손길이(평균 20cm, 표준편차 1.5), 여자 손길이(평균 18cm, 표준편차 1.1) 치수를 이용하여 적절한 보관상자의 깊이를 제시하시오.(단, 5퍼센타일(Percentile) 계수는 1.645이다.)

5. 근골격계질환에 대한 다음 물음에 답하시오.
1) 근골격계질환을 정의하시오.
2) 근골격계질환 유해요인(Ergonomic Risk Factors)을 5가지만 설명하시오.

3) 사업주가 근골격계 부담작업에 근로자를 종사하도록 하는 경우, 근로자에게 유해성을 주지시켜야 하는 사항 4가지를 설명하시오.

6. 다음 물음에 답하시오.
   1) 작업개선 원리 중 하나인 ECRS에 관하여 설명하시오.
   2) 근골격계질환 예방을 위한 공학적 대책 3가지를 설명하시오.
   3) 근골격계질환 예방을 위한 관리적 대책 3가지를 설명하시오.

3교시 다음 문제 중 4문제를 선택하여 설명하시오.(각 문제당 25점)

1. 인체 골격계(Human Skeletal System)에 대한 다음 물음에 답하시오.
   1) 관절(Joint)의 종류를 구분하여 설명하시오.
   2) 가동관절(Diarthrodial Joint or Synovial Joint)의 형태를 분류하고 설명하시오.

2. 그림은 신체활동을 통한 작업수행 과정에서의 에너지 소비와 심박수 관계를 나타낸 것이다. 그림에서 각각의 번호(①~⑤)에 적합한 용어를 쓰고, 이를 설명하시오.

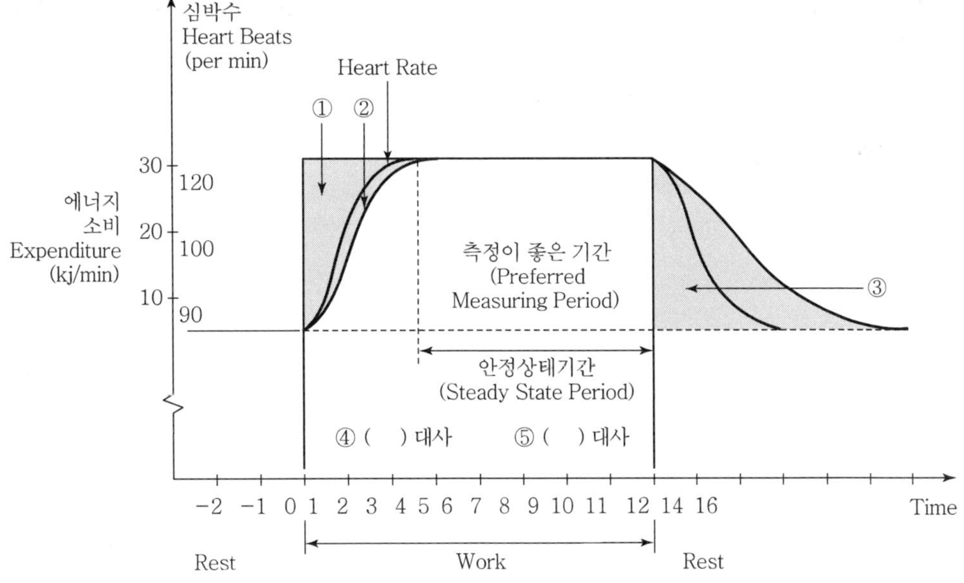

3. 지레(Lever)에 대한 다음 물음에 답하시오.
   1) 지레의 구성요소를 쓰시오.
   2) 제1종, 제2종, 제3종 지레를 설명하시오.

4. 순환계(Circulation System)에 대한 다음 물음에 답하시오.
   1) 체순환(Systemic Circulation)과 폐순환(Pulmonary Circulation)을 설명하시오.
   2) 심박출량(Cardiac Output)을 설명하시오.
   3) 다음 심전도(Electrocardiogram)의 P파(Wave), PR간격(Interval), QRS군(Complex), T파(Wave), QT간격(Interval)을 설명하시오.

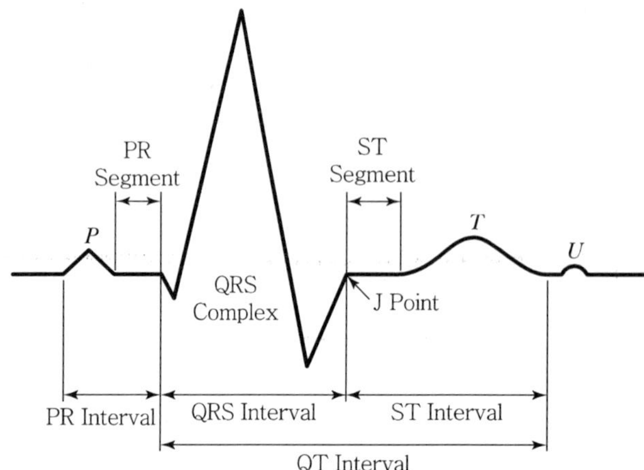

5. 작업수행 시 에너지 소비수준에 영향을 미치는 인자를 4가지만 설명하시오.

6. 다음의 근골격계 유해요인 평가도구에 대하여 적용이 가능한 작업의 사례를 포함하여 설명하시오.
   1) NLE(NIOSH Lifting Equation)
   2) RULA(Rapid Upper Limb Assessment)
   3) JSI(Job Strain Index)

4교시 다음 문제 중 4문제를 선택하여 설명하시오.(각 문제당 25점)

1. 교대작업(Shift Work) 근로자를 위한 교대제(Shift Work Schedule) 지침을 5가지만 설명하시오.

2. 그림과 같은 작업에 대하여 다음 물음에 답하시오.
   1) 인간공학적 설계상의 문제점을 4가지만 설명하시오.
   2) 각 문제점에 대한 개선방안을 제시하시오.

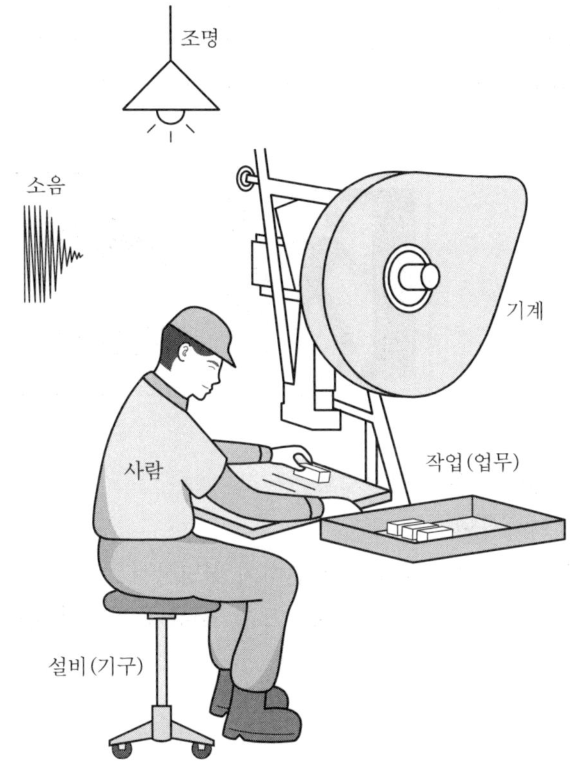

3. 음성 유저인터페이스(Voice user-interface)에 대한 다음 물음에 답하시오.
   1) 음성인식과 음성출력(합성)에 대해 설명하고, 음성 유저인터페이스의 사용 특성을 설명하시오.
   2) 음성인식의 적용 화자 분류에 따른 3가지, 인식 어휘 수에 따른 2가지 기술에 대해 설명하고, 각각의 적용 혹은 적용 가능한 사례를 2가지만 쓰시오.
   3) 대표적 음성출력(합성) 기술을 2가지만 설명하고, 각각의 적용 혹은 적용 가능한 사례를 2가지만 쓰시오.

4. 다음 물음에 답하시오.

1) 실험설계를 위한 종속변수(Dependent Measure)와 독립변수(Independent Measure)를 정의하시오.

2) 핸드폰, 내비게이션 시스템과 같은 터치스크린 기반 문자입력시스템(Speller)의 유형별 사용성 평가를 위한 종속변수를 3가지만 제시하고, 각각의 특징을 설명하시오.

5. 다음 물음에 답하시오.

1) 인지 특성을 고려한 설계 원리 5가지를 설명하시오.

2) 다음의 안전설계 원리에 관하여 설명하시오.

① Fool Proof ② Fail Safe ③ Tamper Proof

3) 행동유도성(Affordance) 개념을 정의하고, 아래 '비상구 안내표지' 설계의 행동유도성 문제점을 설명하시오.

6. 다음 감성공학에 대한 물음에 답하시오.

1) 감성공학을 정의하시오.

2) 제품과 관련된 인간의 2가지 감성에 관하여 설명하시오.

3) 감성공학의 접근방법 중 감성공학 I류, II류, III류에 관하여 설명하시오.

97회 인간공학기술사

PROFESSIONAL ENGINEER ERGONOMICS

1교시 다음 문제 중 10문제를 선택하여 설명하시오.(각 문제당 10점)

1. 일반적으로 연구는 실험연구와 조사연구로 구분한다. 실험연구는 다시 현장연구와 실험실연구로 구분되는데, 현장연구와 실험실연구의 장단점을 각각 2가지씩 설명하시오.

2. 단기기억(Short Term Memory)의 용량을 의미하는 '매직넘버 7'을 설명하고, 이를 활용한 사례를 설명하시오.

3. 피로의 측정방법을 생리적 방법, 생화학적 방법, 심리학적 측면에서 설명하시오.

4. 선 작업자세에서 작업 특성(정밀작업, 일반작업, 중작업)에 따른 작업대의 높이 설계 방식을 설명하시오.

5. Swain이 분류한 Human Error의 종류를 3가지만 설명하시오.

6. 직무스트레스와 작업능률의 관계를 그래프를 통하여 설명하시오.

7. 심박동수(Heart Rate)를 통한 최대산소소비량(Vo_{2max})의 추정절차를 설명하시오.

8. 근골격계질환의 단계별 증상을 설명하시오.

9. 표준시간을 정하는 방법 중 PTS(Predetermined Time Standard) 기법과 스톱워치 기법을 비교하여 설명하시오.

10. 동작경제의 원칙 중 손과 신체의 동작은 작업을 원만하게 처리할 수 있는 범위에서 가장 낮은 등급을 사용하도록 한다. 손과 신체의 동작 등급 중 가장 낮은 등급과 가장 높은 등급을 설명하시오.

11. 집단 간의 갈등요인 4가지를 설명하시오.

12. 산업안전보건법에 따라 도급사업을 시행하는 회사가 하도급 회사에 대하여 시행해야 하는 산업재해 예방조치 사항 5가지를 설명하시오.

13. 운동 및 방향감각에 있어서 중요한 역할을 하는 체성감각기(Proprioceptor)를 설명하시오.

2교시 다음 문제 중 4문제를 선택하여 설명하시오.(각 문제당 25점)

1. 모바일 단말기에 사용되는 사용자 인터페이스를 개발하는 회사에서 노인용 사용자 인터페이스를 새로 개발하였다. 노인들의 사용자 만족도가 기존의 단말기에 채택된 사용자 인터페이스보다 더 높은지 알아보기 위해 사용자 만족도스케일(10점 척도)을 사용하여 사용성평가를 하기로 하였다. 피실험자를 구하기가 어려워 인근 노인정에 가서 노인 5인을 섭외하여 각각 1시간씩 노인용 사용자 인터페이스와 기존의 사용자 인터페이스에 대한 적응시간을 갖게 한 후 각 사용자 인터페이스에 대한 과업을 10분씩 수행하도록 하였다. 노인별 사용자 인터페이스 사용순서는 무작위화하였다. 각 과업수행이 끝난 후 사용자 만족도스케일에 만족도를 표시하도록 하여 만족도점수를 구하였다.
   1) 노인용 사용자 인터페이스를 사용한 경우의 만족도 모평균을 m_1, 기존 사용자 인터페이스를 사용한 경우의 만족도 모평균을 m_2라 했을 때 이 실험에 적합한 귀무가설 및 대립가설을 수식으로 표현하시오.
   2) 이 실험에 사용된 종속변수와 독립변수를 구분하시오.
   3) 이 실험에 적합한 검정방법을 쓰시오.
   4) 접근성(Accessibility) 설계를 정의하고, 노인용 사용자 인터페이스 개발에 어떤 기여를 할 수 있는지 설명하시오.

2. 신형 MP3 플레이어(코드명 A)를 개발한 전자회사에서 구형 MP3 플레이어(코드명 B)와 사용성 비교 실험을 실시하였다. 실험 자료를 통계 처리한 결과, A제품을 사용한 표본의 만족도 평균이 7.2, B제품을 사용한 표본의 만족도 평균이 6.8 나왔고, 검정결과 유의수준과 비교하는 P값(p－value)은 0.2503이 나왔다. 유의수준이 0.05임을 굳게 믿고 있는 회사의 실험담당자는 이 P값을 보고 새로 개발한 A제품에 대한 만족도가 기존 B제품을 사용한 경우와 큰 차이가 없다고 판단하고 다른 형태의 MP3 플레이어를 개발할 것을 건의하였다.
   1) 검정 결론에 대한 제1종 오류와 제2종 오류를 설명하시오.
   2) 유의수준의 정의를 설명하시오.
   3) 제1종 오류와 제2종 오류 측면에서 인간공학전문가로서 이 회사의 실험담당자가 내린 결론에 대하여 조언할 수 있는 사항을 제시하시오.

4) 사용성평가 차원에서 볼 때 이 실험에서 고려하지 못한 사용성 평가척도 4가지를 제시하시오.

3. 어두운 밤길을 빠른 속도로 운전하는 운전자가 전방도로의 움푹 패인 웅덩이를 보지 못하여 차가 웅덩이에 빠지는 사고를 당하였다.
   1) 운전자가 이 웅덩이를 식별할 수 있는 능력과 가장 관련성이 높은 인간공학척도를 제시하시오.
   2) 이 척도에 영향을 주는 요인 5가지를 설명하시오.
   3) 웅덩이를 식별할 수 있는 능력에 영향을 미치는 요인을 고려하여 이 상황에서 인간공학전문가로서 도로관리자에게 제시할 수 있는 해결방안을 쓰시오.

4. 유리판 위에 인쇄된 글자의 상태를 검사하는 작업자가 검사용 조명으로 인한 휘광(Glare)의 발생으로 시성능의 저하와 두통을 호소하고 있다. 이에 대한 예방대책을 설계하시오.

5. 인간의 의식수준은 과도하게 긴장하거나 활발하지 못할 경우 작업능률과 신뢰성이 낮아지는 특성이 있다. 검사 작업이나 정신적 판단이 필요한 작업의 경우 의식수준을 최적으로 유지할 수 있는 방안을 설계하시오.

6. 영하의 날씨에 외부 작업장에서 진동공구를 사용하여 작업하는 작업자에게 발생할 수 있는 위험을 평가하고, 위험을 저감할 수 있는 대책을 수립하시오.

3교시 다음 문제 중 4문제를 선택하여 설명하시오.(각 문제당 25점)

1. A회사는 구매자들의 요구에 부응하기 위하여 2009년 ISO TMB(International Standardization Organization Technical Management Board, 국제표준화기구기술관리이사회)에서 제정한 리스크 경영표준(ISO 31000 : 2009－Risk Management)을 회사경영프레임워크(Framework)로 도입히기로 하였다. A회사의 인간공학 문제를 담당하는 B과장은 A회사에서 제조하는 제품이 가지고 있던 각종 인간공학적 문제점을 인간공학 리스크로 재정의하려고 한다. 먼저 인간공학 목표에 맞추어 인간공학 리스크를 정의하고, 리스크경영 주요 과정 7단계를 다이어그램으로 설명하시오.

2. 승용차용 HUD(Head Up Display)를 설계할 경우 제시되는 차량의 속도를 디지털 숫자로 제시하고자 한다. 이때 적절한 글자체(Typography)를 설계하시오.

3. VDT 작업공간을 설계하고자 한다. 그림을 참고하여 다음 각 물음에 답하시오.

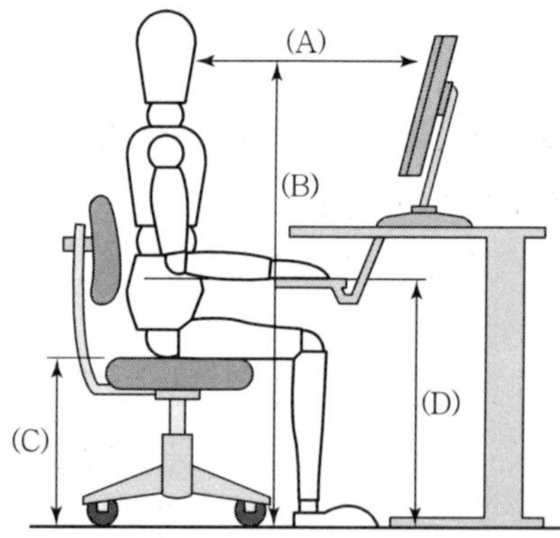

1) (A)는 눈과 모니터의 거리이다. 눈과 모니터 간의 최적거리와 모니터의 최적 각도를 제시하시오.
2) (B)는 모니터 상단의 높이이다. 이 높이를 결정하는 인체치수의 측정방법을 제시하시오.
3) (C)는 의자 좌판의 높이로 다양한 사용자가 활용하도록 설계하여야 한다. 이때 적용하는 인체치수 적용 방식을 제시하고, 범위를 결정하시오.
4) (D)는 키보드의 높이이다. 그림에서 보다 높거나 낮게 키보드가 배치될 경우 발생할 수 있는 문제에 대하여 설명하시오.

4. A사무원은 시간당 10,000자를 타이핑하며, 평균 40개의 오타가 발생한다. B사무원은 1,000자로 구성된 원고에 대해 평균 5자를 잘못 읽는다. B사무원이 불러주고 A사무원이 받아서 타이핑하는 작업의 인간신뢰도를 구하시오.

5. 어느 부품을 조립하는 컨베이어 라인의 요소작업 5개에 대한 사이클 타임을 각 10회 측정한 결과 다음과 같은 측정치를 얻었다.

요소작업	작업 1	작업 2	작업 3	작업 4	작업 5
작업 시간 (초)	45	23	20	15	27
	47	22	21	14	28
	46	25	19	16	27
	50	23	20	15	29
	51	21	22	14	30
	43	25	23	16	27
	47	24	22	15	26
	46	25	21	14	28
	52	26	23	14	28
	50	24	23	15	27

1) 각 측정치가 정상적인 상태로 측정되었다고 가정할 때 각 작업별로 여유율 10%를 부여한 표준작업시간을 외경법으로 구하시오.(단, 소수점 이하 첫 번째 자리에서 반올림하시오.)
2) 각 작업을 개별 공정으로 가정하고, 작업자를 5인 배치할 경우 이 라인의 주기시간과 공정효율을 구하시오.
3) 요소작업을 병합하여 작업자 수를 줄일 경우 최적 공정효율을 보이는 작업자 수와 이때의 공정효율을 구하시오.

6. 기관차를 장시간 운전하는 기관사는 경계수준이 저하되어 중요한 정보를 놓치고, 이로 인해 각종 사고를 일으킬 수 있다. 경계수준을 저하시키는 요인 4가지와 각 요인별 대처방안을 설명하시오.

4교시 다음 문제 중 4문제를 선택하여 설명하시오.(각 문제당 25점)

1. 그림은 부품박스에 있는 중량 5kg의 부품을 작업대에 부착된 고정지그에 장착하고, 조립작업을 수행하는 공정이다.

1) 들기작업의 문제점을 NIOSH 들기작업의 요소를 기준으로 설명하시오.
2) 현 작업에 대한 개선방안을 제시하시오.

2. 새로운 외국의 거래처에 국제전화를 걸려고 핸드폰에 저장된 전화번호부를 검색하여 몇 번의 암기 끝에 전화번호를 간신히 기억하였다. 전화번호 버튼을 누르는 중 직장 상사가 말을 걸어와서 전화번호를 망각하게 되었다.
1) 세 개의 기억시스템을 포함하는 인간정보처리 모델을 다이어그램을 그려서 설명하시오.
2) 위 상황에서 문제가 된 기억시스템을 설명하시오.
3) 위 상황에서 도움이 될 수 있는 인간공학적 개선 방안을 제시하시오.

3. 표준시간은 측정된 정미시간에 여유시간을 추가로 부여하여 산정한다. 이때 부여되는 여유시간에 대하여 다음 물음에 답하시오

 1) 일반 여유의 종류를 설명하시오.
 2) 특수 여유 중 기계 간섭 여유에 대하여 설명하시오.
 3) 국제노동기구(ILO)가 제안한 인적 여유(Personal Allowance)를 설명하시오.

4. TV 제조사는 늘어나는 주문량에 맞추어 작업공정을 24시간 가동하기 위해 다음 2가지 교대방식을 고려하고 있다.

교대방식	작업조	근무시간	교대 순환 순서
1	A작업조	오전 8시~오후 4시	A→B→C→A
	B작업조	오후 4시~자정	
	C작업조	자정~오전 8시	
2	상동	상동	A→C→B→A

 1) 교대방식 1과 교대방식 2를 비교하여 설명하시오.
 2) 교대 순환 주기를 ① 1일, ② 2주, ③ 1년으로 하는 대안에 대하여 각각 비교하여 설명하시오.

5. 중앙통제실에서는 경보 발생 위치가 경보 판넬 상에 고정되어 있는 타일형 경보와 경보 발생 순서에 따라 화면상에 목록으로 나타나는 리스트형 경보를 사용하고 있다. 경보를 보여주는 화면의 크기가 제한되어 있어서 타일형 경보 화면에는 주요 경보만 선별하여 표시하고, 리스트형 경보 화면에는 가장 최근 발생 경보만 표시하고 시간이 경과된 경보는 스크롤 바를 조작하여 볼 수 있다.

 1) 경보를 지각하는 인간의 시감각 체계의 상향처리(Bottom-up Processing)와 하향처리(Top-down Processing)에 대하여 설명하시오.
 2) 비상 상황에서 다중 경보가 동시 다발할 경우 중앙통제실 근무자는 타일형 경보를 리스트형 경보보다 더 선호하는 경향이 있다. 타일형 경보 지각은 상향처리와 하향처리 중 어느 것에 더 영향을 받는지 설명하시오.

6. 인간-기계 시스템의 설계 시 정보의 피드백(Feedback)은 효과적인 제어가 이루어졌는지 확인하는 중요한 과정이다. 이러한 피드백 과정은 다양한 인간의 감각기관을 통해 인체로 전달되는데 다음 제시된 감각기관을 이용한 피드백 과정을 사례를 들어 설명하시오.

 1) 촉각적 피드백
 2) 후각적 피드백

100회 인간공학기술사

PROFESSIONAL ENGINEER ERGONOMICS

1교시 다음 문제 중 10문제를 선택하여 설명하시오.(각 문제당 10점)

1. 인간공학의 정의와 3가지 목표를 설명하시오.

2. 다음 신체 부위의 운동 유형 중 5가지를 선택하여 설명하시오.

Abduction	Extension	Lateral Rotation	Pronation
Adduction	Flexion	Medial Rotation	Supination

3. 사업주가 근골격계질환 예방관리 프로그램을 수립 · 시행하여야 하는 대상 사업장에 대하여 설명하시오.

4. 유해요인조사에 있어 정기조사와 수시조사의 실시 시기에 대하여 설명하시오.

5. 기준(평가척도)의 유형 중 인간기준에 대하여 설명하시오.

6. Reason에 의한 휴먼에러(Human Error)의 분류에 대하여 설명하시오.

7. 자극과 반응 실험에서 카드 모양이 스페이드(♠)인 경우 1번 키, 다이아몬드(♦)는 2번 키, 하트(♥)는 3번 키, 클로버(♣)는 4번 키를 누르도록 약속하였다. 이에 따라 키를 누르는 실험을 총 100회 실시하였을 때의 결과는 다음 표와 같다. 제대로 전달된 정보량, Equivocation, Noise 정보량을 구하시오.

자극 \ 반응	1번	2번	3번	4번
♠	25			
♦		50		
♥				
♣				25

8. 8시간 작업 시 측정된 소음수준의 그래프는 다음과 같다. 소음노출량을 구하고, 해당 보호구가 없을 경우 작업자의 작업허용시간을 구하시오.

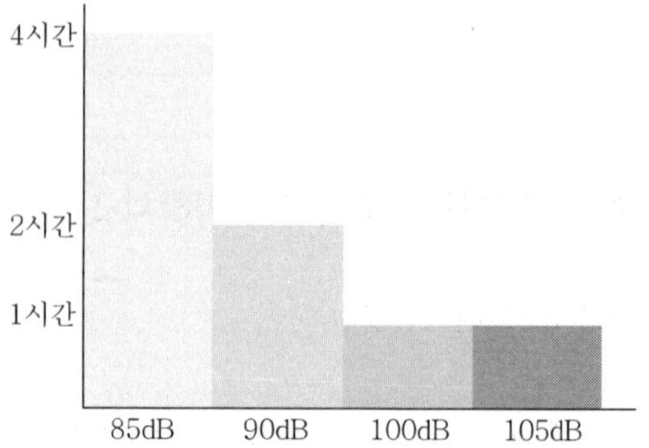

9. 조종장치의 손잡이 길이가 5cm이고, 90°를 움직였을 때 표시장치에서 4cm가 이동하였다. 다음 각 물음에 답하시오.
   1) C/R 비율을 구하시오.
   2) 민감도를 향상시키기 위한 방안 2가지를 설명하시오

10. 근력 측정 시 정적 근력과 동적 근력에 대하여 설명하시오.

11. Barnes의 동작경제의 원칙 중 '작업장의 배치에 관한 원칙'에 대하여 설명하시오.

12. Brainstorming의 원칙에 대하여 설명하시오.

13. 개정된 NIOSH 들기 기준은 들기작업의 최적 조건을 기준으로 RWL(권장무게한계)을 정하였다. 최적 조건에 대하여 설명하시오.

2교시 다음 문제 중 4문제를 선택하여 설명하시오.(각 문제당 25점)

1. 인체측정자료의 응용 원리에 대하여 사례를 들어 설명하시오.

2. 작업 시 에너지소모량을 실험한 결과 다음 표와 같았다. 이 결과를 이용하여 다음 각 물음에 답하시오.

성분	흡기(%)	배기(%)
O_2	21	16
N_2	79	80
CO_2	0	4
10분간 배기량 200ℓ, 산소 소비 1ℓ당 5kcal		

1) 분당 산소소모량과 분당 소모에너지가를 구하시오.
2) 이 작업을 60분간 진행할 경우 필요한 휴식시간을 구하시오.
3) 현 작업에 문제가 있다고 판단될 경우 개선방안을 제시하시오.

3. 다음은 정보처리과정에서의 기억과 Mistake, Slip, Lapse를 나타낸 것이다.

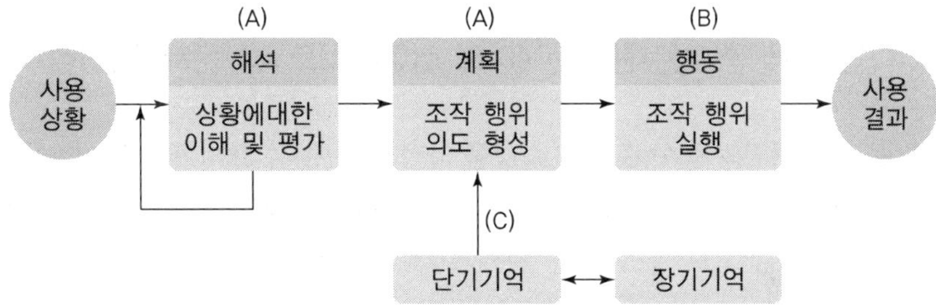

1) 오류의 유형인 A, B, C에 대하여 설명하시오.
2) Miller의 "Magical Numer 7±2"에 대하여 설명하시오.
3) 경로용량(Channel Capacity)에 대하여 설명하시오.

4. Maslow의 인간욕구 단계설, Alderfer의 ERG 이론, 그리고 Herzberg의 2요인론에 대하여 비교 · 설명하시오.

5. 다음 선행도는 활동의 선후관계와 소요시간을 나타낸 것이다. ( ) 안의 숫자는 위치가중치로 현재 활동에서부터 마지막 활동까지의 일정을 수행하는 데 필요로 하는 최소한의 소요시간을 의미한다. 다음 각 물음에 답하시오.

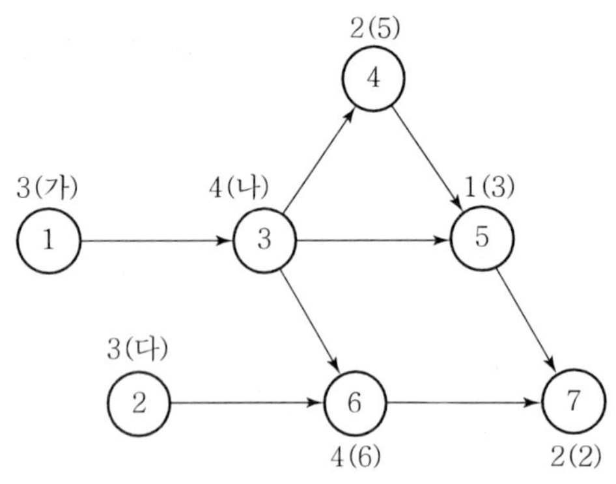

1) (가), (나), (다)에 맞는 위치가중치를 구하시오.
2) 전체 일정을 마치는 데 필요한 최소소요시간을 구하시오.
3) 위치가중치를 고려하여 중요활동집합을 구하시오.

6. 중량물을 들어올리는 작업에 대하여 산업안전보건기준에 관한 규칙에서 정하는 사업주의 의무사항을 설명하시오.

3교시 다음 문제 중 4문제를 선택하여 설명하시오.(각 문제당 25점)

1. 그림은 물체의 거리와 높이에 따른 시각을 나타낸 것이다. 표지판의 문자높이 크기는 시각이 15~22′ 정도 내에 있기를 권장하고 있다. 최적 시각이 20′이라고 하였을 경우 10m 떨어진 곳에서 최적의 조건으로 볼 수 있는 글씨의 크기(L)를 구하시오.

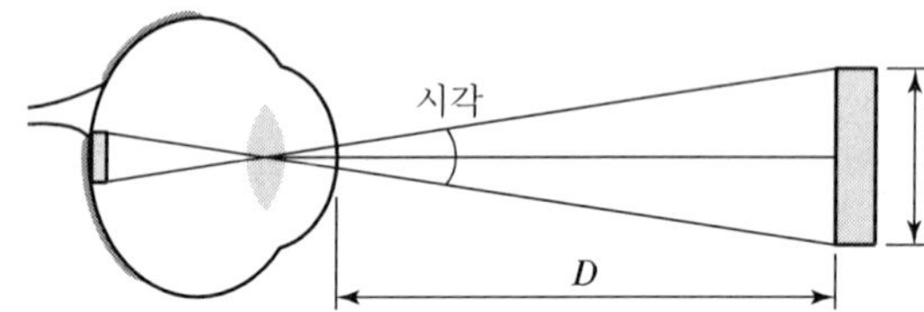

2. NIOSH의 직무 스트레스 모형에서 직무 스트레스 요인과 중재 요인에 대하여 설명하시오.

3. 한 작업자가 철재구조물에 용접을 하기 위하여, 근처에 있던 빈 드럼통을 가져다가 작업을 하던 중 용접불똥이 빈 드럼통에 튀어 안에 있던 잔류가스에 점화, 폭발한 사고가 발생하였다. 이때 작업자가 철재구조물에 부딪혀서 팔이 부러지는 부상을 당한 경우 다음 각 물음에 답하시오.
   1) 기인물, 가해물, 재해 발생 형태와 상해의 종류를 쓰고, 설명하시오.
   2) 사고의 직접 원인이 되는 불안전한 행동과 불안전한 상태에 대하여 설명하시오.

4. 표는 4시간 동안의 작업내용을 Work Sampling한 내용이다. 다음 각 물음에 대하여 답하시오.

작업	작업 횟수	팔을 어깨 위로 들고 작업하는 횟수	쪼그려 앉아 작업하는 횟수
작업 1	///// /////		
작업 2	///// ///// ///// /////	///	/////
작업 3	///// ///// ///// ///// ///// ///// ///// ///// ///// /////	///// ///// /////	///// /////
작업 4	///// /////	///// /////	/////
유휴기간	///// /////		
총계	100회	28회	20회

1) 표를 참고하여 각 작업에 대한 8시간 동안의 추정 작업시간을 구하시오.
2) 표를 참고하여 8시간 동안의 팔을 어깨 위로 들고 하는 작업과 쪼그려 앉아 하는 작업의 추정시간을 구하고, 각 작업의 근골격계 부담작업 해당 여부를 설명하시오.

5. 최근 국내 작업 현장에는 여성작업자가 증가하고 있다. 표의 인체치수를 이용하여 좌식 작업 시, 여성을 위한 고정식 작업대와 의자를 인간공학적으로 설계하시오.(단, 95%tile의 계수는 1.645이다.)

여성	오금높이(cm)	무릎 뒤 길이(cm)	앉은 자세에서의 팔꿈치 높이(cm)	엉덩이 너비(cm)
평균	38.0	44.4	63.2	33.7
표준편차	1.7	2.1	2.1	1.9

6. 가스 탱크로부터 가스 누출을 방지하기 위한 밸브가 그림과 같이 설치되어 있다. 각 밸브의 고장은 독립적이며, 각 밸브의 고장 확률은 0.1로 모두 동일할 때, 다음 각 물음에 답하시오.

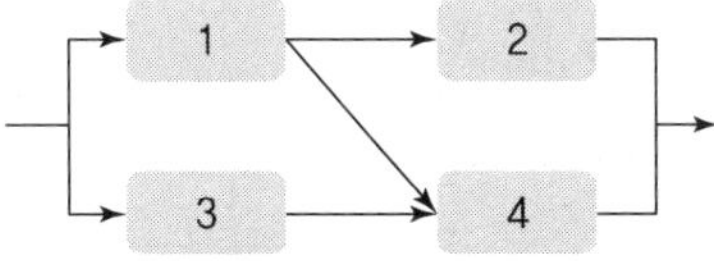

1) 가스 누출을 정상사상으로 하여 FT(Fault Tree)도를 그리시오.
2) 가스가 누출될 확률을 구하시오.

4교시 다음 문제 중 4문제를 선택하여 설명하시오.(각 문제당 25점)

1. 정량적 표시장치의 인간공학적 설계원칙에 대하여 설명하시오.

2. 소집단 활동의 성장과정을 설명하시오.

3. 표준시간 산정에 관한 다음 각 물음에 답하시오.
   1) 여유시간에 포함되어야 할 항목에 대하여 설명하시오.
   2) 외경법과 내경법에 대하여 설명하시오.

4. 근육의 대상과정에 관한 다음 각 물음에 답하시오.

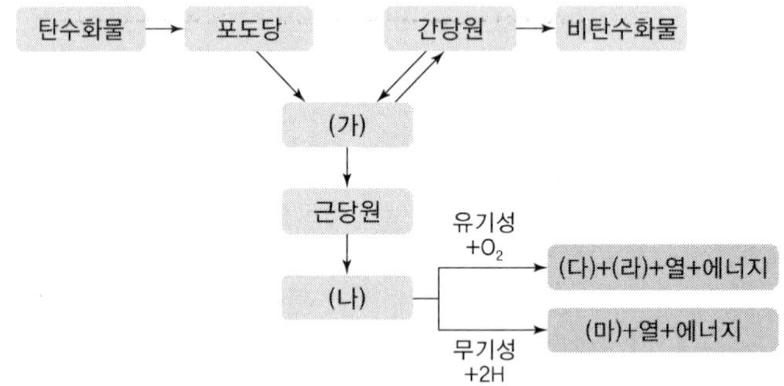

   1) 그림의 (가)~(마)에 해당하는 내용을 쓰시오.
   2) 산소 빚(Oxygen Debt)과 기초대사율(Basal Metabolic Rate)에 대하여 설명하시오.

5. 수공구 설계의 인간공학적 원리에 대하여 실제 사례를 들어 설명하시오.

6. 팔꿈치 관절의 굽힘 동작 시, 상완이두근과 상완근이 작용한다고 가정할 때, 그림을 참고하여 생체역학적 모델을 제시하시오.

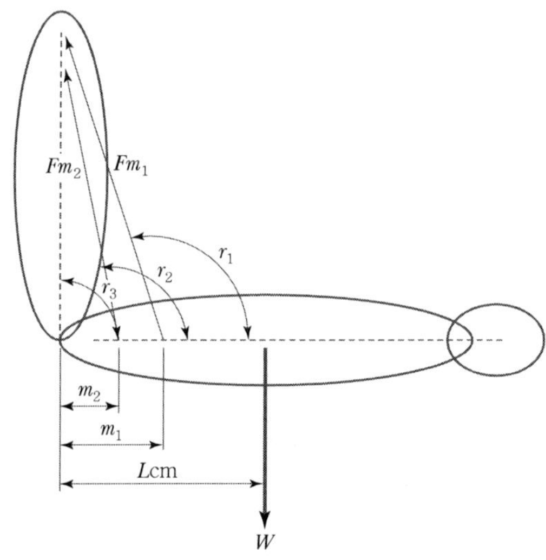

103회 인간공학기술사

PROFESSIONAL ENGINEER ERGONOMICS

1교시 다음 문제 중 10문제를 선택하여 설명하시오.(각 문제당 10점)

1. 서블릭(Therblig)의 기본동작을 효율적인 서블릭과 비효율적인 서블릭으로 나누어 5가지씩 쓰고, 각각의 기본동작에 대하여 설명하시오.

2. 일반여유의 3가지에 대하여 설명하고, 제조업 현장에서 작업시간 중에 규칙적으로 제공하는 휴식시간을 3가지 여유와 연관지어 설명하시오.

3. 인력운반작업 시 육체적 작업부하를 평가하기 위한 3가지 접근방법과 그 한계에 대하여 설명하시오.

4. 운동학(Kinematics)에서 신체분절의 움직임을 분석하기 위해 필요한 6가지 변수를 쓰시오.

5. 다음 그림은 근력과 근육 수축 속도, 근력과 근육 길이 간의 관계를 나타낸 그래프이다. 이들 간에 관계를 설명하시오.

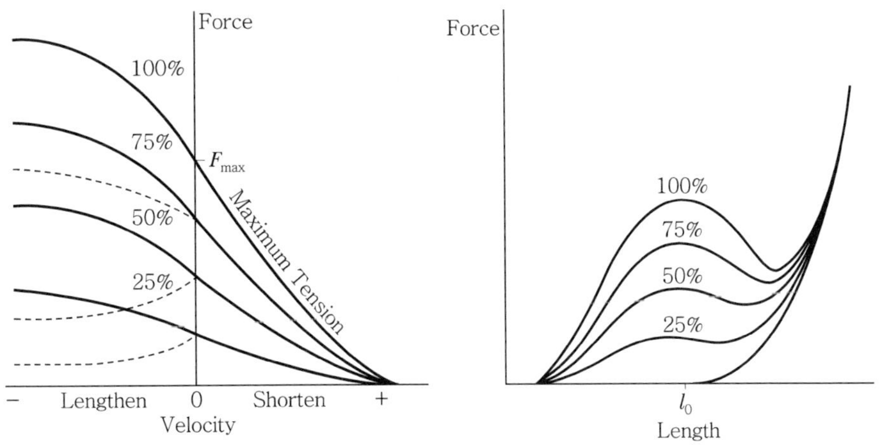

6. 근골격계질환 예방을 위한 작업환경개선 지침(KOSHA Guide)에서 근로자가 인력으로 중량물을 취급하는 경우 권고하는 6단계의 작업방법에 대하여 설명하시오.

7. 독립변수의 3가지 유형에 대하여 각각의 예를 들어 설명하시오.

8. 다음과 같이 같은 자극이 숫자 '6'으로도 또는 알파벳 'b'로도 지각될 수 있다. 이와 같은 현상에 대하여 설명하시오.

4 8 6 27
t a b l e

9. 비음성 사운드(Non－Speech Sound)를 활용한 인터페이스가 효과적으로 사용될 수 있는 상황을 3가지만 제시하시오.

10. Jacob Nielsen이 말한 사용편의성(Usability)의 5가지 속성에 대하여 설명하시오.

11. 인간의 무게에 대한 웨버비(Weber Ratio)가 1/50이라면, 휴대폰의 무게가 100g일 때 사용자가 느끼지 못하는 무게 변화의 최대값을 구하고, 그 값을 무엇이라 하는지 설명하시오.

12. 양립성(Compatibility)의 3가지 원칙에 대하여 각각의 디자인 사례를 그림으로 표현하여 설명하시오.

13. 정상조명 하에서 5m 거리에서 볼 수 있는 아날로그시계를 디자인하고자 할 때, 시계의 눈금단위를 1분 (′) 간격으로 표시한다면 눈금표시 중심 간의 최소 간격을 구하고, 설명하시오.

2교시 다음 문제 중 4문제를 선택하여 설명하시오.(각 문제당 25점)

1. A공장의 음압수준은 80데시벨(dB)이다. 인근 사무실은 공장에서 들려오는 소음을 차단하기 위한 방음시설을 설치하여 소음 수준을 40데시벨로 줄였다.
   1) 공장에서 나는 소음이 사무실에서의 소음수준으로 낮아지는 위치(d_2)를 공장과 사무실과의 거리(d_1)로 표현하시오.
   2) 공장에서 발생하는 소음에 대한 대책을 3가지로 구분하여 설명하시오.

2. 창의개발팀에 새로 부임한 A팀장은 7명(N1－N7)의 팀 구성원 간에 신제품 개발의 주도권을 놓고 내부 갈등이 심각하다고 판단하였다. A팀장은 팀 구성원과의 개발 면담을 통해 다음과 같은 소시오매트릭스(Sociomatrix)를 기록(선호관계는 1, 거부관계는 －1로 표시)하였다. 다음 각 물음에 답하시오.

	N1	N2	N3	N4	N5	N6	N7
N1		1			1		
N2	1						
N3				－1	1		
N4			－1		1		1
N5			1	1			1
N6					1		
N7					1		

1) 소시오매트릭스를 보고 소시오그램(Sociogram)을 작성하시오.(단, 선호관계는 실선 화살표, 거부관계는 점선 화살표로 표시하시오.)
2) 창의개발팀의 비공식리더(Informal Leader)의 신호신분지수를 구하시오.
3) 창의개발팀의 집단응집성지수를 구하시오.
4) 창의개발팀에 내재될 수 있는 역할 갈등의 종류를 4가지 나열하시오.

3. 촉각적 표시장치에 대한 다음 각 물음에 답하시오.
1) 햅틱(Haptic)을 정의하시오.
2) 햅틱인터페이스의 활용 예를 3가지만 제시하시오.
3) 조종장치를 촉각적으로 식별 가능하도록 디자인하기 위하여 활용할 수 있는 디자인 요소를 3가지로 설명하시오.

4. 손목부터 손끝점까지의 손직선길이(Hand Length)와 팔꿈치부터 손목까지의 아래팔 수평길이(Elbow－Wrist Length)를 이용하여 팔꿈치부터 손 끝점까지의 팔꿈치손수평길이(Forcarm－Hand Length)의 95백분위수(Percentile)를 구하시오.(단, 세 길이 모두 정규분포를 따른다고 가정하고, 95백분위수에 해당하는 표준정규분포값은 1.645이다.)

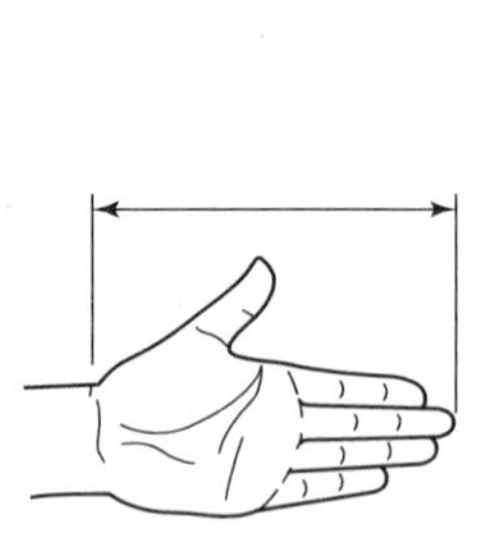

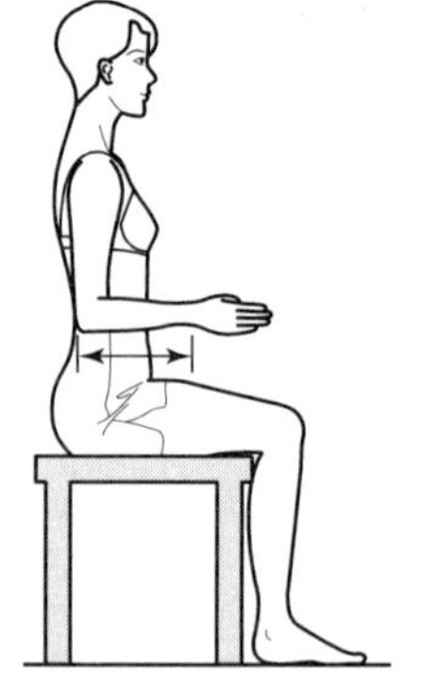

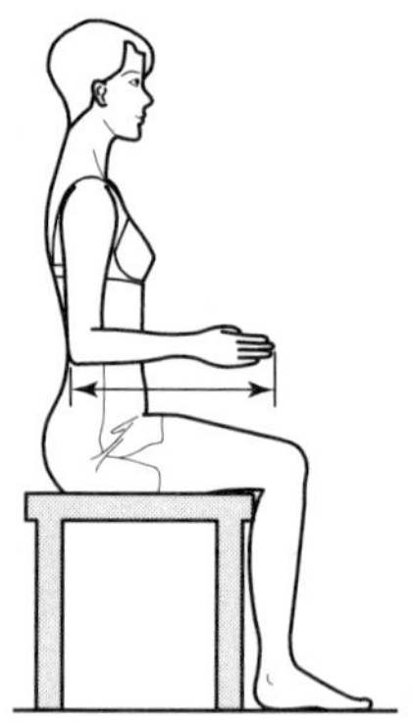

손 직선길이　　　　아래팔 수평길이　　　　팔꿈치손 수평길이

구분	평균(mm)	표준편차	두 길이의 상관계수
손 직선길이	177.74	10.29	0.643
아래팔 수평길이	257.02	18.26	

5. 시각정보의 디자인과 정보처리 과정에 대한 다음 각 물음에 답하시오.
   1) 게스탈트(Gestalt)의 4가지 원칙(근접성, 유사성, 연속성, 폐쇄성)에 대하여 설명하시오.
   2) 게스탈트 4원칙의 각각에 대한 디자인 사례를 그림으로 표시하시오.
   3) 중요한 시각정보에 대한 사용자의 주의(Attention)를 이끌어 내기 위한 디자인 방법을 3가지만 제시하시오.

6. 청소년을 목표사용자로 하는 스마트폰을 새롭게 디자인하였다. 청소년들 중 임의로 추출된 200명을 대상으로 기존 스마트폰 (A)과 새로운 스마트폰 (B)에 대한 사전 경험과 지식수준은 동일하다고 가정하고, 각각의 스마트폰에 대한 선호도를 5점 리커트 척도로 평가하였다. 다음 각 물음에 답하시오.
   1) 해당 연구에서 모집단, 표본수, 독립변수, 종속변수(또는 측정변수)를 제시하시오.
   2) 귀무가설과 대립가설을 제시하고, 설명하시오.
   3) 스마트폰 선호도에 대한 분석을 위하여 유의수준 0.05를 적용하고자 할 때 유의수준의 의미를 설명하시오.
   4) 선호도에 대한 평균치를 구한 결과 A는 3.5, B는 3.7의 결과를 얻었고, 분산분석을 통하여 p값(p−value)은 0.07이라는 결과를 얻었다. 유의수준 0.05를 적용하여 스마트폰 디자인의 평균치에 대한 유의성을 분석하시오.
   5) 귀하가 스마트폰 출시에 대한 최종 결정권자라면 위의 분석결과를 토대로 할 때 스마트폰의 출시 여부를 판단하고, 그 이유를 설명하시오.

3교시 다음 문제 중 4문제를 선택하여 설명하시오.(각 문제당 25점)

1. 원자력발전소설비에 대한 1년 주기 정기점검에는 증기발생기의 내부를 수리하는 공정(작업공정 A)이 있다. 내부 수리 중 잔류 방사능에 작업자 개인당 피폭되는 양을 최소화하기 위해 작업시간을 최소화하고, 이전에 참가한 작업자는 가급적 동일 작업에 참가하는 것을 배제하는 것이 작업관리의 주요 고려사항 중 하나이다. 작업공정 A는 이전의 통계자료에 따르면 평균 5시간이 소요된다. 신규 작업자에게 모의 증기발생기 모형을 사용하여 작업공정 A에 대한 작업순서, 작업도구 사용법 등을 사전에 학습하고 작업에 임하도록 하였다. 신규 작업자가 증기발생기 모형을 사용하여 학습하는 데 2시간이 소요되었고, 학습 이후 신규 작업자가 실제 증기발생기에 들어가서 소요한 작업시간은 4시간이었다.
   1) 신규 작업자의 학습전이효율(Transfer Effective Ratio)을 구하시오.
   2) 작업공정 A의 평균학습률(R)이 90 %라고 가정하고, 지난해 처음으로 작업공정 A에 참여하여 5시간 만에 작업을 완수한 작업자를 동일 작업에 재투입할 경우의 작업 단축시간을 예측하시오.
   3) 학습과정에 가장 큰 영향을 주는 인지적 요소에 대하여 설명하시오.
   4) 신규 작업자에게 증기발생기 모형을 사용하여 학습하는 방안과 지난해 작업자를 재투입하는 방안의 장단점을 비교하시오.

2. 근골격계부담작업의 범위에는 "하루에 총 2시간 이상 머리 위에 손이 있거나, 팔꿈치가 어깨 위에 있거나, 팔꿈치를 몸통으로부터 들거나, 팔꿈치를 몸통 뒤쪽에 위치하도록 하는 상태에서 이루어지는 작업(A)"과 "지지되지 않은 상태이거나 임의로 자세를 바꿀 수 없는 조건에서 하루에 총 2시간 이상 목이나 허리를 구부리거나 트는 상태에서 이루어지는 작업(B)"이 포함된다. 다음 각 물음에 답하시오.
   1) 고용노동부 고시를 기준으로 다음 사항을 정의하시오.
      - 하루
      - 팔꿈치를 몸통으로부터 드는 경우
      - 지지되지 않은 상태
      - 임의로 자세를 바꿀 수 없는 조건
      - 목이나 허리를 튼 상태
   2) 다음의 각 작업에 대해서 근골격계부담작업 여부를 판정하시오.(단, 표의 회색 부분은 작업시간을 나타낸다.)

작업(A) 요인	하루 작업시간								노출시간
머리 위 손									1시간
팔꿈치 어깨 위									1시간
팔꿈치 몸통 달기									30분
	1	2	3	4	5	6	7	8	

작업(B) 요인	하루 작업시간								노출시간
목 굽힘									1시간
목 비틀림									1시간
허리 굽힘									30분
	1	2	3	4	5	6	7	8	

3. 다음의 표는 요인분석을 통하여 최종적으로 얻어진 요인부하행렬이다. 다음 각 물음에 답하시오.

구분	성분		
	1	2	3
고급스런	.954	.248	−.140
귀여운	.426	.834	−.222
대중적인	.460	.859	.076
동적인	.008	−.014	.993
세련된	.926	.333	.099
예쁜	.854	.513	−.056
조화로운	.785	.430	.416
친숙한	.238	.963	.119

1) 감성분석에서 요인분석을 통하여 얻고자 하는 결과를 설명하시오.

2) 형용사 어휘 '고급스런'에 대하여 의미미분(Semantic Differential)법을 활용한 설문 문항을 제시하시오.(7점 척도 활용)

3) 위의 분석 결과를 활용하여 감성어휘를 3개의 감성요인으로 그루핑하시오.

4. 제품 및 작업 환경 설계에서 손잡이(Handle)의 인간공학적 디자인은 손잡이의 사용 편의성과 편리함을 결정하는 데 중요한 역할을 한다. 손잡이 디자인에 관한 다음 각 물음에 답하시오.

1) 행동유도성에 대하여 설명하고, 디자인에서의 중요성을 설명하시오.

2) 그림은 자동차의 문손잡이로, 왼쪽은 '여닫이 문'이고 오른쪽은 '미닫이 문'이다. 행동유도성(Affordance) 측면에서 손잡이 디자인의 부적합 사유를 설명하시오.

3) 2)의 그림에서 사용자의 행동유도성을 고려하여 손잡이 디자인의 개선안을 그림으로 표현하시오.

4) 다음 그림을 보고 문을 여는 관점에서의 디자인상 문제점을 설명하고, 개선방안을 제시하시오.

5. KS A ISO 13407 : 2011 표준의 명칭은 대화형 시스템을 위한 인간중심 설계프로세스이다. 이 표준에서 제시하는 인간중심 설계원칙 5가지를 설명하시오.

6. 작업장의 조명수준은 작업수행도를 결정하는 데 중요한 요소이다. 작업장 조명설계에 관한 다음 각 물음에 답하시오.

1) 광속, 조도, 광도의 정의와 단위를 쓰시오.

2) 작업장 설계에서 천장, 가구, 벽, 바닥에 대해서 반사율이 높은 순서부터 나열하시오.

3) 작업장 안전표지판의 배경반사율이 80%이고, 표적(안전표지)의 반사율이 10%일 때 배경에 대한 표적의 광도대비를 구하시오.

4교시 다음 문제 중 4문제를 선택하여 설명하시오.(각 문제당 25점)

1. SENIAM(Surface EMG for Non－Invasive Assessment of Muscles)은 표면 근전도를 사용할 경우 다음 사항을 기록하도록 권장하고 있다. 다음 8가지에 대하여 각각 설명하시오.
   - 전극 특성
   - 피부처리방법
   - Input Impedance
   - 전극부착방법
   - Gain
   - Gain(Common－Mode Rejection Ratio)
   - 필터링
   - 샘플링레이트

2. A회사는 테블릿 PC에 들어가는 아이콘의 크기를 결정하는 데 손가락의 이동시간을 고려하기로 하였다. 테블릿 PC 화면상에서 손가락의 이동거리를 4cm로 설정하였다. 직경 0.5cm 크기의 아이콘까지의 이동시간을 측정하였을 때 평균 500ms가 소요되었고, 직경 1cm 크기의 아이콘까지의 이동시간을 측정하였을 때 평균 400ms가 소요되었다. 손가락에서 목표물까지의 이동시간이 Fitts의 법칙을 따른다고 가정하고, 다음 각 물음에 답하시오.
   1) Fitts의 법칙에 대하여 설명하시오.
   2) 아이콘의 크기를 2cm로 하였을 때 이동시간(ms)을 예측하시오.

3. 키가 170cm이고, 몸무게가 70kg인 사람이 그림과 같이 서 있을 때 몸 전체 무게중심의 좌표를 구하시오.(단, 그림에서 ⊗ 표시는 각 신체분절의 무게중심이고, 팔의 무게중심은 어깨에서부터 팔 길이의 0.530에 위치하며, 다리의 무게중심은 고관절에서부터 다리길이의 0.447에 위치하고, 머리, 목, 엉덩이를 포함하는 몸통의 무게중심은 머리에서부터 몸통 길이의 0.660에 위치한다.)

신체분절	몸무게 대비 신체분절무게 비율	신체분절길이 대비 무게중심 위치
팔	0.050	0.530
다리	0.161	0.447
몸통(머리, 목, 엉덩이 포함)	0.578	0.660

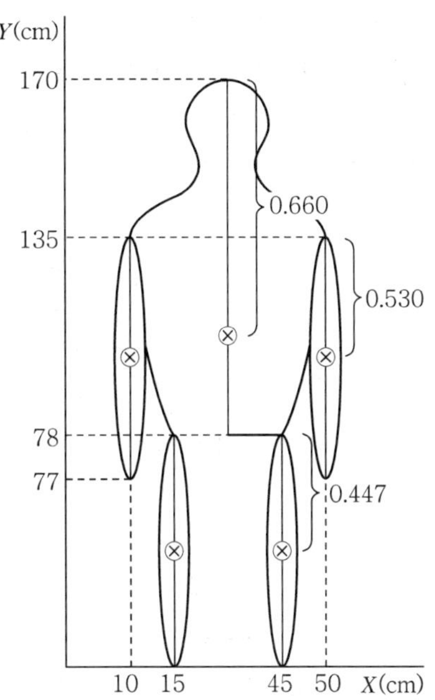

4. A공장에서 부품조립, 부품포장, 부품출하의 3개 단위작업으로 구성된 부품처리 공정의 표준시간을 결정하기 위해 표와 같이 워크샘플링(Work Sampling)으로 480분 동안 10회의 예비관측을 수행하였다. 다음 각 물음에 답하시오.

단위작업	부품조립		부품포장		부품출하	
관측시간	관측	수행도 평가	관측	수행도 평가	관측	수행도 평가
9 : 06	✔	80				
9 : 52	✔	70				
10 : 44					✔	70
11 : 21			✔	80		
13 : 07					✔	120
14 : 35					✔	110
15 : 18			✔	75		
15 : 59			✔	95		
16 : 43			✔	70		
17 : 30			✔	80		

1) 외경법 여유율이 5%이고, 480분 동안 100개의 부품을 처리하였다면 이 공정의 표준시간을 결정하시오.

2) 신뢰수준이 95%이고, 절대허용오차가 5%의 시간을 측정하기 위해 몇 회를 더 추가 관측해야 하는지 설명하시오.(단, 95% 신뢰수준의 표준정규분포값은 1.96이다.)

5. 산업현장에서 부적합하게 설계된 수공구(Hand Tool)를 사용하는 작업자는 근골격계 질환이나 신체적 불편함을 경험할 가능성이 높다. 따라서 수공구 디자인에서 인간공학적 원칙을 고려하는 것이 필요하다. 수공구 디자인에 관한 다음 각 물음에 답하시오.
   1) 그림과 같은 작업자세가 요구될 때, 생체역학적 측면에서의 문제점을 제시하시오.

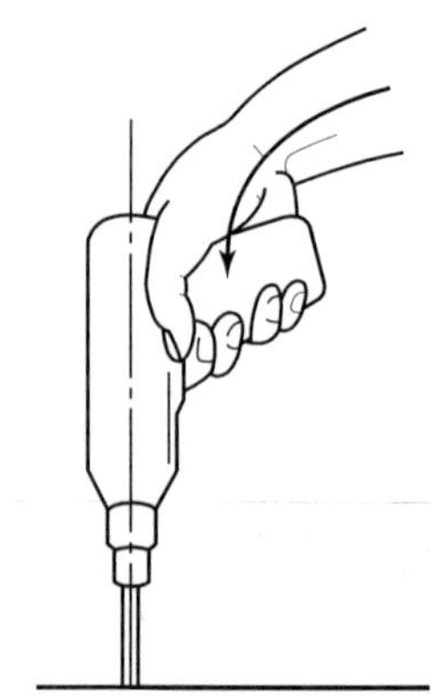

   2) 1)의 그림과 같은 작업자세가 요구되는 경우, 사용하기 적합한 디자인을 그림으로 표현하시오.
   3) 수공구 디자인의 인간공학적 원칙 3가지를 설명하시오.

6. 어떤 지하철 회사에서 운행하던 전동차 (A)가 앞서가던 전동차 (B)를 추돌하였다. 지하철 회사는 전동차의 추돌을 사전에 감지하고 예고하는 신호시스템을 갖추고 있었다. 전동차 추돌 감지시스템을 운용하는 C씨는 한 달 전 추돌예고 신호시스템의 소프트웨어를 업데이트한 이후부터 추돌예고 신호시스템으로부터 '허위 경보(False Alarm)'가 여러 번 반복해서 발생하는 것을 확인하였다. 전동차 추돌사고 직전에 모니터상으로 추돌예고 신호가 발생한 것을 확인하였지만 유사한 허위 경보가 여러 번 반복되었던 사례가 있었으므로 이번 경우에도 '통상적인 허위 경보'로 생각해 아무런 조치도 취하지 않았다.
   앞 전동차 (B) 기관사 D씨는 사고 직전 문이 정상적으로 닫히지 않아 3차례에 걸쳐 스크린 도어를 여닫았다. 이 과정에서 약 2분간 운행이 지연됐지만 D씨는 종합관제소에 이를 보고하지 않았다. 전동차가 한곳에 40초 이상 머물면 관제소에 알려야 하는 규칙이 있었지만 이를 지키지 않았다. 다음 각 물음에 답하시오.
   1) 전동차 추돌 감지시스템 운용자 C씨의 오류를 라스무센(Rasmussen)의 SRK(Skill, Rule, Knowledge) 기반 프로세스와 Reason의 휴먼에러 분류기법을 사용하여 설명하시오.
   2) 앞 전동차 (B) 기관사 D씨의 오류를 행위적 관점(Swain과 Guttman)에서 분류하시오.
   3) 휴먼에러를 예방하기 위한 방안을 Reason의 스위스 치즈 모델을 이용하여 제시하시오.

106회 인간공학기술사

PROFESSIONAL ENGINEER ERGONOMICS

1교시 다음 문제 중 10문제를 선택하여 설명하시오.(각 문제당 10점)

1. Fail Safe와 Fool Proof를 정의하고, 예를 들어 설명하시오.

2. 재해예방의 4원칙을 쓰고, 각각에 대하여 설명하시오.

3. 산업안전보건법령상 근로자가 근골격계부담작업을 하는 경우 사업주가 근로자에게 알려야 하는 사항을 3가지 이상 설명하시오.

4. 조종장치나 표시장치를 효율적으로 배치하기 위한 원칙을 4가지 이상 나열하고, 각각에 대하여 설명하시오.

5. 근수축(Muscle Contraction)의 3가지 유형(Type)을 인체동작과 연관지어 설명하시오.

6. 그림은 정적 근육피로 한도시간과 근력발휘수준의 관계를 나타내는 Rohmert 곡선(Rohmert Curve)이다. 다음 각 물음에 답하시오.

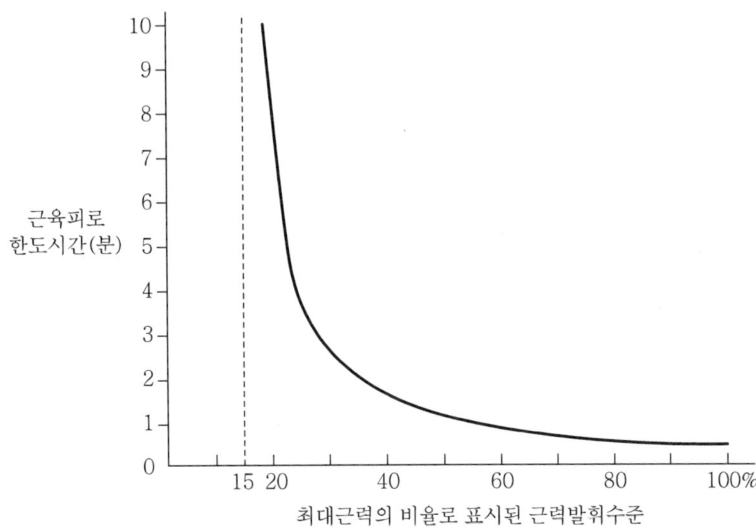

가) 근력(Strength)을 정의(Definition)하시오.
나) 지구력(Endurance)에 대하여 위 그림과 관련하여 설명하시오.

7. 심박출량(Cardiac Output)과 근피로(Muscle Fatigue)에 대하여 설명하시오.

8. 그림은 들기 작업에 대한 1991년 NLE(NIOSH Lifting Equation) 적용 시 사용되는 커플링 계수(Coupling Multiplier)의 적용 절차를 나타낸 것이다. (1)~(3)에 해당하는 내용을 쓰고, 각각에 대하여 설명하시오.

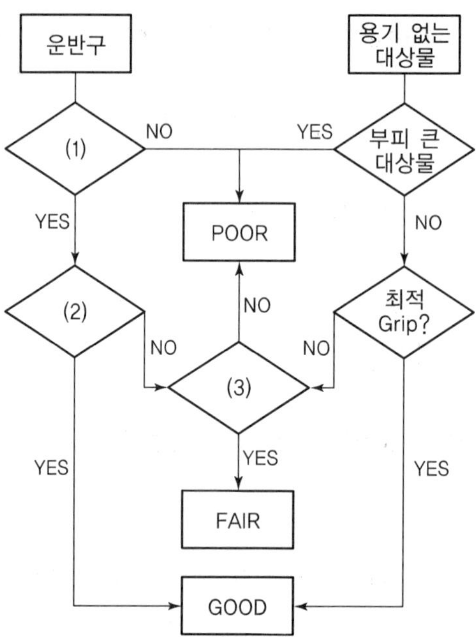

9. 인간공학에 대하여 초점, 목표 및 접근방법의 세 관점에서 정의하시오.

10. 빛에 관한 다음 용어에 대하여 설명하시오.
   가) 조도(Illuminance)
   나) 반사율(Reflectance)

11. 인체계측에 있어서 구조적 치수(Structural Dimension)와 기능적 치수(Functional Dimension)에 대하여 설명하고, 측정한 인체계측자료를 실생활에 적용하기 위한 3가지 원칙을 열거하시오.

12. 두께가 1cm, 면적이 $5m^2$인 유리창문이 있다. 외부온도가 −10℃이고, 실내온도가 18℃일 때, 이 유리창을 통한 열유동률을 구하시오.(단, 열전도율 k=0.8watt/m · ℃이다.)

13. 인간의 식별능력을 높일 수 있는 방법인 'Chunking'에 대하여 설명하시오.

2교시 다음 문제 중 4문제를 선택하여 설명하시오.(각 문제당 25점)

1. 근골격계질환 예방관리 프로그램을 정의하고, 시행 시기 및 주요 내용을 설명하시오.

2. 인지특성을 고려한 설계원리로써 양립성(Compatibility)의 3가지 종류에 대하여 설명하고, 다음 그림에서 양립성에 따른 문제점과 개선방안을 제시하시오.

3. 작업자 A를 대상으로 하루(480분 작업)에 100회씩, 5일 동안 총 500번의 워크샘플링(Work Sampling)을 실시하였다. 관측일별 유휴횟수와 생산량은 다음 표와 같다. 레이팅(Rating) 계수 90%, 여유율은 정미시간의 18%라고 할 경우 표준시간을 구하시오.

작업일	1	2	3	4	5
유휴횟수	9	11	10	11	10
생산량(개)	100	90	110	120	100

4. 그림은 책상과 의자설계 시 인체측정치를 적용하는 것과 관련된 것을 나타낸 것이다. 책상과 의자의 치수와 관련된 번호(1~3)를 주요 설계요소로 고려한 설계절차에 대하여 설명하시오.

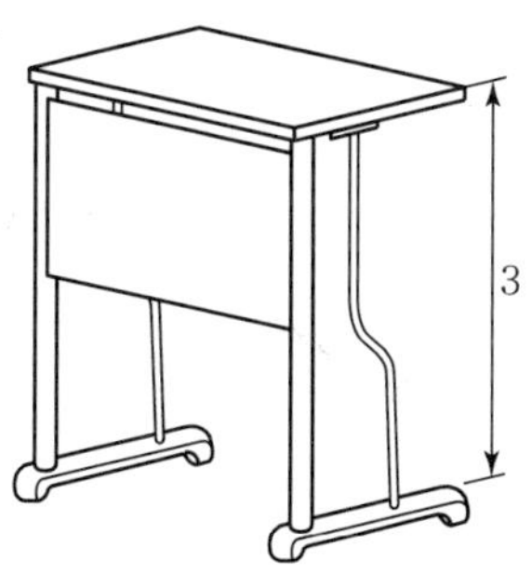

5. 인간의 호흡능력에 관한 다음 각 물음에 답하시오.

가) 런닝머신 위를 달리고 있는 사람의 배기를 5분간 수집하였다. 수집된 배기량은 100L이었고, 가스분석기로 성분 분석한 결과, O_2%=16, CO_2%=4이었다. 이때 분당 산소소비량을 구하시오.

나) 산소빚(Oxygen Debt)과 최대산소소비능력(Maximal Aerobic Power)에 대하여 각각 설명하시오.

6. 그림은 조종장치(Control)의 움직임 각도(°)에 따른 표시장치의 지침 이동을 나타낸 것이다. 다음 각 물음에 답하시오.

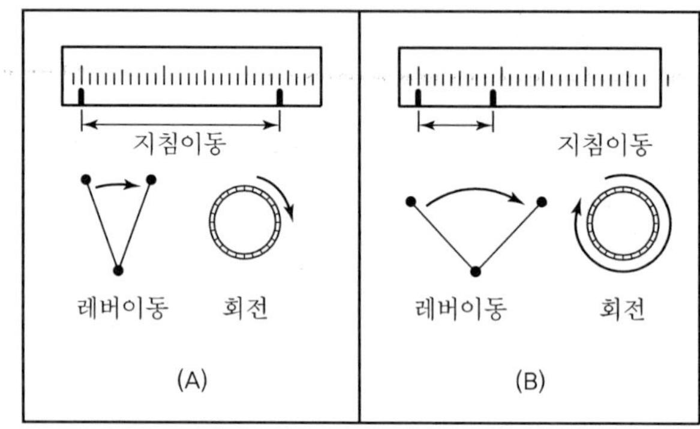

가) (A)와 (B) 사이에서 C/R비, 민감도, 미세조정시간, 이동시간을 비교하여 설명하시오.

나) 노브(Knob)와 레버(Lever)의 최적 C/R비와 최적 C/R비에 영향을 미치는 매개변수를 설명하시오.

다) 어떤 작업자가 다음 그림과 같은 길이가 12cm인 레버(Lever)를 30° 회전하면 표시장치 지침이 2.5cm 이동하는 통제기기를 조작하고 있다. 통제기기의 C/R비를 산출하고, 적합성 여부를 판정하시오.

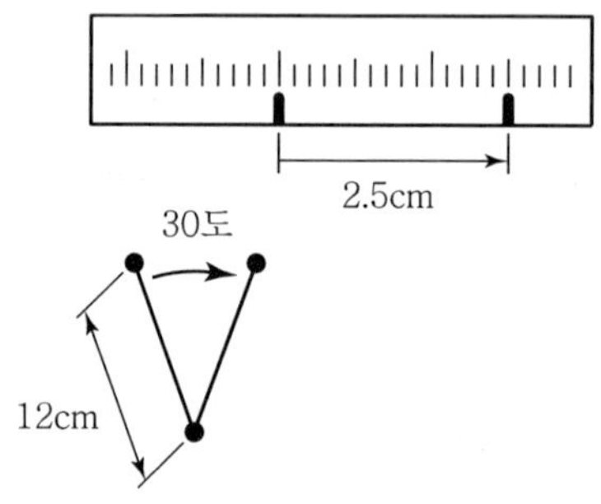

3교시 다음 문제 중 4문제를 선택하여 설명하시오.(각 문제당 25점)

1. 휴먼에러 예방을 위한 잠금장치의 종류를 쓰고, 적용 사례를 들어 설명하시오.

2. 청력보존 프로그램을 정의하고, 시행시기 및 소음저감 조치에 대하여 설명하시오.

3. A제품의 조립공정은 다음과 같이 5개의 작업으로 구성되어 있고, 각 작업은 작업자 1명이 담당하고 있다.

1작업	→	2작업	→	3작업	→	4작업	→	5작업
(4분)		(5분)		(7분)		(3분)		(8분)

가) 주기시간을 구하시오.
나) 시간당 생산량을 구하시오.
다) 2작업의 균형지연(유휴시간)을 구하시오.
라) 전체 라인에 대한 균형손실을 구하시오.
마) 전체 라인의 균형효율을 구하시오.

4. A전자에서는 노인들의 인구가 증가함에 따라 노인용 스마트폰을 새로 개발함에 앞서 기존 스마트폰의 사용편이성을 개선하기 위해 Norman의 7단계 모델과 GOMS모델을 이용하여 사용자 인터페이스 개선을 위한 기초분석을 수행하였다. Norman의 7단계 모델과 GOMS모델에 대하여 각각 설명하시오.

5. 그림은 인체의 해부학적 기본동작과 관련된 운동 기본면(Cardinal Plane)과 운동 회전축(Axis of Rotation)을 표기한 것이다. (1)~(6)에 해당하는 내용을 서로 관련지어 예를 들어 설명하시오.(단, 그림 중 (1)~(3)은 면, (4)~(6)은 축을 표기한 것이다.)

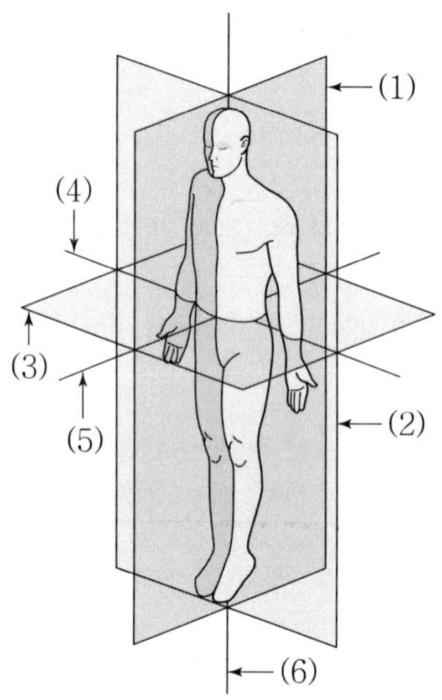

6. 그림은 작업대상물을 들고 있는 작업자의 모습이다. 이 작업자는 허리를 굽히고, 양손을 어깨 아래로 내린 상태로, 두 다리를 펴고 서 있으며 무게가 20kg 이상의 작업대상물을 취급하고 있다. 다음 각 물음에 답하시오.

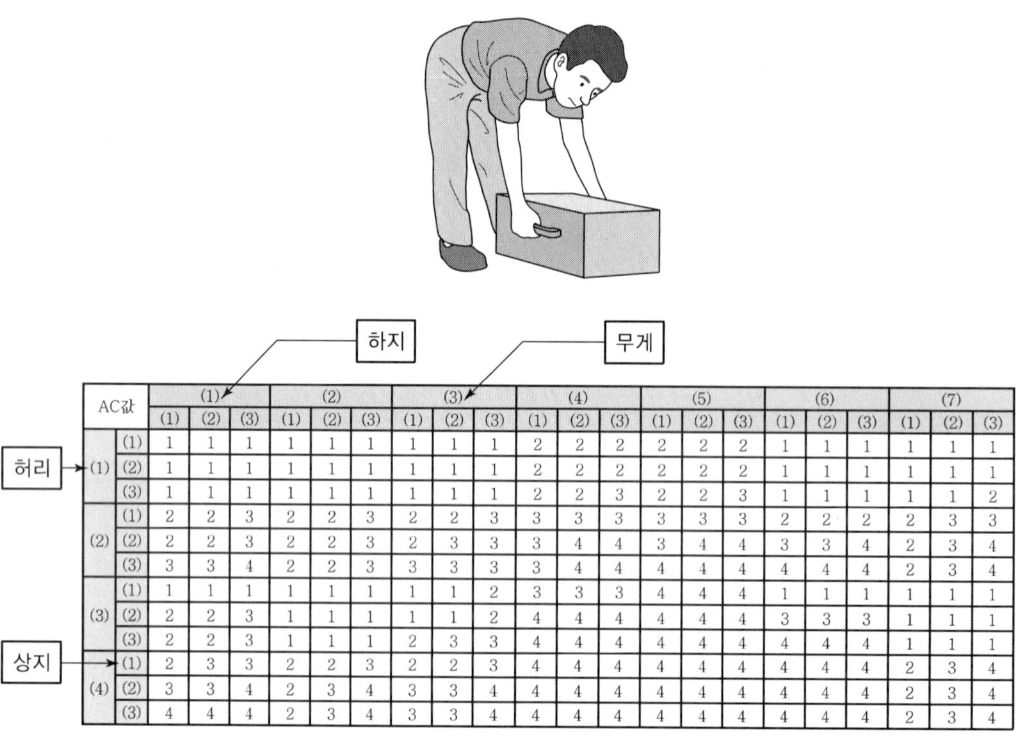

AC값		(1)			(2)			(3)			(4)			(5)			(6)			(7)		
		(1)	(2)	(3)	(1)	(2)	(3)	(1)	(2)	(3)	(1)	(2)	(3)	(1)	(2)	(3)	(1)	(2)	(3)	(1)	(2)	(3)
(1)	(1)	1	1	1	1	1	1	1	1	1	2	2	2	2	2	2	1	1	1	1	1	1
	(2)	1	1	1	1	1	1	1	1	1	2	2	2	2	2	2	1	1	1	1	1	1
	(3)	1	1	1	1	1	1	1	1	1	2	2	3	2	2	3	1	1	1	1	1	2
(2)	(1)	2	2	3	2	2	3	2	2	3	3	3	3	3	3	3	2	2	2	2	3	3
	(2)	2	2	3	2	2	3	2	3	3	3	4	4	3	4	4	3	3	4	2	3	4
	(3)	3	3	4	2	2	3	3	3	3	3	4	4	4	4	4	4	4	4	2	3	4
(3)	(1)	1	1	1	1	1	1	1	1	2	3	3	3	4	4	4	1	1	1	1	1	1
	(2)	2	2	3	1	1	1	1	1	2	4	4	4	4	4	4	3	3	3	1	1	1
	(3)	2	2	3	1	1	1	2	3	3	4	4	4	4	4	4	4	4	4	1	1	1
(4)	(1)	2	3	3	2	2	3	2	2	3	4	4	4	4	4	4	4	4	4	2	3	4
	(2)	3	3	4	2	3	4	3	3	4	4	4	4	4	4	4	4	4	4	2	3	4
	(3)	4	4	4	2	3	4	3	3	4	4	4	4	4	4	4	4	4	4	2	3	4

가) OWAS(Ovako Working Posture Analysis System) 방법으로 신체 부위별 자세코드에 따른 조치수준 평가표를 활용하여 평가하고, 자세분류코드와 위험조치수준(AC ; Action Category)에 대하여 설명하시오.

나) OWAS 방법에 대한 장단점을 설명하시오.

4교시 다음 문제 중 4문제를 선택하여 설명하시오.(각 문제당 25점)

1. 빛의 밝기, 음의 높이, 무게 등 물리적 자극을 상대적으로 판단하는 데 있어서 Weber 법칙과 Fechner 법칙이 널리 알려져 있다.
   가) Weber 법칙에 대하여 설명하시오.
   나) Fechner 법칙에 대하여 설명하시오.
   다) Weber 법칙과 Fechner 법칙에서 일상생활 중 느낄 수 있는 현상을 각각 2개씩 설명하시오.

2. 인간이 실수하는 이유는 시스템의 설계가 바람직하지 않은 경우가 대부분으로 알려져 있다. 다음 각 물음에 답하시오.
   가) TMI 원전 사고에서 인간의 실수를 유발한 잘못된 설계방식을 설명하시오.
   나) 인간신뢰도를 정의하시오.
   다) 이산적 직무와 연속적 직무에서의 인간신뢰도는 구체적으로 어떻게 평가되는지 예를 들어 설명하시오.
   라) 인간오류분석기법 중 FTA(Fault Tree Analysis)에 대하여 설명하시오.

3. 산업안전보건법령상 사업주는 근로자가 근골격계부담작업을 하는 경우에 유해요인조사를 하여야 하는데, 유해요인조사를 실시할 경우 조사 시기와 반드시 포함되어야 할 3가지 항목에 대하여 설명하시오.

4. M 자동차부품회사의 사업장에서 근무하는 생산직원 L씨는 신입사원인데도 불구하고 작업반장의 지시 없이 가동 중인 선반의 기어박스(Gear Box) 뚜껑(Cover)을 제거하고, 선반을 청소하던 중 기어에 끼어 손가락이 절단된 사고가 발생하였다. 이 재해에 대하여 다음의 재해조사를 위한 재해발생모델과 관련지어 (1)~(5)의 알맞은 내용을 쓰고 분석하여 설명하시오.

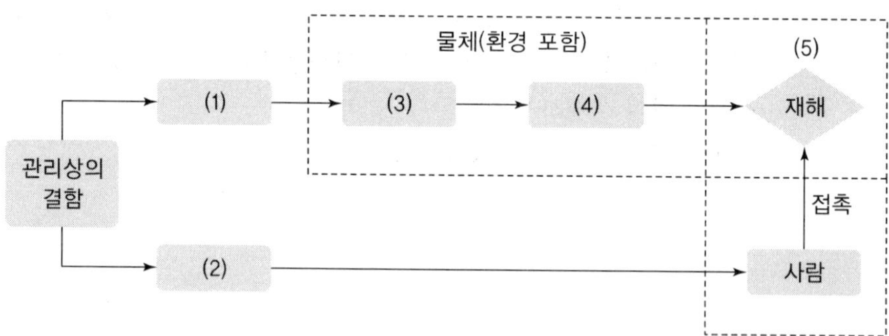

5. 그림은 작업활동 중 인체의 에너지 체계를 나타낸 것이다. 다음 각 물음에 답하시오.

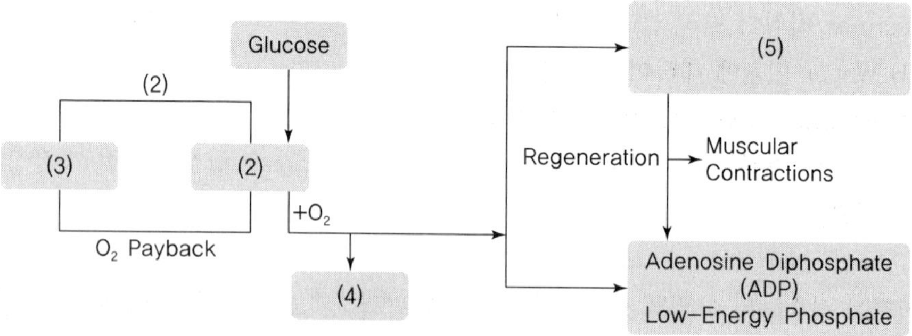

가) 그림의 (1)~(5)에 해당하는 내용에 대하여 설명하시오.

나) 대사(Metabolism)를 설명하시오.

6. 그림은 큰 힘을 발휘해서 조립작업을 하는 장면이다. 근골격계 질환 발병원인 중 작업 관련 요인을 4가지 쓰고, 근골격계 질환을 유발할 수 있는 문제점과 개선방안을 제시하시오.

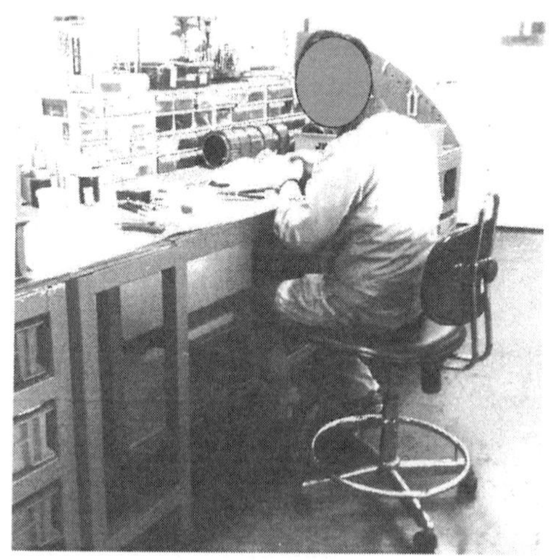

109회 인간공학기술사

PROFESSIONAL ENGINEER ERGONOMICS

1교시 다음 문제 중 10문제를 선택하여 설명하시오.(각 문제당 10점)

1. 인간-기계 시스템에서 인간-기계 인터페이스 설계에 필요한 인간요소 자료의 원천(sources) 중 2가지를 설명하시오.

2. 최근 생산공정의 작업이 자동화됨에 따라 인간의 직무가 시스템을 감시하는 임무로 변화하는 추세이다. 인간의 감시 작업 성능에 영향을 주는 주요 요인을 설명하시오.

3. 인간의 정보처리 경로용량을 그래프를 이용하여 설명하고, 경로용량을 제한하는 근본 원인을 설명하시오.

4. B 회사는 연평균 사무직종사자가 50명(정규직 40명, 계약직 10명), 생산직종사자가 500명(정규직 400명, 계약직 100명)이다. B 회사에서 지난 1년간 계약직 생산직종사자 중 산재환자가 5명 발생하여 노동손실일수가 1인당 평균 100시간씩 발생하였다. B 회사의 재해율과 천인율을 구하시오.

5. 수행도 평가계수로 영국표준협회(British Standard Institute)가 제안한 평가계수가 사용되고 있다. 수행도 평가계수에 대하여 설명하시오.

6. C 회사는 2시간 간격으로 10분씩 휴식을 취한다. 표준시간 산정 시 고려하는 일반여유의 3가지 종류를 쓰고 설명하시오.

7. 계획공수 산정을 위하여 국내 기업에서 많이 사용하는 MODAPTS(MODular Arrangement of Predetermined Time Standard)와 RWF(Ready Work Factor)에 대하여 설명하시오.

8. 근골격계 질환인 좌상(strain)과 염좌(sprain)에 대하여 각각 설명하시오.

9. 결함수 분석법(FTA)의 최소 컷세트(minimal cut set)와 최소 패스세트(minimal path set)의 용어를 구분하여 설명하시오.

10. 사람이 관여한 시스템에서는 평가척도를 어떤 것으로 정하느냐에 따라 시스템의 목표를 왜곡하는 방향으로 구성요소들이 작용할 수 있으므로 평가척도를 정하는 것이 매우 중요하다. 평가척도가 갖추어야 되는 일반적인 요건을 설명하시오.

11. 오류방지를 위한 강제적 기능은 크게 맞잠금(interlock), 안잠금(lock－in), 바깥잠금(lock－out)으로 구분하는데 각각 구체적인 예를 들어 설명하시오.

12. 문제해결절차에서 대안을 도출하기 위하여 사용하는 ECRS와 SEARCH 원칙에 대하여 설명하시오.

13. 리더십(leadership)과 헤드십(headship)의 차이를 설명하시오.

2교시 다음 문제 중 4문제를 선택하여 설명하시오.(각 문제당 25점)

1. 주택건축 현장에서 감독을 맡고 있는 P 씨는 7.2kg 무게의 자갈을 삽질하는 남성 작업자가, 목공작업을 하는 남성 작업자와 동일한 휴식시간을 갖는 것에 대하여 불평하는 것을 들었다. 자료조사를 통해 목공작업의 평균 에너지소비율은 6.8kcal/min이고, 7.2kg 무게의 삽질작업의 평균 에너지소비율은 분당 8.5kcal/min임을 알았다.
   (1) Murrell의 휴식시간 산출공식을 이용한다면, 근무시간에 포함되어야 할 삽질작업자의 휴식시간은 목공작업자의 몇 배가 되어야 하는가 설명하시오.
   (단, 주택건축 현장의 모든 작업자의 근무시간은 동일하고 8시간 작업의 경우, 남성작업자의 신체작업능력은 5.0kcal/min이며, 휴식 시 에너지소비율은 1.5kcal/min으로 가정한다.)
   (2) 휴식시간 추가 이외에 삽질 작업자의 피로를 줄이기 위한 공학적 개선 방법과 관리적 개선 방법을 각각 1가지만 설명하시오.

2. P 팀장은 근무시간 내내 VDT 기기(컴퓨터모니터, 키보드, 서류받침대 사용) 작업을 하는 팀원들로부터 신체적 불편함을 측정하는 설문조사를 시행하였다. 증상의 빈도분석결과 (1) 눈의 피로, (2) 어깨의 통증, (3) 허리의 통증, (4) 오금의 저림의 순서로 신체의 불편함이 조사되었다. P 팀장은 각각의 불편함의 원인을 현재 사용하고 있는 VDT 기기, 의자(좌판 및 팔걸이 높낮이 조절 가능, 요추지지대 없음) 및 키보드 받침대(높낮이 조절 가능)에서 찾아보고 이에 대한 사용지침을 작성하기로 하였다.
   (1) P 팀장이 생각하는 4가지 불편함의 원인에 대하여 각각 설명하시오.
   (2) VDT 기기, 의자 및 키보드 받침대의 사용지침을 제시하시오.

3. 리처드 머더(Richard Muther)가 제시한 체계적 배치계획(systemic layout planning ; SLP) 단계에 해당하는 다음 항목에 대하여 각각 설명하시오.
(1) 기초자료(P, Q, R, S, T, A)
(2) 상호관계도

4. 안전보건공단의 근골격계질환 예방을 위한 작업환경 개선지침에서 제안하는 입식작업, 좌식작업, 입좌식작업의 선정 기준을 각각 설명하고, 국내 제조업에서 입식작업을 선호하는 이유를 설명하시오.

5. 교대부적응증후군(shiftwork maladaptation syndrome)과 관련된 증상에 대하여 설명하고, 교대작업자를 위한 작업설계 시 고려사항에 대하여 설명하시오.

6. D 회사의 근골격계 증상에 대한 빈도분석을 하여 다음과 같은 결과를 얻었다.

증상종류	빈도
수근관증후군	2
팔꿉터널증후군	1
데퀴벵병	5
요통	75
견통	10
합계	93

(1) 위 표에 대하여 파레토 차트(pareto chart)를 작성하시오.
(2) 증상 80%를 차지하는 주요 항목에 대한 대책을 제시하시오.

3교시 다음 문제 중 4문제를 선택하여 설명하시오.(각 문제당 25점)

1. 인터넷 쇼핑몰을 운영하는 A사는 컴퓨터 화면에 보이는 여러 개의 자사 제품의 아이콘을 클릭할 때마다 음높이로 구별되는 효과음이 발생하도록 하는 방안을 검토 중이다. 사용자 인터페이스에서 이러한 효과음을 추가함으로써 얻어지는 장 · 단점을 각각 2가지씩 설명하시오.

2. 공장 내 주 소음원으로부터 직선거리로 10m 떨어진 곳에 설치된 간이 휴게소(휴식용 의자와 탁자만 있음)의 음압이 $4N/m^2$이었다. 이 공장의 총무팀장이 간이 휴게소의 음압수준을 현재의 1/4 수준으로 낮추려고 할 때 다음 물음에 답하시오.

(1) 간이 휴게소의 위치를 변경한다면 주 소음원으로부터 직선거리로 얼마나 멀리 배치하여야 하는지 설명하시오.
(단, 주 소음원과 간이 휴게소 사이에 존재하는 다른 소음원의 소음수준은 무시할 수 있는 정도라고 가정한다.)
(2) 간이 휴게소의 위치를 변경하지 않고 소음수준을 낮출 수 있는 방안을 2가지만 제시하시오.

3. 작업자는 등척성 수축(isometric contraction), 등속성 수축(isokinetic contraction), 등장성 수축(isotonic contraction), 구심성 수축(concentric contraction), 원심성 수축(eccentric contraction)을 사용하여 일을 한다. 이 수축들을 정적 근력(static muscle strength)과 동적 근력(dynamic muscle strength)으로 분류하고, 각각의 수축에 대하여 설명하시오.

4. 근골격계 부담작업 유해요인 조사 시, 사용할 수 있는 작업분석평가도구 중 5가지를 선정하여 각각의 특징을 설명하시오.

5. 현금자동인출기(ATM)는 인간공학적으로 잘 설계된 예이다. ATM기에 적용되어 있는 다음 인간공학적인 설계원리의 구체적인 예를 각각 설명하시오.
(1) Interlock
(2) 인체측정 및 응용원리
(3) 중복 코딩(redundancy coding)
(4) 행동유도성

6. 보통 사람들은 대부분의 정보를 시각을 통하여 받아들인다. 시각적 표시장치는 표시되는 정보의 특성에 따라 정량적 표시장치, 정성적 표시장치, 묘사적 표시장치, 상태표시장치 등으로 분류할 수 있다. 각 분류에 대하여 예를 각각 4가지씩 쓰고, 설명하시오.

4 교시 다음 문제 중 4문제를 선택하여 설명하시오.(각 문제당 25점)

1. 작업장에서 사용되는 표시장치와 조종장치 간의 정돈되지 않은 배치는 각종 휴먼에러(human error)의 원인이 된다. 휴먼에러 감소를 위한 작업장의 여러 표시장치와 조종장치 간 배치의 우선순위 지침에 대하여 설명하시오.

2. 텔레마케팅 부서의 A 팀장은 텔레마케팅 작업 개선을 위해 먼저 텔레마케터가 테이블 위에 놓인 전화기를 들어 통화하는 과정을 서블릭 분석을 하였다. 아래와 같은 서블릭 분석표가 작성되었다고 가정하고 물음에 답하시오.

작업내용	서블릭
1) 전화기로 손을 뻗침	1) 빈손 이동(TE)
2) 송수화기를 잡음	2) 쥐기(G)
3) 송수화기를 얼굴 쪽으로 이동	3) 운반(TL)
4) 수화기를 귀에 댐	4) 바로 놓기(P)
5) 번호 패드에서 통화 상대방의 전화번호 고르기	5) 고르기(St)
6) 통화	6) 잡고 있기(H)
7) 통화 종료 후 송수화기를 원래 위치로 이동	7) 바로 놓기(P)
8) 송수화기를 내려놓음	8) 내려놓기(RL)
9) 손을 원래 위치로 이동	9) 빈손 이동(TE)

(1) 위의 서블릭 분석표에서 효율적인 서블릭과 비효율적인 서블릭을 각각 설명하시오.

(2) 비효율적 서블릭에 근거하여 작업방법 개선안을 제시하시오.

3. 근골격계질환 예방을 위한 관리적 개선책(administrative control) 중 하나로 작업자 선정(worker selection)이 있다. 작업자 선정의 목적과 방법을 각각 설명하고, 문제점을 제시하시오.

4. 손가락으로 스위치를 누를 때 손가락 첫 마디 관절에 걸리는 힘과 모멘트를 구하시오. (단, 중력가속도는 $9.8 m/s^2$이고, ◎는 손가락 첫 마디 관절, Ⓖ는 손가락 첫 마디의 무게중심, ●는 스위치를 누르는 힘의 작용점을 나타낸다.)

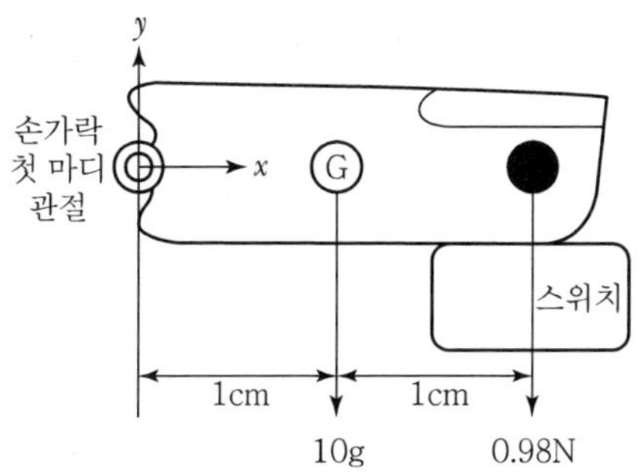

5. 터널 안의 조명을 설치하려고 한다. 터널의 진입 전과 후의 인간의 시각 기능 변화를 설명하고, 조명 설치 시 고려사항을 설명하시오.

6. 고령 근로자의 신체 및 인지적 특성에 대하여 각각 설명하고, 고령 근로자가 작업할 때 위험성이 높아지는 '고령 근로자 취약작업'의 종류를 5가지 설명하시오.

112회 인간공학기술사

PROFESSIONAL ENGINEER ERGONOMICS

1교시 다음 문제 중 10문제를 선택하여 설명하시오.(각 문제당 10점)

1. 인간공학의 필요성, 철학적 배경을 각각 설명하시오.

2. 문자-숫자 표시장치에 대한 인간공학적 기준으로 가독성(legibility)을 정의하고, 가독성에 영향을 미치는 요인에 대하여 설명하시오.

3. 인체 측정치를 제품이나 환경설계에 적용하기 위한 응용원리로서 백분위수(Percentile)를 정의하고, 남녀 공용으로 작업에 사용할 설비를 조절식으로 설계할 경우 조절범위를 설명하시오.

4. 인간의 기억체계 중 작업기억(working memory)을 정의하고, 작업기억 중에 유지할 수 있는 최대 항목 수를 설명하시오.

5. ILO(International Labour Organization)의 국제노동통계가회의에 의해 산업재해의 정도를 부상의 결과 생긴 노동 기능의 저하 정도에 따라 구분하는 방법을 4가지만 설명하시오.

6. 골격계(skeletal system)의 기능 5가지를 설명하시오.

7. 근골격계부담작업에 관련된 다음 용어를 설명하시오.
   (1) 단위작업
   (2) 동일작업

8. 산업현장에서는 재해가 발생하면 당황하지 말고 다음 그림의 내용과 같이 재해발생 시 순서에 따라 신속하게 조치를 행하여야 한다. 다음 그림의 각각의 번호(①~④)에 알맞은 내용에 대하여 설명하시오.

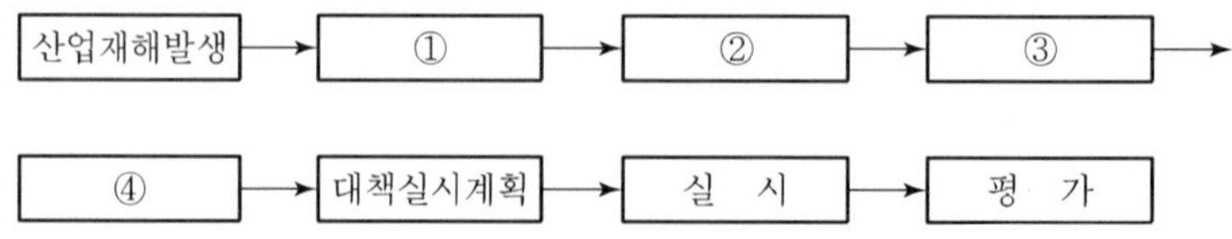

9. 호손실험(Hawthorne experiment)에 대하여 설명하시오.

10. 프레스 공정에서 소음측정 결과 95dB일 때, 근로자는 귀덮개(NRR－17)를 착용하고 있다. 미국산업안전보건청(OSHA) 계산방법을 이용하여 차음효과와 노출되는 음압수준을 계산하시오.

11. 유니버설 디자인(universal design)에 대하여 설명하시오.

12. 주의력의 특성 3가지를 설명하시오.

13. 미국국립산업안전보건연구원(NIOSH)에서 제시한 직무스트레스 모형에서 직무스트레스 요인에 대하여 설명하시오.

2교시 다음 문제 중 4문제를 선택하여 설명하시오.(각 문제당 25점)

1. 근골격계부담작업 평가기법에 대한 다음 물음에 설명하시오.
   (1) REBA(Rapid Entire Body Assessment) 평가에 필요한 평가항목을 모두 설명하고, 평가결과에 따른 REBA Score, Risk Level, Action 순서로 설명하시오.
   (2) OWAS(Ovako Working Posture Analysis System) 평가에 필요한 평가항목을 모두 설명하고, 평가결과에 따른 위험수준과 평가내용을 설명하시오.

2. 근골격계질병 업무상질병 조사 및 판정지침(2015)에 대한 다음 물음에 설명하시오.
   (1) 신체부담작업 현장조사 시 전문가와 공동조사를 실시한다. 전문가의 범위에 대하여 설명하시오.
   (2) 신체부담작업 확인을 위해 수집하여 조사하여야 할 자료에 대하여 설명하시오.

3. 양립성(Compatibility)은 인간의 기대와 모순되지 않는 자극들 간의, 반응들 간의 관계를 말한다. 다음 물음에 설명하시오.
   (1) 양립성의 3가지 유형(Type)을 예를 들어 설명하시오.
   (2) 다음 그림에서 양립성과 관련지어 나타나는 문제점과 개선책에 대하여 설명하시오.

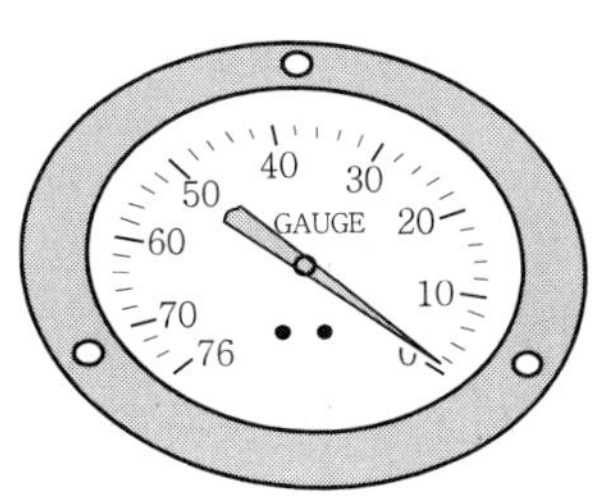

4. 근골격계질환과 관련하여 다음 물음에 답하시오.
(1) 근골격계질환을 정의하여 설명하시오.
(2) 근골격계질환 예방관리프로그램을 수립해야 하는 경우를 설명하시오.
(3) 근골격계질환 예방관리프로그램 주요내용(종합계획에 반영할 사항)을 설명하시오.

5. 주유소에서 차량의 주유과정에서 경유를 사용하는 차량에 휘발유를 주입하는 혼유사고가 종종 발생하고 있다. 혼유 사고를 예방하기 위한 대책을 주유기 시설 측면, 차량연료 주입구 측면, 주유원(사람) 측면에서 각각 설명하시오.

6. 자동차 계기판, 각종 기계의 계기판 등의 물리적 공간에서 조종장치나 표시장치의 배치는 시스템 효율성과 안전에서 중요하다.
(1) 각종 기계설비의 계기판 구성요소(조종장치, 표시장치) 배치 원칙을 설명하시오.
(2) 다음 그림을 보고 배치 원칙에서 나타난 문제점과 개선대책에 대하여 설명하시오.

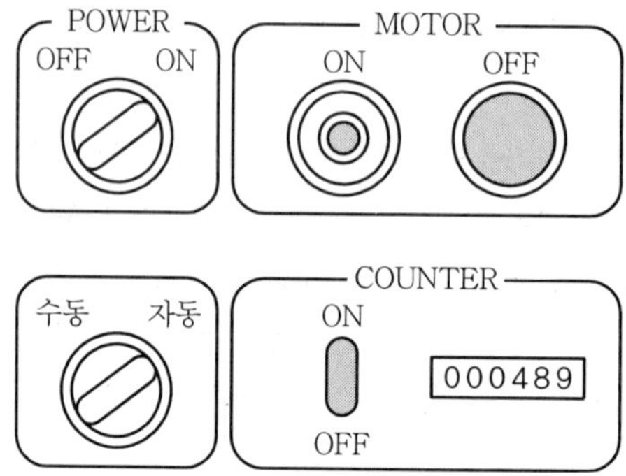

3교시 다음 문제 중 4문제를 선택하여 설명하시오.(각 문제당 25점)

1. 근골격계질환 발생원인과 관계되는 진동에 대해 다음 물음에 답하시오.
(1) 인체에 전달되는 진동을 전신진동과 국소진동으로 구분하여 설명하시오.
(2) 진동공구를 사용하는 근로자의 손가락에 나타날 수 있는 레이노증후군(Raynaud's phenomenon)의 증상을 설명하시오.
(3) 전신진동이 인간의 성능에 미치는 영향을 설명하시오.

2. 서블릭(Therblig)에 대한 다음 물음에 답하시오.
(1) 서블릭(Therblig) 분석법의 개념을 설명하시오.
(2) '책상 위에 있는 펜으로 문서에 서명하는 동작'을 서블릭(Therblig) 문자기호로 설명하시오.

3. 작업자 A가 시스템(기계) 정비, 보수, 청소 등의 작업을 실시할 때, 그 사실을 모르는 작업자 B가 시스템(기계)을 가동시켜서 작업자 A가 사망하는 사고가 발생하였다. 시스템(기계) 설계단계에서 안전사고를 예방하기 위한 안전장치의 종류 3가지만 예를 들어 설명하시오.

4. 인간의 정보처리모델(Wickens 모델)에서 감각과정, 지각과정, 의사결정(인지)을 설명하고, 인지특성을 반영한 설계원리를 4가지만 설명하시오.

5. 자극에 대한 인간의 반응시간(reaction time)에 대한 다음 물음에 답하시오.
   (1) 반응시간의 분류 3가지를 설명하시오.
   (2) Hick의 법칙(Hick's law)을 설명하시오.

6. 어떤 작업자가 그림과 같이 손에 전동공구를 쥐고 있는 동안에 주관절(elbow joint)에서 등척성 근육의 힘이 발휘되고 있을 때 다음 물음에 답하시오.
   (단, 그림과 같은 자세로 평형 상태에 있다고 가정한다.)
   (1) 내적인 근육에 의해 생성되는 모멘트를 계산하시오.
   (2) 정적인 자세로 전완을 유지하는 데 요구되는 상완이두근의 힘(MF)을 계산하시오.
   (3) 주관절에서의 관절반작용력(JF)을 계산하시오.

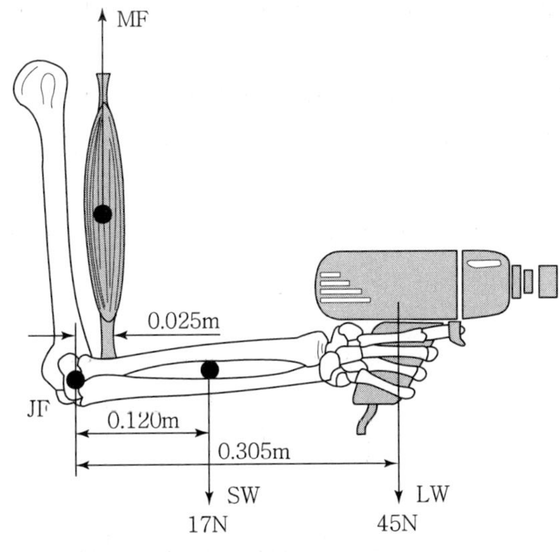

4교시 다음 문제 중 4문제를 선택하여 설명하시오.(각 문제당 25점)

1. 조종장치와 표시장치 간의 연속위치 또는 정량적으로 맞추는 조종장치를 사용하는 경우에 있어서 2가지 동작을 수반하게 된다. 조종－반응비(control－response ratio)에 따른 이동동작에 소요되는 시간과 조정동작에 소요되는 시간과의 관계를 다음 그림으로 나타내었다. 다음 물음에 답하시오.

   (1) 그림 안의 각각의 번호(①~③)에 알맞은 내용을 설명하시오.

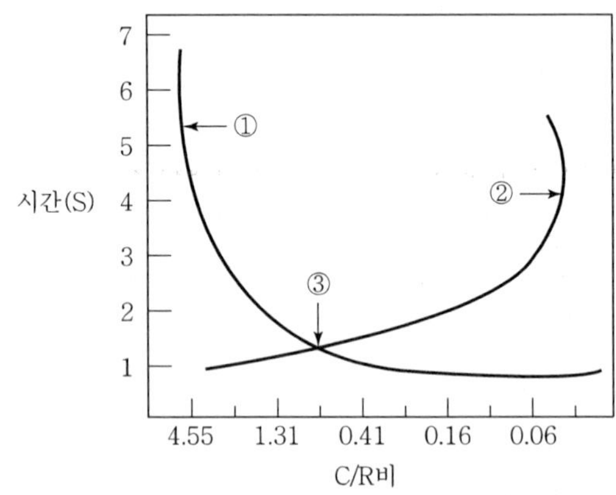

   (2) 민감한 C/R비를 가진 조종장치의 경우와 둔감한 C/R비를 가진 조종장치의 경우를 비교하여 설명하시오.

   (3) 레버(lever)의 최적 C/R비와 노브(knob)의 최적 C/R비를 설명하시오.

   (4) 최적 C/R비 값에 영향을 미치는 시스템 매개변수를 설명하시오.

2. 다음 그림은 근육의 구조를 나타낸 것이다. 다음 물음에 답하시오.

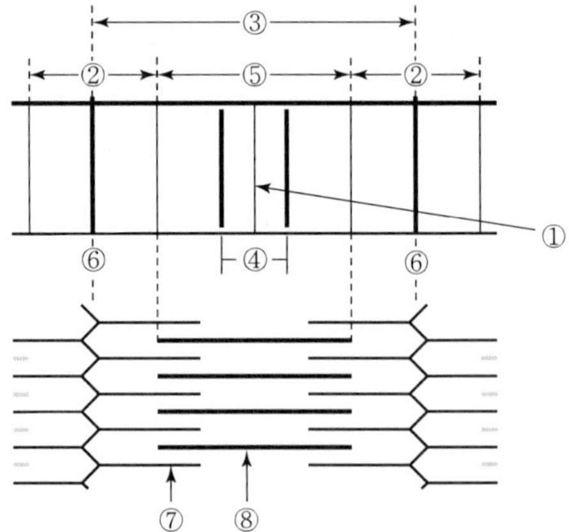

   (1) 그림의 각각의 번호(①~⑧)에 알맞은 내용을 설명하시오.

   (2) 자극에 따른 근수축 기전(muscle contraction mechanism) 전개 시 변화를 그림에 근거하여 설명하시오.

3. 다음 그림은 근골격계부담작업 유해요인조사지침의 유해요인조사 흐름도이다. 다음 물음에 답하시오.

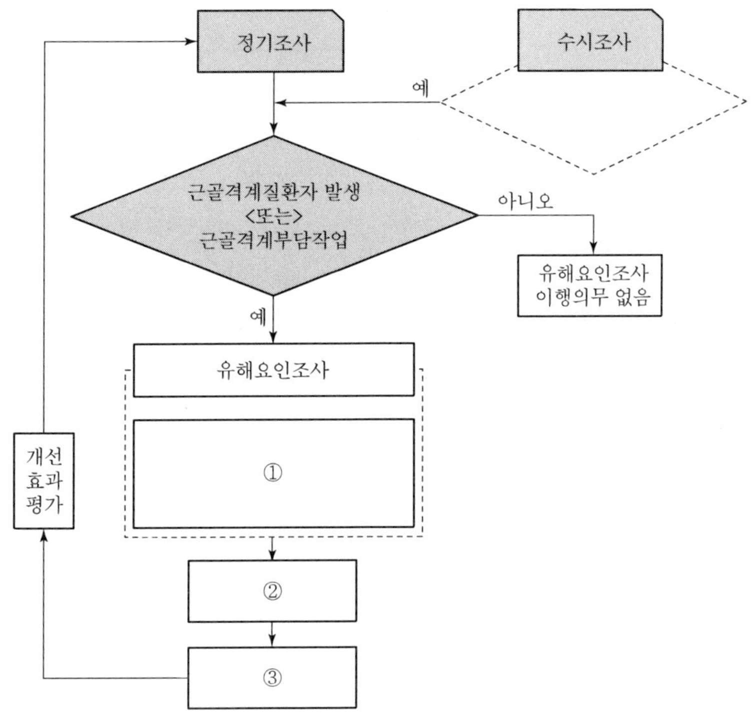

(1) 그림의 각각의 번호(①~③)에 알맞은 내용을 설명하시오.

(2) 유해요인조사 시기에 대하여 설명하시오.

(3) 유해요인조사 내용에 대하여 설명하시오.

4. 인체와 환경과의 열교환과정에 대한 다음 물음에 설명하시오.

(1) 인체에서 생성된 열은 주변 환경에 따라 높아지거나 낮아질 수 있다. 다음 제시된 변수들을 이용하여 열균형 방정식을 나타내시오.

• ΔS : 열축적(인체 내 열함량 변화)	• M : 대사 열발생량
• W : 수행한 일	• R : 복사에 의한 열교환량
• C : 대류에 의한 열교환량	• E : 증발에 의한 열교환량

(2) 인체에 눈에 띌 만한 발한(發汗) 없이도 인체의 피부와 허파로부터 하루에 1,000g 정도의 수분이 무감증발(insensible evaporation)된다. 이 무감증발로 인한 열 손실률을 산출하시오.

(단, 37℃의 물 1g을 증발시키는 데 필요한 에너지는 2,410J/g(=575cal/g)임)

5. 다음 그림은 인간－기계 통합 체계의 인간 또는 기계에 의해서 수행되는 기본 기능의 유형을 나타낸 것이다. 다음 그림의 각각의 번호(①～④)에 알맞은 내용을 설명하시오.

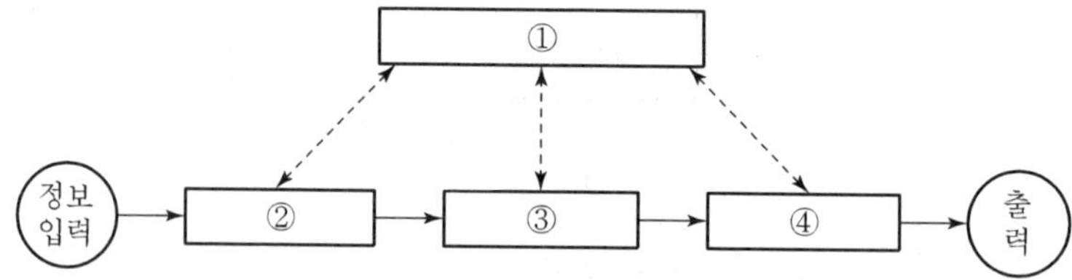

6. 작업관찰 및 유해요인조사 결과, 근골격계질환이 발생할 우려가 있는 경우 작업환경개선을 해야 한다. 작업환경 개선 시 공학적 개선, 관리적 개선에 대하여 각각 설명하시오.

115회 인간공학기술사

PROFESSIONAL ENGINEER ERGONOMICS

1교시 다음 문제 중 10문제를 선택하여 설명하시오.(각 문제당 10점)

1. 작업장의 조명을 설계할 때, 표면의 반사율은 작업장 밝기를 결정하는 데 중요한 고려 요소이다. 보통 바닥에서 천장으로 갈수록 반사율이 높게 설계되어야 한다. 이때 표면의 반사율에 대하여 조도와 휘도의 개념을 활용하여 설명하시오.

2. 금형공장에서 전기톱을 1분 간격으로 가동(1분 가동, 1분 중단)하고 있고, 작업장소에서 측정한 소음수준은 가동 시 95dB이고, 중단 시 90dB이었다. 근로자가 작업장소에서 일하는 시간은 7시간이고, 휴식은 15분씩 2회, 점심시간은 1시간이었다. 휴식하고 점심을 먹는 장소의 소음수준은 80dB보다 작았다. 이때 소음노출량과 시간가중평균치(TWA)를 구하시오.

3. 인간의 정보처리 모형과 컴퓨터의 정보처리 과정의 유사성을 설명하시오.

4. 신호탐지이론(signal detection theory)을 나타낸 아래 그림을 참조하여 관찰자가 신호를 탐지할 때 발생할 수 있는 사건의 종류 4가지와 관찰자 감각기관으로 들어오는 자극의 역치가 감소될 때 증가하는 것 2가지를 쓰시오.

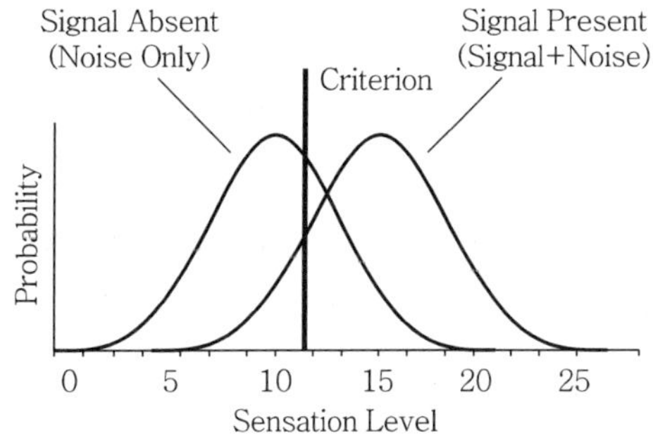

5. 인간의 정신모형(mental model), 또는 스테레오타입에 부합한 설계를 할 때 기대되는 이점을 설명하시오.

6. 주어진 여러 가설을 평가할 때 정보가 더 진단적임에도 불구하고 자신의 가설을 확증해주는 정보들만 찾으려는 경향이 있다. 이를 무엇이라 하며, 그 반대증거를 찾지 않는 이유를 설명하시오.

7. 인적오류의 연구자인 리즌(Reason)이나 라스무센(Rasmussen)의 인적오류 분류체계 중 의도된 행동(intended action)에 기인한 불안전한 행위(unsafe acts) 2가지를 설명하시오.

8. 인간의 눈(目) 망막에는 간상세포와 원추세포가 있다. 간상세포와 원추세포의 중요한 역할을 설명하시오.

9. 항공기는 밤에 착륙할 경우 기내를 어둡게 하는데, 그 이유는 무엇인지 설명하시오.

10. 의자 좌판의 높이를 조절식으로 설계할 때, 적용되어야 하는 인체치수 항목과 조절범위에 대한 적용원리를 설명하시오.

11. 자극에 대한 인간의 반응시간과 관련하여 힉스의 법칙(Hick's Law)에 대해 설명하시오.

12. 병렬적으로 시각 정보를 탐색하는 경우, 작업자의 주의(attention)를 끌기 위한 표적의 속성 3가지를 설명하시오.

13. 노브(knob)의 반지름이 2cm인 원형 스위치를 회전시키기 위하여 최소 3N의 힘을 필요로 한다면, 그 스위치의 노브 크기를 3cm로 변경할 때 스위치를 회전시키기 위하여 필요한 최소의 힘은 얼마인지 구하시오.
(단, 크기 이외의 요소는 회전력에 어떠한 영향도 주지 않음)

2교시 다음 문제 중 4문제를 선택하여 설명하시오.(각 문제당 25점)

1. 근골격계부담작업 유해요인조사지침(KOSHA CODE H－30－2003)에 따라 사업주가 유해요인조사를 실시한 후, 중증유증상호소자에 대한 의학적 관리 업무 흐름도를 도식화하고 설명하시오.

2. 작업환경개선을 위한 ECRS와 SEARCH 방법을 비교 설명하시오.

3. 다음 그림은 핸드툴을 사용하는 자세이다. 다음 물음에 답하시오.

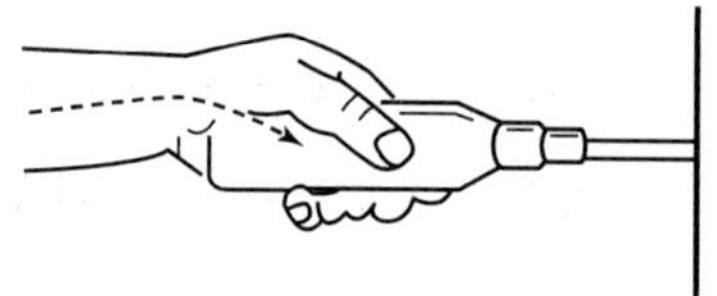

1) 인간공학 측면에서 어떠한 문제점이 있는지 설명하시오.
2) 이러한 자세에서 사용하기 적합한 디자인을 그림으로 표현하시오.
3) 핸드툴의 인간공학적 디자인 원칙을 3가지 설명하시오.

4. A사는 최근 스마트폰에 사용될 수 있는 새로운 방식의 문자입력방식을 개발하였다. 새롭게 개발된 문자입력방식이 기존의 방식과 비교하여 더 효과적인지를 실험적으로 연구하고자 할 때, 다음 물음에 답하시오.
   1) 독립변수를 정의하시오.
   2) 2가지 문자입력방식의 우수성을 비교 평가하기 위하여 작업성능기준을 활용할 때, 작업성능기준의 개념에 대하여 설명하고, 작업성능기준에 해당하는 종속변수를 1가지 제시하시오.
   3) 2가지 문자입력방식의 우수성을 비교 평가하기 위하여 인간기준을 활용할 때, 인간기준의 개념에 대하여 설명하고, 인간기준에 해당하는 종속변수를 1가지 제시하시오.

5. 아래 그림을 참조하여 입체감이나 깊이 지각(depth perception)을 주는 회화적 단서들에 대해 예를 들어 설명하시오.

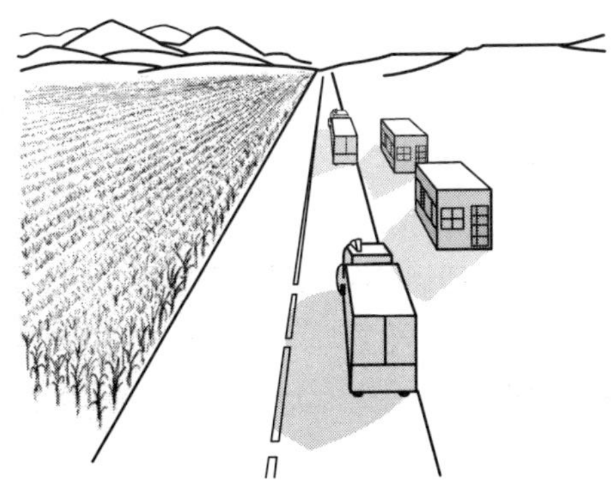

6. 기억재료(MTBR, Material To Be Remembered)가 기억에 남아있는 비율 즉, 파지(retention)의 정도를 측정하는 방법을 설명하시오.

3교시 다음 문제 중 4문제를 선택하여 설명하시오.(각 문제당 25점)

1. 작업관련성 근골격계 질환 예방을 위한 유해요인조사에서 활용하는 다음의 정량적 평가도구 5가지를 설명하시오.
   1) RULA
   2) REBA
   3) OWAS
   4) NIOSH 들기작업평가
   5) JSI

2. VDT 작업에서 발생 가능한 유해요인을 설명하고, VDT 작업 관련성 질환을 예방할 수 있는 개선방안 3가지를 설명하시오.

3. 인간의 기억 능력을 증진시키는 방법인 기억술(mnemonics) 3가지를 설명하고, 각 기억술에 대하여 생활 속에 적용 가능한 구체적인 예를 제시하시오.

4. 업무 초보자들이 지식을 학습하고 습득하는 과정에서 전문지식(expertise)을 형성하는 인지적 과정을 단계별로 설명하시오.

5. 작업장에서의 소음은 작업성능의 저하와 근로자의 청력 손실 등을 유발할 수 있기 때문에 적절한 관리가 필요하다. 다음과 같은 방법으로 소음을 관리할 때, 물음에 답하시오.
   1) 창문을 닫으면 외부로부터의 소음을 10dB 감소시킬 수 있다고 할 때, 음압은 어떻게 변화하는지 구하시오.
   2) 귀마개와 귀덮개를 동시에 사용하면 음압수준이 30dB 낮아진다고 할 때, 음압은 어떻게 변할지 구하시오.

6. 조종장치와 표시장치의 레이아웃과 관련하여 다음 물음에 답하시오.
   1) 조종장치와 표시장치 레이아웃과 관련된 원칙을 4가지 제시하고, 그에 대해 설명하시오.
   2) 맹목위치동작(blind positioning)에 대하여 설명하시오.
   3) 범위효과(range effect)에 대하여 설명하시오.

4교시 다음 문제 중 4문제를 선택하여 설명하시오.(각 문제당 25점)

1. 근골격계질환 유발 가능성이 높은 부담작업의 유해요인 개선방법을 공학적 · 관리적 측면에서 설명하시오.

2. 작업과 관련된 스트레스 요인을 설명하고, 이와 같은 요인들이 전형적으로 작업자에게 미치는 스트레인(strain)의 유형 4가지를 쓰시오.

3. 작업자가 신호에 대한 탐지과제를 수행할 때 반응편중(response bias)의 정도가 이론적인 수치보다 실제로는 덜 편중하게 되는데 그 이유를 설명하시오.

4. 다음 그림과 같이 지시계를 설계할 때 이동지침(moving pointer)과 이동눈금(moving scale) 사용의 장 · 단점을 인간공학적 측면에서 원리를 설명하시오.

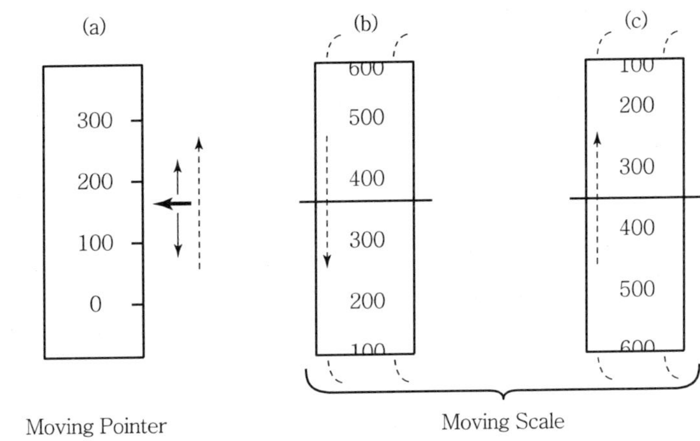

5. 이삿짐을 운반하는 작업자의 배기를 더글라스(Douglas)낭을 사용하여 10분간 수집한 후 표본을 뽑아 가스 분석기로 성분을 분석한 결과, $O_2\%=15$, $CO_2\%=5$였다. 그리고 배기 전부를 가스 미터에 통과시킨 결과 배기량은 200L였다. 다음 물음에 답하시오.
   1) 분당 산소 소비량과 에너지가를 구하시오.
   2) 위의 이삿짐 운반작업을 60분간 지속할 때 포함되어야 할 휴식시간을 구하시오.

6. 조종장치의 설계에서 여러 가지의 암호화(coding) 방법을 활용함으로써 조종장치에 대한 식별과 사용방법을 사용자에게 쉽게 전달할 수 있다. 이러한 목적으로 활용할 수 있는 암호화 방법을 4가지를 제시하고, 각각에 해당하는 사례를 1가지씩 제시하시오.

118회 인간공학기술사

PROFESSIONAL ENGINEER ERGONOMICS

1교시 다음 문제 중 10문제를 선택하여 설명하시오.(각 문제당 10점)

1. 인간-기계 시스템에서 직렬성분(Components in Series)과 병렬성분(Components in Parallel)이 무엇인지 설명하고, 전체 시스템의 신뢰도 측면에서 두 성분을 비교하시오.

2. 인간공학의 연구방법을 조사연구, 실험연구, 평가연구로 나눌 때 각 연구방법의 목적을 설명하시오.

3. 인간공학적인 수공구의 설계원리 5가지를 쓰시오.

4. 다음과 같이 4가지 버너를 사용할 때 그림 Ⅰ 버너가 가장 오류가 적었으나 사용자는 그림 Ⅱ 버너를 가장 선호하였다. 다음 물음에 답하시오.

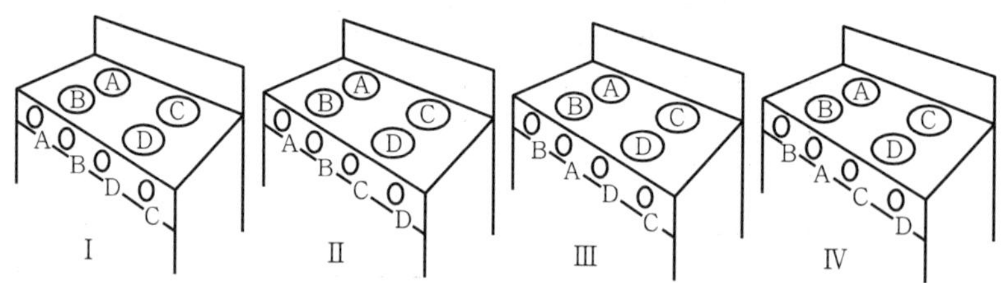

(1) 이와 관련된 양립성의 종류와 정의를 쓰시오.
(2) 객관적인 오류와 주관적인 선호도의 결과가 다를 경우 이를 해결하기 위한 방안을 설명하시오.

5. 다음 물음에 답하시오.
(1) Swain이 제시한 휴먼에러(Human Error) 분류 방법에 따른 5가지 에러 유형을 설명하시오.
(2) 실수(Slip)와 착오(Mistake)의 차이를 설명하시오.

6. 광삼(Irradiation) 현상에 대하여 설명하시오.

7. 다음 물음에 답하시오.
(1) 작업공간 포락면과 파악한계의 의미를 설명하시오.
(2) 정상 작업역과 최대 작업역의 차이를 설명하시오.

8. 사용자의 특성 이해를 위한 페르소나(Personas)에 대하여 설명하시오.

9. 음량의 측정 척도로 사용되는 Phon과 Sone에 대하여 설명하시오.

10. 고용노동부 고시에 따른 근골격계부담작업 제8호에 대하여 설명하시오.

11. 인간의 감각기능별 Weber비에 대하여 설명하시오.

12. 근육 내의 포도당이 분해되어 근육 수준에 필요한 에너지를 만드는 과정은 산소의 이용 여부에 따라 유기성 대사와 무기성 대사로 구분된다. 아래에 있는 대사과정에서 ( ) 안에 적절한 용어 또는 화학식을 쓰시오.
(1) 유기성 대사 : 근육 내 포도당+산소 → (①)+(②)+열+에너지
(2) 무기성 대사 : 근육 내 포도당+수소 → (③)+열+에너지

13. NIOSH의 직무스트레스 요인을 3가지로 분류하고, 각 요인별로 2가지씩 예를 드시오.

2교시 다음 문제 중 4문제를 선택하여 설명하시오.(각 문제당 25점)

1. 표시장치로 나타낼 수 있는 다음 정보들을 설명하시오.
(1) 정량적 정보(Quantitative Information)
(2) 정성적 정보(Qualitative Information)
(3) 상황정보(Status Information)
(4) 경고정보(Warning Information)
(5) 묘사정보(Representational Information)

2. 그림은 인간이 정보를 처리하는 단계를 나타낸 모델이다. 다음의 단계를 설명하시오.

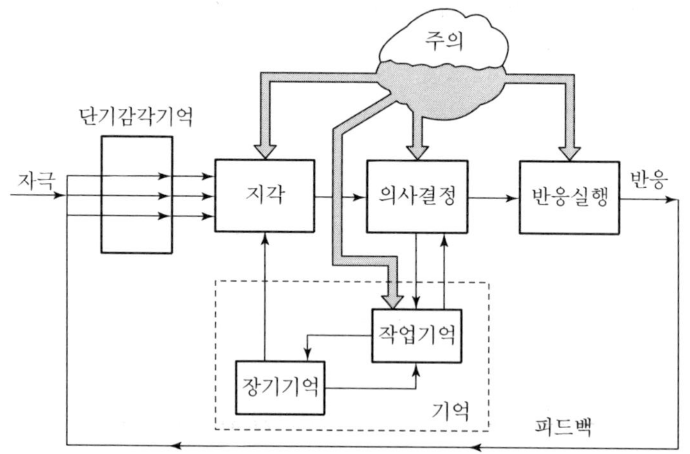

(1) 지각
(2) 작업기억
(3) 장기기억
(4) 의사결정
(5) 주의

3. NASA(National Aeronautics and Space Administration)에서 개발한 작업부하 척도(Task Load Index)인 NASA-TLX의 평가지표를 설명하시오.

4. Jakob Nielsen이 말한 사용편의성(Usability)의 5가지 속성에 대하여 설명하시오.

5. 신체의 열 생산과 주변 환경 사이의 열교환방정식을 쓰고, 고열작업자를 보호하기 위한 방안을 3가지 제시하시오.

6. 어느 생산현장의 작업공정 중 부품이 (a)와 같은 형태로 조립되어야 하나 일용 작업자 ㄱ 씨가 (b)와 같이 조립하여 불량이 발생되었다. 다음 물음에 답하시오.

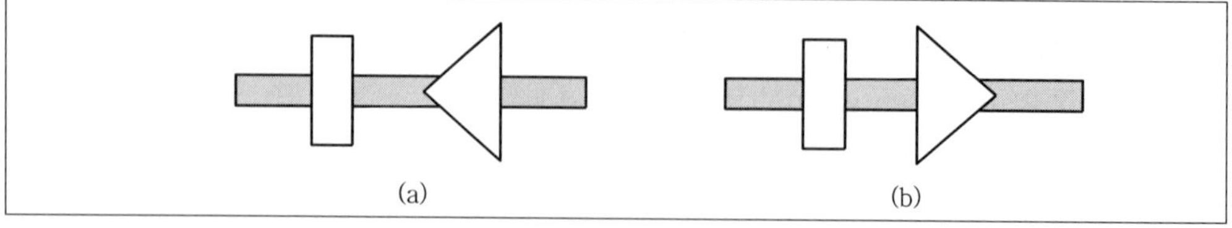

(1) 발생된 불량의 근본 원인에 대하여 설명하시오.
(2) 이러한 휴먼 에러를 예방하기 위한 방안을 Reason의 스위스 치즈 모델을 이용하여 설명하시오.

3교시 다음 문제 중 4문제를 선택하여 설명하시오.(각 문제당 25점)

1. 신호탐지이론(Signal Detection Theory)은 작업자가 신호를 탐지할 때 영향을 미치는 요소인 민감도(Sensitivity)와 반응편중(ResponseBias)을 정량적으로 측정하는 방법이다. 민감도와 반응편중의 정량화된 측정 방법에 대해 설명하시오.

2. 정보이론에 대하여 다음 물음에 답하시오.
   (1) 정보의 정의에 대하여 쓰시오.
   (2) 1bit의 의미를 쓰시오.
   (3) 확률이 동일한 4가지 대안의 정보량을 계산하시오.
   (4) 중복률(Redundancy)의 의미를 쓰시오.
   (5) 밴드폭(Bandwidth)의 의미를 쓰시오.

3. 정신적, 육체적 피로(Fatigue)의 측정방법 및 방지대책에 대하여 설명하시오.

4. UX(User Experience) 디자인과 UI(User Interface) 디자인을 정의하고, UX/UI 디자인의 상호관계성을 설명하시오.

5. 카라섹(Karasek)의 직업성 긴장 모델(Job strain model)을 설명하고, 다음 그림의 집단 구분(A~D) 중 다른 세 집단보다 많은 직무스트레스를 경험하게 될 수 있는 집단을 고르시오.

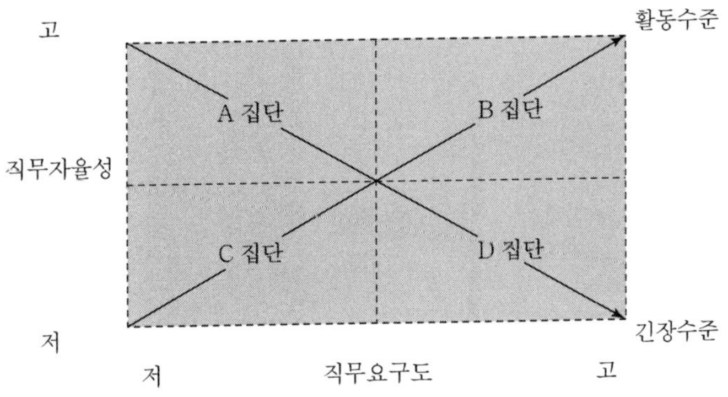

6. 작업현장에서 청각장치의 사용이 시각장치의 사용보다 유리한 경우를 설명하시오.

4교시 다음 문제 중 4문제를 선택하여 설명하시오.(각 문제당 25점)

1. 인간의 눈이 가지고 있는 다음의 능력에 대하여 설명하시오.
   (1) 조절능
   (2) 시력
   (3) 대비감도
   (4) 순응
   (5) 색식별

2. 사람이 수행할 수 있는 다음의 동작에 대하여 각각 설명하시오.
   (1) 독립동작(Discrete Movement)
   (2) 반복동작(Repetitive Movement)
   (3) 순차동작(Sequential Movement)
   (4) 연속동작(Continuous Movement)
   (5) 정치동작(Static Positioning)

3. 사고조사 수행의 일반적인 4단계에 대하여 설명하시오.

4. 최근에 개정된 산업안전보건법의 개정취지 중 '법의 보호대상 확대'에 대하여 설명하시오.

5. 근골격계부담작업 유해요인조사의 목적과 방법, 활용에 대하여 설명하시오.

6. VDT 증후군(Visual Display Terminal Syndrome)의 종류와 예방법에 대하여 설명하시오.

참고문헌

1. 류재민 외, 「산업안전기사」, 「산업안전산업기사」 예문사, 2013.
2. 류재민 외, 「건설안전기사」, 「건설안전산업기사」 예문사, 2013.
3. 류재민 외, 「산업안전지도사」 예문사, 2013.
4. 강성두 외, 「산업안전보건법령집」 예문사, 2013.
5. 박경수, 「인간공학」 영지문화사, 2004.
6. 강성두 외, 「산업안전보건법령집」 예문사, 2013.
7. 정병용 · 이동경, 「현대인간공학」 민영사, 2009.
8. 양성환 · 박범 외, 「인간공학」 형설출판사, 2011.
9. 갈원모, 「인간공학」 신광출판사, 2001.
10. 기도형, 「인간공학」 한경사, 2006.
11. 장성록, 「인간공학」 다솜출판사, 2001.
12. 한균원, 「산업안전보건실무」 형설출판사, 2005.
13. 이진식, 「산업안전관리공학론」 형설출판사, 2004.
14. 도날드 노먼, 「디자인과 인간심리」 학지사, 1996.
15. 정병용, 「사람 중심의 작업경영 현대작업관리」 민영사, 2015.

저자소개

▶ 저자

에듀인컴

E-mail eduincom@eduincom.co.kr

▶ 감수

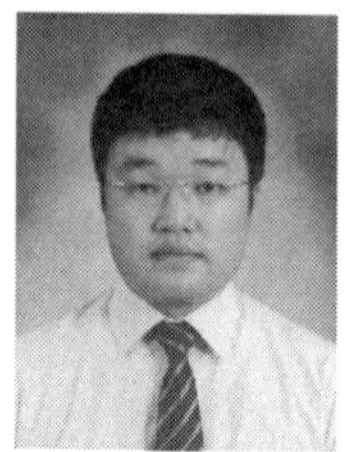

문명국

약력

- 인천대학교 산업경영공학과 인간공학 박사
- 한국표준과학연구원 Post-doc.
- (현)인천대학교 산업경영공학과 겸임교수
- (현)한국보건산업진흥원 근무
- 인천대학교, 인덕대학교, 유한대학교에서 인간공학, 안전관리 등 강의

E-mail

mkjy2011@gmail.com

고병인

약력

- 충북대학교 안전공학과 인간공학 박사
- 삼정중공업, 티센크루프엘리베이터 안전팀
- 한국품질경영학회 이사
- 한국소비자안전학회 이사
- 산업안전기사, 품질관리기사

저서

- 제품안전을 위한 고령자의 수지기능 특성(박사학위)
- 안전한 미래를 위한 교육(한국산업안전공단)
- 위기관리 총론(한국표준협회)
- 지방행정혁신컨설팅(행정자치부)

E-mail

kokobi@jbi.or.kr

인간공학기술사

발행일 | 2015. 7. 5 초판 발행
2020. 6. 10 개정 1판1쇄

저 자 | 에듀인컴
발행인 | 정 용 수
발행처 | 예문사

주 소 | 경기도 파주시 직지길 460(출판도시) 도서출판 예문사
TEL | 031) 955－0550
FAX | 031) 955－0660
등록번호 | 11－76호

• 이 책의 어느 부분도 저작권자나 발행인의 승인 없이 무단 복제하여 이용할 수 없습니다.
• 파본 및 낙장은 구입하신 서점에서 교환하여 드립니다.
• 예문사 홈페이지 http : //www.yeamoonsa.com

정가 : 60,000원

ISBN 978-89-274-3611-9 13500

이 도서의 국립중앙도서관 출판예정도서목록(CIP)은 서지정보유통지원시스템 홈페이지(http://seoji.nl.go.kr)와 국가자료종합목록 구축시스템(http://kolis-net.nl.go.kr)에서 이용하실 수 있습니다.
(CIP제어번호 : CIP2020020167)